Isomerie (BERZELIUS 1830)

Bei gleicher Summenformel (gleicher qualitativer und quantitativer Zusammensetzung) existieren verschiedene Verbindungen.

Konstitutionsisomerie (Strukturisomerie)

Unterschiedliche Verknüpfung der Atome bzw. unterschiedliche Reihenfolge (Sequenz) der Atome

Gerüstisomerie
(Skelettisomerie)

Isomerie der Grundkörper (Kohlenwasserstoffe), unterschiedlicher Aufbau des Kohlenstoff-Gerüsts: unverzweigte bzw. verzweigte Ketten

Beispiele: isomere Butane, Pentane, Hexane, isomere Butene

$CH_3-CH_2-CH_2-CH_3$ $HC(CH_3)_3$

C_4H_{10}

Stellungsisomerie
(Ortsisomerie)

Unterschiedliche Stellung funktioneller Gruppen (Substituenten) an den Kohlenstoff-Atomen einer Kette oder eines Rings (Kernisomerie)

Beispiele: isomere Dichlorethane, isomere Butanole, isomere Dihalogenbenzole

$C_6H_4Br_2$

Funktionelle Isomerie

Isomere besitzen unterschiedliche funktionelle Gruppen.

Beispiele: Ethanol (Hydroxy-Gruppe) – Dimethylether (Sauerstoffbrücke), Propanal – Propanon

CH_3-CH_2-OH CH_3-O-CH_3

C_2H_6O

Bindungsisomerie
(Valenzisomerie)

Bei den Isomeren sind einzelne Bindungen verschoben, d.h. die gleichen Atome sind verschieden gebunden.

Beispiele: Benzol – DEWAR-Benzol

C_6H_6

Stereoisomerie (Raumisomerie)

Die **Isomere** unterscheiden sich nur in der Konfiguration, d.h. in der Anordnung der Atome im dreidimensionalen Raum.

Enantiomerie

Enantiomere oder optische Isomere stehen wie Bild und Spiegelbild zueinander. Die Isomere haben einen chiralen Molekülbau, der z.B. durch ein asymmetrisches Kohlenstoff-Atom verursacht wird.

Enantiomere unterscheiden sich in vielen Eigenschaften nicht voneinander (Energiegehalt, ϑ_m, ϑ_b u.a.). Sie drehen aber die Ebene des polarisierten Lichts in entgegengesetzte Richtungen und können sich im Geruch und anderen auf biochemischen Prozessen beruhenden Eigenschaften unterscheiden.

Beispiele: Enantiomere der Milchsäure

$C_3H_6O_3$

Diastereoisomerie

Diastereoisomere stehen *nicht* wie Bild und Spiegelbild zueinander. Diastereoisomere haben auch unterschiedliche Schmelz- und Siedetemperaturen.

Beispiel: *meso*-Weinsäure ist diastereoisomer zu den beiden Enantiomeren der Weinsäure (vgl. *Chemie 2000+ Online* und „Polarimetrie").

cis-trans Isomerie (*Z-E* Isomerie oder geometrische Isomerie)

cis-trans Isomere oder *Z-E* Isomere stellen einen Sonderfall von Diastereoisomeren dar. In ihren Molekülen sind die Substituenten an Doppelbindungen oder an nicht aromatischen Ringen verschieden angeordnet.

Beispiel: *cis-* und *trans-*1,2-Dichlorethen

$C_2H_2Cl_2$

Konformationsisomerie

Aus der Rotationsmöglichkeit um die Einfachbindung bedingte unterschiedliche räumliche Anordnung von Atomen zueinander

Beispiel: Sessel- und Wannenform des Cyclohexans

C_6H_{12}

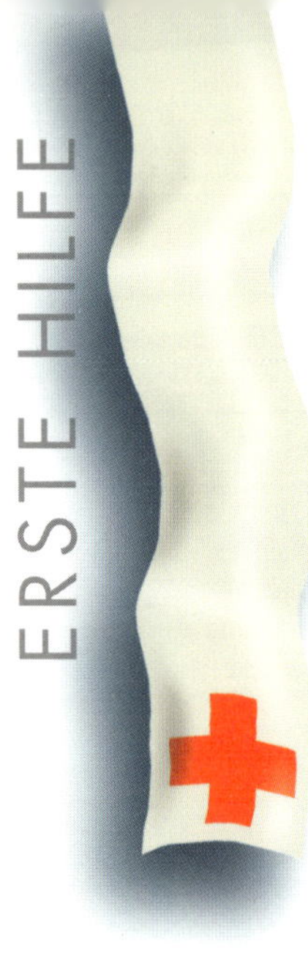

Grundsätze

- Verunglückte aus der Gefahrenzone bringen.
- Verunglückte wegen Schockgefahr nicht alleine zum Arzt gehen lassen.
- Bei Bedarf über Rettungsleitstelle ärztliche Hilfe anfordern.
- Inkorporierte oder kontaktierte Gefahrstoffe sind dem Arzt zur Kenntnis zu bringen, z. B. ist das Etikett mit Sicherheitsratschlägen vorzulegen.

Verätzungen und Verletzungen am Auge

- Das verätzte Auge ausgiebig (mindestens 10 min bis 15 min) unter Schutz des unverletzten Auges spülen (kein scharfer Wasserstrahl). Handbrause oder ein anderes geeignetes Hilfsmittel benutzen. (Augenwaschflaschen sind möglicherweise durch Mikroorganismen verseucht.)
- Augenlider weit spreizen, das Auge nach allen Seiten bewegen lassen.
- Ins Auge eingedrungene Fremdkörper nicht entfernen.
- Bei Prellungen und Verletzungen einen trockenen keimfreien Verband anlegen.
- Verätzten oder Verletzten in augenärztliche Behandlung bringen.

Verätzungen am Körper

- Duchtränkte oder benetzte Kleidung und Unterkleidung sofort entfernen.
- Verätzte Körperstellen sofort mindestens 10 min bis 15 min mit viel Wasser spülen.
- Die verätzten Körperstellen keimfrei verbinden, keine Watte verwenden. Keine Öle, Salben oder Puder auf die verätzte Stelle auftragen.
- Über Rettungsleitstelle ärztliche Hilfe anfordern.

Wunden

- Verletzten hinsetzen oder hinlegen.
- Wunde nicht berühren und nicht auswaschen.
- Wunde mit keimfreiem Verbandmaterial aus unbeschädigter Verpackung verbinden.
- Bei starker Blutung betroffene Gliedmaßen hochlagern, bei fortbestehender Blutung Druckverband anlegen. Dabei Einmalhandschuhe verwenden.
- Wird der Verband stark durchblutet, zuführende Schlagader abdrücken. Nur im äußersten Fall die Schlagader abbinden. Dafür zusammengedrehtes Dreiecktuch, breiten Gummischlauch, Krawatte o. ä. (keine Schnur oder Draht) verwenden. Zeitpunkt der Abbindung festhalten und schriftlich für den Arzt mitgeben.
- Über Rettungsleitstelle ärztliche Hilfe anfordern.

Vergiftungen nach Verschlucken

- Nach Verschlucken giftiger Stoffe möglichst mehrmals reichlich Wasser trinken lassen. Erbrechen anregen.
- Kein Erbrechen bei Lösemitteln, Säuren und Laugen auslösen.
- Nach innerer Verätzung durch Verschlucken von Säuren und Laugen viel Wasser in kleinen Schlucken (auf keinen Fall Milch) trinken lassen.
- Bewusstlosen nichts einflößen oder eingeben.
- Verletzten ruhig lagern, mit Decke vor Wärmeverlust schützen.
- Über Rettungsleitstelle ärztliche Hilfe holen. Giftstoff und Art der Aufnahme mitteilen. Evtl. Informationen telefonisch bei der Giftzentrale einholen.

Vergiftungen nach Einatmen oder Aufnahme durch die Haut

- Verletzten unter Selbstschutz an die frische Luft bringen.
- Mit Gefahrstoffen durchtränkte Kleidungsstücke entfernen.
- Benetzte Hautstellen sorgfältig reinigen (heißes Wasser und heftiges Reiben sind zu vermeiden).
- Verletzten ruhig lagern, mit Decke vor Wärmeverlust schützen.
- Bewusstlosen nichts einflößen.
- Bei Atemstillstand sofort mit der Atemspende beginnen. Wiederbelebung so lange durchführen, bis der Arzt eintrifft.
- Bei Herzstillstand äußere Herzmassage durch darin besonders ausgebildete Helfer.
- Über Rettungsleitstelle ärztliche Hilfe anfordern. Giftstoff und Art der Aufnahme mitteilen. Evtl. Informationen telefonisch bei der Giftzentrale einholen.

Verbrennungen, Verbrühungen

- Brennende Kleider sofort mit Wasser oder durch Umwickeln mit Löschdecke löschen, notfalls Feuerlöscher verwenden.
- Kleidung im Bereich der Verbrennung entfernen, sofern sie nicht festklebt. Bei Verbrühungen müssen alle Kleider rasch entfernt werden, da sonst durch heiße Kleidung weitere Schädigungen verursacht werden.
- Bei Verbrennungen der Gliedmaßen mit kaltem Wasser spülen bis der Schmerz nachlässt.
- Verbrannte und verbrühte Körperteile sofort steril abdecken. Keine Salben, Öle oder Puder auf die Wunde auftragen.
- Verunglückten durch Bedecken mit einer Wolldecke vor Wärmeverlust schützen.
- Ärztliche Hilfe anfordern.

Die Hinweise sind für Lehrerinnen und Lehrer gedacht, die als Ersthelfer ausgebildet sind. Sie ersetzen keinen Erste-Hilfe-Kurs.

Tausch · von Wachtendonk

SEKUNDARSTUFE II

Mit Kompendium für das Zentralabitur

C.C. BUCHNER

CHEMIE 2000+

SEKUNDARSTUFE II

Herausgegeben von Prof. Dr. Michael Tausch
und Dr. Magdalene von Wachtendonk

Bearbeitet von Dr. Claudia Bohrmann-Linde, Ralf Buric, Patrick Krollmann, Dr. Wolfgang Schmitz, Dr. Ilona Schulze, Prof. Dr. Michael Tausch, Dr. Magdalene von Wachtendonk, Prof. Dr. Heinz Wambach und Dr. Judith Wambach-Laicher

Die Versuchsvorschriften in diesem Buch wurden sorgfältig, auf praktischen Erfahrungen beruhend, entwickelt. Da Fehler aber nie ganz ausgeschlossen werden können, übernehmen der Verlag und die Autoren keine Haftung für Folgen, die auf beschriebene Experimente zurückzuführen sind.
Mitteilungen über eventuelle Fehler und Vorschläge zur Verbesserung sind erwünscht und werden dankbar angenommen.

Redaktion: Verena Schröter
Gestaltung: Artbox Grafik & Satz GmbH, Bremen
Druck und Bindearbeiten: Stürtz GmbH, Würzburg

Dieses Werk folgt der reformierten Rechtschreibung und Zeichensetzung.

Auflage: 1 5 4 3 2 1 2015 13 11 09 07
Die letzte Zahl bedeutet das Jahr des Druckes.
Alle Drucke dieser Auflage sind, weil untereinander unverändert, nebeneinander benutzbar.

www.ccbuchner.de

ISBN 978-3-7661-**3415**-8

VORWORT

Chemie 2000+ orientiert sich am Lehrplan für die Sekundarstufe II in Nordrhein-Westfalen. Der vorliegende Gesamtband umfasst alle Inhalte für die Sekundarstufe II und für das Zentralabitur.

In einem Kompendium am Ende des Buches werden die Fachkenntnisse für das Zentralabitur in komprimierter Form und übersichtlich zusammengefasst.
In **Chemie 2000+** werden die chemische Fachsystematik mit ihren Begriffen, Modellen, Ordnungskriterien etc. und Zusammenhänge aus Alltag, Technik und Umwelt nach dem Konzept der **didaktischen Integration** miteinander verflochten. Die großen Kontexte werden in Facetten zerlegt, um dann anhand konkreter Problemstellungen die Bedeutung der Naturwissenschaft Chemie in unserer technischen Zivilisation herauszuarbeiten. Dies geschieht in überschaubaren Unterrichtsbausteinen. Sie werden zu Beginn einer Unterrichtsreihe durch den Facettenball des Kontextes mit den zugeordneten Fragen programmatisch angedeutet und sind auf jeder Buchseite durch die zutreffende Nummer gekennzeichnet. Die für ihre Bearbeitung gewählte Reihenfolge erlaubt es, die Fachsystematik in den Teilgebieten der Chemie aufzubauen und zu vernetzen.

Auf **Buchdoppelseiten** wird jeweils Material für einen Unterrichtsbaustein zur Verfügung gestellt. Die *Arbeitsseite* (linke Buchseite) mit einer *kontextbezogenen*, in der Regel umgangssprachlich formulierten Überschrift bietet Versuche, Informationen und Auswertungsfragen an, die zur Gestaltung des Unterrichts genutzt werden können. Auf der rechten *Leseseite*, deren Überschrift in der Regel *Fachbegriffe* enthält, werden die Versuchsergebnisse aufgegriffen, mit weiteren Fakten verknüpft und zu neuen Erkenntnissen zusammengeführt. Fotos und Farbgrafiken ergänzen den Text sinnvoll und dienen in der Regel als Ausgangsinformationen für Aufgabenstellungen.

Die grafisch gekennzeichneten **EVA**-Seiten (Erweiterung-Vertiefung-Anwendung) enthalten sowohl Schwerpunkte des Lernstoffes als auch fakultative Zusatzangebote. Jeder Unterrichtsbaustein ist reichlich mit **Aufgaben** versehen, am Ende der Kapitel befinden sich **Trainings**-Seiten.

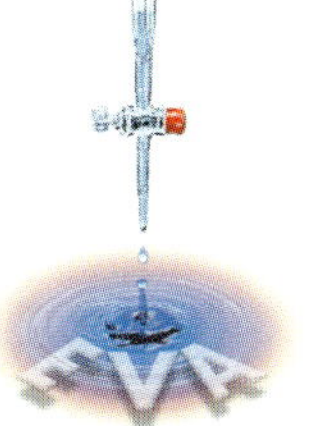

Chemie 2000+ Online ist das Internet-Portal für elektronische Ergänzungen zu diesem Lehrwerk. Das Portal kann über die rechts angegebene Adresse geöffnet werden. Es besteht die Möglichkeit, die Materialien zu einzelnen Seiten in diesem Buch direkt durch Anklicken unter der entsprechenden Seitennummer zu erreichen. Darüber hinaus können weitere Lehr- und Lernmodule über die Navigationsleiste von Chemie 2000+ Online angesteuert werden.

www.chemiedidaktik.uni-wuppertal.de

Wuppertal, Köln, Krefeld im Mai 2007
Die Autoren

1 INHALTSVERZEICHNIS

INHALTSVERZEICHNIS

1
2
3
4
5
6
7
8
9
10

5 INHALTSVERZEICHNIS

6 INHALTSVERZEICHNIS

7 INHALTSVERZEICHNIS

8 INHALTSVERZEICHNIS

Bildquellen

Agfa Gevaert AG, Leverkusen
Anthony Verlag, Starnberg
Aral AG, Bochum
Arbeitsgemeinschaft Deutsche Kunststoff-Industrie, Frankfurt a. M.
Aulis Verlag, Köln
Wilhelm Barthlott – Nees-Institut für Biodiversität von Pflanzen, Bonn
BASF AG, Ludwigshafen
Bavaria Verlag, Gauting
Bayer AG, Leverkusen
Jürgen Berger, MPI für Entdeckungsbiologie, Tübingen
Berliner Kraft und Licht AG, Berlin
Bildagentur Mauritius, Mittenwald
Bildagentur Uselmann, Lenggries
Claudia Bohrmann-Linde, Duisburg
BP AG, Hamburg
Braas, Frankfurt/Main
Sabine Brüggemeyer, Düsseldorf
Bundesministerium für Umwelt, Naturschutz und Reaktorsicherheit, Berlin
Thierry Chuard, Biel/Bienne
Piet Claasen, Bremen
Daimler Benz Aerospace AG, Bremen
Daimler Benz Aerospace AG, München
Daimler/Chrysler AG – Unternehmensgeschichte/Konzernarchiv, Stuttgart
Deutsche Bundespost
Deutsche Lufthansa, Köln
Deutsches Museum, München
DESCO von Schulthess AG, Zürich/Schweiz
Designers Guild/Trevira CS
dpa Picture-Alliance, Frankfurt
Du Pont de Nemours (Deutschland) GmbH, Bad Homburg
Jana Epple, Lindelburg
Doris Espel, Hannover
Walter Fischer, Großkarolinenfeld
Fonds der Chemischen Industrie, Frankfurt/M.
Fotoagentur Helga Lade, Frankfurt/M.
Fraunhofer IAO, Stuttgart
Florian Gärtner, Dinslaken
Robert Gerdes, Bremen
Getty Images Deutschland, München
G+G Urban GmbH, Baierbrunn
Gollhardt & Zaber, Düsseldorf
Haarmann & Reimer, Holzminden
Heliocentris Energiesysteme GmbH, Berlin
Henkel AG, Düsseldorf
Heraeus Kulzer GmbH & Co KG, Hanau
Peter Hinkel, Duisburg
Hoechst AG, Frankfurt a. M.
Hans Christian Holzwarth – Universität Stuttgart-Vaihingen
Informationszentrale für Elektrizitätswirtschaft IZE, Frankfurt/M.
Informationszentrum Weißblech e.V., Düsseldorf
Interfoto, München
International Zinc Association, Brüssel
Manfred P. Kage, Institut für wissenschaftliche Fotografie, Lauterstein
Michaela Kampner, Bochum
Andrea Kraatz, Leverkusen
Patrick Krollmann, Köln
Bernd Kusber, Bremen
Keystone Pressedienst, Hamburg
Landesamt für Umweltschutz Baden-Württemberg, Stuttgart
Johannes Lieder, Laboratorium für mikroskopische Präparate, Ludwigsburg
Rolf Maibaum, Duisburg
Merck AG, Darmstadt
Hans Nagel, Hürth
Viktor Obendrauf, Gnas/Österreich
Armin Okulla, Fraunhofer Institut für Angewandte Polymerchemie, Berlin
Osram GmbH, München
Dieter Paterkiewicz, Syke
Philipps GmbH, Hamburg
Jean Pütz, Köln
Röhm GmbH & Co. KG, Darmstadt
Ruka Fashion Group, Lahti/Finnland
Sachtleben Chemie GmbH, Duisburg
Antoine de Saint-Exupéry
Helmut Schmidt, Institut für Neue Materialien, Saarbrücken
Wolfgang Schmitz, Bad Herrenalb
Petra Schneider, Duisburg
Schott Glaswerke, Mainz
G. Schulz, Accelrys Inc.
Georg Schwedt, Clausthal-Zellerfeld
Michael Seesing, Duisburg
Sigri Elektrographit, München
Martin Sina, Euskirchen
Spektrum Verlag, Heidelberg
Stadtwerke, Mönchengladbach
Stockfood Eising, München
Süskind, Patrick, Das Parfüm, Diogenes Verlag Zürich
Superbild, Taufkirchen
Sympatex Technologies GmbH, Wuppertal
Marika Szemenyei, Duisburg
Tanzschule Kirchner, Syke
Michael Tausch, Syke
Vereinigung Deutscher Elektrizitätswerke VDEW und Rheinisch-Westfälische Elektrizitätswerke RWE, Essen
Verlagsarchiv
Magdalene von Wachtendonk, Erkelenz
Silvia von Wachtendonk, Erkelenz
Wacker-Chemie, München
Judith Wambach-Laicher, Köln
Wella Service GmbH, Darmstadt
Westfalia Werkzeug Co. GmbH, Hagen
Claudia Wickleder, Siegen
Prof. Wöhrle und Prosys, Bremen
Song Yang, Köln
Zentrale Farbbild Agentur ZEFA, Düsseldorf

Trotz entsprechender Bemühungen ist es uns nicht in allen Fällen gelungen, den Rechtsinhaber ausfindig zu machen. Gegen Nachweis der Rechte zahlt der Verlag für die Abdruckerlaubnis die gesetzlich geschuldete Vergütung.

Stoffe, von denen eine besondere Gefährdung ausgehen kann, sind nach der **Gefahrstoffverordnung** gekennzeichnet.

Die Gefahrensymbole und **Kennbuchstaben** bedeuten:

T+ Sehr giftig
T Giftig (t = toxic)
Erhebliche Gesundheitsgefährdung, keine Schülerübungen zulässig!

Xn Gesundheitsschädlich (n = noxious) beim Einatmen, Verschlucken und bei Berührung mit der Haut.

Xi Reizend (i = irritating) auf Haut, Augen und Atmungsorgane.

F+ Hochentzündlich (f = flammable)
F Leicht entzündlich
Kann sich von selbst entzünden oder mit Wasser entzündliche Gase bilden.

E Explosionsgefährlich (e = explosive)
Kann explodieren, keine Schülerübungen zulässig!

C Ätzend (c = corrosive)
Zerstört lebendes Gewebe, wie z.B. Haut oder Auge.

O Brandfördernd (o = oxidizing)
Kann Brände fördern oder verursachen, Feuer- und Explosionsgefahr bei Mischung mit brennbaren Stoffen.

N Umweltgefährlich (n = nature)
Giftig für Pflanzen und Tiere in aquatischen und nicht aquatischen Lebensräumen, gefährlich für die Ozonschicht.

Im Chemieunterricht lernen Sie, wie man mit Gefahrstoffen sicher umgehen kann!

Alle Gefahrstoffe sind auf den folgenden Seiten mit* gekennzeichnet.
Auf **S. 450 f** finden Sie die entsprechenden Chemikalien aufgeführt, dazu auch genauere Angaben zu den Gefahren (R-Sätze), den entsprechenden Sicherheitsmaßnahmen (S-Sätze) und der Entsorgung.

Die Sicherheitseinrichtungen in den Chemieräumen erklären Ihnen Ihre Chemielehrerin oder Ihr Chemielehrer ausführlich.

Einige Verhaltensregeln beim Experimentieren:

- Versuchsvorschriften sind sorgfältig durchzulesen und genau zu befolgen.
- Lange Haare müssen zusammengebunden werden.
- Geschmacksproben sind nicht zulässig.
- Nur bei ausdrücklicher Aufforderung sind Geruchsproben durch vorsichtiges Zufächeln erlaubt.
- Stets sollte eine Schutzbrille getragen werden.
- Umsichtiges und rücksichtsvolles Arbeiten ist erforderlich.
- Essen und Trinken sind im Chemieraum verboten.

B1 *Sicherheit geht vor!*

Aromastoffe

Überall in unserer Umgebung nehmen wir Gerüche wahr, angenehme Düfte wie die von Blumen und Früchten in der Natur oder von Parfums, ebenso wie unangenehme Gerüche.
Rund um die Aromastoffe treten Fragen auf, die wir in diesem Kapitel versuchen wollen zu beantworten.

1. **Wo kommen Aromastoffe in der Natur vor und wie isoliert man sie?**
2. **Was ist ein Aromastoff?**
3. **Welche Eigenschaften haben Aromastoffe?**
4. **Warum verändern Aromen mit der Zeit ihren Geruch?**
5. **Wie riecht man?**

...

B1 *Vom Speiseeis bis zu den Gummibärchen, vom Fruchtjoghurt bis zur Tiefkühlpizza – viele Lebensmittel werden heute mit Aromastoffen versetzt.*

B2 *Facetten zum Kontext „Aromastoffe"*

Um diese Fragen zu beantworten, müssen wir nicht nur Kenntnisse der Chemie anwenden, sondern auch erweitern.

6. **Wie kann man die Zusammensetzung eines etherischen Öls untersuchen?**
7. **Wie stellt man ein Parfum her?**
8. **Wie stellt man künstliche oder naturidentische Aromastoffe her?**
9. **Wie schnell und wie vollständig verläuft die Synthese eines Aromastoffs?**

B3 *Lippenstift, Seifen und Cremes, Waschmittel und Putzmittel werden parfümiert, denn sie sollen nicht nur optisch ansprechend aussehen, sondern auch frisch und angenehm riechen und den Eigengeruch von Seifen und Cremes überdecken.*

Parfums sind die Prestigeobjekte der Designer und Modeschöpfer. Immer neue edle, teure Parfums werden kreiert und auf den Markt gebracht. Während früher ausschließlich natürliche Duftstoffe wie Blütendüfte, die in aufwendigen Verfahren gewonnen wurden, verwendet wurden, spielen heute mehr und mehr synthetische Aromastoffe eine Rolle bei der Komposition eines neuen Dufts.

Die Chemie der Riechstoffe ist heute zu einem breiten Betätigungsfeld der Parfumeure und Chemiker in der Forschung und Industrie geworden. Denn nicht nur die teuren Parfums, auch viele Allerweltsprodukte werden mit Duftstoffen versetzt (B2, B3). Bei der Synthese neuer Riechstoffe nutzen die Chemiker ihre Kenntnisse über den **Zusammenhang zwischen der molekularen Struktur und der Eigenschaft einer Verbindung aus**.

Wir werden feststellen, dass die breite Palette der Aromastoffe in wenige **Verbindungsklassen** einzuordnen ist, und wir werden **charakteristische Eigenschaften und Reaktionen** solcher Verbindungsklassen kennen lernen. An einem Beispiel, nämlich der Synthese von sogenannten Estern, werden wir erfahren, wie man ausgehend **von Alkoholen zu Aromastoffen** gelangt, und welche Reaktionsschritte dabei verfolgt werden müssen.
Bei der Synthese eines Esters werden wir auf ein allgemeines Prinzip in der Chemie stoßen, das **chemische Gleichgewicht**. Damit ist der Zustand gemeint, bei dem eine Reaktion nach außen hin zum Stillstand gekommen ist, also kein Stoffumsatz mehr erfolgt, obwohl noch Ausgangsstoffe vorhanden sind.
Dies liegt daran, dass die bereits gebildeten Produkte wieder zu den Edukten zurückreagieren können, bis sich ein Zustand einstellt, bei dem genauso viele Produkt-Teilchen zu Edukt-Teilchen reagieren wie umgekehrt.

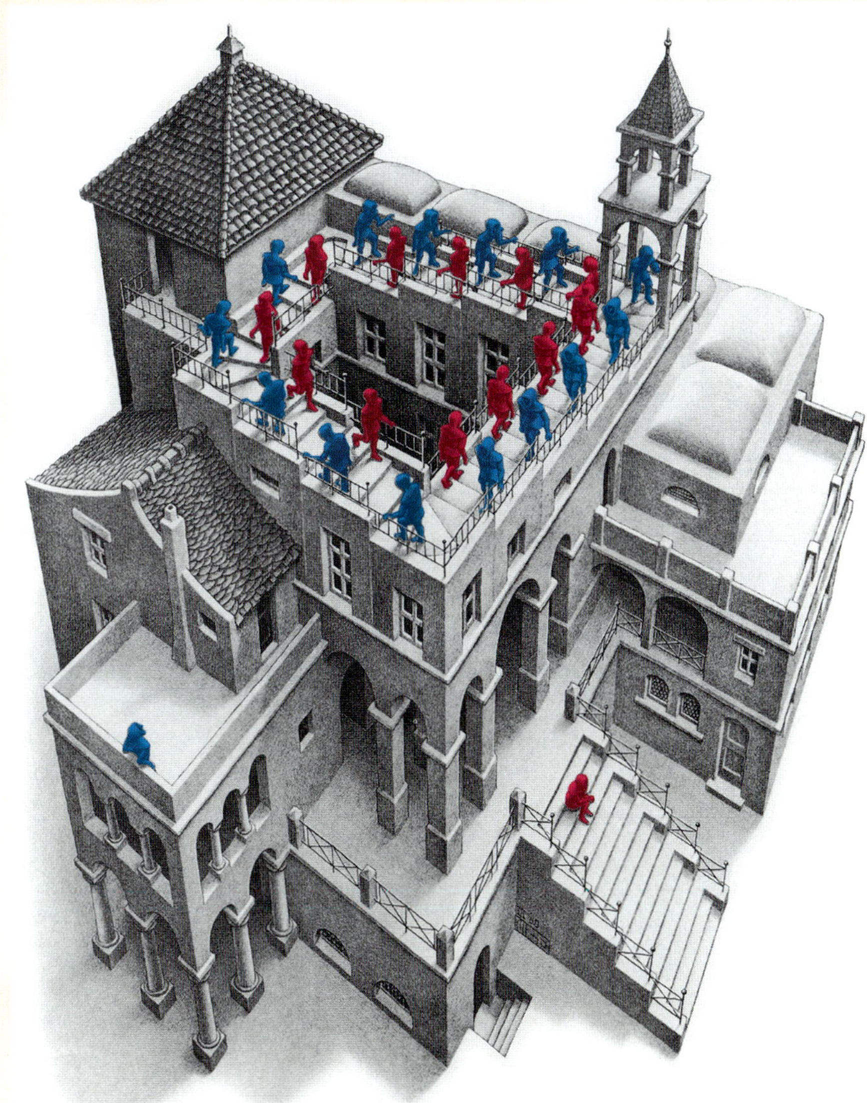

B4 *Ein System im Gleichgewicht*

Lavendel- und Orangenöl

B1 *Spritzer von Orangenschalenöl in einer Flamme.*
A: *Führen Sie einen entsprechenden Versuch durch.*

B2 *Lavendelfeld*

Versuche

V1 Geben Sie klein geschnittene Orangenschalen in ein Rggl. und erhitzen Sie diese. Beobachten Sie die Veränderungen.

V2 *Gewinnung von Lavendelöl durch Wasserdampfdestillation:* Geben Sie in den rechten Rundkolben (B4) etwa 50 g frische Lavendelblüten und 50 mL heißes Wasser, in den linken Rundkolben 100 mL heißes Wasser. Verbinden Sie die Kolben und die Vorlage mit Glasrohren. Als Vorlage dient ein großes Rggl. (100 mL), das in Eiswasser gekühlt wird. Erhitzen Sie das Wasser im linken Kolben zum Sieden, im rechten bis fast zum Sieden. Beenden Sie die Wasserdampfdestillation, wenn sich ca. 20 mL Destillat im Rggl. angesammelt haben. Zur Wasserdampfdestillation eignen sich auch Rosmarinblätter, Nelken u. a.

V3 *Vakuumdestillation:* Geben Sie in eine Destillationsapparatur für Vakuumdestillation etwa 30 mL Wasser und schließen Sie diese am Vorstoß an eine Wasserstrahlpumpe an. Erwärmen Sie das Wasser mit einem Wasserbad und bestimmen Sie die Temperatur, bei der das Wasser siedet.

V4 *Extraktion von Orangenöl aus Orangenschalen:* Schälen Sie Orangenschalen dünn ab und zerreiben Sie diese in einem Mörser mit Pistill und einer Spatelspitze Sand. Geben Sie dann 10 mL Pentan* hinzu und dekantieren Sie die Lösung in ein Becherglas. Nach dem Verdunsten des Lösemittels erhält man das Öl.

V5 *Extraktion von Nelkenöl aus Nelken:* Füllen Sie Nelkenpulver in eine Extraktionshülse und bauen Sie die Apparatur von B3 auf. Füllen Sie den Rundkolben zur Hälfte mit Pentan*. Beenden Sie die Extraktion nach ca. 30 Minuten. Destillieren Sie dann das Pentan ab.

Auswertung

a) Vergleichen Sie die bei V2 gemachten Beobachtungen mit den im Roman „Das Parfum" (B7) beschriebenen. Erklären Sie die Beobachtungen.

b) Vergleichen Sie die beiden Extraktionsverfahren in V4 und V5 in Bezug auf Ausbeute und apparativen Aufwand.

c) Wodurch unterscheidet sich die in V2 beschriebene Destillation von der normalen Destillation? Welchen Einfluss hat das auf die Siedetemperaturen der Flüssigkeiten?

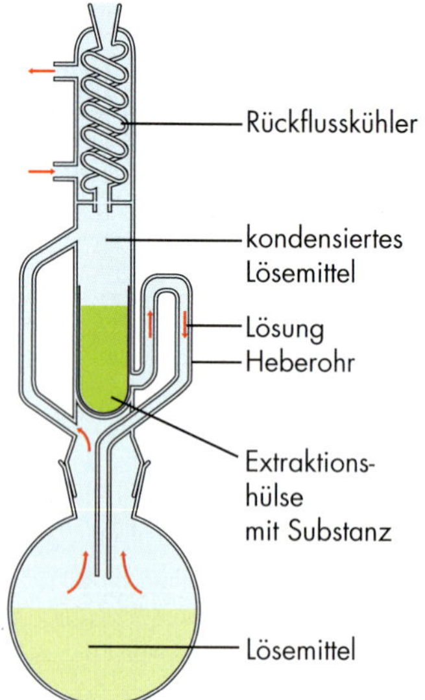

B3 *Extraktion in einer* S*OXLETH-Apparatur*

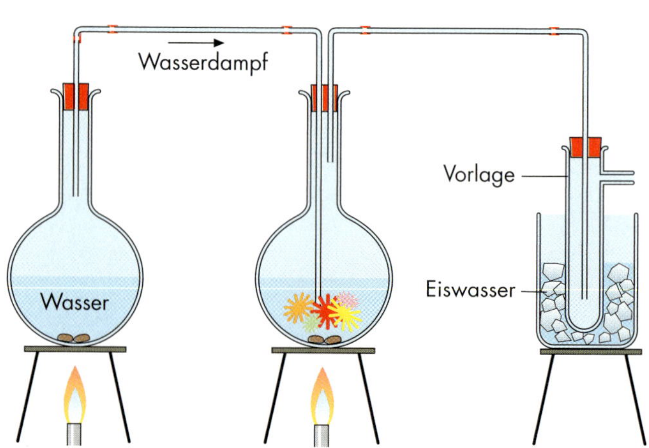

B4 *Wasserdampfdestillation*

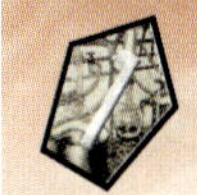

Isolierung von Aromastoffen

Blüten, Blätter, Schalen oder Nadeln von verschiedenen Pflanzen enthalten eine Fülle von Aromastoffen. Die **etherischen Öle** aus der Schale einer Orange spritzen beispielsweise beim Zusammenpressen heraus und entzünden sich in einer Flamme (B1). Versucht man die Aromastoffe der Orangenschale jedoch durch Erhitzen abzudestillieren, stellt man fest, dass sich der Geruch ändert und dass sich die Aromastoffe in der Hitze zersetzen (V1). Isolieren kann man die Aromastoffe aus Pflanzen daher nur bei niedrigeren Temperaturen, durch **Wasserdampfdestillation, Vakuumdestillation** oder durch **Extraktion**.

Beim Kochen von Pflanzenteilen mit Wasser kann man die in Wasser nicht löslichen etherischen Öle mit dem Wasserdampf abdestillieren und im Destillat auffangen. Obwohl die Inhaltstoffe dieser Öle, wie z. B. das im Lavendelöl enthaltene Linalylacetat (ϑ_b = 220 °C), erst bei hohen Temperaturen sieden, gehen sie mit siedendem Wasser schon bei Temperaturen unter 100 °C in den Dampf über. Dabei destilliert mit viel Wasser wenig Öl über (vgl. S. 7). Durch Wasserdampfdestillation gelang es den Menschen schon früh, etherische Öle zu isolieren (B8).

Eine andere, noch schonendere Methode, eine Substanz zu destillieren, ist die Vakuumdestillation, denn bei vermindertem Druck siedet eine Flüssigkeit bei niedrigeren Temperaturen als bei Atmosphärendruck.
Die Vakuumdestillation wird insbesondere angewandt, um Substanzen zu gewinnen, die sich bereits bei Temperaturen um 100 °C zersetzen. Eine Druckverminderung um etwa die Hälfte bewirkt eine Erniedrigung der Siedetemperatur um etwa 15 °C.

Eine weitere Methode, etherische Öle aus Pflanzenteilen zu gewinnen, ist die Extraktion. Samen, Schalen oder Blüten werden mit Pentan oder Benzin kalt oder warm behandelt, wobei sich die Aromastoffe im Lösemittel lösen. Nach dem Verdampfen des Lösemittels bleibt das etherische Öl zurück.

Fachbegriffe
etherische Öle, Wasserdampfdestillation, Vakuumdestillation, Extraktion

B5 *Gewinnung von etherischen Ölen*

B6 *Alte Destillationsanlage*

Baldini holte seinen großen Alambic hervor; einen kupfernen Destillierbottich mit oben aufgesetztem Kondensiertopf, wie er stolz verkündete, mit dem er schon vor vierzig Jahren auf den Höhen des Luberon auf freiem Felde Lavendel destilliert habe. Und während Grenouille das Destilliergut zerkleinerte, heizte Baldini in hektischer Eile – denn rasche Verarbeitung war das A und O des Geschäfts – eine gemauerte Feuerstelle ein, auf die er den kupfernen Kessel, mit einem guten Bodensatz Wasser gefüllt, postierte. Er warf die Pflanzenteile hinein, stopfte den doppelwandigen Maurenkopf auf den Stutzen und schloss zwei Schläuchlein für zu- und abfließendes Wasser daran an. Allmählich begann es im Kessel zu brodeln. Und nach einer Weile, erst zaghaft tröpfchenweise, dann in fadendünnem Rinnsal, floß Destillat aus der dritten Röhre des Maurenkopfs in eine Florentinerflasche, die Baldini untergestellt hatte. Es sah zunächst recht unansehnlich aus, wie eine dünne, trübe Suppe. Nach und nach, aber vor allem, wenn die gefüllte Flasche durch eine neue ausgetauscht und ruhig beiseite gestellt worden war, schied sich die Brühe in zwei verschiedene Flüssigkeiten: unten stand das Blüten- oder Kräuterwasser, obenauf schwamm eine dicke Schicht von Öl.

B7 *Aus Patrick Süskind, Das Parfum*

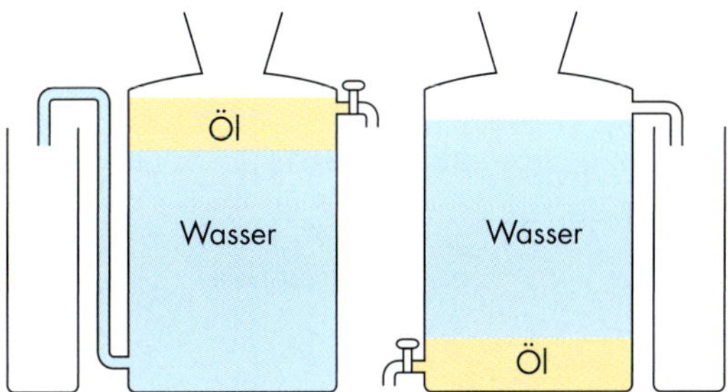

B8 *Florentiner Flaschen.* **A:** *Beschreiben Sie die Funktion und ihre Verwendung.*

Trennung von etherischen Ölen durch Gaschromatographie

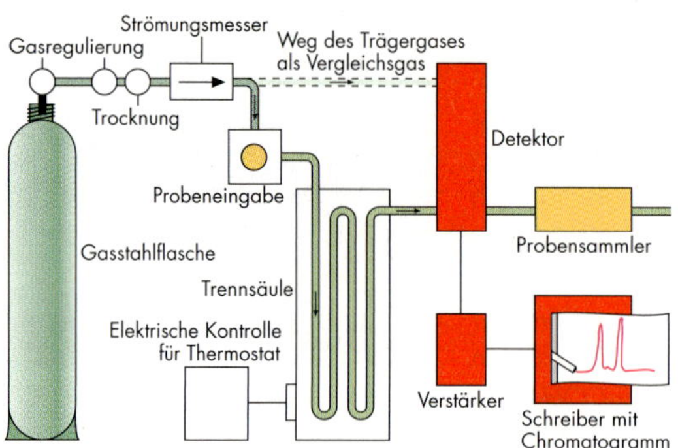

B1 *Gaschromatograph (schematisch)*

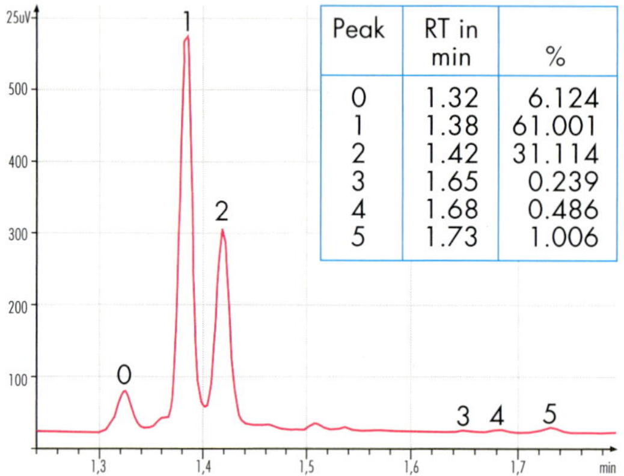

Peak	RT in min	%
0	1.32	6.124
1	1.38	61.001
2	1.42	31.114
3	1.65	0.239
4	1.68	0.486
5	1.73	1.006

B2 *Gaschromatogramm von Lavendelöl. Die Hauptbestandteile sind Linalylacetat*[1] *(1) und Linalool*[2] *(2). Zur Identifikation chromatographiert man die reinen Vergleichssubstanzen und vergleicht die Retentionszeiten.*

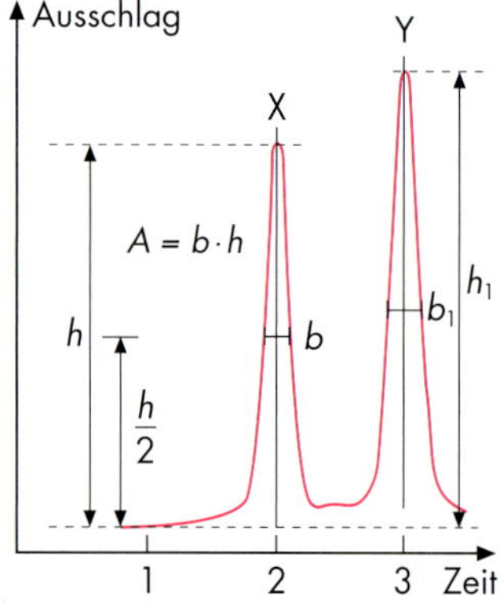

B3 *Berechnung des Massenanteils der Komponenten X und Y aus den Flächen der Peaks im Gaschromatogramm: A: Peakfläche, h: Höhe des Peaks, b: Breite bei halber Peakhöhe*

$$w(X) = \frac{A\,(X)}{A\,(X) + A\,(Y)}$$

Zur Ermittlung der Zusammensetzung eines etherischen Öls wie Lavendel- oder Orangenöl ist die **Gaschromatographie** die Methode der Wahl.

Alle chromatographischen Verfahren verlaufen nach einem Prinzip: Sie trennen Stoffe aufgrund ihrer unterschiedlichen Löslichkeit in zwei verschiedenen Phasen, einer **stationären** Phase und einer **mobilen** Phase. Bei der Gaschromatographie ist die stationäre Phase eine hochsiedende Flüssigkeit, z.B. Paraffinöl oder Siliconöl. In einem modernen Gaschromatographen wird die stationäre Phase als Flüssigkeitsfilm auf der Innenseite einer Kapillartrennsäule von 0,2 mm bis 1 mm Durchmesser und bis zu 70 m Länge aufgetragen. Als mobile Phase verwendet man ein Trägergas, meist Stickstoff oder Helium. Gaschromatographisch getrennt werden können alle gasfömigen Stoffe und verdampfbaren Flüssigkeiten, also ein großer Teil der organischen Verbindungen. Das zu trennende Gemisch wird mit dem Trägergas in den Gaschromatographen eingespritzt, es verdampft und durchströmt die Trennsäule (B1).

Die einzelnen Komponenten des Gemisches lösen sich dabei unterschiedlich gut in der stationären Phase. Von nachströmendem Trägergas werden sie wieder herausgelöst und weitertransportiert. Je besser sich eine Verbindung in der stationären Phase löst, umso länger verbleibt sie in der Trennsäule. Am Detektor werden beispielsweise durch die Änderung der Wärmeleitfähigkeit die nach und nach die Säule verlassenden Verbindungen aufgespürt und am Schreiber als Peaks registriert. Die Retentionszeit RT, d.h. die Zeit zwischen Trennbeginn und Auftreten der Peaks, ist eine charakteristische Größe der Substanz und kann zu ihrer Identifizierung herangezogen werden. Dazu chromatographiert man eine Eichsubstanz unter gleichen Bedingungen und vergleicht die Chromatogramme.

Aus einem Chromatogramm lässt sich auch die quantitative Zusammensetzung des Gemisches bestimmen, denn die Peakfläche ist proportional zum Massenanteil der betreffenden Komponente im Gemisch. Häufig werden an Gaschromatographen Computer zur Auswertung angeschlossen. Diese berechnen direkt die Massenanteile der einzelnen Komponenten, die dann als Tabelle ausgedruckt werden können (B2).

Die Bedeutung der Gaschromatographie liegt in ihrer großen Trennleistung. Selbst kleinste Portionen von Substanzen, die sich in ihren Eigenschaften nur wenig unterscheiden, können noch getrennt werden. Sie ist jedoch nicht geeignet, um unbekannte Substanzen zu identifizieren oder gar deren Struktur zu ermitteln. Dazu benötigt man andere Analysenmethoden wie beispielsweise die Massenspektrometrie (S. 15).

Aufgabe

A1 Berechnen sie nach B3 aus den Flächen der Peaks 1 und 2 des Gaschromatogramms von Lavendelöl (B2) den Massenanteil der zugehörigen Komponente und vergleichen Sie Ihren Wert mit den angegebenen Computerwerten.

[1] Angenehm nach Bergamotte riechende Flüssigkeit

[2] Farblose, nach Maiglöckchen riechende Flüssigkeit

Dampfdruck und Siedetemperatur

Das kennen wir alle: Wasser und Alkohol verdunsten bereits bei Raumtemperatur, also weit unterhalb der Siedetemperatur. Ein Teil der Moleküle verlässt die Flüssigkeit und geht in den Gaszustand über. In einem geschlossenen Gefäß befindet sich daher über der Flüssigkeit immer auch Dampf. Der Anteil der Moleküle in der Flüssigkeit und im Dampf ist im zeitlichen Mittel bei konstanter Temperatur konstant. Erwärmt man die Flüssigkeit, so verdampfen mehr Moleküle und der Druck im Gefäß nimmt zu, was man mit einem angeschlossenen Manometer feststellen kann (B1).
Bei weiterem Erwärmen steigt der Dampfdruck weiter an, bis er schließlich bei einer bestimmten Temperatur den äußeren Druck erreicht: Die Flüssigkeit siedet. Vermindert man den äußeren Druck, so sinkt die Siedetemperatur, was man sich bei der Vakuumdestillation zu Nutze macht. Bei einer Druckverminderung auf 23,3 hPa siedet beispielsweise Wasser bereits bei 20 °C.

Bei der Wasserdampfdestillation liegen zwei nicht miteinander mischbare Flüssigkeiten vor. Dabei setzt sich der Dampfdruck aus den Dampfdrücken der Einzelkomponenten zusammen (B2).
Ein Gemisch aus Wasser und Linalylacetat, dem Hauptbestandteil des Lavendelöls, siedet, wenn der Gesamtdampfdruck *p*, also die Summe der Dampfdrücke *p* (Wasser) und *p* (Linalylacetat), gleich dem Atmosphärendruck ist. Bei Normdruck ist dies bei 99,6 °C der Fall, also bereits unterhalb der Siedetemperatur des Wassers. Bei dieser Temperatur beträgt der Dampfdruck von Wasser 998 hPa und der des höher siedenden Linalylacetat 15 hPa. Da der Dampfdruck proportional zur Teilchenanzahl *N* im Dampfraum ist, gehen bei der Destillation folgende Stoffmengen *n* an Wasser und Linalylacetat im Verhältnis ihrer Dampfdrücke über:

$$\frac{n\,(\text{Linalylacetat})}{n\,(\text{Wasser})} = \frac{p\,(\text{Linalylacetat})}{p\,(\text{Wasser})} = \frac{N\,(\text{Linalylacetat})}{N\,(\text{Wasser})}$$

Dies bedeutet, dass das Kondensat bei der Destillation viel Wasser und wenig Linalylacetat enthält.

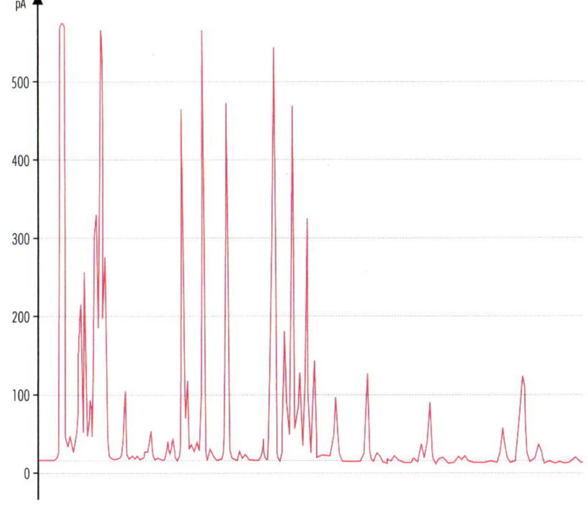

B4 *Gaschromatogramm von Eau de Parfum*

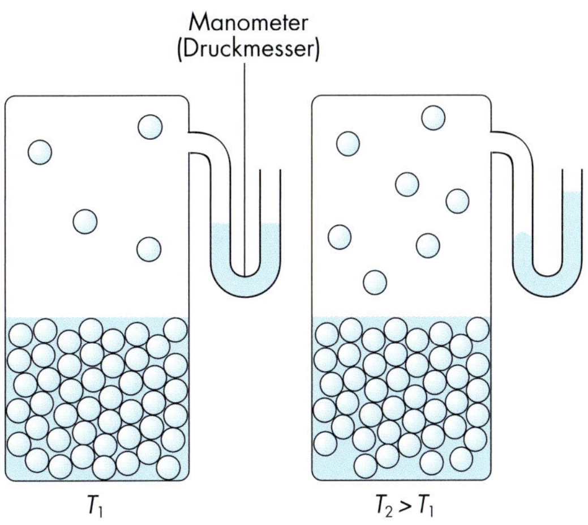

B1 *Modellhafte Darstellung des Dampfdrucks einer Flüssigkeit bei verschiedenen Temperaturen*

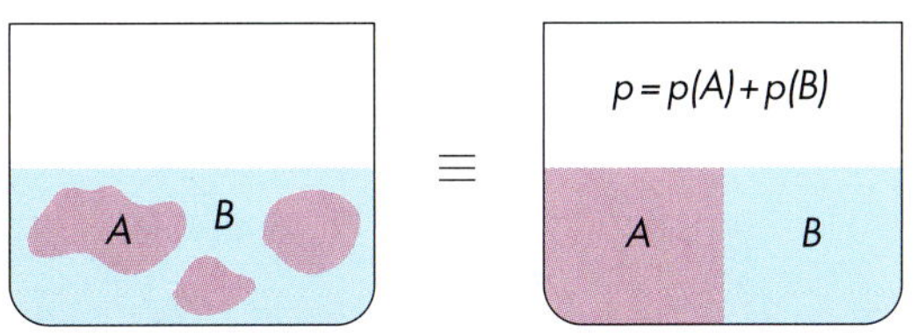

B2 *Zwei Flüssigkeiten A und B, die sich nicht mischen, können als getrennt nebeneinander vorliegend angesehen werden. Der Gesamtdampfdruck p ist daher die Summe der Partialdampfdrücke p = p (A) + p (B).*

Temperatur in °C	Dampfdruck in hPa
20	23,32
40	73,58
60	198,67
80	472,28
100	1013,3

B3 *Dampfdruck des Wasser bei verschiedenen Temperaturen*

Aufgaben

A1 Berechnen Sie, wie viel g Linalylacetat bei einer Wasserdampfdestillation bei Normdruck zusammen mit 10 mL Wasser überdestilliert werden. Die molare Masse *M* von Linalylacetat beträgt 196 g/mol ($M = m/n$).

A2 Vergleichen Sie die Gaschromatogramme von Eau de Parfum und Lavendelöl. Was erkennen Sie daraus?

Vorkommen und Gewinnung einiger etherischer Öle

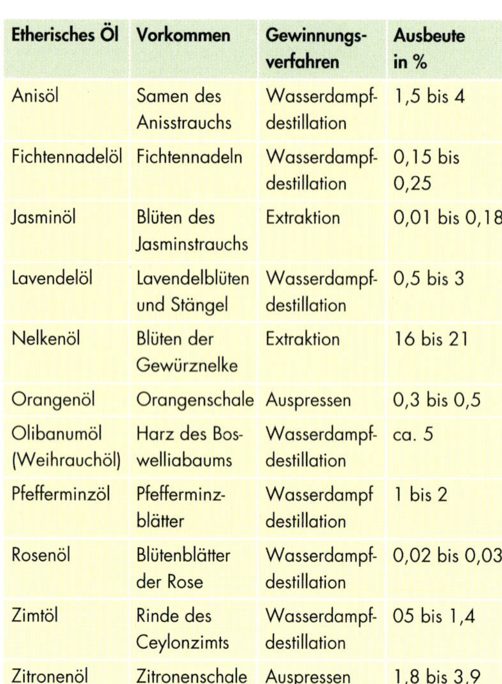

Etherisches Öl	Vorkommen	Gewinnungsverfahren	Ausbeute in %
Anisöl	Samen des Anisstrauchs	Wasserdampfdestillation	1,5 bis 4
Fichtennadelöl	Fichtennadeln	Wasserdampfdestillation	0,15 bis 0,25
Jasminöl	Blüten des Jasminstrauchs	Extraktion	0,01 bis 0,18
Lavendelöl	Lavendelblüten und Stängel	Wasserdampfdestillation	0,5 bis 3
Nelkenöl	Blüten der Gewürznelke	Extraktion	16 bis 21
Orangenöl	Orangenschale	Auspressen	0,3 bis 0,5
Olibanumöl (Weihrauchöl)	Harz des Boswelliabaums	Wasserdampfdestillation	ca. 5
Pfefferminzöl	Pfefferminzblätter	Wasserdampf destillation	1 bis 2
Rosenöl	Blütenblätter der Rose	Wasserdampfdestillation	0,02 bis 0,03
Zimtöl	Rinde des Ceylonzimts	Wasserdampfdestillation	05 bis 1,4
Zitronenöl	Zitronenschale	Auspressen	1,8 bis 3,9

B1 *Zur Gewinnung des kostbaren Rosenöls müssen die gerade geöffneten Blüten einzeln gepflückt werden und zwar im Morgengrauen, da die Blüten mit zunehmender Erwärmung im Laufe des Tages ihr etherisches Öl verlieren.*
Dagegen fällt Orangenöl in großen Mengen bei der Produktion von Orangensaft an. Die Orangenschalen können als Tierfutter verwendet werden, aber nur, wenn zuvor das Orangenöl ausgepresst wird, da es für die Tiere nicht verträglich ist.
A: *Die besten Pflücker ernten etwa 50 kg Rosenblüten am Tag. Wie viel Gramm Rosenöl lässt sich daraus gewinnen?*

Physiologische Wirkung etherischer Öle

Die medizinische Wirkung einiger etherischer Öle ist wissenschaftlich erwiesen. So wirkt z. B. das im Nelkenöl enthaltene Eugenol keimtötend und wird daher in der Zahnmedizin verwendet. Einige Öle wie Pfefferminzöl oder Eukalyptusöl wirken kühlend, schmerzlindernd oder schleimlösend und hustenstillend, weshalb sie z. B. bei Erkältungskrankheiten in Lutschbonbons oder Salben zum Einreiben verwendet werden.

Aufgaben

A1 Zur Unterscheidung eines etherischen Öls von einem Speiseöl gibt man einen Tropfen des Öls auf ein Filterpapier und wartet einige Minuten.
Führen Sie diesen Test mit einem etherischen Öl und einem Speiseöl durch. Beschreiben und erklären Sie den Unterschied.

A2 Informieren Sie sich über Verwendung und Wirkung von etherischen Ölen in Bonbons, Tees, Badezusätzen u. a. und erstellen Sie eine Tabelle.

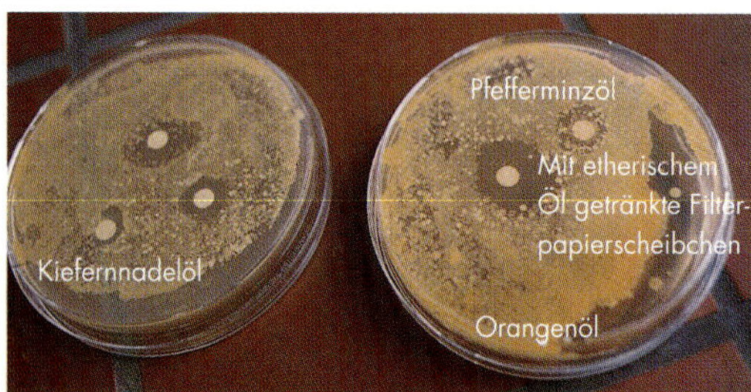

B2 *Wirkung etherischer Öle auf eine Bakterienkultur.*
A: *Erläutern Sie das Ergebnis.*

Weihrauch und Myrrhe

„Und sie gingen in das Haus und fanden das Kindlein mit Maria, seiner Mutter und sie fielen nieder und beteten es an und taten ihre Schätze auf und schenktem ihm Gold, Weihrauch und Myrrhe." Matthäus 2,11
Weihrauch und Myrrhe waren Kostbarkeiten und eine angemessene Gabe für Götter und Könige. Sie sind die Harze von Bäumen des Orients, die die Pflanzen absondern, um Wunden gegen den Befall von Pilzen oder Bakterien zu schützen. In der Antike war es weit verbreitet, durch Verbrennen von wohlriechendem Räucherwerk aus Myrrhe oder Weihrauch Gebete zu begleiten. Vom lateinischen *par fumum* (durch Rauch) leitet sich auch der Name Parfum ab.

B3 *Liturgisches Weihrauchgefäß*

Vorkommen und Gewinnung einiger etherischer Öle

Die Mischung macht's – Parfums

Die Qualität eines Parfums ist nicht nur von der Qualität der Rohstoffe abhängig, sondern auch von deren Mischung. Aus einer Fülle von mehr als 2 000 Duftstoffen stellt ein Parfumeur (B4) eine ausgewogene harmonische Mischung her. Dabei werden die teuren etherischen Öle mehr und mehr durch synthetische Duftstoffe ersetzt.

Jedes Parfum weist eine Kopf-, Herz- und Fondnote auf (B5). Die Kopfnote vermittelt den ersten Dufteindruck, sie wird durch die am leichtesten flüchtigen Bestandteile bestimmt, die in den ersten Minuten verdunsten. Zu diesen gehören z. B. Aromen von Zitrusschalen oder Früchten. Die Herznote wird von Blütenaromen wie Rose, Jasmin, Flieder u. a. getragen, die weniger leicht verdunsten. Die Fondnote wird von den am wenigsten flüchtigen Bestandteilen geprägt, sie kommt nach etwa zwei Stunden zum Tragen. Sie riecht nach Holz, Leder oder Gewürzen. Darüber hinaus erfüllen die Bestandteile der Fondnote die chemische Funktion, die Kopf- und Herznote länger zu fixieren, indem sie deren Verflüchtigung verlangsamen und so für einen ausgeglichenen Duftverlauf sorgen.

Aufgabe

A3 Ordnen Sie die Aromastoffe Butansäureethylester, Geraniol, Vanillin und Limonen (S. 18) der Kopf-, Herz- und Fondnote zu. Erläutern Sie.

B4 *Ein Parfumeur „komponiert" aus Hunderten von Aromastoffen seine Kreationen.*

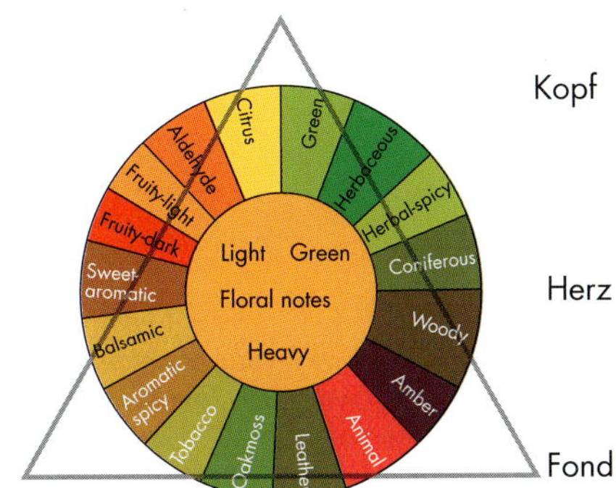

B5 *Die verschiedenen Duftnuancen lassen sich in Gruppen, den „Duftfamilien", zusammenfassen, die in einem Duftkreis zusammengestellt werden.*

Azeotrope Gemische

Durch die unterschiedliche Verdunstung der Komponenten verändert sich der Dufteindruck eines Parfums im Laufe des Tages, aber diese Veränderung soll möglichst gering und kaum bemerkbar sein. Dies erreicht ein Parfumeur, indem er die Komponenten eines Parfums so mischt, dass sich sogenannte **azeotrope Gemische** bilden können. Dies sind Flüssigkeitsgemische, die trotz verschiedener Siedetemperaturen ihrer Bestandteile in einem konstanten Mengenverhältnis verdampfen.

Ein solches azeotropes Gemisch bilden auch Ethanol und Wasser mit dem Massenanteil an Ethanol von 95,6 %. Deshalb gelingt es auch nicht, durch Destillation 100 %iges Ethanol herzustellen.

Wenn ein homogenes Flüssigkeitsgemisch verdampft, ist der Dampf in der Regel mit der niedriger siedenden Komponente angereichert. Dies gilt auch für die Verdampfung von Ethanol-Wasser-Gemischen mit einem Massenanteil an Ethanol unter 95,6 %. Wie sich aus dem Siedediagramm ablesen lässt, siedet beispielsweise ein Gemisch aus 10 % Ethanol und 90 % Wasser bei 92 °C. Der dabei entstehende Dampf besteht aus 41 % Ethanol und 59 % Wasser. Verdampft aber ein Gemisch mit einem Ethanol-Anteil von 95,6 %, so ist der Ethanol-Anteil im Dampf ebenfalls 95,6 % und nicht etwa größer. Es liegt ein azeotropes Gemisch vor.

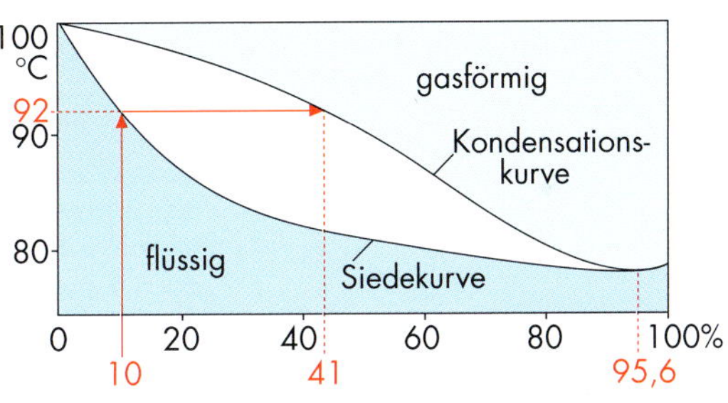

B6 *Siedediagramm eines Ethanol-Wasser-Gemisches. Die Siedekurve gibt die Siedetemperatur des flüssigen Ethanol-Wasser-Gemisches in Abhängigkeit von den jeweiligen Massenanteilen an. Die Zusammensetzung des dabei übergehenden Dampfes lässt sich an der Kondensationskurve ablesen.* **A:** *Bestimmen Sie anhand der Siedekurve die Siedetemperatur eines Gemisches aus 20 % Ethanol und 80 % Wasser. Lesen Sie die Zusammensetzung des zugehörigen Dampfes ab.*

Vom Duftstoff zum Parfum

	Duftstoff-Anteil in %	Alkohol-Anteil in %
Damenparfums		
Parfum	15 bis 20	80 bis 85
Eau de Parfum	8 bis 15	75 bis 85
Eau de Toilette	8 bis 12	73 bis 80
Eau de Cologne	4 bis 8	70 bis 75
Herrenparfums		
Eau de Toilette	5 bis 10	70 bis 75
Eau de Cologne	3 bis 5	70 bis 75
After Shave	2 bis 3	40 bis 60

B1 *Zusammensetzung von Duftwässern*

B2 *Verschiedene Parfums*

Versuche

V1 Geben Sie jeweils zu einigen Tropfen Eau de Parfum, Eau de Cologne und Eau de Toilette einige Tropfen Wasser. Tropfen Sie dann Ethanol* hinzu. Beobachtung?

V2 Mischen Sie je 2 mL
a) Pentan* mit Wasser
b) Pentan* mit Ethanol
c) Ethanol* mit Wasser
Geben Sie zur Mischung aus Pentan und Wasser portionsweise ca. 10 mL Ethanol hinzu. Beobachtung?

V3 Lösen Sie in je einem Rggl. a) einige Kristalle Iod* und b) eine Spatelspitze Glucose in Pentan, Ethanol und Wasser.

Auswertung

a) Notieren Sie die Beobachtungen.
b) Vergleichen Sie die Alkohol- und Duftstoff-Anteile in den verschiedenen Parfums und ermitteln Sie die ungefähren Wasser-Anteile. Erläutern Sie die Unterschiede.
c) Erklären Sie die Unterschiede mithilfe der Informationen aus den INFO-Kästen.

INFO

Polare und unpolare Moleküle

Die **Elektronenpaarbindung** ist gleichbedeutend mit der Ausbildung eines gemeinsamen Elektronenpaars zwischen den Atomen eines Moleküls. Elektronenpaarbindungen zwischen den Atomen verschiedener Elemente sind polar, da die Atomkerne die Bindungselektronen unterschiedlich stark anziehen. Die Eigenschaft eines Atoms innerhalb eines Moleküls Bindungselektronen anzuziehen wird **Elektronegativität EN** genannt. Je größer die Elektronegativität eines Atoms ist, desto stärker zieht es die Bindungselektronen an. In der Valenzstrichformel wird die polare Elektronenpaarbindung mit den Symbolen $\delta+$ und $\delta-$ für die Partialladungen gekennzeichnet.
Aufgrund der unsymmetrischen Verteilung der Elektronen im Molekül wirkt beispielsweise ein Wasser-Molekül wie ein kleiner elektrischer Dipol, der als Ganzes nach außen hin elektrisch neutral ist.
Im Pentan-Molekül liegen ebenfalls polare Elektronenpaarbindungen vor, doch wegen der insgesamt symmetrischen Ladungsverteilung sind Pentan-Moleküle im Gegensatz zu Wasser-Molekülen keine Dipole.

H 2,1							**He** –
Li 1,0	**Be** 1,5	**B** 2,0	**C** 2,5	**N** 3,0	**O** 3,5	**F** 4,0	**Ne** –
Na 0,9	**Mg** 1,2	**Al** 1,5	**Si** 1,8	**P** 2,1	**S** 2,5	**Cl** 3,0	**Ar** –
K 0,8	**Ca** 1,0	**Ga** 1,6	**Ge** 1,8	**As** 2,0	**Se** 2,4	**Br** 2,8	**Kr** –
Rb 0,8	**Sr** 1,0	**In** 1,7	**Sn** 1,8	**Sb** 1,9	**Te** 2,1	**I** 2,5	**Xe** –
Cs 0,7	**Ba** 0,9	**Tl** 1,8	**Pb** 1,8	**Bi** 1,9	**Po** 2,0	**At** 2,2	**Rn** –
Fr 0,7	**Ra** 0,9						

B3 *Periodensystem mit Angabe der Elektronegativitäten.* **A:** *Wie verändert sich die Elektronegativität (vgl. Zahlenwerte) a) innerhalb einer Periode und b) innerhalb einer Gruppe?*

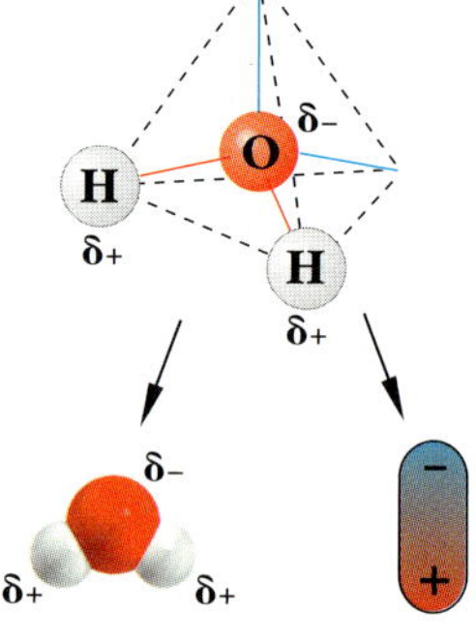

B4 *Das Wasser-Molekül ist ein Dipol, da die Elektronenpaarbindungen polar sind und das Molekül gewinkelt ist.* **A:** *Warum ist eine Sauerstoff-Wasserstoff-Bindung stärker polar als eine Kohlenstoff-Wasserstoff-Bindung?*

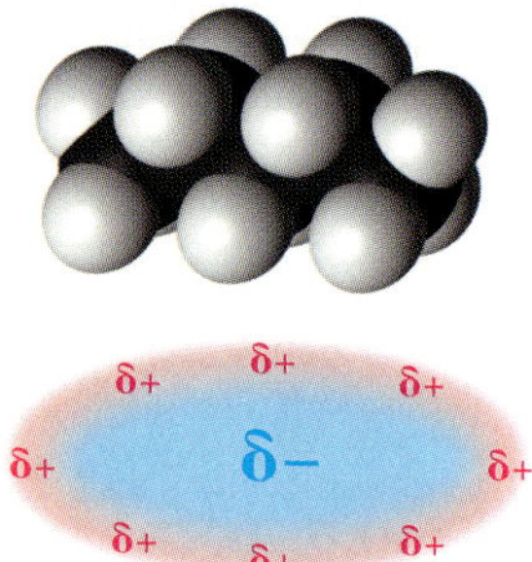

B5 *Das Pentan-Molekül ist wegen der symmetrischen Verteilung der Partialladungen ein unpolares Molekül.*

Alkohol als Lösemittel für Aromastoffe

Ein Duftöl ist noch kein Parfum. Erst die Mischung verschiedener Duftstoffe ergibt ein angenehm riechendes Parfum. Ebenso wichtig wie die Mischung ist das geeignete Lösemittel als Trägersubstanz für die Duftstoffe.

Die verschiedenen Duftwässer heißen zwar Eau de Toilette oder Kölnisch Wasser, aber Wasser ist nur in ganz geringen Anteilen in diesen enthalten. Denn die Duftstoffe lösen sich nicht in Wasser, was wir bereits bei der Wasserdampfdestillation festgestellt haben. Das geeignete Lösemittel ist Ethanol, das allgemein als Alkohol bezeichnet wird. Ethanol löst sowohl polare Stoffe, wie z. B. Wasser, als auch unpolare, in Wasser schlecht lösliche wie Pentan oder die diversen Duftstoffe.

Ethanol ist eine Verbindung aus Kohlenstoff, Wasserstoff und Sauerstoff mit der Molekülformel C_2H_6O. Man kann das Ethanol-Molekül formal als Derivat des Ethan-Moleküls ansehen, in dem ein Wasserstoff-Atom durch eine **Hydroxy-Gruppe** $-OH$ ersetzt ist. (**Freie Elektronenpaare** werden im Folgenden je nach Bedarf eingezeichnet.) Man kann es aber auch als Derivat des Wasser-Moleküls ansehen, in dem ein Wasserstoff-Atom durch die **Ethyl-Gruppe** $-CH_2CH_3$ ersetzt ist. Sowohl die polare Hydroxy-Gruppe als auch die unpolare Ethyl-Gruppe beeinflussen die Eigenschaften des Ethanols. So ist zu vermuten, dass die Hydroxy-Gruppe die gute Wasserlöslichkeit von Ethanol bedingt, indem sich Wasserstoffbrückenbindungen zwischen den Molekülen ausbilden. Weiterhin ist anzunehmen, dass die gute Löslichkeit von unpolaren Stoffen in Ethanol auf der unpolaren Ethyl-Gruppe beruht.

Die Hydroxy-Gruppe ist **hydrophil**[1] und **lipophob**, während die Ethyl-Gruppe **hydrophob**[2] und **lipophil**[3] ist.

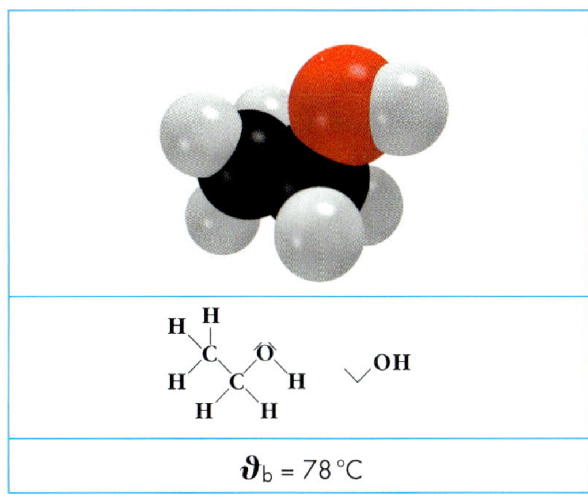

B6 *Kalotten-Modell, Valenzstrichformel, Struktursymbol und Siedetemperatur von Ethanol.* **A:** *Bauen Sie ein Kugelstäbchen-Modell des Ethanol-Moleküls.*

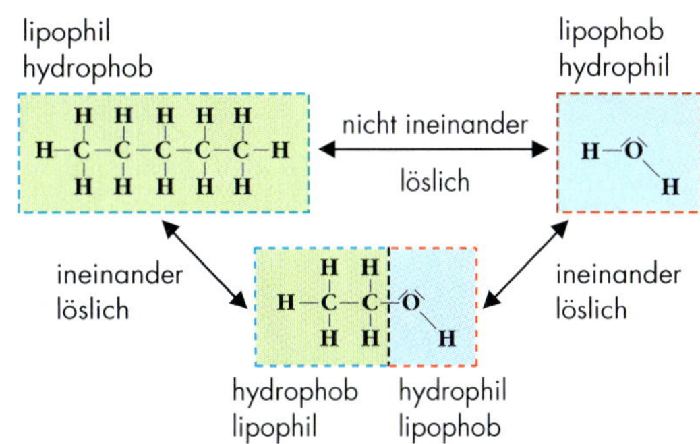

B7 *Löslichkeit von Ethanol*

Fachbegriffe

Elektronenpaarbindung, Elektronegativität EN, polare und unpolare Moleküle, Hydroxy-Gruppe, hydrophil, hydrophob, lipophil, lipophob, van-der-Waals-Kräfte, Wasserstoffbrückenbindungen, freie Elektronenpaare

INFO

Zwischenmolekulare Wechselwirkungen

Die Anziehungskräfte zwischen Molekülen einer Stoffportion werden als **van-der-Waals-Kräfte** bezeichnet. Im Vergleich zur Anziehung zwischen Ionen und zur Elektronenpaarbindung sind sie sehr schwach. Unter den van-der-Waals-Kräften gibt es folgende Abstufung nach zunehmender Stärke der Wechselwirkung:

- Wechselwirkungen zwischen unpolaren Molekülen, die mit steigender Molekülmasse und steigender Moleküloberfläche zunehmen
- Wechselwirkungen zwischen unpolaren Molekülen und Dipol-Molekülen
- **Dipol-Dipol-Wechselwirkungen**

Die **Wasserstoffbrückenbindung** ist eine Bindung zwischen Molekülen über Wasserstoff-Atome, die an stark elektronegative Atome der Elemente Fluor, Sauerstoff und Stickstoff gebunden sind. Die Anziehungskräfte zwischen den partiell positiv geladenen Wasserstoff-Atomen und den partiell negativ geladenen Fluor-, Sauerstoff- oder Stickstoff-Atomen sind sehr viel stärker als die van-der-Waals-Kräfte. Dabei tritt jeweils ein gebundenes Wasserstoff-Atom mit einem freien Elektronenpaar eines Sauerstoff-, Stickstoff- oder Fluor-Atoms eines anderen Moleküls in Wechselwirkung.

B8 *Wasserstoffbrückenbindungen zwischen Ethanol-Molekülen.* **A:** *Warum bilden sich Wasserstoffbrücken nur zwischen den Hydroxy-, aber nicht zwischen den Ethyl-Gruppen aus?* **A:** *Skizzieren Sie Wasserstoffbrückenbindungen zwischen Ethanol- und Wasser-Molekülen.*

[1] von *hydor* (griech.) = Wasser und von *philos* (griech.) = freundlich
[2] von *hydor* (griech.) = Wasser und von *phobos* (griech.) = scheu
[3] von *lipos* (griech.) = Fett und von *philos* (griech.) = freundlich

Geschwister des Ethanols

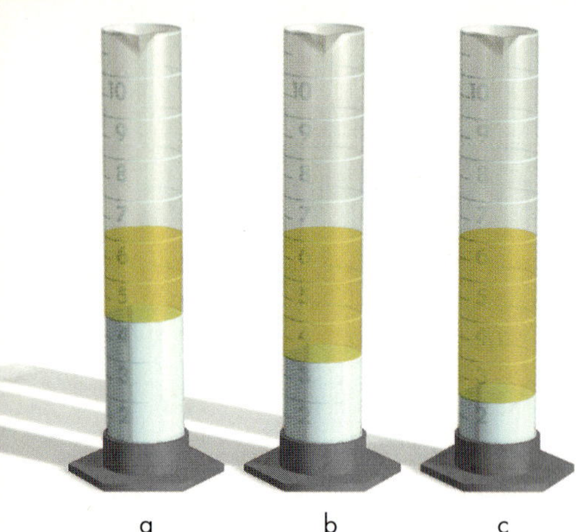

B1 *Beobachtungen zu V2*

Versuche

V1 Untersuchen Sie in Rggl. oder Petrischalen die Löslichkeit kleiner Portionen (1 mL) der Alkohole Methanol*, Ethanol*, 1-Propanol*, 1-Butanol*, 1-Pentanol*, Ethandiol* und Propantriol
a) in 1 mL Wasser und
b) in 1 mL Pentan*.

V2 Füllen Sie in drei 10-mL-Messzylinder jeweils 2 mL Pentan* und 2 mL Wasser. Geben Sie a) 2 mL Ethanol*, b) 2 mL 1-Propanol* und c) 2 mL 1-Butanol* hinzu und schütteln Sie. Messen Sie die Volumina der Phasen.

Auswertung

a) Schätzen Sie die Löslichkeit der Alkohole vor den Versuchen ab. Notieren Sie die Versuchsergebnisse in einer Tabelle und vergleichen Sie diese mit den Voraussagen.
Vergleichen Sie die Löslichkeiten der Alkohole und erklären Sie die Unterschiede anhand der Molekülstrukturen.
b) Erklären Sie die Beobachtungen bei V2 (B1).

Alkohol	Valenzstrichformel Halbstrukturformel	Struktursymbol	Siedetemp. in °C	Löslichkeit (g/100 g Wasser)
Methanol	CH_3OH	OH	65	∞
Ethanol	CH_3CH_2OH	OH	78,4	∞
1-Propanol	$CH_3CH_2CH_2OH$	OH	97	∞
1-Butanol	$CH_3CH_2CH_2CH_2OH$	OH	117	7,9
1-Pentanol	$CH_3CH_2CH_2CH_2CH_2OH$	OH	138	2,3

B2 *Valenzstrichformeln, Struktursymbole, Siedetemperaturen und Löslichkeiten einwertiger Alkohole. In den Struktursymbolen stellt jede Ecke ein Kohlenstoff-Atom mit den dazugehörigen Wasserstoff-Atomen dar. Insbesondere größere Moleküle können mit Struktursymbolen viel übersichtlicher dargestellt werden als mit Valenzstrichformeln.*
A: *Welche weiteren Vorteile haben die Struktursymbole?*
A: *Geben Sie Struktursymbole für Glykol, Glycerin und Sorbit (B3) an.*

Stoffklasse der Alkohole

Ethanol ist ein Vertreter der Stoffklasse der **Alkohole**, Verbindungen, die in ihren Molekülen eine **Hydroxy-Gruppe –OH** enthalten, wie Methanol, Propanol oder Butanol, oder zwei oder mehrere Hydroxy-Gruppen wie Ethandiol (Glykol), Propantriol (Glycerin) oder Hexanhexol (Sorbit).

Die Ergebnisse von V1 und V2 bestätigen die Annahme (vgl. S. 11), dass die hydrophile Hydroxy-Gruppe eine gute Wasserlöslichkeit bewirkt und die lipophile Kohlenwasserstoff-Gruppe (Alkyl-Gruppe) die gute Löslichkeit in Pentan. Methanol, Ethanol und Propanol sind unbegrenzt in Wasser löslich. Die Löslichkeit sinkt von Butanol zu Pentanol wegen des kleiner werdenden Anteils der Hydroxy-Gruppe und der Zunahme des Anteils der hydrophoben Alkyl-Gruppe. Umgekehrt steigt die Löslichkeit in Pentan mit der Zunahme des lipophilen Alkyl-Restes. Wie V2 zeigt, ist der Einfluss der hydrophilen Hydroxy-Gruppe und der lipophilen Alkyl-Gruppe auf die Löslichkeit bei Propanol ungefähr gleich.

Alkohole sieden bei höheren Temperaturen als Alkane mit etwa gleicher Molekülmasse. Zwischen den Hydroxy-Gruppen der Alkohol-Moleküle bilden sich Wassserstoffbrückenbindungen aus, die wesentlich stärker als van-der-Waals-Kräfte sind. Mit steigender Molekülmasse nehmen die van-der-Waals-Kräfte zu, daher steigt die Siedetemperatur in der Reihe vom Methanol zum Pentanol.

Aufgaben

A1 Informieren Sie sich über die Nomenklaturregeln zur Bezeichnung von Alkanen (vgl. S. 49). Leiten Sie aus den Namen der in B2, B3 und B4 angegebenen Alkohole Regeln zur Nomenklatur der Alkohole ab.

A2 1-Hexanol ist kaum wasserlöslich, Sorbit dagegen sehr gut. Erklären Sie den Unterschied.

	Siedetemp. in °C	Löslichkeit in Wasser in g/100 g
1-Butanol (Skelettformel mit OH)	117	7,9
2-Butanol (Skelettformel mit OH)	100	12,5
2-Methyl-1-propanol (Skelettformel mit OH)	108	10,0
2-Methyl-2-propanol (Skelettformel mit OH)	83	∞

B4 *Isomere[1] Butanole* C_4H_9OH. **A:** *Schätzen Sie anhand der Siedetemperaturen ab, bei welchem Butanol die stärksten van-der-Waals-Kräfte, bei welchem die schwächsten zwischen den Butyl-Gruppen auftreten. Erklären Sie dann die unterschiedlichen Löslichkeiten.*

[1] Isomere sind Verbindungen mit gleicher Summenformel, aber verschiedener Strukturformel (vgl. S. 51, B5)

H–O–CH₂–CH₂–O–H (Strukturformel)	H–O–CH₂–CH(OH)–CH₂–O–H (Strukturformel)	H–O–CH₂–(CH(OH))₄–CH₂–O–H (Strukturformel)
Ethandiol (Glykol)	Propantriol (Glycerin)	Hexanhexol (Sorbit)
ϑ_b = 197 °C	ϑ_b = 290 °C	ϑ_m = 112 °C ϑ_b = 295 °C
Verwendung als Frostschutzmittel in wassergekühlten Motoren. Ausgangsstoff für Kunststoffe	Verwendung in Kosmetika Ausgangsstoff für Sprengstoffe	Verwendung als Zuckerersatzstoff zur Vorbeugung von Karies und für Zuckerkranke

B3 *Einige wichtige Alkohole und ihre Verwendung.* **A:** *Bauen Sie Molekülmodelle für die genannten Alkohole auf.*

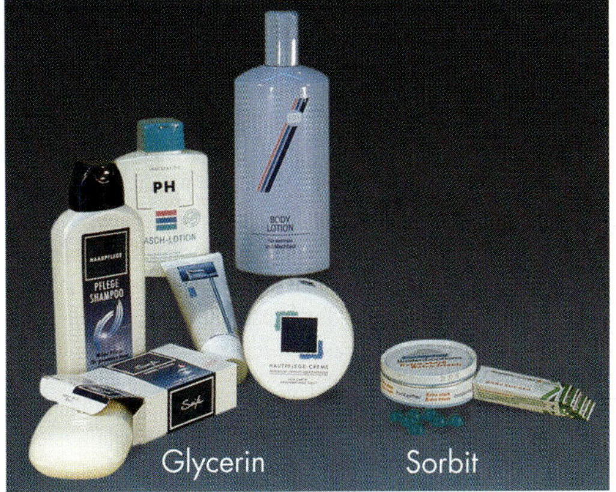

B5 *Verwendung von Glycerin und Sorbit. Sorbit wird durch Mundbakterien nicht angegriffen und zu Säuren zersetzt, die Karies fördern würden.*

Strukturaufklärung des Ethanol-Moleküls, der klassische Weg

Versuche

LV1 In ein großes Rggl. mit seitlichem Ansatzrohr gibt man zu ca. 10 mL Ethanol* ein erbsengroßes, entrindetes Stück Natrium*. Man fängt das entstehende Gas* auf und führt damit die Knallgasprobe durch. Nach Beendigung der Reaktion prüft man die elektrische Leitfähigkeit der Lösung. Man gießt die Lösung in eine Petrischale und lässt stehen. Beobachtung?

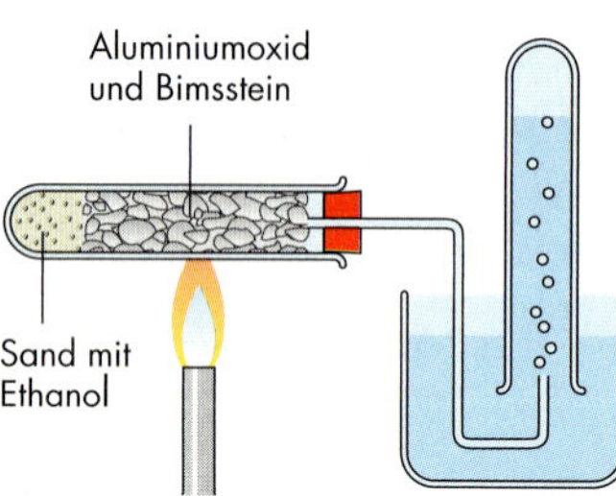

B1 *Versuchsaufbau zu V2*

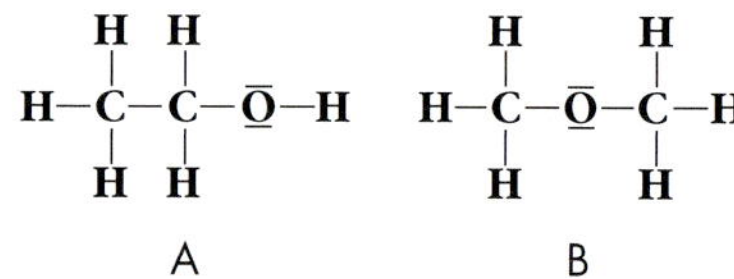

B2 *Zwei mögliche Valenzstrichformeln (Strukturformeln) für eine Verbindung mit der Summenformel* $C_2H_6O_1$

	Ethanol	Dimethylether
Struktursymbol	OH	O
Kalotten-Modell		
Siedetemperatur in °C	78	–25
Löslichkeit in Wasser	∞	8 g in 100 g Wasser
Reaktion mit Natrium	reagiert ähnlich wie Wasser	reagiert nicht

B3 *Zwei Isomere – Ethanol und Dimethylether.*
A: *Erklären Sie die unterschiedlichen Siedetemperaturen und Löslichkeiten in Wasser anhand der Struktur der Moleküle.*

V2 In einem schwer schmelzbaren Rggl. wird Sand mit Ethanol* getränkt. Füllen Sie das Rggl. mit einem Gemisch aus Aluminiumoxid und gekörntem Bimsstein (Katalysator) auf, sodass der ganze Querschnitt des Rggl. ausgefüllt ist (B1). Erhitzen Sie den Katalysator stark. Dabei verdampft das Ethanol und streicht über den heißen Katalysator. Fangen Sie das Gas* in mehreren Rggl. auf. Geben Sie in eines der Rggl. einige Tropfen Bromwasser* und schütteln Sie. Prüfen Sie mit einem anderen Rggl. die Brennbarkeit des Gases.

Auswertung

a) Vergleichen Sie die Reaktion von Ethanol mit Natrium mit der von Wasser und Natrium.
b) Erläutern Sie, warum diese Reaktion eher für die Valenzstrichformel **A** des Ethanol-Moleküls als für **B** spricht.
c) Das bei V2 entstehende Gas hat die Formel C_2H_4. Die Entfärbung von Bromwasser ist ein Nachweis für Kohlenstoff-Kohlenstoff-Doppelbindungen.
Weshalb deuten diese Ergebnisse auf die Valenzstrichformel **A** hin?

Bei der Stukturaufklärung einer Verbindung ermittelt man zuerst die Molekül- oder Summenformel (vgl. S. 56). Ethanol beispielsweise hat die Summenformel $C_2H_6O_1$. Diese gibt jedoch nicht an, wie die Atome im Molekül miteinander verknüpft sind. Für die Formel C_2H_6O sind zwei mögliche Struktur- oder Valenzstrichformeln **A** und **B** (B2) denkbar. Anhand charakteristischer Reaktionen kann man Rückschlüsse auf die Struktur der Verbindung ziehen und dadurch die zutreffende Valenzstrichformel ermitteln.
So reagiert z. B. Ethanol mit Natrium (LV1) ähnlich wie Wasser: Es entstehen Wasserstoff und ein salzartiger Feststoff, der nach dem Verdunsten des überschüssigen Ethanols zurückbleibt. Wie im Wasser-Molekül ist im Molekül **A** eine polare **O-H**-Bindung enthalten. Analog zur Reaktion von Ethanol mit Natrium formulieren wir:

$$2\,H{-}\bar{O}{-}H + 2\,Na \longrightarrow 2\,H{-}\bar{O}|^-\,Na^+ + H_2$$

$$2\,H{-}\overset{H}{\underset{H}{C}}{-}\overset{H}{\underset{H}{C}}{-}\bar{O}{-}H + 2\,Na \longrightarrow 2\,H{-}\overset{H}{\underset{H}{C}}{-}\overset{H}{\underset{H}{C}}{-}\bar{O}|^-\,Na^+ + H_2$$

Mit der Bildung von Natrium- und Ethanolat-Ionen $C_2H_5O^-$ können wir auch die elektrische Leitfähigkeit der bei LV1 entstehenden Lösung erklären.
Auch die Reaktion von V2 deutet auf die Valenzstrichformel **A** für Ethanol hin. Nur aus **A** kann unter Wasserabspaltung Ethen C_2H_4 entstehen.
Für Ethanol trifft also die Valenzstrichformel **A** zu. Eine Verbindung mit der Valenzstrichformel **B** gibt es auch: Sie heißt Dimethylether.

Strukturaufklärung durch Massenspektrometrie

Eine zwar aufwendige, aber sehr genaue und effiziente instrumentelle Methode zur Stukturaufklärung und zur Identifzierung von Verbindungen ist die Massenspektrometrie.

In einem Massenspektrometer (B1) wird die Substanzprobe im Hochvakuum der Ionisationskammer verdampft und durch einen Elektronenstrom geschickt. Beim Auftreffen von Elektronen auf die Moleküle der Substanz werden diese ionisiert und in Bruchstücke (Fragment-Ionen) zerschlagen.

$$M + e^- \rightarrow M^+ + 2e^-$$

Sowohl die elektrisch positiv geladenen Molekül-Ionen M^+ als auch die Fragment-Ionen werden im elektrischen Feld beschleunigt und durch ein Magnetfeld geschickt, in dem sie in eine Kreisbahn abgelenkt werden. Je kleiner die Masse und je größer die Ladung des Ions ist, desto stärker wird es abgelenkt. Da die Ionen fast alle einfach positiv geladen sind, ist die Ablenkung nur von der Masse des Ions abhängig. Die Stärke des Magnetfelds lässt sich nun so regeln, dass nur Ionen einer bestimmten Masse durch den Kollektorspalt in das Auffanggefäß gelangen können, in dem sie dann ein elektrisches Signal abgeben, dessen Intensität von der Anzahl der Ionen abhängt.

Im Massenspektrum des Ethanols (B2) erkennen wir mehrere Peaks, die jeweils einem Fragment zugeordnet werden können. Der Peak mit der größten Masse, bei Ethanol mit der Masse 46 u, entspricht dem Molekül-Ion M^+ und gibt die Molekülmasse der Verbindung an. Die kleineren Bruchstücke sind für das jeweilige Molekül charakteristisch und geben Hinweise auf bestimmte Atomgruppierungen. Der Peak bei 15 u ist z.B. charakteristisch für eine Methyl-Gruppe ($-CH_3$), der Peak bei 31u für eine primäre Hydroxy-Gruppe ($-CH_2OH$) (B2). Die unterschiedliche Intensität der Peaks ist auf die Stabilität der jeweiligen Molekülfragmente zurückzuführen. Im Massenspektrum von Ethanol erkennt man weiterhin einen kleinen Peak bei 47u. Dieser ist darauf zurückzuführen, dass Kohlenstoff als Isotopengemisch der Isotope [^{12}C]- und [^{13}C]-Kohlenstoff vorkommt.

Die Kopplung von Gaschromatographie (GC) mit anschließender Massenspektrometrie (MS) ist heute eine der wichtigsten Methoden in der Umweltanalytik. Durch GC wird ein Gemisch in die einzelnen Komponenten aufgetrennt. Diese werden dann massenspektrometrisch identifiziert. Dazu werden die aufgenommenen Massenspektren mithilfe von Computern mit bekannten in Datenbanken gespeicherten Spektren verglichen. Auf diese Weise sind schnelle Analysen auch von Substanzspuren im Bereich bis 10^{-15} g möglich, was z.B. in der Umweltanalytik oder in der Dopinganalytik im Sport genutzt wird.

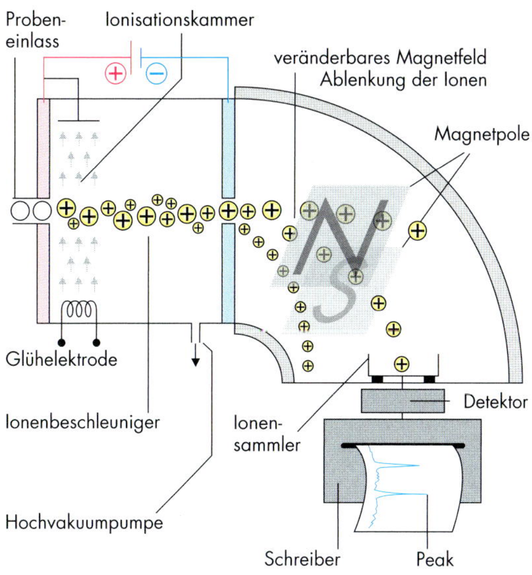

B1 *Massenspektrometer (schematisch)*

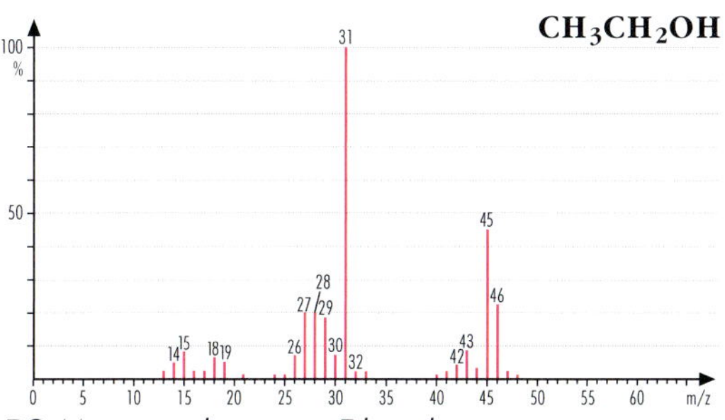

B2 *Massenspektrum von Ethanol*

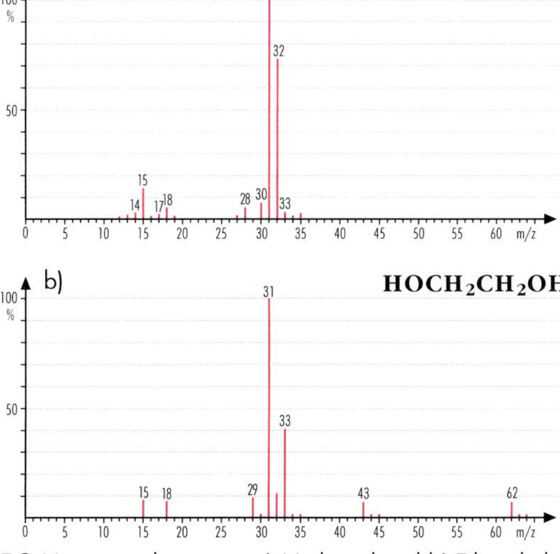

B3 Massenspektren von a) Methanol und b) Ethandiol.
A: *Vergleichen Sie die Peaks mit den Massen 15 u, 31u und 62 u in beiden Spektren und erläutern Sie.*

Von Bier und Wein

B1 *Weinlese im alten Ägypten*

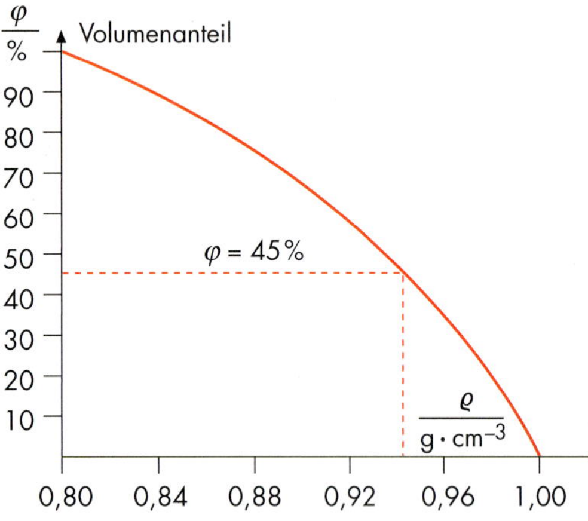

B2 *Zusammenhang zwischen Dichte ρ und Alkoholgehalt φ von Alkohol-Wasser-Gemischen*

B3 *Hopfen und Gerste, Ausgangsstoffe für die Bierherstellung*

Versuche

V1 Lösen Sie in je einem Erlenmeyerkolben 10 g Glucose, 10 g Saccharose und 10 g Fructose in jeweils 100 mL Wasser, versetzen Sie die Lösungen mit 5 g Bäckerhefe und vermischen Sie gut. Verschließen Sie die Erlenmeyerkolben mit Gärröhrchen, die mit Kalkwasser* gefüllt sind. Lassen Sie die Ansätze bis zur nächsten Stunde stehen. Beobachtung?

V2 Um den Ethanolgehalt in der Gärlösung zu bestimmen, pipettieren Sie 50 mL der über der Hefe stehenden klaren Lösung in einen Destillationskolben. Destillieren Sie in einer Destillationsapparatur die Gärlösung so lange, bis die Siedetemperatur 100 °C erreicht ist. Fangen Sie das Destillat in einem ausgewogenen Messzylinder auf. Bestimmen Sie Volumen und Masse des Destillats. Entzünden Sie eine kleine Portion des Destillats in einer Porzellanschale. Beobachtung?

Auswertung

a) Bestimmen Sie den Alkoholgehalt in der Gärlösung nach folgendem Muster:

Beispiel: Bei der Destillation von 50 mL Gärlösung erhält man 12,5 mL Destillat. Die Masse beträgt: $m(\text{Destillat}) = 11{,}68\ \text{g}$

1. Berechnung der Dichte: $\varrho(\text{Destillat}) = \frac{m(\text{Destillat})}{V(\text{Destillat})} = \frac{11{,}68\ \text{g}}{12{,}5\ \text{mL}} = 0{,}935\ \frac{\text{g}}{\text{m}}$

2. Ablesen des Volumenanteils φ an Ethanol in einer Tabelle (Dichte/Ethanol-Anteil) oder in B2: $\varphi(\text{Ethanol}) = 48\ \%$

3. Berechnung des Volumens des reinen Ethanols:
$V(\text{Ethanol}) = V(\text{Destillat}) \cdot \varphi(\text{Ethanol}) = 12{,}5\ \text{mL} \cdot 48\ \% = 6{,}0\ \text{mL}$

4. Bestimmung des Volumenanteils an Alkohol in der Gärlösung:
$\varphi(\text{Ethanol}) = V(\text{Ethanol}) : V(\text{Gärlösung}) = 6{,}0\ \text{mL} : 50\ \text{mL} = 0{,}12 = 12\ \%$

b) Warum muss man zur Bestimmung des Alkohol-Anteils in der Gärlösung den Umweg über die Destillation nehmen?

Von Hopfen und Malz zum Bier: In Wasser eingeweichte *Gerste* lässt man bei 15 °C bis 18 °C etwa 7 bis 8 Tage keimen. Das entstehende *Grünmalz* wird bei 60 °C bis 80 °C getrocknet. Dabei bildet sich das dunkle, aromatische *Darrmalz*. Dieses wird in der Brauerei zermahlen, mit Wasser gemischt und erwärmt. In dieser *Maische* wird die Stärke durch Enzyme der keimenden Gerste in wasserlösliche Zucker gespalten, die vergoren werden können. Die Maische wird filtriert und das Filtrat, die *Würze*, im Hopfenkessel mit Hopfen zum Sieden erhitzt. Geschmacksstoffe aus dem Hopfen werden gelöst. Die abgekühlte, *gehopfte Würze* wird mit Hefe zum Gären gebracht.

Man unterscheidet *untergärige Biere*, die bei 5 °C bis 9 °C in 8 bis 10 Tagen langsam entstehen, wobei die Hefe sich am Boden absetzt, und *obergärige Biere*, bei denen die Gärung bei 15 °C bis 20 °C unter Aufsteigen der Hefe in 4 bis 6 Tagen schnell abläuft. Nach längerer Lagerzeit und langsamer Nachgärung kommen die Biere in den Handel.

Aufgaben

A1 Stellen Sie für die Bierherstellung ein übersichtliches Schema auf.

A2 Warum setzt sich die Hefe bei langsamer Gärung am Boden ab, warum steigt sie bei schneller Gärung auf?

A3 „Alkoholfreies" Bier enthält weniger als 1 % Alkohol. Warum kann man es nicht einfach durch Abdestillieren des Alkohols bei normalem Druck gewinnen?

Die alkoholische Gärung

Die frühe Herstellung von Wein oder Bier ist darauf zurückzuführen, dass Alkohol in der Natur von selbst, ohne menschliches Zutun, entsteht. Eine wässrige Glucose-Lösung vergärt in Gegenwart von Hefezellen zu Ethanol und Kohlenstoffdioxid. Dieser Vorgang wird als **alkoholische Gärung** bezeichnet. Die Enzyme aus der Hefe wirken dabei als Katalysatoren.

$$\underset{\text{Glucose}}{C_6H_{12}O_6} \xrightarrow{\text{Hefe}} \underset{\text{Ethanol}}{2\ C_2H_5OH} + 2CO_2$$

Die günstigsten Bedingungen sind etwa 30 °C. Bei niedrigeren Temperaturen verläuft die alkoholische Gärung nur sehr langsam, bei Temperaturen oberhalb von ca. 50 °C findet keine Gärung statt, weil die Hefezellen nicht mehr lebensfähig sind.
Bei der Herstellung von Wein wird die Glucose aus Trauben vergoren, bei der Bierherstellung dient die Stärke aus der Gerste als Ausgangsmaterial.
Durch Gärung kann maximal ein Alkohol-Anteil von ca. 15 Volumenprozent erreicht werden. Bei höheren Alkohol-Konzentrationen stoppt die Gärung, weil die Hefezellen absterben. Getränke mit höherem Alkoholgehalt werden durch Destillation von Wein, Obstweinen oder Bier hergestellt.

Alkohol als Droge: Etwa 25 Milliarden € werden in Deutschland pro Jahr für alkoholische Getränke ausgegeben. Durchschnittlich nimmt jeder Bürger 12 L reinen Alkohol zu sich. Dabei ist der Genuss von Alkohol mit gesundheitlichen Risiken verbunden. Schon kleine Mengen Alkohol beeinträchtigen das Reaktionsvermögen, wodurch gerade Verkehrsteilnehmer stark gefährdet sind. So gilt ab einem Blutalkoholgehalt von 0,5 ‰ absolutes Fahrverbot. Hoher oder häufiger Genuss von Alkohol führt zu Schädigungen der inneren Organe, insbesondere der Leber, zu Erkrankungen des Nervensystems und zum Persönlichkeitsverfall. Alkohol ist eines der gefährlichsten Suchtmittel.

Aufgaben

A1 Der Blutalkoholgehalt in Promille (‰) lässt sich näherungsweise aus der aufgenommenen Alkoholmenge nach folgender Faustregel

$$\varphi\,(\text{Blutalkoholgehalt}) = \frac{m(\text{Alkohol})\text{ in g}}{m(\text{Person})\text{ in kg}\cdot K} \text{ berechnen.}$$

K ist ein mittlerer Erfahrungswert und beträgt für Männer 0,68 und für Frauen 0,55.
Berechnen Sie den Blutalkoholgehalt einer männlichen Person von 70 kg nach dem Genuss von einem Glas (0,3 L) Bier (B4).

A2 Nennen Sie Gründe, die zu Alkoholmissbrauch führen können, und stellen Sie Regeln für einen vernünftigen Umgang mit Alkohol auf.

A3 Untersuchen Sie anhand von Werbesendungen im Fernsehen und Anzeigen in Zeitschriften, wie für alkoholische Getränke geworben wird.

A4 Wenn Winzer in den Gärkeller hinabsteigen, nehmen sie eine brennende Kerze mit. Warum wohl?

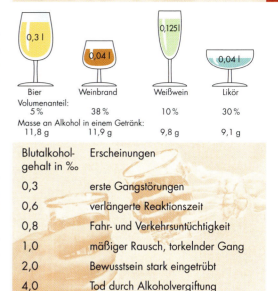

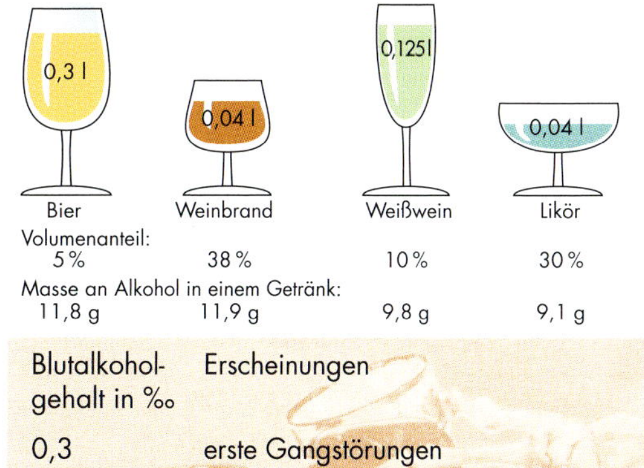

Blutalkoholgehalt in ‰	Erscheinungen
0,3	erste Gangstörungen
0,6	verlängerte Reaktionszeit
0,8	Fahr- und Verkehrsuntüchtigkeit
1,0	mäßiger Rausch, torkelnder Gang
2,0	Bewusstsein stark eingetrübt
4,0	Tod durch Alkoholvergiftung

B4 *Ethanol-Anteil alkoholischer Getränke und Wirkungen von Alkohol*

B5 *Aus* ANTOINE DE SAINT-EXUPÉRY, *Der kleine Prinz*

Was ist ein Aromastoff?

Benzaldehyd	Bittermandelöl Aprikosen- und Pfirsichkerne ϑ_b = 180 °C	Ethansäure-benzylester	Jasmin ϑ_b = 213 °C	Citronellal	Zitronenmelisse ϑ_b = 208 °C
Eugenol	Gewürznelkenöl Basilikumöl ϑ_b = 253 °C	Geraniol	Rose Geranie Jasmin ϑ_b = 230 °C	2-Heptanon	Gewürznelkenöl ϑ_b = 152 °C
Ionon	Veilchen ϑ_b = 250 °C	Butansäure-ethylester	Ananas Bananen ϑ_b = 116 °C	Limonen	Zitronenöl Orangenöl Fichtennadelöl ϑ_b = 176 °C
Linalool	Lavendelöl Orangenöl ϑ_b = 200 °C	Linalylacetat	Lavendelöl ϑ_b = 220 °C	Menthol	Pfefferminzöl ϑ_b = 216 °C
Terpineol	Kiefernöl ϑ_b = 218 °C	Vanillin	Vanille ϑ_b = 285 °C	Zimtaldehyd	Zimtöl ϑ_b = 246 °C

B1 *Inhaltsstoffe von Pflanzenaromen, Struktursymbole, Vorkommen und Siedetemperaturen*

Auswertung

a) Stellen Sie für Limonen, 2-Heptanon, Citronellal, Menthol und Linalool die Valenzstrichformeln und Molekülformeln auf.
b) Suchen Sie nach Möglichkeiten, die angegebenen Verbindungen zu ordnen.
c) Ordnen Sie die Verbindungen nach gleichen Atomgruppierungen.
d) Informieren Sie sich im Internet über Aromastoffe (mögliche Einstiegsadresse: http://www.haarmann-reimer.de).

Stoffklassen und funktionelle Gruppen

Die Aromen aus Pflanzen und die aus ihnen gewonnenen etherischen Öle enthalten eine Fülle verschiedenster Verbindungen, von denen B1 eine kleine Auswahl zeigt. Auf den ersten Blick sehen die verschiedenen Strukturformeln dieser Verbindungen verwirrend aus. Auf den zweiten Blick erkennt man jedoch Gemeinsamkeiten. Alle bestehen aus einem Gerüst aus Kohlenstoff- und Wasserstoff-Atomen, bei denen die Kohlenstoff-Atome entweder über **Einfachbindungen** (Alkane, vgl. S. 49) oder über **Doppelbindungen** (Alkene, vgl. S. 51) miteinander verknüft sind. Weiterhin stellt man fest, dass einige Atomgruppierungen immer wieder vorkommen. So finden wir bei Geraniol, Linalool, Menthol u.a. die **Hydroxy-Gruppe –OH**. Diese Verbindungen gehören zur Stoffklasse der Alkohole. Andere Verbindungen wie Benzaldehyd, Citronellal oder 2-Heptanon weisen eine **Carbonyl-Gruppe >C=O** auf. Hier unterschiedet man zwischen der **Aldehyd-Gruppe**, bei der an das Carbonyl-Kohlenstoff-Atom noch ein Wasserstoff-Atom gebunden ist, und der **Keto-Gruppe**. Eine weitere häufig anzutreffende Gruppe ist die **Ester-Gruppe –COO–**, hier bei Ethansäurebenzylester, Linalylacetat und Butansäureethylester. Da diese Gruppen die Eigenschaften der Verbindungen maßgeblich beeinflussen, fasst man die Verbindungen anhand ihrer **funktionellen Gruppen** zu Stoffklassen zusammen.

Stoffklasse	Strukturelement oder funktionelle Gruppe	Beispiel
Alk**ane**	Einfachbindung $\mathrm{>C-C<}$	Eth**an** $\mathrm{H-\overset{H}{\underset{H}{C}}-\overset{H}{\underset{H}{C}}-H}$
Alk**ene**	Doppelbindung $\mathrm{>C=C<}$	Eth**en** $\mathrm{\genfrac{}{}{0pt}{}{H}{H}\!>C=C<\!\genfrac{}{}{0pt}{}{H}{H}}$
Alkoh**ole** (Alkan**ole**)	Hydroxy-Gruppe $\mathrm{-\overline{\underline{O}}-H}$	Ethan**ol** $\mathrm{H-\overset{H}{\underset{H}{C}}-\overset{H}{\underset{H}{C}}-\overline{\underline{O}}-H}$
Aldehyde (Alkan**ale**)	Carbonyl-Gruppe (Aldehyd-Gruppe) $\mathrm{-C\genfrac{}{}{0pt}{}{/\!/ O}{\backslash H}}$	Ethan**al** $\mathrm{H_3C-C\genfrac{}{}{0pt}{}{/\!/ O}{\backslash H}}$
Ket**one** (Alkan**one**)	Carbonyl-Gruppe (Keto-Gruppe) $\mathrm{>C=\overline{O}}$	Propan**on** $\mathrm{H_3C-\overset{\overline{O}}{\overset{\Vert}{C}}-CH_3}$
Carbonsäuren (Alkansäuren)	Carboxy-Gruppe $\mathrm{-C\genfrac{}{}{0pt}{}{/\!/ O}{\backslash \underline{O}-H}}$	Ethan**säure** $\mathrm{H_3C-C\genfrac{}{}{0pt}{}{/\!/ O}{\backslash \underline{O}-H}}$
Ether	Alkoxy-Gruppe $\mathrm{>C-\overline{\underline{O}}-C<}$	Diethyl**ether** $\mathrm{H_3CH_2C-O-CH_2CH_3}$
Ester	Ester-Gruppe $\mathrm{-C\genfrac{}{}{0pt}{}{/\!/ O}{\backslash \underline{O}-}}$	Ethansäureethyl**ester** $\mathrm{H_3C-C\genfrac{}{}{0pt}{}{/\!/ O}{\backslash \underline{O}-CH_2CH_3}}$

B2 *Wichtige Stoffklassen und ihre funktionellen Gruppen. Die Endung im Namen gibt an, zu welcher Stoffklasse die Verbindung gehört.*

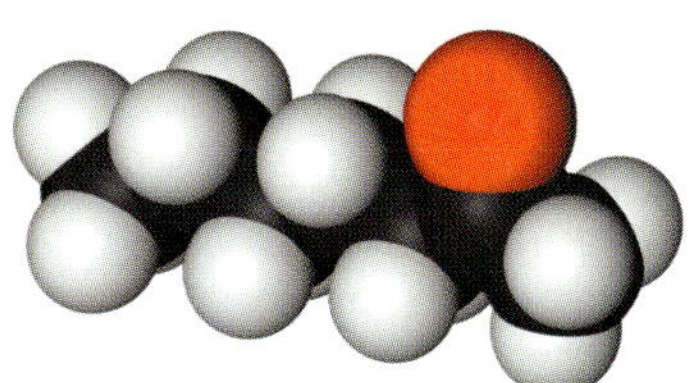

B3 *2-Heptanon (Kalotten-Modell)*

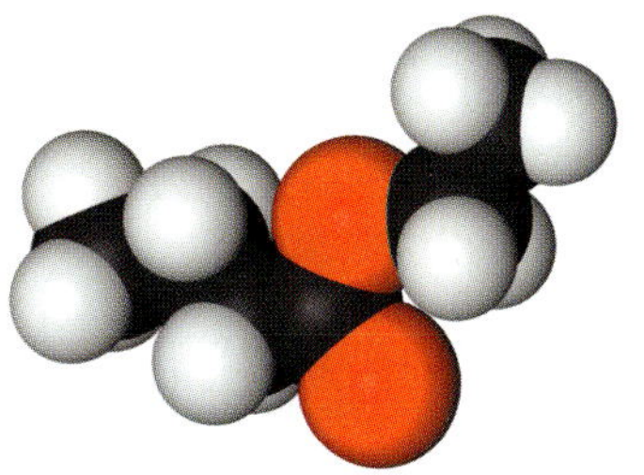

B4 *Butansäureethylester (Kalotten-Modell)*

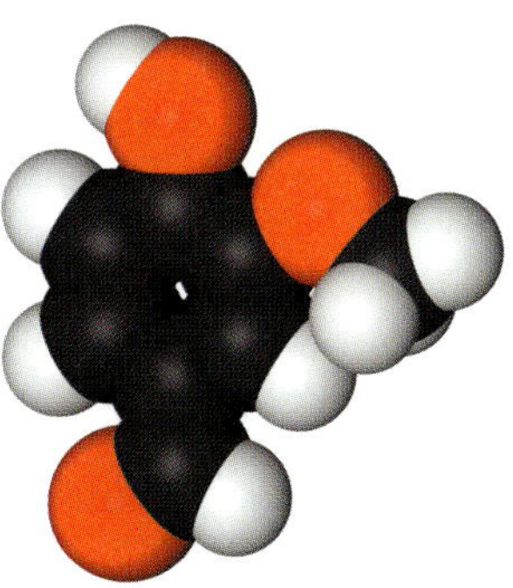

B5 *Vanillin (Kalotten-Modell), eine Verbindung mit drei funktionellen Gruppen.* **A:** *Welchen Stoffklassen ist Vanillin zuzuordnen?*

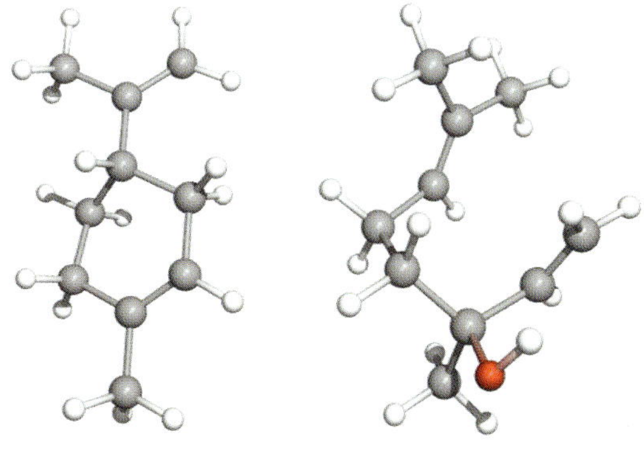

B6 *Limonen und Linalool (Computerbilder von Kugelstäbchen-Modellen).* **A:** *Vergleichen Sie die Kalotten-Modelle mit den Kugelstäbchen-Modellen hinsichtlich ihrer Aussagekraft über die räumliche Struktur von Molekülen.*

Terpene und Isopren

Auffallend bei vielen Aromastoffen (S. 18) ist ein Molekülgerüst aus 10 Kohlenstoff-Atomen. Kohlenwasserstoffe der Summenformel $C_{10}H_{16}$, die als Terpene[1] bezeichnet werden, und ihre Derivate haben meist einen angenehmen Geruch. Gemeinsames Merkmal der Terpene ist ihr Aufbau aus zwei Isopren-Einheiten mit je 5 Kohlenstoff-Atomen. In Pflanzen sind Terpene sowie Verbindungen, die aus mehreren Isopren-Einheiten aufgebaut sind, weit verbreitet. Sie tragen nicht nur zu deren Duft, sondern auch zu deren Farben bei.

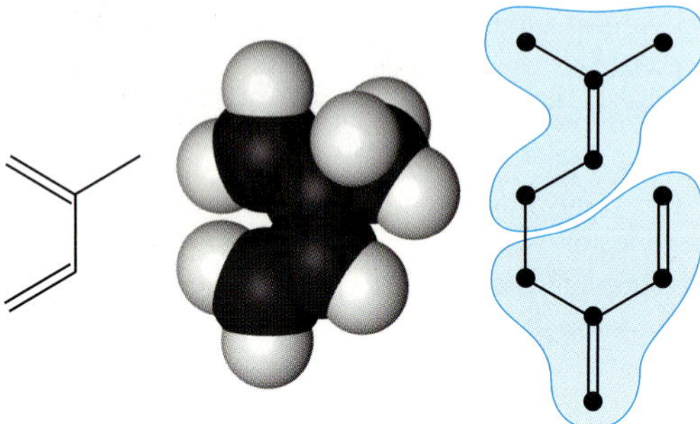

B1 *Isopren und Isopren-Einheiten in Terpenen.*
A: *Welche der auf S. 18 angegebenen Moleküle gehören zu den Terpenen und Terpen-Derivaten? Zeichnen Sie die Isopren-Einheiten ein.*

So sind die Carotinoide, wie β-Carotin, der gelbe Farbstoff der Karotten, oder Lycopin, der rote Farbstoff der Tomaten, ebenfalls aus Isopren-Einheiten aufgebaut. Die Farbe roter und gelber Blätter, der Paprika oder Aprikosen, aber auch die Farbe der Schalen von Hummer und anderen Schalentieren beruhen auf Carotinoiden. Man vermutet, dass die Riechstoffe beim Abbau der Carotinoide entstehen.

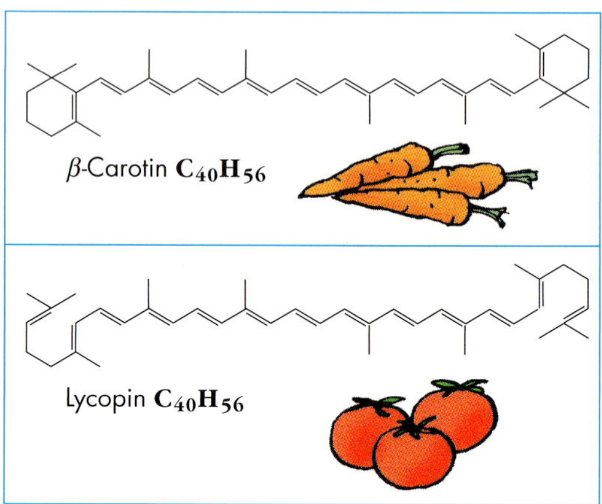

B2 *β-Carotin und Lycopin, zwei Carotinoide.*
A: *Aus wie vielen Isopren-Einheiten sind β-Carotin bzw. Lycopin aufgebaut?* **A:** *Bei einer Gemüsesuppe mit Möhren oder Tomaten sind die Fettaugen gelb-orange bis rot gefärbt, aber nicht die wässrige Brühe. Erklären Sie diese Beobachtung.*

Nachweis von Doppelbindungen im Molekül

Versuche

V1 Schütteln Sie in zwei Rggl. a) 3 mL Cyclohexan* und b) 3 mL Cyclohexen* jeweils mit 3 mL Bromwasser*. Beobachtung?

V2 Schütteln Sie verschiedene etherische Öle, auch selbst isolierte, wie Orangenöl, Nelkenöl, Lavendelöl, Zimtöl u.a. sowie Eau de Parfum mit jeweils 2 mL Bromwasser*. Beobachtung?

Viele Aromastoffe (vgl. S. 18), wie z.B. die Terpene, besitzen eine oder mehrere Kohlenstoff-Kohlenstoff-Doppelbindungen im Molekül. Eine Nachweisreaktion für dieses Strukturmerkmal ist die Entfärbung von Bromwasser beim Schütteln (V1 und V2). Die Brom-Moleküle werden dabei an die Kohlenstoff-Atome der Doppelbindungen angelagert:

$$R_2C{=}CR_2 + Br_2 \longrightarrow R-\underset{Br}{\overset{R}{C}}-\underset{Br}{\overset{R}{C}}-R$$

Aufgabe

A1 Welche der folgenden Aromastoffe – Limonen, Menthol, Geraniol, Linalool, Terpineol (S. 18) – zeigen eine positive Bromwasser-Probe? Wie viele Moleküle Brom werden jeweils pro Molekül addiert?

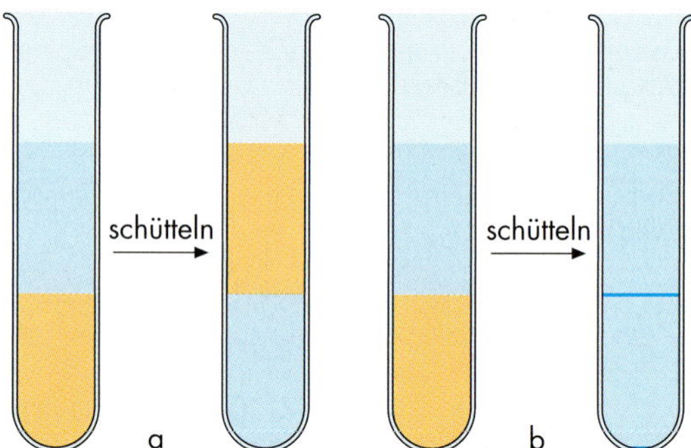

B3 *a) Schütteln eines Alkans, z.B. Cyclohexan, mit Bromwasser und b) Schütteln eines Alkens, z.B. Cyclohexen mit Wasser.* **A:** *Vergleichen Sie die Löslichkeit von Brom in Wasser und in einem Alkan bzw. Alken und erklären Sie den Unterschied.*

[1] von *terpien* (griech.) = erfreuen

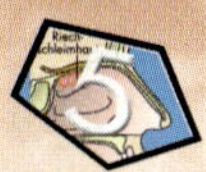

Riechen und Geruch

Riechen kann man nur Stoffe, die mit der Atemluft in die Nase gelangen, sie müssen sich also im gasförmigen Zustand befinden. Weiterhin müssen sie zumindest in geringem Maße hydrophil sein, damit sie sich in der wässrigen Nasenschleimhaut lösen können.

In der Nase befinden sich im oberen Bereich (B1) zwei ca. 4 cm^2 große Riechschleimhäute mit ca. 30 Millionen Nervenzellen und sogenannten Stützzellen, die den Schleim erzeugen (B2). Die Riechnervenzellen besitzen eine Vielzahl von feinen Endungen, die wie feine Härchen, den Riechhärchen, in die Schleimschicht hineinragen. Im Schleim verfangen sich die Duftmoleküle, die mit der Atemluft in die Nase strömen. Wie das Riechen genau funktioniert, ist noch nicht geklärt. Die Vielfalt der Geruchsempfindungen und die Vielfalt der chemischen Strukturen der Geruchsstoffe lassen noch keinen Schluss auf den Mechanismus des Riechens zu. Man vermutet, dass sich auf den Riechhärchen Rezeptor-Moleküle befinden, an die sich nach dem Schlüssel-Schloss-Prinzip bestimmte Duftmoleküle mit passender Struktur anlagern können (B3). Dockt ein Molekül an, so wird über die Nervenfasern ein elektrisches Signal ans Gehirn geleitet. Der Geruchseindruck entsteht. Das Riechzentrum befindet sich im entwicklungsgeschichtlich ältesten Teil des Großhirns, der auch für die emotionalen Reaktionen eines Menschen verantwortlich ist. Gerüche beeinflussen daher unsere Emotionen oft unterhalb der Bewusstseinsschwelle.

Die Gerüche, auf die wir Menschen am empfindlichsten reagieren, entstehen beim Verderben von Lebensmitteln. Fäulnisbakterien geben für den Menschen giftige Stoffwechselprodukte ab, wie z. B. Ammoniak oder Dimethylsulfid. Der Geruch dient sozusagen als Warnsignal vor dem Verzehr verderbender Lebensmittel. Nicht alle flüchtigen Verbindungen haben einen charakteristischen Geruch. Die bekanntesten Stoffe ohne Geruch sind Wasser und die Gase der Luft. Diese allgegenwärtigen Stoffe haben wir im Laufe der Evolution zu ignorieren gelernt.

Etwa 700 Duftnuancen kann ein normaler Mensch unterscheiden, Parfumeure mehr als 2000. Der Geruchssinn ist sehr empfindlich. Manche Stoffe sind noch in einer Verdünnung von 1 : 1 Million, manche sogar noch in einer Verdünnung von 1 : 1 Milliarde wahrzunehmen. Die Konzentration beeinflusst auch die Geruchswahrnehmung. So empfinden wir den Geruch eines etherischen Öls manchmal als streng, in der Verdünnung aber als angenehm.
Im Vergleich mit Tieren wie z. B. Hunden ist unsere Riechleistung allerdings bescheiden. Hunde riechen etwa 100mal besser als Menschen.

Aufgabe

A1 Vielen Alltagsprodukten werden heute Duftstoffe zugesetzt, damit sie angenehm riechen oder andere unangenehme Gerüche überdecken. Stellen Sie eine Liste zusammen.

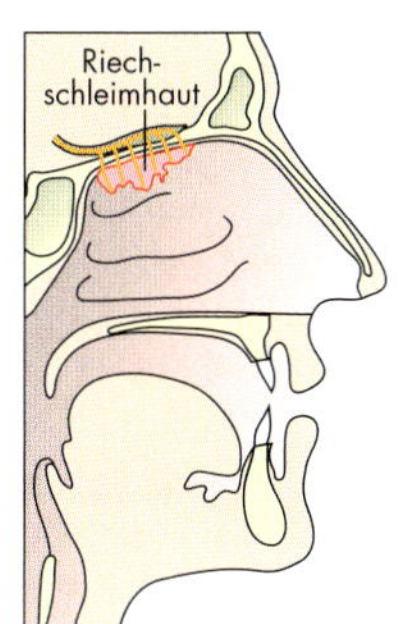

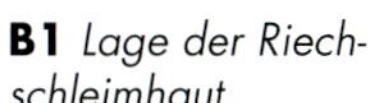

B1 *Lage der Riechschleimhaut*

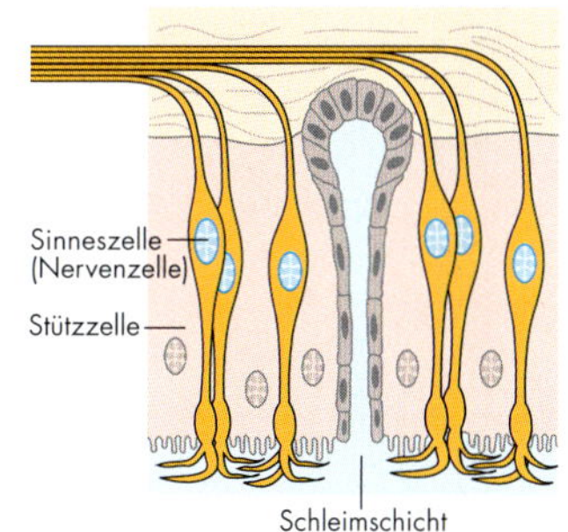

B2 *Querschnitt durch die Riechschleimhaut beim Menschen*

B3 *Modell eines Riechhärchens mit Rezeptoren und passenden Riechstoff-Molekülen nach dem Schlüssel-Schloss-Prinzip*

Vom Alkohol zum Aldehyd oder zum Keton

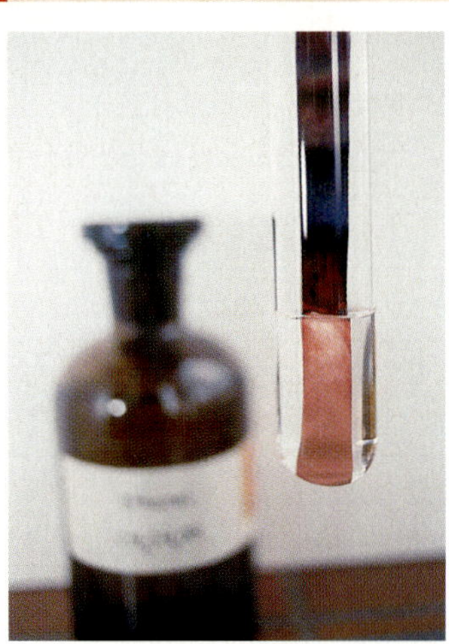

B1 *Kupferoxid wird durch Alkohole zu Kupfer reduziert.*

B2 *Im Aroma von Früchten und Blüten ist eine Vielzahl von Aldehyden und Ketonen enthalten. Das Aroma von Äpfeln wird beispielsweise von Hexanal und 2-Hexenal, das von Pfirsichen von Nonanal mitbestimmt.* **A:** *Geben Sie die Strukturformeln der Verbindungen an.*

$$R-\underset{H}{\overset{H}{C}}-OH \xrightarrow[\text{(Ox.)}]{-2H} R-C\overset{\overline{O}|}{\diagup\!\!\diagup}\ \backslash H$$

primärer Alkohol → Aldehyd (Carbonylverbindung)

$$R-\underset{H}{\overset{OH}{C}}-R \xrightarrow[\text{(Ox.)}]{-2H} R-C\overset{\overline{O}|}{\diagup\!\!\diagup}\ \backslash R$$

sekundärer Alkohol → Keton (Carbonylverbindung)

B3 *Vom Alkohol zur Carbonylverbindung.* **A:** *Warum lässt sich ein tertiärer Alkohol nicht zu einer Carbonylverbindung oxidieren?*

Versuche

V1 a) Erhitzen Sie ein Kupferblech in der Flamme stark. Beobachtung?
b) Tauchen Sie jeweils ein rot glühendes, oxidiertes Kupferblech in ein dickwandiges Rggl., das jeweils mit ca. 5 mL der folgenden Alkohole gefüllt ist:

- Ethanol* (Abzug!)
- 1-Propanol*
- 1-Butanol*
- 2-Butanol*

Beobachtung? Tauchen Sie das heiße Kupferblech in einen Alkohol mehrfach ein, um die Nachweise von V2 durchzuführen.

V2 Prüfen Sie die Reaktionsgemische aus V1 mit einem Streifen Watesmo-Papier (Indikator für Wasser).
Geben Sie zu den Rggl. aus V1 nach der Reaktion je 1 mL SCHIFF[1]-Reagenz*. SCHIFF-Reagenz ist ein Nachweis-Reagenz für Aldehyde (vgl. S. 19). Geben Sie zum Vergleich auch zu den reinen Alkoholen je 1 mL SCHIFF-Reagenz.

V3 Lösen Sie jeweils einige Tropfen von etherischen Ölen (Zimtöl, Bittermandelöl u. a.), Eau de Parfums oder eine Spatelspitze Vanillezucker in 1 mL Ethanol* und versetzen Sie diese Lösungen mit jeweils 1 mL SCHIFF-Reagenz *.

Auswertung

a) Erläutern Sie, welche Reaktion beim Erhitzen des Kupferblechs abläuft. Formulieren Sie die Reaktionsgleichung.
b) Deuten Sie die Beobachtungen von V1b).
c) Stellen Sie die Ergebnisse von V1 tabellarisch zusammen. Aus welchen Alkoholen entstehen Aldehyde? Entwickeln Sie die zugehörigen Reaktionsgleichungen anhand von B3.
d) Notieren Sie die Ergebnisse von V3 und erklären Sie diese.

Aufgaben

A1 Das berühmte Parfum Chanel Nr. 5 enthält als Duftkomponente den vollsynthetischen Stoff 2-Methylundecanal (undecan (lat.) = elf). Auch 7-Hydroxy-3,7-dimethyloctanal ist wegen seines blumigen Dufts ein wichtiger Baustein in der Parfümerie. Geben Sie die Strukturformeln an.

A2 Welche Carbonylverbindungen erhält man aus
a) 2-Propanol, b) 2-Methyl-1-propanol, c) 1-Pentanol und d) 3-Hexanol? Geben Sie die Namen der Produkte an.

Rationeller Name (Genfer Nomenklatur)	Formel	Trivialname	ϑ_b in °C
Methanal	$HCHO$	Formaldehyd	–19
Ethanal	CH_3CHO	Acetaldehyd	21
Propanal	C_2H_5CHO	Propionaldehyd	48
Butanal	C_3H_7CHO	Butyraldehyd	76
Pentanal	C_4H_9CHO	Valeraldehyd	103
Hexanal	$C_5H_{11}CHO$	Capronaldehyd	131
Heptanal	$C_6H_{13}CHO$	Heptaldehyd	155

B4 *Einige einfache Aldehyde (Alkanale).* **A:** *Vergleichen Sie die Siedetemperaturen der Alkanale mit denen der Alkanole (vgl. S. 12, B3) gleicher Kettenlänge. Welche zwischenmolekularen Kräfte wirken zwischen Alkanalen?*

[1] HUGO SCHIFF (1834 bis 1915), Prof. für Chemie in Florenz und Turin

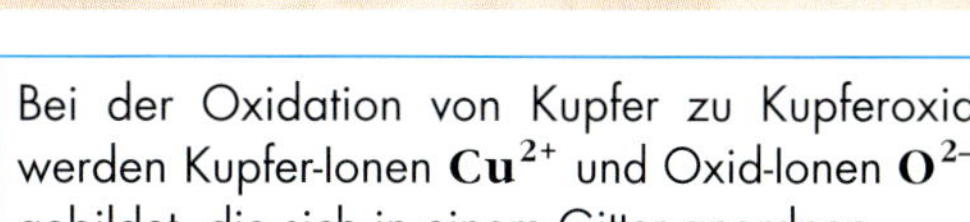

Redoxreaktionen als Elektronenübertragungen

Viele Aromastoffe sind an der Luft nicht unbegrenzt haltbar. Sie werden allmählich oxidiert und verlieren oder verändern dabei ihren Geruch.

Einige Aromastoffe gehören zu der Stoffklasse der Alkohole. Deren Oxidationsverhalten wollen wir am Beispiel Ethanol untersuchen. Dazu setzen wir Ethanol mit Kupferoxid, einem gebräuchlichen Oxidationsmittel, um (V1). Wir stellen fest, dass beim Eintauchen von heißem, schwarzem Kupferoxid in Ethanol rot glänzendes Kupfer gebildet wird. Ein weiteres Produkt lässt sich durch die rotviolette Färbung mit SCHIFF-Reagenz als Aldehyd nachweisen. Es ist Ethanal. Gleichzeitig wird noch Wasser gebildet.

$$H_3C{-}CH_2{-}O{-}H + CuO \longrightarrow H_3C{-}CHO + Cu + H_2O$$

Ethanol — Ethanal

Kupferoxid wird zu Kupfer reduziert. Da kein anderer Reaktionspartner vorhanden ist, muss Ethanol als Reduktionsmittel wirken. Dabei wird es vermutlich selbst oxidiert. Da Ethanol aber keinen Sauerstoff aufnimmt, trifft die ursprüngliche Definition der Oxidation als Sauerstoffaufnahme hier nicht zu. Es ist daher sinnvoll, den Oxidationsbegriff bzw. den Reduktionsbegriff zu erweitern. Dazu betrachten wir die Reaktionen von V1 auf der Teilchenebene:
Bei der Oxidation von Kupfer zu Kupferoxid geben die Kupfer-Atome Elektronen an Sauerstoff-Atome ab und werden zu Kupfer-Ionen (B5). Umgekehrt nehmen bei der Reduktion Kupfer-Ionen Elektronen auf. Allgemeiner kann man entsprechend definieren:

Die Oxidation ist eine Elektronenabgabe, die Reduktion eine Elektronenaufnahme. Eine Redoxreaktion ist eine Reaktion mit Elektronenübertragung.
Die Teilchen des Reduktionsmittels (der Stoff, der oxidiert wird) wirken als Elektronen-Donatoren[1], die Teilchen des Oxidationsmittels (der Stoff, der reduziert wird) wirken als Elektronen-Akzeptoren[2].

Bei der Reaktion von Kupferoxid mit Ethanol müssen die Elektronen, die die Kupfer-Ionen aufnehmen, aus den Ethanol-Molekülen stammen.

Elektronenaufnahme $+ 2e^-$

$$H_3C{-}CH_2{-}O{-}H + Cu^{2+} + O^{2-} \longrightarrow H_3C{-}CHO + Cu + H{-}O{-}H$$

20 Valenzelektronen — 8 Valenzelektronen — 18 Valenzelektronen — 8 Valenzelektronen

Elektronenabgabe $- 2e^-$

Zählen wir die Valenzelektronen, stellen wir fest, dass bei dem Übergang von einem Ethanol-Molekül und einem Oxid-Ion zu einem Ethanal-Molekül und einem Wasser-Molekül tatsächlich zwei Elektronen abgegeben werden.

Bei der Oxidation von Kupfer zu Kupferoxid werden Kupfer-Ionen Cu^{2+} und Oxid-Ionen O^{2-} gebildet, die sich in einem Gitter anordnen.

Jedes Kupfer-Atom gibt 2 Elektronen ab:

$$2\,Cu \longrightarrow 2\,Cu^{2+} + 4\,e^-$$

Jedes Sauerstoff-Atom nimmt 2 Elektronen auf:

$$O{=}O + 4\,e^- \longrightarrow O^{2-} + O^{2-}$$

Die Zusammenfassung dieser Teilschritte ergibt:

$$2\,Cu + O_2 \xrightarrow{4\,e^-} 2\,Cu^{2+} + 2\,O^{2-} = 2\,CuO$$

B5 *Die Oxidation von Kupfer als Elektronenübergang von Kupfer-Atomen zu Sauerstoff-Atomen*

Aufgaben

A1 Die Reaktion von Kupfer zu Kupferoxid war nach der ursprünglichen Definition eine Oxidation. Als was ist sie nach der heutigen Definition anzusehen?

A2 In einem Reagenzglas werden 5,6 g Eisenpulver und 8,0 g Kupferoxid gemischt und bis zum Aufglühen erhitzt.
Dabei läuft folgende Reaktion ab:
$CuO + Fe \rightarrow Cu + FeO$
a) Wenden Sie auf diese Reaktion den ursprünglichen und den heutigen Oxidations- bzw. Reduktionsbegriff an.
b) Geben Sie das Oxidations- bzw. Reduktionsmittel, den Elektronen-Donator und den Elektronen-Akzeptor an.

A3 Vergleichen Sie die Verbrennung von Magnesium nach
$2\,Mg + O_2 \rightarrow 2\,MgO$
und die Reaktion von Magnesium mit Chlor nach
$Mg + Cl_2 \rightarrow MgCl_2$.
Zerlegen Sie dazu die Reaktionen in Teilschritte wie bei B5. Geben Sie an: Elektronenabgabe, Elektronenaufnahme, Elektronen-Donator, Elektronen-Akzeptor, Oxidation, Reduktion, Reduktionsmittel, Oxidationsmittel.

Fachbegriffe

Oxidation, Reduktion, Redoxreaktion

[1] von *donare* (lat.) = geben, schenken
[2] von *accipere* (lat.) = annehmen

Vom Aldehyd zur Carbonsäure

B1 *Silberspiegel-Probe auf Aldehyde*

B2 *FEHLING-Probe auf Aldehyde*

```
 H   //O
   C
   |
H—C—O—H
   |
H—O—C—H
   |
H—C—O—H
   |
H—C—O—H
   |
 H2C—O—H
```

B3 *Vereinfachte Formel von Glucose*

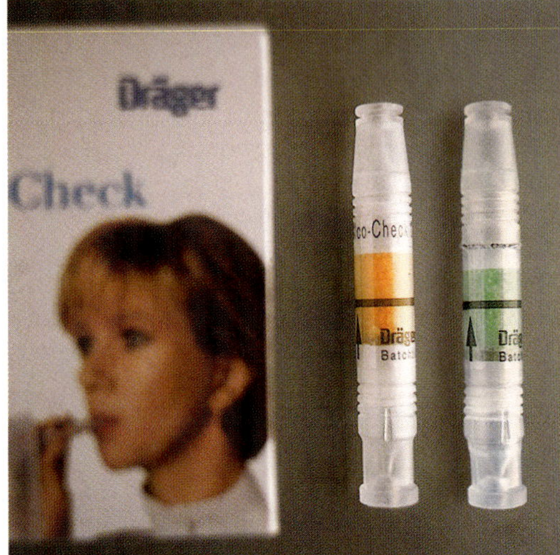

B4 *Alcoteströhrchen.* **A:** *Früher wurde beim Polizei-Alkoholtest Atemluft durch Röhrchen mit gelb-orangem Kaliumdichromat* $K_2Cr_2O_7$ *geblasen. Enthält die Atemluft Alkohol, so verfärbt sich das Röhrchen grün. Die Grünfärbung ist auf Chrom(III)-Ionen* Cr^{3+} *zurückzuführen. Alkohol wird dabei zu Ethansäure oxidiert. Entwickeln Sie schrittweise die Teilgleichungen für die Oxidation und die Reduktion anhand der Oxidationszahlen. Beachten Sie, dass das Alcoteströhrchen noch Wasser und Säure enthält.*

Versuche

V1 Versetzen Sie in einem neuen Rggl. 5 mL Silbernitrat-Lösung*, $w = 5\,\%$, tropfenweise mit Natronlauge*, $w = 10\,\%$, bis ein schwarzbrauner Niederschlag entsteht. Dazu tropfen Sie Ammoniak-Lösung*, $w = 3\,\%$, bis der Niederschlag gerade verschwindet. Geben Sie zu dem so hergestellten TOLLENS-Reagenz[1] unter dem Abzug einige Tropfen Ethanal-Lösung* und erwärmen Sie vorsichtig ohne zu schütteln im Wasserbad. Beobachtung?

V2 Führen Sie V1 mit Glucose-Lösung oder Propanal-Lösung* durch.

V3 *FEHLING-Probe:* Mischen Sie in einem Becherglas 5 mL FEHLING-I-Lösung* (Kupfersulfat-Lösung) und 5 mL FEHLING-II-Lösung* (wässrige Lösung von Kaliumnatriumtartrat, einem Salz der Weinsäure, und Natriumhydroxid). Verteilen Sie diese Lösung auf 4 Rggl. und geben Sie a) 2 Tropfen Ethanal-Lösung*, b) 2 Tropfen Propanal*, c) 2 Tropfen Propanon* (Aceton) und d) 1 mL Glucose-Lösung zu. Erhitzen Sie die Rggl. mit kleiner Flamme vorsichtig zum Sieden, Rggl. a) unter dem Abzug.

Auswertung

a) Der schwarzbraune Niederschlag bei V1 ist Silberhydroxid. Er löst sich bei Ammoniak-Zugabe unter Bildung des Diamminsilber-Komplexes $\mathbf{Ag(NH_3)_2^+}$ auf. Dadurch werden die Silber-Ionen im alkalischen Bereich in Lösung gehalten. Vereinfachend können wir von Silber-Ionen $\mathbf{Ag^+}$ ausgehen. Welche Reaktion tritt bei Zugabe von Ethanal ein? Aus Ethanal entsteht Ethansäure. Entwickeln Sie die Reaktionsgleichung. Beachten Sie dabei, dass diese sogenannte Silberspiegel-Probe in alkalischer Lösung abläuft.

b) Ähnlich wie bei V1 werden bei der FEHLING-Probe durch Zugabe von Kaliumnatriumtartrat die Kupfer(II)-Ionen $\mathbf{Cu^{2+}}$ in Lösung gehalten. Der rote Niederschlag bei der FEHLING-Reaktion (V3) ist Kupfer(I)-oxid $\mathbf{Cu_2O}$. Entwickeln Sie analog zur Silberspiegel-Probe (S. 25) die Reaktionsgleichung für die FEHLING-Reaktion bei Ethanal unter Angabe der Oxidationszahlen und der Teilgleichungen für die Oxidation und die Reduktion.

c) Ermitteln Sie anhand von V3, welche Carbonylverbindungen eine positive FEHLING-Probe zeigen und begründen Sie.

$$\underset{\text{primärer Alkohol}}{R-\overset{-I}{C}H_2-\overline{O}-H} \xrightarrow{Ox} \underset{\text{Aldehyd}}{R-\overset{I}{C}HO} \xrightarrow{Ox} \underset{\text{Carbonsäure}}{R-\overset{III}{C}OOH}$$

$$\underset{\text{sekundärer Alkohol}}{R_2\overset{0}{C}H-\overline{O}-H} \xrightarrow{Ox} \underset{\text{Keton}}{R_2\overset{II}{C}=O}$$

$$\underset{\text{tertiärer Alkohol}}{R_3\overset{I}{C}-\overline{O}-H}$$

B5 *Die Oxidationsreihen der Alkohole*

[1] BERNHARD TOLLENS (1841 bis 1918), Prof. für Chemie in Göttingen
[2] HERMANN VON FEHLING (1812 bis 1885), Prof. in Stuttgart

Oxidationszahl

Bei der Silberspiegel-Probe auf Aldehyde werden Silber-Ionen zu Silber-Atomen reduziert und die Aldehyd-Gruppe zur Carboxy-Gruppe oxidiert.

$$R{-}CHO + 2\,Ag^+ + 2\,OH^- \longrightarrow R{-}COOH + 2\,Ag + H_2O$$

Um eine solche Redoxgleichung systematisch aufstellen zu können, muss man die Anzahl der übertragenen Elektronen ermitteln und feststellen, welche Teilchen Elektronen aufgenommen bzw. abgegeben haben. Bei Atom-Ionen wie dem Silber-Ion ist dies leicht zu erkennen, bei Molekülen und Molekül-Ionen jedoch nicht. Dazu hat man als Hilfsmittel die **Oxidationszahl** eingeführt.
Die Oxidationszahl einatomiger Ionen entspricht ihrer Ladungszahl. Bei Atomen von Molekülen entspricht die Oxidationszahl einer *erdachten* Ladungszahl, die man erhält, indem man alle Bindungselektronen dem jeweils elektronegativeren an der Bindung beteiligten Atom zuordnet (B6). Bei Bindungen zwischen zwei gleichartigen Atomen werden die Bindungselektronen beiden Atomen jeweils zur Hälfte zugeordnet. Die Oxidationszahl wird als römische Ziffer über das Atom-Symbol geschrieben, negative Oxidationszahlen erhalten ein Minuszeichen.
Anhand der Oxidationszahl lässt sich erkennen, welches Atom bei einer Redoxreaktion oxidiert, welches reduziert wird. Eine Erhöhung der Oxidationszahl bedeutet eine Elektronenabgabe, also eine Oxidation, eine Erniedrigung der Oxidationszahl entspricht einer Elektronenaufnahme, also einer Reduktion.

Mithilfe der Oxidationszahlen lassen sich Reaktionsgleichungen für Redoxreaktionen nach folgendem Verfahren systematisch aufstellen:

1. Oxidationszahlen der Atome in Edukt- und Produkt-Teilchen bestimmen:

$$\overset{I}{Ag}{}^+ \quad CH_3\overset{I}{C}HO \qquad \overset{0}{Ag} \quad CH_3\overset{III}{C}OO^-$$

2. Teilgleichungen für die Oxidation und Reduktion mit der Anzahl der abgegebenen und aufgenommenen Elektronen aufstellen:

$$\overset{I}{Ag}{}^+ + e^- \longrightarrow \overset{0}{Ag} \quad \text{(Reduktion)}$$

$$CH_3\overset{I}{C}HO \longrightarrow CH_3\overset{III}{C}OO^- + 2e^- \quad \text{(Oxidation)}$$

3. Ladungsbilanz ausgleichen durch Hinzufügen von OH^--Ionen bei Redoxreaktionen in alkalischer Lösung oder H^+-Ionen bei Redoxreaktionen in saurer Lösung:

$$CH_3\overset{I}{C}HO + 3OH^- \rightarrow CH_3\overset{III}{C}OO^- + 2e^-$$

4. Atombilanz für jede Teilgleichung ausgleichen durch Hinzufügen von Wasser-Molekülen:

$$CH_3\overset{I}{C}HO + 3OH^- \longrightarrow CH_3\overset{III}{C}OO^- + 2H_2O + 2e^-$$

5. Multiplikation der Teilgleichungen mit den entsprechenden Faktoren, da die Anzahl der bei der Oxidation abgegebenen und der bei der Reduktion aufgenommenen Elektronen gleich sein muss, und Addition der Teilgleichungen:

$$CH_3\overset{I}{C}HO + 2Ag^+ + 3OH^- \longrightarrow CH_3\overset{III}{C}OO^- + 2Ag + 2\,H_2O$$

1. Atome von Elementen haben die Oxidationszahl 0:

$$\overset{0}{Ag} \quad \overset{0}{O}{=}\overset{0}{O} \quad \overset{0}{H}{-}\overset{0}{H}$$

2. Die Oxidationszahl einatomiger Ionen ist gleich ihrer Ladungszahl:

$$\overset{I}{Ag}{}^+ \quad \overset{-II}{O}{}^{2-}$$

3. Bei Atomen von Molekülen ordnet man die Bindungselektronen dem jeweils elektronegativeren Atom zu:

$$\overset{I}{H}{-}\overset{-I}{Cl} \qquad \overset{I}{H}{-}\overset{-II}{O}{-}\overset{I}{H}$$

Daraus ergibt sich:
- Wasserstoff-Atome haben in der Regel die Oxidationszahl +I
- Sauerstoff-Atome haben in der Regel die Oxidationszahl –II
- Metall-Atome haben positive Oxidationszahlen

4. Die Summe der Oxidationszahlen aller Atome in einem Molekül ist 0, bei Molekül-Ionen ist sie gleich der Ladungszahl.

B6 *Regeln zum Feststellen der Oxidationszahl*

$$H_3\overset{-III}{C}{-}\overset{-I}{C}H_2{-}\overset{-II}{O}{-}H$$

$$H_3\overset{-III}{C}{-}\overset{I}{C}HO \;(\text{O: }-II)$$

$$H_3\overset{-III}{C}{-}\overset{III}{C}OOH \;(\text{O: }-II)$$

B7 *Ermitteln der Oxidationszahlen bei organischen Molekülen.* **A:** *Geben Sie die Oxidationszahlen aller Atome in folgenden Molekülen an: Methan, Methanol, 1-Propanol, 2-Propanol, Propanon.*

Fachbegriff

Oxidationszahl

Carbonylverbindungen

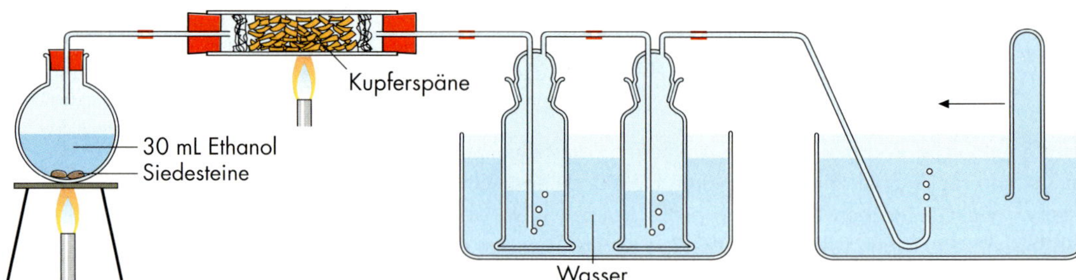

B1 *Versuchsaufbau zu LV1*

Versuche

LV1 *Dehydrierung von Ethanol*: Die Apparatur aus B1 wird zusammengebaut und mit 30 mL Ethanol* und Kupferspänen beschickt. Die Kupferspäne werden kräftig erhitzt. Beobachtung?

Während die Kupferspäne weiter erhitzt werden, bringt man auch das Ethanol* zum Sieden und hält es so am Sieden, dass Ethanoldampf gelinde über das heiße Kupfer strömt. Beobachtung am Kupfer und in der pneumatischen Wanne?

Das durch die Wanne entweichende Gas wird erst dann im Rggl. aufgefangen, wenn die Luft aus der Apparatur verdrängt wurde. Während der Reaktion müssen die Kupferspäne weiter erhitzt werden. Man unterbricht die Reaktion, wenn zwei Rggl. mit Gas gefüllt sind. Mit der Lösung aus der 2. Waschflasche wird die FEHLING-Probe und die Probe mit SCHIFF-Reagenz durchgeführt. Anschließend wird auch die Lösung der 1. Waschflasche auf diese Weise geprüft. Mit dem Gas aus den beiden Rggl. führt man die Knallgasprobe durch.

Auswertung

a) Welche Produkte werden durch die Nachweisversuche (FEHLING-Probe, SCHIFF-Reagenz, Knallgasprobe) angezeigt? Formulieren Sie die Reaktionsgleichung für die an den Kupferspänen abgelaufene Reaktion.

b) Erklären Sie die Veränderungen an den Kupferspänen in der Startphase des Versuchs.

V2 *Nachweis von Formaldehyd im Zigarettenrauch*: Bauen Sie die Apparatur von B2 auf. Zünden Sie die Filterzigarette an und ziehen Sie den Rauch mit der Wasserstrahlpumpe durch das Wasser. Geben Sie nach dem Abbrennen der Zigarette SCHIFF-Reagenz in das Wasser. Beobachtung? Geben Sie etwas konz. Salzsäure* zu. Blaufärbung zeigt Formaldehyd **HCHO** an.

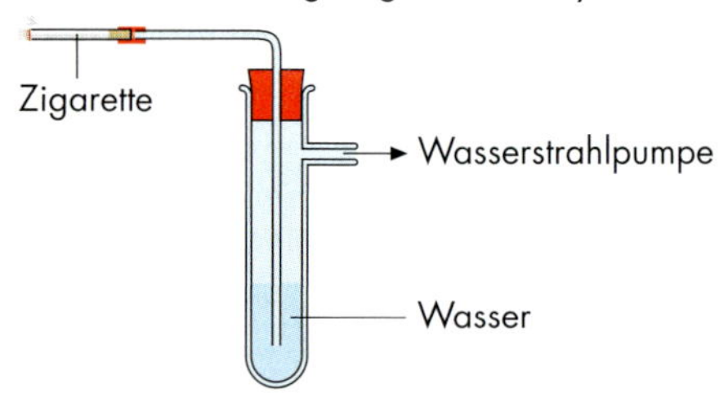

B2 *Nachweis von Formaldehyd im Zigarettenrauch*

V3 *Aceton (Propanon) als Lösemittel:* a) Versetzen Sie je 2 mL Aceton* mit 2 mL Wasser mit 2 mL Pentan*.

b) Geben Sie zu Nagellackentferner tropfenweise Wasser. Beobachtung? Geben Sie dann Aceton hinzu.

Auswertung

Erklären Sie die Beobachtungen von V3 anhand der Struktur der Aceton-Moleküle CH_3COCH_3. *Anmerkung:* Nagellackentferner enthalten als rückfettenden Bestandteil u.a. Dodecanol.

Dehydrierung von Alkoholen

Beim Überleiten von Ethanoldampf über erhitztes Kupfer wird das anfänglich gebildete Kupferoxid wieder zu Kupfer reduziert. Im weiteren Verlauf bildet sich an dem etwa 500 °C heißen Kupfer Ethanal und Wasserstoff:

$$H_3C-C(H)(H)-O-H \xrightarrow{(Cu)} H_3C-C(H)=O + H_2\,;\ \Delta H_R > 0$$

Aus jeweils einem Ethanol-Molekül wird ein Wasserstoff-Molekül abgespalten. Es handelt sich um eine Dehydrierung. Die Bezeichnung **Aldehyd** für das neben Wasserstoff gebildete Produkt ist darauf zurückzuführen, dass es aus **Al**koholen durch **Dehyd**rierung gebildet wird.

Die Dehydrierung von Alkoholen wird technisch zur Herstellung von Methanal (Formaldehyd) und von Propanon (Aceton) durchgeführt. Dabei wird kontinuierlich Alkoholdampf über den Katalysator geleitet. Damit der Katalysator nicht ständig von außen erhitzt werden muss, dosiert man dem Alkoholdampf Luft zu, sodass ein Teil des Wasserstoffs zu Wasser oxidiert wird. Dadurch wird der Katalysator aufgeheizt.

Aufgaben

A1 Erklären Sie anhand der Oxidationszahlen, warum die Dehydrierung eine Redoxreaktion ist.

A2 Welche Funktion hat das Kupfer bei der Dehydrierung?

Carbonylverbindungen

Methanal oder Formaldehyd $HCHO$

Methanal, allgemein besser bekannt unter dem Trivialnamen Formaldehyd, ist der einfachste Aldehyd. Er kommt überall in der Natur in Spuren vor. Selbst in Meeresluft ist er nachweisbar; er entsteht durch die Oxidation von Methan, einem Produkt der Algen. In bewohnten Gebieten wird Formaldehyd überwiegend durch menschliche Aktivitäten gebildet.

Formaldehyd ist ein farbloses Gas mit beißendem, tränenreizendem Geruch. Es löst sich gut in Wasser und kommt als Formalin, einer 40%igen Lösung, in den Handel. Wegen seiner antibakteriellen Wirkung wird Formaldehyd als Desinfektionsmittel und zur Konservierung von biologischen Präparaten verwendet. Diese Wirkung beruht auf der Reaktion der Formaldehyd-Moleküle mit den Amino-Gruppen ($-NH_2$) der Eiweiß-Moleküle (Proteine).

$$H_2C=O + 2\ H-NH-R \longrightarrow H_2C(NH-R)_2 + H_2O$$

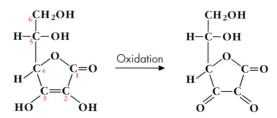

Dadurch werden benachbarte Proteinketten miteinander verknüpft, wodurch das Material biologisch inaktiv wird. Die gleiche chemische Reaktion nutzt man, um aus Formaldehyd Kunstharze und Klebstoffe sowie Leime insbesondere für die Holzverarbeitung herzustellen.

Formaldehyd kann Allergien auslösen und steht in dem Verdacht, krebserzeugend zu wirken. Vermutlich ist dies auf die Reaktion mit Protein-Molekülen zurückzuführen, die so irreversibel verändert werden.

Vorkommen von Formaldehyd	Konzentration von Formaldehyd in mg/m^3
Meeresluft	0,0005
Bergluft	0,003
Stadtluft	0,02
Stadtluft, belastet	0,09
verrauchtes Zimmer	0,6
Rauch von Holzfeuer	1000
Zigarettenrauch	1000
MAK-Wert (maximale Arbeitsplatzkonzentration)	0,6

B3 *Formaldehyd-Konzentrationen in der Luft*

Ethanal oder Acetaldehyd CH_3CHO

Ethanal oder Acetaldehyd ist eine stechend riechende, gut wasserlösliche Flüssigkeit mit der Siedetemperatur 21 °C. Es entsteht als erstes Zwischenprodukt beim Abbau von Alkohol durch das Enzym Alkoholdehydrogenase in der Leber. Acetaldehyd ist mitverantwortlich für den Kater nach einem allzu reichlichen Alkoholgenuss. In der Technik spielt Acetaldehyd bei der Synthese vieler Stoffe, wie z. B. der Essigsäure, als Zwischenprodukt eine wichtige Rolle.

Propanon oder Aceton CH_3COCH_3

Propanon oder Aceton ist das einfachste **Keton**. Es ist ein hervorragendes Lösemittel und z. B. als Nagellackentferner und Lösemittel für Klebstoffe bekannt. Aceton ist sowohl mit polaren Stoffen wie Wasser oder Ethanol als auch mit unpolaren Stoffen wie Pentan oder Ölen mischbar. Es wird als Zwischenprodukt bei der Herstellung einiger Kunststoffe (z. B. Plexiglas) verwendet.

Ascorbinsäure, ein Antioxidationsmittel

Zahlreichen Nahrungsmitteln wie Apfelmus oder Marmelade wird Ascorbinsäure als sogenanntes Antioxidans zugesetzt. Viele Inhaltsstoffe von Nahrungsmitteln wie Aromastoffe und natürliche Farbstoffe werden an der Luft leicht oxidiert. Sie verlieren dabei mit der Zeit ihr Aroma bzw. ihre Farbe.

Durch Ascorbinsäure, besser bekannt als Vitamin C, wird dies verhindert, denn Ascorbinsäure wird von Luftsauerstoff leicht zu Dehydroascorbinsäure oxidiert, leichter als Aromastoffe oder Farbstoffe.

Ascorbinsäure VitaminC $\xrightarrow{\text{Oxidation}}$ Dehydroascorbinsäure

Vitamin C ist aber auch selbst ein wichtiger Nahrungsbestandteil. Vitamin C-Mangel führt zu Infektionsanfälligkeit und zu Skorbut (Blutungen, Zahnausfall, Schwäche, Tod). Vitamin C schützt vor krebserzeugenden Oxidationsmitteln wie Nitrosoverbindungen.

Aufgaben

A3 Eine Carbonylverbindung hat die Summenformel C_4H_8O. a) Formulieren Sie die möglichen Isomere und benennen Sie diese. b) Beschreiben Sie einen Versuch, der es erlaubt, die richtige Strukturformel zuzuordnen.

A4 Geben Sie an, welche Kohlenstoff-Atome im Ascorbinsäure-Molekül ihre Oxidationszahlen bei der Oxidation zu einem Dehydroascorbinsäure-Molekül ändern. Vergleichen Sie die Oxidation mit der eines Alkohols zu einer Carbonylverbindung. Stellen Sie die vollständige Teilgleichung für die Oxidation von Ascorbinsäure auf.

A5 In altem Fritierfett wird das durch Hydrolyse von Fett gebildete Glycerin (1,2,3-Propantriol) (vgl. S. 13) dehydratisiert, wobei aus dem Glycerin-Molekül zwei Wasser-Moleküle abgespalten werden. Es bildet sich der übel riechende Aldehyd Acrolein (Propenal). Bestimmen Sie die Oxidationszahlen aller Kohlenstoff-Atome im Glycerin-Molekül und im Acrolein-Molekül und überlegen Sie, ob es sich bei der Umwandlung von Glycerin in Acrolein um eine Oxidation oder eine Reduktion handelt. Welche Grenzen des Oxidationszahl-Konzepts werden hier deutlich?

Essigsäure und Co.

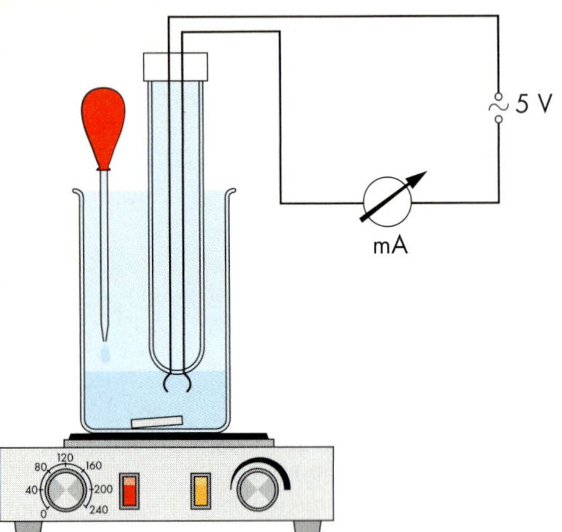

B1 *Versuchsanordnung zu LV 3*

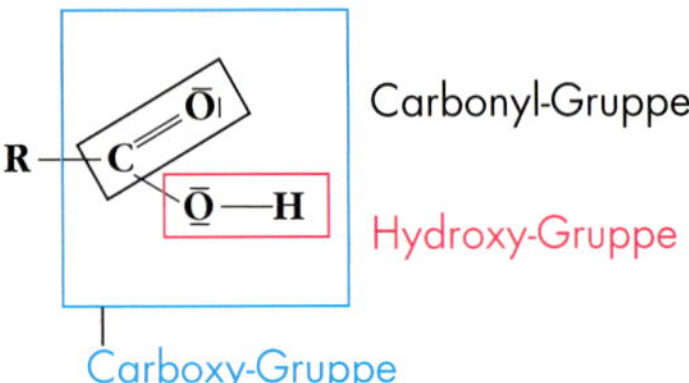

B2 *In der Carboxy-Gruppe* **–COOH** *ist eine Hydroxy-Gruppe an eine Carbonyl-Gruppe gebunden.*

Versuche

V1 Überprüfen Sie in Rggl. die Löslichkeit von Methansäure* (Ameisensäure), Ethansäure* (Essigsäure), Propansäure* und Hexadecansäure* (Palmitinsäure) a) in Wasser und b) in Heptan*.

LV2 Zu wasserfreier Ethansäure*, die sich in einer Petrischale befindet, gibt man auf dem Overheadprojektor einen Magnesiumspan* und ein Körnchen Lackmus. Beobachtung? Mit einer Pipette fügt man Wasser hinzu. Beobachtung?

LV3 Reine wasserfreie Ethansäure* (Eisessig) wird auf elektrische Leitfähigkeit geprüft (B1). Beobachtung? Nun verdünnt man tropfenweise mit Wasser und verfolgt die Veränderung der Leitfähigkeit. Beobachtung?

V4 Wiegen Sie in einen Erlenmeyerkolben 0,6 g Essigsäure* genau ein, verdünnen Sie mit ca. 100 mL Wasser und fügen Sie einige Tropfen Phenolphthalein hinzu. Titrieren Sie mit Natronlauge*, c = 1 mol/L, bis zum Farbumschlag.

Auswertung

a) Stellen Sie die Ergebnisse aus V1 tabellarisch zusammen. Alle Carbonsäuren enthalten eine Carboxy-Gruppe (B3, S. 19) in ihren Molekülen. Stellen Sie anhand der Angaben von B4 die Strukturformeln der Säuren aus V1 auf und erklären Sie die Löslichkeitsunterschiede.

b) Erklären Sie die Beobachtungen aus LV2 und LV3. Warum treten erst bei Wasserzugabe deutliche Veränderungen auf?

c) Berechnen Sie aus dem Titrationsergebnis von V4 die zur Neutralisation von 0,6 g Essigsäure benötigte Stoffmenge Natronlauge nach $n(\mathrm{NaOH}) = c(\mathrm{NaOH}) \cdot V_{\mathrm{Ls}}(\mathrm{NaOH})$. Bestimmen Sie die Stoffmenge der eingesetzten Essigsäure. Begründen Sie anhand des Ergebnisses mithilfe der Formel, warum ein Essigsäure-Molekül nur ein Proton abspalten kann. Formulieren Sie die Reaktionsgleichung für die Neutralisation.

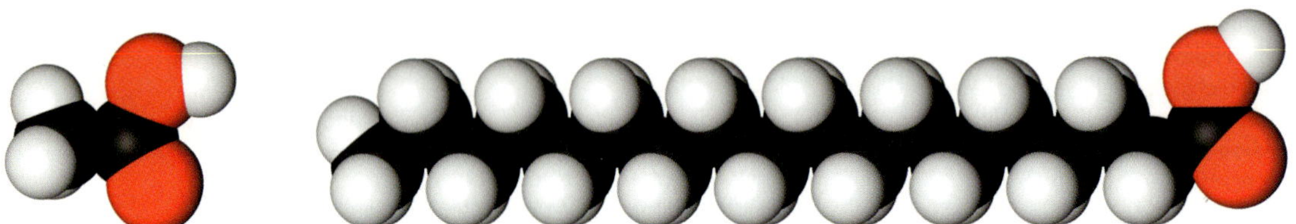

B3 *Kalotten-Modelle von Ethansäure und Stearinsäure*

Formel	Name	Trivialname	Geruch	ϑ_m in °C	ϑ_b in °C	Name der Salze
$HCOOH$	Methansäure	Ameisensäure	stechend, nach Essig	8	100,5	Methanoate (Formiate[1])
CH_3COOH	Ethansäure	Essigsäure	stechend, nach Essig	16,6	118	Ethanoate (Acetate[2])
C_2H_5COOH	Propansäure	Propionsäure	nach Käse	–22	141	Propanoate
C_3H_7COOH	Butansäure	Buttersäure	ranzig	–6	164	Butanoate
C_4H_9COOH	Pentansäure	Valeriansäure	ranzig	–34,5	187	Pentanoate
$C_5H_{11}COOH$	Hexansäure	Capronsäure[3]	ranzig-talgig	–1,5	205	Hexanoate
$C_{15}H_{31}COOH$	Hexadecansäure	Palmitinsäure	fettig	63	215	Hexadecanoate (Palmitate)
$C_{17}H_{35}COOH$	Octadecansäure	Stearinsäure[4]	fettig	70	232	Octadecanoate (Stearate)

B4 *Einige Alkansäuren.* **A:** *Reine Essigsäure wird auch als „Eisessig" bezeichnet. Erläutern Sie dies.*

[1] von *formica* (lat.)= Ameise
[2] von *acidum aceticum* (lat.)= Essigsäure
[3] von *capra* (lat.)= Ziege
[4] von *stear* (griech.)=Fett

Carbonsäuren

Bei der FEHLING-Probe werden Aldehyde zu **Carbonsäuren** oxidiert. Die Trivialnamen einiger dieser Säuren zeigen ihr Vorkommen in der Natur an. Die ersten Glieder der homologen Reihe der Alkansäuren haben einen unangenehmen Geruch, Ameisensäure riecht stechend ähnlich wie Essigsäure, Buttersäure riecht nach ranziger Butter, Palmitinsäure nach Fett.

Das gemeinsame strukturelle Merkmal aller Carbonsäuren ist die **Carboxy**-Gruppe (B2). Darin ist eine Hydroxy-Gruppe an eine Carbonyl-Gruppe gebunden. Aufgrund dieser Struktur und der hohen Elektronegativität der Sauerstoff-Atome ist die Sauerstoff-Wasserstoff-Bindung stark polarisiert. Aus der Carboxy-Gruppe kann im Gegensatz zur Hydroxy-Gruppe bei Alkoholen leicht ein Proton abgespalten werden und auf ein Teilchen, das als Protonen-Akzeptor wirkt, übertragen werden. In wässriger Lösung wirken die Wasser-Moleküle als Protonen-Akzeptoren gegenüber den Carbonsäure-Molekülen. Beim Verdünnen von Ethansäure mit Wasser in LV2 und LV3 werden nach der folgenden Protolyse-Gleichung Ionen gebildet:

$$H_3C-C(=O)-O-H\,(l) + H_2O(l) \longrightarrow H_3C-C(=O)-O^{\ominus}\,(aq) + H_3O^+(aq)$$

Vereinfachte Schreibweise:

$$H_3C-C(=O)-O-H\,(l) \xrightarrow{H_2O} H_3C-C(=O)-O^{\ominus}\,(aq) + H^+(aq)$$

Die Rotfärbung von Lackmus, die Reaktion mit Magnesium und die Leitfähigkeit (LV2 und LV3) treten ein, sobald Ionen gebildet werden. Dies ist aber erst möglich, wenn die reine Säure mit Wasser reagieren kann.

Die ersten Glieder der Alkansäuren sind wasserlöslich, die höheren sind hydrophob, sie lösen sich in Heptan (V1). Die Wasserlöslichkeit beruht einerseits auf der Bildung von Ionen und deren Hydratation mit Wasser-Molekülen, andererseits auch auf der Ausbildung von Wasserstoffbrückenbindungen zwischen unprotolysierten Carbonsäure-Molekülen und Wasser-Molekülen. Die längerkettigen Alkansäuren sind in ihrer Hydrophobie und Lipophilie mit den längerkettigen Alkoholen vergleichbar (S. 13).

Alkansäuren, insbesondere die kurzkettigen, besitzen weitaus höhere Siedetemperaturen als Alkane oder Alkanole mit gleicher Molekülmasse. Der Grund dafür ist die Bildung von Molekülpaaren (Dimere) (B6). Zwei Säure-Moleküle werden durch Wasserstoffbrückenbindungen so fest zusammengehalten, dass die Paare auch im Gaszustand erhalten bleiben.

Aufgaben

A1 Formulieren Sie die Reaktionsgleichung für die Reaktion von Magnesium mit Essigsäure. Benennen Sie das Salz, das beim Eindampfen der Lösung auskristallisiert und geben Sie die Formel an.

A2 Aus welchen Aldehyden bzw. Alkoholen entstehen a) Methansäure und b) Butansäure?

B5 *Vorkommen einiger Alkansäuren: a) Ameisen produzieren Ameisensäure. b) Essigsäure ist in Essig. c) Propionsäure entsteht beim Reifen von Emmentaler Käse und verleiht ihm den typischen Geruch und Geschmack. d) Buttersäure entsteht beim Ranzigwerden von Butter.* **A:** *In Notzeiten machte man ranzige Butter wieder genießbar, indem man sie mit Natron* **($NaHCO_3$)** *verrührte. Der unangenehme Geruch verschwindet. Denselben Effekt erzielt man mit Natriumhydroxid. Erklären Sie, warum der Geruch nach Buttersäure verschwindet.*

$$H_3C-C\begin{matrix}=\overline{O}|\cdots H-\overline{O}| \\ -|\underline{O}-H\cdots|\underline{O}\end{matrix}C-CH_3$$

B6 *Wasserstoffbrückenbindungen zwischen Ethansäure-Molekülen*

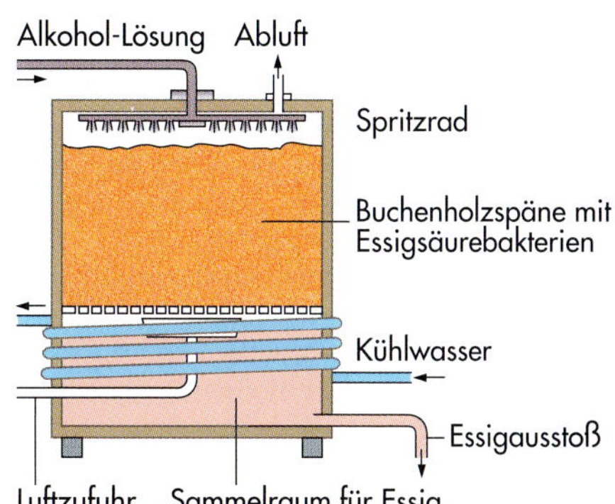

B7 *Speiseessigherstellung. In Gegenwart von Essigsäurebakterien wird Ethanol zu Essigsäure oxidiert.* **A:** *Warum wird die Ethanol-Lösung versprüht? Warum ist bei der Essigsäuregärung Luftzufuhr nötig? Formulieren Sie die Reaktionsgleichung für die Essigsäuregärung. Geben Sie dazu die Oxidationszahlen und die Teilgleichungen für die Oxidation und Reduktion an.*

Fachbegriffe

Carbonsäuren, Carboxy-Gruppe, Acetate, Formiate

Carbonsäuren in der Natur

Der angenehm saure Geschmack vieler Früchte wird von Carbonsäuren wie Citronensäure, Äpfelsäure, Weinsäure oder Oxalsäure u. a. hervorgerufen.

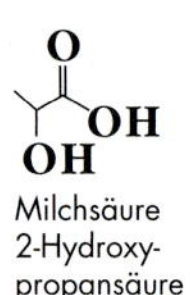

Milchsäure
2-Hydroxy-propansäure

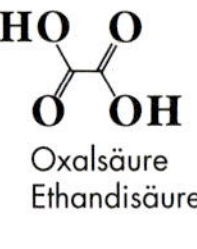

Oxalsäure
Ethandisäure

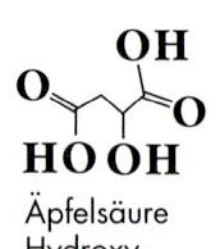

Äpfelsäure
Hydroxy-butandisäure

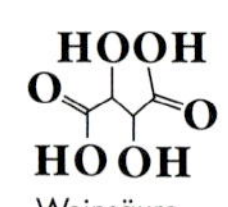

Weinsäure
2,3-Dihydroxy-butandisäure

B1 *Struktursymbole (vgl. S. 52) einiger Carbonsäuren.*
A: *Stellen Sie eine Vermutung über die Löslichkeit dieser Säuren in Wasser und Benzin begründet auf und überprüfen Sie dies im Experiment.*

Citronensäure aus Zitronensaft

Versuch

V1 a) Neutralisieren Sie den durch ein Teesieb filtrierten Saft von 2 bis 3 Zitronen (100 mL) mit einer Suspension aus 15 g Calciumhydroxid* in 40 mL Wasser (Kalkmilch) portionsweise bis zur Blaufärbung von Lackmuspapier.
b) Filtrieren Sie überschüssiges Calciumhydroxid ab.
c) Erhitzen Sie das klare Filtrat zum Sieden.
d) Filtrieren Sie die heiße Lösung. Schützen Sie dabei Ihre Finger.
e) Geben Sie den Rückstand (Calciumcitrat) in ein Becherglas und lösen Sie ihn in ca. 30 mL kaltem Wasser. Versetzen Sie die Lösung mit etwa 40 mL verd. Schwefelsäure*, $w = 20\,\%$, und rühren Sie gut um.
f) Filtrieren Sie Calciumsulfat ab.
g) Dampfen Sie das klare Filtrat etwas ein, gießen Sie es in eine Petrischale und lassen Sie einige Tage stehen. Dabei kristallisiert die Citronensäure aus.

Auswertung

Die Isolierung von Citronensäure aus Zitronensaft ist ein Beispiel für den meist aufwendigen Prozess, Reinstoffe aus Naturprodukten zu gewinnen. Zitronensaft enthält neben durchschnittlich 5 % bis 9 % Citronensäure noch 1 % bis 2 % Zucker, 0,3 % Eiweiß, 0,4 % Mineralstoffe und 0,05 % Vitamin C.
a) Welche besondere Eigenschaft von Calciumcitrat wird bei dieser Gewinnung von Citronensäure ausgenutzt?
b) Formulieren Sie für die Schritte a, c und e die entsprechenden Reaktionsgleichungen.

B2 *Schritte bei der Isolierung von Citronensäure*

Säuregehalt in Essig und Zitronensaft

Versuche und Auswertung

V2 Pipettieren Sie in einen Erlenmeyerkolben 10 mL Speiseessig und verdünnen Sie mit ca. 50 mL dest. Wasser. Fügen Sie einige Tropfen Phenolphthalein zu und titrieren Sie mit Natronlauge*, $c = 1$ mol/L.

V3 Titrieren Sie 10 mL frisch gepressten und durch ein Sieb filtrierten Zitronensaft wie bei V1 mit Natronlauge*, $c = 1$ mol/L.
a) Ermitteln Sie die Konzentration an Essigsäure in dem von Ihnen untersuchten Essig anhand der Beispielrechnung in B3. Vergleichen Sie Ihr Ergebnis mit den Angaben auf der Essigflasche.
b) Bestimmen Sie das Stoffmengenverhältnis n(Citronensäure)/$n(NaOH)$ bei der Neutralisation und ermitteln Sie die Säurekonzentration in Zitronensaft. Welche Vereinfachungen werden hierbei gemacht?

a) Bestimmung der Stoffmengenkonzentration:
Gegeben: $V_{Ls}(CH_3COOH) = 10$ mL,
$c(NaOH) = 1$ mol/L
Gemessen: $V_{Ls}(NaOH) = 10{,}2$ mL
Gesucht: $c(CH_3COOH)$

Reaktionsgleichung:
$$CH_3COOH + NaOH \rightarrow CH_3COONa + H_2O$$
Stoffmengenverhältnis:
$$\frac{n(CH_3COOH)}{n(NaOH)} = \frac{1}{1} \qquad n(CH_3COOH) = n(NaOH)$$
Mit $c = n/V$ bzw. $n = c \cdot V$ erhält man
$$c(CH_3COOH) \cdot V_{Ls}(CH_3COOH) = c(NaOH) \cdot V_{Ls}(NaOH)$$
$$c(CH_3COOH) = \frac{c(NaOH) \cdot V_{Ls}(NaOH)}{V_{Ls}(CH_3COOH)}$$
$$c(CH_3COOH) = \frac{1\text{ mol/L} \cdot 10{,}2\text{ mL}}{10\text{ mL}} = 1{,}02\text{ mol/L}$$

b) Massenanteil:
Mit $M = m/n$ und $M(CH_3COOH) = 60$ g/mol erhält man für die Massenkonzentration $\beta = m/V$:
$$m(CH_3COOH) = n(CH_3COOH) \cdot M(CH_3COOH)$$
$$\beta(CH_3COOH) = \frac{1{,}02\text{ mol} \cdot 60\text{ g/mol}}{1\text{ L}} = 61{,}2\text{ g/L}$$
Der Massenanteil an Essigsäure im Essig beträgt $w(CH_3COOH) = 6{,}12\,\%$ (Annahme: ρ(Essig) = 1,0 g/cm^3).

B3 *Konzentrationsbestimmung von Essigsäure in Essig*

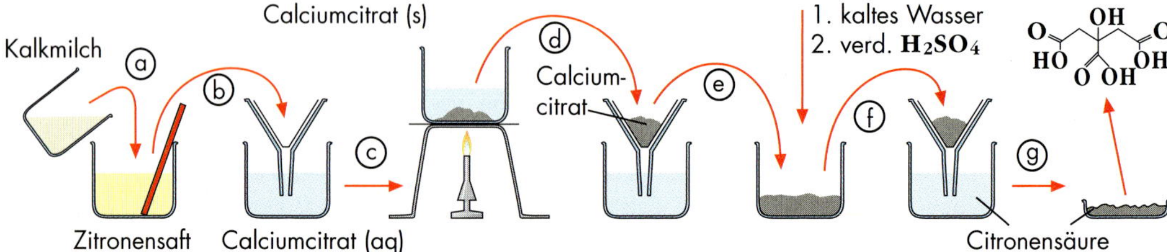

Carbonsäuren in der Natur

Konservierungsstoffe

Seit eh und je haben die Menschen versucht, ihre Lebensmittel haltbar zu machen. Wenn Mikroorganismen wie Bakterien, Schimmelpilze oder Hefen Lebensmittel zersetzen, können giftige Zersetzungsprodukte entstehen. Eine wichtige Rolle bei der Lebensmittelkonservierung spielen Carbonsäuren. In saurer Lösung sind die meisten Mikroorganismen, die Lebensmittel verderben können, nicht lebensfähig.

Essigsäure: Das Einlegen von Lebensmitteln in Essig gehört zu den ältesten Konservierungsverfahren. Es war schon im alten Ägypten bekannt.

Milchsäure wird den Lebensmitteln nicht zugesetzt wie Essigsäure, sondern entsteht durch Gärung im Lebensmittel selbst. Durch Milchsäurebakterien werden Zucker zu Milchsäure abgebaut. Auf diese Weise entstehen nicht nur Joghurt, Quark, Käse oder Sauermilch, sondern auch Sauerkraut aus Weißkohl.

Sorbinsäure und **Benzoesäure** sind häufig verwendete Konservierungsstoffe für verpackte Lebensmittel, die länger gelagert werden müssen. Beide Säuren beeinflussen den Geschmack nicht. Während Sorbinsäure als unbedenklich angesehen werden kann, steht Benzoesäure im Verdacht, Allergien auszulösen. Beide Zusatzstoffe müssen auf der Verpackung angegeben werden.

E-Nr.	Carbonsäure
E 200	Sorbinsäure
E 210	Benzoesäure
E 236	Ameisensäure
E 260	Essigsäure
E 270	Milchsäure
E 280	Propionsäure
E 296	Äpfelsäure
E 330	Citronensäure
E 334	Weinsäure

OH, O — E 200; HO, O — E 210

B4 *Zur Kennzeichnung der Zusatzstoffe in Lebensmitteln muss entweder der Name oder die E-Nummer angegeben werden.* **A:** *Stellen Sie anhand der Zutatenliste auf den Verpackungsetiketten fest, welche Lebensmittel aus Ihrem Kühl- und Küchenschrank welche Carbonsäuren enthalten.* **A:** *Informieren Sie sich über weitere Konservierungsmethoden für Lebensmittel.*

Der Dreh mit der Milchsäure

In der Werbung für Joghurt wird häufig auf den „hohen Anteil an „L(+)rechtsdrehender Milchsäure" hingewiesen. Was bedeutet das? Milchsäure-Moleküle besitzen wie viele andere Moleküle auch ein *asymmetrisches* oder *chirales*[1] Kohlenstoff-Atom, d.h. ein Kohlenstoff-Atom, an das vier verschiedene Substituenten gebunden sind. Chirale Moleküle, die keine Symmetrieebene besitzen, bilden zwei Isomere, die sich ähnlich der linken und der rechten Hand wie Bild und Spiegelbild gleichen, aber nicht deckungsgleich sind.

Die Lösung von L(+)-Milchsäure dreht die Ebene des polarisierten Lichts[2] nach rechts, die D(-)-Milchsäure um den gleichen Betrag nach links. Solche als optische Isomere oder **Enantiomere**[3] bezeichneten Verbindungen haben ansonsten gleiche physikalische und chemische Eigenschaften, sie unterscheiden sich aber in ihrer biologischen oder physiologischen Wirkung. Während die L(+)-Milchsäure in unserem Stoffwechsel eine wichtige Rolle spielt, kann die D(-)-Milchsäure vom Körper nicht verwertet werden.

Die Symbole L und D bezeichnen die Konfiguration der Moleküle am chiralen C-Atom, die Symbole (+) und (–) die Drehrichtung des Lichts. Bei chemischen Synthesen entstehen gewöhnlich *optisch inaktive Racemate*, d.h. Gemische aus gleichen Anteilen an D- und L-Form.

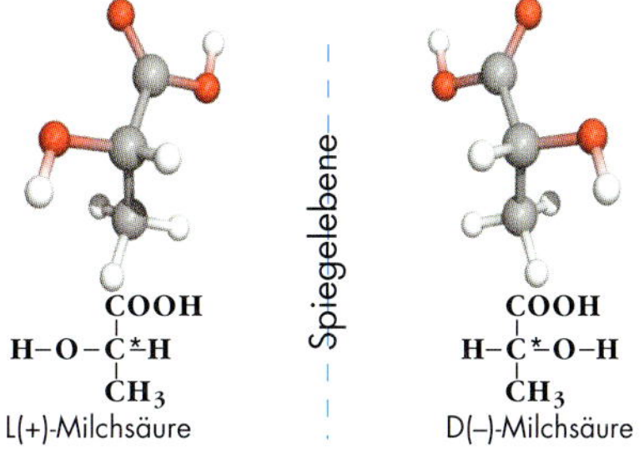

B5 *Modelle und* FISCHER[4]*-Projektionsformeln von Milchsäure. Steht die OH-Gruppe rechts vom chiralen C*-Atom, wenn die Kohlenstoffkette senkrecht steht und die Carboxy-Gruppe nach oben hinten zeigt, liegt die D-Konfiguration vor. Entsprechend verfährt man auch bei anderen Verbindungen.* **A:** *Bauen Sie Molekülmodelle von D- und L-Milchsäure.* **A:** *Begründen Sie, ob es von Citronensäure und Äpfelsäure optische Isomere gibt. Zeichnen Sie dazu die Strukturformeln und markieren Sie die chiralen C-Atome.*

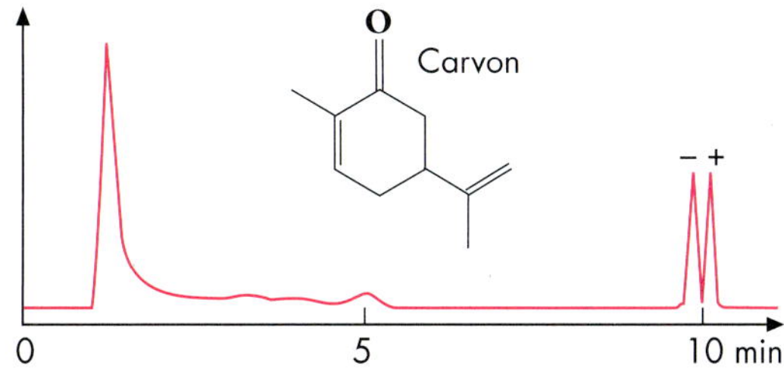

B6 *Gaschromatogramm des Aromastoffs Carvon. Hier wurde ein Racemat aufgetrennt. Kümmel und Dill enthalten fast ausschließlich (+)-Carvon, Krauseminze (Spearmint) nahezu reines (–)-Carvon.* **A:** *Bestimmen Sie das chirale C-Atom im Carvon-Molekül.*

---

[1] von *cheir* (griech.) = Hand

[2] Polarisiertes Licht erhält man, wenn man Licht auf einen Polarisationsfilter lenkt, der nur Licht einer Schwingungsebene durchlässt.

[3] von *enantios* (griech.) = entgegengesetzt

[4] EMIL FISCHER (1852 bis 1912), Professor für organische Chemie, klärte die Struktur vieler Zucker-Moleküle auf.

Säuren contra Kalk

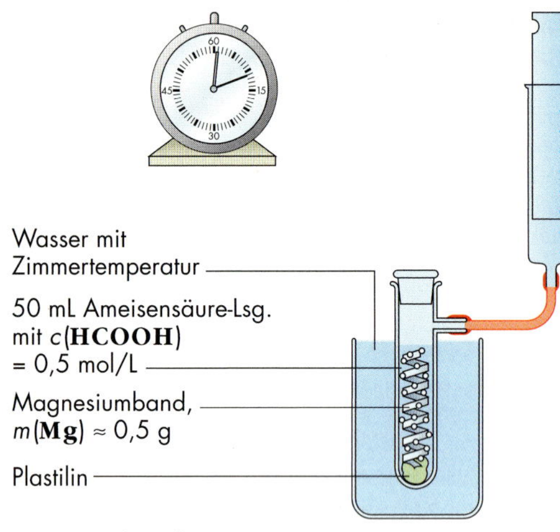

B1 *Versuchsaufbau zu V5*

Versuche

V1 Geben Sie in drei Rggl. mit etwa gleichen Portionen an Calciumcarbonat a) als Pulver, b) gekörnt und c) in Stücken jeweils 5 mL Ameisensäure-Lösung, c = 1 mol/L. Beobachtung? Leiten Sie das entstehende Gas bei a) in Kalkwasser.

V2 Versetzen Sie gekörnten Kalk mit Ameisensäure*-Lösung der Konzentration a) c = 1mol/L und b) c = 0,5 mol/L. Beobachtung?

V3 Geben Sie in einen 250-mL-Erlenmeyerkolben 8 g gekörnten Marmor und stellen Sie den Kolben auf eine Waage. Messen Sie in einem Messzylinder 50 mL Ameisensäure*-Lösung, c = 1 mol/L, ab, stellen Sie diesen ebenfalls auf die Waage und tarieren Sie die Waage auf Null. Geben Sie in einem Guss die Ameisensäure zum Marmor und stellen Sie den Messzylinder sofort wieder auf die Waage. Lesen Sie in Zeitabständen von jeweils 30 s die Massenanzeige ab.

V4 Geben Sie ein ca. 3 cm langes Magnesiumband* in ein Rggl. mit Ameisensäure-Lösung. Führen Sie mit dem entweichenden Gas* die Knallgasprobe durch.

V5 Formen Sie ein etwa 12 cm langes Magnesiumband* zur Spirale, befestigen Sie es in einer Plastillinkugel und geben Sie es in ein großes Rggl. mit seitlichem Ansatz, an den ein Kolbenprober angeschlossen wird (B1). Fügen Sie 50 mL Ameisensäure*-Lösung, c = 0,5 mol/L, zu und verschließen Sie sofort mit einem gut dichtenden Stopfen. Notieren Sie die Zeiten, die jeweils bei einer Volumenzunahme von 5 mL verstreichen.

Auswertung

a) Beschreiben und erläutern Sie die Versuchsbeobachtungen bei V1 und V2. Vergleichen Sie dabei die einzelnen Versuchsteile. Formulieren Sie die entsprechende Reaktionsgleichung.

b) Notieren Sie bei V3 die Messwerte-Paare t/m. Legen Sie eineTabelle nach folgendem Muster an:

t in s	**$m(CO_2)$ in g**	**$n(CO_2)$ in mol**

c) Berechnen Sie dazu die Stoffmenge n von CO_2 nach $n = m/M$. Stellen Sie die Wertepaare $t/n(CO_2)$ grafisch dar.

d) Vergleichen Sie das $t/n(CO_2)$-Diagramm mit dem Zeit-Weg-Diagramm von B4 für ein ausrollendes Fahrzeug. Übertragen Sie die Begriffe mittlere Geschwindigkeit und Momentangeschwindigkeit auf das Zeit-Stoffmenge-Diagramm.

e) Erläutern Sie die bei V4 ablaufende Reaktion und formulieren Sie die Reaktionsgleichung.

f) Übertragen Sie die Messwerte von V5 in ein Zeit-Volumen-Diagramm.

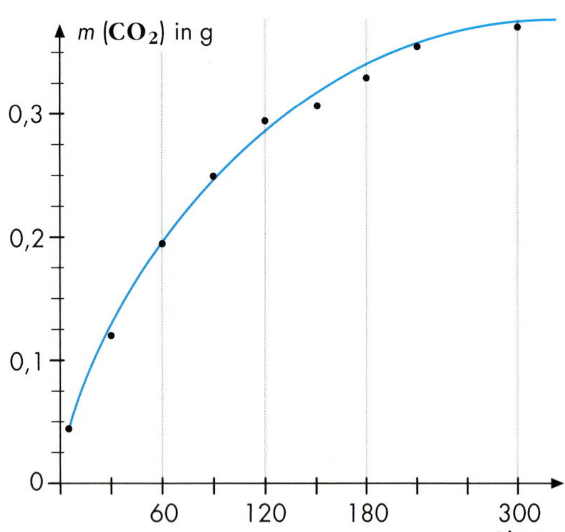

B2 *Zeit-Masse-Diagramm bei der Reaktion von Kalk mit Säure-Lösung.* **A:** *Bestimmen Sie anhand des Diagramms die mittlere Reaktionsgeschwindigkeit für das Zeitintervall t_1 = 30 s bis t_2 = 180 s in mol/s. Ermitteln Sie zeichnerisch den Zeitpunkt, an dem die momentane Reaktionsgeschwindigkeit gleich der berechneten mittleren Geschwindigkeit ist. Fertigen Sie dazu eine entsprechende Skizze an.*

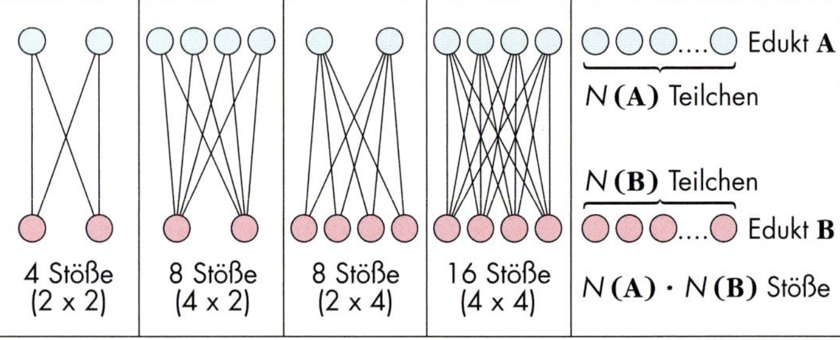

B3 *Modelle und Modellrechnungen zur Abhängigkeit der Anzahl der möglichen Stöße von der Anzahl der Edukt-Teilchen in einem bestimmten Volumen*

Reaktionsgeschwindigkeit

Kaffeemaschinenentkalker, Bad- und WC-Reiniger enthalten zur Kalkentfernung Säuren, meist Essig-, Citronen- oder Ameisensäure.
Die Wasserstoff-Ionen der sauren Lösungen reagieren mit Kalk (Calciumcarbonat) zu Kohlenstoffdioxid-Molekülen und Wasser-Molekülen.

$$CaCO_3(s) + 2\ H^+(aq) \rightarrow CO_2(g) + H_2O(l) + Ca^{2+}(aq)$$

Am Schäumen und Zischen kann man diese Reaktion erkennen. Meist scheint es, dass zu Beginn die Kalkentfernung schneller abläuft als gegen Ende. Zur genaueren Untersuchung der Geschwindigkeit dieser Reaktion dient V3. Dabei wird die Masse des entstehenden und aus dem Gefäß entweichenden Kohlenstoffdioxids im Verlauf der Reaktion gemessen. Zu Beginn ist die in einem bestimmten Zeitabstand Δt festgestellte Massenänderung Δm größer als gegen Ende (B2). Man könnte die Geschwindigkeit dieser Reaktion als Quotienten aus der Massenänderung und dem Zeitintervall definieren. Statt der Masse hätten wir auch das Volumen des entstehenden Kohlenstoffdioxids messen können. Beide Größen lassen sich in die Stoffmenge n von Kohlenstoffdioxid umrechnen. Es bietet sich daher an, die Änderung der Stoffmenge Δn eines Edukts oder eines Produkts in einem bestimmten Zeitintervall zur Definition der Reaktionsgeschwindigkeit v_r heranzuziehen (B4).

$\bar{v}_r = \Delta n/\Delta t \quad [v] = 1\ mol/s = 1\ mol \cdot s^{-1}$

Für in Lösungen ablaufende Reaktionen wählt man statt der Stoffmenge die Stoffmengenkonzentration $c = n/V$ und definiert:

$\bar{v}_r = \Delta c/\Delta t \quad [v_r] = 1\ mol/L \cdot s = 1\ mol \cdot L^{-1} \cdot s^{-1}$

Bezieht man die Reaktionsgeschwindigkeit auf die Konzentrationsabnahme eines Eduktes $\Delta c < 0$, so hat die Reaktionsgeschwindigkeit ein negatives Vorzeichen, bezieht man sie auf die Konzentrationszunahme eines Produktes, so erhält sie ein positives Vorzeichen.

Die **Reaktionsgeschwindigkeit** ist von verschiedenen Faktoren abhängig, wie vom Zerteilungsgrad (V1) und der Konzentration der Edukte (V2). Nach der **Stoßtheorie** müssen Edukt-Teilchen zusammenstoßen, damit sie miteinander reagieren können. Bei einem Feststoff können nur die Teilchen, die sich an der Oberfläche befinden, reagieren. Je größer diese ist, umso schneller verläuft die Reaktion. In einer Lösung ist die Anzahl der möglichen Stöße zwischen den Edukt-Teilchen umso größer, je mehr Teilchen in einem bestimmten Volumen enthalten sind, je größer also die Stoffmengenkonzentration ist (B3). So ist auch plausibel, dass die Reaktionsgeschwindigkeit bei der Reaktion von Marmor mit Säure-Lösung im Verlauf der Reaktion abnimmt, denn die Konzentration des Edukts Wasserstoff-Ionen nimmt ab.
Für eine bimolekulare Reaktion zwischen zwei Edukt-Teilchen **A** und **B** zeigt das Modell aus B3, dass die Stoßzahl z proportional zum Produkt der Teilchenanzahlen in einem bestimmten Volumen, also proportional der Konzentrationen der beiden Edukte ist.

$$z \sim c(\mathbf{A}) \cdot c(\mathbf{B})$$

Unter der Annahme, dass die Momentangeschwindigkeit proportional zur Stoßzahl z ist, gilt:

$$v_r = k \cdot c(\mathbf{A}) \cdot c(\mathbf{B}).$$

Darin bedeutet k die **Geschwindigkeitskonstante**. Sie hat für jede Reaktion unter bestimmten Bedingungen einen charakteristischen Wert.

INFO

Geschwindigkeit

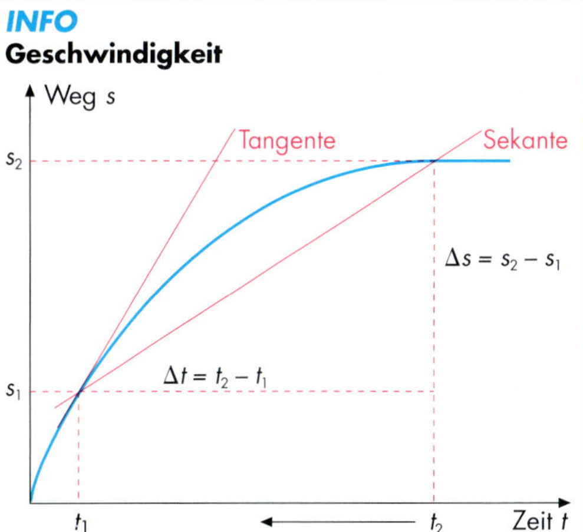

Zeit-Weg-Diagramm für ein auf der Landebahn ausrollendes Flugzeug. Die Geschwindigkeit des Flugzeuges nimmt beim Ausrollen ab. Bildet man für ein Zeitintervall $\Delta t = t_2 - t_1$ den Quotienten aus der zugeordneten Wegdifferenz Δs und diesem Zeitintervall, so erhält man die mittlere Geschwindigkeit $\bar{v}$ des Flugzeugs für das Zeitintervall Δt:
$\bar{v} = \Delta s/\Delta t$
Die Momentangeschwindigkeit v des Flugzeugs erhält man, wenn man immer kleinere, im Grenzfall gegen Null gehende Zeitintervalle Δt wählt und in Beziehung zu den entsprechenden Wegstrecken setzt. Die Momentangeschwindigkeit bei t_1 ist mathematisch als Grenzwert definiert und entspricht zahlenmäßig dem Steigungsfaktor der Tangente an die Zeit-Weg-Kurve an der Stelle t_1.

Mittlere Geschwindigkeit im Intervall $\Delta t = t_2 - t_1$: $\bar{v} = \frac{\Delta s}{\Delta t}$ (Steigung der Sekante)	Mittlere Reaktionsgeschwindigkeit im Intervall $\Delta t = t_2 - t_1$: $\bar{v}_r = \frac{\Delta n}{\Delta t}$
Momentangeschwindigkeit zum Zeitpunkt t_1: $v(t_1) = \lim_{t_2 \to t_1} \frac{\Delta s}{\Delta t}$ (Steigung der Tangente in t_1)	momentane Reaktionsgeschwindigkeit zum Zeitpunkt t_1: $v_r(t_1) = \lim_{t_2 \to t_1} \frac{\Delta n}{\Delta t}$

B4 *Definition der mittleren Geschwindigkeiten und der Momentangeschwindigkeiten*

Aufgabe

A1 Erklären Sie, warum es nicht ratsam ist, die Geschwindigkeit der Wasserstoff-Entwicklung bei einer Reaktion durch die Messung der Massenabnahme zu bestimmen.

Fachbegriffe

Mittlere und momentane Reaktionsgeschwindigkeit $\bar{v}_r$ und v_r, Geschwindigkeitskonstante k, Stoßtheorie

Natürlich oder natur-identisch

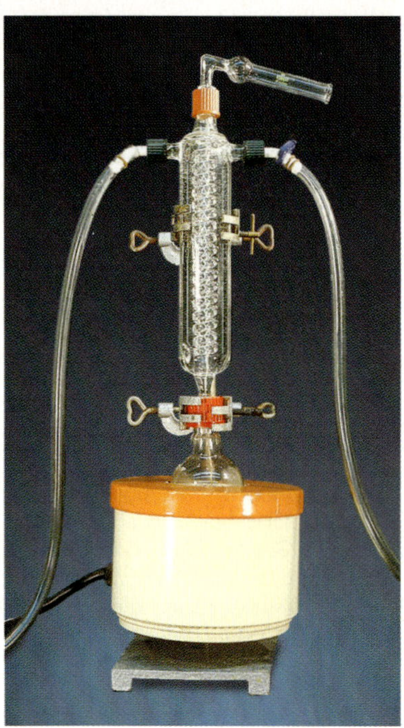

B1 *Versuchsapparatur zur Esterherstellung (V2)*

Versuche

V1 Mischen Sie in je einem Rggl. die folgenden Carbonsäuren und Alkohole:

1. 2 mL Methansäure* mit 2 mL Ethanol*
2. 2 mL Ethansäure* mit 2 mL 1-Butanol*
3. 2 mL Ethansäure* mit 2 mL 1-Pentanol*
4. 1 mL Butansäure* mit 10 mL Ethanol* (Abzug!)
5. 0,5 g Salicylsäure* mit 2 mL Methanol*
6. 0,5 g Benzoesäure* mit 2 mL Ethanol*

Lassen Sie vom Lehrer jeweils 1 Tropfen konz. Schwefelsäure* zufügen. Statt Schwefelsäure kann auch eine Feststoffsäure, z. B. Amberlyst 15, oder ein Zeolith (Aquarienhandel) zugesetzt werden.
Geben Sie 1 Siedesteinchen zu und erhitzen Sie über kleiner Flamme ca. 2 min zum Sieden. Gießen Sie anschließend den Inhalt in ein Becherglas mit 200 mL Wasser. Beobachtung? Geruch?
Führen Sie in jeder Gruppe 1 bis 2 Umsetzungen aus und vergleichen Sie die Produkte mit denen der anderen Gruppen.

V2 a) Bauen Sie eine Apparatur aus einem 100-mL-Rundkolben, einem Rückflusskühler und einem Heizpilz auf und geben Sie 10 mL (≅ 0,17 mol) Ethanol* und 10 mL (≅ 0,17 mol) Essigsäure* in den Rundkolben. Lassen Sie vom Lehrer 10 Tropfen konz. Schwefelsäure* hinzugeben. Erhitzen Sie nach Zugabe von 2 Siedesteinchen etwa 10 min lang zum Sieden. Lassen Sie abkühlen und gießen Sie dann den Kolbeninhalt in einen 100-mL-Messzylinder mit Stopfenbett, in dem sich 50 mL Wasser befinden. Beobachtung?
b) Verschließen Sie den Messzylinder mit einem Stopfen und lassen Sie ihn bis zur nächsten Stunde stehen. Beobachtung?

Auswertung

a) Welche strukturellen Merkmale der Edukt-Moleküle sind bei den Molekülen der auf dem Wasser schwimmenden Ester vermutlich nicht mehr vorhanden? Begründen Sie Ihre Vermutung. Woran erinnert der Geruch der entstehenden Ester?
b) Schwefelsäure wirkt bei den Versuchen als Katalysator. In welcher Phase liegt sie nach dem Ausgießen der Reaktionsgemische in Wasser vor?
c) Beschreiben Sie die Funktionsweise der Rückflussapparatur bei V2. Welche Reaktionsbedingungen gewährleistet sie?
d) Bestimmen Sie das Volumen der wässrigen Phase und das Volumen der Esterphase. Berechnen Sie, wie viel mol Ethansäureethylester (ρ = 0,900 g/cm^3; M = 88 g/mol) ungefähr entstanden sind. Vergleichen Sie die Stoffmenge des entstandenen Produkts mit der Stoffmenge der Edukte.
e) Ziehen Sie Schlussfolgerungen aus den Beobachtungen bei V2 b) und schlagen Sie ein Experiment zur Überpüfung vor.
f) Formulieren Sie für die Estersynthesen aus V1 und V2 die Reaktionsgleichungen.

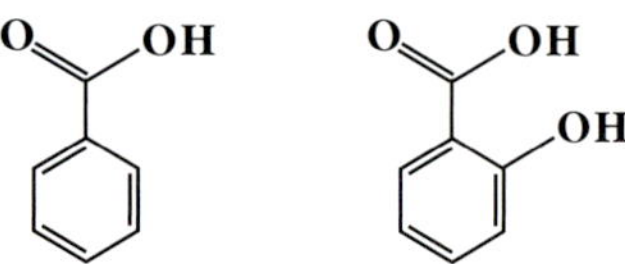

B2 *Strukturformeln von Benzoesäure und Salicylsäure*

	Methanol 64,5	Ethanol 78,2
Methansäure 100,5	Methansäure-methylester 32	Methansäure-ethylester 54
Ethansäure 118	Ethansäure-methylester 57	Ethansäure-ethylester 77

B3 *Siedetemperaturen von Alkoholen, Säuren und ihren Estern im Vergleich in °C.* **A:** *Vergleichen Sie die Siedetemperaturen der Alkohole, Säuren und Ester und erklären Sie die Unterschiede.*

Methansäureethylester (Rumaroma)	Ethansäurepentylester (Birnengeruch)
Butansäureethylester (Ananasgeruch)	Benzoesäureethylester (Pfefferminzgeruch)

B4 *Carbonsäureester mit Fruchtaroma*

Vom Alkohol zum Aromastoff

Viele der in der Natur in Früchten und Blüten vorkommenden Aromastoffe gehören zur Stoffklasse der **Ester**. Diese lassen sich aus Carbonsäuren und Alkoholen in Gegenwart von Schwefelsäure als Katalysator herstellen. Bei der Veresterung bildet sich neben Ester auch Wasser.

$$R_1{-}C({=}O){-}O{-}H \;+\; H{-}O{-}R_2 \;\xrightarrow{(H^+)}\; R_1{-}C({=}O){-}O{-}R_2 \;+\; H_2O$$

Carbonsäure — Alkohol — Ester (Ester-Gruppe) — Wasser

Eine solche Reaktion, bei der unter Wasserabspaltung zwei Moleküle zu einem größeren verknüpft werden, bezeichnet man als **Kondensation**.

Ester kurzkettiger Carbonsäuren und kurzkettiger Alkohole sind wohlriechende, niedrig siedende und in Wasser schlecht lösliche Flüssigkeiten. Denn Ester-Moleküle besitzen keine Hydroxy-Gruppen und können deshalb keine Wasserstoffbrückenbindungen untereinander oder zu Wasser-Molekülen ausbilden. Viele Ester, auch die in V1 hergestellten, besitzen ein ausgeprägtes Fruchtaroma. Die in B4 angegebenen Ester werden in der Lebens- und Genussmittelindustrie zur Nachahmung von Fruchtaromen hergestellt und als naturidentische Aromastoffe gekennzeichnet. Essigsäureethylester wird als Lösemittel in vielen Allesklebern und Lacken verwendet und kann am Geruch identifiziert werden.

Wie V2 zeigt, reagieren Carbonsäure und Alkohol nicht vollständig zu Ester und Wasser. Auch längeres Erhitzen würde nicht zu einer größeren Ausbeute an Ester führen. Es handelt sich bei diesen Veresterungen um **unvollständige Reaktionen**.

Beim Stehenlassen des Esters im Gemisch mit einem Überschuss an Wasser in einem dicht verschlossenen Gefäß stellt man fest, dass die Esterphase kleiner wird, bis sie allmählich verschwindet. Dies zeigt, dass der Ester durch **Hydrolyse** mit Wasser wieder in die Carbonsäure und den Alkohol gespalten werden kann. Reaktionen wie die Veresterung und die Esterhydrolyse, die in beide Richtungen verlaufen können, bezeichnet man als **umkehrbare Reaktionen**:

$$\text{Carbonsäure + Alkohol} \;\underset{\text{Rückreaktion}}{\overset{\text{Hinreaktion}}{\rightleftharpoons}}\; \text{Ester + Wasser}$$

In einem **geschlossenen System** wie in V2, d.h. in einem System, in das keine Stoffe hinzukommen und aus dem keine entweichen, laufen weder Hinreaktionen noch Rückreaktionen vollständig ab. Das System erreicht nach einiger Zeit einen Zustand, in dem Edukte und Produkte in zeitlich konstanten Anteilen vorliegen. Diesen Zustand bezeichnet man als **chemisches Gleichgewicht**.

Aufgaben

A1 2-Methylbutansäureethylester und Ethansäure-2-methylbutylester kommen im Aroma eines reifenden Apfels vor. Geben Sie die Strukturformeln dieser Ester an. Zeigen Sie Gemeinsamkeiten und Unterschiede dieser beiden Ester auf.

A2 Einige der auf S. 18 angegebenen Aromastoffe sind Ester. Geben Sie die Säure und den Alkohol an, die bei der Hydrolyse der Ester entstehen.

B5 *Im Duft von Früchten sind auch Ester enthalten.*
A: *Die reinen naturidentischen Ester riechen „künstlich". Wie erklären Sie dies?*

B6 *Versuch: In ein großes Rggl. werden 3 mL Methansäureethylester und 10 mL Wasser gegeben und mit 10 Tropfen Bromthymolblau-Lösung versetzt. Dann werden 10 Tropfen Natronlauge, c = 0,1 mol/L, zugetropft und geschüttelt.*

A3 Führen Sie diesen Versuch durch und wiederholen Sie die tropfenweise Zugabe von Natronlauge mehrmals. Beobachtung?
A4 Erklären Sie die Beobachtungen (vgl. B6).
A5 Erklären Sie, warum man diesen Versuch als Nachweis für Ester einsetzen kann.
A6 Führen Sie den gleichen Versuch mit Ethansäureethylester, Alleskleber und Nagellackentferner durch. Verwenden Sie dabei Phenolphthalein als Indikator.

Fachbegriffe

Kondensation, Hydrolyse, Ester, Ester-Gruppe, unvollständige Reaktion, umkehrbare Reaktion, Hin- und Rückreaktion, geschlossenes System (vgl. S. 69, B1), chemisches Gleichgewicht

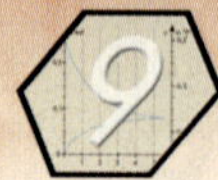

Hin und rück im Gleichgewicht

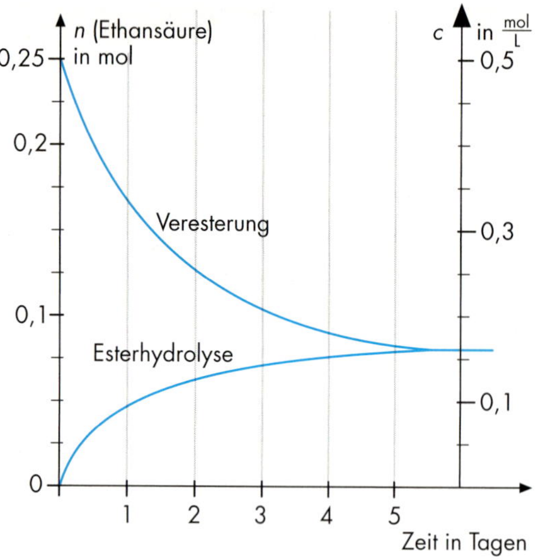

B1 *Änderung der Stoffmenge (Konzentration) von Ethansäure bei der Veresterung und bei der Esterhydrolyse (V2)*

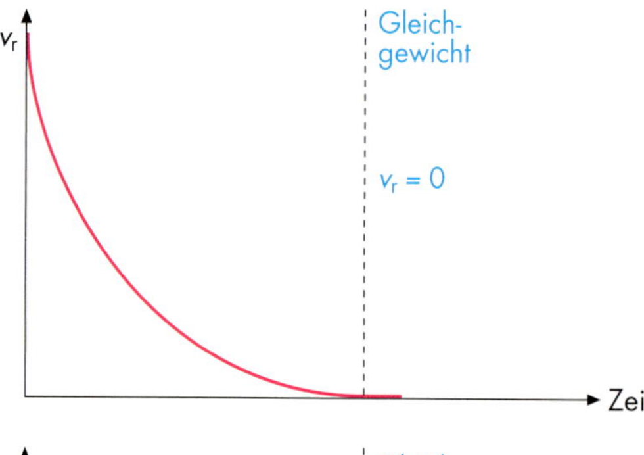

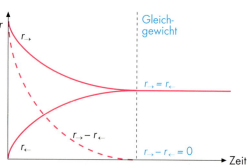

B2 *Zusammenhang zwischen der Reaktionsgeschwindigkeit v_r auf der Stoffebene und den Reaktionsraten $r_\rightarrow$ und $r_\leftarrow$ auf der Teilchenebene*

Versuche

V1 Setzen Sie in je einem 100-mL-Erlenmeyerkolben eine Veresterung, eine Esterhydrolyse und eine Blindprobe an. Mischen Sie dazu die angegeben Edukte in einem Messzylinder und füllen Sie mit Aceton als Lösungsvermittler auf ein Gesamtvolumen von 50 mL auf:

a) Veresterung: 0,25 mol (15,0 g) Ethansäure*, 0,25 mol (11,5 g) Ethanol* und 0,48 g (0,005 mol) konz. Schwefelsäure*

b) Esterhydrolyse: 0,25 mol (22,0 g) Ethansäureethylester*, 0,25 mol (4,5 g) Wasser und 0,48 g konz. Schwefelsäure*

c) Blindprobe: 0,48 g konz. Schwefelsäure* mit Wasser auf 50 mL Lösung aufgefüllt.

Die verschlossenen Ansätze a) und b) werden etwa 3 bis 4 Tage magnetisch gerührt.

Entnehmen Sie aus den Versuchsansätzen mit Pipetten 1-mL-Proben, verdünnen Sie diese mit etwa 50 mL Wasser, setzen Sie einige Tropfen Phenolphthalein zu und titrieren Sie mit Natronlauge, $c = 0,1$ mol/L.

V2 Zur Verfolgung des Reaktionsverlaufs bei der Veresterung und der Esterhydrolyse können aus den Versuchsansätzen V1 a) und V1 b) in bestimmten Zeitabständen (z.B. 1h, 2h, 24 h, 48 h) 1-mL-Proben entnommen und mit Natronlauge titriert werden.

V3 Setzen Sie wie bei V1 a) eine Veresterung aus 0,25 mol Ethansäure*, 0,5 mol Ethanol*, 0,48 g konz. Schwefelsäure* und Aceton* bis zu einem Gesamtvolumen von 50 mL an. Titrieren Sie nach 3 bis 4 Tagen 1-mL-Proben wie bei V1.

Auswertung

a) Notieren Sie die Titrationsergebnisse aller Gruppen für jede der drei Proben „Veresterung", „Esterhydrolyse" und „Blindprobe" in einer Tabelle und berechnen Sie die Mittelwerte der Volumina der verbrauchten Natronlauge.

b) Berechnen Sie anhand der Ergebnisse von a), wie viel mL Natronlauge bei den Proben „Veresterung" und „Esterhydrolyse" jeweils auf die Neutralisation der Ethansäure entfallen. Vergleichen Sie die Volumina.

c) Zwischen der Stoffmenge n, der Konzentration c und dem Volumen V besteht die Beziehung $n = c \cdot V$. Das Stoffmengenverhältnis für die Neutralisation von Ethansäure mit Natronlauge ist $n(CH_3COOH) : n(NaOH) = 1:1$.

Berechnen Sie mithilfe dieser Angaben die Stoffmenge n von Ethansäure in den beiden Ansätzen. Beachten Sie dabei, dass Sie nur eine 1-mL-Probe titriert haben!

d) Berechnen Sie die Stoffmengen an Ethanol, Ester und Wasser für beide Ansätze aus der Anfangsstoffmenge n_0 und der experimentell ermittelten Stoffmenge von Ethansäure.

e) Stellen Sie die bei V2 erhaltenen Werte für die Stoffmenge n von Ethansäure grafisch dar (B1).

f) Werten Sie V3 analog V1 a) aus. Vergleichen Sie die bei V1 a) und V3 umgesetzten Stoffmengen an Ethansäure.

g) Berechnen Sie den Massenwirkungsquotienten für V1 und V3.

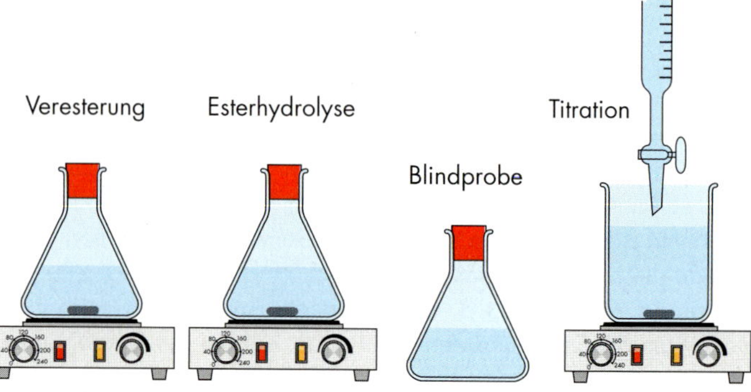

B3 *Versuchsaufbau zu V1 und V2*

Chemisches Gleichgewicht und Massenwirkungsgesetz

Bei einer quantitativen Untersuchung des Gleichgewichtzustands bei V1 stellen wir fest, dass im Gleichgewicht die Konzentration bzw. die Stoffmenge an Ethansäure im Reaktionsgemisch des Veresterungsansatzes die gleiche ist wie im Esterhydrolyseansatz. Daraus folgt, dass auch die Konzentration bzw. die Stoffmenge der anderen Reaktionspartner in beiden Ansätzen jeweils gleich ist.
Mit Überlegungen zu den Vorgängen im Gleichgewicht wird dies verständlich. Dazu betrachten wir die Modell-Reaktion

$$A + B \rightleftarrows C + D$$

Im Gleichgewicht ändern sich die Konzentrationen der Edukte und Produkte nicht, also ist die Reaktionsgeschwindigkeit $v_r = 0$. Auf der Teilchenebene bedeutet dies aber nicht, dass die Reaktion zum Stillstand kommt. Die Reaktionsrate der Hinreaktion $r_{\rightarrow}$, d.h. die Anzahl der Edukt-Teilchen, die pro Zeitintervall zu Produkt-Teilchen reagieren, ist genauso groß wie die Reaktionsrate der Rückreaktion $r_{\leftarrow}$.
Unter der Annahme, dass die Reaktionsrate der Hinreaktion proportional zur Stoßzahl zwischen den A-Teilchen und den B-Teilchen ist und damit proportional zu deren Konzentrationen, gilt:

$$r_{\rightarrow} = k_{\rightarrow} \cdot c(A) \cdot c(B)$$

Der Proportionalitätsfaktor $k_{\rightarrow}$ ist eine Konstante und hat für eine bestimmte Reaktion bei einer bestimmten Temperatur einen charakteristischen Wert. Für die Rückreaktion können wir entsprechend formulieren:

$$r_{\leftarrow} = k_{\leftarrow} \cdot c(C) \cdot c(D)$$

Im Gleichgewicht gilt:

$$r_{\rightarrow} = r_{\leftarrow} \quad \text{und} \quad k_{\rightarrow} \cdot c(A) \cdot c(B) = k_{\leftarrow} \cdot c(C) \cdot c(D)$$

Durch Umformen erhält man:

$$\frac{k_{\rightarrow}}{k_{\leftarrow}} = \frac{c(C) \cdot c(D)}{c(A) \cdot c(B)}$$

oder, wenn man $\frac{k_{\rightarrow}}{k_{\leftarrow}} = K$ setzt: $K = \frac{c(C) \cdot c(D)}{c(A) \cdot c(B)}$

Diesen als **Massenwirkungsgesetz** bezeichneten Zusammenhang zwischen den Konzentrationen der Edukte und Produkte im Gleichgewicht haben C. M. GULDBERG und P. WAAGE durch zahlreiche, langwierige Untersuchungen an verschiedenen Gleichgewichtsreaktionen gefunden.
Die rechte Seite im Massenwirkungsgesetz ist der **Massenwirkungsquotient *Q***, die linke Seite die **Gleichgewichtskonstante *K***, die für jede Reaktion bei gegebener Temperatur einen bestimmten charakteristischen Wert hat. Für das Estergleichgewicht lautet das Massenwirkungsgesetz:

$$K = \frac{c(\mathbf{CH_3COOC_2H_5}) \cdot c(\mathbf{H_2O})}{c(\mathbf{CH_3COOH}) \cdot c(\mathbf{C_2H_5OH})}$$

Die Gleichgewichtskonstante hat bei 20 °C den Wert $K = 4$. Der Massenwirkungsquotient ist im Gleichgewichtszustand einer Reaktion stets gleich, unabhängig von den Ausgangskonzentrationen der Reaktionspartner. Er hat den Wert der Gleichgewichtskonstanten. So erhalten wir bei V3, bei dem Ethansäure mit der doppelten Stoffmenge an Ethanol umgesetzt wird, den gleichen Wert für die Gleichgewichtskonstante des Estergleichgewichts wie bei V1. Bei V3 wird bis zum Erreichen des Gleichgewichts mehr Ethansäure zu Ester umgesetzt als bei V1. Die Ausbeute an Ester in Bezug auf die eingesetzte Säure steigt.

B4 *CATO MAXIMILIAN GULDBERG (1836 bis 1902), norwegischer Mathematiker, und PETER WAAGE (1833 bis 1900), norwegischer Chemiker. Sie führten über 300 quantitative Untersuchungen von Gleichgewichten durch und stellten das Massenwirkungsgesetz auf.*

$$a\,A + b\,B + \ldots \rightleftarrows m\,M + n\,N + \ldots$$

$$K = \frac{c^m(M) \cdot c^n(N) \ldots}{c^a(A) \cdot c^b(B) \ldots}$$

B5 *Massenwirkungsgesetz in allgemeiner Form*

$Q < K$
kein Gleichgewicht, Hinreaktion überwiegt
$Q > K$
kein Gleichgewicht, Rückreaktion überwiegt
$Q = K$
Gleichgewichtszustand

B6 *Ein Vergleich des Momentanwerts des Massenwirkungsquotienten Q mit der Gleichgewichtskonstanten K zeigt, ob die Hinreaktion oder die Rückreaktion überwiegt, oder ob der Zustand des chemischen Gleichgewichts erreicht ist.*

Aufgaben

A1 Begründen Sie, warum bei V1, S. 34, Buttersäure mit der 10-fachen Stoffmenge Ethanol umgesetzt wird.

A2 Verestert man Ethansäure mit Ethanol in einer Destillationsapparatur und destilliert den entstehenden niedrig siedenden Ethansäureethylester ab, so stellt sich kein Gleichgewicht ein. Begründen Sie dies und erläutern Sie, wie sich dieses Vorgehen auf die Ausbeute an Ester bezogen auf die eingesetzte Stoffmenge Ethansäure auswirkt.

Fachbegriffe

Massenwirkungsgesetz, Massenwirkungsquotient Q, Gleichgewichtskonstante K

Tricks mit Estern

Synthese von naturidentischem (-)-Menthol

(–)-Menthol ist der Hauptbestandteil des Pfefferminzöls. Es wird in der Lebensmittel- und Kosmetikindustrie als Aromastoff für Süßwaren, Kaugummi, Liköre, Zahn- und Mundpflegemittel und für Zigaretten verwendet, weiterhin als duftender, erfrischender und desinfizierender Bestandteil in Kosmetika und pharmazeutischen Produkten.

Neben der Gewinnung aus Pfefferminzöl wird (–)-Menthol auch synthetisch aus Thymol hergestellt. Dazu wird Thymol katalytisch mit Wasserstoff hydriert, d.h. Wasserstoff-Atome werden an die Doppelbindungen addiert:

Thymol + 3 H_2 ⟶ Menthol

Bei der Hydrierung entstehen acht Menthol-Isomere, denn in den Molekülen liegen drei chirale Kohlenstoff-Atome (mit* markiert) vor. Die acht Isomere bilden vier Enantiomerenpaare (vgl. S. 31): (+) und (–)-Menthol, (+) und (–)-Isomenthol, (+) und (–)-Neomenthol, (+) und (–)-Neoisomenthol. Jedes Enantiomerenpaar fällt dabei als Racemat an, d.h. als 1:1-Gemisch der (+) und (–)-Form. Nur (–)-Menthol besitzt die gewünschte kühlende und erfrischende Wirkung. Um dieses aus dem Gemisch zu isolieren, geht man folgenden Weg: (±)-Menthol kann von den anderen Isomeren durch Destillation abgetrennt werden. Da (+) und (–)-Menthol in allen physikalischen Eigenschaften außer der Drehrichtung des polarisierten Lichts übereinstimmen, kann man sie nicht auf herkömmliche Weise wie z.B. durch Destillation trennen. Daher wendet man zur Abtrennung der reinen (–)-Form einen Trick an: Man verestert das Racemat aus (–) und (+)-Menthol mit Benzoesäure. Wird eine Lösung des (±)-Benzoesäurementhylesters mit reinem (–)-Benzoesäurementhylester angeimpft, so kristallisiert nur die reine (–)-Form des Esters aus, die (+)-Form bleibt in Lösung. (–)-Benzoesäurementhylester wird abfiltriert und durch Hydrolyse in (–)-Menthol überführt (B3).

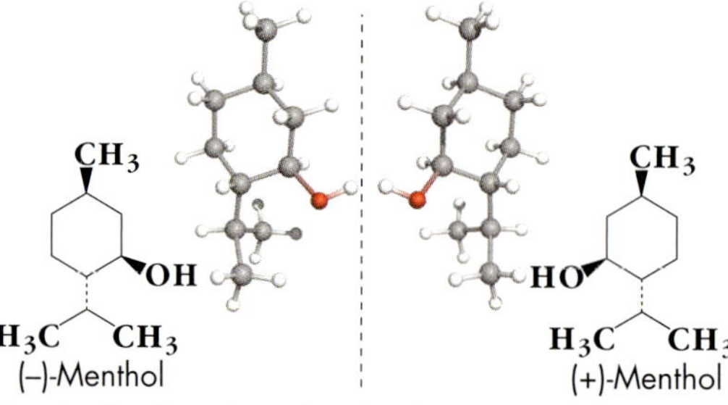

B1 *Strukturformeln und Molekülmodelle von (–)-Menthol und (+)-Menthol.* **A:** *Bauen Sie Molekülmodelle von (+) und (–)- Menthol auf. Machen Sie sich anhand der Molekülmodelle klar, dass es insgesamt acht Isomere gibt.*

Acetylsalicylsäure

Schon der griechische Arzt HIPPOKRATES (460 bis 377 v. Chr.) kannte die schmerzlindernde Wirkung der Rindenextrakte einiger Weidenarten, die auf die Salicylsäure zurückzuführen ist. Salicylsäure war ein wirksames Schmerzmittel, aber sie schmeckte grässlich und war schlecht verträglich. Im Jahr 1897 versuchte FELIX HOFFMANN, dessen Vater an Rheuma litt, aber das verordnete Salicylsäure-Salz nicht vertrug, die Salicylsäure zu veredeln und besser verträglich zu machen. Er veresterte Salicylsäure mit Essigsäure und hatte mit der so hergestellten Acetylsalicylsäure Erfolg. Die Acetylsalicylsäure ASS wird erst im alkalischen Milieu des Dünndarms in ihre Bestandteile gespalten. Dadurch werden die unangenehmen Nebenwirkungen beseitigt, aber die schmerzlindernde Wirkung bleibt erhalten. Heute ist ASS das weltweit am meisten verwendete Medikament. Jährlich werden etwa 36 000 Tonnen hergestellt.

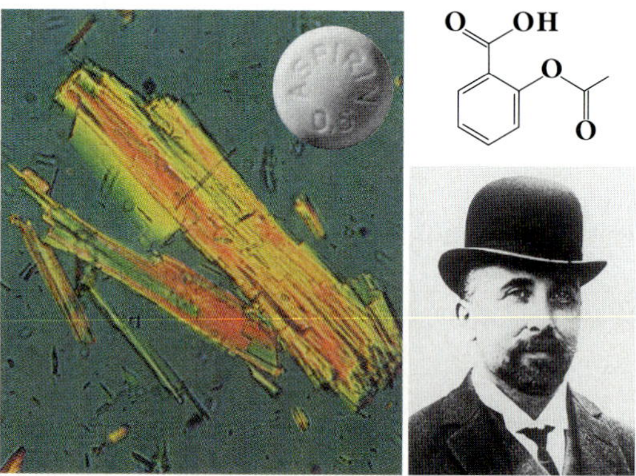

B2 *Acetylsalicylsäure-Kristalle, Strukturformel und F. HOFFMANN.* **A:** *Aus Salicylsäure und Methanol entsteht Salicylsäuremethylester, der ein intensives Aroma besitzt und im natürlichen Wintergrünöl vorkommt (vgl. S. 34). Geben Sie die Struktur von Salicylsäuremethylester an und vergleichen Sie diese mit der der Acetylsalicylsäure.*

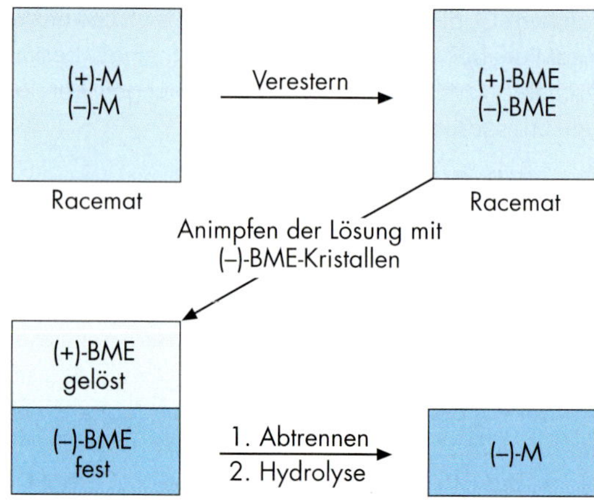

B3 *Schema zur Gewinnung von reinem (–)-Menthol (M: Menthol, BME: Benzoesäurementhylester)*

Modelle zum dynamischen Gleichgewicht

Wasserheber-Modell

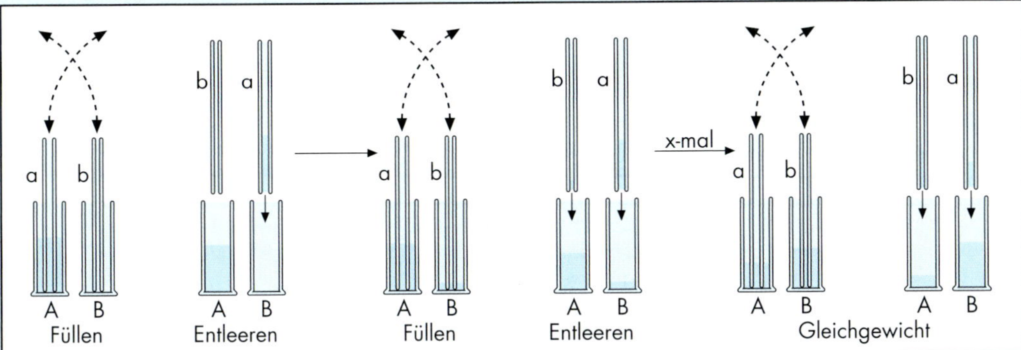

Flüssigkeit gelangt von A nach B, wenn die Rohre a und b gleichzeitig oben mit dem Finger verschlossen und dann über Kreuz entleert werden. Die „reversible Reaktion" setzt mit der „**Hinreaktion**" ein.

Nun gelangt auch Flüssigkeit von B zurück nach A. Es findet auch eine „**Rückreaktion**" statt. Die „Hinreaktion" wirkt sich aber noch stärker aus als die „Rückreaktion".

Nach einiger Zeit sind die in den Rohren im gleichen Takt beförderten Flüssigkeitsportionen gleich groß geworden. Die „Hinreaktion" und „Rückreaktion" heben sich gegenseitig auf: Modell des **Gleichgewichtszustandes**.

B1 *Veranschaulichung der Einstellung eines dynamischen Gleichgewichtes durch ein Modell.*

A1 Führen Sie einen entsprechenden Versuch mit zwei 100-mL-Messzylindern und zwei Glasrohren mit verschiedenem Durchmesser durch. Beobachtung?

A2 Welche Beobachtungen vermuten Sie, wenn man den gleichen Versuch mit zwei Glasrohren mit gleichem Durchmesser durchführt?

Modellversuch und Modellrechnung zum dynamischen Gleichgewicht

Versuch

V1 In dem Gefäß A befinden sich 100 Kugeln, das Gefäß B ist leer (B2). Es werden abwechselnd Kugeln aus A in B und aus B in A überführt. Dabei nimmt man bei jeder „hin"-Überführung 20% der in A gerade vorhandenen Kugeln (jeweils auf ganze Zahlen runden!) und bei jeder „zurück"-Überführung 10% der gerade in B vorhandenen Kugeln. Die Kugelzahlen nach den beiden ersten Überführungen (jede bestehend aus einer „hin" – und einer „zurück"-Überführung) sind in B2 tabelliert.

Auswertung

a) Führen Sie diesen Modellversuch bis z = 13 fort und tabellieren Sie die Ergebnisse in Ihrem Heft (vgl. B2).

b) Zeichnen Sie ein Diagramm mit z in der Abszisse und N_A (z) und N_B (z) in der Ordinate. Kommentieren Sie die Verläufe der Grafen.

c) Was würde sich an den Grafen ändern, wenn man statt von N_A (0) = 100 Kugeln von N_A (0) = 10 000 Kugeln ausgehen würde?

d) Übertragen Sie den Modellversuch auf eine chemische Reaktion, indem Sie den Größen N_A (0), N_B (0), N_A (z) die „20%" und die „10%" entsprechende Größen bei der chemischen Reaktion zuordnen.

e) Schreiben Sie ein Computerprogramm, das dieses Modellexperiment simuliert. Eingabe: N_A (0), N_B (0), Rate der „hin"-Überführung, Rate der „zurück"-Überführung; Ausgabe: Grafik mit der Veränderung von N_A (z) und N_B (z). Weisen Sie Ihre Mitschüler in die Benutzung Ihres Programms ein und lassen Sie sie anhand von „Computerexperimenten" die Zusammenhänge zwischen den Eingabeparametern und den sich einstellenden Gleichgewichten ermitteln.

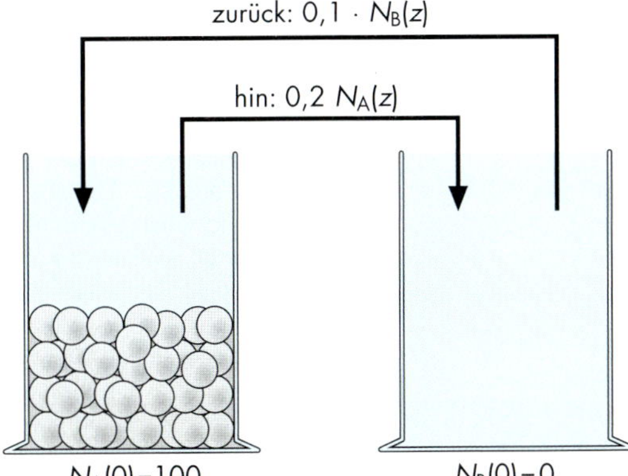

Nr. der Überführung	N_A (z)	N_B (z)
0	100	0
1 (hin)	80	20
1 (zurück)	82	18
2 (hin)	66	34
2 (zurück)	69	31
.	.	.
.	.	.
.	.	.

B2 *Modellversuch und Modellrechnungen zum dynamischen Gleichgewicht*

TRAINING

A1 Ameisensäure zeigt im Gegensatz zu Essigsäure die für Aldehyde typische positive FEHLING-Probe. Erklären Sie dies anhand der Struktur des Ameisensäure-Moleküls. Formulieren Sie die Reaktionsgleichung mit Teilgleichungen und Angabe der Oxidationszahlen. Anmerkung: Ameisensäure wird zu Kohlensäure bzw. in alkalischer Lösung zu Carbonat-Ionen oxidiert.

A2 Vergleichen Sie die Siedetemperaturen der Alkansäuren (S. 28) mit denen der entsprechenden Alkanole (S. 12) und Alkanale (S. 22) und erklären Sie die Unterschiede.

A3 Im Gegensatz zur Esterspaltung in saurer oder neutraler Lösung verläuft die Esterhydrolyse in alkalischer Lösung nahezu vollständig, da die sich bildende Säure neutralisiert wird. Erläutern Sie anhand des Massenwirkungsquotienten, wie sich die Neutralisation der Säure auf die Einstellung des Gleichgewichtszustands auswirkt, und begründen Sie, warum die Hydrolyse im Alkalischen fast vollständig verläuft.

A4 Erklären Sie, warum Acetylsalicylsäure erst im alkalischen Milieu des Dünndarms und nicht im Magen in die Bestandteile gespalten wird.

A5 Der Ester aus Salicylsäure (S. 32, B2) und Menthol (S. 18) absorbiert UV-Licht und wird für Sonnencremes verwendet. Geben Sie die Strukturformel an.

A6 In einem Kolben a) werden 0,3 mol Methansäure mit 0,3 mol Methanol verestert. In einem zweiten Kolben b) werden 0,3 mol Methansäuremethylester mit 0,3 mol Wasser hydrolysiert. In beiden Kolben beträgt das Reaktionsvolumen 1,0 L. Die zeitlichen Konzentrationsänderungen der Methansäure werden gemessen und grafisch aufgetragen (B1).

a) Formulieren Sie die Reaktionsgleichungen für die in den Kolben ablaufenden Reaktionen.

b) Kommentieren Sie den Grafen ausführlich (Stichworte: Anstieg, Abfall und Steilheit der Kurven in verschiedenen Zeitintervallen, Reaktionsgeschwindigkeit, chemisches Gleichgewicht).

c) Welchen Einfluss auf die Reaktionsgeschwindigkeit hat die Tatsache, dass im Gleichgewicht die Reaktionsrate der Hinreaktion und die Reaktionsrate der Rückreaktion gleich sind? Nach welcher Zeit ist der Gleichgewichtszustand bei den o. g. Reaktionen erreicht?

d) Bestimmen Sie aus dem Diagramm die Gleichgewichtskonzentrationen von Methanol, Methansäuremethylester und Wasser.

e) Berechnen Sie den Wert der Gleichgewichtskonstanten.

A7
Versuch

V1 In einem 750-mL-Becherglas wird eine Lösung aus 500 mL Wasser, 2 mL Acetessigsäureethylester* und einer Spatelspitze Eisen(III)-chlorid* hergestellt. Beobachtung? Dieser Lösung werden unter kräftiger magnetischer Rührung 50 mL gesättigtes Bromwasser* in einer Portion zugefügt. Beobachtung? Nach ca. 40 s fügt man erneut 50 mL Bromwasser zu. Beobachtung? Dieser Vorgang kann mehrmals wiederholt werden.

Acetessigsäureethylester kommt in zwei isomeren Formen, der *Keto-* und der *Enol-Form* vor (B2). Zwischen diesen Formen besteht ein Gleichgewicht. Im Gleichgewicht liegen etwa 8 % Enol-Form und 92 % Keto-Form vor. Die Enol-Form ergibt mit Eisen(III)-Ionen eine Rotfärbung. Bei der Zugabe von Bromwasser, wird Brom an die C=C-Doppelbindung addiert.

a) Beschreiben Sie die Versuchsbeobachtungen.

b) Erklären Sie die Beobachtungen unter Beachtung folgender Fragen: Wie ändert sich die Konzentration der Enol-Form des Acetessigsäureethylesters nach der Zugabe von Bromwasser? Wie ändert sich dadurch der Massenwirkungsquotient? Welchen Einfluss hat dies auf die Hin- bzw. Rückreaktion (S. 37, B6)?

A8 Um die Strukturformel einer organischen Säure mit der Summenformel

$$C_4H_6O_6$$

zu ermitteln, werden 0,75 g dieser Säure in einem Erlenmeyerkolben eingewogen und in dest. Wasser gelöst. Nach der Zugabe von einigen Tropfen Phenolphthalein wird mit Natronlauge, c = 1 mol/L, bis zum Farbumschlag nach Rosa titriert. Der Verbrauch an Natronlauge beträgt V = 10,0 mL.

a) Berechnen Sie aus dem Titrationsergebnis das Stoffmengenverhältnis n(Säure): n(NaOH).

b) Stellen Sie anhand des Titrationsergebnisses eine mögliche Strukturformel für die untersuchte Säure auf.

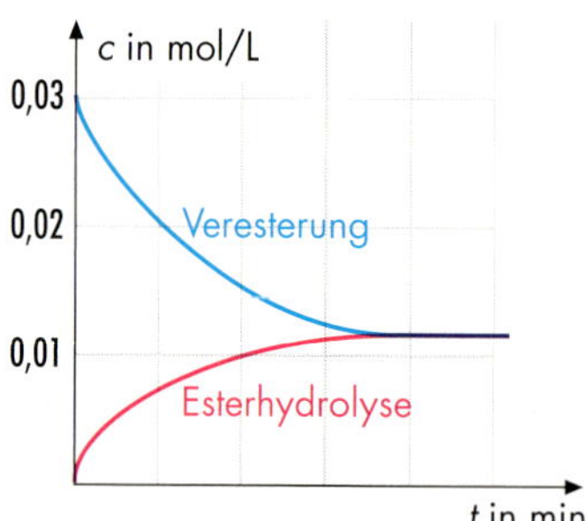

B1 *Konzentrationsänderungen der Methansäure bei der Veresterung und der Esterhydrolyse*

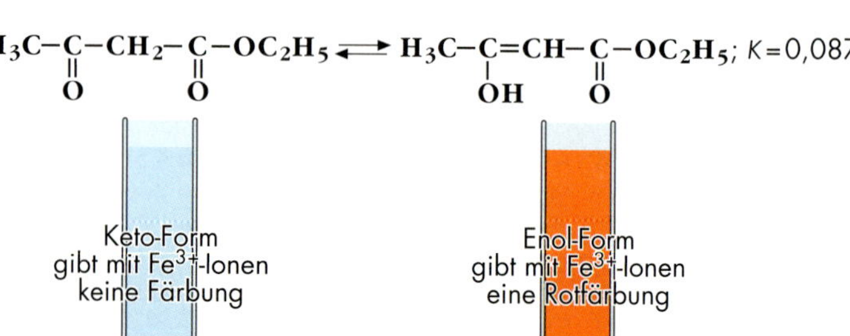

B2 *Gleichgewicht zwischen Keto- und Enol-Form des Acetessigsäureethylesters*

VOM ERDÖL ZU ANWENDUNGSPRODUKTEN

Die übergeordnete Frage, um die sich alles in diesem Buchabschnitt dreht, lautet: „Wie ist der Weg vom Rohstoff Erdöl bis zu den Anwendungsprodukten unseres Alltags"? Bei der Suche nach einer umfassenden Antwort müssen wir diese Frage unter mehreren Gesichtspunkten betrachten. Daraus ergeben sich mehrere Fragen, beispielsweise:

1. **Wo kommt Erdöl vor und wie gelangt es zu uns?**
2. **Wie wird Erdöl in Bestandteile aufgetrennt?**
3. **Welche chemischen Verbindungen sind im Erdöl enthalten?**
4. **Wie lassen sich diese Verbindungen ordnen?**
5. **Wie können wir Reaktionswege und Produktausbeuten steuern?**

...

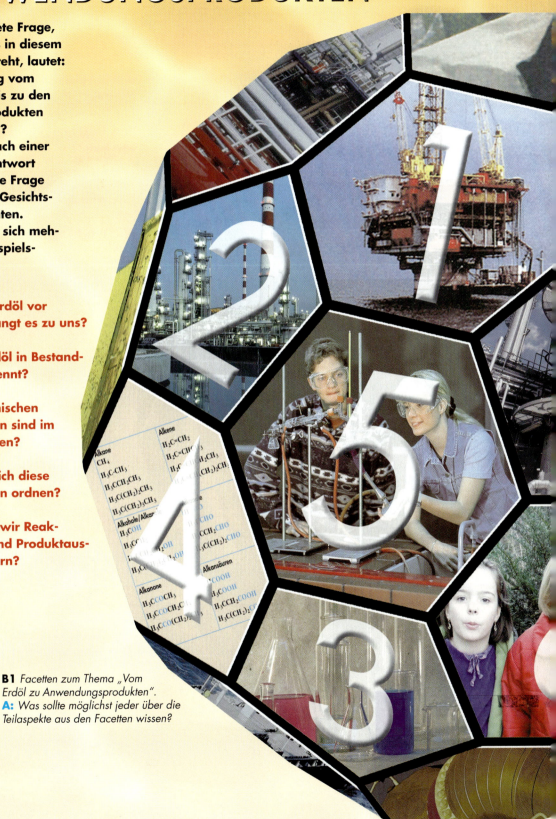

B1 *Facetten zum Thema „Vom Erdöl zu Anwendungsprodukten".*
A: *Was sollte möglichst jeder über die Teilaspekte aus den Facetten wissen?*

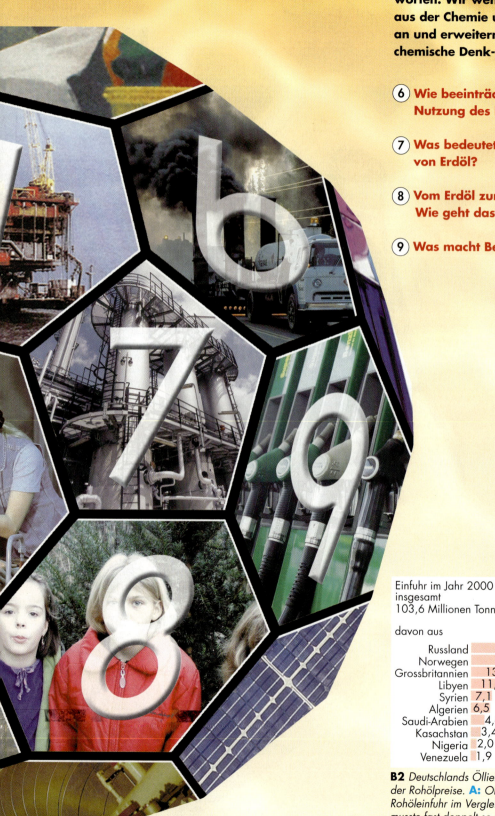

Wir werden versuchen, die Fragen zu B1 auf den folgenden Seiten zu beantworten. Wir wenden dabei Kenntnisse aus der Chemie und aus anderen Fächern an und erweitern unsere Einsicht in chemische Denk- und Arbeitsweisen.

(6) Wie beeinträchtigt die technische Nutzung des Erdöls die Umwelt?

(7) Was bedeutet „chemische Veredlung" von Erdöl?

(8) Vom Erdöl zum Kaugummi. Wie geht das?

(9) Was macht Benzin zu „Super-Benzin"?

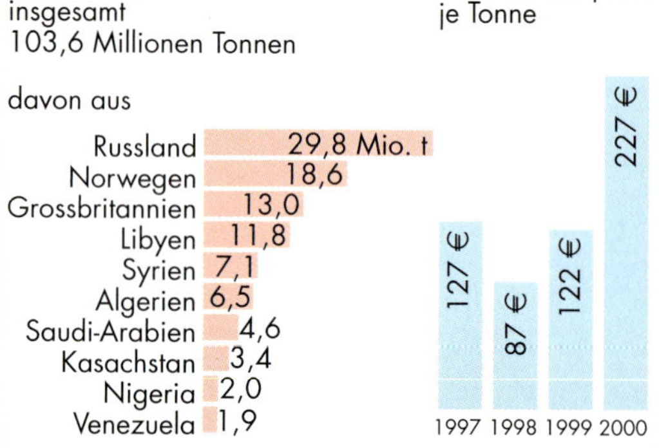

B2 *Deutschlands Öllieferanten und die Entwicklung der Rohölpreise.* **A:** *Obwohl im Jahr 2000 die Rohöleinfuhr im Vergleich zum Vorjahr leicht sank, musste fast doppelt so viel gezahlt werden. Woran liegt das?*

Wenn die Preise an der Tankstelle steigen, beunruhigt das und erhitzt viele Gemüter. Wer diktiert die Preise für Autotreibstoffe? Es ist eine Vielzahl von Faktoren. Der Preis des Rohöls auf dem Weltmarkt, der Kurs des Dollars, die vom Staat erhobene Energiesteuer und die Preispolitik der Ölmultis gehören zu den wichtigsten.
Aber nicht nur die Benzinpreise hängen vom Preis des Erdöls ab. Erdöl und Erdgas sind heutzutage die herausragenden **Primärenergieträger** (B4), aus denen sogenannte **Sekundärenergien** (Elektrizität, Brennstoffe und Fernwärme) erzeugt werden, die wir schließlich in Form von Nutzenergien umsetzen.
Der Preis für das Heizen und Beleuchten von Gebäuden, für das Kühlen von Lebensmitteln, für den Betrieb von Elektrogeräten u.v.a.m. hängt also letztlich auch vom Preis des Erdöls ab.
Doch damit nicht genug: Auch die Kosten vieler anderer Gegenstände unseres Alltags, Hygiene-, Sport- und Freizeitartikel, Medikamente, Kosmetika und sogar Lebensmittel werden in beträchtlichem Maße vom Rohölpreis bestimmt. Der Grund: Erdöl dient als **Rohstoff** für ihre Herstellung (B5). Erdöl und Erdgas sind Rohstoffe für über 90% der Erzeugnisse der chemischen Industrie. Doch dabei werden lediglich ca. 6% des geförderten Erdöls der Veredlung durch chemische Umwandlung zugeführt; der Rest wird zu Brennstoffen verarbeitet und verbrannt.
Erdöl bestimmt damit in hohem Maße unseren individuellen Lebensstandard. Seine Nutzung beeinträchtigt aber auch unsere Umwelt. Wirtschaftliche Strukturen und Beziehungen werden weltweit durch die Förderung, den Transport und die Verarbeitung von Erdöl bestimmt. Erdöl hat sogar einen Einfluss auf die Politik zwischen Staaten und Staatengemeinschaften. Daher wird die Zeit, in der wir leben, zu Recht als *„Zeitalter der Petrochemie"*[1] bezeichnet. Auf den folgenden Seiten erfahren wir, welche Bedeutung die Naturwissenschaft Chemie dabei hat.

B3 *Tankstelle.* **A:** *Was wissen Sie über die verschiedenen Treibstoffsorten, die hier verkauft werden?*

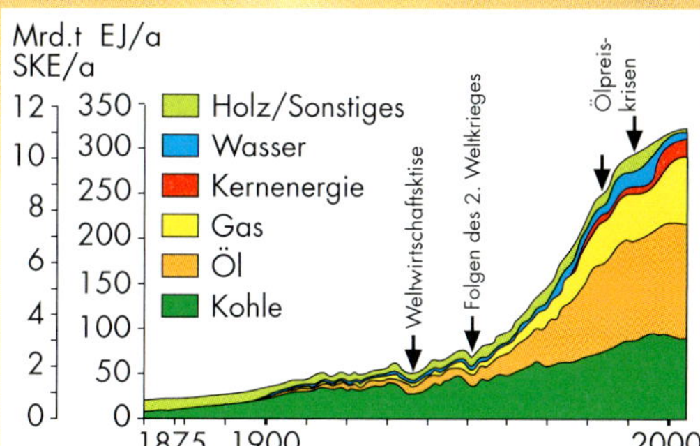

B4 *Entwicklung des Primärenergieverbrauchs weltweit.* **A:** *Wie hat sich der Anteil von Erdöl und Erdgas in den letzten 100 Jahren verändert?*

[1] von *petrotos* (griech.) = versteinert; institutionalisierte Bezeichnung für „Erdölchemie"

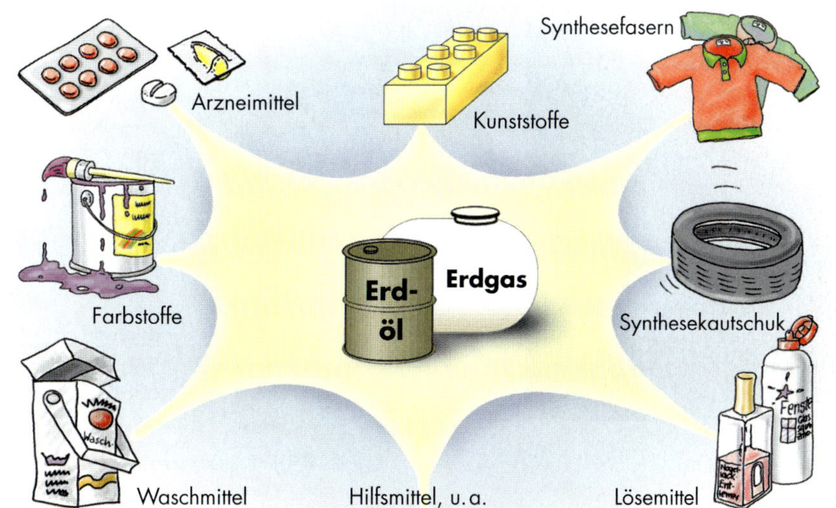

B5 *Einige Alltagsprodukte, die aus Erdöl und/oder Erdgas hergestellt werden.* **A:** *Erläutern Sie, wieso der Preis des Rohöls auf dem Weltmarkt letztlich auch die Preise der in Deutschland erzeugten Lebensmittel beeinflusst.*

Erdöl – ein Gemisch aus brennbaren Stoffen

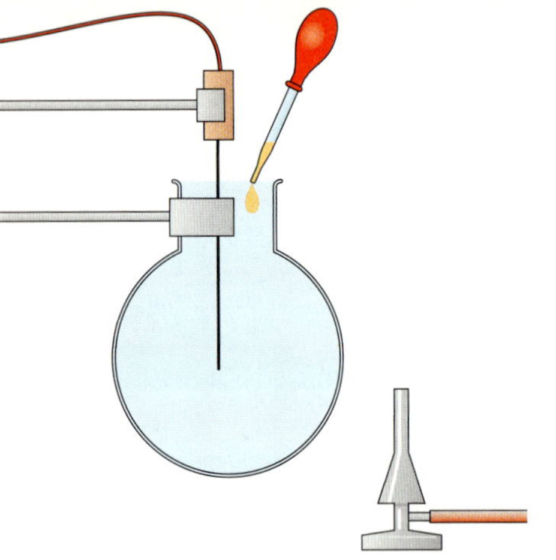

B1 *Bei der* ***Entzündungstemperatur*** *entzündet sich das Luft-Gas-Gemisch selbsttätig (V2).*

B2 *Bei der* ***Flammtemperatur*** *lässt sich das Luft-Gas-Gemisch über der Flüssigkeit entzünden (V3).*

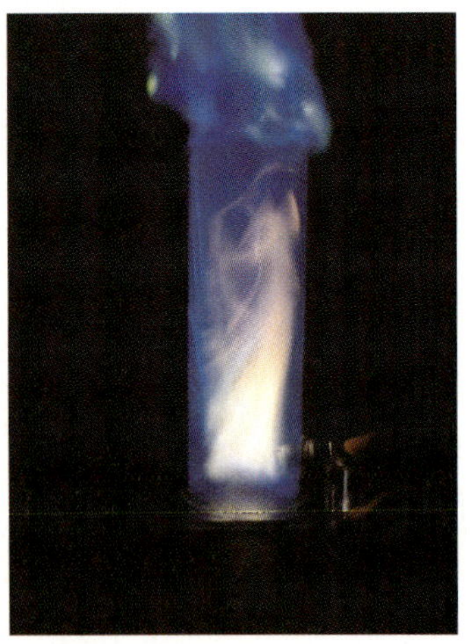

B3 *Test von Explosionsgemischen (V4).*
A: *Warum gibt es bei Explosionsgemischen ein optimales Mischungsverhältnis?*

Versuche *(Schutzbrille! Schutzscheibe!)*

V1 *Destillation von Erdöl:* In einer Destillationsapparatur wird eine Erdölprobe bei vermindertem Druck, der mit der Wasserstrahlpumpe erzeugt wird, destilliert. Man fängt das Destillat* in drei Fraktionen mit unterschiedlichen Siedebereichen auf. Man prüft den Geruch und die Farbe der drei Fraktionen* und setzt sie anschließend in V2 und V3 ein.

V2 *Entzündungstemperatur:* Ein Kolben mit Thermofühler wird mit dem Gasbrenner bis ca. 200 °C erhitzt (B1). Dann löscht man den Brenner und pipettiert einige Tropfen der zu untersuchenden Flüssigkeit* in den heißen Kolben. Entzündet sich das Gemisch spontan, so war die Entzündungstemperatur überschritten, wenn nicht, muss der Versuch neu gestartet werden. (*Hinweis:* Der Kolben muss vor jedem Versuch mit Luft gefüllt sein.) Die Entzündungstemperatur wird bei den drei Fraktionen* aus V1 sowie bei je einer Probe aus a) Benzin*, b) Heptan* und c) Dieselöl* bestimmt und notiert.

V3 *Flammtemperatur:* In eine Porzellanschale, die sich in einem Sandbad befindet, gibt man ca. 2 mL der zu untersuchenden Flüssigkeit und versucht, mit einem brennenden Holzspan die Dämpfe über der Flüssigkeit zu entzünden. Gelingt es bei Raumtemperatur nicht, so erhöht man die Temperatur im Sandbad allmählich und notiert die Temperatur, bei der sich die Dämpfe entzünden. Es werden die gleichen Proben wie in V2 untersucht.

V4 *Explosionsgemische:* In ein Plexiglasrohr mit Deckel und piezoelektrischem Zünder gibt man 5 Tropfen (bzw. 10 Tropfen, bzw. 15 Tropfen) Petrolether* (Siedebereich: 40 °C bis 60 °C), lässt verdunsten und zündet. Man ermittelt in mehreren Versuchen das optimale Mischungsverhältnis, bei dem eine Explosion stattfindet. (*Hinweis:* Das Rohr muss vor jedem Versuch mit Luft gefüllt sein.)

V5 *Brennbarkeit von Diesel:* Es wird versucht, ca. 3 mL Dieselkraftstoff* in einer Porzellanschale anzuzünden. Gelingt es nicht, so steckt man einen Docht oder ein Watteknäuel in die Flüssigkeit und zündet erneut. Beobachtung?

Auswertung

a) Warum ist eine Destillation bei vermindertem Druck für das Destillat schonender als die Destillation bei Normdruck (V1)?
b) Vergleichen Sie ihre Ergebnisse aus V2 und V3 mit den Angaben aus B4. Was folgern Sie daraus?
c) Wie erklären Sie das Brennverhalten von Diesel? Was bewirkt der Docht oder das Watteknäuel?

Stoff	Entzündungs-temperatur	Flammtemperatur
Diethylether*	170 °C	**unterhalb 21 °C:**
Benzin*	180 °C bis 220 °C	– brennbare Gase, z. B. Erdgas*,
Dieselöl*	200 °C bis 250 °C	Stadtgas*, Feuerzeuggas;
trockenes Holz	250 °C bis 350 °C	– hoch entzündliche Flüssigkeiten, z. B. Diethylether*, Alkohol*, Benzin
Heizöl*	ca. 350 °C	**zwischen 21 °C und 55 °C:**
Wachs	ca. 400 °C	– leicht entzündliche Flüssigkeiten,
Alkohol*	425 °C	z. B. Dieselöl*, Heizöl*
Papier	440 °C	
Stadtgas*	560 °C	**oberhalb 55 °C:**
Steinkohle	600° bis 900 °C	– entzündliche Stoffe, z. B. Wachs,
Erdgas*	ca. 600 °C	Paraffin, Bratöl, Fett

B4 *Entzündungstemperaturen und Flammtemperaturen einiger Brennstoffe.*
A: *Welche dieser Stoffe sind im Erdöl enthalten?* **A:** *Welche sind wasserlöslich und welche nicht?*

Raffination von Erdöl

Das aus der Erde geförderte Erdöl (B5) ist eine schwarze, dickflüssige, unangenehm riechende Flüssigkeit. Es wird von den Förderstätten über Pipelines oder mit Öltankern zu den **Raffinerien** transportiert, wo zunächst die **fraktionierte Destillation** des Rohöls erfolgt. Hierbei wird, anders als bei der Destillation in V1, das vorher erhitzte Rohöl in den unteren Teil eines Fraktionierturms eingeleitet (B6, B7), in dem die Temperatur von unten nach oben abnimmt. Die gasförmigen Bestandteile steigen nach oben, wobei sie etagenweise durch sog. *Glockenböden* hindurch müssen, in denen sich flüssige Gemische aus bereits kondensiertem Dampf befinden (vgl. Ausschnitt in B7). Bei jedem Durchtritt durch einen Glockenboden kondensieren die Stoffe, deren Kondensationstemperatur erreicht ist. Das Kondensat fließt durch Überlaufrohre nach unten, während der Dampf weiter nach oben steigt. Im Turm entstehen so **Erdölfraktionen**, die in verschiedenen Höhen des Turms abgeführt werden. Die in B7 angegebenen Fraktionen werden anschließend je nach Verwendungszweck noch einmal bei *vermindertem Druck* fraktioniert. Dadurch lässt sich beispielsweise Benzin in Fraktionen mit sehr viel engeren Siedebereichen auftrennen als in B7 angegeben. Aber selbst die so erhaltenen Spezialbenzine sind immer noch Gemische aus mehreren Stoffen. Um einzelne Verbindungen wie z.B. das in V2 und V3 eingesetzte Heptan (ϑ_b = 98 °C) zu gewinnen, muss die entsprechende Fraktion in einem Turm mit guter Trennleistung, d.h. mit vielen Glockenböden, destilliert werden.

Alle im Erdöl enthaltenen Stoffe sind brennbar. Ihre Brenneigenschaften, unter denen die **Entzündungstemperatur** (B1), die **Flammtemperatur** (B2) und die *Zusammensetzung* von **Explosionsgemischen** (B3) von besonderer praktischer Bedeutung sind, unterscheiden sich zum Teil erheblich voneinander (B4 und V2 bis V4). Wegen seiner relativ hohen Flammtemperatur kann Diesel bei Raumtemperatur nicht entzündet werden, es sei denn, man gewährleistet eine Feinverteilung des Brennstoffs auf einer großen Oberfläche (V5).

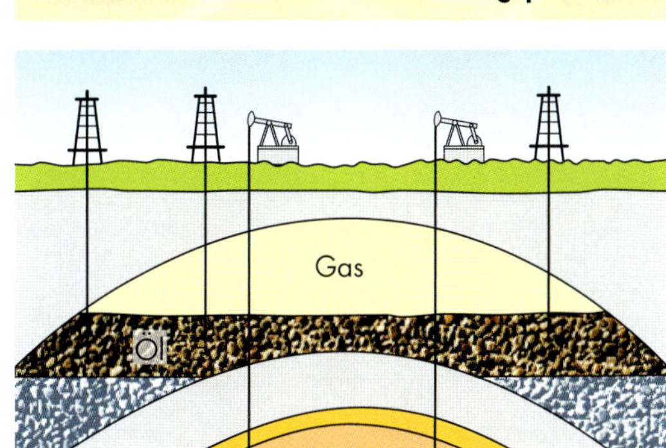

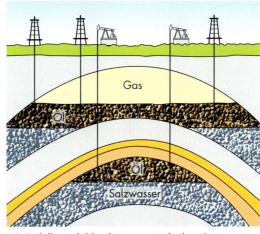

B5 *Erdöllager bilden keine unterirdischen Seen. Das Öl ist in porösem Gestein verteilt.* **A:** *Wann sprudelt das Öl von alleine aus der Erde?*

B6 *Destillationstürme einer Erdölraffinerie.* **A:** *Nennen Sie Orte, an denen Sie solche Türme gesehen haben.*

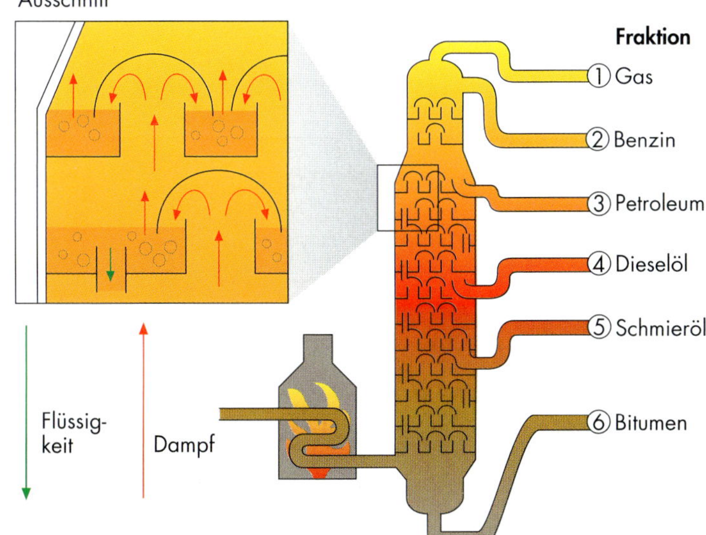

B7 *Fraktionierte Destillation von Erdöl.* **A:** *In welcher Fraktion ist Heptan (vgl. Text) enthalten?*

Siedebereich	Verwendung
unter 30 °C	Heizgas
30 bis 200 °C	Kraftstoff für Ottomotoren, Lösemittel
150 bis 240 °C	Kerosin, Lösemittel, Beleuchtung
200 bis 370 °C	Kraftstoff für Dieselmotoren, Heizung
ab 350 °C (Vakuumdestillation)	Schmiermittel, Kraftstoffe nach Weiterverarbeitung
Rückstand der Vakuumdestillation	Straßenbau, Herstellung von Dachpappen und Kabelisolierungen

Fachbegriffe

Raffination, fraktionierte Destillation, Erdölfraktionen, Entzündungstemperatur, Flammtemperatur, Explosionsgemische

Chemische Veredlung von Erdöl: 1. Schritt

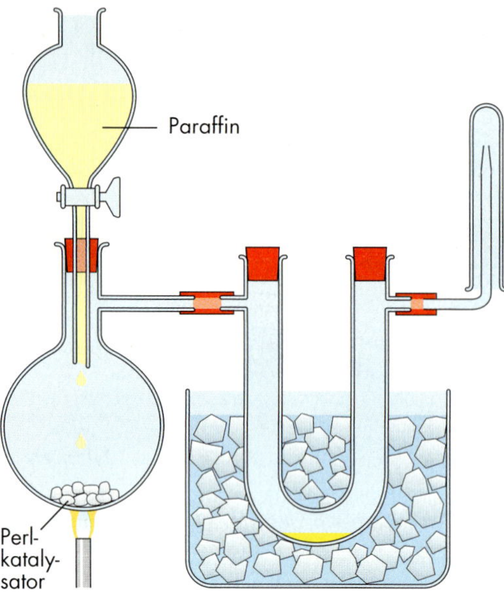

B1 *Skizze zu V1.* **A:** *Warum müssen die Schlauchverbindungen möglichst kurz gehalten werden?*

Versuche

V1 **(Schutzbrille! Schutzscheibe!)** Die Versuchsvorrichtung wird nach B1 aufgebaut. Auf den vorerhitzten *Perlkatalysator* werden 10 mL bis 15 mL flüssiges Paraffin getropft und weiter erhitzt.
Das im U-Rohr nicht kondensierte Gas* wird auf Brennbarkeit geprüft. Beobachtung? Danach wird erneut ein Rggl. mit nicht kondensierten Dämpfen gefüllt. Dazu werden 2 mL Bromwasser gegeben. Das verschlossene Rggl. wird geschüttelt. Beobachtung? Bei negativer Knallgasprobe wird das entweichende Gas entzündet.
Man unterbricht das Erhitzen, wenn sich im U-Rohr ca. 4 mL Kondensat* angesammelt haben. Man prüft ca. 0,5 mL der Flüssigkeit auf Entflammbarkeit (vgl. B2, S. 44) und vergleicht mit der des Paraffins. Der Rest des Kondensats wird in V2 und V3 eingesetzt.

V2 *Bromwasserprobe:* Lassen Sie sich in ein Rggl. ca. 4 mL Bromwasser* geben (**Abzug!**). Fügen Sie ca. 0,5 mL der zu untersuchenden Probe hinzu, verschließen Sie das Rggl. und schütteln Sie durch. Beobachtung? Untersuchen Sie folgende Proben: a) Heptan*; b) Hexen*; c) flüssiges Paraffin und d) das Kondensat* aus V1.

V3 *Bayersche Probe:* Versetzen Sie im Rggl. 2 mL Bayer-Reagenz (eine schwach alkalische Kaliumpermanganat-Lösung*, $w = 2\%$) mit ca. 0,5 mL der zu untersuchenden Probe und schütteln Sie kräftig. Beobachtung? Untersuchen Sie folgende Proben: a) Heptan*; b) Hexen*; c) flüssiges Paraffin und d) das Kondensat* aus V1.

Auswertung

a) Begründen Sie, warum sowohl im Gas als auch im Kondensat aus V1 andere Stoffe enthalten sind als im eingesetzten flüssigen Paraffin.
b) Schließen Sie aus den Ergebnissen der *Bromwasserprobe* (V2) und der *Bayerschen Probe* (V3) auf die Art der Stoffe, die im Paraffin bzw. im flüssigen Reaktionsprodukt aus V1 enthalten sind. Begründen Sie.
c) Im Paraffin ist u.a. Decan $C_{10}H_{22}$ enthalten. Daraus werden in V1 u.a. Ethen C_2H_4, Propen C_3H_6 und Pentan C_5H_{12} gebildet. Formulieren Sie die Reaktionsgleichung mit Valenzstrichformeln.

B2 *Gaschromatograph für Schulversuche mit computerunterstützter Aufnahme und Darstellung der Messdaten. Internetadresse: www.kappenberg.com.*
A: *Wodurch unterscheidet sich dieses Gerät von dem aus B1, S.6?*

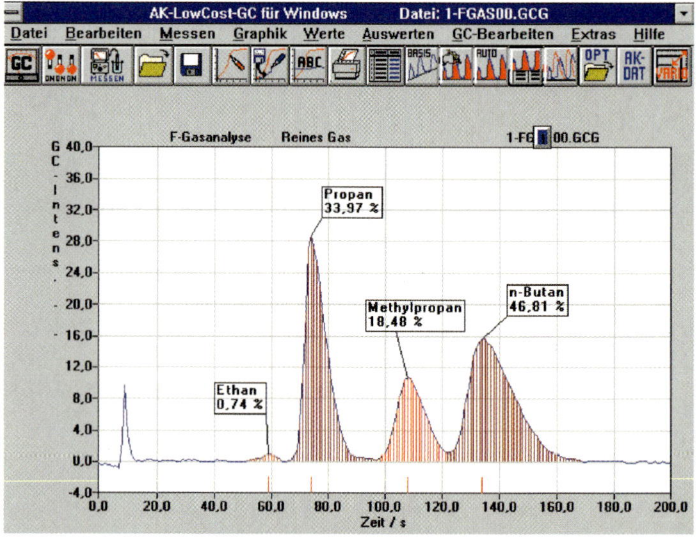

B3 *Gaschromatogramm GC von Feuerzeuggas.*
A: *Nehmen Sie die GC des Gases aus V1 und von Feuerzeuggas mit Ihrem Gerät auf und werten Sie sie aus. (Hinweis: Es ist nützlich für die Auswertung, wenn Sie mit Feuerzeuggas auch eine Bromwasserprobe durchführen.)*

Cracken von Erdölfraktionen

Der Bedarf an Benzin und Kerosin ist weitaus höher als ihre entsprechenden Anteile im Rohöl-Raffinat (B4). Um aus höher siedenden Erdölfraktionen zusätzliche Mengen an Treibstoffen für Fahrzeuge zu erhalten, verfährt man in der Industrie ähnlich wie in V1: Man erhitzt beispielsweise schweres Heizöl in Gegenwart von Katalysatoren auf ca. 450 °C, wobei eine *chemische Umwandlung* der Inhaltsstoffe erfolgt. Da der vorherrschende Vorgang die Aufspaltung langkettiger Moleküle in kleinere Moleküle ist, nennt man diesen Vorgang **Cracken**[1]. Die gebildeten Stoffe sind wiederum brennbar, haben jedoch sehr viel niedrigere Siedetemperaturen als die Ausgangsstoffe. Ein Teil der Produkte ist bei Raumtemperatur sogar gasförmig (V1). Im Gegensatz zu den Inhaltsstoffen des Erdöls entfärben die Crackprodukte Bromwasser und verfärben die violette Kaliumpermanganat-Lösung (V2 und V3). Dies sind typische Reaktionen für Stoffe, deren Moleküle C=C-Doppelbindungen enthalten. Hexadecan $C_{16}H_{34}$ kann beim Cracken u. a. wie folgt gespalten werden:

$$H_3C(CH_2)_{14}CH_3 \rightarrow \underset{\text{Ethen}}{H_2C{=}CH_2} + \underset{\text{Heptan}}{C_7H_{16}} + \underset{\text{Hexan}}{C_6H_{14}} + C$$

$$H_3C(CH_2)_{14}CH_3 \rightarrow \underset{\text{Propen}}{H_2C{=}CHCH_3} + \underset{\text{Pentan}}{C_5H_{12}} + \underset{\text{Heptan}}{C_7H_{16}} + C$$

$$H_3C(CH_2)_{14}CH_3 \rightarrow \underset{\text{Ethen}}{H_2C{=}CH_2} + \underset{\text{Buten}}{H_2C{=}CHCH_2CH_3} + \underset{\text{Decan}}{C_{10}H_{22}}$$

Hierbei wird deutlich, warum das Cracken als chemische Veredlung des Erdöls bezeichnet werden kann: Es bilden sich dabei vermehrt Verbindungen, die für Benzine tauglich sind. Außerdem erhält man neue Verbindungen, die im Erdöl nicht enthalten sind, z. B. Ethen, Propen und Butene (vgl. S. 54). Sie zählen zu den wichtigsten **Grundchemikalien** in der chemischen Industrie, weil man daraus über verschiedene **Zwischenprodukte** schließlich die **Anwendungsprodukte** für die Verbraucher synthetisiert (vgl. S. 70).

Um den Bedarf an Benzinen mit hoher **Octanzahl**[2] zu decken, werden sowohl die Benzine aus der Erdölraffination (S. 45) als auch die Benzine, die beim Cracken anfallen, in der Regel noch **reformiert**. Beim sog. *Platforming* (von Platinum-Reforming) wird Benzindampf über Katalysatoren aus Platin und anderen Edelmetallen geleitet. Dabei lagern sich kettenförmige Moleküle in verzweigte und ringförmige Moleküle um, die die Klopffestigkeit des Benzins erhöhen.

Aufgaben

A1 Erdöl ist ein Rohstoff, Heptan und Ethen sind Grundchemikalien in der chemischen Industrie. Erläutern Sie den Unterschied zwischen einem Rohstoff und einer Grundchemikalie.

A2 Vergleichen Sie die Raffination von Erdöl mit dem Cracken von Erdölfraktionen. Nennen Sie Gemeinsamkeiten und Unterschiede.

[1] von *to crack* (engl.) = (zer)sprengen, aufknacken

[2] Ein Benzin mit der **Octanzahl** 95 ist ebenso klopffest wie ein Gemisch aus 95 % des Isooctans 2,2,4-Trimethylpentan und 5 % Heptan. Reines Isooctan hat die Octanzahl 100, Heptan hat die Octanzahl 0.

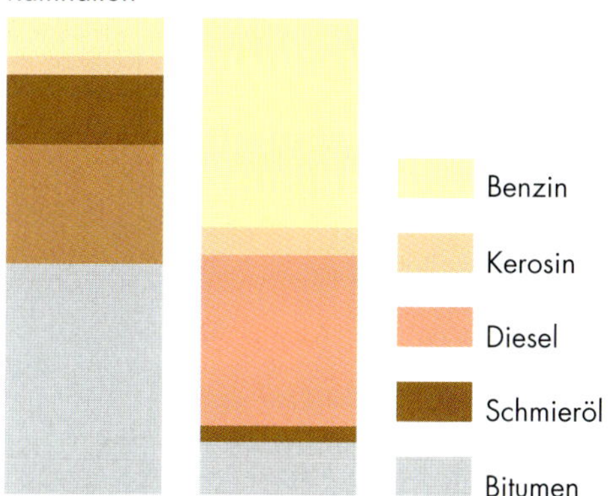

B4 *Anteile der Fraktionen aus der Erdölraffination (S. 45) und Bedarf an Treibstoffen.* **A:** *Vergleichen Sie die Anteile an Benzin und Diesel.*

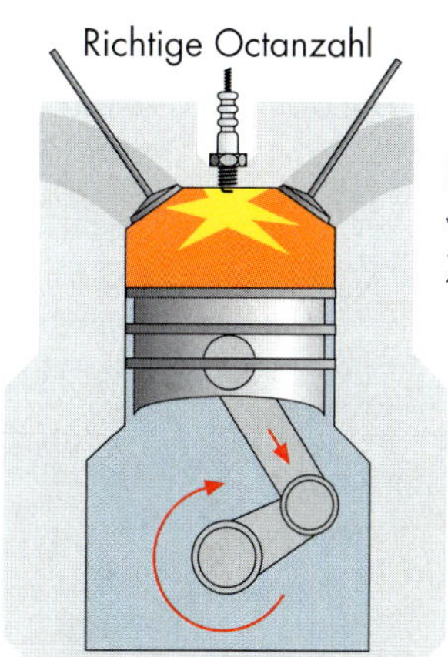

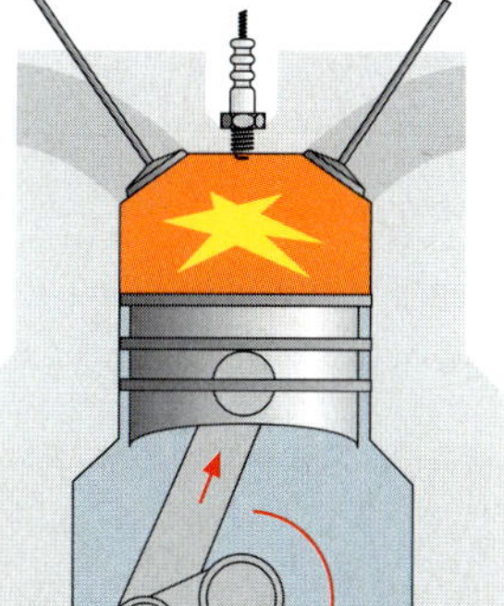

B5 *Oben: Normale Explosion des Benzin-Luft-Gemisches im Zylinder. Unten: „Klopfen" des Motors.* **A:** *Warum ist der Wirkungsgrad beim klopfenden Motor geringer?*

Fachbegriffe

Cracken, Grundchemikalien, Zwischenprodukte, Anwendungsprodukte, Octanzahl, Reformieren

B1 *Links: Isobutenflamme; rechts: Propanflamme.*
A: *Woran könnte der sichtbare Unterschied liegen?*

C_2H_6 Ethan	Summenformel	C_2H_4 Ethen
H–C(H)(H)–C(H)(H)–H	Valenzstrichformel	(H)(H)C=C(H)(H)
	räumliches Modell	

B2 *Formeln und Modelle für Ethan und Ethen.*
A: *Bauen Sie die räumlichen Modelle nach und erläutern Sie die Unterschiede.*

Kohlenwasserstoff	Isomerenzahl
CH_4, C_2H_6, C_3H_8	1
C_4H_{10}	2
C_5H_{12}	3
C_6H_{14}	5
C_7H_{16}	9
C_8H_{18}	18
C_9H_{20}	35
$C_{10}H_{22}$	75
⋮	
$C_{20}H_{42}$	366 319
⋮	
$C_{40}H_{82}$	62 491 178 805 831

B3 *Zahl der möglichen Isomere einiger Alkane.*
A: *Vergleichen Sie die letzte Zahl mit den Angaben in B1 auf S. 50. Was fällt auf?*

Gesättigt oder ungesättigt – der feine Unterschied

Versuche

V1 Entzünden Sie jeweils ca. 0,5 mL Pentan*, Hexen*, Heptan* und Cyclohexen* in flachen Porzellanschalen und beobachten Sie die Flamme.

V2 Prüfen Sie im Rggl. die Mischbarkeit von Heptan* mit a) Pentan*, b) Isooctan*, c) Hexen*, d) Benzin*, e) Cyclohexen*, f) Paraffinöl*, g) Ethanol* und h) Wasser. (*Hinweis:* Teilen Sie die durchzuführenden Proben auf Gruppen auf und fassen Sie die Ergebnisse in einer Tabelle zusammen.)

V3 Prüfen Sie bei den in V2 hergestellten Gemischen* die elektrische Leitfähigkeit (gegebenenfalls in beiden Schichten).

V4 Im **Abzug** werden vom Lehrer einige Tropfen Brom* in ca. 30 mL Heptan* gelöst. Die Lösung wird auf 6 Rggl. verteilt. Die Rggl. werden mit Korken verschlossen. Schütteln Sie jeweils ein Rggl. im Licht (z.B. im Sonnenlicht oder auf dem Tageslichtprojektor), während Sie das andere Rggl. im Dunklen schütteln. Beobachtung? Führen Sie dann mit der Pinzette jeweils ein angefeuchtetes Indikatorpapier über die Flüssigkeit im Rggl. ein. Beobachtung?

V5 Im **Abzug** verteilt der Lehrer je 1 mL Hexen* bzw. 1 mL Heptan* und je 3 mL Bromwasser* auf mehrere Rggl., verschließt sie und verteilt sie an die Gruppen. Gießen Sie das Bromwasser auf das Hexen bzw. Heptan, verschließen Sie das Rggl. und schütteln Sie gut durch. Beobachtung? Testen Sie wie in V4 die Rggl. mit Indikatorpapier. Beobachtung?

Auswertung

a) Protokollieren Sie sämtliche Versuchsergebnisse in tabellarischer Form.
b) Teilen Sie die untersuchten Stoffe in zwei Klassen ein.
c) Worin unterscheiden sich die Stoffe aus den beiden Klassen von b) deutlicher, in ihren physikalischen Stoffeigenschaften oder in ihrem chemischen Reaktionsverhalten? Erläutern und begründen Sie.

Name	Summenformel	ϑ_m in °C	ϑ_b in °C	beobachtbare Eigenschaften
Methan	CH_4	–183	–162	farb- und geruchlose **Gase**
Ethan	C_2H_6	–172	– 89	
Propan	C_3H_8	–190	– 42	
Butan	C_4H_{10}	–135	– 0,5	
Pentan	C_5H_{12}	–130	36	leicht bewegliche, farblose **Flüssigkeiten** von benzinartigem Geruch
Hexan	C_6H_{14}	– 94	69	
Heptan	C_7H_{16}	– 90	98	
Octan	C_8H_{18}	– 57	126	farblose, dickflüssige, geruchlose **Flüssigkeiten** (Paraffinöl)
Nonan	C_9H_{20}	– 54	151	
Decan	$C_{10}H_{22}$	– 30	174	
Hexadecan	$C_{16}H_{34}$	18	287	
Heptadecan	$C_{17}H_{36}$	22	292	weiße, feste, wachsartige **Feststoffe** von geringer Härte (Paraffin)
Eicosan	$C_{20}H_{42}$	36	Zersetzung	
Hexacontan	$C_{60}H_{122}$	– 99	Zersetzung	
Heptacontan	$C_{70}H_{142}$	–105	Zersetzung	

B4 *Gesättigte Kohlenwasserstoffe (Alkane).* **A:** *Wie lassen sich die unterschiedlichen Aggregatzustände bei Raumtemperatur erklären?*

Molekülgerüste in Kohlenwasserstoff-Molekülen

Erdöl besteht überwiegend aus **Kohlenwasserstoffen**, d. h. aus Verbindungen, in deren Molekülen nur Kohlenstoff- und Wasserstoff-Atome gebunden sind. Die Gerüste dieser Moleküle sind ausschließlich aus Kohlenstoff-Atomen zusammengesetzt, die allerdings unterschiedlich miteinander verknüpft sein können. Alle Kohlenwasserstoffe haben eine Reihe gemeinsamer Eigenschaften: Sie sind nicht wasserlöslich (sie sind *hydrophob*[1]), lösen sich aber untereinander und leiten den elektrischen Strom nicht (V2 und V3). Dass sich aber Kohlenwasserstoffe besonders im chemischen Reaktionsverhalten stark unterscheiden und zwei Klassen zugeordnet werden können, wird in V1, V4 und V5 deutlich: Die einen brennen mit gelber Flamme, reagieren mit Brom nur bei Licht und bilden dabei die Säure Bromwasserstoff **HBr**; die anderen brennen mit rußender Flamme, reagieren mit Brom auch bei Dunkelheit und bilden keinen Bromwasserstoff (B6).

Die Erklärung für diese Unterschiede liegt in der Architektur der **Molekülgerüste** in Kohlenwasserstoff-Molekülen. Die meisten Kohlenwasserstoffe aus Erdöl haben in ihren Molekülgerüsten nur Einfachbindungen zwischen Kohlenstoff-Atomen. Sie bilden die Klasse der **gesättigten Kohlenwasserstoffe**[2] oder **Alkane**. Die erst durch das Cracken von Erdölfraktionen zugänglichen Verbindungen mit einer Doppelbindung im Molekül werden als **Alkene** bezeichnet und gehören zu den **ungesättigten Kohlenwasserstoffen**.

Die Molekülgerüste in Alkan- und Alken-Molekülen können lineare, unverzweigte Ketten sein. Die Benennung der entsprechenden Verbindungen erfolgt mit Ausnahme der ersten vier nach griechischen Zahlwörtern und der Endung *-an* für Alkane (B4) bzw. *-en* für Alkene. Molekülgerüste mit vier und mehr Kohlenstoff-Atomen können unterschiedlich verzweigt sein. Die entsprechenden Verbindungen sind **Kettenisomere** oder **Gerüstisomere** (B3). Für die Benennung der enormen Vielfalt an Isomeren der Alkane und Alkene gelten die folgenden Regeln (vgl. B7 und B2, S. 54):

a)

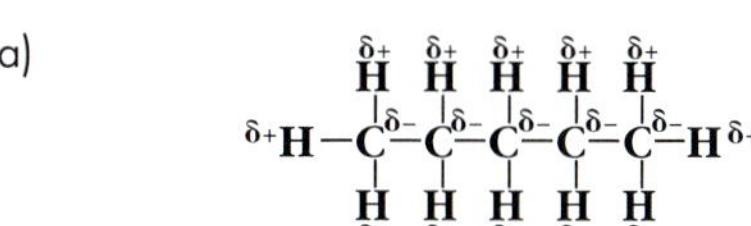

EN(**C**)=2,5; *EN*(**H**)=2,1; *ΔEN*=0,4

b)

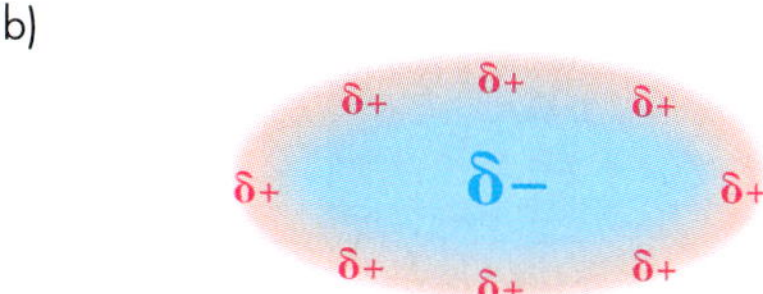

B5 *Valenzstrichformel des Pentan-Moleküls mit Partialladungen (a) und Modell zur Verteilung der Partialladungen (b).* **A:** *Welche Eigenschaften lassen sich damit gut erklären? Erläutern Sie.* **A:** *Was versteht man unter Elektronegativität EN? (Hinweis: Vgl. S. 10.)*

Substitution von Brom an Ethan:

$$H_3C-CH_3(g) + Br_2(l) \xrightarrow{\text{Licht}} H_3C-CH_2Br(l) + HBr(g)$$

Addition von Brom an Ethen:

$$H_2C{=}CH_2(g) + Br_2(aq) \longrightarrow H_2CBr-CH_2Br(l)$$

B6 *Reaktion von Brom mit Ethan und mit Ethen.* **A:** *Formulieren Sie die Reaktionsgleichungen zu V4 und V5.*

Halbstrukturformel

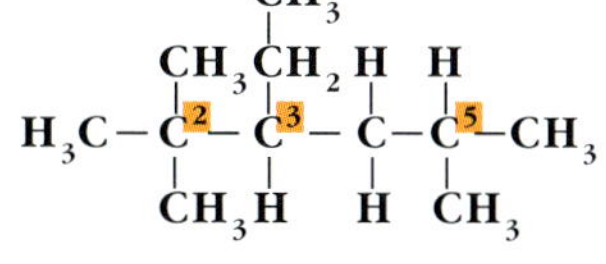

3-	Ethyl-	2,2,5-	tri	methyl	hexan	IUPAC-Name
2	4	2	3	4	1	Regel-Nr.

1 Stammname
2 Verknüpfungsziffer
3 Mehrfachzahlwort
4 Substituenten

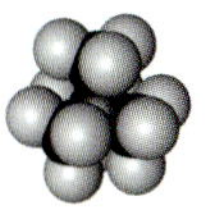

$CH_3CH(CH_3)CH_2CH_3$ — 2-Methylbutan, ϑ_b = 28 °C

$H_3C-C(CH_3)_2-CH_3$ — 2,2-Dimethylpropan, ϑ_b = 10 °C

B7 *Nomenklatur von Alkanen.* **A:** *Formulieren und benennen Sie alle Isomere* C_6H_{14}. **A:** *Erzeugen Sie die Modelle der isomeren Pentane* C_5H_{12} *und der isomeren Butene* C_4H_8 *(B2, S. 54) als Simulationen am Computer. Internet-Adresse: www.chemiedidaktik.uni-wuppertal.de*

Fachbegriffe

Kohlenwasserstoffe (gesättigte und ungesättigte), Molekülgerüste, Alkane, Alkene, Kettenisomere oder Gerüstisomere

[1] von *hydor* (griech.) = Wasser und *phobos* (griech.) = scheu

[2] In *gesättigten* Kohlenwasserstoff-Molekülen ist an die Molekülgerüste aus Kohlenstoff-Atomen die *höchstmögliche* Anzahl von Wasserstoff-Atomen gebunden.

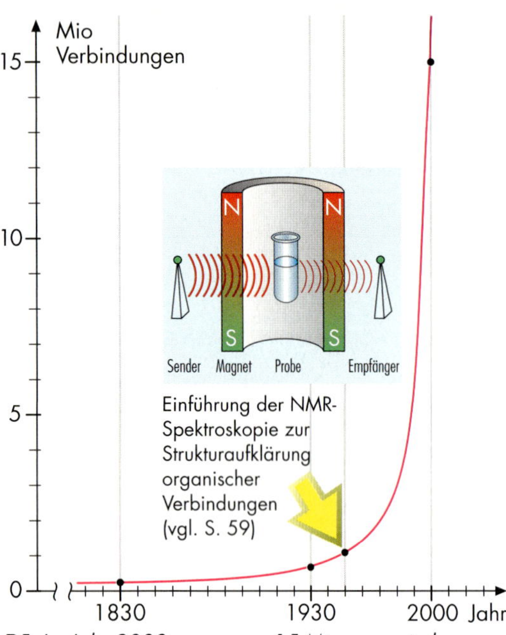

B1 *Im Jahr 2000 waren ca. 15 Mio. organische und weniger als 0,5 Mio. anorganische Verbindungen bekannt.* **A:** *Was bewirkte die Einführung der NMR-Spektroskopie?*

Ordnung erleichtert die Übersicht: Alkohole – Alkanole

Versuche

V1 Prüfen Sie in Porzellanschälchen jeweils einige Tropfen (bzw. eine Spatelspitze) der folgenden Alkanole auf Brennbarkeit: Methanol*, Ethanol*, 1-Propanol*, 2-Propanol*, 1-Butanol*, 1-Pentanol* und 1-Hexadecanol* (Cetylalkohol).

V2 Untersuchen Sie in Rggl. die Löslichkeit kleiner Portionen (1 mL) der Alkohole aus V1 in a) 1 mL Heptan und b) 1 mL Wasser.

V3 Erwärmen Sie in Rggl. jeweils 15 mL der folgenden Verbindungen im Wasserbad auf 30 °C: Ethanol*, 1-Butanol*, 1-Pentanol* und 2-Methyl-2-propanol* (*tert.*-Butanol), Pentan*, Heptan* und 2,2,4-Trimethylpentan* (Isooctan). Füllen Sie dann der Reihe nach eine 10-mL-Pipette mit den jeweiligen Alkanen oder Alkanolen und messen Sie die Auslaufzeit.

Auswertung

a) Was ist bezüglich der Brennbarkeit von Alkanolen V1, Alkanen und Alkenen (V1, S. 48) festzustellen? Formulieren Sie je eine Reaktionsgleichung für die Verbrennung für Butanol, Butan und Buten.

b) Erklären Sie die in V2 festgestellten Löslichkeitsunterschiede von Alkanen und Alkanolen. (*Hinweis:* Überlegen Sie anhand von B7, S. 11, und B5, S. 49, welche Art von zwischenmolekularen Kräften jeweils auftreten können. Stichwörter: *Van-der-Waals-Kräfte, Dipol-Dipol-Wechselwirkungen und Wasserstoffbrückenbindungen.*)

c) Erläutern Sie anhand der Ergebnisse aus V3, wovon die Viskosität (vereinfacht: die Zähflüssigkeit) innerhalb einer Stoffklasse (Alkane bzw. Alkanole) abhängt. Versuchen Sie, den Sachverhalt zu erklären.

4 3 2 1 $CH_3CH_2CH_2CH_2$ OH (an C1) 1-Butanol *(primärer Alkohol)* C ist ein **primäres** Kohlenstoff-Atom, d.h. es ist nur an **ein** weiteres Kohlenstoff-Atom gebunden.	4 3 2 1 $CH_3CH_2CHCH_3$ OH (an C2) 2-Butanol *(sekundärer Alkohol)* C ist ein **sekundäres** Kohlenstoff-Atom, d.h. es ist an **zwei** weitere Kohlenstoff-Atome gebunden.
3 2 1 CH_3CHCH_2 H_3C OH 2-Methyl-1-propanol *(primärer Alkohol)*	CH_3 3 2 1 $H_3C-C-CH_3$ OH 2-Methyl-2-propanol *(tertiärer Alkohol)* C ist ein **tertiäres** Kohlenstoff-Atom, d.h. es ist an **drei** weitere Kohlenstoff-Atome gebunden.

B2 *Die vier isomeren Butanole.* **A:** *Erläutern Sie anhand der markierten Atome* **C**, *was ein* ***primärer, sekundärer*** *und* ***tertiärer*** *Alkohol ist.*

Zahl der Kohlenstoff-Atome	Genfer Nomenklatur (Trivialname) (Kurzname)	Formel	ϑ_m in °C	ϑ_b in °C	Löslichkeit in Wasser (Alkohol in g/100 cm^3 Wasser)
C_1	Methanol (Holzgeist)	CH_3OH	–97	65	∞
C_2	Ethanol (Weingeist)	CH_3CH_2OH	–114	78,4	∞
C_3	1-Propanol	$CH_3CH_2CH_2OH$	–126	97	∞
	2-Propanol (Isopropanol)	$CH_3CH(OH)CH_3$	– 90	82	∞
C_4	1-Butanol	$CH_3CH_2CH_2CH_2OH$	– 90	117	7,9
	2-Butanol	$CH_3CH_2CH(OH)CH_3$	–114	100	12,5
	2-Methyl-1-propanol	$(CH_3)_2CHCH_2OH$	–108	108	10,0
	2-Methyl-2-propanol (tert.-Butanol)	$(CH_3)_3COH$	+ 25	83	∞
C_5	1-Pentanol (Amylalkohol)	$CH_3(CH_2)_3CH_2OH$	– 79	138	2,3
	3-Methyl-1-butanol	$(CH_3)_2CHCH_2CH_2OH$	–117	131	2,0
	2,2-Dimethyl-1-propanol	$(CH_3)_3CCH_2OH$	+ 50	113	12,5
C_{12}	1-Dodecanol (Laurylalkohol)	$CH_3(CH_2)_{10}CH_2OH$	+ 24	259	0
C_{16}	1-Hexadecanol (Cetylalkohol)	$CH_3(CH_2)_{14}CH_2OH$	+ 49	Zersetzung	0

B3 *Homologe Reihe der Alkanole.* **A:** *Wie erklärt man die großen Unterschiede bei den Siedetemperaturen der Alkane (B4, S. 48) im Vergleich zu den entsprechenden Alkanolen? Erläutern Sie auch mithilfe von Formeln.*

Homologe Reihen

Man kennt heute bedeutend mehr organische Verbindungen als anorganische (B1). Aus dem unerschöpflichen Reservoir der Natur werden immer neue Verbindungen isoliert und ihre Strukturen können mit modernen Methoden (vgl. B1 und S. 59) schnell aufgeklärt werden. Hinzu kommen viele neue Stoffe, die in Labors synthetisiert werden. *Wie bekommt man in diese enorme Vielfalt der organischen Verbindungen Ordnung und Übersicht?*

Während die Einteilung anorganischer Verbindungen nach der Art der gebundenen Elemente in Oxide, Sulfide, Chloride etc. recht griffig ist, erweist sich dieses Prinzip für organische Verbindungen als untauglich, denn alleine die Zahl der möglichen Alkane ist schier unüberschaubar (B3, S. 48). Dabei sind die Alkane nur eine Klasse unter den **Kohlenwasserstoffen**, die allesamt als Kohlenstoffhydride bezeichnet werden könnten.

Es ist zweckmäßig, als Ordnungsprinzip für organische Verbindungen strukturelle Merkmale der Moleküle heranzuziehen, d.h. Merkmale, die sich auf die Verknüpfung der Atome untereinander und ihre räumliche Anordnung zueinander beziehen.

Besonders tragfähige Einteilungen können anhand folgender zwei Kriterien vorgenommen werden:

a) Bau des **Molekülgerüstes** (vgl. S. 49) aus Kohlenstoff-Atomen und
b) Art und Stellung der **funktionellen Gruppen** (vgl. S. 19) an diesem Grundgerüst.

Der einfachste Typ von Kohlenwasserstoffen besteht aus Molekülen mit Gerüsten, die sich lediglich in der Länge ihrer unverzweigten Kohlenstoffkette unterscheiden.

Eine Klasse oder Reihe, in der sich zwei aufeinanderfolgende Glieder jeweils nur um eine CH_2-Gruppe (**Methylen**-Gruppe) unterscheiden, nennt man **homologe Reihe**. Gleichartige Molekülgerüste wie die Glieder der **homologen Reihe der Alkane**, aber verschiedene funktionelle Gruppen haben die Moleküle der **homologen Reihen der Alkene**, **Alkanole**, **Alkanale**, **Alkanone** und **Alkansäuren** (B4). Die Einteilung in homologe Reihen ist nicht nur formal einfach, sie ist auch zweckmäßig, denn die Vertreter einer Reihe haben gleiche, wenn auch abgestufte Eigenschaften. Molekülgerüste mit gleicher Anzahl von Kohlenstoff-Atomen können unterschiedlich verzweigt sein. Daraus ergibt sich das Phänomen der *Gerüstisomerie oder Kettenisomerie* (B5). Eine funktionelle Gruppe an einem bestimmten Molekülgerüst kann an unterschiedlichen Positionen gebunden sein. Entsprechend gibt es jeweils mehrere *Positionsisomere oder Stellungsisomere* (B5). Schließlich kann ein- und dasselbe Molekülgerüst unterschiedliche funktionelle Gruppen tragen. Die entsprechenden Verbindungen sind *funktionelle Isomere* (B5).

Aufgaben

A1 Formulieren Sie für die Alkane und Alkene aus B4 die entsprechenden Summenformeln. Was fällt auf?

A2 Nennen Sie jeweils einige typische Eigenschaften für die ersten 5 Glieder der in B4 angegebenen homologen Reihen (*Hinweis:* Informieren Sie sich darüber auch in anderen Kapiteln dieses Buches).

A3 Schreiben Sie die Halbstrukturformeln und die Struktursymbole der isomeren Pentanole $C_5H_{11}OH$ auf und benennen Sie die Verbindungen.

A4 Bei welcher Art von Isomerie (B5) unterscheiden sich die Eigenschaften der Isomere am deutlichsten? Erläutern und begründen Sie.

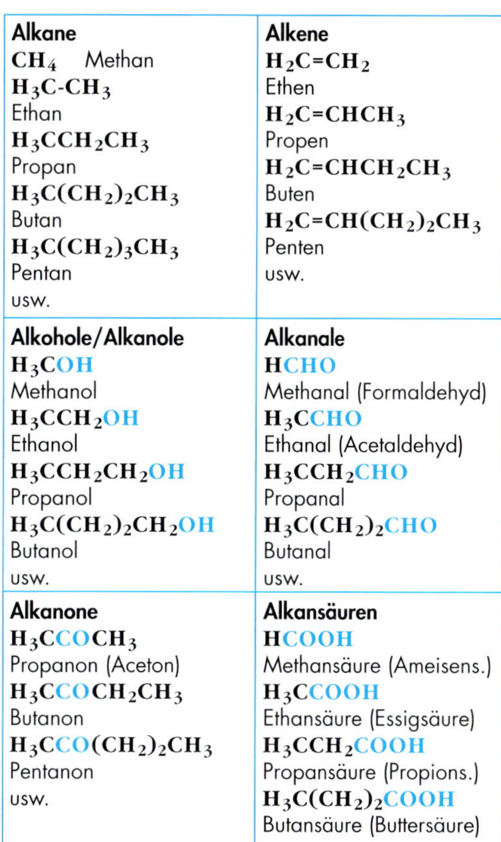

Alkane	Alkene
CH_4 Methan $H_3C\text{-}CH_3$ Ethan $H_3CCH_2CH_3$ Propan $H_3C(CH_2)_2CH_3$ Butan $H_3C(CH_2)_3CH_3$ Pentan usw.	$H_2C{=}CH_2$ Ethen $H_2C{=}CHCH_3$ Propen $H_2C{=}CHCH_2CH_3$ Buten $H_2C{=}CH(CH_2)_2CH_3$ Penten usw.
Alkohole/Alkanole	**Alkanale**
H_3COH Methanol H_3CCH_2OH Ethanol $H_3CCH_2CH_2OH$ Propanol $H_3C(CH_2)_2CH_2OH$ Butanol usw.	$HCHO$ Methanal (Formaldehyd) H_3CCHO Ethanal (Acetaldehyd) H_3CCH_2CHO Propanal $H_3C(CH_2)_2CHO$ Butanal usw.
Alkanone	**Alkansäuren**
H_3CCOCH_3 Propanon (Aceton) $H_3CCOCH_2CH_3$ Butanon $H_3CCO(CH_2)_2CH_3$ Pentanon usw.	$HCOOH$ Methansäure (Ameisens.) H_3CCOOH Ethansäure (Essigsäure) H_3CCH_2COOH Propansäure (Propions.) $H_3C(CH_2)_2COOH$ Butansäure (Buttersäure) usw.

B4 *Homologe Reihen.* **A:** *Formulieren und benennen Sie Vertreter der homologen Reihen mit 5 Kohlenstoff-Atomen in ihren Molekülen.*

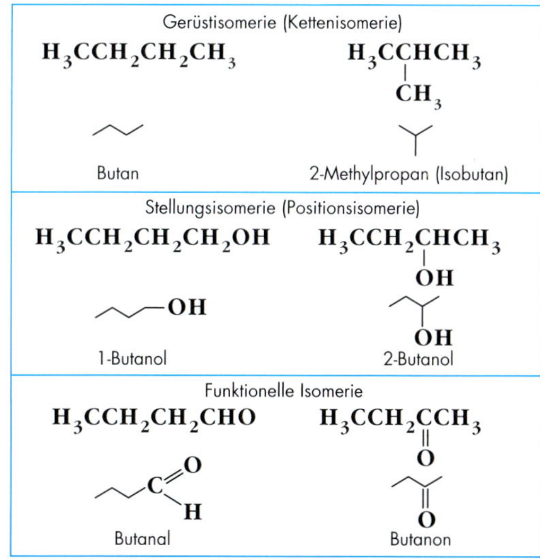

B5 *Drei Arten von Isomerie (Halbstrukturformeln und Struktursymbole)*

Fachbegriffe

Homologe Reihen, Alkane, Alkene, Alkanole, Alkanale, Alkanone, Alkansäuren

ERWEITERUNG · VERTIEFUNG · ANWENDUNG

Ein Zoo aus Formeln und Modellen für Moleküle

Welche Formel wann?

In der organischen Chemie werden ganz unterschiedliche Arten von Formeln verwendet. Je nachdem, welche Molekülmerkmale man beschreiben möchte, wählt man den einen oder anderen Formeltyp.

Als Beispiel wählen wir **Propansäure** (Trivialname: **Propionsäure**), das dritte Glied aus der homologen Reihe der Alkansäuren:

Die **Summenformel** (oder **Molekülformel**) lautet: $C_3H_6O_2$. Darin wird zwar die Art und Anzahl der Atome in einem Propansäure-Molekül angeben, nicht aber die Art und Weise, wie sie miteinander verknüpft sind. Darüber geben folgende Formeln besser Bescheid:

$H_3C{-}CH_2{-}COOH$
oder
H_3CCH_2COOH

Halbstrukturformeln

Valenzstrichformel (Strukturformel)

Struktursymbol

In der **Valenzstrichformel** (oder **Strukturformel**) werden die bindenden Elektronenpaare im Molekül durch je einen Strich dargestellt. Daher beschreibt sie die Konstitution des Moleküls. In vielen Fällen reichen auch die beiden einfacheren Formeln aus, weil sie sowohl die funktionelle Gruppe als auch das Molekülgerüst erkennen lassen. Im **Struktursymbol** stellt jedes nicht beschriftete Ende der Zick-Zack-Linie eine Methyl-Gruppe $-CH_3$ dar; jeder Knick bedeutet ein Kohlenstoff-Atom, an das noch so viele Wasserstoff-Atome gebunden sind, wie bis zur Vierbindigkeit des Kohlenstoff-Atoms fehlen (vgl. auch B2, S. 12, und B1, S. 18).

Drei Dimensionen in der Ebene – wie geht das?

Moleküle sind dreidimensionale Gebilde, d. h. sie füllen einen Raum aus. Keine der Formeln aus der linken Spalte berücksichtigt das, auch nicht die Valenzstrichformel, in der die Konstitution des Moleküls abgebildet ist. Sie sagen nichts darüber aus, wie die Atome des Moleküls im Raum angeordnet sind. Striche alleine eignen sich schlecht, wenn man mit einer auf Papier geschriebenen Formel auch den räumlichen Bau eines Moleküls veranschaulichen will. Man setzt daher weitere Zeichenelemente ein, beispielsweise Keile und gestrichelte Linien. Sie führen zu Atomen, die über der Zeichenebene bzw. unter ihr stehen:

Räumliche Strukturformel

Kugelstäbchen-Modell

Am besten kann man sich jedoch den räumlichen Bau eines Moleküls vor Augen führen, wenn man ein **Modell des Moleküls** baut, beispielsweise aus Styroporkugeln und Holzstäbchen. Dabei ist folgendes zu beachten: 1. Bei jedem Kohlenstoff-Atom, das ausschließlich an Einfachbindungen beteiligt ist, sind die Nachbaratome tetraedrisch um das Kohlenstoff-Atom herum angeordnet (Bindungswinkel jeweils 109°). 2. Ist ein Kohlenstoff-Atom an einer Doppelbindung und zwei Einfachbindungen beteiligt, so liegen seine Nachbar-Atome in der gleichen Ebene wie das Kohlenstoff-Atom, die Bindungswinkel sind gleich und betragen je 120°.

Chemische Formeln aus dem Computer ...

... können mithilfe von sog. **Formeleditor-Programmen** erzeugt werden. Der Editor bietet Formel-Bruchstücke und Werkzeuge (Tools) an. Daraus wird mithilfe der Maus die gewünschte Formel erstellt (B1).

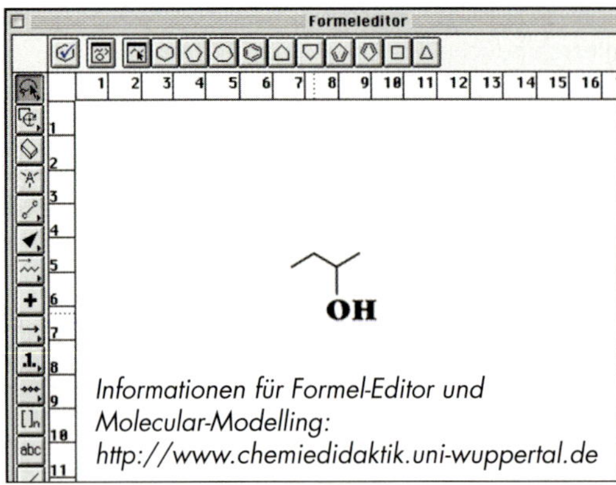

B1 *Bildschirmoberfläche eines Formeleditors.* **A:** *Erstellen Sie die Formeln aus B5, S. 51, am Computer. Welcher Formeleditor ist dafür am besten geeignet?*

Molekülmodelle am Bildschirm ...

... können in „3D-Darstellung" erzeugt, verschoben, gedreht, gestreckt und gestaucht werden. Dazu gibt es unter dem Sammelbegriff **molecular modelling** Computerprogramme und Links im Internet.

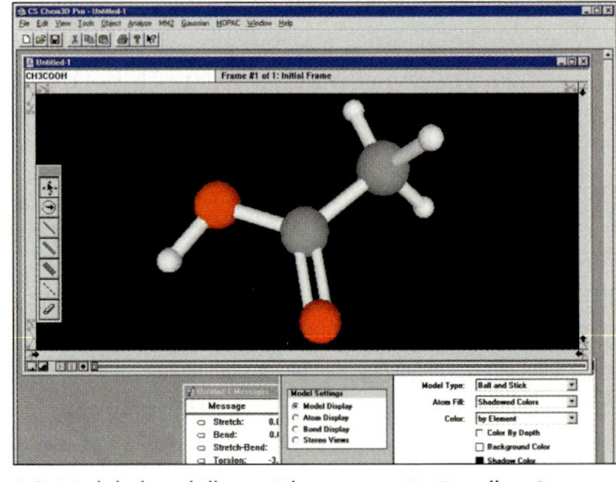

B2 *Molekülmodell von Ethansäure.* **A:** *Erstellen Sie eine Liste mit Internet-Adressen für molecular modelling.*
A: *Erzeugen Sie das Modell des Propansäure-Moleküls.*

Aus dem „Innenleben" der Moleküle

Schwingungen in Molekülen

Moleküle sind keine starren Gebilde. Zwar ändern die in einem Molekül gebundenen Atome ihre Bindungspartner nicht, aber sie schwingen in unterschiedlichster Weise. Bei den **Valenzschwingungen** werden die Bindungslängen verkürzt bzw. verlängert, bei den **Deformationsschwingungen** ändern sich die Bindungswinkel periodisch.

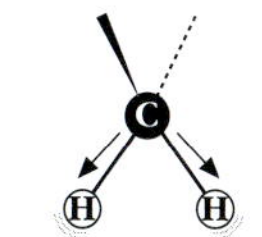

Valenzschwingungen

Deformationsschwingungen

Diese Schwingungen werden durch infrarotes Licht angeregt. Besonders die Valenzschwingungen verschiedener Bindungen, beispielsweise C-C, C=C, O-H, C=O u. a. absorbieren IR-Strahlung einer jeweils ganz bestimmten, charakteristischen Wellenlänge. Daher ist es möglich, aus dem **IR-Spektrum** einer Verbindung Rückschlüsse auf die Struktur seiner Moleküle, insbesondere über **funktionelle Gruppen** zu ziehen.

Hinweis: Näheres zur IR-Spektroskopie können Sie im Internet oder in einem Institut aus Ihrer Nähe einholen.

„Gute" und „schlechte" Fettsäuren

In pflanzlichen Ölen sind die „guten", leicht verdaulichen ungesättigten Fettsäuren enthalten, beispielsweise die Ölsäure. Es handelt sich dabei um die *cis*-9-Octadecensäure $CH_3(CH_2)_7HC{=}CH(CH_2)_7COOH$. In altem Frittieröl wandelt sich diese „gute" Fettsäure allmählich in eine „schlechte" um, die nur schwer bzw. gar nicht verdaut wird und zu Erkrankungen führt.

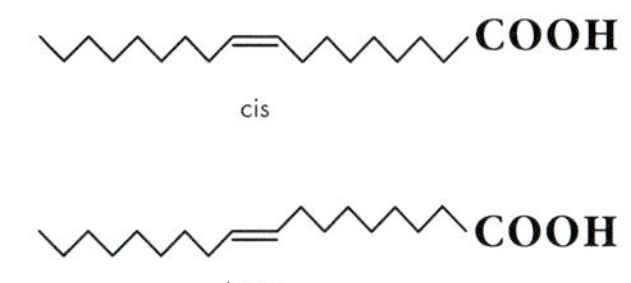

Diese „schlechte" Fettsäure ist ein Isomer der Ölsäure, dessen Moleküle die gleiche Valenzstrichformel und damit die gleiche Konstitution haben wie die der Ölsäure. Der kleine Unterschied bei der räumlichen Anordnung der Molekülteile an der Doppelbindung reicht aber aus, um die *trans*-9-Octadecensäure für das Enzym, das den Abbau der Ölsäure katalysiert, unzugänglich zu machen. **A:** Erstellen Sie Computerbilder oder andere Modelle der Moleküle von *cis*- und *trans*-9-Octadecensäure. Erläutern Sie die Form der Moleküle.

Rotationen in Molekülen

Molekülteile, die durch eine Einfachbindung miteinander verknüpft sind, können frei um ihre Verbindungsachse herum rotieren. Wäre das nicht so, dann müssten die beiden folgenden Formeln die Moleküle zweier verschiedener Verbindungen darstellen. In Wirklichkeit gibt es aber nur eine Verbindung mit der Halbstrukturformel $ClCH_2CH_2Cl$, das 1,2-Dichlorethan:

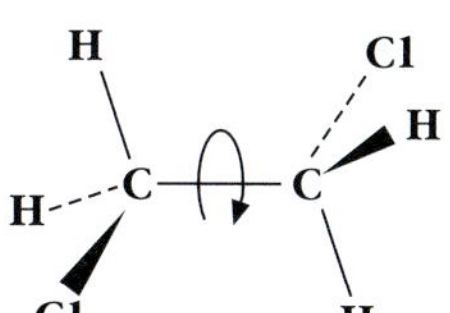

Atome, die durch Rotationen der Molekülteile um die Achsen von Einfachbindungen zustande kommen, bezeichnet man als **Konformationen**. Sie wechseln bei Raumtemperatur sehr schnell ineinander um. (In manchen Fällen, z. B. wenn die beiden Molekülhälften so groß sind, dass sie sich beim Rotieren gegenseitig behindern, oder wenn sie in Ringstrukturen eingebaut sind, kommt es zur Bevorzugung einer Konformation und zur Unterscheidung von **Konformationsisomeren**.)

Cis-trans – ein Fall von Stereoisomerie

Im Gegensatz zur C-C-Einfachbindung ist die freie Drehbarkeit der Molekülteile um die Achse bei einer C=C-Doppelbindung nicht gegeben. So erklärt man das Phänomen der ***cis-trans*** Isomerie[1] oder **Z-E** Isomerie[2]. Die Isomere unterscheiden sich durch die räumliche Anordnung der Molekülteile an der Doppelbindung.

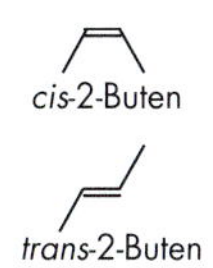
cis-2-Buten

trans-2-Buten

cis-Butendisäure (Maleinsäure)

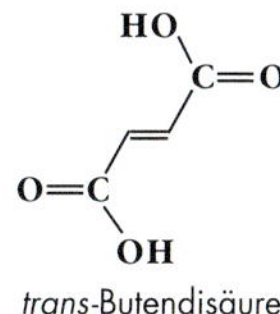

trans-Butendisäure (Fumarsäure)

Bei einfachen Kohlenwasserstoffen, beispielsweise beim *cis*- und *trans*-2-Buten gibt es nur ganz geringfügige Eigenschaftsunterschiede (B2, S. 54). Dagegen unterscheiden sich *cis-trans* Isomere mit funktionellen Gruppen nicht nur biochemisch, sondern auch physikalisch und chemisch ganz wesentlich voneinander.

A: Erhitzen Sie im Rggl. a) Maleinsäure und b) Fumarsäure. Beobachtung? Erklären Sie die Beobachtungen mithilfe der angegebenen Formeln.

A: Warum gibt es beim Isobuten (2-Methylpropen) keine *cis-trans* Isomerie?

[1] von *cis* (lat.) = diesseits; *trans* (lat) = jenseits

[2] von Z = zusammen; E = entgegengesetzt

Isobuten – Herstellung und Eigenschaften

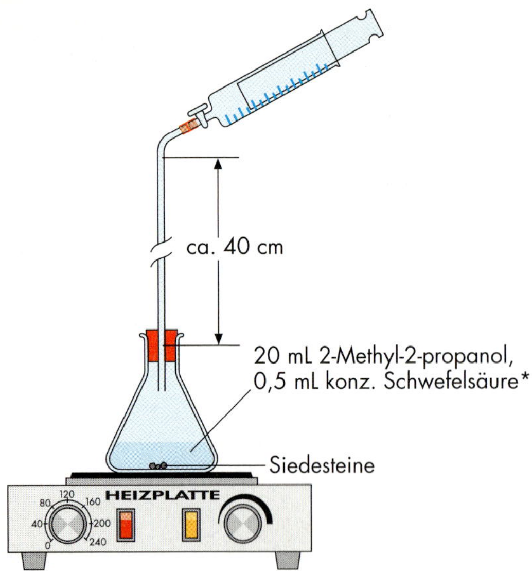

B1 *Skizze zu V1.* **A:** *Was bewirken die Siedesteine?* **A:** *Notieren Sie die Formel von 2-Methyl-2-propanol.*

$H_2C=CH-CH_2-CH_3$ 1-Buten ϑ_m = −185 °C ϑ_b = −6 °C	$H_2C=C(CH_3)-CH_3$ 2-Methylpropen (Isobuten) ϑ_m = −140 °C ϑ_b = −7 °C
$H_3C-CH=CH-CH_3$ *cis*-2-Buten ϑ_m = −139 °C ϑ_b = 4 °C	$H_3C-CH=CH-CH_3$ *trans*-2-Buten ϑ_m = −106 °C ϑ_b = 1 °C
$H_2C(OH)-CH_2-CH_2-CH_3$ 1-Butanol ϑ_m = −90 °C ϑ_b = 117 °C	$H_3C-CH(OH)-CH_2-CH_3$ 2-Butanol ϑ_m = −114 °C ϑ_b = 100 °C
$H_2C(OH)-CH(CH_3)-CH_3$ 2-Methyl-1-propanol ϑ_m = −108 °C ϑ_b = 108 °C	$H_3C-C(OH)(CH_3)-CH_3$ 2-Methyl-2-propanol (*tert.*-Butanol) ϑ_m = 25 °C ϑ_b = 83 °C

B2 *Isomere des Butens* C_4H_8 *und des Butanols* C_4H_9OH. **A:** *Kann man die isomeren Alkene oder die isomeren* ***Alkohole*** *leichter trennen? Begründen Sie.*

Versuche

V1 Bauen Sie die Vorrichtung aus B1 auf; das insgesamt ca. 40 cm lange Glasrohr können Sie selbst in der Brennerflamme biegen. Beschicken Sie den Erlenmeyerkolben wie in B1 angegeben (**Vorsicht!**) und bringen Sie das Gemisch* auf der elektrischen Heizplatte (**keine Flamme!**) zum Sieden. Schließen Sie erst jetzt den Kolbenprober an und halten Sie das Gemisch so am Sieden, dass die Kondensationsfront noch im Rohr bleibt. Füllen Sie den Kolbenprober mit 100 mL des entstehenden Gases*. Führen sie damit V2 bis V4 durch.

V2 Füllen Sie ca. 30 mL des Gases* in ein leeres Rggl. und prüfen Sie es auf Brennbarkeit. Beobachten Sie die Flamme.

V3 Drücken Sie ca. 30 mL des Gases* über ein spitzes Glasrohr langsam durch ca. 10 mL Bromwasser*, das sich in einem Rggl. befindet. Stopfen Sie dann zu und schütteln Sie gut durch. Beobachtung?

V4 Drücken Sie das restliche Gas* aus dem Kolbenprober über ein trockenes Glasrohr ganz langsam durch ca. 10 mL Heptan, das sich in einem Rggl. befindet. Beobachtung? Fügen Sie dann 2 mL Bromwasser* hinzu und schütteln Sie gut durch. Beobachtung? Schütteln Sie zum Vergleich auch 10 mL reines Heptan* mit 2 mL Bromwasser*.

Auswertung

Das Reaktionsprodukt aus V1:

a) Schließen Sie aus der Bromwasserprobe in V2 auf ein strukturelles Merkmal in den Molekülen des hergestellten Gases und formulieren Sie eine Reaktionsgleichung für die Nachweisreaktion.

b) Ist die Art der Flamme bei V2 eher mit der Molekülformel C_4H_{10} oder mit C_4H_8 zu erklären? Erläutern Sie.

c) Was schließen Sie aus den Beobachtungen bei V4 über die Löslichkeit des Gases? Erklären Sie den Sachverhalt mithilfe der Formeln von Isobuten und Heptan (B2 und B4, S. 48).

Die Apparatur und die Reaktionsführung in V1:

d) Isobuten wird in V1 gemäß der folgenden *Hinreaktion* gebildet:

$$HO-C(CH_3)_2-CH_2H \underset{}{\overset{(H_2SO_4)}{\rightleftharpoons}} (CH_3)_2C=CH_2 + H_2O \qquad (1)$$

Erläutern Sie, warum es in der Apparatur aus B1 möglich ist, den eingesetzten Alkohol vollständig in die Produkte Isobuten und Wasser zu überführen.

e) Welche Rolle spielt die Schwefelsäure?

f) Warum muss bei V1 darauf geachtet werden, dass die Kondensationsfront der Dämpfe *im* Steigrohr bleibt?

g) Die Apparatur aus B1 wird verschlossen bis zur nächsten Chemiestunde stehen gelassen. Nach Zugabe von 2 Siedesteinchen kann damit erneut Isobuten hergestellt werden. Erklären Sie, wieso das möglich ist.

h) Berechnen Sie, wie viele Kolbenprober (Inhalt: V = 100 mL) theoretisch mit Isobuten gefüllt werden können, wenn die gesamte Menge des in V1 eingesetzten Alkohols (B1) umgesetzt wird (*Hinweis:* Dichte von 2-Methyl-2-propanol : ρ = 0,77 g/cm^3.)

Isobuten – eine technische Grundchemikalie

Die kurzkettigen Alkene (Ethen, Propen und Butene) sind wichtige „Zwischenstationen" auf dem Weg vom Erdöl zu den Anwendungsprodukten. Alkene sind aber weder im Erdöl noch im Erdgas enthalten. Industriell werden sie durch Cracken langkettiger Alkane aus Erdöl hergestellt (S. 47). Dabei bilden sich stets Gemische, aus denen Ethen (ϑ_b = –104 °C) und Propen (ϑ_b = –48 °C) relativ leicht isoliert werden können. Da die Siedetemperaturen der vier Buten-Isomere, des sog. „**C4**-Schnitts", sehr eng zusammenliegen (B2), kann das Gemisch durch Destillation nicht aufgetrennt werden. Bei einigen Anwendungen, z. B. bei der Herstellung von Zusatzstoffen für Super-Benzin, verzichtet man auf die Trennung der Buten-Isomere und setzt gleich das Isomerengemisch C_4H_8 ein.
Von herausragender Bedeutung unter den 4 Isomeren des Butens ist das **2-Methylpropen** (technische Bezeichnung: **Isobuten**). Weltweit werden jährlich ca. 1 000 000 Tonnen Isobuten hergestellt und zu Produkten verarbeitet. Isobuten ist daher eine **Grundchemikalie** in der chemischen Industrie. Das in V1 angewandte Verfahren ist auch in der Technik für die Herstellung von reinem Isobuten von Bedeutung[1]. Es handelt sich dabei um die Abspaltung von Wasser aus **2-Methyl-2-propanol** (technische Bezeichnung: ***tert.*-Butanol**). Eine derartige **Eliminierung** (Abtrennung) von Wasser-Molekülen aus größeren Molekülen bezeichnet man als *Dehydratisierung (Dehydratation)*.

Bei der Dehydratisierung von 2-Methyl-2-propanol, aber auch bei der Rückreaktion, der **Addition** von Wasser an Isobuten wirkt *Schwefelsäure als Katalysator*. Die Einstellung des in Gleichung (1) formulierten **chemischen Gleichgewichts** wird also durch Schwefelsäure beschleunigt. Unter den Reaktionsbedingungen in V1 kann sich das Gleichgewicht nicht einstellen, weil ein Reaktionsprodukt, das gasförmige Isobuten, fortdauernd aus dem Gemisch entfernt wird. Nach dem **Prinzip von Le Chatelier (Prinzip vom kleinsten Zwang)** weicht ein System, das sich im chemischen Gleichgewicht befindet, einem äußeren Zwang dadurch aus, dass sich eine neue Gleichgewichtslage einstellt. In unserem Fall bildet sich das entfernte Produkt Isobuten ständig nach, solange noch Edukt vorhanden ist.
Die technische Anlage zur Isobuten-Trennung aus dem Gemisch der Butene arbeitet kontinuierlich (B4). Man setzt das Gemisch der vier isomeren Butene zunächst der säurekatalysierten Addition von Wasser aus. Als Katalysator dient ein kationischer Ionenaustauscher. Er ist im Gegensatz zur Schwefelsäure fest, bildet aber ebenso wie diese in Wasser hydratisierte Wasserstoff-Ionen $H^+(aq)$. Isobuten reagiert unter diesen Bedingungen gemäß der Rückreaktion aus (1) zu *tert.*-Butanol. Die anderen Butene reagieren nicht und werden gasförmig abgeführt. Das *tert.*-Butanol in saurer Lösung wird anschließend durch Erhitzen zu Isobuten und Wasser gespalten. Das Wasser wird in den ersten Reaktor zurückgeführt, es befindet sich also innerhalb der Anlage in einem **Stoffkreislauf**. Durch dieses Verfahren erhält man sehr reines Isobuten mit einem Reinheitsgrad von ca. 99,98 %. Es wird zur Herstellung von Polyisobuten weiterverwendet.

[1] In der Industrie wird zur Herstellung von Isobuten entweder aus 2-Methyl-2-propanol (*tert.*-Butanol) Wasser oder aus Methyl-*tert.*-butylether MTBE (vgl. S. 67) Methanol eliminiert.

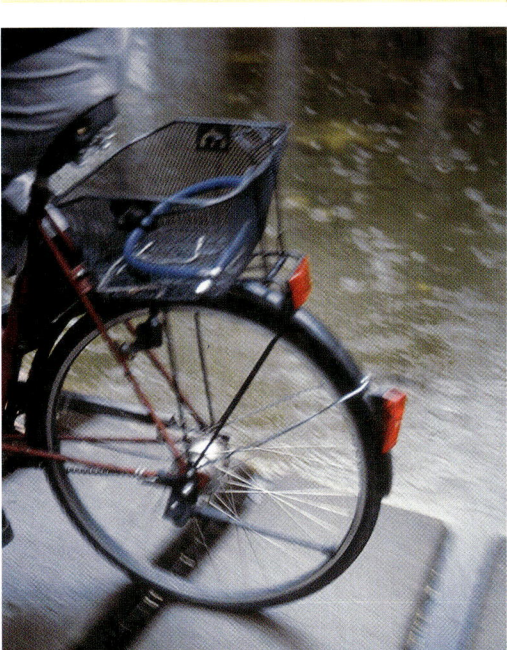

B3 *Die Folie, mit der dieser Teich ausgelegt ist, und die Luftschläuche des Fahrrads bestehen vorwiegend aus Polyisobuten, das aus Isobuten hergestellt wird (vgl. S. 60 bis S. 63).*

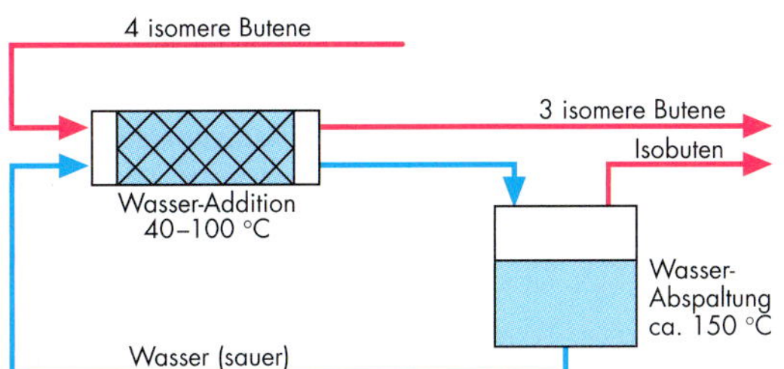

B4 *Technische Anlage zur Herstellung von Isobuten.*
A: *Nennen und erläutern Sie Gemeinsamkeiten und Unterschiede zur Apparatur aus V1 (vgl. B1).*

Fachbegriffe

Chemisches Gleichgewicht, Prinzip von Le Chatelier (Prinzip vom kleinsten Zwang), Dehydratisierung (Dehydratation), Addition, Eliminierung, Steuerung von Reaktionen, Stoffkreislauf

Ermittlung der Summenformel von Isobuten

Isobuten CxHy : Ermittlung von x

V1 Bauen Sie die Versuchsapparatur aus B1 auf und spülen Sie über den Dreiwegehahn die Apparatur mehrmals mit Stickstoff durch. Spülen Sie einen der beiden Kolbenprober mit Isobuten*, das Sie gemäß B1, S. 54, selbst herstellen. Füllen Sie dann 20 mL Isobuten* in den Kolbenprober ein und schließen Sie ihn wieder ans Verbrennungsrohr an. Erhitzen Sie nun das Kupfer(II)oxid* sehr stark bis zum Glühen. Leiten Sie dann das Isobuten mehrmals über das Kupfer(II)-oxid* bis keine Volumenveränderung mehr auftritt. Lesen Sie nach dem Abkühlen das Volumen ab. Beobachten Sie das Kupferoxid und die kühleren Teile der Apparatur genau. Leiten Sie das Gas aus der abgekühlten Apparatur in Kalkwasser ein. Deuten Sie alle Beobachtungen.

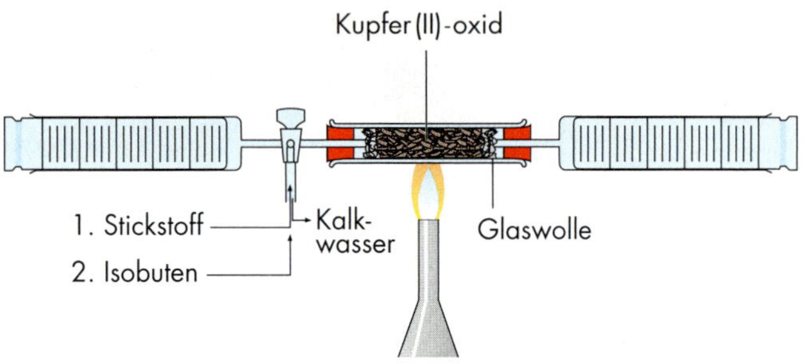

B1 *Versuchsaufbau für V1*

Quantitative Auswertung – Beispiel

(1) Der Kohlenwasserstoff Isobuten C_xH_y wird mit Kupfer(II)-oxid CuO zu Kohlenstoffdioxid CO_2 und Wasser H_2O oxidiert. Die **Reaktionsgleichung** lautet:

$$C_xH_y(g) + zCuO(s) \rightarrow xCO_2(g) + \frac{y}{2} H_2O(l) + zCu(s)$$

(2) Als **experimentelles Messergebnis** stellt man fest, dass aus 20 mL Isobuten 80 mL Kohlenstoffdioxid gebildet werden. Nach der Hypothese von AVOGADRO (vgl. S. 57) enthält das gasförmige Produkt demnach 4-mal so viele Moleküle wie das gasförmige Edukt. Unter Berücksichtigung der Reaktionsgleichung gilt also: $\mathbf{x = 4}$.

Auswertung – weitere Fragen

a) Warum darf das Endvolumen bei V1 erst dann abgelesen werden, wenn die gesamte Apparatur wieder auf die Ausgangstemperatur abgekühlt ist?
b) Begründen Sie, warum das Kupferoxid bei V1 im Überschuss eingesetzt werden muss.
c) Auf welche Kohlenwasserstoffe ist dieses Verfahren beschränkt? Erläutern und begründen Sie.
d) Der Rechenaufwand bei der quantitativen Auswertung von V1 ist minimal. Wäre das auch dann der Fall, wenn das untersuchte Gas nicht ein Kohlenwasserstoff, sondern eine Verbindung $C_xH_yO_z$ wäre? Begründen Sie.

Isobuten CxHy : Ermittlung von y

V2 Bauen Sie die Versuchsapparatur aus B2 auf und spülen Sie über den Dreiwegehahn die Apparatur mehrmals mit Stickstoff durch. Spülen Sie einen der beiden Kolbenprober mit Isobuten*, das Sie gemäß B1, S. 54, selbst herstellen. Füllen Sie dann 20 mL Isobuten* in den Kolbenprober ein und schließen Sie ihn wieder ans Verbrennungsrohr an. Erhitzen Sie nun die entfettete Eisenwolle sehr stark bis zum Glühen. Leiten Sie dann das Isobuten mehrmals über die Eisenwolle bis keine Volumenveränderung mehr auftritt. Lesen Sie nach dem Abkühlen das Volumen ab. Beobachten Sie genau, wie sich die Eisenwolle verändert hat. Leiten Sie das Gas aus der Apparatur in ein Rggl. und führen Sie die Knallgasprobe durch. Beobachtung?

B2 *Versuchsaufbau für V2*

Quantitative Auswertung – Beispiel

(1) Der Kohlenwasserstoff Isobuten C_xH_y wird am Eisen-Katalysator durch starke Wärmezufuhr in Elemente zerlegt. Die **Reaktionsgleichung** lautet:

$$C_xH_y(g) \rightarrow xC(s) + \frac{y}{2} H_2(g)$$

(2) Als **experimentelles Messergebnis** stellt man fest, dass aus 20 mL Isobuten 80 mL Wasserstoff gebildet werden. Nach der Hypothese von AVOGADRO (vgl. S. 57) enthält das gasförmige Produkt demnach 4-mal so viele Moleküle wie das gasförmige Edukt. Unter Berücksichtigung der Reaktionsgleichung gilt also: $\mathbf{y = 8}$.

Auswertung – weitere Fragen

a) Die geschwärzte Eisenwolle wird in einem Zylinder mit Sauerstoff verbrannt. Wie kann man nun nachweisen, dass die schwarze Ablagerung Kohlenstoff war?
b) Wie müsste das Messergebnis bei V2 lauten, wenn man Butan oder Isobutan C_4H_{10} untersuchen würde?
c) Kann man nach dieser Methode auch flüssige Kohlenwasserstoffe untersuchen? Erläutern Sie.
d) Die in V1 und V2 ermittelte **Summenformel** (oder **Molekülformel**) lautet: C_4H_8. Schreiben Sie alle möglichen Valenzstrichformeln von Molekülen auf, die diese Summenformel (Molekülformel) haben.

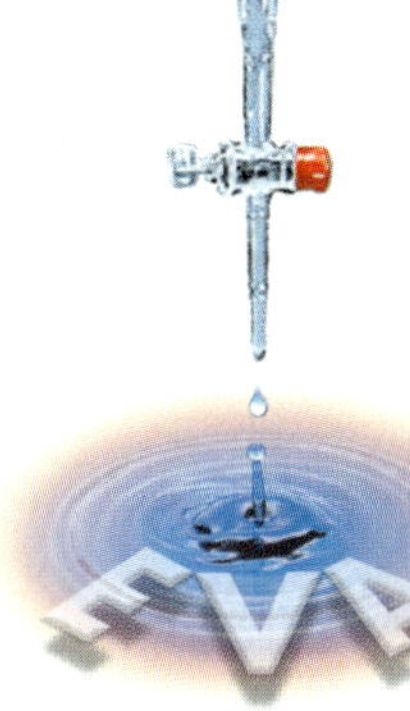

Bei Gasen geht's einfach

AVOGADRO, die Gase und die Moleküle

AMEDEO AVOGADRO (1776 bis 1856), zunächst Jurist, dann Professor für Physik in Turin

Im Jahr 1811 formulierte A. AVOGADRO folgende Hypothese: **Gleiche Volumina verschiedener Gase enthalten bei gleichem Druck und gleicher Temperatur gleich viele Teilchen**. Dazu führte ihn die Beobachtung anderer, dass Gase stets in gleichen Volumenverhältnissen miteinander reagieren. Wenn AVOGADROS Hypothese zutrifft, dann müssen gasförmige Elemente (Sauerstoff, Wasserstoff u.a.) aus Teilchen bestehen, die mindestens zwei Atome enthalten. Diese Teilchen nannte AVOGADRO **Moleküle**. Obwohl richtig, konnte sich AVOGADROS Hypothese erst nach seinem Tod durchsetzen, denn sie widersprach der Hypothese von J. DALTON, nach der alle Elemente aus einzelnen, kleinsten, unteilbaren Teilchen, den Atomen, bestehen.

Bei organischen Flüssigkeiten und Feststoffen ...

... sind zwei Schlüsselexperimente notwendig, um die Summenformel zu ermitteln. Aus dem Ergebnis der Elementaranalyse nach V. LIEBIG berechnet man die **Atomzahlverhältnisformel** einer Substanz, z.B. $C_1H_2O_1$, die u.a. für Methanal CH_2O, Methansäure $C_2H_4O_2$ und Glucose $C_6H_{12}O_6$ zutrifft. Erst nach Bestimmung der molaren Masse kann dann die **Summenformel** der untersuchten Substanz festgelegt werden, z.B. $C_2H_4O_2$.

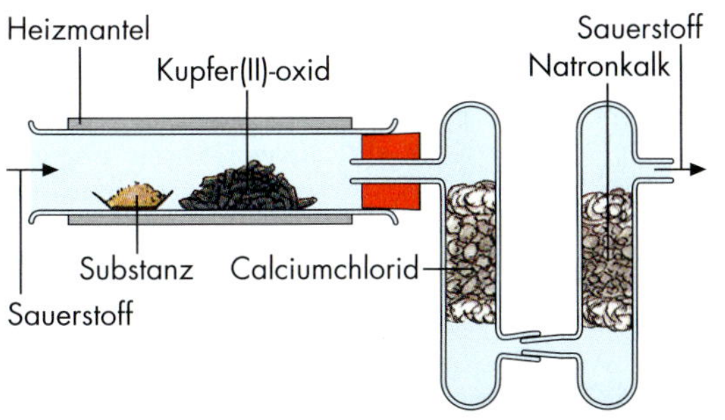

B1 *Elementaranalyse nach J. V. LIEBIG. Die genau abgewogene Substanz wird von Kupfer(II)-oxid vollständig oxidiert. Das gebildete Wasser wird von Calciumchlorid absorbiert, das Kohlenstoffdioxid von Natronkalk* $NaOH+Ca(OH)_2$. *Die Massen der Produkte werden durch Wägung der Absorptionsgefäße ermittelt.*

Reaktionen, Gasvolumina und Teilchenzahl

Auf der Grundlage der Hypothese von AVOGADRO gelten für Gase, die an Reaktionen beteiligt sind, ganz einfache Relationen: Das Verhältnis ihrer Stoffmengen n, ist gleich dem Verhältnis der Volumina V und auch gleich dem Verhältnis der betreffenden Teilchenzahlen N. Als Beispiel betrachten wir die thermische Zerlegung von Ethan C_2H_6 gemäß der Versuchsvorschrift aus V2:

$$C_2H_6(g) \rightarrow 2C(s) + 3H_2(g)$$

$$n(C_2H_6) : n(H_2) = V(C_2H_6) : V(H_2) = N(C_2H_6) : N(H_2) = 1:3$$

Das vereinfacht die Auswertung quantitativer Untersuchungen mit Gasen ganz erheblich (vgl. Auswertungen zu V1 und V2 auf S. 56).

Im Normzustand, d.h. bei Normdruck p_n = 1013 hPa und Normtemperatur T_n = 273 K (ϑ = 0 °C) beträgt das **molare Normvolumen** eines Gases:

$$V_{mn} = 22{,}414\ \text{L mol}^{-1}$$

Die Umrechnung eines Volumens V, das bei der Temperatur T und beim Druck p gemessen wurde, auf Normbedingungen erfolgt über die **Zustandsgleichung der Gase**:

$$\frac{p \cdot V}{T} = \frac{p_n \cdot V_n}{T_n}$$

Die molare Masse von Isobuten

V3 Man evakuiert eine Gaswägekugel mit der Wasserstrahlpumpe und wiegt sie ab. Dann wird sie mit Isobuten gefüllt und erneut gewogen. Schließlich bestimmt man das Volumen der Gaswägekugel genau, indem man sie mit Wasser füllt und dieses dann in einen Messzylinder auslaufen lässt. Aus den Messergebnissen wird die molare Masse von Isobuten berechnet.

Quantitative Auswertung – Beispiel

Messergebnisse:
m(Isobuten) = 1,14 g
V(Isobuten) = V(Gaswägekugel) = 0,5 L
T = 294 K $\quad p$ = 1010 hPa

Umrechnung des Volumens auf Normbedingungen:

$$V_n(\text{Isobuten}) = \frac{p \cdot V \cdot T_n}{T \cdot p_n} = \frac{1010\ \text{hPa} \cdot 0{,}5\ \text{L} \cdot 273\ \text{K}}{294\ \text{K} \cdot 1013\ \text{hPa}}$$

$$= 0{,}46\ \text{L}$$

Für die Stoffmenge n des Isobutens gilt:

$$n(\text{Isobuten}) = \frac{V_n\ (\text{Isobuten})}{V_{mn}} = \frac{0{,}46\ \text{L}}{22{,}414\ \text{L} \cdot \text{mol}^{-1}}$$

$$= 0{,}0205\ \text{mol}$$

Daraus folgt: $M(\text{Isobuten}) = \dfrac{m\ (\text{Isobuten})}{n\ (\text{Isobuten})}$

$$= \frac{1{,}14\ \text{g}}{0{,}0205\ \text{mol}} = 56\ \text{g} \cdot \text{mol}^{-1}.$$

Ermittlung der Valenzstrichformel von Isobuten

Die 6 Isomere C_4H_8

Es lassen sich 6 Valenzstrichformeln aufschreiben, die der Molekülformel (Summenformel) C_4H_8 entsprechen. Außer den vier Buten-Isomeren kommen noch zwei weitere Isomere, das Cyclobutan und das Methylcyclopropan dazu (B1). Woher wissen wir nun, dass für Isobuten ausgerechnet die Formel $H_2C{=}C(CH_3)_2$ und nicht eine der anderen fünf Formeln aus B1 zutrifft? Wir finden die Antwort, wenn wir experimentelle Ergebnisse heranziehen, die uns Aufschluss darüber geben, „aus was Isobuten entsteht" und „was aus Isobuten wird" (vgl. auch B4).

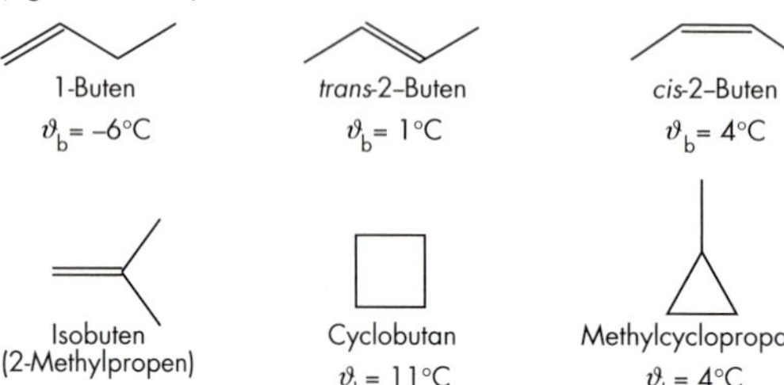

B1 *Struktursymbole der 6 Isomeren C_4H_8 (vgl. auch B2 auf S. 54).* **A:** *Schreiben Sie die vollständigen Valenzstrichformeln der 6 Isomeren auf und bauen Sie geeignete Molekülmodelle.*

Woraus entsteht Isobuten?

Alkene können durch säurekatalysierte Eliminierung von Wasser aus Alkanolen, also durch *Dehydratisierung* hergestellt werden. Aus dem *Alkohol*-Molekül werden dabei die Hydroxy-Gruppe und ein Wasserstoff-Atom vom *benachbarten* Kohlenstoff-Atom abgespalten. Die Dehydratisierung von *tert.*-Butanol (2-Methyl-2-propanol) liefert sowohl im Versuch (V1, S. 54) als auch „auf dem Papier" (B2) Isobuten als einziges Alken. Die Valenzstrichformel des Isobuten-Moleküls ist damit bewiesen. Die Methode, den Strukturbeweis eines Moleküls dadurch zu führen, dass man dieses Molekül aus bekannten Molekülen über bekannte Reaktionen herstellt, ist sehr aussagekräftig und zuverlässig.

HH$_2$C–H
H$_2$C – C–OH
H$_2$C–H

–HOH   –HOH   –HOH

$CH_2{=}C(CH_3)_2$ $H_2C{=}C(CH_3)_2$ $(H_3C)_2C{=}CH_2$

B2 *Die Wasser-Eliminierung aus 2-Methyl-2-propanol (tert.-Butanol) liefert nur ein Produkt.* **A:** *Formulieren Sie analog zu diesem Schema die Produkte der Dehydratisierung von 2-Butanol. Welche Produkte können gebildet werden?*

Was wird aus Isobuten?

V1 Ein Glasröhrchen wird mit 6 Kügelchen Palladium-Katalysator (0,5 % **Pd** auf Al_2O_3) beschickt, ca. 1 min erhitzt und in die Apparatur aus B3 eingebaut. Über den Dreiwegehahn wird erst der rechte Kolbenprober mit Wasserstoff* gespült und dann mit 40 mL Wasserstoff gefüllt. In der gleichen Weise füllt man 40 mL Isobuten* in den linken Kolbenprober. Man schiebt zuerst den Wasserstoff über den kalten Katalysator, danach schiebt man das Gasgemisch einige Male hin und her. Die Temperatur am Katalysator wird (ggf. mit der Hand) geprüft. Die Volumenveränderung wird festgestellt. Sobald das Volumen konstant bleibt, drückt man das Gas in ein Rggl., in dem sich 4 mL Bromwasser* befinden, und schüttelt gut durch. Beobachtung? Zur Kontrolle wird die Bromwasserprobe auch mit Isobuten durchgeführt. Beobachtung?

Auswertung

a) Nennen und deuten Sie alle Versuchsbeobachtungen aus V1.

b) Formulieren Sie die Reaktionsgleichungen.

c) Welche der Isomeren aus B1 scheiden aufgrund dieser Versuchsergebnisse aus? Begründen Sie.

B3 *Hydrierung von Isobuten.* **A:** *Warum ist hier im Gegensatz zu den Vorrichtungen in B1 und B2 auf S. 56 kein Gasbrenner erforderlich?*

„Chemie ist die Lehre von den stofflichen Metamorphosen der Materie. Ihr wesentlicher Gegenstand ist nicht die existierende Substanz, sondern ihre Vergangenheit und ihre Zukunft …"

Lehrbuch der organischen Chemie, Erlangen 1859

B4 *August Friedrich Kekulé von Stradonitz (1829 bis 1896) gilt als der Entdecker der „Vierwertigkeit" des Kohlenstoff-Atoms.* **A:** *Was ist seiner Ansicht nach der wichtigste Forschungsgegenstand der Chemie?*

Ermittlung der Valenzstrichformel von Isobuten

Moleküle als Radioantennen

Seit der Einführung der **NMR-Spektroskopie** (engl.: *nuclear magnetic resonance* = kernmagnetische Resonanz) zur Strukturaufklärung organischer Moleküle in den 50er Jahren des 20. Jahrhunderts hat die Anzahl der bekannten organischen Verbindungen enorm zugenommen (vgl. B1, S. 50). Das **Prinzip** dieser Methode, bei der die untersuchte Substanz nicht zerstört wird, beruht auf der Eigenschaft einiger Atomkerne, z.B. der Isotope (vgl. S. 110) ^{1}H, ^{13}C, ^{19}F und ^{31}P, sich wie kleine Stabmagnete zu verhalten (B5). Sie orientieren sich in einem äußeren Magnetfeld parallel oder antiparallel zu den Feldlinien (B5, b). Die parallele Ausrichtung ist energieärmer. Der Energieunterschied ist sehr klein, er entspricht der Energie elektromagnetischer Strahlung aus dem Frequenzbereich der Radiowellen (50 MHz bis 750 MHz). Wird eine Probe, die sich in einem Magnetfeld befindet, mit Radiowellen bestrahlt, absorbiert sie diese, wenn ihre Energie genau dem Energieunterschied der beiden Ausrichtungen entspricht. Die Atomkerne werden angeregt und emittieren ihrerseits ein Radiosignal, das vom Empfänger registriert und ausgewertet wird.

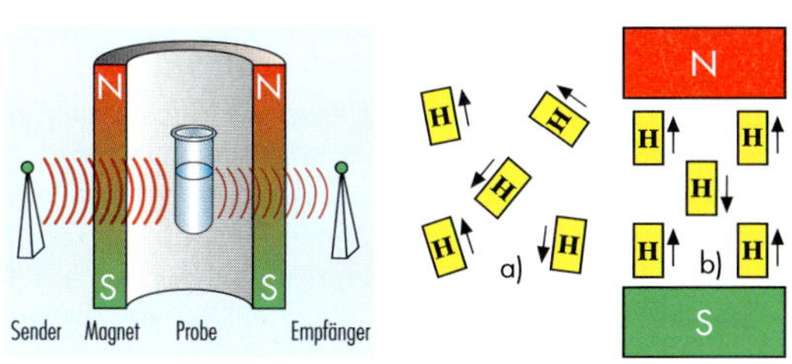

B5 *Prinzip der NMR-Spektroskopie (vgl. Text)*

Die „chemische Verschiebung"

Die Protonen in einem organischen Molekül absorbieren nicht alle die gleichen Radiofrequenzen, weil das äußere Magnetfeld durch das jeweils lokale Feld der Elektronenhülle verschieden stark abgeschwächt wird. Man bezeichnet die auf der Abschirmung der Protonen durch ihre Elektronenhülle beruhende Verschiebung des NMR-Signals als *chemische Verschiebung* δ. Die chemischen Verschiebungen im NMR-Spektrum sind charakteristisch für bestimmte benachbarte Atomgruppierungen. Als Referenzsignal in der ^{1}H-NMR-Spektroskopie wählt man Tetramethylsilan TMS $(CH_3)_4Si$. Alle 12 Protonen im TMS-Molekül sind gleich stark abgeschirmt und zugleich stärker als die Protonen in den meisten organischen Molekülen.

Die chemische Verschiebung δ eines Protonensignals wird relativ zum Signal des TMS gemessen und in ppm[1] angegeben. Sie ist so definiert, dass die Skala mit der Angabe der Verschiebungen im NMR-Spektrum unabhängig von der Stärke des äußeren Magnetfeldes ist. Die Signale können einfach bestimmten Atomgruppen zugeordnet werden (B6).

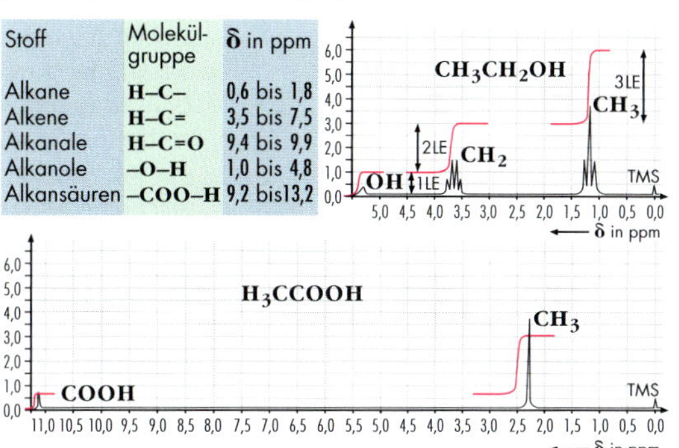

Stoff	Molekülgruppe	δ in ppm
Alkane	H–C–	0,6 bis 1,8
Alkene	H–C=	3,5 bis 7,5
Alkanale	H–C=O	9,4 bis 9,9
Alkanole	–O–H	1,0 bis 4,8
Alkansäuren	–COO–H	9,2 bis13,2

B6 *Chemische Verschiebung charakteristischer ^{1}H-NMR-Signale und ^{1}H-NMR-Spektren von Ethanol und Ethansäure. Aus den Stufenhöhen der blauen Integralkurve kann man direkt das Zahlenverhältnis der äquivalenten Protonen ablesen.*

Buten-Isomere und ihre NMR-Spektren

Mit empfindlichen NMR-Geräten erhält man Signale, die in 2, 3, 4, usw. feine Signale aufgespalten sein können (vgl. Ethanol-Spektrum in B6). Diese Aufspaltung kommt dadurch zustande, dass das lokale Magnetfeld am Atomkern nicht nur durch seine eigene Elektronenhülle beeinflusst wird, sondern auch vom Magnetfeld direkt benachbarter, nicht äquivalenter Protonen. Man spricht von *Spin-Spin Kopplung*.

Mit folgender Faustregel lässt sich berechnen, welche Feinstruktur ein NMR-Signal hat, d.h. in wie viele eng zusammenliegende Signale es aufgespalten ist: Man zählt die zu dem betrachteten Proton direkt benachbarten, nicht äquivalenten Protonen. Addiert man zu der erhaltenen Zahl noch 1 dazu, so hat man die Multiplizität des NMR-Signals (Singlett, Dublett, Triplett, Quartett usw.). Im Isobuten-Molekül gibt es zwei Arten von äquivalenten Protonen, die jeweils kein direkt benachbartes, nicht äquivalentes Proton haben. Entsprechend besteht das NMR-Spektrum des Isobutens aus 2 Singletts bei δ = 1,6 ppm und bei δ = 4,6 ppm (B7).

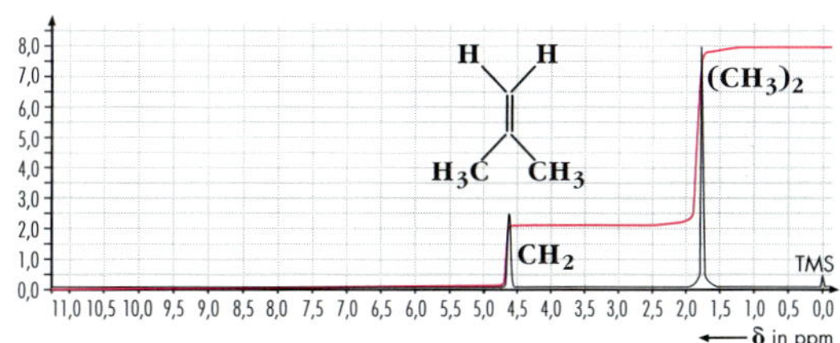

B7 *^{1}H-NMR-Spektrum von Isobuten.* **A:** *Erläutern Sie, warum alle anderen C_4H_8-Isomere andere ^{1}H-NMR-Spektren haben.*

---

[1] ppm = parts per million. Eine chemische Verschiebung von 1 ppm bedeutet, dass die Eigenfrequenz des beobachteten Signals genau um 1 Millionstel der Eigenfrequenz des Referenzsignals von diesem abweicht (z.B. um 100 Hz bei einer Referenzfrequenz von 100 Millionen Hz).

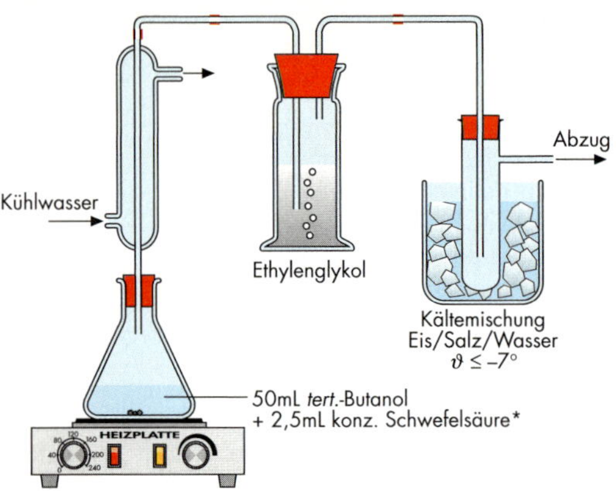

B1 *Skizze zu V1.* **A:** *Vergleichen Sie diese Versuchsanordnung mit der aus B1, S. 54, und begründen Sie die Unterschiede.* **A:** *In dieser Kühlfalle wird das durchströmende Isobuten nicht vollständig verflüssigt. Schlagen Sie Verbesserungen vor.*

B2 *Polymerisation von Isobuten (vgl. V2).* **A:** *Womit ist das hier erhaltene Produkt verunreinigt? Begründen Sie.* **A:** *Welche Stoffe verdunsten vom Uhrglas?*

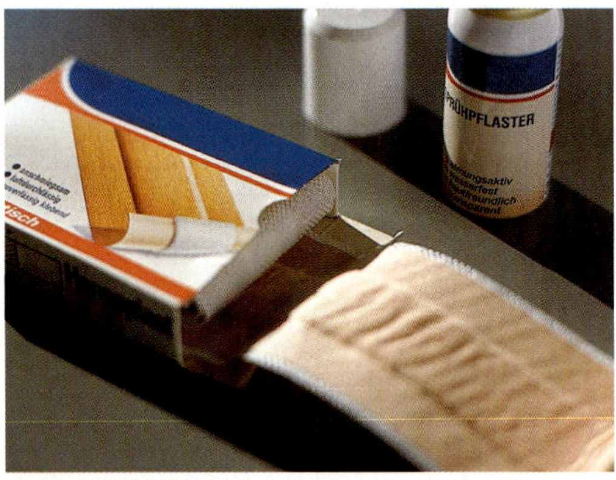

B3 *Die Klebefläche von Verbandspflaster ist mit Polyisobuten beschichtet.* **A:** *Untersuchen Sie den Klebstoff eines Pflasters gemäß V6.*

Vom Isobuten zum Kleber und zum Kaugummi

Versuche

V1 *Herstellung, Reinigung und Verflüssigung von Isobuten:* Bauen Sie die Vorrichtung aus B1 auf. In der Waschflasche befindet sich Ethylenglykol (1,2-Ethandiol). Die Temperatur in der Eis-Salz-Kältemischung muss unterhalb von –7 °C liegen. Im Erlenmeyerkolben wird wie in V1 von S. 54 Isobuten* erzeugt und über den Kühler abgeleitet. Reste *tert.*-Butanol*, die trotz des Kühlers zusammen mit dem Isobuten entweichen, werden im Ethylenglykol gelöst und zurückgehalten, sodass weitgehend reines Isobuten in die Kühlfalle gelangt. Hier kondensiert es zu flüssigem Isobuten. Nicht kondensiertes Isobuten* wird unter den Abzug oder ins Freie geleitet.
Stellen Sie auf diese Weise ca. 5 mL flüssiges Isobuten her. Pipettieren Sie ca. 0,5 ml davon auf ein Uhrglas. Beobachtung?

LV2 *Vorbereitung des Katalysators:* In einem kleinen Erlenmeyerkolben wird eine Spatelspitze (ca. 0,5 g) wasserfreies Aluminiumchlorid* in ca. 15 mL Dichlormethan* gelöst. Der Kolben wird verschlossen. Aluminiumchlorid wirkt in V3 als Katalysator.

V3 *Polymerisation:* Ersetzen Sie an der Kühlfalle aus V1, in der sich nun das flüssige Isobuten* befindet, das Einleitungsrohr durch ein Thermometer. Das Rggl. bleibt die ganze Zeit in der Kältemischung. Pipettieren Sie ins flüssige Isobuten ca. 0,5 mL Katalysator-Lösung* aus LV2. Rühren Sie mit dem Schacht des Thermometers vorsichtig um und notieren Sie die Temperatur 5 min lang in Abständen von 30 s. Beobachtung?

V4 *Charakterisierung des Produkts:* Gießen Sie den Inhalt* des Rggl. aus V3 (bis auf einen Rest aus ca. 1 mL, den Sie in V5 benötigen) auf ein großes Uhrglas. Beobachtung? Prüfen Sie, wenn keine Verdunstung mehr wahrzunehmen ist, die Masse auf dem Uhrglas mit einem Glasstab. Verkleben Sie mit diesem Produkt a) Papier und b) Folien aus Kunststoff. Beobachtung?

V5 *Charakterisierung des Produkts:* Beschleunigen Sie die Verdunstung im Rggl. aus V4, indem Sie es mit der Handfläche erwärmen und schräg bzw. waagerecht halten. Pipettieren Sie dann 1 mL Pentan* ins Rggl. und beobachten Sie die Löslichkeit des nicht verdunsteten Rückstands. Versetzen Sie die Lösung mit 3 mL Bromwasser* und schütteln Sie gut durch. Beobachtung? Führen Sie die Bromwasserprobe auch mit reinem Pentan durch. Beobachtung?

V6 *Untersuchung von Pflaster-Klebstoff:* Lösen Sie im Rggl. von ca. 8 cm^2 Wundpflaster den Klebstoff mit ca. 10 mL Pentan* ab. Versetzen Sie die Lösung mit Bromwasser*. Beobachtung?

Auswertung

a) Warum ist die einfache Versuchsvorrichtung aus B1, S. 54, für das in V3 benötigte Isobuten untauglich? Erläutern Sie ausführlich.

b) Verläuft die Reaktion bei der Zugabe der Katalysator-Lösung in V3 exotherm oder endotherm? Begründen Sie mit experimentellen Fakten.

c) Das Produkt aus V3 ist klebrig, löslich in Pentan und entfärbt Bromwasser (V4 und V5) und weist damit Unterschiede und Gemeinsamkeiten zum Edukt Isobuten auf. Nennen Sie diese und schließen Sie dann auf strukturelle Merkmale der Moleküle aus dem Produkt (*Hinweis:* vgl. auch Reaktionsgleichung auf S. 61).

d) Wie könnte man den Katalysator, der noch im Produkt aus V3 enthalten ist, entfernen?

Polymerisation von Isobuten

Die Klebefläche am Wundpflaster, das Kaugummi und viele andere Produkte unseres Alltags enthalten die gleichen oder ganz ähnliche Stoffe wie unser klebriges Reaktionsprodukt aus V3. Es handelt sich dabei um **Polymere**[1] des Isobutens. Sie werden gebildet, indem Isobuten-Moleküle im wahrsten Sinne des Wortes mit sich selbst reagieren. Die Polymerisation des Isobutens zu **Polyisobuten** verläuft exotherm und wird durch Aluminiumchlorid katalysiert:

$$n\ H_2C{=}C(CH_3)_2 \xrightarrow{(AlCl_3)} H_3C{-}C(CH_3)_2{-}\left[CH_2{-}C(CH_3)_2\right]_{n-2}{-}CH{=}C(CH_3)_2$$

Isobuten (Monomer) → Polyisobuten (Polymer)

Bei der Polymerisation spaltet die Doppelbindung im Isobuten-Molekül jeweils auf und es werden Bindungen zu anderen Isobuten-Einheiten geknüpft. Das Polymer-Molekül wächst wie eine Kette, bei der nacheinander ein Glied an das andere angebaut wird. Es enthält lediglich eine Doppelbindung an der endständigen Isobuten-Einheit.

Die Zahl **n** der im Polymer-Molekül enthaltenen **Monomer**[2]-Einheiten gibt den **Polymerisationsgrad** an. Ganz gleich, ob im Laborexperiment oder in einem Industriereaktor, man erhält nie ein Produkt, in dem alle Moleküle den gleichen Polymerisationsgrad haben. Vielmehr ist das Produkt immer ein Gemisch aus Molekülen mit mehr oder weniger unterschiedlichen Polymerisationsgraden. Der mittlere Polymerisationsgrad einer Probe kann experimentell (z.B. durch Viskositätsmessungen) bestimmt werden. Er beeinflusst die Eigenschaften des entsprechenden Produkts ganz erheblich (vgl. Info, S. 62). Dem klebrigen Reaktionsprodukt aus V3 entspricht ein relativ niedriger mittlerer Polymerisationsgrad $n < 100$. In der Industrie kann man durch geeignete Steuerung des Reaktionsablaufs gezielt Polyisobuten und andere Polymere mit gewünschten Eigenschaften herstellen (vgl. S. 62). Die so hergestellten **Kunststoffe** gehören zu den wichtigsten Werkstoffen unserer Zeit (B4 und S. 64–65).

Aufgaben

A1 Ethen und Propen polymerisieren nach dem gleichen Reaktionsschema wie Isobuten (allerdings unter anderen Reaktionsbedingungen). Formulieren Sie die entsprechenden Reaktionsgleichungen.

A2 Die Oligomere[3] des Ethens, Propens und Isobutens sind wasserunlöslich, aber gut löslich in Benzin. Erklären Sie den Sachverhalt. Wie schätzen Sie die Löslichkeit der entsprechenden Polymere mit $n > 10\,000$ ein? Begründen Sie Ihre Vermutung und überprüfen Sie sie experimentell.

A3 Bei der Verbrennung von Müll aus Polyalkenen wird die Umwelt nicht mehr belastet als bei der Verbrennung von Benzin und Heizöl. Erläutern und begründen Sie diese Aussage.

A4 Prüfen Sie Verpackungen und andere Gegenstände auf die Kennzeichnungen „PE" (Polyethen) und „PP" (Polypropen).

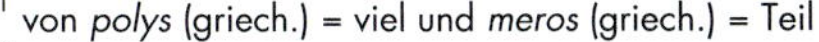

[1] von *polys* (griech.) = viel und *meros* (griech.) = Teil
[2] von *monos* (griech.) = allein, einzig und *meros* (griech.) = Teil
[3] von *oligos* (griech.) = einige, wenige und *meros* (griech.) = Teil

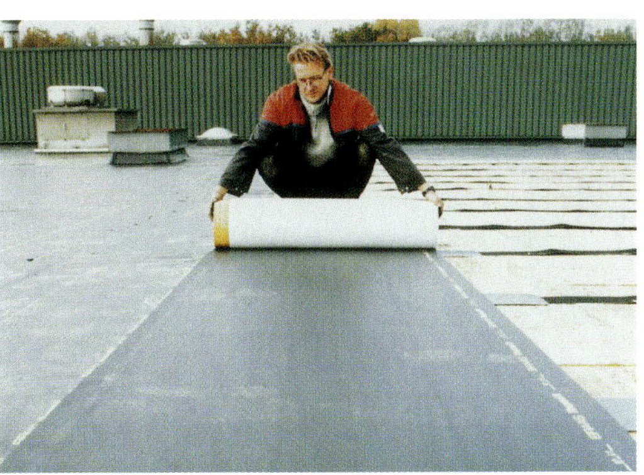

B4 *Dachfolien aus Polyisobuten sind witterungsbeständig.*

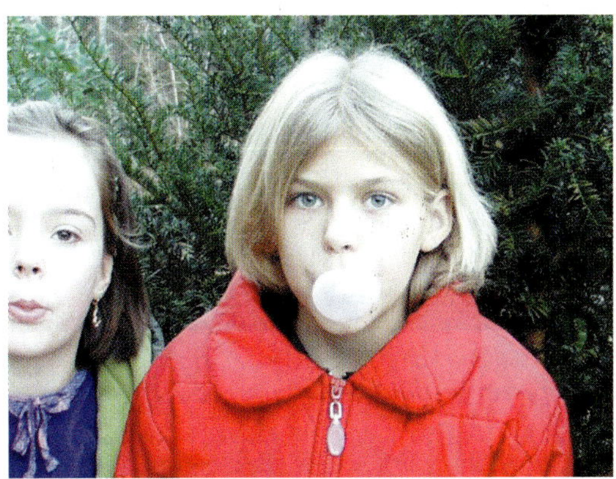

B5 *Kaugummi besteht größtenteils aus Polyisobuten.*
A: *Ordnen Sie die Polyisobutene aus B3 bis B5 nach steigenden Polymerisationsgraden und begründen Sie.*

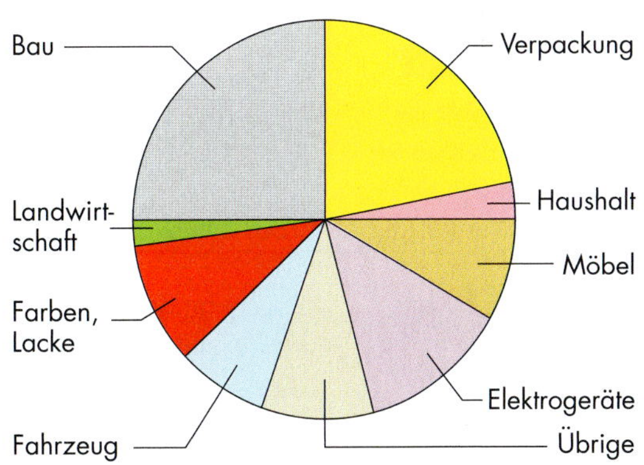

B6 *Verwendung von Kunststoffen*

Fachbegriffe

Polymer, Polymerisation, Polymerisationsgrad n, Monomer, Oligomer, Polyisobuten, Polyethen, Polypropen

Vom Laborversuch zur Industrieanlage

B1 *Herstellung von Polyisobuten im Labor (vgl. S. 60).* **A:** *Erläutern Sie die Arbeitsschritte.*

$BF_3(g)$ Bortrifluorid	$AlCl_3(s)$ Aluminiumchlorid

Giftiges, farbloses, stechend riechendes Gas, das sich bei −100 °C verflüssigt.	Farblose oder gelbliche ($FeCl_3$-Spuren!) Kristalle, die bei 183 °C sublimieren.
Raucht an der Luft, weil es mit Feuchtigkeit zu Borsäure H_3BO_3 und Flusssäure HF reagiert[1].	Raucht an der Luft, weil es mit der Feuchtigkeit zu Aluminiumhydroxid $Al(OH)_3$ und Chlorwasserstoff HCl reagiert.

B2 *Eigenschaften von Bortrifluorid und Aluminiumchlorid.* **A:** *Warum ist Bortrifluorid für Schulversuche ungeeignet?* **A:** *Wo stehen die vier Elemente, die die beiden o.g. Verbindungen bilden, im PSE?* **A:** *Welche der beiden Verbindungen besteht bei Raumtemperatur aus Molekülen? Begründen Sie.*

INFO

Das Kernstück der Industrieanlage für die Herstellung von Polyisobuten ist ein Durchflussreaktor (B3). Das in Hexan gelöste Isobuten und der Katalysator (Bortrifluorid BF_3) werden kontinuierlich eingeleitet. Die Polymer-Lösung, in der auch der Katalysator enthalten ist, wird in einem weiteren Reaktor mit Wasser ausgewaschen, wobei das Bortrifluorid in Form von Hydraten in die wässrige Phase geht[1]. Es wird anschließend daraus abdestilliert und in den Polymerisationsreaktor zurückgeführt. Die organische Phase wird ebenfalls durch Destillation aufgetrennt. Das Hexan und das nicht polymerisierte Isobuten (Restmonomer) werden einem erneuten Durchlauf durch den Polymerisationsreaktor zugeführt. Insgesamt fließt also in die Anlage ständig Isobuten ein und Polyisobuten tritt aus. Das Lösemittel, der Katalysator und das Prozesswasser werden in der Anlage recycelt; lediglich kleine Verluste müssen gegebenenfalls ausgeglichen werden.

- Führt man die Polymerisation bei −20 °C bis −30 °C durch, so erhält man *öliges* niedermolekulares Polymer ($10 < n < 50$).
- Bei tieferer Temperatur und höheren Konzentrationen des Monomers in der Lösung erhält man *klebrige* Produkte ($50 < n < 1000$).
- Um *elastisches*, hochmolekulares Polyisobuten ($n > 1000$) zu erhalten, arbeitet man in flüssigem Ethen als Lösemittel ($\vartheta = -103{,}7\ °C$).
- Durch Zusatz von 1 % bis 3 % Isopren (2-Methylbutadien) erhält man *Butylkautschuk* mit einer exzellenten Luftundurchlässigkeit.

Vergleich: Laborversuch – Industrieanlage

a) Stellen Sie eine Liste mit Ähnlichkeiten und Unterschieden zwischen der Herstellung von Polyisobuten im Laborversuch (B1 und S. 60) und in der Industrieanlage (B3) auf. Verwenden Sie dabei folgende Begriffe: Edukt, Katalysator, Temperatur, Lösemittel, wesentliche Teile der Apparatur bzw. Anlage, kontinuierliches oder diskontinuierliches Verfahren, Recycling (Stoffkreisläufe) von Chemikalien, Steuerungsmöglichkeiten für die Reaktion(en).

b) Beurteilen Sie die Auswirkung einer *kontinuierlich* arbeitenden Industrieanlage mit Recycling von Materialien (prozessintegrierten Stoffkreisläufen) auf die Wirtschaftlichkeit der Anlage und auf die Umweltbelastung durch die Produktion in dieser Anlage.

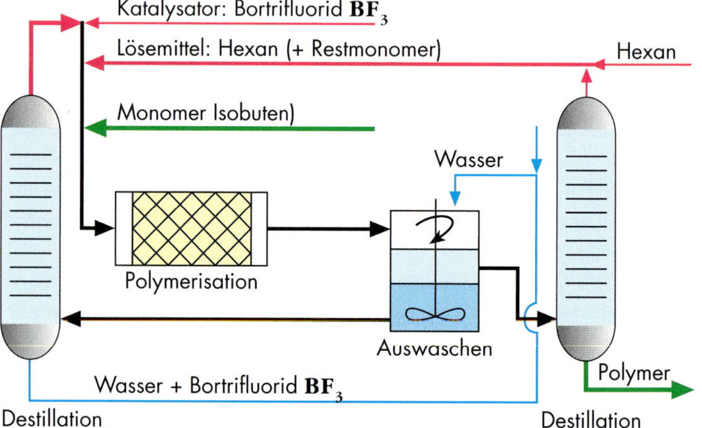

B3 *Skizze einer Industrieanlage zur Herstellung von Polyisobuten (vereinfacht).* **A:** *Welche Gemeinsamkeit zur technischen Anlage für die Herstellung von Isobuten (B4, S. 55) gibt es?*

---

[1] Das Prozesswasser enthält Zusätze, die die Hydrolyse von BF_3 verhindern.

Katalysatoren – Reaktoren – Stoffkreisläufe

Industrielle Anlagen müssen *sicher*, *wirtschaftlich* und *umweltschonend* arbeiten. Am Beispiel der Polymerisationsanlage für Isobuten wird deutlich, wie diese Forderungen erfüllt werden können.
Die Anlage ist so konzipiert, dass sie *kontinuierlich* betrieben werden kann (B3). Mit Ausnahme des Edukts und des Produkts befinden sich alle beteiligten, zum Teil gefährlichen Chemikalien (B2) innerhalb der Anlage in **Stoffkreisläufen**. Menschen kommen damit nicht in Kontakt und sie gelangen auch nicht in die Umwelt.
Als **Katalysator** verwendet man das sehr aktive, recycelbare Bortrifluorid BF_3. Es ist mit dem in V3, S. 60, eingesetzten Aluminiumchlorid $AlCl_3$ chemisch verwandt. Aluminiumchlorid ist zwar weniger toxisch und auch kostengünstiger als Bortrifluorid, aber es ließe sich in der Anlage aus B3 nicht im Kreislauf führen, weil es sich mit dem Prozesswasser zu Aluminiumhydroxid und Chlorwasserstoff umsetzen würde (B2). Durch Einsatz geeigneter **Lösemittel**, Hexan und Wasser mit Zusätzen, wird einerseits verhindert, dass sich die Rohre der Anlage mit Polymer verstopfen, und andererseits wird der Katalysator aus dem Produktgemisch abgetrennt und zurückgeführt. Zu diesem Zweck wird das Gemisch, das den Polymerisationssektor verlässt, zunächst mit Wasser gewaschen (B3). Es bilden sich zwei Phasen. Aus der wässrigen Phase werden durch Destillation das Bortrifluorid und das Wasser getrennt. Aus der organischen Phase wird Hexan abdestilliert. Der Katalysator BF_3, das Wasser und das Hexan werden in geschlossenen Kreisläufen geführt, lediglich die Verluste werden durch Zudosierung kleiner Mengen ausgeglichen. In die Industrieanlage wird kontinuierlich Monomer zugeführt und Polymer wird aus der Anlage abgeführt (B3).
Die **Reaktoren**, **Wärmetauscher**, **Destillationskolonnen etc.** in einer Industrieanlage unterscheiden sich von den Geräten einer Laborvorrichtung durch Größe, Form, Material, Bauart und Steuerung (B4). Die meisten Chemieanlagen funktionieren vollautomatisch, sie werden über Monitore in den Messwarten überwacht und gesteuert.

Erdöl → Alkane → Alkene → Isobuten → Polyisobuten, das sind also die Stationen vom Rohstoff bis zu einem Anwendungsprodukt der chemischen Industrie.
Wo aber bleibt das Polyisobuten nach seiner Verwendung als Kleber, Kaugummi, Folie etc.? Kommt es einfach auf die Müllhalde? Es dauert Jahrzehnte oder gar Jahrhunderte bis es verrottet. Polyisobuten kann aber ebenso wie Polyethen (PE) und Polypropen (PP) durch **Pyrolyse**[1] chemisch recycelt werden (B5). Dabei entstehen wieder niedrigmolekulare Verbindungen, die erneut in technische Stoffkreisläufe eingeschleust werden können.
Am Beispiel von Polyisobuten, dessen „Lebensweg" wir „von der Wiege bis zur Bahre" nachvollzogen haben, wird deutlich, dass der Kreislauf eines petrochemischen Produkts wiederholbar ist. Dadurch können Rohstoffe und Energieressourcen eingespart werden und die Umwelt wird geschont.

B4 *Blick auf eine industrielle Anlage.*
A: *Worauf deuten die vielen Rohrleitungen hin?*

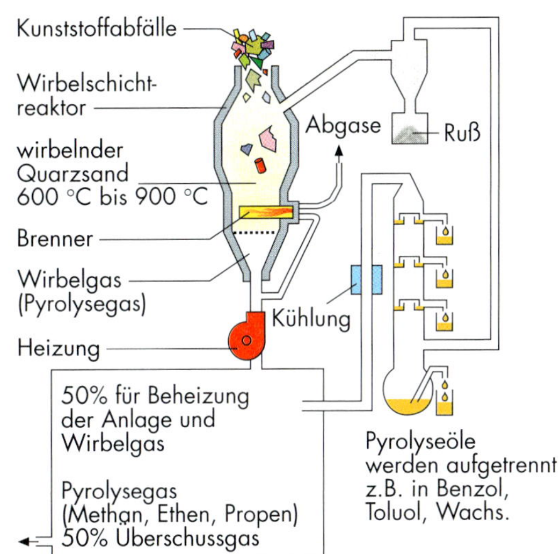

B5 *Pyrolyseanlage.* **A:** *Beschreiben Sie den Aufbau und die Funktionsweise dieser Anlage.* **A:** *Vergleichen Sie die Pyrolyse von Polyolefinen (Polyethen, Polypropen und Polyisobuten) mit dem Cracken von Paraffinen (vgl. S. 46 und 47). Was fällt auf?*

Fachbegriffe

Stoffkreisläufe, Recycling, Reaktoren, Pyrolyse

[1] von *pyros* (griech.) = Feuer und *lysis* (griech.) = spalten, trennen

Kunststoffe – Werkstoffe mit maßgeschneiderten Eigenschaften

Vom Naturkautschuk zum Gummi

Naturkautschuk wird aus dem Latex (Saft) des Gummibaums (B1) gewonnen. Durch Ansäuern des Latex, einer wässrigen Emulsion, fällt Kautschuk aus, der aber noch keine elastischen Eigenschaften hat. Kautschuk besteht aus linearen *cis*-Polyisopren-Molekülen, die beim Ziehen eines Stücks Kautschuk aneinander vorbeigleiten. Durch Erhitzen von Kautschuk mit Schwefel auf ca. 150 °C werden die Makromoleküle über Brücken aus zwei oder mehreren Schwefel-Atomen miteinander verknüpft (B1). Das so erhaltene Material ist *elastisch* und findet als *Gummi* zahlreiche Anwendungen.

B1 *Latex aus dem Kautschukbaum und Vulkanisation von Kautschuk.* **A:** *Erläutern Sie, warum der Kautschuk erst nach dem Vulkanisieren elastisch ist.*

PE, PP und andere Thermoplaste

Aus Polyethen PE und Polypropen PP sind viele Gegenstände unseres Alltags: Folien, Tragetaschen, Haushaltswaren, Verpackungsmaterial, stapelbare Getränkekisten u. v. a.. PE und PP sind ebenso wie Polyisobuten (vgl. S. 61) aus linearen Makromolekülen mit Alkan-Gerüst aufgebaut. Das Material ist starr, wird jedoch beim Erwärmen plastisch, d. h. es kann zu einem gewünschten Gegenstand geformt werden. Beim Abkühlen behält es die neue Form. Werkstoffe mit diesen Eigenschaften, zu denen auch die Polymerisate der Monomere aus B3 gehören, werden *Thermoplaste* genannt.

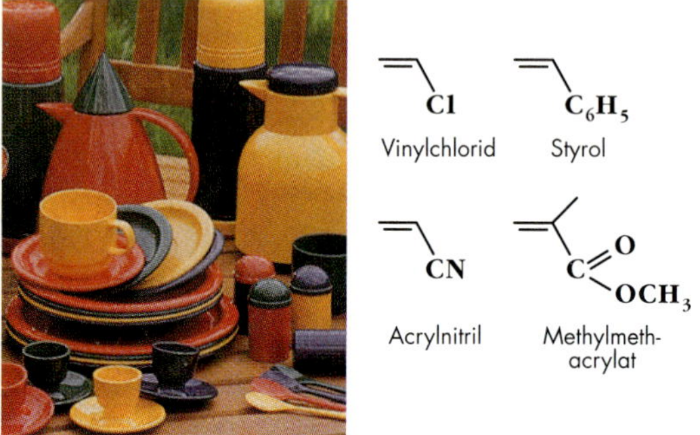

B3 *Alltagsgegenstände aus PE und PP und Monomere von Thermoplasten.* **A:** *Formulieren Sie Ausschnitte aus PVC, PS und PMMA-Molekülen.*

Butylkautschuk – ein Spezialgummi

Die Makromoleküle dieses vollsynthetischen Kautschuks werden durch Copolymerisation von Isobuten mit 1 % bis 3 % Isopren erhalten (B2 und Info S. 62). Der Anteil an Doppelbindungen in den Makromolekülen ist geringer als beim Naturkautschuk. Daher ist Butylkautschuk weniger empfindlich gegen Licht, Sauerstoff, Säuren und Fette. Er eignet sich als luftdichte Innenschicht bei Autoreifen. Auch Fahrrad-, Heiz- und Gartenschläuche sowie Kabelisolierungen werden aus Butylkautschuk hergestellt.

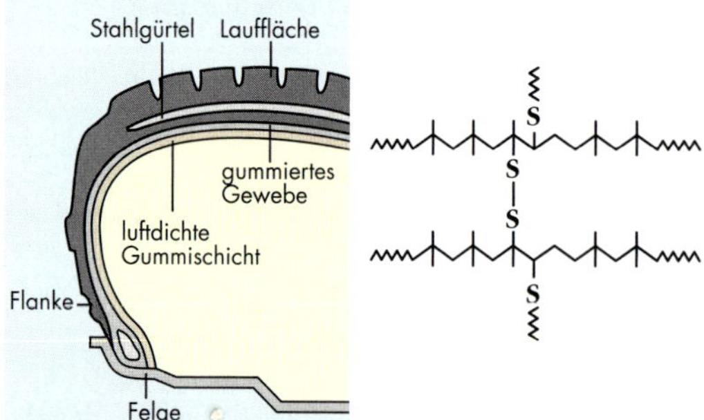

B2 *Autoreifen und Butylkautschuk.* **A:** *Geben Sie die Valenzstrichformel eines Molekülabschnitts nicht vulkanisierten Butylkautschuks an und vergleichen Sie mit dem Naturkautschuk aus B1.*

Bakelit – der historische Duroplast

Im Jahr 1907 erhielt L. H. BAEKELAND aus Phenol und Methanal den ersten vollsynthetischen Kunststoff, der ab 1910 seinen Siegeszug in der Elektrogerätebranche antrat. Es handelt sich dabei um *Bakelit* (B4), einen hervorragenden Isolator, der beim Erwärmen nicht erweicht, nicht verformbar ist und sich erst bei sehr starkem Erhitzen zersetzt. Kunststoffe mit solchen Eigenschaften bezeichnet man als *Duroplaste*. Daraus stellt man Steckdosen, Gehäuse für Elektrogeräte, Kochlöffel, Surfbretter und andere Sportgeräte her.

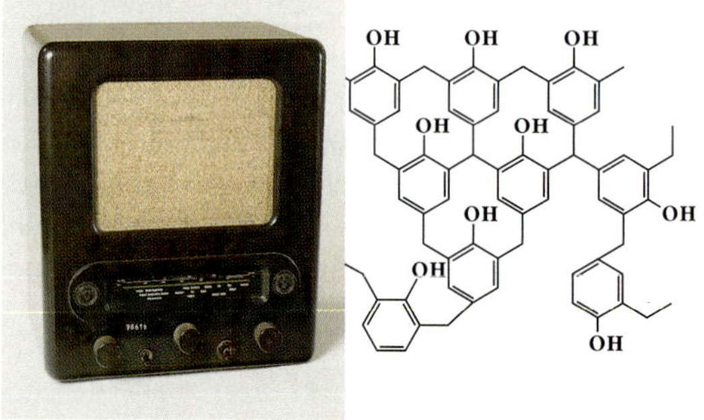

B4 *Radio mit Bakelitgehäuse und Molekülausschnitt aus dem Duroplast Bakelit.* **A:** *Erklären Sie die Unterschiede zwischen Thermoplasten und Duroplasten mithilfe ihrer Strukturen.*

Kunststoffe – Werkstoffe mit maßgeschneiderten Eigenschaften

PET – nicht nur für Getränkeflaschen

PET ist die Abkürzung für *Polyethylenterephthalat*, einen sogenannten *Polyester*. Man erhält lineare Polyester-Moleküle, wenn ein bifunktioneller Alkohol (zwei **-OH** Gruppen im Molekül) mit einer Dicarbonsäure verestert wird. So wird die Veresterung zu einer *Polykondensation*, weil die Abspaltung kleiner Moleküle zwischen den funktionellen Gruppen der Monomere zu Makromolekülen führt. Die Polykondensation von Ethylenglykol mit Terephthalsäure führt zu thermoplastischem PET, das zu Getränkeflaschen und Textilfasern (Trevira, Diolen) verarbeitet wird. Setzt man Glycerin (1,2,3-Propantriol) ein, so erhält man einen dreidimensional vernetzten, duroplastischen Polyester. Dieser wird als glasfaserverstärkter Polyester im Bootsbau verwendet.

B5 *Getränkeflaschen aus PET und Schema der Polykondensation.* **A:** *PET kann auch durch Polykondensation aus Ethylenglykol und Dimethylterephthalat hergestellt werden. Formulieren Sie die Reaktionsgleichung.*

Polyamide – Makromoleküle für Textilfasern

V1 Man löst 2,17 g 1,6-Diaminohexan* und 1,5 g Natriumhydroxid* in 100 mL Wasser und überschichtet diese Lösung mit einer Lösung aus 4 mL Sebacinsäuredichlorid* in 100 mL Heptan*. An der Grenzfläche zwischen den Lösungen entsteht eine dünne Haut, die man mit der Pinzette zu einem Faden herausziehen und über einen Glasstab aufwickeln kann (B6).

B6 *Der Nylonseiltrick (V1) und Bekleidung aus Polyamiden und Polyestern.* **A:** *Läuft bei V1 eine Polymerisation oder eine Polykondensation ab? Begründen Sie mithilfe von Formeln.*

Dächer und CD aus Polycarbonat

Polycarbonat ist transparent wie Glas, aber nicht so schwer und nicht so leicht zerbrechlich. Es ist der moderne Werkstoff für Dächer von Stadien und Bahnhöfen. Die geschwungenen Formen dieser Dächer sind möglich, weil Polycarbonat thermoplastisch ist, sich also bei Wärme beliebig und genau formen lässt. Das gilt auch, wenn es um winzige Details geht, beispielsweise die Pits auf einer CD. Diese sind nur 0,0001 mm tief, aus ihrer Länge ergibt sich die digitale Information. Sie wird beim Abspielen der CD berührungsfrei über einen Laserstrahl abgetastet.

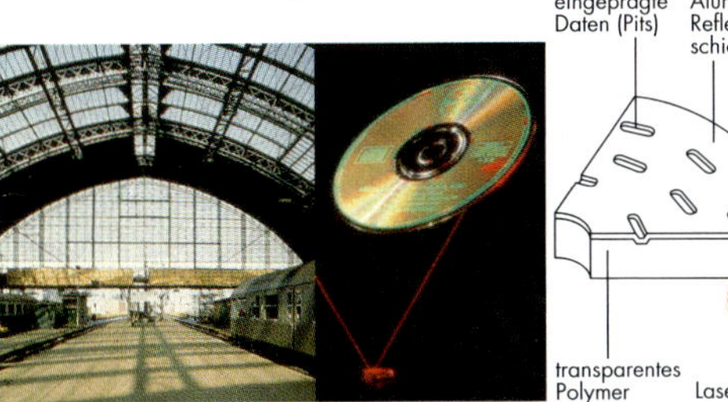

B7 *Dach des Kölner Bahnhofs und CD.* **A:** *Formulieren Sie den Molekülausschnitt des Polycarbonats* **...O(CO)ORO(CO)OR...** *als Valenzstrichformel und begründen Sie, warum es kein Polyester (vgl. B5) ist.*

Superabsorber – das Geheimnis der Babywindel

Die Haut des Babys bleibt unter der Windel trocken, auch wenn die Windel wiederholt nass wird. Grund dafür sind sogenannte Superabsorber, Kunststoffe, die mehr als das 20fache ihrer Eigenmasse an Wasser aufnehmen. Die häufigsten Superabsorber in Babywindeln, medizinischen Pflastern und Hygienebinden sind vernetzte Copolymere aus Acrylsäure $H_2C{=}CH{-}COOH$ und deren Natrium-Salz $H_2C{=}CHCOO^-Na^+$. Beim Quellen werden die elektrisch negativ geladenen Carboxylat-Gruppen an den Polymerketten und die eingeschlossenen Na^+-Ionen durch die eindringenden Wasser-Moleküle hydratisiert.

B8 *Quellung eines Superabsorbers.* **A:** *Formulieren Sie einen Molekülausschnitt aus dem gequollenen Superabsorber mit hydratisierten Ionen (vgl. Text und rechten Bildteil).* **A:** *Suchen Sie im Internet arbeitsteilig nach folgenden Kunststoffen und tauschen Sie die Informationen untereinander aus: Polyurethane, Polytetrafluorethen (Teflon), Silicone, Verbundwerkstoffe.*

Vom Isobuten zum Super-Benzin

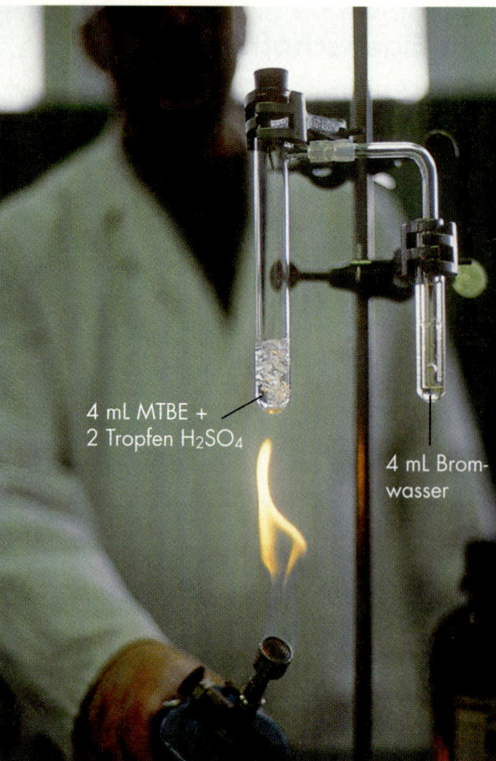

B1 *Skizze zu V5.* **A:** *Warum kann das gebildete Gas auf diese Weise nachgewiesen werden?*

Versuche

V1 *Synthese von MTBE:* Bauen Sie die in B2 skizzierte Apparatur auf. Stellen Sie am Magnetrührer mit Heizplatte eine leichte Rührung und eine Temperatur von 60 °C im Wasserbad ein. Den Katalysator Amberlyst 15* im dünnen Rohr erhitzen Sie ebenfalls auf 60 °C, indem Sie an der Heizspirale des dicken Glasrohres die passende Spannung, die Sie vorher ermittelt haben, am Spannungsregler einstellen. (*Hinweis:* Vereinfachend können Sie zum Erwärmen des Katalysators eine zweite Heizplatte verwenden, die Sie unter dem Rohr mit dem Katalysator positionieren und das dicke Rohr mit Heizband weglassen.) Leiten Sie nun in die Waschflasche mit Methanol* einen gelinden Strom Isobuten*[1] so lange ein, bis Sie in der Kühlfalle ca. 10 mL Produkt erhalten haben. Beobachtung?

V2 *Untersuchungen des Rohprodukts:* a) Vergleichen Sie den Geruch des Rohprodukts aus V1 mit dem Geruch jedes Edukts und mit dem Geruch von Methyl-*tert.*-butylether* MTBE. b) Testen Sie die Löslichkeit von je 0,5 mL des Produkts aus V1 in 1 mL Wasser bzw. 1 mL Heptan*. Beobachtung? c) Versetzen Sie im Rggl. 1 mL des Produkts aus V1 mit einem linsengroßen, entkrusteten Stückchen Natrium*. Beobachtung? d) Versetzen Sie im Rggl. ca. 3 mL Bromwasser* mit 0,5 mL Produkt aus V1 und schütteln Sie gut durch. Beobachtung?

V3 *Reinigung des Rohprodukts:* Schütteln Sie das noch verfügbare Rohprodukt aus V1 im Rggl. mit einer Wasser-Portion gleichen Volumens und trennen Sie die Phasen durch Abpipettieren. Erwärmen Sie die organische Phase auf dem Wasserbad kurz bis zum Sieden und lassen Sie sie wieder abkühlen.

V4 *Untersuchungen des gereinigten Produkts:* Führen Sie mit dem gereinigten Produkt den Geruchstest, die Natriumprobe* und die Bromwasserprobe* wie in V2 durch. Beobachtung? Wiederholen Sie diese Proben mit MTBE* aus der Chemikalienflasche. Beobachtung?

V5 *Isobuten aus MTBE:* Führen Sie die in B1 dargestellte Probe a) mit dem gereinigten Syntheseprodukt* aus V3 und b) mit MTBE* aus der Chemikalienflasche durch. Beobachtung?

Hinweis: V1 bis V5 können analog mit ETBE (Ethyl-*tert.*-butylether) durchgeführt werden. Bei der Synthese von ETBE wird Ethanol eingesetzt. Der Versuch liefert sogar mit Brennspiritus gute Ergebnisse. Genauere Angaben sind in *Chemie 2000+ Online* zu finden

Auswertung

a) Erklären Sie die Löslichkeiten von Methanol und Methyl-*tert.*-butylether MTBE in Wasser und in Heptan (*Hinweis:* vgl. Formel auf S. 67).

b) Methanol reagiert mit Natrium zu Wasserstoff und Natriummethanolat $\mathbf{H_3CO^-Na^+}$. Formulieren Sie die Reaktionsgleichung und erklären Sie, warum MTBE nicht auf diese Weise reagiert.

c) Deuten Sie die Ergebnisse aus V2 und nennen Sie die Stoffe, die im Rohprodukt aus der Synthese V1 enthalten sind.

d) Erläutern Sie, warum das Rohprodukt durch Waschen mit Wasser und kurzes Erwärmen (vgl. V3) gereinigt werden kann.

e) Erklären Sie mithilfe des Massenwirkungsgesetzes, warum MTBE in der Vorrichtung aus B2 (vgl. auch V1) synthetisiert und in der Vorrichtung aus B1 (vgl. auch V5) zersetzt wird (*Hinweis:* vgl. Reaktionsgleichung von S. 67).

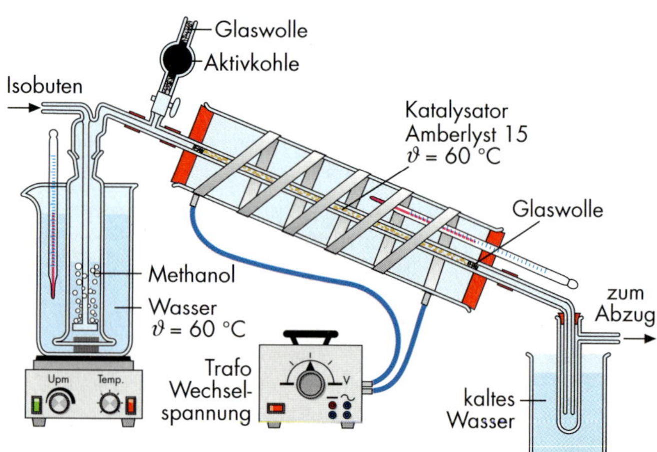

B2 *Synthese von Methyl-tert.-butylether MTBE (vgl. V1)*

[1] Isobuten stellen Sie entweder selbst her (vgl. V1 und B1, S. 60 – Reinigung ist nicht erforderlich) oder entnehmen es einer Druckdose. Im Chemikalienhandel sind 0,5 kg Druckdosen käuflich.

Methyl-*tert.*-butylether MTBE

Isobuten und Methanol verbinden sich in Gegenwart eines geeigneten Katalysators zu einer wasserunlöslichen, charakteristisch riechenden Flüssigkeit, die bei 55 °C siedet (V1). Es handelt sich um Methyl-*tert.*-butylether **MTBE**:

$$H_3C{-}OH + \underset{\underset{CH_3}{|}}{\overset{\overset{CH_3}{|}}{C}}{=}CH_2 \xrightarrow[\longleftarrow]{(H^+)} H_3C{-}O{-}\underset{\underset{CH_3}{|}}{\overset{\overset{CH_3}{|}}{C}}{-}CH_3 \quad (1); \ \Delta H_R = -37\ \text{kJ}$$

Methanol Isobuten Methyl-*tert.*-butylether MTBE

Der Katalysator in V1 ist ein Feststoff aus Makromolekülen mit funktionellen $-SO_3H$ Gruppen, die Protonen abgeben können. Das Rohprodukt aus V1 besteht zu ca. 65% aus MTBE. In dem sich im Reaktionsrohr einstellenden Gleichgewicht sind auch die Edukte Methanol und Isobuten des Gleichgewichts (1) enthalten (vgl. dazu auch S. 68). Im gereinigten Syntheseprodukt (vgl. V3) ist MTBE zu über 90% vertreten.

MTBE gehört zur Stoffklasse der **Ether**. Im Molekül eines Ethers sind zwei Kohlenwasserstoff-Reste über ein Sauerstoff-Atom miteinander verknüpft. Ether-Moleküle besitzen keine $-OH$ Gruppen, also keine zu Wasserstoffbrückenbindungen fähigen Wasserstoff-Atome. Daher sind Ether nicht bzw. schlecht wasserlöslich. Ether reagieren nicht mit Natrium (im Unterschied zu Alkoholen).

Allgemein betrachtet man Ether als Kondensationsprodukte der Alkohole, aus denen sie säurekatalysiert hergestellt werden können. Dabei wird jeweils aus zwei Alkohol-Molekülen ein Wasser-Molekül abgespalten. MTBE könnte also aus Methanol und *tert.*-Butanol hergestellt werden, das als industrielles Zwischenprodukt bei der Trennung des Isobutens aus der **C4**-Fraktion vom Cracken (vgl. S. 54, 55) auftritt.

Man geht in der Industrie jedoch den gleichen Weg wie in V1, nämlich den der Addition von Methanol an Isobuten nach Gleichung (1). Es wird auch der gleiche Katalysator Amberlyst 15 verwendet, ein sog. **saures Ionenaustauscherharz**. Die industrielle MTBE-Synthese wird wie in V1 in einem **Durchflussreaktor** bei Temperaturen zwischen 70 °C und 80 °C durchgeführt. Allerdings arbeitet man in der Industrieanlage bei erhöhtem Druck (ca. 8 bar). Das hat den Vorteil, dass alle Reaktionsteilnehmer flüssig sind und Umsätze von 95% und mehr erreicht werden können.

Aufgaben

A1 Durch welche Analysemethode können die Zusammensetzungen des Rohprodukts aus V1 und des gereinigten Produkts aus V3 quantitativ bestimmt werden? Erläutern Sie die Verfahrensweise.

A2 Formulieren Sie die Bildung folgender Ether aus Alkoholen: a) Dimethylether, b) Diethylether, c) Methylethylether.

A3 Diethylether siedet bei 35 °C, also viel niedriger als Ethanol (vgl. B3, S. 50). Wie kann man das erklären?

A4 Welche Vorteile hat die Herstellung von MTBE gemäß Gleichung (1) gegenüber der MTBE-Herstellung durch Kondensation aus Methanol und *tert.*-Butanol?

B3 *Benzine der Qualität Super und Super-Plus enthalten bis zu 10% MTBE als Antiklopfmittel.* **A:** *Erläutern Sie, was ein klopffestes Benzin ist und was die Octanzahl 98 bedeutet (Hinweis: vgl. S. 47).*

	Brennwert in MJ/kg (MJ = Megajoule)	Dichte in kg/L
Ottokraftstoff (Benzin)	42,7	0,76
MTBE	35	0,74

B4 *MTBE im Benzin erhöht zwar die Klopffestigkeit, führt aber zu einem etwas höheren „Spritverbrauch". Bei der Verbrennung eines Ethers wird weniger Energie verfügbar als bei der Verbrennung der gleichen Stoffmenge eines Alkans oder Isoalkans gleicher (oder annähernd gleicher) molarer Masse. Der Grund liegt darin, dass im Molekül des Ethers bereits ein Sauerstoff-Atom enthalten ist und darüber hinaus ein Teil der Kohlenstoff-Atome bereits in höheren Oxidationsstufen vorliegt als in den vergleichbar großen Alkan-Molekülen.* **A:** *Bestimmen Sie die* ***Oxidationszahlen OZ*** *(vgl. S. 25) der Kohlenstoff-Atome im MTBE-Molekül und im Molekül des Isoalkans 2,2-Dimethylbutan.* **A:** *Berechnen Sie den Sauerstoffbedarf bei der Verbrennung von 1 mol MTBE und 1 mol 2,2-Dimethylbutan.*

Fachbegriffe

Ether, Ionenaustauscherharz (saures), Durchflussreaktor

Steuerung von Reaktionen

Das MWG hilft

Ob Isobuten und Methanol sich zu MTBE verbinden oder ob MTBE in Methanol und Isobuten gespalten wird, ist eine Frage der Reaktionssteuerung (vgl. V1 und V5, S. 66). Woher aber wissen wir, wie man eine Reaktion steuern kann?

Wenn wir die Reaktionsgleichung (1) von S. 67 mit dem Pfeil für die Rückreaktion ergänzen, dann lautet das **Massenwirkungsgesetz MWG** (vgl. S. 37) für dieses Gleichgewicht:

$$K = \frac{c\,(\text{MTBE})}{c\,(\text{Methanol}) \cdot c\,(\text{Isobuten})}$$

Der rechte Teil dieser Gleichung, der Massenwirkungsquotient, nimmt bei einer bestimmten Temperatur den Wert der **Gleichgewichtskonstanten *K*** an. Unter den Synthesebedingungen aus V1 von S. 66, also bei 60 °C, ist *K* für diese Reaktion relativ groß, sodass man ein Produktgemisch mit ca. 65 % MTBE erhält. Umso erstaunlicher erscheint es auf den ersten Blick, dass bei etwa der gleichen Temperatur siedendes MTBE quantitativ in Methanol und Isobuten zerfällt, denn der Wert von *K* müsste etwa der gleiche sein (vgl. B1, S. 66). Die Erklärung liegt darin, dass bei V5 Isobuten aus dem Gemisch im Rggl. entfernt, also seine **Konzentration** verringert wird. Der Nenner im rechten Teil des MWG wird dadurch kleiner. Damit der Massenwirkungsquotient erneut den Wert von *K* erreicht, muss sich auch der Zähler verringern, d.h. eine weitere Portion von MTBE muss gespalten werden. Bei ständiger Entfernung des gerade gebildeten Isobutens verläuft die Gleichgewichtsreaktion (1) von S. 67 von rechts nach links, bis das gesamte eingesetzte MTBE verbraucht ist.

Bei Reaktionen, an denen Gase beteiligt sind, bietet der **Druck** eine weitere Steuermöglichkeit (B1). Das macht man sich auch bei der industriellen Synthese von MTBE zunutze (vgl. S. 67).

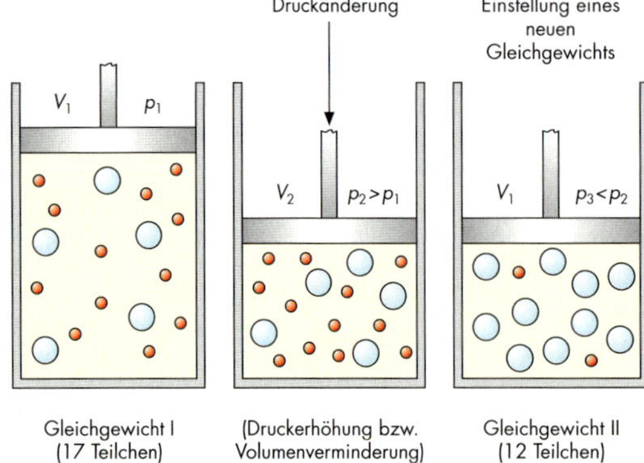

B1 *Einfluss der Druckerhöhung auf das Gleichgewicht* $2NO_2(g) \rightarrow N_2O_4(g)$. *Nach AVOGADRO ist nur die Teilchenanzahl für den Gasdruck von Bedeutung, die Teilchengröße ist belanglos.* **A:** *Erläutern Sie, warum das hier skizzierte Prinzip auch für die MTBE-Synthese in V1, S. 66, gültig ist.*

Was lässt sich mit der Temperatur steuern?

Eine Lösung aus 2,4 g Cobalt(II)-chloridhexahydrat in 30 mL Wasser und 30 mL Aceton, der bei 50 °C so viel konzentrierte Salzsäure hinzugetropft wurde, bis sie tiefblau wurde, zeigt ein merkwürdiges Verhalten: Im kalten Zustand ist sie rosarot, erwärmt wird sie blau. Sie verhält sich wie eine Zaubertinte (B2). Bei der Blaufärbung handelt es sich um eine endotherme Reaktion. Dabei reagieren Hexaaquacobalt(II)-Ionen $[Co(H_2O)_6]^{2+}$ und Chlorid-Ionen Cl^- zu Tetrachlorocobalt(II)-Ionen $[CoCl_4]^{2-}$ und Wasser-Molekülen. Die entsprechende Rückreaktion verläuft exotherm. Die Farbänderungen sind reversibel und können sehr viele Male wiederholt werden. Man spricht von einem *thermochromen* System. Hier wird durch die Farbänderung sichtbar, dass Hin- und Rückreaktion durch die Temperatur gesteuert werden können.

Da die meisten Reaktionen entweder exo- oder endotherm verlaufen, wird die **Lage eines chemischen Gleichgewichts**, d.h. die Vorherrschaft der Hin- oder der Rückreaktion im Gleichgewicht, allgemein durch die Temperatur beeinflusst. Gleichgewichte mit endothermer Hinreaktion werden bei Erhöhung der Temperatur nach rechts, d.h. zu den Produkten hin verschoben (B2).

Sowohl die Hin- als auch Rückreaktion einer Gleichgewichtsreaktion wird bei einer Erhöhung der Temperatur um 10 °C in der Regel auf das Doppelte bis das Vierfache beschleunigt (Reaktions-Geschwindigkeits-Temperatur Regel, **RGT-Regel**). Über die Temperatur kann also auch die **Geschwindigkeit** beeinflusst werden, mit der sich ein Gleichgewicht einstellt. Aus diesem Grund arbeitet man in der Praxis oft bei höheren Temperaturen, auch dann, wenn die Temperaturerhöhung das Gleichgewicht in die ungünstige Richtung verschiebt. Ein solcher Fall ist die exotherm verlaufende MTBE-Synthese (vgl. S. 66 und S. 67).

Eine weitere Möglichkeit, die Geschwindigkeit einer Reaktion zu erhöhen ist der Einsatz eines geeigneten Katalysators. Der Katalysator beeinflusst jedoch die Lage eines chemischen Gleichgewichts nicht.

B2 *Gleichgewichtsverschiebung durch Temperaturänderung.* **A:** *Formulieren Sie die Reaktionsgleichung mithilfe der Angaben aus dem Text.* **A:** *Wie würde sich die Erhöhung der Temperatur bei V1, S. 66, auf den MTBE-Gehalt im Produktgemisch auswirken? Begründen Sie.*

Systeme weitab vom Gleichgewicht

Fließgleichgewichte

Ein chemisches Gleichgewicht kann sich nur in einem geschlossenen System einstellen (B1). Streng genommen gibt es geschlossene Systeme in der Praxis nur sehr selten. Die Lösung im Kolben aus B2 ist ein solches System. Auch die Rückflussapparatur bei der Veresterung (B1, S. 34) kann als geschlossenes System betrachtet werden, weil alle Reaktionsteilnehmer im Kolben bleiben. Sogar für das Reaktionsrohr von der MTBE-Synthese (B2, S. 66), das eigentlich ein offenes System darstellt, argumentieren wir mit dem Gleichgewicht und dem MWG, weil die Verweilzeit der Reaktionsteilnehmer im Rohr ausreicht, um die Einstellung des Gleichgewichts zu gewährleisten.

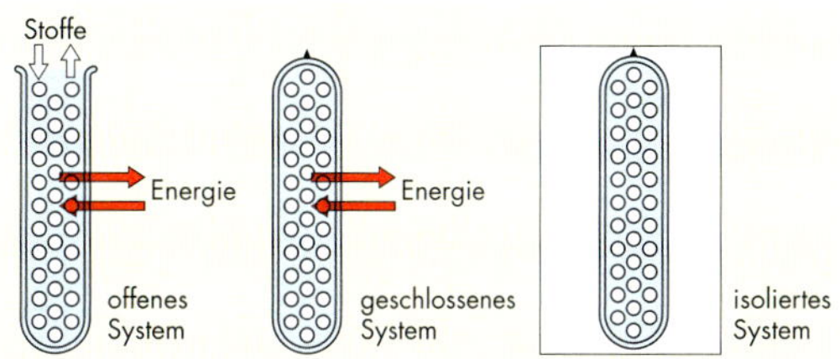

B1 *Systeme, in denen chemische Reaktionen ablaufen können.* **A:** *Nennen Sie je ein Beispiel für ein offenes, geschlossenes und isoliertes System aus dem Bereich Küche-Essen-Trinken.*

Es gibt in der Natur und in der Technik viele offene Systeme, die einem Durchflussreaktor gleichkommen und in denen sogenannte **Fließgleichgewichte** herrschen. Beim Fließgleichgewicht ist die Konzentration eines oder mehrerer Stoffe konstant, ohne dass eine Reaktion, die im System abläuft, den Zustand des chemischen Gleichgewichts erreicht. Das ist z. B. möglich, wenn gerade so viel von einem Stoff das System verlässt, wie sich in der gleichen Zeitspanne im System bildet. Es kann aber auch sein, dass gerade so viel von einem Stoff ins System zufließt, wie in der gleichen Zeitspanne abgebaut wird. Die lebende Zelle ist ein offenes System, in dem es für eine ganze Reihe von Stoffen den Zustand des Fließgleichgewichts geben kann.

Aufgaben

A1 In den Zellen eines Erwachsenen werden täglich 75 kg der „biologischen Energiewährung" Adenosintriphosphat ATP umgesetzt. Ständig im Körper vorhanden sind aber nur ca. 35 g ATP. Wie ist das möglich? Erläutern Sie anhand einer Skizze (ohne Mengen anzugeben), wie die ATP-Bilanz einer Zelle aussehen könnte.

A2 Wenn die Länge des Reaktionsrohres bei der MTBE-Synthese in B1, S. 66, halbiert wird, kommt es im Rohr nicht zur Einstellung eines chemischen Gleichgewichts. Kann es in diesem Fall zu einem Fließgleichgewicht kommen? Erläutern Sie und geben Sie an, wie dann der MTBE-Gehalt im Produktgemisch wäre.

Chemische Oszillationen

Versuch: Aus einem 0,5 mm dicken und ca. 15 cm langen Platindraht (oder Kupferdraht) formt man durch Rollen um einen Bleistift eine Spirale. Man befestigt sie an einem Bügel aus dickerem Eisendraht, bringt sie in der Flamme zum Glühen und hängt sie in einen 500-mL-Weithals-Erlenmeyerkolben, auf dessen Boden sich 1 cm hoch erwärmtes Methanol (oder Ethanol) befindet (B2).

Beobachtung: In regelmäßigen Zeitabständen glüht die Spirale auf, eine Flamme entzündet sich und erlischt einige Sekunden später. Das wiederholt sich viele Male. Auch was man nicht sehen kann, beispielsweise die Konzentration des Methanals, schwankt periodisch (B2).

(1): $H_3COH + \frac{1}{2} O_2(g) \rightarrow HCHO(g) + H_2O(g)$; $\Delta H_R < 0$

(2): $2H_3COH + 3O_2(g) \rightarrow 2CO_2(g) + 4H_2O(g)$; $\Delta H_R < 0$ Flamme

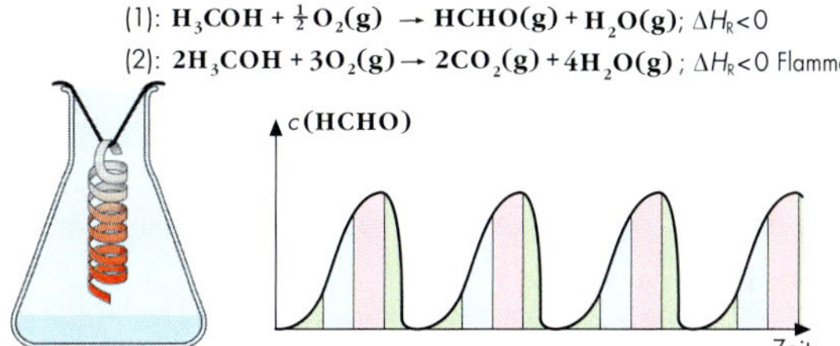

B2 *Methanol-Oxidation am Platindraht im offenen System und Verlauf der Methanal-Konzentration.*
A: *Was hat diese Kurve mit der „Sinus-Kurve" gemeinsam? Erläutern Sie.*

Erklärung: Beim Aufglühen der Spirale wird an der Platin-Oberfläche gemäß (1) Methanol exotherm zu Methanal oxidiert. Nach dem Zünden der Flamme verbrennt Methanoldampf zu Kohlenstoffdioxid und Wasser (2). Die Flamme erlischt, wenn der Sauerstoff im Kolben für die Verbrennung nicht mehr ausreicht. Die katalytische Oxidation am Platin, die nicht so viel Sauerstoff benötigt, setzt wieder ein. Wenn der Draht wieder glüht und Luft in den Kolben gedrungen ist, entzündet sich die Flamme erneut.

Die Konzentration des Methanals verändert sich im oben dargestellten Versuch periodisch innerhalb einer bestimmten Spannbreite. Vorgänge dieser Art bezeichnet man als **chemische Oszillationen**. Zu chemischen Oszillationen kann es in offenen Systemen kommen, in denen Reaktionen ablaufen, die sich gegenseitig beeinflussen. Keine der beteiligten Reaktionen kommt dabei zum chemischen Gleichgewicht.

Aufgaben

A3 Vergleichen Sie den Sauerstoffbedarf bei den beiden in B2 formulierten Oxidationen und erläutern Sie, inwiefern das die Oszillationen im offenen System aus B2 beeinflusst.

A4 Oft spricht man vom *ökologischen Gleichgewicht* in einem Teich, einer Waldwiese oder ähnlichen Systemen. Vergleichen Sie das ökologische Gleichgewicht a) mit dem chemischen Gleichgewicht und b) mit den chemischen Oszillationen. Stellen Sie jeweils Gemeinsamkeiten und Unterschiede fest.

Ein Netzwerk von Stoffen

B1 *Netzwerk in einer Grafik von M. ESCHER*

Aufgaben

A1 Im Netzwerk aus B2 stellt jeder „Knoten" eine Stoffgruppe bzw. einen Stoff dar. Die Verbindungspfeile sind nur an wenigen ausgesuchten Beispielen eingezeichnet, weil das Netzwerk sonst zu unübersichtlich wäre. Nennen Sie einige Gemeinsamkeiten und Unterschiede zwischen den beiden Netzwerken aus B1 und B2.

A2 Erläutern Sie mithilfe von B2, warum die Wege vom Rohstoff Erdöl zu den Kunststoffen Polyethen PE, Polypropen PP und Polyisobuten einfacher und kürzer sind als die Wege vom Erdöl zu den anderen in B2 angegebenen Kunststoffen Polycarbonate, Polyacrylate und Bakelit (*Hinweis:* vgl. S. 60 bis S. 66).

A3 Formulieren Sie die wichtigsten Schritte bei den blau und grün eingezeichneten Reaktionsfolgen in B2, die vom Erdöl a) zum Polyisobuten und b) zum Methyl-*tert.*butylether MTBE führen.

A4 Polycarbonate sind chlorfreie Produkte, bei deren Herstellung chlorhaltige Zwischenstufen eingesetzt werden. Wo bleibt das Chlor?

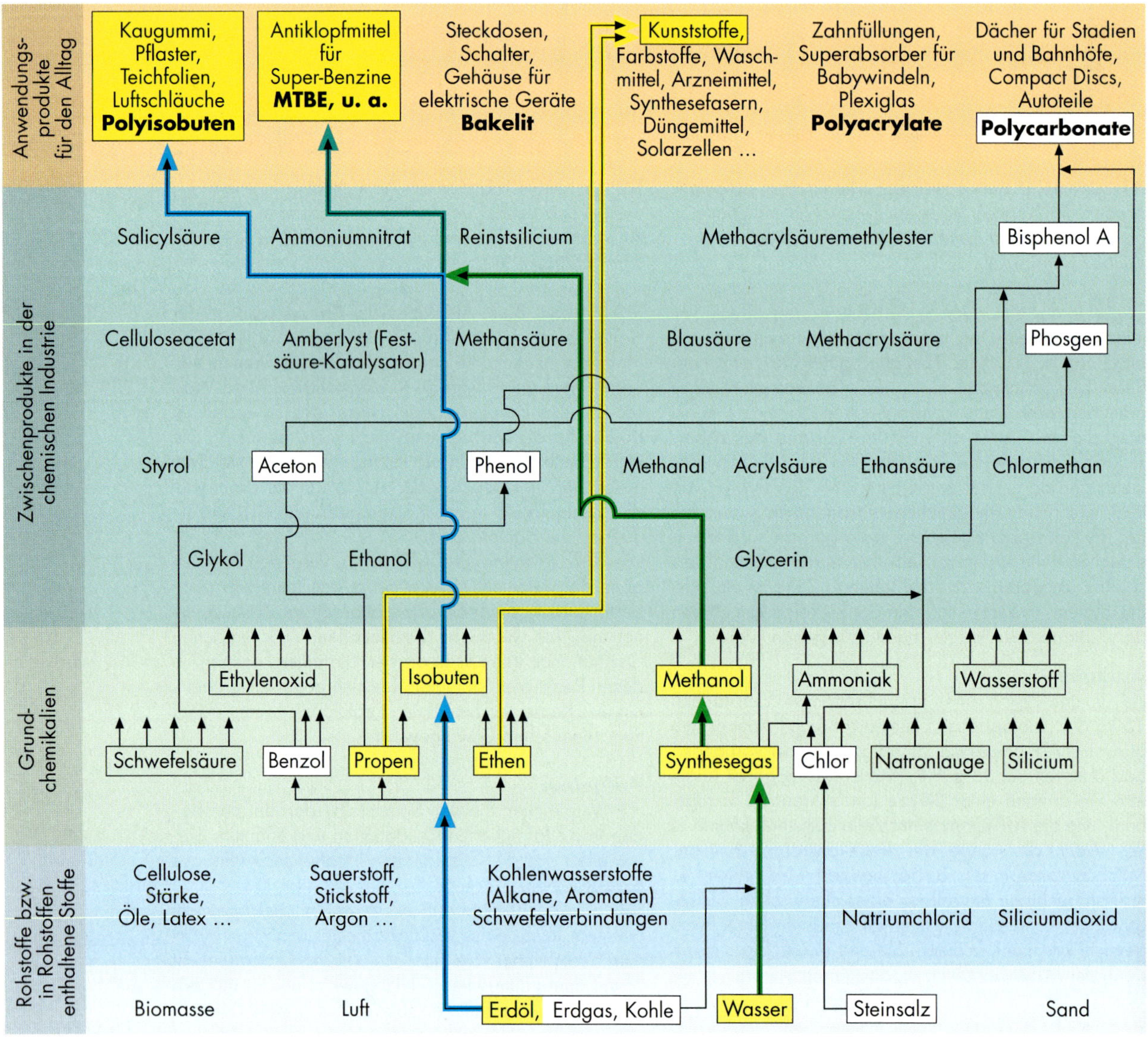

Anwendungsprodukte für den Alltag

- Kaugummi, Pflaster, Teichfolien, Luftschläuche **Polyisobuten**
- Antiklopfmittel für Super-Benzine **MTBE, u. a.**
- Steckdosen, Schalter, Gehäuse für elektrische Geräte **Bakelit**
- Kunststoffe, Farbstoffe, Waschmittel, Arzneimittel, Synthesefasern, Düngemittel, Solarzellen …
- Zahnfüllungen, Superabsorber für Babywindeln, Plexiglas **Polyacrylate**
- Dächer für Stadien und Bahnhöfe, Compact Discs, Autoteile **Polycarbonate**

Zwischenprodukte in der chemischen Industrie

Salicylsäure, Ammoniumnitrat, Reinstsilicium, Methacrylsäuremethylester, Bisphenol A, Celluloseacetat, Amberlyst (Festsäure-Katalysator), Methansäure, Blausäure, Methacrylsäure, Phosgen, Styrol, Aceton, Phenol, Methanal, Acrylsäure, Ethansäure, Chlormethan, Glykol, Ethanol, Glycerin

Grundchemikalien

Ethylenoxid, Isobuten, Methanol, Ammoniak, Wasserstoff, Schwefelsäure, Benzol, Propen, Ethen, Synthesegas, Chlor, Natronlauge, Silicium

Rohstoffe bzw. in Rohstoffen enthaltene Stoffe

- Cellulose, Stärke, Öle, Latex …
- Sauerstoff, Stickstoff, Argon …
- Kohlenwasserstoffe (Alkane, Aromaten) Schwefelverbindungen
- Natriumchlorid
- Siliciumdioxid

Biomasse, Luft, Erdöl, Erdgas, Kohle, Wasser, Steinsalz, Sand

B2 *Rohstoffe, Grundchemikalien, Zwischenprodukte und Anwendungsprodukte in der chemischen Industrie. Die Pfeile vernetzen jeweils die Stoffe, die bei der Herstellung des Zielprodukts beteiligt sind. Das Netzwerk ist unvollständig.*

Das Verbundsystem in der chemischen Industrie

Beim Betrachten von B2 sind die vielfältigen Vernetzungen zunächst verwirrend. Dabei enthält es nur einen kleinen Teil der über 4600 Stoffe, von denen in der chemischen Industrie jeweils über 10 Tonnen jährlich produziert werden. Die Liste der **Rohstoffe** in B2 ist fast vollständig, doch je weiter man sich in B2 von unten nach oben bewegt, desto enger ist die Auswahl, die getroffen werden musste.

Die beiden bunt eingezeichneten, über **Isobuten** führenden Wege können wir mithilfe der vorangehenden Seiten nachvollziehen. Selbst für Isobuten sind die Angaben in B2 jedoch nicht vollständig (vgl. z. B. Butylkautschuk, S. 64). Dafür erfahren wir aber in B2, dass das für die MTBE-Synthese notwendige **Methanol** industriell aus **Synthesegas**, einem Gemisch aus Kohlenstoffmonooxid und Wasserstoff, gewonnen wird und dass Synthesegas auch für die Herstellung von Ammoniak benötigt wird (vgl. auch S. 123f). Gleichzeitig wird angedeutet, dass Methanol ebenso wie Isobuten, Ethen, Ammoniak, Chlor und die anderen **Grundchemikalien** jeweils einen „Knoten" im Netzwerk der Stoffe bildet, von dem aus mehrere Anwendungsprodukte zugänglich sind.

Es ist typisch für die Chemie, dass bei den meisten Synthesen auch sog. Kopplungsprodukte entstehen. Diese werden häufig bei der Herstellung anderer Stoffe benötigt, sei es als Edukte, sei es als Lösemittel oder Zusatzstoffe. Daher ist es in der chemischen Industrie die Regel, dass Grundchemikalien und Zwischenprodukte, die in einem Betrieb hergestellt werden, in andere Betriebe wandern, wo sie weiter verarbeitet werden.

Diese Kooperation verschiedener Betriebe in der chemischen Industrie erfolgt in einem sog. **Verbundsystem**, das nicht zuletzt auch zur Ausbildung großer Konzerne geführt hat. Heute erstrecken sich die Verflechtungen der Betriebe zunehmend weltweit, man spricht daher von einer **Globalisierung** der Chemiewirtschaft.

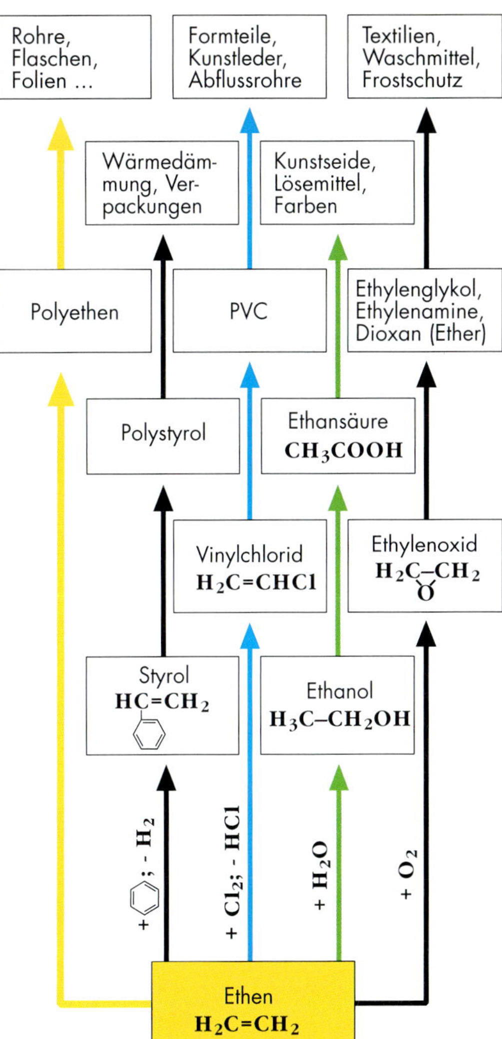

B3 *Ethen und Folgeprodukte (ca. 50% des gesamten Ethens wird zu PE polymerisiert).* **A:** *Formulieren Sie die Reaktionsgleichungen für die Herstellung von Vinylchlorid und von Ethansäure.*

- Welche **Produkte** werden hergestellt?
- Welche **Rohstoffe** (oder Grundchemikalien werden eingesetzt)?
- Nach welchem(n) **Verfahren** wird produziert (Stoffflüsse, Reaktionen, Energiebilanz)?
- Wie wird **Umweltschutz** gewährleistet?
- Wie funktioniert das **Verbundsystem** innerbetrieblich und mit anderen Betrieben?
- Zur **Arbeitsorganisation**: Hierarchie, Teamarbeit, Schichtarbeit, ...
- Zum **Personal**: Berufsgruppen, Verdienst, ggf. innerbetriebliche Ausbildung, ...
- Zur **Wirtschaftlichkeit**: Rentabilität, Auftragslage, Stellenwert in der Branche, ...
- Wie stellt sich der Betrieb in der Öffentlichkeit dar (Medien, Werbung, Internet)?
- Welche **Zukunftsperspektiven** hat der Betrieb?

A5 Erkunden Sie einen chemischen Industriebetrieb und informieren Sie sich (ggf. gruppenweise) zu den angegebenen Fragen. Erstellen Sie gruppenweise Dokumentationen mit Texten, Zahlen, Formeln, Bildern und Grafiken zu den einzelnen Fragen.

Fachbegriffe

Verbundsystem, Globalisierung, Rohstoffe, Produkte, Verfahren, Synthesegas H_2+CO

Unsere Atmosphäre – ein Ozean aus Luft

B1 *Weltall-Foto mit Nordafrika, der Gibraltar-Straße und Südspanien.* **A:** *Woran erkennt man, dass die Luftschicht der Erde sehr dünn ist?*

INFO

„Wir leben am Grunde eines Ozeans aus Luft" stellte im Jahr 1640 der italienische Physiker EVANGELISTA TORRICELLI fest. Dieser Ozean aus Luft ist unsere Atmosphäre. Sie ist zwar wesentlich tiefer als das Weltmeer an seiner tiefsten Stelle, aus dem Weltall betrachtet erscheint sie aber nur als eine hauchdünne bläuliche Schicht (B1).

Unsere Atmosphäre ist lebensfreundlich. Aufgrund ihrer Schichtung (B2) und Zusammensetzung (B3) gewährleistet sie an der Erdoberfläche eine mittlere Temperatur von +15 °C und sichtbares Licht, aus dem die schädliche UV-Strahlung der Sonne weitgehend herausgefiltert wurde. Sie enthält u.a. die Gase Sauerstoff und Kohlenstoffdioxid, die für den Stoffwechsel der irdischen Lebewesen notwendig sind (vgl. S. 94f).

Die ca. 10 km dicke Lufthülle über dem Erdboden, die **Troposphäre** (B2), stellt ca. 75% der gesamten Luftmasse unserer Atmosphäre dar. Innerhalb einer Entfernung von 50 km zur Erdoberfläche, d.h. bis einschließlich der **Stratosphäre**, sind bereits 99,9% enthalten. Die zwischen der Troposphäre und Stratosphäre gelagerte **Tropopause** ist mit ca. –60 °C sehr kalt. Gase können diese kalte Schicht nur sehr schwer durchqueren.

Die drei Hauptbestandteile Stickstoff, Sauerstoff und Argon machen einen Volumenanteil von 99,96% aus (B3). Der restliche Volumenanteil von 0,04% beinhaltet Kohlenstoffdioxid, die anderen Edelgase sowie Spurenstoffe natürlicher und anthropogener Herkunft (B4 bis B6). Durch seine Aktivitäten, insbesondere durch die Nutzung fossiler Brenn- und Rohstoffe, zu denen auch Erdöl gehört, beeinflusst der Mensch die Zusammensetzung der Atmosphäre.

A1 Die Atmosphäre der Venus besteht ebenso wie die des Mars zu ca. 96% aus Kohlenstoffdioxid und zu ca. 3,5% aus Stickstoff. Die mittlere Temperatur auf der Venus beträgt 450 °C, auf dem Mars –50 °C. Vergleichen Sie mit den Bedingungen auf der Erde und beurteilen Sie die Lebensbedingungen auf unseren Nachbarplaneten.

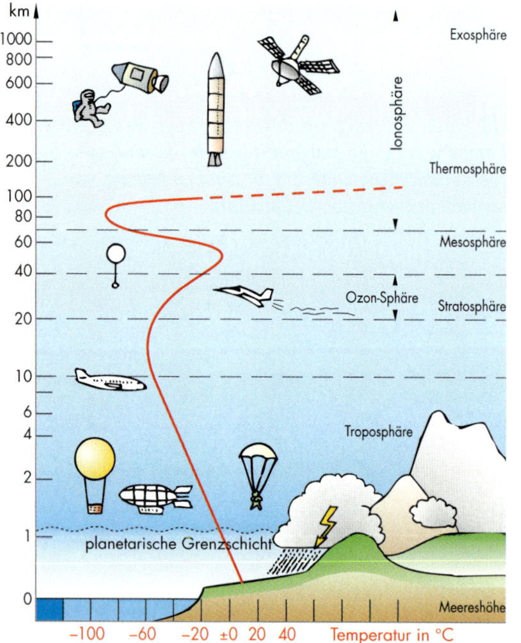

B2 *Schichtung der Atmosphäre und Temperaturprofil (rote Linie).* **A:** *Warum ist der Luftaustausch zwischen Troposphäre und Stratosphäre nur gering (Hinweis: vgl. auch Info-Text)?*

	Bestandteil	Formel	Volumenanteil
Hauptbestandteile	Stickstoff	N_2	78,08%
	Sauerstoff	O_2	20,95%
	Argon	Ar	0,93%
Hauptspurenstoffe	Kohlenstoffdioxid	CO_2	0,034%
	Neon	Ne	0,0018%
	Helium	He	0,0005%
	Methan	CH_4	0,00016%
	Krypton	Kr	0,00011%
	Wasserstoff	H_2	0,00005%
	Distickstoffmonooxid	N_2O	0,00003%
	Kohlenstoffmonooxid	CO	0,00002%
	Xenon	Xe	0,000009%
Spurenstoffe	Ozon	O_3	30 bis 50 ppb
	Kohlenwasserstoffe (ohne Methan)	C_xH_y	10 bis 100 ppb
	nitrose Gase	NO_x	0,01 bis 5 ppb
	Schwefeldioxid	SO_2	0,1 bis 2 ppb
	Difluordichlormethan	CF_2Cl_2	230 bis 300 ppt
	Fluortrichlormethan	$CFCl_3$	160 ppt

B3 *Zusammensetzung reiner Luft (in Meereshöhe). (Hinweis: 1 ppb (part per billion, 1:10^{-9}) entspricht 1 mg pro kg oder 1 mm^3 pro m^3; 1 ppt (part per trillion, 1:10^{-12}) entspricht 1 ng pro kg oder 1 mm^3 pro 1000 m^3.)*

Erdöl und die anthropogenen Emissionen

Die Atmosphäre ist ein offenes System (B3, S. 69), in das ständig Stoffe in Form von **Emissionen**[1] eintreten und als **Immisionen**[2] wirken. Unter den **anthropogenen**[3] Emissionen nehmen solche, die in Verbindung mit der Nutzung von Erdöl und Erdgas in die Atmosphäre gelangen, einen Spitzenplatz ein. Das liegt daran, dass der weitaus größte Teil der Kohlenwasserstoffe aus dem Erdöl verbrannt wird, obwohl man aus Erdöl auch 90% aller Erzeugnisse der organischen Synthesechemie herstellt (B4, B5, vgl. auch B5, S. 43, und B2, S. 70). Wenn Erdöl chemisch zu hochwertigen Kunststoffen, Farbstoffen oder gar Medikamenten verarbeitet wird, ist die **Wertschöpfung** viel höher, als wenn Erdölprodukte verbrannt werden.

Warum verbrennt man dennoch so viel Erdöl? Aus Erdöl lassen sich hochwertige flüssige Kraftstoffe herstellen, die (noch!) relativ billig sind. Erdöl lässt sich mit vergleichsweise geringem Aufwand fördern, transportieren und zu Kraftstoffen verarbeiten. Daher gewinnt man heute den weitaus größten Teil der Brennstoffe für Verkehrsmittel, für die Industrie und für das Heizen von Häusern aus Erdöl und Erdgas. Die Prognosen darüber, wie lange noch Erdöl und Erdgas als Primärenergieträger den ersten Platz einnehmen werden (vgl. B4, S. 43), sind unterschiedlich. Es ist aber davon auszugehen, dass dies bis zur Mitte des 21. Jahrhunderts der Fall sein wird.
Im Erdöl und in den anderen fossilen Brennstoffen (Erdgas und Kohle) ist solare Lichtenergie gespeichert. Sie wurde vor Jahrmillionen durch Photosynthese (vgl. S. 95) in chemische Bindungsenergie umgewandelt. Bei der Verbrennung wird die gespeicherte Energie als Wärme verfügbar, der (z.B. in Alkanen) gebundene Kohlenstoff wird bis zu seiner höchsten Oxidationsstufe IV oxidiert und liegt nach der Verbrennung im Kohlenstoffdioxid gebunden vor. Wegen der intensiven Nutzung der fossilen Brennstoffe wird in unserer Zeit mehr Kohlenstoffdioxid in die Atmosphäre ausgestoßen, als photosynthetisch gebunden werden kann. Ein Anstieg des Kohlenstoffdioxidgehalts der Atmosphäre ist die Folge (B6, S. 77).

Aufgaben

A1 Formulieren Sie die Reaktionsgleichung der Verbrennung von 2,2,4-Trimethylpentan. Bestimmen Sie die Oxidationszahlen der Kohlenstoff-Atome im Edukt und im Produkt.

A2 Berechnen Sie die Ozonkonzentration in mg pro m^3 Luft, die dem Volumenanteil von 185 ppb (Normbedingungen) entspricht.

A3 Erläutern Sie, warum die Wertschöpfung bei der Verarbeitung von Erdöl zu Kunststoffen größer ist als bei der Verarbeitung zu Benzin.

A4 Informieren Sie sich im Internet über die aktuellen Produktions- und Verbrauchsmengen von Brennstoffen, die aus Erdöl gewonnen werden.

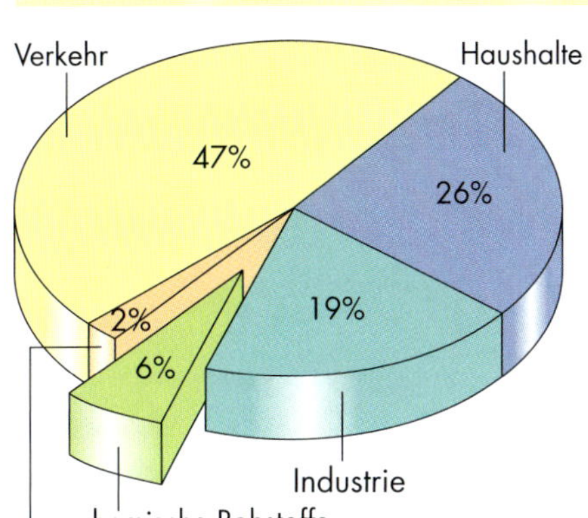

B4 *Ca. 75% des geförderten Erdöls werden verbrannt.*

B5 *Anthropogene Emissionsquellen: Verkehr, Haushalte, Industrie, Kraftwerke, Handwerk*

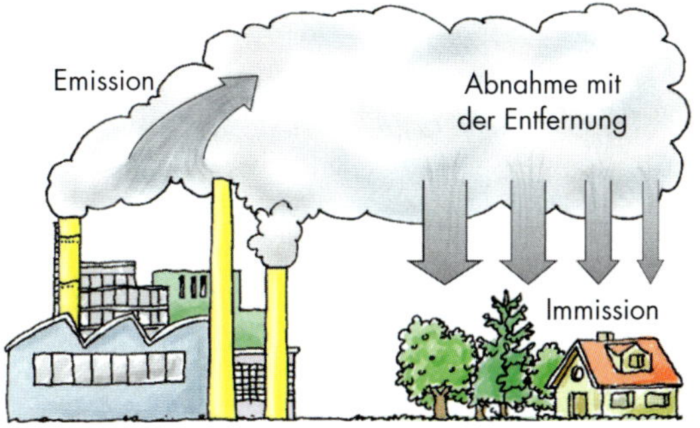

B6 *Emissionen und Immissionen.* **A:** *Erläutern Sie den Zusammenhang.*

[1] von *emissio* (lat.) = Aussendung. Als Emission bezeichnet man Stoffe, Geräusche, Strahlen, Wärme usw., die an die Umwelt abgegeben werden.
[2] von *immittere* (lat.) hineinsenken. Als Immissionen bezeichnet man Stoffe, Geräusche, Strahlen, Wärme usw., die auf Lebewesen und Sachgüter einwirken.
[3] von *anthropos* (griech.) = Mensch und von *genea* (griech.) = Abstammung

Fachbegriffe

Troposphäre, Tropopause, Stratosphäre, Emission, Immission, anthropogen, Wertschöpfung

Schadstoffe in Verbrennungsprodukten

B1 *Inversionswetterlage.* **A:** *Warum steigt die kalte Luft nicht auf? Warum ist diese Situation „unnormal"?*

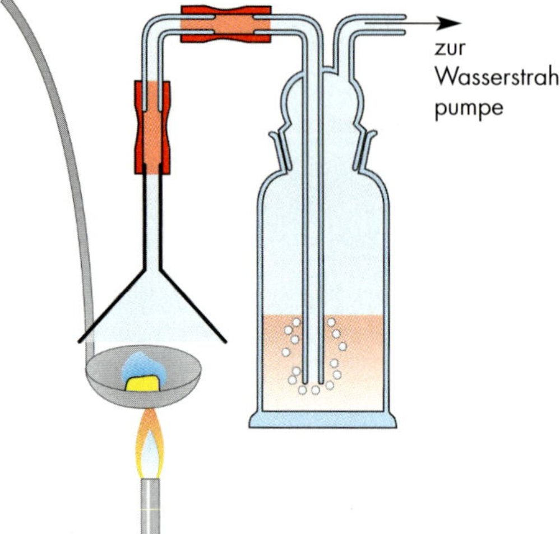

B2 *Nachweis von Verbrennungsprodukten (V1bis V4).* **A:** *Welches Verbrennungsprodukt von Kohlenwasserstoffen kann man in dieser Vorrichtung nicht nachweisen?*

Versuche

V1 *Nachweis von Kohlenstoffdioxid:* Untersuchen Sie die Verbrennungsgase bei der Verbrennung von a) Benzin*, b) Kartuschenbrenner-Gas* oder Erdgas* und c) Dieselöl* auf Kohlenstoffdioxid, indem Sie die Gase durch eine Bariumhydroxid-Lösung* leiten (B2). Beobachtung? (*Hinweise:* Benzin (ca. 1 mL) kann im Verbrennungslöffel verbrannt werden. Dieselöl lässt sich nur entzünden, wenn man einen Docht oder etwas Watte in die Flüssigkeit steckt. Die Gase werden in einem entsprechenden Brenner verbrannt.)

V2 *Nachweis von Schwefeldioxid:* Geben Sie in einen Verbrennungslöffel eine kleine Portion Schwefel und entzünden Sie sie in der Brennerflamme. Leiten Sie die Verbrennungsgase durch Fuchsin-Lösung (0,01 g Fuchsin in 100 mL Wasser). Beobachtung? Führen Sie anschließend diesen Nachweis auch mit den Stoffgemischen a) bis c) aus V1 und mit Braunkohlepulver durch. Beobachtung? (*Hinweis:* Die Fuchsin-Lösung muss jedes Mal erneuert werden. Sie wird durch Schwefeldioxid entfärbt.)

V3 *Nachweis von Stickstoffoxiden:* Beschicken Sie die Waschflasche aus B2 ca. 4 cm hoch mit SALTZMANN-Lösung* (5 g Sulfanilsäure*, 0,05 g N-(Naphthyl-(1))-ethylendiammoniumchlorid und 50 mL Eisessig* in 1 L Lösung). Saugen Sie zunächst 1 min lang Luft durch die Lösung. Beobachtung? Leiten Sie dann jeweils die Verbrennungsgase der Stoffgemische a) bis c) aus V1 durch dieses Nachweisreagenz. Beobachtung? (*Hinweis:* Die SALTZMANN-Lösung muss jedes Mal erneuert werden. Sie wird durch Stickstoffoxide rosa-pink gefärbt.)

V4 *Nachweis von Kohlenstoffmonooxid:* Beschicken Sie die Waschflasche aus B2 ca. 4 cm hoch mit ammoniakalischer Silbernitrat*-Lösung und leiten Sie der Reihe nach die Verbrennungsgase der Stoffgemische a) bis c) aus V1 durch. Beobachtung? (*Hinweis:* Die Lösung muss jedes Mal erneuert werden. Sie bildet mit Kohlenstoffmonooxid einen schwarzen Niederschlag.)

Auswertung

a) Fertigen Sie eine Tabelle mit allen Versuchsergebnissen an.
b) Erklären Sie in jedem Einzelfall, wie sich das nachgewiesene Oxid gebildet hat bzw. warum es nicht in den Verbrennungsgasen enthalten war.
c) Formulieren Sie für V1 die Nachweisreaktion. Wie würde V1 bei den Verbrennungsgasen von Wasserstoff ausfallen? Begründen Sie.

	Emissionsrate in 10^9 kg · a^{-1}	**Hauptemissionsquellen**	**Verhältnis natürlich: anthropogen**
Kohlenstoffdioxid CO_2	830 000	Atmung, biologischer Abbau, Verbrennung fossiler Brennstoffe, Rodung	33:1
Kohlenstoffmonooxid CO	3 400	unvollständige Verbrennung, atmosphärische Oxidation von Kohlenwasserstoffen	3,5:1
Methan CH_4	500	Erdgas, Sümpfe, Reisfelder, Tierhaltung, Termiten, Mülldeponien, arktische Tundra	1:1
Schwefelverbindungen (als SO_2 bezeichnet)	400	Verbrennung von Holz, Kohle, Erdölprodukten; Sümpfe, Vulkane	1:1,5
Stickstoffoxide (ohne N_2O) als NO_2 berechnet	160	Verbrennungsprozesse, Gewitter, atmosphärische Oxidation von NH_3, Stickstoffdüngung	1:2,1

B3 *Globale jährliche Emissionen einiger atmosphärischer Spurenstoffe.* **A:** *Vergleichen Sie die Angaben aus der rechten Spalte für Kohlenstoffdioxid und Stickstoffoxide und erklären Sie den Unterschied.*

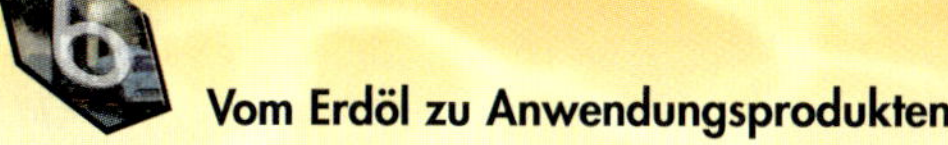

Rauchgasreinigung und Autokatalysator

Bei der Verbrennung von Kohlenwasserstoffen bilden sich als Hauptprodukte immer *Wasser* und *Kohlenstoffdioxid* (V1). Darüber hinaus entstehen je nach Zusammensetzung des Brennstoffs und den Bedingungen, unter denen die Verbrennung abläuft, auch geringe Mengen anderer Oxide. *Schwefeldioxid* bildet sich nur, wenn im Brennmaterial Schwefelverbindungen enthalten sind (V2). Dagegen entstehen *Stickstoffoxide* auch dann, wenn das Brennmaterial keine Stickstoffverbindungen enthält und zwar umso mehr, je höher die Verbrennungstemperatur ist. Stickstoff und Sauerstoff aus der Luft reagieren endotherm miteinander. Verläuft die Verbrennung in begrenztem Luftvolumen, so wird Kohlenstoff nicht bis zur Endstufe oxidiert und es fällt hochgiftiges *Kohlenstoffmonooxid* an. Bei einem Volumenanteil von 0,1 % in der Atemluft wirkt es tödlich. Auch Schwefeldioxid und Stickstoffoxide zählen zu den Luftschadstoffen. Sie reizen und entzünden die Schleimhäute in Augen und Atemwegen. Durch **sauren Regen** und **Smog**, die sie verursachen, schädigen sie die Umwelt auf unterschiedliche Art, beispielsweise durch Steinfraß bei Bauten, durch Waldsterben und durch Übersäuerung von Gewässern.

Trotz Zunahme des Verkehrs und der Stromerzeugung gehen seit dem Jahr 1975 die Emissionen an Luftschadstoffen in Deutschland und Westeuropa zurück (B4). Möglich wurde dies, da sowohl die Qualität der Brennstoffe als auch die technischen Anlagen, in denen die Verbrennung erfolgt, erheblich verbessert wurden. Erdgas und Erdöl werden heute entschwefelt, bevor sie zu Treibstoffen für Autos und Brennstoffen für Kraftwerke weiterverarbeitet werden.

Die modernen **Kraftwerke** verfügen über Anlagen, in denen die **Rauchgase** in mehreren Stufen hintereinander gereinigt werden (Elektrofilter für Staub, Entschwefelung und Entstickung, vgl. B5)

Bei Kraftfahrzeugen mit Ottomotoren gewährleistet der **Abgaskatalysator**, der **Kat**, dass die Schadstoffe (Kohlenstoffmonooxid, Stickstoffoxide und unverbrannte Kohlenwasserstoffe) in einem Schritt zu ungiftigem Stickstoff, Wasser und Kohlenstoffdioxid umgesetzt werden (B6). Allerdings können die Schadstoffe nicht vollständig beseitigt werden und Kohlenstoffdioxid bleibt bei diesen Verbrennungstechniken in den Abgasen enthalten (vgl. S. 76 und 77).

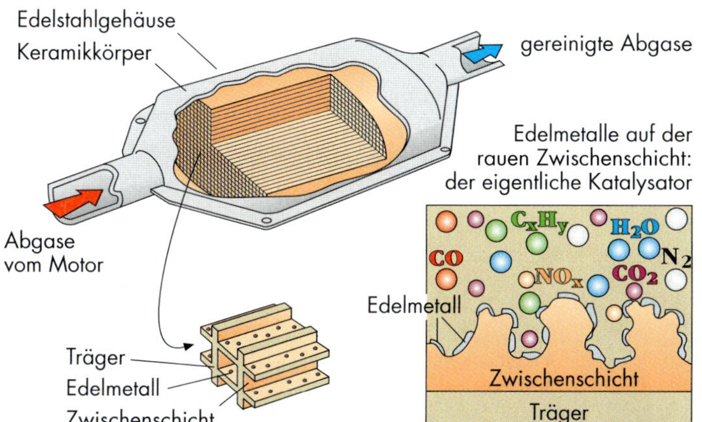

B6 *Abgaskatalysator. Ein Regelsystem (zu dem auch die sog. λ–Sonde gehört) sorgt dafür, dass in die Verbrennungsräume des Motors genau so viel Sauerstoff gelangt, wie für die vollständige Verbrennung der eingesaugten Benzinportionen zu* CO_2 *und* H_2O *notwendig ist: λ-Wert = 1). Die Edelmetalle auf der Zwischenschicht sind Platin, Palladium und Rhodium.* **A:** *Warum ist die Regelung der Luftzufuhr notwendig?*

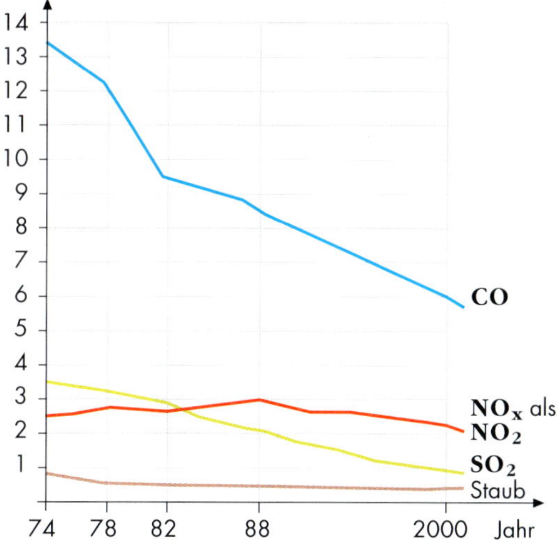

B4 *Emissionsentwicklung von Luftschadstoffen in Deutschland.* **A:** *Worauf ist diese Entwicklung zurückzuführen? Erläutern Sie.*

Rauchgasentschwefelung
mit Kalkstein-Suspension:

$$2CaCO_3 + 2SO_2 + O_2 \rightarrow 2CaSO_4 + 2CO_2$$

(Gips)

mit Natronlauge:

$$4NaOH + 2SO_2 + O_2 \rightarrow 2Na_2SO_4 + 2H_2O$$

Rauchgasentstickung
mit Ammoniak (SCR[1]):

$$4NH_3 + 2NO_2 + O_2 \rightarrow 3N_2 + 6H_2O$$

B5 *Bruttoreaktionen bei der Rauchgasentschwefelung und -entstickung in Kraftwerken (SCR: selective catalytic reduction).* **A:** *Wie verändert sich die Oxidationszahl des Stickstoffs bei der angegebenen Reaktion? Erläutern Sie.*

Fachbegriffe

Saurer Regen, Smog, Rauchgase, Rauchgasentschwefelung, Rauchgasentstickung, Abgaskatalysator

Verbrennungsprodukte schlucken Wärme

B1 *Stoffe absorbieren Wärme unterschiedlich gut (V1).*
A: *Warum muss nach jeder Messung gekühlt werden?*

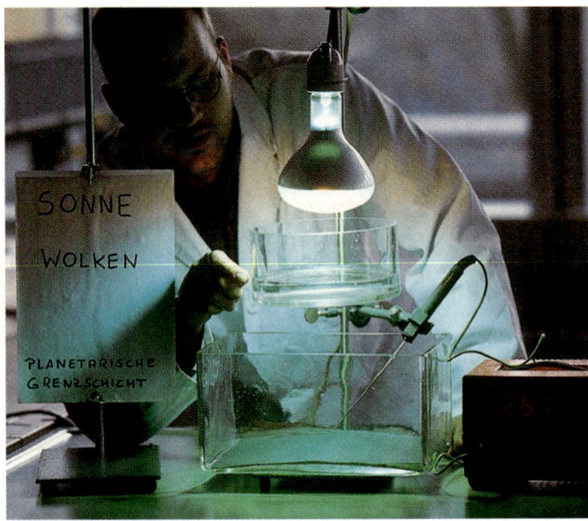

B2 *Modellversuch zum Treibhauseffekt (V2).*
A: *Nennen Sie jeweils den Platzhalter für Sonne, Wolken, Luft und Erde.*

B3 *Temperatur-Zeit Diagramm beim Modellversuch V2.*
A: *Inwiefern beweisen die Fakten aus V1 und V2, dass Kohlenstoffdioxid ein Treibhausgas ist?*

Versuche

V1 *Wärmeabsorption:* Bauen Sie eine Messvorrichtung gemäß der Skizze aus B4 a). Das Rohr besteht aus zwei vereinigten Teedosen, bei denen die Böden entfernt wurden. Die Spitze des Temperaturfühlers wird hinter einer schwarzen Pappe mit Tesafilm befestigt und auf der Rückseite mit einer glatten Aluminiumfolie verklebt. Der Bunsenbrenner (oder Kartuschenbrenner) wird bei allen Messungen in der gleichen Entfernung von 10 cm bis 15 cm vor der Dosenöffnung positioniert. Bei jeder Messreihe wird die Temperatur alle 30 s abgelesen, notiert und anschließend grafisch aufgetragen. Jede Messung wird nach 3 min abgebrochen. Vor Beginn der nächsten Messung muss die Apparatur (ggf. mit einem Fön) gekühlt werden. Führen Sie Messreihen durch, indem Sie an der Dosenöffnung folgende Stoffe befestigen (z.B. mit einem Gummiband): a) eine Polyethenfolie, b) eine Aluminiumfolie, c) einen Flachbeutel aus Polyethen (leer), d) einen Flachbeutel aus Polyethen, innen mit Wasser befeuchtet und e) Dosenöffnung frei. Wiederholen Sie dann die Messreihe a), nachdem Sie im Rohr die Luft durch Kohlenstoffdioxid ersetzt haben. (*Hinweis:* Nach dem Einfüllen des Kohlenstoffdioxids verschließen Sie die beiden oberen Öffnungen am Rohr mit Knetmasse.)

V2 *Modellversuch zum Treibhauseffekt:* Bauen Sie die Versuchsvorrichtung aus B4 b) auf. Sie besteht aus einem 300-Watt-Strahler, einer Glaswanne, in der sich ca. 1 cm hoch Wasser befindet, einer zweiten Glaswanne, deren Boden mit schwarzer Pappe ausgelegt ist und einem Temperaturfühler im Gasraum der unteren Wanne. Nach Einschalten der Lampe wird die Temperatur alle 20 s abgelesen, notiert und anschließend grafisch aufgetragen. Führen Sie Messreihen durch, bei denen die untere Wanne a) mit Luft und b) mit Kohlenstoffdioxid gefüllt ist.
Wiederholen Sie dann die Messreihen a) und b) nachdem Sie die schwarze Pappe am Boden der unteren Wanne durch Aluminiumfolie ersetzt haben.

Auswertung

(vgl. auch Aufgaben in den Bildunterschriften)

a) Treffen Sie anhand der Ergebnisse aus V1 begründete Aussagen über die Wärmedurchlässigkeit von Aluminium, Polyethen und Wasser.
b) Begründen Sie mithilfe der geeigneten Graphen, die Sie bei V1 ermitteln, warum Kohlenstoffdioxid Wärmestrahlung besser absorbiert als Luft.
c) Warum ist bei V2 die obere Wanne mit Wasser notwendig?
d) Welche Funktion hat die schwarze Pappe in der unteren Wanne bei V2?
e) Wie erklären Sie die Unterschiede bei V2, wenn die schwarze Pappe durch Aluminiumfolie ersetzt wird?

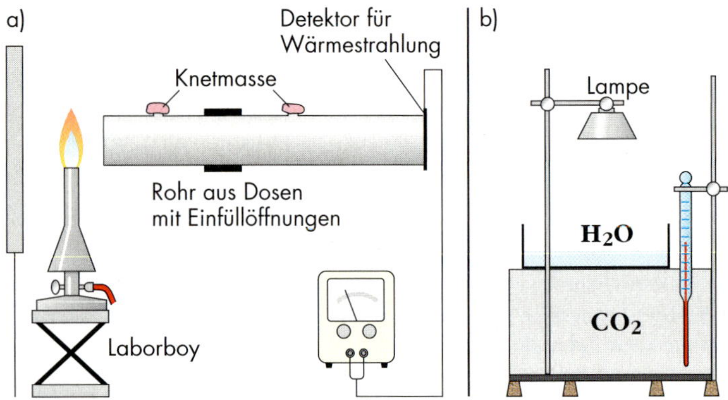

B4 *Skizzen zu den Messvorrichtungen in V1 (a) und V2 (b). Vgl. dazu auch B1 und B2.*

Der Treibhauseffekt

Wasser und Kohlenstoffdioxid, die Produkte der Verbrennung von Kohlenwasserstoffen, sind sehr wirksame „Wärmeschlucker", d.h. sie **absorbieren Wärmestrahlung** besser als andere Stoffe (V1). Sie spielen beim sog. **Treibhauseffekt**, der in B5 erklärt wird, eine entscheidende Rolle. Dass Kohlenstoffdioxid den Treibhauseffekt verstärkt, zeigt der höhere Temperaturanstieg bei der zweiten Messreihe im Modellversuch V2.

Ohne Treibhauseffekt wäre es in Bodennähe viel kälter (–18 °C) als es tatsächlich ist (+15 °C), menschliches Leben hätte nicht entstehen können. Von den 33 °C, die der Treibhauseffekt ausmacht, werden 20,6 °C durch den Wasserdampf aus der Atmosphäre verursacht und *nur* 7,2 °C durch das Kohlenstoffdioxid (weitere **Treibhausgase** sind Ozon O_3, Distickstoffmonooxid N_2O und Methan CH_4).

Seit dem Jahr 1960 nimmt der Gehalt an Kohlenstoffdioxid in der Atmosphäre stark zu, bis zum Jahr 2000 bereits um über 50 ppm (B6). Gleichzeitig hat auch die mittlere Jahrestemperatur um ca. 1 °C zugenommen. Wenn man den in B7 dargestellten Zusammenhang berücksichtigt, dann gibt es gute Gründe anzunehmen, dass es bei weiterem Anstieg des Kohlenstoffdioxidgehalts auch zu einer weiteren Erwärmung kommt. Die Auswirkungen auf natürliche Ökosysteme könnten für die Erdbevölkerung verheerend sein: Schmelzen des Polareises, Anstieg des Meeresspiegels, Verschiebung von Klimazonen, Ausdehnung von Wüsten. Daher muss die weitere Kohlenstoffdioxidzunahme in der Atmosphäre eingedämmt werden. Dies ist durch den Erhalt und die Vermehrung der photosynthesefähigen Biomasse und durch die Reduzierung der Verfeuerung fossiler Brennstoffe möglich.

Die im Erdöl enthaltenen Kohlenwasserstoffe sind also nicht nur zu schade, um verfeuert zu werden (vgl. S. 73), ihre Verbrennung trägt auch zur Zunahme des Kohlenstoffdioxidgehalts in der Atmosphäre und damit zur Intensivierung des Treibhauseffekts bei. Die Erforschung und Nutzung alternativer Treibstoffe (z.B. Wasserstoff) und anderer Energieformen (z.B. solare Lichtenergie) ist für die nächsten Jahrzehnte eine dringliche Herausforderung für Wissenschaft und Industrie. Die begrenzten Erdölvorräte, ein wertvolles Geschenk aus prähistorischen Zeiten, sollten wir nicht in unüberlegter Weise durch den Auspuff jagen, sondern mit dem Wissen und Können der Chemie zu Produkten veredeln, die wir aus anderen Rohstoffen nicht oder nur mit viel mehr Aufwand gewinnen können.

Aufgaben

A1 Erläutern Sie, warum ohne den Treibhauseffekt menschliches Leben auf der Erde nicht möglich wäre.

A2 Wodurch kommt der Anstieg des Treibhauseffekts zustande? Welche Folgen hat das?

A3 Was könnte man tun, um den Anstieg des Kohlenstoffdioxidgehalts in der Atmosphäre zu bremsen? Können auch Sie persönlich dazu beitragen? Erläutern Sie.

B5 *Treibhauseffekt: Ein großer Teil des Sonnenlichts, das auf die Erde trifft, wird absorbiert, in Wärme umgewandelt und als solche zurückgestrahlt.* ***Treibhausgase*** *aus der Atmosphäre absorbieren die von der Erde zurückgestrahlte Wärme fast vollständig und halten sie wie in einem Treibhaus fest.*

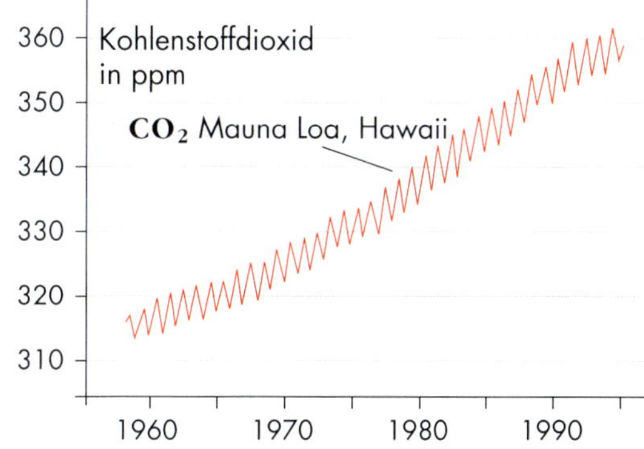

B6 *Anstieg des Kohlenstoffdioxidgehalts in der Atmosphäre auf Mauna Loa, Hawaii, USA*

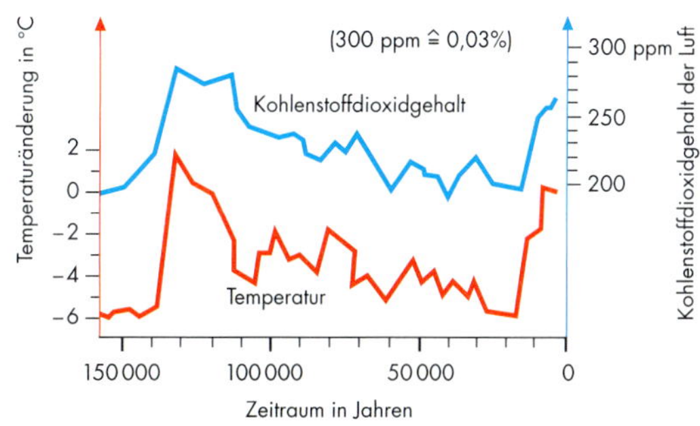

B7 *Über lange Zeiträume hat sich die Temperatur in der gleichen Weise geändert wie der Kohlenstoffdioxidgehalt in der Atmosphäre.* **A:** *Woher kann man heute wissen, wie hoch der Kohlenstoffdioxidgehalt in der Luft vor 100 000 Jahren war? Informieren Sie sich und erläutern Sie.*

Fachbegriffe

Wärmeabsorption, Treibhauseffekt, Treibhausgase

Sonne + Abgase → Ozon

B1 *Smog-Warnung.* **A:** *Wovor wird gewarnt, wenn der Ozongehalt in der Luft zu hoch ist?*

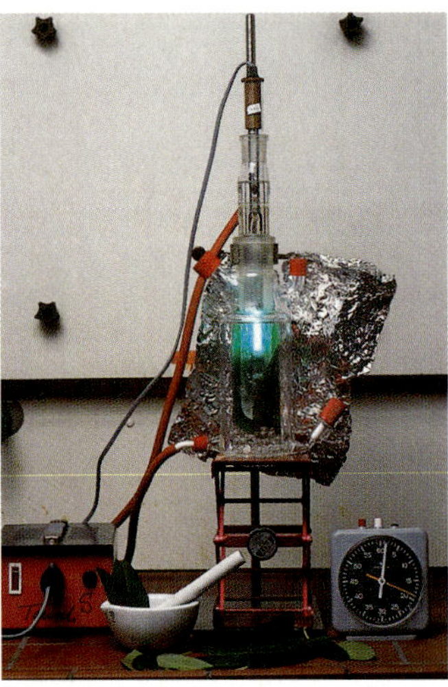

B2 *Modellversuch zum Photosmog.* **A:** *Vergleichen Sie die in LV3 der Luft zugesetzten Stoffe mit den Angaben aus B3. Was fällt auf?*

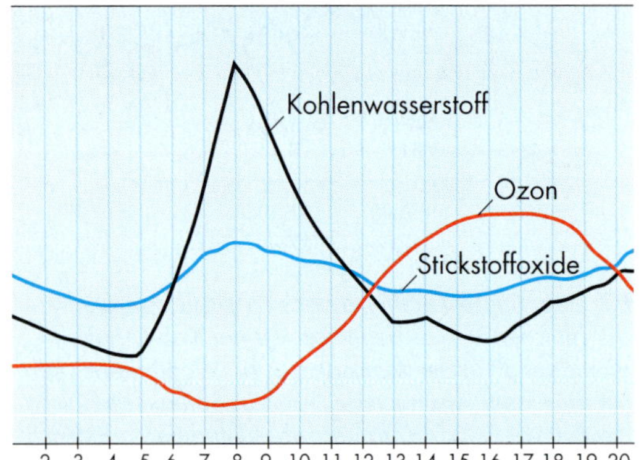

B3 *Relativer Gehalt einiger Schadstoffe in der Luft im Verlauf eines Sommertags.* **A:** *Wie kommen die Peaks in den Morgenstunden zustande?* **A:** *Woran erkennt man, dass die Kohlenwasserstoffe und die Stickstoffoxide die Vorläufer des bodennahen Ozons sind?*

Versuche

LV1 *Ozonerstellung und -Nachweise:* Durch die Versuchsvorrichtung aus B4 wird ca. 30 s lang Sauerstoff geleitet. Dann wird die UV-Lampe* im Reaktionsrohr eingeschaltet und ca. 1 min lang bestrahlt. (*Warnhinweis:* Das Reaktionsrohr muss mit Aluminiumfolie umwickelt werden, da die UV-Strahlung schädlich ist). Das gebildete Ozon* kann auf mehrere Arten nachgewiesen werden: a) Der Fluoreszenzschirm (B4) wird mit der UV-Handlampe angestrahlt. Dann wird das Gasgemisch aus dem Reaktor pulsweise über den Schirm gedrückt. Beobachtung? b) Das Gasgemisch wird in eine mit Schwefelsäure* angesäuerte Kaliumiodid-Stärke-Lösung* eingeleitet. Beobachtung? c) Das Gasgemisch wird durch eine Lösung aus einigen Körnchen Safranin T* und einem Plätzchen Natriumhydroxid* in 10 mL 2-Propanol* geleitet. Beobachtung? d) Nach einer erneuten 1-minütigen Bestrahlung mit der UV-Lampe im Rohr wird das Gasgemisch auf einen stramm aufgeblasenen Luftballon geleitet. Beobachtung?

V2 *Ozon-Nachweis beim Fotokopierer:* Saugen Sie aus der Nähe der Lampe eines Fotokopierers mit dem Kolbenprober 100 mL Luft ein und drücken Sie sie langsam durch eine mit Schwefelsäure* angesäuerte Kaliumiodid*-Stärke-Lösung. Beobachtung? Führen Sie eine Vergleichsprobe mit normaler Luft durch.

LV3 *Modellversuch zum Photosmog:* In einem wassergekühlten Tauchlampenreaktor mit einer 150-Watt-Quecksilberlampe* (B2) bestrahlt man grüne Blätter 20 min lang in Luft, die mit etwas Stickstoffdioxid* und Benzindampf* verunreinigt wurde. Danach werden die Blattpigmente mit Aceton* extrahiert und auf einer kieselgelbeschichteten DC-Folie chromatographiert. Als Laufmittel eignet sich ein Gemisch aus Petrolether* : Benzin* : 2-Propanol* im Volumenverhältnis 25 : 25 : 5. Parallel wird Extrakt aus unbestrahlten Blättern chromatographiert. Beobachtung?

Auswertung

(vgl. auch Aufgaben in den Bildunterschriften)

a) Woran erkennt man bei LV1, dass Ozon UV-Licht absorbiert?

b) Was ist reaktiver, Sauerstoff O_2 oder Ozon O_3? Begründen Sie mithilfe der Beobachtungen in V1.

c) Warum bildet sich beim Fotokopierer Ozon?

d) Beschreiben Sie die Auswirkung des in LV3 erzeugten Photosmogs auf die einzelnen Blattpigmente.

e) Informieren Sie sich im Internet über Ozon (mögliche Einstiegsadresse: http://www.chemiedidaktik.uni-wuppertal).

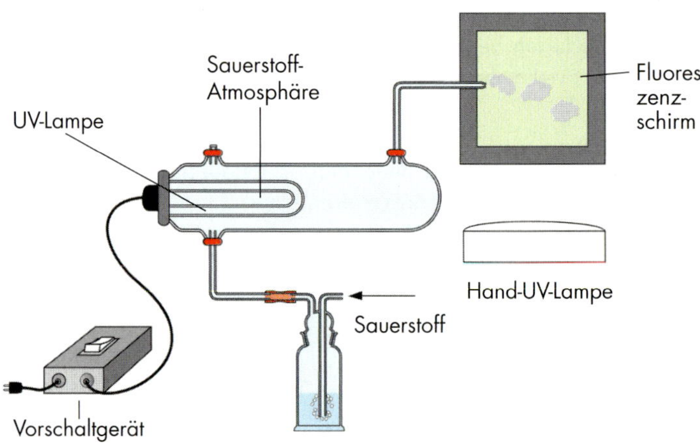

B4 *Versuchsvorrichtung zu V1*

Photosmog – Stoffkreisläufe in der Troposphäre

Die Menschen in Athen, Los Angeles, Mexico-City und anderen Großstädten werden aufgrund des hohen Verkehrsaufkommens und des heißen, sonnigen Klimas häufig durch **Photosmog** oder **Sommersmog** geplagt. In abgeschwächter Form, aber immer häufiger tritt Photosmog auch in Deutschland auf. Bei dieser Smogart entstehen in der mit Abgasen verunreinigten Luft durch die Lichteinwirkung der Sonne giftige Stoffe, deren wichtigster Vertreter das Ozon O_3 ist. Dabei handelt es sich um eine besonders aggressive Form des Elements Sauerstoff. Ozon oxidiert Iodid-Ionen zu elementarem Iod, reagiert mit dem Farbstoff Safranin T unter Leuchterscheinung (Chemolumineszenz) und bringt einen Luftballon zum Platzen (V1, V2). Die Polyisopren-Moleküle aus dem Gummi (vgl. B1, S. 64) enthalten $C{=}C$-Doppelbindungen, die durch Ozon-Moleküle geknackt werden (Ozonolyse).
Photosmog schädigt Pflanzen insbesondere durch Zerstörung der Blattpigmente (LV3). Beim Menschen kann Photosmog zu Augenreizungen, Kopfschmerzen und Atembeschwerden führen. Bei zu hohem Ozongehalt in der Luft wird daher Smogalarm ausgelöst (B7).

Wie bildet sich Ozon im **Photoreaktor Troposphäre**, wo doch so gut wie kein UV-Licht bis in Bodennähe eindringt (vgl. B2, S. 72 und B2, S. 80)? Die in der bodennahen Luft enthaltenen und durch die Autoabgase stark angereicherten Schadstoffe machen es möglich: Das braune, durch sichtbares Licht spaltbare Stickstoffdioxid NO_2 katalysiert Reaktionszyklen (**Katalysezyklen**), bei denen Sauerstoff, Kohlenwasserstoffe **RH** und Wasser zu Ozon und anderen aggressiven Oxidationsmitteln (sog. **Photooxidantien**) umgesetzt werden. Stickstoffdioxid befindet sich dabei in einem **Stoffkreislauf** (B5, B6). Obwohl die Reaktionen in der Atmosphäre sehr komplex und z. T. noch nicht genau bekannt sind, steht fest, dass die Abgase aus Motoren, in denen Erdölprodukte verbrannt werden, die Bildung von Photosmog fördern. Messergebnisse beweisen, dass Kohlenwasserstoffe und Stickstoffoxide die Vorläufer von Ozon an heißen Sommertagen sind (B3).

Ozonwerte in µg/m³ Luft	Grenzwerte	Folgen bei längerer Einwirkung (ca. 6 Stunden)
40	Geruchsschwelle	
100		Ozon-Begleitstoffe führen zu Augenreizungen und Kopfschmerzen.*
120		Reizungen der Atemwege, eingeschränkte Leistungsfähigkeit*
160		Atemwegsentzündungen bei körperlicher Anstrengung
180	Information der Bevölkerung	
200		Atemwegsbeschwerden
240	Fahrverbot für Autos ohne Katalysator	Verschlechterung der Lungenfunktion, Asthmatiker bekommen häufiger Anfälle.
300		
360	Warnung der Bevölkerung	
ab 400		eingeschränkte Leistungsfähigkeit, bleibende organische Veränderungen der Atemwege

* bei empfindlichen Personen; Risikogruppen: Kinder, Alte, Allergiker, Asthmatiker, Sportler, Bauarbeiter

B7 *Sommersmog-Alarmstufen.* **A:** *Wann steigt der Ozongehalt in der Luft stark an? Erläutern Sie.*

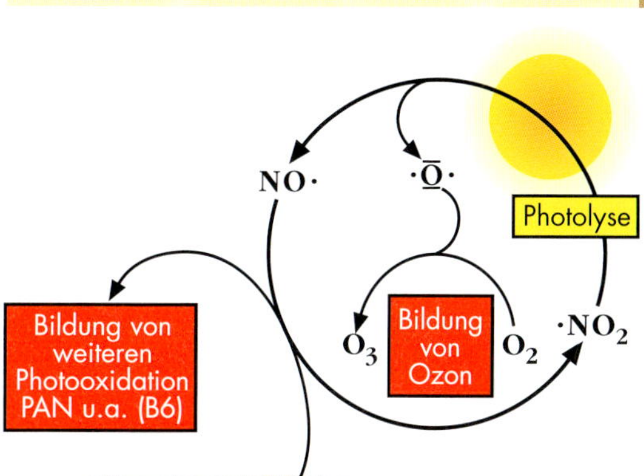

B5 *Katalysezyklus: Stickstoffdioxid wird durch Sonnenlicht zu Stickstoffmonooxid und atomarem Sauerstoff gespalten, der mit molekularem Sauerstoff zu Ozon reagiert. Unter Beteiligung von Kohlenwasserstoffen wird Stickstoffdioxid zurückgebildet und kann einen neuen Zyklus starten.*

$NO_2\cdot \xrightarrow{h\nu} NO\cdot + O\text{:}$

$O\text{:} + O_2\text{:} \xrightarrow{M} O_3$

$O\text{:} + H_2O\text{:} \longrightarrow 2OH$

$NO_2\cdot + O_2\text{:} \xrightarrow{M} NO\cdot + O_3$

$2NO\cdot + O_2 \xrightarrow{h\nu} 2NO_2\cdot$

$NO\cdot + O_3 \longrightarrow NO_2\cdot + O_2\text{:}$

$RH + OH\cdot + O_2\text{:} \xrightarrow{M} RO_2\cdot + H_2O$

$RO_2\cdot + NO\cdot \longrightarrow RO\cdot + NO_2\cdot$

$RO\cdot + O_2\text{:} \longrightarrow HO_2\cdot + R'CHO$

$HO_2\cdot + NO\cdot \longrightarrow OH\cdot + NO_2\cdot$

$HO_2\cdot + HO_2\cdot \longrightarrow H_2O_2 + O_2\text{:}$

$RO_2\cdot + NO_2\cdot \xrightarrow{M} RO_2NO_2\text{:}$

z.B.

$CH_3COO_2\cdot + NO_2\cdot \xrightarrow{M} CH_3COO_2NO_2$ Peroxyacetylnitrat (PAN)

Teilbilanz:

$RH + NO\cdot + O_2 \rightarrow R'CHO + H_2O + NO_2$

M bezeichnet in diesen Gleichungen ein Teilchen, das an einem Stoßprozess beteiligt ist und dabei Energie aufnimmt, ohne chemisch verändert zu werden. Die sog. Photooxidantien sind rot gedruckt.
Teilchen mit einer ungeraden Anzahl von Elektronen bezeichnet man als Radikale (•). Sie sind in der Regel äußerst reaktiv.

B6 *Einige Reaktionen aus dem Photoreaktor Troposphäre (B1, S. 80)*

Fachbegriffe

Photosmog (Sommersmog), Katalysezyklus, Photoreaktor, Stoffkreislauf, Photooxidantien

3 mm Ozon – der Filter für das Leben

Die Atmosphäre – ein Photoreaktor aus zwei Kammern

Die Erdatmosphäre gleicht einem riesigen Photoreaktor, der in zwei Kammern aufgegliedert werden kann: in die Troposphäre und die Stratosphäre (B1). Dazwischen liegt die um ca. 50 °C kältere Tropopause (vgl. B2, S. 72), durch die der Stoffaustausch zwischen der unteren und oberen Kammer stark gehemmt ist. Vor etwa 3 Milliarden Jahren, als im Zuge der biologischen Evolution Photosynthese treibende Pflanzen entstanden, begann die Auffüllung der Atmosphäre mit Sauerstoff. Seit ca. 500 Millionen Jahren ist der Sauerstoff-Anteil in der Atmosphäre annähernd konstant, der bei der Photosynthese erzeugte und der bei der Atmung und anderen Verbrennungen verbrauchte Sauerstoff halten sich in etwa die Waage. In der Stratosphäre werden Sauerstoff-Moleküle durch energiereiches, sehr kurzwelliges Licht (λ < 240 nm) in Sauerstoff-Atome getrennt, die wiederum mit Sauerstoff-Molekülen zu Ozon-Molekülen reagieren. Diese absorbieren ebenfalls UV-Licht im Wellenlängenbereich von 200 nm bis 300 nm. Zwischen molekularem Sauerstoff O_2 und Ozon O_3 stellt sich ein **photostationäres Gleichgewicht**, d. h. ein durch Lichteinstrahlung erzeugtes und aufrecht gehaltenes Gleichgewicht ein. Dabei wird kurzwelliges UV-Licht teils in längerwelliges Licht, teils in Wärme umgewandelt.

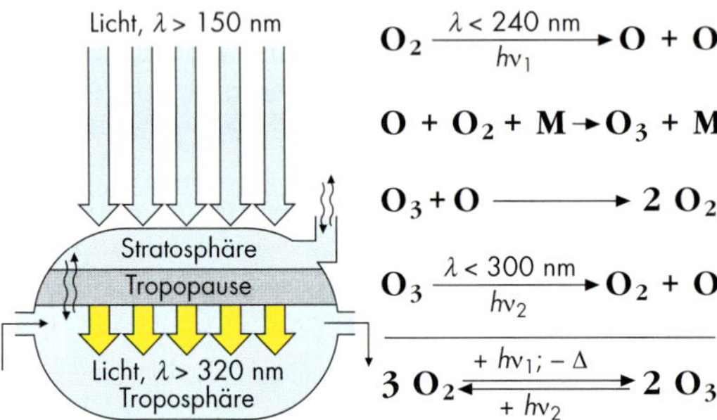

$$O_2 \xrightarrow[h\nu_1]{\lambda < 240\ nm} O + O$$

$$O + O_2 + M \rightarrow O_3 + M$$

$$O_3 + O \longrightarrow 2\ O_2$$

$$O_3 \xrightarrow[h\nu_2]{\lambda < 300\ nm} O_2 + O$$

$$3\ O_2 \underset{+\ h\nu_2}{\overset{+\ h\nu_1;\ -\Delta}{\rightleftharpoons}} 2\ O_3$$

B1 *Zweikammer-Photoreaktor-Modell der Atmosphäre und Chapman-Zyklus des Ozon-Gleichgewichts in der Stratosphäre (M: inertes Molekül; Δ: Wärme).*
A: *Erläutern Sie, warum die Wellenlängen des Licht in den beiden Kammern unterschiedlich sind.*

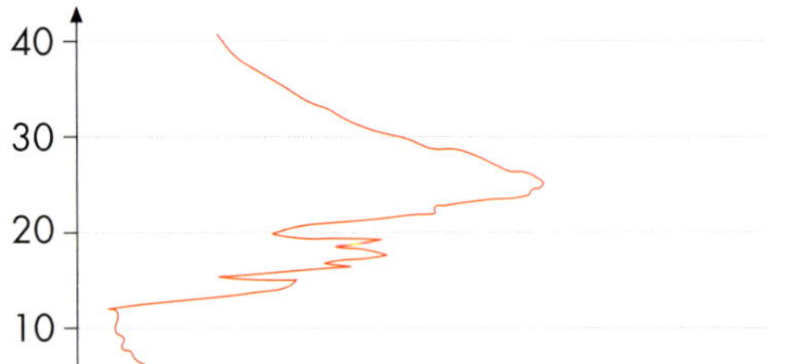

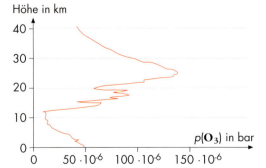

B2 *Vertikales Ozon-Profil.* **A:** *Warum ist der Ozongehalt in der Stratosphäre höher als in der Troposphäre?*

Ozonkillern auf der Spur – ein Modellversuch zur Photochemie der Atmosphäre

V1 Eine Sauerstoff-Atmosphäre, die mit 40 mL Kaliumiodid-Lösung*, w = 10%, 10 mL Schwefelsäure*, c = 0,025 mol/L, und einigen Tropfen Stärke-Lösung unterschichtet ist, wird unter starker Rührung 20 min lang in einem wassergekühlten Tauchlampenreaktor (V = 450 mL) mit einer 150-Watt-Quecksilberhochdrucklampe bestrahlt. 20 mL der inzwischen tiefblauen Lösung werden zuerst mit Natriumthiosulfat-Lösung*, c = 0,001 mol/L, bis farblos titriert und anschließend (nach Zugabe von Bromthymolblau) mit Natronlauge*, c = 0,005 mol/L, bis zum Blauumschlag. In einem zweiten Ansatz werden dem Sauerstoff 30 mL Dichlordifluormethan* CF_2Cl_2 zugesetzt.

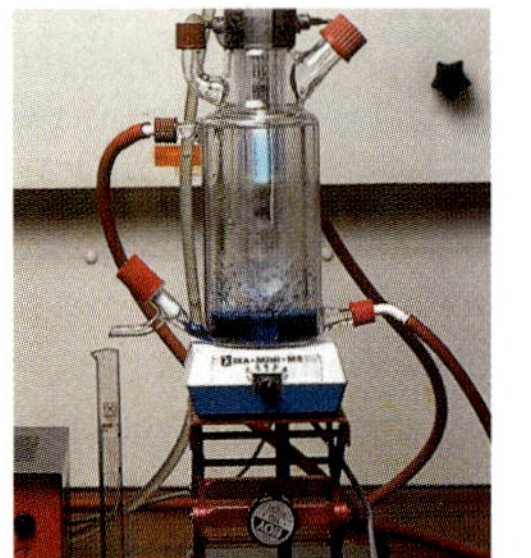

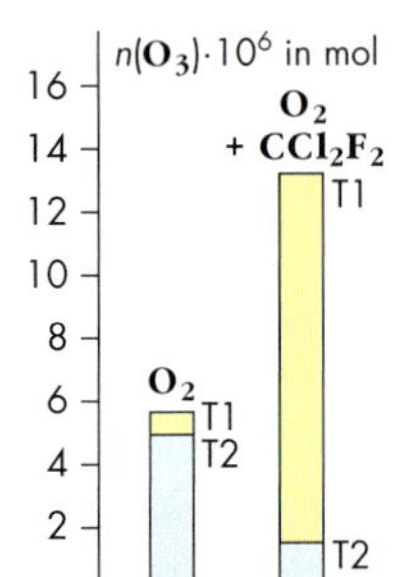

B3 *Apparatur zur Erzeugung und quantitativen Bestimmung von Ozon und Ergebnisse bei der Bestrahlung von reinem Sauerstoff bzw. Sauerstoff mit FCKW.*
A: *Vergleichen Sie die Reaktionen (1) und (2) und begründen Sie, warum stark gerührt werden muss.*

Auswertung

In der Gasphase bildet sich Ozon:

$$3O_2(g) \rightleftharpoons 2O_3(g) \qquad (1)$$

Es kommt jedoch gar nicht zur Einstellung des formulierten Gleichgewichts, weil das gebildete Ozon an der Phasengrenze ständig nach folgender Gleichung weg reagiert:

$$O_3(g) + 2I^-(aq) + 2H^+(aq) \rightarrow$$
$$O_2(g) + I_2(aq) + H_2O(l) \qquad (2)$$

Bei der ersten Titration T1 wird das gebildete Iod bestimmt, bei der zweiten die Restsäure aus der Lösung. Mithilfe von (2) wird jeweils das Ozon berechnet. Da sich Iod auch auf anderem Wege als nach (2) bilden kann (beispielsweise: $2Cl\cdot + 2I^- \rightarrow 2Cl^- + I_2$), gibt die Säure-Titration T2 den zuverlässigeren Wert über das Ozon. Die Ergebnisse in B3 zeigen, dass Dichlordifluormethan den Gehalt an Ozon im Reaktor negativ beeinflusst (vgl. auch S. 81).

A: Die Bedingungen im Modellversuch und in der Natur unterscheiden sich in vielerlei Hinsicht (Zusammensetzung der Atmosphäre, Temperatur, Druck, Licht, offenes oder geschlossenes System u. a.). Erläutern Sie die Unterschiede. Warum müssen Ergebnisse aus Modellexperimenten sehr vorsichtig bewertet werden?

3 mm Ozon – der Filter für das Leben

Der Chlor-Katalyse-Zyklus – eine Ozon-Senke in der Stratosphäre

Seit im Jahr 1984 über der Antarktis eine Abnahme des stratosphärischen Ozons von bis zu 40% gemessen wurde, gibt es das Schlagwort **Ozonloch**. Damit bezeichnet man die starke Ausdünnung der Ozonschicht über einer geographischen Region. Das Ozonloch tritt seit dem Jahr 1984 regelmäßig für einige Wochen während des polaren Frühlings rund um den Südpol auf (B5). Auch über Teilen der nördlichen Halbkugel treten seit dem Jahr 1992 in den Monaten Februar und März Ozonlöcher auf.

Es gilt als gesichert, dass die **FCKW**, die als anthropogene Emissionen in die Atmosphäre gelangen, zur Ausbildung des Ozonlochs beitragen. Sie sind an Reaktionszyklen beteiligt, die erst durch das UV-Licht in der Stratosphäre ausgelöst werden und zum Ozon-Abbau führen (B4). Solche Reaktionszyklen bezeichnet man als **Ozon-Senken** (Gegenteil: Ozon-Quellen).

$$F_2ClC-Cl \xrightarrow[h\nu]{\lambda < 340\,nm} F_2ClC\cdot + Cl\cdot$$

$$Cl\cdot + O_3 \longrightarrow ClO\cdot + O_2$$

$$ClO\cdot + O \longrightarrow Cl\cdot + O_2$$

$$ClO\cdot + NO_2\cdot \underset{Frühjahr}{\overset{Winter}{\rightleftarrows}} ClNO_3$$

B4 *Der Chlor-Katalyse-Zyklus, eine stratosphärische Ozon-Senke.* **A:** *Skizzieren Sie den Zyklus wie in B5, S. 79.* **A:** *Erläutern Sie, warum und wie diese Reaktionen den Chapman-Zyklus (B1) beeinflussen.*

Bei vermindertem Ozongehalt in der Stratosphäre gelangt mehr UV-Strahlung (UV-A: 320 nm < λ < 380 nm; UV-B: 280 nm < λ < 320 nm) auf die Erdoberfläche. Besonders die „härtere" UV-B Strahlung schädigt Pflanzen, Tiere und Menschen nachhaltig. Sie zerstört die Blattpigmente, führt zur Erblindung von Tieren und verursacht Hautkrebs.

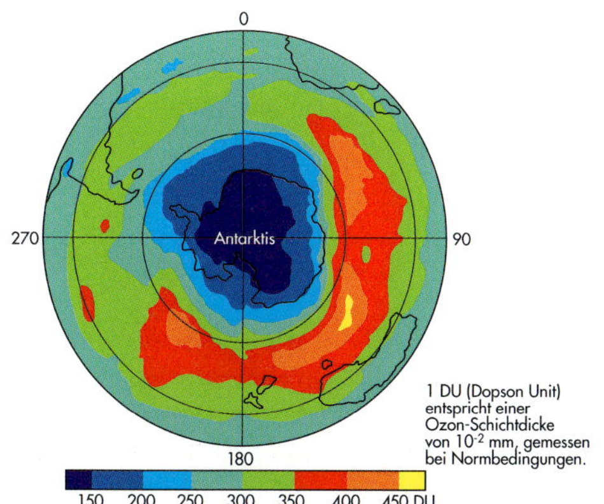

B5 *Ozonloch am 5. Oktober 1987 über dem Südpol.* **A:** *Um wie viel Prozent lag der Ozongehalt niedriger als der Normalwert von 300 DU?*

Fluorchlorkohlenwasserstoffe FCKW – eine Stoffgruppe mit Nachwirkung

Dass die Verbrennung von Benzin und Diesel, die aus Erdöl gewonnen werden, Schadstoffe erzeugt und den Treibhauseffekt sowie den Photosmog mitverursacht, leuchtet ein (vgl. S. 74 bis 79). Was aber haben das stratosphärische Ozon und das Ozonloch mit Erdöl und Produkten aus Erdöl zu tun?

Die Ozonkiller FCKW sind Produkte der Petrochemie. Diese Stoffe sind vorwiegend Derivate (Abkömmlinge) des Methans und des Ethans, bei denen alle Wasserstoff-Atome aus den Molekülen durch Fluor- und Chlor-Atome ersetzt sind. FCKW haben als Gase niedrige Siedetemperaturen, sind ungiftig, unbrennbar, wasserunlöslich und chemisch äußerst stabil. Sie erschienen ideal für einige Anwendungen und wurden einige Jahrzehnte (etwa in den Jahren von 1950 bis 1990) in großen Mengen als Treibgase bei Sprays und bei der Herstellung von geschäumten Kunststoffen sowie als Kälteflüssigkeiten in Kühlschränken eingesetzt. Die in die Atmosphäre entweichenden FCKW werden aufgrund ihrer Reaktionsträgheit in der Troposphäre nicht abgebaut und gelangen wegen ihrer großen Dichte nur langsam, in etwa 10 Jahren nach ihrer Freisetzung, in die Stratosphäre. Erst hier sind Reaktionsbedingungen für ihren Abbau vorhanden, nämlich UV-Licht mit Wellenlängen λ < 340 nm (vgl. Chlor-Katalyse-Zyklus in B4). Seit die Wirkung der FCKW beim stratosphärischen Ozon-Abbau erkannt ist, wurden ihre Produktion und ihr Einsatz zunächst in der westlichen Welt und dann nach und nach in allen Ländern eingestellt. Ersatzstoffe wurden entwickelt, geprüft und eingeführt.

Am Beispiel der FCKW wird deutlich, dass technischer Fortschritt immer auch Risiken in sich birgt, die nicht sofort erkannt werden können. Um die Risiken bei neuen technischen Entwicklungen möglichst gering zu halten, müssen wir aus den Erfahrungen und dem Wissen unserer Vorgänger lernen.

Fluorchlorkohlenwasserstoffe FCKW		
Abkürzung des Industrieprodukts	**Formel**	**Anwendungen**
FCKW 11	CCl_3F	Treibmittel in Sprühdosen, Kältemittel
FCKW 12	CCl_2F_2	Schäumung von Kunststoffen, Kältemittel
Ersatzstoffe: HFKW		
R 134 a	CF_3CFH_2	Kältemittel, pharmazeutische Aerosole
R 356	$CF_3CH_2CH_2CF_3$	Hartschäume, Kältemittel

B6 *Einige FCKW und ihre Ersatzstoffe.* **A:** *Erläutern Sie, warum auch die Ersatzstoffe „Kinder der Petrochemie" sind. Wodurch unterscheiden sie sich von den FCKW?*

ERWEITERUNG · VERTIEFUNG · ANWENDUNG

A1 Es ist sehr schwierig, aus Erdöl einen ganz bestimmten Stoff allein durch Destillation abzutrennen. Begründen Sie den Sachverhalt.

A2 Geben Sie die Valenzstrichformeln (Strukturformeln) und die Struktursymbole der folgenden Kohlenwasserstoffe an:
2,3-Dimethylpentan, 2-Methyl-2-buten, 1-Methylcyclopenten.

A3 Über 40% Massenanteil im Super-Benzin sind Isomere mit den Summenformeln C_5H_{12}, C_6H_{14} und C_8H_{18}. Schreiben Sie die Struktursymbole von 10 dieser Isomere auf und benennen Sie sie.

A4 Super-Benzin muss nach den DIN-Vorschriften ein Siedeende von maximal 215 °C haben, d.h. bis zu dieser Temperatur muss die gesamte Flüssigkeit verdampft sein. Welche der in B4, S. 48, angegebenen Alkane sind demnach nicht im Super-Benzin enthalten? Begründung.

A5 Diethylether, auch einfach als Ether bekannt, hat die Halbstrukturformel $CH_3CH_2OCH_2CH_3$ und siedet bei 35 °C. a) Nennen und formulieren Sie drei zu Diethylether isomere Alkohole (*Hinweis:* vgl. S. 50). b) Um welche der drei Isomeriearten aus B5, S. 51, handelt es sich hierbei? c) Wie kann man die sehr viel niedrigere Siedetemperatur des Ethers erklären?

A6 Nennen Sie die Arbeitsschritte und formulieren Sie die Reaktionen bei der Synthese von Methyl-*tert.*-butylether MTBE ausgehend von Erdöl.

A7 Normal-Benzin enthält bis zu 3 Vol.-% MTBE, Super bis zu 5,4 Vol.-% und Super-Plus bis zu 10 Vol.-%. a) Welche Funktion hat MTBE im Benzin? b) Wie viel Liter MTBE werden von Ihnen und Ihrer Familie pro Woche getankt und in Motoren verbrannt?

A8 Bei der Dimerisierung von Isobuten entstehen isomere Octene, von denen eines durch Hydrierung (Anlagerung von Wasserstoff an die Doppelbindung) 2,2,4-Trimethylpentan gibt (vgl. Fußnote auf S. 47). Formulieren Sie die Reaktionen.

A9 Bei der Pyrolyse von Polyethylen, d.h. beim starken Erhitzen unter Luftabschluss (B1), bilden sich flüssige und gasförmige, wasserunlösliche Produkte. Sowohl die flüssigen als auch die gasförmigen entfärben Bromwasser. Formulieren Sie je eine Verbindung aus dem flüssigen und aus dem gasförmigen Gemisch und begründen Sie.

A10 Bei V1, S. 56, wurden aus 30 mL eines Kohlenwasserstoffs 90 mL Kohlenstoffdioxid erhalten. Bei V2, S. 56, erhielt man aus 20 mL dieses Kohlenwasserstoffs 80 mL Gas. Um welchen Kohlenwasserstoff handelt es sich? Begründen Sie ausführlich.

A11 Erläutern Sie mithilfe von B2, warum sich sortenreiner Abfall besser recyclen lässt als gemischter Abfall.

A12 Überprüfen Sie Kunststoffverpackungen auf die Kennzeichnung aus B3 und nennen Sie Möglichkeiten des Recyclings.

A13 Erläutern Sie den Unterschied zwischen Wintersmog (saurer Smog) und Sommersmog (Photosmog). Nennen Sie die jeweils darin enthaltenen Schadstoffe.

A14 Warum gilt aus unserer Sicht für Ozon „oben gut, unten schlecht"? Erläutern Sie ausführlich.

A15 Welche der in B3, S. 72, angegebenen Hauptspurenstoffe und Spurenstoffe in der Atmosphäre werden durch die technische Nutzung von Erdöl und Erdgas in ihrem Gehalt unmittelbar beeinflusst? Erläutern Sie die Zusammenhänge.

A16 Sammeln Sie im Verlauf einiger Wochen Medienberichte zu den Schlagwörtern Treibhauseffekt, Photosmog und Ozonloch. Vergleichen Sie die Darstellung in den Medien mit den Ausführungen von S. 72 bis S. 81.

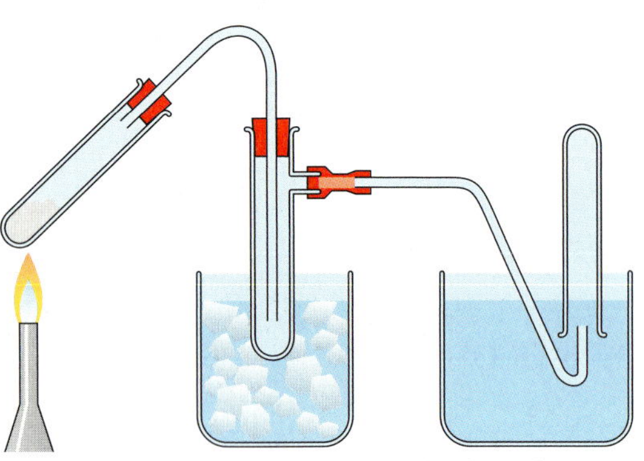

B1 *Pyrolyse von Polyethenpulver*

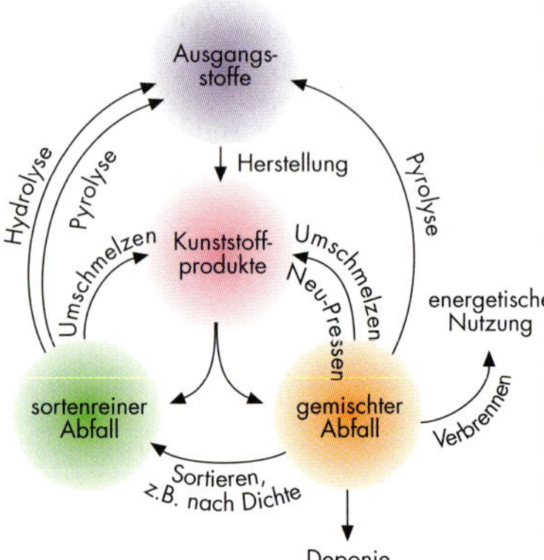

B2 *Kunststoff-Kreislauf*

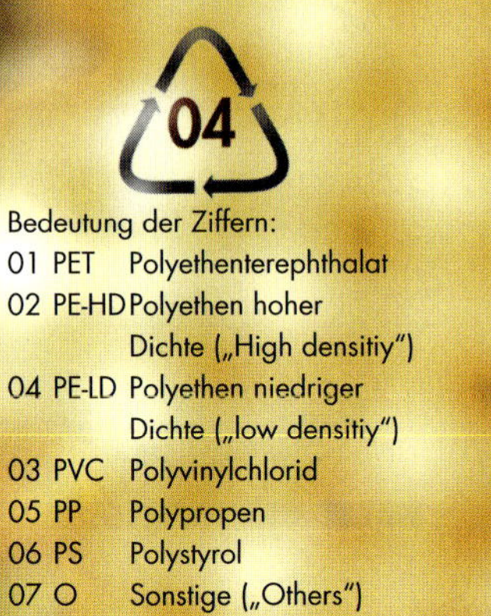

B3 *Kennzeichnung von Kunststoffen*

STOFFKREISLÄUFE

Aus Erfahrung wissen wir, dass die in der Natur vorkommenden Stoffe fortwährenden Veränderungen unterworfen sind. Man kann sich die Natur als ein gigantisches chemisches Laboratorium vorstellen, in dem die Stoffe in einem andauernden Kreislauf auf- und abgebaut werden. Der Mensch ist ein Teil dieser Stoffkreisläufe, greift aber auch aktiv in sie ein, indem er ihnen Stoffe entzieht und in veränderter Form wieder zuführt. Daher ist in diesem Kapitel für uns die Leitfrage wichtig: „Wie laufen Stoffkreisläufe in der Natur und Technik ab?"
Nur wenn wir Antworten auf diese Frage erhalten, können wir die Folgen unseres Handelns verstehen. In diesem Zusammenhang sollen weitere Fragen erörtert werden:

1. **Wo kann man in Natur, Umwelt und Technik Beispiele für Stoffkreisläufe finden?**

2. **Welche Stoffe sind an Stoffkreisläufen beteiligt?**

3. **Welche Gemeinsamkeiten und Unterschiede haben Stoffkreisläufe in der Natur und in der Technik?**

4. **Was versteht man unter „energiereichen Verbindungen" und wie werden sie aufgebaut?**

...

B1 *Facetten zum Thema „Stoffkreisläufe"*

Die an den natürlichen Stoffumwandlungen beteiligten Stoffe haben über Jahrmillionen auf der Erde einen Zustand erreicht, in dem ihre Konzentrationen zeitlich annähernd konstant sind.
Der Mensch nutzt und verarbeitet natürliche Rohstoffe. Die dabei produzierten Stoffe haben Einfluss auf die natürlichen Stoffkreisläufe. Auf den folgenden Seiten werden wir unsere Kenntnisse über das chemische Gleichgewicht auf Stoffkreisläufe in Natur, Umwelt und Technik anwenden und dabei zu nützlichen Erkenntnissen gelangen.

(5) Wie werden unsere Nährstoffe im Körper „verbrannt“?

(6) Wie können verbrauchte Nährstoffe im Boden ersetzt werden?

(7) Wie stellt man Düngemittel industriell her?

(8) Welche Konsequenzen können die Eingriffe des Menschen in die natürlichen Stoffkreisläufe haben?

B2 *Die Bavaria-Buche (links im Sommer, rechts im Herbst) ist mit etwa 800 Jahren einer der ältesten Bäume Deutschlands.* **A:** *Inwiefern ist der Baum an Stoffkreisläufen in der Natur beteiligt?*

An den in der belebten Natur vorkommenden Stoffkreisläufen sind in erster Linie Kohlenstoffverbindungen beteiligt. Etwa ein Sechzigtausendstel der Erdmasse besteht aus dem Element Kohlenstoff. Auf der Erde ist Kohlenstoff in unterschiedlichen Verbindungen gespeichert. Die wichtigsten dieser Verbindungen, ihre Mengen und Speicherorte sind in B3 wiedergegeben.

Der Kohlenstoff unterliegt zahlreichen Umwandlungsprozessen und Kreisläufen (B4). Durch Photosynthese, Diffusion in Meereswasser und Sedimentation wird der Atmosphäre ständig Kohlenstoffdioxid entzogen. Umgekehrt wird z. B. durch Atmung, Verbrennung, Zersetzung und Vulkanismus der Atmosphäre Kohlenstoff in Form von Kohlenstoffdioxid zugeführt. Die Bilanz all dieser Umwandlungsprozesse ist in der Natur weitgehend ausgeglichen.

Speicherort	Verbindungen	Masse in Gt
Sediment	Carbonate Ölschiefer	100.000.000
Meerwasser	Kohlenstoffdioxid Hydrogencarbonat	40.000
Fossile Brennstoffe	Kohle, Erdöl, Erdgas	5.000
Boden	Humus, Torf ...	1.500
Vegetation	Lebende Biomasse	550
Atmosphäre	Kohlenstoffdioxid	750

B3 *Kohlenstoff-Speicher auf der Erde (Gt = Gigatonne)*

Durch Brandrodung und Verbrennung der fossilen Brennstoffe werden der Atmosphäre aber jährlich ca. 7,6 Gt (Gigatonnen) Kohlenstoff zusätzlich als Kohlenstoffdioxid zugeführt. Man schätzt, dass diese erhöhte Zufuhr an Kohlenstoffdioxid zum Teil durch vermehrte Photosynthese und erhöhte Diffusion in das Meerwasser kompensiert wird. Weltweite Messungen zeigen, dass der Kohlenstoffdioxidgehalt in der Atmosphäre um ca. 3 Gt pro Jahr zunimmt. Berechnungen zufolge führt das bis zum Jahr 2050 zu einem mittleren Temperaturanstieg in der Atmosphäre um 2,5 °C.

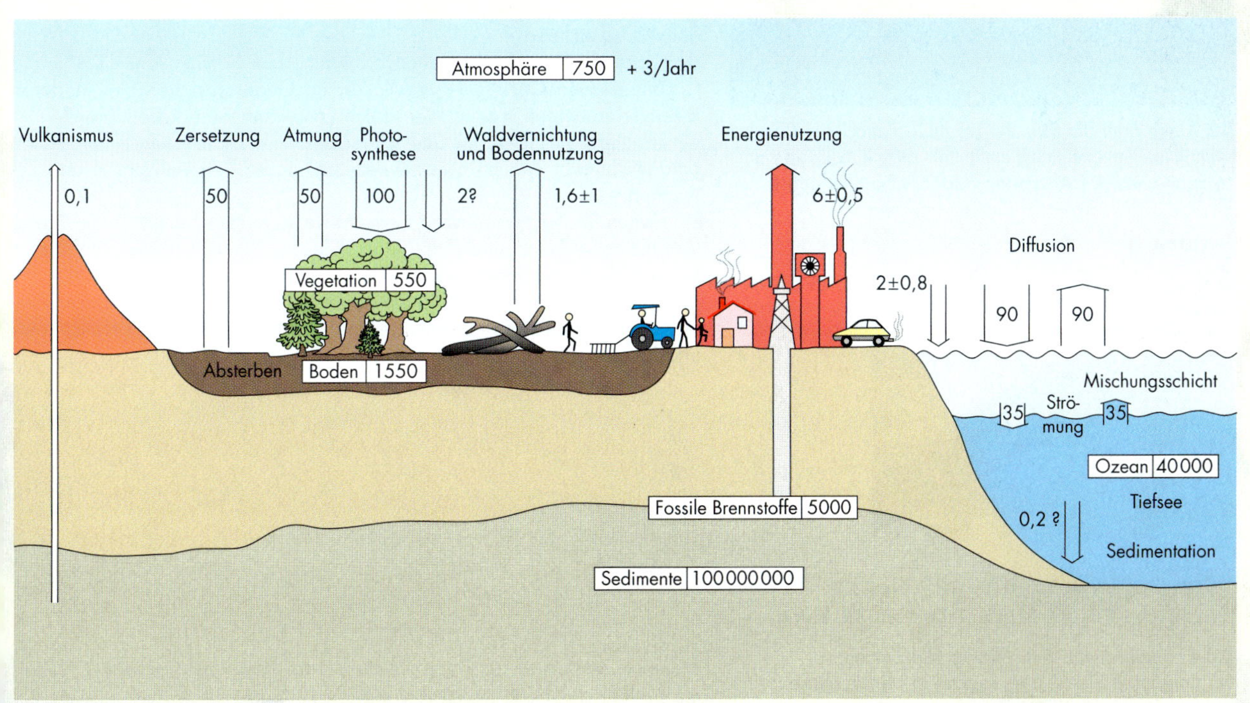

B4 *Stoffkreisläufe des Kohlenstoffs mit Stoffströmen (alle Angaben Gigatonnen Gt: 1 Gt = 10^9 t).* **A:** *Stellen Sie Kohlenstoffdioxid freisetzende und bindende Vorgänge in der Natur gegenüber. Auf welche hat der Mensch einen Einfluss?*

Steinhart und butterweich

B1 *Kalkstein in den Kalkalpen.* **A:** *Was lässt sich aus diesem Sachverhalt über die Wasserlöslichkeit von Kalkstein schließen?*

B2 *Kalkmörtel am Bau.* **A:** *Damit Kalkmörtel in Räumen schneller abbindet, stellt man offene Koksöfen auf. Warum wird das Abbinden dadurch beschleunigt?*

Zement:
CaO (60% bis 90%), SiO_2 (18% bis 24%),
+... Al_2O_3, Fe_2O_3, MgO, TiO_2, Na_2O, K_2O.

B3 *Formale Zusammensetzung von Zement.*
A: *Benennen Sie die angegebenen Verbindungen.*
A: *Warum ist eine exakte Formel wie beim Kalkstein* $CaCO_3$ *nicht möglich?*

Versuche

V1 Erhitzen Sie ein kleines, abgewogenes Stückchen Marmor (Calciumcarbonat) auf einer Magnesiarinne 5 min lang in der sehr heißen Brennerflamme auf Glühtemperatur[1]. a) Stellen Sie nach dem Abkühlen die Massenänderung fest. b) Bringen Sie auf den gebrannten Kalk* aus a) zwei Tropfen Wasser und einen Tropfen Phenolphthalein-Lösung. Beobachtung? Führen Sie diesen Test auch mit einem Stückchen ungebrannten Marmors durch und vergleichen Sie die Ergebnisse.

V2 Geben Sie in eine Porzellanschale ca. 2 g Calciumoxid* (gebrannter Kalk), halten Sie ein Thermometer hinein und übergießen Sie mit kleinen Portionen Wasser. Rühren Sie vorsichtig und beobachten Sie die Temperatur. Tupfen Sie etwas von dem erhaltenen Brei* (Löschkalk*) auf einen Streifen Indikatorpapier. Beobachtung?

V3 Bestreichen Sie ein Filterpapier ca. 1 mm dick mit gelöschtem Kalk* aus V2 und lassen Sie es einige Tage an der Luft liegen. Tropfen Sie auf den abgebundenen Kalk etwas Salzsäure*, $c = 0{,}1$ mol/L. Beobachtung? Führen Sie den Salzsäure-Test auch mit einem Stückchen Marmor durch und vergleichen Sie die Ergebnisse.

V4 Mischen Sie Zementpulver mit der doppelten Menge Sand und mit Wasser zu einem zähen Brei und füllen Sie damit zwei Streichholzschachteln. Legen Sie eine der Schachteln mit Betonmischung in eine Schale unter Wasser und lassen Sie die andere an der Luft stehen. Prüfen Sie nach einigen Tagen die Härte des Betons aus den beiden Schachteln mit dem Hammer und die Beständigkeit gegen Salzsäure* und Natronlauge*, jeweils $c = 0{,}1$ mol/L.

Auswertung

a) Deuten Sie alle Versuchsbeobachtungen aus V1 bis V3 und formulieren Sie die Reaktionsgleichungen für das Kalkbrennen (V1), das Kalklöschen (V2) und das Abbinden des gelöschten Kalks (V3). Geben Sie jeweils auch die Zustandssymbole *s*, *l*, *g* und *aq* der Verbindungen an (*Hinweis:* vgl. B6).

b) Welches Gas entweicht bei der Reaktion von Calciumcarbonat mit Salzsäure in V3? Formulieren Sie die Reaktionsgleichung.

c) Beim Einleiten von Kohlenstoffdioxid in Kalkwasser fällt ein weißer Niederschlag aus. Um welche Verbindung handelt es sich? Formulieren Sie die Reaktionsgleichung.

d) Calciumcarbonat, eine Ionenverbindung aus Calcium-Ionen Ca^{2+} und Carbonat-Ionen CO_3^{2-}, ist in Wasser im Gegensatz zu vielen anderen Ionenverbindungen sehr schwer löslich. Wie kann man das erklären?

e) Erläutern Sie die in V3 und V4 festgestellten praktischen Unterschiede beim Abbinden und bei der Säurebeständigkeit von Kalkmörtel und Zementmörtel.

f) Planen Sie nach dem Muster aus V4 Versuche zum Vergleich der Bruchfestigkeit von Beton und Stahlbeton. (Für die Herstellung von Stahlbeton können Sie Büroklammern verwenden.)

g) Erkundigen Sie sich auf einem Bau in Ihrer Nähe über die Zusammensetzung, Zubereitung und Verarbeitung des dort verwendeten Kalkmörtels und Zementmörtels.

[1] Temperaturen von ca. 1000 °C, wie sie für das Kalkbrennen benötigt werden, können auch in einer mit Graphit besprühten Porzellanschale im Mikrowellenherd erzeugt werden. Genaue Arbeitsanleitungen dazu sind im Internet unter www.uni-frankfurt.de/didachem/zu finden.

Kalk-Kreislauf in der Bauindustrie

Aus hartem **Kalkstein**, dessen Hauptbestandteil Calciumcarbonat $CaCO_3$ ist, wird eine butterweiche Paste, wenn man ihn zunächst „brennt" und dann „löscht" (V1, V2, B6). Beim Brennen bildet sich **Branntkalk** (Calciumoxid) und beim anschließenden Löschen **Löschkalk**[1] (Calciumhydroxid). Löschkalk und Sand werden zu **Kalkmörtel** vermischt, mit dem man Ziegelsteine vermauert. Beim Abbinden reagiert das Calciumhydroxid mit Kohlenstoffdioxid aus der Luft und bildet erneut Calciumcarbonat. Kalkmörtel ist daher ein sog. **Luftmörtel**. Wegen des geringen Gehalts von Kohlenstoffdioxid in der Luft ist zur Erhärtung des Mörtels viel Zeit erforderlich. Weil beim Erhärten Wasser frei wird, „schwitzen" die Wände in Neubauten längere Zeit. Unter Luftabschluss kann der Kalk- oder Luftmörtel nicht härten.
Beim Brennen, Löschen und Abbinden laufen einfache chemische Reaktionen ab, die aneinandergefügt einen **Stoffkreislauf** ergeben (V1 bis V3 und B6). Calciumcarbonat gelangt dabei aus dem natürlichen Kalkstein in die Mauern unserer Häuser. Der technisch aufwendigste Schritt in diesem Kreislauf ist das Kalkbrennen. Es wird industriell in beheizten Drehrohröfen bei ca. 1000 °C durchgeführt. Der gebrannte Kalk wird gemahlen und entweder im Kalkwerk oder an der Baustelle mit Wasser gelöscht. Der Löschkalk fällt als dicker, weißer Teig an. Da dieser Kreislauf des Calciumcarbonats durch menschliche Tätigkeiten zustande kommt, spricht man vom **technischen Kalk-Kreislauf**. Dabei ist die Stoff- und Energiebilanz zwar formal ausgeglichen (B6), in der Praxis aber mit dem Verbrauch von fossilen Brennstoffen verbunden.
Durch Zusammenschmelzen von gemahlenem Kalkstein und **Ton**[2] in Drehrohröfen bei 1500 °C gewinnt man **Zement**, einen der wichtigsten Baustoffe unserer Zeit (V4, B3 und B5). **Zementmörtel**, ein Gemisch aus Zement, Sand und Wasser, ist im Gegensatz zu Kalkmörtel ein **Wassermörtel,** weil er ohne Luft abbindet. Aus Zement, Wasser, Sand und Kies wird Beton hergestellt, dessen Struktur ähnlich der natürlicher Silikate ist. Fügt man ein Stahlgerüst ein, so erhält man bruch- und zugfesten **Stahlbeton**.

B4 *Drehrohrofen.* **A:** *Welches Gas entweicht hier in die Umwelt?*

B5 *Tower am Flughafen.* **A:** *Nennen Sie andere Bauwerke aus Stahlbeton.*

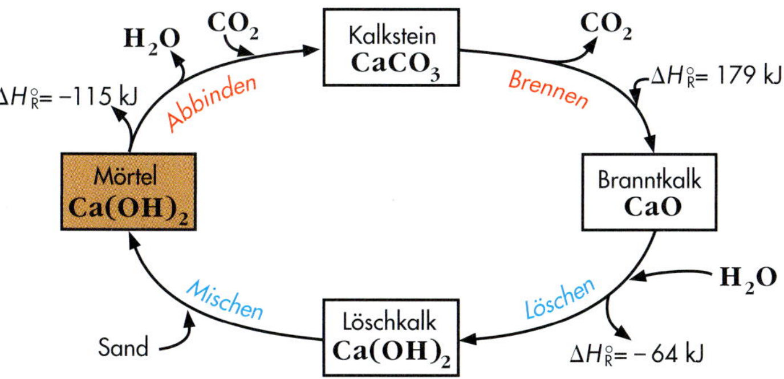

B6 *Kalk-Kreislauf in der Bauindustrie.* **A:** *Berechnen Sie aus den Angaben der Reaktionsenthalpien die Energiebilanz des Kreislaufs.*

Aufgaben

A1 Ermitteln und erläutern Sie die Stoffbilanz beim technischen Kalk-Kreislauf mithilfe von B6 und der Auswertung a) von S. 86.

A2 Erläutern Sie, inwiefern beim technischen Kalk-Kreislauf „wertvolle" Energie in „wertlose" Energie umgewandelt wird (vgl. auch A in B6).

A3 Auf S. 93 und in der dort genannten Flash-Animation im Internet wird der **natürliche Kalk-Kreislauf** beschrieben. Nennen und erläutern Sie die Gemeinsamkeiten und die Unterschiede von technischem und natürlichem Kalk-Kreislauf.

[1] Calciumhydroxid $Ca(OH)_2$ ist nur schlecht wasserlöslich. Der **Löschkalk** ist im Wesentlichen eine Aufschlämmung von Calciumhydroxid in Wasser. **Kalkwasser** ist verdünnte, klare Calciumhydroxid-Lösung.
[2] Ton besteht aus Aluminiumsilikaten, Verbindungen aus Silicium, Sauerstoff und Aluminium mit unterschiedlichem Wassergehalt.

Fachbegriffe

Kalkstein, Branntkalk, Löschkalk[1], Luftmörtel, Wassermörtel, Zement, Beton, Ton[2], technischer Kalk-Kreislauf

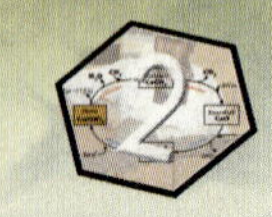

Im Alltag: Soda und Natron

B1 *Soda und Natron*

Versuche

V1 Geben Sie auf zwei Uhrgläser je einige Tropfen einer verdünnten Lösung von Soda* (Waschsoda aus der Drogerie) und Natron. Halten Sie jeweils ein ausgeglühtes Magnesiastäbchen in die Lösung und anschließend in die nicht leuchtende Brennerflamme. Beobachtung?

V2 Lösen Sie eine Spatelspitze Soda* und eine Spatelspitze Natron in etwas Wasser, das mit Universalindikator versehen ist. Bestimmen Sie den *p*H-Wert der Lösung durch Vergleich mit der Farbskala. Falls vorhanden, ermitteln Sie die *p*H-Werte mit einem *p*H-Messgerät.

V3 Geben Sie etwas verdünnte Salzsäure* auf eine kleine Probe Soda* bzw. Natron. Beobachtung?

V4 Führen Sie V3 noch einmal durch. Geben Sie die Proben in einen Erlenmeyerkolben, setzen Sie nach der Zugabe der Salzsäure* Gasableitungsrohre auf und leiten Sie das entstehende Gas durch Kalkwasser*.

V5 *Quantitative Untersuchung der Gasentwicklung (I):* Geben Sie zu einem deutlichen Überschuss (10 g) an Soda* bzw. Natron in je einem Erlenmeyerkolben genau 10 mL Salzsäure*, c = 1 mol/L, nach B3. Ermitteln Sie mit der Präzisionswaage die Masse des entweichenden Kohlenstoffdioxids.

V6 *Quantitative Untersuchung der Gasentwicklung (II):* Geben Sie in die Apparatur zu V5 nun je 1 g Soda* bzw. Natron in einen Überschuss (30 mL) an Salzsäure*, c = 1 mol/L. Ermitteln Sie die Masse des entweichenden Kohlenstoffdioxids.

V7 Füllen Sie den Inhalt eines Päckchens Backpulver in eine leere Sprudelflasche. Gießen Sie 100 mL Essig hinzu und stülpen Sie einen Luftballon über die Flaschenöffnung. (*Hinweis:* Luftballon vorher mehrmals aufblasen, damit der Gegendruck nicht zu stark ist.)

B2 *Aufbau zur quantitativen Untersuchung der Reaktion von Soda und Natron mit Salzsäure*

Auswertung

a) Welche Bestandteile von Soda und Natron werden mit den Versuchen V1, V3 und V4 nachgewiesen?

b) Vergleichen Sie die Ergebnisse von V5 und V6. Erklären Sie, welcher der beiden Versuche den alten Namen „Natriumbicarbonat" für Natron verdeutlicht.

c) Berechnen Sie bei V5 und V6 jeweils die theoretische Ausbeute an Kohlenstoffdioxid und vergleichen Sie die Ergebnisse mit Ihren Messwerten.

d) Zu etwas besseren Übereinstimmungen mit den theoretischen Werten kommt man, wenn man den Erlenmeyerkolben vor Beginn der Reaktion mit Kohlenstoffdioxid füllt. Begründung?

e) Wie könnte man das Volumen des im Luftballon gesammelten Gases experimentell bestimmen? Welches Gasvolumen kann aus 1 Päckchen Backpulver [$m(\mathbf{NaHCO_3})$ = 2 g] maximal entwickelt werden?

In der Chemie: Natriumcarbonat und Natriumhydrogencarbonat

Die beiden Natriumsalze der Kohlensäure sind uns aus der Küche und dem Haushalt bekannt. Es sind Natriumcarbonat oder Soda $\mathbf{Na_2CO_3}$ und Natriumhydrogencarbonat oder Natron $\mathbf{NaHCO_3}$. Natron ist wesentlicher Bestandteil von Backpulver, von Tabletten gegen Sodbrennen (Bullrichsalz) und von Brausepulver, während Soda als Bestandteil von Geschirrspülmitteln für Spülmaschinen und von Waschmitteln eine wichtige Rolle spielt. Natriumcarbonat kommt in der Natur in Sodaseen (B4), die es in Afrika und in Amerika gibt, vor. In einigen Heilquellen, beispielsweise bei Karlsbad, tritt Natursoda in Form von Bodenausblühungen auf. Wegen seiner wirtschaftlichen Bedeutung ist Natriumcarbonat eine Grundchemikalie und wird in großen Mengen industriell hergestellt (S. 91).
Große Mengen von Soda werden für die Glasherstellung (B3) benötigt, bei der Quarzsand mit Soda und Kalkstein vermischt und geschmolzen wird.
Auch wenn die beiden Stoffe Natriumcarbonat und Natriumhydrogencarbonat auf den ersten Blick sehr ähnlich aussehen und auch ähnliche Reaktionen zeigen (V1 und V3), dürfen sie nicht verwechselt werden. Schließlich zeigt die wässrige Lösung von Natriumcarbonat eine stark alkalische Reaktion, während die wässrige Lösung von Natriumhydrogencarbonat nur schwach alkalisch reagiert (V2). Dies ist darauf zurückzuführen, dass die Carbonat-Ionen $\mathbf{CO_3^{2-}}$ wesentlich stärker als Base wirken als die Hydrogencarbonat-Ionen $\mathbf{HCO_3^-}$. Dabei laufen in wässriger Lösung folgende Reaktionen ab:

$$CO_3^{2-}(aq) + H_2O(l) \rightleftharpoons HCO_3^-(aq) + OH^-(aq) \quad (1)$$
$$HCO_3^-(aq) + H_2O(l) \rightleftharpoons [H_2CO_3]^1(aq) + OH^-(aq) \quad (2)$$

Bei (1) reagieren die Carbonat-Ionen als starke Basen mit Wasser-Molekülen fast vollständig zu Hydrogencarbonat-Ionen und Hydroxid-Ionen (stark alkalische Reaktion). Bei (2) liegt das Gleichgewicht auf der linken Seite. Hier bilden sich nur zu einem geringen Teil Hydroxid-Ionen, die Lösung ist nur schwach alkalisch.
Beide Salze entwickeln bei der Reaktion mit Salzsäure Kohlenstoffdioxid gemäß:

$$Na_2CO_3(s) + 2\,HCl(aq) \rightarrow 2\,NaCl(aq) + CO_2(g) + H_2O(l)$$
$$NaHCO_3(s) + HCl(aq) \rightarrow NaCl(aq) + CO_2(g) + H_2O(l)$$

Bei gleicher Stoffmenge an Salzsäure wird bei der Reaktion des Natriumhydrogencarbonats doppelt soviel Kohlenstoffdioxid (V5) entwickelt wie bei der des Natriumcarbonats. Daher stammt auch der alte, etwas verwirrende Name „Natriumbicarbonat" für $\mathbf{NaHCO_3}$.

Aufgaben

A1 Vergleichen Sie die Angaben auf den Verpackungen verschiedener Haushaltswaren (Backpulver, Waschmittel und Geschirrspülmittel) bezüglich des Gehalts an Natriumcarbonat und Natriumhydrogencarbonat.

A2 Erklären Sie die schichtweise Ablagerung von Natron und Soda am Sodasee (B4).

---

[1] Reine Kohlensäure ist in Lösung nicht existenzfähig, sie zerfällt nach $H_2CO_3 \rightarrow CO_2 + H_2O$ in Kohlenstoffdioxid und Wasser.

B3 *Kontinuierliche Herstellung von Fensterglas.*
A: *Warum muss die Glasschmelze langsam und gleichmäßig abgekühlt werden?*

B4 *Sodasee in Afrika*

Fachbegriffe

Soda (Natriumcarbonat),
Natron (Natriumhydrogencarbonat)

Sodaherstellung im Labor

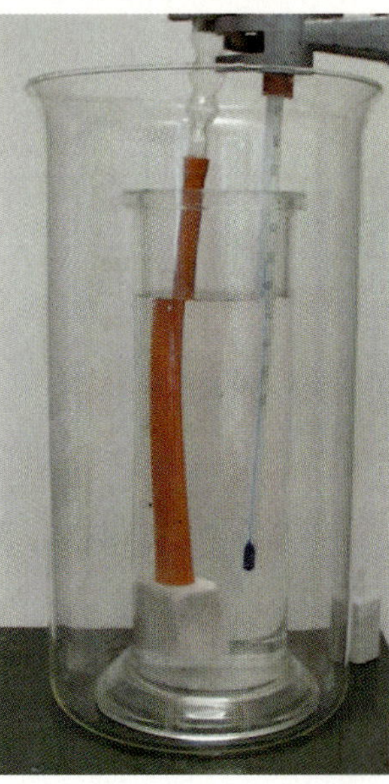

B1 *Laborversuch zur Herstellung von Soda*

B2 *Nach ca. 15 bis 20 min*

Salz	Löslichkeit in g/100 g Wasser
$NaHCO_3$	10,3
NH_4HCO_3	25,0
Na_2CO_3	29,4
NaCl	36,0

B3 *Löslichkeiten einiger Salze bei 25 °C*

Versuche

V1 *Modellversuch zur Sodaherstellung* **(Abzug!)**: Bereiten Sie zunächst aus 220 mL dest. Wasser und 80 g Natriumchlorid eine gesättigte Natriumchlorid-Lösung zu. Diese Lösung wird in einem Becherglas mit 80 mL Ammoniak-Lösung*, w = 25 %, gemischt. Geben Sie diese Mischung in einen Standzylinder, den Sie zuvor in ein großes Becherglas (2 L) gestellt haben. Dann schließen Sie einen „Sprudelstein" (erhältlich in Fachgeschäften für Aquarienbedarf) an die Kohlenstoffdioxid-Flasche an und tauchen ihn bis zum Boden ein. Die Temperatur der Flüssigkeit kontrollieren Sie mit einem Thermometer, oder falls vorhanden, mit einem Messfühler, sie sollte nicht über 30 °C steigen. Zum Kühlen geben Sie nach einiger Zeit kaltes Wasser und einige Eisstücke in das große Becherglas. Das entstehende Reaktionsprodukt nutschen Sie ab und waschen es mit wenig Wasser. (*Hinweis:* Es kann vorkommen, dass der Sprudelstein durch das entstehende Salz verstopft wird. Für diesen Fall empfiehlt es sich, einen weiteren Stein vorrätig zu haben.)

V2 Geben Sie etwa die Hälfte des Reaktionsprodukts zum Trocknen bei etwa 70 °C für eine halbe Stunde in den Trockenschrank. Vom ursprünglichen Produkt und dem aus dem Trockenschrank lösen Sie eine Probe in etwas Wasser, das mit Universalindikator versetzt ist. Beobachtung?

V3 Stellen Sie eine gesättigte Natriumcarbonat-Lösung* her und leiten Sie in diese Lösung einige Zeit Kohlenstoffdioxid ein. Beobachtung?

Auswertung

a) Bei V1 sind vor allem die Gleichgewichtsreaktionen von S. 91 von Bedeutung. Erläutern Sie mithilfe des Prinzips vom kleinsten Zwang (Prinzip von LE CHATELIER, S. 55) und des Löslichkeitsgleichgewichts (Info), in welche Richtung sich die Gleichgewichtslage beim Einleiten von Kohlenstoffdioxid verschiebt. Erklären Sie dann unter Berücksichtigung der Löslichkeiten (B3), warum Natriumhydrogencarbonat ausfällt.

b) Deuten Sie die Versuchsbeobachtung von V2. Welche Reaktion von S. 91 läuft im Trockenschrank ab? Begründen Sie dies.

c) Welche Reaktion läuft bei V3 ab? Formulieren Sie die entsprechende Reaktionsgleichung.

INFO
Löslichkeitsgleichgewicht

Zwischen einem festen Salz AB(s) und seinen gelösten Ionen A^+(aq) und B^-(aq) kommt es zu folgendem Gleichgewicht:

$$AB(s) \xrightleftharpoons{H_2O} A^+(aq) + B^-(aq)$$

Wenn eine gesättigte Lösung eines Salzes vorliegt, bildet sich bei weiterem Zusatz der entsprechenden Ionen ein Bodenkörper, das Salz fällt aus der Lösung aus (B3).

Gibt man beispielsweise in eine gesättigte Natriumhydrogencarbonat-Lösung Natrium-Ionen, indem man diese Lösung mit einer gesättigten Kochsalzlösung versetzt, so fällt Natriumhydrogencarbonat aus.

Wird die Lösung dagegen verdünnt, können mehr Ionen in Lösung gehen, der Feststoff löst sich.

Durch die Änderung der Konzentration der Ionen in der Lösung kann man das Löslichkeitsgleichgewicht also beeinflussen. Das macht man sich sowohl beim analytischen Nachweis von Ionen als auch bei technischen Prozessen zunutze (S. 91).

Das SOLVAY[1]-Verfahren

In V1 wird aus einer Lösung zunächst Natriumhydrogencarbonat ausgefällt, das dann durch Erhitzen in Natriumcarbonat überführt wird. Wegen der großen Bedeutung von Soda als Grundstoff für die industrielle Produktion wurden schon vor mehr als 150 Jahren technische Verfahren zur Sodaherstellung entwickelt. In dem Buch „Geschichte der Chemie" (E. v. Meyer, 1914, S. 542) wird der Übergang von dem älteren **Verfahren nach LEBLANC**[2] (B4) zum **SOLVAY-Verfahren** bereits vorausgesehen:

„... ist die unstreitig wichtigste Neuerung im Gebiete der Sodaindustrie hervorgegangen: die Umwandlung des Chlornatriums in kohlensaures Natrium ohne Vermittlung des schwefelsauren Natrons, die Fabrikation der sogenannten Ammoniaksoda. ... Jetzt hat die Gewinnung von Ammoniaksoda eine derartige Höhe erreicht, daß die Fabrikation von Leblancsoda stark beeinträchtigt ist. Wird ... das Problem gelöst, aus den Abfallprodukten des Ammoniaksodaprozesses Salzsäure oder Chlor in vollem Umfange nutzbar zu machen, dann ist das Fortbestehen des LEBLANC-Verfahrens kaum denkbar."

Das für den Prozess nach SOLVAY benötigte Kohlenstoffdioxid wird durch das Brennen von Kalkstein (S. 87) gewonnen. Insgesamt laufen folgende Reaktionen ab, wobei die Wahl geeigneter Reaktionsbedingungen den Ablauf in Richtung Produkte unterstützt:

LEBLANC[2]-Verfahren
Zunächst wird Kochsalz mit Schwefelsäure in Natriumsulfat überführt, dieses mit Kohle zu Natriumsulfid reduziert und anschließend mit Kalkstein in Soda umgewandelt:

$$2NaCl + H_2SO_4 \longrightarrow Na_2SO_4 + 2HCl$$
$$Na_2SO_4 + 2C \longrightarrow Na_2S + 2CO_2$$
$$Na_2S + CaCO_3 \longrightarrow Na_2CO_3 + CaS$$

B4 *Reaktionsschritte des LEBLANC-Verfahrens*

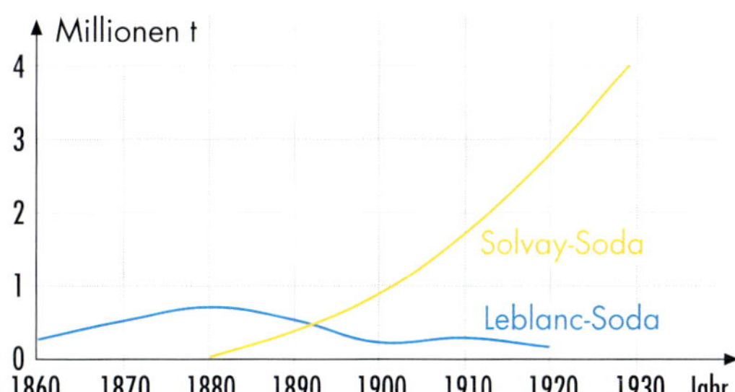

B5 *Weltproduktion an Soda von 1860 bis 1930 nach LEBLANC- und SOLVAY-Verfahren. Heute wird Soda fast ausschließlich nach dem SOLVAY-Verfahren hergestellt. Die Jahresproduktion beträgt ca. 25 Millionen Tonnen.*

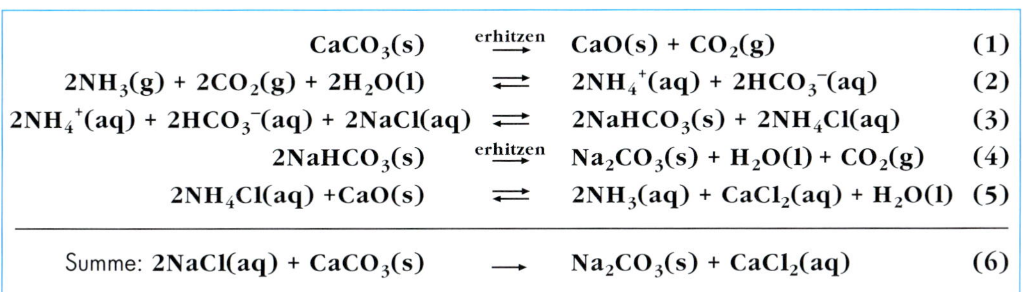

$$CaCO_3(s) \xrightarrow{\text{erhitzen}} CaO(s) + CO_2(g) \quad (1)$$
$$2NH_3(g) + 2CO_2(g) + 2H_2O(l) \rightleftharpoons 2NH_4^+(aq) + 2HCO_3^-(aq) \quad (2)$$
$$2NH_4^+(aq) + 2HCO_3^-(aq) + 2NaCl(aq) \rightleftharpoons 2NaHCO_3(s) + 2NH_4Cl(aq) \quad (3)$$
$$2NaHCO_3(s) \xrightarrow{\text{erhitzen}} Na_2CO_3(s) + H_2O(l) + CO_2(g) \quad (4)$$
$$2NH_4Cl(aq) + CaO(s) \rightleftharpoons 2NH_3(aq) + CaCl_2(aq) + H_2O(l) \quad (5)$$

Summe: $$2NaCl(aq) + CaCO_3(s) \longrightarrow Na_2CO_3(s) + CaCl_2(aq) \quad (6)$$

Aufgaben

A1 Übersetzen Sie die Begriffe aus dem historischen Text in die moderne Fachsprache.

A2 Stellen Sie die Gesamtreaktionsgleichung für das LEBLANC-Verfahren auf und vergleichen Sie die Stoffbilanz mit der des SOLVAY-Verfahrens.

A3 Begründen Sie, warum sich das LEBLANC-Verfahren nicht durchsetzen konnte.

A4 Durch welche Reaktionsbedingungen werden die Reaktionen (1) bis (5) jeweils so beeinflusst, dass die Reaktionen in Richtung der Produkte ablaufen?

A5 Kochsalz und Calciumcarbonat sind preisgünstige Rohstoffe. Warum ist eine direkte Umsetzung nach (6) nicht möglich?

A6 Erläutern Sie mithilfe von B6, warum erst nachdem Ammoniak großtechnisch kostengünstig hergestellt werden konnte (vgl. S. 121 f), auch die Sodaproduktion nach dem SOLVAY-Verfahren möglich wurde.

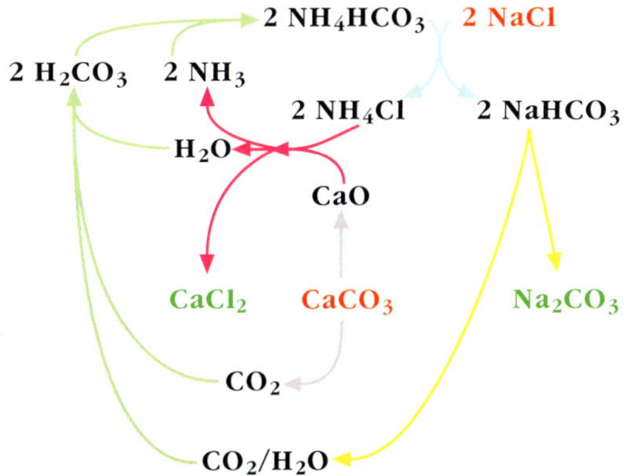

B6 *Stoffkreisläufe beim SOLVAY-Verfahren,* ***Rohstoffe*** *und* ***Produkte***. **A:** *Ordnen Sie den farbig markierten Reaktionswegen die Reaktionsschritte (1) bis (5) zu.*

Fachbegriffe

LEBLANC-Verfahren, SOLVAY-Verfahren

[1] ERNEST SOLVAY (1883 bis 1922), belgischer Chemiker
[2] NIKOLAS LEBLANC (1742 bis 1806), französischer Arzt und Chemiker

Wasser ist nicht gleich Wasser

Mineralwasser

Versickerndes Wasser enthält CO_2.

Auf dem Weg durch den Boden löst es Kalk und andere Mineralien.

Die gelösten Mineralien gelangen in das Trinkwasser und machen es „hart".

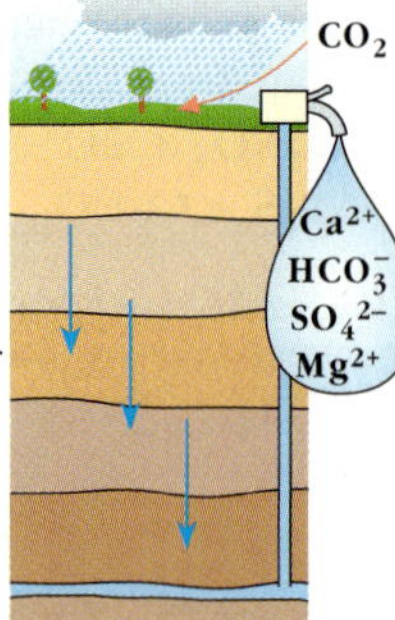

B1 *Wassersorten aus dem Alltag enthalten Ionen.* **A:** *Ermitteln Sie anhand der Etiketten verschiedener Mineralwassersorten die Art und die Mengen der darin enthaltenen Ionen.*

Natürliches **Regenwasser** reagiert schwach sauer. Beim Durchsickern durch die Bodenschichten werden verschiedene Salze gelöst und Wasserstoff-Ionen $H^+(aq)$ gegen Metall-Kationen ausgetauscht. **Trinkwasser** reagiert deshalb nicht mehr sauer, es enthält als Kationen: $Na^+(aq)$, $Ca^{2+}(aq)$, $Mg^{2+}(aq)$ u.a. Die häufigsten Anionen sind $HCO_3^-(aq)$, $SO_4^{2-}(aq)$ und $Cl^-(aq)$. Frisches **Mineralwasser** enthält neben den o.g. Ionen auch physikalisch gelöstes Kohlenstoffdioxid $CO_2(aq)$ und ionisierte Kohlensäure, die in molekularer Form in wässriger Lösung nicht beständig ist. In der verschlossenen Flasche stellen sich folgende gekoppelte Gleichgewichtsreaktionen ein:

$$CO_2(g) \rightleftharpoons CO_2(aq)$$

und

$$H_2O(l) + CO_2(aq) \rightleftharpoons H^+(aq) + HCO_3^-(aq)$$

Daher hat Mineralwasser einen deutlich sauren *p*H-Wert. Beim Aufschrauben der Flasche entweicht das Kohlenstoffdioxid $CO_2(g)$ aus dem Gasraum über der Flüssigkeit, das obere Gleichgewicht verschiebt sich nach links und infolgedessen das zweite auch. Kohlenstoffdioxid sprudelt aus der Flasche. Beim längeren Stehenlassen der offenen Mineralwasserflasche „verflüchtigt sich die Säure".

A1 Die beiden oben formulierten Hinreaktionen verlaufen exotherm, die Rückreaktionen entsprechend endotherm. Wann bleibt demnach in einer offenen Mineralwasserflasche „die Säure länger drin", bei 5 °C oder bei 30 °C? Begründen Sie Ihre Antwort und erläutern Sie anhand Ihrer Alltagserfahrungen mit Mineralwasser.

A2 Bestimmen Sie die *p*H-Werte von Mineralwasser und von „stillem Wasser" und erklären Sie den Unterschied.

Wasserhärte

B2 *Verkalkter Teekessel und verkalkter Heizstab.* **A:** *An welchen Geräteteilen setzt sich bevorzugt Kalkstein ab?*

Chemisch reines Wasser wäre für unsere Ernährung untauglich. Die im Trinkwasser gelösten Salze sind lebenswichtige Mineralstoffe, die dem Körper zugefügt werden müssen. Sie verursachen aber auch die **Härte des Wassers**. An heißen Teilen, z.B. am Wasserhahn oder am Tauchsieder, setzt sich allmählich Calciumcarbonat (Kalkstein) fest. Dabei läuft folgende endotherme Hinreaktion ab:

$$Ca^{2+}(aq) + 2HCO_3^-(aq) \rightleftharpoons CaCO_3(s) + CO_2(g) + H_2O(l)$$

In saurer Lösung wird Calciumcarbonat folgendermaßen „gelöst":

$$CaCO_3(s) + 2H^+(aq) \rightleftharpoons Ca^{2+}(aq) + H_2O(l) + CO_2(g)$$

Die Härtebereiche des Wassers werden in Grad deutscher Härte (°d) angegeben (B3). 1 °d entspricht 10 mg Calciumoxid **CaO** in 1 Liter Wasser, was gleichbedeutend ist mit $c(CaO)$ = 0,1783 mmol/L. Die anderen Verbindungen, z.B. Magnesium- und Eisensalze, werden auf Calciumoxid umgerechnet. Je nach geologischem Untergrund ist das Wasser einer Region härter oder weicher.

	Härtebereich	$c(CaO)$ in mmol/L	°d
	1 (weich)	0 bis 1,3	0 bis 7
	2 (mittelhart)	1,3 bis 2,5	7 bis 14
	3 (hart)	2,5 bis 3,8	14 bis 21
	4 (sehr hart)	> 3,8	> 21

B3 *Härtebereiche in Wasser.* **A:** *Bestimmen Sie den Härtebereich Ihres Leitungswassers zu Hause mit Teststäbchen aus der Schule.*

Wasser ist nicht gleich Wasser

Wasserenthärter

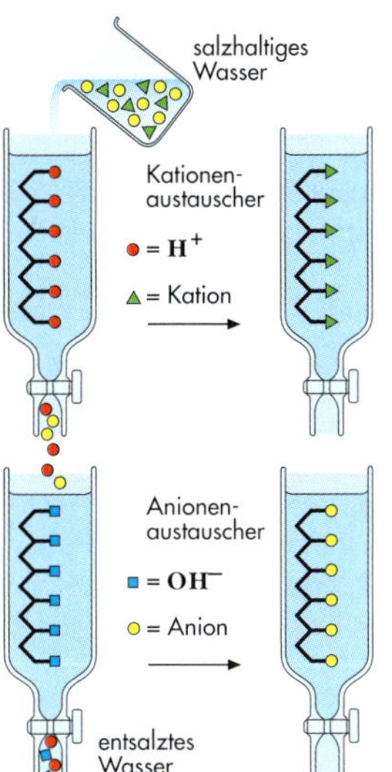

B4 *Vollentsalzung von Wasser durch Ionenaustausch.* **A:** *Erläutern Sie, wie die Kationen und die Anionen ausgetauscht werden und wie man die beladenen Säulen wieder einsatzbereit machen kann.*

Um Kalkablagerungen beim Waschen und an technischen Geräten zu verhindern, wird das ionenhaltige, harte Wasser entionisiert. Durch Abkochen wird die sog. **Carbonathärte** beseitigt, weil sich dabei festes Calciumcarbonat abscheidet (vgl. Reaktionsgleichung auf S. 92).

Durch **Ionenaustausch** können alle Kationen durch Wasserstoff-Ionen $H^+(aq)$ und alle Anionen durch Hydroxid-Ionen $OH^-(aq)$ ersetzt werden (B4). Man erhält **entionisiertes Wasser**. Die mit Kationen bzw. mit Anionen beladenen Säulen können durch Waschen mit verdünnter Salzsäure bzw. Natronlauge regeneriert und wieder einsatzfähig gemacht werden.

Vollwaschmittel enthalten neben waschaktiven Substanzen auch Wasserenthärter. Früher wurden vorwiegend Phosphate verwendet. Da sie zur Belastung von Flüssen und Seen führten, wurde ihr Anteil stark reduziert und durch Zeolith A ersetzt (B5). Es handelt sich dabei um Aluminosilicate, deren Teilchen in käfigartigen Hohlräumen Metall-Kationen binden können. Zeolithe, deren Zusammensetzung nahezu identisch mit der von natürlichen Tonerden ist, gelten als gut umweltverträglich.

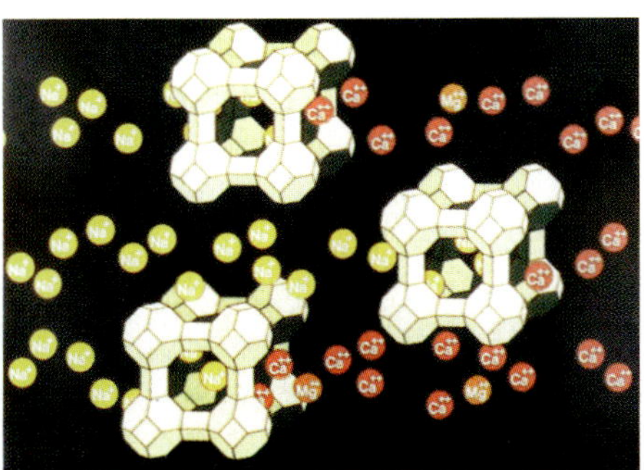

B5 *Zeolithe wirken im Waschwasser als Ionenaustauscher für Kationen.* **A:** *Welche Ionen werden hier gegen welche ausgetauscht?*

Tropfsteinhöhlen

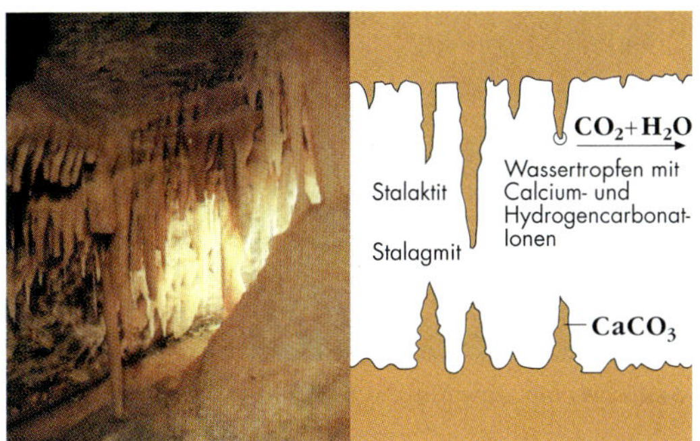

B6 *Tropfsteinhöhle und Modell zur Stalaktiten- und Stalagmitenbildung.* **A:** *Welcher Bezug besteht zu der in B2 dargestellten Kalkablagerung im Teekessel bzw. am Heizstab? Erläutern Sie.*

Wer bereits in einer Tropfsteinhöhle war, kennt die hohen Zapfen, die von der Decke und vom Boden wachsen und teilweise zu durchgehenden Säulen vereinigt sind. Im Internet kann man unter der Adresse **www.chemiedidaktik.uni-wuppertal.de** über den Pfad *Unterrichtsmaterialien → Chemie interaktiv → Inhaltsverzeichnis → Flashanimationen → Rundgang durch eine Tropfsteinhöhle* Interessantes und Wissenswertes über Tropfsteinhöhlen sehen, lesen und hören.

Die Tropfsteinhöhlen sind eindrucksvolle Beweise für einen **natürlichen Stoffkreislauf**, dessen Grundsubstanz die gleiche ist wie bei dem technischen Kalk-Kreislauf in der Bauindustrie (vgl. S. 86 und 87), das **Calciumcarbonat** $CaCO_3$. Beim Durchsickern des mit Kohlenstoffdioxid beladenen Regenwassers durch die Kalkgebirge läuft die Rückreaktion des Gleichgewichts von S. 92 ab, beim Ausbilden der Tropfsteine die Hinreaktion. Kalkstein gelangt dadurch aus den Gebirgsfelsen in die Stalaktiten und Stalagmiten.

Die Bildung von löslichem Calciumhydrogencarbonat $CaHCO_3$ aus vorher ausgefälltem Calciumcarbonat kann experimentell demonstriert werden (B7).

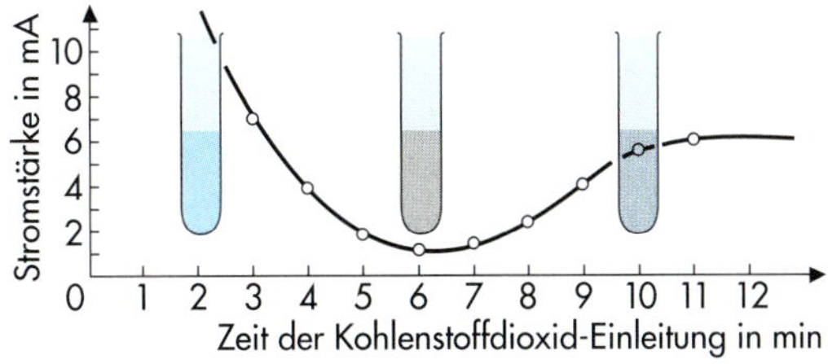

B7 *Trübung und elektrische Leitfähigkeit von Kalkwasser beim Einleiten von Kohlenstoffdioxid.* **A:** *Erklären Sie die Veränderungen mithilfe von Reaktionsgleichungen.*

ERWEITERUNG · VERTIEFUNG · ANWENDUNG

Pflanzen, Licht und CO_2

B1 *Grüne Pflanzen betreiben mit Licht Photosynthese.*

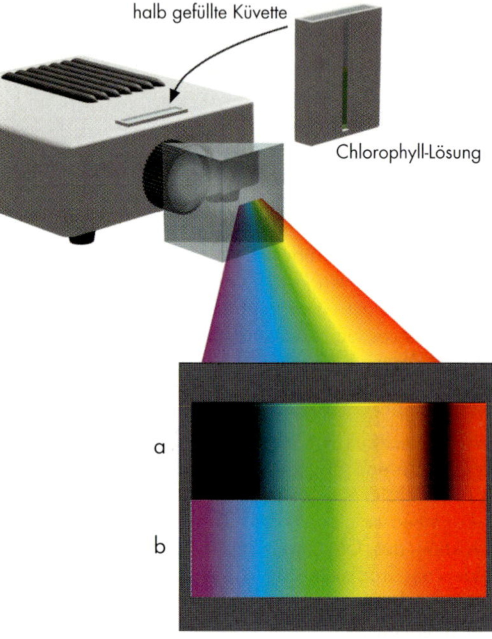

B2 *Lichtabsorption durch eine Chlorophyll-Lösung.*
A: *Weißes Licht wird durch ein Prisma in die Spektralfarben zerlegt (Abschnitt b). Welche Farbbereiche des weißen Lichts absorbiert eine Chlorophyll-Lösung?*

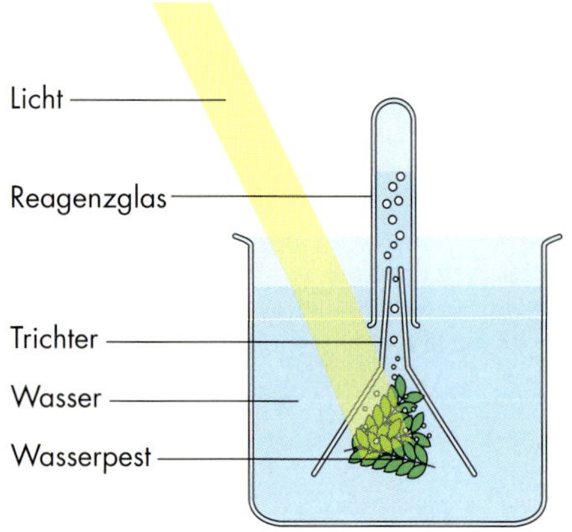

B3 *Sauerstoffproduktion durch Photosynthese (V1)*

Versuche

V1 Füllen Sie ein großes Becherglas mit Wasser. Hier hinein tauchen Sie einige frisch abgeschnittene Stängel Wasserpest (*Elodea canadensis*), Gemeines Hornblatt (*Ceratophyllum demersum*) oder Tausendblatt (*Myriophyllum spec.*), die Sie sich aus einem Gartenteich oder Zoogeschäft besorgen können. Anschließend stülpen Sie einen großen Trichter über die Stängel, die Sie dann mit einer starken Lampe (z. B. Diaprojektor) belichten (B3). Fangen Sie mit einem mit Wasser gefüllten Reagenzglas die sich bildenden Gasblasen über dem Trichter auf. Sie können verschiedene Versuchsansätze mit unterschiedlichem Abstand zur Lichtquelle durchführen.
Prüfen Sie das entstandene Gas mit der Glimmspanprobe, bestimmen Sie die gebildeten Gasvolumina.

V2 *Vorbereitung:* Stellen Sie sich eine Indigocarmin-Lösung her, indem Sie 10 mg Indigocarmin* in 200 mL Wasser lösen. Die blaue Lösung wird so lange mit einer Natriumdithionit-Lösung (1 g Natriumdithionit* in 100 mL Wasser) versetzt, bis sie gerade eben farblos wird.
Vorversuch: Leiten Sie in eine Probe der farblosen Indigocarmin-Lösung entweder mittels einer Wasserstrahlpumpe Luft oder aus der Druckgasflasche etwas Sauerstoff ein.
Hauptversuch: Legen Sie einige Stängel Wasserpflanzen (V1) in einen Erlenmeyerkolben mit frischer, farbloser Indigocarmin-Lösung und beleuchten Sie die Pflanzenteile mit einer starken Lampe. Beobachtung?

V3 Stellen Sie sich mithilfe der entfärbten Indigocarmin-Lösung (V2) und Natriumhydrogencarbonat $NaHCO_3$ unterschiedlich konzentrierte Natriumhydrogencarbonat-Lösungen her (z. B. w = 0,1 %, 0,2 %, 0,5 % und 1 %). Verteilen Sie gleiche Volumina dieser Lösungen auf verschiedene Erlenmeyerkolben. Ein zusätzlicher Kolben wird mit frisch abgekochter und somit kohlenstoffdioxidfreier Indigocarmin-Lösung gefüllt. Geben Sie dann in jeden Kolben gleich große Stängel von Wasserpest oder Hornblatt (V1). Überschichten Sie die Lösungen mit etwas Speiseöl, damit kein Sauerstoff aus der Luft in die Lösungen gelangen kann. Beleuchten Sie dann alle Kolben gleichermaßen (z. B. auf Overhead-Projektor stellen). Vergleichen Sie die Beobachtungen hinsichtlich der Farbveränderungen der Lösungen.

Auswertung

a) Zählen Sie Faktoren auf, von denen die Photosynthese abhängig ist und begründen Sie Ihre Aussagen anhand der Versuchsbeobachtungen von V1 bis V3.

b) Wie ändert sich der *p*H-Wert der Lösung in Versuch zu B3, wenn man davon ausgeht, dass die beleuchtete Pflanze in kohlenstoffdioxidgesättigte Lösung eintaucht?

c) Vergleichen Sie Ihre Ergebnisse aus V3 mit den Aussagen von B5. Inwiefern gibt es Übereinstimmungen?

Die Photosynthese

Pflanzen sind in der Lage, bei Licht mithilfe von **Chlorophyllen** (Blattfarbstoffe) aus Kohlenstoffdioxid und Wasser in vielen Schritten Sauerstoff zu entwickeln (V1 und V2). Hierbei entsteht als weiteres Produkt **Glucose** (Traubenzucker) $C_6H_{12}O_6$. Diesen Vorgang nennt man **Photosynthese**. Die Photosynthese läuft stark vereinfacht nach folgender Reaktionsgleichung ab:

$$6\ CO_2(g) + 6\ H_2O(l) \xrightarrow[\text{Chlorophylle}]{\text{Licht}} C_6H_{12}O_6(s) + 6\ O_2(g); \quad \Delta G° = +\ 2880\ kJ^1$$

Die Photosynthese ist der wichtigste Biosyntheseprozess in der belebten Natur und im Stoffkreislauf des Kohlenstoffs auf unserem Planeten. Nur die grünen Pflanzen sind in der Lage, aus anorganischem Kohlenstoffdioxid organische Verbindungen wie Glucose aufzubauen.

Durch die Photosynthese werden der Atmosphäre der Erde jährlich etwa 100 Gt[2] Kohlenstoff in Form von Kohlenstoffdioxid entzogen, woraus die Pflanzen etwa 700 Gt Biomasse produzieren. Dabei werden pro Jahr ca. $3 \cdot 10^{18}$ kJ chemische Energie in Biomasse gespeichert. Weil sich von dieser Biomasse auch Menschen und Tiere ernähren, ist das ganze Leben auf der Erde von der Photosynthese abhängig.

Der bei der Photosynthese gebildete Traubenzucker wird in den Pflanzen durch Energie verbrauchende Stoffwechselprozesse zu weiteren Produkten wie z. B. Stärke (B4), Cellulose, Fetten oder Eiweißen verarbeitet. Sie stellen für andere Lebewesen wichtige Nährstoffe dar.

Der Stoffumsatz der Photosynthese ist abhängig von mehreren Faktoren wie z. B. der Lichtintensität, dem Kohlenstoffdioxid-Anteil der Umgebung, der Temperatur und dem Chlorophyllgehalt der Blätter. Der durchschnittliche Kohlenstoffdioxid-Anteil in der Atmosphäre von 0,035 Vol-% ist für das Wachstum der Pflanzen nicht optimal. Daher werden in Gewächshäusern die Pflanzen häufig zur Ertragssteigerung mit Kohlenstoffdioxid begast. Die im Wasser lebenden Pflanzen (z. B. Algen) verwerten zur Photosynthese das im Wasser zumeist als Hydrogencarbonat gelöste Kohlenstoffdioxid. Die Ozeane enthalten etwa 60-mal soviel Kohlenstoffdioxid wie die Atmosphäre. Daher ist die Biomasse in den Weltmeeren bedeutend größer als auf dem Land.

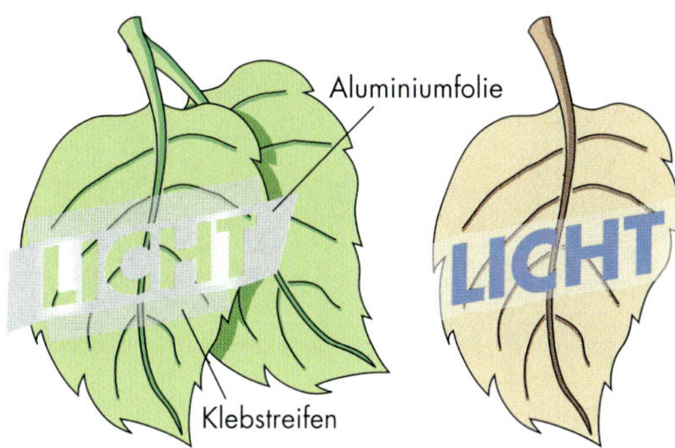

B4 *Photosyntheseprodukte lassen sich in Blättern nachweisen: Ein beleuchtetes Blatt wurde mit einem Aluminiumstreifen, auf dem das Wort „Licht" ausgeschnitten war, teilweise abgedeckt (links). Nach einiger Zeit wurde das Blatt in Iod-Kaliumiodid-Lösung getaucht (rechts). Iod-Kaliumiodid-Lösung weist Stärke durch Dunkelblaufärbung nach. Die Chlorophylle wurden zuvor durch Extraktion entfernt.*

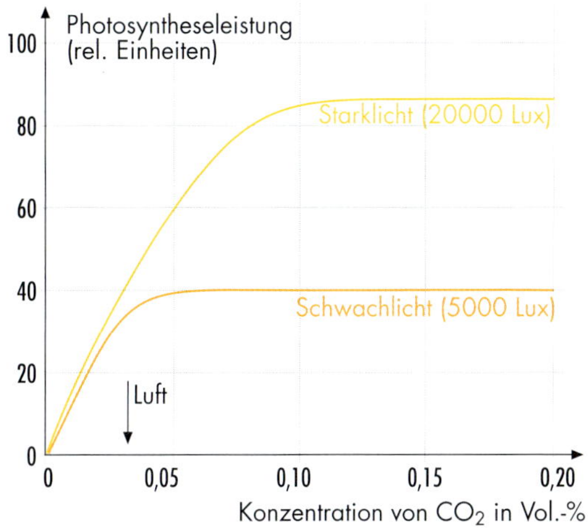

B5 *Abhängigkeit der Photosynthese von der Kohlenstoffdioxid-Konzentration und der Lichtintensität*

Aufgaben

A1 Beschreiben und interpretieren Sie die Kurvenverläufe in B5.

A2 Berechnen Sie den Massenanteil an Kohlenstoff in einem Traubenzucker-Molekül.

A3 Nehmen Sie Stellung zu der Behauptung, dass die Menschheit durch Atmung auf Dauer den Kohlenstoffdioxid-Anteil der Atmosphäre steigert.

A4 Welche Beobachtungen würden Sie erwarten, wenn Sie V2 nicht mit weißem Licht, sondern mit blauem, grünem oder gelbem Licht durchgeführt hätten? Begründen Sie Ihre Meinung.

Fachbegriffe

Photosynthese, Glucose, Chlorophyll

---

[1] Zur Bedeutung von $\Delta G°$ vgl. S. 99; das positive Vorzeichen zeigt an, dass die Photosynthese energetischen Antrieb benötigt.

[2] 1 Gt (Gigatonne) = 10^9 t

Die Atmung – eine Verbrennung

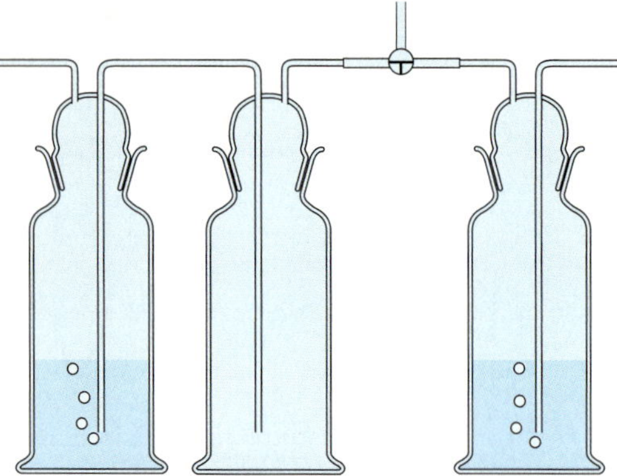

B1 *Nachweis von Kohlenstoffdioxid in der Atemluft*

B2 *Sportler verbrennen viel Traubenzucker.*

B3 *Mit etwas Zigarettenasche vermischter Zucker brennt.* **A:** *Berechnen Sie mithilfe der Reaktionsgleichung auf S. 97, wie viel Gramm Kohlenstoffdioxid entstehen, wenn 5 g Traubenzucker vollständig verbrannt werden.*

Versuche

V1 Füllen Sie zwei Waschflaschen mit Kalkwasser* und verbinden Sie diese über einen Drei-Wege-Hahn und eine Sicherheitswaschflasche miteinander (B1). Verbinden Sie das freie Ende am Drei-Wege-Hahn mit einem sauberen Glasröhrchen als Mundstück. Blasen Sie nun Atemluft über das Mundstück durch die linken Waschflaschen. Atmen Sie nach Umlegen des Drei-Wege-Hahns durch die rechte Waschflasche Atemluft ein. Atmen Sie so mehrere Male ein und aus. Vergleichen Sie die Trübungen nach einigen Atemzügen. Beobachtungen?

V2 Lassen Sie getrocknete Erbsen einige Tage quellen und füllen Sie dann die keimenden Erbsen in ein dickeres Glasrohr. Verschließen Sie beide Seiten des Rohrs mit durchbohrten Stopfen. Verbinden Sie eine Seite des Glasrohrs mit einer Waschflasche, die mit Kalkwasser* gefüllt ist. Schließen Sie den Ausgang der Waschflasche an eine Wasserstrahlpumpe und saugen Sie nun Luft durch die keimenden Erbsen. Führen Sie einen Parallelversuch ohne Erbsen durch. Vergleichen Sie nach einiger Zeit die Trübungen im Kalkwasser. Beobachtungen?

V3 Füllen Sie einen Erlenmeyerkolben mit keimenden Erbsen (V2) und stellen Sie ihn in ein Isoliergefäß (z. B. Styroporschale). Tauchen Sie in die Erbsen ein leeres Rggl., das mit einem durchbohrten Stopfen geschlossen ist. Stecken Sie hier hinein ein Glasrohr (Kapillarrohr) mit Sperrflüssigkeit (gefärbtes Wasser) (B4). Beobachten Sie den Stand der Sperrflüssigkeit über einen längeren Zeitraum.

V4 ***Abzug!*** Füllen Sie in ein Rggl. etwas Traubenzucker und erhitzen Sie diesen mit dem Gasbrenner bis Dämpfe* aus der Rggl.-Öffnung aufsteigen. Diese werden mit der Brennerflamme entzündet. Erhitzen Sie dabei den Traubenzucker im Rggl. gleichmäßig (vgl. S. 102, B1). Beobachtungen?

Auswertung

a) Deuten Sie die Versuchsbeobachtungen zu V1 und V2.
Stellen Sie einen Zusammenhang zwischen den beiden Versuchen her.
b) Erläutern Sie die Funktion des Parallelversuchs bei V2.
c) Deuten und erläutern Sie die Versuchsbeobachtungen zu V3.
d) Vergleichen Sie die Versuchsdurchführung von V4 mit der von B3.
Welche Funktion könnte die in B3 beigemengte Asche haben?

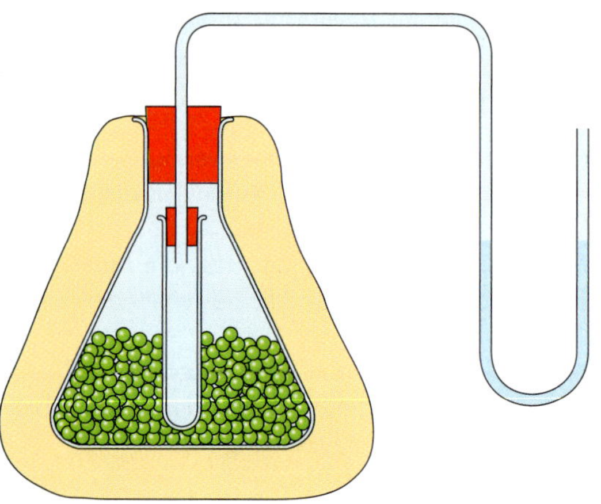

B4 *Versuchsaufbau von V3*

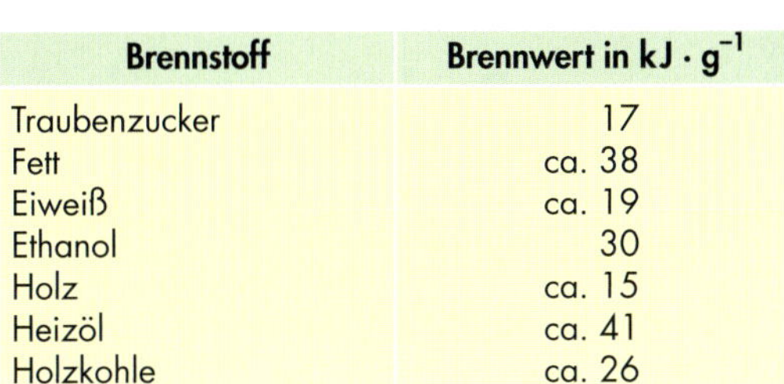

Glucose – ein Energielieferant

Bei der **Atmung** wird in Organismen der durch die Photosynthese produzierte Traubenzucker durch den Sauerstoff der Atemluft oxidiert. Dabei entsteht Kohlenstoffdioxid (V1 und V2) und Wasser. Die im Traubenzucker gespeicherte chemische Energie wird z.T. als Wärme verfügbar (B2, V3). Die Atmung läuft stark vereinfacht nach folgender Reaktionsgleichung ab:

$$C_6H_{12}O_6(s) + 6O_2(g) \rightarrow 6CO_2(g) + 6H_2O(l);\ \Delta G° = -2880\ kJ$$[1]

Die Atmung liefert die Energie zur Aufrechterhaltung der Lebensvorgänge im Körper. In Nährwerttabellen wird der Energiegehalt der verschiedenen Nährstoffe und Nahrungsmittel als sog. **Brennwert** in der Einheit *Joule*[2] pro Gramm angegeben (B7). 1 Joule entspricht der Arbeit, die man verrichtet, wenn man eine Masse von ca. 100 g (genau: 101,94 g) einen Meter in die Höhe hebt.
Den Brennwert eines Nährstoffs bestimmt man mithilfe der Versuchsapparatur von B6. In diesem sog. Kalorimeter wird eine genau eingewogene Stoffportion eines Nährstoffs vollständig verbrannt. Die dabei frei werdende **Reaktionswärme** Q erwärmt eine genau definierte Wasserportion im Kalorimeter. Aus der gemessenen Temperaturerhöhung lässt sich die Reaktionswärme Q nach

$$Q = m \cdot c \cdot \Delta T$$

berechnen. Darin bedeuten:
m: Masse an Wasser im Kalorimeter (in g)
c: spezifische Wärme des Wassers ($c = 4{,}187\ J \cdot K^{-1} \cdot g^{-1}$)
ΔT: Temperaturdifferenz, die sich beim Verbrennungsvorgang ergibt.

	kcal	kJ
Schokoriegel, 1 Riegel, 18 g	100	410
Erfrischungsstäbchen, 100 g	415	1745
Fanfare Haselnuss, 100 g	525	2200
Fondant, 1 Würfel, 15-20 g	60	255
Frucht-Müsli-Riegel 20 g	75	315
Fruchtgummi, 10 g	35	155
Fruchtschnitte, Fruchtwürfel, 50 g	220	925
Geleefrüchte, 50 g	170	715
Geleewürfel, 1 Würfel	50	210
Gummibärchen, 1 Stück, 2 g	7	30
Haselnussschnitte, 1 Stück, 22,5 g	120	515

B7 *Ausschnitt aus einer Nährwerttabelle; Angaben des Brennwerts in kcal und kJ.* **A:** *Berechnen Sie die Nährwerte in kJ/g und vergleichen Sie die angegebenen „Leckereien" hinsichtlich ihres Nährwerts.*

Brennstoff	Brennwert in $kJ \cdot g^{-1}$
Traubenzucker	17
Fett	ca. 38
Eiweiß	ca. 19
Ethanol	30
Holz	ca. 15
Heizöl	ca. 41
Holzkohle	ca. 26

B5 *Physikalischer Brennwert einiger Brennstoffe.*
A: *Warum gibt es für einige Brennstoffe nur ungefähre Angaben?*

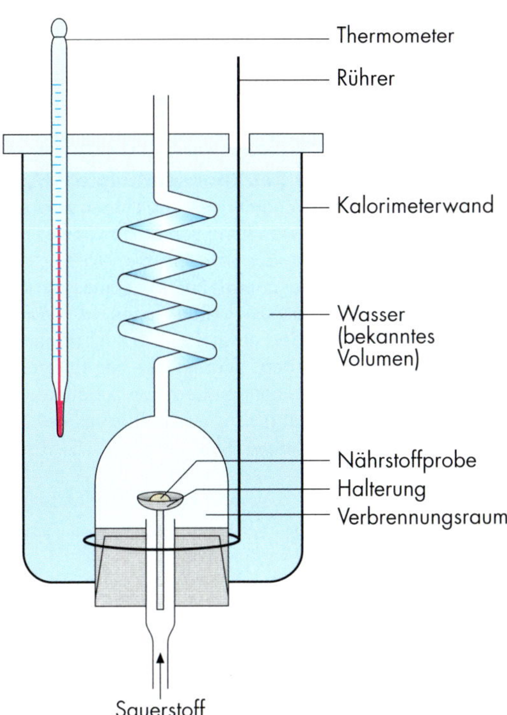

B6 *Kalorimeter zur Bestimmung des physikalischen Brennwerts.* **A:** *In einem Kalorimeter befinden sich 650 g Wasser. Bei der Verbrennung von 0,4 g Kartoffelstärke erwärmt sich diese Wasserportion um 2,1 K. Berechnen Sie die frei werdende Reaktionswärme und den physikalischen Brennwert der Kartoffelstärke.*

Fachbegriffe
Atmung, Brennwert, Reaktionswärme

[1] Zur Bedeutung von $\Delta G°$ vgl. S. 99. Das negative Vorzeichen zeigt an, dass bei der Atmung Energie verfügbar wird.
[2] Nach dem englischen Physiker James Prescott Joule (1818–1889)

Reaktionsenergie

Versuch

LV1 In einem Erlenmeyerkolben werden 50 mg Luminol* (3-Aminophthalsäurehydrazid) in 5 mL Natronlauge*, $w = 5\,\%$, gelöst. Die Lösung wird mit 450 mL Wasser aufgefüllt. In einem zweiten Erlenmeyerkolben löst man 0,2 g Kaliumhexacyanoferrat-(III) $K_3[Fe(CN)_6]$ in 450 mL Wasser und fügt 10 mL Wasserstoffperoxid-Lösung*, $w = 3\,\%$, hinzu. Beide Lösungen werden im Dunkeln gleichzeitig durch einen Trichter in ein Auffanggefäß gegossen. Beobachtung?

A1 Erläutern Sie, in welcher Form Energie bei der Reaktion im Kolben beteiligt ist.

A2 Nennen Sie Reaktionen, bei denen die Energie in Form von a) elektrischer Energie und b) Wärme verfügbar wird.

Die Reaktionsenthalpie ΔH_R

Bei chemischen Reaktionen beobachtet man neben der Umwandlung von Stoffen immer auch einen Energieumsatz, der sich z. B. als Wärme, Licht (LV1) oder elektrische Energieänderung messen lässt. Bei den meisten chemischen Reaktionen ist Wärme die zu beobachtende Energieform. Sie ist daher am besten untersucht worden. Wärme, die bei einer unter konstantem Druck ablaufenden Reaktion zugeführt werden muss oder die abgegeben wird, bezeichnet man als **Reaktionsenthalpie ΔH_R**:

$$\Delta H_R = H(\text{Produkt}) - H(\text{Edukte})$$

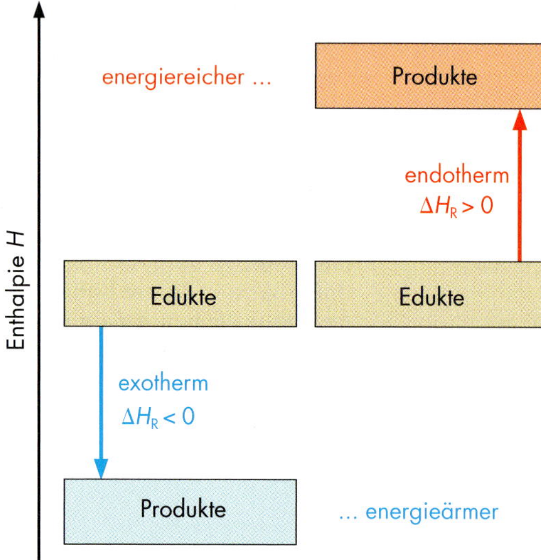

B1 *Enthalpieänderung bei chemischen Reaktionen*
H(Produkte) < H(Edukte)
$\Delta H_R < 0$; exotherme Reaktion
H(Produkte) > H(Edukte)
$\Delta H_R > 0$; endotherme Reaktion

Aus Erfahrung wissen wir, dass unter normalen Bedingungen stark exotherme Reaktionen nach dem Starten selbsttätig und schnell ablaufen (z. B. Verbrennung von Benzin). Die bei einer Reaktion frei werdende Wärmemenge ist daher ein Maß für die Triebkraft dieser Reaktion (BERTHELOTSCHES Prinzip[1]). Anders ausgedrückt heißt das: Ein System strebt den Zustand minimaler Enthalpie an (**Prinzip vom Enthalpieminimum**).
Grafisch kann man Wärmeumsätze bei chemischen Reaktionen mithilfe von Energieschemata veranschaulichen (B1).

Für alle gut bekannten Reaktionen wurden die Reaktionsenthalpien experimentell bestimmt. In B2 sind einige Beispiele für verschiedene Reaktionstypen angegeben.

Stoff	molare Bildungsenthalpie[2], ΔH°_m
$HCl(g)$	$-\ 92{,}3$ kJ mol^{-1}
$HBr(g)$	$-\ 36{,}2$ kJ mol^{-1}
$NaCl(s)$	$-\ 410{,}9$ kJ mol^{-1}
	molare Lösungsenthalpie, ΔH°_m
$HCl(g)$	$-\ 75{,}1$ kJ mol^{-1}
$HBr(g)$	$-\ 84{,}7$ kJ mol^{-1}
$FeCl_2(s)$	$-\ 82{,}0$ kJ mol^{-1}
	molare Verbrennungsenthalpie, ΔH°_m
$CH_4(g)$	$-\ 886{,}2$ kJ mol^{-1}
$C_2H_6(g)$	$-1554{,}9$ kJ mol^{-1}
$CH_3OH(l)$	$-1366{,}7$ kJ mol^{-1}

B2 *Molare Reaktionsenthalpien bei Standardbedingungen (25 °C und 1013 hPa).* **A:** *Berechnen Sie mithilfe von B5 auf S. 97 die molare Verbrennungsenthalpie von Glucose.*

Versuch

V2 Geben Sie in einen 500-mL-Erlenmeyerkolben je zwei Teelöffel Bariumhydroxid* $Ba(OH)_2 \cdot 8H_2O$ und Ammoniumthiocyanat* NH_4SCN und mischen Sie durch Schütteln gut durch. Beobachten Sie die Temperatur an der Wand des Kolbens durch Abtasten mit der Handfläche. Nach ca. 1 min prüfen Sie vorsichtig den Geruch an der Kolbenöffnung. Betrachten Sie den Kolbeninhalt. Nach erneut 2 min kratzen Sie den Belag von der Außenwand des Kolbens ab und beobachten ihn auf der Handfläche.

---
[1] MARCELIN BERTHELOT (1827 bis 1907), französischen Chemiker
[2] Bildung des Stoffs aus den Elementen. Die hochgestellte „0" kennzeichnet Standardbedingungen, das tiefgestellte „m" den Bezug auf 1 mol Substanz.

Reaktionsenergie

Die Reaktionsentropie ΔS_R – über die Triebkraft und die Unordnung

Nach dem Prinzip des Enthalpieminimums sollte eine endotherme Reaktion, bei der die Enthalpie des Systems zunimmt, nicht selbsttätig ablaufen. Es gibt jedoch Reaktionen, die diesem Prinzip widersprechen (V2). Neben der Reaktionsenthalpie ΔH_R ist auch die Reaktionsentropie ΔS_R dafür maßgebend, ob eine Reaktion selbsttätig abläuft oder nicht.
Folgende Reaktionsgleichung lässt sich für V2 formulieren:

$$Ba(OH)_2(s) + 2NH_4SCN(s) \rightleftharpoons 2NH_3(g) + 2H_2O(l) + Ba(SCN)_2(aq)$$

Was ist die Triebkraft von selbsttätig ablaufenden endothermen Reaktionen?
Bei V2 besitzen die festen Ausgangsstoffe einen kristallinen Aufbau. Hierbei sind die Teilchen streng geordnet. Nach der Reaktion ist ein Reaktionsprodukt gasförmig, das Ammoniak (Geruchsprobe), das andere, Bariumthiocyanat, in Wasser gelöst. Die Teilchen sind sowohl im Gas als auch in der Lösung frei beweglich und somit ungeordnet. Das System hat einen Zustand größerer Unordnung erreicht (B3).
Der Ordnungszustand wird durch den Begriff der **Entropie *S*** beschrieben. Jedes System, das sich selbst überlassen wird, strebt einem Zustand maximaler Entropie zu, d.h. dem Zustand, in dem seine Teilchen die größte Unordnung aufweisen (**Prinzip vom Entropiemaximum**).

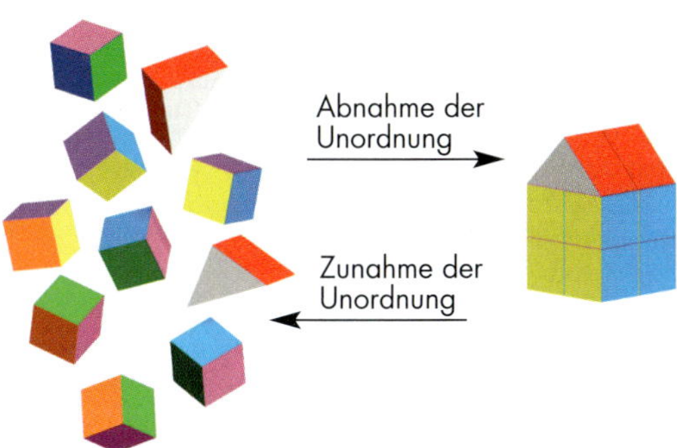

B3 *Die Zahl der möglichen Anordnungen der Spielklötze ist dann, wenn sie zerstreut herumliegen, größer als dann, wenn sie ein Haus bilden. Der ungeordnete Zustand tritt mit größerer Wahrscheinlichkeit ein.*

Die freie Reaktionsenthalpie ΔG_R

Die Triebkraft einer Reaktion und damit die Reaktionsrichtung ergibt sich aus dem Zusammenwirken zweier entgegengesetzter Tendenzen:
1. der Tendenz nach minimaler Enthalpie und
2. der Tendenz nach maximaler Entropie des Systems.

J. W. Gibbs[1] formulierte den Zusammenhang zwischen Enthalpie- und Entropieänderung ganz allgemein durch folgende Gleichung:

$$\Delta G = \Delta H - T \cdot \Delta S$$

ΔH: Enthalpieänderung; T: Temperatur in Kelvin;
ΔS: Entropieänderung
ΔG: Änderung der **freien Enthalpie**

Eine chemische Reaktion läuft dann selbsttätig ab, wenn die Änderung der freien Reaktionsenthalpie ΔG_R ein negatives Vorzeichen hat: $\Delta G_R < 0$. In diesem Fall ist die Reaktion **exergonisch**. Ist $\Delta G_R > 0$, so spricht man von einer **endergonischen** Reaktion.
Betrachten wir beispielsweise die Synthese von Wasser aus den Elementen und ihre Umkehrung:

$$2H_2(g) + O_2(g) \rightleftharpoons 2H_2O(g)$$
$$\Delta H^\circ_R = -483\ \text{kJ};\ \Delta S^\circ_R = -0{,}0888\ \text{kJ} \cdot \text{K}^{-1}$$

Die angegebenen Werte gelten für die Hinreaktion, die Wassersynthese. In B4 wird die Berechnung der freien Reaktionsenthalpie ΔG°_R veranschaulicht. Der negative Wert ($\Delta G^\circ_R < 0$) bedeutet, dass die Wassersynthese bei Raumtemperatur exergonisch ist, d.h. eine Triebkraft besitzt und selbsttätig abläuft. Bei steigender Temperatur fällt der Entropie-Term $T \cdot \Delta S_R$ immer mehr ins Gewicht. Schließlich überwiegt er die Reaktionsenthalpie ΔH_R und die Rückreaktion, die Wasserzersetzung, erhält eine Triebkraft.

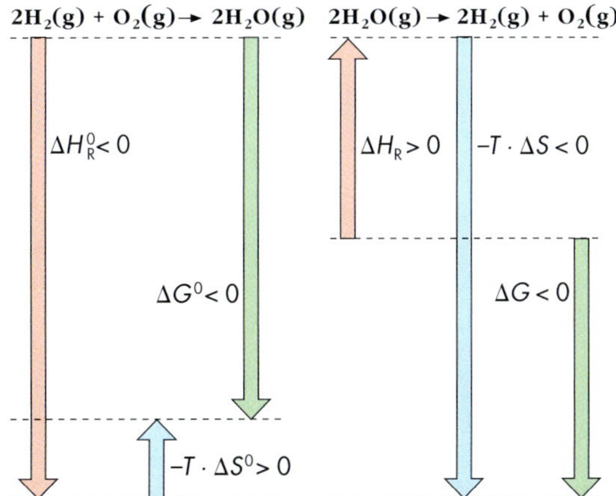

B4 *Bei 25 °C (298 K) läuft die exotherme Bildung von Wasser (links) ab. Bei 5 000 °C (5 273 K) läuft die endotherme Wasserzersetzung (rechts) ab.*

[1] Josiah Willard Gibbs (1839 bis 1903), amerikanischer Physikochemiker

Zucker im Blut?

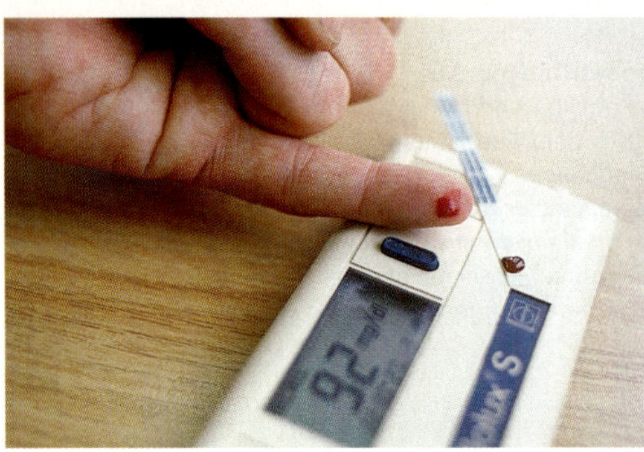

B1 *Ein Diabetiker misst den Blutzuckerspiegel seines Bluts.*

B2 *Arterielles, sauerstoffreiches (links) und venöses, sauerstoffarmes Blut (rechts)*

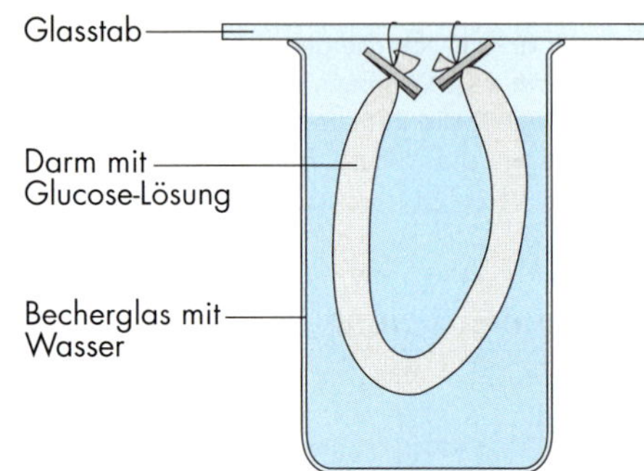

B3 *Glucose-Lösung in Naturdarm*

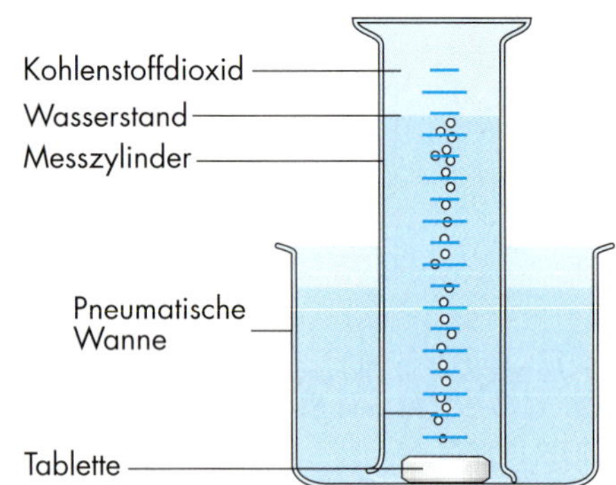

B4 *Gasbildung beim Auflösen von Brausetabletten (V5)*

Versuche

V1 Besorgen Sie sich vom Metzger oder aus dem Schlachthof Schweinedarm, wie er zum Herstellen von Würsten verwendet wird. Stellen Sie sich eine Glucose-Lösung, w = 10 %, her und füllen Sie diese in ein Darmstück von ca. 15 cm Länge, wobei Sie die Enden vorsichtig mit zwei Schlauchklemmen verschließen. Achten Sie darauf, dass der Darm hierbei nicht verletzt wird. Hängen Sie das Darmstück anschließend in ein Becherglas, das mit Wasser gefüllt ist (B3). Beobachtungen? Testen Sie nach einigen Minuten das umgebende Wasser mit Glucose-Teststäbchen. Deuten Sie die Beobachtungen.

V2 *Glucosenachweis mit Teststäbchen:* Stellen Sie sich verschiedene Glucose-Lösungen (zwischen 10 und 200 mg Glucose in 100 mL Lösung) her und tauchen Sie jeweils ein frisches Glucose-Teststäbchen ein. Vergleichen Sie die Farberscheinungen des Teststäbchens mit der Farbskala auf der Verpackung der Teststäbchen.

V3 *FEHLING-Probe:* Mischen Sie 5 mL *FEHLING I** (Kupfersulfat-Lösung) und 5 mL *FEHLING II** (wässrige Lösung von Kaliumnatriumtartrat[1] und Natriumhydroxid). Geben Sie 1 mL einer Glucose-Lösung, w = 10 %, zu und erwärmen Sie vorsichtig in einem heißen Wasserbad. Notieren Sie die Farberscheinungen.

V4 Leiten Sie in eine Gaswaschflasche, in der sich etwas Wasser mit Universalindikator befindet, Kohlenstoffdioxid ein. Tropfen Sie anschließend in die entstandene Lösung etwas verdünnte, mit Universalindikator versetzte Salzsäure*. Beobachtungen?

V5 Erstellen Sie aus einer großen Glaswanne und einem 250-mL-Messzylinder die Versuchsapparatur von B4. Lösen Sie dann *nacheinander* 2 Brausetabletten (z. B. Multi-Vitamin-Tabletten) im Wasser. Fangen Sie dabei die entstehenden Gasportionen im Messzylinder auf. Lesen Sie die entsprechenden Gasvolumina ab.

Auswertung

a) Vergleichen Sie die Gasvolumina, die man beim Auflösen der einzelnen Brausetabletten erhält und erklären Sie die Unterschiede.

b) Stellen Sie einen Zusammenhang zwischen den Beobachtungen von V4 und V5 her.

c) Machen Sie Aussagen über den Kohlenstoffdioxidgehalt von arteriellem und venösem Blut (B2).

d) Im Körper wird das durch die Oxidation von Nährstoffen entstehende Kohlenstoffdioxid durch das Blut zu den Lungen transportiert, wo es ausgeatmet wird. Machen Sie Aussagen über die Löslichkeit von Kohlenstoffdioxid im Blut in Abhängigkeit vom *p*H-Wert des Bluts.

Aufgaben

A1 Der Blutzuckergehalt des Menschen beträgt ca. 100 mg/100 mL Blut. Ein erwachsener Mann hat ca. 7 Liter Blut. Berechnen Sie die Masse an Glucose, die in seinem Blut gelöst ist.

A2 Wiederholt man V1, indem man das Darmstück mit einer Stärke-Lösung statt der Glucose-Lösung füllt, so kann man auch nach längerer Zeit im umgebenden Wasser mit Iod-Kaliumiodid-Lösung keine Stärke nachweisen. Begründen Sie diesen Sachverhalt.

[1] Tartrate sind die Salze der Weinsäure **HOOC-CH(OH)-CH(OH)-COOH**.

Chemische Gleichgewichte im Blut

Der Blutkreislauf ist das wichtigste Transportsystem in unserem Körper. Durch das Blut werden die durch die Nahrung aufgenommenen Substanzen wie z. B. Glucose (V3) oder die Atemgase Sauerstoff und Kohlenstoffdioxid transportiert. Zur Aufrechterhaltung der lebenswichtigen Funktionen des Bluts dürfen die Konzentrationen der darin gelösten Stoffe bei einem gesunden Menschen nur in engen Bereichen schwanken. So liegt der **Blutzuckerspiegel** normalerweise zwischen 80 mg und 100 mg Glucose pro 100 mL Blut. Die Konzentration an gelöster Glucose in Flüssigkeiten wie z. B. Blut oder Urin kann mithilfe von Teststäbchen gemessen werden (V1). Der Blutzuckerspiegel wird durch das Zusammenwirken zweier Hormone, Insulin und Glucagon, im Gleichgewicht gehalten. Insulin fördert nach einer Mahlzeit die Glucose-Aufnahme aus dem Blut in die Körperzellen, sodass der Blutzuckerspiegel sinkt. Glucagon bewirkt die Freisetzung von gespeichertem Traubenzucker in das Blut (B5). Diabetiker können nur noch wenig oder gar kein Insulin mehr produzieren.
Der bei der Atmung aufgenommene Sauerstoff wird durch das **Hämoglobin HbH^+**, dem roten Blutfarbstoff in den roten Blutkörperchen, im Körper verteilt. Hämoglobin-Moleküle mit der Molekülmasse von etwa 68 000 u bestehen aus dem Eiweiß Globin und dem eisenhaltigen Farbstoff Häm, der einen Massenanteil von 4% im Molekül hat. Unter Abspaltung von Protonen kann Hämoglobin Sauerstoff binden:

$$HbH^+ (aq) + O_2 (aq) \rightleftharpoons Hb(O_2) (aq) + H^+ (aq) \qquad (1)$$

Maximal kann ein Hämoglobin-Molekül vier Sauerstoff-Moleküle binden. Der Anteil des Sauerstoffs, der an Hämoglobin gebunden ist, ist im arteriellen Blut am höchsten und nimmt, während das Blut zirkuliert, stetig ab.
Kohlenstoffdioxid, das durch die Oxidation der Glucose in den Gewebezellen entsteht, wird durch das Blut in gelöster Form transportiert. Dabei reagiert zunächst das Kohlenstoffdioxid-Molekül mit einem Wasser-Molekül zu einem Kohlensäure-Molekül H_2CO_3 (2), das jedoch sofort in ein Hydrogencarbonat-Ion HCO_3^- und ein hydratisiertes Proton dissoziiert (3).

$$H_2O + CO_2 (aq) \rightleftharpoons [H_2CO_3] (aq) \qquad (2)$$

$$[H_2CO_3] (aq) \rightleftharpoons H^+ (aq) + HCO_3^- (aq) \qquad (3)$$

Der Gehalt an Sauerstoff und Kohlenstoffdioxid im Blut ist stark abhängig von der Wasserstoff-Ionen-Konzentration, d. h. vom *p*H-Wert des Bluts, weil die Wasserstoff-Ionen sowohl am Gleichgewicht (1) als auch am gekoppelten Gleichgewicht (2)–(3) beteiligt sind. Der *p*H-Wert liegt normalerweise bei 7,4 und darf maximal nur um 0,5 *p*H-Einheiten abweichen.

Aufgaben

A3 Wie verschiebt sich das Gleichgewicht (1) bei niedrigen *p*H-Werten? Begründen Sie.

A4 Erläutern Sie den Einfluss des *p*H-Werts auf das gekoppelte Gleichgewicht (2)–(3).

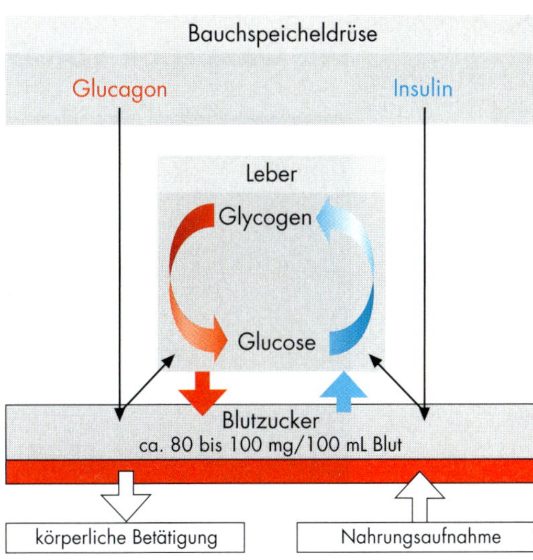

B5 *Regulierung des Blutzuckerspiegels (stark vereinfacht). Rote Pfeile: Glucagonwirkung, blaue Pfeile: Insulinwirkung.* **A:** *Erläutern Sie die Vorgänge zur Einstellung des Blutzuckerspiegels.*

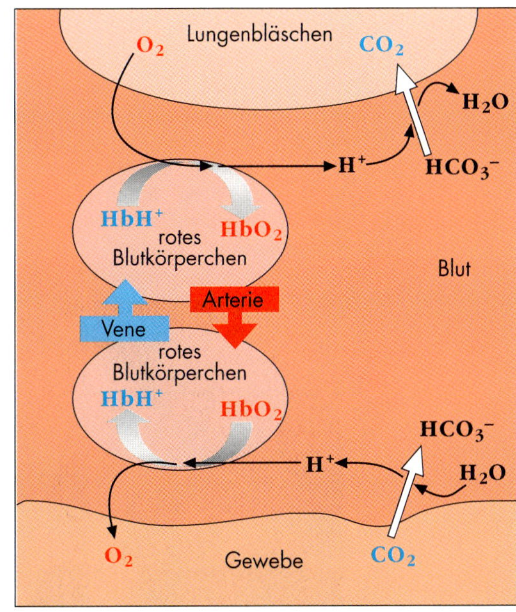

B6 *Sauerstoff- und Kohlenstoffdioxid-Gleichgewichte im Blut.* **A:** *Erläutern Sie die Abläufe, die zum Transport und zur Freisetzung von Sauerstoff und Kohlenstoffdioxid im Körper führen.* **A:** *Warum kann es lebensgefährlich sein, wenn der pH-Wert des Bluts zu stark abfällt?*

Fachbegriffe

Blutzuckerspiegel, Hämoglobin, chemisches Gleichgewicht

Die Oxidation von Glucose

B1 *Verbrennung von Glucose: Glucose reagiert unmittelbar mit Sauerstoff (vgl. V4, S. 96).*

Versuche zur Glucose-Oxidation

In den Körperzellen reagiert Glucose nicht unmittelbar mit Sauerstoff zu Kohlenstoffdioxid und Wasser (B1). Vielmehr erfolgt die Oxidation der Glucose in einer Abfolge zahlreicher Reaktionsschritte. Dies veranschaulicht der sogenannte **Modellversuch** *„Blue-Bottle-Versuch"*.

Bei der stufenweisen Oxidation wird Glucose durch Methylenblau zu Gluconsäure oxidiert, wobei Methylenblau reduziert und dadurch entfärbt wird. Die bei der Oxidation der Glucose frei werdenden Elektronen werden dann vom reduzierten Methylenblau auf den Luftsauerstoff übertragen. Methylenblau fungiert somit als Elektronenvermittler. Gluconsäure ist ein erstes Oxidationsprodukt der Glucose, das nun in einem weiteren Schritt seinerseits oxidiert werden könnte.

Versuch

V1 *„Blue-Bottle-Versuch":* Füllen Sie einen Rundkolben zur Hälfte mit Glucose-Lösung, *w* = 10 %, und fügen Sie Methylenblau-Lösung hinzu (einige Körnchen Methylenblau in 100 mL Wasser) bis eine Hellblaufärbung entsteht. Füllen Sie anschließend mit verdünnter Natronlauge* auf, sodass ein Viertel des Rundkolbens frei bleibt. Lassen Sie die Lösung einige Minuten bis zur Entfärbung stehen. Verschließen Sie mit einem Stopfen und schütteln Sie. Der Farbwechsel lässt sich mehrfach wiederholen.

B2 *„Blue-Bottle-Versuch": Blaufärbung zu Beginn des Versuchs und nach dem Schütteln; rechts: nach dem Stehenlassen.* **A:** *Erklären Sie den mehrfach möglichen Farbwechsel beim Blue-Bottle-Versuch.*

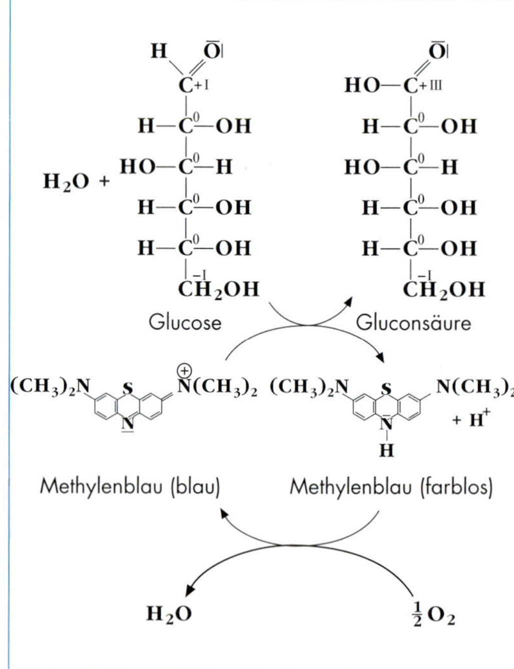

B3 *Reaktionsschema zu V1.* **A:** *Wie viele Elektronen werden in dem Reaktionsschema von einem Glucose-Molekül auf ein Sauerstoff-Molekül übertragen?*
A: *Methylenblau wirkt als Elektronenvermittler zwischen Glucose und Sauerstoff. Erläutern Sie diese Funktionsweise.* **A:** *Vergleichen Sie die Oxidation der Glucose von V1 mit der Verbrennung in B1.*

Die Oxidation von Glucose

Glucose-Abbau in Körperzellen

Der Vorgang des Glucose-Abbaus in lebenden Körperzellen erfolgt in zahlreichen Oxidationsschritten, bei denen die Energie in kleineren Portionen als bei B1 verfügbar wird. Man unterscheidet dabei vereinfacht drei Teilprozesse:

1. Die **Glycolyse**: Das Molekülgerüst der Glucose (C_6-Körper) wird in zwei gleich große Bruchstücke, zwei Brenztraubensäure-Moleküle (C_3-Körper), gespalten.
2. Die **Decarboxylierung**: Das Brenztraubensäure-Molekül spaltet ein Kohlenstoffdioxid-Molekül ab. Es entsteht ein Ethanal-Molekül, das anschließend zu einem Essigsäure-Molekül[1] (C_2-Körper) oxidiert wird.
3. Der **Citronensäurezyklus**: Das Essigsäure-Molekül reagiert anschließend mit einem C_4-Körper (Oxalessigsäure-Molekül) und wird dann in einem Kreisprozess zu zwei Kohlenstoffdioxid-Molekülen oxidativ abgebaut (B5).

Die bei der Oxidation des Glucose-Moleküls frei werdenden Elektronen werden über einen **Elektronenvermittler**[2] zusammen mit den Wasserstoff-Atomen letztendlich auf Sauerstoff-Moleküle übertragen.

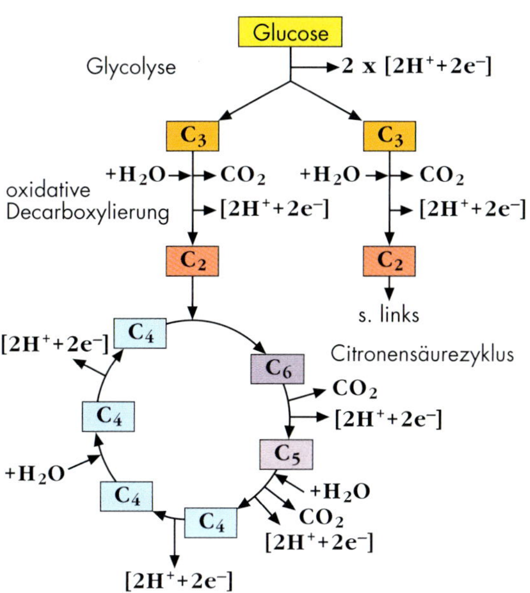

B5 *Mehrschrittiger oxidativer Abbauweg der Glucose (stark vereinfacht)*

C_4: Bernsteinsäure

C_4: Oxalessigsäure

C_3: Brenztraubensäure

C_4: Äpfelsäure

C_4: Fumarsäure

C_5: Ketoglutarsäure

C_6: Citronensäure

B4 *Strukturformeln der Säuren, die beim oxidativen Glucose-Abbau über den Citronensäurezyklus als Zwischenprodukte gebildet werden.*

Aufgaben

A1 Ermitteln Sie die Anzahl an Elektronen, die bei vollständiger Oxidation der Glucose auf Sauerstoff-Moleküle übertragen werden. Vergleichen Sie mit B3 auf S. 102.

A2 Innerhalb des Citronensäurezyklus kommt ein Teil der in B4 angegebenen Verbindungen vor. Ordnen Sie diese Verbindungen in B5 ein. Begründen Sie mithilfe von Oxidationszahlen.

[1] Essigsäure ist in der Zelle an ein Trägermolekül „Coenzym A" gebunden.

[2] Elektronenvermittler der Zelle ist NAD^+ (*Nicotinsäureamiddinucleotid*).

Zucker, Stärke und Verwandte

Feiner
BUTTER-KEKS
für Diabetiker
nur mit Fruchtzucker gesüßt

Zur besonderen Ernährung bei Diabetes mellitus im Rahmen eines Diätplanes geeignet.

Zutaten: Weizenmehl, Zuckeraustauschstoff Fruktose, Butterreinfett mit Vanillin, Süßmolkenpulver, Backtriebmittel (Natriumcarbonat, Ammoniumhydrogencarbonat), Salz, Aroma, Säuerungsmittel Citronensäure.

Analyse:	per 100 g	pro Stück
Energiewert	1838 kJ (436 kcal)	123 kJ (29 kcal)
Eiweiß	8 g	0,5 g
Kohlenhydrate	74 g	5,0 g
davon Zuckeraustauschstoff Fruktose	18 g	1,2 g
Milchzucker	2 g	0,1 g
Stärke	54 g	3,7 g
Fett	12 g	0,8 g
100 g = 6,5 BE; 1 BE = 16 g = ca. 2,5 Stück		

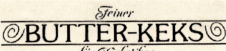

B1 *Nährmittelangabe für Butterkeks.* **A:** *Nennen Sie weitere Ihnen bekannte Kohlenhydrate.*

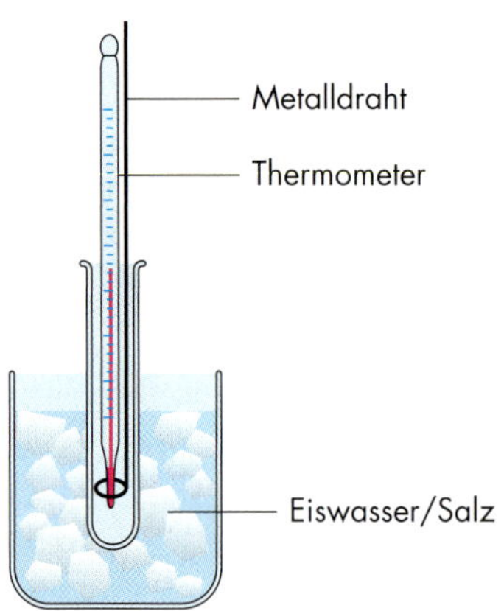

B2 *Bestimmung der Gefriertemperatur*

Glucose (Aldose)	Fructose (Ketose)
H–C¹=O	H_2C^1–OH
H–C²–OH	C²=O
HO–C³–H	HO–C³–H
H–C⁴–OH	H–C⁴–OH
H–C⁵–OH	H–C⁵–OH
H_2C^6–OH	H_2C^6–OH

B3 *Strukturformeln von Glucose und Fructose (Kettenform)*

Versuche

V1 Testen Sie eine Glucose-Lösung und eine Fructose-Lösung mit Glucose-Teststäbchen (vgl. V2, S. 100).

V2 Geben Sie zu 3 mL Fructose-Lösung 3 mL Resorcin-Salzsäure-Lösung* (1 Spatelspitze Resorcin* in 20 mL Salzsäure*, w = 10%). Erhitzen Sie das Rggl. in einem siedenden Wasserbad. Führen Sie zum Vergleich einen entsprechenden Versuch mit Glucose-Lösung durch.

LV3 Abzug! In ein hohes Becherglas gibt man 5 Esslöffel Saccharose und fügt dann 10 mL konz. Schwefelsäure* hinzu. Beobachtungen?

V4 Versetzen Sie 10 mL Saccharose-Lösung, w = 5%, mit 2 mL verd. Salzsäure und erhitzen Sie zum Sieden. Neutralisieren Sie nach dem Abkühlen mit Natriumhydrogencarbonat (mit pH-Papier testen). Prüfen Sie die neutrale Lösung mit Glucose-Teststäbchen. Geben Sie zu 3 mL der Lösung 3 mL Resorcin-Salzsäure-Lösung* und erhitzen Sie im Wasserbad (V2). Beobachtungen?

V5 *Gefriertemperaturerniedrigung („Kryoskopie"):* Stellen Sie sich eine Glucose-Lösung her, indem Sie 10 g Glucose in 100 mL Wasser auflösen. Bestimmen Sie anschließend die Gefriertemperatur der Lösung, indem Sie eine kleine Probe der Lösung in einem Rggl. in eine Kältemischung aus zerkleinerten Eiswürfeln und Kochsalz stellen. In die Lösung taucht ein Thermometer mit mindestens 1/10-Grad-Einteilung. Mithilfe eines auf und ab bewegten Metalldrahts kann getestet werden, wann die Lösung erstarrt ist. Lesen Sie die Gefriertemperatur am Thermometer ab (B2 und A2 und A3).

V6 Wiederholen Sie V4 mit einer Stärke-Lösung anstatt einer Saccharose-Lösung. Deuten Sie die Versuchsbeobachtungen.

INFO

Bestimmung der molaren Masse durch Messung der Gefriertemperatur: Lösungen haben eine niedrigere Gefriertemperatur als reines Wasser. Hierzu formulierte der französische Chemiker F. M. RAOULT (1830–1901) folgende Gesetzmäßigkeit: Löst man ein Mol eines aus Molekülen bestehenden Stoffes in 1 kg (1 000 g) Wasser, so ist die Gefriertemperatur der Lösung um 1,86 °C niedriger als die des reinen Wassers. Diese Temperaturdifferenz bezeichnet man als molare Gefriertemperaturerniedrigung $\Delta\vartheta_G$. Die molare Gefriertemperaturerniedrigung von Wasser beträgt also 1,86 °C pro mol gelöster molekularer Substanz. Mithilfe der Kryoskopie lässt sich die molare Masse einer Verbindung durch folgende Formel berechnen:

$$M\,(\text{gelöste Substanz}) = \frac{1{,}86\,°\text{C} \cdot \text{mol}^{-1}}{\Delta\vartheta_G}\, m_G$$

m_G: Masse der in 1 kg Wasser gelösten Substanz

Auswertung

a) Löst man 5,7 g Saccharose in 100 mL Wasser, so besitzt die Lösung eine Gefriertemperatur von −0,31 °C. Berechnen Sie die molare Masse von Saccharose.

b) Welche Gefriertemperatur besitzt eine Lösung, die man aus 45 g Glucose und 500 g Wasser hergestellt hat?

c) Berechnen Sie aufgrund der Versuchsergebnisse von V5 die molare Masse von Glucose.

d) Welche Schlussfolgerungen können Sie aus der Berechnung von A3 und den Beobachtungen von V4 ziehen?

Kohlenhydrate

Glucose und Fructose gehören zu der Stoffgruppe der **Kohlenhydrate**. Diese besitzen die allgemeine Summenformel $C_mH_{2n}O_n$ oder $C_m(H_2O)_n$. Glucose und Fructose haben beide die molare Masse von 180 g/mol und besitzen daher auch dieselbe Summenformel $C_6H_{12}O_6$ (V5). Die gute Wasserlöslichkeit beider Verbindungen ist mit der Existenz mehrerer Hydroxy-Gruppen in ihren Molekülen zu erklären. Glucose ist eine Aldose, da das Molekül eine Aldehyd-Gruppe enthält. Fructose ist im Unterschied dazu eine Ketose (B3). Beide Zucker sind Isomere, da sie zwar dieselbe Summenformel, aber unterschiedliche Strukturformeln aufweisen. Von Glucose- und Fructose-Molekülen kennt man jeweils eine Kettenform und sechs- bzw. fünfgliedrige Ringe (B3, B4 und B5). Im Gleichgewicht liegt Glucose zu 99,8 % in der Ringstruktur vor. Darin ist die Aldehyd-Gruppe **–CHO** nicht frei und somit das Molekül widerstandsfähiger gegenüber Oxidationsmitteln. Zur Darstellung der Ringstruktur sind die *Haworth-Projektionsformeln* besonders geeignet, da sie die räumliche Struktur gut wiedergeben.

Der aus Zuckerrüben gewonnene Zucker, Saccharose, besitzt die Summenformel $C_{12}H_{22}O_{11}$ oder $C_{12}(H_2O)_{11}$. Erhitzt man Saccharose mit verdünnter Säure, so wird das Saccharose-Molekül unter Wasseranlagerung in ein Glucose- und ein Fructose-Molekül gespalten (*Hydrolyse*, V4):

$$\underset{\text{Saccharose}}{C_{12}H_{22}O_{11}} + H_2O \rightleftharpoons \underset{\text{Glucose}}{C_6H_{12}O_6} + \underset{\text{Fructose}}{C_6H_{12}O_6}$$

Saccharose ist demnach aus zwei Zuckerbausteinen aufgebaut, es ist ein Zweifachzucker oder **Disaccharid**. Glucose und Fructose sind demgegenüber Einfachzucker oder **Monosaccharide**.

Stärke ist das wichtigste Kohlenhydrat in unserer Nahrung. Stärke wird in Pflanzenzellen, z. B. in Kartoffeln oder Getreidekörnern, als Reservestoff gespeichert. Das Stärke-Molekül ist ein **Polysaccharid**, Vielfachzucker, das sich in α-Glucose-Bausteine zerlegen lässt (B7). In einem Stärke-Molekül können viele tausend Glucose-Moleküle miteinander verbunden sein, die eine spiralförmige Struktur bilden (B6). In unserem Körper wird Stärke zu Glucose hydrolysiert, die dann schrittweise oxidiert wird (S. 102 und 103). Die Hydrolyse der Stärke beginnt bereits im Mund, weil Speichel stärkespaltende Enzyme enthält. In unserer Leber speichern wir Glucose in Form von tierischer Stärke, **Glycogen**, das ähnlich der pflanzlichen Stärke aufgebaut, aber stärker verzweigt ist.

Cellulose (Zellstoff) ist die häufigste organische Verbindung der Erde, weil sie bei allen grünen Pflanzen den Hauptbestandteil der Zellwände darstellt. Die wasserunlösliche Cellulose ist aus β-Glucose-Molekülen aufgebaut (B7), die ebenfalls bei der Ringbildung des Glucose-Moleküls entstehen können. Das Cellulose-Molekül liegt nicht wie das Stärke-Molekül spiralförmig, sondern gestreckt vor und ist in unserem Körper nicht hydrolysierbar.

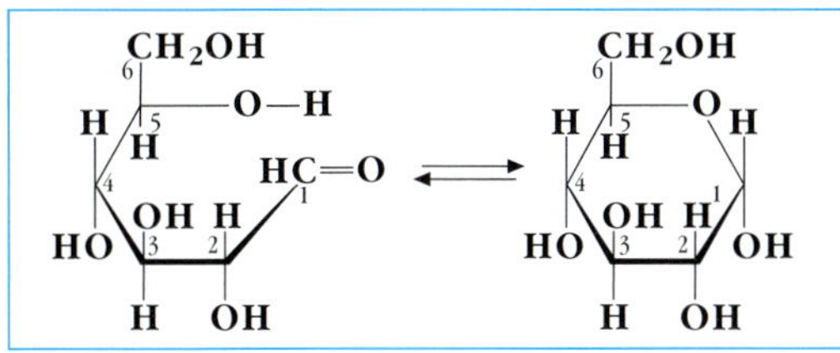

B4 *Gleichgewicht zwischen der Ketten- und der Ringstruktur beim α-Glucose-Molekül (Haworth-Projektion)*

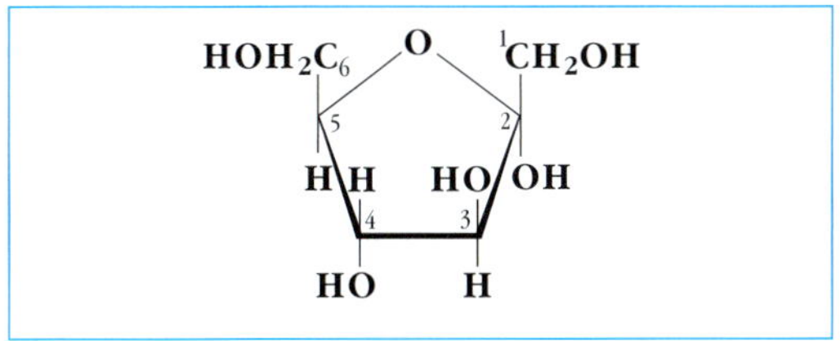

B5 *Ringstruktur der α-Fructose (Haworth-Projektion)*

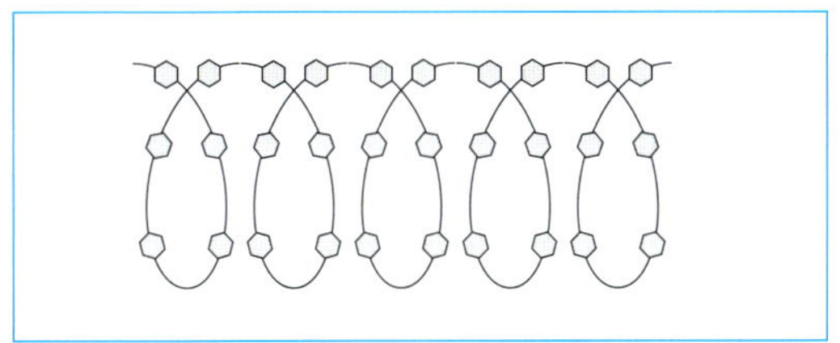

B6 *Vereinfachte Spiralstruktur des Stärke-Moleküls.*
A: *Wie viele Wasser-Moleküle benötigt man, um ein Stärke-Molekül aus 1 000 Glucose-Bausteinen vollständig zu hydrolysieren?*

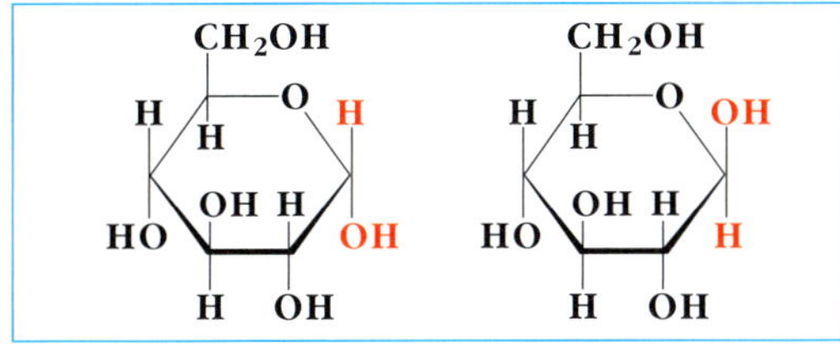

B7 *Ringstruktur-Formeln von α- (links) und β-Glucose (rechts).* **A:** *Vergleichen Sie den Aufbau beider Ringstrukturen. Vollziehen Sie den Ringschluss des Glucose-Moleküls mit einem Molekülbaukasten nach. Konstruieren Sie α- und β-Glucose-Moleküle.*

Aufgabe

A1 Formulieren Sie die Reaktionsgleichung zur Hydrolyse von Saccharose (vgl. Text) mit Haworth-Projektionsformeln. (*Hinweis:* Im Saccharose-Molekül sind die Atome C_1 einer α-Glucose-Einheit und C_2 einer β-Fructose-Einheit über ein Sauerstoff-Atom verknüpft.)

Fachbegriffe

Kohlenhydrate, Monosaccharide, Disaccharide, Polysaccharide, Stärke, Cellulose, Glycogen

Enzyme – Werkzeuge der Natur

B1 *Die Enzyme (Katalase) eines Stückchens Leber zersetzen Wasserstoffperoxid-Lösung.*

B2 *Petrischale mit Stärke-Agar wird mit zerriebenen Getreidekeimlingen bestrichen (V2).*

B3 *Elektronenmikroskopisches Bild von Stärkekörnern in gekeimten Getreidekörnern*

Versuche

V1 *Aufbau von Stärke:* Zerreiben Sie Kartoffeln mit einer Reibe, sodass ein feiner Brei entsteht. Filtrieren Sie diesen anschließend durch eine dünne Lage Glaswolle. Rühren Sie in das Filtrat zwei Löffel Kieselgur ein. Anschließend zentrifugieren Sie die Feststoffe ab. Dekantieren Sie den Überstand vorsichtig ab und messen Sie den *p*H-Wert. Stellen Sie ggf. den *p*H-Wert mit Essigsäure* auf *p*H 6 ein. Entnehmen Sie eine kleine Probe des Überstands und testen Sie ihn mit Lugol'scher Lösung*. Es darf keine Blaufärbung eintreten. Ansonsten müssen Sie die Behandlung mit Kieselgur wiederholen. Setzen Sie anschließend folgende 3 Teilversuche an:

Teilversuch	1	2	3
Kartoffelextrakt	5 mL	–	5 mL
Kartoffelextrakt (gekocht)	–	5 mL	–
Glucose-Lösung, $w = 1\,\%$	–	–	5 mL
Glucose-1-phosphat[1]-Lösung, $w = 1\,\%$	5 mL	5 mL	–

Lassen Sie alle drei Teilversuche bei Zimmertemperatur ca. 10 min stehen. Entnehmen Sie dann dem Teilversuch 1 eine Probe und prüfen Sie sie mit Lugol'scher Lösung*. Bei positivem Ergebnis führen sie die Probe auch mit den beiden anderen Teilversuchen durch.

V2 *Abbau von Stärke:* Bringen Sie 1 g Agarpulver und eine Spatelspitze Stärke in 50 mL Wasser vorsichtig zum Kochen. Gießen Sie die heiße Lösung in eine Petrischale und lassen Sie sie abkühlen, bis die Flüssigkeit erstarrt ist. Zerreiben Sie einige Weizenkeimlinge (Weizenkörner 2 bis 3 Tage auf feuchte Watte legen) mit 2 mL bis 5 mL Wasser, sodass ein milchiger Extrakt entsteht. Streichen Sie diesen auf die erkaltete Agarfläche in Form eines Kreuzes (B2). Spülen Sie den Extrakt nach 20 min vorsichtig von dem Agar. Gießen Sie dann ca. 5 mL verdünnte Lugol'sche Lösung* auf die ganze Oberfläche des Agars und lassen Sie sie ca. 2 min einwirken. Spülen Sie die Lugol'sche Lösung* ebenfalls ab und halten Sie dann die Agarplatte gegen das Licht. Beobachtung?

Auswertung

a) Erläutern Sie die Unterschiede der drei Teilversuche von V1 und deuten Sie die Versuchsbeobachtungen.

b) Deuten Sie die Versuchsbeobachtungen von V2. Welche Bedeutung haben die Versuchsergebnisse für die Interpretation von B3?

[1] Strukturformel von Glucose-1-phosphat-Monoanion

Biokatalysatoren

Von großer Bedeutung bei chemischen Reaktionen in lebenden Organismen sind **Biokatalysatoren**, auch **Enzyme**[1] genannt. Nahezu alle Reaktionen in einem Organismus, wie z. B. die Stärkesynthese in der Kartoffelknolle (V1) oder der Stärkeabbau im keimenden Getreidekorn (V2), werden durch Enzyme katalysiert. Heute kennt man für den Menschen etwa 2 000 verschiedene Enzyme und entdeckt ständig neue.

Genauso wie technische Katalysatoren fördern die Enzyme die Geschwindigkeit der Reaktionen, indem sie die **Aktivierungsenergie** herabsetzen (B4). So kann z. B. ein Enzym-Molekül des Enzyms Katalase in jeder Sekunde 40 Millionen Wasserstoffperoxid-Moleküle zerlegen (B1). Die Enzym-Moleküle besitzen eine genau festgelegte räumliche Struktur, die für die katalytische Wirkung mit entscheidend ist. Jedes Enzym-Molekül besitzt eine taschenförmige Ausbuchtung, das sog. **aktive Zentrum**, in das der Ausgangsstoff der Reaktion, das **Substrat**, gebunden wird (B5). Das aktive Zentrum ist zumeist so geformt, dass nur das entsprechende Substrat-Molekül hineinpasst wie ein Schlüssel in ein Schloss (**Schlüssel-Schloss-Prinzip**). Enzyme sind daher häufig sehr spezifisch für ein Substrat (vgl. hierzu Teilversuche 1 und 3 von V1) und eine bestimmte Reaktion. Innerhalb des aktiven Zentrums erfolgt nach Anlagerung des Substrats die Bildung des Produkts. Das fertige Produkt wird dann aus dem aktiven Zentrum freigesetzt. Die Reaktionsabfolge lässt sich folgendermaßen zusammenfassen:

$$E + S \rightleftharpoons ES \rightleftharpoons EP \rightleftharpoons E + P$$

(E = Enzym, S = Substrat, P = Produkt)

Die Aktivität von Enzymen wird durch zahlreiche Faktoren beeinflusst, wie z. B. durch die Substrat-Konzentration, die Temperatur und den *p*H-Wert (B6). Bei zu hohen Temperaturen oder extremen *p*H-Werten kann ein Enzym irreversibel **denaturiert**, d. h. zerstört werden. Die Enzymaktivität kann auch durch die Anwesenheit von Schwermetall-Ionen beeinflusst werden. Hierauf beruht z. B. die giftige Wirkung von Schwermetall-Salzen auf den menschlichen Organismus.

Die spezifische Katalysatorwirkung der Enzyme macht man sich auch außerhalb lebender Organismen zunutze. So enthalten viele Medikamente Enzyme als Wirkstoffe. Ein Haupteinsatzgebiet sind die Waschmittel, die eiweiß- (Proteasen) und fettspaltende (Lipasen) Enzyme enthalten.

Aufgaben

A1 Wodurch unterscheiden sich Biokatalysatoren von anderen Katalysatoren?

A2 Erläutern Sie das Schlüssel-Schloss-Prinzip.

A3 Warum ist das Trypsin im Magen inaktiv? (*Hinweis:* Vgl. B6.)

[1] Enzyme sind i. d. R. hochmolekulare Eiweiße.

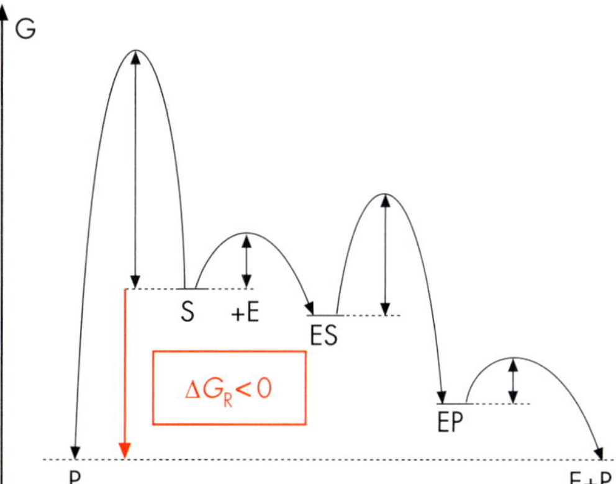

B4 *Energieschema einer Enzymreaktion.*
A: *Hat das Enzym einen Einfluss auf ΔG_R (vgl. S. 99)? Erläutern Sie.*

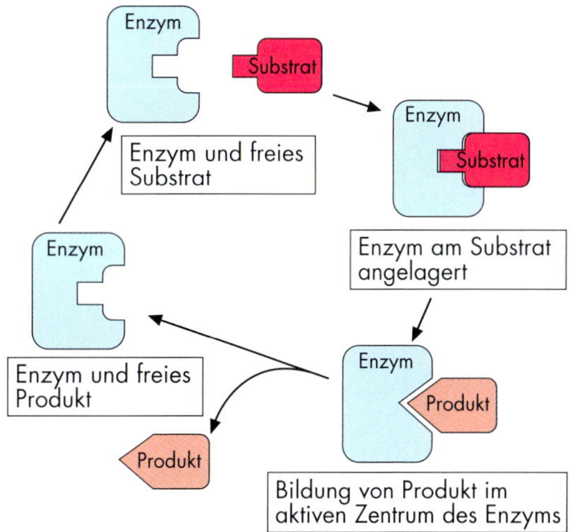

B5 *Kreislauf einer Enzymreaktion.* **A:** *Erläutern Sie den Kreislauf.*

Enzyme von	Temperatur-Optimum
Forelle	13 °C
Mensch	36 °C
Archaebakterium	85 °C
Enzym	***p*H-Optimum**
Pepsin (Magen)	2,0
Katalase (Leber)	7,6
Trypsin (Darm)	8,0

B6 *Temperatur- und pH-Optima einiger Enzyme*

Fachbegriffe

Biokatalysator (Enzym), Aktivierungsenergie, aktives Zentrum, Substrat, Schlüssel-Schloss-Prinzip, Denaturierung

Photosynthese und Atmung im Reagenzglas?

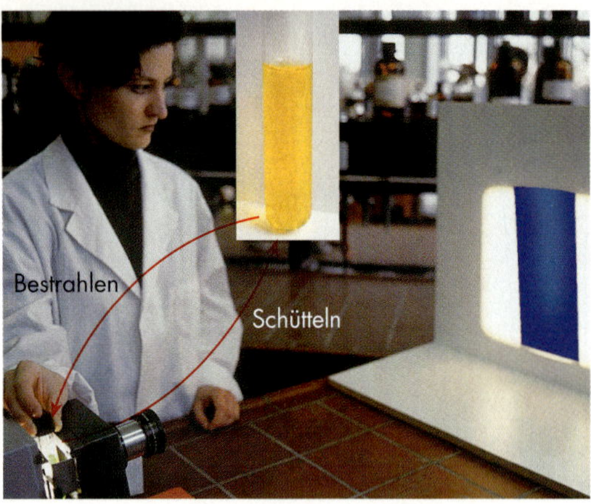

B1 *Das PBB-Experiment (V3).* **A:** *Woran erkennt man, dass hier mindestens ein Stoff „im Kreis läuft"?*
A: *Welche Energieform treibt diesen Stoffkreislauf an?*

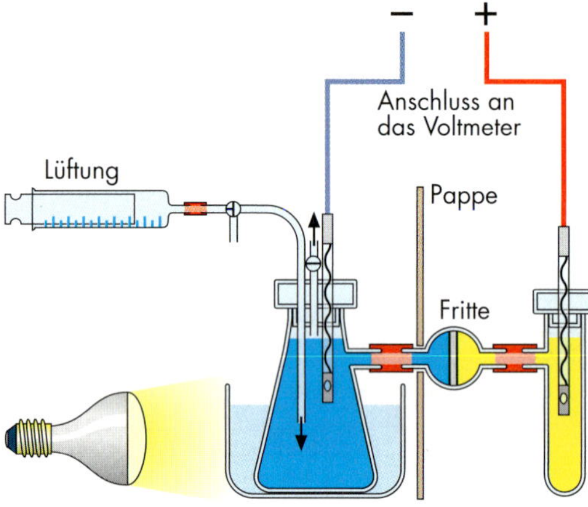

B2 *Potenzialmessung beim PBB-Experiment (V5). (Hinweise: a) Die Platin-Elektrode der bestrahlten Lösung wird mit dem Minuspol des Messgeräts verbunden; b) die nicht bestrahlte Vergleichslösung wird mit einer Pappe abgedunkelt. c) Vergleiche einfachere Anordnung mit Schnappdeckelgläsern unter Chemie 2000+ Online.)*

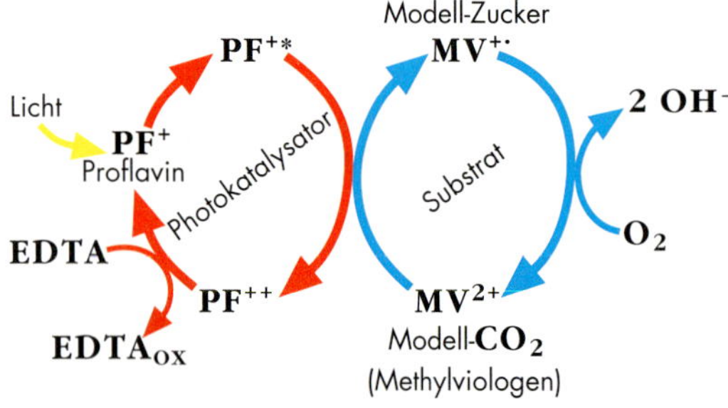

B3 *Reaktionsschema zum PBB-Experiment. (Hinweis:* PF^{+*} *ist der elektronisch angeregte Zustand von* PF^+*. Er bildet sich, wenn* PF^+ *einen Lichtquant geeigneter Energie absorbiert.)*

Modellexperiment: Photo-Blue-Bottle PBB

LV1 *Stammlösungen:* Die Lösungen I bis III werden hergestellt. Das Lösemittel ist jeweils Wasser. **I:** 2,8 g EDTA*-Dinatriumsalz (Ethylendiamintetraessigsäure-Dinatriumsalz) in 100 mL Lösung ($c = 7{,}5 \cdot 10^{-2}$ mol/L); **II:** 386 mg Methylviologen* (1,1'-Dimethyl-4,4'-bipyridiniumdichlorid) in 10 mL Lösung ($c = 1{,}5 \cdot 10^{-1}$ mol/L); **III:** 15,5 mg Proflavin*-hemisulfat (Diaminacridin-hemisulfat) in 100 mL Lösung ($c = 3 \cdot 10^{-4}$ mol/L). Diese Lösungen sind im Dunkeln über mehrere Monate haltbar. (*Hinweis:* Methylviologen ist **giftig**. Nach dem Hantieren mit Methylviologen sind die Geräte und die Hände gründlich mit Wasser zu spülen.)

LV2 *PBB-Lösung:* Aus den drei Stammlösungen (LV1) wird die PBB-Lösung für V3 bis V5 mit folgender Zusammensetzung hergestellt: 35 mL **I** + 10 mL **II** + 50 mL **III** + 380 mL dest. Wasser. Diese Lösung ist im Dunkeln mehrere Wochen haltbar.

V3 *PBB im Reagenzglas:* Halten Sie ein halbvoll mit PBB-Lösung gefülltes und verschlossenes Rggl. ca. 40 s lang in den Strahlengang eines Diaprojektors[1] und beobachten Sie die Farbe (B1). Entfernen Sie das Rggl. aus dem Strahlengang und beobachten Sie die Farbe ca. 30 s lang weiter. Schütteln Sie dann die Lösung kräftig. Beobachtung? Wiederholen Sie die Bestrahlung und das Schütteln einige Male.

V4 *PBB im Stehkolben:* Untersuchen Sie die Änderung des Gasvolumens beim PBB-Versuch in einem Stehkolben (V = 250 mL) mit aufgesetztem U-förmig gebogenen Glasrohr mit Sperrflüssigkeit. Führen Sie darin mit ca. 80 mL PBB-Lösung 2 bis 3 Reaktionszyklen durch, indem Sie jeweils auf dem Tageslichtprojektor[1] bestrahlen und dann schütteln. Stellen Sie das veränderte Gasvolumen erst dann fest, wenn das System auf die Ausgangstemperatur abgekühlt ist.

V5 *PBB-Potenzialmessung:* Bauen Sie eine elektrochemische Messvorrichtung aus zwei Halbzellen, die über einen Fritte verbunden sind, auf (B2). Messen und notieren Sie die Spannungsänderung[2] in dieser Vorrichtung a) während der Belichtung der linken Halbzelle bis zur vollständigen Blaufärbung, b) noch ca. 30 s lang nach dem Ausschalten der Lampe[2] und c) bei der Belüftung der blauen Lösung bis zur Gelbfärbung.

Auswertung

a) Beschreiben Sie die Beobachtungen aus V3 und beantworten Sie die beiden Fragen aus B1.

b) Untersuchen Sie mit Farbfiltern, welche Farben des Lichts beim PBB-Experiment wirksam sind.

c) Erläutern Sie die in B3 angegebenen Reaktionszyklen des Methylviologens und Proflavins als Redoxreaktionen. Was wird jeweils oxidiert und reduziert und was fungiert jeweils als Oxidations- bzw. Reduktionsmittel? (*Hinweis:* Unter der Internet-Adresse www.chemiedidaktik.uni-wuppertal.de finden Sie in der Rubrik Unterricht auch Animationen zum Photo-Blue-Bottle Experiment.)

d) Warum kann die blaue Farbe bei V3 und V4 durch Schütteln entfernt werden, bei V5 jedoch nur durch Belüftung?

e) Die Verbindung EDTA wird bei diesem Experiment als „Opfer-Donor" bezeichnet. Wofür wird das EDTA geopfert?

f) Vergleichen Sie die Änderungen der elektrischen Spannung in V5 mit a) dem Laden und Entladen eines Akkus und b) mit den Energieänderungen bei der Photosynthese (S. 95) und Atmung (S. 97). Nennen Sie Gemeinsamkeiten und Unterschiede.

---

[1] Alle Bestrahlungen können statt mit künstlichen Lichtquellen auch mit Sonnenlicht durchgeführt werden.

[2] Obwohl eine Spannung von bis zu 300 mV gemessen wird, kann kein Elektromotor angetrieben werden, weil die im PBB-Experiment umgesetzten Stoffmengen zu gering sind. Die für den Antrieb nötige Stromstärke kommt daher nicht zustande.

Modellexperiment und Wirklichkeit

Um komplexe Vorgänge in der Natur und in der Technik besser zu verstehen, können sogenannte Modellexperimente nützlich sein. Darin werden bestimmte wesentliche Merkmale eines realen Prozesses in einem einfacheren System, eben dem Modellexperiment, abgebildet. So demonstriert beispielsweise der Blue-Bottle Versuch (vgl. S. 102) die Funktion eines Elektronenvermittlers (Methylenblau) bei der Oxidation von Glucose mit Sauerstoff.

Das *Photo*-Blue-Bottle Experiment (V3 bis V5) ist ein Modell für den vollständigen Kreislauf des Kohlenstoffs bei der Photosynthese und Atmung. In einer von sichtbarem Licht angetriebenen Reaktion wird ein farbloses Edukt (Methylviologen-Dikation MV^{2+}) zu einem blauen Produkt (Methylviologen-Monokation MV^{+}) reduziert. Dieses wird anschließend mit Sauerstoff aus dem Gasraum wieder zum Ausgangsstoff zurück oxidiert. Bei der Reduktion und Blaufärbung der Lösung wird ähnlich wie bei der Photosynthese Licht in chemische Bindungsenergie umgewandelt und gespeichert. Bei der Oxidation und Rückfärbung nach Gelb wird diese Energie wieder verfügbar. Die Gemeinsamkeiten zwischen Experiment und Wirklichkeit betreffen nicht nur die gekoppelten Stoffkreisläufe, sondern auch die Energieumwandlung und die beteiligten Reaktionstypen (B5).

Ein Modellexperiment ist aber *kein vollständiges* Abbild der Wirklichkeit. Im Gegensatz zum PBB-Experiment ist in der Natur der Kohlenstoff-Kreislauf an den Sauerstoff-Kreislauf gekoppelt (B4). Der Photosyntheseapparat im Blatt und der Atmungsapparat in der Zelle bestehen jeweils aus eine Vielzahl von Stoffen, das Blatt und die Zelle sind offene Systeme (vgl. S. 69).

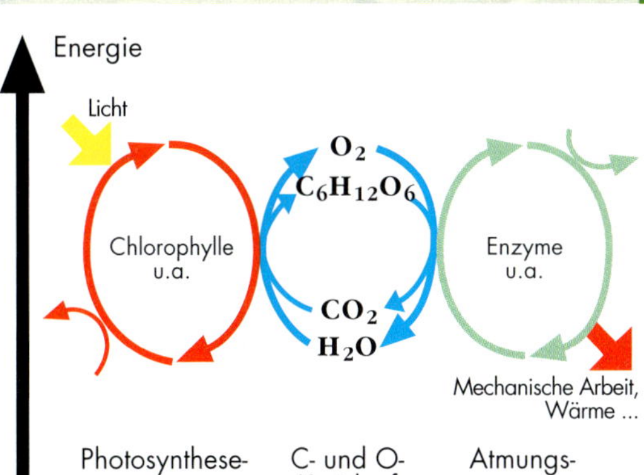

B4 *Das biochemische 1x1.* **A:** *Warum ist dies die Grundlage allen Lebens auf der Erde?*

Aufgaben

A1 Nennen Sie je zwei Gemeinsamkeiten und Unterschiede zwischen dem Blue-Bottle Experiment (S. 102) und dem Photo-Blue-Bottle Experiment (S. 108).

A2 Suchen Sie in diesem Buch zwei Modellexperimente für technische Prozesse und erläutern Sie sie.

A3 Wozu dient a) ein Modellexperiment und b) ein Atommodell? Erläutern Sie.

Modellexperiment: Photo-Blue-Bottle	**Natürliche Prozesse: Photosynthese – Atmung**
Stoffkreisläufe – Methylviologen–Kreislauf ($MV^{2+} \rightarrow MV^{+} \rightarrow MV^{2+}$) – Kreislauf des zyklisch arbeitenden Photokatalysators Proflavin (PF^{+}) – vgl. B3	**Stoffkreisläufe** – Kohlenstoff-Kreislauf ($CO_2 \rightarrow C_m(H_2O)_n \rightarrow CO_2$) – Kreisläufe der zyklisch arbeitenden Photokatalysatoren (Chlorophylle u. a.)
Energieumwandlung – Lichtenergie wird chemisch umgewandelt, gespeichert und als andere Energieform verfügbar. – Für die Lichtreaktion ist ein farbiger Photokatalysator (Proflavin) notwendig. – Die Reaktionen laufen in wässriger Lösung und an der Phasengrenze flüssig-gasförmig ab.	**Energieumwandlung** – Lichtenergie wird chemisch umgewandelt, gespeichert und als andere Energieform verfügbar. – Für die Photosynthese sind farbige Photokatalysatoren (Chlorophylle u. a.) notwendig. – Die Reaktionen laufen in wässriger Lösung und an Membranoberflächen ab.
Reaktionstypen – Der Kreislauf des Methylviologens setzt sich aus einer energiebenötigenden Reduktion ($\Delta G > 0$) und einer energieliefernden Oxidation ($\Delta G < 0$) mit Sauerstoff zusammen. – Der Kreislauf beginnt mit der Absorption von (blauem) Licht – vgl. V4. – Der Lichtabsorption folgt eine Elektronenübertragung – vgl. B3.	**Reaktionstypen** – Der Kreislauf des Kohlenstoffs setzt sich aus einer energiebenötigenden Reduktion ($\Delta G > 0$) und einer energieliefernden Oxidation ($\Delta G < 0$) mit Sauerstoff zusammen. – Der Kreislauf beginnt mit der Absorption von (blauem und rotem) Licht – vgl. B2, S. 94. – Nach der Lichtabsorption folgen (in mehreren Schritten) Elektronenübertragungen.

B5 *Vergleich Modellexperiment – Wirklichkeit.* **A:** *Nennen und erklären Sie einige Unterschiede.*

Die [^{14}C]-Kohlenstoff-Uhr

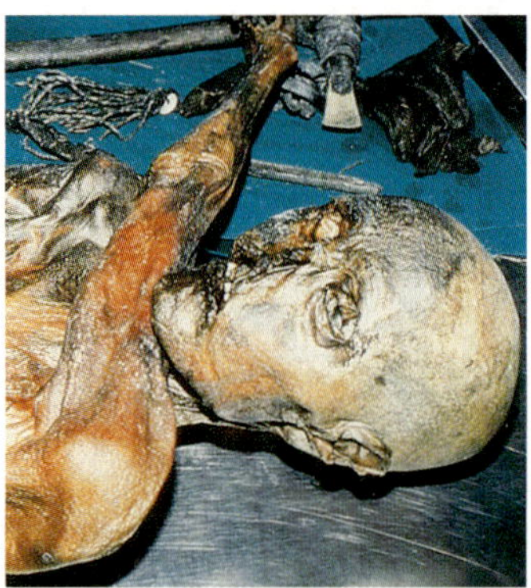

B1 *Am 19. September 1991 fanden Bergwanderer im österreichisch-italienischen Grenzgebiet im Hauslabjoch diese Gletschermumie, genannt Ötzi.*

Wie alt ist Ötzi?

Zur Datierung des Ötzi-Fundes wendete man die sogenannte Radiocarbon-Methode an.
Mit ihrer Hilfe hat man festgestellt, dass die Gletschermumie ungefähr 5000 Jahre alt ist.
Die Methode beruht auf dem radioaktiven Zerfall eines Kohlenstoff-Isotops, das in der Lufthülle der Erde durch kosmische Strahlung gebildet wird und über die Nahrungskette in Organismen gelangt.

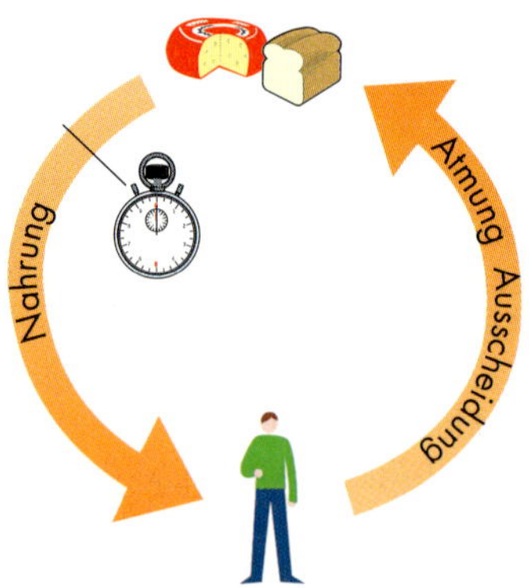

B2 *Die [^{14}C]-Kohlenstoff-Uhr startet, wenn ein Organismus stirbt, also der Organismus aus dem Kohlenstoff-Kreislauf ausgeschaltet wird.*

INFO

Isotope eines Elements sind Atome, die gleich viele Protonen, aber unterschiedlich viele Neutronen enthalten. Es handelt sich um Atome des gleichen Elements mit unterschiedlicher Massenzahl.

Isotope des Kohlenstoffs:

Symbol	Anzahl: p^+	n	abgekürzt
[$^{12}_{6}$C]	6	6	[^{12}C]
[$^{13}_{6}$C]	6	7	[^{13}C]
[$^{14}_{6}$C]	6	8	[^{14}C]

Erläuterung: [^{14}C]-Kohlenstoff gesprochen: Kohlenstoff 14

B3 *Aufbau der Kohlenstoff- Isotope.* **A:** *Erläutern Sie die Hoch- und Indexzahlen in der linken Spalte.*
A: *Erstellen Sie eine entsprechende Tabelle für die drei Wasserstoff- Isotope.*

Aufgaben

A1 Erläutern Sie das Auftreten ungerader Massenzahlen im Periodensystem.

A2 $^{222}_{86}$Rn entsteht bei einer natürlichen Zerfallsreihe über zwei β- und vier α-Zerfälle. Bestimmen Sie das Ausgangselement und das entsprechende Isotop.

Radionuklide – die strahlenden Atome

Um diese Datierungsmethode verstehen zu können, benötigen wir einige Informationen über radioaktive Strahlung:
Viele Elemente liegen in der Natur als Gemisch aus verschiedenen Isotopen vor (B3). Manche Isotope sind radioaktiv, dann spricht man von Radionukliden. Wie alle radioaktiven Atome zerfallen sie über einen oder mehrere Schritte bis zu einer stabilen Atomart. Dabei senden sie radioaktive Strahlung aus.
Bei der natürlichen radioaktiven Strahlung, die bei den Kernumwandlungen entsteht, unterscheidet man zwischen α-, β- und γ-Strahlung.
Bei der α-Strahlung handelt es sich um zweifach positiv geladene Helium-Kerne $^{4}_{2}He^{2+}$. Die β-Strahlung besteht aus schnellen Elektronen. Unter γ-Strahlung versteht man energiereiche, elektromagnetische Strahlung.
Nach Art der abgegebenen Strahlung spricht man von α- oder β-Zerfall.

Beim α-Zerfall eines Atoms verringert sich die Nukleonenzahl um vier und die Protonenzahl um zwei. Es entsteht ein Atom des Elements mit der um 2 niedrigeren Protonenzahl.

α-Zerfall: $^{A}_{B}X \rightarrow {}^{A-4}_{B-2}Y + {}^{4}_{2}He$

Beim β-Zerfall eines Atoms ändert sich die Nukleonenzahl nicht. Da ein Neutron in ein Proton und ein Elektron umgewandelt wird, entsteht ein Atom des Elements mit der um eins erhöhten Protonenzahl.

β-Zerfall: $^{A}_{B}X \rightarrow {}^{A}_{B+1}Y + {}^{0}_{-1}e$

Bei radioaktiven Zerfällen entsteht meist zusätzlich energiereiche, elektromagnetische Strahlung, die man als γ-Strahlung bezeichnet. Dabei ändert sich der Energieinhalt des Kerns. Die Protonenzahl bleibt erhalten, die chemischen Eigenschaften ändern sich nicht.

Die [^{14}C]-Kohlenstoff-Uhr

Die Radiocarbon-Methode nutzt den β-Zerfall des [^{14}C]-Kohlenstoffs. Von der Sonne und von anderen Sternen gelangt energiereiche Strahlung in die oberen Schichten der Erdatmosphäre. Diese Teilchenstrahlung besteht zu 93 % aus Protonen und zu ca. 6 % aus Helium-Kernen. Den Rest bilden schwere Atomkerne. Durch Reaktionen dieser Primärstrahlung mit Molekülen der Atmosphäre entstehen verschiedene Teilchen, wie zum Beispiel Neutronen. Diese können dann wiederum mit den Molekülen der Atmosphäre reagieren. So entsteht durch kosmische Strahlung zum Beispiel Tritium [^{3}H], das radioaktive Isotop des Wasserstoffs, und [^{22}Na]-Natrium.

Das Radionuklid [^{14}C]-Kohlenstoff entsteht in der Atmosphäre bei der Sekundärreaktion eines Neutrons mit einem Stickstoff-Kern:

$$^{14}_{7}\mathrm{N} + {}^{1}_{0}\mathrm{n} \rightarrow {}^{14}_{6}\mathrm{C} + {}^{1}_{1}\mathrm{H}$$

Der [^{14}C]-Kohlenstoff wird in der Erdatmosphäre zu Kohlenstoffdioxid oxidiert. Zusammen mit dem weit häufigeren Kohlenstoffdioxid, das „normalen" [^{12}C]-Kohlenstoff enthält, wird es von Pflanzen assimiliert und gelangt über die Nahrungskette in Tiere und Menschen. Man geht davon aus, dass sich in den letzten 100 000 Jahren der Gehalt an [^{14}C]-Kohlenstoff in der Atmosphäre nicht geändert hat.

Aufgaben

A3 Welche Faktoren führen dazu, dass der [^{14}C]-Kohlenstoff-Gehalt in der Atmosphäre in letzter Zeit leicht zunimmt?

A4 Bei der Sekundärreaktion eines Neutrons mit einem Stickstoff-Kern zu einem [^{14}C]-Kohlenstoff entsteht auch ein $^{1}_{1}$H. Worum handelt es sich bei diesem Teilchen?

Wie tickt die [^{14}C]-Kohlenstoff–Uhr?

Solange Organismen atmen oder neue kohlenstoffhaltige Nahrungsmittel aufnehmen und wieder ausscheiden, bleibt das Verhältnis zwischen [^{12}C]-Kohlenstoff und [^{14}C]-Kohlenstoff im Körper gleich.

Stirbt das Individuum, zerfällt das Radionuklid weiter, ohne dass es ersetzt wird. Die „Uhr" wird gestartet. Der Gehalt an [^{14}C]-Kohlenstoff nimmt im Laufe der Zeit ab.

Das Radionuklid [^{14}C]-Kohlenstoff besitzt eine Halbwertszeit von 5730 Jahren. Nach diesem Zeitraum ist die Hälfte der zu Beginn vorhandenen Radionuklide zerfallen:

$$^{14}_{6}\mathrm{C} \rightarrow {}^{14}_{7}\mathrm{N} + {}^{0}_{-1}\mathrm{e}$$

Den zeitlichen Verlauf des Zerfalls gibt B4 wieder. Dabei ist der prozentuale Gehalt an [^{14}C]-Kohlenstoff beim Start der „Uhr" auf 100 % gesetzt.

Vergleicht man die aktuelle Konzentration an [^{14}C]-Kohlenstoff in lebender Substanz mit der in archäologischen Funden, so lässt sich bestimmen, wann die Stoffwechselprozesse des zu untersuchenden Fundes aufgehört haben.

Mithilfe der Radiocarbon-Methode können nur Datierungen von ehemals lebenden Individuen gemacht werden, deren „Uhr" noch nicht länger als ungefähr 50 000 Jahre läuft. Bei sehr alten Objekten ist die verbleibende Aktivität der Proben zu gering im Vergleich zur Umgebungsstrahlung.

Aufgaben

A5 Nennen Sie Quellen für Umgebungsstrahlung.

A6 In einer Höhle hat man einen Bärenknochen gefunden, dessen [^{14}C]-Kohlenstoff-Konzentration auf 6,25 % abgesunken ist. Wie alt ist dieser Fund?

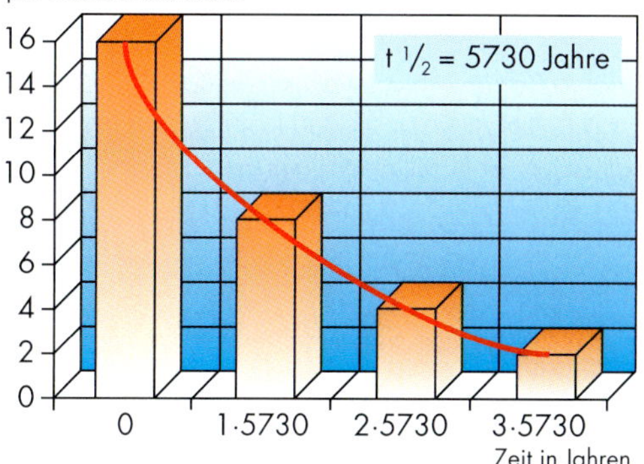

B4 *Gehalt an [^{14}C]-Kohlenstoff in Abhängigkeit von der Zerfallszeit. Unter* ***Halbwertszeit (t ½)*** *versteht man den Zeitraum, in dem statistisch betrachtet die Hälfte der ursprünglich vorhandenen Atome eines Radionuklids zerfallen ist.* **A:** *Beschreiben und interpretieren Sie den Kurvenverlauf.*

Aufgaben

A7 Nennen Sie Möglichkeiten, Funde zu datieren, deren Alter keinem genauen Vielfachen einer Halbwertszeit entspricht.

A8 Die Halbwertszeit von [^{14}C]-Kohlenstoff wird mit 5730 ± 40 Jahren angegeben. Suchen Sie eine Erklärung für diese Intervallangabe.

A9 Suchen Sie in der Literatur/Internet nach anderen Datierungsmethoden und erklären Sie das Prinzip, das ihnen zugrunde liegt.

Nachwachsende Rohstoffe

Einsatz nachwachsender Rohstoffe

Nachwachsende Rohstoffe sind organische Stoffe pflanzlichen oder tierischen Ursprungs, die ganz oder in Teilen als Rohstoffe für die Industrie oder als Energieträger genutzt werden. Im Gegensatz zu fossilen Rohstoffen erneuern sie sich jährlich oder in überschaubaren Zeiträumen.

Das ständige Bevölkerungswachstum und der zunehmende Verbrauch an fossilen Brennstoffen führt dazu, dass die Rohstoffreserven der Erde knapper und die Kohlenstoffdioxid-Belastung der Atmosphäre größer werden. Daher wird verstärkt der Einsatz nachwachsender Rohstoffe in der industriellen Nutzung gefördert, um fossile Roh- und Brennstoffe zu sparen und zugleich frei werdendes Kohlenstoffdioxid wieder durch Photosynthese zu binden.

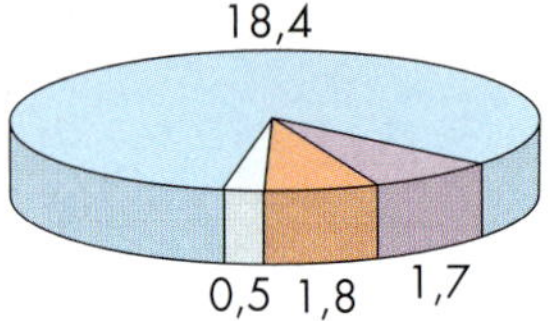

B1 *Rohstoff-Einsatz der chemischen Industrie (Deutschland), Angaben in Millionen Tonnen*

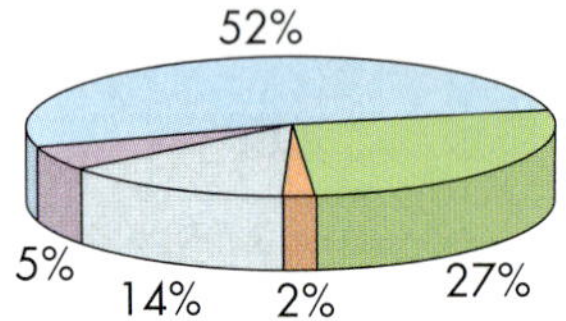

B2 *Einsatz von nachwachsenden Rohstoffen im Chemiebereich (Deutschland)*

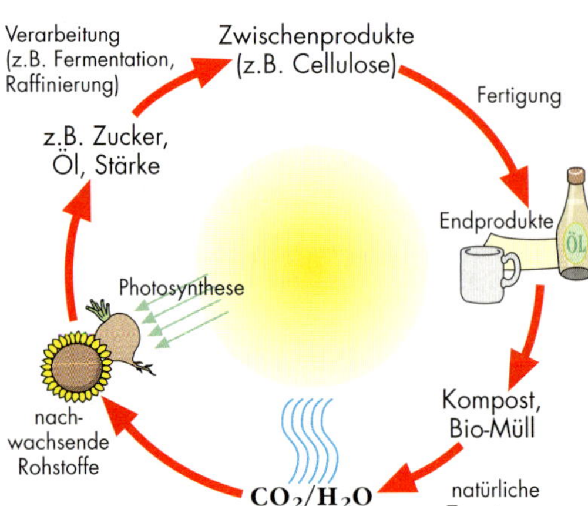

B3 *Kohlenstoff-Kreislauf bei Verwendung nachwachsender Rohstoffe*

Nachwachsende Rohstoffe lassen sich je nach Nutzung in Industrie- bzw. Energiepflanzen einteilen.

Industriepflanzen	Rohstoffe	Endprodukte
Kartoffeln, Weizen, Mais, Markerbsen	Stärke	Folien, Waschmittel
Raps, Rübsen, Sonnenblumen, Hanf	Pflanzenöl	Schmierstoffe, Motor-, Getriebeöle, Kosmetika, Wasch-, Lösemittel
Zuckerrüben, Zichorien, Topinambur	Zucker	Kunststoffe, Vitamine, Arznei- und Waschmittel
Holz, Hanf, Flachs	Cellulose	Zellstoff, Papier, Dämmstoffe, Garn
Energiepflanzen		
Zuckerrüben, Kartoffeln	Zucker, Stärke	Bioalkohol, Additive
Raps	Rapsöl	Biodiesel

B4 *Ausgewählte Pflanzen zur industriellen und energetischen Verwertung*

Stärke – ein Rohstoff nicht nur zum Essen

Bei der Herstellung von Stärkeprodukten macht man sich deren Eigenschaften wie z. B. das gute Quellvermögen, die Klebeeigenschaften oder ihre Hydrolysierbarkeit (V4, S. 104) zunutze. Stärkeprodukte lassen sich nach Gebrauch verbrennen oder kompostieren.

B5 *Ein komplettes Essgeschirr aus Stärke*

Versuch

V1 *Herstellung einer Stärkefolie:* Geben Sie in einen Rundkolben 2,5 g Kartoffelstärke und fügen Sie 25 mL dest. Wasser, 3 mL Salzsäure*, c = 0,1 mol/L, und 2 mL Glycerin-Lösung, w = 55%, hinzu. Kochen Sie die Suspension 15 min lang unter Rückfluss. Stoppen Sie die Reaktion durch Zugabe von 3 mL Natronlauge*, c = 0,1 mol/L. Dem noch heißen Reaktionsansatz kann man etwas Lebensmittelfarbstoff zusetzen, um die Folie zu färben. Verteilen Sie dann den Reaktionsansatz gleichmäßig auf einer Glas- oder Kunststoffplatte. Lassen Sie die Platte ca. 2 Tage zum Trocknen stehen, die Folie kann dann vorsichtig abgezogen werden.

Nachwachsende Rohstoffe

Pflanzenöle – Autofahren mit Biodiesel

Versuch

V2 *Herstellung von Biodiesel:* Lösen Sie 0,3 g Natriumhydroxid* in 100 mL Methanol*. Geben Sie von dieser Methanolat-Lösung* 8 mL in ein großes, trockenes Rggl. mit Rührkern. Tauchen Sie das Rggl. in ein Wasserbad, das auf 75 °C vorgeheizt ist. Fügen Sie nun 4 mL Rapsöl hinzu und erhitzen Sie unter Rückfluss und Rühren. Nach ca. 5 min sollte die Emulsion klar geworden sein. Gießen Sie dann den Ansatz ohne Abkühlen in ein weiteres Rggl. mit Wasser. Warten Sie bis zur Phasentrennung (B6).

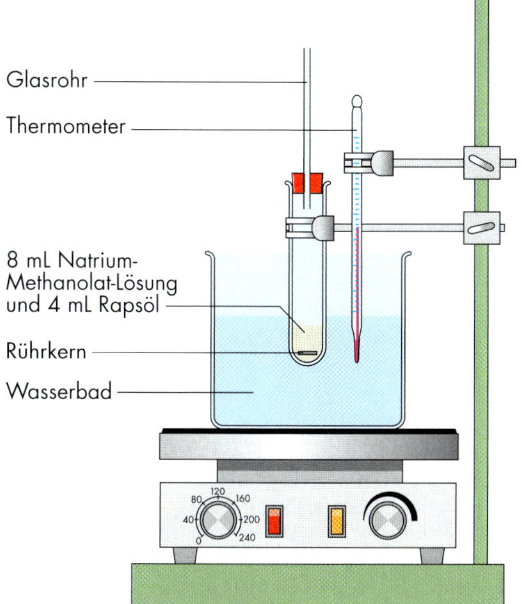

B6 *Apparatur zur Herstellung von Biodiesel*

Als Treibstoffe aus nachwachsenden Rohstoffen kommen unbehandelte (Naturdiesel) oder chemisch veränderte Pflanzenöle (Biodiesel) zum Einsatz. Biodiesel kann in herkömmlichen Dieselmotoren verwendet werden. Hierzu wird das Pflanzenöl mit Methanol umgeestert, sodass Fettsäuremethylester als Biodiesel und Glycerin als Nebenprodukt entstehen.
Eine vollständiger Ersatz von Diesel aus fossilen Brennstoffen durch Biodiesel ist auch in absehbarer Zeit nicht möglich. Optimistische Schätzungen gehen davon aus, dass Biodiesel maximal 10 % des gesamten Dieselbedarfs decken könnte.

Zucker – Nährstoff für Mikroorganismen

Dass Hefen den in Früchten enthaltenen Zucker zu Alkohol vergären können, ist der Menschheit schon lange bekannt.

Mikroorganismen können aber auch andere wertvolle Produkte wie z. B. Citronensäure, Aminosäuren oder Antibiotika herstellen, indem sie Zucker als Nährstoff verwerten. Das Bakterium *Alcaligenes eutrophus* synthetisiert sogar einen kompostierbaren Kunststoff, Polyhydroxybuttersäure (PHB), aus dem man Flaschen, Folien oder auch selbstauflösende chirurgische Fäden herstellt.

B7 *Flaschen aus PHB nach steigender Kompostierungsdauer (rechts: 6 Wochen alt)*

Aufgaben

A1 Diskutieren Sie anhand von B1 bis B3 die Verwendung nachwachsender Rohstoffe.

A2 Formulieren Sie für die Umesterung eines Fett-Moleküls (Strukturformel) mit Methanol die Reaktionsgleichung.

$$\begin{array}{l} \quad\;\; H \quad\quad\; \langle O \rangle \\ H-C-\overline{O}-C-C_{17}H_{33} \\ \quad\;\; | \quad\quad\;\; \langle O \rangle \\ H-C-\overline{O}-C-C_{17}H_{31} \\ \quad\;\; | \quad\quad\;\; \langle O \rangle \\ H-C-\overline{O}-C-C_{17}H_{29} \\ \quad\;\; H \end{array}$$

A3 Die landwirtschaftliche Nutzfläche Deutschlands beträgt ca. 18 Mio ha. Der Verbrauch an Dieselkraftstoff liegt bei ca. 23 Mio Tonnen jährlich. Der Hektar-Ertrag von Rapsöl liegt z. Zt. bei ca. 1,3 Tonnen pro Jahr. Berechnen Sie die Anbaufläche, die zur Deckung des Dieselbedarfs durch Rapsöl nötig wäre. Diskutieren Sie die sich ergebenden Nachteile.

A4 β-Hydroxybuttersäure ist die Ausgangssubstanz des Polyesters PHB.

$$H-\overline{O}-CH(CH_3)-CH_2-C(=\overline{O})-\overline{O}-H$$

Zeichnen Sie einen Ausschnitt des PHB-Moleküls. Nennen Sie Vor- und Nachteile von PHB.

Stickstoff – elementar und gebunden

B1 *Ansicht der Erdatmosphäre.* **A:** *Was wissen Sie über die einzelnen Elemente bzw. Verbindungen in der Erdatmosphäre? Berücksichtigen Sie auch B2, S. 72.*

B2 *Blitzentladung.* **A:** *Finden Sie Gemeinsamkeiten zwischen der Luft der Atmosphäre bei einer Blitzentladung und der Luft, die im Verbrennungsmotor eines Kraftfahrzeugs reagiert.*

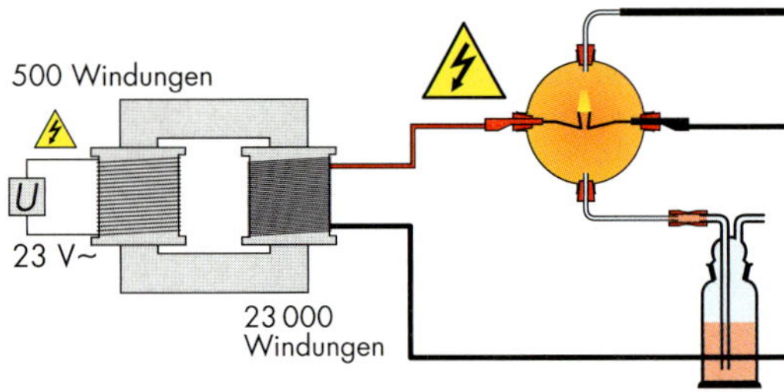

B3 *Reaktion von Luft im Lichtbogen*

Versuche

LV1 In einer Apparatur gemäß B3 wird Luft einige Minuten lang einer Funkenstrecke ausgesetzt. Nach dem Abschalten der Hochspannung werden 10 mL Wasser in den Kolben gegeben, es wird kräftig geschüttelt und die Lösung mit Indikator geprüft.

V2 Versetzen Sie in einem Reagenzglas 5 mL konz. Ammoniumchlorid-Lösung* NH_4Cl mit 2 Kaliumhydroxid-Plätzchen* und führen Sie vorsichtig eine Geruchsprobe durch. Halten Sie über die Reagenzglasöffnung ein angefeuchtetes Universal-Indikatorpapier sowie einen in konz. Salzsäure* getauchten Glasstab.

V3 Mischen Sie gleiche Anteile einer konz. Ammoniumchlorid- und einer konz. Natriumnitrit-Lösung* $NaNO_2$ und verteilen Sie diese Lösung auf zwei Reagenzgläser. Fügen Sie zu einer Probe 5 Tropfen konz. Essigsäure* und beobachten Sie beide Proben etwa 10 Minuten. Halten Sie dann in den Gasraum einen glimmenden Holzspan.

V4 (Abzug!) Übergießen Sie in einem trockenen Reagenzglas eine Spatelspitze festes Natriumnitrit* mit einigen Tropfen verd. Schwefelsäure*. Führen Sie in das Reagenzglas (ohne dabei dessen Innenwand zu berühren!) einen Glasstab ein, der mit feuchtem Indikatorpapier umwickelt ist. Tauchen Sie anschließend das Reagenzglas in eine Kältemischung (Eis/Kochsalz).

V5 Versetzen Sie a) 2 mL einer verd. Natriumnitrit-Lösung*, $w = 5\,\%$, bzw. b) 2 mL einer verd. Natriumnitrat-Lösung*, $w = 5\,\%$, mit wenigen Tropfen einer Kaliumpermanganat-Lösung*. Säuern Sie mit verd. Schwefelsäure* an.

V6 Füllen Sie eine Mischung aus Gartenerde und einem Teelöffel Harnstoff $CO(NH_2)_2$ etwa 4 cm hoch in einen Erlenmeyerkolben. Verschließen Sie ihn mit einem Stopfen und klemmen Sie dabei einen feuchten Streifen Universalindikatorpapier so ein, dass er in das Kolbeninnere hängt. Der Kolben wird für zwei bis drei Tage an einen warmen (20 bis 30 °C) Ort gestellt (vgl. mit V2).

Auswertung

a) Ordnen Sie die folgenden Moleküle und Ionen nach steigender Oxidationszahl des Stickstoff-Atoms: NO, NO_2, N_2O_3, N_2O_4, N_2O, N_2, NO_2^-, NO_3^-, NH_3, Harnstoff $H_2N\text{-}CO\text{-}NH_2$, NH_4^+.

b) In LV1 entsteht Stickstoffmonooxid NO und gasförmiges Stickstoffdioxid NO_2, das mit Wasser zu salpetriger Säure HNO_2 und Salpetersäure HNO_3 reagiert. Formulieren Sie die Reaktionsgleichungen. Geben Sie die Oxidationszahlen des Stickstoff-Atoms in den jeweils auftretenden Verbindungen an. Zu welchem Reaktionstyp gehört die Reaktion von Stickstoffdioxid mit Wasser?

c) Formulieren Sie die Reaktionsgleichungen für V2 bis V4. Wenn Sie in V3 anstelle der Natriumnitrit- eine Natriumnitrat-Lösung einsetzen, entsteht Distickstoffmonooxid N_2O. Formulieren Sie auch hierfür die Reaktionsgleichung. In V4 entstehen zunächst Stickstoffmonooxid und Stickstoffdioxid, die in der Kälte im Wesentlichen zu Distickstofftetraoxid N_2O_4 reagieren. Welches Oxid wird als Nebenprodukt gebildet? Was geschieht, wenn das Reagenzglas wieder aus der Kältemischung genommen wird?

d) In V5 reagieren Permanganat-Ionen MnO_4^- zu Mangan(II)-Ionen Mn^{2+}. Formulieren Sie die Redoxgleichungen.

e) Welche wichtige Reaktion des Stickstoff-Kreislaufs in der Natur (B4) wird durch V6 dargestellt?

Der Stickstoff-Kreislauf in der Natur

Elementarer Stickstoff N_2 ist mit 78 Vol.-% der Hauptbestandteil der Atmosphäre. Er ist sehr reaktionsträge und reagiert beispielsweise mit Sauerstoff erst bei elektrischen Entladungen in der Atmosphäre, wenn es blitzt. Dabei bilden sich die Stickstoffoxide NO und NO_2, die mit dem Regen aus der Atmosphäre ausgewaschen werden (vgl. LV1). Verbindungen des Stickstoffs sind in der Regel wesentlich reaktiver als Stickstoff. Einige davon sind am natürlichen Kreislauf dieses Elements beteiligt (B4), ihr Anteil ist jedoch lediglich 1 % der Masse des gesamten, auf unserer Erde vorkommenden Stickstoffs, obwohl jede lebende Zelle Stickstoffverbindungen enthält. Tiere und Menschen können das riesige Stickstoffreservoir aus der Luft nicht nutzen. Unter den Pflanzen gibt es nur wenige, die dazu in der Lage sind. In den Wurzelknöllchen von Bohnen, Klee und anderen Schmetterlingsblütern (*Leguminosen*) leben Bakterien (*Rhizobium-Arten*), die Luftstickstoff binden[1] und der Pflanze als Nitrat-Ionen NO_3^- zur Verfügung stellen. Dieser Prozess wird als **Stickstoff-Fixierung** bezeichnet.
Eine andere nutzbare Form des Stickstoffs liegt im Ammonium-Ion NH_4^+ vor, das beim Abbau von Eiweißen und Aminosäuren aus abgestorbenen Tier- und Pflanzenteilen entsteht. Dieser Abbau wird von Mikroorganismen im Boden durchgeführt. Sie wandeln die organischen Substanzen in mineralische Nährstoffe um (**Mineralisierung**). Stickstoff tritt dabei zunächst als Ammoniak NH_3 auf, das mit dem Bodenwasser zu Ammonium-Ionen NH_4^+ reagiert. In gut durchlüfteten Böden unterliegen die Ammonium-Ionen der **Nitrifikation**. Durch die nitrifizierenden Bakterien *Nitrosomonas* und *Nitrobacter* werden Ammonium-Ionen innerhalb weniger Tage über Nitrit-Ionen NO_2^- zu Nitrat-Ionen NO_3^- umgewandelt. Die Pflanze nimmt die Nitrat-Ionen auf.
Ammonium-Ionen können aufgrund ihrer positiven elektrischen Ladung an die elektrisch negativ aufgeladenen Bodenkolloide[2] angelagert werden und sind so vor Auswaschung geschützt. Dagegen werden Nitrat-Ionen nicht an die Bodenkolloide angelagert, sind also in der Bodenlösung frei beweglich und unterliegen verstärkt der Auswaschung. Daher können sich Nitrat-Ionen im Grundwasser anreichern. Liegen Nitrat-Ionen unter Sauerstoffabschluss vor, was im Boden durch Staunässe oder durch Verdichtung hervorgerufen werden kann, so nutzen manche Bakterien den im Nitrat-Ion gebundenen Sauerstoff für ihre Stoffwechselvorgänge[3]. Dabei wird Stickstoff gebildet. Diesen Vorgang bezeichnet man als **Denitrifikation**. Da nicht alle denitrifizierenden Bakterien Nitrat-Ionen bis zu elementarem Stickstoff reduzieren, tritt auch das flüchtige Gas Distickstoffmonooxid N_2O auf. Es entweicht wie der Stickstoff aus dem Boden. Stickstoff-Verluste des Bodens an die Atmosphäre können beträchtlich sein[4]. Bei hohen Boden-*p*H-Werten kann auch gasförmiges Ammoniak NH_3 entweichen.

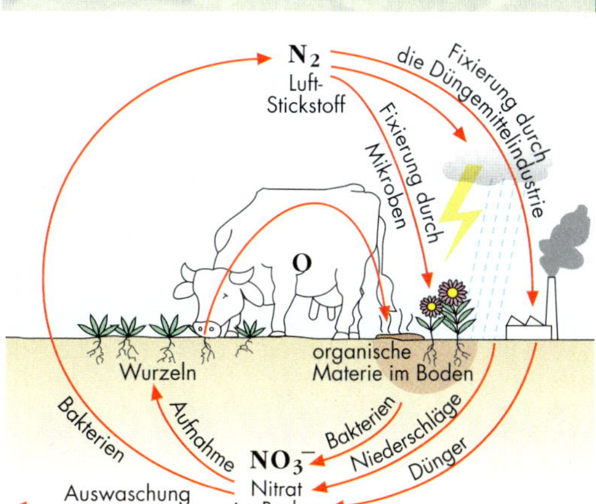

B4 *Stickstoff-Kreislauf in der Natur*

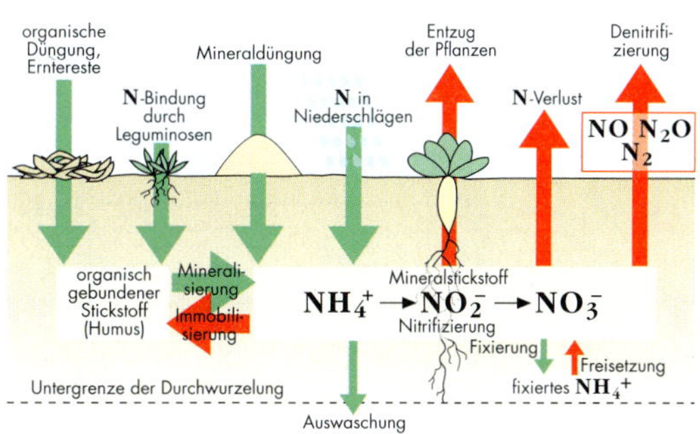

B5 *Stickstoffhaushalt des Bodens*

[1] Auf diese Weise werden 100 bis 300 kg N pro ha und Jahr fixiert.
[2] Kolloid (griech.) = nicht kristalliner, leimartiger Stoff
vereinfacht: aufgeladene Bodenpartikel
[3] auch als Nitratatmung bezeichnet
[4] Aus Böden können etwa ein Drittel des gedüngten Stickstoffs entweichen.

Fachbegriffe
Stickstoff-Fixierung, Mineralisierung, Nitrifikation, Denitrifikation

Blick hinter die Kulissen: Boden und Stickstoffdünger

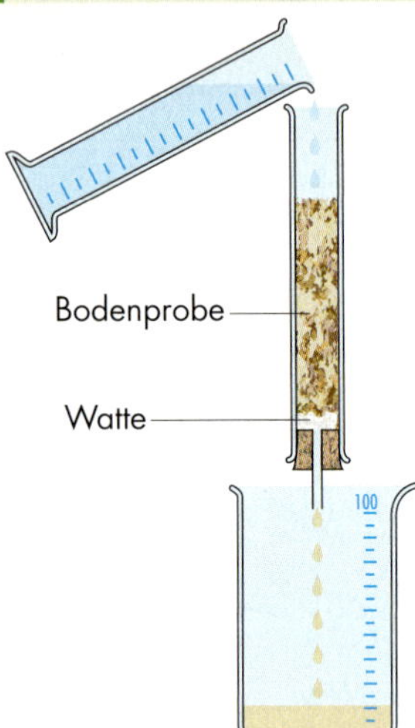

B1 *Aufbau von LV1*

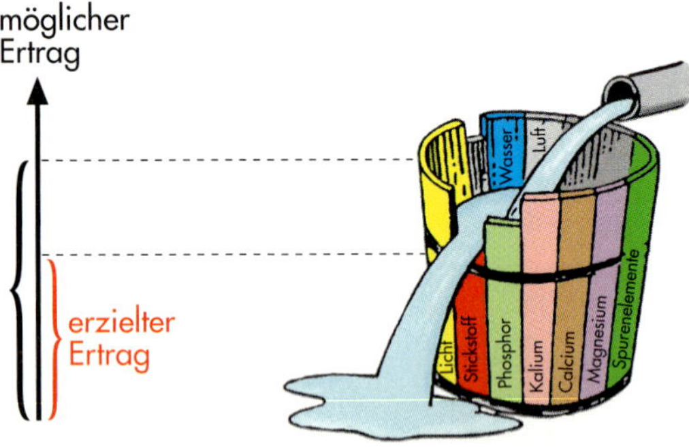

B2 *Das „LIEBIGSCHE Minimumfass". Hier begrenzt der im Minimum vorhandene Stickstoff den Ertrag. JUSTUS VON LIEBIG (1803 bis 1873) formulierte in seinem „Gesetz vom Minimum", dass die Höhe des Ertrags einer Kulturpflanze von dem Nährstoff bestimmt wird, der im Boden am wenigsten (= im Minimum) vorliegt.*

Versuche

LV1 Ein 30 bis 50 cm langes Glasrohr mit 2 bis 3 cm Durchmesser wird gemäß B1 auf einer Seite mit einem durchbohrten Gummistopfen mit Glasröhrchen versehen und senkrecht eingespannt. Bevor das Glasrohr mit locker geschichteter Erde, die mit Styropor versetzt ist, befüllt wird, bedeckt man den Gummistopfen mit etwas Watte. Die in der Erde vorhandenen Nitrat-Ionen werden so lange mit destilliertem Wasser ausgewaschen, bis sie sich in der im Becherglas aufgefangenen Lösung mit Teststäbchen nicht mehr nachweisen lassen. Nun wird so lange Ammoniumchlorid-Lösung*, $w = 0{,}1\,\%$, zugetropft, bis sie durch die Erde gesickert ist und in der heraustropfenden Lösung nachgewiesen werden kann (Teststäbchen). Nach drei Tagen wird die Erde im Glasrohr erneut mit destilliertem Wasser durchgespült und die aufgefangene Lösung mit Nitrat- und Ammonium-Teststäbchen untersucht.
Man wiederholt den Versuch unter Verwendung von Sand statt Erde.

V2 Füllen Sie in einen 1-Liter-Erlenmeyerkolben etwas Erde und geben sie dann folgende Lösung aus 1 g Kaliumnitrat*, 0,5 g Kaliumdihydrogenphosphat und 5 g Weinsäure in 500 mL Leitungswasser hinzu. Setzen Sie auf den Erlenmeyerkolben einen durchbohrten Stopfen mit Gärröhrchen und lassen sie den Kolben drei Tage bei etwa 30 °C stehen. Bestimmen Sie mit Teststäbchen die Nitrat-Ionenkonzentration.

V3 Setzen Sie in mehreren Petrischalen jeweils 50 Kressesamen auf einer dünnen Watteschicht zum Keimen an. Tränken Sie die Watte mit jeweils 10 mL folgender Flüssigkeiten: a) Leitungswasser, b) Ammoniumnitrat-Lösung*, $w = 1\,\%$, und c) Ammoniumnitrat-Lösung*, $w = 0{,}01\,\%$.

Auswertung

a) Werden Ammonium- oder Nitrat-Ionen (LV1) leichter ausgewaschen? Begründen Sie.

b) Welche wichtigen Reaktionen des natürlichen Stickstoff-Kreislaufs werden durch LV1 und V2 dargestellt?

c) Von welchen Faktoren hängt die Menge eines ausgewaschenen Stickstoffdüngers ab?

d) Erklären Sie die Unterschiede im Wuchsverhalten der Kresse.

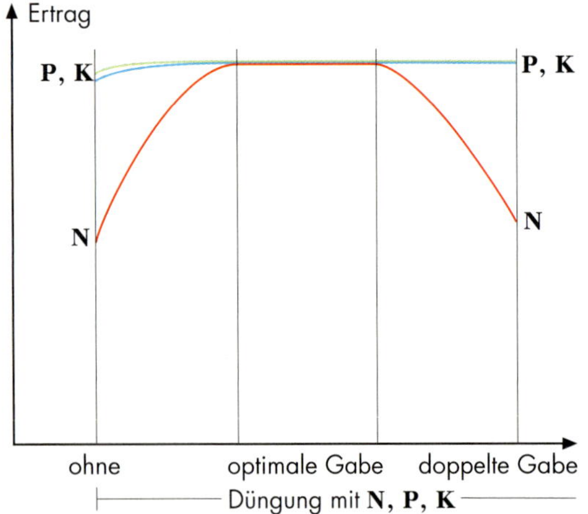

B3 *Einfluss der Düngung mit N, P oder K auf den Ertrag bei Kulturböden.* **A:** *Warum führen schon geringe Fehler bei der N-Düngung zu Ertragseinbußen (vgl. B2)?*

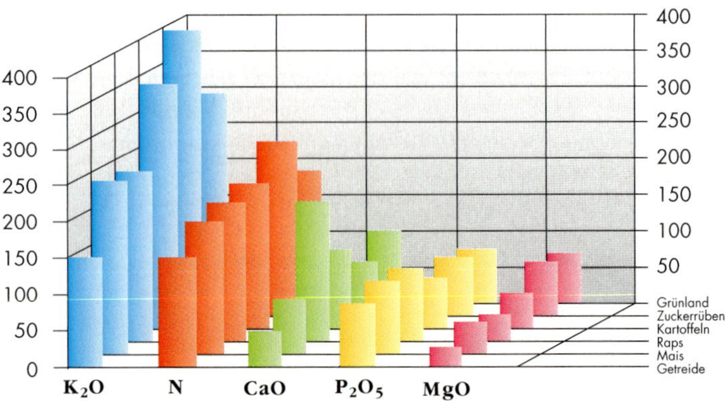

B4 *Nährstoffaufnahme verschiedener Pflanzen in kg pro Hektar bei durchschnittlicher Ernte.* **A:** *Welche der hier aufgeführten Pflanzen ist die „anspruchsvollste" und welche die „bescheidenste"? Begründen Sie.*

Nährstoffbilanz des Bodens und Düngung

Bereits vor 10 000 Jahren wurde in den Flussniederungen von Euphrat, Tigris und Nil zwei- bis dreimal im Jahr geerntet. Neben günstigen klimatischen Verhältnissen sorgte der bei Hochwasser mitgeführte fruchtbare Schlamm für eine optimale Nährstoffversorgung des Bodens. Heutzutage muss der Landwirt gezielt analysieren, welche Nährstoffe der (Acker-)Boden enthält, welche und wie viel Nährstoffe die bevorstehende Ernte benötigt (B4) und inwieweit die Fruchtfolge die **Nährstoffbilanz** des Bodens beeinflusst. Durch Zufuhr von organischen und/oder mineralischen Düngern kann dann die Differenz zwischen dem Nährstoffbedarf für die angestrebte Ernte und dem Nährstoffgehalt des Bodens ausgeglichen werden.
Das Element Stickstoff gilt als „Motor" des Pflanzenwachstums, weil es zum Aufbau von Aminosäuren, Proteinen, Desoxyribonucleinsäure und Chlorophyllen benötigt wird. Sowohl ein Mangel als auch ein Überangebot an Nährstoffen mit Stickstoff wirken sich auf die Ernte negativ aus. Bei Stickstoffmangel (vgl. B2, B3) kommt es zu Vergilbungen (*Chlorosen*) der Blätter. Da Stickstoffverbindungen in der Pflanze gut transportiert werden, erfolgt bei nicht ausreichender Stickstoffernährung eine Verlagerung aus den älteren in die jüngeren Blätter, sodass die Mangelsymptome zuerst an den älteren Blättern auftreten. Die mangelhafte Chlorophyllbildung führt zu einer Hemmung der Photosynthese und damit zu Kümmerwuchs und schlechter Blüte (Notblüte). Ein überhöhtes Stickstoffangebot ist an üppigem Wachstum, der Bildung von dunkel- bis schmutzig grünen, großen Blättern mit weichem, schwammigem Blattgewebe zu erkennen. Dabei kommt es zu einer erhöhten Anfälligkeit gegenüber Pilzkrankheiten und saugenden Insekten. Das im Überschuss aufgenommene Element Stickstoff kann nicht mehr in Proteine umgesetzt werden, sodass die Pflanzen einen stark erhöhten Gehalt an Nitrat-Ionen aufweisen.
Neben den **organischen Wirtschaftsdüngern** (Gülle, Stallmist, Jauche, Kompost und Gründüngung) werden auch **mineralische Düngemittel** (B5) eingesetzt. Es handelt sich hierbei entweder um Reinstoffe wie Ammoniumnitrat NH_4NO_3, Natriumnitrat $NaNO_3$, Kaliumchlorid KCl, Ammoniak NH_3 oder um Stoffgemische, die in großen Mengen industriell hergestellt werden. Darin sind die drei Hauptelemente Stickstoff, Phosphor und Kalium (B6) enthalten. Die Zusammensetzung des jeweiligen Düngemittels wird gewöhnlich durch drei Zahlen auf der Verpackung angegeben[1]. Sie entsprechen dem prozentualen Massenanteil dieser drei Elemente, berechnet als Stickstoff N, Phosphor(V)-oxid P_4O_{10} und Kaliumoxid K_2O im jeweiligen Düngemittel. Den Handelsdüngern werden in der Regel Zusatzstoffe zur Verbesserung der physikalischen Eigenschaften (Rieselfähigkeit), Füllstoffe (zur Herabsetzung der Nährstoffkonzentration des Düngers) und mitunter Pflanzenschutzmittel zugesetzt. Außerdem enthalten einige mineralische Düngemittel sekundäre Elemente für das Pflanzenwachstum (Calcium, Magnesium, Schwefel) sowie Spurenelemente (Kupfer, Eisen, Zink, Molybdän).

Fachbegriffe

Nährstoffbilanz, organische Wirtschaftsdünger, mineralische Düngemittel

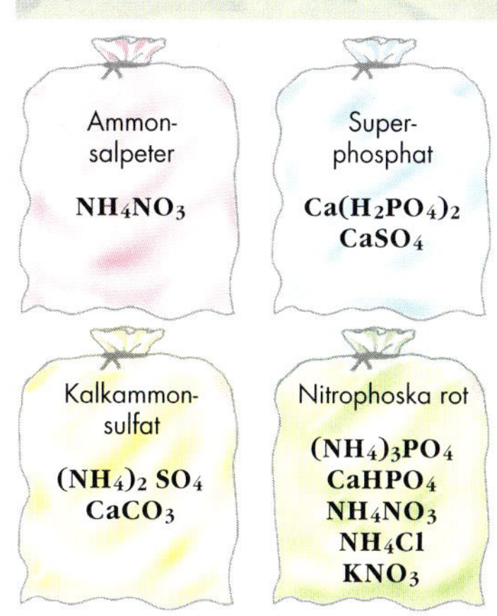

B5 *Handelsübliche mineralische Düngemittel.*
A: *Warum wird Ammonsalpeter als Einzeldünger und Nitrophoska als Volldünger bezeichnet?* **A:** *Erkundigen Sie sich im Fachhandel nach wichtigen Stickstoffdüngern, ihren Inhaltsstoffen und ihrem Verhalten im Boden.*

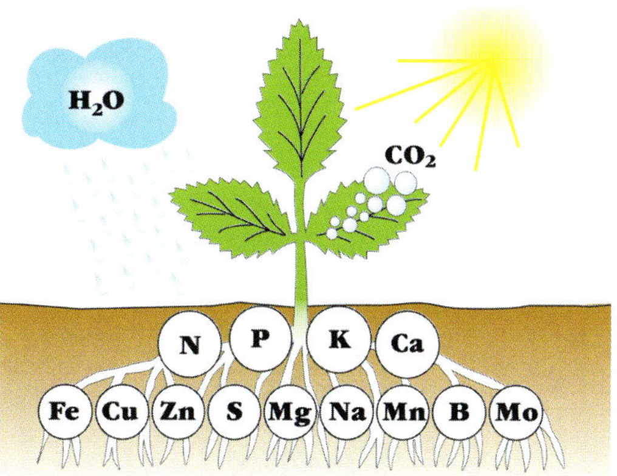

B6 *Neben Licht, Wasser und Kohlenstoffdioxid benötigt die Pflanze auch Nährstoffe, in denen diese Elemente enthalten sind.*

Aufgaben

A1 Mit welchen Zahlen müsste ein Düngemittel aus reinem Ammoniumsulfat $(NH_4)_2SO_4$ charakterisiert werden?
A2 Welche Aufschrift findet man auf der Verpackung eines Düngemittels, das 20,0 g $(NH_4)_2SO_4$, 10,0 g $Ca(H_2PO_4)_2$ und 10,0 g KCl zusammen mit 100 g Füllstoffen und Beimengungen enthält?
A3 Warum dürfen Kalkdünger und ammoniumhaltige Dünger nicht miteinander gemischt werden?
A4 Warum wirken Nitratdünger schnell und Ammoniumdünger langsamer?
A5 Informieren Sie sich im Internet über industrielle Düngemittel (Einstiegsmöglichkeit: www.basf.de).

[1] Ein Düngemittel mit der Aufschrift **18–18–5** enthält 18 % N, 18 % P_4O_{10} und 5 % K_2O.

Düngung und Grundwasser

Nitrat-Ionen im Grundwasser

In Deutschland werden 62 % des Trinkwassers aus Grundwasser gewonnen. Um gesundheitlichen Gefahren vorzubeugen (vgl. S. 124), legt die **Trinkwasserverordnung** einen **Grenzwert** von **50 mg** Nitrat-Ionen pro Liter fest, Weltgesundheitsorganisation (WHO) und EU geben als **Richtwert** sogar **25 mg/L** vor.

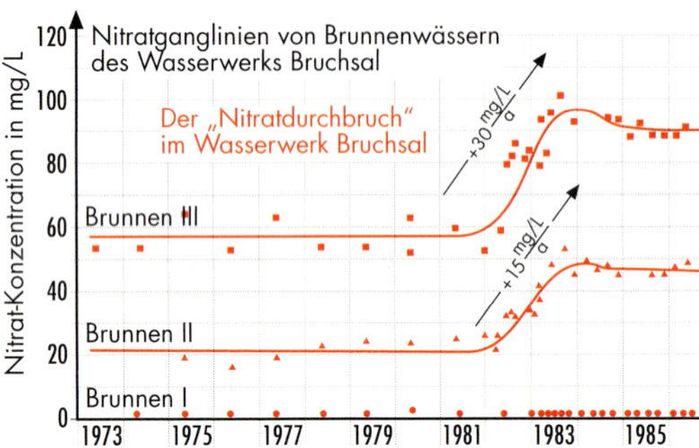

B1 *Konzentration von Nitrat-Ionen in Trinkwasserbrunnen im Bereich von intensivem Spargelanbau*

Versuch

V1 Untersuchen Sie mit Teststäbchen oder Testreagenzien colorimetrisch oder photometrisch verschiedene (Acker-)Bodenproben, auch aus verschiedenen Tiefen, auf Ammonium-, Nitrit- und Nitrat-Ionen sowie auf den Gesamtstickstoffgehalt. Beachten Sie die Hinweise bzw. Anleitungen zu den Testsätzen, die in Umwelt- oder Bodenanalytikkoffern enthalten sind.

Auswertung

Vergleichen und interpretieren Sie ihre Messergebnisse. Lassen sich Nitrat-Verlagerungen in die Tiefe feststellen?

Aufgaben

A1 Warum ist bei hoher organischer Düngung in den Anbauphasen mit Nitratsickerungen in das Grundwasser zu rechnen?

A2 Warum erhöht sich die Nitrat-Konzentration im Boden, wenn Gülle im Winter aufgebracht wird?

A3 Erläutern Sie die nachfolgende Behauptung: „Die Nitrat-Auswaschung hängt weniger von der Höhe der Düngung als von der Konkurrenz zwischen pflanzlichem Entzug und Auswaschung von Nitrat aus der Ackerkrume in der Zeit der Mineralisation des organisch gebundenen Bodenstickstoffs in den Monaten Mai/Juni ab!"

Entscheidungshilfe für Düngung

In Gebieten ohne landwirtschaftliche Nutzung und ohne Industrieeinflüsse sowie außerhalb von Ballungszentren liegt die Konzentration an Nitrat-Ionen vielfach unter 10 mg/L. Werden Flächen dagegen gedüngt, so können die Konzentrationen bis auf mehrere 100 mg/L Nitrat steigen (B1). Hohe Gehalte an Nitrat-Ionen im Grundwasser und im Boden sind vorwiegend die Folge von

- Verunreinigungen des Untergrunds durch Abwässer im Bereich von Siedlungen oder feste organische Abfälle,
- organischen Substanzen im Zusammenhang mit landwirtschaftlichen Betrieben z. B. Massentierhaltung mit hohen Stalldüngermengen und verstärktem Gülleeintrag (B2),
- intensiven Sonderkulturen und Gemüseanbau (B1),
- unsachgemäßer (überhöhter) Stickstoffdüngung der landwirtschaftlichen Flächen, insbesondere auf leichten, durchlässigen Böden,
- großflächigem Grünlandumbruch mit erhöhter langanhaltender Mineralisierung (B2),
- flächenhafter landwirtschaftlicher Nutzung insgesamt,
- Böden mit geringem oder fehlendem Pflanzenbestand.

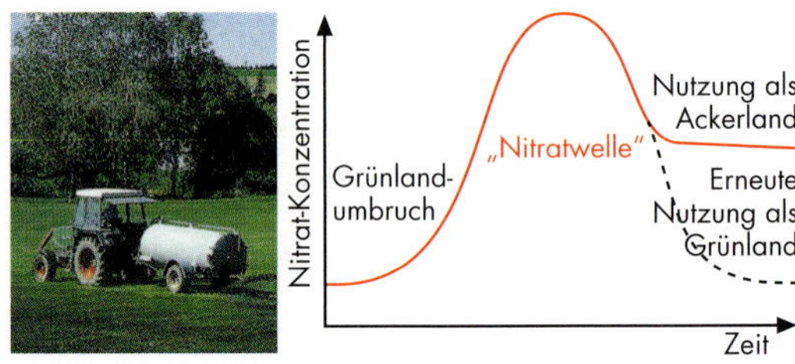

B2 *Organische Düngung mit Gülle (links) und „Nitratwelle" nach Grünlandumbruch (rechts)*

Als Entscheidungshilfe für eine angemessene Düngung ist die Gewinnung analytischer Daten direkt vor Ort notwendig. Dabei sind folgende Erfahrungstatsachen von Nutzen:

1. Beregnungsgebiete fallen nicht selten durch hohe Werte aus der Reihe.
2. In Gebieten mit normaler landwirtschaftlicher Nutzung scheinen die Nitratgehalte überwiegend einschätzbar zu sein. Solange Pflanzen den Boden bedecken, versickert nach Stickstoff-Düngung das nitrathaltige Wasser kaum. Es wird in der Regel zunächst im Boden festgehalten und trägt so zur Bildung organischer Substanzen bei. Eine Auswaschung erfolgt erst später als Folge intensiver Bodenbearbeitung, also mit erheblicher zeitlicher Verzögerung. Die Sickerung beginnt mit dem Regen nach der Ernte.
3. Sandige Böden sind im Hinblick auf eine mögliche Grundwasserbelastung erfahrungsgemäß besonders problematisch. Sie sind meist gut wasserdurchlässig und haben ein geringes Wasserrückhaltevermögen, sodass der vertikale Stofftransport relativ schnell ohne stärkere Verdünnungsmöglichkeit erfolgt.

Reduzierung des Gehalts an Nitrat-Ionen im Wasser

Wasserwirtschaftliche Verfahren

Um den Gehalt an Nitrat-Ionen im Wasser zu reduzieren, „verschneidet", d. h. vermischt man hochbelastetes Wasser mit gering belastetem. Auch die Neuerschließung von gering belasteten Wasservorkommen ist nicht selten.

Physikalisch-chemische Verfahren

Beim **Ionenaustausch** werden Nitrat-Ionen an Ionenaustauschern (vgl. S. 93) gegen Chlorid- oder wie beim CARIX-Verfahren (B3) gegen Hydrogencarbonat-Ionen ausgetauscht. Dabei werden auch Sulfat-Ionen entfernt. Bei der Regeneration der Austauscherharze entsteht Abwasser, das die ausgetauschten Nitrat-Ionen enthält. Bei der **Umkehrosmose** (B4) wird das nitrathaltige Rohwasser unter Druck durch eine für Ionen schwer durchlässige, semipermeable Membran gedrückt und dadurch in ein salzhaltiges Konzentrat und ein praktisch salzfreies Permeat aufgetrennt. Dieses vollentsalzte Wasser ist als Trinkwasser nicht geeignet und wird mit Rohwasser verschnitten. Ähnlich funktioniert das Aufbereitungsprinzip bei der **Elektrodialyse**, mit dem Unterschied, dass statt des Drucks das Anlegen eines elektrischen Felds zur Trennung in Konzentrat und Permeat verwendet wird.

$$K(H^+)_4 + Ca^{2+},\ Mg^{2+} \underset{\text{Regeneration}}{\overset{\text{Entsalzung}}{\rightleftharpoons}} K(Ca^{2+}, Mg^{2+}) + 4H^+$$

$$A(HCO_3^-)_4 + SO_4^{2-},\ NO_3^-,\ Cl^- \underset{\text{Regeneration}}{\overset{\text{Entsalzung}}{\rightleftharpoons}} A(SO_4^{2-}, NO_3^-, Cl^-) + 4HCO_3^-$$

$$4H^+ + 4HCO_3^- \rightleftharpoons 4CO_2 + 4H_2O$$

B1 *Ionenaustausch nach dem CARIX-Verfahren*

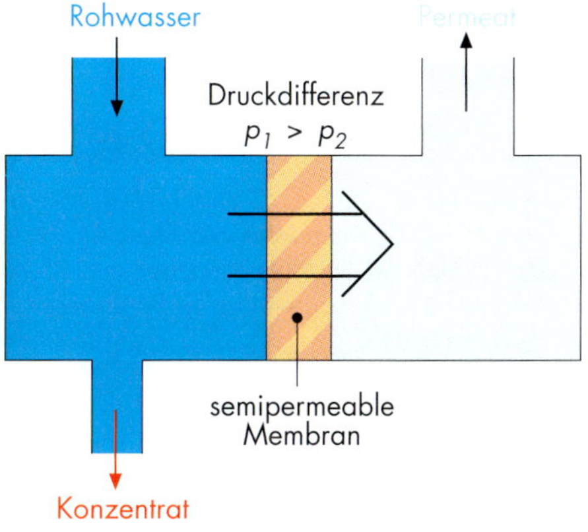

B2 *Umkehrosmose*

Biologische Verfahren

Nitrat-Ionen werden von diversen denitrifizierenden Mikroorganismen unter anaeroben (sauerstofffreien) Bedingungen zu elementarem Stickstoff reduziert (vgl. S. 115). In Kläranlagen findet dieser Prozess im Denitrifikationsbecken statt. Denitrifizierende Bakterien für die Regulierung des Stickstoffgehalts von Gartenteichen oder Aquarien sind auch im Handel erhältlich. Mithilfe von Teststäbchen lässt sich die Denitrifikation leicht nachvollziehen. Für die Trinkwasseraufbereitung gibt es verschiedene biologische Denitrifikationsverfahren, die sich in den verwendeten Bioreaktoren (Fixierung der Bakterien) oder der Art des Substrats unterscheiden. Für eine optimale Denitrifikation ist ein hoher Mess- und Regelaufwand nötig, da Mikroorganismen sehr empfindlich auf Veränderungen der Reaktionsbedingungen wie z. B. *p*H-Wert, Temperatur oder Substratkonzentration reagieren. Bei Störungen in der Denitrifikationsanlage können unerwünschte Zwischenprodukte wie Distickstoffmonooxid oder Nitrit-Ionen freigesetzt werden. Das denitrifizierte Wasser muss schließlich aufwendig gereinigt werden, da es Mikroorganismen enthält.

Katalytische Verfahren: KNR-Verfahren

Das KNR-Verfahren (Katalytische-Nitrat-Reduktion) ist das bislang einzige für die Trinkwasseraufbereitung geeignete katalytische Verfahren. Nitrat-Ionen oder auch Nitrit-Ionen werden mit Wasserstoff an einem Edelmetall-Trägerkatalysator (**Pd/Cu** an Al_2O_3) zu elementarem Stickstoff reduziert (B3). Die entstehenden Hydroxid-Ionen müssen neutralisiert werden. Problematisch ist allerdings die Bildung von Ammonium-Ionen in einer Nebenreaktion. Die Trinkwasserverordnung gibt für Ammonium-Ionen einen Grenzwert von 0,5 mg/L vor.

$$2\,NO_3^- + 2\,H_2 \xrightarrow{Pd/Cu} 2\,NO_2^- + 2\,H_2O$$
$$2\,NO_2^- + H_2 \xrightarrow{Pd} 2\,NO + 2\,OH^-$$
$$2\,NO + H_2 \xrightarrow{Pd} N_2O + H_2O$$
$$N_2O + H_2 \xrightarrow{Pd} N_2 + H_2O$$
$$2\,NO_3^- + 5\,H_2 \xrightarrow{Pd/Cu} N_2 + 2\,OH^- + 4\,H_2O$$

Nebenreaktion:

$$2\,NO_3^- + 8\,H_2 \xrightarrow{Pd/Cu} 2\,NH_4^+ + 4\,OH^- + 2\,H_2O$$

B3 *Reaktionsgleichungen der katalytischen Nitratreduktion*

Ammoniaksynthese im Labor

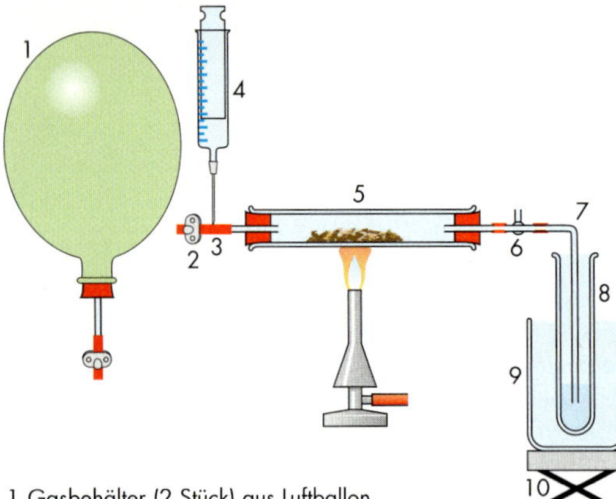

1 Gasbehälter (2 Stück) aus Luftballon, Gummistopfen mit Glasrohr und Schlauchklemme
2 Schlauchklemme
3 Gummischlauch
4 Spritze (50 mL) mit Kanüle
5 Quarzrohr mit Katalysator
6 Dreiwegehahn
7 Gasableitungsrohr gewinkelt
8 Rggl. mit Indikatorlösung
9 Becherglas
10 Laborboy

B1 *Versuchsaufbau für den Modellversuch zum HABER-BOSCH-Verfahren nach LV2*

Auswertung

a) Notieren Sie jeweils Ihre Beobachtungen und beschreiben Sie die Reaktionsprodukte.

b) Formulieren Sie die Reaktionsgleichung der Ammoniaksynthese (LV2). Vergleichen Sie mit LV3.

c) Welche Funktion hat ein Katalysator?

d) Formulieren Sie die Reaktionsgleichung der Bildung von Magnesiumnitrid $\mathbf{Mg_3N_2}$ (LV3) und Lithiumnitrid $\mathbf{Li_3N}$ (vgl. Text S. 121).

Versuche

LV1 *Herstellung des Katalysators:* 2 g Eisenpulver (reinst, reduziert), 0,5 g Aluminiumoxid, 0,25 g Calciumoxid* und 0,75 g Kaliumnitrat* werden im Mörser gründlich verrieben und in einem schwer schmelzbaren Reagenzglas erhitzt. Nach kurzem Aufglühen soll das Gemenge noch einige Minuten lang glühen. Nach dem Erkalten wird das grauschwarze Reaktionsprodukt mit einem Spatel herausgekratzt und im Mörser zu groben Körnern zerkleinert.

LV2 *Ammoniak-Synthese im Schulversuch:* Vorsicht! Um Knallgasexplosionen im gläsernen Reaktionsraum zu vermeiden, muss die gesamte Apparatur sorgfältig von Sauerstoff befreit werden. Dazu wird der nach B1 zusammengebaute Reaktionsraum vor dem Einfüllen des Synthesegas-Gemisches mit Stickstoff gespült.

Der in LV1 hergestellte Katalysator wird in das Quarzrohr zwischen Quarzwolle gefüllt (B1). Wenn die beiden Gasvorratsbehälter (Ballons) aus den Gasdruckflaschen mit Stickstoff bzw. Wasserstoff* befüllt sind, kann der Hauptversuch beginnen.

In einem kleinen Reagenzglas wird Wasser mit Phenolphthalein-Lösung* versetzt. Am Dreiwegehahn wird die Verbindung zwischen Indikator-Lösung und dem Reaktionsrohr hergestellt und die Apparatur mit mindestens 50 mL Stickstoff aus der Spritze gespült. Der Katalysator im Quarzrohr wird kräftig erhitzt. Das Reaktionsgemisch aus 10 mL Stickstoff und 30 mL Wasserstoff wird langsam über den Katalysator geleitet. Wenn der Indikator eine Reaktion anzeigt, wird der Brenner entfernt und der Dreiwegehahn auf Belüftung gestellt.

LV3 Fünf Löffel Magnesiumpulver* werden auf eine Eisenplatte gehäuft, entzündet und mit einem 1-L-Becherglas abgedeckt. Nach der Reaktion wird das Reaktionsprodukt mit einem Spatel aufgebrochen und in einen 100-mL-Erlenmeyerkolben gegeben. Auf diesen setzt man einen durchbohrten Gummistopfen, in den ein Kolbenprober mit Hahn eingebaut ist. Nun gibt man 7 ml Wasser auf das Produkt. Zu dem entstandenen Gas werden 10 mL Wasser eingesaugt, der Hahn geschlossen und geschüttelt. Diese Lösung wird mit dem Indikator Phenolphthalein* geprüft.

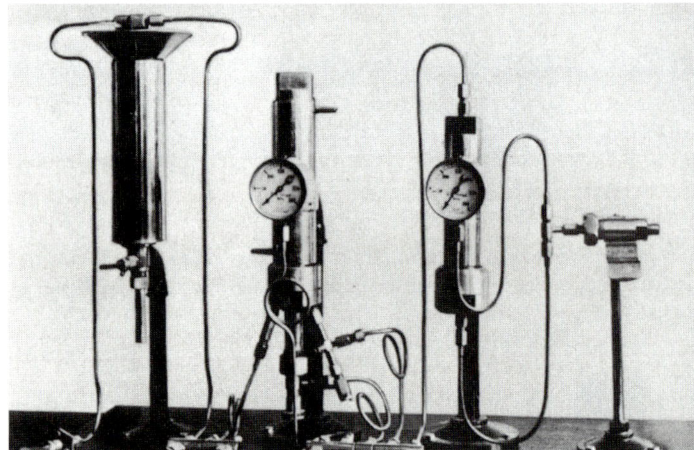

B2 *In dieser Apparatur synthetisierte HABER bei 550 °C und 17 500 hPa in Gegenwart eines Osmium-Katalysators 80 g Ammoniak pro Stunde.*
Die Apparatur steht heute im DEUTSCHEN MUSEUM in München.
Als HABER das erste flüssige Ammoniak erhielt, sagte er voller Begeisterung zu seinem Lehrer: „Herr Geheimrat, es tropft!"

Geschichte der Ammoniaksynthese

Im Jahr 1889 schrieb der englische Chemiker SIR WILLIAM CROOKS:
„Es ist klar, dass wir hier einem Riesenproblem gegenüberstehen, das den Scharfsinn der Klügsten herausfordert .... Die Bindung des atmosphärischen Stickstoffs ist eine der großen Entdeckungen, die auf die Genialität der Chemiker warten."

Bereits im 19. Jahrhundert wurden Stickstoffverbindungen als Dünger verwendet. In Europa düngte man mit dem aus Chile importierten *Chilesalpeter* (Natriumnitrat $\mathbf{NaNO_3}$). Um den teuren Import der knappen Ressourcen zu vermeiden, wurde intensiv nach Alternativen geforscht. Die Chemie stand vor der Herausforderung, Wege zu finden, um das Stickstoffreservoir in der Atmosphäre zu nutzen (vgl. obiges Zitat und S. 115). Um 1890 war das ein riesiges Problem, denn elementarer Stickstoff ist äußerst reaktionsträge. Er reagiert erst oberhalb von 500 °C mit einer Reihe von Metallen (LV3). Man kennt auch heute nur wenige Reaktionen des elementaren Stickstoffs bei Raumtemperatur: Die Bildung von Lithiumnitrid $\mathbf{Li_3N}$ (vgl. LV3) die Bildung gewisser Komplexverbindungen mit Übergangsmetallen, z. B. $[Ru(NH_3)_5(N_2)]Cl_2$, sowie die Bindung des Luftstickstoffs und seine anschließende Überführung in Aminosäuren durch die Bakterien der Wurzelknöllchen von Leguminosen (vgl. S. 115) und durch einige Cyanophyceen (Blaualgen).
Daher war eine der größten Errungenschaften der Chemie vollbracht, als es am 2. Juli 1909 dem jungen Karlsruher Professor FRITZ HABER (B3) gelang, in Gegenwart eines Osmium-Katalysators Ammoniak aus Stickstoff und Wasserstoff zu erzeugen (B2). Er stellte seine Entdeckung den Leitern der *Badischen Anilin- und Sodafabrik* (BASF) vor. Die BASF beauftragte den 35-jährigen CARL BOSCH (B3), das von HABER entdeckte Verfahren im Industriemaßstab umzusetzen. Zur gleichen Zeit suchten PAUL ALWIN MITTASCH und seine Mitarbeiter unter ca. 3 000 Stoffen in über 20 000 Versuchen nach einem geeigneten Katalysator, der vor allem billiger sein musste als der von HABER im Laborversuch benutzte Osmium-Katalysator. Im Jahr 1913 konnte die erste Industrieanlage der Welt bei BASF die Ammoniakproduktion aufnehmen. Bei diesem ursprünglichen *HABER-BOSCH-Verfahren* wurde die Synthese bei 500 °C und 200 bar in 12 m hohen Stahlrohren (B4) in Gegenwart eines Katalysators aus hochreinem Eisen mit Zusätzen aus Aluminium- und Alkalihydroxid (LV1) durchgeführt. Die Tagesproduktion betrug 30 Tonnen Ammoniak. Daraus konnten Düngemittel hergestellt werden.
Während des 1. Weltkriegs wurden allerdings auch große Mengen synthetischen Ammoniaks zur Herstellung von Schießpulver verwendet. Sogar Reiz- und Kampfstoffe sind unter der Leitung von HABER entwickelt und auch eingesetzt worden.

B3 *(links) FRITZ HABER (1868 bis 1934, Nobelpreis für Chemie 1918) und (rechts) CARL BOSCH (1874 bis 1940, Nobelpreis für Chemie 1931)*

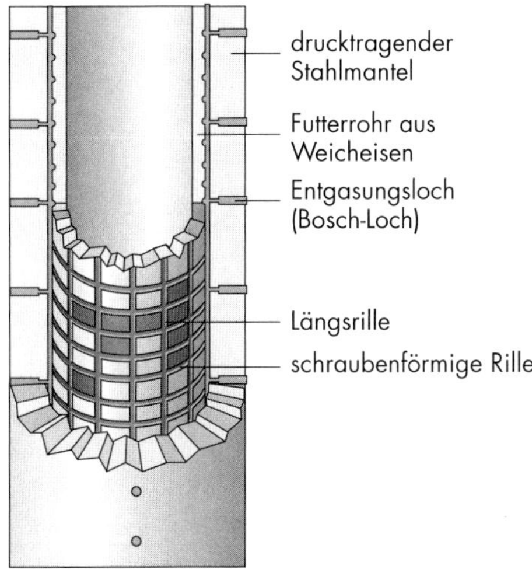

B4 *Ammoniak-Hochdruckrohr im Schnitt. Unter den Bedingungen der Ammoniaksynthese wird der Kohlenstoff des Stahls durch Wasserstoff in Form gasförmiger Kohlenwasserstoffverbindungen aus dem Stahl herausgelöst, sodass dieses spröde wird und den Druck nur für kurze Zeit aushalten kann.*
Die Röhren, mit denen BOSCH und seine Mitarbeiter experimentierten, platzten. Sie mussten deshalb die Druckrohre innen mit einem Mantel aus kohlenstofffreiem Weicheisen versehen, in das Rillen gedreht und kleine Löcher in den Stahlmantel gebohrt wurden. Dadurch konnten geringe Mengen diffundierenden Wasserstoffs entweichen. Heute werden die Ammoniak-Druckreaktoren aus speziellen Stählen hergestellt, die das Eisenfutter und die BOSCH-Löcher überflüssig machen.

Aufgabe

A1 Erläutern Sie die Zwiespältigkeit eines wichtigen technischen Fortschritts am Beispiel des HABER-BOSCH-Verfahrens und eines anderen, von Ihnen auszusuchenden Beispiels.

Ammoniak – der Katalysator macht's möglich

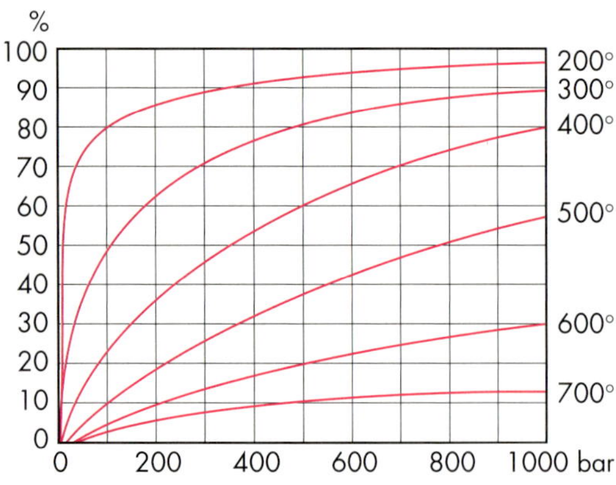

B1 *Einfluss von Druck und Temperatur auf den Ammoniak-Anteil im Gasgemisch beim Gleichgewicht*

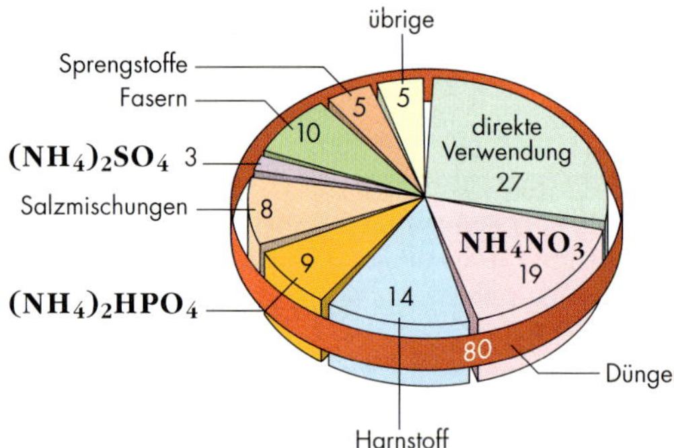

B2 *Verwendung von Ammoniak (in Prozent der Weltproduktion); 80 % werden direkt oder nach Umwandlung in andere Verbindungen als Dünger eingesetzt.*
A: *Formulieren Sie die Reaktionsgleichungen für die Synthesen der angegebenen Stickstoffdünger.*

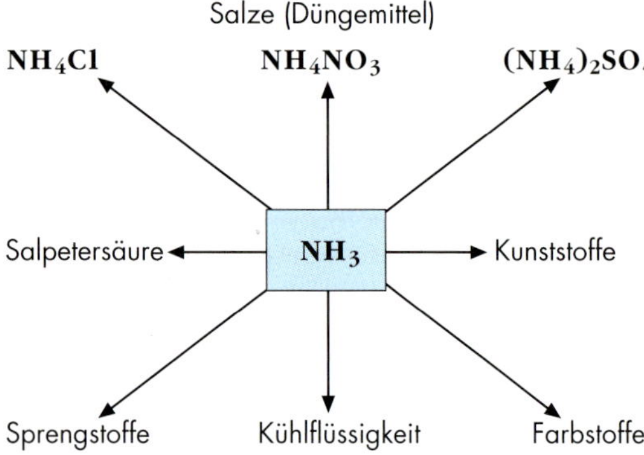

B3 *Wichtige Produkte aus Ammoniak.*
A: *Warum wird Ammoniak als Grundchemikalie bezeichnet?*

INFO

Die Ammoniaksynthese hat große wirtschaftliche Bedeutung. Gemessen an der Menge der erzeugten Produkte (B2, B3) bildet sie einen der wichtigsten technischen Prozesse überhaupt. Die Überführung von Stickstoff in Ammoniak ist heute die einzig bedeutende Methode, den extrem reaktionsträgen elementaren Stickstoff verwertbar zu machen. Nur über den „Umweg" Ammoniak lassen sich aus Luftstickstoff Stickstoffverbindungen gewinnen, die weiter verarbeitet werden können, beispielsweise zu mineralischen Düngemitteln (S. 117). Ohne die Entwicklung der Ammoniaksynthese wären globale Hungersnöte unvermeidbar.

Obwohl die Ammoniaksynthese nach dem HABER-BOSCH-Verfahren seit 1913 industriell durchgeführt wird, gelang es erst viel später (nach 1960), die Reaktionsschritte am Katalysator, den sog. Mechanismus der Reaktion, aufzuklären. Entscheidend für den Reaktionsablauf ist die Zusammensetzung und die Oberflächenstruktur des Katalysators. Durch einen hohen Zerteilungsgrad erhält der Katalysator eine sehr große Oberfläche. Auf ihr bilden sich durch die Reaktion des Wasserstoffs aus dem Eduktgemisch mit dem Eisenoxid (des Katalysators) kleine „Eisen-Inseln", die eigentlich katalytisch wirksamen Zentren. Daran adsorbieren zunächst die Stickstoff- und Wasserstoff-Moleküle. Die Wasserstoff-Moleküle werden dabei unmittelbar in Wasserstoff-Atome getrennt. In den Stickstoff-Molekülen wird die Dreifachbindung zwischen den Atomen zwar gelockert, aber nicht ganz aufgetrennt. Die adsorbierten Atome sind auf der Oberfläche der „Eisen-Inseln" beweglich. Über mehrere instabile Zwischenstufen gruppieren sich die adsorbierten Teilchen zu Ammoniak-Molekülen um (B4), die schließlich von den Eisen-Inseln desorbieren.

Der Katalysator setzt die Aktivierungsenergie bei der Ammoniaksynthese von E_a = 230 kJ auf E_a = 10 kJ herab. Dadurch nimmt sowohl die Geschwindigkeit der Ammoniaksynthese als auch die der Rückreaktion, also des Ammoniakzerfalls in Elemente, stark zu.

Aufgaben

A1 Aus B4 geht hervor, dass Wasserstoff-Moleküle bereits bei der Adsorption in Atome getrennt werden, Stickstoff-Moleküle jedoch erst im adsorbierten Zustand. Wie lässt sich das erklären?

A2 Beschreiben Sie das Diagramm in B1. Ermitteln Sie die theoretisch günstigsten Reaktionsbedingungen für die Ammoniaksynthese. Warum führt man die technische Ammoniaksynthese nach dem HABER-BOSCH-Verfahren bei Drücken von 200 bis 300 bar und Temperaturen von 450 bis 500 °C durch? Die LONZA-Werke verwenden 750 bar und 500 °C (Verfahren von CASALE). Vergleichen Sie und diskutieren Sie unter wirtschaftlichen Aspekten. (*Hinweis:* Vgl. auch S. 124.)

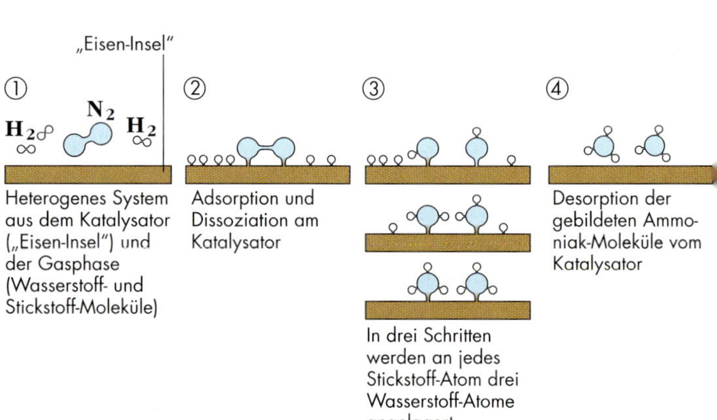

B4 *Modell der heterogenen Katalyse bei der Ammoniaksynthese*

Technische Ammoniaksynthese

Die Bildung von Ammoniak aus Stickstoff und Wasserstoff verläuft nach folgender Gleichgewichtsreaktion:

$$\underbrace{\underset{\text{1 Raumteil}}{N_2} + \underset{\text{3 Raumteile}}{3\,H_2}}_{\text{4 Raumteile}} \rightleftarrows \underbrace{\underset{\text{2 Raumteile}}{2\,NH_3}}_{\text{2 Raumteile}}\;;\ \Delta H^\circ_R = -93\text{ kJ},\ \Delta G^\circ = -39\text{ kJ}$$

Die Hinreaktion (Ammoniaksynthese) verläuft exotherm und unter Volumenverringerung. Gemäß dem Prinzip von LE CHATELIER (S. 55) wird die Bildung von Ammoniak durch hohen Druck und niedrige Temperatur begünstigt. Bei Raumtemperatur ist die Reaktionsgeschwindigkeit aber sehr gering und selbst in Gegenwart von Katalysatoren nimmt sie erst ab 400 °C akzeptable Werte an. Der Druck in der Industrieanlage muss so gewählt werden, dass die Materialien, aus denen sie besteht, diesem Druck bei Dauerbetrieb standhalten. Beim HABER-BOSCH Verfahren arbeitet man im Ammoniak-Synthesereaktor bei Temperaturen von 400 °C bis 500 °C und bei Drücken von 200 bar bis 300 bar in Gegenwart eines **Katalysatorsystems**, das im Wesentlichen aus Eisen(II)-Eisen(III)oxid Fe_3O_4 besteht (Zusätze: ca. 2 % Aluminiumoxid Al_2O_3, ca. 0,5 % Kaliumoxid K_2O, etwas Calciumoxid CaO und Siliciumoxid SiO_2). Durchströmt das Eduktgemisch aus Stickstoff und Wasserstoff unter diesen Bedingungen den Synthesereaktor, so enthält das Gasgemisch beim Austritt einen Anteil von lediglich 15 bis 25 Vol.-% Ammoniak. Der Rest besteht aus nicht umgesetzten Edukten. Dieser Nachteil wird in der großtechnischen Anlage durch eine kontinuierliche Reaktionsführung aufgehoben (B6).
Weltweit werden jedes Jahr ca. 100 Mio Tonnen Stickstoff zu Ammoniak umgesetzt. Die **Rohstoffe** sind Wasser, Luft und Erdgas (Methan CH_4). Erdgas kann durch Erdöl oder Kohle ersetzt werden. Das Gasgemisch $3H_2 + N_2$ für den eigentlichen Synthesereaktor wird in anderen Teilen der Anlage vorbereitet, in denen folgende Reaktionen ablaufen:

Wassergasprozess (Dampf-Reformierung)

$$CH_4 + H_2O \rightleftarrows CO + 3\,H_2\;;\ \Delta H^\circ_R = +206\text{ kJ}$$

Generatorprozess

$$2\,CH_4 + \underbrace{O_2 + 4\,N_2}_{\text{Luft}} \rightleftarrows 2\,CO + 4\,H_2 + 4\,N_2\;;\ \Delta H^\circ_R = -71\text{ kJ}$$

Konvertierung von Kohlenstoffmonooxid

$$CO + H_2O \rightleftarrows CO_2 + H_2\;;\ \Delta H^\circ_R = -41\text{ kJ}$$

Das Kohlenstoffdioxid wird aus diesem Gasgemisch durch sog. Druckwäsche, d.h. Lösen in Wasser entfernt.

Aufgabe

A3 Erläutern Sie, warum der Preis von Agrarprodukten vom Ölpreis abhängig ist.

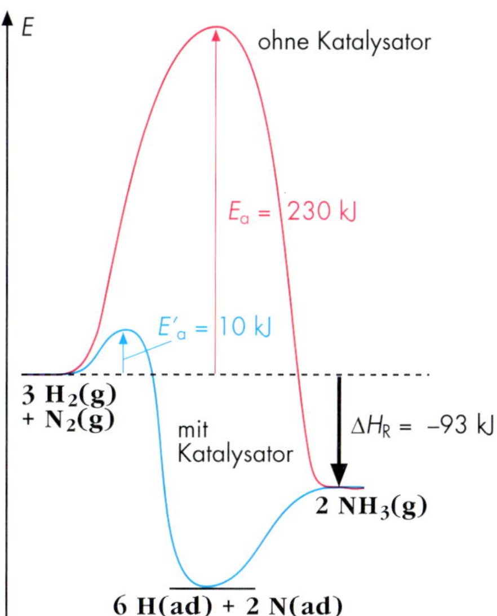

B5 *Aktivierungsenergien bei der nicht katalysierten und bei der katalysierten Ammoniaksynthese.*
A: *Erklären Sie den Unterschied: Wegen der großen Dissoziationsenergie des Stickstoff-Moleküls bilden sich Stickstoffoxide endergonisch; die bekannte Reaktionsträgheit von Stickstoff gegenüber Wasserstoff ist jedoch ein kinetischer Effekt (vgl. S.114, LV1,B3).*

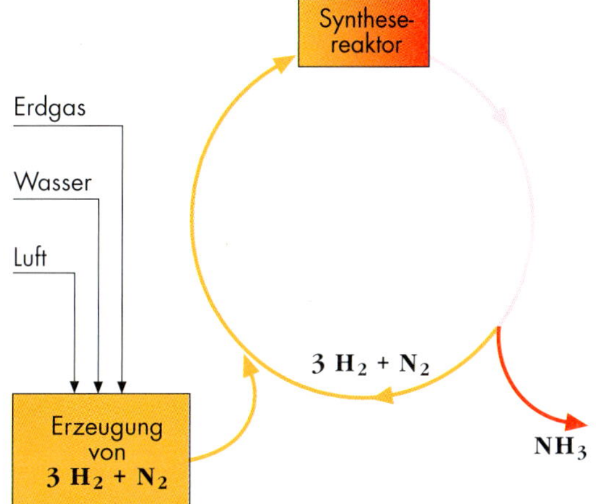

B6 *Die Industrieanlagen für die Ammoniaksynthese arbeiten nach dem kontinuierlichen Verfahren: Die Rohstoffe werden ständig eingespeist und die Anlagen liefern ständig Ammoniak. Die Edukte (N_2 und H_2), die nicht reagiert haben, werden nach Abtrennen des Produkts (NH_3) dem Kreislauf erneut zugeführt (vgl. auch B 1, S. 124).*

Fachbegriffe

Nitride, Aktivierungsenergie, heterogene Katalyse, Prinzip von LE CHATELIER, kontinuierliches Verfahren

ERWEITERUNG · VERTIEFUNG · ANWENDUNG

Industrieanlage für die Ammoniaksynthese

Eine großtechnische Anlage muss kostengünstig produzieren und sollte die Umwelt möglichst wenig belasten. Dabei sind besonders zwei Faktoren von entscheidender Bedeutung:

1. Der *input* an Stoffen und Energie muss billig sein.
2. Der *output* an Stoffen und Energie muss möglichst vollständig verwertbar sein.

Ausgehend von den Rohstoffen Methan, Wasser und Luft können die auf S. 123 formulierten Reaktionen in der in B1 skizzierten Industrieanlage verwirklicht werden.

Die Stoffbilanz der Anlage zeigt, dass die drei Rohstoffe zugeführt und das Hauptprodukt Ammoniak und das Kopplungsprodukt Kohlensäure abgeführt werden. Da bei den exothermen Prozessen mehr Energie verfügbar wird als bei den endothermen benötigt wird (vgl. Reaktionsgleichungen auf S. 123), sollte man meinen, dass in der Anlage ein Energieüberschuss zustande kommt. In der Praxis muss aber eine Energie von ca. 600 kWh/t Ammoniak zugeführt werden, weil für den Antrieb der Kompressoren große Mengen „hochwertiger" elektrischer Energie benötigt werden, während aus den exothermen Reaktionen die „minderwertige" Energieform Wärme verfügbar wird.

Durch die Entwicklung von neuen Katalysatoren auf der Basis von Ruthenium auf Magnesiumoxid als Träger kann der Energieaufwand stark reduziert werden. Für die gleiche Ausbeute an Ammoniak ist ein etwa nur halb so hoher Druck nötig wie beim herkömmlichen Eisen-Katalysator.

B2 *Hochdruckreaktoren für die Ammoniaksynthese bei der BASF. Ein Reaktor wiegt fast 400 t, ist 22 m lang und hat einen Durchmesser von 2 m. Er ist aus über 8500 Teilen zusammengesetzt, von der 10-mm-Schraube bis zum 60-t-Rohr; in ihm können 50 t Ammoniak pro Stunde produziert werden.*

Aufgaben

A1 Erläutern Sie die Funktionen der im Fließschema dargestellten Teile der Anlage aus B1 und ordnen Sie ihnen die Reaktionen von S. 123 zu.

A2 Womit belastet eine Ammoniak-Anlage die Umwelt (denken Sie an Stoffe und Energie)? Erläutern Sie.

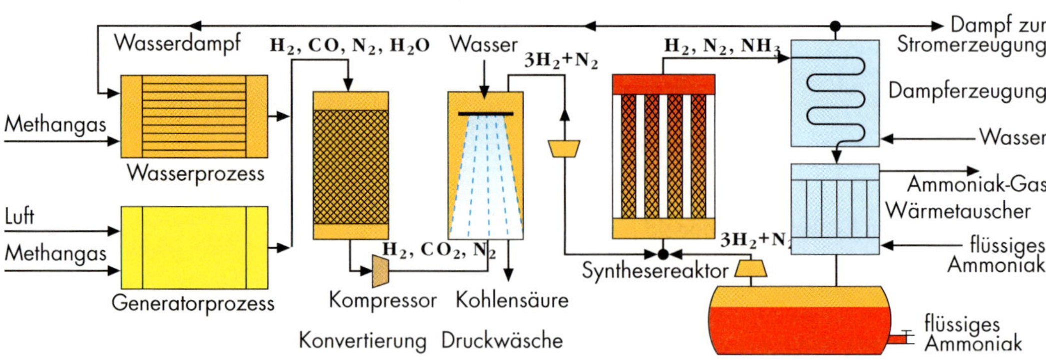

B1 *Fließschema einer Industrieanlage für die Ammoniaksynthese*

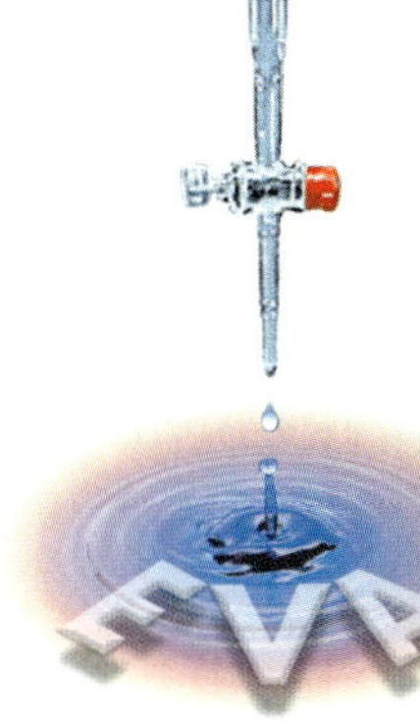

Stickstoffverbindungen im Stoffwechsel

Nitrat- und Nitrit-Ionen im Stoffwechsel

Versuch

V1 Zerkleinern Sie mit einem Mixgerät 50 g Spinat bzw. verschiedene Gemüse. Wiegen Sie je 10 g des Breis in zwei Bechergläser ein, füllen Sie jeweils mit Wasser zur 100-mL-Marke auf und rühren Sie die Mischung gut um. Ermitteln Sie mit einem Teststäbchen den Gehalt an Nitrat-Ionen unter Berücksichtigung der Verdünnung. Die zweite Probe bleibt einen Tag offen bei Raumtemperatur stehen, Nitrat- und Nitritgehalt werden dann ebenfalls mit Teststäbchen bestimmt.

Auswertung

Stellen Sie die Ergebnisse tabellarisch zusammen. Wie verändert sich der Gehalt an Nitrat- bzw. Nitrit-Ionen beim Stehenlassen?

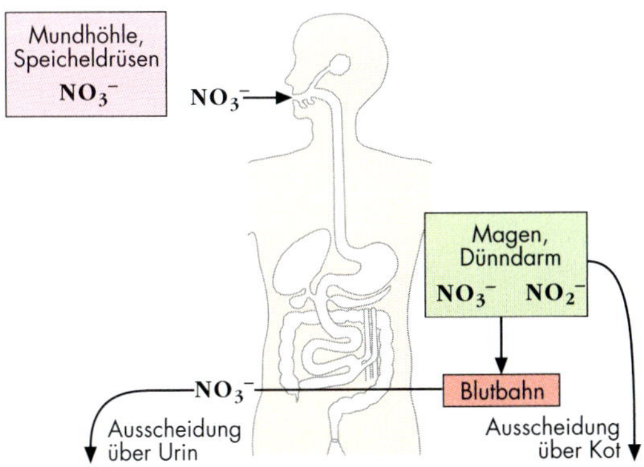

B1 *Wege der Nitrat-Ionen im Organismus*

Nitrat-Ionen selbst sind für den Menschen harmlos. 80 % bis 90 % der Nitrat-Ionen werden ausgeschieden. Ein Teil der aufgenommenen Nitrat-Ionen wird im Körper durch Bakterien in der Mundhöhle bzw. im Darm reduziert. Bis zu 10 % der Nitrat-Ionen werden bereits im Speichel zu Nitrit-Ionen reduziert. Nitrit-Ionen werden über die Nahrung aufgenommen. Sie sind z. B. als Konservierungsmittel (Pökelsalz) in Wurstwaren enthalten. Sie können auch bei mehrmaligem Erwärmen von Speisen, z. B. Spinat, entstehen, bei denen durch Vermehrung von Bakterien Nitrat-Ionen zu Nitrit-Ionen reduziert werden.
Aus den Nitrit-Ionen können sich Nitrosyl-Ionen NO^+ bilden, die die Sauerstoffaufnahme des Hämoglobins stören. Von dem dadurch bedingten Sauerstoffmangel sind vor allem Säuglinge betroffen, die an Blausucht erkranken können.
Im sauren Milieu des Magens können aus Nitrit-Ionen und Aminen aus eiweißreicher Nahrung krebserzeugende Nitrosamine $R_2N{-}N{=}O$ gebildet werden. Vitamin C (vgl. S. 27) reduziert Nitrit-Ionen zu Stickstoffoxid und verhindert dadurch die Nitrosamin-Bildung.

Ammoniak und Harnstoff im Stoffwechsel

Beim Stoffwechsel lebender Organismen unterscheidet man zwischen Auf- und Abbauprozessen organischer Substanzen. Beim Abbau von Proteinen und Aminosäuren entsteht Ammoniak, das in den meisten höheren Organismen weiter im Stoffwechsel verwertet wird. Als Stoffwechselprodukt wird entweder Ammoniak selbst oder *Harnstoff* oder *Harnsäure* ausgeschieden.

Tipps für das Aquarium

Wenn die sog. **Stickstoff-Parameter** eines Gewässers, „Ammonium", „Nitrit" und „Nitrat" hohe Werte annehmen, wird die Gewässergüte negativ beeinflusst. Für Fischgewässer sind insbesondere die Ammonium-Ionen NH_4^+ ein wichtiger Verschmutzungsindikator. In Abhängigkeit vom *p*H-Wert des Gewässers können sich Ammonium-Ionen in Ammoniak umwandeln, das leicht in die Zellen eindringt und lebenswichtige Funktionen im Stoffwechsel der Fische blockiert.
Fische scheiden täglich etwa 0,03 % ihres Gewichts an Ammoniak aus, für Wasserpflanzen eine wertvolle Stickstoffquelle. Oft fällt jedoch mehr Ammoniak an, als die Pflanzen verarbeiten können. Normalerweise, d. h. wenn genügend Sauerstoff vorhanden ist, wird dieser Ammoniak-Anteil durch Bakterien über Nitrit-Ionen zu Nitrat-Ionen oxidiert.
Im Aquarium gelten etwa 0,1 bis 0,5 mg/L Gesamtgehalt NH_4^+ *plus* NH_3 als normal. Höhere Werte weisen auf ungenügende Filterung oder überbesetzte Aquarien/Gartenteiche hin. Gefährlich ist Ammoniak. Ab 0,02 mg/L Ammoniak muss mit Schädigungen der Fische gerechnet werden. Ab 0,20 mg/L Ammoniak sind schon nach wenigen Tagen Todesfälle zu erwarten.
Da jede Messung stets Ammonium-Ionen *und* Ammoniak gemeinsam erfasst, kann das Messergebnis erst nach einer zusätzlichen *p*H-Messung beurteilt werden. Ein zu hoher Ammonium/Ammoniak-Gesamtgehalt bei einem hohen *p*H-Wert wird in einem Aquarium einfach durch einen Wasserwechsel behoben.

NH_4^+/NH_3 Gesamtgehalt (mg/L)	Anteil des giftigen Ammoniak (mg/L) bei pH-Wert 6,0	6,5	7,0	7,5	8,0	Bewertung
0,1	<0,001	<0,001	0,001	0,002	0,006	harmlos
0,3	<0,001	0,001	0,002	0,006	0,017	
0,5	<0,001	0,001	0,003	0,010	0,029	kritisch
1,0	<0,001	0,001	0,006	0,019	0,057	
1,5	<0,001	0,003	0,009	0,029	0,086	
4,0	0,002	0,008	0,024	0,076	0,229	akut gefährlich
8,0	0,004	0,015	0,048	0,152	0,458	

B2 *Ammoniak-Anteile bei bestimmten pH-Werten.* **A:** *Erläutern Sie den in der Tabelle angegebenen Zusammenhang mithilfe des MWG.*

A1 Berechnen Sie mithilfe der Angaben auf S. 85 den Zeitraum, innerhalb dessen die Landpflanzen den in der Atmosphäre als Kohlenstoffdioxid gebundenen Kohlenstoff durch Photosynthese umgesetzt haben.

A2 Der Abbau von Fettsäuren im Körper erfolgt in mehreren Oxidationsschritten. Exemplarisch soll hier von folgender Fettsäure ausgegangen werden:

Fettsäure (Octansäure):

```
   H  H  H  H  H  H  H    _
   |  |  |  |  |  |  |    O|
H–C––C––C––C––C––C––C––C//
   |  |  |  |  |  |  |    \
   H  H  H  H  H  H  H    O–H
                          ‾
```

Der Abbauweg dieser Fettsäure liefert neben Essigsäure zunächst die in B1 angegebenen weiteren Verbindungen, die hier ungeordnet dargestellt sind.

a) Bestimmen Sie in den Verbindungen A bis D jeweils die Oxidationszahlen der ersten drei C-Atome (jeweils von rechts gesehen).

b) Ordnen Sie die Verbindungen A bis D sinnvoll zu einem oxidativen Abbauweg der Fettsäure.

A:

```
   H  H  H  H  H  H  H    _
   |  |  |  |  |  |  |    O|
H–C––C––C––C––C––C==C––C//
   |  |  |  |  |          \
   H  H  H  H  H          O–H
                          ‾
```

B:

```
   H  H  H  H  H    _
   |  |  |  |  |    O|
H–C––C––C––C––C––C//
   |  |  |  |  |    \
   H  H  H  H  H    O–H
                    ‾
```

C:

```
   H  H  H  H  H     H    _
   |  |  |  |  |     |    O|
H–C––C––C––C––C––C––C––C//
   |  |  |  |  |  ||  |    \
   H  H  H  H  H \O/ H    O–H
                          ‾
```

D:

```
   H  H  H  H  H  H  H    _
   |  |  |  |  |  |  |    O|
H–C––C––C––C––C––C––C––C//
   |  |  |  |  |  |  |    \
   H  H  H  H  H |O| H    O–H
                  |       ‾
                  H
```

B1 *Abbauprodukte der Octansäure*

c) Äußern Sie eine Hypothese, wie der vollständige Fettsäure-Abbau weiter ablaufen könnte.

A3 Beim Keimungsprozess von Getreidekörnern (B2) entsteht aus Stärke Maltose (Malzzucker). Um die Summenformel von Maltose zu ermitteln, wird folgender Versuch durchgeführt: Man löst 36,7 g Maltose in 200 mL Wasser und misst den Gefrierpunkt der Lösung. Er liegt bei –1,0 °C.

a) Berechnen Sie die molare Masse von Maltose und schlagen Sie eine Summenformel vor.

b) Maltose lässt sich in Monosaccharide hydrolysieren. Formulieren Sie die Reaktionsgleichung der Hydrolyse.

A4 Nach einer kohlenhydrathaltigen Mahlzeit steigt der Blutzuckerspiegel an. Für einen Diabetiker ist es jedoch nicht gleichgültig, ob er jeweils gleiche Portionen Stärke oder Glucose zu sich nimmt. Erläutern Sie diesen Sachverhalt.

A5 Menschen, die sich längere Zeit in großen Höhen im Gebirge aufgehalten haben, besitzen mehr Hämoglobin im Blut als Menschen im Flachland.

a) Begründen Sie, weshalb man die erhöhte Hämoglobin-Konzentration als eine Anpassung an den geringeren Sauerstoffgehalt der Höhenluft bezeichnen kann.

b) Manche Leistungssportler trainieren in großen Höhen, um ihre Leistungsfähigkeit zu steigern. Wie ließe sich dieser Trainingseffekt begründen?

A6 Welche Verbindung ist an allen in diesem Kapitel diskutierten Kohlenstoff-Kreisläufen beteiligt? Erläutern Sie ausführlich.

A7 Inwiefern ist das SOLVAY-Verfahren zur Herstellung von Soda mit dem technischen Kalk-Kreislauf gekoppelt?

A8 Welche theoretischen Erkenntnisse über chemische Gleichgewichte konnten bei der Entwicklung der technischen Ammoniaksynthese genutzt werden? Erläutern Sie ausführlich.

A9 Formulieren Sie die drei Reaktionsgleichungen von S. 123 mit passenden Koeffizienten so, dass Wasserstoff und Stickstoff im resultierenden Gemisch im Volumenverhältnis 3 : 1 enthalten sind.

A10 Entwerfen Sie für die Grundchemikalie Ammoniak einen Stammbaum nach dem Muster aus B3, S. 71, und erläutern Sie ihn. (*Hinweis:* Vgl. B3, S. 122.)

A11 Formulieren Sie Reaktionsgleichungen, nach denen die stickstoffhaltigen Salze aus B5, S. 117, gebildet werden können.

A12 Nennen und erläutern Sie Gemeinsamkeiten und Unterschiede zwischen dem Kreislauf des Wassers in der Natur und dem Kreislauf des Kohlenstoffs beim Zyklus Photosynthese-Atmung.

B2 *Getreidekeimlinge nutzen ihren Stärkevorrat.*

B3 *Wasser ist überall.*

Vom Rost zur Brennstoffzelle

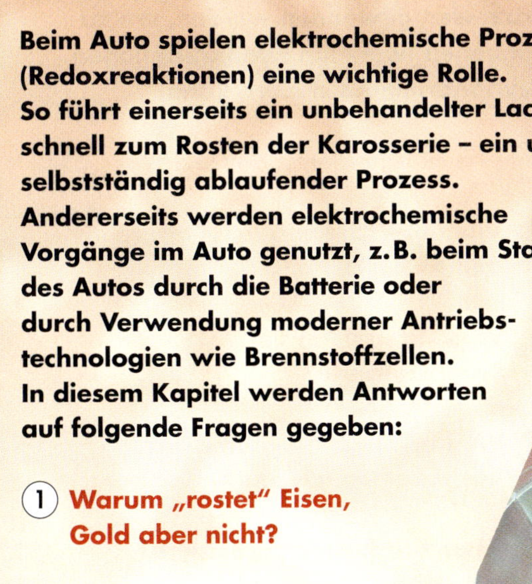

**Beim Auto spielen elektrochemische Prozesse (Redoxreaktionen) eine wichtige Rolle.
So führt einerseits ein unbehandelter Lackschaden schnell zum Rosten der Karosserie – ein unbeliebter selbstständig ablaufender Prozess.
Andererseits werden elektrochemische Vorgänge im Auto genutzt, z.B. beim Starten des Autos durch die Batterie oder durch Verwendung moderner Antriebstechnologien wie Brennstoffzellen.
In diesem Kapitel werden Antworten auf folgende Fragen gegeben:**

1. **Warum „rostet" Eisen, Gold aber nicht?**
2. **Wie lassen sich Redoxreaktionen für die Stromgewinnung nutzen?**
3. **Lassen sich durch Strom Redoxreaktionen erzwingen?**
4. **Sind Redoxvorgänge voraussagbar?**
5. **Redoxreaktionen durch Lichtenergie! Kann das sein?**

B2 *Facetten zum Kontext „Vom Rost zur Brennstoffzelle"*

In diesem Kapitel sollen Kenntnisse über den Ablauf von elektrochemischen Prozessen gewonnen werden, um zu verstehen, wie man Redoxreaktionen gewinnbringend steuern kann.

6. **Wie funktionieren Batterien?**
7. **Wie unterscheiden sich Batterien und Akkus?**
8. **Was „brennt" in der Brennstoffzelle?**
9. **Wo finden elektrochemische Vorgänge außerdem Anwendung?**
10. **Lässt sich Rosten verhindern?**

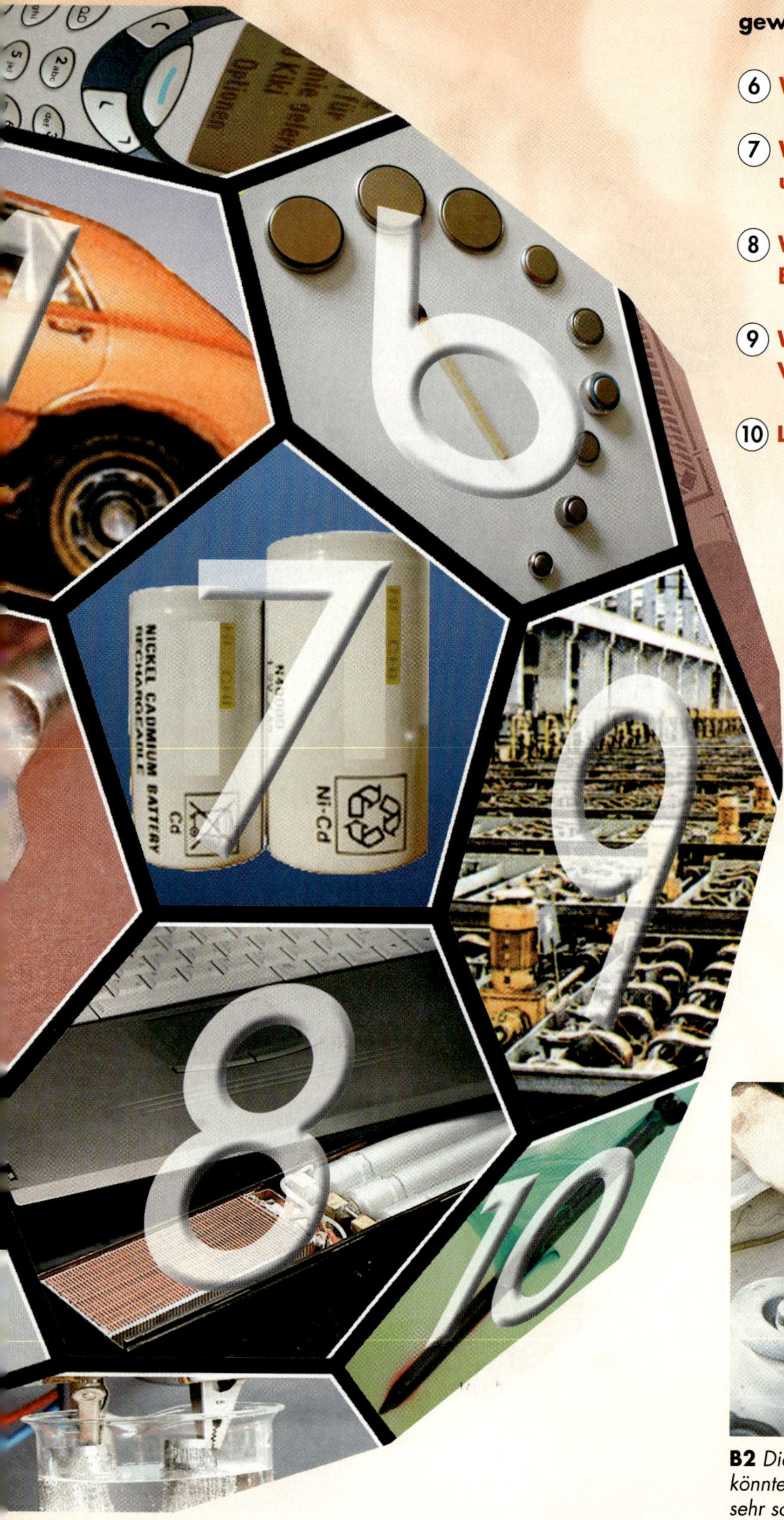

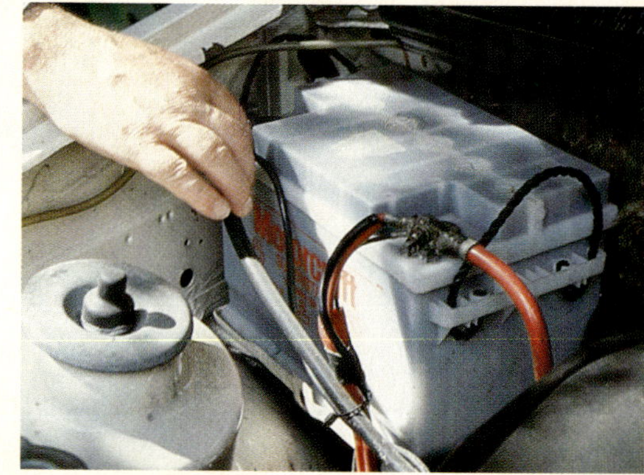

B2 *Die Autobatterie (Bleiakku).* **A:** *Welche Gründe könnte es dafür geben, dass man im Auto den doch sehr schweren Bleiakku als Startbatterie verwendet?*

B3 *Wichtige Informationen werden über tragbare Telefone ausgetauscht.*

Nicht nur die Telefonrechnung begrenzt die Nutzungsdauer unseres Mobiltelefons. Beim Telefonieren nutzen wir die gespeicherte Energie des eingebauten Akkus. Ist der Akku leer, muss er wieder aufgeladen werden. Auf diese Weise machen wir die elektrochemischen Vorgänge, die schon beim Einschalten des Handys ablaufen, wieder rückgängig. Die elektrochemischen Vorgänge bewirken, dass Energie nutzbar gemacht wird. Stoffe unterscheiden sich in ihrer Fähigkeit, Elektronen abzugeben oder aufzunehmen. Das Wissen über diese Abläufe macht chemische Reaktionen vorhersagbar.

Chemische Reaktionen sind zu einem ganz großen Teil Redoxreaktionen. Sie zeichnen sich dadurch aus, dass zwischen den Teilchen der miteinander reagierenden Stoffe Elektronen ausgetauscht werden. Wir stoßen in unserem Alltagsleben andauernd auf Redoxreaktionen, wenn z. B. ein Eisennagel wie in B4 rostet, eine Kupfermünze anläuft oder eine Batterie Strom liefert.

A: *Nennen Sie weitere Vorgänge, bei denen Redoxreaktionen ablaufen.*

In diesem Kapitel soll aufgezeigt werden, nach welchen Gesetzmäßigkeiten Redoxreaktionen ablaufen. Die dabei beobachtbaren stofflichen Veränderungen werden näher untersucht. Es wird ein Bogen gespannt von Vorgängen wie dem Rosten von Eisen, bei dem die stofflichen Veränderungen zur ärgerlichen Entwertung des Werkstoffes führen, bis hin zur Nutzung moderner Energiequellen wie z. B. den Brennstoffzellen in Autos und Elektrogeräten.

B4 *Das Rosten eines Eisennagels wird sichtbar. Die blauen Bereiche um den Nagel weisen gelöste Eisen-Ionen nach. Im Bereich der Rotfärbung rostet das Eisen nicht.*

Der Rost frisst alles weg

B1 *Der Rost zerfrisst eine Autokarosserie.*

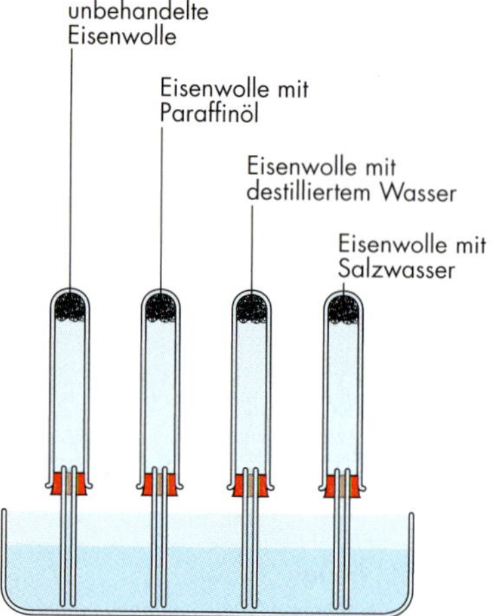

B2 *Das Rosten von Eisenwolle unter unterschiedlichen Bedingungen wird untersucht.*

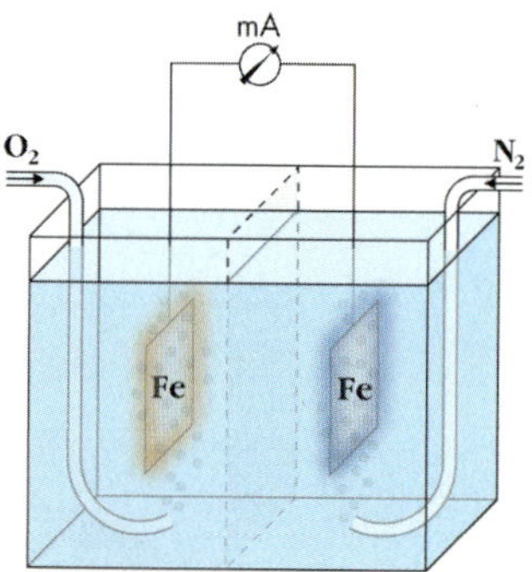

B3 *Beim Rostvorgang ist ein Stromfluss zu messen.*
A: *Was bewirkt die Trennwand aus Pappe?*

Versuche

V1 (*Hinweis:* Für den Versuch ist entfettete Eisenwolle zu verwenden.) Geben Sie in jeweils ein Rggl. ein Büschel unbehandelte Eisenwolle, ein Büschel mit Paraffinöl, ein Büschel mit destilliertem Wasser und ein Büschel mit Salzwasser ($w = 5\,\%$) getränkte Eisenwolle. Verschließen Sie die vier Rggl. mit durchbohrten Stopfen, durch die etwa 5 cm lange Glasrohre ragen. Tauchen Sie dann die Rggl. mit dem Glasrohr nach unten in ein mit Wasser gefülltes Becherglas (B2). Betrachten Sie die Rggl. nach einer Stunde und nach einem Tag.

V2 Kratzen Sie von einem rostigen Gegenstand etwas Rost ab und erhitzen Sie ihn (ggf. den Rost erst etwas zermörsern). Beobachtungen?

V3 Geben Sie in ein Rggl. Eisenoxalat* $Fe(COO)_2$ und erhitzen Sie es **im Abzug** bis die Färbung nach Dunkelgrau umgeschlagen ist. (*Achtung:* Das feine Eisenoxalatpulver kann leicht aus dem Rggl. herausspritzen!) Schütten Sie dann das heiße Pulver im verdunkelten Raum in eine Auffangschale, die auf dem Fußboden steht. Beobachtung?

V4 *Vorversuch*: Fügen Sie zu einer Lösung aus Eisen(II)-sulfat* $FeSO_4$ einige Tropfen einer verdünnten Kaliumhexacyanoferrat(III)-Lösung[1]. Welche Färbung ergibt sich?

Hauptversuch: Für den Versuch benötigen Sie zwei ganz neue, saubere Eisenbleche. Verbinden Sie die beiden Bleche mit Kabeln über ein Strommessgerät miteinander und tauchen Sie sie in eine Wanne, die mit Natriumchlorid-Lösung ($w = 5\%$) gefüllt ist, der Sie einige Tropfen Phenolphthalein-Lösung und eine Spatelspitze Kaliumhexacyanoferrat(III)* zufügen. Teilen Sie die Wanne in der Mitte durch eine Trennwand aus Pappe. Umspülen Sie anschließend einige Minuten lang die beiden Eisenbleche mit Sauerstoff bzw. Stickstoff aus der Druckgasflasche (B3). Drehen Sie dann die Gaszufuhr ab und notieren Sie nach einigen Minuten Ihre Beobachtungen.

Auswertung

a) Nennen Sie anhand der Beobachtungen von V1 und V2 Bedingungen, die zum Rosten von Eisen führen. Was fördert den Rostvorgang, was verhindert ihn?

b) Welche Bedeutung hat der Zusatz von Phenolphthalein und Kaliumhexacyanoferrat(III) bei V4?

c) Machen Sie Aussagen über die Stromrichtung bei V4.

d) Deuten Sie die Versuchsbeobachtungen.

---

[1] Kaliumhexacyanoferrat(III): $K_3[Fe(CN)_6]$

Korrosion[1] von Eisen

Wenn Gegenstände aus Eisen der Witterung ausgesetzt sind, rosten sie schnell (B1). Der Rostvorgang setzt immer dann ein, wenn Eisen mit Wasser und Sauerstoff in Berührung kommt (V1). Vorgänge, bei denen Gegenstände unter teilweiser oder vollständiger Auflösung mit den Stoffen der Umgebung reagieren, bezeichnet man als **Korrosion**. Der Schaden, der durch die korrosionsbedingte Zerstörung von Werkstoffen verursacht wird, wird in Deutschland auf jährlich ca. 40 Milliarden Euro geschätzt. Etwa ein Drittel der Stahlproduktion wird allein dafür benötigt, korrodierte Bauteile zu ersetzen.

Beim „Rosten" wird Eisen in Gegenwart von Feuchtigkeit durch Luft-Sauerstoff oxidiert. Dabei werden die Eisen-Atome unter Abgabe von jeweils 2 Elektronen zu Eisen(II)-Ionen oxidiert. Die Sauerstoff-Moleküle werden durch die Aufnahme von jeweils 4 Elektronen bei Anwesenheit von Wasser zu Hydroxid-Ionen reduziert (B4). Die entstehenden Eisen(II)-Ionen lassen sich durch Blaufärbung mit Kaliumhexacyanoferrat(III), die Hydroxid-Ionen durch Purpurfärbung mit Phenolphthalein nachweisen (V4 und B4, S. 129). Die Eisen(II)-Ionen bilden zusammen mit den Hydroxid-Ionen das schwer lösliche Eisen(II)-hydroxid, das durch Sauerstoff leicht weiter zu Eisen(III)-oxidhydroxid („Rost") oxidiert wird (B5). Erhitzt man Rost (V2), so tritt das gebundene Wasser aus und es bleibt rotes Eisen(III)-oxid zurück. Diese Beobachtung bestätigt den Korrosionsvorgang als Reaktion von Eisen, Sauerstoff und Wasser.

Wie lässt sich das relativ schnelle Korrodieren von Gegenständen aus Eisen erklären? V3 zeigt, dass fein verteiltes Eisen mit Sauerstoff sehr rasch unter Funkensprühen reagiert. Eisen lässt sich also leicht zu Eisen(III)-oxid oxidieren:

$$4Fe + 3O_2 \longrightarrow 2Fe_2O_3\text{, exotherm}$$

Außerdem bildet Rost keine feste Schicht, die das darunterliegende Eisen vor Sauerstoff und Wasser schützen könnte, sondern bröckelt vom metallischen Untergrund ab und ermöglicht so weitere Korrosion.

Aufgaben

A1 Begründen Sie, warum Eisen bei V1 unterschiedlich schnell korrodiert.

A2 Begründen Sie mithilfe der Versuchsbeobachtungen, weshalb man die Korrosion des Eisens als Redoxvorgang bezeichnen muss.

Oxidation von Eisen
Oxidation = Elektronenabgabe:

$$Fe(s) \longrightarrow Fe^{2+}(aq) + 2e^-$$

Reduktion von Sauerstoff
(in Anwesenheit von Wasser)
Reduktion = Elektronenaufnahme:

$$O_2(g) + 2H_2O(l) + 4e^- \longrightarrow 4OH^-(aq)$$

Redoxreaktion:

$$2Fe(s) + O_2(g) + 2H_2O(l) \longrightarrow 2Fe(OH)_2(s)$$

Eisen(II)-hydroxid

B4 *Korrosion von Eisen („1. Schritt"), Eisen wird durch Sauerstoff in Anwesenheit von Wasser oxidiert. (Vergleichen Sie zu den Begriffen Oxidation und Reduktion die Definitionen auf S. 133.)*

Weiteroxidation des Eisen(II)-hydroxids
Oxidation von Eisen(II)-hydroxid:

$$Fe(OH)_2(s) + OH^-(aq) \longrightarrow Fe(OH)_3(s) + e^-$$

Reduktion von Sauerstoff:

$$O_2(g) + 4\,e^- + 2H_2O(l) \longrightarrow 4OH^-(aq)$$

Redoxreaktion:

$$4Fe(OH)_2(s) + O_2(g) + 2H_2O(l) \longrightarrow 4Fe(OH)_3(s)$$

Rostbildung:

$$Fe(OH)_3(s) \longrightarrow FeO(OH)(s) + H_2O(l)$$

„Rost"

B5 *Korrosion von Eisen („2. Schritt"), „Rost" bildet sich durch Oxidation des Eisen(II)-hydroxids.* **A:** *Ermitteln Sie die Oxidationszahlen der Eisen- und Sauerstoff-Atome in den Redoxgleichungen von B4 und B5.*

[1] *corrodere* (lat.) = zernagen

Fachbegriffe

Oxidation, Reduktion, Redoxreaktion, Korrosion

Elektronen im Austausch

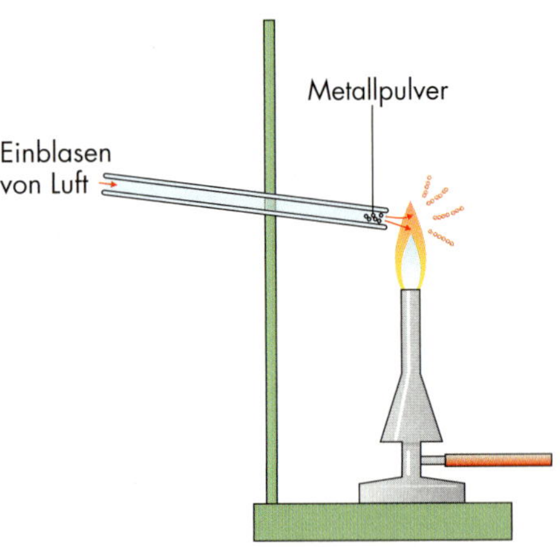

B1 *Lichterscheinung beim Erhitzen von Metallpulvern (V2)*

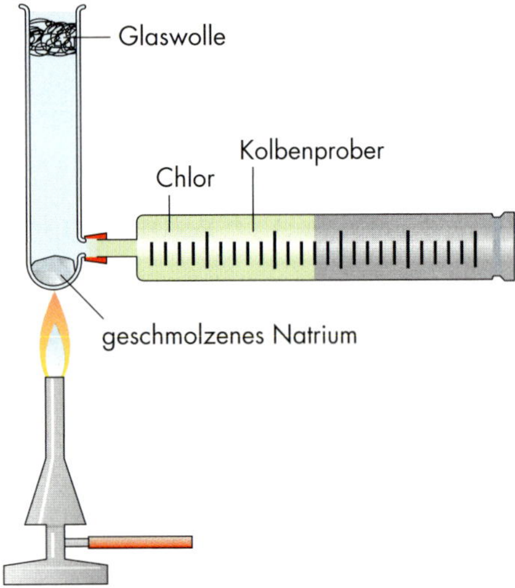

B2 *Reaktion von Natrium mit Chlor.* **A:** *Erkunden Sie diese Reaktion über Chemie 2000+ Online.*

B3 *Platine mit Leiterbahnen aus Edelmetall.*
A: *Warum verwendet man in der Platinentechnik vorwiegend die Metalle Kupfer, Platin und Gold?*

Versuche

V1 Halten Sie mit der Tiegelzange nacheinander etwas Magnesiumband*, ein Stück Kupfer- und Silberblech und einen Platindraht in die entleuchtete Brennerflamme. (*Achtung:* Beim Magnesiumband nicht in die Flamme schauen.) Beobachtungen?

V2 Spannen Sie einen Gasbrenner waagerecht an einem Stativ fest und stellen Sie die entleuchtete Brennerflamme ein (B1). Füllen Sie das eine Ende eines Glasrohrs mit etwas Magnesiumpulver* und blasen Sie die Probe von der Seite in die Brennerflamme. Wiederholen Sie den Versuch mit Eisen- und Kupferpulver. Vergleichen Sie die Helligkeit der Flammen. (*Hinweis:* Der Versuch sollte am besten in einem verdunkelten Raum durchgeführt werden.)

LV3 Ein brennendes Magnesiumband wird in einen weiten, mit Chlor* gefüllten Standzylinder, auf dessen Boden sich 1 cm hoch Sand befindet, gehalten. Man wiederholt den Versuch mit Eisenwolle. Beobachtungen?

LV4 Zunächst bläst man in ein Rggl. unten seitlich ein Loch mit etwa 8 mm Durchmesser. Dann erhitzt man im Rggl. ein erbsengroßes, entrindetes Stück Natrium*, bis es schmilzt. Kurz vor der Entzündung drückt man Chlor*, das man in einem Kolbenprober bereit hält, auf das flüssige Natrium (B2). (*Hinweis:* Auf den Rohransatz des Kolbenprobers setzt man ein kleines Stück Gummischlauch, das das Loch im Rggl. etwas abdichtet.) Beobachten Sie den Reaktionsverlauf und beschreiben Sie das Produkt.
Zusatzversuch: Man löst das Produkt in Wasser (*Vorsicht:* U.U. sind noch Natrium-Reste vorhanden!) und gibt einige Tropfen Salpetersäure* und anschließend etwas Silbernitrat-Lösung* hinzu.

V5 Geben Sie in drei Rggl. etwas Eisenwolle. Feuchten Sie die Eisenwolle im ersten Rggl. mit Wasser, im zweiten mit Chlorwasser* und im dritten mit Bromwasser* an. Lassen Sie die Rggl. einige Tage stehen. Beobachtungen?

Auswertung

a) Deuten Sie das unterschiedliche Verhalten der verschiedenen Metalle bei V1 bis LV4.
b) Deuten Sie das unterschiedliche Verhalten des Eisens in V5.
c) Formulieren Sie für V1 bis V5 die Reaktionsgleichungen.
d) Warum findet man die Elemente Chlor und Brom in der Natur nicht in elementarer Form (als Cl_2 oder Br_2)?
e) Sauerstoff ist mit etwa 20% an der Zusammensetzung der Luft beteiligt. Warum ist diese Tatsache eigentlich erstaunlich? Wodurch bleibt der Sauerstoffgehalt der Atmosphäre konstant?

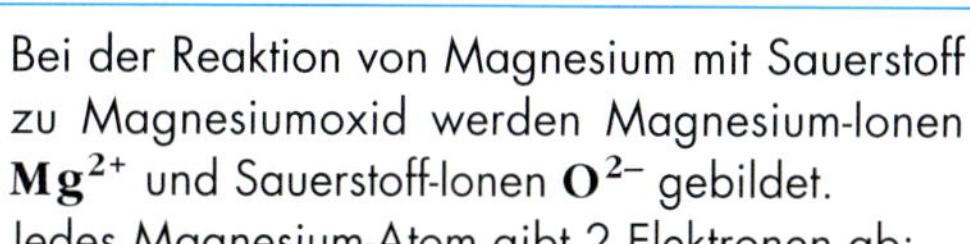

Das Donator-Akzeptor-Prinzip bei Redoxreaktionen

Manche Gegenstände aus Metallen wie z. B. Gold überdauern Tausende von Jahren, ohne sich zu verändern (B5). Andere Metalle, z. B. Eisen, zeigen sich gegenüber Umwelteinflüssen sehr unbeständig. Diese Metalle reagieren spontan mit anderen Elementen wie dem Sauerstoff der Luft zu Oxiden oder mit Halogenen zu Halogeniden.

Bei der Reaktion von Magnesium mit Sauerstoff bildet sich Magnesiumoxid, bei der Reaktion von Natrium mit Chlor entsteht Natriumchlorid:

(1) $2Mg(s) + O_2(g) \longrightarrow 2MgO(s)$; $\Delta H^\circ_R = -1202$ kJ
(2) $2Na(s) + Cl_2(g) \longrightarrow 2NaCl(s)$; $\Delta H^\circ_R = -822$ kJ

In beiden Reaktionen geben die Metall-Atome Elektronen ab, ihre Reaktionspartner nehmen Elektronen auf. Es ist daher sinnvoll, auch die Verbrennung von Natrium in Chlor als eine Oxidation anzusehen und allgemein zu definieren:

Eine Oxidation ist eine Elektronenabgabe. Eine Reduktion ist eine Elektronenaufnahme. Eine Redoxreaktion ist eine Reaktion, bei der eine Elektronenübertragung stattfindet.

Die Teilchen des Reduktionsmittels (der Stoff, der oxidiert wird) wirken als **Elektronen-Donatoren**; die Teilchen des Oxidationsmittels (der Stoff, der reduziert wird) wirken als **Elektronen-Akzeptoren** (B4). Magnesium, Natrium und fast alle anderen Metalle reagieren mit Sauerstoff und mit Halogenen zu Salzen, d. h. Ionen-Verbindungen, die bei Zimmertemperatur fest sind. Dabei ist auffällig, dass die Bildung vieler Metalloxide bzw. Metallhalogenide, wie z. B. die von Magnesiumoxid oder Natriumchlorid (V1 und LV4), stark exotherm und unter Lichtentwicklung verläuft. Die Erfahrung zeigt, dass viele Metalle sich sehr leicht oxidieren lassen, also leicht Elektronen abgeben. Dies ist auch der Grund dafür, dass die meisten Metalle in der Natur nicht elementar, sondern nur in Verbindungen vorkommen. Manche Metalle lassen sich dagegen nur schwer oxidieren. So reagieren z. B. Platin oder Gold selbst beim Erhitzen nicht oder nur schlecht mit Sauerstoff. Aus diesem Grund kann man Gold in gediegenem, d. h. in elementarem Zustand in der Natur finden.

Aufgaben

A1 Formulieren Sie für V1 bis V5 die Teilreaktionen für die Oxidationen und Reduktionen.

A2 Nennen Sie natürliche Fundorte für Verbindungen der Elemente Magnesium, Calcium, Eisen und Chlor.

Fachbegriffe

Elektronen-Donator, Elektronen-Akzeptor, Elektronenübertragung

Bei der Reaktion von Magnesium mit Sauerstoff zu Magnesiumoxid werden Magnesium-Ionen Mg^{2+} und Sauerstoff-Ionen O^{2-} gebildet.
Jedes Magnesium-Atom gibt 2 Elektronen ab:

(1a) $Mg \longrightarrow Mg^{2+} + 2e^-$ (Oxidation)

Jedes Sauerstoff-Atom nimmt 2 Elektronen auf:

(1b) $O_2 + 4e^- \longrightarrow 2O^{2-}$ (Reduktion)

Die Zusammenfassung von (1a) und (1b) ergibt die Redoxreaktion:

(1c) $2Mg + O_2 \longrightarrow 2Mg^{2+} + 2O^{2-}$ (2 x $2e^-$)

Bei der Reaktion von Natrium mit Chlor zu Natriumchlorid werden Natrium-Ionen Na^+ und Chlorid-Ionen Cl^- gebildet.
Jedes Natrium-Atom gibt 1 Elektron ab:

(2a) $Na \longrightarrow Na^+ + e^-$ (Oxidation)

Jedes Chlor-Atom nimmt 1 Elektron auf:

(2b) $Cl_2 + 2e^- \longrightarrow 2Cl^-$ (Reduktion)

Die Zusammenfassung von (2a) und (2b) ergibt die Redoxreaktion:

(2c) $2Na + Cl_2 \longrightarrow 2Na^+ + 2Cl^-$ (2 x $1e^-$)

B4 *Vergleich der Reaktionen von Magnesium mit Sauerstoff und Natrium mit Chlor; Teilreaktionen für die Oxidationen und Reduktionen*

B5 *Die Goldmaske des ägyptischen Königs TUT-ENCH-AMUN (1358–1350 v. Chr.)*

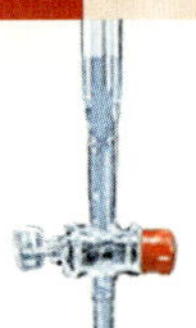

Triebkraft der Redoxreaktionen

Ionisierungsenergie und Elektronenaffinität

Die Beobachtungen bei LV4 von S. 132 zeigen, dass die Natriumchlorid-Synthese aus den Elementen Natrium und Chlor exotherm ist:

$$2Na(s) + Cl_2(g) \longrightarrow 2NaCl(s);\ \Delta H_R = -822\ kJ$$

Bei der Aufstellung der Redoxgleichung haben wir zunächst die Teilprozesse der Oxidation und Reduktion formuliert:

(1) Oxidation: $2Na \longrightarrow 2Na^+ + 2e^-;\ \Delta H_I = +1004\ kJ$

(2) Reduktion: $Cl_2 + 2e^- \longrightarrow 2\ Cl^-;\ \Delta H_E = -726\ kJ$

Hierbei steht ΔH_I für **Ionisierungsenergie** und ΔH_E für **Elektronenaffinität**. Unter Ionisierungsenergie versteht man die Energie, die aufgewandt werden muss, um aus einem Mol Teilchen, in diesem Fall Natrium-Atome, je ein Mol Elektronen zu entfernen (B1). Die Elektronenaffinität gibt den Energiebetrag an, der aufgewandt werden muss bzw. frei wird, um einem Mol Teilchen, in diesem Fall Chlor-Atome, ein Mol Elektronen zuzuführen (B2).

Ionisierung von Metall-Atomen im gasförmigen Zustand	Ionisierungsenergie ΔH_I in kJ/mol
$Li(g) \longrightarrow Li^+(g) + e^-$	526
$Na(g) \longrightarrow Na^+(g) + e^-$	502
$K(g) \longrightarrow K^+(g) + e^-$	425
$Mg(g) \longrightarrow Mg^{2+}(g) + 2e^-$	2200
$Ca(g) \longrightarrow Ca^{2+}(g) + 2e^-$	1748
$Al(g) \longrightarrow Al^{3+}(g) + 3e^-$	5158

B1 *Ionisierungsenergien einiger Metalle*

Ionisierung von Nichtmetall-Atomen im gasförmigen Zustand	Elektronenaffinität ΔH_E in kJ/mol
$F(g) + e^- \longrightarrow F^-(g)$	– 339
$Cl(g) + e^- \longrightarrow Cl^-(g)$	– 363
$Br(g) + e^- \longrightarrow Br^-(g)$	– 331
$I(g) + e^- \longrightarrow I^-(g)$	– 302
$O(g) + 2e^- \longrightarrow O^{2-}(g)$	628
$S(g) + 2e^- \longrightarrow S^{2-}(g)$	367

B2 *Elektronenaffinitäten einiger Nichtmetalle*

Teilschritte der Natriumchlorid-Synthese

Bestünde die Kochsalz-Bildung nur aus den Elektronenübergängen nach (1) und (2), so müsste sie endotherm verlaufen! Es muss also noch andere Teilschritte geben, die eine Rolle spielen. Bei der Zusammenstellung der Energiebilanz einer Redoxreaktion müssen wir außer den Energien, mit denen die Elektronenübergänge selbst verbunden sind, weitere Energien berücksichtigen. Bei der Natriumchlorid-Synthese bestehen weder die Edukte noch das Produkt aus isolierten Teilchen: Im Natrium sind die Atome in einem Metallgitter angeordnet, im Chlor sind jeweils zwei Atome in einem Molekül gebunden und im Natriumchlorid sind die Ionen in einem Ionengitter angeordnet. Unter Berücksichtigung dieser Tatsache lässt sich die Natriumchlorid-Synthese in die Teilschritte aus B3 aufgliedern.

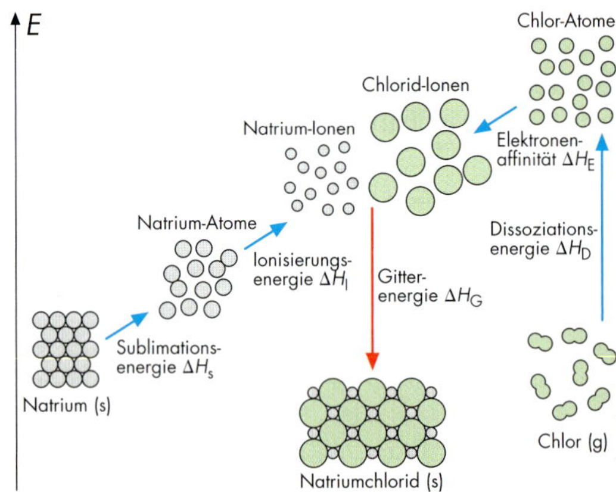

B3 *Teilschritte bei der Natriumchlorid-Synthese. Die Energien sind „richtungsgetreu", aber nicht maßstabsgerecht aufgetragen.* **A:** *Beschreiben Sie den Vorgang der Natriumchlorid-Synthese und definieren Sie die Begriffe Sublimations- und Dissoziationsenergie. Hinweis: Vergleichen Sie Chemie 2000+ Online.*

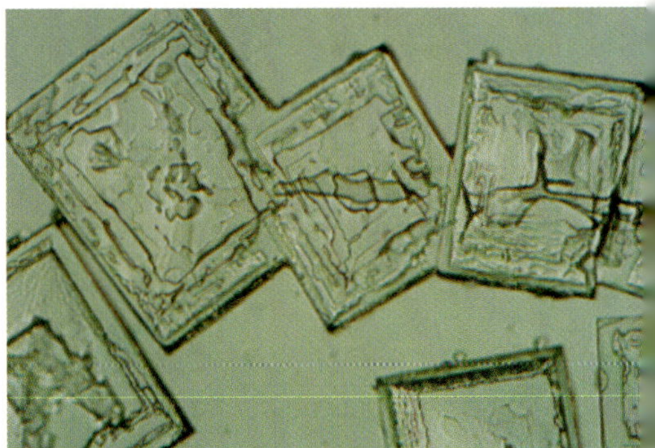

B4 *Kochsalz-Kristalle unter dem Mikroskop. Solche Kristalle kann man sehen, wenn man eine konzentriert Kochsalz-Lösung unter dem Mikroskop eindampft.*

Triebkraft der Redoxreaktionen

Der BORN-HABER-Kreisprozess
Maßgeblich dafür, dass die Natriumchlorid-Synthese exotherm verläuft, ist die Energie, die freigesetzt wird, wenn sich die einander gegenseitig anziehenden Natrium- und Chlorid-Ionen in ein Natriumchlorid-Gitter anordnen. Man nennt diese Energie **Gitterenergie (Gitterenthalpie)** ΔH_G. Man kann sie berechnen, wenn die Reaktionsenthalpie ΔH_R und die Enthalpien der anderen Teilschritte aus experimentellen Messungen bekannt sind (B5).

Aufgaben

A1 Erstellen Sie ein Schema gemäß B5 (ohne Angabe von Zahlenwerten) für die Teilschritte der Synthesen von Kaliumbromid und Magnesiumoxid.

A2 Begründen Sie a) die unterschiedlichen Ionisierungsenergien der Alkalimetalle und b) die unterschiedlichen Vorzeichen bei den Elektronenaffinitäten von Chlor und Schwefel.

A3 Die Reaktionsenthalpie bei der Bildung von Calciumchlorid $CaCl_2$ beträgt $\Delta H_R = -793$ kJ/mol. Stellen Sie gemäß B5 den BORN-HABER-Kreisprozess für die Bildung von Calciumchlorid auf und berechnen Sie die Gitterenergie von Calciumchlorid (B1 und B2; die Sublimationsenthalpie von Calcium beträgt $\Delta H_S = 178$ kJ/mol).

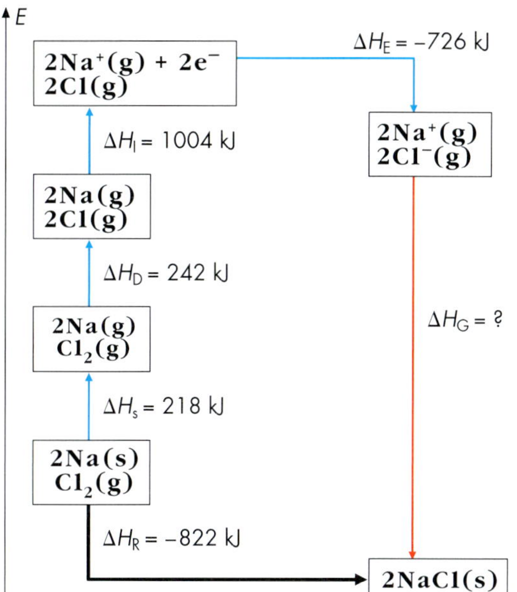

B5 *BORN-HABER-Kreisprozess für die Natriumchlorid-Synthese. Die Reaktionsenthalpie ΔH_R ist die Summe der Enthalpien der Teilprozesse der Salzbildung:*
$\Delta H_R = \Delta H_S + \Delta H_D + \Delta H_I + \Delta H_E + \Delta H_G$.
Durch Umformen und Einsetzen der Zahlenwerte erhält man: $\Delta H_G = -1560$ kJ.
Die molare Gitterenthalpie des Natriumchlorids beträgt also:
$\Delta H_G(NaCl) = -780$ kJ/mol.

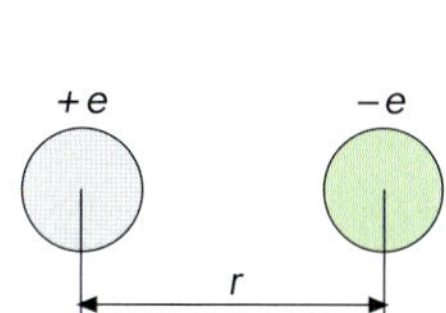

Nach den Gesetzen der Elektrostatik ist die Anziehungsenergie (COULOMBSCHE Energie) zwischen zwei Teilchen mit den Ladungen *+e* und *–e*, die sich im Abstand *r* voneinander befinden:

$$E_C = -\frac{e^2}{r}$$

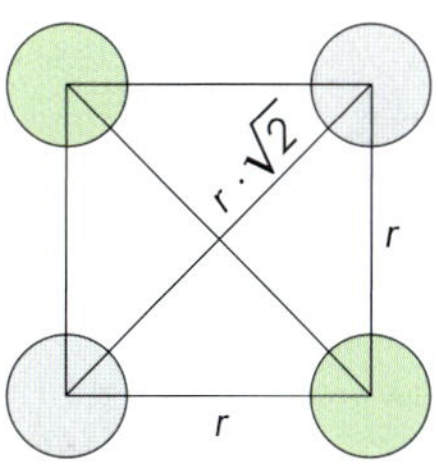

Bei vier Teilchen (zwei Ionenpaaren) kommt es zu einer COULOMBSCHEN Energie, die mehr als zweieinhalbmal größer ist als bei einem Ionenpaar:

$$E_C = \underbrace{-\frac{e^2}{r}-\frac{e^2}{r}-\frac{e^2}{r}-\frac{e^2}{r}}_{\text{Anziehungen}}\underbrace{+\frac{e^2}{r\sqrt{2}}+\frac{e^2}{r\sqrt{2}}}_{\text{Abstoßungen}}$$

$$E_C = -2{,}59\,\frac{e^2}{r}$$

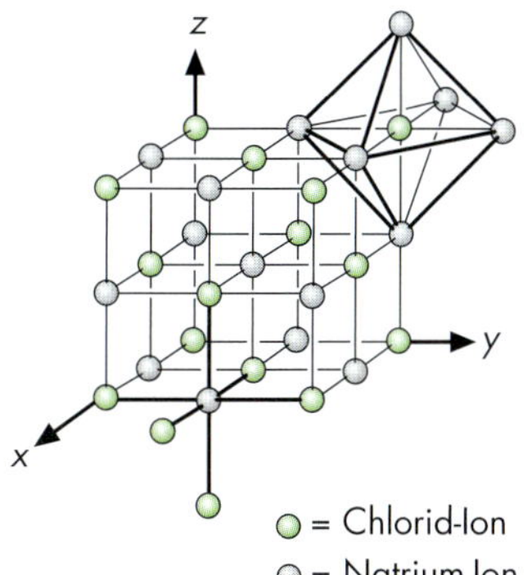

Ordnen sich sehr viele Ionen in einem dreidimensionalen Gitter an, so wird eine beträchtliche COULOMBSCHE Energie in Form von Wärme frei; es ist die Gitterenergie.

B6 *Die Gitterenergie eines Salzes beruht auf elektrostatischen Anziehungskräften zwischen Ionen. Diese Betrachtungen zeigen, dass die Gitterenergie von der Ladung und von der geometrischen Anordnung der Ionen im Gitter abhängt. (Die Zahl der Ionen ist bei jeder noch so kleinen sichtbaren Stoffportion enorm groß.)*

Nr.	Metall	Lösung des Salzes
1	Zink	Eisen(II)-sulfat
2	Zink	Kupfersulfat
3	Zink	Silbernitrat
4	Kupfer	Zinksulfat
5	Kupfer	Eisen(II)-sulfat
6	Kupfer	Silbernitrat
7	Eisen	Zinksulfat
8	Eisen	Kupfersulfat
9	Eisen	Silbernitrat

B1 *Kombinationen von Metallen in Metallsalz-Lösungen (V3)*

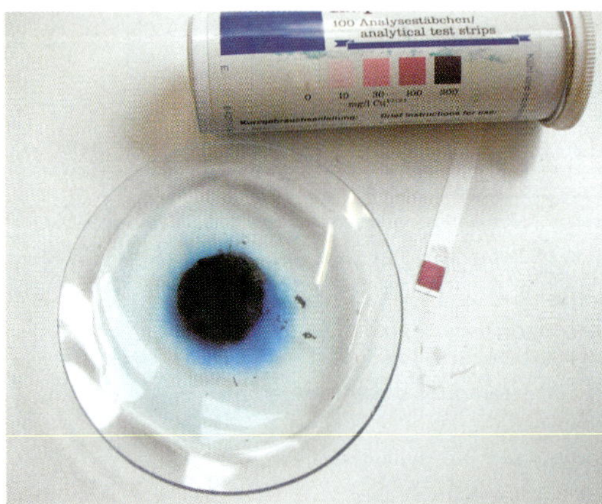

B2 *Kupfermünze in ammoniakalischer Silbersalz-Lösung*

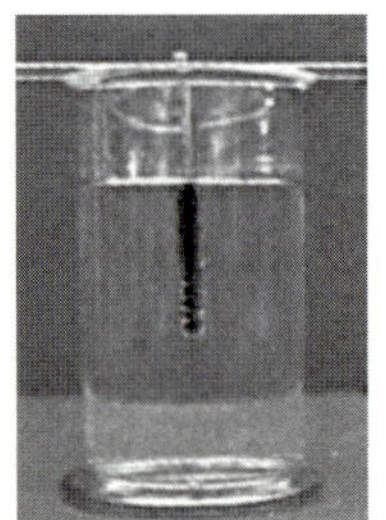

B3 *„Bleibaum", links: Ein Zinkstab taucht in eine Bleinitrat-Lösung; rechts: vergrößerter Ausschnitt.*
A: *Deuten Sie die Versuchsbeobachtungen.*

Metalle – unterschiedlich gut oxidierbar

Versuche

V1 Legen Sie eine saubere, mit Aceton* entfettete Kupfermünze auf ein Uhrglas und übergießen Sie sie mit einer ammoniakalischen Silbernitrat-Lösung*. Beobachten Sie einigen Minuten. Lassen Sie den Versuch ca. eine halbe Stunde stehen. Tauchen Sie dann ein Kupfer-Teststäbchen in die Lösung. Beobachtung?

V2 Tauchen Sie einen Eisennagel in *OETHEL'sche-Lösung**. Beobachtung? (Herstellen der OETHEL'schen-Lösung: Man löst 12,5 g Kupfersulfat-Pentahydrat* $\mathbf{CuSO_4 \cdot 5H_2O}$, 5,0 g konzentrierte Schwefelsäure* $\mathbf{H_2SO_4}$ und 5,0 g Spiritus* und füllt mit Wasser auf 100 mL Lösung auf.)

V3 Geben Sie in einer Versuchsreihe entsprechend B1 blanke Stücke verschiedener Metalle in die angegebenen Metallsalz-Lösungen. Fassen Sie Ihre Beobachtungen tabellarisch zusammen.

V4 Geben Sie zu einer kleinen Probe Kupfersulfat-Lösung* einen Spatel Zinkpulver*. Nach gutem Durchmischen lässt man das überschüssige Zinkpulver absitzen. Messen Sie die Temperaturänderung während des Versuches. Testen Sie den Überstand der Lösung mit einem Zink-Teststäbchen.

V5 Geben Sie zu etwas Silbernitrat-Lösung* entfettete Eisenwolle bzw. Kupferspäne und lassen Sie den Versuch einen Tag stehen. Teilen Sie die Lösung auf zwei Rggl. auf. Fügen Sie zu einer Probe einige Tropfen Natriumchlorid-Lösung, zur anderen einige Tropfen Kaliumhexacyanoferrat(III)-Lösung. Beobachtungen?

Auswertung

a) Formulieren Sie für V1 bis V4 die Reaktionsgleichungen für die Reaktionen der Metalle mit den entsprechenden Metall-Ionen.

b) Ordnen Sie die Metalle von V3 aufsteigend nach guter Oxidierbarkeit.

c) Welches Teilchen ist bei V3 das beste/schlechteste Oxidationsmittel/Reduktionsmittel?

d) B4 zeigt einen „Eisenwolle-Eimer" zur Rückgewinnung von Silber aus fotografischen Bädern, mit dem man mit 1 kg Eisenwolle ca. 4 kg Silber ausfällen kann. Erläutern Sie die Funktionsweise mithilfe der Ergebnisse von V5.

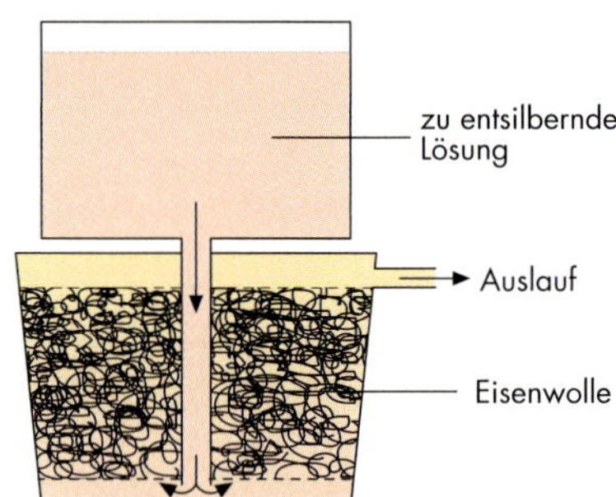

B4 *„Eisenwolle-Eimer" zur Entsilberung fotografischer Bäder*

Die Redoxreihe der Metalle

Bei der Entwicklung fotografischer Filme fallen große Mengen an silberhaltigen Lösungen an (vgl. S. 157). Gibt man in eine silberhaltige Lösung etwas Eisenwolle, so scheidet sich auf ihr elementares Silber ab, das man auf diese Weise wiedergewinnt (B4). Manche Metalle sind also in der Lage, gelöste Silber-Ionen wieder zu metallischem Silber zu reduzieren.
Die Ergebnisse von V1 bis V5 zeigen, dass Metalle mit Metall-Ionen ganz bestimmter Metallsalz-Lösungen nach einer grundlegenden Gesetzmäßigkeit reagieren. So überzieht sich ein Zinkstück in einer Kupfersalz-Lösung mit einem rötlichen Belag aus Kupfer, während in der Lösung anschließend Zink-Ionen nachweisbar sind. An einem Kupferblech in einer Zink-Lösung zeigt sich jedoch keine Reaktion. Demnach werden Kupfer-Ionen zu Kupfer-Atomen reduziert und Zink-Atome zu Zink-Ionen oxidiert:

Reduktion: $Cu^{2+}(aq) + 2e^- \longrightarrow Cu(s)$
Oxidation: $Zn(s) \longrightarrow Zn^{2+}(aq) + 2e^-$

Redoxreaktion: $Cu^{2+}(aq) + Zn(s) \longrightarrow Cu(s) + Zn^{2+}(aq)$

Diese Reaktion verläuft spontan und ist exotherm (V4). Die umgekehrte Reaktion von Zink-Ionen mit Kupfer-Atomen findet nicht spontan statt.
V1 zeigt, dass Kupfer-Atome aber in Gegenwart von Silber-Ionen oxidiert werden. Man kann folgende Reaktionsgleichungen aufstellen:

Reduktion: $2Ag^+(aq) + 2e^- \longrightarrow 2Ag(s)$
Oxidation: $Cu(s) \longrightarrow Cu^{2+}(aq) + 2e^-$

Redoxreaktion: $2Ag^+(aq) + Cu(s) \longrightarrow 2Ag(s) + Cu^{2+}(aq)$

Je nach Reaktionspartner wirken **Kupfer-Atome** als **Reduktionsmittel** und werden oxidiert oder **Kupfer-Ionen** wirken als **Oxidationsmittel** und werden selbst zu Kupfer-Atomen reduziert:

$$\underset{\text{Reduktionsmittel (Elektronen-Donator)}}{Cu(s)} \rightleftharpoons \underset{\text{Oxidationsmittel + z e}^- \text{ (Elektronen-Akzeptor)}}{Cu^{2+}(aq) + 2e^-}$$

Das Paar Cu/Cu^{2+} bezeichnet man als **korrespondierendes**[1] **Redoxpaar**. Ordnet man nun die in V1 bis V5 untersuchten Redoxpaare aus Metall-Atom und korrespondierendem Metall-Ion nach dem Reduktionsvermögen der Metalle bzw. dem Oxidationsvermögen der Metall-Ionen, so erhält man die **Redoxreihe der Metalle** (B5). Am oberen Ende dieser Redoxreihe stehen die Redoxpaare, deren Atome leicht oxidierbar, d.h. gute Elektronen-Donatoren sind. Edelmetalle wie Silber und Gold stehen am unteren Ende, da ihre Atome nur schwer Elektronen abgeben, ihre Ionen aber gute Elektronen-Akzeptoren darstellen.

[1] *correspondere* (lat.) = übereinstimmen, sich entsprechen
Korrespondierende Redoxpaare werden auch konjugierte Redoxpaare genannt (von *conjugere* (lat.) = verbinden).

Elektronen-Donator $\rightleftharpoons$ Elektronen-Akzeptor + e^-

Stärke des Elektronen-Donators Reduktionsvermögen nimmt ab.

$Na(s) \rightleftharpoons Na^+(aq) + e^-$
$Mg(s) \rightleftharpoons Mg^{2+}(aq) + 2e^-$
$Zn(s) \rightleftharpoons Zn^{2+}(aq) + 2e^-$
$Fe(s) \rightleftharpoons Fe^{2+}(aq) + 2e^-$
$Ni(s) \rightleftharpoons Ni^{2+}(aq) + 2e^-$
$Sn(s) \rightleftharpoons Sn^{2+}(aq) + 2e^-$
$Pb(s) \rightleftharpoons Pb^{2+}(aq) + 2e^-$
$Cu(s) \rightleftharpoons Cu^{2+}(aq) + 2e^-$
$Ag(s) \rightleftharpoons Ag^+(aq) + e^-$
$Hg(l) \rightleftharpoons Hg^{2+}(aq) + 2e^-$
$Au(s) \rightleftharpoons Au^{3+}(aq) + 3e^-$

Stärke des Elektronen-Akzeptors Oxidationsvermögen nimmt ab.

Ist ein Metall-Atom einer *starker Elektronen-Donator* (z.B. Zn), dann ist das korrespondierende Ion ein *schwacher Elektronen-Akzeptor* (z.B. Zn^{2+}).

Ist ein Metall-Atom ein *schwacher Elektronen-Donator* (z.B. Ag), dann ist das korrespondierende Ion ein *starker Elektronen-Akzeptor* (z.B. Ag^+).

Ein Metall-Atom kann ein Metall-Ion, das in der obigen Redoxreihe unterhalb seines korrespondierenden Ions steht, reduzieren (grüner Pfeil). Eine umgekehrte Reaktionsrichtung läuft nicht spontan ab (roter Pfeil).

B5 *Redoxreihe einiger Metalle*

Aufgaben

A1 Für einen Versuch benötigt man hoch reines Kupfer(II)-chlorid. Würden Sie diese Substanz mit einem Silber- oder Nickellöffel aus der Vorratsflasche entnehmen? Begründen Sie.

A2 Bei welchen Kombinationen würden Sie eine Reaktion erwarten:
a) $Sn(s)$ mit $Ni^{2+}(aq)$,
b) $Pb(s)$ mit $Sn^{2+}(aq)$,
c) $Ni(s)$ mit $Pb^{2+}(aq)$ und
d) $Cu(s)$ mit $Hg^{2+}(aq)$?
Formulieren Sie die Redoxgleichungen.

A3 Wie würden Sie experimentell vorgehen, um das Redoxpaar Pb/Pb^{2+} in die Redoxreihe einzuordnen?

Fachbegriffe

Redoxreihe, Oxidationsmittel, Reduktionsmittel, korrespondierendes Redoxpaar

Strom aus Redoxreaktionen

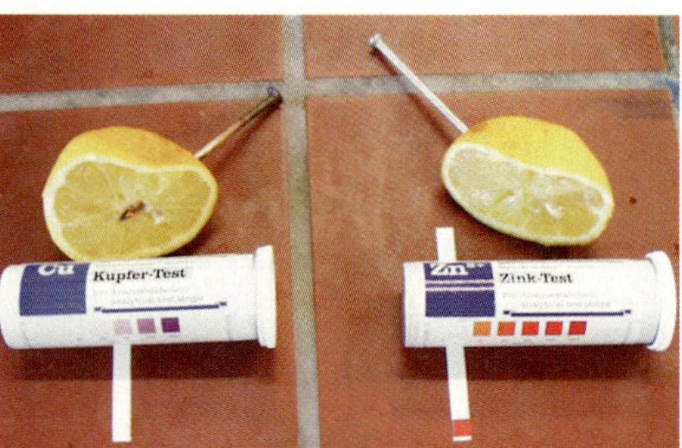

B1 *Nachweis von Kupfer- und Zink-Ionen im Zitronensaft der Zitronenbatterie*

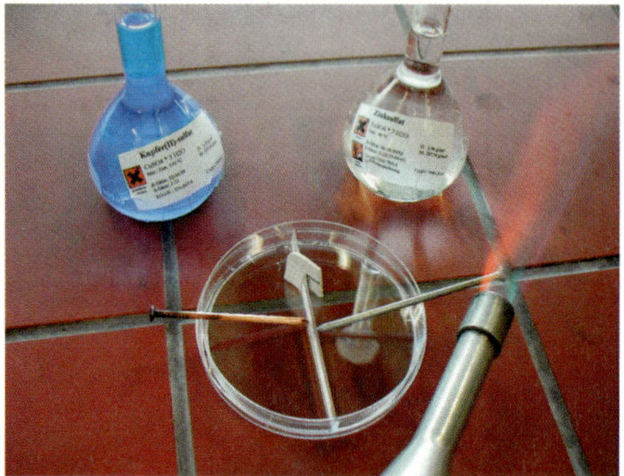

B2 *Herstellen einer Petrischale zur Erzeugung von Strom*

Versuche

***V1** Zitronenbatterie*

a) Stecken Sie in die gegenüberliegenden Seiten einer Zitrone jeweils ein Kupfer- und ein Zinkblech ca. 3 cm tief ein. Verbinden Sie die Bleche über Klemmen und Kabel mit einem kleinen Elektromotor oder den Kontakten eines Musik-Chips, den Sie aus einer „musikalischen" Glückwunschkarte ausgebaut haben. Ersetzen Sie dann den elektrischen Verbraucher durch ein Voltmeter. Welche Spannung lässt sich ablesen? Welches Blech stellt den Plus-, welches den Minuspol dar (Vorzeichen bei der abgelesenen Spannung beachten)?

b) Schneiden Sie nach ca. 10 Minuten die Zitrone in der Mitte zwischen den Blechen durch. Pressen Sie den Saft mit einer Zitronenpresse in getrennte Gefäße ab. Tauchen Sie in den Saft der Hälfte, in dem das Zinkblech steckte, ein Zink-Teststäbchen, in die andere Probe ein Kupfer-Teststäbchen (B1). Beobachtungen?

***V2** „Strom aus der Petrischale"* a) Vorbereitung: In die gegenüberliegenden Ränder einer zweigeteilten Kunststoff-Petrischale werden ein Kupfernagel und ein Zinknagel (man kann auch einen Draht oder ein Blech verwenden) durch vorsichtiges Erhitzen eingeschmolzen (B2).

b) Füllen Sie in eine Hälfte der Schale eine Kupfersulfat*-Lösung, in die andere Hälfte eine Zinksulfat*-Lösung, beide mit den Stoffmengenkonzentrationen $c = 0{,}1$ mol/L. Die beiden Metalle werden dann mit einem Voltmeter verbunden. Stecken Sie nun ein kleines Stück Bierdeckel auf den Trennsteg der Petrischale. Beachten Sie, wann der Messwert am Voltmeter angezeigt wird. Welche Spannung messen Sie?

V3 Füllen Sie, wie in B3 skizziert, ein Becherglas mit Kupfersulfat*-Lösung, $c = 0{,}1$ mol/L, das andere mit Zinksulfat*-Lösung, $c = 0{,}1$ mol/L. Tauchen Sie in die Kupfersulfat-Lösung ein Kupferblech und in die Zinksulfat-Lösung ein Zinkblech. Verbinden Sie die Bleche über ein Voltmeter. Die beiden Gefäße werden über eine Elektrolytbrücke, ein gebogenes Glasrohr, das mit gesättigter Kaliumnitrat*-Lösung gefüllt ist, verbunden (B3). Lesen Sie die Spannung ab.

Auswertung

a) Machen Sie Aussagen über den Elektronenfluss bei V1.

b) Warum stellt sich die Spannung bei V2 erst kurze Zeit nach Aufstecken des Bierdeckelstücks ein?

c) Stellen Sie Gemeinsamkeiten und Unterschiede bei den Versuchsaufbauten von B3 und B4 heraus.

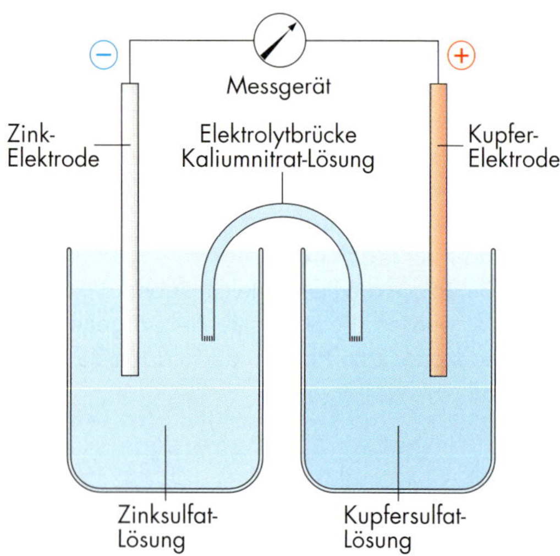

B3 *Versuchsaufbau zu V3*

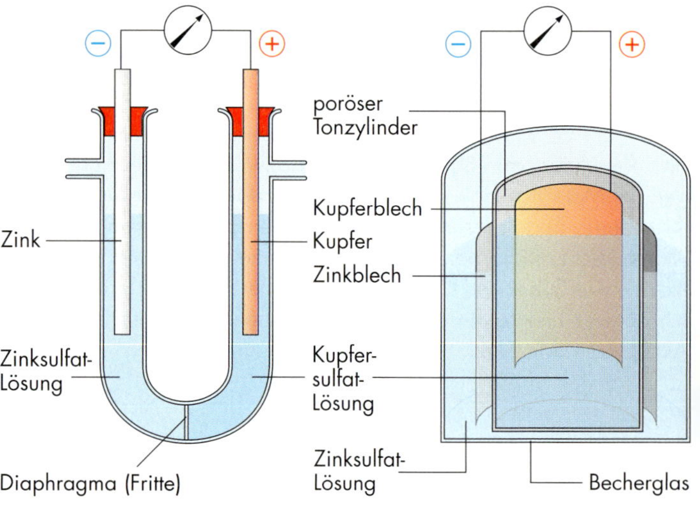

B4 *Alternative Versuchsaufbauten für V2 und V3*

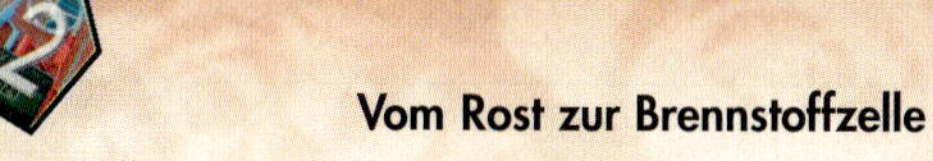

Das DANIELL-Element[1]

Elektrischer Strom kommt durch Elektronenfluss zustande. Lässt sich der Elektronenaustausch bei Redoxreaktionen für die Gewinnung von Strom nutzen?

Bei der Kombination der Redoxpaare Zn/Zn^{2+} und Cu/Cu^{2+} werden Elektronen von Zink-Atomen zu Kupfer-Ionen übertragen. In einer geeigneten Versuchsanordnung lässt sich dieser Elektronenübergang als elektrischer Strom nachweisen. Dies gelingt, wenn wir die beiden Redoxpaare und damit die Oxidation und die Reduktion räumlich trennen und den Elektronenübergang über einen Metalldraht als **Elektronenleiter** ermöglichen. Dazu geben wir ein Kupferblech in ein Gefäß mit einer Kupfersulfat-Lösung und ein Zinkblech in ein Gefäß mit einer Zinksulfat-Lösung. Die beiden Metalle verbinden wir über einen Draht (Elektronenleiter). Um den Stromkreis zu schließen, werden die Lösungen über einen **Ionenleiter**, der auch als **Elektrolyt** bezeichnet wird, verbunden. Dieser Ionenleiter, eine *Elektrolytbrücke* oder eine *poröse (semipermeable) Wand*, ermöglicht einen Ladungsaustausch durch Ionenwanderung zwischen den beiden Reaktionssystemen, verhindert aber eine rasche Durchmischung der Lösungen (B6).

Mit einer solchen Versuchsanordnung haben wir eine **galvanische Zelle** aufgebaut, die aus zwei **Halbzellen** besteht. Dieses spezielle galvanische Element aus den korrespondierenden Redoxpaaren

$$Zn(s) \rightleftharpoons Zn^{2+}(aq) + 2e^-$$

und

$$Cu(s) \rightleftharpoons Cu^{2+}(aq) + 2e^-$$

nennt man auch **DANIELL-Element**[1]. Die beiden Redoxpaare bilden die Halbzellen dieses galvanischen Elements.

Verbinden wir die Zink-Elektrode und die Kupfer-Elektrode miteinander, so fließen Elektronen vom Zink zum Kupfer. Dieser Elektronenfluss lässt sich mithilfe eines Strommessgerätes nachweisen. Damit ein Strom fließen kann, muss zwischen den Elektroden eine **Potenzialdifferenz**, eine Spannung, herrschen. Man misst eine Spannung von $U = 1{,}1$ Volt (V2, V3).

Wie kommt die Potenzialdifferenz zustande? Bei V1 sieht man, dass die Metalle Kupfer und Zink sich unterschiedlich gut in ihrer Umgebung aufgelöst haben (B1). Aus beiden Metallblechen gehen entsprechende Metall-Ionen in Lösung und hinterlassen im Metall Elektronen. Es bilden sich **elektrische Doppelschichten** aus (B5). Da die Zink-Atome eine größere Tendenz haben, als Ionen in Lösung zu gehen als Kupfer-Atome, entsteht eine Potenzialdifferenz, die man beim Verbinden beider Metalle als Spannung messen kann. Im Zinkblech herrscht gegenüber dem Kupferblech ein Elektronenüberschuss, sodass die Zink-Halbzelle als **Donator-Halbzelle** und die Kupfer-Halbzelle als **Akzeptor-Halbzelle** fungiert. Beim Betrieb des DANIELL-Elements werden daher Zink-Atome im Zinkblech oxidiert und Kupfer-Ionen in der Kupfersulfat-Lösung reduziert.

Die Elektronen können aber nur von der Zink-Halbzelle zur Kupfer-Halbzelle fließen, wenn gleichzeitig zwischen den Halbzellen Ionen wandern, die einen Ladungsaustausch ermöglichen und so den Stromkreis schließen (B6).

[1] nach JOHN FREDERIC DANIELL, vgl. S. 143

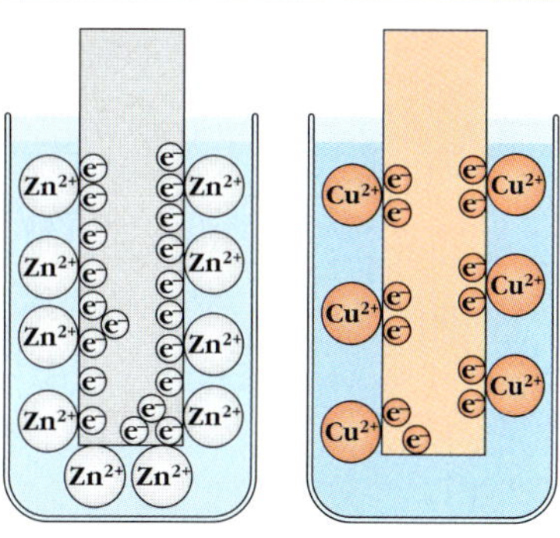

B5 *Schematische Darstellung von elektrischen Doppelschichten bei den Redoxpaaren*

$Zn(s) \rightleftharpoons Zn^{2+}(aq) + 2e^-$ *und*

$Cu(s) \rightleftharpoons Cu^{2+}(aq) + 2e^-$.

Man kann die elektrische Doppelschicht als Mini-Plattenkondensator auffassen. Die unterschiedliche Aufladung der Metalle erklärt das Auftreten der Potenzialdifferenz.

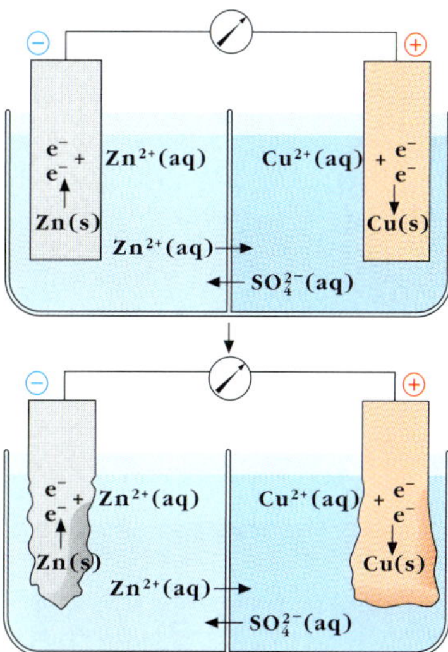

B6 *Schematische Darstellung der Vorgänge im DANIELL-Element.* **A:** *Warum nimmt nach längerem Betrieb der Zelle die Konzentration an Zink-Ionen zu und die an Kupfer-Ionen ab?*

Fachbegriffe

DANIELL-Element, Akzeptor-, Donator-Halbzelle, Elektrolyt, Potenzialdifferenz, galvanische Zelle, elektrische Doppelschicht, Elektronenleiter, Ionenleiter

Mehr oder weniger Spannung

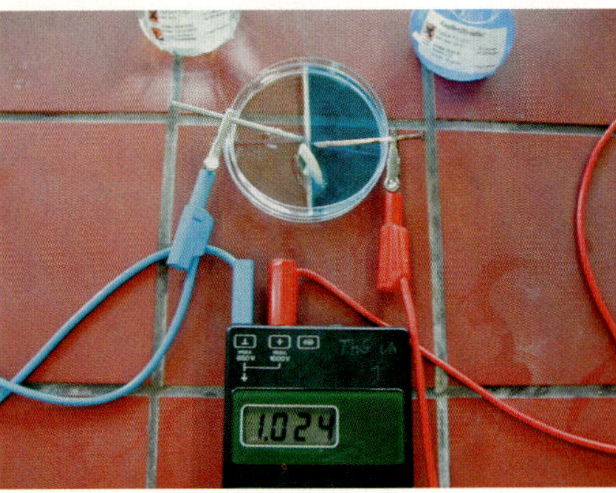

B1 *Spannung des DANIELL-Elements*

B2 *Kombination von Halbzellen zweier benachbarter Petrischalen*

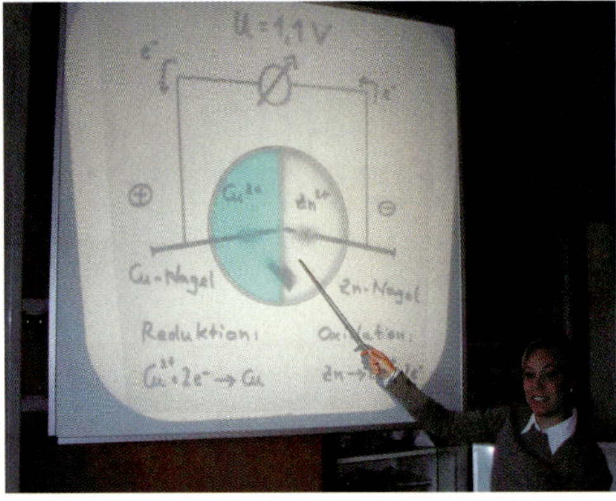

B3 *Auswertung von V2 auf dem Overhead-Projektor*

Versuche

V1 Stellen Sie in vier 100-mL-Bechergläsern die folgenden Halbzellen her:

Halbzelle	Elektrode	Lösung c = 0,1 mol/L
1	Zink	Zinksulfat*
2	Eisen	Eisen(II)-sulfat*
3	Kupfer	Kupfersulfat*
4	Silber	Silbernitrat*

Die Elektroden werden an Stativen befestigt. Verbinden Sie jeweils 2 Halbzellen zu galvanischen Zellen (vgl. DANIELL-Element). Verwenden Sie als Elektrolytbrücke einen mit konzentrierter Kaliumnitrat*-Lösung getränkten Papierstreifen. Messen Sie die Spannungen, die sich bei der Kombination aller Halbzellen einstellen. Notieren Sie die gemessenen Spannungen und benennen Sie jeweils die Donator- und die Akzeptor-Halbzelle.

V2 *Galvanische Zellen in Petrischalen*: Sie benötigen dieselben Lösungen und Elektroden wie in V1. Als Elektroden eignen sich Bleche, dickere Drähte oder entsprechende Nägel (z. B. Eisennagel, verzinkter Nagel).

a) *Vorbereitung:* Schmelzen Sie in die gegenüberliegenden Seiten von zwei zweigeteilten Petrischalen aus Kunststoff jeweils einen Metallnagel oder -draht ein (vgl. V2, S. 138). Verwenden Sie Metallbleche, so knicken Sie diese um die Außenwände der Schalen.

b) Füllen Sie die Hälften der beiden Petrischalen mit den entsprechenden Metallsalz-Lösungen (B1). Verbinden Sie die Halbzellen über Kabel mit einem Voltmeter und stecken Sie ein Stück Bierdeckelfilz auf die Trennwände der Petrischalen. Messen Sie die sich einstellenden Spannungen. Wenn Sie die beiden Petrischalen eng aneinander rücken, können Sie die Halbzellen zweier benachbarter Petrischalen messen, indem Sie den Bierdeckelfilz nun über die beiden Außenwände der Schalen stecken und die entsprechenden Elektroden mit dem Voltmeter verbinden (B2). Messen Sie die sich einstellenden Spannungen.

LV3 Eine zweigeteilte Petrischale aus Kunststoff wird mit einem Kupferblech und in der anderen Hälfte mit einem Bleiblech vorbereitet (vgl. V2; statt der Bleche kann man auch wieder dickere Drähte verwenden). In die eine Hälfte der Petrischale wird Kupfersulfat*-Lösung, in die andere Bleinitrat*-Lösung, beide c = 0,1 mol/L, gegeben. Nach Aufstecken eines Bierdeckelfilzes auf den Trennsteg der Schale werden beide Metalle mit einem Voltmeter verbunden. Lesen Sie die Spannung ab. Kennzeichnen Sie die Donator- und die Akzeptor-Halbzelle.

Auswertung

a) Fertigen Sie für V1 und V2 Messwerttabellen an, in denen jeweils die Donator- und die Akzeptor-Halbzellen sowie die Spannungen gegenübergestellt sind.

b) Geben Sie für die einzelnen Kombinationen an, welche Teilchenart oxidiert und welche reduziert wurde. Formulieren Sie für die entsprechenden galvanischen Zellen die Reaktionsgleichungen.

c) Vergleichen Sie die Versuchsergebnisse mit der Stellung der Redoxpaare in der Redoxreihe (vgl. B5, S. 137).

d) Welche Spannung würde sich ergeben, wenn man eine Blei-Halbzelle mit einer Silber- bzw. Zink-Halbzelle kombinieren würde? Welche wäre die Donator-, welche wäre die Akzeptor-Halbzelle?

e) Bearbeiten Sie das interaktive Modul zu dieser Buchseite aus *Chemie 2000+ Online.*

Redoxpotenziale

Beim DANIELL-Element wurde eine Spannung von $U = 1{,}1$ Volt gemessen (vgl. S. 139). Kombiniert man andere Redoxpaare miteinander zu galvanischen Zellen, so erwartet man aufgrund ihrer Stellung in der Redoxreihe andere Spannungen. Die Versuchsreihen von V1 oder V2 bestätigen dies:

1. Je weiter die Redoxpaare in der Redoxreihe auseinander stehen, desto größer ist die Spannung zwischen den betreffenden Halbzellen. Die höchste Potenzialdifferenz kann bei der Versuchsreihe zwischen einer Zn/Zn^{2+} – und einer Ag/Ag^{+} – Halbzelle gemessen werden, die beiden Redoxpaare haben in der Redoxreihe den größten Abstand (vgl. B5, S. 137).
2. In den galvanischen Zellen aus V1 oder V2 stellt die Zink-Elektrode immer den Minuspol, die Silber-Elektrode immer den Pluspol dar.
3. Aus den gemessenen Spannungen zweier Zellen, die jeweils ein Redoxpaar gemeinsam haben, lässt sich die Spannung einer dritten Zelle aus den beiden bis jetzt noch nicht kombinierten Redoxpaaren vorhersagen. Kombiniert man z. B. die Redoxpaare Zn/Zn^{2+} und Cu/Cu^{2+} sowie Cu/Cu^{2+} mit Ag/Ag^{+} miteinander und misst die Zellspannungen, so ergibt sich die Zellspannung der Kombination Zn/Zn^{2+} mit Ag/Ag^{+} als Summe der beiden anderen Messungen.

Stellt man die in V1 oder V2 gemessenen Potenzialdifferenzen in einer Potenzialskala (B4) grafisch dar, so wird deutlich, dass jedem Redoxpaar ein bestimmtes **Redoxpotenzial** E in Bezug auf ein gewähltes Bezugs-Redoxpaar, z. B. Zn/Zn^{2+}, zugeordnet werden kann. Dieser Wert dient als Maß für die reduzierende Wirkung des Metall-Atoms oder die oxidierende Wirkung des Metall-Ions.

Die Spannung U, die man zwischen zwei Halbzellen misst, errechnet sich aus den beiden Redoxpotenzialen nach:

$$U = E_{Akzeptor\text{-}Halbzelle} - E_{Donator\text{-}Halbzelle}$$

Aufgrund der Additivität der Redoxpotenziale lassen sich nun einfach neue Redoxpaare in die Spannungsreihe einordnen. Kombiniert man z. B. das Redoxpaar Pb/Pb^{2+} mit einer Kupfer-Halbzelle (V3), so misst man eine Spannung von $U = 0{,}47$ Volt. Da die Kupfer-Halbzelle gegenüber der Blei-Halbzelle als Pluspol fungiert, muss das Redoxpotenzial der Blei-Halbzelle in B4 um 0,47 V oberhalb der Kupfer-Halbzelle stehen (V3).

Aufgaben

A1 Zeichnen Sie einen Versuchsaufbau für die Zellen $Cd/Cd^{2+}//Ag^{+}/Ag$, bei der man eine Spannung von $U = 1{,}2$ V messen kann. Kennzeichnen Sie Plus- und Minuspol und ordnen Sie das Redoxpaar Cd/Cd^{2+} in B4 ein (Cd steht für das Element Cadmium).

A2 Welche Reaktionen laufen in den galvanischen Zellen von V1 bzw. V2 ab? Geben Sie jeweils die Teilreaktionen der Akzeptor- und Donator-Halbzellen an.

A3 Angenommen, man hätte willkürlich das Redoxpaar Pb/Pb^{2+} als „Nullpunkt" von B4 festgelegt. Wie würden dann die Redoxpotenziale E der anderen Redoxpaare anzugeben sein?

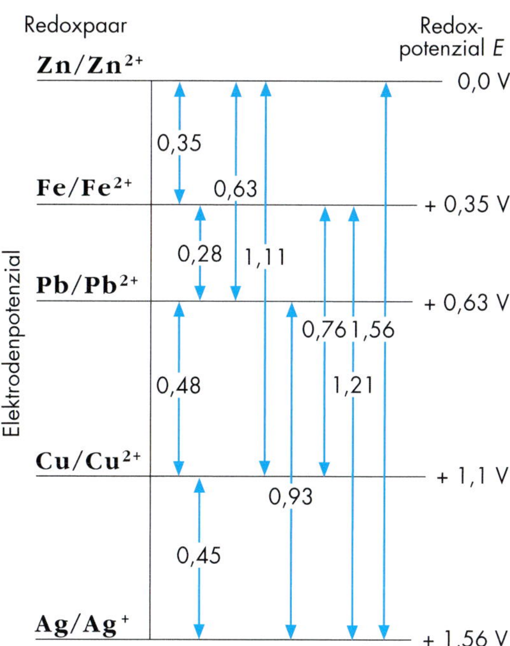

B4 *Darstellung der Potenzialdifferenzen einiger Redoxpaare in Volt. Das Redoxpaar Zn/Zn^{2+} wurde willkürlich als Bezugs-Redoxpaar gewählt („Nullpunkt" der Skala). Die Potenziale der anderen Redoxpaare erhalten ein positives Vorzeichen, da sie gegenüber Zn/Zn^{2+} als Pluspol fungieren.*

Eine galvanische Zelle lässt sich durch ein **Zellendiagramm** abkürzen:

$$Me_1/Me_1^{z+}//Me_2^{z+}/Me_2$$

Die Donator-Halbzelle, die in der galvanischen Zelle den Minuspol darstellt, steht links. Der Doppelstrich symbolisiert eine poröse Trennwand oder die Elektrolytbrücke. Die Akzeptor-Halbzelle, die den Pluspol darstellt, steht rechts. Das Zellendiagramm kürzt die Redoxvorgänge eines galvanischen Elements ab. Man liest: „Me_1-*Atome* (1. Metall) werden zu Me_1^{z+}-*Ionen* oxidiert, indem sie *z Elektronen* abgeben. Diese werden von den Me_2^{z+}-*Ionen* aufgenommen, die zu Me_2-*Atomen* (2. Metall) reduziert werden."
Zellendiagramm des DANIELL-Elements:

$$Zn/Zn^{2+}//Cu^{2+}/Cu$$

B5 *Zellendiagramme vereinfachen die Bezeichnung von galvanischen Zellen.* **A:** *Formulieren Sie für alle galvanischen Zellen von V1 und V2 die Zellendiagramme.*

Fachbegriffe

Redoxpotenzial, Zellendiagramm

Elektrochemische Stromquellen – ein historischer Rückblick

Die „Bagdad-Batterie"
Im Jahr 1936 wurde bei Ausgrabungen im Irak südöstlich von Bagdad ein erstaunlicher Fund gemacht: Ein Tongefäß wurde entdeckt, in dem ein Zylinder aus Kupferblech eingearbeitet war, in dem wiederum ein Eisenstab steckte (B1, B2).

B1 *Originalfundstücke der „Bagdad-Batterie" (um 250 v. Chr.)*

Der Fund wird auf die Zeit von 250 v. Chr. in das Reich der Parther datiert. Mit Rekonstruktionen aus diesen Bauteilen konnte eine Spannung von 0,5 V erreicht werden. Es gibt Vermutungen, dass die Parther mit dieser als „Bagdad-Batterie" bekannt gewordenen galvanischen Zelle bereits im Altertum galvanisieren konnten, um Gegenstände zu vergolden (vgl. S. 146, 147).

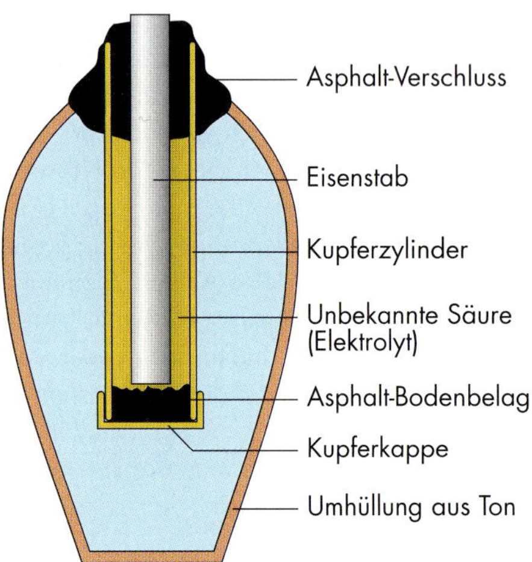

B2 *Rekonstruktion der „Bagdad-Batterie". Die Metalle waren möglicherweise mit Bitumenasphalt gegeneinander isoliert. Als Elektrolyt diente vermutlich Essigsäure oder Traubensaft.* **A:** *Wie könnte die Batterie funktioniert haben?*

Strom und Leben
Sollte die Fähigkeit der chemischen Stromerzeugung damals wirklich schon bekannt gewesen sein, so geriet sie bis zum Jahr 1789 wieder in Vergessenheit. In diesem Jahr entdeckte der italienische Arzt LUIGI GALVANI (B3), dass ein Froschschenkel, der an einem Kupferhaken hing, immer dann zu zucken begann, wenn er mit einem Eisendraht in Berührung kam (vgl. S. 169). GALVANI war fasziniert von der Entdeckung, dass elektrochemische Prozesse Einfluss auf Lebensfunktionen ausüben.

B3 *LUIGI GALVANI (1737–1789)*

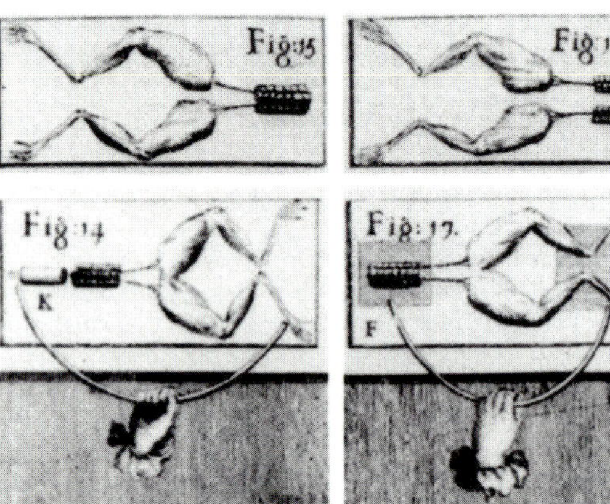

B4 *GALVANIS Froschschenkel-Versuch.* **A:** *Informieren Sie sich in einem Biologiebuch oder im Internet über elektrochemische Vorgänge bei der Reizweiterleitung in Nervenbahnen (vgl. S. 169).*

Elektrochemische Stromquellen – ein historischer Rückblick

Die VOLTA-Säule

Der italienische Graf ALESSANDRO VOLTA (1745–1827), der als Professor für Physik an der Universität Padua arbeitete, griff die Entdeckungen GALVANIS auf und erforschte systematisch die Entstehung des elektrischen Stroms. Er entwickelte um 1800 die erste brauchbare Batterie, die VOLTA-Säule (B5), die aus Zink- und Kupferplatten (bzw. Silberplatten) bestand, zwischen die mit Schwefelsäure getränkte Filzscheiben gelegt wurden. Da sich die Zinkplatten während des Betriebs der Säule schnell verbrauchten, konnte sich das VOLTA-Element als technische Batterie nicht durchsetzen.

B5 *VOLTA-Säule*

Das LECLANCHÉ-Element

Der Franzose GEORGES LECLANCHÉ (1839–1882) entwickelte im Jahr 1867 die nach ihm benannte Batterie, das LECLANCHÉ-Element, das auch heute noch in einer weiterentwickelten Form als „Taschenlampenbatterie" gebräuchlich ist (B7). Das LECLANCHÉ-Element wird auf S. 170, 171 genauer untersucht.

Der Fortschritt bei diesem Element lag darin, dass das Metall Kupfer als Pluspol hier durch Braunstein (MnO_2) ersetzt wurde, in das ein Graphitstab als Elektrode eintauchte (Trockenzelle).

B7 *Das LECLANCHÉ-Element früher und heute*

Das DANIELL-Element

Die erste technisch einsetzbare Batterie entwickelte JOHN FREDERIC DANIELL (B6), der als Professor für Chemie am Kings College in London tätig war. Er verwendete Zink- und Kupfer-Elektroden, die er in Zink- bzw. Kupfersulfat-Lösung tauchte. Beide Flüssigkeiten waren durch einen porösen Tonzylinder getrennt.

B6 *J. F. DANIELL (1790–1845)*

Mittlerweile ist die Auswahl an Batterien, über die wir im Alltag verfügen, sehr groß. Obwohl die Bauweise der verschiedenen Batteriearten sich äußerlich sehr unterscheiden kann, gilt doch immer noch das Grundprinzip des Elektronenaustausches zwischen Akzeptor- und Donator-Halbzelle.

B8 *Heute gebräuchliche Batterien.* **A:** *Vergleichen Sie die Batterietypen, die Sie in Ihrem Haushalt finden.*

Wasser unter Strom

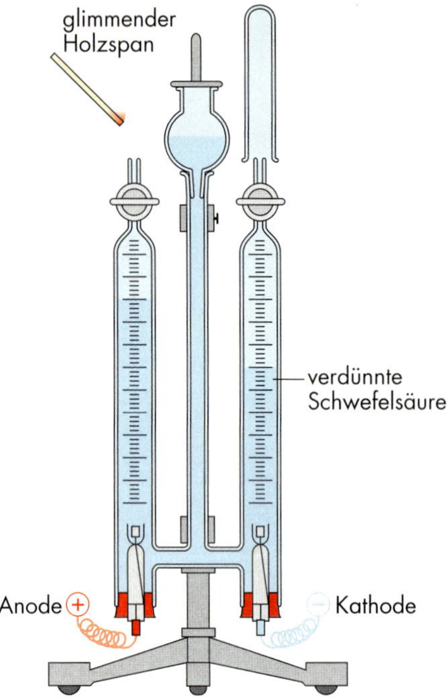

B1 *HOFMANN'scher Zersetzungsapparat*

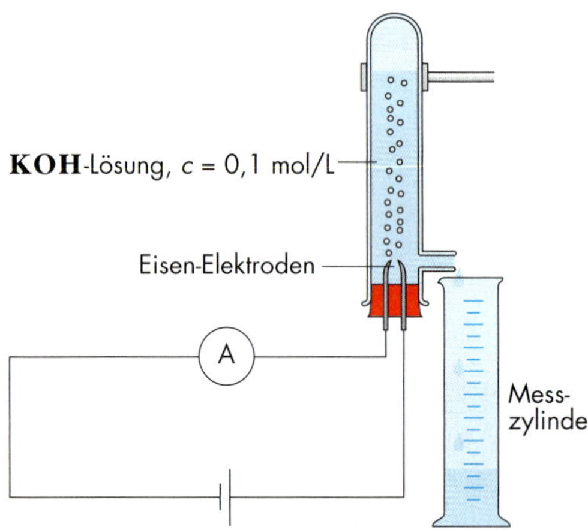

B2 *Knallgas-Coulometer*

Versuche

V1 Füllen Sie in einen HOFMANN'schen Wasserzersetzungsapparat verdünnte Schwefelsäure*, $c = 0{,}5$ mol/L. Legen Sie über zwei Platin-Elektroden eine Spannung zwischen 10 und 20 Volt an und messen Sie mit einem im Stromkreis eingebauten Amperemeter die Stromstärke. Sie sollte zwischen 200 und 500 mA liegen. Lassen Sie den Versuch einige Minuten bei geöffneten Hähnen laufen, sodass die gebildeten Gase zunächst noch entweichen können. Schließen Sie dann die Hähne und lesen Sie die entstehenden Gasvolumina im Abstand von jeweils 1 Minute ab. Legen Sie eine Messwerttabelle an.

Führen Sie mit dem Kathodengas (am Minuspol) die Knallgas- und mit dem Anodengas (am Pluspol) die Glimmspanprobe durch (B1).

Wiederholen Sie den Versuch bei einer anderen Stromstärke.

Notieren Sie für die Auswertung Luftdruck und Raumtemperatur.

Achtung: Wegen der Explosionsgefahr durch Knallgas dürfen die Eisen-Elektroden nicht trocken laufen (Zündfunken).

V2 *Wasserzersetzung im Knallgas-Coulometer*: Füllen Sie ein großes Rggl. mit seitlichem Auslauf mit Kalilauge*, $c = 0{,}1$ mol/L, und verschließen Sie es mit einem Stopfen, in dem zwei Stahlnägel stecken. Sie können diesen Stopfen herstellen, indem Sie den Stopfen (am besten Siliconstopfen) mit zwei heißen Nägeln durchbohren. Spannen Sie das Rggl. nun umgedreht in ein Stativ und verbinden Sie die Nägel über ein Amperemeter mit einer Gleichspannungsquelle (B2). Regeln Sie die Spannung so, dass sich eine Stromstärke von 150–200 mA einstellt. Die Spannung sollte während des Versuchs konstant gehalten werden. Fangen Sie das verdrängte Wasser in einem 10-mL-Messzylinder unter dem Auslauf auf. Legen Sie eine Messwerttabelle an.

Wiederholen Sie den Versuch bei einer anderen Stromstärke.

Notieren Sie für die Auswertung Luftdruck und Raumtemperatur.

Achtung: Wegen der Explosionsgefahr durch Knallgas dürfen die Eisen-Elektroden nicht trocken laufen (Zündfunken).

Auswertung

a) Welche Gase fangen Sie bei V1 und V2 auf?

b) Stellen Sie die Messergebnisse von V1 und V2 grafisch dar.

c) Formulieren Sie aufgrund der Versuchsergebnisse eine Gesetzmäßigkeit bezüglich Gasbildung, Stromstärke und Zeit.

d) Berechnen Sie mithilfe der Zusatzinformation die Stoffmengen an entstandenem Wasserstoff und Sauerstoff bezogen auf Normbedingungen.

INFO

Stoffmengenberechnung von Gasen

Ein Mol eines beliebigen Gases nimmt bei Normbedingungen ein Volumen von 22,4 L ein. Dieses Volumen bezeichnet man als das molare Normvolumen: $V_{mn} = 22{,}4$ L/mol. Als Normbedingungen wurden ein Luftdruck von $p_n = 1013$ hPa und eine Temperatur von $T_n = 273$K (= 0 °C) festgelegt.

Die Stoffmenge eines beliebigen Gasvolumens V bei Normbedingungen berechnet sich daher nach:

$$n(\text{Gas}) = \frac{V_n(\text{Gas})}{V_{mn}}$$

Liegen keine Normbedingungen vor, wie z.B. bei V1 und V2, kann man das molare Volumen V_m eines Gases mithilfe der allgemeinen Gasgesetze errechnen:

$$\frac{p \cdot V_m}{T} = \frac{p_n \cdot V_{mn}}{T_n}$$; p und T ergeben sich aus den Versuchsbedingungen.

$$V_m = \frac{p_n \cdot V_{mn} \cdot T}{p \cdot T_n}$$

Die Stoffmenge eines beliebigen Gasvolumens berechnet sich dann nach:

$$n(\text{Gas}) = \frac{V(\text{Gas})}{V_m}$$

Elektrolyse und FARADAY-Gesetze

Elektrischer Strom lässt sich nutzen, um energiereiche Stoffe zu gewinnen. Wasser wird durch Strom in Wasserstoff und Sauerstoff zerlegt. Der gewonnene Wasserstoff ist ein guter Brennstoff. Nach welchen Gesetzmäßigkeiten erfolgt die Zersetzung von Wasser?
Reines Wasser leitet den elektrischen Strom schlecht. Setzt man dem Wasser jedoch etwas Schwefelsäure oder Kalilauge zur besseren Leitfähigkeit zu, so beobachtet man an den Elektroden eine Gasbildung (V1, V2). Wasser wird in die Elemente Wasserstoff und Sauerstoff zerlegt. Es findet eine **Elektrolyse** statt.
Die Bildung der beiden Gase lässt sich durch folgende Reaktionsgleichung beschreiben:

$$\overset{+I}{2H_2}\overset{-II}{O}(l) \longrightarrow 2\overset{0}{H_2}(g) + \overset{0}{O_2}(g) \qquad (1)$$

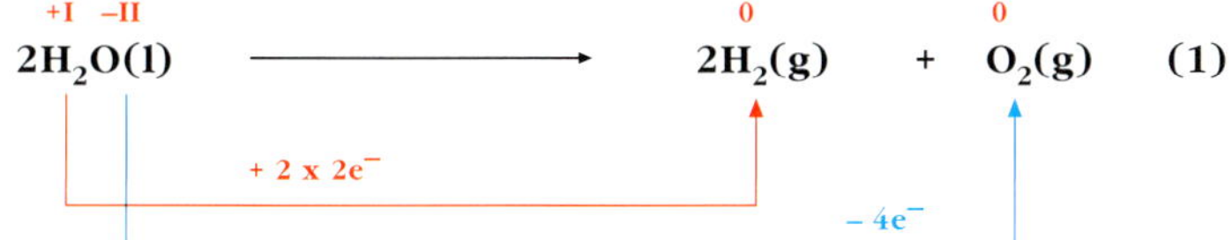

Die Ergebnisse von V1 und V2 zeigen, dass die elektrolytisch abgeschiedenen Stoffmengen an Wasserstoff und Sauerstoff proportional zur Stromstärke I und Zeit t zunehmen. Das Produkt aus Stromstärke und Zeit nennt man **Ladung** Q. Es lässt sich das **1. FARADAY-Gesetz** formulieren:

> Die elektrolytisch abgeschiedene Stoffmenge n eines Stoffes $\mathbf{X}$ ist der durch den Stromkreis geflossenen Ladung Q proportional:
>
> $n(\mathbf{X}) \sim I \cdot t$ oder $n(\mathbf{X}) \sim Q$
>
> („$\mathbf{X}$" ist die Teilchenart, die an der Elektrode entsteht:
>
> z. B. $\mathbf{H_2}$ oder $\mathbf{O_2}$)

Einheiten der beteiligten Größen sind: $[I]$ = 1 A (Ampere); $[t]$ = 1 s (Sekunde); $[Q]$ = 1 As (Amperesekunde) = 1 C (Coulomb)[1].
Warum steigt die Stoffmenge an elektrolytisch abgeschiedenem Wasserstoff während eines Zeitraums doppelt so schnell an wie die des Sauerstoffs, obwohl doch dieselbe Ladung Q durch die Lösung geflossen ist? Betrachtet man die Reaktionsgleichung (1), so erkennt man, dass zur Abscheidung eines Wasserstoff-Moleküls 2 Elektronen benötigt werden, während bei der Bildung eines Sauerstoff-Moleküls 4 Elektronen freigesetzt werden. Die Anzahl der bei der elektrolytischen Abscheidung gewonnenen Stoffe ist also abhängig von der Anzahl der an der Kathode[2] aufgenommenen bzw. an der Anode[2] abgegebenen Elektronen. Es lässt sich das **2. FARADAY-Gesetz** formulieren:

> Die Ladung Q, die zur Abscheidung einer bestimmten Stoffmenge eines Stoffes $\mathbf{X}$ benötigt wird, ist proportional der Anzahl an Elektronen z, die für die Bildung des Teilchens $\mathbf{X}$ aufgenommen bzw. abgegeben werden: $Q \sim n(\mathbf{X}) \cdot z$

Für die Abscheidung von Wasserstoff ($\mathbf{X} = \mathbf{H_2}$) ist z = 2, für die Abscheidung von Sauerstoff ($\mathbf{X} = \mathbf{O_2}$) ist dagegen z = 4 einzusetzen.

[1] nach CHARLES A. COULOMB (1736–1806), französischer Physiker

[2] Als Kathode bezeichnet man immer den Ort der Elektronenaufnahme bzw. der Reduktion. Als Anode bezeichnet man immer den Ort der Elektronenabgabe bzw. der Oxidation.

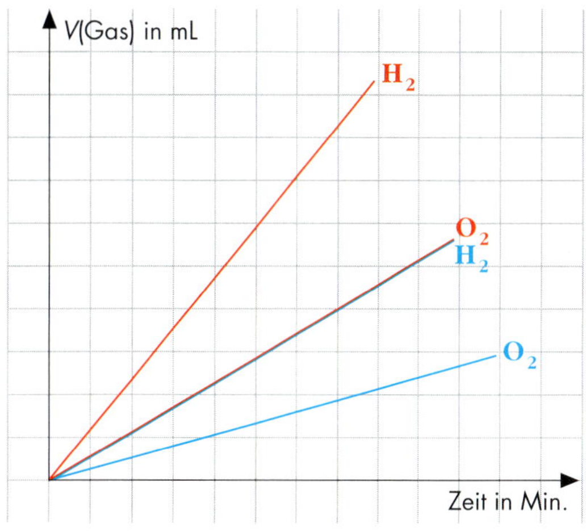

B3 *Bildung von Wasserstoff und Sauerstoff durch Elektrolyse von Wasser. Die roten Geraden wurden gegenüber den entsprechenden blauen bei doppelt so großer Stromstärke aufgenommen.* **A:** *Ermitteln Sie die Steigung der Geraden im Koordinatensystem. Welche Gesetzmäßigkeit zeigt sich?*

B4 *MICHAEL FARADAY (1791–1867), englischer Physikochemiker. Er führte die Begriffe Ion, Anion, Kation, Anode, Kathode, Elektrode und Elektrolyse ein.*

Aufgaben

A1 Berechnen Sie die Ladungen, die bei den Elektrolysen von V1 und V2 geflossen sind.

A2 Bei der Elektrolyse von Kupferchlorid-Lösung $CuCl_2$ entstehen nach 5 Minuten bei einer Stromstärke von 0,1 A an der Anode 3,8 mL Chlorgas. Der Versuch wurde bei einer Temperatur von 22 °C (= 295 K) und einem Luftdruck von 1000 hPa durchgeführt.
a) Formulieren Sie Reaktionsgleichungen für beide Elektroden.
b) Berechnen Sie die geflossene Ladung.
c) Berechnen Sie das Chlor-Volumen unter Normbedingungen.
d) Berechnen Sie die elektrolytisch abgeschiedenen Stoffmengen an Chlor und Kupfer.

Fachbegriffe

Elektrolyse, Ladung, FARADAY-Gesetze, Kathode, Anode

Verkupfern und Versilbern

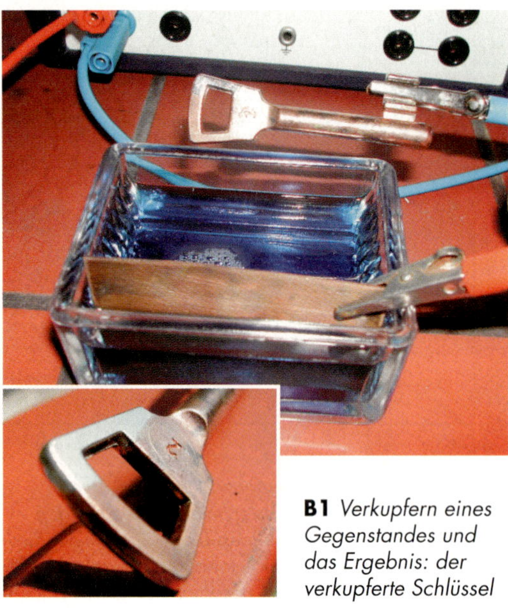

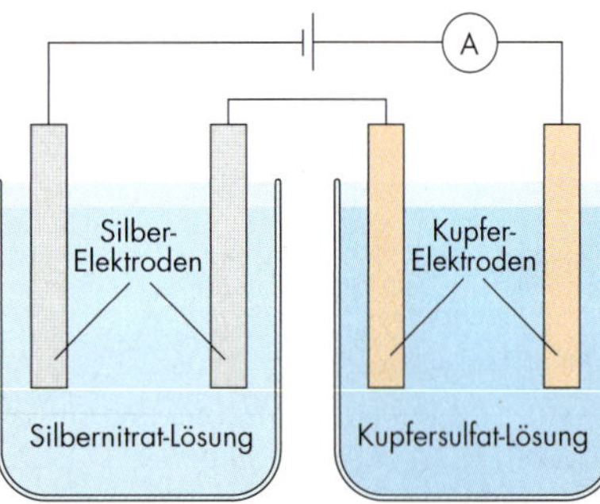

B1 *Verkupfern eines Gegenstandes und das Ergebnis: der verkupferte Schlüssel*

B2 *Versuchsaufbau zu V2.* **A:** *Kennzeichnen Sie die jeweiligen Anoden- und Kathodenbleche.*

B3 *Elektropolieren von Edelstahl. Beim Elektropolieren werden ein Stahlblech als Anode (Pluspol) und ein Kupferblech als Kathode (Minuspol) geschaltet und in eine Elektrolyt-Lösung getaucht. Dabei wird die Oberfläche des Stahls geglättet (vgl. obere und untere Hälfte des Stahlblechs, links).* **A:** *Erläutern Sie die chemischen Vorgänge beim Elektropolieren.*

Versuche

V1 Stellen Sie als Galvanisierbad 100 mL einer konzentrierten Kupfersulfat-Lösung* her und fügen Sie 5 mL verdünnte Schwefelsäure* hinzu. Reinigen Sie einen metallischen Gegenstand, den Sie verkupfern wollen (z. B. Schlüssel oder Münze), gründlich und entfernen Sie eine mögliche Fettschicht mit Aceton*. Tauchen Sie den Gegenstand und ein Kupferblech in das Galvanisierbad, sodass sie sich nicht berühren können. Schließen Sie den Gegenstand an den Minus- und das Kupferblech an den Pluspol einer Gleichspannungsquelle und elektrolysieren Sie einige Minuten bei ca. 5 V. Notieren Sie die Beobachtungen am Gegenstand und am Kupferblech. (*Hinweis:* Man kann auch Kunststoff-Gegenstände verkupfern, wenn man sie vorher mit Graphit-Spray besprüht und dadurch leitend macht.)

V2 Tauchen Sie 2 Kupfer- und 2 Silberbleche kurz in 20%ige Salpetersäure* und spülen Sie sie danach gründlich erst mit Wasser und anschließend mit Aceton*. Wiegen Sie die Metallbleche nach dem Trocknen genau aus. Tauchen Sie die Silberbleche dann in eine Silbernitrat-Lösung*, c = 0,1 mol/L (B2). Stellen Sie die Kupferbleche in eine Kupfersulfat-Lösung*, c = 0,5 mol/L, der Sie einige Tropfen konz. Schwefelsäure* zufügen. Verbinden Sie die Metallbleche gemäß B2 mit den Polen einer Gleichspannungsquelle und elektrolysieren Sie 20 Minuten lang bei einer Stromstärke von ca. 200 mA. Kontrollieren Sie die Stromstärke während des Versuches ständig und halten Sie sie konstant. Nach Abschalten der Spannungsquelle entnehmen Sie die jeweiligen Kathodenbleche, spülen sie vorsichtig mit Wasser und Aceton* ab und wiegen sie erneut, nachdem sie vollständig getrocknet sind. Notieren Sie die Massenänderungen.

Auswertung

a) Erklären Sie die Beobachtungen aus V1.

b) Formulieren Sie für die jeweiligen Kathoden- und Anodenvorgänge bei V2 die Reaktionsgleichungen.

c) Berechnen Sie bei V2 die geflossene Ladung und die Stoffmengen an abgeschiedenem Kupfer bzw. Silber. Vergleichen Sie die Stoffmengen der abgeschiedenen Metalle.

d) Welche Änderungen erwarten Sie für die jeweiligen Anodenbleche bei V2?

e) Berechnen Sie die Stoffmengen an Wasserstoff bzw. Sauerstoff, die man im HOFMANN'schen Zersetzungsapparat (V1, S. 144) gemessen hätte, wenn man die bei V2 geflossene Ladung eingesetzt hätte.

f) Berechnen Sie die Ladung, die man benötigt, um 1 mol Silber, Kupfer, Wasserstoff oder Sauerstoff elektrolytisch abzuscheiden.

FARADAY-Konstante und Elementarladung

Unedle Metalle, die an der Luft schnell oxidiert werden, werden zum Schutz oft mit edleren Metallen überzogen. Diesen Vorgang nennt man **„Galvanisieren"**.

Bei V1 wird der als Kathode geschaltete Gegenstand mit einer dünnen Kupferschicht überzogen. Durch galvanische Überzüge werden Gegenstände vor Umwelteinflüssen geschützt.

In V2 werden die als Minuspol geschalteten Kupfer- bzw. Silberbleche schwerer, weil sich an der Kathode die elementaren Metalle gemäß folgender Reaktionsgleichungen abscheiden:

$$Ag^+(aq) + e^- \longrightarrow Ag(s)$$
$$Cu^{2+}(aq) + 2e^- \longrightarrow Cu(s)$$

Welche Ladung benötigt man, um 1 mol Silber elektrolytisch zu gewinnen? Beim Durchgang einer Ladungsmenge von 200 C durch eine Silbernitrat-Lösung würden bei V2 ca. 0,223 g Silber abgeschieden, was einer Stoffmenge von

$$n(\mathbf{Ag}) = \frac{0{,}223\ g}{107{,}86\ g\ mol^{-1}} = 2{,}07 \cdot 10^{-3}\ mol$$

entspricht. Die Ladungsmenge, die zur Abscheidung von 1 mol Silber nötig wäre, ist:

$$Q = \frac{200\ C}{2{,}07 \cdot 10^{-3}\ mol} = 96618\ C/mol$$

B4 zeigt, dass die durch eine bestimmte Ladungsmenge abgeschiedenen Stoffmengen verschiedener Elektrolyseprodukte umgekehrt proportional zu der Zahl der jeweils übertragenen Elektronen ist. Genaue Messungen ergeben für die Proportionalitätskonstante einen Wert von

$$F = 96\,487\ C/mol.$$

Diese Größe wird als **FARADAY-Konstante** bezeichnet. Die auf S. 145 formulierten FARADAY-Gesetze lassen sich jetzt unter Einbeziehung der FARADAY-Konstanten zusammenfassen:

$$Q = n(\mathbf{X}) \cdot z \cdot F$$
oder
$$n(\mathbf{X}) = \frac{Q}{z \cdot F}$$

Mit dieser Gleichung lässt sich die Stoffmenge eines elektrolytisch abgeschiedenen Stoffes berechnen.

Mit der FARADAY-Konstante sind wir jetzt auch in der Lage, die Ladung eines einzelnen Elektrons zu berechnen. Wenn die Ladung von 96487 C durch eine Elektrolysezelle fließt, wird 1 mol Elektronen von der Anode zur Kathode befördert. Dividiert man die FARADAY-Konstante durch die AVOGADRO-Zahl, so erhält man die Ladung eines Elektrons:

$$e = \frac{F}{N_A} = \frac{96\,487 \cdot C\ mol^{-1}}{6{,}022 \cdot 10^{23}} = 1{,}6021 \cdot 10^{-19} C$$

e wird als **Elementarladung** bezeichnet.

Elektrolyse-produkt	z	abgeschiedene Stoffmenge in mol	errechnete FARADAY-Konstante in C/mol
Silber: $\mathbf{Ag}$	1	$2{,}07 \cdot 10^{-3}$	96618
Kupfer: $\mathbf{Cu}$	2	$1{,}02 \cdot 10^{-3}$	98039
Wasserstoff: $\mathbf{H_2}$	2	$1{,}03 \cdot 10^{-3}$	97087
Sauerstoff: $\mathbf{O_2}$	4	$0{,}52 \cdot 10^{-3}$	96153

B4 *Experimentell ermittelte Stoffmengen verschiedener Elektrolyseprodukte, die durch eine Ladungsmenge von 200 C abgeschieden wurden, und die sich daraus jeweils ergebende FARADAY-Konstante*

Aufgaben

A1 Berechnen Sie die Stoffmengen an Zink und Brom, die bei einer 10-minütigen Elektrolyse mit 0,2 A aus einer Zinkbromid-Lösung $\mathbf{ZnBr_2}$ abgeschieden werden.

A2 Die Einheit der elektrischen Stromstärke 1 Ampere liegt dann vor, wenn aus einer Silbernitrat-Lösung in einer Sekunde 1,118 mg Silber abgeschieden werden. Bestätigen Sie durch Berechnung die Richtigkeit dieser Aussage.

A3 Ein Schmuckstück soll durch Elektrolyse einer Gold(III)-salz-Lösung mit 3 g Gold vergoldet werden. Die Elektrolyse dauert 6 Minuten. Welche Stromstärke ist erforderlich?

A4 Versilbertes Besteck ist mit der Zahl „90" oder „150" gekennzeichnet (B5). Das bedeutet, dass 90 g bzw. 150 g Silber auf 24 dm² (ca. 24 Besteckteile) galvanisch abgeschieden wurden, indem man die Besteckteile als Kathode in eine Silbersalz-Lösung getaucht hat. Wie lange müssen die zu versilbernden Teile in die Silbersalz-Lösung getaucht werden, wenn die Stromdichte 1 A/dm² beträgt (Stromdichte = Stromstärke : Fläche)?

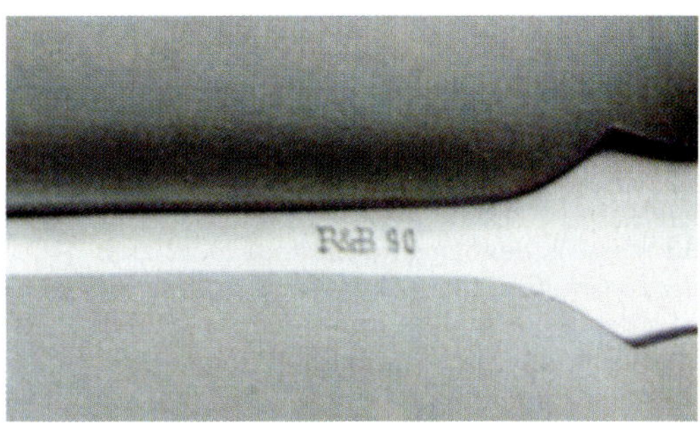

B5 *Stempelaufdruck auf versilbertem Besteck*

Fachbegriffe

FARADAY-Konstante, Elementarladung, Galvanisieren

Edle und unedle Metalle

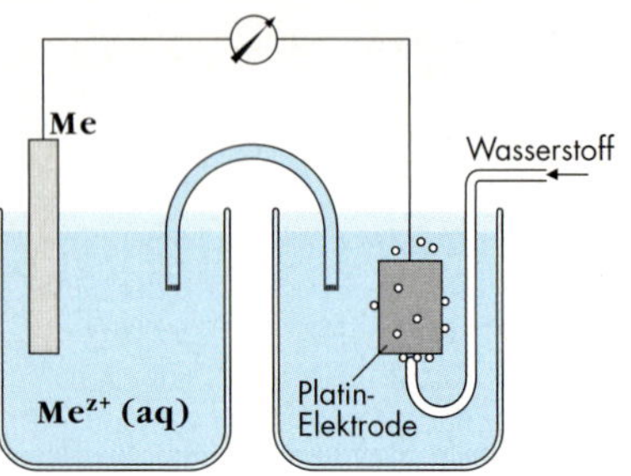

B1 *Messung des Potenzials zwischen einer Metall-Halbzelle und einer Wasserstoff-Halbzelle*

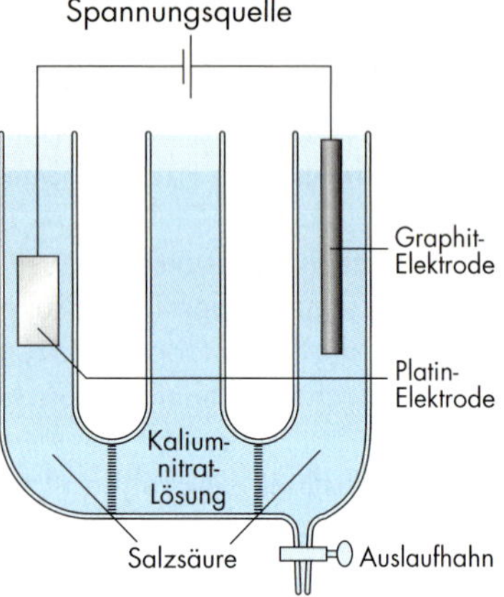

B2 *Versuchsaufbau zu V3*

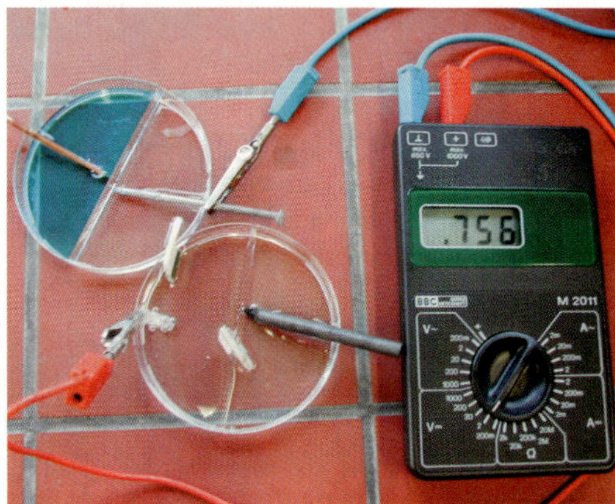

B3 *Messung des Standard-Elektrodenpotenzials der Zink-Halbzelle (V4).* **A:** *Welche Spannung ist zu erwarten, wenn man die Kupfer-Halbzelle mit einer Wasserstoff-Elektrode kombinieren würde?*

Versuche

V1 Geben Sie kleine Zink-, Eisen-, Kupfer- und Silberstücke in jeweils ein Rggl. mit halbkonzentrierter Salzsäure-Lösung*. Verschließen Sie das Rggl. mit einem durchbohrten Stopfen, in dem ein Glasrohr steckt. Stülpen Sie ein zweites Rggl. über die Öffnung des Glasröhrchens und fangen Sie das sich evtl. bildende Gas auf. Führen Sie mit dem Gas die Knallgasprobe durch.

V2 Tauchen Sie ein Zinkblech in eine Zinksulfat-Lösung*, c = 1 mol/L. In ein zweites Gefäß wird eine Platin-Elektrode[1] in Salzsäure-Lösung*, c = 1 mol/L, getaucht. Beide Elektroden werden über ein Voltmeter verbunden. Eine mit Kaliumnitrat gefüllte Elektrolytbrücke verbindet die beiden Gefäße (B1). Leiten Sie nun über ein gewinkeltes Glasrohr vorsichtig Wasserstoff-Gas* über das Platinblech. Lesen Sie am Voltmeter die Spannung ab. Wiederholen Sie den Versuch mit dem Redoxpaar $\mathbf{Cu/Cu^{2+}}$, c = 1 mol/L, anstelle des Redoxpaares $\mathbf{Zn/Zn^{2+}}$.

V3 *1. Elektrolyse*: Füllen Sie in die beiden äußeren Schenkel eines Doppel-U-Rohrs mit Fritten (am besten mit Auslaufhahn) Salzsäure*, c = 1 mol/L, und tauchen Sie eine Platin-Elektrode[1] und eine Graphit-Elektrode hinein. (*Hinweis:* Die Graphit-Elektrode sollte in den Schenkel mit dem Ablauf stecken.) Füllen Sie in den mittleren Schenkel Kaliumnitrat-Lösung. Verbinden Sie die Platin-Elektrode mit dem Minus- und die Graphit-Elektrode mit dem Pluspol einer Gleichspannungsquelle und elektrolysieren Sie, bis eine deutliche Gasbildung zu beobachten ist (B2).
2. Galvanische Messung: Ersetzen Sie die Salzsäure und die Graphit-Elektrode des Pluspols durch eine Zinksulfat-Lösung, c = 1 mol/L, und ein Zinkblech. Verbinden Sie die beiden Halbzellen über ein Voltmeter und lesen Sie die Spannung ab.

V4 *1. Präparation einer Petrischale und Elektrolyse*: Präparieren Sie eine zweigeteilte Petrischale aus Kunststoff mit einer Graphit-Elektrode und einer Platin-Elektrode[1] (B3, vgl. auch V2, S. 138). Füllen Sie in beide Schalenhälften Salzsäure-Lösung, c = 1 mol/L. Verbinden Sie die Platin-Elektrode mit dem Minus- die Graphit-Elektrode mit dem Pluspol einer Gleichspannungsquelle. Nach Aufsetzen eines Stücks Bierdeckelfilz elektrolysieren Sie ca. 1 Minute bei 5 V.
2. Galvanische Messungen: Verwenden Sie eine Petrischale wie in V2 auf S. 138. Legen Sie nun beide Petrischalen aneinander und überbrücken Sie die Ränder der Zink-Halbzelle und der Halbzelle mit dem Platinblech mit einem Stück Bierdeckelfilz (B3). Verbinden Sie die Platin-Elektrode der einen Schale mit dem Zink-Nagel der zweiten Schale. Lesen Sie die Spannung ab. Kombinieren Sie dann entsprechend die Platin-Elektrode mit der Kupfer-Halbzelle.

Auswertung

a) Formulieren Sie für V1 die Reaktionsgleichungen der beobachteten Reaktionen.

b) Ordnen Sie das Redoxpaar $\mathbf{H_2/2H^+}$ aufgrund der Ergebnisse von V2 begründet in die Spannungsreihe von B4 auf S. 141 ein.

c) Formulieren Sie für V2 die Reaktionsgleichungen.

d) Begründen Sie bei V3 und V4 die Durchführung der Elektrolyse vor der galvanischen Messung.

[1] Hinweis: Als Platin-Elektroden lassen sich Rasierfolien von einigen Elektrorasierern verwenden. Es handelt sich dabei um dünne Nickelnetze, die mit einer dünnen Schicht aus Platin überzogen sind.

Standardpotenziale der Metalle

Die Spannung zwischen zwei Halbzellen ergibt sich aus der Differenz der Potenziale der Halbzellen (vgl. S. 141). Da nur Potenzialdifferenzen gemessen werden können, benötigt man einen „Nullpunkt" – eine Bezugs-Halbzelle. In B4 auf S. 141 wurde willkürlich die Halbzelle Zn/Zn^{2+} als Nullpunkt gewählt, da sie in den bisherigen Experimenten immer den Minuspol bildete. International ist man jedoch übereingekommen, als Bezugssystem die **Standard-Wasserstoff-Halbzelle** festzulegen, in der das Redoxpaar $H_2/2H^+$ vorliegt:

$$H_2(g) \rightleftharpoons 2H^+(aq) + 2e^-$$

Da man keine Elektrode aus Wasserstoffgas bauen kann, verwendet man eine Elektrode aus einem inerten[1] Platinblech (Pt), das in Salzsäure mit der H^+-Ionenkonzentration von $c(H^+)$ = 1 mol/L von Wasserstoffgas unter Atmosphärendruck (p = 1013 hPa) umspült wird (V2, B1). Die Oberfläche des Platins adsorbiert Wasserstoff, der so für das Redoxpaar bereitgestellt wird. Statt einer Wasserstoff umspülten Platin-Elektrode kann man sich durch Elektrolyse eine **vereinfachte Standard-Wasserstoff-Elektrode** herstellen, indem man am Minuspol der Elektrolysezelle aus einer Salzsäure-Lösung H^+-Ionen zu Wasserstoff reduziert (V3 und V4, B2 und B3).

> Für das **Potenzial der Standard-Wasserstoff-Halbzelle** hat man festgelegt: $E°(2H^+/H_2(Pt))$ **= 0,0 Volt.**
> Die unter Standardbedingungen, *Druck* p = 1013 hPa, *Temperatur* ϑ = 25 °C, *Konzentrationen* c = 1 mol/L, gemessene Potenzialdifferenz zwischen einer Halbzelle Me/Me^{z+} und der Standard-Wasserstoff-Halbzelle bezeichnet man als **Standard-Elektrodenpotenzial**[2] oder **Normalpotenzial** oder **Redox-Standardpotenzial** $E°$ des Redoxpaares Me/Me^{z+}: $E°(Me/Me^{z+})$. Ein Redoxpaar, das gegenüber der Standard-Wasserstoff-Halbzelle den elektrisch negativen Pol bildet, erhält einen negativen Potenzialwert, ein Redoxpaar, das gegenüber der Standard-Wasserstoff-Halbzelle den elektrischen Pluspol bildet, erhält einen positiven Potenzialwert.

In V3 und V4 misst man als Spannung der galvanischen Zelle $Zn/Zn^{2+}//2H^+/H_2$ U = 0,76 V, wobei die Zink-Halbzelle den elektrisch negativen Pol bildet. Das Standard-Elektroden-Potenzial des Redoxpaares Zn/Zn^{2+} ist also: $E°(Zn/Zn^{2+})$ = – 0,76 V. Das Potenzial des Redoxpaares Cu/Cu^{2+}, das der Spannung der galvanischen Zelle $H_2/2H^+//Cu^{2+}/Cu$ entspricht, ist demnach $E°(Cu/Cu^{2+})$ = + 0,35 V. Die Standard-Elektrodenpotenziale einiger Redoxpaare sind in B4 zusammengefasst.

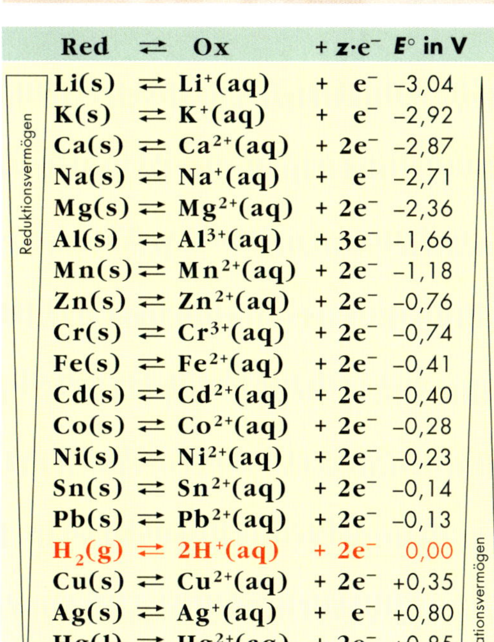

Red	⇌	Ox	+ z·e⁻	E° in V
$Li(s)$	⇌	$Li^+(aq)$	+ e^-	–3,04
$K(s)$	⇌	$K^+(aq)$	+ e^-	–2,92
$Ca(s)$	⇌	$Ca^{2+}(aq)$	+ $2e^-$	–2,87
$Na(s)$	⇌	$Na^+(aq)$	+ e^-	–2,71
$Mg(s)$	⇌	$Mg^{2+}(aq)$	+ $2e^-$	–2,36
$Al(s)$	⇌	$Al^{3+}(aq)$	+ $3e^-$	–1,66
$Mn(s)$	⇌	$Mn^{2+}(aq)$	+ $2e^-$	–1,18
$Zn(s)$	⇌	$Zn^{2+}(aq)$	+ $2e^-$	–0,76
$Cr(s)$	⇌	$Cr^{3+}(aq)$	+ $2e^-$	–0,74
$Fe(s)$	⇌	$Fe^{2+}(aq)$	+ $2e^-$	–0,41
$Cd(s)$	⇌	$Cd^{2+}(aq)$	+ $2e^-$	–0,40
$Co(s)$	⇌	$Co^{2+}(aq)$	+ $2e^-$	–0,28
$Ni(s)$	⇌	$Ni^{2+}(aq)$	+ $2e^-$	–0,23
$Sn(s)$	⇌	$Sn^{2+}(aq)$	+ $2e^-$	–0,14
$Pb(s)$	⇌	$Pb^{2+}(aq)$	+ $2e^-$	–0,13
$H_2(g)$	⇌	$2H^+(aq)$	+ $2e^-$	0,00
$Cu(s)$	⇌	$Cu^{2+}(aq)$	+ $2e^-$	+0,35
$Ag(s)$	⇌	$Ag^+(aq)$	+ e^-	+0,80
$Hg(l)$	⇌	$Hg^{2+}(aq)$	+ $2e^-$	+0,85
$Pt(s)$	⇌	$Pt^{2+}(aq)$	+ $2e^-$	+1,20
$Au(s)$	⇌	$Au^{3+}(aq)$	+ $3e^-$	+1,41

B4 *Spannungsreihe der Metalle und ihre Standard-Elektrodenpotenziale*

Aufgaben

A1 Formulieren Sie die Zellendiagramme folgender Redoxpaare in Kombination mit der Standard-Wasserstoff-Elektrode:
Cd/Cd^{2+}; Ni/Ni^{2+}; Au/Au^{3+}; Cr/Cr^{3+}.

A2 Welche Reaktionen laufen in den Zellen von A1 ab, wenn man Strom entnimmt? Formulieren Sie die entsprechenden Reaktionsgleichungen.

A3 Kombiniert man die Halbzelle Pd/Pd^{2+} (Pd: Palladium) mit der Standard-Wasserstoff-Halbzelle, so misst man eine Spannung von U = 1,0 V. Die Wasserstoff-Halbzelle bildet dabei den Minuspol. Ordnen Sie das Redoxpaar Pd/Pd^{2+} in die Spannungsreihe ein und formulieren Sie das Zellendiagramm.

A4 Welches der folgenden Teilchen ist das stärkste/schwächste Oxidations-/Reduktionsmittel?
Co, Ag, Fe^{2+}, Li^+, K, Au.

Fachbegriffe

Standard-Wasserstoff-Halbzelle, Standardpotenzial

---

[1] *inert* von *iners* (lat.) = untätig; hier in der Bedeutung von „chemisch inaktiv"

[2] Zum Vergleich: Man spricht von der *Höhendifferenz* zwischen dem Gipfel eines Berges und dem Tal, aber von der *Höhe* eines Berges, die die *Höhendifferenz* zwischen dem Gipfel und dem *„Bezugspunkt" Meereshöhe* ist.

... und die Nichtmetalle?

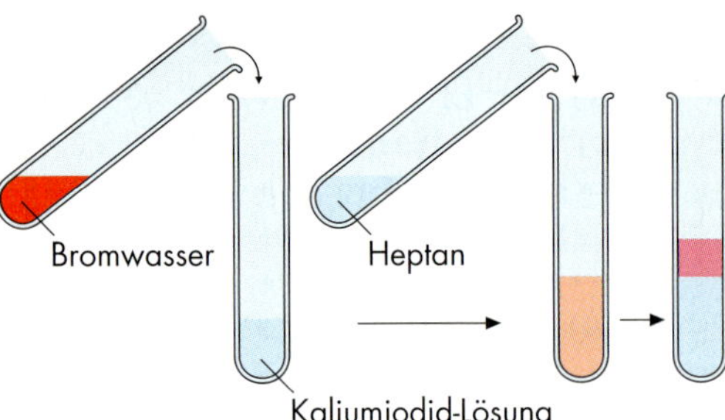

B1 *Umsetzung von Kaliumiodid-Lösung mit Bromwasser*

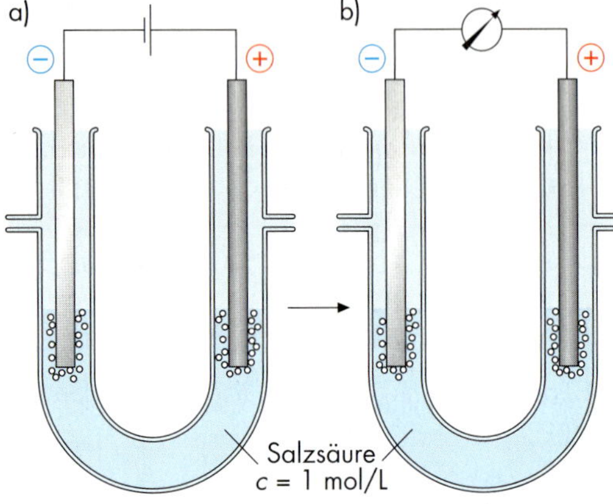

B2 *Messung des Standard-Elektrodenpotenzials der Chlor-Halbzelle*

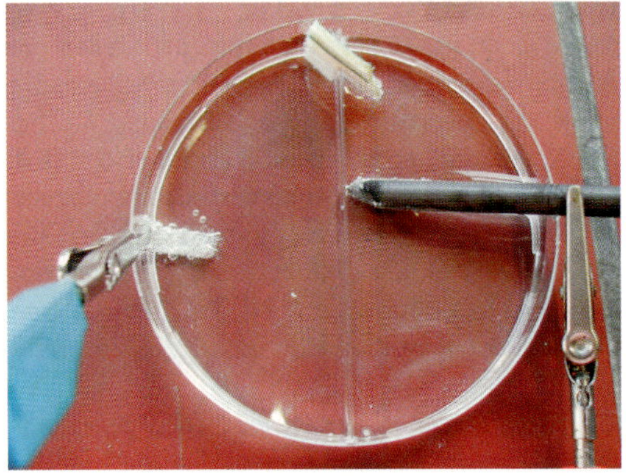

B3 *Messung der Standard-Elektrodenpotenziale der Halogen-Halbzellen in einer Petrischale. Durch Elektrolyse von Salzsäure-Lösung entsteht am Platinblech Wasserstoff- und an der Graphit-Elektrode Chlorgas (V4).*
A: *Formulieren Sie die Reaktionsgleichungen für die Elektrolyse und die galvanische Messung.*

Versuche

V1 **(Abzug!)** Geben Sie in je ein Rggl. zu 5 mL verdünnter wässriger Lösung von
a) Kaliumchlorid etwa 1 mL Bromwasser*,
b) Kaliumbromid etwa 1 mL Chlorwasser*,
c) Kaliumiodid etwa 1 mL Chlorwasser*,
d) Kaliumiodid etwa 1 mL Bromwasser*.
Geben Sie dann etwas Heptan* zu diesen Lösungen und schütteln Sie (B1). Fassen Sie Ihre Beobachtungen tabellarisch zusammen.

V2 *1. Elektrolyse*: Füllen Sie in ein U-Rohr Salzsäure-Lösung, $c = 1$ mol/L, und tauchen Sie eine Platin-Elektrode und eine Graphit-Elektrode ein (B2). Verbinden Sie die Platin-Elektrode mit dem Minuspol, die Graphit-Elektrode mit dem Pluspol einer Gleichspannungsquelle und elektrolysieren Sie bei 5 V etwa eine Minute.
2. Galvanische Messung: Ersetzen Sie die Spannungsquelle durch ein Voltmeter und lesen Sie die Spannung ab. Kennzeichnen Sie Plus- und Minuspol der Zelle.

V3 *1. Elektrolyse*: Füllen Sie einen Schenkel eines U-Rohrs mit Trennfritte mit Salzsäure, $c = 1$ mol/L, den anderen mit einer Kaliumbromid- bzw. Kaliumiodid-Lösung, $c = 1$ mol/L. Tauchen Sie in die Salzsäure eine Platin-Elektrode und in die Halogenid-Lösung eine Graphit-Elektrode und elektrolysieren Sie wie bei V2.
2. Galvanische Messung: Ersetzen Sie die Spannungsquelle durch ein Voltmeter und lesen Sie die Spannung ab. Kennzeichnen Sie Plus- und Minuspol.

V4 *Messung der Normalpotenziale der Halogene in Petrischalen* (B3):
1. Elektrolyse: Präparation einer Petrischale und Elektrolyse wie bei V4, S. 148
2. Galvanische Messungen:
a) Ersetzen Sie die Spannungsquelle durch ein Voltmeter und lesen Sie die Spannung ab. Kennzeichnen Sie Plus- und Minuspol.
b) Saugen Sie mithilfe einer Wasserstrahlpumpe die Salzsäure-Lösung aus der Halbzelle mit der Graphit-Elektrode und ersetzen Sie sie durch eine Kaliumbromid-Lösung, $c = 1$ mol/L. Lesen Sie die Spannung ab.
c) Ersetzen Sie auf gleiche Weise die Bromid-Lösung durch eine Kaliumiodid-Lösung, $c = 1$ mol/L. Lesen Sie die Spannung ab.

Auswertung

a) Formulieren Sie für V1 bis V3 die Reaktionsgleichungen der abgelaufenen Reaktionen.
b) Stellen Sie eine Redoxreihe der Halogene auf.
c) Ordnen Sie die drei Halogen-Redoxpaare $2Cl^-/Cl_2$, $2Br^-/Br_2$ und $2I^-/I_2$ in die Spannungsreihe von S. 149 ein.
d) Formulieren Sie für die durchgeführten galvanischen Messungen die Zellendiagramme.

Erweiterung der Spannungsreihe – die Halogene

Die Halogene Brom und Iod werden technisch aus Meerwasser gewonnen. Hierbei wird das Meerwasser mit Chlorgas durchspült, das in großen Mengen in der chemischen Industrie anfällt. Die Bromide bzw. Iodide des Meerwassers werden dabei zu Brom und Iod oxidiert. Welche Redoxvorgänge laufen ab?

Bei V1 beobachten wir, dass Bromwasser aus einer Kaliumiodid-Lösung elementares Iod freisetzt. Das Iod wird beim Ausschütteln mit Heptan an der violetten Farbe erkannt. Chlor setzt aus einer Bromid-Lösung Brom frei. Brom hat offensichtlich ein größeres Oxidationsvermögen als Iod, jedoch ein geringeres als Chlor.

Das Oxidationsvermögen der Halogene nimmt von Chlor über Brom zu Iod hin ab (vgl. die Stellung dieser Elemente im PSE). Um die Standard-Elektrodenpotenziale als quantitatives Maß für das Reduktions- bzw. Oxidationsvermögen der Redoxpaare Halogenid-Ion/Halogen-Molekül zu bestimmen, werden Halogen-Halbzellen wie bei V2 bis V4 hergestellt. Ähnlich wie bei der Standard-Wasserstoff-Halbzelle wird auch bei einer Halogen-Halbzelle eine Elektrode aus einem inerten Material (zumeist Graphit) verwendet, an der sich das Gleichgewicht

$2X^- \rightleftharpoons X_2 + 2e^-$ einstellen kann.

Eine vereinfachte galvanische Zelle aus einer Wasserstoff- und einer Chlor-Halbzelle zur Messung des Redoxpotenzials haben wir bei V2 hergestellt. Durch Elektrolyse von Salzsäure wird an den Elektroden Wasserstoff und Chlor erzeugt. Nach Abbruch der Elektrolyse besteht eine Spannung von ca. $U = 1{,}3$ V zwischen den Elektroden. Es ist eine galvanische Zelle aus den Redoxpaaren

$$H_2(g) \underset{\text{Elektrolyse}}{\overset{\text{galvanische Zelle}}{\rightleftharpoons}} 2H^+(aq) + 2e^- \quad \text{und}$$

$$Cl_2(g) + 2e^- \underset{\text{Elektrolyse}}{\overset{\text{galvanische Zelle}}{\rightleftharpoons}} 2Cl^-(aq) \quad \text{entstanden.}$$

Die in der galvanischen Zelle ablaufende Zellreaktion ist eine Umkehrung der Elektrolyse-Reaktion.

$$H_2(g) + Cl_2(g) \underset{\text{Elektrolyse}}{\overset{\text{galvanische Zelle}}{\rightleftharpoons}} 2H^+(aq) + 2Cl^-(aq)$$

Gegenüber der Standard-Wasserstoff-Elektrode misst man unter Standardbedingungen für die Redoxpaare Halogenid-Ion/Halogen-Molekül die in B4 angegebenen Werte.

Das Redoxpaar $2F^-/F_2$ hat das Standard-Elektrodenpotenzial mit dem größten positiven Wert aller Redoxpaare; es gibt also kein Oxidationsmittel, das Fluorid-Ionen zu elementarem Fluor oxidieren kann.

Reduktionsmittel	$\rightleftharpoons$	Oxidationsmittel	$E°$ in V
$2I^-(aq)$	$\rightleftharpoons$	$I_2(s) + 2e^-$	+ 0,54
$2Br^-(aq)$	$\rightleftharpoons$	$Br_2(l) + 2e^-$	+ 1,07
$2Cl^-(aq)$	$\rightleftharpoons$	$Cl_2(g) + 2e^-$	+ 1,36
$2F^-(aq)$	$\rightleftharpoons$	$F_2(g) + 2e^-$	+ 2,87

B4 *Spannungsreihe und Standard-Elektrodenpotenziale der Halogene*

Aufgaben

A1 Ordnen Sie die Halogen-Moleküle X_2 bzw. Halogenid-Ionen X^- nach steigendem Oxidations- bzw. Reduktionsvermögen.

A2 Begründen Sie, weshalb man für die Chlor-Halbzelle bei V2 nicht Platin, sondern Graphit als Inertelektrode verwendet.

A3 Bei V4 muss man nur *einmal* elektrolysieren (nämlich die Salzsäure-Lösung).

a) Warum ist es nicht nötig, nach Ersatz der Salzsäure-Lösung durch eine Kaliumbromid- bzw. Kaliumiodid-Lösung erneut zu elektrolysieren?

b) Wären die Versuchsergebnisse gleich, wenn man die Salzsäure-Lösung erst durch eine Kaliumiodid- und diese danach durch eine Kaliumbromid-Lösung ersetzt hätte?

Aus Licht wird Strom

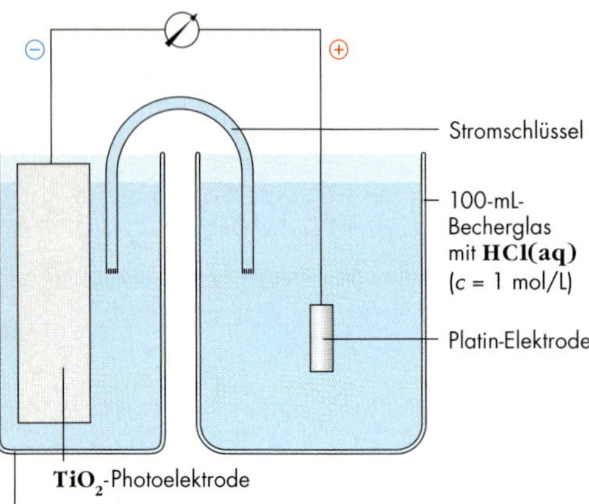

B1 *Aufbau des photogalvanischen Elements als 2-Topf-Zelle. (Herstellung der Photoelektrode: Siehe Chemie 2000+ Online.)* **A:** *Vergleichen Sie das photogalvanische Element mit dem* DANIELL-*Element und nennen Sie Gemeinsamkeiten und Unterschiede.*

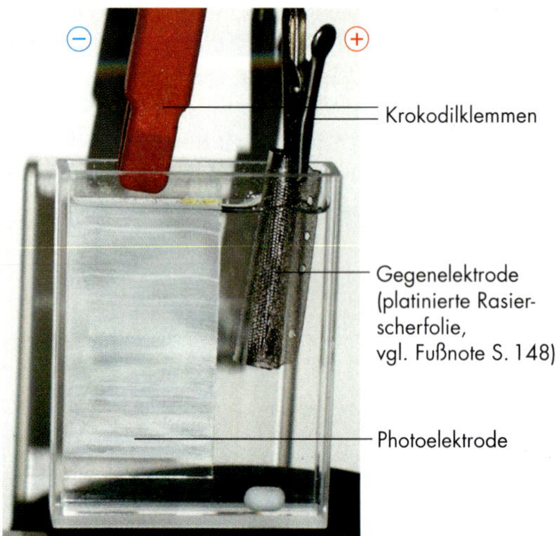

B2 *Photogalvanisches Element als 1-Topf-Zelle.* **A:** *Warum kann hier auf eine Trennung in zwei Halbzellen verzichtet werden?*

Versuche

Hinweis: Die in V1 und V3 eingesetzte Photoelektrode besteht aus leitfähigem Glas, das mit einer dünnen Schicht aus lichtempfindlichem Titandioxid bedeckt ist (B3 und *Chemie 2000+ Online*).

V1 *Das photogalvanische Element (2-Topf-Zelle)*: Setzen Sie das photogalvanische Element gemäß B1 zusammen. Achten Sie dabei darauf, dass die Elektrolyt-Lösungen keinen Kontakt mit den Krokodilklemmen haben. Für die Belichtung der Photoelektrode wird eine 300-W-Lampe eingesetzt.
Messungen: Notieren Sie ihre Messwerte sowie den jeweiligen Abstand zwischen Lampe und Photoelektrode.

a) Bestrahlen Sie die Photoelektrode und messen Sie die Spannung. Dunkeln Sie die Photoelektrode durch Abschirmung mit einer Pappe ab. Führen Sie Bestrahlung und Abdunkelung mehrfach durch.

b) Variieren Sie den Abstand zwischen Lampe und Photoelektrode und beobachten Sie die Spannung.

c) Messen Sie die Stromstärke der Zelle bei Bestrahlung und im Dunkeln. Bestrahlen Sie dann die Zelle 10–15 Minuten lang unter weiterer Messung der Stromstärke.

Untersuchung der Produkte: Beobachten Sie genau, ob sich die Elektroden oder die Elektrolyt-Lösungen verändert haben.

d) Entnehmen Sie mit einer Pipette 1–2 mL Elektrolyt-Lösung und tropfen Sie sie in ein Reagenzglas mit 1–2 mL frisch angesetzter Kaliumiodid / Stärke-Lösung. Beobachtung?

e) Verbinden Sie die Halbzelle mit der in Salzsäure tauchenden Platin-Elektrode über eine Salzbrücke mit einer Cu/Cu^{2+}-Halbzelle und messen Sie die Spannung.

V2 *Die Komponenten der Photoelektrode*: Überprüfen Sie die Leitfähigkeit von Glas (Objektträger), beider Seiten des eingesetzten ITO-Glases und von einer Portion unbehandeltem Titandioxid TiO_2. Drücken Sie dazu die Enden zweier mit einem Messgerät verbundener Kabel vorsichtig auf die jeweiligen Oberflächen (Messgröße = elektrischer Widerstand). Beobachtungen?

V3 *Das photogalvanische Element (1-Topf-Zelle)*: Setzen Sie die 1-Topf-Zelle wie in B2 dargestellt zusammen. Verwenden Sie als Elektrolyt eine Lösung des Dinatriumsalzes der Ethylendiamintetraessigsäure **EDTA**, c = 0,2 mol/L, die mit etwas Natronlauge, c = 2 mol/L, auf $pH = 7$ gebracht wurde und als Gegenelektrode eine gebrauchte Rasierscherfolie aus platiniertem Metall.

a) Messen Sie nun wie in V1 die auftretenden Spannungen und Ströme bei Belichtung der Photoelektrode und bei Abdunkelung.

b) Bauen Sie eine möglichst hohe Zellspannung auf und schließen Sie dann einen kleinen, empfindlichen Motor an.

Auswertung

a) In V1 bildet sich an der Platin-Elektrode Wasserstoff H_2 und an der Photoelektrode Brom Br_2. Erklären sie die Nachweise der beiden Produkte in V1.

b) Stellen Sie Gleichungen für die Teilreaktionen in den beiden Halbzellen und die Gesamtgleichung für die Zellvorgänge in der 2-Topf-Zelle auf.

c) Vergleichen Sie die 2-Topf-Zelle (V1) und die 1-Topf-Zelle (V3) und nennen Sie Faktoren, die Ihre Messwerte erklären.

d) Begründen Sie, warum die Photoelektrode aus den Komponenten ITO-Glas und TiO_2 besteht. Erklären Sie ferner, warum TiO_2 gesintert[1] werden muss (vgl. Beobachtungen zu V1/V3 mit V2).

[1] *sintern*: teilverschmelzen der einzelnen Partikel

Der photovoltaische Effekt

Im photogalvanischen Element aus V1 werden bei Bestrahlung mit Licht Spannungen von bis zu 450 mV gemessen. In der Zelle ist eine besondere Elektrode der Minuspol, die sog. **Photoelektrode** (B3). Ihr aktiver Teil besteht aus dem Halbleiter Titandioxid TiO_2. Dieser ist **photosensibel**, d.h. er reagiert auf Lichtbestrahlung. Dabei werden **Photospannung** und **Photostrom** erzeugt. Diese können im äußeren Stromkreis elektrische Arbeit verrichten. Gelangen die Elektronen bis an die Gegenelektrode (Platin-Elektrode), so können sie dort Wasserstoff-Ionen zu elementarem Wasserstoff reduzieren.

Woher stammen diese Elektronen?

Da die Photoelektrode nach dem Versuch unverändert vorliegt, müssen die Elektronen letztlich aus einer anderen Quelle stammen. Bei den Versuchen zur erweiterten Spannungsreihe haben wir gesehen, dass Bromid-Ionen in einer Elektrolyt-Lösung als Elektronen-Donoren[1] wirken können und dabei zu Brom-Molekülen oxidiert werden. Tatsächlich kann man bei V1 in der Halbzelle mit Kaliumbromid-Lösung nach einiger Zeit Brom nachweisen. Also sind die Bromid-Ionen die Elektronenquelle. Sie werden irreversibel verbraucht und daher auch als **Opferdonoren** bezeichnet.

Ohne Photoelektrode geht es aber nicht!

Der aktive Teil der Photoelektrode, die Titandioxid-Schicht, besteht aus einem zusammenhängenden Netzwerk winziger, teilweise zusammengeschmolzener Titandioxid-Körner. Bei Bestrahlung der Photoelektrode mit Licht werden Elektronen im Halbleiter Titandioxid angeregt, d.h. von den Atomrümpfen losgelöst. Sie fließen durch die Titandioxid-Körner und durch die ITO-Schicht[2] in den äußeren Stromkreis.

Jedes angeregte Elektron hinterlässt ein Elektronendefizit, ein sog. „Loch" h^+ (*hole*). Der erste Schritt ist also die Bildung eines **Elektron-Loch-Paares** (B4a). Im zweiten Schritt muss das Elektron-Loch-Paar getrennt werden. Das geschieht dann besonders gut, wenn ein Elektronen-Donor D mit günstigem Redoxpotenzial, d.h. mit einem für die Löcher ausreichenden Reduktionsvermögen vorhanden ist. Er kann die entstehenden Löcher „stopfen" und wird dabei zu D^+ oxidiert (B4b). Je besser der Elektronen-Donor die Löcher stopft, desto besser können die „freien" Elektronen in den äußeren Stromkreis abfließen (V3).

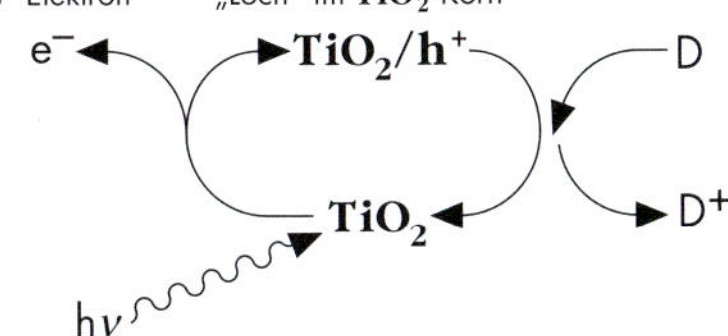

Die beschriebene Art der Umwandlung von Licht in elektrischen Strom wird als **photovoltaischer Effekt** bezeichnet (B4). Er ist auch in Solarzellen für die Erzeugung von Photostrom verantwortlich.

Aufgaben

A1 Was schließen Sie aus den Messergebnissen über die Wirksamkeit der in V1 und V3 eingesetzten Opferdonoren? Wie kann man dies experimentell überprüfen?

A2 Nennen Sie Gründe für und gegen einen großtechnischen Einsatz des photogalvanischen Elements als 1-Topf-Zelle.

B3 *Die Photoelektrode.* **A:** *Warum ist die leitende ITO-Schicht notwendig?*

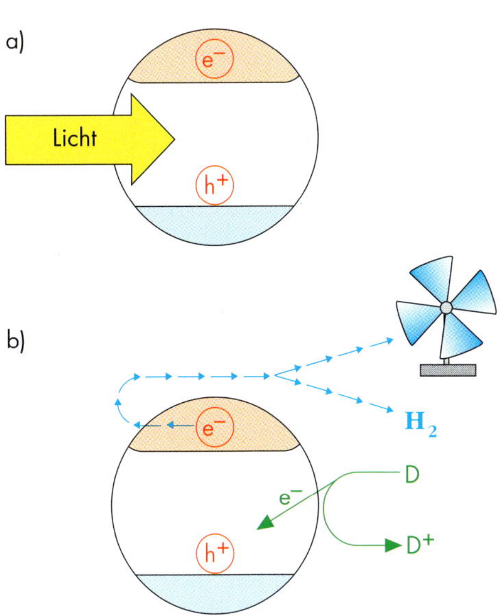

B4 *Modell zum photovoltaischen Effekt: Durch Lichteinstrahlung werden Elektron-Loch-Paare erzeugt (a). Die Elektronen fließen in den äußeren Stromkreis ab, die Löcher werden durch Elektronen eines Donors gestopft (b).* **A:** *Informieren Sie sich online über das Bändermodell für Halbleiter.*

Fachbegriffe

Photoelektrode, photosensibel, Opferdonor, Elektron-Loch-Paar, photovoltaischer Effekt

[1] Die Begriffe *Donor* und *Donator* werden synonym verwendet.
[2] *ITO:* (engl.) *indium tin oxide;* Indium-Zinnoxid

ERWEITERUNG · VERTIEFUNG · ANWENDUNG

Stromleitung in Metallen, Halbleitern und Lösungen bei Energiezufuhr

Leitfähigkeit von metallischen und halbleitenden Festkörpern bei Energiezufuhr

V1 Verbinden Sie einen Wolframdraht[1] mit einer Spannungsquelle und einem Amperemeter wie in B1 abgebildet. Legen Sie eine Spannung von 5 V an und notieren Sie die Stromstärke. Erhitzen Sie den Wolframdraht mit einem Feuerzeug und notieren Sie die Stromstärke. Kühlen Sie den Draht durch Anpusten wieder ab und erhitzen Sie erneut. Beobachten Sie jeweils die Veränderung der Stromstärke.
Führen Sie eine analoge Messung mit einer Siliciumscheibe durch, an der Sie Kontakte über Krokodilklemmen herstellen (B1).

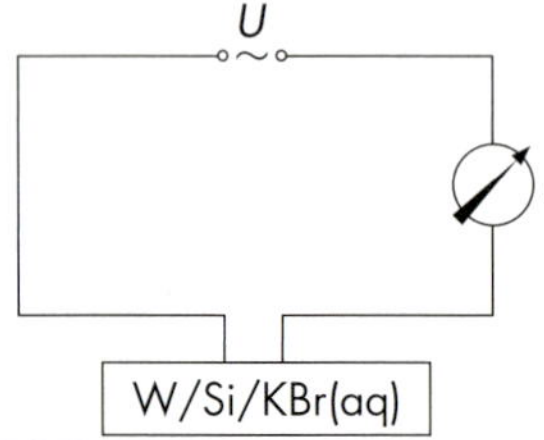

B1 *Aufbau von V1 (Messung der Leitfähigkeit von Silicium) und Schaltskizze zu V1 und V2*

Leitfähigkeit von Lösungen bei Energiezufuhr

V2 Geben Sie 100 mL Kaliumbromid-Lösung, $c = 0{,}1$ mol/L, in ein Becherglas, das auf einem heizbaren Magnetrührer steht. Tauchen Sie einen Leitfähigkeitsprüfer in die Lösung und legen Sie eine Spannung von 5 V an.
Messen Sie die Stromstärke bei Raumtemperatur und während des Erhitzens der Lösung auf 80 °C. Verfolgen Sie die Änderung der Leitfähigkeit und stellen Sie Ihre Messwerte grafisch dar.

Ladungsträger in Metallen und Lösungen

Die elektrische Leitfähigkeit verändert sich in Lösungen, Metallen und Halbleitern bei Energiezufuhr in unterschiedlicher Weise. Das ist auf die jeweils verschiedenen beteiligten Ladungsträger zurückzuführen.
Im Wolframdraht bewegen sich bei Raumtemperatur die Valenzelektronen als Elektronengas frei um die positiv geladenen Atomrümpfe, die nur ganz leicht um ihre Ruhelage schwingen. Legt man eine Spannung an, so fließen **Elektronen** durch das Material von der Kathode zur Anode. Bei Energiezufuhr in Form von Wärme schwingen die Atomrümpfe stärker. Dadurch behindern sie den Elektronenfluss. Es gelangen pro Zeitintervall weniger Elektronen an die Anode, die Stromstärke sinkt.
In der Kaliumbromid-Lösung findet die Stromleitung beim Anlegen einer Spannung durch **Ionen** statt. Kationen bewegen sich dabei in Richtung Kathode, Anionen zur Anode. Bei Energiezufuhr in Form von Wärme nimmt die Ionenbeweglichkeit zu, die Stromstärke steigt.

Auswertung

Legen Sie eine Tabelle nach B2 an und füllen Sie sie anhand Ihrer Versuchsbeobachtungen und der Informationen dieser Seiten aus.

	Metalle	Halbleiter	Lösungen
Veränderung der Stromstärke bei Zufuhr von Energie			
Ladungsträger, die für die Stromleitung verantwortlich sind			
Ladungen der beteiligten Ladungsträger			
Finden stoffliche Veränderungen statt?			

B2 *Vergleich der Vorgänge bei Stromleitung in Metallen, Halbleitern und Lösungen bei Energiezufuhr*

[1] Günstig ist die Verwendung eines Wolframdrahts aus einer Glühbirne. Der Glasmantel kann durch Einwickeln der Glühbirne in ein dickes Handtuch und vorsichtiges Zerschlagen mit einem Hammer entfernt werden. Die Krokodilklemmen werden an den Verbindungsdrähten zum dünnen Wolframfaden befestigt.

Stromleitung in Metallen, Halbleitern und Lösungen bei Energiezufuhr

Hopping-Prozess bei Halbleitern
Im Halbleiter Silicium ist bei Raumtemperatur fast kein Stromfluss messbar. Führt man Energie in Form von Wärme oder Licht zu, so werden **Elektron-Loch-Paare** gebildet. Beim Anlegen einer Spannung driften Elektronen und Löcher auseinander. Die Elektronen wandern in Richtung Anode und die Löcher zur Kathode. Stellt man sich ein Loch als positiven Atomrumpf vor, so ist diese Wanderung dadurch zu erklären, dass jeweils ein Loch durch ein Elektron eines Nachbaratoms ausgeglichen wird (B3). An dieser Stelle befindet sich nun ein positiver Atomrumpf, auf den wiederum von einem weiteren Nachbaratom ein Elektron übergehen kann. Der Übergang von Elektronen von einem Nachbaratom auf einen Atomrumpf findet so lange statt, bis das Loch die Kathode erreicht und dort durch ein Elektron aus dem äußeren Stromkreis ausgeglichen wird. Diese Bewegung der Löcher wird auch **„hopping"-Prozess** genannt.

a)
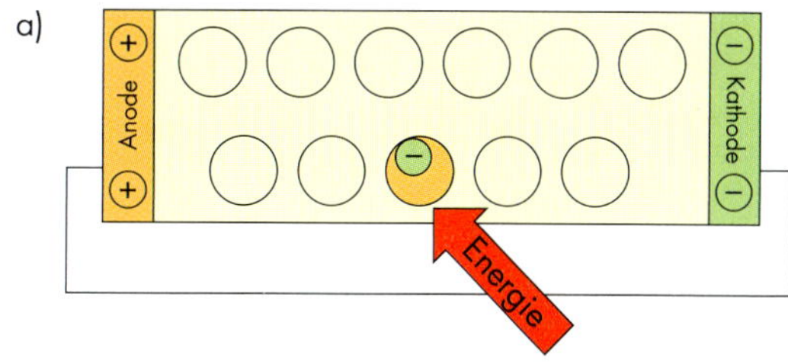

b)
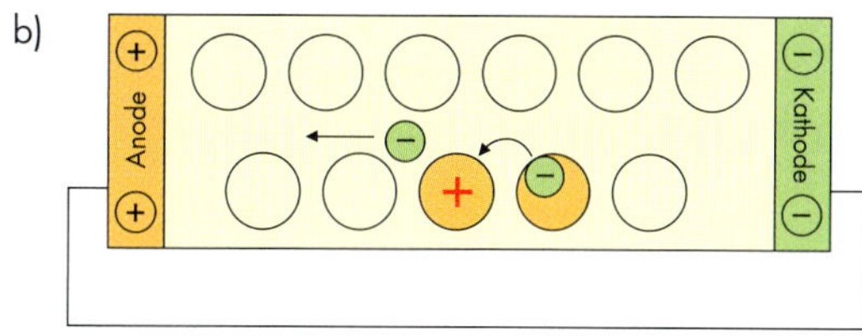

c)
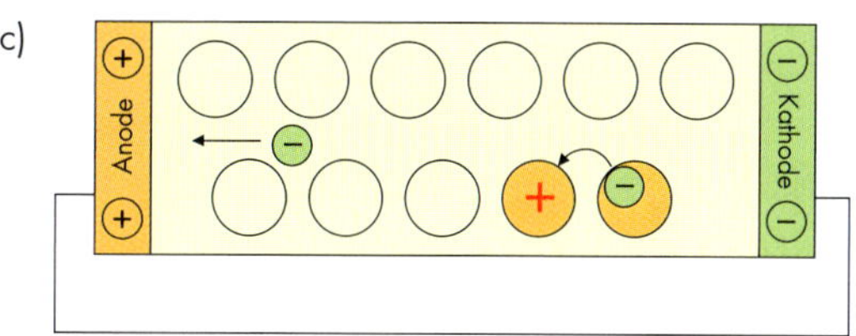

d)
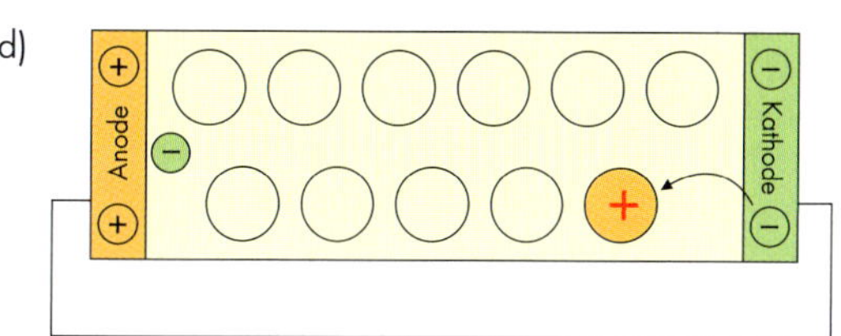

B3 *Auseinanderdriften von Elektron und Loch im Halbleiter*

Aufgaben

A1 Im photogalvanischen Element auf S. 152 wurde für die Photoelektrode als Halbleiter-Material Titandioxid verwendet. Warum kann man in V1 statt der Siliciumscheibe kein Titandioxidpulver einsetzen?

A2 Beschreiben Sie die Stromleitung im DANIELL-Element und im photogalvanischen Element in Hinblick auf die Phasen, in denen Ladungsträger fließen, und die Art der beteiligten Ladungsträger.

A3 Informieren Sie sich über n- und p-dotierte Halbleiter. Welche Art von Ladungsträgern sind darin an der Leitung des elektrischen Stroms beteiligt?

A4 Ähneln die Vorgänge bei der Stromleitung in Halbleitern eher den Vorgängen in Metallen oder denen in Lösungen? Begründen Sie ausführlich.

Stromleitung und Halbleiter im Internet ...
Führen Sie unter *Chemie 2000+ Online* zu den folgenden Fragen Recherchen durch:

1. Baustein: *„Stromleitung in Metallen, Lösungen und Halbleitern bei Zufuhr von Energie"*
Betrachten Sie die in den Modelldarstellungen gezeigten Prozesse zur Leitfähigkeit von Metallen und Lösungen und vergleichen Sie sie mit Ihren Versuchsergebnissen aus V1 und V2.
2. Animation: *„Halbleiter im Teilchenmodell"*
Beschreiben Sie die dort ablaufenden Prozesse mit Ihren eigenen Worten.
3. Baustein: *„Photogalvanische Zelle"*
Erkunden Sie die Funktionsmodelle zum Spannungsaufbau und zum Stromfluss und erklären Sie die Vorgänge Ihren Kursmitgliedern.
4. Baustein: *„Photoelektrochemische Zelle"*
Erarbeiten Sie die Gemeinsamkeiten und Unterschiede zwischen photogalvanischen Zellen und der photoelektrochemische Zelle und stellen Sie sie tabellarisch dar.

Spannungsreihe für Fortgeschrittene

Bisher wurden Redoxpotenziale einfacher Redoxpaare vom Typ Me/Me^{z+} (Me = Metall) oder $2X^-/X_2$ (X = Halogen) bestimmt. Bei zahlreichen technischen Prozessen spielen aber Redoxreaktionen eine Rolle, bei denen kompliziertere Redoxpaare zum Einsatz kommen. Im Folgenden seien zwei Beispiele angesprochen.

Die Radierung – eine Technik der Kunst

B1 *Radierung von Rembrandt (1606–1689)*

Bei einer Radierung wird zumeist eine gereinigte Kupferplatte (Kupferstich) mit einer säurefesten Schicht („Ätzgrund", z. B. Wachs) überzogen. In diese Schicht wird das Motiv mit einer Radiernadel seitenverkehrt eingeritzt, sodass das Metall hier freigelegt wird. Anschließend wird die Platte in ein Ätzbad gelegt, das die freie Metalloberfläche durch Oxidation wegätzt. Als Ätzbad verwendet man häufig verdünnte Salpetersäure oder Eisen(III)-chlorid-Lösung. Nach entsprechender Ätzdauer wird die Platte dem oxidierenden Ätzbad entnommen, vom restlichen Ätzgrund befreit und dient dann als Druckvorlage (B2).

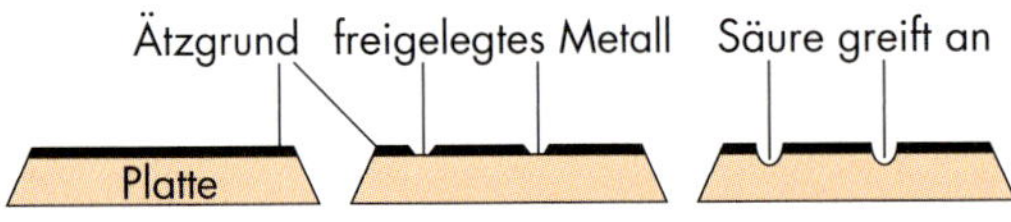

B2 *Schematische Darstellung einer Radierung*

V1 *Anfertigen einer einfachen Radierung:* Überziehen Sie ein Stück Kupferblech mit einer dünnen Schicht Kerzenwachs. Ritzen Sie nach Aushärten des Wachses mit einer Nadel oder Zirkelspitze ein Motiv in die Wachsschicht. Legen Sie dann das Kupferblech für einige Minuten in halbkonzentrierte Salpetersäure* (im Abzug!) oder in Eisen(III)-chlorid-Lösung*. Spülen Sie anschließend das Blech mit Wasser ab und entfernen Sie das Wachs im kochenden Wasserbad. Beobachtung?

Welche chemischen Reaktionen liefern die Grundlage der Radierung? Die Oberfläche der Kupferplatte wird durch das Ätzbad oxidiert. Dabei gehen Kupfer-Ionen in Lösung.

$$Cu(s) \rightleftharpoons Cu^{2+}(aq) + 2e^-$$

Die im Ätzbad gelösten Ionen dienen als Oxidationsmittel und werden reduziert, die in der Eisen(III)-chlorid-Lösung enthaltenen Fe^{3+}-Ionen werden zu Fe^{2+}-Ionen, die in der Salpetersäure enthaltenen Nitrat-Ionen NO_3^- werden zu Stickstoffmonooxid NO[1] reduziert:

$$Fe^{3+}(aq) + e^- \rightleftharpoons Fe^{2+}(aq)$$

$$\overset{+V}{N}O_3^-(aq) + 3e^- + 4H^+(aq) \rightleftharpoons \overset{+II}{N}O(g) + 2H_2O(l)$$

(Die Oxidationszahlen helfen bei der Aufstellung der Reaktionsgleichung.)
Damit Salpetersäure oder Eisen(III)-chlorid-Lösung Kupfer oxidieren kann, müssen die Redoxpaare Fe^{2+}/Fe^{3+} bzw. $NO/NO_3^- + 4H^+$ ein positiveres Redoxpotenzial besitzen als das Redoxpaar Cu/Cu^{2+}. Die Standardpotenziale dieser Redoxpaare lassen sich mithilfe eines Platinbleches als Inertelektrode messen (V2). In B3 sind die Standard-Elektrodenpotenziale einiger Redoxpaare dieser Art angegeben.

V2 *Messung des Standardpotenzials von Fe^{2+}/Fe^{3+}:* Stellen Sie sich durch Elektrolyse von Salzsäure, c = 1 mol/L, (vgl. S. 148) eine Standard-Wasserstoff-Halbzelle her und verbinden Sie diese über Elektrolytbrücke und Voltmeter leitend mit einer Platin-Elektrode, die in eine Lösung aus gleichen Volumina von Eisen(II)-sulfat, $c(Fe^{2+})$ = 1 mol/L, und Eisen(III)-chlorid, $c(Fe^{3+})$ = 1 mol/L, taucht. Lesen Sie die Spannung ab.

Reduktionsmittel	$\rightleftharpoons$	Oxidationsmittel	$+ ze^-$	$E°$ in V
$S^{2-}(aq)$	$\rightleftharpoons$	$S(s)$	$+ 2e^-$	$-0,51$
$Sn^{2+}(aq)$	$\rightleftharpoons$	$Sn^{4+}(aq)$	$+ 2e^-$	$-0,15$
$Cu^+(aq)$	$\rightleftharpoons$	$Cu^{2+}(aq)$	$+ e^-$	$-0,15$
$4OH^-(aq)$	$\rightleftharpoons$	$O_2(g) + 2H_2O(l)$	$+ 4e^-$	$+0,40$
$Fe^{2+}(aq)$	$\rightleftharpoons$	$Fe^{3+}(aq)$	$+ e^-$	$+0,77$
$NO(g) + 2H_2O(l)$	$\rightleftharpoons$	$NO_3^-(aq) + 4H^+(aq)$	$+ 3e^-$	$+0,96$
$2H_2O(l)$	$\rightleftharpoons$	$O_2(g) + 4H^+(aq)$	$+ 4e^-$	$+1,23$
$Mn^{2+}(aq) + 2H_2O(l)$	$\rightleftharpoons$	$MnO_2(s) + 4H^+(aq)$	$+ 2e^-$	$+1,23$
$2Cr^{3+}(aq) + 7H_2O(l)$	$\rightleftharpoons$	$Cr_2O_7^{2-}(aq) + 14H^+(aq)$	$+ 6e^-$	$+1,33$
$Mn^{2+}(aq) + 4H_2O(l)$	$\rightleftharpoons$	$MnO_4^-(aq) + 8H^+(aq)$	$+ 5e^-$	$+1,51$

B3 *Standardpotenziale einiger Redoxpaare.*
A: *Salpetersäure wird auch „Scheidewasser" genannt, da sich Silber in Salpetersäure auflöst, Gold jedoch nicht. Begründen Sie.*

[1] Das Stickstoffmonooxid wird durch Luftsauerstoff zu braunem Stickstoffdioxid oxidiert.

ERWEITERUNG · VERTIEFUNG · ANWENDUNG

Spannungsreihe für Fortgeschrittene

Entwicklung von Fotografien
Fotografische Filme sind mit einer Schicht aus Silberbromid-Kristallen **AgBr** belegt. Bei der Belichtung des Films werden einige Silberbromid-Kristalle von Lichtstrahlen getroffen. Dabei werden Silber-Ionen zu Silber-Atomen reduziert. Es entsteht ein sog. „latentes Bild"[1] (B4). Beim Vorgang der Filmentwicklung wird der Film in ein Entwicklerbad getaucht, in dem sich ein Reduktionsmittel befindet – häufig eine alkalische Lösung von Hydrochinon.

Beim Entwickeln wird Hydrochinon zum Chinon oxidiert:

$$\text{Hydrochinon} \rightleftharpoons \text{Chinon} + 2e^- + 2H^+;\ E° = 0{,}70\ V$$

(Hydrochinon: |O̅–H, +I … +I, |O̅–H; Chinon: O, +II … +II, O)

und reduziert dabei in den belichteten Silberbromid-Kristallen die restlichen Silber-Ionen gemäß:

$$AgBr(s) + e^- \rightleftharpoons Ag(s) + Br^-(aq);\ E° = 0{,}07\ V$$

Die Silber-Atome bewirken die Schwarzfärbung des Films.

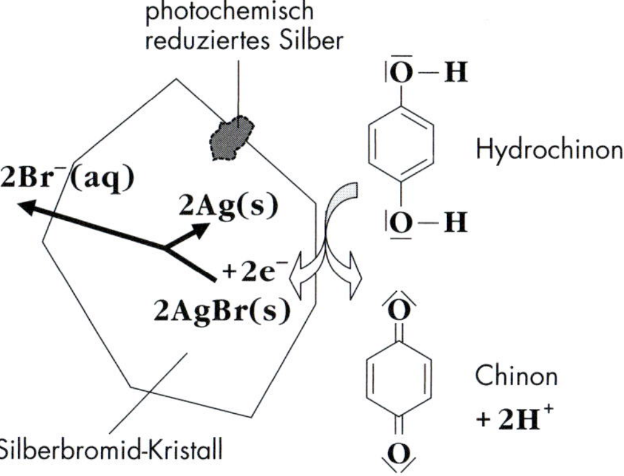

B4 *Reduzierende Wirkung von Hydrochinon bei der Reduktion (= Entwicklung) von Silber-Ionen in belichteten Silberbromid-Kristallen*

Betrachtet man die Standardpotenziale der beiden Redoxpaare, so fällt auf, dass das Redoxpaar **Hydrochinon/Chinon+2H⁺** gegenüber dem Redoxpaar **AgBr/ Ag+Br⁻** gar nicht als Reduktionsmittel fungieren sollte. Warum findet die Reduktion des Silberbromids dennoch statt? Der Grund liegt im *p*H-Wert der Hydrochinon-Lösung. Das angegebene Standardpotenzial von $E° = 0{,}70$ V bezieht sich auf Lösungen mit den Konzentrationen von $c = 1$ mol/L. Dies gilt auch für die an der Reaktion beteiligten Protonen. Die Lage des Hydrochinon/Chinon-Gleichgewichts ist aber abhängig von der Protonen-Konzentration, d. h. vom *p*H-Wert der Lösung. B5 zeigt die Abnahme des Potenzials der Entwickler-Lösung mit Zunahme des *p*H-Werts. In alkalischer Lösung kann daher Hydrochinon als Reduktionsmittel gegenüber Silber-Ionen im Silberbromid wirken.

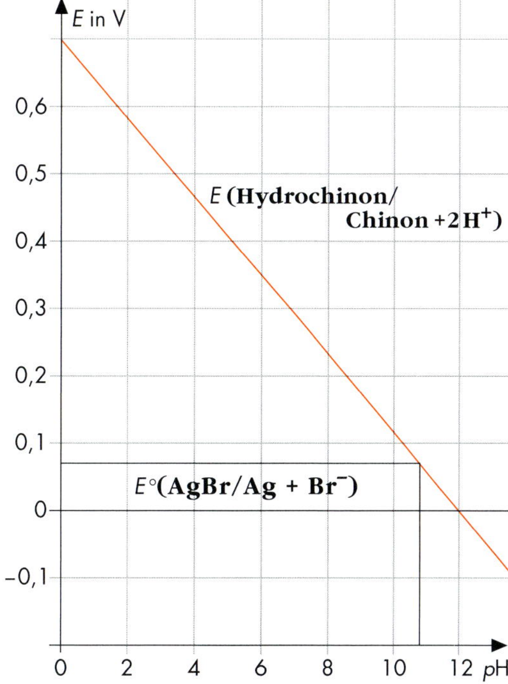

B5 *Das Potenzial des Redoxpaares Hydrochinon/Chinon +2H⁺ ist abhängig vom pH-Wert der Lösung, d. h. von der Protonen-Konzentration. Bei einem pH-Wert von etwa 10,5 werden Filme entwickelt.*

Aufgaben

A1 In welchem *p*H-Wert-Bereich könnte man mit einer Hydrochinon/Chinon-Lösung, beide $c = 1$ mol/L, Cu^{2+}-Ionen reduzieren?

A2 Der Entwicklungsvorgang wird durch das Eintauchen des entwickelten Films in Essigsäure gestoppt. Begründen Sie.

A3 Welche der in B3 angegebenen Redoxpaare sind ebenfalls *p*H-abhängig? Wie wirkt sich die H^+-Ionenkonzentration auf die entsprechenden Potenziale aus?

[1] *latens* (lat.) = heimlich, verborgen.
Das fertige, sichtbare Bild entsteht erst beim Entwickeln.

Die Konzentration macht's

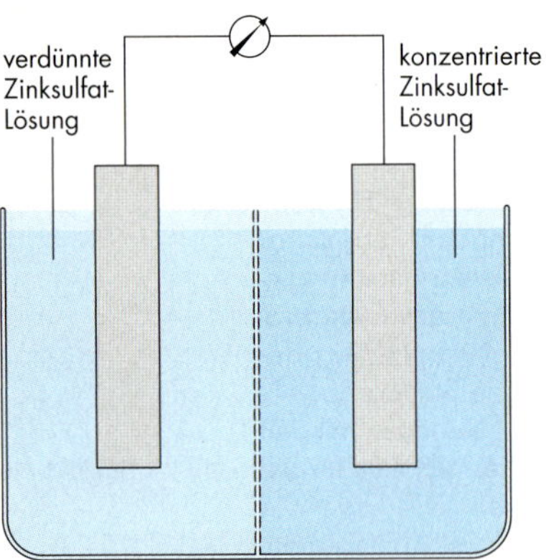

B1 *Versuchsaufbau zu V1*

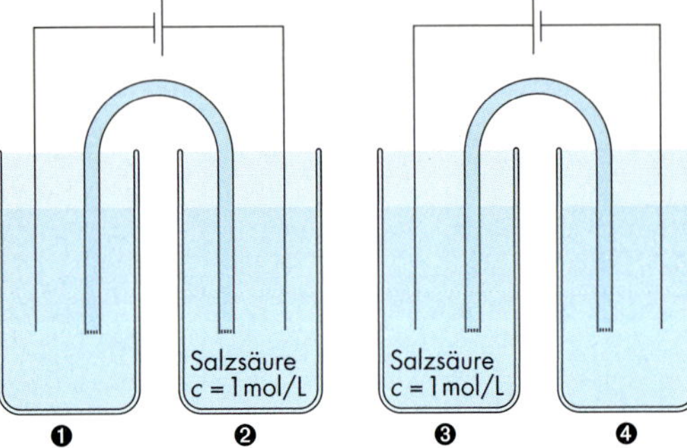

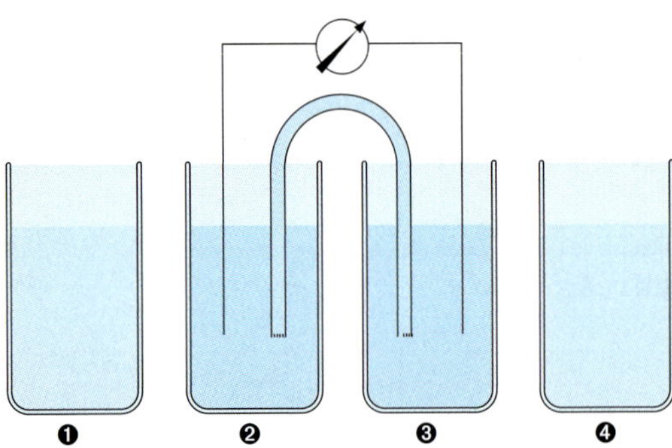

B2 *Oben: Herstellen zweier Chlor-Halbzellen durch Elektrolyse von Salzsäure, c = 1 mol/L.*
Unten: Kombination der beiden Chlor-Halbzellen ❷ und ❸. Die beiden Wasserstoff-Halbzellen ❶ und ❹ der Elektrolysevorgänge werden nicht mehr benötigt.

Versuche

V1 Füllen Sie in eine Vorrichtung wie B1 (oder in ein U-Rohr mit Fritte oder in zwei Bechergläser mit Elektrolytbrücke) zwei gleich konzentrierte Zinksulfat-Lösungen* (z. B. $c(\mathbf{Zn}^{2+}) = 0{,}1$ mol/L) und tauchen Sie jeweils ein Zinkblech hinein. Verbinden Sie beide Halbzellen über ein Voltmeter miteinander. Ersetzen Sie dann *eine* der beiden Lösungen durch eine verdünntere anschließend durch eine konzentriertere Zinksulfat-Lösung. Vergleichen Sie die gemessenen Spannungen. Kennzeichnen Sie jeweils Plus- und Minuspol.

V2 Stellen Sie sich durch Elektrolyse von Salzsäure, $c = 1$ mol/L, *zwei* Chlor-Halbzellen her (B2). Verbinden Sie die beiden Chlor-Halbzellen über eine mit Kaliumnitrat-Lösung gefüllte Elektrolytbrücke leitend miteinander. Verdünnen Sie dann eine der beiden Lösungen mit Wasser. Betrachten Sie die Veränderung am Voltmeter.

V3 Füllen Sie in zwei 100-mL-Bechergläser jeweils 50 mL Silbernitrat-Lösung*, $c = 0{,}1$ mol/L, und tauchen Sie zwei Silber-Elektroden ein. Verbinden Sie diese beiden Halbzellen über eine mit Kaliumnitrat-Lösung* gefüllte Elektrolytbrücke. Messen Sie mit einem Voltmeter die Zellspannung. Sie sollte $U = 0$ Volt betragen. Verdünnen Sie dann 5 mL Silbernitrat-Lösung mit Kaliumnitrat-Lösung, $c = 0{,}1$ mol/L, in einem Messzylinder auf 50 mL. Stellen Sie auf diese Weise weitere Silbernitrat-Lösungen her: $c = 0{,}01$ mol/L; $c = 0{,}001$ mol/L und $c = 0{,}0001$ mol/L. Kombinieren Sie jeweils zwei aus diesen Silbernitrat-Lösungen hergestellten Halbzellen miteinander zu galvanischen Zellen. Messen Sie die Zellspannungen und kennzeichnen Sie jeweils Donator- und Akzeptor-Halbzelle c_D und c_A. Legen Sie eine Messwerttabelle nach folgendem Muster an.

Donator-Halbzelle	Akzeptor-Halbzelle	Konzentrations-verhältnis	Logarithmus	Zellspannung in V
c_D	c_A	$\frac{c_A}{c_D}$	$\lg \frac{c_A}{c_D}$	U

Auswertung

a) Erläutern Sie das Zustandekommen der gemessenen Spannungen bei V1.
b) Vergleichen Sie die Ergebnisse von V1 und V2.
c) Stellen Sie die Versuchsergebnisse von V3 grafisch dar: Abszisse: $\lg c_A(\mathbf{Ag}^+)/c_D(\mathbf{Ag}^+)$, Ordinate: Zellspannung. Interpretieren Sie Ergebnisse von V3 und formulieren Sie eine Gesetzmäßigkeit.
d) Wie würde sich die Spannung zwischen zwei gleichartigen Chlor-Halbzellen ändern, wenn man in einer der beiden Halbzellen die Konzentration der Salzsäure erhöhen würde (B2)?

Konzentrationszellen

Bei den bisher betrachteten galvanischen Zellen wurde davon ausgegangen, dass Standardbedingungen vorliegen (vgl. S. 149). So wurden die Stoffmengenkonzentrationen immer mit $c = 1\,mol/L$ festgelegt. Bei den meisten elektrochemischen Prozessen liegen diese Konzentrationen jedoch nicht vor. Wie ändert sich nun das Potenzial von Redoxpaaren bei veränderten Konzentrationen?

Bei V1 werden zunächst zwei identische Zink-Halbzellen miteinander kombiniert, sodass keine Potenzialdifferenz messbar ist. Verändert man jedoch die Zink-Ionenkonzentration einer Halbzelle, so kann man eine Spannung zwischen den beiden Zink-Halbzellen ablesen. Diese Spannung kommt folgendermaßen zustande.

Die Zink-Atome in einem Zinkblech haben das Bestreben, als Zink-Ionen in Lösung zu gehen und Elektronen im Blech zurück zu lassen. Taucht das Zinkblech in eine verdünnte Zn^{2+}-Lösung, so gehen die Zink-Atome leichter in Lösung als gegenüber einer konzentrierten Lösung. Daher entsteht im Zinkblech, das in die verdünnte Lösung eintaucht, gegenüber der konzentrierteren Lösung ein Elektronenüberschuss. Die Halbzelle mit der niedrigeren Konzentration fungiert daher als Donator-Halbzelle (Minuspol) (B3). In der Zink-Halbzelle mit der höheren Zink-Ionenkonzentration werden die Zink-Ionen der Lösung reduziert:

$$Zn(s) \underset{\text{konzentrierte Lösung}}{\overset{\text{verdünnte Lösung}}{\rightleftarrows}} Zn^{2+}(aq) + 2e^-$$

Galvanische Zellen, die aus gleichartigen Halbzellen bestehen, die sich aber in den Konzentrationen ihrer Lösungen unterscheiden, nennt man **Konzentrationszellen**. Auch bei der Kombination zweier Chlor-Halbzellen beobachtet man bei unterschiedlichen Chlorid-Ionenkonzentrationen eine Spannung (V2). Taucht die Chlor-Elektrode (Graphit) in eine verdünnte Cl^--Lösung, so werden die Chlor-Moleküle leichter reduziert als gegenüber einer konzentrierten Lösung (B4):

$$Cl_2(g) + 2e^- \underset{\text{konzentrierte Lösung}}{\overset{\text{verdünnte Lösung}}{\rightleftarrows}} 2\,Cl^-(aq)$$

Daher ist die Chlor-Halbzelle mit der niedrigeren Konzentration die Akzeptor-Halbzelle (Pluspol).

Durch V3 können wir die Konzentrationsabhängigkeit der Elektrodenpotenziale verschiedener Silber-Halbzellen quantitativ erfassen. Als Ergebnis von V3 stellen wir fest, dass die Spannung zwischen zwei Silber-Halbzellen, deren Ag^+-Ionenkonzentrationen sich um eine Zehnerpotenz unterscheiden, 0,059 V beträgt. Die Abhängigkeit der Zellspannung U vom Konzentrationsverhältnis der Silberionenkonzentrationen lässt sich durch folgende Gleichung wiedergeben:

$$U = E_A - E_D = 0{,}059\ V \cdot \lg \frac{c_A(Ag^+)}{c_D(Ag^+)}$$

c_A: Konzentration der Akzeptor-Halbzelle
c_D: Konzentration der Donator-Halbzelle

Bei der Formulierung des Zellensymbols einer Konzentrationszelle werden künftig immer die Konzentrationen der gelösten Ionen angegeben, z.B. Ag/Ag^+, $c = 0{,}01\ mol/L//Ag^+$, $c = 0{,}1\ mol/L/Ag$.

Fachbegriff Konzentrationszelle

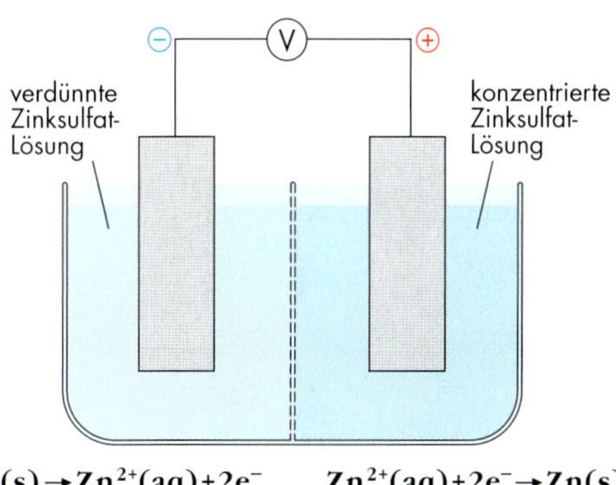

$Zn(s) \rightarrow Zn^{2+}(aq) + 2e^-$ Donator-Halbzelle

$Zn^{2+}(aq) + 2e^- \rightarrow Zn(s)$ Akzeptor-Halbzelle

B3 *Bei einer Konzentrationzelle aus zwei Zink-Halbzellen ist die Halbzelle unter der verdünnten Zinksulfat-Lösung die Donator-Halbzelle.*

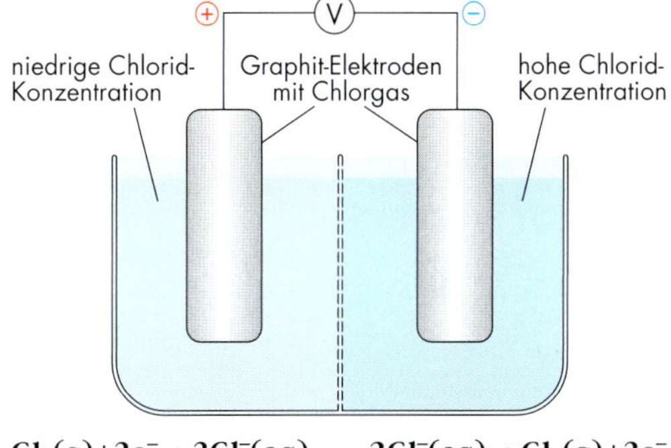

$Cl_2(g) + 2e^- \rightarrow 2Cl^-(aq)$ Akzeptor-Halbzelle

$2Cl^-(aq) \rightarrow Cl_2(g) + 2e^-$ Donator-Halbzelle

B4 *Bei einer Konzentrationszelle aus zwei Chlor-Halbzellen ist die Halbzelle mit der verdünnten Chlorid-Lösung die Akzeptor-Halbzelle.*

Aufgaben

A1 Berechnen Sie die Zellspannungen folgender Konzentrationszellen:

a) Kombination aus zwei Silber-Halbzellen mit $c(Ag^+) = 0{,}1\ mol/L$ und $c(Ag^+) = 0{,}3\ mol/L$.

b) Ag/Ag^+, $c = 0{,}05\ mol/L//Ag^+$, $c = 0{,}2\ mol/L/Ag$

A2 In einem Rggl. befindet sich festes Zinksulfat als Bodensatz, der mit Wasser überschichtet ist. Ein in das Rggl. getauchter Zinkstab zeigt nach einigen Tagen am unteren Ende dunkle Kristalle aus Zink (B5). Begründen Sie die Beobachtungen.

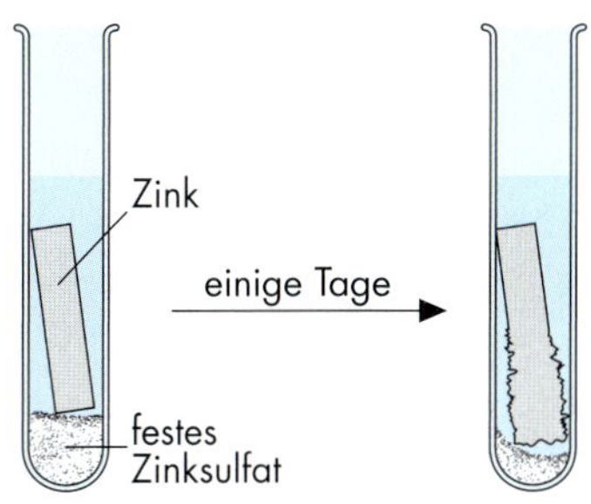

B5 *Beobachtung zu A2*

Redoxpotenziale sind berechenbar

B1 *Walther Nernst (1864–1941), Physikochemiker und Nobelpreisträger*

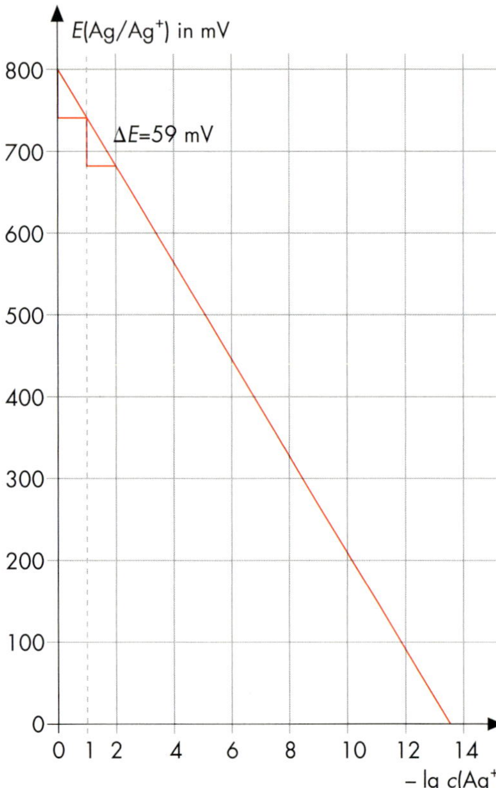

B2 *Elektrodenpotenziale unterschiedlich konzentrierter Silber-Halbzellen*

INFO

Walther Nernst (1864–1941) war es, der den Zusammenhang zwischen Ionenkonzentration und Elektrodenpotenzial durch die nach ihm benannte **Nernst-Gleichung** beschrieben hat. An der Universität Leipzig habilitierte er mit dem Thema „Die elektromotorische Wirksamkeit der Ionen". Im Jahr 1891 wurde er Professor an der Universität Göttingen, wo er den 3. Hauptsatz der Thermodynamik[1] formulierte. Im Jahr 1920 erhielt Walther Nernst den Nobelpreis für Chemie (B1).
Die allgemeine Nernst-Gleichung, die auf thermodynamischem Weg gefunden wurde, lautet:

$$E = E° + \frac{R \cdot T}{F \cdot z} \ln \frac{\{c(\mathbf{Ox})\}}{\{c(\mathbf{Red})\}}$$

Hierbei bedeutet:
R molare Gaskonstante $R = 8{,}3144$ J/mol · K
F Faraday-Konstante $F = 96487$ C/mol (vgl. S. 147)
T Temperatur in K
z Anzahl der übertragenen Elektronen
$\{c\}$ Stoffmengenkonzentration der gelösten Teilchen (ohne Einheit)
Mit „**Ox**" und „**Red**" ist jeweils die oxidierte bzw. reduzierte Form eines Redoxpaares gemeint.
Da man in einer galvanischen Zelle die Konzentration des elementaren Metalls, c(**Red**), als konstant ansehen kann und die Größen R und F ebenfalls Konstanten sind, lassen sich diese Größen für eine definierte Temperatur (z. B. T = 298 K) zu einer Konstanten zusammenfassen[2]. Es ergibt sich folgende vereinfachte Nernst-Gleichung (bei T = 298 K):

$$E = E° + \frac{0{,}059\ \text{V}}{z} \cdot \lg \{c(\mathbf{Ox})\}$$

Die vereinfachte Nernst-Gleichung

V1 *Elektrodenpotenzial verschiedener Silber-Halbzellen:* Stellen Sie durch Elektrolyse von Salzsäure, c = 1 mol/L, eine Standard-Wasserstoff-Halbzelle her (vgl. V3, S. 148). Stellen Sie durch Verdünnung einer Silbernitrat-Lösung, c = 0,1 mol/L, verschiedene Silbernitrat-Lösungen mit folgenden Konzentrationen her: c = 0,01 mol/L, 0,001 mol/L und 0,0001 mol/L (vgl. V3, S. 158). Kombinieren Sie nacheinander die Wasserstoff-Halbzelle mit Silber-Halbzellen der angegebenen Konzentrationen.

Auswertung

a) Messen Sie die Zellspannungen und tragen Sie die Werte gemäß B2 in ein Koordinatensystem ein.
b) Erläutern Sie, weshalb man die Kurve nach V1 theoretisch hätte vorhersagen können (vgl. S. 158 und 159).
c) Ermitteln Sie die Steigung Ihrer Kurve und stellen Sie eine entsprechende Geradengleichung auf.

[1] Vgl. zu den drei Hauptsätzen der Thermodynamik *Chemie 2000+ Online.*
[2] In der Konstanten 0,059 V ist auch der Umrechnungsfaktor vom natürlichen ln(x) zum dekadischen Logarithmus lg(x) enthalten: ln(x) = 2,3 · lg(x).

Die NERNST-Gleichung

Die NERNST-Gleichung ermöglicht es, die Elektrodenpotenziale beliebiger Halbzellen exakt zu berechnen. So können die zu erwartenden Spannungen verschiedener galvanischer Zellen berechnet werden, ohne die Standardbedingungen vorliegen zu haben.
Aus den Ergebnissen von V1 lässt sich ablesen, dass das Elektrodenpotenzial einer Silber-Halbzelle bei Verdünnung um jeweils eine Zehnerpotenz um einen konstanten Betrag von $U = 0{,}059$ V abnimmt. Aus dem Kurvenverlauf von B2 kann man als Funktion folgende Geradengleichung ablesen:

$$E(\mathbf{Ag/Ag^+}) = E^\circ(\mathbf{Ag/Ag^+}) + 0{,}059\,\mathrm{V} \cdot \lg c(\mathbf{Ag^+})$$

Da in der Silber-Halbzelle wegen des Gleichgewichts

$$\mathbf{Ag} \rightleftharpoons \mathbf{Ag^+} + \mathbf{e^-}$$

$z = 1$ ist, wird die vereinfachte NERNST-Gleichung durch V1 bestätigt. In B3 sind die vereinfachten NERNST-Gleichungen für einige Beispiele von Redoxpaaren angegeben. Dabei kann man aus den stöchiometrischen Faktoren der Gleichgewichtsreaktion der Redoxpaare folgende Zahlen ablesen:

1. die Anzahl der übertragenen Elektronen z sowie
2. die Potenzzahlen der Konzentrationsangaben gemäß Massenwirkungsgesetz (vgl. S. 37).

Aufgaben

A1 Berechnen Sie die Elektrodenpotenziale für $\mathbf{Cu/Cu^{2+}}$, $\mathbf{Au/Au^{3+}}$ und $\mathbf{2Cl^-/Cl_2}$ bei Ionenkonzentrationen von $c = 0{,}2$ mol/L und 0,005 mol/L.

A2 Eine Halbzelle, bestehend aus Lösungen von Eisen(II)-sulfat und Eisen(III)-chlorid, in die eine Platin-Elektrode eintaucht, wird mit einer Zink-Halbzelle, $c(\mathbf{Zn^{2+}}) = 0{,}1$ mol/L, kombiniert. Die Konzentration der Eisen(II)-sulfat-Lösung ist doppelt so groß wie die der Eisen(III)-chlorid-Lösung. Berechnen Sie die Zellspannung.

A3 Leiten Sie die Gleichung zur Berechnung der Spannung einer Konzentrationszelle (vgl. S. 159, unten) aus der vereinfachten NERNST-Gleichung ab.

A4 Permanganat-Ionen $\mathbf{MnO_4^-}$ sind in saurer Lösung gute Oxidationsmittel. Begründen Sie, weshalb die Oxidationswirkung einer Permanganat-Lösung mit geringer werdender Säurekonzentration abnimmt.

Redoxpaar	NERNST-Gleichung
$\mathbf{Me(s)} \rightleftharpoons \mathbf{Me^{Z+}(aq) + ze^-}$	$E = E^\circ + \frac{0{,}059}{z}\,\mathrm{V} \cdot \lg c(\mathbf{Me^{Z+}})$
$\mathbf{H_2(g)} \rightleftharpoons \mathbf{2H^+(aq) + 2e^-}$	$E = 0 + \frac{0{,}059}{2}\,\mathrm{V} \cdot \lg c^2(\mathbf{H^+})$ $E = 0{,}059\,\mathrm{V} \cdot \lg c(\mathbf{H^+})$ $E = -0{,}059\,\mathrm{V} \cdot pH$[1]
$\mathbf{2Cl^-(aq)} \rightleftharpoons \mathbf{Cl_2(g) + 2e^-}$	$E = E^\circ + \frac{0{,}059}{2}\,\mathrm{V} \cdot \lg \frac{1}{c^2(\mathbf{Cl^-})}$ $E = E^\circ - 0{,}059\,\mathrm{V} \cdot \lg c(\mathbf{Cl^-})$
$\mathbf{Fe^{2+}(aq)} \rightleftharpoons \mathbf{Fe^{3+}(aq) + e^-}$	$E = E^\circ + 0{,}059\,\mathrm{V} \cdot \lg \frac{c(\mathbf{Fe^{3+}})}{c(\mathbf{Fe^{2+}})}$
$\mathbf{Mn^{2+}(aq) + 4H_2O} \rightleftharpoons \mathbf{MnO_4^-(aq) + 8H^+(aq) + 5e^-}$	$E = E^\circ + \frac{0{,}059}{5}\,\mathrm{V} \cdot \lg \frac{c(\mathbf{MnO_4^-}) \cdot c^8(\mathbf{H^+})}{c(\mathbf{Mn^{2+}})}$ Die Konzentration der Wasser-Moleküle ist hier, wie in anderen Fällen auch, bereits mit in die Konstante E° einbezogen, da die Konzentration der Wasser-Moleküle bei Reaktionen in verd. Lösungen als konstant angesehen werden kann.

B3 *NERNST-Gleichung für einige Beispiele von Redoxpaaren. Definitionsgemäß werden die Konzentrationen der Metalle und Nichtmetalle sowie fester Stoffe, die an der Redoxreaktion beteiligt sind, als {c} = 1 gesetzt, sodass sich in den entsprechenden Fällen die NERNST-Gleichung vereinfacht formulieren lässt.*

[1] Vgl. Sie die Definition des pH-Werts auf S. 209.

Potenzial und Gleichgewicht

Das Potenzial jedes Redoxpaares ist abhängig von der Konzentration der beteiligten Ionen. Während eine Redoxreaktion abläuft, verändern sich die Konzentrationen der beteiligten Teilchen:

$$\mathbf{A} + \mathbf{B} \underset{\text{Rückreaktion}}{\overset{\text{Hinreaktion}}{\rightleftharpoons}} \mathbf{C} + \mathbf{D}$$

A: Oxidationsmittel 1
B: Reduktionsmittel 1
C: Reduktionsmittel 2
D: Oxidationsmittel 2

Die Edukt-Konzentrationen (**A** und **B**) nehmen ab, während die Produkt-Konzentrationen (**C** und **D**) zunehmen. In dem allgemeinen Beispiel sind **A** und **C** sowie **B** und **D** korrespondierende Redoxpaare. Durch die Veränderungen der Konzentrationen ändern sich die Redoxpotenziale der beteiligten Redoxpaare.
Gleichzeitig ändern sich aber auch die Geschwindigkeiten von Hin- und Rückreaktion: Im zeitlichen Verlauf der Reaktion wird die Geschwindigkeit der Hinreaktion langsamer, die der Rückreaktion schneller. Wenn beide Reaktionsrichtungen gleich schnell verlaufen, liegt das dynamische Gleichgewicht vor, auf das wir das **Massenwirkungsgesetz** anwenden können:

$$K = \frac{c(\mathbf{C}) \cdot c(\mathbf{D})}{c(\mathbf{A}) \cdot c(\mathbf{B})}$$

Am Beispiel einer konkreten Redoxreaktion wird nun die Gleichgewichtseinstellung und die Änderung der Potenziale betrachtet:

$$Fe^{2+}(aq) + Ag^{+}(aq) \rightleftharpoons Fe^{3+}(aq) + Ag(s) \quad (1)$$

V1 In einem Becherglas wird aus einer Silbernitrat-Lösung*, c = 0,1 mol/L, und einer Silber-Elektrode eine Ag/Ag^{+}-Halbzelle hergestellt. Diese verbindet man über eine Elektrolytbrücke nacheinander mit den folgenden Halbzellen zu galvanischen Zellen:
a) Halbzelle aus einem Becherglas mit einer mit Schwefelsäure* angesäuerten Eisen(II)-sulfat-Lösung*, c = 0,1 mol/L, in die eine Platin-Elektrode taucht,
b) Halbzelle aus einem Becherglas mit einer angesäuerten Eisen(III)-chlorid-Lösung*, c = 0,1 mol/L, in die eine Platin-Elektrode taucht.

Auswertung

a) Messen Sie die Spannungen beider Zellen und geben Sie Donator- und Akzeptor-Halbzelle an.
b) Geben Sie die Richtung der Zellreaktion an.
c) Kennzeichnen Sie in der Redoxgleichung (1) die Oxidationsmittel 1 und 2 sowie die Reduktionsmittel 1 und 2.
d) Eine Eisen(II)-sulfat-Lösung ist nicht absolut rein, sondern enthält auch Spuren von Eisen(III)-Ionen. Ebenso enthält eine Eisen(III)-chlorid-Lösung auch Eisen(II)-Ionen in geringen Konzentrationen. Berechnen Sie aus Ihren gemessenen Zellspannungen das jeweilige Konzentrationsverhältnis $c(Fe^{3+})/c(Fe^{2+})$ in den galvanischen Zellen.

In V1 haben wir galvanische Zellen aus den Redoxpaaren

$$Fe^{2+}(aq) \rightleftharpoons Fe^{3+}(aq) + e^{-}; \quad E° = +0{,}77\ V$$

$$Ag(s) \rightleftharpoons Ag^{+}(aq) + e^{-} \quad E° = +0{,}80\ V$$

deren Standard-Elektrodenpotenziale nahe beieinanderliegen, aufgebaut. Ist die Konzentration der Eisen(II)-Ionen groß gegenüber der Konzentration der Eisen(III)-Ionen (V1a), so ist die Ag/Ag^{+}-Halbzelle die Akzeptor-Halbzelle und die Fe^{2+}/Fe^{3+}-Halbzelle die Donator-Halbzelle, denn das Redoxpotential $E(Fe^{2+}/Fe^{3+})$ ist kleiner als $E(Ag/Ag^{+})$. Die Zellreaktion von Gleichung (1) verläuft von links nach rechts.

Bei einer hohen Eisen(III)- und einer kleinen Eisen(II)-Ionenkonzentration wird dagegen das Potenzial

$$E(Fe^{2+}/Fe^{3+}) = E° + 0{,}059\ V\ \lg \frac{c(Fe^{3+})}{c(Fe^{2+})}$$

nach der NERNST-Gleichung so groß (vgl. S. 161), dass jetzt die Fe^{2+}/Fe^{3+}-Halbzelle die Akzeptor- und die Ag/Ag^{+}-Halbzelle die Donator-Halbzelle ist. Die Zellreaktion von Gleichung (1) verläuft nun von rechts nach links. Die Richtung dieser umkehrbaren Redoxreaktion wird also bei gleicher Silber-Ionenkonzentration durch das Konzentrationsverhältnis von Eisen(III)- zu Eisen(II)-Ionen bestimmt. Für die Zellspannung der galvanischen Zelle aus V1 gilt:

$$U = E(Ag/Ag^{+}) - E(Fe^{2+}/Fe^{3+})$$

Bei Stromfluss in dieser Zelle sinkt durch die ablaufende Zellreaktion die Konzentration der Eisen(II)-Ionen und die Konzentration der Eisen(III)-Ionen nimmt zu. Das Potenzial $E(Fe^{2+}/Fe^{3+})$ wird größer. Gleichzeitig sinkt in der Silber-Halbzelle die Silber-Ionenkonzentration; das Potenzial $E(Ag/Ag^{+})$ wird kleiner. Die Zellspannung sinkt. Ist die Spannung auf U = 0 V gesunken, fließt kein Strom und der Gleichgewichtszustand hat sich eingestellt. Dann gilt:

$$E(Ag/Ag^{+}) = E(Fe^{2+}/Fe^{3+})$$

Potenzial und Gleichgewicht

Setzt man für die Berechnung der beiden Potenziale die NERNST-Gleichung nach B3, S. 161 ein, so erhält man:

$E°(\mathbf{Ag/Ag^+}) + 0{,}059\ \text{V} \cdot \lg c(\mathbf{Ag^+}) =$

$E°(\mathbf{Fe^{2+}/Fe^{3+}}) + 0{,}059\ \text{V} \cdot \lg \dfrac{c(\mathbf{Fe^{3+}})}{c(\mathbf{Fe^{2+}})}$

$E°(\mathbf{Ag/Ag^+}) - E°(\mathbf{Fe^{2+}/Fe^{3+}}) =$

$0{,}059\ \text{V}\ (\lg \dfrac{c(\mathbf{Fe^{3+}})}{c(\mathbf{Fe^{2+}})} - \lg c(\mathbf{Ag^+}))$

somit gilt:

$$\Delta E° = 0{,}059\ \text{V} \cdot \lg \frac{c(\mathbf{Fe^{3+}})}{c(\mathbf{Fe^{2+}}) \cdot c(\mathbf{Ag^+})}$$

Der Term $\dfrac{c(\mathbf{Fe^{3+}})}{c(\mathbf{Fe^{2+}}) \cdot c(\mathbf{Ag^+})}$

ist nichts anderes als der Massenwirkungsquotient (vgl. S. 37) der Redoxgleichung (1).
Im Gleichgewicht, d.h. wenn die Geschwindigkeit der Hinreaktion gleich der der Rückreaktion ist, gilt:

$$K = \frac{c(\mathbf{Fe^{3+}})^1}{c(\mathbf{Fe^{2+}}) \cdot c(\mathbf{Ag^+})}$$

Daraus folgt dann:

$\Delta E° = 0{,}059 \cdot \lg \{K\}$

Die Gleichgewichtskonstante K einer beliebigen Redoxreaktion errechnet sich allgemein nach:

$$\lg\{K\} = \frac{z \cdot \Delta E°}{0{,}059\ \text{V}} \quad (2)$$

Nach dem Delogarithmieren ergibt sich:

$$K = 10^{\frac{z \cdot \Delta E°}{0{,}059\ \text{V}}}$$

Die berechnete Gleichgewichtskonstante gilt für eine Temperatur von 25 °C. Für abweichende Temperaturwerte ergibt sich durch Umwandlung der vollständigen NERNST-Gleichung (vgl. S. 160):

$$\ln\{K\} = \frac{z \cdot F \cdot \Delta E°}{R \cdot T}$$

B1 zeigt Beispiele für die Berechnung von Gleichgewichtskonstanten.

1. Beispiel

$$\mathbf{Fe^{2+}(aq) + Ag^+(aq) \rightleftharpoons Fe^{3+}(aq) + Ag(s)}$$

$\lg\{K\} = \dfrac{z \cdot \Delta E°}{0{,}059\ \text{V}}$

Anzahl der übertragenen Elektronen

$z = 1$

$\lg\{K\} = \dfrac{0{,}03\ \text{V}}{0{,}059\ \text{V}} = 0{,}51$

$\underline{\underline{K = 3{,}2\ \text{L/mol}}}$ (bei 25 °C)

2. Beispiel

$$\mathbf{Cu^{2+}(aq) + Zn(s) \rightleftharpoons Cu(s) + Zn^{2+}(aq)}$$

$E°(\mathbf{Cu/Cu^{2+}}) = +0{,}35\ \text{V}$
$E°(\mathbf{Zn/Zn^{2+}}) = -0{,}76\ \text{V}$
$\Delta E° = 1{,}11\ \text{V}$

(Zellspannung unter Standardbedingungen im DANIELL-Element)

$\lg\{K\} = \dfrac{z \cdot 1{,}11\ \text{V}}{0{,}059\ \text{V}}$

Anzahl der übertragenen Elektronen

$z = 2$

$\lg\{K\} = \dfrac{2{,}22\ \text{V}}{0{,}059\ \text{V}} = 37$

$\underline{\underline{K = \dfrac{c(\mathbf{Zn^{2+}})}{c(\mathbf{Cu^{2+}})} = 10^{37}}}$

B1 *Beim 1. Beispiel ist K = 3,2 L/mol, d.h. dass diese Redoxreaktion eine typische Gleichgewichtsreaktion ist, bei der alle Reaktionspartner in deutlichen Konzentrationen vorliegen; die Potenzialdifferenz ΔE° ist sehr klein. Beim 2. Beispiel ist dies jedoch anders. Mit K = 10^{37} liegt das Gleichgewicht nahezu vollständig auf der Seite der Produkte: Kupfer-Ionen liegen im Gleichgewicht kaum noch vor. Dies erklärt sich durch den großen Potenzialunterschied von ΔE° = 1,1 V.*
A: *Berechnen Sie die Gleichgewichtskonstante der Reaktion*
$\mathbf{Cu(s) + 2Ag^+(aq) \rightleftharpoons 2Ag(s) + Cu^{2+}(aq)}$.

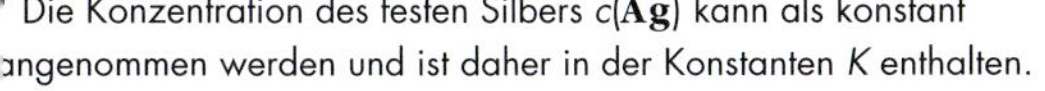

[1] Die Konzentration des festen Silbers $c(\mathbf{Ag})$ kann als konstant angenommen werden und ist daher in der Konstanten K enthalten.

Ionen können sich nicht verstecken

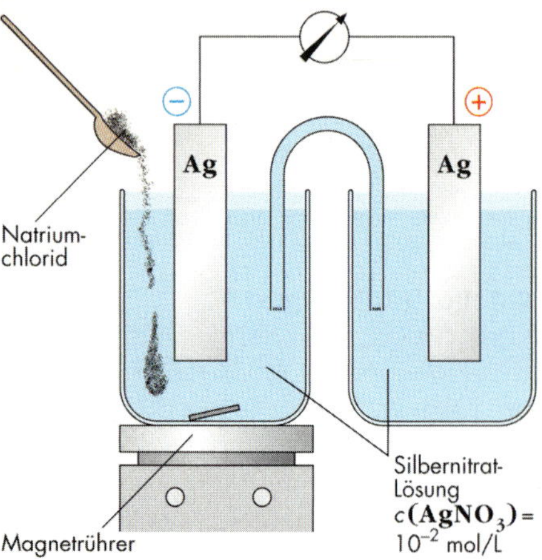

B1 *Silber-Konzentrationszelle. Zugabe von Chlorid-Ionen führt zum Ausfällen von schwer löslichem Silberchlorid.*

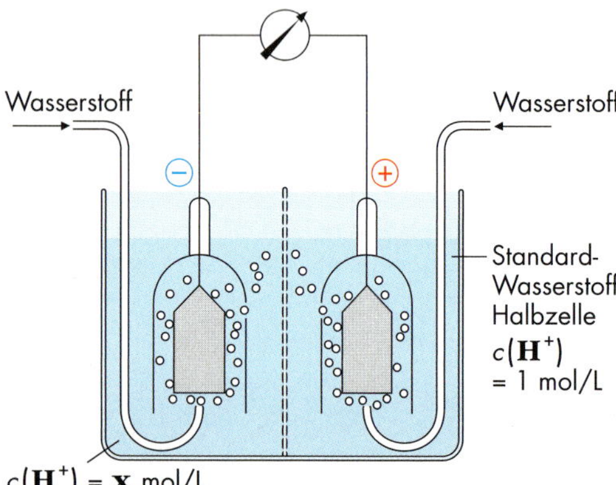

B2 *Wasserstoff-Konzentrationszelle: Über die gemessene Spannung lässt sich die H^+-Ionenkonzentration bestimmen.*

Versuche

V1 Stellen Sie gemäß V3 auf S. 158 eine Silber-Konzentrationszelle her, indem Sie zwei Bechergläser mit jeweils 50 mL Silbernitrat-Lösung*, c = 0,01 mol/L, füllen, in die Sie je eine Silber-Elektrode eintauchen. Verbinden Sie die beiden Halbzellen mit einer Elektrolytbrücke und über ein Voltmeter leitend zu einer galvanischen Zelle. Die gemessene Zellspannung sollte U = 0 V betragen.

a) Geben Sie dann in eine der beiden Halbzellen 2,9 g (n = 0,05 mol) festes Natriumchlorid (B1).

b) Geben Sie in eine der beiden Halbzellen über Nacht etwas entfettete Eisenwolle. Notieren Sie jeweils die Beobachtungen und messen Sie die Zellspannung. Kennzeichnen Sie Plus- und Minuspol.

V2 Stellen Sie sich gemäß B2 zwei Wasserstoff-Halbzellen mit unterschiedlichen Salzsäure-Konzentrationen her: eine Konzentration ist $c_1(HCl)$ = 1 mol/L (pH = 0), die andere Lösung unbekannter Konzentration wird Ihnen vom Lehrer/der Lehrerin bereitgestellt. Verbinden Sie beide Halbzellen mit Elektrolytbrücke und über ein Voltmeter zu einer Konzentrationzelle. Messen Sie die Zellspannung. Begründen Sie das Zustandekommen der Zellspannung.

V3 *Experiment mit Petrischalen*: Füllen Sie zwei zweigeteilte Petrischalen mit unterschiedlich konzentrierten Salzsäure-Lösungen (V2, $c_1(HCl)$ = 1 mol/L, $c_2(HCl)$: unbekannte Konzentration). Tauchen Sie in jeweils eine Schalenhälfte eine Platin- in die andere eine Graphit-Elektrode ein (vgl. V4, S. 148).

1. *Elektrolyse*: Verbinden Sie jeweils die Platin-Elektrode mit dem Minuspol, die Graphit-Elektrode mit dem Pluspol einer Gleichspannungsquelle und elektrolysieren Sie. (Vergessen Sie nicht, ein Stück Bierdeckelfilz auf den Trennsteg zu setzen!)
2. *Galvanische Messung*: Legen Sie die beiden Petrischalen so nebeneinander, dass die Halbzellen mit den Platin-Elektroden aneinanderliegen. Verbinden Sie die beiden Wasserstoff-Halbzellen mit Bierfilz und über ein Voltmeter. Lesen Sie die Spannung ab.

Auswertung

a) Protokollieren Sie die Beobachtungen und Messwerte aus V1 bis V3.

b) Werten Sie Ihre Messergebnisse rechnerisch nach dem Muster von S. 165 aus.

INFO

Messung der H^+-Ionenkonzentration mit einer *p*H-Elektrode

In der Praxis wird die H^+-Ionenkonzentration bzw. der pH-Wert mit einer ***p*H-Elektrode** oder **Einstabmesskette** (B3, rechts) gemessen. Diese besteht aus zwei Halbzellen in einem Doppelglasrohr, in das eine Bezugselektrode und eine Messelektrode eingebracht sind. Die Messelektrode ist über eine für H^+-Ionen durchlässige Glaswand mit der umgebenden Messlösung verbunden. An dieser Glasmembran bildet sich eine Potenzialdifferenz aus, die nur von der Konzentration an H^+-Ionen (pH-Wert) der Messlösung abhängig ist und gegenüber der Bezugselektrode vom Messgerät direkt als pH-Wert angezeigt wird (B4).
Die pH-Messung erfolgt im Gegensatz zu V2 auch ohne vorherige Elektrolyse, da die Bezugs- und die Messelektrode keine Wasserstoff-Elektroden sind. Dies ist für die Handhabbarkeit der Elektrode von großem Vorteil. Die beiden Elektroden sind zumeist mit Silberchlorid überzogene Silberbleche (Redoxpaar: $Ag/AgCl$), die in eine Chlorid-Lösung eintauchen. Auch für andere Ionenarten gibt es sog. **ionenspezifische Elektroden**.

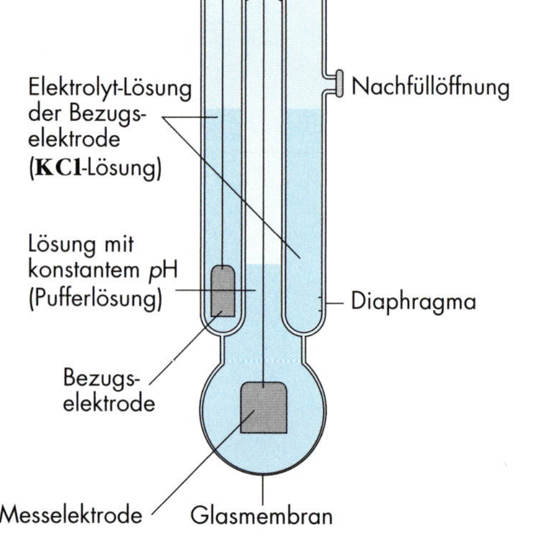

B3 *Bau einer pH-Elektrode*

Potenziometrische Konzentrationsbestimmung

Bei chemischen Analysen ist es oft sehr wichtig, auch kleinste Konzentrationen gelöster Ionen nachzuweisen. So können z. B. Schwermetall-Ionen für im Wasser lebende Organismen, aber auch für den Menschen über das Trinkwasser selbst in geringen Mengen schädlich sein. Wie man durch Anwendung der NERNST-Gleichung experimentell auch kleinste Ionenkonzentrationen bestimmen kann, zeigt V1.
In V1a) nimmt die Konzentration an gelösten Silber-Ionen ab, da die zugesetzten Chlorid-Ionen mit den Silber-Ionen zu schwer löslichem Silberchlorid reagieren:

$$Ag^+(aq) + Cl^-(aq) \rightleftharpoons AgCl(s)$$

Aufgrund des Gleichgewichts werden aber nicht alle Silber-Ionen aus der Lösung ausgefällt (vgl. S. 167). Die restlichen Ag^+-Ionen können nach Messung der Zellspannung mit der auf S. 159 angegebenen Gleichung für Konzentrationszellen berechnet werden:

$$U = 0{,}059\ \text{V} \cdot \lg \frac{c_A(Ag^+)}{c_D(Ag^+)}$$

Durch Umformen erhält man:

$$\lg c_A(Ag^+) - \lg c_D(Ag^+) = \frac{U}{0{,}059\ \text{V}}$$

$$\lg c_D(Ag^+) = -\frac{U}{0{,}059\ \text{V}} + \lg c_A(Ag^+)$$

Als Akzeptor-Halbzelle fungiert die Halbzelle mit $c_A(Ag^+)$ = 0,01 mol/L. Die gemessene Zellspannung beträgt etwa U = 0,46 V.

$$\lg c_D(Ag^+) = -7{,}8 - 2 = -9{,}8$$

Nach Delogarithmieren ergibt sich für die Donator-Halbzelle eine Konzentration an Silber-Ionen von:

$$c_D(Ag^+) = 1{,}6 \cdot 10^{-10}\ \text{mol/L}$$

Aufgaben

A1 Berechnen Sie nach Ermitteln der Zellspannung die Ag^+-Ionenkonzentration von V1b). B4 auf S. 136 gibt an, dass man mit Eisenwolle Silbersalz-Lösungen „entsilbern" kann. Beurteilen Sie, ob man die Silbernitrat-Lösung der Donator-Halbzelle in den Spülstein schütten darf, wenn Sie berücksichtigen, dass die Regeln für öffentliche Abwässer einen Gehalt von max. 1 mg Ag^+/L erlauben.

A2 Berechnen Sie die H^+-Ionenkonzentration der verdünnten Salzsäure-Lösung von V2.

A3 Zwischen zwei Kupfer-Halbzellen misst man eine Spannung von 0,15 V. Die Konzentration einer Kupfer-Halbzelle beträgt $c(Cu^{2+})$ = 0,1 mol/L. Sie fungiert als Pluspol. Berechnen Sie die Konzentration an Kupfer-Ionen in der anderen Halbzelle.

INFO

Messung von H^+-Ionenkonzentration und *p*H-Wert

Die H^+-Ionenkonzentration von V2 berechnet sich ebenfalls über die Gleichung für Konzentrationszellen:

$$\lg c_D(H^+) = -\frac{U}{0{,}059\ \text{V}} + \lg c_A(H^+)$$

Da die H^+-Ionenkonzentration der Akzeptor-Halbzelle c_A = 1 mol/L beträgt, ergibt sich:

$$\lg c_D(H^+) = -\frac{U}{0{,}059\ \text{V}} \qquad (1)$$

Auf S. 209 in Kap. 5 wird der *p*H-Wert als negativer dekadischer Logarithmus der H^+-Ionenkonzentration definiert:

$$pH = -\lg c(H^+)$$

Setzt man diese Gleichung in (1) ein, so ergibt sich:

$$U = 0{,}059\ \text{V} \cdot pH \qquad (2)$$

Dividiert man die gemessene Spannung, die zwischen einer Standard-Wasserstoff-Halbzelle und einer Wasserstoff-Halbzelle unbekannter Säurekonzentration messbar ist, durch den Wert 0,059 V, so kann man direkt den *p*H-Wert der Lösung erhalten. In V2 wurde somit ein „primitives *p*H-Meter" konstruiert.

A: Berechnen Sie den *p*H-Wert der unbekannten Salzsäure-Lösung von V2 und überprüfen Sie den *p*H-Wert mit einem *p*H-Meter oder *p*H-Papier.

B4 *Mit galvanischen Zellen lässt sich auch der pH-Wert messen.*

Gesättigt

B1 *Blei- und Iodid-Ionen reagieren zu schwer löslichem Bleiiodid, das auf den Boden sinkt.*

B2 *Mikroskopische Aufnahme von der Phasengrenzfläche zwischen festem Silber (schwarz) und einer Silber-Ionen-Lösung (hell)*

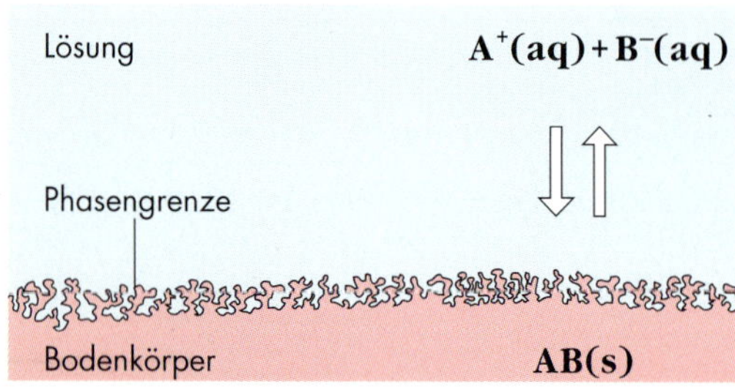

B3 *Schematische Darstellung der Vorgänge an der Phasengrenze.*
A: *Erläutern Sie die dargestellten Vorgänge beim Lösen bzw. Ausfällen eines Salzes.*

Versuche

V1 Stellen Sie in einem Becherglas aus Calciumhydroxid* $Ca(OH)_2$ und Wasser eine Suspension her. Lassen Sie diese so lange stehen, bis sich der nicht gelöste Feststoff am Boden abgesetzt hat. Filtrieren Sie den Überstand und teilen Sie das Filtrat auf 2 Rggl. auf. Geben Sie in das erste Rggl. etwas Indikator und in das zweite eine konzentrierte Lösung aus Natriumcarbonat. Beobachtungen?

V2 Gießen Sie 3 mL verdünnte Schwefelsäure* zu 3 mL Silbernitrat-Lösung*. Filtrieren Sie den entsprechenden Niederschlag ab. Fügen Sie zu dem Filtrat etwas Kaliumiodid-Lösung. Beobachtung?

LV3a In einem Becherglas wird Kaliumperchlorat* $KClO_4$ in warmem Wasser (ca. 60 °C) aufgelöst, bis die Lösung gesättigt ist. Dann lässt man die warm gesättigte Kaliumperchlorat-Lösung* abkühlen. Beobachtung?

V3b Teilen Sie den Überstand der abgekühlten Lösung auf 2 Rggl. auf. Geben Sie in das erste Rggl. 1 mL konzentrierte Kaliumchlorid-Lösung und in das zweite 1 mL Perchlorsäure* $HClO_4$, w = 60 %. Beobachtungen?

LV4 Es werden folgende Lösungen vorbereitet:

a) Kaliumiodid-Lösung, hergestellt aus 0,77 g KI in 200 mL destilliertem Wasser (Lösung I).

b) Bleinitrat-Lösung*, hergestellt aus 0,43 g $Pb(NO_3)_2$ in 200 mL destilliertem Wasser (Lösung II).

Gleiche Volumina von Lösung I und Lösung II werden vereinigt (B1). Beobachtung?

Man lässt den gebildeten Niederschlag ca. 5 Minuten absetzen und filtriert den Überstand zu gleichen Teilen in 2 Rggl. In das 1. Rggl. wird eine Spatelspitze festes Kaliumiodid und in das zweite Rggl. eine Spatelspitze festes Bleinitrat* gegeben. Beobachtung?

Auswertung

a) Deuten Sie die Beobachtungen bei V1 bis LV4.

b) Schlagen Sie einen Kontrollversuch vor, der beweist, dass der in LV4 bzw. in B1 entstehende Niederschlag Bleiiodid und nicht Kaliumnitrat ist.

c) Was würden Sie erwarten, wenn man bei V1 nach vollständigem Absetzen des unlöslichen Feststoffes den klaren Überstand durch destilliertes Wasser ersetzen würde? Was wäre zu beobachten, wenn man diesen Vorgang mehrfach wiederholen würde?

d) Machen Sie aufgrund von V2 begründete Aussagen über die Löslichkeit von Silbersulfat und Silberiodid.

e) Nennen Sie je zwei Salze, durch deren Hinzufügen man die gleichen Beobachtungen wie in V3a bzw LV4 erzielen könnte. Begründen Sie.

f) Wie würden Sie den Begriff „Gesättigte Lösung" definieren? Verwenden Sie bei Ihrer Definition auch den Begriff „Chemisches Gleichgewicht".

Das Löslichkeitsprodukt

Oft scheint es, als würden sich Feststoffe in Wasser nicht lösen. Mithilfe analytischer Methoden kann man aber gelöste Ionen auch über dem Bodensatz eines in Wasser scheinbar unlöslichen Salzes nachweisen (V1, vgl. V1 S. 164). Beim Lösen eines Salzes gehen die Ionen des Ionengitters so lange als hydratisierte Ionen in Lösung, bis eine bestimmte Ionenkonzentration in der wässrigen Lösung erreicht ist; es liegt dann eine **gesättigte Lösung** vor. Aus einer klaren gesättigten Lösung lässt sich umgekehrt das feste Salz ausfällen. Dies kann man entweder durch Temperaturänderung (V3a) oder aber durch Konzentrationserhöhung eines der beteiligten Ionen erreichen (V3b und LV4). Die Beobachtungen beim Lösen und Ausfällen eines Salzes lassen sich durch die Einstellung eines Gleichgewichts zwischen **Bodensatz** und gelösten Ionen erklären:

$$KClO_4(s) \underset{\text{Fällungsvorgang}}{\overset{\text{Lösevorgang in Wasser}}{\rightleftharpoons}} K^+(aq) + ClO_4^-(aq) \qquad (1)$$

$$PbI_2(s) \underset{\text{Fällungsvorgang}}{\overset{\text{Lösevorgang in Wasser}}{\rightleftharpoons}} Pb^{2+}(aq) + 2I^-(aq) \qquad (2)$$

Das Gleichgewicht (1) wird durch Temperaturerniedrigung nach links verschoben, da die Kristallisation bei der Ausfällung exotherm verläuft. Erhöht man bei den Gleichgewichten (1) und (2) jeweils die Konzentration auch nur *eines* der beteiligten Ionen durch eine Zugabe eines entsprechenden Salzes, so verschiebt sich nach dem Prinzip von LE CHATELIER (vgl. S. 55) das Gleichgewicht nach links und es fällt Feststoff aus. Man spricht in diesem Fall von einem **gleichionigen Zusatz**. Das Massenwirkungsgesetz lässt sich für das Gleichgewicht eines Salzes A_mB_n folgendermaßen formulieren:

$$A_mB_n(s) \rightleftharpoons mA^{a+}(aq) + nB^{b-}(aq)$$

$$K = \frac{c^m(A^{a+}) \cdot c^n(B^{b-})}{c(A_mB_n)}$$

Da man die Konzentration von festem A_mB_n in einem Bodensatz als konstant ansehen kann, kann man diesen Wert in die Konstante K mit einbeziehen:

$$K_L = c^m(A^{a+}) \cdot c^n(B^{b-})$$

Die Konstante K_L wird **Löslichkeitsprodukt** genannt. Die Löslichkeitsprodukte einiger Salze sind in B4 aufgelistet. Je kleiner das Löslichkeitsprodukt eines Salzes ist, desto geringer ist seine Löslichkeit in Wasser.

Aufgaben[1]

A1 Berechnen Sie die Silber- und Chlorid-Ionenkonzentrationen in einer Silberchlorid-Lösung mit Bodensatz. Wie ändert sich die Konzentration an Silber-Ionen, wenn man die Konzentration an Chlorid-Ionen auf 0,1 mol/L erhöht?

A2 Welche Beobachtungen würden Sie erwarten, wenn man eine gesättigte Silberiodid-Lösung mit Kaliumbromid bzw. mit Kaliumsulfid versetzt hätte?

[1] Musterlösungen zu Rechnungen mit K_L sind in *Chemie 2000+ Online* verfügbar.

Stoff	K_L (25 °C)
Fluoride	
BaF_2	$2{,}4 \cdot 10^{-5}\ mol^3 \cdot L^{-2}$
CaF_2	$3{,}9 \cdot 10^{-11}\ mol^3 \cdot L^{-3}$
Chloride	
$PbCl_2$	$1{,}6 \cdot 10^{-5}\ mol^3 \cdot L^{-3}$
$AgCl$	$1{,}7 \cdot 10^{-10}\ mol^2 \cdot L^{-2}$
Bromide	
$PbBr_2$	$4{,}6 \cdot 10^{-6}\ mol^3 \cdot L^{-3}$
$AgBr$	$5{,}0 \cdot 10^{-13}\ mol^2 \cdot L^{-2}$
Iodide	
PbI_2	$8{,}3 \cdot 10^{-9}\ mol^3 \cdot L^{-3}$
AgI	$8{,}5 \cdot 10^{-17}\ mol^2 \cdot L^{-2}$
Sulfate	
$CaSO_4$	$2{,}4 \cdot 10^{-5}\ mol^2 \cdot L^{-2}$
Ag_2SO_4	$1{,}2 \cdot 10^{-5}\ mol^3 \cdot L^{-3}$
$SrSO_4$	$7{,}6 \cdot 10^{-7}\ mol^2 \cdot L^{-2}$
$BaSO_4$	$1{,}5 \cdot 10^{-9}\ mol^2 \cdot L^{-2}$
$PbSO_4$	$1{,}6 \cdot 10^{-8}\ mol^2 \cdot L^{-2}$
Chromate	
$BaCrO_4$	$8{,}5 \cdot 10^{-11}\ mol^2 \cdot L^{-2}$
Ag_2CrO_4	$1{,}9 \cdot 10^{-12}\ mol^3 \cdot L^{-3}$
$PbCrO_4$	$2 \cdot 10^{-16}\ mol^2 \cdot L^{-2}$
Carbonate	
$CaCO_3$	$4{,}7 \cdot 10^{-9}\ mol^2 \cdot L^{-2}$
$MgCO_3$	$1 \cdot 10^{-15}\ mol^2 \cdot L^{-2}$
Hydroxide	
$Ba(OH)_2$	$5{,}0 \cdot 10^{-3}\ mol^3 \cdot L^{-3}$
$Ca(OH)_2$	$1{,}3 \cdot 10^{-6}\ mol^3 \cdot L^{-3}$
$Mg(OH)_2$	$8{,}9 \cdot 10^{-12}\ mol^3 \cdot L^{-3}$
Sulfide	
MnS	$7{,}0 \cdot 10^{-16}\ mol^2 \cdot L^{-2}$
FeS	$4{,}0 \cdot 10^{-19}\ mol^2 \cdot L^{-2}$
NiS	$3{,}0 \cdot 10^{-21}\ mol^2 \cdot L^{-2}$
SnS	$1{,}0 \cdot 10^{-26}\ mol^2 \cdot L^{-2}$
CdS	$1{,}0 \cdot 10^{-28}\ mol^2 \cdot L^{-2}$
PbS	$7{,}0 \cdot 10^{-29}\ mol^2 \cdot L^{-2}$
CuS	$8{,}0 \cdot 10^{-37}\ mol^2 \cdot L^{-2}$
HgS	$5{,}0 \cdot 10^{-53}\ mol^2 \cdot L^{-2}$
Ag_2S	$5{,}5 \cdot 10^{-51}\ mol^3 \cdot L^{-2}$
Phosphate	
Ag_3PO_4	$1{,}8 \cdot 10^{-18}\ mol^4 \cdot L^{-4}$
$Ca_3(PO_4)_2$	$1{,}3 \cdot 10^{-32}\ mol^5 \cdot L^{-5}$

B4 *Löslichkeitsprodukte einiger schwer löslicher Salze bei 25 °C.* **A:** *Warum unterscheiden sich die Einheiten der verschiedenen Löslichkeitsprodukte?*

Fachbegriffe

Gesättigte Lösung, Bodensatz, gleichioniger Zusatz, Phasengrenze, Löslichkeitsprodukt

Redoxpotenziale in biologischen Systemen

Die Atmungskette: Knallgasreaktion in der Zelle

In lebenden Zellen laufen zahlreiche energieliefernde Redoxreaktionen ab. Diese Energie benötigen Lebewesen nicht nur, um Wärme zu gewinnen, sondern vielmehr um daraus körpereigene, energiereiche Verbindungen aufzubauen. Bei der einfachen Verbrennung von Glucose mit Luftsauerstoff würde nur Wärmeenergie verfügbar werden. Am Beispiel der galvanischen Zellen haben wir gesehen, dass Potenzialdifferenzen auch anders genutzt werden können. Gibt es denn auch in unserem Körper „galvanische Zellen", durch die Potenzialdifferenzen wie in der Technik nutzbar werden?

Bei der Atmung werden Glucose-Moleküle $C_6H_{12}O_6$ oxidiert, wobei die frei werdenden Elektronen und Protonen auf die eingeatmeten Sauerstoff-Moleküle übertragen werden:

$$4H^+ + 4e^- + O_2 \rightleftharpoons 2H_2O \qquad (1)$$

Da in einem Glucose-Molekül 12 Wasserstoff-Atome enthalten sind, entstehen somit 6 Wasser-Moleküle[1]. In den Zellen sind die Protonen und die Elektronen reversibel an einem Träger-Molekül gebunden, dem NAD^+ Kation[2]:

$$NAD^+ + 2H^+ + 2e^- \rightleftharpoons NADH + H^+ \qquad (2)$$

Betrachtet man die Gleichung (1) formal, so entspricht sie der Reaktionsgleichung der Knallgasreaktion:

$$2H_2 + O_2 \rightleftharpoons 2H_2O \qquad (3)$$

Im Gegensatz zur Knallgasreaktion erfolgt bei der Atmung die Bildung von Wasser nicht explosionsartig, sondern in der Abfolge einer Reaktionskette (Atmungskette). Die Atmungskette findet in Zellorganellen, den Mitochondrien, statt. Betrachtet man die Mitochondrien unter dem Elektronenmikroskop, so fallen zwei Membranen auf, eine äußere und eine stark gefaltete innere Membran (B1). In ihr befinden sich enzymgebunden hintereinandergeschaltete Redoxsysteme mit unterschiedlichen Redoxpotenzialen (B2).

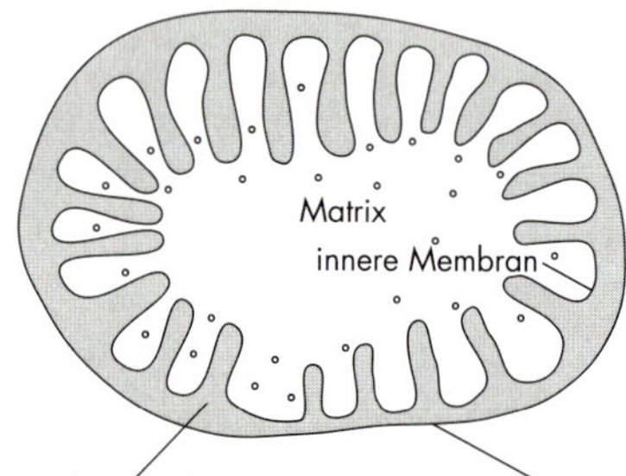

B1 *Querschnitt durch ein Mitochondrium: Die innere Membran trennt Matrix und Zwischenmembranraum. Sie enthält an Eiweiß gebundene Redoxpaare, die man zu drei Redox-Komplexen zusammenfasst.*

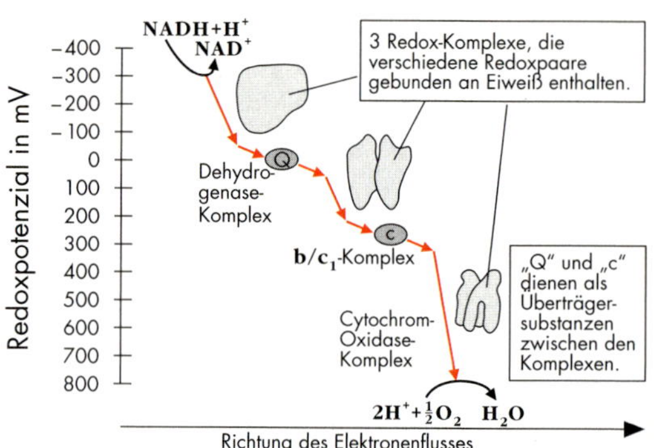

B2 *Redoxpotenziale wichtiger Redoxpaare der Mitochondrien. Die 2 Elektronen und Protonen vom* $NADH+H^+$ *werden letztlich auf den Sauerstoff übertragen.*

Diese Redoxpaare bewirken den Transport von Protonen und Elektronen. Aufgrund des Potenzialgefälles der Redoxpaare werden die Elektronen stufenweise weitergegeben. Durch eine besondere Anordnung der eiweißgebundenen Redoxsysteme werden gleichzeitig Protonen von der Matrix in den Membranzwischenraum (B1) transportiert. Hierdurch entsteht an der Membran zwischen Matrix und Zwischenraum ein Konzentrationsgefälle an Protonen (B3). Die innere Mitochondrien-Membran ist für Protonen zwar undurchlässig, diese können aber durch spezielle Kanäle wieder in den Matrixraum zurückgelangen, wo sie nach Reaktionsgleichung (1) mit den Elektronen und Sauerstoff zu Wasser reagieren.

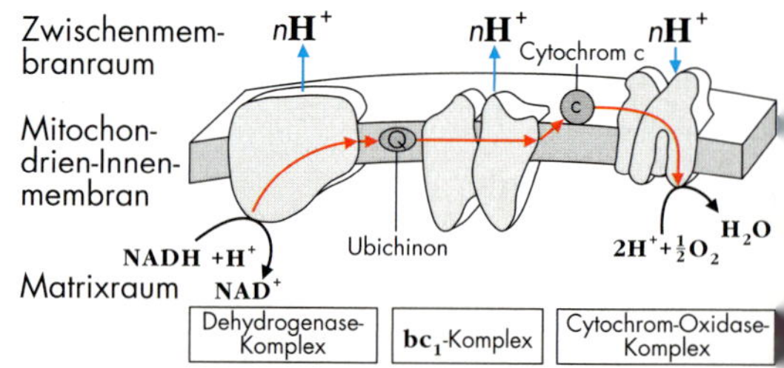

B3 *Der Weg der Elektronen (rot) und Protonen (blau) durch die Enzyme der Atmungskette*

Die Verhältnisse an der Mitochondrien-Membran lassen sich stark vereinfacht mit einer Protonen-Konzentrationzelle vergleichen. In beiden Fällen liegen zwei Räume (Halbzellen) mit unterschiedlichen Protonen-Konzentrationen getrennt durch eine Membran (Diaphragma) vor. Die Potenzialdifferenz wird in den Mitochondrien dazu genutzt, eine energiereiche Verbindung, das ATP[3], herzustellen, das den Zellen als universeller Energieträger dient.

[1] Neben Wasser entsteht bei der Atmung auch Kohlenstoffdioxid.

[2] *NAD⁺* = Nicotinsäureamidadenindinucleotid (vgl. *Chemie 2000+ Online*)

[3] *ATP* = Adenosintriphosphat (vgl. *Chemie 2000+ Online*)

Redoxpotenziale in biologischen Systemen

Ruhe- und Aktionspotenziale von Nervenzellen

Als der italienische Arzt LUIGI GALVANI (1737–1789) einen Froschmuskel durch Kontakt mit zwei unterschiedlichen Metall-Elektroden zum Zucken brachte, zeigte er damit als Erster, dass bei Nervenimpulsen elektrochemische Prozesse eine Rolle spielen. Als es um 1950 gelang, mit kleinen Elektroden in Nervenzellen einzudringen, konnten man ein Elektrodenpotenzial an der Membran der Nervenzelle messen. Wie kommt dieses Potenzial zustande und was geschieht, wenn ein Nerv gereizt wird?

Eine Nervenzelle besteht aus einem Zellleib mit Zellkern, Nervenfortsätzen, die zum Zellleib *hin* führen (Dendriten), und zumeist einem langen Nervenfortsatz (Axon), der vom Zellleib zur nächsten Zelle *weg* führt.

A: Informieren Sie sich über den genaueren Aufbau einer Nervenzelle in einem Biologiebuch.

Sticht man mit einer feinen Elektrode in das ungereizte Axon hinein, so kann man gegenüber einer zweiten Elektrode, die an der Außenseite der Axonmembran anliegt, ein Potenzial von etwa –90 mV **(Ruhepotenzial)** messen. Das Minuszeichen sagt aus, dass das Innere des Axons im Ruhezustand im Gegensatz zur Außenseite negativ geladen ist. Die Ursache dieses Potenzials ist in der unterschiedlichen Verteilung von Ionen an der Nervenmembran zu suchen (B4).

Ionenarten	Natrium-Ionen (Na^+)	Kalium-Ionen (K^+)	Chlorid-Ionen (Cl^-)	Organische Anionen (A^-)
Ionenkonzentration in der Gewebsflüssigkeit (in mmol/L)	460	10	540	–
Ionenkonzentration im Plasma der Nervenfaser (in mmol/L)	50	400	55	350

B4 *Ionenverteilung an der Außen- bzw. Innenseite des Axons.* **A:** *Vergleichen Sie die Ladungsbilanz innerhalb und außerhalb der Axonmembran.*

Die Axonmembran ist für die relativ kleinen Kalium-Ionen[1] durchlässig, nicht jedoch für die größeren, anderen Ionen. Dabei können die Kalium-Ionen durch kleine „Kanäle" (*Kaliumkanäle*) innerhalb der Membran diffundieren; die Membran ist also semipermeabel. Zwar gibt es auch **Natriumkanäle**, die die Natrium-Ionen durchlassen, diese sind im Ruhezustand der Zelle aber geschlossen.

Wird ein Nerv gereizt, dann misst man mit den Elektroden eine plötzliche Potenzialänderung: Kurzzeitig stellt sich ein Membranpotenzial von ca. + 30 mV ein (**Aktionspotenzial**). Ursache hierfür ist die kurzzeitige Öffnung der Natriumkanäle, die nun entsprechend der Konzentrationsdifferenz von außen nach innen diffundieren können. Die Membran ist nun also semipermeabel für Natrium-Ionen, die ein Konzentrationsgefälle von außen nach innen besitzen.

V1 stellt die Vorgänge am Axon modellhaft dar.

V1 *Simulation von Ruhe- und Aktionspotenzial*

Füllen Sie ein Becherglas mit kalt gesättigter Kaliumchlorid-Lösung, ein zweites mit verdünnter Kaliumchlorid-Lösung. In zwei weitere Bechergläser füllen sie je eine kalt gesättigte bzw. eine verdünnte Natriumchlorid-Lösung. Tauchen Sie in alle Lösungen eine Silberchlorid-Elektrode[2] ein. Verbinden Sie gemäß B5 die Elektroden mit dem Voltmeter. Tauchen Sie nun eine mit einer Kaliumnitrat-Lösung gefüllte Elektrolytbrücke zuerst in die beiden Kaliumchlorid-Lösungen. Entnehmen sie dann die Elektrolytbrücke und tauchen Sie sie in die Bechergläser mit den Natriumchlorid-Lösungen. Lesen Sie für beide Messungen die Messwerte ab.

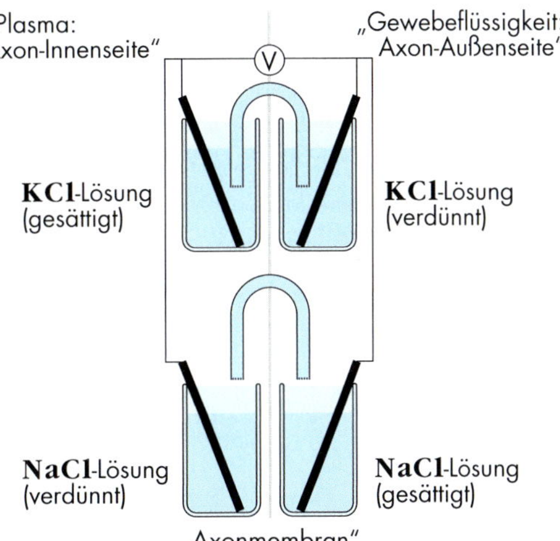

B5 *Modellversuch zum Ruhe- und Aktionspotenzial. Bei dem Experiment kann man wie beim Axon eine Umkehrung der Polarität messen. Bei beiden Messungen misst man die Spannung, die sich durch die unterschiedlichen Kationen-Konzentrationen der jeweiligen Konzentrationszellen ergibt.*

Auswertung

a) Stellen sie die Analogien zwischen dem Modellversuch und den Verhältnissen am Axon heraus.

b) Begründen Sie die Polung bei den einzelnen Messungen.

---

[1] Die Natrium-Ionen sind aufgrund einer größeren Hydrathülle größer als die hydratisierten Kalium-Ionen (vgl. B3, S. 206).

[2] Herstellung einer Silberchlorid-Elektrode, vgl. *Chemie 2000+ Online*.

100 Jahre jung – die Taschenlampenbatterie

B1 *Eine durchgesägte LECLANCHÉ-Zelle: rechts der herausgenommene Zinkbecher; links Braunstein-Graphit-Gemisch mit Graphitstab.* **A:** *Woran erkennt man, dass es sich um eine verbrauchte Batterie handelt?*

Versuche

V1 Sägen Sie eine Taschenlampenbatterie (LECLANCHÉ-Zelle) der Länge nach durch. Beschreiben Sie den Aufbau der Batterie, indem Sie sie in ihre Bestandteile zerlegen. Messen Sie mit einem angefeuchteten Indikatorpapier den *p*H-Wert der schwarzen Elektrolyt-Masse. Versetzen Sie in einem Rggl. etwas Elektrolyt-Masse* mit einem Natriumhydroxid-Plätzchen* und prüfen Sie nach leichtem Erwärmen vorsichtig den Geruch.

V2 Geben Sie in ein Becherglas mit Ammoniumchlorid-Lösung* ein Zinkblech und eine Extraktionshülse. Mischen Sie in einem Becherglas 7 g Graphitpulver mit 40 g Braunsteinpulver*. Verrühren Sie die Mischung anschließend mit 40 mL 20%iger Ammoniumchlorid-Lösung zu einer Paste und füllen Sie sie in die Extraktionshülse. Tauchen Sie eine Kohle-Elektrode hinein und verbinden Sie die Elektrode über ein Voltmeter mit dem Zinkblech. Messen Sie die Spannung.

Auswertung

a) Welche Bauteile der LECLANCHÉ-Zelle fungieren als Plus- bzw. Minuspol?
b) Welche Funktion hat das Graphitpulver?
c) LECLANCHÉ hat für sein erste entwickelte Zelle einen Zinkstab verwendet (vgl. B7, S. 143). Welche Vorteile haben die heute verwendeten Zinkbecher?
d) Warum neigen ältere, verbrauchte Batterien zum Auslaufen?

INFO

Die Erfahrung zeigt, dass nach längerem Gebrauch die Leistung der Taschenlampenbatterie nachlässt. Die Spannung reicht nicht mehr aus, um eine Glühbirne aufleuchten zu lassen. Schaltet man die Taschenlampe aus, kann man aber häufig feststellen, dass sich die Batterien nach einiger Zeit wieder erholt haben, die Glühbirne brennt wieder. B2 veranschaulicht diese Beobachtung.

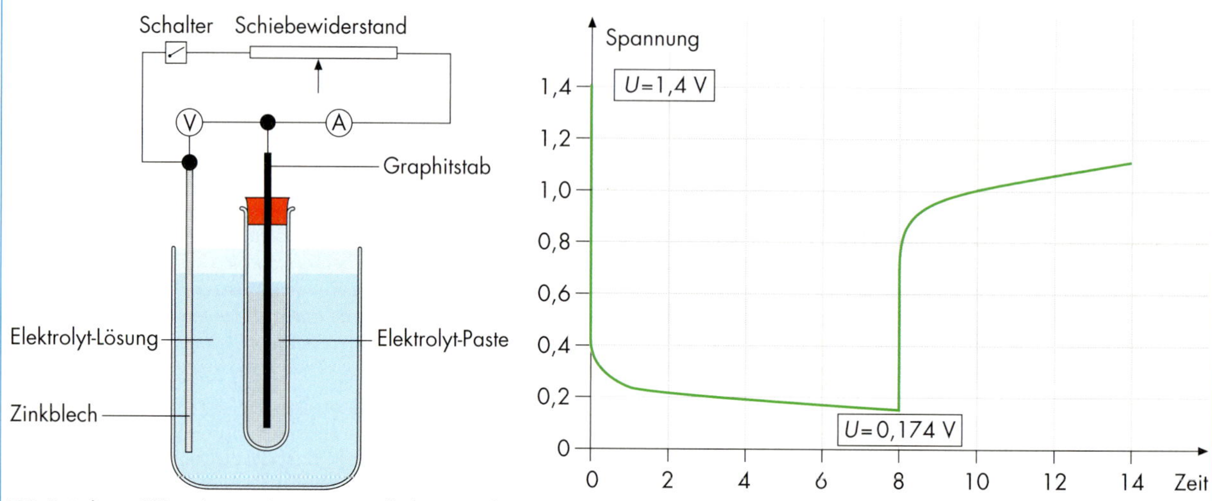

B2 *Bei der in V2 gebauten LECLANCHÉ-Zelle beträgt die gemessene Spannung ohne Belastung etwa 1,4 V. Um die Spannung der Batterie bei Belastung zu messen, wird das Zinkblech gemäß B2 (links) über einen Schalter und einen Schiebewiderstand mit der Kohle-Elektrode verbunden. Nach Umlegen des Schalters stellt man den Schiebewiderstand so ein, dass eine Stromstärke von etwa 10 mA fließt. B2 (rechts) zeigt den Spannungsverlauf bei einer 8-minütigen Belastung. Anschließend wird der Widerstand ausgeschaltet.* **A:** *Beschreiben Sie den Kurvenverlauf und deuten Sie das oben beschriebene Phänomen. Welche Bedeutung hat der Schiebewiderstand?*

Die LECLANCHÉ-Zelle

Die heute für Taschenlampen, Spielzeuge und elektrische Kleingeräte gebräuchlichen Batterien wurden bereits vor über 100 Jahren von dem französischen Chemiker GEORGES LECLANCHÉ (vgl. S. 143) entwickelt und auf der Pariser Weltausstellung 1867 zum ersten Mal der Öffentlichkeit vorgestellt. Das Besondere an dieser nach ihrem Erfinder benannten **LECLANCHÉ-Zelle** lag seinerzeit darin, dass diese statt einer Elektrolyt-Lösung eine feuchte Elektrolyt-Paste enthält. Dadurch wird die Zelle „trocken" und ist somit besser zu handhaben.
Die LECLANCHÉ-Zelle besteht aus einem Zinkbecher (Minuspol) und einem Kohlestab in der Mitte (Pluspol), der von einer feuchten Paste aus Braunstein, Ruß, Ammoniumchlorid und Stärke umgeben ist. Braunstein (MnO_2, Mangandioxid) ist das Oxidationsmittel, Ruß wird zugesetzt, um die elektrische Leitfähigkeit der Zelle zu erhöhen, Ammoniumchlorid dient als Elektrolyt und Stärke verdickt das wässrige Gemisch zu einer Paste (V1, V2). An den Elektroden laufen folgende Reaktionen ab:

Minuspol: $Zn(s) \longrightarrow Zn^{2+}(aq) + 2e^-$

Pluspol: $2\overset{+IV}{Mn}O_2(s) + 2H_2O\ (l) + 2e^- \longrightarrow 2\overset{+III}{Mn}O(OH)\ (s) + 2OH^-(aq)$

Die Zellspannung der LECLANCHÉ-Zelle beträgt im unbelastetem Zustand etwa U = 1,5 V. Bei Betrieb der Zelle sinkt die Spannung, da durch die Bildung von Hydroxid-Ionen am Pluspol der *p*H-Wert steigt, und somit das Potenzial des Redoxpaares $MnO(OH)/MnO_2$ sinkt (B2). Die gebildeten Hydroxid-Ionen reagieren mit den Ammonium-Ionen in einer Sekundärreaktion nach folgender Gleichung :

$$2OH^-\ (aq) + 2NH_4^+(aq) \longrightarrow 2NH_3(g) + 2H_2O(l)$$

Das sich um den Pluspol bildende Ammoniakgas isoliert die Kohle-Elektrode, so dass bei längerem Betrieb der Zelle auch die Stromstärke allmählich abnimmt.
In einer Betriebspause erholt sich die Zelle wieder, da das Ammoniakgas in die Zelle diffundiert und mit den am Minuspol gebildeten Zink-Ionen zu einem Amminkomplex reagiert:

$$Zn^{2+}(aq) + 2NH_3(g) \longrightarrow [Zn(NH_3)_2]^{2+}(aq)$$

In einer weiteren Sekundärreaktion reagieren Zink-Ionen mit Hydroxid-Ionen zu Zinkhydroxid, das im Laufe der Zeit unter Wasserabspaltung zu schwer löslichem, weißem Zinkoxid „altert" (B1):

$$Zn^{2+}(aq) + 2OH^-\ (aq) \longrightarrow Zn(OH)_2(s)$$

$$Zn(OH)_2(s) \longrightarrow ZnO(s) + H_2O(l)$$

Nach längerem Betrieb löst sich der Zinkbecher langsam auf, sodass das bei der Alterung gebildete wässrige Zinkoxid auslaufen kann. Aus diesem Grund sollte man aus elektrischen Geräten nach Gebrauch die Batterien herausnehmen.

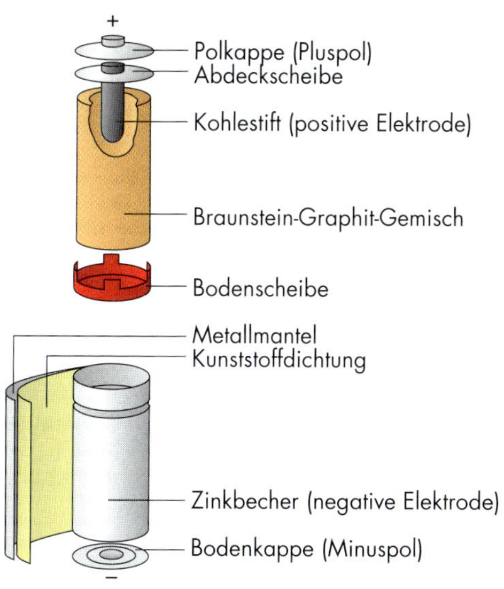

B3 *Die Bauteile einer LECLANCHÉ-Zelle*

Aufgaben

A1 Weshalb erholt sich eine LECLANCHÉ-Zelle schneller, wenn man sie auf eine Heizung legt?

A2 Erklären Sie anhand der NERNST-Gleichung, dass das Potenzial des Redoxpaares $MnO(OH)/MnO_2$ während des Betriebs der LECLANCHÉ-Zelle sinkt.

A3 Die LECLANCHÉ-Zelle darf man nicht wieder durch Elektrolyse in einem Ladegeräte aufladen. Welche Reaktionen könnten bei der Elektrolyse in der Zelle ablaufen? Welche Gefährdung ginge davon aus?

Fachbegriffe

LECLANCHÉ-Zelle, Trockenbatterie, Ruhe- und Belastungsspannung

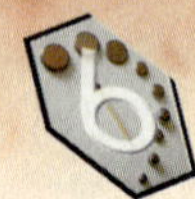

Redoxpotenziale – das Know-how für moderne Batterien

Wer heute für sein Elektrogerät die passende Batterie sucht, muss genau deren Größe, Form und Nennspannung beachten. So sehr sich aber die im Fachhandel angebotenen Batterien auch nach außen hin unterscheiden, so funktionieren sie doch alle nach dem gleichen Prinzip: Es werden immer zwei Redoxpaare mit unterschiedlichen Redoxpotenzialen, getrennt durch einen Elektrolyten, kombiniert. Im Folgenden wird ein Überblick über die z. Zt. gängigsten Batterietypen gegeben.

1. Alkali-Mangan-Batterie

Diese z. B. als „Mikro-" oder „Mignon"-Batterie in den Handel gebrachten Batterien besitzen eine Nennspannung von 1,5 V und werden zumeist bei Elektrogeräten mit hohem Energieverbrauch wie z. B. Walkmans, Radiorecordern oder Blitzlichtern eingesetzt.

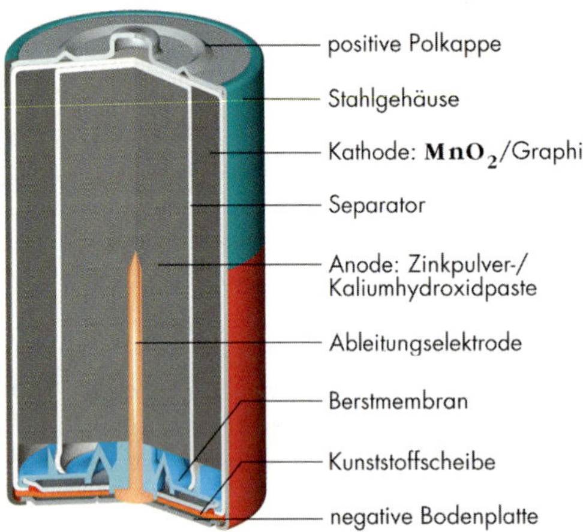

B1 *Bau der Alkali-Mangan-Zelle.* **A:** *Vergleichen Sie den Aufbau mit dem des* LECLANCHÉ*-Elements.*

Dieser Batterietyp stellt eine Weiterentwicklung des LECLANCHÉ-Elements auf der Basis der Mangandioxid/Zink-Zelle dar. Sie enthält aber als Elektrolyt-Lösung Kalilauge. Dies bewirkt ein günstigeres Entladeverhalten bei Dauerbelastung (B2). Da sich die Zink-Elektrode, die sich im Inneren einer MnO_2-Hülle befindet, in der alkalischen Umgebung sehr schnell auflösen würde, ist sie mit Quecksilber amalgamiert. Um den Innenwiderstand der Batterie zu erniedrigen, wird die Zinkoberfläche vergrößert, indem man das als Anode fungierende Zink pulverförmig in die Elektrolyt-Paste einbringt. Die chemische Gesamtreaktion in der Zelle lautet:

$$Zn(s) + 2MnO_2(s) + 2KOH(aq) + 2H_2O(l) \longrightarrow K_2[Zn(OH)_4](aq) + 2MnO(OH)(s)$$

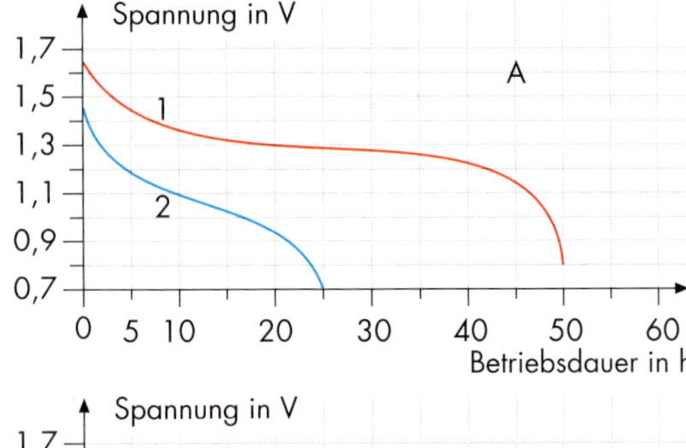

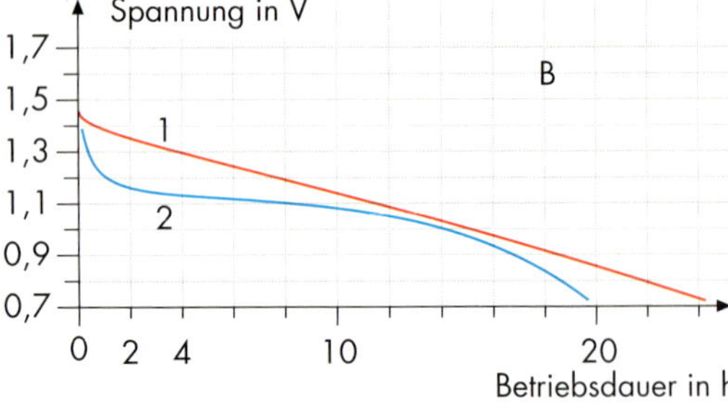

B2 *Entladekurven einer Alkali-Mangan-Zelle (1) und eines einfachen* LECLANCHÉ*-Elements (2);*
(A): Einschaltdauer 6 h/d, Belastung 15 Ω
(B): Einschaltdauer 30 min/d, Belastung 5 Ω.
A: *Vergleichen Sie Einsatzmöglichkeiten von Alkali-Mangan- und* LECLANCHÉ*-Zelle.*

Viele Batterien kommen in der Form von **Knopfzellen** auf den Markt, sodass deren Angebot verwirrend erscheint (B3). Zugleich aber gewinnt diese Bauform immer mehr an Bedeutung, da es sich hierbei um besonders kleine Spannungsquellen handelt, die mit unterschiedlichen Nennspannungen angeboten werden. Obwohl die Knopfzellen sich äußerlich ähneln, unterscheidet man je nach verwendeten Redoxpaaren im Inneren verschiedene Typen.

B3 *Klein und vielfältig einsetzbar.* **A:** *Informieren Sie sich auf den Homepages verschiedener Batteriehersteller über deren Angebot an Knopfzellen. Welche Einsatzmöglichkeiten werden angegeben? Vergleichen Sie auch Chemie 2000+ Online.*

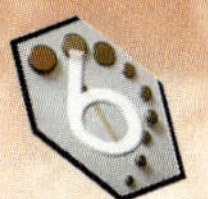

Redoxpotenziale – das Know-how für moderne Batterien

2. Silberoxid-Zink-Zelle
Dieser Batterietyp wird vor allem zum Betreiben von Armbanduhren verwendet. B4 zeigt den Aufbau einer Silberoxid/Zink-Zelle.

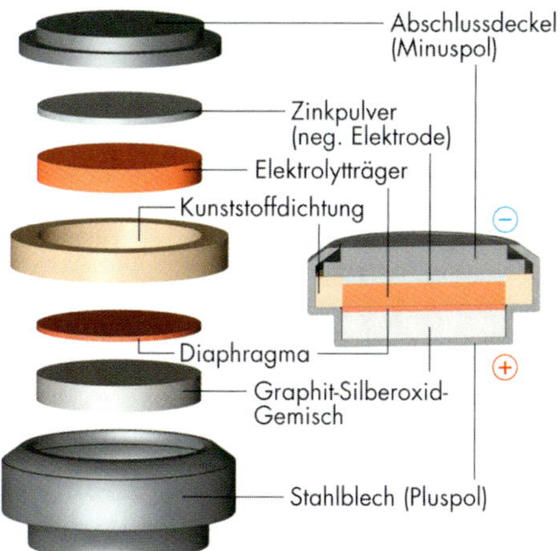

B4 *Aufbau einer Silberoxid-Zink-Knopfzelle*

Die Silberoxid-Zink-Zelle nutzt bei einer Nennspannung von 1,55 V den Potenzialunterschied der Redoxpaare Zn/Zn^{2+} und Ag/Ag^{+}. Bei Stromentnahme laufen in der Zelle vereinfacht folgende Elektrodenreaktionen ab:

Minuspol:
$$Zn(s) \longrightarrow Zn^{2+}(aq) + 2e^-$$
Pluspol:
$$Ag_2O(s) + H_2O(l) + 2e^- \longrightarrow 2Ag(s) + 2OH^-(aq)$$

3. Lithium-Mangan-Zelle
Da das Redoxpaar Li/Li^+ das negativste Standard-Elektrodenpotenzial ($E° = -3{,}04$ V) besitzt, erzielt man mit Lithium als negativer Elektrode in Knopfzellen die hohe Nennspannung von 3 V. Wie bei der LECLANCHÉ-Zelle fungiert Braunstein MnO_2 als Oxidationsmittel an der positiven Elektrode. Vereinfacht läuft folgende Gesamtreaktion in der Zelle ab:

$$\overset{0}{Li}(s) + \overset{+IV\ -II}{MnO_2}(s) \longrightarrow \overset{+I\ +III\ -II}{LiMnO_2}(s)$$

Lithium-Mangan-Zellen werden wegen ihrer langen Lebensdauer gerne in Fotoapparaten oder Taschenrechnern eingesetzt.
Da Lithium sich als Alkalimetall in wasserhaltigen Elektrolyt-Lösungen unter Bildung von Wasserstoff auflösen würde, verwendet man spezielle organische, polare Lösemittel wie z. B. Ketone oder Ester.
A: Formulieren Sie die an den Elektroden ablaufenden Reaktionen.

V1 *Modellversuch einer Lithium-Zelle (B5)*
Stellen Sie sich eine Elektrolyt-Paste nach V2 auf S. 170 her. Bohren Sie in den Plastikdeckel einer Getränkeflasche ein Loch, durch das Sie eine kurze Graphit-Elektrode passend stecken. Füllen Sie nun die Paste in den Plastikdeckel um die Graphit-Elektrode herum. Decken Sie die Paste mit einem passenden Stück Bierdeckel ab, den Sie zuvor mit gesättigter Kaliumnitrat-Lösung getränkt haben. Schlagen Sie nun ein erbsengroßes, entrindetes Stück Lithium* mit einem Hammer zu einer flachen Scheibe und legen Sie sie auf den Bierdeckel. Verbinden Sie nun die Graphit-Elektrode und das Lithiumblech mit einem Voltmeter bzw. mit einem Elektromotor. Messen Sie die Spannung der Modellbatterie.

B5 *Modellversuch einer Lithium-Mangan-Knopfzelle (V1).* ***A:*** *Worin bestehen Gemeinsamkeiten und Unterschiede zwischen dem Modellversuch und einer Lithium-Knopfzelle?*

4. Zink-Luft-Zelle
Dieser Batterietyp nutzt den in der Luft vorhandenen Sauerstoff als Oxidationsmittel für Zink. Anstelle von Braunstein ist das Material der positiven Elektrode Aktivkohle, die an ihrer großen Oberfläche Sauerstoff adsorbiert. Über eine Öffnung, die die Aktivkohle-Schicht mit der Umgebung verbindet, kann Luftsauerstoff nachströmen. Die Zink-Luft-Zelle mit einer Nennspannung von 1,4 V wird häufig in Hörgeräten eingesetzt. Für eine Verwendung in Armbanduhren ist sie hingegen nicht geeignet, da deren Wasserdichtigkeit auch den Zustrom von Sauerstoff verhindert.

V2 *Modellversuch zur Zink-Luft-Zelle*
Tauchen Sie in ein Becherglas mit Kalilauge*, c = 6 mol/L, ein Zinkblech und ein Stück Holzkohle. Verbinden Sie beide Elektroden mit einer Gleichspannungsmessgerät. Mit der Zelle lässt sich ein kleiner Elektromotor stundenlang betreiben.
A: Formulieren Sie die Reaktionsgleichungen, die in der Zink-Luft-Zelle bei Stromentnahme ablaufen.

Akku leer? Laden!

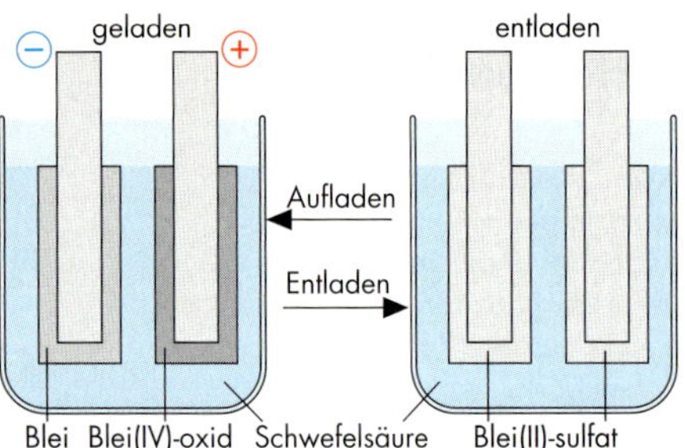

B1 *Geladener und entladener Bleiakku*

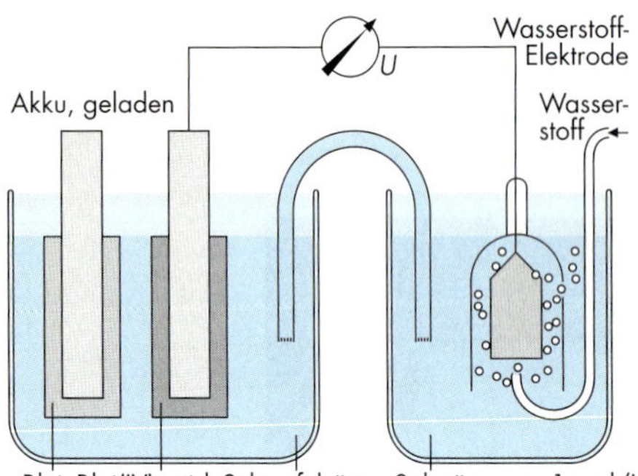

B2 *Messung der Standard-Elektrodenpotenziale eines Bleiakkumulators*

Versuche

LV1 *(Modell-Bleiakkumulator)* Zwei Bleibleche* werden als Elektroden in verdünnte Schwefelsäure* (w = 25 %) getaucht. Zum Aufladen des Bleiakkumulators wird eine Spannung von etwa 4 V angelegt. Vergleichen Sie das Aussehen der beiden Elektroden. Nach dem Abschalten der Spannungsquelle werden die Elektroden zum Entladen des Bleiakkumulators

a) … über ein Voltmeter,

b) … über ein Glühbirnchen oder einen Propeller miteinander verbunden.

Der Versuch kann mehrfach wiederholt werden.

LV2 Zur Messung der Elektrodenpotenziale der Halbzellen eines Bleiakkumulators wird der Modell-Bleiakkumulator von LV1 mit einer vereinfachten Standard-Wasserstoff-Elektrode (Herstellung vgl. S. 148) kombiniert. Die beiden Elektroden des Modell-Bleiakkumulators werden nacheinander mit der Standard-Wasserstoff-Halbzelle über ein Voltmeter verbunden. Die Spannung wird gemessen (B2).

Auswertung

a) Deuten Sie die Versuchsbeobachtungen von V1.

b) In einem funktionsfähigen Bleiakkumulator kommt das Metall Blei elementar (**Pb**), als Bleisulfat ($PbSO_4$) und Bleidioxid (PbO_2) vor. Ermitteln Sie jeweils die Oxidationszahlen des Bleis. An welchen Orten im Akkumulator kann man diese drei Stoffe finden?

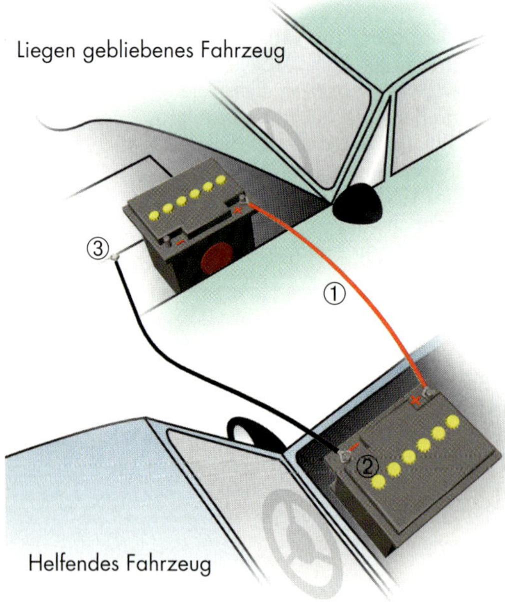

Liegen gebliebenes Fahrzeug

Helfendes Fahrzeug

B3 *Der richtige Anschluss bei der Fremdstarthilfe*

INFO

Der Akku ist leer – Fremdstarthilfe

An kalten Wintertagen kann man es oft beobachten: Die Autobatterie[1] ist leer und kann den Automotor nicht mehr starten. Mithilfe einer Fremdstarthilfe kann man den liegen gebliebenen PKW wieder flott bekommen. Aber Vorsicht: Da zwischen den Polen einer 12-Volt-Batterie eine hohe Stromstärke fließen kann, kann man schnell großen Schaden anrichten. Daher sind beim Fremdstart folgende Schritte erforderlich (B3):

1. Nur Batterien gleicher Nennspannung verwenden.
2. Beide Kfz-Motoren abstellen und alle Verbraucher (außer Warnblinkanlage beim Spender) abschalten.
3. Zuerst mit dem roten Starthilfekabel die Pluspole beider Batterien verbinden ①.
4. Dann das schwarze Kabel an den Minuspol des helfenden Fahrzeugs anklemmen ②. Danach das freie Ende des Kabels an eine blanke Stelle des liegen gebliebenen Fahrzeuges abseits der Batterie anklemmen, beispielsweise am Motorblock ③ (Hinweise des Fahrzeug-Herstellers beachten).
5. Motor des helfenden Fahrzeugs starten, dann Motor des liegen gebliebenen Fahrzeugs starten und laufen lassen.
6. Kabel in umgekehrter Reihenfolge wieder abklemmen.

[1] Die Auto-*„Batterie"* ist ein Akkumulator, eine wiederaufladbare elektrochemische Zelle

Der Bleiakkumulator

Ein entscheidender Nachteil der Batterien liegt darin, dass sie nicht wieder aufgeladen und daher nicht mehrfach genutzt werden können. Dagegen sind Akkumulatoren, wie der als Starterbatterie im Kraftfahrzeug bewährte Bleiakkumulator, wiederaufladbar.
Bei LV1 bildet sich bei der Elektrolyse von Schwefelsäure zwischen zwei Bleiplatten an der Anode eine braune Schicht von Blei(IV)-oxid PbO_2. Die Blei-Kathode bleibt unverändert. Nach Abschalten der Spannungsquelle kann man zwischen den Elektroden eine Spannung von 2 V messen. Durch Elektrolyse ist eine galvanische Zelle, ein Modell-Bleiakku aus einer Blei- und einer Bleidioxid-Elektrode, entstanden (B1).
Beim Entladen laufen folgende Reaktionen ab:

Minuspol:

$$\overset{0}{Pb}(s) + SO_4^{2-}(aq) \longrightarrow \overset{+II}{Pb}SO_4(s) + 2e^-;\ E° = -0{,}13\ V$$

Pluspol:

$$\overset{+IV}{Pb}O_2(s) + 4H^+(aq) + 2e^- + SO_4^{2-}(aq) \longrightarrow \overset{+II}{Pb}SO_4(s) + 2H_2O(l);\ E° = 1{,}46\ V$$

In der als Elektrolyt vorliegenden Schwefelsäure bilden Blei(II)-Ionen mit den Sulfat-Ionen schwer lösliches Blei(II)-sulfat $PbSO_4$, das sich als weiße Schicht auf den Elektroden abscheidet. Beim Aufladen des Bleiakkus werden die Vorgänge des Entladens wieder umgekehrt.

Gesamtgleichung:

$$Pb(s) + PbO_2(s) + 4H^+(aq) + 2SO_4^{2-}(aq) \underset{\text{Aufladen}}{\overset{\text{Entladen}}{\rightleftharpoons}} 2PbSO_4(s) + 2H_2O(l)$$

Beim Bleiakkumulator bleibt das als Reaktionsprodukt gebildete Bleisulfat größtenteils an den Elektroden haften. Dies ist die Voraussetzung für das Wiederaufladen: Die Blei(II)-Ionen im Bleisulfat werden durch Anlegen einer Spannung am Minuspol wieder zu Blei-Atomen reduziert bzw. am Pluspol zu Blei(IV)-oxid oxidiert.
Eigentlich sollte man vermuten, dass beim Anlegen einer Gleichspannung zum Aufladen des Akkus eine Elektrolyse der wässrigen Schwefelsäure unter Bildung von Wasserstoff und Sauerstoff ablaufen würde (vgl. V1, S. 144). Die Abscheidung von Wasserstoff und Sauerstoff ist an Bleiplatten jedoch stark gehemmt[1], sodass vorwiegend die Reduktion bzw. Oxidation der Blei(II)-Ionen erfolgt. Sind jedoch alle Blei(II)-Ionen beim Ladevorgang im Blei bzw. Blei(IV)-oxid überführt, so werden beim weiteren Aufladen als Folge einer Überladereaktion Wasserstoff und Sauerstoff als Knallgas aus dem Akku freigesetzt.

Aufgaben

A1 Warum nimmt die Konzentration der im Akku enthaltenen Schwefelsäure beim Entladen ab?

A2 Erklären Sie, warum sich die Elektrodenpotenziale des Bleiakkus von den Standard-Elektrodenpotenzialen unterscheiden ($E(Pb/Pb^{2+}) = 0{,}36$ V und $E(Pb^{2+}/PbO_2 = 1{,}69$ V).

[1] Vergleiche S. 56, 57.

B4 *Im Jahr 1859 entwickelte GASTON PLANTÉ (1834–1889) den ersten Bleiakkumulator und damit die älteste Form einer wiederaufladbaren elektrischen Zelle. Damit war die Grundlage für die industrielle Herstellung von Akkumulatoren geschaffen.*

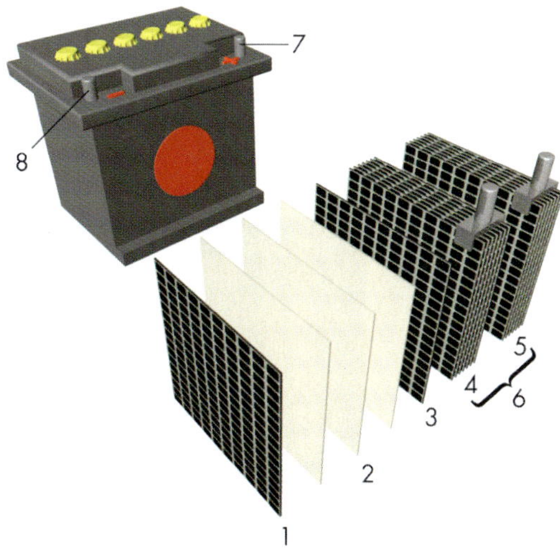

1 negative Platte (Bleigitter mit schwammigem Blei)
2 Scheider
3 positive Platte (Bleigitter mit Blei(IV)-oxid)
4 negativer Plattensatz
5 positiver Plattensatz
6 Plattenblock für eine Zelle
7 positiver Pol
8 negativer Pol

B5 *Aufbau eines Bleiakkus im Auto. Im Bleiakku sind 6 Zellen zusammengefasst, die eine Spannung von 12 V ergeben.*

Fachbegriffe

Akkumulator, Laden, Entladen, Überladereaktion

Weiterentwicklung der Akkumulatortechnik

Der Einsatz zahlreicher elektronischer Geräte wie z. B. Handys, Camcorder oder tragbarer Computer wäre heute ohne wiederaufladbare Akkus undenkbar. In ihnen ist das Bauprinzip des Bleiakkus weiterentwickelt worden. Die wichtigsten Akkumulatoren werden im Folgenden vorgestellt.

1. Nickel-Cadmium-Akkumulator

Dieser sehr häufig in Kleingeräten eingesetzte Akku wird als Knopf-, Rund- oder Blockzelle hergestellt und besitzt eine Nennspannung von 1,3 V. Als negative Elektrode dient eine Cadmium-, als positive Elektrode ein Nickel-Elektrode, die mit Nickel(III)-hydroxid-oxid umgeben ist. Als Elektrolyt wird Kalilauge verwendet. Beim Entladen bzw. Laden laufen folgende Reaktionen ab:

Minuspol:

$$Cd(s) + 2OH^-(aq) \underset{\text{Laden}}{\overset{\text{Entladen}}{\rightleftarrows}} Cd(OH)_2(s) + 2e^- \quad (1)$$

Pluspol:

$$2NiO(OH)(s) + 2H_2O(l) + 2e^- \underset{\text{Laden}}{\overset{\text{Entladen}}{\rightleftarrows}} 2Ni(OH)_2(aq) + 2OH^-(aq) \quad (2)$$

Die beim Laden und Entladen entstehenden Verbindungen sind schwer löslich und lagern sich auf den Elektroden ab.

B1 Ni/Cd-*Akkus bei der Arbeit*

Auch beim Ni/Cd-Akku könnte es wie beim Blei-Akku zu einer Überladereaktion kommen, bei der Wasserstoff und Sauerstoff aus dem Elektrolyten freigesetzt würden. Dies wird aber durch eine Überdimensionierung der negativen Elektrode vermieden: Die negative Elektrode enthält eine Ladereserve aus Cadmiumhydroxid, das nach vollständigem Laden der Zelle, beim Überladen, zu Cadmium reduziert wird. Dadurch wird verhindert, dass gasförmiger Wasserstoff durch Reduktion von Wasser-Molekülen entsteht. Beim Überladen entsteht an der positiven Elektrode Sauerstoff, der in die Zelle diffundiert und überschüssiges Cadmium der negativen Elektrode oxidiert.

Der Memory-Effekt

Der Memory-Effekt ist ein Phänomen, das hauptsächlich beim Ni-Cd-Akku auftritt. Wenn man den Akku vor der vollständigen Entleerung auflädt, entstehen auf der negativen Elektrode kleine Kristalle aus einer Nickel-Cadmium-Verbindung (Ni_5Cd_{21}). Wiederholt sich dieser Vorgang mehrmals, bildet sich eine Schicht, die immer stärker wird. Dadurch verringert sich die verfügbare Oberfläche der Cadmium-Elektrode immer mehr, bis der Akku nur noch wenige Minuten die nötige Spannung liefert. Der Akku sollte daher vor jedem Laden immer erst vollständig entladen werden. Der Memory-Effekt lässt sich beseitigen, indem man den Akku mehrmals vollständig entlädt und anschließend mit Nennspannung wieder auflädt.

A: Vergleichen Sie Bau und Funktion des Blei- und Nickel-Cadmium-Akkumulators.

2. Nickel-Metallhydrid-Akkumulator

Da Cadmium sehr giftig ist, wurde als Ersatz für den Nickel-Cadmium-Akkumulator der Nickel-Metallhydrid-Akkumulator (Ni/MH-Akku) entwickelt. Heute kann man nahezu alle Geräte, die mit einem Ni/Cd-Akku betrieben werden, auch mit dem Ni/MH-Akku ausstatten. Die Reaktionsabläufe am Pluspol des Nickel-Metallhydrid-Akkus entsprechen denen des Nickel-Cadmium-Akkus (vgl. Gleichung 2). Der Minuspol dieses Akkus wird durch eine Metalllegierung gebildet, die in der Lage ist, Wasserstoffgas zu absorbieren. Als Elektrolyt dient Kaliumhydroxid-Lösung. Am Minuspol läuft folgende Reaktion ab:

$$\text{Metall-}H_2(s) + 2OH^-(aq) \underset{\text{Laden}}{\overset{\text{Entladen}}{\rightleftarrows}} \text{Metall}(s) + 2H_2O(l) + 2e^- \quad (3)$$

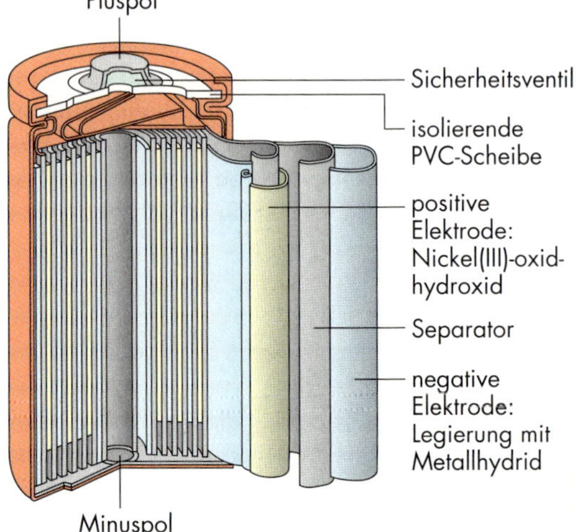

B2 *Bau eines* Ni/MH-*Akkus (zylindrisch).*
A: *Formulieren Sie für den* Ni/Cd- *und den* Ni/MH-*Akku die Gesamtreaktionsgleichungen.*

Weiterentwicklung der Akkumulatortechnik

3. Lithium-Ion-Akkumulator

Eine sehr hohe Nennspannung von 3,6–4 V, keinen Memory-Effekt, kurze Aufladezeit und geringe Schadstoffanteile zeichnen diesen modernen Akkumulatortyp aus, von dem im Jahr 2000 über 500 Millionen Stück hergestellt wurden.

Die positive Elektrode besteht aus einem Metalloxid, in dem eine bestimmte Anzahl an Lithium-Ionen eingelagert sind. In der Praxis werden hauptsächlich Mangan- oder Cobaltoxide verwendet, da sich in deren Kristallgitter die Lithium-Ionen besonders gut als $LiCoO_2$ oder $LiMn_2O_4$ einlagern lassen (B3). Als positive Ableitelektrode fungiert ein Metallstab (z.B. Aluminium), der den Kontakt zur Elektrodenmasse herstellt. Als negative Elektrode fungiert eine Graphit-Elektrode, in deren Kohlenstoff-Gitter ebenfalls Lithium-Ionen eingelagert sind (Li_xC_6). Auch hier dient ein Metallstab (z.B. Kupfer) als Ableitelektrode.

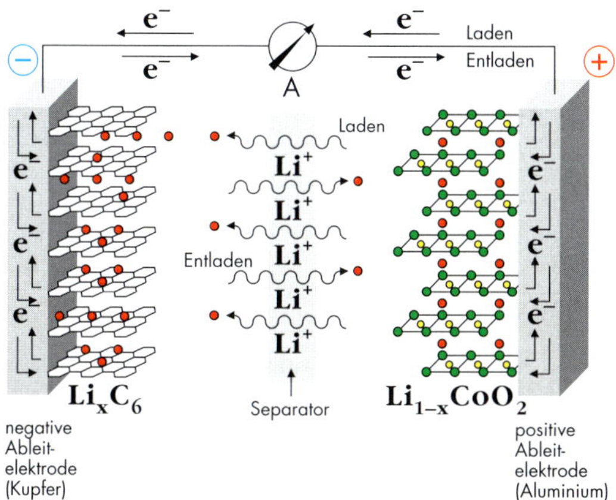

B3 *Aufbau eines Lithium-Ion-Akkumulators*

Beim Laden des Lithium-Ion-Akkus wandern Lithium-Ionen aus dem Metalloxid-Gitter durch den trennenden Separator in die Graphit-Elektrode. Beim Entladen wandern die Lithium-Ionen wieder zurück in das Metalloxid-Gitter. Aufgrund der unterschiedlichen Konzentrationen an Lithium-Ionen ergibt sich im geladenen Zustand eine hohe Potenzialdifferenz zwischen den Redoxpotenzialen der beiden Elektrolytmassen.

Als Elektrolyt-Lösung fungieren in diesem Akku wasserfreie organische Lösungsmittel wie z.B. Propylencarbonat, in denen Lithium-Salze zur Verbesserung der Leitfähigkeit gelöst sind.

A: Vergleichen Sie den Lithium-Ion-Akku mit der Lithium-Zelle von S. 173.

4. Künftige Entwicklungen

a) *Lithium-Polymer-Akkumulator*

Lithium-Polymer-Akkumulatoren kommen ohne flüssige organische Elektrolyt-Lösungen und Separatoren aus. Der Ladungsfluss innerhalb der Zellen wird durch leitende Polymere (Kunststoffe) ersetzt. Gleichzeitig verzichtet man auf Metallgehäuse und ersetzt diese ebenfalls durch Kunststoffe. Dadurch kann man den Zellen jede beliebige Form geben und so kleinste Hohlräume in Elektrogeräten nutzen.

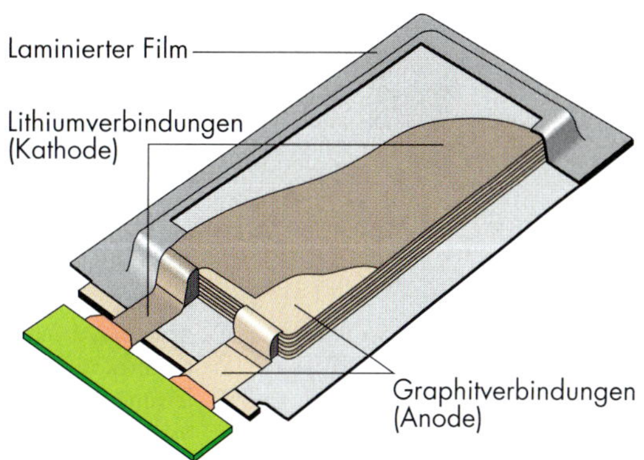

B4 *Bau eines Lithium-Polymer-Akkus: flach wie eine Scheckkarte. Zwischen Kathode und Anode befindet sich die dünne Polymerschicht.*

b) *Natrium-Schwefel-Akkumulator*

Der Natrium-Schwefel-Akkumulator wird als Autobatterie für Elektroautos der Zukunft diskutiert. Da an seinem Aufbau keine Schwermetalle beteiligt sind, speichert er bei gleichem Gewicht fünfmal so viel Energie wie ein Bleiakku und hat eine längere Lebensdauer. Der Natrium-Schwefel-Akku hat, anders als die anderen Akkus, einen festen Elektrolyten und flüssige Elektroden. Die Anode besteht aus geschmolzenem Natrium, die Kathode aus geschmolzenem Schwefel. Der Elektrolyt, der die beiden Elektroden voneinander trennt, ist ein natriumhaltiges Aluminiumoxid.

Da Schwefel ein schlechter elektrischer Leiter ist, besteht die Anode aus einem mit Schwefel getränkten Graphitgewebe. Flüssiges Natrium ist dagegen ein guter elektrischer Leiter, in den eine leitende, gegen Natrium resistente Elektrode (Kathode) taucht.

In der Batterie läuft folgende Gesamtreaktion ab:

$$2Na + 3S \underset{\text{Laden}}{\overset{\text{Entladen}}{\rightleftharpoons}} Na_2S_3$$

Problematisch bei diesem Akku ist die Verwendung von flüssigem Natrium, das sehr heftig mit Wasser reagieren würde. Die Zelle muss daher sicher gegenüber der Umwelt abgeschlossen sein.

Zur Nutzung gezähmt – die Knallgasreaktion

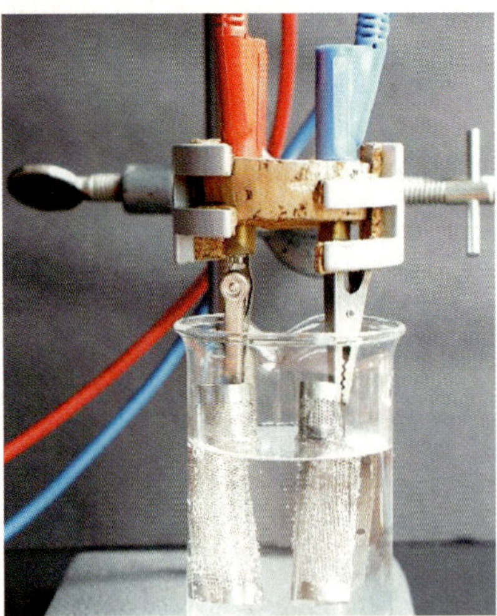

B1 *Versuchsaufbau einer vereinfachten Brennstoffzelle zu V2*

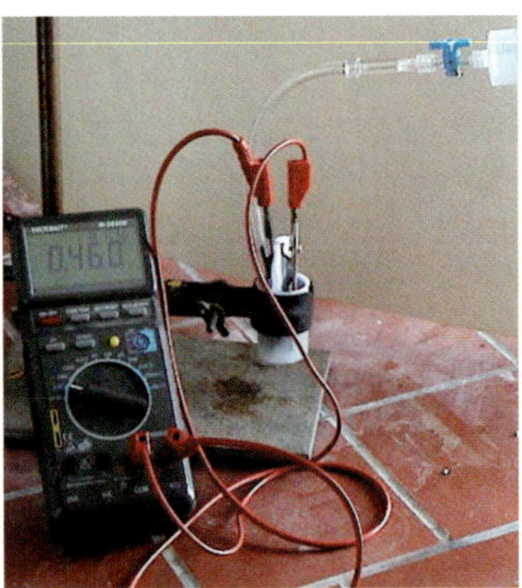

B2 *Die „Low-cost"-Methanol-Brennstoffzelle von V3*

Versuche

V1 Tauchen Sie zwei Graphit-Elektroden in Kaliumhydroxid-Lösung*, c = 5 mol/L, und verbinden Sie sie mit dem Minus- bzw. Pluspol einer Gleichspannungsquelle. Elektrolysieren Sie einige Minuten bei etwa 4 Volt. Schalten Sie dann die Spannung aus und ersetzen Sie das Spannungsgerät durch ein Voltmeter. Messen Sie die Spannung und geben Sie die Richtung des Elektronenflusses an.

V2 Rollen Sie zwei Rasierfolien (vgl. Fußnote S. 148) zusammen und tauchen Sie sie in ein Becherglas mit Kalilauge, c = 0,1 mol/L. Fixieren Sie die Rasierfolien mit Krokodilklemmen und einem doppelt durchbohrtem Stopfen (B1). Verbinden Sie die Krokodilklemmen mit einer Gleichspannungsquelle und elektrolysieren Sie mit ca. 4 V 10 Sekunden lang. Beobachtungen? Ersetzen Sie dann die Spannungsquelle durch ein Voltmeter und messen Sie die Spannung. Schließen Sie dann einen kleinen Elektromotor an und messen Sie, wie lange er sich dreht.

V3 *Vorbereitung*: Kleben Sie in eine leere Filmdose mit einer Heißklebepistole ein Stück Schwammtuch, sodass die Dose in zwei etwa gleich große Räume getrennt wird. Rollen Sie zwei alte Rasierblätter (vgl. Fußnote S. 148) auf und fixieren Sie die Rollen mit Kabelbindern. In eines der beiden Scherblätter wird ein Gaseinleitungsschlauch geschoben, in dessen Ende ebenfalls etwas Schwammtuch gesteckt wird, um das später eingeleitete Gas besser zu verteilen.

Durchführung: Füllen Sie eine Hälfte der Filmdose mit Kaliumhydroxid-Lösung*, c = 5 mol/L, die andere mit einer Mischung aus gleichen Teilen Kaliumhydroxid-Lösung* und Methanol*. Tauchen Sie in die Kalilauge das Scherblatt mit dem Gaseinleitungsschlauch, in die alkalische Methanol-Lösung* die andere Elektrode. Verbinden Sie beide Elektroden über ein Voltmeter und blasen Sie mit einer Spritze, Kolbenprober oder Aquarienpumpe Luft in den Gaseinleitungsschlauch (B2). Lesen Sie die Spannung ab.

Auswertung

a) Formulieren Sie für V1 und V2 die Reaktionsgleichungen.

b) Bei V2 besteht bei zu langer Elektrolyse Explosionsgefahr. Begründen Sie.

c) Warum benötigt man bei V3 keinen Wasserstoff wie bei V1 und V2? Formulieren Sie eine mögliche Reaktionsgleichung für V3.

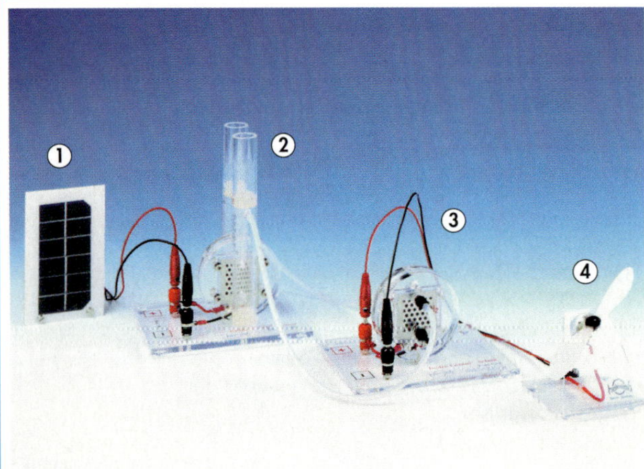

B3 *Photovoltaische Wasserelektrolyse*

INFO

Gewinnung von Wasserstoff durch Photovoltaik

Bei V1 und 2 wurden Wasserstoff und Sauerstoff in Brennstoffzellen eingesetzt. Die beiden Gase werden durch Elektrolyse von Wasser in einem Elektrolyseur ② erzeugt (vgl. S. 144). In der Apparatur von B3 wird die hierzu benötigte Energie durch Umwandlung von Lichtenergie in elektrische Energie mittels Solarzellen ① gewonnen. Diesen Vorgang nennt man Photovoltaik (vgl. auch S. 153). Die im Elektrolyseur erzeugten Gase werden getrennt in die eigentliche Brennstoffzelle ③ geleitet, in der die Reaktion von Wasserstoff und Sauerstoff katalytisch kontrolliert an einer Trennmembran abläuft. Die Brennstoffzelle betreibt dann einen Verbraucher ④.

Neben der Photovoltaik wird in der Technik auch Windenergie eingesetzt, um regenerative Energiequellen für die Herstellung des Energieträgers Wasserstoff zu nutzen.

Brennstoffzellen

Als „langlebige Batterie mit Zuleitung und Abfluss" könnte man eine Brennstoffzelle bezeichnen. Im Gegensatz zu herkömmlichen Batterien, deren energieliefernde Reaktionen zeitlich begrenzt sind, oder den Akkumulatoren, die immer wieder zeitaufwendig aufgeladen werden müssen, kann eine Brennstoffzelle kontinuierlich unter Zufuhr von Brennstoffen und Ableiten von Reaktionsprodukten elektrische Energie nutzbar machen (V2, V3). Als Brennstoff dient in der Regel Wasserstoff.

Ein Gemisch aus Wasserstoff und Sauerstoff („Knallgas") reagiert bei Entzünden explosionsartig unter Freisetzung von Wärme:

$$2H_2(g) + O_2(g) \longrightarrow 2\,H_2O(l); \quad \Delta G^\circ_R = -474\ kJ$$

Die Energie dieser stark exergonischen Reaktion wird in einer Brennstoffzelle „kalt" als elektrische Energie genutzt (V1, V2). Die Spannung von 1,23 V, die man bei der **Knallgas-Brennstoffzelle** misst, ergibt sich aus den Elektrodenpotenzialen der beteiligten Halbzellen (bei $pH\,14$: $c(H^+) = 10^{-14}$mol/L):

Minuspol: $2H_2(g) + 4OH^-(aq) \longrightarrow 4H_2O(l) + 4e^-$;
$E(H_2/H_2O) = -0{,}83\ V$ (1)

Pluspol: $O_2(g) + 2H_2O(l) + 4e^- \longrightarrow 4OH^-(aq)$;
$E(OH^-/O_2) = 0{,}4\ V$ (2)

In der technischen Anwendung unterscheidet man mehrere Typen von Brennstoffzellen, die sich vor allem darin unterscheiden, wie die Reaktionsräume der beiden Gase getrennt werden. Die gebräuchlichste Brennstoffzelle ist die sogenannte **PEM**[1]**-Brennstoffzelle**, bei der die Wasserstoff- und Sauerstoff-Halbzellen durch eine für Protonen durchlässige Membran getrennt sind. Hierauf ist ein Katalysator aufgetragen, der die Elektrodenreaktionen ermöglicht (B5). Diese Zelle liefert in der Technik eine Spannung von etwa 1 Volt. Um höhere Spannungen zu erreichen, werden solche Brennstoffzellen hintereinandergeschaltet und gestapelt.

Die Knallgas-Brennstoffzelle hat den Vorteil, dass ihr Betrieb umweltfreundlich ist, da sie keine schädlichen Abgase, sondern nur Wasser erzeugt. Dies gilt aber nur dann, wenn der Energieträger Wasserstoff durch umweltfreundlich erzeugten Strom (z. B. photovoltaisch oder mit Windenergie, vgl. Infokasten) erzeugt werden kann.

Da durch die Herstellungskosten des Wasserstoffs dessen Verwendung als Brennstoff zu teuer ist, ersetzt man ihn oft durch billigere Brennstoffe wie z. B. Methan aus Erdgas. So lassen sich z. B. Häuser mit Erdgas-Brennstoffzellen beheizen. Hierzu muss in einem sog. **Reformer** zunächst das Methan katalytisch mit Wasserdampf in Wasserstoff und Kohlenstoffdioxid umgewandelt werden:

$$CH_4(g) + 2H_2O(g) \longrightarrow 4H_2(g) + CO_2(g)$$

Das gebildete Wasserstoffgas kann dann in eine PEM-Brennstoffzelle eingeleitet werden.

Methanol CH_3OH kann ebenfalls in Brennstoffzellen eingesetzt werden (V3). Es hat gegenüber Wasserstoff und Erdgas den Vorteil, dass es in Flüssigkeitstanks transportiert und aufbewahrt werden kann.

[1] PEM = Proton Exchange Membrane

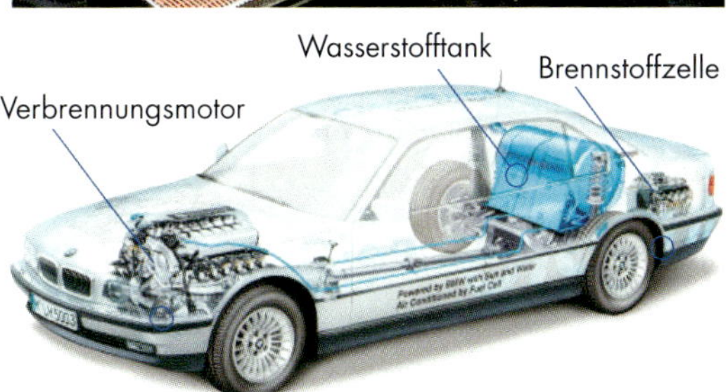

B4 *Die Einsatzmöglichkeiten von Brennstoffzellen sind vielfältig.* **A:** *Suchen Sie weitere Beispiele.*

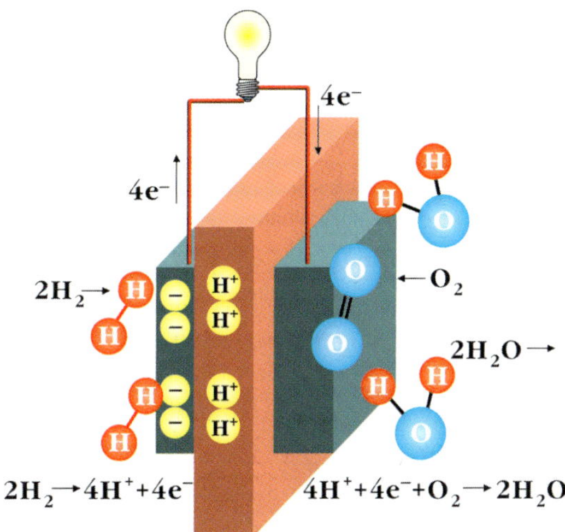

B5 *PEM-Brennstoffzelle.* **A:** *Informieren Sie sich unter Chemie 2000+ Online über das Funktionsprinzip in der PEM-Brennstoffzelle und über Wasserstoff als Energieträger der Zukunft.*

Aufgaben

A1 Bestätigen Sie mit der NERNST-Gleichung das angegebene Elektrodenpotenzial der Reaktionsgleichung (1).

A2 Hydrazin (N_2H_4) kann als Brennstoff für Brennstoffzellen verwendet werden. Formulieren Sie die Reaktionsgleichung einer mit Hydrazin betriebenen Brennstoffzelle.

Fachbegriffe

Brennstoffzelle, Reformer,
PEM = Proton Exchange Membrane

Chlor – und was man damit machen kann

B1 *Zellensaal einer Chlor-Alkali-Elektrolyse*

Versuch

V1 Füllen Sie in ein U-Rohr Natriumchlorid-Lösung, $c = 1$ mol/L, geben Sie einige Tropfen Phenolphthalein hinzu und tauchen Sie zwei Graphit-Elektroden hinein. Verbinden Sie die Elektroden mit einer Gleichspannungsquelle und elektrolysieren Sie einige Minuten mit ca. 6 Volt. Beobachtung?

Auswertung

a) Wie kann man die an den Elektroden entstehenden Gase nachweisen?
b) Begründen Sie die Verfärbung des Indikators.
c) Formulieren Sie für die Elektrodenvorgänge die Reaktionsgleichungen.

Der „Chlor-Stammbaum"

farblos = chlorfrei
(Oval) = Endprodukte

H-FCKW
1,1,1 TRI (Trichlorethen)
Carboxymethyl-cellulose (CMC)
Epoxid-Harze
FCKW
Trichlor-essigsäure
Monochlor-essigsäure
Epichlor-hydrin
Glycerin
UP-Harze
Polyvinyl-chlorid (PVC)
PER (Perchlor-ethen)
Trichlor-essigsäure
Propenol-3
Glykole
Polyurethan (PUR)
Polyole
Vinylchlorid-Monomer (VC)
3-Chlor-propen-1
Epoxi-propan
o-Nitro-chlorbenzol
Polyurethane (PUR)
Dichlor-ethan (EDC)
Chlor-hydrin
Chloropren-Kautschuk
p-Nitro-chlorbenzol
Diphenylmethylen-diisocyanat (MDI)
Polycar-bonate
C3-Chlorierung
Dichlor-butan
Chlor-benzol
Nitro-chlortoluole
Nitrodi-chlortoluole
FCKW
C2-Chlorierung
C4-Chlorierung
Tetrachlor-methan
Phosgen
Chlor-toluole
Phosphor-pentachlorid
Phosphor-oxichlorid
Fluorpoly-mere (PTFE)
H-FCKW
Trichlor-methan
Aromaten-chlorierung
Phosphor-trichlorid
Natron-bleichlauge
Dichlor-methan
C1-Chlorierung
Methyl-cellulose
Chlor-methan
Anorganika
Eisen-chlorid
Aluminium-chlorid
Silicone
Titantetra-chlorid
Titan-dioxid
Wasserauf-bereitung
Silicium-tetrachlorid
Chlor elementar
Cl_2-Produktion:
Deutschland: ca. 4 Mio Tonnen
weltweit: ca. 40 Mio Tonnen
Schwefel-chloride
Zellstoff/Papier
Siliciumdioxid (Aerosol)
Silicium
Rohstoffe

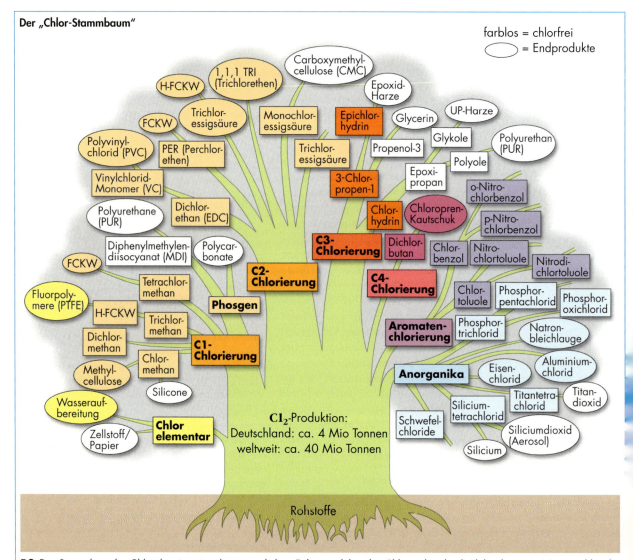

B2 *Der Stammbau der Chlorchemie zeigt die wesentlichen Folgeprodukte des Chlors, das durch Elektrolyse von Natriumchlorid gewonnen wird. „C1–4-Chlorierung" bedeutet, dass Kohlenstoffverbindungen mit 1–4 Kohlenstoff-Atomen zugrunde liegen. Die weiß unterlegten Felder zeigen chlorfreie Produkte an. Weltweit werden ca. 15 000 verschiedene Chlorprodukte angeboten.*
A: *Informieren Sie sich über die Verwendung einiger im Stammbaum angegebener Endprodukte.*

Die technische Chlor-Alkali-Elektrolyse

Chlor Cl_2 kommt elementar aufgrund seiner hohen Reaktivität in der Natur nicht vor. Im Alltag begegnet es uns lediglich als Desinfektionsmittel im Wasser von Schwimmbädern. Anders ist die Bedeutung des Chlors in der chemischen Industrie: Mit jährlich ca. 4 Millionen Tonnen allein in Deutschland stellt dieses Element eine der wichtigsten Grundchemikalien dar. In vielen Produkten des täglichen Lebens ist Chlor in gebundener Form enthalten, noch mehr chlorfreie Alltagsprodukte werden mithilfe von Chlor hergestellt (B2). Chlor wird großtechnisch durch Elektrolyse von Natriumchlorid-Lösung gewonnen. Dabei entstehen neben Chlor auch Wasserstoff und Natronlauge (V1), sodass das Verfahren als **Chlor-Alkali-Elektrolyse** bezeichnet wird. Man unterscheidet drei verschiedene Verfahren.

Diaphragma-Verfahren: Hierbei werden Anoden- und Kathodenraum durch ein Diaphragma aus Asbest getrennt. Als Kathode dienen Eisennetze, als Anode Graphit- oder Titanstäbe. Die Kochsalz-Lösung, **Sole** genannt, wird in den Anodenraum eingeleitet und die entstehende Natronlauge aus dem Kathodenraum abgezogen (B3). Die in der Elektrolysezelle entstehende Strömung verhindert weitgehend, dass Hydroxid-Ionen entsprechend dem elektrischen Feld durch das Diaphragma in den Anodenraum wandern und dort mit Chlor-Molekülen zu unerwünschten Nebenprodukten (Hypochlorit- und Chlorat-Ionen) weiterreagieren. Andererseits gelangen Chlorid-Ionen in den Kathodenraum, sodass die entstehende Natronlauge durch Natriumchlorid verunreinigt ist. Etwa 37 %[1] der Jahresproduktion an Chlor werden in Deutschland durch dieses Verfahren hergestellt. Aufgrund der Asbestbelastung und der Tatsache, dass man keine konzentrierte und hochreine Natronlauge gewinnt, ist dieses Verfahren in den letzten Jahren rückläufig.

Membran-Verfahren: Beim Membran-Verfahren, das dem Diaphragma-Verfahren ähnelt, sind Anoden- und Kathodenraum durch eine Kunststoff-Membran getrennt, die nur für Na^+-Ionen nicht aber für Cl^-- und OH^--Ionen durchlässig ist. Somit ist die entstehende Natronlauge chloridfrei (B4). Da Neuanlagen zur Chlorgewinnung zumeist nach dem Membran-Verfahren konstruiert werden, liegt der Chloranteil aus diesem Verfahren in Deutschland mittlerweile bei ca. 10 %[1].

Amalgam-Verfahren: Der immer noch größte Teil des Chlors wird in Deutschland durch das Amalgam-Verfahren produziert (ca. 53 %[1]). Hierbei verwendet man als Kathode ein geneigtes Stahlblech, über das flüssiges Quecksilber fließt (B5). Die Besonderheit des Verfahrens liegt darin, dass sich auf dem kathodischen Quecksilber nicht Wasserstoff, sondern elementares Natrium[2] abscheidet. Es bildet mit dem Quecksilber eine Legierung, das **Natrium-Amalgam**. Das gebildete Natrium-Amalgam fließt mit dem Quecksilber aus der Elektrolysezelle in einen **Amalgam-Zersetzer**. Dort wird das im Natrium-Amalgam enthaltene Natrium mit Wasser zu chloridfreier Natronlauge und Wasserstoff umgesetzt. Das Quecksilber wird dem Elektrolysevorgang wieder zugeführt. Da über das Amalgam-Verfahren etwa 1 g Quecksilber pro Tonne Chlor durch Emission in die Umwelt gelangt, wird dieses Verfahren zunehmend durch das umweltfreundlichere Membran-Verfahren ersetzt.

[1] bezogen auf das Jahr 2000

[2] Die Reihenfolge der aus einer Lösung abgeschiedenen Stoffe ist oft abhängig von der verwendeten Elektrode; siehe auch „Überspannung" auf S. 182, 183.

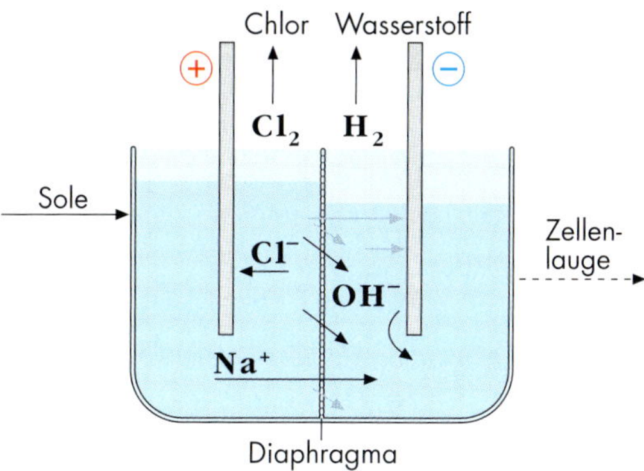

B3 *Schema einer Diaphragma-Zelle*

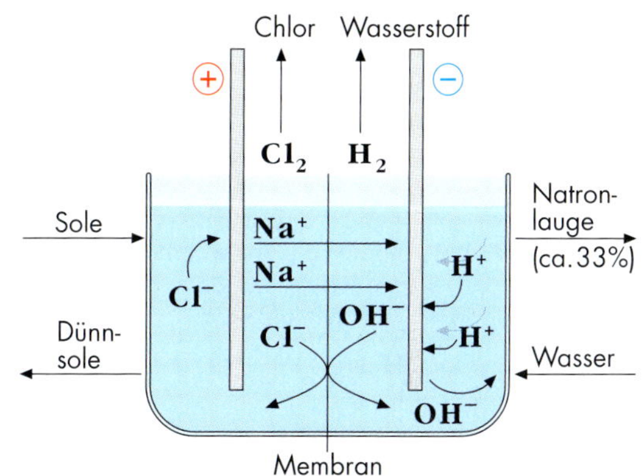

B4 *Schema einer Membran-Zelle*

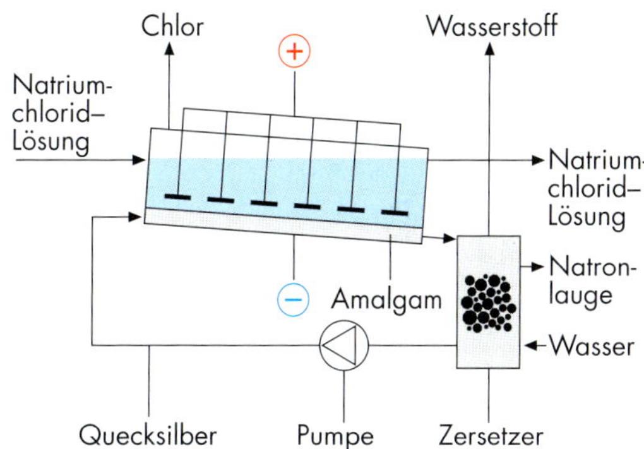

B5 *Schema einer Elektrolysezelle nach dem Amalgam-Verfahren mit Amalgam-Zersetzer*

Aufgaben

A1 Formulieren Sie zu den drei Verfahren die Reaktionsgleichungen für die Anoden- und Kathoden-Vorgänge.

A2 Berechnen Sie, wie viele Tonnen Chlor täglich beim Amalgam-Verfahren produziert werden, wenn eine Stromstärke von 390 000 Ampere vorliegt.

Fachbegriffe

Chlor-Alkali-Elektrolyse, Diaphragma-, Membran-, Amalgam-Verfahren, Sole, Amalgam-Zersetzer

Zersetzungs- und Überspannung

Bei der Gewinnung von Chlor durch die Chlor-Alkali-Elektrolyse wird eine wässrige Natriumchlorid-Lösung elektrolysiert. Das Chlorgas entsteht gemäß folgender Gleichung an der Anode:

$$2Cl^-(aq) \longrightarrow Cl_2(g) + 2e^-; \qquad E° = +1{,}36\ V$$

An der Kathode entsteht Wasserstoff:

$$2H_2O(l) + 2e^- \longrightarrow H_2(g) + 2OH^-(aq); \qquad E° = -0{,}41\ V \ (\text{bei } pH = 7)$$

Man könnte im Prinzip an der Kathode auch eine Reduktion der Natrium-Ionen erwarten:

$$Na^+(aq) + e^- \longrightarrow Na(s); \qquad E° = -2{,}71\ V$$

Vergleicht man aber die Elektrodenpotenziale, dann wird klar, dass zur Reduktion von Wasser-Molekülen und Abscheidung von Wasserstoff eine geringere Spannung nötig ist, als zur Reduktion von Natrium-Ionen und Abscheidung von Natrium-Metall.
Andererseits sollte man aufgrund der Elektrodenpotenziale erwarten, dass an der Anode Sauerstoff statt Chlor gebildet wird:

$$2H_2O(l) \longrightarrow O_2 + 4H^+ + 4e^-; \qquad E° = +0{,}82\ V \ (\text{bei } pH = 7)$$

In der Praxis ist zur Abscheidung von Sauerstoff offensichtlich eine höhere Spannung nötig, als man nach dem Elektrodenpotenzial berechnet. Diese Differenz zwischen dem tatsächlichen **Abscheidungspotenzial** und dem theoretischen Elektrodenpotenzial bezeichnet man als **Überspannung**. Sie ist abhängig vom Elektrodenmaterial, der Ionenkonzentration der Lösung und der Stromdichte[1]. Bei der Abscheidung von Metallen ist das Überpotenzial so gering, dass es kaum ins Gewicht fällt. Größere Überpotenziale treten aber bei der Abscheidung von Gasen auf.
An Graphit-Elektroden, die im Allgemeinen als Anoden bei der Elektrolyse verwendet werden, ist das Überpotenzial von Sauerstoff größer als das von Chlor, sodass das Abscheidungspotenzial von Sauerstoff größer wird als das von Chlor. Daher wird die Gewinnung von Chlor bei der Chlor-Alkali-Elektrolyse überhaupt erst ermöglicht. Die Differenz der Abscheidungspotenziale ist die für die Elektrolyse notwendige Mindestspannung, die **Zersetzungsspannung**.
Auch beim Amalgam-Verfahren ist das Phänomen der Überspannung für den tatsächlichen Ablauf der Elektrolyse mitbestimmend (B2).

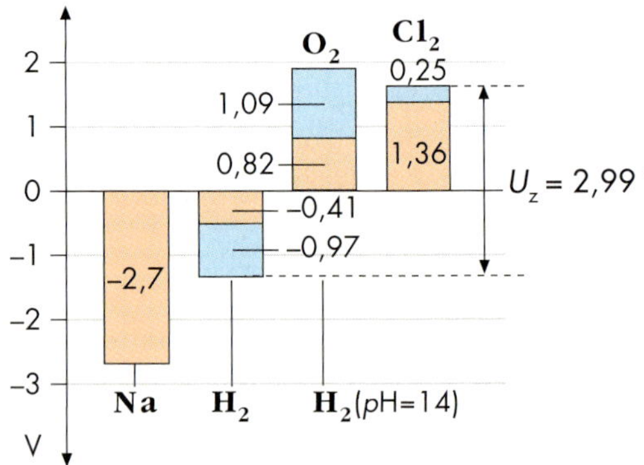

B1 *Abscheidungspotenziale, Überpotenziale und Zersetzungsspannung bei der Elektrolyse von Natriumchlorid-Lösung an Graphit-Elektroden (Stromdichte: $10^{-1} A/cm^2$)*

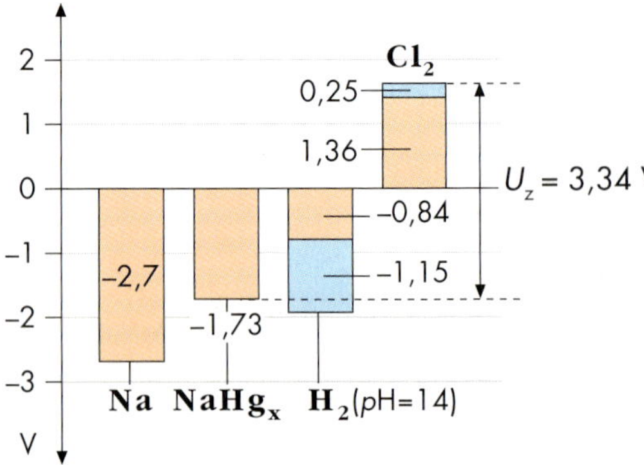

B2 *Abscheidungspotenziale, Überpotenziale und Zersetzungsspannung beim Amalgam-Verfahren.*
A: *Welche Elektrolyseprodukte wären ohne das Phänomen der Überspannung beim Amalgam-Verfahren zu erwarten (Stromdichte: $10^{-1} A/cm^2$)?*

Gas	Elektrode	Überspannung
Wasserstoff	Platin (platiniert) Graphit	−0,05 V −0,97 V
Sauerstoff	Platin (platiniert) Graphit	+0,65 V +1,09 V
Chlor	Platin (platiniert) Graphit	+0,03 V +0,25 V

B3 *Gemessene Potenziale zur Abscheidung verschiedener Gase; Stromdichte: $10^{-1} A/cm^2$.*
A: *Welche Produkte würden Sie erwarten, wenn man die Chlor-Alkali-Elektrolyse mit Platin-Elektroden durchführen würde? Wie groß wäre die Zersetzungsspannung?*

[1] Als Stromdichte bezeichnet man den Quotienten aus Stromstärke und Elektrodenoberfläche.

Zersetzungs- und Überspannung

Die Zersetzungsspannung und das Überpotenzial von Gasen lassen sich in einer Versuchsanordnung nach B4 experimentell bestimmen.

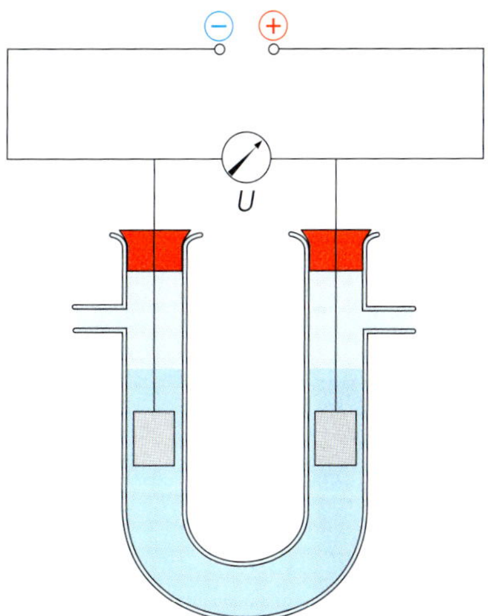

B4 *Versuchsaufbau zur Messung von Zersetzungsspannungen*

Dazu wird die Elektrolysespannung von 0 Volt an allmählich erhöht und die zugehörige Stromstärke gemessen. Trägt man die Werte in ein Diagramm ein, erhält man beispielsweise bei der Elektrolyse von Salzsäure den in B5 wiedergegebenen Kurvenverlauf. Zunächst erhöht sich die Stromstärke bei steigender Spannung kaum; erst ab einer bestimmten Mindestspannung, der Zersetzungsspannung, steigt die Stromstärke entsprechend dem Ohmschen Gesetz ($U = I \cdot R$) an. Erst ab dieser Zersetzungsspannung ist auch eine Gasentwicklung an den Elektroden zu beobachten. Unterhalb der Zersetzungsspannung fließen nur kleine Ströme, durch die geringe Mengen an Wasserstoff und Chlor erzeugt werden. Dadurch entsteht an der Kathode eine Wasserstoff-Elektrode und an der Anode eine Chlor-Elektrode:

$$H_2(g) \rightleftharpoons 2H^+(aq) + 2e^-; \quad E° = 0\ V$$

$$Cl_2(g) + 2e^- \rightleftharpoons 2Cl^-; \quad E° = +1{,}36\ V$$

Diese so entstandene galvanische Zelle erzeugt eine Spannung, die der angelegten Elektrolysespannung entgegen wirkt. Erst wenn die Elektrolysespannung größer wird als die Spannung der galvanischen Zelle, steigt die Stromstärke und die Gasentwicklung beginnt.

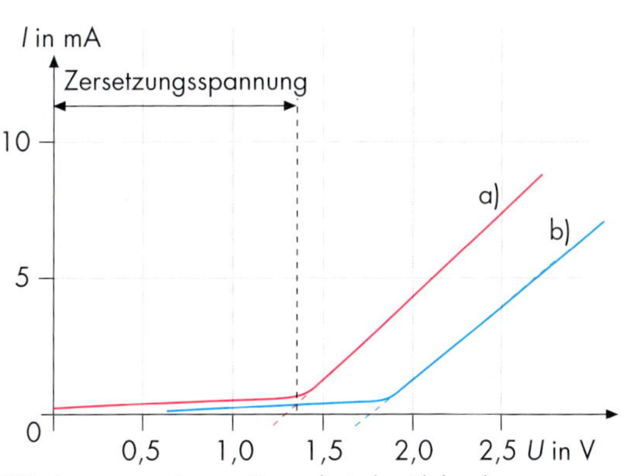

B5 *Spannungs-Strom-Kurve bei der Elektrolyse von Salzsäure an a) Platin-Elektroden und b) Graphit-Elektroden*

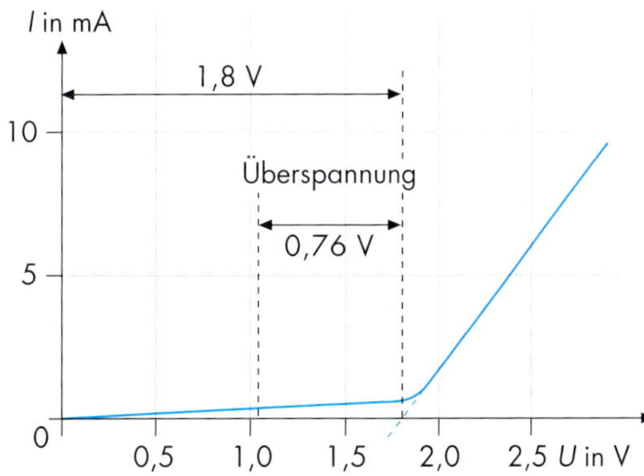

B6 *Spannungs-Strom-Kurve bei der Zersetzung von Schwefelsäure an Platin-Elektroden.*

A: *Warum ist die Überspannung mit U = 0,76 V bei der Elektrolyse von Schwefelsäure mit Pt-Elektroden im Vergleich zur Salzsäure größer?*

Das Phänomen der Überspannung ist noch nicht genau geklärt. Man vermutet, dass die Überspannung auf gehemmten Reaktionsteilschritten bei der Abscheidung der Gase an den Elektroden beruht, z. B. auf einer gehemmten Vereinigung (Dimerisierung) der Atome zu Molekülen.

Fachbegriffe

Abscheidungspotenzial, Zersetzungsspannung, Überspannung, Spannungs-Strom-Kurve

ERWEITERUNG · VERTIEFUNG · ANWENDUNG

Chlorchemie – Fluch oder Segen?

„Gott schuf 91 Elemente, der Mensch etwas mehr als ein Dutzend und der Teufel eines – das Chlor." Diese Provokation soll zum Ausdruck bringen, dass der Umgang mit dem Element Chlor Vorsicht und einer besonderen Sorgfalt bedarf. Chlorhaltige Substanzen wie PCB (*polychlorierte Biphenyle*), FCKW (*Fluor-Chlor-Kohlenwasserstoffe*) oder DDT (*Dichlor-Diphenyl-Tetrachlorethan*) sind vielen Menschen wegen ihrer giftigen oder umweltschädigenden Wirkung bekannt. Die Orte *Bhopal* oder *Seveso*[1] stehen als Synonym für Chemieunfälle mit Chlor oder chlorhaltigen Verbindungen. B2 auf S. 178 zeigt aber auch, dass Chlor für die Herstellung zahlreicher Produkte noch unentbehrlich ist. Chlorhaltige Verbindungen werden sogar in Medikamenten eingesetzt. Ja selbst bei der Produktion von gesundheitlich unbedenklichen Stoffen sind Chlor oder Chlorverbindungen während des Herstellungsprozesses wesentliche Reaktionsteilnehmer. Bei modernen Produktionsverfahren werden die eingesetzten Substanzen häufig in Stoffkreisläufen gefahren. Dadurch fallen weniger Abfallstoffe und geringere Umweltbelastungen an. Zwei Beispiele werden auf S. 185 beschrieben. Dennoch entzweit die Chlorchemie Chlorgegner und die Chlorbefürworter. Welche Argumente über Chancen und Risiken der Chlorchemie treffen aufeinander (vgl. S. 236 und 237)?

Chlorunfall im Hallenbad

Eislingen (dpa). Nach einem Chlorgasunfall in Baden-Württemberg sind gestern acht Kinder verletzt und ins Krankenhaus gebracht worden. Sie litten nach Polizeiangaben an Schwindelgefühlen, Brechreiz sowie Hals- und Kopfschmerzen. Anwohner wurden vor ätzenden Dämpfen gewarnt. In einer Zuleitung war aus unbekannter Ursache ein Leck entstanden und Chlor ausgetreten. Die Sprinkleranlage wurde ausgelöst, Wasser und Chlor bildeten ein Gas, das ins Freie strömte.

B1 *Schlagzeilen in der Presse: Chlor ist giftig.*

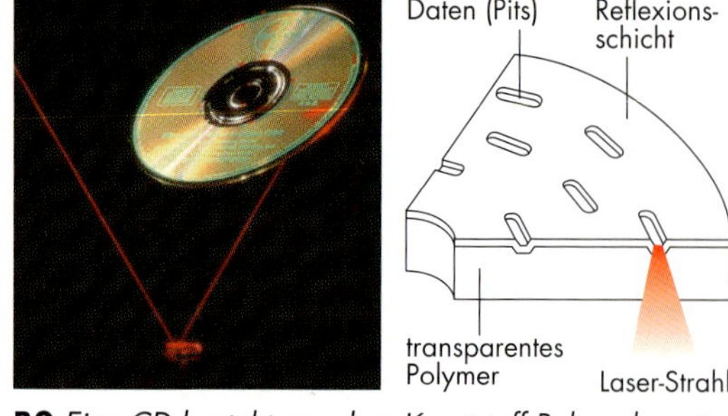

B2 *Eine CD besteht aus dem Kunststoff Polycarbonat. Zu seiner Herstellung wird Chlor eingesetzt.*

Die **Gegner** der Chlorchemie behaupten:

1. Chlor kommt in der Natur fast ausschließlich in Salzen als ungefährliche Chloride vor. Gefährliche chlororganische Substanzen sind erst in den Chemielabors entstanden.
2. Die chemische Industrie bringt heute etwa 15 000 Produkte auf den Markt, an deren Herstellung Chlor beteiligt ist. Die Vorliebe für das Element Chlor ist einfach zu erklären: Chlor ist eine Grundchemikalie, die ursprünglich als Abfallprodukt bei der Natronlaugeherstellung anfiel. Um sich des überschüssigen Chlors zu entledigen, suchte man nach neuen Produktionszweigen. So entstand eine Vielzahl chlorhaltiger und z. T. giftiger Substanzen.
3. PVC ist eines der wichtigsten Produkte der Chlorchemie. Bei der Verbrennung von PVC werden Dioxine frei, wie dies z. B. 1996 beim Brand am Düsseldorfer Flughafen geschehen ist.
4. Bei der Herstellung und beim Transport von Chlor und chlorhaltigen Substanzen wird die Gesundheit der Anwohner gefährdet. Die Chlorchemie ist eine bis heute nicht zu verantwortende Risikotechnologie.
5. Da viele Chlorverbindungen sehr langlebig sind, können Schäden für die Umwelt sehr nachhaltig sein. Ein Ausstieg aus der Chlorchemie ist daher erforderlich.

Die **Befürworter** der Chlorchemie erwidern:

1. Auch in der Natur gibt es hunderte organische Chlorverbindungen, die in Tieren und Pflanzen vorkommen. Selbst Dioxine bilden sich auch in der Natur, z. B. bei Waldbränden.
2. Unter den Produkten, von denen die deutsche chemische Industrie mehr als 1 000 Tonnen pro Jahr produziert, sind etwa 16 % chlorhaltig. Von den 4600 Produkten, bei denen die Jahresproduktion über 10 Tonnen liegt, sind 670 (also 15 %) Chlorverbindungen. Über die Hälfte des verwendeten Chlors verlässt das Werk als gelöstes ungiftiges Chlorid. Die Energiekosten bei der Herstellung von PVC betragen etwa 1/3 der Kosten, die bei der Glasherstellung anfallen.
3. PVC hilft als Werkstoff, Tropenhölzer oder Metalle zu sparen. PVC wird in zunehmenden Maße nicht mehr verbrannt, sondern recycelt. Der Dioxinausstoß aus Müllverbrennungsanlagen wird ständig kontrolliert.
4. Der Umgang mit Chlor und chlorhaltigen Zwischenprodukten erfolgt in der Industrie stets in geschlossenen Systemen. Über 90 % des hergestellten Chlors werden in demselben Werk weiterverarbeitet und nicht transportiert.
5. Chlor und chlorhaltige Verbindungen garantieren aufgrund ihrer großen Reaktionsfreudigkeit hohe Ausbeuten in Produktionsprozessen. Dies spart Ressourcen und Energie. Es fallen weniger Abfälle an.

[1] *Seveso* (Italien, 1976): Unfall mit Dioxin; *Bhopal* (Indien, 1984): Unfall mit Methylisocyanat. Dioxine sind giftige chlorhaltige Verbindungen; Methylisocyanat wird über chlorhaltige Zwischenprodukte hergestellt.

Chlorchemie – Fluch oder Segen?

Der „Chlor-Stammbaum" auf S. 180 zeigt die wichtigsten Produkte der Chlorchemie. An zwei Beispielen soll schematisch das Herstellungsverfahren mit den beteiligten Stoffkreisläufen dargestellt werden.

1. PVC *(Polyvinylchlorid)*

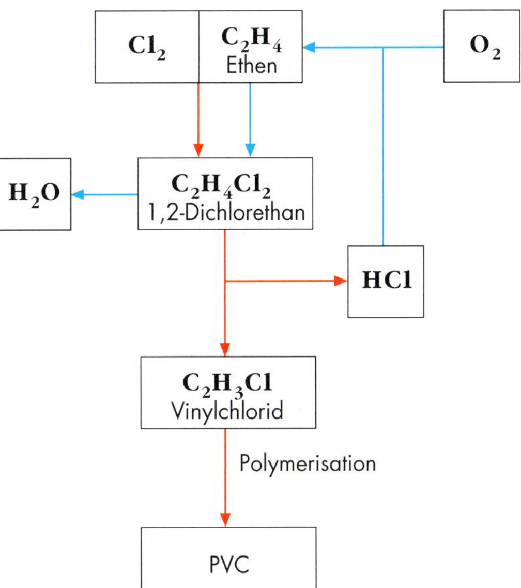

B3 *Vereinfachtes Schema der Herstellung von PVC.* **A:** *Formulieren Sie für die einzelnen Teilschritte die jeweiligen Reaktionsgleichungen.*

Der Kunststoff *Polyvinylchlorid* wird aus den Grundchemikalien Chlor und Ethen, das aus Erdöl und Erdgas gewonnen wird, hergestellt. Hierbei wird zunächst über 1,2-Dichlorethan *Vinylchlorid* C_2H_3Cl produziert (B3, rote Pfeile). Dabei wird Chlorwasserstoff gebildet, der mit Luftsauerstoff und weiterem Ethen wieder zum Zwischenprodukt 1,2-Dichlorethan und Wasser umgesetzt wird (B3, blaue Pfeile).

B4 *Rohre aus PVC.* **A:** *Informieren Sie sich über die Anwendungsprodukte aus PVC.*

2. TDI *(Toluylendiisocyanat)*

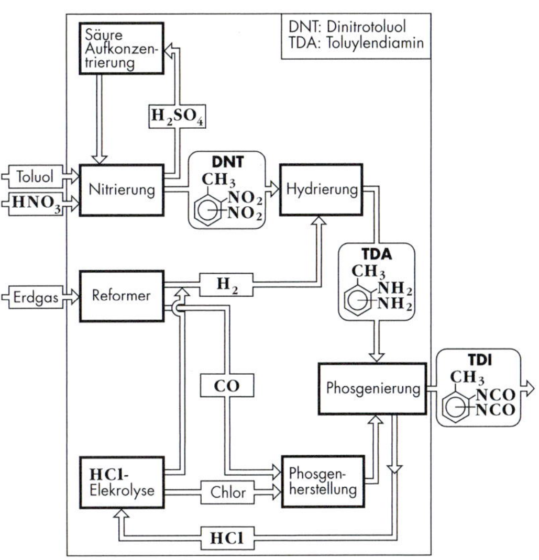

B5 *Vereinfachtes Schema der Herstellung von TDI.* **A:** *Zeigen Sie Stoffkreisläufe innerhalb des Herstellungsschemas auf.*

TDI ist eine nicht chlorhaltige Grundchemikalie, die für die Herstellung von **Polyurethanen** benötigt wird. Das aus der Salzsäure-Elektrolyse gewonnene Chlor wird mit Kohlenstoffmonooxid zu **Phosgen** $COCl_2$ umgesetzt. Diese sehr giftige, aber auch sehr reaktive Verbindung bewirkt bei dem als Zwischenprodukt gebildeten TDA die Umwandlung der Amino- $-NH_2$ in die Isocyanat-Gruppen $-NCO$. Das im Phosgen enthaltene Chlor wird dabei nicht in das Produkt TDI überführt, sondern als Chlorwasserstoff frei, das erneut dem Elektrolyseprozess zugeführt wird:

$$C_6H_3(CH_3)(NH_2)_2 + 2\,COCl_2 \longrightarrow C_6H_3(CH_3)(NCO)_2 + 4\,HCl$$

2,4-TDA 2,4-TDI

B6 *Viele Schaumstoffe bestehen aus Polyurethan, bei dem TDI als Zwischenprodukt benötigt wird.* **A:** *Formulieren Sie die Herstellung eines Polyurethans aus 2,4-TDI und 1,2-Ethandiol (Hinweis: vgl. S. 273).*

ERWEITERUNG · VERTIEFUNG · ANWENDUNG

Elektrolysen in der Metallurgie

Aluminium: Schmelzfluss-Elektrolyse und Eloxal-Verfahren
Aluminium ist das Metall, das nach Stahl weltweit am meisten produziert und verarbeitet wird. Getränkedosen, Fensterrahmen, Fahrradrahmen oder Autokarosserien sind nur vier Beispiele für die weiter wachsenden Anwendungsbereiche des Metalls Aluminium (B1).

B1 *Aluminium ist ein wichtiger Werkstoff.*
A: *Informieren Sie sich über die Jahresweltproduktion von Aluminium.*

Wie wir bei der Chlor-Alkali-Elektrolyse gesehen haben, lassen sich unedle Metalle vom oberen Ende der Spannungsreihe wie Natrium oder Aluminium durch Elektrolyse wässriger Lösungen ihrer Salze nicht herstellen. Stattdessen wird eine Elektrolyse der geschmolzenen Salze, die sogenannte Schmelzfluss-Elektrolyse, durchgeführt. Aluminium ist nach Sauerstoff und Silicium das dritthäufigste Element der Erdkruste („Erdmetall"). Das wichtigste natürlich vorkommende Aluminiumgestein ist **Bauxit**[1], das zu etwa 50% aus Aluminiumoxid (Al_2O_3) besteht und unterschiedliche Mengen an Eisen- und Siliciumoxid enthält. Für die Schmelzfluss-Elektrolyse benötigt man aber reines Aluminiumoxid. Dazu wird Bauxit mit Natronlauge unter Druck umgesetzt, sodass Aluminiumoxid gelöst wird und die anderen Bestandteile als unlösliche Rückstände, sogenannter *Rotschlamm*, abgetrennt werden können. Das reine Aluminiumoxid lässt sich wegen seiner hohen Schmelztemperatur von 2045 °C nicht wirtschaftlich rentabel elektrolysieren.

Durch Mischen mit dem Mineral **Kryolith** $Na_3[AlF_6]$ kann die Schmelztemperatur herabgesetzt werden. Man verwendet ein Gemisch aus 20% Aluminiumoxid und 80% Kryolith, dessen Schmelztemperatur bei etwa 950 °C liegt. B2 zeigt den Aufbau einer Elektrolysezelle der Schmelzfluss-Elektrolyse. Als Anode tauchen bewegliche Kohleblöcke von oben in die Schmelze. Es wird bei einer Spannung von etwa 5 V und einer Stromstärke von 100 bis 150 kA elektrolysiert. Dabei laufen vereinfacht folgende Reaktionen ab:

Kathode: $Al^{3+} + 3e^- \longrightarrow Al \quad | \cdot 4$
Anode: $2O^{2-} \longrightarrow O_2 + 4e^- \quad | \cdot 3$

$$2Al_2O_3 \longrightarrow 4Al + 3O_2$$

Die Kohle-Elektroden der Anode verbrennen bei der Elektrolyse unter Bildung von Kohlenstoffdioxid und müssen daher immer wieder erneuert werden.

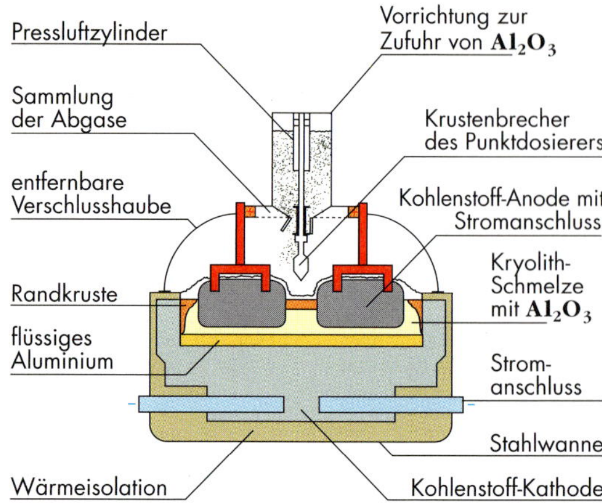

B2 *Elektrolysezelle zur Aluminiumgewinnung*

Die beim Stromfluss erzeugte Wärme und die durch die Anodenverbrennung frei werdende Verbrennungswärme halten die Elektrolytschmelze flüssig, ohne dass weitere Energie hinzugefügt werden muss. Dennoch ist die Aluminiumgewinnung sehr energieaufwendig. Eine Aluminiumhütte benötigt für die Erzeugung von einer Tonne Aluminium eine elektrische Energie von etwa 15 000 kWh. Aluminiumhütten liegen daher zumeist in der Nähe leistungsfähiger Kraftwerke.

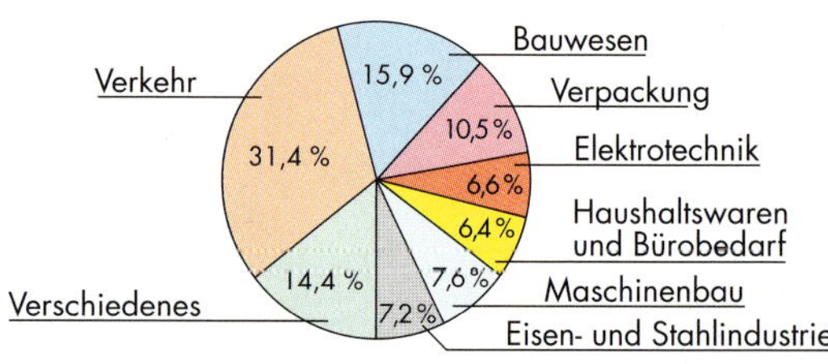

B3 *Materialien und Energie für die Herstellung von einer Tonne Aluminium*

[1] Benannt nach dem ersten Fundort *Les Baux* in Südfrankreich.

Elektrolysen in der Metallurgie

Eloxal-Verfahren

Aluminium müsste sich eigentlich entsprechend seines Standardpotenzials ($E° = -1{,}66$ V) ähnlich wie Natrium in Wasser auflösen. Dennoch ist Aluminium sehr korrosionsbeständig. Dies liegt daran, dass Aluminium an der Oberfläche eine dünne (10^{-5} mm) schützende Schicht aus Aluminiumoxid bildet, die einen weiteren Angriff auf das Metall verhindert. Diese Oxidschicht kann durch das sogenannte *Eloxal-Verfahren* bis auf ca. 10^{-2} mm weiter verstärkt werden, wobei sich seine Schutzwirkung um ein Vielfaches erhöht. Beim Eloxal-Verfahren erfolgt eine *El*ektrische *Ox*idation des *Al*uminiums nach folgender vereinfachter Reaktionsgleichung:

$$2Al + 3H_2O \longrightarrow Al_2O_3 + 6H^+ + 6\,e^-$$

Die erzeugte Oxidschicht ist zu Beginn noch porös und kann daher noch Farbstoffe einlagern, die dann die Aluminiumoberfläche färben.

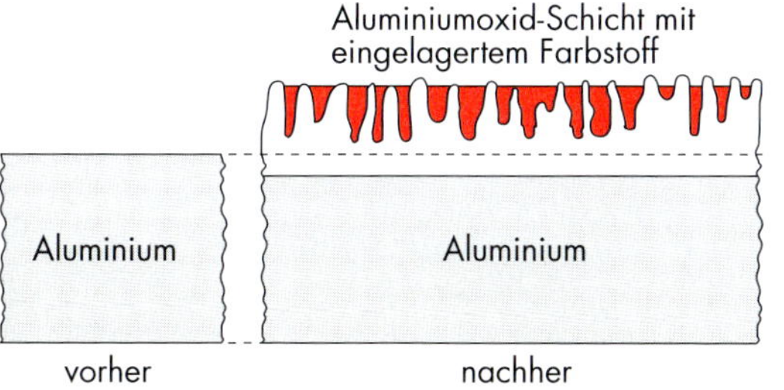

B4 *Schematische Darstellung des Eloxierens von Aluminium*

Elektrolytische Kupfer-Raffination[1]

Stromkabel, Münzen und Wasserrohre sind Beispiele für die Verwendung von Kupfer. Es ist nach Eisen und Aluminium das wichtigste Gebrauchsmetall. Etwa die Hälfte des gewonnenen Kupfers wird wegen seiner guten elektrischen Leitfähigkeit in der Elektrotechnik verwendet. Da die elektrische Leitfähigkeit des Kupfers durch Spuren von Fremdmetallen stark beeinträchtigt wird, muss das durch Verhüttung gewonnene Rohkupfer noch elektrolytisch gereinigt werden.

Die **elektrolytische Raffination** des Kupfers beruht auf der Trennung der Metalle nach deren Redoxpotenzialen. Dazu wird das Rohkupfer, das neben anderen Metallen auch Eisen, Zink, Nickel, Chrom, Arsen, Silber und Gold enthält, in Form von Blechen als Anode geschaltet. Reinkupferbleche dienen als Anode (B5). Als Elektrolyt-Lösung dient schwefelsaure Kupfersulfat-Lösung.

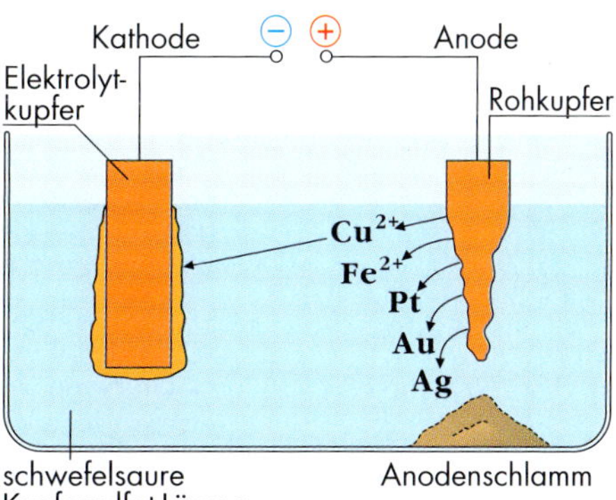

B5 *Elektrolytische Raffination von Kupfer*

Bei der Elektrolyse laufen folgende Reaktionen ab:

Anode:

$$Cu(s)_{roh} \longrightarrow Cu^{2+}(aq) + 2e^-;\quad E° = 0{,}35\text{ V}$$

Kathode:

$$Cu^{2+}(aq) + 2e^- \longrightarrow Cu(s)_{rein};\quad E° = 0{,}35\text{ V}$$

Die Zersetzungsspannung dieser Elektrolyse ist theoretisch Null. Während der Elektrolyse steigt aber die Konzentration der Kupfer-Ionen an der Anode und sinkt an der Kathode, da an der Anode ständig Kupfer-Ionen in Lösung gehen und an der Kathode aus der Lösung durch Reduktion entfernt werden. Aufgrund dieses Konzentrationsgefälles ist das Elektrodenpotenzial zwischen den beiden Elektroden wie bei einer Konzentrationszelle nicht gleich. Es muss also eine geringe Elektrolysespannung angelegt werden. In der Praxis arbeitet man mit einer Spannung von 0,2 V bis 0,3 V.

Wo bleiben nun die Fremdmetalle aus dem Rohkupfer? An der Anode werden außer Kupfer auch andere, unedlere Metalle oxidiert und gehen als Metall-Ionen in Lösung. Die edleren Metalle wie Silber, Gold oder Platin werden bei den niedrigen Elektrolysespannungen nicht oxidiert. Sie werden aus dem metallischen Kristallverband der sich auflösenden Kupfer-Anode freigesetzt und fallen als **Anodenschlamm** auf den Boden. Dieser wertvolle Anodenschlamm macht die Kupfer-Raffination erst wirtschaftlich.

An der Kathode werden von allen in der Lösung befindlichen, aus der Rohkupfer-Elektrode stammenden Metall-Ionen nur die Kupfer-Ionen reduziert, da Kupfer das Elektrodenpotenzial mit dem größten positiven Wert aufweist. An der Kupfer-Kathode wird daher hochreines Kupfer, **Elektrolytkupfer**, abgeschieden.

[1] von *raffiner* (franz.) = verfeinern

Damit der Rost nicht alles frisst

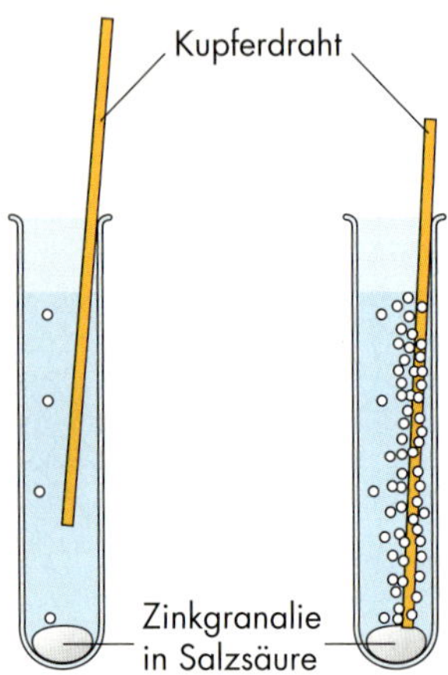

B1 *Reaktion von Zink mit Salzsäure, rechts im Kontakt mit Kupfer*

Versuche

V1 Geben Sie in ein Rggl. mit verdünnter Salzsäure* eine Zinkperle. Berühren Sie diese mit einem Kupfer- oder Platindraht (B1). Beobachtungen?

V2 Lösen Sie in 100 mL Wasser 1 g Kaliumnitrat*, 2 mL Phenolphthalein-Lösung und einige Kristalle Kaliumhexacyanoferrat-(III) (rotes Blutlaugensalz) auf. Fügen Sie 2 g Agar hinzu und kochen Sie unter Rühren kurz auf. Übertragen Sie einige Tropfen der noch heißen Lösung auf ein zuvor gereinigtes und geschmirgeltes Eisenblech. Betrachten Sie die Färbungen in den durch den Agar ausgehärteten Tropfen.
(*Hinweis:* Sie können die aufgekochte Lösung auch für V3 verwenden.)

V3 Bereiten Sie 4 Eisennägel folgendermaßen vor:
a) Ein Nagel wird mit einem Kupferdraht in der Mitte umwickelt.
b) Ein Nagel wird mit einem Stück Zink verbunden.
c) Ein Nagel wird leitend mit dem Minuspol, ein anderer mit dem Pluspol einer Batterie verbunden.
Legen Sie die Nägel in Petrischalen und übergießen Sie diese mit der unter V2 beschriebenen Agar-Lösung. Lassen Sie die Schale ruhig stehen! Beobachten Sie die Farberscheinungen (evtl. erst am nächsten Tag).

Auswertung

a) Deuten Sie die Farbveränderungen von V2 und V3 (vgl. S. 130 und 131).
b) Überlegen Sie sich weitere Möglichkeiten, einen Eisennagel für V3 zu behandeln, um den Einfluss auf die Korrosion zu untersuchen. Führen Sie einen entsprechenden Versuch durch.

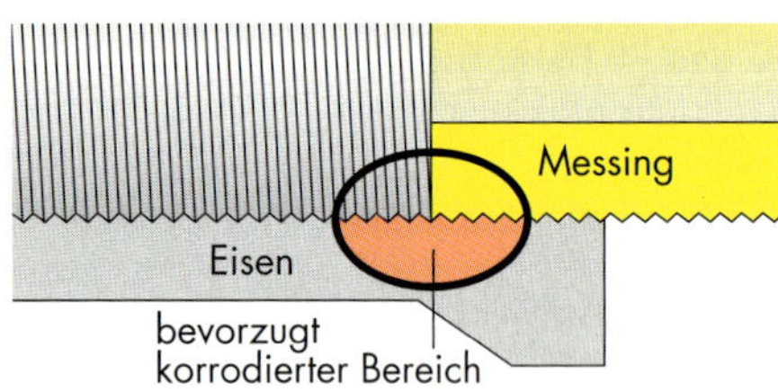

B2 *Kontaktkorrosion von Eisen*

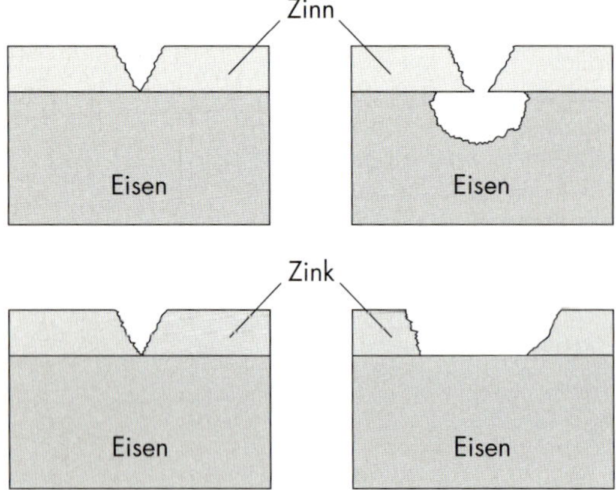

B3 *Korrosion an einem verzinnten und einem verzinkten Eisenblech*

INFO

Lokalelemente

Bei V1 kann man beobachten, dass die Gasentwicklung zunimmt, wenn die in Salzsäure liegende Zinkperle mit einem Kupferdraht berührt wird. Interessanterweise entsteht das Gas vorwiegend am Kupferdraht. Dies lässt sich folgendermaßen erklären. Die bei der Oxidation des Zinks frei werdenden Elektronen fließen zum Kupfer, wo sie von den in der Salzsäure befindlichen Protonen aufgenommen werden. Wasserstoffgas wird frei gesetzt. Wie in einer galvanischen Zelle laufen hier die Oxidation und die Reduktion an räumlich getrennten, eng nebeneinanderliegenden Stellen ab. Man bezeichnet diese kurzgeschlossene „galvanische Zelle auf kleinstem Raum" als **Lokalelement** mit einer *Lokalanode* als Ort der Oxidation (hier: die Zinkperle) und einer *Lokalkathode* als Ort der Reduktion (hier: die Kupferoberfläche, an der Protonen reduziert werden).

Ein Lokalelement entsteht immer dann, wenn verschiedene Metalle aneinandergrenzen und die Grenzfläche von einer Elektrolyt-Lösung umgeben ist. Die Existenz von Lokalelementen ist für die Korrosion von Werkstoffen von großer Bedeutung. B2 zeigt das korrodierte Gewinde eines Wasserrohrs aus Eisen, in das ein Messingstück eingedreht ist. Eisen fungiert hier als Lokalanode und löst sich im Laufe der Zeit auf, das Rohr wird undicht.

B3 zeigt die Bildung von Lokalelementen durch unterschiedliche Beschichtungen von Eisen.

A: Erläutern Sie die elektrochemischen Vorgänge, die bei Verletzung der Beschichtung aus Zinn (B3, oben) bzw. Zink (B3, unten) ablaufen. Verwenden Sie die Begriffe Lokalanode und -kathode. Formulieren Sie Reaktionsgleichungen.

Korrosion und Korrosionsschutz

Bei der Korrosion eines Metalls gehen die Metall-Atome unter Abgabe von Elektronen als Metall-Ionen in Lösung; das Metall löst sich auf. Die dabei frei werdenden Elektronen werden entweder wie in V1 auf H^+-Ionen oder wie in V2 auf Sauerstoff übertragen. Man unterscheidet daher die **Säurekorrosion** und die **Sauerstoffkorrosion** (B4). Säurekorrosion tritt überwiegend bei niedrigen *p*H-Werten und Sauerstoffmangel auf, Sauerstoffkorrosion in neutralem Medium bei Sauerstoffzutritt.

Zum Schutz vor Korrosion werden z. B. Autokarrosserien durch Eintauchen in geschmolzenes Zink (Feuerverzinken) mit einer Zinkschicht überzogen und dann lackiert. Die Lackschicht verhindert den Zutritt von Säure und Sauerstoff an das Eisen und schützt so vor Korrosion. Dieser **passive Korrosionsschutz** verliert jedoch seine Wirksamkeit, wenn der Lack beschädigt wird. Der Korrosionsschutz durch Zink wird in V3 untersucht. In V3 erkennt man an der fehlenden Blaufärbung, dass der Eisennagel, der mit Zink verbunden ist, nicht oxidiert wird. Es bildet sich ein Lokalelement, bei dem das unedlere Zink die Lokalanode und das edlere Eisen die Lokalkathode darstellen. Im Gegensatz zur Lackschicht ist eine Zinkschicht auf Eisen ein **aktiver Korrosionsschutz**, da bei einer Verletzung der Zinkschicht das Eisen durch die Ausbildung eines Lokalelements geschützt ist.

Eine ähnliche wirkungsvolle Schutzmaßnahme ist der **kathodische Korrosionsschutz**, der vorwiegend bei unterirdischen Rohrleitungen oder beim Schiffsbau angewandt wird (B5). Metallbleche aus Magnesium werden dabei entweder direkt z. B. am Schiffsrumpf oder leitend z. B. mit den Rohrleitungen verbunden. Man bezeichnet diese Magnesiumbleche als sogenannte **Opferanoden**, da sie sich aufgrund ihres negativeren Redoxpotenzials eher auflösen und die frei werdenden Elektroden die Oxidation des Eisens verhindern.

Bei einer anderen Methode des kathodischen Korrosionsschutzes, die man oft bei Öltanks anwendet, wird der zu schützende Tank als Kathode an den Minuspol einer Gleichspannungsquelle geschaltet. Der Pluspol wird an eine Opferanode z. B. aus billigem Eisenschrott angebracht. Der Stromkreis wird durch die im Boden befindlichen Elektrolyte geschlossen (B6).

Aufgaben

A1 Zinkperlen gibt es in unterschiedlicher Qualität. Gibt man eine Zinkperle aus hochreinem Zink in Salzsäure, so ist nur eine mäßige Wasserstoff-Entwicklung sichtbar. Billige Zinkperlen erzeugen eine heftige Gasbildung. Begründen Sie.

A2 Vergleichen Sie die Beobachtungen von V3 c) mit dem kathodischen Korrosionsschutz von B6.

A3 Erläutern Sie, weshalb man beim Verzinken von einem aktiven Schutz spricht. Wie würden Sie die Wirksamkeit des Verkupferns eines Eisenstücks als Korrosionsschutz einschätzen (V3)?

A4 Vergleichen Sie das Galvanisieren (S. 146, 147) und das Eloxieren (vgl. S. 187) von Metallen zum Korrosionsschutz. Stellen Sie Unterschiede und Gemeinsamkeiten heraus.

Hinweis: Weitere Versuche zu Korrosion und Korrosionsschutz unter *Chemie 2000+ Online.*

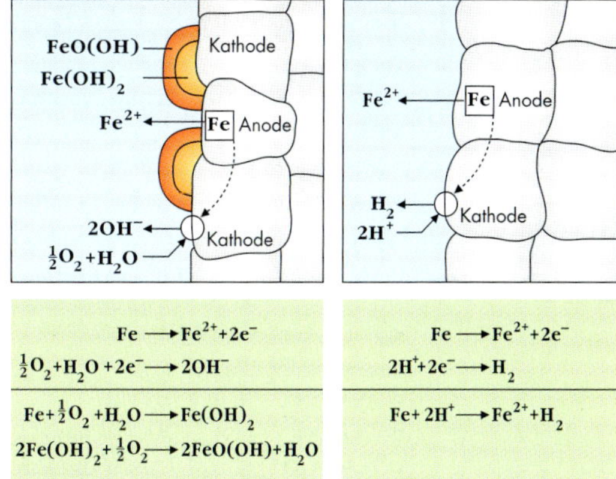

B4 *Säure- (rechts) und Sauerstoffkorrosion (links) von Eisen*

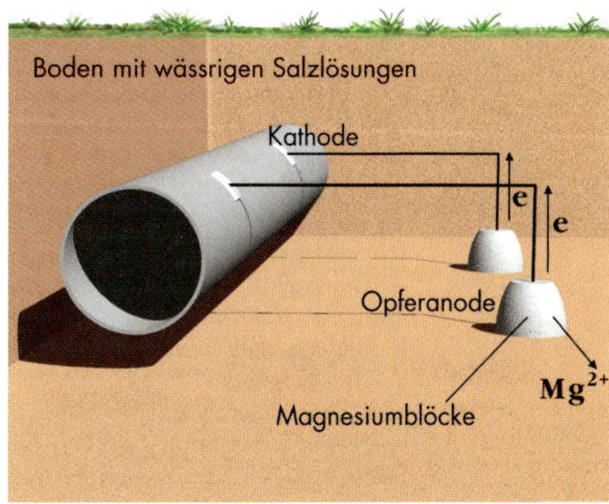

B5 *Pipelineschutz durch Opferanoden*

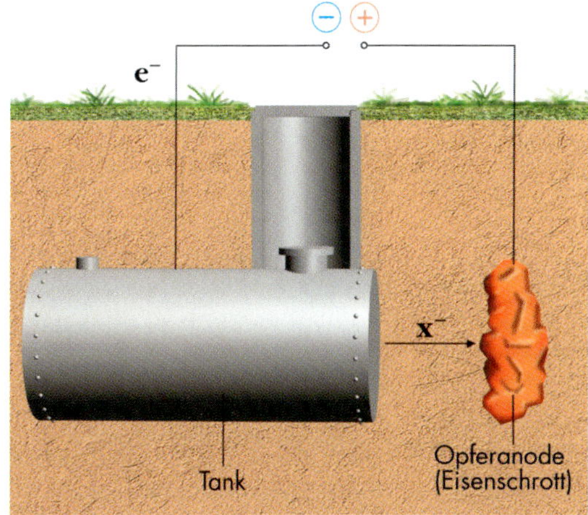

B6 *Kathodischer Korrosionsschutz durch Anlegen einer Spannung*

Fachbegriffe

Säure-, Sauerstoffkorrosion, Lokalelement, Feuerverzinken, kathodischer Korrosionsschutz, Opferanode, aktiver und passiver Korrosionsschutz

A1 Entscheiden Sie anhand der Redoxreihe der Metalle, in welche Richtung die folgenden Reaktionen laufen:

$$Sn(s) + Ni^{2+}(aq) \rightleftharpoons Sn^{2+}(aq) + Ni(s)$$
$$Pb(s) + Sn^{2+}(aq) \rightleftharpoons Pb^{2+}(aq) + Sn(s)$$
$$Ni(s) + Pb^{2+}(aq) \rightleftharpoons Ni^{2+}(aq) + Pb(s)$$
$$Cu(s) + Hg^{2+}(aq) \rightleftharpoons Cu^{2+}(aq) + Hg(s)$$

A2 Gegeben sind folgende galvanische Halbzellen:
A: Ni/Ni^{2+} (c = 1 mol/L),
B: Ni/Ni^{2+} (c = 0,00004 mol/L),
C: Co/Co^{2+} (c = 0,1 mol/L).
Es sollen folgende Kombinationen der Halbzellen durchgeführt werden:
1. A mit C,
2. A mit B,
3. B mit C.

a) Berechnen Sie die zu erwartenden Spannungen der galvanischen Zellen 1, 2 und 3. Geben Sie von den galvanischen Elementen 1–3 jeweils die Zellendiagramme an.
b) Wie groß müsste in einer Nickel-Halbzelle die Nickel-Ionenkonzentration sein, damit man gegenüber der Halbzelle C keine Spannung mehr messen kann?

A3 Drei Elektrolysezellen sind jeweils mit Silbernitrat- $AgNO_3$, Nickelnitrat- $Ni(NO_3)_2$ und Bismutnitrat-Lösung $Bi(NO_3)_3$ gefüllt und hintereinandergeschaltet (B1). Durch jede Zelle fließt die gleiche Ladung.

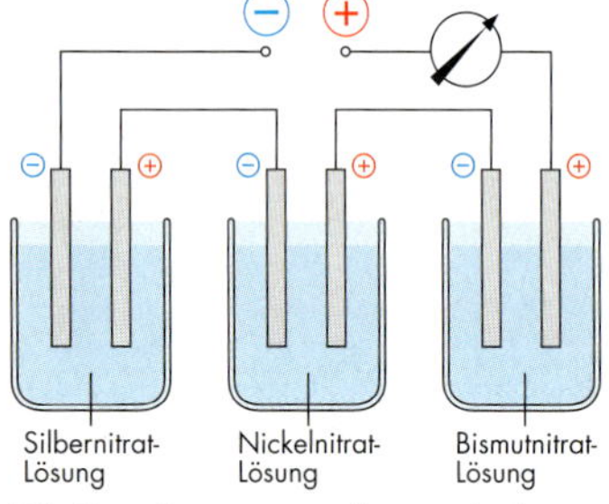

B1 *Drei hintereinandergeschaltete Elektrolysezellen*

Nach einiger Zeit werden folgende Massen abgeschieden:
$m(Ag)$ = 1,079 g, $m(Ni)$ = 0,2985 g, $m(Bi)$ = 0,6966 g.
Berechnen Sie a) die Ladung, die durch die Elektrolysezellen geflossen ist, b) die Ionen-Ladungen der Nickel- und Bismut-Ionen.

A4 Warum säuert man eine Kaliumpermanganat-Lösung nicht mit Salzsäure, sondern immer mit Schwefelsäure an?

A5 Um angelaufenes Silberbesteck (Schwarzfärbung durch Silbersulfid Ag_2S) wieder zu reinigen, legt man das Besteckteil auf eine Aluminiumfolie und übergießt mit Salzwasser. Nach einigen Stunden ist das Besteckteil wieder glänzend. Begründen Sie.

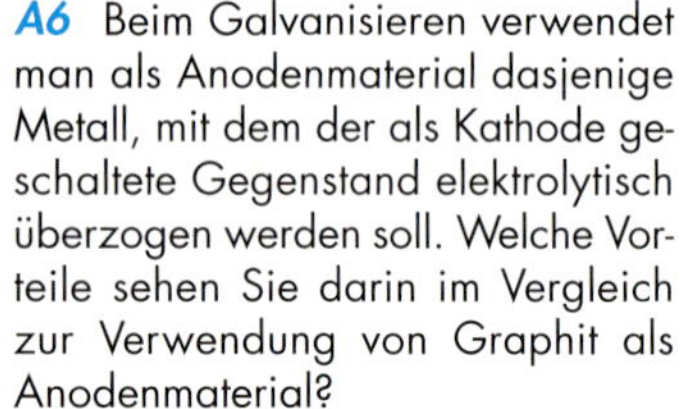

A6 Beim Galvanisieren verwendet man als Anodenmaterial dasjenige Metall, mit dem der als Kathode geschaltete Gegenstand elektrolytisch überzogen werden soll. Welche Vorteile sehen Sie darin im Vergleich zur Verwendung von Graphit als Anodenmaterial?

A7 Warum ist es gesundheitsschädlich, wenn sich neben einem mit Amalgamfüllung behandelten Zahn eine Goldkrone befindet?

A8 Welche der folgenden Elemente lassen sich nicht durch Elektrolyse ihrer wässrigen Salzlösungen herstellen? Begründen Sie. Welches Alternativverfahren würden Sie vorschlagen? Na, Mg, Cu, F_2

A9 Eine Standard-Silber-Halbzelle wird über ein Voltmeter mit einer Wasserstoff-Halbzelle (Minuspol) verbunden. Man misst eine Spannung von U = 918 mV. Berechnen Sie die H^+-Ionenkonzentration und den pH-Wert der Lösung in der Wasserstoff-Halbzelle.

A10 In B2 wird gezeigt, wie man den Plus- vom Minuspol einer Gleichspannungsquelle unterscheiden kann. Die Pole der Batterie wurden auf Filterpapier, das mit Phenolphthalein- und Kaliumnitrat-Lösung getränkt ist, aufgedrückt. Es zeigt sich ein purpurfarbener Ring. Welcher Pol hat ihn verursacht? Begründen Sie.

B2 *Unterscheidung von Plus- und Minuspol einer Batterie*

A11 Ein Automobilkonzern hat als Werbung für die Rostbeständigkeit seiner Fahrzeuge ein Foto von einem Auto in der Meeresbrandung veröffentlicht. Nehmen Sie hierzu Stellung.

A12 Glucose könnte als Brennstoff in einer Brennstoffzelle eingesetzt werden. Formulieren Sie die Reaktionsgleichung einer mit Glucose betriebenen Brennstoffzelle.

A13 Erklären Sie, weshalb bei der elektrolytischen Kupfer-Raffination unter Umständen Schwierigkeiten auftreten können, wenn die Arsen-Ionenkonzentration der Lösung zu stark ansteigt.
Hinweis: $E°$ (As/As^{3+}) = 0,30 V
Wenden Sie bei Ihrer Argumentation die NERNST-Gleichung an.

A14 Erläutern Sie, wie man aus dem Anodenschlamm der elektrolytischen Kupfer-Raffination Silber gewinnen kann.

Spurensuche – Konzentrationsbestimmungen

Aus Alltag und Lebenswelt sind zahlreiche Säuren bekannt. Saure Zitrusfrüchte und Milchprodukte, Essig und *p*H-neutrale Seifen kennt jeder. Doch wie viel Säure ist da drin? Rund um diese Thematik treten Fragen auf, die in diesem Kapitel beantwortet werden sollen.

1. **Was misst man mit den dargestellten Laborgeräten?**
2. **Was ist eigentlich eine Säure?**
3. **Wozu sind diese Schnelltest-papiere gut?**
4. **Welche elektrische Größe wird hier gemessen?**
5. **„pH-Wert", was ist das?**

B1 *Facetten zum Thema: „Spurensuche – Konzentrationsbestimmungen".*
A: *Bearbeiten Sie die Fragen 1 bis 10.*

Um diese Fragen zu beantworten, müssen die erworbenen Kenntnisse aus der Chemie und anderen Fächern angewendet und erweitert werden.

⑥ **Hängen biologische Prozesse vom *p*H-Wert ab?**

⑦ **Wie kommt dieser ungewöhnliche Kurvenverlauf zustande?**

⑧ **Welche Aufgabe haben Labormessschiffe?**

⑨ **Kann man gleichzeitig mehrere Parameter messen?**

⑩ **Ist saures Wasser schädlich?**

B2 *Messboje im Rhein.* **A:** *Informieren Sie sich über die aktuellen Messwerte im Rhein auf der Internet-Seite www.iksr.org*

Um Spuren von Säuren festzustellen und ihre Konzentration zu bestimmen, benötigt man nicht nur exakte Messgeräte, sondern auch theoretische Konzepte, die eine quantitative Auswertung von Ergebnissen ermöglichen. In diesem Kapitel wird ein solches Konzept, das sogenannte **BRØNSTED-Konzept** von Säuren und Basen eingeführt und vielfach angewandt. Bei diesem Konzept steht die **Funktion der Säure-** bzw. **Base-Teilchen** im Vordergrund. Wir untersuchen die Reaktionen von Säuren und Basen mit Wasser und erklären sie als **Protonenübergänge**.
Wir stellen fest, dass auch viele Salze saure bzw. basische Lösungen bilden. Dabei handelt es sich ebenfalls um Protonenübertragungsreaktionen.

Die unterschiedliche Stärke von Säuren und Basen erklären wir mithilfe des **chemischen Gleichgewichts** unter Anwendung des **Massenwirkungsgesetzes MWG**. Damit lassen sich mathematische Formeln und Gleichungen entwickeln, mit deren Hilfe sich *p*H-Werte von Lösungen und Säuregehalte in Proben genau berechnen lassen. Es können aber auch Lösungen mit vorgegebenem *p*H-Wert berechnet und hergestellt werden. Das findet Anwendung in der Lebensmittel- und Umweltanalytik, in der Technik und in der Medizin.
Die analytischen Bestimmungen durch **Titrationen** beschränken sich nicht auf Säuren und Basen. Mithilfe titrimetrischer Methoden lassen sich auch Metall-Ionen, organische Verbindungen oder gelöste Gase bestimmen (B3).

Gewässer können durch Titrationen auch mit einfachen schulischen Mitteln recht genau untersucht werden.

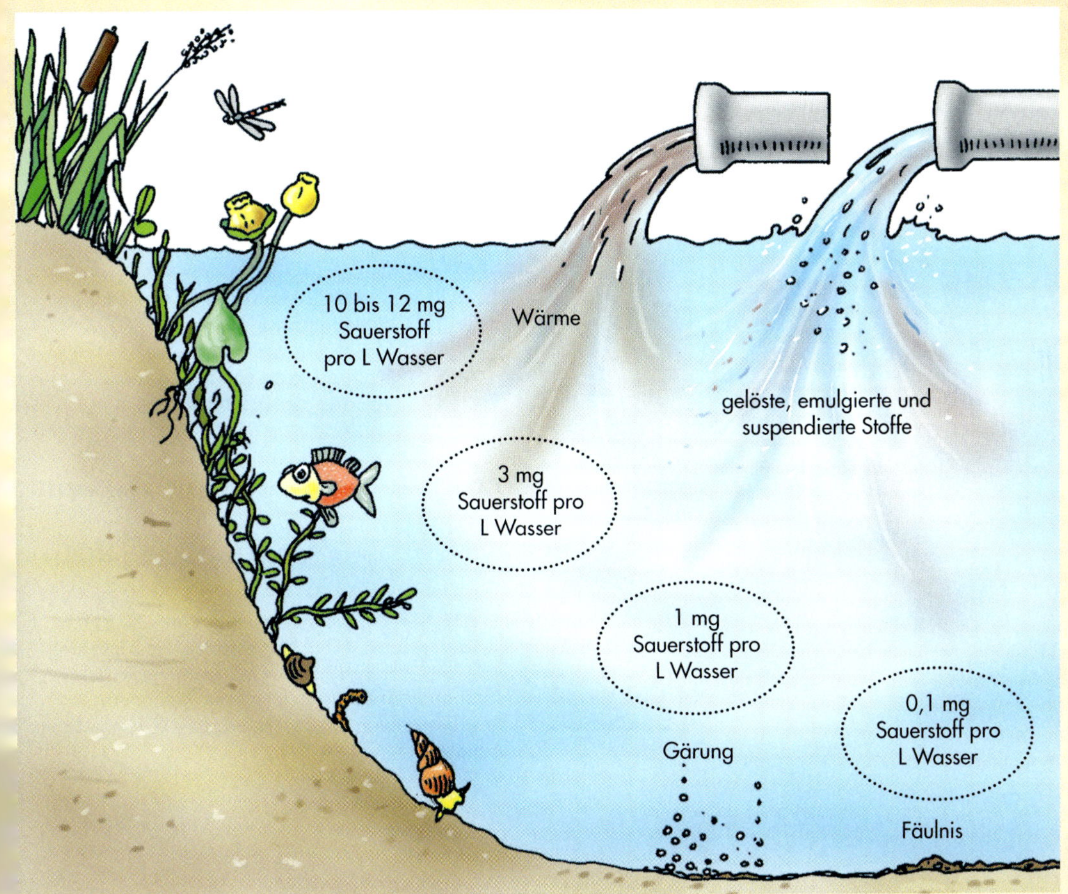

B3 *Einfluss des gelösten Sauerstoffs auf den Zustand eines Gewässers.*
A: *Von welchen Parametern hängt der Sauerstoffgehalt eines Gewässers ab? Erläutern und begründen Sie.*

Wie viel Säure ist da drin?

B1 *Angabe des Essigsäuregehalts im Speiseessig und in Essigessenz.* **A:** *Vergleichen Sie den Essigsäuregehalt von Speiseessig und Essigessenz.*

B2 *Gurken, Fruchtsaft, Entkalker.* **A:** *Notieren Sie, welche Säuren in den Gefäßen enthalten sind.*

B3 *Titrationsvorrichtung: Aus der Bürette wird Maßlösung in die Probe gegeben, bis der Indikator umschlägt.*

Versuche

Hinweis: Notieren Sie bei jeder Titration das Volumen der verbrauchten Maßlösung.

V1 Pipettieren Sie 10 mL Speiseessig in einen Erlenmeyerkolben und verdünnen Sie mit ca. 50 mL destilliertem Wasser. Fügen Sie einige Tropfen Indikator-Lösung (Bromthymolblau oder Phenolphthalein) hinzu und titrieren Sie mit Natronlauge*, $c(\mathbf{NaOH}) = 1$ mol/L, bis zum Farbumschlag.

V2 Pipettieren Sie 10 mL frisch gepressten und filtrierten Zitronensaft in einen Kolben und verdünnen Sie mit ca. 10 mL destilliertem Wasser. Titrieren Sie wie bei V1 mit Indikator und Natronlauge*, $c(\mathbf{NaOH}) = 1$ mol/L.

V3 Pipettieren Sie aus einer Autobatterie 5 mL „Batteriesäure*" in einen mit 50 mL destilliertem Wasser gefüllten Erlenmeyerkolben. Titrieren Sie wie bei V1 mit Indikator und Natronlauge*, $c(\mathbf{NaOH}) = 1$ mol/L.

Auswertung

a) Ordnen Sie Ihre Messwerte aus V1 bis V3 in einer Tabelle: Volumen pipettierte Lösung, Volumen verbrauchte Maßlösung, Konzentration Maßlösung, Konzentration der pipettierten Lösung. Diese wird erst nach der Berechnung [siehe c) bis e)] eingetragen.

b) Welche Rolle spielt die Verdünnung mit destilliertem Wasser?

Hinweis: Die folgenden Auswertungen c) bis e) sind mithilfe der Rechenbeispiele von S. 195 zu lösen.

c) Essigsäure $\mathbf{CH_3COOH}$ bildet bei der Neutralisation mit Natronlauge gelöstes Natriumacetat $\mathbf{CH_3COONa(aq)}$. Werten Sie die in V1 erhaltenen Ergebnisse aus und vergleichen Sie mit den Angaben auf dem Etikett.

d) Welche Konzentration kann bei V2 ermittelt werden?

e) Welche Konzentration hat die in V3 untersuchte Schwefelsäure? Beachten Sie das Stoffmengenverhältnis bei der Reaktion:

$$\mathrm{H_2SO_4(aq) + 2NaOH(aq) \longrightarrow 2H_2O(l) + Na_2SO_4(aq)}$$

Gleichungen	Größen
$c(\mathbf{X}) = \dfrac{n(\mathbf{X})}{V_{Ls}(\mathbf{X})}$ (1)	$c(\mathbf{X})$: Konzentration von **X** in mol/L
	$n(\mathbf{X})$: Stoffmenge von **X** in mol
$n(\mathbf{X}) = \dfrac{m(\mathbf{X})}{M(\mathbf{X})}$ (2)	$m(\mathbf{X})$: Masse von **X** in g
	$M(\mathbf{X})$: Molare Masse von **X** in g/mol
	$V_{Ls}(\mathbf{X})$: Volumen der Lösung **X** in L

Beispiele:

Natronlauge, $c(\mathbf{NaOH}) = 1$ mol/L, enthält 1 mol **NaOH** (40 g **NaOH**) in 1 L Lösung.

Salzsäure, $c(\mathbf{HCl}) = 0{,}1$ mol/L, enthält 0,1 mol **HCl** (3,65 g **HCl**) in 1 L Lösung.

Schwefelsäure-Lösung, $c(\mathbf{H_2SO_4}) = 2$ mol/L, enthält 2 mol $\mathbf{H_2SO_4}$ (196 g $\mathbf{H_2SO_4}$) in 1 L Lösung bzw. 4 mol $\mathbf{H_3O^+}$-Ionen[1] in 1 L Lösung.

B4 *Gleichungen und Größen für die Auswertung von Titrationen.* **A:** *Erweitern Sie die Beispiele analog um Essigsäure ($c = 0{,}1$ mol/L) und Kalkwasser ($c = 0{,}005$ mol/L).*

[1] Vereinfacht formuliert: $\mathbf{H^+}$-Ionen. Vergleichen Sie hierzu B5, S. 197.

Konzentrationsbestimmung durch Titration

In der Natur gibt es viele Säuren. Citronensäure, Apfelsäure, Essigsäure, Ameisensäure, Oxalsäure, Magensäure, Huminsäuren sind nur einige wenige Beispiele für natürliche Säuren. Seit dem Altertum nutzen die Menschen beispielsweise Essigsäure als Konservierungsmittel. Säuren werden gezielt als aggressive Stoffe im Reinigungssektor eingesetzt (z. B. Entkalker). In jeder Autobatterie ist Schwefelsäure enthalten.

Die Neutralisationsreaktion zwischen einer sauren und einer alkalischen Lösung verläuft sehr rasch. Das „Ende" der Reaktion kann durch Farbumschlag eines Indikators ziemlich genau angezeigt werden. Diese Tatsache macht es möglich, Säuren in Lösungen quantitativ durch **Titration** zu bestimmen. Das Experiment muss jedoch so angesetzt werden, dass die Stoffmenge eines der beiden Reaktionspartner genau bekannt ist. Die Stoffmenge der titrierten Säure wird über die Reaktionsgleichung der Neutralisationsreaktion ermittelt. Die Rechnung ist dann besonders einfach, wenn die Gehalte der gelösten Stoffe als **Stoffmengenkonzentrationen (Konzentration) c in mol/L** angegeben werden (B4).

Rechenbeispiel zu einem Titrationsergebnis
Bei einer Titration von 35 mL Salzsäure mit Natronlauge, $c(NaOH) = 0{,}1$ mol/L, wurden bis zum Umschlag des Indikators 20 mL Natronlauge verbraucht.

Berechnung der Konzentration der titrierten Salzsäure:

(1) Aufstellen der **Reaktionsgleichung** für die Stoffumsetzung:
$$HCl(aq) + NaOH(aq) \longrightarrow H_2O(l) + NaCl(aq)$$

(2) Aus der Reaktionsgleichung wird das **Stoffmengenverhältnis** der interessierenden Reaktionspartner abgelesen:
$n(HCl) : n(NaOH) = 1 : 1$; daraus folgt: $n(HCl) = n(NaOH)$

(3) Ersetzen der Stoffmengen n gemäß Gleichung (1) aus B4:
$c(HCl) \cdot V_{Ls}(HCl) = c(NaOH) \cdot V_{Ls}(NaOH)$

(4) Umformen der Gleichung (3) nach der gesuchten Größe $c(HCl)$ und Einsetzen der bekannten Zahlenwerte der übrigen Größen:
$$c(HCl) = \frac{c(NaOH) \cdot V_{Ls}(NaOH)}{V_{Ls}(HCl)} = \frac{0{,}1 \text{ mol/L} \cdot 20 \text{ mL}}{35 \text{ mL}} = 0{,}057 \text{ mol/L}$$

Berechnung der Masse gelösten Chlorwasserstoffs:

(1) und (2) wie oben

(3) Zur Bestimmung der Masse des Chlorwasserstoffs wird $n(HCl)$ gemäß Gleichung (2) aus B4 ersetzt:
$m(HCl) : M(HCl) = c(NaOH) \cdot V_{Ls}(NaOH)$

(4) Umformen nach der gesuchten Größe $m(HCl)$, dann $M(HCl) = 36{,}5$ g/mol berechnen und schließlich die Zahlenwerte in die umgeformte Gleichung einsetzen:
$m(HCl) = M(HCl) \cdot c(NaOH) \cdot V_{Ls}(NaOH)$
$m(HCl) = 36{,}5 \text{ g/mol} \cdot 0{,}1 \text{ mol/L} \cdot 0{,}02 \text{ L} = 0{,}073 \text{ g}$

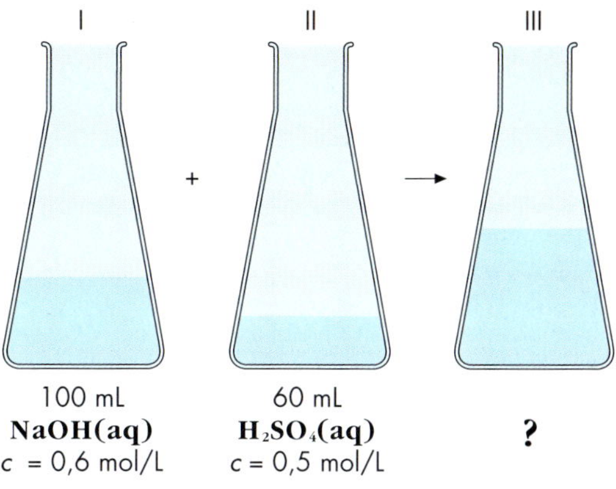

B5 *Neutralisation einer zweiprotonigen Säure.*
A: *Die Lösungen I und II werden zur Lösung III vereinigt. Wie reagiert die Lösung III, alkalisch, neutral oder sauer? Begründen Sie durch Rechnung.*

Aufgaben

A1 Informieren Sie sich, welche Säuren als Konservierungsstoffe vor allem bei Lebensmitteln eingesetzt werden. Suchen Sie die chemischen Formeln dazu. Halten Sie die Ergebnisse tabellarisch fest. (*Hinweis:* Vergleichen Sie Produkte im Supermarktregal.)

A2 Stellen Sie analog zu A1 zusammen, welche Säuren
a) im Reinigungssektor Verwendung finden und
b) in der Natur vorkommen.

A3 50 mL Kalilauge werden mit Salzsäure, $c(HCl) = 0{,}2$ mol/L, titriert. Die Farbe des Indikators schlägt nach dem Verbrauch von $V_{Ls}(HCl) = 25$ mL um. Berechnen Sie a) die Konzentration der titrierten Kalilauge und b) die Masse des in der Kalilauge enthaltenen Kaliumhydroxids.

A4 Cola enthält Phosphorsäure H_3PO_4, eine **dreiprotonige Säure**. Sie wird mit Natronlauge zu Natriumphosphat Na_3PO_4 umgesetzt. Die Konzentration der Phosphorsäure in einem Cola-Getränk beträgt $c = 0{,}002$ mol/L. Berechnen Sie das Volumen an Natronlauge, $c(NaOH) = 0{,}05$ mol/L, das bei der Titration von 100 mL dieses Cola-Getränks verbraucht wird.

Fachbegriffe
Stoffmengenkonzentration c, mehrprotonige Säure, Titration

Ohne Wasser nicht sauer!

Robert Boyle
(1626–1691)
stellte fest, dass alle Säuren den Pflanzenfarbstoff Lackmus rot färben und Kalkstein zersetzen. Damit stellte er allgemeine Eigenschaften der Säuren heraus, die sie von anderen Stoffen unterscheiden.

Antoine Lavoisier
(1743–1794)
beobachtete, dass Nichtmetalloxide sich mit Wasser zu Säuren verbinden. Er kam zu der irrtümlichen Auffassung, dass in allen Säuren Sauerstoff gebunden ist.

Justus von Liebig
(1803–1873)
definierte Säuren als Wasserstoffverbindungen, in denen Wasserstoff durch ein Metall ersetzt werden kann.

Svante Arrhenius
(1859–1927)
schloss aus der Tatsache, dass wässrige Säurelösungen den elektrischen Strom leiten, dass diese Lösungen Wasserstoff-Ionen H^+ enthalten, und definierte Säuren als Stoffe, die in wässriger Lösung Wasserstoff-Ionen bilden.

Johannes Nikolaus Brønsted (1879–1947) und
Thomas Martin Lowry (1874–1936)
stellten im Jahr 1928 fest, dass die Entstehung der Wasserstoff-Ionen keine Bedingung für die Entfaltung der typischen Säureeigenschaften ist.

B1 *Aus der Geschichte der Chemie: Entwicklung des Säure-Begriffs.* **A:** *Geben Sie für die aufgeführten Angaben Beispiele aus Natur und Alltag an und formulieren Sie die (ggf. allgemeinen) Reaktionsgleichungen.*

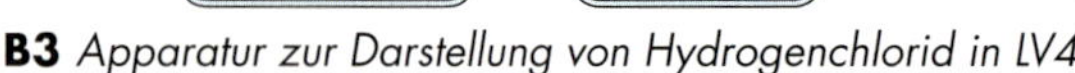

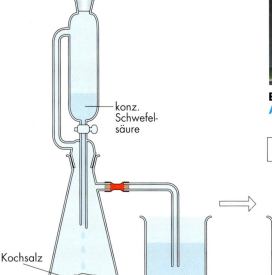

B3 *Apparatur zur Darstellung von Hydrogenchlorid in LV4*

Versuche

V1a Versetzen Sie in je einem Reagenzglas a) Citronensäure und b) Speisenatron $NaHCO_3$ (erhältlich im Lebensmittelhandel) mit einigen mL Wasser. Beobachtung? Schütten Sie die Lösungen aus a) und b) in einem Rggl. zusammen. Beobachtung?

V1b Füllen Sie in einen Gefrierbeutel jeweils ein halbes Päckchen Speisenatron und Citronensäure. Mischen Sie den Inhalt gut durch. Beobachtung? Geben Sie dann einige mL Wasser hinzu und verschließen Sie sofort den Beutel. Beobachtung?

V2 Lösen Sie in je einem Reagenzglas etwas Citronensäure a) in Aceton* und b) in destilliertem Wasser. Prüfen Sie qualitativ die elektrische Leitfähigkeit beider Lösungen.

V3 Untersuchen Sie qualitativ die elektrische Leitfähigkeit von reinem Eisessig* (konzentrierte Essigsäure). Verdünnen Sie den Eisessig unter Rühren langsam mit destilliertem Wasser und bestimmen Sie dabei kontinuierlich qualitativ die elektrische Leitfähigkeit.

LV4a Für das folgende Experiment wird Hydrogenchlorid* (Chlorwasserstoff) HCl (g) in einer Apparatur gemäss B3 aus Kochsalz und konzentrierter Schwefelsäure* hergestellt und je 15 s lang in Xylol*, in Methanol* und in dest. Wasser eingeleitet. Die drei Lösungen werden in der Reihenfolge Xylol, Methanol, Wasser qualitativ auf die elektrische Leitfähigkeit überprüft.

LV4b Geben Sie in das Becherglas mit der Xylol-Lösung* ca. 2 cm hoch Wasser und rühren Sie mit einem Glasstab gut durch. Überprüfen Sie nun erneut die Leitfähigkeit, indem Sie den Leitfähigkeitsprüfer langsam in die obere und dann in die untere Schicht einführen.

Auswertung

a) Protokollieren Sie alle Versuche.
b) Deuten Sie Ihre Beobachtungen bei V3 und LV4.
c) Formulieren Sie analog B5 die Säure-Base-Reaktionen, die bei V3 auftreten.
d) Deuten Sie die Beobachtungen aus V1 und V2 hinsichtlich der Rolle des Wassers.

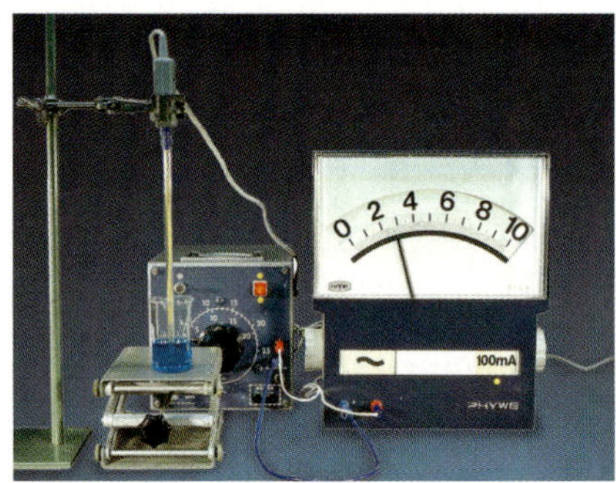

B2 *Leitfähigkeitsprüfer.*
A: *Erläutern Sie die Funktionsweise.*

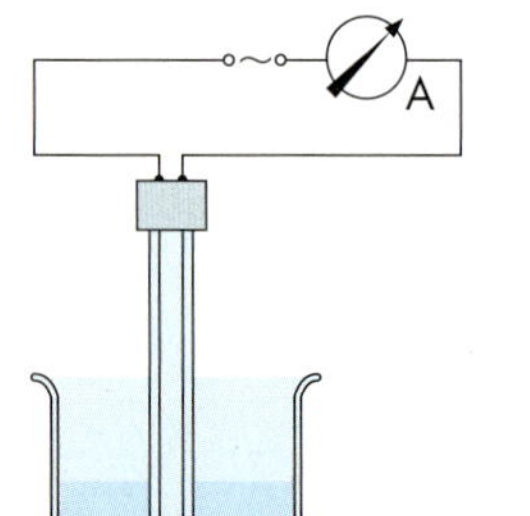

Von „acidum aceticum" zum BRØNSTED-Konzept

Schon im Altertum war die wässrige Lösung einer Säure, nämlich der Essig, bekannt. Die Lateiner nannten ihn *acetum*. Die im Essig enthaltene Säure erhielt den Namen *acidum aceticum*[1]; im heutigen Alltag wird sie als Essigsäure bezeichnet. Im Mittelalter waren bereits die Salzsäure, die Salpetersäure und die Schwefelsäure bekannt.
Der saure Geschmack der Stoffe führte zu der Bezeichnung „Säure". Aufgrund der stark ätzenden oder sogar toxischen Eigenschaften einiger Säuren konnte die Geschmacksprobe zwangsläufig nicht das einzige Kriterium zur Definition sein. Im Laufe der letzten 300 Jahre wurden die Säuren ganz unterschiedlich definiert (B1).
Die meisten Säuren sind als saure Lösungen bekannt. Es ist aber auch festzustellen, dass Brausepulver, feste Citronensäure und Ascorbinsäure ebenfalls sauer schmecken. Mithilfe der Experimente V1 bis LV4 werden auch feste bzw. gasförmige Säuren untersucht, um dem Phänomen „Säure" auf den Grund zu gehen. Was ist nun die Bedingung für „die Entfaltung der Säureeigenschaften"?

Folgende Versuchsbeobachtungen lassen die Säure-Base-Definition, die von BRØNSTED und LOWRY entwickelt wurde, einsichtig erscheinen:

- **HCl** (Hydrogenchlorid, Chlorwasserstoff) entfaltet seine Säureeigenschaften sehr gut, wenn es in Wasser gelöst ist, schlechter, wenn es in Methanol gelöst ist und so gut wie gar nicht, wenn es in Xylol gelöst ist (LV4a).
- In Xylol gelöstes Hydrogenchlorid geht beim Schütteln mit Wasser in die wässrige Phase über und kommt dort als Säure zur Wirkung (LV4b).
- V1 bis V3 demonstrieren ebenfalls, dass die Reaktion mit Wasser die Säurewirkung entfaltet.

BRØNSTED und LOWRY definierten eine Säure als einen Stoff, dessen Teilchen Protonen (Wasserstoff-Ionen) abgeben („entbinden" können) und eine Base als einen Stoff, dessen Teilchen Protonen aufnehmen (binden) können. Die Definitionen in Kurzform lauten:

Säuren sind **Protonen-Donatoren**[2].
Basen sind **Protonen-Akzeptoren**[3].

Reaktionen zwischen Säuren und Basen sind stets mit Protonenübergängen verbunden (B5). Sie werden deshalb **Protolysen**[4] genannt.

Aufgaben

A1 Welche Hauptinhaltsstoffe sind in diversen Reinigern enthalten? (*Hinweis:* Vgl. Verpackungsbeilagen.) Welche Säure-Base-Reaktion(en) läuft (laufen) in Gegenwart von Wasser ab?

A2 Informieren Sie sich über die chemische Verwitterung von Kalkgestein (z.B. Entstehung von Dolinen, Karren, Höhlen). Formulieren Sie hierzu die wichtigsten Protolysegleichungen. (*Hinweis: Chemie 2000+ Online*>Materialien>Interaktive Bausteine>Tropfsteinhöhlen)

B4 *Auf die Säure kommt es an: saurer Sprudel, Brausepulver, Kukident.*

$$\underset{\text{Säure}}{HCl} + H_2O \xrightarrow{H^+} \underset{\text{Oxonium-Ion}}{H_3O^+} + Cl^-$$

$$\underset{\text{Base}}{NH_3} + H_2O \xrightarrow{H^+} \underset{\text{Hydroxid-Ion}}{OH^-} + NH_4^+$$

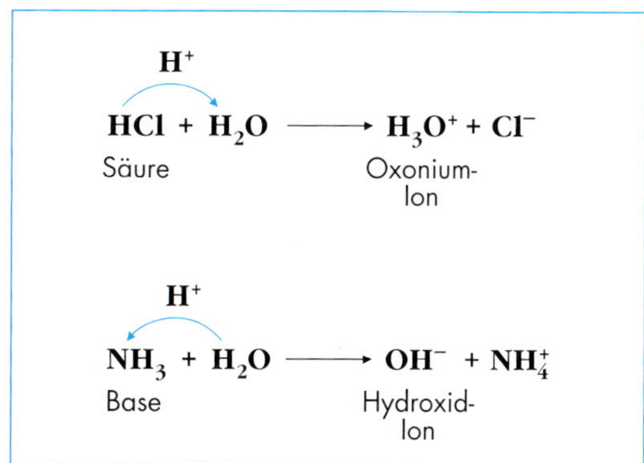

B5 *Säuren bilden in wässriger Lösung* ***Oxonium-Ionen*** H_3O^+*, Basen bilden Hydroxid-Ionen* OH^-*. Hydratisierte Oxonium-Ionen* $H_3O^+(aq)$ *werden als* ***Hydronium-Ionen*** *bezeichnet.*

Fachbegriffe

Protolyse, Protonen-Donator, Protonen-Akzeptor, Oxonium-Ionen, Hydronium-Ionen

---

von *acidus* (lat.) = sauer; von *acetus* (lat.) = Essig
von *donare* (lat.) = geben, schenken
von *accipere* (lat.) = annehmen
von *lyein* (griech.) = lösen. Bei Protolysen werden zwar Protonen on Säure-Teilchen „gelöst", jedoch nur in dem Maße, wie sie gleichzeitig on Base-Teilchen gebunden werden.

B1 *Fruchtsaft und Speisenatron.* **A:** *Informieren Sie sich über das Anwendungsspektrum von Speisenatron im Haushalt.*

B2 *Zusatzstoff für zu saures Teich- oder Aquarienwasser zur Erhöhung der Carbonathärte (KH).* **A:** *Informieren Sie sich über die Zusammensetzung dieser Stoffe.* **A:** *Erklären Sie mithilfe von Protolysegleichungen die Entsäuerung des Aquarien- oder Teichwassers.*

Säuren, Laugen, Salze

Versuche

V1 Stellen Sie in 6 Rggl. folgende Lösungen her, indem Sie die angegebenen Stoffe jeweils in ca. 15 mL destilliertem Wasser lösen:
Nr. 1: einige Tropfen Essigsäure* $H_3CCOOH(l)$
Nr. 2: einige Tropfen konzentrierte Ammoniak-Lösung* $NH_3(aq)$
Nr. 3: eine Spatelspitze Natriumacetat $H_3CCOONa(s)$
Nr. 4: eine Spatelspitze Ammoniumchlorid $NH_4Cl(s)$
Nr. 5: eine Spatelspitze Kaliumcarbonat* $K_2CO_3(s)$
Nr. 6: eine Spatelspitze Natriumhydrogensulfat* $NaHSO_4(s)$
Geben Sie in jedes Rggl. einige Tropfen Bromthymolblau-Lösung (B3) und notieren Sie die Farbe der Lösung.

V2 Stellen Sie in je 2 Rggl. folgende Lösungen her, indem Sie jeweils eine Spatelspitze der nachfolgend genannten Stoffe in ca. 15 mL Wasser lösen:
a) Natriumphosphat $Na_3PO_4(s)$,
b) Dinatriumhydrogenphosphat $Na_2HPO_4(s)$,
c) Natriumdihydrogenphosphat $NaH_2PO_4(s)$,
d) Natriumchlorid $NaCl(s)$.
Fügen Sie jeweils in das eine der beiden Rggl. einige Tropfen Bromthymolblau-Lösung (B3), in das andere Rggl. einige Tropfen Universalindikator-Lösung und notieren Sie die Farbe der Lösungen.

V3 Geben Sie zu Zitronen- , Orangen- oder Grapefruitsaft in Portionen Speisenatron. Bestimmen Sie den *p*H-Wert vor und nach der Zugabe des Salzes.

Auswertung

a) Teilen Sie die untersuchten Stoffe in Klassen ein, je nachdem ob ihre wässrige Lösung sauer, alkalisch oder neutral reagiert (B3). Fällt dabei etwas Unerwartetes auf?
b) Bei der Protolyse von Essigsäure-Molekülen bilden sich neben Oxonium-Ionen auch Acetat-Ionen $H_3CCOO^-(aq)$. Formulieren Sie die Reaktionsgleichungen der Protolyse.
c) Natriumacetat ist eine Ionenverbindung, die beim Lösen in Wasser in hydratisierte Natrium-Ionen $Na^+(aq)$ und hydratisierte Acetat-Ionen $H_3CCOO^-(aq)$ übergeht. Die in V1 erhaltene Farbe dieser Lösung ist durch die Protolyse einer dieser beiden Ionenarten mit Wasser-Molekülen zu erklären. Formulieren Sie die Reaktionsgleichungen dieser Protolyse und erläutern Sie.
d) Versuchen Sie, auch die in den übrigen Proben (V1, V2) erhaltenen Farben durch Reaktionsgleichungen von (ggf.) Protolysen zu erklären.
e) Erklären Sie V3 mithilfe von Protolysegleichungen.

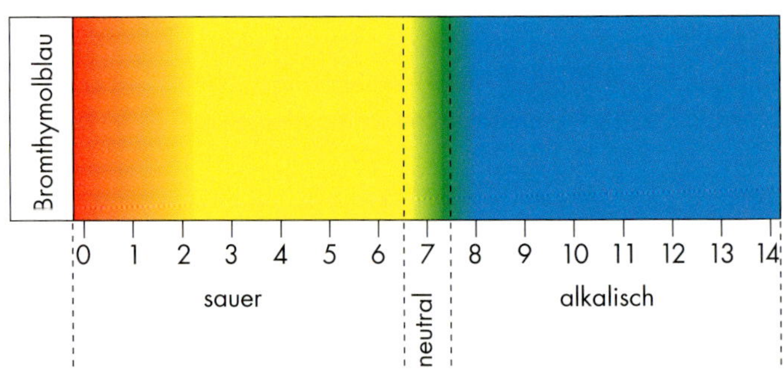

B3 *Der Indikator Bromthymolblau nimmt in saurer, neutraler und alkalischer Lösung diese Farben an.*

Konjugierte Säure-Base-Paare

Saure Getränke oder Speisen werden mitunter in der Küche durch Speisenatron „abgestumpft" (V3). Ebenso werden in Fischzuchten oder Gartenteichen und Aquarien Hydrogencarbonate oder Carbonate als Wasserchemikalien eingesetzt, um *p*H-Werte unter 6 zu vermeiden. Mit diesen Salzen lassen sich also Säuren neutralisieren. Während eine Essigsäure-Lösung erwartungsgemäß sauer reagiert bzw. eine Ammoniak-Lösung alkalisch, erscheint es in V1 zunächst verwunderlich, dass die Lösungen der verwendeten Salze nicht neutral reagieren. Wir stellen bei V1 fest, dass die Ammoniumchlorid-Lösung und die Natriumhydrogensulfat-Lösung sauer reagieren (Gelbfärbung des Indikators Bromthymolblau), die Natriumacetat-Lösung und die Kaliumcarbonat-Lösung dagegen alkalisch (Blaufärbung des Indikators).

Diese Beobachtungen sind durch folgende Grundsätze zu erklären:

1. Protolysen sind stets reversible Reaktionen, bei denen sich die Gleichgewichte in kurzer Zeit einstellen.

2. Aus einer Säure bildet sich bei einer Protolyse ihre konjugierte[1] oder korrespondierende[2] Base und aus einer Base ihre konjugierte Säure.

HA	+	H_2O	$\rightleftharpoons$	H_3O^+	+	A^-
Säure I		Base II		Säure II konjugierte Säure der Base II		Base I konjugierte Base der Säure I

In V1 sind folgende **konjugierte Säure-Base-Paare**, d.h. Paare aus jeweils einer Säure und ihrer konjugierten Base, vertreten: H_3CCOOH/H_3CCOO^-; NH_4^+/NH_3; HCO_3^-/CO_3^{2-}; HSO_4^-/SO_4^{2-}.

Bei jeder Probe (V1,V2) stellt sich ein Gleichgewicht ein, an dem eines dieser Säure-Base-Paare beteiligt ist. Hier einige Beispiele (V1):

Nr. 1:

$$H_3CCOOH(l) + H_2O(l) \rightleftharpoons H_3O^+(aq) + H_3CCOO^-(aq)$$

Säure I — Base II — Säure II — konjugierte Base I

Nr. 3[a]:

$$H_3CCOO^-(aq) + H_2O(l) \rightleftharpoons H_3CCOOH(l) + OH^-(aq)$$

konjugierte Base I — Säure II — Säure I — Base II

Nr. 4[b]:

$$NH_4^+(aq) + H_2O(l) \rightleftharpoons H_3O^+(aq) + NH_3(aq)$$

Säure I — Base II — Säure II — konjugierte Base I

An der Formel eines Stoffes allein kann man noch nicht erkennen, ob seine Lösung sauer, neutral oder alkalisch reagieren wird. B4 führt Beispiele aus allen drei Kategorien an. Umfangreichere experimentelle Erfahrungen und tieferes Verständnis der Gleichgewichte, die sich zwischen **konjugierten Säure-Base-Paaren** in wässriger Lösung einstellen, versetzen uns in die Lage, die Eigenschaften einer Salzlösung voraussagen zu können.

von *conjugere* (lat.) = verbinden

von *correspondere* (lat.) = übereinstimmen, sich entsprechen

Die Natrium-Ionen aus dem Natriumacetat in der Lösung aus Nr. 3 bleiben unbeteiligt; wegen der überschüssigen Hydroxid-Ionen reagiert diese Lösung alkalisch.

Die Chlorid-Ionen aus dem Ammoniumchlorid in der Lösung aus Nr. 4 bleiben unbeteiligt; wegen der gebildeten Oxonium-Ionen reagiert diese Lösung sauer.

$$HX + H_2O \rightleftharpoons H_3O^+ + X^-$$

Neutralsäure

$$HX^- + H_2O \rightleftharpoons H_3O^+ + X^{2-}$$

Anion-Säure

$$HX^+ + H_2O \rightleftharpoons H_3O^+ + X$$

Kation-Säure

$$X^- + H_2O \rightleftharpoons OH^- + HX$$

Anion-Base

$$HX + H_2O \rightleftharpoons OH^- + H_2X^+$$

Neutralbase

$$HX^+ + H_2O \rightleftharpoons OH^- + H_2X^{2+}$$

Kation-Base

B4 *Sowohl neutrale Teilchen als auch positive oder negative Ionen können Säure-Base-Funktion haben.*

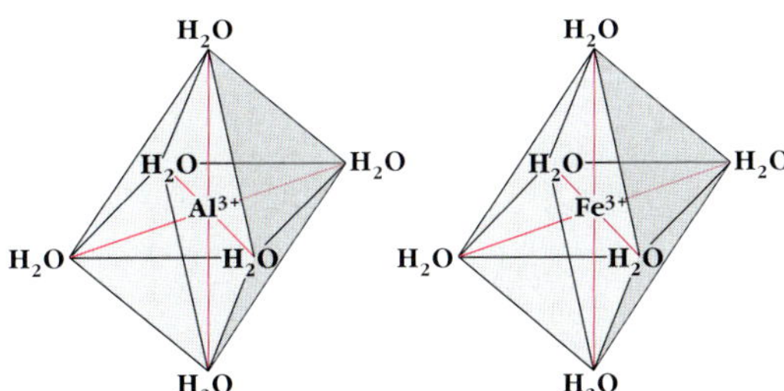

B5 *Räumliche Struktur der Hexaaquametall(III)-Ionen*

Aufgaben

A1 Informieren Sie sich über die Inhaltsstoffe von Antacida (z.B. Bullrich-Salz®, Talcid®, Maalox®), die zur Neutralisation von Magensäure eingesetzt werden. Formulieren Sie Säure-Base-Gleichungen und geben Sie die korrespondierenden Säure-Base-Paare an.

A2 Nennen Sie je zwei **Anion-Säuren**, **Anion-Basen** und **Kation-Säuren** und ihre **konjugierten Basen** bzw. **Säuren**.

A3 Aluminium- und Eisen(III)-Salze reagieren in wässriger Lösung sauer. Dabei werden Hexaaquakomplexe (B5) gebildet, die zu $[Al(H_2O)_5OH]^{2+}$ bzw. $[Fe(H_2O)_5OH]^{2+}$ protolysieren. Formulieren Sie die Reaktionsgleichung und kennzeichnen Sie konjugierte Säure bzw. Base.

Fachbegriffe

Konjugiertes Säure-Base-Paar, Kation-Säure, Anion-Säure, Kation-Base, Anion-Base

Radieschen, Rosen, Rotkohl

B1 *Rotkohl im Norden und Blaukraut im Süden Deutschlands*

B2 *Gelöste Stoffe in Rotkohlsaft.* **A:** *Informieren Sie sich, welche Zusammensetzung und Verwendung die benutzten Stoffe haben.*

Auswertung

a) Notieren Sie die Beobachtungen (Farben) in den Versuchen.

b) Erklären Sie mit den Beobachtungen zu V2 (B2) die unterschiedlichen Bezeichnungen für Rotkohl (B1).

c) Erläutern Sie die Blaufärbung in V4 bei der Benutzung von Seife. Welcher Inhaltsstoff des Wäscheentfärbers bewirkt die Entfärbung?

d) Stellen Sie eine Tabelle mit (bis zu) 14 Spalten und so vielen Zeilen auf, wie Indikatoren untersucht wurden (Tafel/OH-Projektor/Laptop). Jede Gruppe trägt in diese Tabelle ihre Ergebnisse ein.

e) Welche Indikator-Lösungen (V5) halten Sie für besonders geeignet für Titrationen? Warum?

f) Geben Sie für jede Farbänderung an, über wie viele *p*H-Einheiten sie sich erstreckt. Ist eine Regelmäßigkeit zu erkennen?

g) Versuchen Sie, mit passenden Pflanzenstoffen Indikatorpapiere herzustellen.

Versuche

V1 Schneiden Sie Rotkohlblätter (ca. 40 g) in kleine Stücke und verreiben Sie sie mit Sand und ca. 20 mL dest. Wasser. Lassen Sie einige Minuten stehen und filtrieren Sie dann die Lösung ab.

V2 Stellen Sie in drei Rggl. wässrige Lösungen aus jeweils Citronensäure, Natron bzw. Soda her und tropfen Sie anschließend mit einer Pipette Rotkohlsaft in jedes Rggl. (B2).

V3a Führen Sie V2 analog durch, indem Sie nach Wahl Extrakte (analog V1 gewonnen) von z. B. dunkelroten Rosen, Radieschenschalen, Blaubeeren oder Kirschen verwenden.

V3b Prüfen Sie z. B. folgende Produkte mit Rotkohlsaft und anderen Farbstoff-Lösungen aus V2: Fleckensalz (mit und ohne Soda), Backpulver, Entkalker.

V3c Stellen Sie weitere Farbstoff-Lösungen aus Früchtetees her (Teebeutel: Malventee, Hagebuttentee, Früchtetee-Mischung) und testen Sie mögliche Farbstoff-Änderungen wie in V2.

V4 Benutzen Sie zur Reinigung der Hände im Anschluss an V1 zunächst Seife, dann etwas Wäscheentfärber. Beobachtungen? Notieren Sie die wichtigsten Inhaltsstoffe, die beim Wäscheentfärber angegeben sind.

V5 Jede Gruppe stellt eine oder zwei Rggl.-Reihen mit bis zu 14 Rggl. auf. Diese werden mit je 4 mL Lösung der *p*H-Werte 1 bis 14 beschickt. Jede Gruppe fügt dann in jedes ihrer Rggl.-Reihen einige Tropfen einer der folgenden Lösungen hinzu und notiert die Farbe der Lösungen.

Gr. 1	Frisch hergestellter Rotkohlsaft	Gr. 2	Bromthymolblau-Lösung
Gr. 3	Methylorange-Lösung	Gr. 4	Phenolphthalein-Lösung
Gr. 5	Lackmus-Lösung	Gr. 6	Universalindikator-Lösung
Gr. 7	Frisch hergestellter Rosenblütensaft	Gr. x	Weitere Indikatoren oder geeignete Pflanzensäfte

B3 *pH-Skala mit Rotkohlsaft*

Säure-Base-Indikatoren

Rotkohl kann je nach Zubereitung seine Farbe ändern (B1). Im Norden Deutschlands wird er mit etwas Essig (Essigsäure) oder Apfelstückchen (Apfelsäure) gekocht und färbt sich dabei rot. In Süddeutschland gart man ihn mit mehr oder weniger „hartem" Wasser, dabei erhält er eine bläuliche Farbe und den Namen Blaukraut: Es bleibt aber immer dasselbe Gemüse. Beim Wasch-Test werden die vom Rotkohl angefärbten Hände mit Seife nicht gereinigt, sondern bläulich umgefärbt. Die Reinigung gelingt mit Wäscheentfärber (V4). Er enthält neben Soda und Tensiden auch Natriumdithionit $Na_2S_2O_4$, das als Reduktionsmittel die Entfärbung des Rotkohlsafts zu einer schwach gelb-braun gefärbten Lösung bewirkt.

Bereits im 17. Jahrhundert beschrieb der englische Naturforscher ROBERT BOYLE (1627–1691) das Verhalten verschiedener Pflanzensäfte (u. a. Kornblume, Rose und Primel) gegenüber den unterschiedlichsten Stoffen. Er verwendete auch schon den Pflanzenfarbstoff Lackmus zur Unterscheidung von Säuren und Laugen.

Solche Stoffe, die in Säuren und Basen in unterschiedlichen Farben auftreten, nennt man **Säure-Base-Indikatoren**[1].

Bei V5 erweisen sich Rotkohlsaft und Universalindikator (ein Indikatoren-Gemisch) als wahre Chamäleons, die nicht nur saure und basische Lösungen anzeigen, sondern auch einzelne *p*H-Stufen (B3). Daher ist es möglich, über eine Farbskala die *p*H-Werte vorgelegter Lösungen zu bestimmen. Für diese *p*H-Messungen haben sich verschiedene Indikatorpapiere, Indikatorteststäbchen und flüssige Indikatoren sehr bewährt. Für Titrationen und damit quantitative Bestimmungen des Säure- oder Basen-Gehalts genügen Indikatoren, die im Äquivalenzpunkt eine andere Farbe als vor dem Äquivalenzpunkt zeigen, sodass das Ende der Titration zu erkennen ist. Bromthymolblau und Lackmus zeigen einen **Farbumschlag** im neutralen Bereich, Phenolphthalein im alkalischen Bereich (B4, B7).

Wie kommen diese Farbunterschiede zustande? Sie beruhen in der Regel auf Strukturänderungen in den Molekülen bzw. Molekül-Ionen infolge von Protonenübergängen. Bei *p*H-Indikatoren handelt es sich meist um organische Farbstoffe mit Säure- bzw. Basen-Charakter, wobei sich **Indikator-Säure** und **Indikator-Base** in Farbe und Konstitution unterscheiden (B6).

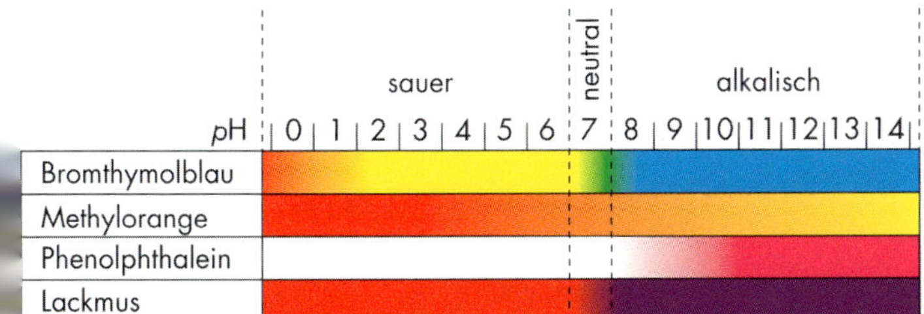

B7 *Farbzonen einiger Indikatoren von pH = 0 bis pH = 14.*
A: *Beschreiben Sie für einzelne Indikatoren die Farbfelder und Farbänderungen mit den zugehörigen pH-Bereichen.*

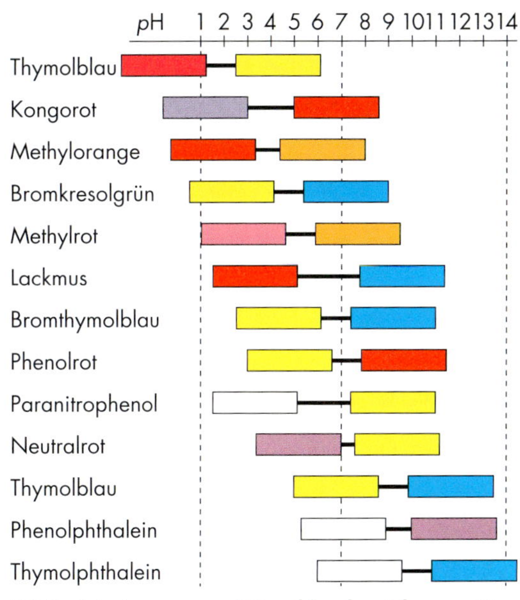

B4 *Farbänderungen und* **Umschlagsbereiche** *verschiedener Indikatoren*

B5 *Hortensienblüten: auf sauren Böden blau, auf alkalischen Böden rot*

Anthocyan-Kation rot *p*H < 3 —OH^-→ chinoide[2] Form blau *p*H > 8 + H_2O

Phenolphthalein-Lactonform farblos *p*H < 8,5 —+ $2OH^-$→ Phenolphthalein-Dianion rot-violett *p*H > 9 + H_2O

B6 *Protolysegleichgewicht eines roten Blattfarbstoffs (Anthocyanfarbstoff) (oben) und von Phenolphthalein (unten)*

Fachbegriffe

Säure-Base-Indikator, Umschlagsbereich, Farbumschlag, Indikator-Säure, Indikator-Base

[1] von *indicare* (lat.) = anzeigen. Es gibt außer Säure-Base-Indikatoren z. B. auch Redox-Indikatoren.
[2] abgeleitet vom farbigen *para-Benzochinon* O=⟨⟩=O

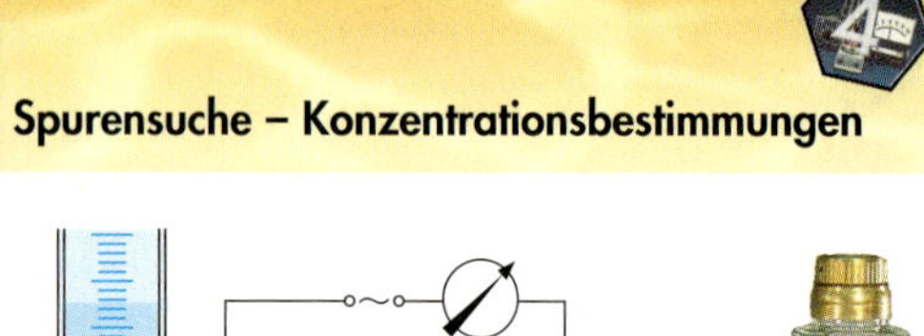

Titration auch ohne Indikator

B1 *Versuchsanordnung zur Leitfähigkeitstitration (konduktometrische Titration)*

Versuch

V4 Tauchen Sie einen Leitfähigkeitsprüfer in folgende gleichkonzentrierte Lösungen, c = 0,1 mol/L:

a) Salzsäure-, Lithiumchlorid-, Natriumchlorid-, Kaliumchlorid-Lösung,

b) Natriumchlorid-, Natriumacetat-, Natriumhydroxid-Lösung.

Messen Sie die Stromstärke bei einer konstanten Wechselspannung von 10 V.

Auswertung

a) Vergleichen Sie die Leitfähigkeiten der Lösungen in den Gruppen a und b.

b) Ordnen Sie die vorliegenden Ionen nach steigender Leitfähigkeit. Vergleichen Sie Ihre Ergebnisse mit den in B2 angegebenen molaren Ionenleitfähigkeiten.

Kation λ_+ in $\frac{S \cdot m^2}{mol}$		Anion λ_- in $\frac{S \cdot m^2}{mol}$	
H_3O^+	$35{,}0 \cdot 10^{-3}$	OH^-	$19{,}9 \cdot 10^{-3}$
Li^+	$3{,}87 \cdot 10^{-3}$	F^-	$5{,}54 \cdot 10^{-3}$
Na^+	$5{,}01 \cdot 10^{-3}$	Cl^-	$7{,}64 \cdot 10^{-3}$
K^+	$7{,}35 \cdot 10^{-3}$	NO_3^-	$7{,}15 \cdot 10^{-3}$
Ca^{2+}	$11{,}9 \cdot 10^{-3}$	MnO_4^-	$6{,}28 \cdot 10^{-3}$
Ag^+	$6{,}19 \cdot 10^{-3}$	SO_4^{2-}	$16{,}0 \cdot 10^{-3}$
Cu^{2+}	$10{,}7 \cdot 10^{-3}$	CH_3COO^-	$4{,}09 \cdot 10^{-3}$
Fe^{3+}	$20{,}5 \cdot 10^{-3}$		

B2 *Molare Ionenleitfähigkeiten einiger Ionen bei 25 °C*

Versuche

Falls die notwendige Hard- und Software für Messwerteerfassung und -auswertung mit dem Computer vorhanden ist, sollte auch diese eingesetzt werden.

V1 Bauen Sie die Versuchsanordnung von B1 auf. Geben Sie in ein Becherglas 100 mL Salzsäure, c = 0,01 mol/L, und füllen Sie die Bürette mit Natronlauge*, c = 0,1 mol/L. Legen Sie eine Wechselspannung von 10 V an und messen Sie die Stromstärke in der vorgelegten Salzsäure. Lassen Sie die Natronlauge in Portionen von jeweils 1 mL zu der Salzsäure fließen. Messen Sie nach jeder Zugabe die Stromstärke. Schalten Sie nach jeder Messung die Spannungsquelle ab. Beenden Sie die Titration, wenn Sie 16 mL Natronlauge zugesetzt haben.

Falls Leitfähigkeitsmessgeräte in der Sammlung vorhanden sind, können diese für die Titrationen eingesetzt werden.

V2 Verdünnen Sie 25 mL gesättigte Bariumhydroxid-Lösung* im Titriergefäß mit dest. Wasser auf 100 mL und titrieren Sie mit Schwefelsäure-Lösung*, c = 0,1 mol/L, in der Anordnung von B1. Messen Sie jeweils nach der Zugabe von 1 mL Schwefelsäure-Lösung die Stromstärke.

V3 a) Titrieren Sie 100 mL Essigsäure-Lösung, c = 0,1 mol/l, mit Natronlauge*, c = 1 mol/L, wie in V1. Setzen Sie zusätzlich einige Tropfen Phenolphthalein als Indikator zu.

b) Verdünnen Sie 10 mL Essig (Aceto balsamico) im Titriergefäß mit dest. Wasser auf 100 mL und titrieren Sie mit Natronlauge*, c = 1 mol/L, wie bei V 1.

Auswertung

a) Legen Sie für jeden Versuch eine Messwertetabelle an.

b) Vergleichen Sie die Beobachtungen bei V1 und V2.

c) Stellen Sie die Messwerte-Paare grafisch dar (x-Achse: $V_{Ls}(NaOH)$ bzw. $V_{Ls}(H_2SO_4)$, y-Achse: Stromstärke).

d) Ermitteln Sie für jede Titration den Äquivalenzpunkt durch Extrapolation, d.h. durch Verlängerung der geraden Kurvenabschnitte bis über den Schnittpunkt hinaus. Der Schnittpunkt entspricht dem Äquivalenzpunkt.

e) Berechnen Sie zu V2 die Konzentration der gesättigten Bariumhydroxid-Lösung und zu V3b die Essigsäurekonzentration in Aceto balsamico.

f) Beschreiben Sie den Verlauf der Titrationskurven. Vergleichen Sie die Titrationskurven und stellen Sie Ähnlichkeiten und Unterschiede heraus. Versuchen Sie diese zu erklären.

Der **Leitwert** G eines Stoffes oder eines Stoffgemisches ist gleich dem Kehrwert des **elektrischen Widerstandes**:

$G = \frac{1}{R}$ Einheit: Siemens $S = \frac{1}{\Omega}$

Die **elektrische Leitfähigkeit** χ ist der Kehrwert des spezifischen **Widerstandes** ϱ. Es gelten die folgenden Beziehungen:

$\varrho = R\frac{A}{a} \quad \chi = \frac{1}{\varrho} \quad \chi = G \cdot \frac{a}{A} \Leftrightarrow G = \chi \cdot \frac{A}{a}$

A: Fläche des Querschnitts des stromdurchflossenen Leiters
a: Länge des Leiters

Nach dem Ohmschen Gesetz gilt:

$U = I \cdot R \Leftrightarrow I = \frac{U}{R} \Leftrightarrow I = G \cdot U \Leftrightarrow G = \frac{I}{U}$

Daraus folgt: $\chi = \frac{I}{U} \cdot \frac{a}{A} \Leftrightarrow I = \chi \cdot \frac{A}{a} \cdot U$

B3 *Zusammenhang zwischen Leitwert, elektrischer Leitfähigkeit und Stromstärke. Bei einer Titration mit einem Leitfähigkeitsprüfer sind der Elektrodenabstand a und der Elektrodenquerschnitt A konstant. Wegen der Proportionalität kann die Stromstärke bei konstanter Spannung als Maß für die Leitfähigkeit herangezogen werden:* $I \sim \chi$.

Leitfähigkeitstitration

Eine Titration mit einem Indikator eignet sich gut, um die Säure- bzw. Basen-Konzentration in farblosen oder schwach gefärbten Lösungen zu bestimmen. Sie ist aber ungeeignet zur Bestimmung von Konzentrationen gefärbter Lösungen wie z.B. der Essigsäurekonzentration von einem Aceto balsamico, der eine intensive Eigenfarbe besitzt. Hier ist die Leitfähigkeitstitration oder konduktometrische Titration eine mögliche Methode. Das Prinzip der Leitfähigkeitstitration wird bei V1 und V2 deutlich: Bei der Titration von Salzsäure mit Natronlauge sinkt die Leitfähigkeit, die von der Ionenkonzentration und den Ionenleitfähigkeiten der einzelnen Ionen (B2) abhängt, bis zum Äquivalenzpunkt. Die Oxonium-Ionen der Salzsäure reagieren mit den Hydroxid-Ionen aus der zugesetzten Natronlauge und werden durch die weniger gut leitenden Natrium-Ionen (V4, B2) ersetzt.

$$\underbrace{H_3O^+(aq) + Cl^-(aq)}_{\text{Salzsäure}} + \underbrace{Na^+(aq) + OH^-(aq)}_{\text{Natronlauge}} \longrightarrow 2H_2O(l) + Na^+(aq) + Cl^-(aq)$$

Am Äquivalenzpunkt liegen nur noch Natrium- und Chlorid-Ionen vor, die Titrationskurve hat ein Minimum. Bei weiterer Zugabe von Natronlauge steigt die Leitfähigkeit der Lösung wegen der Zunahme der Hydroxid- und Natrium-Ionenkonzentration wieder an. Die Konzentrationsverminderung durch Erhöhung des Gesamtvolumens ist dabei vernachlässigbar klein.

Bei der Titration von Bariumhydroxid-Lösung sinkt die Leitfähigkeit bis zum Äquivalenzpunkt fast auf Null ab. Zusätzlich zur Neutralisation der Hydroxid-Ionen fällt schwer lösliches Bariumsulfat aus, weshalb auch die Ionenkonzentration fast auf Null absinkt.

$$Ba^{2+}(aq) + 2\,OH^-(aq) + 2H_3O^+(aq) + SO_4^{2-}(aq) \longrightarrow BaSO_4(s) + 4H_2O(l)$$

Die Titration der Essigsäure-Lösung (V3) zeigt einen anderen Kurvenverlauf. Die Leitfähigkeit steigt bei Zugabe von Natronlauge zunächst leicht, nach dem Äquivalenzpunkt stark an. Als schwache Säure ist Essigsäure nur geringfügig protolysiert. Die Oxonium-Ionen reagieren mit den Hydroxid-Ionen aus der Natronlauge. Weitere Essigsäure-Moleküle protolysieren.

$$CH_3COOH(aq) + H_2O(l) \rightleftharpoons CH_3COO^-(aq) + H_3O^+(aq)$$

$$H_3O^+(aq)\,) + Na^+(aq) + OH^-(aq) \longrightarrow Na+(aq) + 2H_2O(l)$$

Gesamt:

$$CH_3COOH(aq) + Na^+(aq) + OH^-(aq) \longrightarrow CH_3COO^-(aq) + Na^+(aq) + H_2O(l)$$

Die Ionenkonzentration nimmt demnach während der Titration zu. Nach dem Äquivalenzpunkt steigt sie durch die Zunahme der Hydroxid-Ionen stärker an. Der Äquivalenzpunkt wird durch Extrapolation der geraden Kurvenabschnitte ermittelt (B6).

Aufgaben

A1 Zeichnen Sie qualitativ den Verlauf der Titrationskurve für eine Leitfähigkeitstitration von gesättigter Bariumhydroxid-Lösung mit Salzsäure-Lösung, $c = 0{,}1$ mol/L. Begründen Sie den Kurvenverlauf. *Hinweis:* Bariumchlorid ist in Wasser gut löslich.

A2 Titrieren Sie eine Natriumacetat-Lösung, $c = 0{,}1$ mol/L, mit Salzsäure, $c = 1$ mol/L, konduktometrisch und mit Methylorange als Indikator. Vergleichen Sie beide Methoden hinsichtlich ihrer Eignung zur Titration.

A3 Begründen Sie, warum man bei Leitfähigkeitstitrationen mit möglichst konzentrierten Lösungen arbeiten sollte.

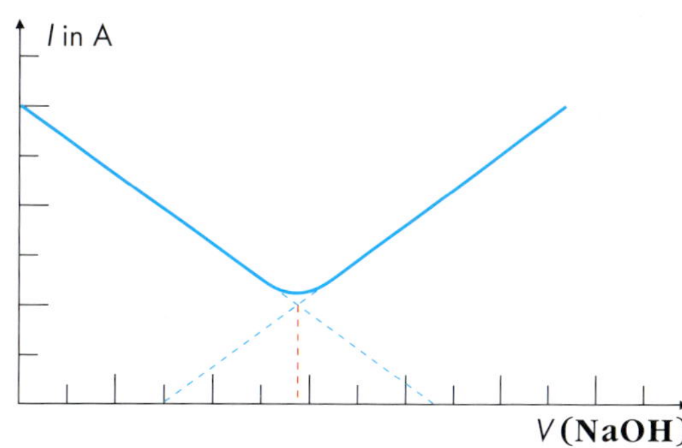

B4 *Titrationskurve der Titration von Salzsäure mit Natronlauge. Der Äquivalenzpunkt wird grafisch ermittelt. Der Äquivalenzpunkt wird durch den Schnittpunkt der geraden Kurvenabschnitte bestimmt.*

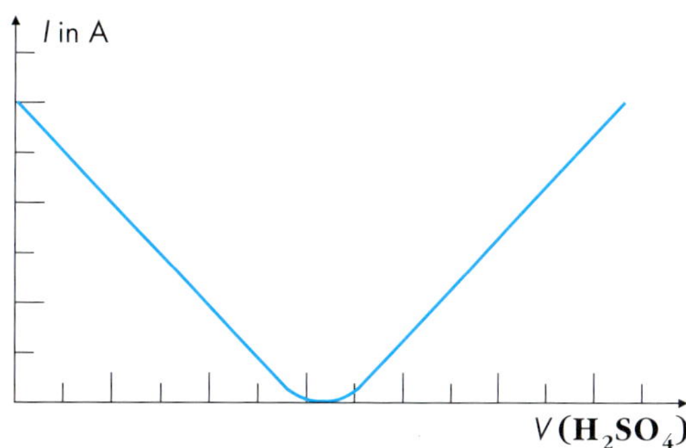

B5 *Titration von Bariumhydroxid-Lösung mit Schwefelsäure-Lösung*

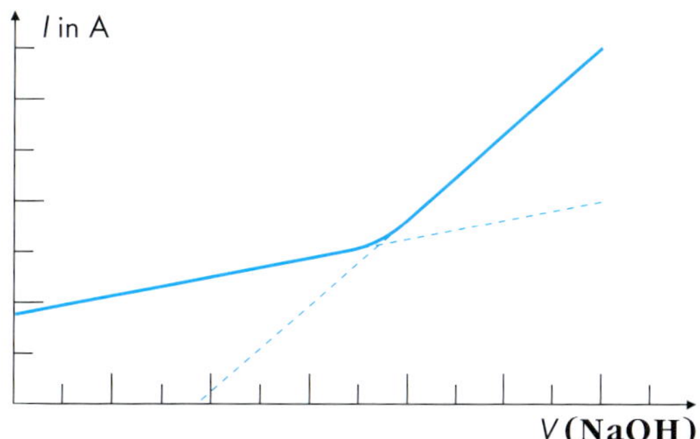

B6 *Titration von Essigsäure mit Natronlauge.*
A: *Erklären Sie, warum die Leitfähigkeit der Essigsäure-Lösung (Beginn der Titration) deutlich geringer ist als die einer Salzsäure-Lösung gleicher Konzentration.*

Fachbegriffe

Leitfähigkeitstitration, konduktometrische Titration, molare Ionenleitfähigkeit

Leitfähigkeitstitration in der Anwendung

Versuche

V1 *Bestimmung der Chlorid-Ionenkonzentration:*
Führen Sie ein Leitfähigkeitstitration von 100 mL Natriumchlorid-Lösung*, c = 0,01 mol/L, mit Silbernitrat-Lösung, c=0,1 mol/L, wie in V1, S. 202, beschrieben, aus.

V2 *Bestimmung des Kalkgehaltes in Leitungswasser:*
Stellen Sie eine Oxalsäure-Lösung*, c = 0,1 mol/L, her. Wiegen Sie dazu 6,13 g Oxalsäure* $H_2C_2O_4 \cdot 2H_2O$ ab, geben Sie die Portion in einen Messkolben und füllen Sie mit destilliertem Wasser auf 500 mL auf. Messen Sie 200 mL Leitungswasser ab und titrieren Sie dieses mit der hergestellten Oxalsäure-Lösung konduktometrisch.

Auswertung

a) Notieren Sie Ihre Beobachtungen.
b) Legen Sie jeweils eine Wertetabelle an, zeichnen Sie die Titrationskurven und bestimmen Sie den jeweiligen Äquivalenzpunkt.
c) Calciumoxalat CaC_2O_4 ist schwer löslich. Formulieren Sie die Reaktionsgleichung für die Titration von V2.
d) In kalkhaltigem Wasser liegen Hydrogencarbonat-Ionen HCO_3^- vor. Erläutern Sie, welche Reaktion zwischen den Hydrogencarbonat-Ionen und Oxalsäure abläuft und welchen Einfluss dies auf die Änderung der Leitfähigkeit der Lösung hat.
e) Bestimmen Sie die Konzentration der Calcium-Ionen.
f) Ermitteln Sie die auf den Calcium-Ionen beruhende Wasserhärte in Grad deutscher Härte °d (B2).
g) Bestimmen Sie die Wasserhärte mit einem Teststäbchen und vergleichen Sie die Ergebnisse.

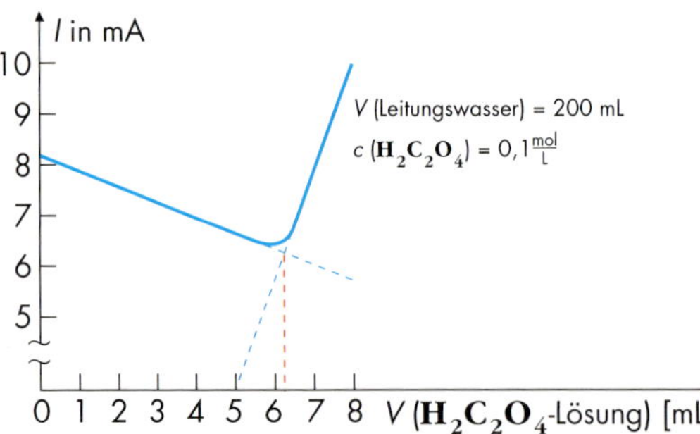

B1 *Titration von Leitungswasser mit Oxalsäure-Lösung.*
A: *Berechnen Sie den Calcium-Ionengehalt und die Wasserhärte des Leitungswassers.*

	Härtebereich	$c(CaO)$ in mmol/L	°d
	1 (weich)	0 bis 1,3	0 bis 7
	2 (mittelhart)	1,3 bis 2,5	7 bis 14
	3 (hart)	2,5 bis 3,8	14 bis 21
	4 (sehr hart)	> 3,8	> 21

B2 *Härtebereiche des Wassers werden in Grad deutscher Härte (°d) angegeben. 1 °d entspricht 10 mg Calciumoxid in 1 Liter, was gleichbedeutend ist mit $c(CaO) = c(Ca^{2+})$ = 0,1783 mmol/L.*

Bestimmung der Chlorid-Ionenkonzentration

Leitfähigkeitstitrationen sind nicht nur für Säure-Base-Titrationen geeignet, sondern insbesondere auch für Fällungstitrationen, bei denen ein schwer lösliches Salz aus der Lösung ausfällt. Ein Beispiel ist die Bestimmung der Konzentration von Chlorid-Ionen in einer Salzlösung durch Titration mit einer Silbernitrat-Lösung. Die Chlorid-Ionen reagieren mit den zugesetzten Silber-Ionen zu schwer löslichem Silberchlorid:

$$Cl^-(aq) + Ag^+(aq) \longrightarrow AgCl(s)$$

In der Lösung werden die Chlorid-Ionen durch die Nitrat-Ionen aus der Silbernitrat-Lösung ersetzt, deren Ionenleitfähigkeit nur geringfügig kleiner ist. Daher nimmt die Leitfähigkeit bis zum Äquivalenzpunkt nur wenig ab, steigt dann aber wegen der Zunahme der Ionenkonzentration stark an.

Kalk im Wasser

Um den Kalkgehalt von Wasser, der im Wesentlichen auf gelöstem Calciumhydrogencarbonat beruht, zu bestimmen, lässt sich ebenfalls eine Leitfähigkeitstitration heranziehen. Dabei nutzt man aus, dass die in kalkhaltigem Wasser gelösten Calcium-Ionen mit Oxalsäure zu schwer löslichem Calciumoxalat CaC_2O_4 reagieren.
Die Härte des Wassers wird hauptsächlich durch den gelösten Kalk verursacht, aber nicht nur, sondern auch durch andere gelöste Ionen wie Magnesium- oder Eisen-Ionen.

Reinheitskontrolle von Wasser

Leitfähigkeitsmessungen werden auch zur Untersuchung von Reaktionsabläufen (V1, S. 248) oder zur Reinheitskontrolle von Trinkwasser eingesetzt.
Die Herstellung von destilliertem (demineralisiertem) Wasser wird durch Leitfähigkeitsmessungen kontrolliert. Dazu lässt man Leitungswasser durch eine Patrone mit einem Ionenaustauscher fließen, in dem die gelösten Kationen durch Oxonium-Ionen und die gelösten Anionen durch Hydroxid-Ionen ersetzt werden. Ein Leitfähigkeitsmesser zeigt an, wann die Patrone erschöpft ist und regeneriert werden muss.

Aufgabe

A1 Spinat und Rhabarber enthalten etwa 0,3 % bis 0,6 % Oxalsäure. Für gesunde Menschen ist der Oxalsäuregehalt unbedenklich, aber bei bestimmten Krankheiten kann er zu Calciummangel führen. Entwerfen Sie eine Versuchsvorschrift, mit der man den Oxalsäuregehalt von Spinat bestimmen könnte.
Begründen Sie, warum es bei dem Verzehr von Spinat oder Rhabarber zu Calciummangel kommen kann.

Ionenleitung und Ionenwanderung

Versuche

V1 Man wiegt 0,6 g Agarmischung I (Mischung aus 3 g Agar, 10 g Kaliumnitrat*, 1 g Natriumdihydrogenphosphat, 1 g Dinatriumhydrogenphosphat und 30 mg Bromthymolblau) ab und fügt in einem Rggl. 12 mL Wasser zu. Man erhitzt diese Mischung vorsichtig unter Schütteln, bis eine klare grüne Lösung entsteht, und gießt sie in eine Petrischale. Nach dem Abkühlen und Erhärten schneidet man mit einem Spatel zwei gegenüberliegende Segmente (B1) aus und füllt in die entstehenden Aussparungen gesättigte Kaliumnitrat-Lösung. Zwei kleine schmale Filterpapierstreifen werden mit verd. Salzsäure bzw. verd. Natronlauge* getränkt und in die Mitte der Agarplatte gelegt. In die Kaliumnitrat-Lösung taucht man Graphit-Elektroden und legt eine Gleichspannung von 10 V an. Beobachtung?

V2 Man stellt wie in V1 beschrieben eine Petrischale mit Agarplatte aus 1 g Agarmischung II (Mischung aus 3 g Agar und 10 g Kaliumnitrat*) und 20 mL Wasser her. In die Aussparungen füllt man gesättigte Kaliumnitrat-Lösung. In die Mitte der Agarplatte werden mit einem Strohhalm 3 Löcher gestanzt. In je ein Loch füllt man mit einer Pasteurpipette je einen Tropfen a) verdünnte Kaliumpermanganat-Lösung* $KMnO_4$, b) ammoniakalische Kupfersulfat-Lösung* $[Cu(NH_3)_4]\ SO_4$ und c) konzentrierte Eisen(III)-chlorid-Lösung* $FeCl_3$. In die Kaliumnitrat-Lösung taucht man Graphit-Elektroden. Es wird eine Gleichspannung von 30 V angelegt. Beobachtung?

Auswertung

a) Skizzieren Sie die Beobachtungen nach einigen Minuten.

b) Die Farbigkeit der Salzlösungen von V2 beruht
bei a) auf MnO_4^--Ionen,
bei b) auf $[Cu(NH_3)_4]^{2+}$-Ionen,
bei c) auf Fe^{3+}-Ionen.
Notieren Sie die Wanderungsrichtung.

c) Geben Sie an, in welche Richtung die farblosen Chlorid-, Sulfat- und Kalium-Ionen wandern. Schätzen Sie ab, wie weit die Chlorid-Ionen bei c) gewandert sind, und versuchen Sie diese mit einem Tropfen Silbernitrat-Lösung (Trübung auf der Agar-Platte) nachzuweisen.

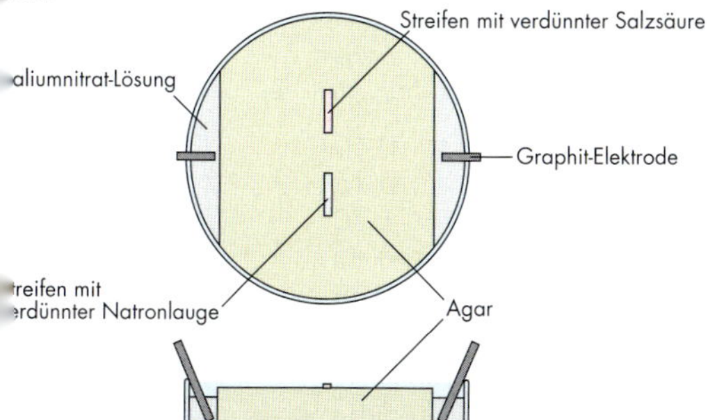

1 *Versuchsskizze zu V1.* **A:** *Neben den wichtigen Beobachtungen zur Ionenwanderung auf der Agarplatte sind auch Veränderungen an den Elektroden zu erkennen. Erklären Sie diese.*

Mit V1 und V2 lässt sich zeigen, dass Ionen im elektrischen Feld, d.h. bei Anlegen einer Spannung, wandern. Positiv geladene Ionen wie Kupfer-, Eisen- oder Oxonium-Ionen wandern zum Minuspol, negativ geladene wie Permanganat- oder Hydroxid-Ionen zum Pluspol. Jede Ionenart wandert mit einer für sie charakteristischen Geschwindigkeit, der *Ionenbeweglichkeit*. Je größer diese ist, desto größer sind ihre Ionenleitfähigkeit (B2, S. 202) und die elektrische Leitfähigkeit der Lösung. Die Ionenbeweglichkeit und die Ionenleitfähigkeit lassen sich durch quantitativ auswertbare Ionenwanderungs-Versuche wie V1, S. 204, experimentell bestimmen.
Kleine Ionen sind beweglicher als große Ionen. Überraschenderweise haben aber Kalium-Ionen eine größere Beweglichkeit und Ionenleitfähigkeit als Lithium-Ionen. Entscheidend dafür sind nämlich nicht die Radien der Ionen selbst, sondern die der hydratisierten Ionen (vgl. *Chemie 2000+ Online*). Die kleineren Lithium-Ionen sind wegen der hohen Ladungsdichte stärker hydratisiert und erreichen so den größeren Radius (B3, S. 206). Eine besonders hohe Ionenleitfähigkeit besitzen hydratisierte Oxonium- und Hydroxid-Ionen. Dies lässt sich mit einem besonderen Ladungstransport erklären, bei dem Protonen durch Wechselwirkung mit Wasser-Molekülen transportiert werden.

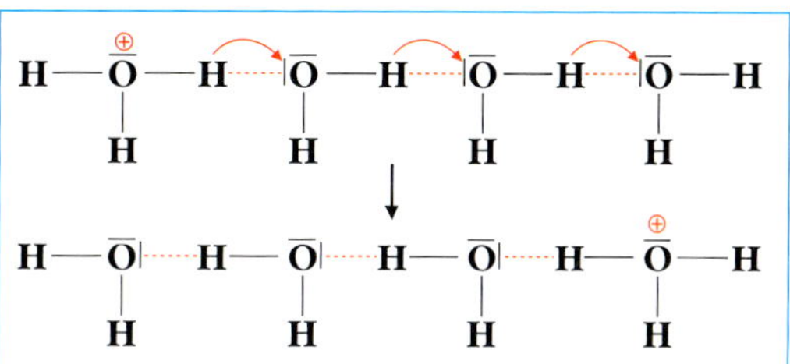

B2 *Protonenwanderung im elektrischen Feld.*
A: *Skizzieren Sie entsprechend den Ladungstransport bei Hydroxid-Ionen.*

Aufgaben

A1 Leitfähigkeitstitrationen werden vor allem dann eingesetzt, wenn ein geeigneter Indikator fehlt. So kann man die Konzentration einer Natriumhydrogencarbonat-Lösung durch Leitfähigkeitstitration mit Salzsäure bestimmen. a) Geben Sie die Reaktionsgleichung an, die dieser Titration zugrunde liegt. b) Erläutern Sie anhand der Reaktionsgleichung, wie sich die Leitfähigkeit bis zum bzw. nach dem Äquivalenzpunkt ändert und skizzieren Sie eine Titrationskurve.
c) Entwerfen Sie eine Versuchsvorschrift zur Bestimmung des Gehaltes von Natriumhydrogencarbonat in Backpulver.

A2 Zur konduktometrischen Bestimmung des Chlorid-Ionengehaltes einer Lösung wird in einigen Versuchsvorschriften empfohlen, mit Silberacetat-Lösung statt mit Silbernitrat-Lösung zu titrieren. Begründen Sie dies anhand der Ionenleitfähigkeiten (B2, S. 202).

ERWEITERUNG · VERTIEFUNG · ANWENDUNG

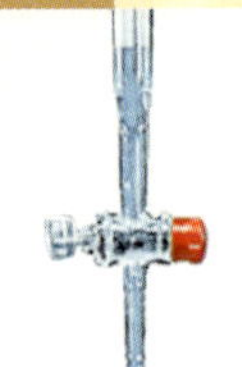

Ionen in Salzen und Lösungen

Versuch

V1 Geben Sie jeweils in ein Rggl. ca. 5 mm hoch Proben folgender Salze
- Natriumchlorid **NaCl**
- Lithiumchlorid **LiCl**
- Kaliumchlorid **KCl**
- Calciumchlorid* $CaCl_2$
- Calciumchlorid-Hexahydrat* $CaCl_2 \cdot 6H_2O$
- Kupfersulfat* $CuSO_4$
- Kupfersulfat-Pentahydrat* $CuSO_4 \cdot 5H_2O$
- Ammoniumnitrat* NH_4NO_3

Füllen Sie ein Becherglas mit Wasser und messen Sie die Temperatur. Gießen Sie dann der Reihe nach in jedes Rggl. Wasser bis zu 1/3 seiner Höhe, tauchen Sie ein Thermometer ein, rühren Sie vorsichtig damit um und beobachten Sie die Temperaturänderung während des Lösevorgangs.

Auswertung

a) Notieren Sie die Ergebnisse in einer Tabelle.

b) Bei welchen Salzen ist der Betrag der frei werdenden Hydratationsenergie größer (bzw. kleiner) als der Betrag der aufzuwendenden Gitterenergie?

Hydratation

Beim Lösen eine Salzes in Wasser treten zwischen den Ionen des Salzkristalls und den Wasser-Dipolen elektrostatische Anziehungskräfte auf. Einzelne Ionen werden aus dem Gitterverband herausgelöst und es enstehen Hydrat-Hüllen (B1). Energetisch wirksam sind Gitter- und Hydratationsenthalpie, ΔH_G und ΔH_H (B2). Die Anzahl der Wasser-Moleküle in der Hydrat-Hülle, die Hydratationszahl eines Ions (B3), hängt von dessen Radius und Ladung ab. Einige Salze wie z.B. Calciumchlorid behalten beim Auskristallisieren einen Teil ihrer Hydrat-Hülle, sie bilden *Salzhydrate*.

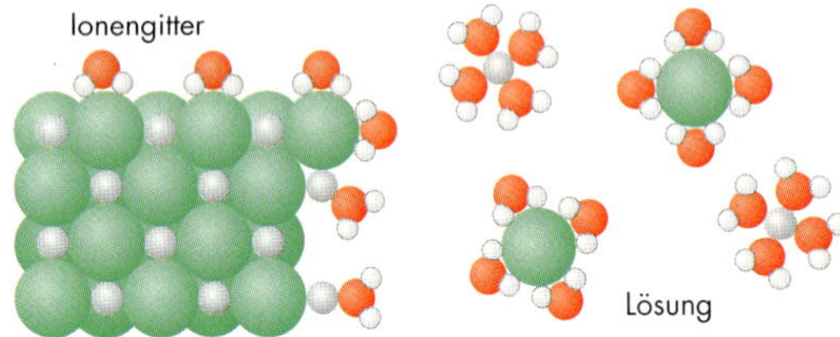

B1 *Modell zum Lösevorgang von Natriumchlorid.*
Reaktionsschema:

$$NaCl(s) \xrightarrow{H_2O} Na^+(aq) + Cl^-(aq)$$

(Weitere Infos: Chemie 2000+ Online)

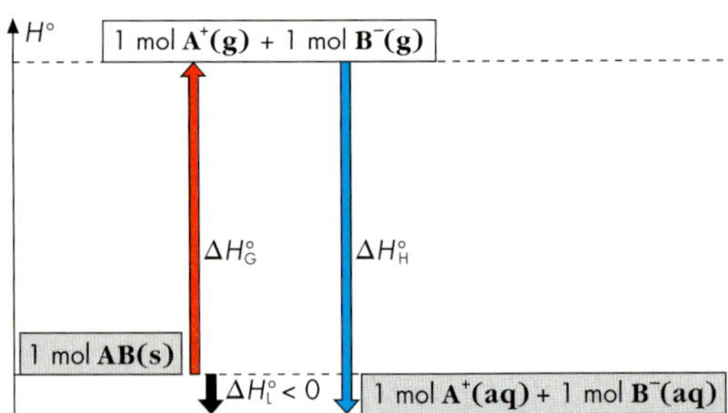

B2 *Enthalpieschema für einen exothermen Lösevorgang*

Lösungsenthalpie ΔH_L und freie Enthalpie ΔG

Bestimmend für den spontanen Verlauf des Lösens ist die freie Enthalpie ΔG (vgl. S.99): $\Delta G = \Delta H - T\Delta S$. Nur wenn ΔG negativ ist, läuft der Lösevorgang spontan ab. Beim Lösen nimmt die Entropie, d.h. die Unordnung des Systems, meistens zu, da aus dem geordneten Kristall die weniger geordnete Lösung entsteht. Endotherme Lösevorgänge, wie z.B. das Lösen von Ammoniumnitrat, laufen spontan ab, wenn die aufzuwendene Lösungsenthalpie durch die Zunahme der Entropie überkompensiert wird $|\Delta H| < |T \cdot \Delta S|$.

Die Zunahme der Unordnung beim Auflösen eines Kristalls wird durch die größere Ordnung der Wasser-Moleküle in der Hydrat-Hülle der Ionen gemindert. Je kleiner die Ionen und je größer die Ladung des Ions, umso größer ist der Ordnungsgrad der Hydrat-Hülle.

Ist die freie Enthalpie des Lösevorgangs positiv, so löst sich das Salz nicht spontan in Wasser, es ist schwer löslich. Zu diesen Salzen gehören Silberchlorid oder Bariumsulfat. Der umgekehrte Vorgang, die Bildung des festen Salzes aus den gelösten Ionen, läuft spontan ab (V1, S. 204). Dies nutzt man aus, um Ionen in wässriger Lösung durch Bildung schwer löslicher Niederschläge nachzuweisen, wie z.B. Chlorid-Ionen durch einen Niederschlag von Silberchlorid.

Ionen	ΔH^0_m in kJ/mol	Ionenradien in 10^{-10} m	Radius von $Me^+(aq)$ in 10^{-10} m	Hydr- tation zahl
Li^+	–508	0,60	3,4	25,3
Na^+	–398	0,95	2,76	16,6
K^+	–314	1,33	2,32	10,5
Mg^{2+}	–1908	0,65		
Ca^{2+}	–1577	0,99		
Al^{3+}	–4602	0,50		
F^-	–510	1,36		
Cl^-	–376	1,81		
Br^-	–342	1,95		
I^-	–298	2,16		

B3 *Molare Hydratationsenthalpien, Ionenradien und Hydratationszahlen einiger Ionen*

ERWEITERUNG · VERTIEFUNG · ANWENDUNG

Ionen in Salzen und Lösungen

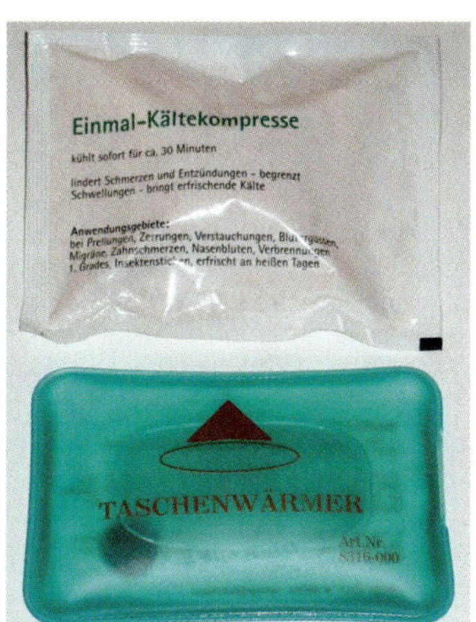

B4 *Kältekompresse und Wärmekissen*

Versuche

V2 *Übersättigte Lösung:* Geben Sie in ein sauberes Rggl. 5 g Natriumacetat-Hydrat $CH_3COONa \cdot 3H_2O$ und 1 mL Wasser und erwärmen Sie im Wasserbad bis zum Schmelzen. Lassen Sie dann vorsichtig auf Zimmertemperatur abkühlen. Tauchen Sie ein Thermometer in die Flüssigkeit und reiben Sie an der Reagenzglaswand. Falls sich beim Abkühlen bereits Kristalle bilden, wiederholen Sie den Vorgang.
Wiederholen Sie den Versuch mit anderen Mischungsverhältnissen von Natriumacetat-Hydrat und Wasser sowie mit Natriumthiosulfat-Hydrat und Wasser.

Weitere Versuchsvorschläge

V3 Schneiden Sie eine Kältekompresse (ein Wärmekissen) vorsichtig auf und untersuchen Sie die Zusammensetzung und die Funktion der Kältekompresse (des Wärmekissens): Überprüfen Sie, welche Salze enthalten sind, indem Sie die entsprechenden Ionen nachweisen.

V4 Untersuchen Sie, welche maximale (minimale) Temperatur erreicht werden kann und wie lange sie gehalten wird.

V5 Bestimmen Sie den Gehalt an Ammoniumnitrat in einer Kältekompresse durch Leitfähigkeitstitration mit Natronlauge, den Gehalt an Natriumacetat in einem Wärmekissen durch Leitfähigkeitstitration mit Salzsäure.

Auswertung

a) Beim Erwärmen von Natriumacetat-Hydrat entstehen im 1. Schritt wasserfreies festes Natriumacetat und Wasser, im 2. Schritt löst sich das feste Natriumacetat im Wasser. Bei der Kristallisation verlaufen die Schritte umgekehrt. Formulieren sie die Reaktionsgleichungen. Bei welchen Schritten werden Hydratationsenthalpien bzw. Gitterenthalpien frei bzw. aufgewandt?

B5 *Heißer Kaffee in der Dose ohne heißes Wasser.*
A: *Wie könnte dies funktionieren?*

Erste Hilfe bei Verstauchungen, Blutergüssen, Prellungen oder Insektenstichen ist eine schnelle Kühlung, damit sich die Blutgefäße zusammenziehen können und das verletzte Gewebe nicht zu sehr anschwillt. Nicht immer hat man Eiswürfel zur Hand. Hier haben sich Kältekompressen bewährt. Eine solche Kältekompresse besteht aus einem zweigeteilten Plastikbeutel, der in der einen Kammer ein Salz mit positiver Lösungsenthalpie, häufig Ammoniumnitrat, und in der anderen Kammer Wasser enthält. Durch starkes Drücken der Kompresse zerreißt die Trennwand zwischen den Kammern und Salz und Wasser mischen sich. Dabei kühlt sich die Kompresse stark ab.

Für Skifahrer und Bergsteiger gibt es für kalte Wintertage Wärmekissen, um die Hände wieder aufzuwärmen.
Einige funktionieren analog den Kältekompressen: Sie geben Wärmeenergie ab. Dazu enthalten sie ein festes Salz mit negativer Lösungsenthalpie, z. B. Calciumchlorid, und in einer zweiten Kammer Wasser. Andere beruhen darauf, dass einige Salzhydrate wie Natriumthiosulfat-Hydrat $Na_2S_2O_3 \cdot 5H_2O$ oder Natriumacetat-Hydrat $CH_3COONa \cdot 3H_2O$ *übersättigte Lösungen* bilden können, die man durch vorsichtiges Abkühlen erhält. Sie sind eigentlich nicht stabil, sondern nur *metastabil*. Durch Knicken eines Metallplättchens, das in dem Wärmekissen enthalten ist, werden Kristallkeime erzeugt, sodass das Salz schlagartig unter Wärmeabgabe kristallisiert. Dieser Vorgang ist reversibel. Durch Erwärmen kann man wieder die übersättigte Lösung erzeugen und das Wärmekissen mehrfach verwenden.

Aufgaben

A1 Welche Salze kommen für die Herstellung von Kältekompressen, welche für Einmal-Wärmebeutel infrage?

A2 Stellen Sie für den Lösevorgang von Lithiumchlorid und Kaliumchlorid ein Enthalpieschema mit den Gitterenthalpien und Hydratationsenthalpien analog B2 auf. Interpretieren Sie das Ergebnis (molare Gitterenthalpien: ΔH^0_{Gm} (**LiCl**) = 850 kJ/mol, ΔH^0_{Gm} (**KCl**) = 710 kJ/mol).

A3 In B6 sind die Lösungsenthalpien und freien Lösungsenthalpien einiger Salze angegeben. Formulieren Sie die Reaktionsgleichungen für die Lösevorgänge. Ermitteln Sie, welche Salze sich a) gut/schlecht, b) unter Erwärmung/Abkühlung der Lösung und c) mit Entropiezunahme/Entropieabnahme lösen.

Salz	ΔH^0_{Lm} in kJ/mol	ΔG^0_{Lm} in kJ/mol
KCl	+20	–5
$MgCl_2$	–146	–124
$CaSO_4$	–18	+24
NH_4NO_3	+29	–4

B6 *Molare Lösungsenthalpien und freie Lösungsenthalpien einiger Salze unter Standardbedingungen*

Spurensuche in reinem Wasser

B1 *Der analytische Nachweis von 1 ppt[1] verunreinigender Substanz entspricht dem Auffinden **eines** Weizenkorns in ca. 100 000 t Weizen, d. h. in einem Güterzug von 20 km Länge.*

Bezeichnung der Reinheitsstufe	Gehalt an Aceton	Preis in Euro/L
„zur Synthese"	99,0 %	ca. 9,–
„zur Analyse"	99,5 %	ca. 12,–
„UVASOL" (für Spektroskopie)	99,7 %	ca. 30,–

B2 *Reinheitsstufen und Handelspreise der Chemikalie Aceton (Aceton ist ein gutes Lösemittel und vielen als „Nagellackentferner" bekannt.)*

INFO

Das in der Natur verbreitete Wasser ist niemals rein, sondern enthält u. a. Salze, Gase, organische Verbindungen, Bakterien und Stäube. Verhältnismäßig reines Wasser ist aus Regen und Schnee zu gewinnen, besonders rein sind Regen und Schnee aus Neuseeland. Selbst destilliertes Wasser ist aber weit davon entfernt, ein absoluter Reinstoff zu sein; es ist also kein Stoff, der ausschließlich aus Wasser-Molekülen besteht. Destilliertes Wasser enthält u. a. noch gelöstes Kohlenstoffdioxid oder beispielsweise Ionen, die aus der Glasapparatur beim Destillieren herausgelöst wurden. Für hochempfindliche spektroskopische Analysemethoden wird reinstes Wasser benötigt und durch aufwendige Reinigungsverfahren hergestellt. Aber selbst das reinste je hergestellte Wasser enthält noch etwa 1 ppt[1] an Verunreinigungen. Dass dieses Wasser, dessen Reinheitsgrad wir in Prozent mit 99,9999999999 % angeben müssten, schon „sehr rein" ist, zeigt der Gedankenvergleich aus B1.
Die moderne chemische Analytik ist heute in der Lage, einige Stoffe (z. B. Dioxine) auch dann noch nachzuweisen, wenn sie in einer Konzentration von weniger als 10^{-15} Massenanteilen enthalten sind, d. h. wenn in einer Masse von 1 t nur 0,000001 mg dieses Stoffes enthalten ist. Mithilfe von neuesten lumineszenzanalytischen Methoden lassen sich z. B. Enzyme und Hormone bis zu Massenanteilen von 10^{-19} und sogar 10^{-20} nachweisen.

Versuche

V1 Bestimmen Sie mit einer *p*H-Elektrode (oder mit Spezialindikatorpapier) den *p*H-Wert und mit einem Leitfähigkeitsmessgerät die elektrische Leitfähigkeit von verschiedenen Wasserproben: Mineralwässer, Leitungswasser, Wasserprobe aus einem Fließ- bzw. stehenden Gewässer, Regenwasser, destilliertes Wasser, vollentsalztes Wasser.

V2 Bestimmen Sie mithilfe von Schnelltestverfahren (Wasseruntersuchungskoffer/Teststäbchen) in den Wasserproben aus V1 den Nitratgehalt und die Wasserhärte (Gesamthärte, Carbonathärte).

Auswertung

a) Vergleichen Sie die Analysenangaben auf verschiedenen Mineralwasser-Etiketten und auch im Handel erhältlichem destillierten Wasser.

b) Tragen Sie ihre Messdaten in eine Tabelle (B3) (Probe, *p*H, 3 Spalten für c) freilassen, Leitfähigkeit, Gesamthärte, Carbonathärte, Nitratgehalt) ein. Erklären Sie ihre Messergebnisse in V1 und V2. Welche Teilchen sind für ihre Messergebnisse verantwortlich?

c) Bestimmen Sie $c(H_3O^+)$ und $c(OH^-)$ aus ihren Messdaten. Berechnen Sie die Anzahl Oxonium-Ionen $N(H_3O^+)$ in jeweils 1 L ihrer Wasserproben unter Verwendung der Avogadrokonstanten
$N_A = 6{,}022 \cdot 10^{23}$ mol^{-1} (ϑ = 22 °C) und tragen Sie sie in Ihre Tabelle ein.

d) Um welchen Faktor ist Regenwasser saurer als Leitungswasser (V1)?
Hinweis: Bearbeiten Sie zuerst S. 209.

Aufgaben

Hinweis: Bearbeiten Sie zuerst S. 209.

A1 Bestimmen Sie die Masse der Fremdstoffe in den in B2 angegebenen Proben bezogen jeweils auf 1 kg Aceton.

A2 Vergleichen Sie auf den Etiketten von Chemikalien aus der Chemiesammlung die Angaben über den Reinheitsgrad. Welche Verunreinigungen sind enthalten? Bestimmen Sie ebenfalls die Masse der Fremdstoffe bezogen auf 1 kg der ausgewählten Chemikalie.

A3 Nach den Grundlagen der auf den deutschen Arzt HAHNEMANN (1810) zurückgehenden Homöopathielehre nimmt die Kraft aller Arzneien mit steigender Verdünnung zu. Die Verdünnung erfolgt jeweils in Dezimalpotenzen, d. h. im Verhältnis 1:10 (D_1), 1:100 (D_2), 1:1000 (D_3) usw. Diskutieren Sie die Verdünnungen D_6 und D_{23}. Wie viele Moleküle eines Wirkstoffes sind in einem Liter der Verdünnung D_{23} enthalten?

Probe	*p*H	$c(H_3O^+)$	$c(OH^-)$	$N(H_3O^+)$	Leitfähigkeit	Gesamthärte	Carbonathärte	Nitratgehalt

B3 *Tabellenkopf zur Auswertung von V1 und V2*

[1] *ppt* (engl.) = part per trillion (Billionstel) entspricht 1 : 1 000 000 000 000, also 10^{-12} oder 1 Mikrogramm in einer Tonne
ppb (engl.) = part per billion (Milliardsteln) entspricht 1 Milligramm in einer Tonne
ppm (engl.) = part per million (Millionstel) entspricht 1 Gramm in einer Million Gramm (= eine Tonne)

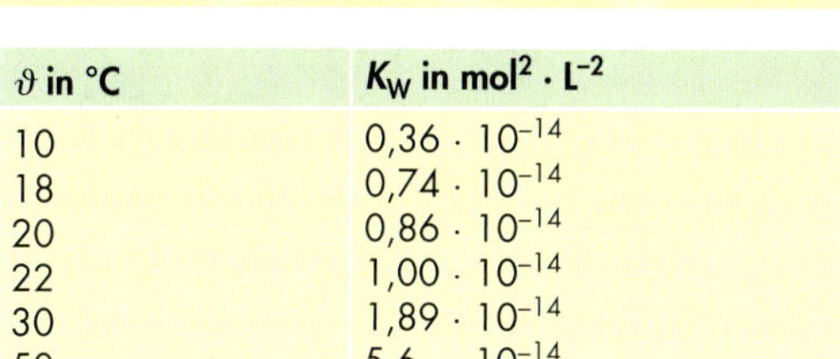

Autoprotolyse und pH-Wert

In V1 kann man feststellen, dass die Leitfähigkeit einer Wasserprobe umso höher ist, je mehr Salze im Wasser gelöst sind. Genaue Messungen an reinstem Wasser haben ergeben, dass dieses immer noch eine geringe elektrische Leitfähigkeit besitzt. Es muss also Ionen enthalten. Dabei handelt es sich um Hydronium-Ionen und Hydroxid-Ionen, die sich bei der **Autoprotolyse**[1] des Wassers bilden:

$$\underset{\text{Säure I}}{H_2O(l)} + \underset{\text{Base II}}{H_2O(l)} \rightleftharpoons \underset{\text{konjugierte Säure I}}{H_3O^+(aq)} + \underset{\text{konjugierte Base II}}{OH^-(aq)}$$

Bei diesem Gleichgewicht wird erneut (vgl. B5, S. 197) die Fähigkeit der Wasser-Moleküle deutlich, sowohl als Protonen-Donatoren wie auch als Protonen-Akzeptoren zu wirken. Wasser wird aus diesem Grund als **Ampholyt (amphoterer Stoff)** bezeichnet.

Das Autoprotolysegleichgewicht des Wassers liegt sehr stark auf der linken Seite. Die Rückreaktion (Neutralisationsreaktion) ist gegenüber der Hinreaktion stark bevorzugt. Der Wert der Gleichgewichtskonstanten konnte aus Leitfähigkeitsmessungen (B3) bestimmt werden:

$$K = \frac{c(H_3O^+) \cdot c(OH^-)}{c^2(H_2O)} = 3{,}258 \cdot 10^{-18} \quad (\vartheta = 22\,°C)$$

1 L Wasser hat bei 22 °C eine Masse von m = 998 g. Die Stoffmenge von Wasser $n(H_2O)$ in 1 L Wasser berechnet sich wie folgt:

$$n(H_2O) = \frac{m(H_2O)}{M(H_2O)} = \frac{998\ g}{18{,}015\ g/mol} = 55{,}398\ mol$$

Die Konzentration von Wasser bei 22 °C ist also $c(H_2O)$ = 55,398 mol/L. Die Verminderung der Stoffmenge $n(H_2O)$ durch die Hinreaktion des Autoprotolysegleichgewichts ist so gering, dass sie sich selbst bei der dritten Stelle hinter dem Komma nicht auswirkt. Man bezieht daher die Konzentration des Wassers in die Gleichgewichtskonstante K mit ein und erhält eine neue Konstante: K_w

$$K \cdot c^2(H_2O) = c(H_3O^+) \cdot c(OH^-) = K_w$$

Durch Einsetzen der Zahlenwerte für K und $c(H_2O)$ folgt:

$$K_w = c(H_3O^+) \cdot c(OH^-) = 10^{-14}\ mol^2 \cdot L^{-2} \quad (\vartheta = 22\,°C)$$

Da die Konstante K_w das Produkt der Konzentrationen der im Wasser enthaltenen Ionen angibt, spricht man vom **Ionenprodukt des Wassers**. Dieser Wert gilt nicht nur für reines Wasser, sondern auch für verdünnte wässrige Lösungen bei 22 °C (B4). Dadurch ist jeder Oxonium-Ionenkonzentration eine Hydroxid-Ionenkonzentration zugeordnet und umgekehrt (B4). Um die Oxonium-Ionenkonzentration $c(H_3O^+)$ einer Lösung durch eine kleine positive Zahl angeben zu können, hat man den ***p*H-Wert**[2] einer Lösung definiert[3]:

$$pH = -\lg\{c(H_3O^+)\}$$

Der ***p*H-Wert** ist der negative Zehnerlogarithmus des Zahlenwertes der Konzentration der Oxonium-Ionen einer Lösung.

[1] von *auto* (griech.) = selbst

[2] pH kommt von *puissance de hydrogène* (franz.) oder *pondus hydrogenii* (lat.) = Hochzahl des Wasserstoffs

[3] Die geschwungenen Klammern geben an, dass nur der Zahlenwert von $c(H_3O^+)$ logarithmiert wird.

[4] **pOH** wird analog zum pH definiert: **pOH** = $-\lg\{c(OH^-)\}$.

ϑ in °C	K_W in $mol^2 \cdot L^{-2}$
10	$0{,}36 \cdot 10^{-14}$
18	$0{,}74 \cdot 10^{-14}$
20	$0{,}86 \cdot 10^{-14}$
22	$1{,}00 \cdot 10^{-14}$
30	$1{,}89 \cdot 10^{-14}$
50	$5{,}6 \cdot 10^{-14}$

B4 *Temperaturabhängigkeit des Ionenprodukts K_w des Wassers*

$c(H_3O^+)$	pH		pOH[4]	$c(OH^-)$
$10^0 = 1$	0		14	10^{-14}
10^{-1}	1		13	10^{-13}
10^{-2}	2		12	10^{-12}
10^{-3}	3	sauer	11	10^{-11}
10^{-4}	4		10	10^{-10}
10^{-5}	5		9	10^{-9}
10^{-6}	6		8	10^{-8}
10^{-7}	7	neutral	7	10^{-7}
10^{-8}	8		6	10^{-6}
10^{-9}	9		5	10^{-5}
10^{-10}	10		4	10^{-4}
10^{-11}	11	alkalisch	3	10^{-3}
10^{-12}	12		2	10^{-2}
10^{-13}	13		1	10^{-1}
10^{-14}	14		0	$10^0 = 1$

B5 *Zusammenhang zwischen Oxonium-Ionenkonzentration, dem pH-Wert, und Hydroxid-Ionenkonzentration, dem pOH-Wert. Die Konzentrationen der Ionen sind in mol/L angegeben.*

INFO

Berechnung von $c(H_3O^+)$ in Wasser von ϑ = 22 °C

Für reines Wasser gilt: $c(H_3O^+) = c(OH^-)$.

Daraus folgt:
$c(H_3O^+) \cdot c(H_3O^+) = 10^{-14}\ mol^2/L^2$ und weiter $c(H_3O^+) = 10^{-7}$ mol/L. Der *p*H-Wert von reinem Wasser ist damit *p*H = –lg 10^{-7} = 7.

Dies gilt auch für *neutrale Lösungen*, d.h. Lösungen, bei denen die Oxonium-Ionenkonzentration und die Hydroxid-Ionenkonzentration gleich sind (*p*H = 7).
In sauren Lösungen überwiegen die Oxonium-Ionen, dementsprechend gilt *p*H < 7.
Bei alkalischen Lösungen gilt dagegen *p*H > 7, weil die Hydroxid-Ionen überwiegen (B4).
Zu potenziometrischen Bestimmungen der Protonen-Konzentration $c(H^+)$ siehe Kap. 1, S. 165.

Fachbegriffe

Autoprotolyse, Ampholyt, Ionenprodukt des Wassers K_w, *p*H-Wert, *p*OH-Wert

Starke Säuren, schwache Säuren

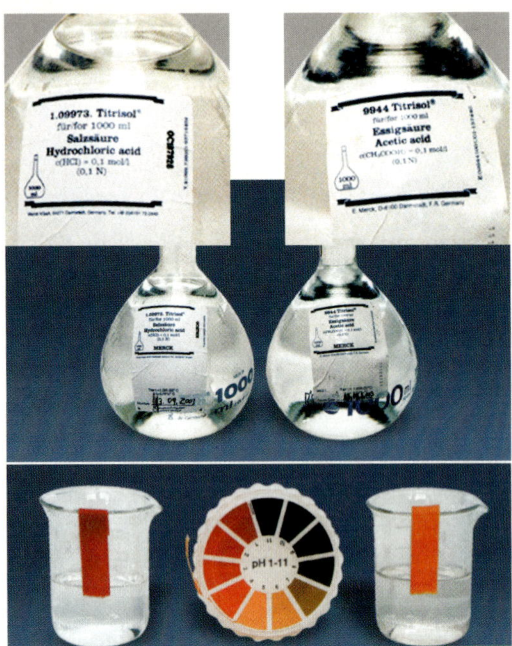

B1 *Zwei Säuren: gleiche Konzentration – verschiedene pH-Werte (Salzsäure bzw. Essigsäure der Konzentration c = 0,1 mol/L).* **A:** *Berechnen Sie die Oxonium-Ionenkonzentration.*

B2 *Gefahrensymbole C und X_i.* **A:** *Suchen Sie R- und S-Nummern mit Beschreibung der Gefahren und Sicherheitshinweisen.* **A:** *Auf welchen im Alltag erhältlichen Säuren finden Sie diese Symbole?* **A:** *Informieren Sie sich über die Bedingungen, wann einer Säure (Lauge) das Gefahrensymbol C ätzend bzw. das Gefahrensymbol X_i bzw. keines zugeordnet wird. Zeigen Sie an einem konkreten Beispiel (konz. Salzsäure) die Herunterstufung bei Verdünnung.*

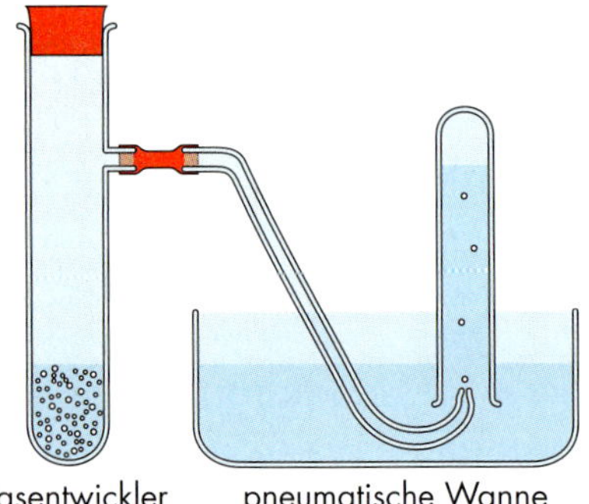

B3 *Gasentwickler zu V2b*

Versuche

V1 Messen Sie die *p*H-Werte von Salzsäure* und Essigsäure* der folgenden Ausgangskonzentrationen c_0 in mol/L: 0,1; 0,01; 0,001.

V2a In drei 1L-PE-Flaschen werden Lösungen gleicher Konzentration (c = 0,2 mol/L) hergestellt:
a) 16,8 mL konz. Salzsäure*,
b) 27,7 g Natriumhydrogensulfat-Dihydrat* $NaHSO_4 \cdot 2H_2O$,
c) 11,4 mL reine Essigsäure*.
Vorsicht: Die zu lösenden Stoffe sind ätzend, Hautkontakt vermeiden! Konzentrierte Salzsäure im Abzug umgießen.
Die Stoffe werden zunächst in 1-L-Messkolben in etwa 500 mL Wasser gelöst; dann werden die Lösungen auf Raumtemperatur gebracht und auf 1 L mit destilliertem Wasser aufgefüllt. Die fertigen Lösungen werden in PE-Flaschen umgefüllt.

V2b Messen Sie für jede der 3 Säurelösungen aus V2a die *p*H-Werte mit einem *p*H-Meter und die Zeit, in der sich bei der Reaktion mit Magnesium ein bestimmtes Volumen Wasserstoff bildet. Geben Sie hierzu in einer Vorrichtung nach B3 jeweils 0,3 g Magnesiumpulver* in den Gasentwickler, gießen Sie dann 20 mL Säurelösung darüber, stopfen Sie sofort zu und starten Sie im gleichen Moment die Stoppuhr. Lassen Sie die Reaktion im Gasentwickler jeweils ausklingen und spülen Sie ihn vor der nächsten Messung aus.

V3 Füllen Sie je zwei Rggl. zu etwa einem Drittel mit Salzsäure* bzw. Essigsäure* der Konzentration *c* = 0,1 mol/L und mit einigen Tropfen Universalindikator-Lösung. Geben Sie dann in jeweils ein Rggl. zur Salzsäure festes Natriumchlorid und zur Essigsäure festes Natriumacetat in kleinen Portionen. Die restlichen Rggl. dienen als Vergleichslösungen.

Auswertung

a) Notieren Sie tabellarisch für die beiden Säuren in V1 jeweils Ausgangskonzentration c_0 und den gemessenen *p*H-Wert. Was fällt auf?
b) Notieren Sie tabellarisch für die 3 Säuren in V2 jeweils Ausgangskonzentration c_0, den gemessenen *p*H-Wert und die Reaktionszeiten.
c) Berechnen Sie aus den notierten *p*H-Werten die Konzentration $c(H_3O^+)$ in den Säurelösungen und ergänzen Sie diese in den Tabellen bei a) und b).
d) Vergleichen und erläutern Sie die gemessenen Reaktionszeiten mit den *p*H-Werten und somit die Konzentration an H_3O^+-Ionen.
e) Ordnen Sie die Säuren nach ihrer Stärke. Welche Kriterien legen Sie an?

Reaktion einer Säure **HA** mit Wasser

$$HA + H_2O \rightleftharpoons A^- + H_3O^+$$

MWG:

$$K_1 = \frac{c(H_3O^+) \cdot c(A^-)}{c(HA) \cdot c(H_2O)}$$

Reaktion einer Base **B** mit Wasser

$$H_2O + B \rightleftharpoons OH^- + HB^+$$

MWG:

$$K_2 = \frac{c(HB^+) \cdot c(OH^-)}{c(B) \cdot c(H_2O)}$$

B4 *Protolysegleichgewichte von Säuren und Basen*

Säurekonstante und Basenkonstante

Es überrascht nicht, dass organische Säuren aus Früchten weniger gefährlich sind als die bekannte Schwefelsäure. Säuren als Konservierungsmittel werden in so geringer Konzentration eingesetzt, dass häufig keine Gefährdungskennzeichnung erforderlich ist. B1 und V1 zeigen, dass Essigsäure im Vergleich mit Salzsäure bei gleicher Ausgangskonzentration einen höheren messbaren *p*H-Wert und damit eine niedrigere Oxonium-Ionenkonzentration $c(H_3O^+)$ besitzt. Je niedriger aber der *p*H-Wert einer Lösung ist, desto schneller und heftiger reagiert sie mit unedlen Metallen, beispielsweise mit Magnesium (V2). Offensichtlich ist Salzsäure im Vergleich mit Essigsäure (V1) die stärkere Säure.
In wässrigen Säurelösungen liegen **Protolysegleichgewichte** vor (B4). Für Salz- und Essigsäure können folgende Werte gemessen werden:

Säure	$c_0(HA)$	*p*H	$c(H_3O^+)$
Salzsäure	0,1 mol/L	1	0,1 mol/L
Essigsäure	0,1 mol/L	2,9	≈ 0,001 mol/L

Vergleicht man bei der Salzsäure **Anfangskonzentration $c_0(HA)$** und Oxonium-Ionenkonzentration $c(H_3O^+)$, so haben offenbar alle Hydrogenchlorid-Moleküle ihr Proton abgegeben, das Gleichgewicht (B4) liegt ganz überwiegend auf der Oxonium-Ionen-Seite. Im Unterschied dazu hat nur etwa ein Promille der Essigsäure-Moleküle ein Proton abgegeben, sodass das Gleichgewicht weitgehend auf der linken Seite liegt. Hydrogenchlorid protolysiert also wesentlich stärker als Essigsäure und ist daher eine stärkere Säure. Diese Gleichgewichtslage lässt sich durch eine Massenwirkungskonstante beschreiben (B4).
In verdünnten Lösungen ist die Wasser-Konzentration $c(H_2O)$ sehr viel größer als die übrigen Konzentrationen im Massenwirkungsquotienten; $c(H_2O)$ verändert sich bei der Einstellung des Gleichgewichts nur so wenig, dass die Konzentration des Wassers als konstant angesehen werden kann. Daher bezieht man sie in die Gleichgewichtskonstante *K* mit ein und erhält die **Säurekonstante K_s**:

$$K_1 \cdot c(H_2O) = K_s, \text{ also } K_s = \frac{c(H_3O^+) \cdot c(A^-)}{c(HA)}$$

Für das Protolysegleichgewicht einer Base B (B4) erhält man in der gleichen Weise die **Basenkonstante K_b**:

$$K_2 \cdot c(H_2O) = K_b, \text{ also } K_b = \frac{c(OH^-) \cdot c(BH^+)}{c(B)}$$

Hinweis: Alle in den Gleichungen von K_s und K_b vorkommenden Konzentrationen sind auf den Gleichgewichtszustand bezogen. $c(HA)$ und $c(B)$ dürfen nicht mit den **Anfangskonzentrationen $c_0(HA)$ und $c_0(B)$** der gelösten Säure bzw. Base verwechselt werden.
Die Einheit der Größen K_s und K_b ist mol/L, d. h. die Einheit einer Konzentration.

Säure	pK_s	Base	pK_b
$HClO_4$	≈ −9	ClO_4^-	≈ 23
HI	≈ −8	I^-	≈ 22
HBr	≈ −6	Br^-	≈ 20
HCl	≈ −3	Cl^-	≈ 17
H_2SO_4	≈ −3	HSO_4^-	≈ 17
H_3O^+	−1,74	H_2O	15,74
HNO_3	−1,32	NO_3^-	15,32
HIO_3	0	IO_3^-	14
$H_2C_2O_4$	1,46	$HC_2O_4^-$	12,54
HSO_4^-	1,92	SO_4^{2-}	12,08
H_2SO_3	1,96	HSO_3^-	12,04
H_3PO_4	1,96	$H_2PO_4^-$	12,04
HF	3,14	F^-	10,86
$HCOOH$	3,77	$HCOO^-$	10,23
H_3CCOOH	4,76	H_3CCOO^-	9,24
H_2CO_3	6,52	HCO_3^-	7,48
H_2S	6,9	HS^-	7,1
$H_2PO_4^-$	7,12	HPO_4^{2-}	6,88
NH_4^+	9,24	NH_3	4,76
HCN	9,4	CN^-	4,6
HCO_3^-	10,4	CO_3^{2-}	3,6
HPO_4^{2-}	12,32	PO_4^{3-}	1,68
H_2O	15,74	OH^-	−1,74
NH_3	23	NH_2^-	−9
OH^-	≈ 24	O^{2-}	≈ −10

B5 ***pK_s*-** *und* ***pK_b-Werte*** *einiger konjugierter Säure-Base-Paare (ϑ = 22 °C).* **A:** *Addieren Sie zeilenweise $pK_s + pK_b$ für konjugierte Säure-Base-Paare.*
(In den Tabellen findet man zumeist statt der Werte für K_s bzw. K_b die ***pK_s-Werte*** *(Säureexponenten) bzw. die* ***pK_b-Werte*** *(Baseexponenten). Sie wurden analog zum pH-Wert definiert: $pK_s = -lg\{K_s\}$ und $pK_b = -lg\{K_b\}$;* *vgl. S. 209.*

B6 *Ameisen produzieren Ameisensäure* $HCOOH$, *eine mittelstarke Säure.*

Merksätze

Säure- und Basenkonstante sind ein Maß für die Säure- und Basenstärke. Je höher der K_s- bzw. K_b-Wert ist, umso stärker ist die Säure bzw. Base. Daher gilt bei den Säure-(bzw. Base-)Exponenten: Je kleiner der **pK_s**-(bzw. **pK_b**-)***Wert*** ist, desto stärker ist die Säure (bzw. Base) (B5).

Fachbegriffe

Säurekonstante K_s, pK_s-Wert
Basenkonstante K_b, pK_b-Wert
Protolysegleichgewicht, Anfangskonzentration c_0

ERWEITERUNG · VERTIEFUNG · ANWENDUNG

Mit Säuren dem Kalk an die Kruste

B1 *Verkalkte Geräte*

Versuche

V1 Geben Sie jeweils ein Hühnerei in ein Becherglas und füllen Sie mit a) Essig, b) Essigessenz, c) Salzsäure (c = 0,1 mol/L) und d) Essigsäure (c = 0,1 mol/L) so auf, dass das Ei vollständig mit Flüssigkeit bedeckt ist. Beobachtung? Nachdem sich die Schale (spätestens am folgenden Tag) vollständig aufgelöst hat, wird ein Teil der Lösung in einem Rggl. mit Soda-Lösung* Na_2CO_3 gesättigt. Beobachtung?

V2 Tropfen Sie jeweils etwas verdünnte bzw. halbkonzentrierte Salzsäure* auf ein Stückchen Marmor, Calciumcarbonat, ausgehärteten Kalkmörtel und eine Bodenprobe (möglichst Lössboden).

V3a Prüfen Sie die Säurewirkung von *Bio-Kalklöser* (Citronensäure), *Schnellentkalker* (Citronensäure, Amidosulfonsäure), Essig, Essigessenz und Salzsäure (c = 0,1 mol/L) mit Universalindikator.

V3b Versetzen Sie in einem Becherglas einige Milliliter Kalkwasser* mit einer gesättigten Soda-Lösung* bis zu einer deutlichen Trübung bzw. Fällung. Teilen Sie dann die Suspension auf fünf Schnappdeckelgläser auf und fügen Sie jeweils einen Spatellöffel der Feststoffe bzw. 1 mL der Säurelösungen aus V3a hinzu. Prüfen Sie durch Schütteln bzw. Umschwenken, wie schnell sich die Trübung bzw. der Niederschlag auflöst.

V4 Stellen Sie in einer Porzellanschale ein Feststoffgemisch aus Natriumhydrogencarbonat $NaHCO_3$ („Natron") und Schnellentkalker (vgl. V3a) her. Über die Porzellanschale legen Sie einen feuchten mit Universalindikator imprägnierten Papierstreifen (weißes Filterpapier), der mithilfe einer verdünnten Soda-Lösung blau gefärbt wurde (Soda-Überschuss mit Wasser abspülen). Das Feststoffgemisch wird auf einer Heizplatte erwärmt. Beobachtung?

Auswertung

a) Notieren und deuten Sie Ihre Beobachtungen.
b) Von welchen Faktoren hängt die Wirkung der „Entkalker" ab?
c) Formulieren Sie in einer Reaktionsgleichung die Feststoffreaktion der Amidosulfonsäure mit Natron in V4.
d) Welche chemischen Eigenschaften der beteiligten Säuren werden beim Schnellentkalker für die Wirkung des Entkalkens genutzt?

Hinweis: Amidosulfonsäure $H_2N–SO_2–OH$ (Substitution einer OH-Gruppe der Schwefelsäure durch eine NH_2-Gruppe), auch Amidoschwefelsäure genannt, liegt in fester Form vor und bildet im Unterschied zur Schwefelsäure (bzw. zum Sulfat-Ion) mit Calcium-Ionen kein schwer lösliches Salz.
Citronensäure (3-Carboxy-3-hydroxypentandisäure) $HOOCCH_2C(OH)(COOH)CH_2COOH$ hat vor allem auch einen komplexierenden Effekt. Dabei werden Calcium-Ionen von der Citronensäure in Form einer löslichen Komplexverbindung gebunden.

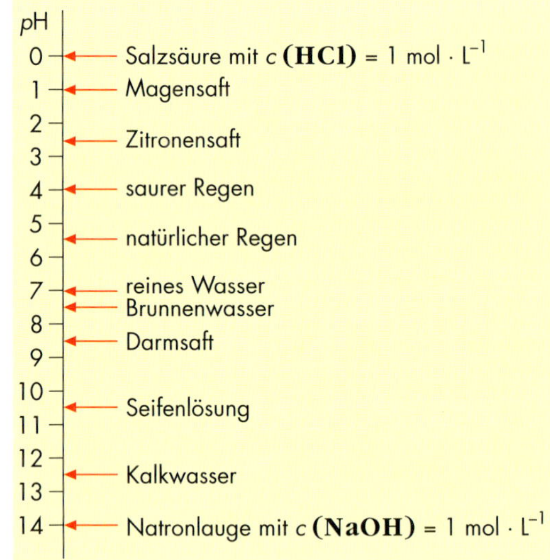

B2 *pH-Werte einiger Flüssigkeiten*

Aufgaben

A1 Informieren Sie sich über Sanitär-Reinigungsmittel. In welchen Produkten ist Phosphorsäure, Maleinsäure (*cis*-Butendisäure) bzw. „Aktivsäure" (= Citronensäure) enthalten?
Welche unterschiedlichen Funktionen haben diese Säuren in den Reinigern?

A2 Informieren Sie sich über die chemische Zusammensetzung von Muschelschalen, Schneckengehäusen und Eierschalen.

Berechnung von *p*H-Werten

Gleichkonzentrierte Lösungen verschiedener Säuren können ganz unterschiedliche *p*H-Werte haben (vgl. V1 und V2, S. 210; B2, S. 212). Je niedriger der *p*H-Wert einer Säure-Lösung ist, desto schneller verläuft z. B. die Reaktion mit Carbonaten (V1 bis V4) oder Magnesium (V2b, S. 210). Auf S. 211 wurde bereits gezeigt: Eine Säure ist umso stärker, je größer ihre Säurekonstante K_s bzw. je kleiner ihr pK_s-Wert ist. Die Relation zwischen der Basenstärke, der Basenkonstante K_b und dem pK_b-Wert ist analog.
Es ist sinnvoll, die Säuren und Basen nach ihrer Stärke in drei Klassen einzuteilen (B1).

In verdünnten Lösungen von **starken Säuren** mit $K_s > K_s(H_3O^+)$ liegen diese nahezu vollständig protolysiert vor. Praktisch jedes Säure-Teilchen hat sich in die konjugierte Base und ein Oxonium-Ion umgewandelt und es gilt: $c_0(HA) = c(H_3O^+)$, d. h. die Anfangskonzentration der Säure ist gleich der Konzentration der Oxonium-Ionen beim eingestellten Gleichgewicht. Dies hat auch zur Folge, dass bei allen Säuren, die in B5, S. 211, oberhalb des Oxonium-Ions eingeordnet sind, die Unterschiede in den Säurestärken in wässriger Lösung aufgehoben werden. Man spricht vom ausgleichenden oder **nivellierenden Effekt** des Wassers.
Wie die *p*H-Werte von starken und schwachen Säuren berechnet werden, wird anhand exemplarischer Beispiele in B3 gezeigt.

starke Säuren $pK_s < 1,5$	**starke Basen** $pK_b < 1,5$
mittelstarke Säuren $1,5 < pK_s < 4,75$	**mittelstarke Basen** $1,5 < pK_b < 4,75$
schwache Säuren $pK_s > 4,75$	**schwache Basen** $pK_b > 4,75$

B1 *Einteilung der Säuren und Basen nach ihrer Stärke. Die hier festgelegten Grenzwerte erweisen sich für Protolysegleichgewichte in wässrigen Lösungen als sinnvoll.*

starke Säuren ($pK_s < 1,5$)
$c(H_3O^+) = c_0(HA)$

schwache Säuren ($pK_s > 4,75$)
$c(HA) = c_0(HA)$

B2 *Vereinfachende Annahmen bei Berechnungen mit Säuren*

Berechnung des *p*H-Wertes von starken Säuren

Welchen *p*H-Wert hat Salzsäure $HCl(aq)$ der Konzentration $c_0(HCl) = 0,25$ mol/L?

Lösung

1. Protolysegleichung:
   $HCl + H_2O \rightleftharpoons H_3O^+ + Cl^-$
2. Fallbestimmung (vgl. B1 und S. 211, B5): Hydrogenchlorid ist eine starke Säure, $pK_s < 1,5$; damit gilt: $c_0(HCl) = c_0(H_3O^+)$.
3. Anwenden der *p*H-Definition:
   $pH = -\lg\{c(H_3O^+)\} = -\lg 0,25 = \mathbf{0,6}$

Berechnung des *p*H-Wertes von schwachen Säuren

Welchen *p*H-Wert hat eine Essigsäure-Lösung der Konzentration $c_0(H_3CCOOH) = 0,25$ mol/L?

Lösung

1. Protolysegleichung:
   $H_3CCOOH + H_2O \rightleftharpoons H_3O^+ + H_3CCOO^-$
2. Fallbestimmung (vgl. B1 und S. 211, B5): Essigsäure ist eine schwache Säure, $pK_s = 4,76$; damit gilt: $c(H_3CCOOH) = c_0(H_3CCOOH)$.
3. Die Gleichung für K_s ermöglicht nun die Berechnung von $c(H_3O^+)$:
   $$K_s = \frac{c(H_3O^+) \cdot c(H_3CCOO^-)}{c(H_3CCOOH)} \quad \text{mit } \{K_s\} = 10^{-pK_s}$$
   Da $c(H_3O^+) = c(H_3CCOO^-)$ (vgl. Protolyseschema) und $c(H_3CCOOH) = c_0(H_3CCOOH)$ (vgl. B2) ist, folgt:
   $$K_s = \frac{c^2(H_3O^+)}{c_0(H_3CCOOH)} \quad \text{und schließlich}$$
   $$c(H_3O^+) = \sqrt{K_s \cdot c_0(H_3CCOOH)}$$
4. Definition des *p*H-Wertes anwenden:
   $$pH = -\lg\{c(H_3O^+)\} = -\lg\sqrt{K_s \cdot c_0(H_3CCOOH)}$$
   $$pH = -\lg\sqrt{10^{-4,76} \cdot 0,25} = \mathbf{2,68}.$$

B3 *Exemplarische Berechnung von pH-Werten* ***starker*** *und* ***schwacher Säuren****. Bei Lösungen von Basen verfährt man in den Berechnungen ganz analog, nur muss dabei zur Berechnung des pH-Werts das Ionenprodukt des Wassers einbezogen werden.*
Eine exemplarische Berechnung des pH-Wertes von ***mittelstarken Säuren*** *ist auf den Seiten 218 und 219 zu finden.*

Wo bleibt die Säure?

Puffer	pH-Wert des Puffers	pH-Wert nach Säure-zugabe	pH-Wert nach Base-zugabe
Phosphat-Puffer			
Acetat-Puffer			
Carbonat-Puffer			
(zum Vergleich:) dest. Wasser			

B1 *Tabelle zu V2*

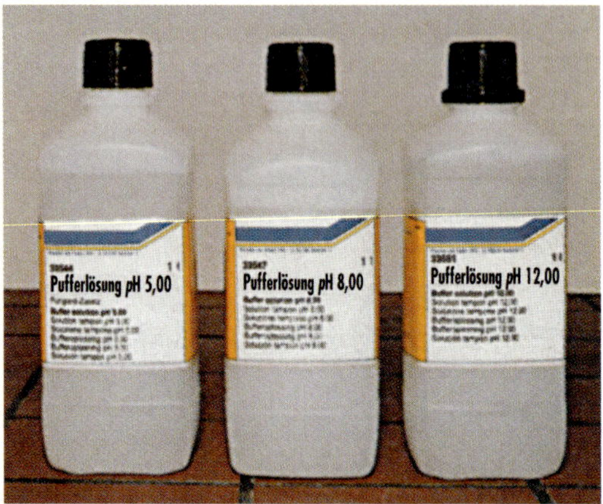

B2 *Pufferlösungen*

a) Bei V1 gilt:
$c\,(H_2PO_4^-) = c\,(HPO_4^{2-})$
b) Aus Tab. B5, S. 85, folgt:
$pK_s\,(H_2PO_4^-) = 7{,}12 \approx 7$
$pK_b\,(HPO_4^{2-}) = 6{,}88 \approx 7$
Das MWG für (1) lautet:

$$K_s\,(H_2PO_4^-) = \frac{c\,(H_3O^+) \cdot \cancel{c\,(HPO_4^{2-})}}{\cancel{c\,(H_2PO_4^-)}} \approx 10^{-7}\ \text{mol/L}$$

Das MWG für (2) lautet:

$$K_b\,(HPO_4^{2-}) = \frac{c\,(OH^-) \cdot \cancel{c\,(H_2PO_4^-)}}{\cancel{c\,(HPO_4^{2-})}} \approx 10^{-7}\ \text{mol/L}$$

B3 *Für den Phosphat-Puffer aus V1 gilt pH ≈ 7. Das Protolysegleichgewicht lässt sich sowohl mit den Gleichgewichtsreaktionen (1) als auch (2) (S. 215) vollständig beschreiben, wenn man berücksichtigt: pH + pOH = 14.*

Versuche

V1 Stellen Sie die folgenden drei Pufferlösungen her, indem Sie die angegebenen Substanzen zunächst in ca. 300 mL dest. Wasser lösen. Anschließend werden die Lösungen mit dest. Wasser auf 500 mL aufgefüllt.

Phosphat-Puffer:
7,8 g (0,05 mol) Natriumdihydrogenphosphat-Dihydrat $NaH_2PO_4 \cdot 2H_2O(s)$;
17,9 g (0,05 mol) Dinatriumhydrogenphosphat-Dodecahydrat $Na_2HPO_4 \cdot 12H_2O(s)$
Acetat-Puffer:
2,9 mL (0,05 mol) konzentrierte Essigsäure* $H_3CCOOH(l)$;
6,8 g (0,05 mol) Natriumacetat-Trihydrat* $H_3CCOONa \cdot 3H_2O(s)$

Carbonat-Puffer:
4,2 g (0,05 mol) Natriumhydrogencarbonat $NaHCO_3(s)$;
14,3 g (0,05 mol) Natriumcarbonat-Decahydrat* $Na_2CO_3 \cdot 10H_2O(s)$

V2 Geben Sie in drei kleine Bechergläser je 30 mL einer Pufferlösung und fügen Sie 4 Tropfen Universalindikator-Lösung hinzu. Eine der drei Lösungen dient als Farbvergleich. Versetzen Sie die zweite Lösung mit 1 mL Salzsäure* (c = 0,2 mol/L) und die dritte mit 1 mL Natronlauge* (c = 0,2 mol/L). Messen Sie mit dem pH-Meter bei allen drei Lösungen und bei destilliertem Wasser (als 4. Lösung) die pH-Werte und protokollieren Sie die erhaltenen Werte tabellarisch gemäß der Tabelle aus B1.

V3 Füllen Sie in zwei Bechergläser je 100 mL des Phosphat-Puffers aus V1 ab. Lösen Sie dann in der einen Probe zusätzlich 6,2 g Natriumdihydrogenphosphat-Dihydrat $NaH_2PO_4 \cdot 2H_2O$, in der anderen 14,3 g Dinatriumhydrogenphosphat-Dodecahydrat $Na_2HPO_4 \cdot 12H_2O$. Bestimmen Sie die pH-Werte dieser beiden Lösungen und vergleichen Sie mit dem pH-Wert des Phosphat-Puffers aus V2. Beobachtung?

Auswertung

a) Erweitern Sie Ihre Tabelle mit den Messwerten um eine Spalte. Tragen Sie darin die pH-Differenzen zwischen dem pH-Wert aus der dritten und dem pH-Wert aus der zweiten Spalte für jedes der 4 gemessenen Systeme ein. Wie würden Sie aufgrund dieser pH-Differenzen eine Pufferlösung definieren? Was ist ein Puffer?
b) In jeder der drei Pufferlösungen ist ein konjugiertes Säure-Base-Paar enthalten. Nennen Sie es für jede Lösung und formulieren Sie das Protolyseschema, bei dem die Säure in wässriger Lösung in ihre konjugierte Base übergeht.
c) Entnehmen Sie für jeden der drei Puffer aus B1 den pK_s-Wert der entsprechenden Säure aus der Tabelle in B5 auf der Seite 211. In welcher Spalte Ihrer Messwerttabelle steht der pH-Wert, der dem pK_s-Wert am nächsten ist? Trifft das für alle drei Pufferlösungen zu?
d) Wie ändern sich die Stoffmengen der jeweiligen Puffer-Bestandteile in V2 nach Zugabe der Säure bzw. Lauge?
e) Berechnen Sie die Stoffmengen der Puffer-Bestandteile in V3 vor und nach Zugabe der jeweiligen Phosphat-Salze.

Puffersysteme

Eine wässrige Lösung, die gleiche Stoffmengen von Natriumdihydrogenphosphat und Dinatriumhydrogenphosphat enthält, reagiert neutral (V2). Im Gegensatz zum ebenfalls neutralen Wasser ändert diese Lösung aber ihren *p*H-Wert auch dann nur ganz geringfügig, wenn man eine starke Säure oder eine starke Lauge hinzufügt (V2). Ebenso sind die beiden anderen **Pufferlösungen** aus V2 „*p*H-unempfindlich" gegenüber Salzsäure und Natronlauge, wenngleich ihr *p*H-Wert von vorneherein im sauren (**Acetat-Puffer**) bzw. alkalischen Bereich (**Carbonat-Puffer**) liegt.
Lösungen, die bei Zugabe von Säuren oder Basen ihren *p*H-Wert nur geringfügig ändern, werden **Säure-Base-Puffer** (oder Pufferlösungen oder **Puffersysteme**) genannt.
Wie wirkt ein Puffersystem, beispielsweise das **Phosphat-Puffersystem** aus V1 bis V3? In dieser Pufferlösung ist das *konjugierte Säure-Base-Paar* Dihydrogenphosphat-Ion/Hydrogenphosphat-Ion $H_2PO_4^-/HPO_4^{2-}$ enthalten. Hier stellt sich ein Protolysegleichgewicht ein, das durch Überlagerung folgender zwei Teilgleichgewichte formuliert werden kann:

$$H_2PO_4^- + H_2O \rightleftharpoons HPO_4^{2-} + H_3O^+ \qquad (1)$$
$$HPO_4^{2-} + H_2O \rightleftharpoons H_2PO_4^- + OH^- \qquad (2)$$

Der *p*H-Wert dieser Lösung liegt im neutralen Bereich (B3). Wird dieser Pufferlösung Säure zugesetzt, so werden die darin enthaltenen Oxonium-Ionen durch die Base HPO_4^{2-} aus dem Phosphat-Puffer „abgefangen"; dabei werden Wasser-Moleküle und Ionen der korrespondierenden Säure $H_2PO_4^-$ gebildet (B4). Die Säurezugabe führt also zu einer Zunahme der Konzentration der **Puffersäure** $H_2PO_4^-$ und einer Abnahme der Konzentration der **Pufferbase** HPO_4^{2-} (B4). Dies bedeutet für das überlagerte Protolysegleichgewicht von (1) und (2), dass sich (1) nach rechts bzw. (2) nach links verschoben hat, daher ist der *p*H-Wert etwas gesunken. Entsprechend führen die Konzentrationsänderungen nach der Basezugabe (B4) nur zu einem leichten Anstieg des *p*H-Werts.
Ein Puffersystem kann selbstverständlich nicht beliebig viele Oxonium-Ionen bzw. Hydroxid-Ionen „abfangen". Beim allmählichen Verbrauch der betreffenden Pufferkomponenten verschwindet die Fähigkeit des Systems abzupuffern, d. h. die **Pufferkapazität** ist erschöpft.
Mithilfe der **Henderson-Hasselbalch-Gleichung** (auch als **Puffergleichung** bezeichnet) lässt sich ein Puffersystem berechnen:

$$pH = pK_s + \lg \frac{c(\text{konjugierte Base})}{c(\text{Säure})}$$

Danach ist der *p*H-Wert eines Puffersystems, bei dem *c*(Säure)/*c*(konjugierte Base) = 1:1 ist, gleich dem pK_s-Wert der Säure[1]. Wird die Konzentration der Säure gegenüber der Konzentration der Base auf das 10-fache erhöht, so sinkt der *p*H-Wert um nur eine Einheit. Auf S. 219 wird die Puffergleichung hergeleitet und für verschiedene Puffersysteme grafisch dargestellt. Jede Veränderung des Verhältnisses *c*(Säure)/*c*(konjugierte Base) um den Faktor 10 bewirkt eine *p*H-Änderung um 1 Einheit.

[1] Der Logarithmus-Term in der Puffergleichung nimmt den Wert 0 an, weil lg1 = 0 ist.

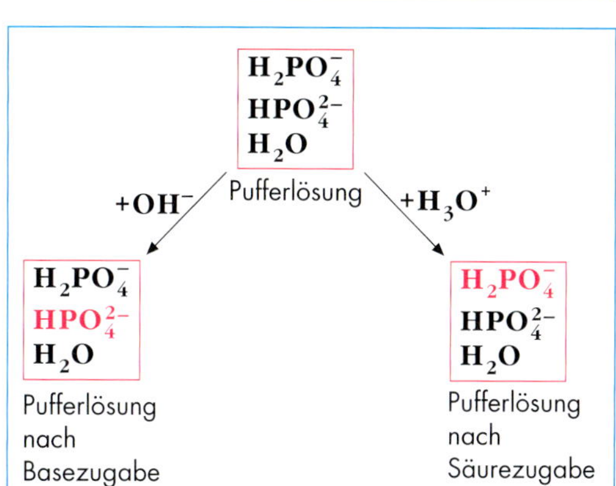

B4 *Bei der Base- oder Säurezugabe zu einer Pufferlösung (hier: Phosphat-Puffer) ändert sich die Art der Säure- und Base-Teilchen in der Lösung **nicht**, nur die Konzentrationen ändern sich.*

Aufgaben

A1 Berechnen Sie mithilfe der Puffergleichung die *p*H-Werte der angesetzten Lösungen aus V1 und V3. Vergleichen Sie mit Ihren Messwerten.

A2 Fertigen Sie zum Verstehen der Wirkungsweise des Acetat-Puffers und des Carbonat-Puffers (V2) Schemata nach dem Muster von B3 und B4 an.

A3 Schlagen Sie ein Puffersystem vor, mit dem man bei *p*H = 9 puffern kann. (*Hinweis:* Berechnen Sie das genaue Verhältnis von *c*(Base)/*c*(Säure).)

A4 Eines der Puffersysteme im Blut ist das System Kohlensäure/Hydrogencarbonat H_2CO_3/HCO_3^-. Berechnen Sie das Verhältnis $c(H_2CO_3)/c(HCO_3^-)$ im Blut, wenn der *p*H-Wert 7,36 beträgt.

A5 Erläutern Sie, wovon die Säure- bzw. Basenmenge, die ein bestimmtes Puffersystem abpuffern kann, abhängt.

Fachbegriffe

Pufferlösung, Puffersystem, Säure-Base-Puffer, Pufferkapazität, Henderson-Hasselbalch-Gleichung (Puffergleichung)

Indikatoren – auch Puffer

INFO

Säure-Base-Indikatoren sind Farbstoffe, die mit dem pH-Wert ihre Farbe ändern. Diese Farbänderungen beruhen auf Strukturänderungen in den Molekülen bzw. Molekül-Ionen[1] der Indikatoren, zu denen es infolge von Protonenübergängen kommt (B1, vgl. auch B6, S. 201). Meistens sind diese Strukturänderungen mit Verschiebungen der Elektronendichte bei den „delokalisierten Valenzelektronen" verbunden und dies wiederum mit der Fähigkeit der Teilchen, Licht einer bestimmten Wellenlänge („Farbe") zu absorbieren.

Allgemein besteht ein Säure-Base-Indikator, der die Farben A und B annehmen kann, aus einem **konjugierten Säure-Base-Paar** Indikator-Säure/Indikator-Base oder abgekürzt **HInd/Ind⁻**:

$$\mathbf{HInd} + \mathbf{H_2O} \rightleftharpoons \mathbf{H_3O^+} + \mathbf{Ind^-}$$

Indikator-Säure Farbe A — Indikator-Base Farbe B

$$\mathrm{HO{-}C_6H_4{-}NO_2} + \mathrm{H_2O} \rightleftharpoons \mathrm{{}^{\ominus}O{-}C_6H_4{-}NO_2} + \mathrm{H_3O^{\oplus}}$$

HInd farblos — **Ind⁻** gelb

B1 *Protolysegleichgewicht des Indikators para-Nitrophenol. Die Moleküle* **HInd** *absorbieren nur energiereiches Licht aus dem ultravioletten Bereich: Eine stark verdünnte para-Nitrophenol-Lösung erscheint deshalb farblos. Die Molekül-Ionen* **Ind⁻** *absorbieren blaues Licht; die Lösung erscheint in der Komplementärfarbe Gelb.*

Gelangt ein Tropfen Indikator-Lösung in eine saure (basische) Lösung, so verschiebt sich dieses Gleichgewicht nach links (rechts), ähnlich wie in einem Puffersystem (vgl. B4, S. 215): Die Konzentration der **HInd**-Moleküle wird größer, die Lösung ist farblos. (Die Konzentration der **Ind⁻**-Ionen wird größer, die Lösung färbt sich gelb.)

$$K_s = \frac{c(\mathbf{H_3O^+}) \cdot c(\mathbf{Ind^-})}{c(\mathbf{HInd})}$$

$$\Rightarrow pK_s = pH - \lg \frac{c(\mathbf{Ind^-})}{c(\mathbf{HInd})}$$

$$\Rightarrow pH = pK_s + \lg \frac{c(\mathbf{Ind^-})}{c(\mathbf{HInd})}$$

Im Umschlagspunkt des Indikators sind die Konzentrationen $c(\mathbf{HInd})$ und $c(\mathbf{Ind^-})$ gleich und so gilt:

$pH = pK_s$ bzw. $c(\mathbf{H_3O^+}) = K_s$.

Die Empfindlichkeit des menschlichen Auges für Farben ist begrenzt. Um die Farbe B eines Indikators deutlich wahrnehmen zu können, muss die Konzentration von **Ind⁻** mindestens das Zehnfache der Konzentration von **HInd** in der Lösung betragen, also $c(\mathbf{Ind^-})/c(\mathbf{HInd}) = 10:1$. Gemäß der Puffergleichung ist das der Fall bei $pH = pK_s + 1$.

Die Farbe A wird erst wahrgenommen, wenn die Konzentration von **HInd** mindestens das Zehnfache der Konzentration von **Ind⁻** beträgt, also ab $pH = pK_s - 1$. Demzufolge hat der Indikator einen **Umschlagsbereich**, der sich über 2 pH-Einheiten erstreckt. Die Mitte des Umschlagsbereichs ist der pK_s-Wert der Indikator-Säure **HInd**.

Die angegebene Intervallbreite von $pK_s + 1$ bis $pK_s - 1$ ist lediglich eine Näherung. Der Umschlagsbereich eines Indikators kann auch schmaler oder etwas breiter sein (vgl. B4, S. 201).

Aufgaben

A1 Mit welchen Indikatoren können Sie feststellen, dass eine Lösung etwa den pH-Wert 9 hat, wenn alle in B4, S. 201, angeführten Indikatoren zur Verfügung stehen? Begründen Sie.

A2 Bei der Konzentrationsbestimmung einer schwachen Säure durch Titration setzt ein Laborant wie üblich 3 Tropfen Indikator zu, der andere möchte den Farbumschlag besser erkennen und setzt 4 mL Indikator zu. Warum erhält letzterer ungenaue Werte?

A3 In welchem Konzentrationsverhältnis liegen bei pH = 7,5 die Indikator-Säure **HInd** und die konjugierte Indikator-Base **Ind⁻** von Bromthymolblau (pK_s = 6,9) vor?

[1] Molekül-Ionen sind elektrisch geladene Moleküle (Unterschied zu Atom-Ionen).

Puffersysteme in Natur und Technik

Puffersysteme und Pufferlösungen haben besonders für die angewandte Chemie eine große Bedeutung, weil viele chemische Vorgänge nur bei einem bestimmten, konstanten *p*H-Wert ablaufen können. Besonders häufig verwendete Pufferlösungen sind:

der *Acetat-Puffer* (CH_3COOH/CH_3COO^-),
der *Phosphat-Puffer* ($H_2PO_4^-/HPO_4^{2-}$) sowie
der *Ammoniak-Puffer* (NH_4^+/NH_3).

Mithilfe der HENDERSON-HASSELBALCH-Gleichung und Kenntnis der Pufferbereiche (vgl. B2, S. 219) lassen sich durch entsprechende Rechnungen „maßgeschneiderte" Pufferlösungen herstellen, mit denen bei bestimmten *p*H-Werten gepuffert werden kann.

Puffersysteme sind für den Ablauf chemischer Reaktionen in großtechnischen Anlagen von Bedeutung, insbesondere bei den modernen **biotechnologischen Verfahren** (B1, B2).

B1 *(links) Biogasgewinnung (bis zu 70% Methan) aus Klärschlamm kommunaler Kläranlagen. Methanbakterien produzieren aus Biomasse Methan. Dabei muss der pH-Wert im Behälter konstant zwischen pH = 5,8 und pH = 6,5 gehalten werden.*
B2 *(rechts) Aus Methanol, Ammoniak und phosphathaltigen Salzlösungen erzeugt das Bakterium Methylomonas Clara in diesem Bio-Reaktor Eiweißstoffe („Single Cell Proteins"). Der pH-Wert im Reaktor darf nur geringfügig von pH = 6,8 abweichen.*

Körperflüssigkeit	*p*H-Wert
Blut	7,36
Milch	6,6 bis 6,9
Galle	7,8
Magensaft	0,87 bis 2,0
Harn	6,0
Lebersekret	8,0
Darmflüssigkeit	7,7
Rückenmarksflüssigkeit	7,4
Speichel	7,2
Tränen	7,2

B3 *pH-Werte verschiedener Körperflüssigkeiten. Die zulässige Schwankungsbreite erstreckt sich nur über wenige Zehntel pH-Einheiten (Ausnahme: Magensaft).* **A:** *Informieren Sie sich, wie in der Notfallmedizin Acidose behandelt wird.* **A:** *Berechnen Sie das Verhältnis $c(H_2CO_3)/c(HCO_3^-)$ im Blut bei pH = 6,9.*

Im menschlichen Körper haben die Körperflüssigkeiten recht unterschiedliche *p*H-Werte (B3). Der *p*H-Wert des Blutes darf nicht unter *p*H = 6,9 sinken (Tod durch Übersäuerung, **Acidose**) und auch nicht über *p*H = 7,6 ansteigen (Tod durch **Alkalose**). Ein ganzes „System von Puffersystemen" regelt den *p*H-Wert des Blutes (vgl. auch S. 101).

In der **Umweltchemie** ist die Kenntnis von natürlichen Puffersystemen von grundlegender Bedeutung, um beispielsweise analytische Daten sachgerecht interpretieren und ggf. sanierende Maßnahmen einleiten zu können. In diesem Zusammenhang sind die durch Säureeinträge (u. a. saurer Regen, Humusstoffe, organische Säuren) entstehende **Gewässer-** und **Bodenversauerung** zu erwähnen. Saure Seen beispielsweise in Schweden oder Kanada sowie Fließgewässer im Nordschwarzwald (B4) haben nicht selten *p*H-Werte kleiner als 4! Grund für die alarmierenden Werte ist das Fehlen oder die Erschöpfung der Kapazität des Carbonat-Puffersystems. Auch im Boden spielen eine Reihe von Puffersystemen eine entscheidende Rolle. Fehlen oder Erschöpfung der Pufferkapazität ist mitverantwortlich für das **Waldsterben**. Als Gegenmaßnahme werden Böden gekalkt.

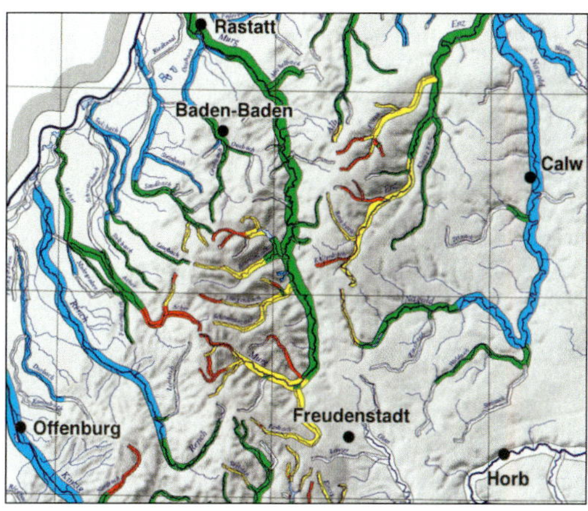

Säureklassen
1 Ständig nicht saure Gewässer. Hohe Artenzahl, viele säureempfindliche Arten
2 Periodisch schwach saure Gewässer. Relativ artenreich, säureempfindliche Arten weitgehend vorhanden
3 Periodisch saure Gewässer. Kritischer Säurezustand, deutliche ökologische Schäden, z.B. geringe Artenzahl, kaum säureempfindliche Arten
4 Ständig saure Gewässer. Starke ökologische Schäden, z.B. sehr geringe Artenzahl, keine säureempfindliche Arten

B4 *Versauerung von Fließgewässern im Nordschwarzwald.* **A:** *Informieren Sie sich über* ***Gewässerversauerung*** *(www.lfu.baden-wuerttemberg.de; www.dgl.de; www.lua.nrw.de).* **A:** *Stellen Sie mögliche Auswirkungen für Flora und Fauna zusammen.*

Berechnungen zu Protolysegleichgewichten

Formel (Name)	pK_s-Wert / pK_b-Wert
HCOOH (Ameisensäure)	3,77
H_3CCOOH (Essigsäure)	4,76
H_3CCH_2COOH (Propionsäure)	4,88
ClH_2CCOOH (Monochloressigsäure)	2,81
Cl_3CCOOH (Trichloressigsäure)	0,64
HOOC–COOH (Oxalsäure)	1,42 (4,29)[1]
HOOC–CH_2–COOH (Malonsäure)	2,69 (5,7)[1]
HOOC–CH_2CH_2–COOH (Bernsteinsäure)	4,19 (5,48)[1]
H_3C–CH(OH)–COOH (Milchsäure)	3,87
HOOC–CH(OH)–CH(OH)–COOH (Weinsäure)	2,48 (5,39)[1]
HOOC–CH_2–C(OH)(COOH)–CH_2–COOH (Citronensäure)	(4,74)[1] (5,39)[2]
HOOC–C_6H_5 (Benzoesäure)	4,2
H_3C–NH_2 (Methylamin)	3,35
H_3C–CH_2–NH_2 (Ethylamin)	3,47
C_6H_5–NH_2 (Anilin)	9,42

B1 *pK_s-Werte (rot) und pK_b-Werte (blau) einiger organischer Säuren und Basen (pK_s-Werte der zweiten[1] bzw. dritten[2] Protolysestufe).* **A:** *Ergänzen Sie zu den Trivialnamen der Säuren die systematischen Namen.*

Aufgaben

A1 Welchen *p*H-Wert hat Ameisensäure, c = 0,25 mol/L, wenn Sie diese a) als starke Säure bzw. b) als schwache Säure einstufen?

A2 Stellen Sie eine Ameisensäure-Lösung mit $c_0(HCOOH)$ = 0,25 mol/L her und bestimmen Sie den *p*H-Wert. Vergleichen Sie den experimentellen Wert mit den errechneten Werten aus A1 und der 2. Beispielaufgabe.

1. *p*H-Wert einer schwachen Base

Welchen *p*H-Wert hat eine Natriumacetat-Lösung mit $c_0(CH_3COO^-Na^+)$ = 0,1 mol/L?

Lösung:

(1) Reaktionsgleichung:

$$CH_3COO^- + H_2O \rightleftharpoons CH_3COOH + OH^-$$

(2) Qualitative Einordnung: Acetat-Anion reagiert als schwache Base: $c(CH_3COO^-) \approx c_0(CH_3COO^-)$
$pK_b(CH_3COO^-) = 9{,}24$

(3) Formulierung des MWG:

$$K_b = \frac{c(OH^-) \cdot c(CH_3COOH)}{c(CH_3COO^-)}$$

Es gilt: $c(OH^-) = c(CH_3COOH)$; man erhält daher:

$$c^2(OH^-) = K_b \cdot c_0(CH_3COO^-)$$

$$\Leftrightarrow c(OH^-) = \sqrt{10^{-9,24} \cdot 0{,}1 \text{ mol/L}} = 10^{-5,12} \text{ mol/L}$$

pOH = 5,12 und pH = 14 – 5,12 = **8,88**.

2. *p*H-Wert einer mittelstarken Säure

Welchen *p*H-Wert hat eine Ameisensäure-Lösung der Konzentration $c_0(HCOOH)$ = 0,25 mol/L?

Lösung:

(1) Reaktionsschema:

$$HCOOH + H_2O \rightleftharpoons H_3O^+ + HCOO^-$$

(2) Qualitative Einordnung: mittelstarke Säure
$pK_s(HCOOH) = 3{,}77$

(3) Zusammenhang zwischen Anfangskonzentrationen und den Konzentrationen im Gleichgewicht:
- c_0: Anfangskonzentration der Ameisensäure
- c: Konzentration der Oxonium-Ionen im Gleichgewicht
- $c_0 - c$: Konzentration der Ameisensäure im Gleichgewicht

(4) Formulierung des MWG (Säurekonstante K_s):

$$K_s = \frac{c \cdot c}{c_0 - c} \rightleftharpoons (c_0 - c) \cdot K_s = c^2$$

$$\Leftrightarrow c^2 + K_s \cdot c - K_s \cdot c_0 = 0$$

$$c_{1,2} = \frac{-K_s \pm \sqrt{K_s^2 + 4 \cdot K_s \cdot c_0}}{2}$$

Durch Einsetzen der Zahlenwerte erhält man:
$c_1 = 6{,}69 \cdot 10^{-3}$ mol/L und $c_2 = -6{,}87 \cdot 10^{-3}$ mol/L.
Nur die Lösung c_1 kann zutreffen, da negative Konzentrationen nicht auftreten können.

(5) Mithilfe der Definition des *p*H-Wertes erhält man:
$p\text{H} = -\lg\{c(H_3O^+)\} = -\lg(6{,}69 \cdot 10^{-3}) = \mathbf{2{,}16}$.

Berechnungen zu Protolysegleichgewichten

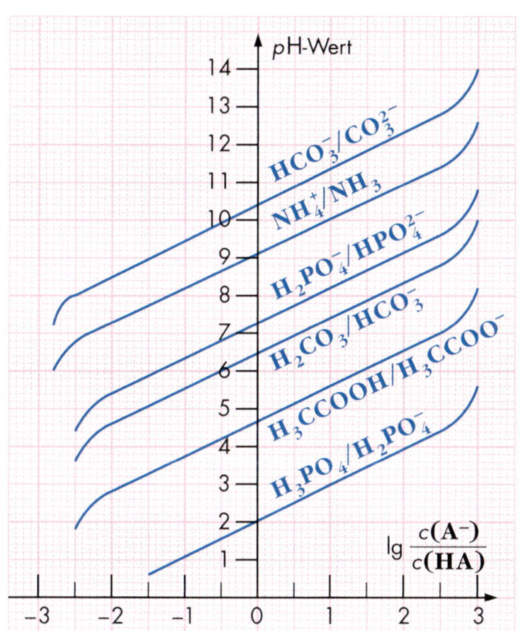

B2 *Pufferschar. Die Puffergleichung bzw. die* HENDERSON-HASSELBALCH*-Gleichung ist für verschiedene Puffersysteme grafisch dargestellt. Jede Gerade hat die Steigung +1 im Intervall [–2; +2] und den Ordinatenschnitt beim pK_s-Wert der Säure aus dem betreffenden System. Am Ordinatenschnittpunkt gilt: c(Base)/c(Säure) = 1. Der pH-Wert einer Pufferlösung mit c(Base)/c(Säure) ≠ 1 kann näherungsweise grafisch ermittelt werden (rote Pfeile).*

3. Herleitung der Puffergleichung

Zu einem allgemeinen Puffersystem, das die schwache Säure **HA** und ihre konjugierte Base $\mathbf{A^-}$ enthält, lauten das Protolyseschema der Säure **HA** und das MWG:

$$\mathbf{HA + H_2O \rightleftharpoons H_3O^+ + A^-}$$

$$K_s = \frac{c(\mathbf{H_3O^+}) \cdot c(\mathbf{A^-})}{c(\mathbf{HA})}$$

Die Umformung nach $c(\mathbf{H_3O^+})$ ergibt:

$$c(\mathbf{H_3O^+}) = K_s \cdot \frac{c(\mathbf{HA})}{c(\mathbf{A^-})}$$

Diese Gleichung wird logarithmiert (–lg):

$$-\lg\{c(\mathbf{H_3O^+})\} = -\lg\{K_s\} - \lg\{c(\mathbf{HA})/c(\mathbf{A^-})\}$$

oder: $pH = pK_s - \lg \dfrac{c(\mathbf{HA})}{c(\mathbf{A^-})}$

bzw. $pH = pK_s + \lg \dfrac{c(\text{konjugierte Base})^{1}}{c(\text{Säure})}$

4. Pufferschar

Warum verlaufen die Kurven der Pufferschar (B2) parallel und haben die Steigung 1?

Lösung:

In B2 ist für jedes Puffersystem der *p*H-Wert als Funktion von $\lg\{c(\mathbf{A^-})/c(\mathbf{HA})\}$ dargestellt, der Ordinatenabschnitt ist durch den pK_s-Wert der Säure des jeweiligen Systems bestimmt. Jede Kurve wird durch die Puffergleichung

$pH = pK_s + \lg\{c(\mathbf{A^-})/c(\mathbf{HA})\}$

und damit durch eine Geradengleichung

y = Konstante + x

beschrieben, weil der *p*H-Wert proportional mit $\lg\{c(\mathbf{A^-})/c(\mathbf{HA})\}$ ansteigt. Folglich sind die Geraden im Intervall [–2 ; +2] parallel und haben die Steigung 1.

5. Pufferlösung nach Maß

Welche Zusammensetzung hat eine Pufferlösung, die bei *p*H = 5 puffert?

Lösung:

(1) In B2 wird eine Puffergerade gesucht, deren Ordinatenschnitt möglichst nahe an *p*H = 5 ist. Eine solche Gerade entspricht dem Puffersystem $\mathbf{H_3CCOOH/H_3CCOO^-}$, also dem Acetat-Puffer.

(2) In B5, S. 211, ist der exakte pK_s-Wert der Essigsäure zu finden: $pK_s = 4{,}76$. Um auf *p*H = 5 zu kommen, ist mithilfe der Puffergleichung das Verhältnis $c(\mathbf{H_3CCOO^-})/c(\mathbf{H_3CCOOH}) = x$ so zu berechnen, dass $pK_s + \lg x = 5$ gilt:

(3) $4{,}76 + \lg x = 5$
$\lg x = 0{,}24$
$x = 10^{0{,}24}$
$x = 1{,}74$

also $c(\mathbf{H_3CCOO^-})/c(\mathbf{H_3CCOOH}) = \mathbf{1{,}74}$

(4) Zur Herstellung der gewünschten Pufferlösung gibt es beliebig viele Möglichkeiten. Bedingung ist nur, dass der Quotient der Konzentrationen den errechneten Wert 1,74 annimmt.

Beispiele:

$c(\mathbf{H_3CCOO^-}) = 0{,}174$ mol/L
$c(\mathbf{H_3CCOOH}) = 0{,}100$ mol/L

oder

$c(\mathbf{H_3CCOO^-}) = 0{,}348$ mol/L
$c(\mathbf{H_3CCOOH}) = 0{,}200$ mol/L

usw.

[1] Beachten Sie den Vorzeichenwechsel vor lg.

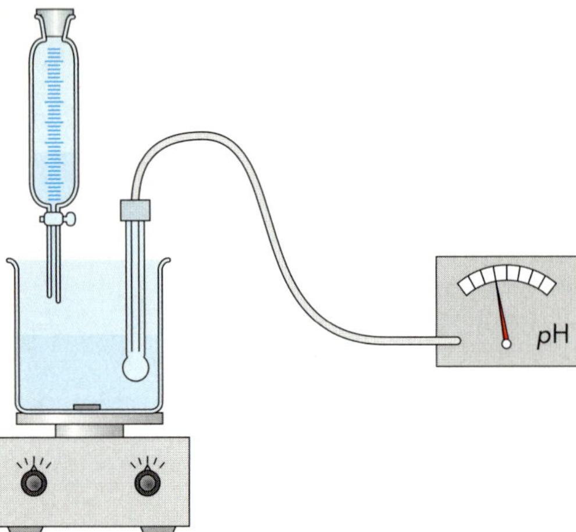

B1 *Apparatur für pH-metrische Titrationen (V3)*

INFO

Die quantitative titrimetrische Bestimmung von Salzsäure beruht auf der Neutralisationsreaktion:

$$H_3O^+(aq) + OH^-(aq) \rightleftharpoons 2H_2O(l)$$

Das Gleichgewicht stellt sich sehr schnell ein und liegt weit auf der rechten Seite. Die Gleichgewichtskonstante *K* ist der Kehrwert der Gleichgewichtskonstanten bei der Autoprotolyse des Wassers (vgl. S. 209). Die in einer Portion Natronlauge enthaltenen Hydroxid-Ionen reagieren bei der Titration sehr schnell und vollständig mit Oxonium-Ionen aus der Salzsäure. Das Ende einer Säure-Base-Titration bezeichnet man als **Äquivalenzpunkt**. Er ist erreicht, wenn weder die Säure, die titriert wurde, noch die Base, mit der titriert wurde, im Überschuss vorliegen. Bei der Titration von Salzsäure mit Natronlauge liegt am Äquivalenzpunkt eine Natriumchlorid-Lösung vor. „Vor" dem Äquivalenzpunkt „überwiegt" die Salzsäure [$c(H_3O^+) > c(OH^-)$] und „nach" dem Äquivalenzpunkt die Natronlauge [$c(H_3O^+) < c(OH^-)$]. Der Übergang der Lösung beim Äquivalenzpunkt aus dem sauren in den alkalischen Bereich hat zur Folge, dass die Farbe des Indikators Bromthymolblau umschlägt.

Neutralisation schrittweise

Versuche

Falls die notwendige Hard- und Software für Messwerteerfassung und -auswertung mit dem Computer vorhanden ist, sollte auch diese eingesetzt werden.

V1 Bereiten Sie elf sorgfältig mit dest. Wasser gespülte Reagenzgläser vor. In diese füllen Sie je einen Tropfen Bromthymolblau-Lösung und aus einer Bürette 0, 2, 4, … 18, 20 Tropfen einer Salzsäure-Lösung*, $c(HCl)$= 0,1 mol/L. Geben Sie anschließend in die Gläser 20, 18, 16, … 4, 2, 0 Tropfen einer Natriumhydroxid-Lösung*, $c(NaOH)$= 0,1 mol/L. Durchmischen Sie die Lösungen in jedem Glas durch Schütteln und bestimmen Sie mit Universalindikator-Papier den *p*H-Wert der elf Lösungen.

V2 *Titration mit Indikator*

Pipettieren Sie in einen 100-mL-Erlenmeyerkolben (Weithals) 50 mL Salzsäure*, $c(HCl)$ = 0,1 mol/L, und fügen Sie einige Tropfen Bromthymolblau-Lösung hinzu. Titrieren Sie diese Lösung mit Natronlauge*, $c(NaOH)$ = 0,2 mol/L, bis zum Farbumschlag des Indikators (d. h. bis die blaue Farbe der Lösung bestehen bleibt). Notieren Sie das Volumen der verbrauchten Natronlauge.

V3 *pH-metrische Titration*

Titrieren Sie 100 mL Salzsäure*, $c(HCl)$ = 0,1 mol/L, der einige Tropfen Bromthymolblau-Lösung zugegeben wurden, in der Vorrichtung gemäß B1 mit Natronlauge*, $c(NaOH)$ = 1 mol/L. Notieren Sie zuerst den *p*H-Wert der Salzsäure. Lassen Sie die Natronlauge in Portionen von 1 mL zufließen und notieren Sie jedes Mal das Wertepaar: $V_{Ls}(NaOH)$, *p*H-Wert. Beenden Sie die Titration, wenn Sie 18 mL Natronlauge verbraucht haben.

Auswertung

a) Zeichnen Sie die Messergebnisse von V1 in ein Diagramm ein, in das der ermittelte *p*H-Wert in Abhängigkeit von der Tropfenzahl aufgetragen ist. Zeichnen Sie ebenfalls in das Diagramm die Farbbereiche des Indikatorpapiers und von Bromthymolblau ein.

b) Bilden Sie mithilfe der Angaben aus der Versuchsvorschrift V2 und Ihrer Ergebnisse die Verhältnisse:
c(Säure) : $c(NaOH)$ und V_{Ls}(Säure) : $V_{Ls}(NaOH)$.
Was fällt auf? Begründen Sie!

c) Stellen Sie die Messwertepaare aus V3 grafisch dar (Abszisse: $V_{Ls}(NaOH)$; Ordinate: *p*H-Wert) und zeichnen Sie eine Ausgleichskurve.

d) Welchem Punkt auf der Titrationskurve (V3) entspricht der Farbumschlag des Indikators?

e) Bestätigt sich Ihre Feststellung von b) bei der Auswertung von V2 auch bei V3?

Aufgabe

Hinweis: Beachten Sie auch S. 221.

A1 In einer Vorratsflasche befindet sich Salzsäure. Bei der Titration von 50 mL dieser Salzsäure mit Natronlauge, c = 0,25 mol/L, wurden 20 mL Natronlauge bis zum Farbumschlag des Indikators (bzw. bis zum Wendepunkt auf der Titrationskurve) verbraucht.

a) Welche Konzentration hat die Salzsäure in der Vorratsflasche?

b) Wie viel g Hydrogenchlorid HCl sind in 50 mL Salzsäure gelöst?

c) Zeichnen Sie die zu erwartende Titrationskurve (B2) und begründen Sie die Lage des Äquivalenzpunktes rechnerisch.

d) Begründen Sie analog B3 die Lage der Wertepaare V_{Ls} $(NaOH)$/*p*H-Wert für V_{Ls} $(NaOH)$ = 5, 10, 15, 25, 30, 35, 40 mL.

Titrationskurven I

Die **Titrationskurve** einer *p*H-metrischen Titration (B2) zeigt, dass der Übergang aus dem sauren in den alkalischen Bereich nicht allmählich, sondern in der Form eines „*p*H-Sprungs" erfolgt (V1 bis V3). Dieser ist leicht erklärbar, wenn einige Punkte der Titrationskurve aus B2 auf theoretischem Wege berechnet werden (B3):

1. Punkt: $V_{Ls}(\mathbf{NaOH}) = 0$ mL:
Der *p*H-Wert wird von der Salzsäure, $c = 0{,}1$ mol/L, bestimmt, d. h.: $pH = -\lg 10^{-1} = 1$.

2. Punkt: $V_{Ls}(\mathbf{NaOH}) = 1$ mL:
Die Konzentration der Oxonium-Ionen ist kleiner geworden, weil die in 1 mL Natronlauge, $c = 1$ mol/L, enthaltenen Hydroxid-Ionen mit ebenso vielen Oxonium-Ionen zu Wasser-Molekülen reagiert haben:

$n(\mathbf{OH^-}) = 0{,}001\ \text{L} \cdot 1\ \text{mol/L} = 0{,}001\ \text{mol}$
hinzugegebene Hydroxid-Ionen

$n(\mathbf{H_3O^+})$	=	0,1 L · 0,1 mol/L	–	0,001 mol
noch vorhandene Oxonium-Ionen		anfangs vorhandene Oxonium-Ionen		bereits neutralisierte Oxonium-Ionen

$= 0{,}01\ \text{mol} - 0{,}001\ \text{mol} = 0{,}009\ \text{mol} = 9 \cdot 10^{-3}\ \text{mol}.$

Diese $9 \cdot 10^{-3}$ mol Oxonium-Ionen sind in den 100 mL Lösung enthalten (die Volumenzunahme durch die Zugabe von Natronlauge wird vernachlässigt), die Konzentration der Oxonium-Ionen ist:

$c(\mathbf{H_3O^+}) = 9 \cdot 10^{-2}\ \text{mol/L} = 0{,}9 \cdot 10^{-1}\ \text{mol/L},$

somit hat die Lösung nach Zugabe von 1 mL Natronlauge, $c = 1$ mol/L, den *p*H-Wert:

$pH = -\lg (0{,}9 \cdot 10^{-1}) = -\lg 0{,}9 - \lg 10^{-1} = 1{,}05.$

Alle Punkte aus der Tabelle aus B3 werden analog berechnet. Bei den Punkten mit $V_{Ls}(\mathbf{NaOH}) > 10$ mL muss die Konzentration der Oxonium-Ionen aus der Konzentration der überschüssigen Hydroxid-Ionen mithilfe des Ionenprodukts des Wassers K_w berechnet werden. Die berechneten Wertepaare $V_{Ls}(\mathbf{NaOH})\,|\,pH$-Wert aus B3 entsprechen grafisch dargestellt recht genau der **Titrationskurve** aus B2 zu V3. Wegen der logarithmischen Definition des *p*H-Werts und der Tatsache, dass pK_w konstant ist, kommt es in der Umgebung des **Äquivalenzpunktes** einer Säure-Base-Titration zu einer sprungartigen Veränderung des *p*H-Werts. Zu einem derart hohen *p*H-Sprung wie in B2 kommt es allerdings nur bei der Titration einer starken Säure mit einer starken Base oder umgekehrt, ansonsten fällt der Sprung niedriger aus.
Der Äquivalenzpunkt einer Titration entspricht genau dem Abszissenwert der halben Sprunghöhe (mathematisch: Abszissenwert des Wendepunktes der Titrationskurve). Somit kann man den Äquivalenzpunkt aus der Titrationskurve genauer bestimmen als mithilfe eines Indikators, dessen Farbumschlag nicht exakt erfassbar ist.

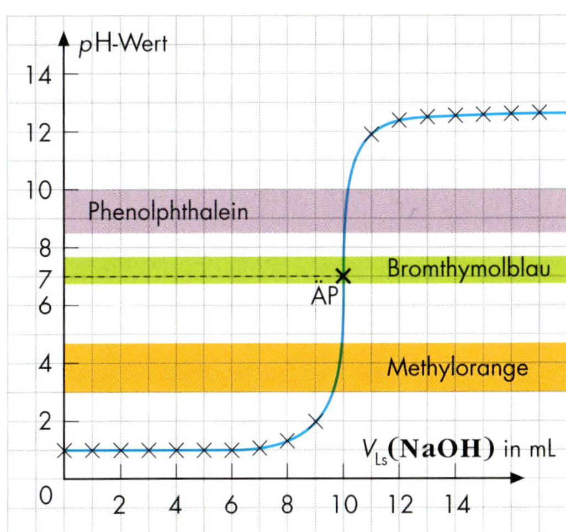

B2 *Titrationskurve zu V3: Titration einer starken Säure mit einer starken Base. Der pH-Sprung ist hoch und schließt den Umschlagsbereich mehrerer Indikatoren ein. Der Äquivalenzpunkt kann mit jedem dieser Indikatoren sichtbar gemacht werden.*

	$V_{Ls}(\mathbf{NaOH})$ in mL	$c(\mathbf{H_3O^+})$ in mol/L	*p*H-Wert
1. →	0	$1 \cdot 10^{-1}$	1
2. →	1	$0{,}9 \cdot 10^{-1}$	1,05
	2	$0{,}8 \cdot 10^{-1}$	1,1
	.	.	.
	.	.	.
	.	.	.
	9	$0{,}1 \cdot 10^{-1}$	2
	9,9	$0{,}01 \cdot 10^{-1}$	3
	9,99	$0{,}001 \cdot 10^{-1}$	4
	10	$1 \cdot 10^{-7}$	7
8. →	10,01	$10 \cdot 10^{-11}$	10
	10,1	$1 \cdot 10^{-11}$	11
10. →	11	$0{,}1 \cdot 10^{-11}$	12
	.	.	.
	.	.	.
	.	.	.
	20	$0{,}01 \cdot 10^{-11}$	13

B3 *Berechnete Wertepaare $V_{Ls}(\mathbf{NaOH})$/pH-Wert für die Titration von 100 mL Salzsäure, c = 0,1 mol/L, mit Natronlauge, c = 1 mol/L.* **A:** *Wie verändert sich der pH-Wert nach der Zugabe von 9 bzw. 11 mL Natronlauge?* **A:** *Berechnen Sie den pH-Wert an Punkt 8 und an Punkt 10 (analog Punkt 2 unter Berücksichtigung von K_w).*

Fachbegriffe
Äquivalenzpunkt, Titrationskurve

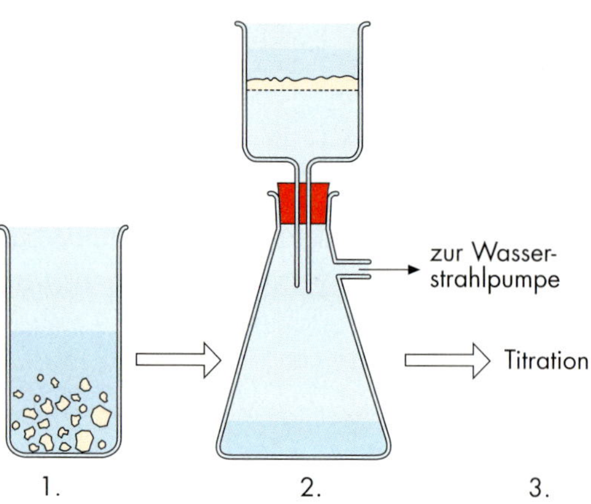

B1 *Zur Säurebestimmung in Brot (V4)*

(1) $HOOC{-}COOH + H_2O \rightleftharpoons HOOC{-}COO^{\ominus} + H_3O^+$

$K_{s1} = 3{,}8 \cdot 10^{-2}\ \text{mol} \cdot \text{L}^{-1}$
$pK_{s1} = 1{,}42$

(2) $HOOC{-}COO^{\ominus} + H_2O \rightleftharpoons {}^{\ominus}OOC{-}COO^{\ominus} + H_3O^+$

$K_{s2} = 5{,}1 \cdot 10^{-5}\ \text{mol} \cdot \text{L}^{-1}$
$pK_{s2} = 4{,}29$

B2 *Gleichgewichtsschemata für die zweistufige Protolyse der Oxalsäure (V5)*

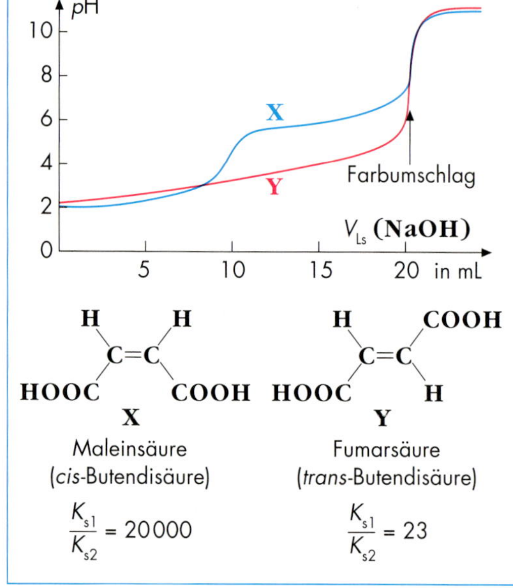

B3 *Titrationskurve zur nebenstehenden Aufgabe*

Andere Säuren, andere Kurven

Versuche

Falls die notwendige Hard- und Software für Messwerteerfassung und -auswertung mit dem Computer vorhanden ist, sollte auch diese eingesetzt werden.

V1 Wiederholen Sie die Versuche V1 bis V3 von S. 220 unter Verwendung von Essigsäure* (Ethansäure), $c(CH_3COOH) = 0{,}1$ mol/L (anstelle von Salzsäure).

V2 Titrieren Sie 50 mL Phosphorsäure*, $c(H_3PO_4) = 0{,}1$ mol/L, mit Natronlauge*, $c(NaOH) = 1$ mol/L. Einmal wird die Titration mit Methylorange als Indikator durchgeführt und einmal mit Phenolphthalein.

V3 Einige handelsübliche Entkalker für Kaffeemaschinen enthalten Ameisensäure* (Methansäure **HCOOH**). Erarbeiten Sie ein Verfahren zur Bestimmung des prozentualen Massenanteils an Ameisensäure in einem Entkalker (Arbeitsschritte und Auswertung der Ergebnisse). Führen Sie anschließend eine Bestimmung experimentell durch.

V4 Zur Untersuchung der „Säuremenge" in verpacktem Schnittbrot verfährt man gemäß B1 wie folgt:
Zerkrümeln Sie eine bestimmte Portion Brot (z.B. $m = 15$ g) gut und weichen Sie die Krümel in einem vorgelegten Volumen dest. Wasser ein (z.B. $V = 150$ mL). Das Gemisch wird unter gelegentlichem Umrühren mit einem Glasstab ca. 20 min stehen gelassen. Saugen Sie die Lösung über eine Fritte mit der Wasserstrahlpumpe ab und titrieren Sie einen Teil der Lösung (z.B. 50 mL) mit Natronlauge*, $c(NaOH) = 0{,}1$ mol/L.
Wiederholen Sie die Bestimmung unter Verwendung eines anderen Einweichmittels, Kaliumchlorid-Lösung, $c(KCl) = 1$ mol/L (anstelle von dest. Wasser).

V5 Titrieren Sie 100 mL Oxalsäure*, $c(H_2C_2O_4) = 0{,}1$ mol/L, mit Natronlauge, $c(NaOH) = 1$ mol/L, analog der Vorschrift aus V3, S. 220. Beenden Sie die Titration aber erst, wenn 30 mL Natronlauge verbraucht sind.

Auswertung

a) Werten Sie V1 analog nach den Auswerteaufgaben a) bis d) von S. 220 aus.

b) Vergleichen Sie die für die Essigsäure erhaltene Titrationskurve (V1) mit der Titrationskurve von Salzsäure mit Natronlauge (vgl. B2, S. 221). Nennen Sie Gemeinsamkeiten und Unterschiede.

c) Bei welchem Verbrauch an Natronlauge $V_{Ls}(NaOH)$ in V2 schlägt die Indikatorfarbe jeweils um? Begründen Sie und überprüfen Sie Ihre theoretischen Vorhersagen experimentell. Skizzieren Sie für V2 eine Titrationskurve für Phosphorsäure (vgl. B5, S. 211 und B6, S. 223).

d) Skizzieren Sie zu V3 eine Titrationskurve von Ameisensäure.

e) Berechnen Sie bei V4 unter der Annahme, dass die gesamte Säure im Brot der Konservierungsstoff Propansäure (H_3CCH_2COOH) ist, den Säuregehalt im untersuchten Brot. Versuchen Sie die unterschiedlichen Befunde bei Verwendung verschiedener Einweichmittel zu erklären.

f) Zeichnen Sie zu V5 eine Titrationskurve und erklären Sie den Kurvenverlauf.

Aufgabe

A1 Bei der Titration von jeweils 20 mL Maleinsäure-Lösung (**X**) bzw. 20 mL Fumarsäure-Lösung (**Y**) mit Natronlauge, $c = 0{,}1$ mol/L, wurden die in B3 angegebenen Titrationskurven erhalten. (In B3 finden Sie auch weitere Angaben zu den beiden zweiprotonigen isomeren Säuren.) Die Farbe des Indikators schlug beide Male bei $V_{Ls}(NaOH) = 20$ mL um.

a) Welcher Indikator eignet sich für diese Titrationen?

b) Erklären Sie die unterschiedlichen Kurvenverläufe mithilfe der Angaben zu den beiden Säuren (B3).

c) Berechnen Sie die Konzentrationen der beiden titrierten Lösungen.

Titrationskurven II

1. Titrationskurve einer schwachen Säure mit einer starken Base

Bei der Titration von Ethansäure mit Natronlauge (V1) erhält man eine Titrationskurve (B4), die beim Äquivalenzpunkt zwar auch einen *p*H-Sprung aufweist, sich aber in einigen wichtigen Punkten von der Titrationskurve der Salzsäure (vgl. B2, S. 221) unterscheidet:

a) Die Kurve beginnt bei einem höheren *p*H-Wert, da Ethansäure als schwache Säure in der Lösung nur in sehr geringem Maße in protolysierter Form vorliegt.

b) Im Intervall vor dem *p*H-Sprung hat die Titrationskurve einen ausgeprägteren Anstieg. Bei der Hälfte des Abszissenwerts des Äquivalenzpunktes hat die Kurve einen weiteren Wendepunkt. Zu Beginn der Titration, d.h. für $V_{Ls}(\mathbf{NaOH}) < 10$ mL, wirkt das System $\mathbf{H_3CCOOH/H_3CCOO^-}$ als Puffer. Für den Bereich vor dem Äquivalenzpunkt gilt also die Puffergleichung:

$$pH = pK_s\,(\mathbf{H_3CCOOH}) + \lg \frac{c(\mathbf{H_3CCOO^-})}{c(\mathbf{H_3CCOOH})}$$

Für den Fall $c(\mathbf{H_3CCOOH}) = c(\mathbf{H_3CCOO^-})$ gilt $pH = pK_s$ (vgl. S. 215). Dieser Fall tritt genau dann ein, wenn die Hälfte der anfangs vorhandenen Ethansäure neutralisiert ist. Auf der Titrationskurve entspricht das dem Punkt, dessen Abszissenwert halb so groß ist wie der Abszissenwert des Äquivalenzpunktes. Dieser Punkt wird deshalb als **Halbäquivalenzpunkt** bezeichnet. Sein Ordinatenwert gibt gemäß der Puffergleichung den pK_s-Wert der titrierten schwachen Säure an.

c) Der Ordinatenwert des Äquivalenzpunktes auf der Titrationskurve von Ethansäure liegt nicht im neutralen Bereich, sondern deutlich verschoben im alkalischen. Da am Äquivalenzpunkt weder Ethansäure noch Natronlauge im Überschuss vorliegen, es sich hier also um eine Natriumacetat-Lösung handelt, wird der *p*H-Wert durch die Protolyse der Acetat-Ionen $\mathbf{H_3CCOO^-}$, einer schwachen BRØNSTED-Base, bestimmt (vgl. B5 und S. 199). Aufgrund dieses Gleichgewichts gilt am Äquivalenzpunkt $c(\mathbf{H_3O^+}) < c(\mathbf{OH^-})$, weshalb der *p*H-Wert der Lösung im alkalischen Bereich liegt.

*2. Titrationskurve einer **zweiprotonigen** Säure[1] mit einer starken Base*

Die Titration von Ethandisäure (Oxalsäure) mit Natronlauge liefert eine Titrationskurve mit zwei *p*H-Sprüngen (B6). Dieser Sachverhalt ist auf die zweistufige Protolyse der Ethandisäure zurückzuführen (B2). Die Oxalsäure-Moleküle reagieren als starke, die Hydrogenoxalat-Ionen als eine mittelstarke bis schwache Säure. Für die erste Protolysestufe (1) gemäß B2 tritt auf der Titrationskurve der Äquivalenzpunkt $ÄP_1$ und für die zweite Protolysestufe (2) der Äquivalenzpunkt $ÄP_2$ auf (B6). Deutlich erkennbar verläuft die Titrationskurve bis zum $ÄP_1$ wie die Titrationskurve einer starken Säure und von da ab wie die Titrationskurve einer schwachen Säure. „Auf halber Strecke" zwischen $ÄP_1$ und $ÄP_2$ liegt der Halbäquivalenzpunkt der zweiten Protolysestufe. Sein Ordinatenwert gibt den pK_s-Wert der Anion-Säure $\mathbf{HOOCCOO^-}$ an.

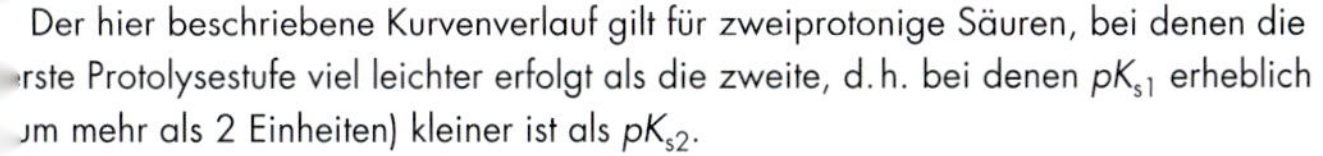

[1] Der hier beschriebene Kurvenverlauf gilt für zweiprotonige Säuren, bei denen die erste Protolysestufe viel leichter erfolgt als die zweite, d.h. bei denen pK_{s1} erheblich (um mehr als 2 Einheiten) kleiner ist als pK_{s2}.

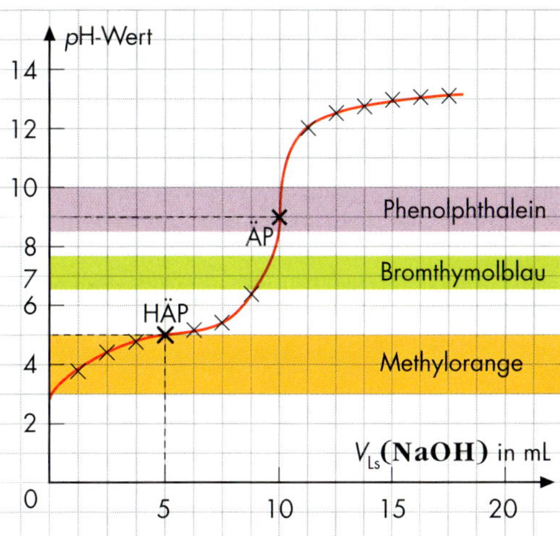

B4 *Titrationskurve von Ethansäure mit Natronlauge (vgl. B2, S. 221).* **A:** *Berechnen Sie den pH-Wert der Ethansäure-Lösung (vgl. S. 213) vor Zugabe von Natronlauge.* **A:** *Berechnen Sie den pH-Wert für den Punkt* $V_{Ls}(\mathbf{NaOH}) = 15$ *mL,* $c(\mathbf{NaOH}) = 1$ *mol/L,* $c(\mathbf{H_3CCOOH}) = 0{,}1$ *mol/L.*

$$\mathbf{H_3CCOOH(l) + H_2O(l) \rightleftarrows H_3O^+(aq) + H_3CCOO^-(aq)}$$

$$\mathbf{H_3CCOO^-(aq) + H_2O(l) \rightleftarrows H_3CCOOH(aq) + OH^-(aq)}$$

B5 *Protolyse-Gleichgewichte von Ethansäure und Acetat-Ionen.* **A:** *Erklären Sie mithilfe dieser Gleichgewichte die Vorgänge, die zu Beginn der Titration von Ethansäure mit Natronlauge ablaufen und die am Äquivalenzpunkt vorliegen.*

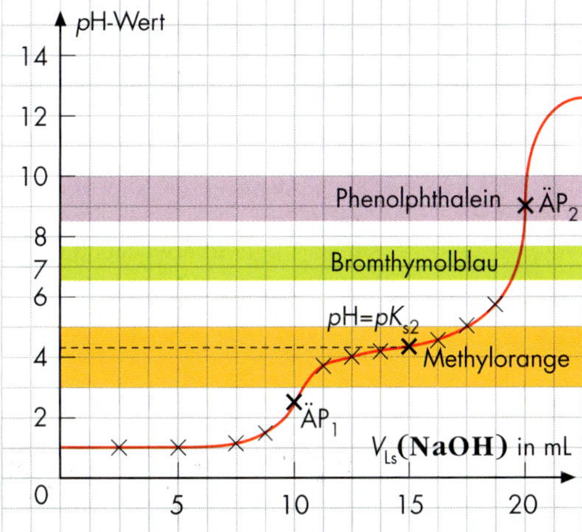

B6 *Titrationskurve von Oxalsäure mit Natronlauge.* **A:** *Warum liegt* $ÄP_1$ *im sauren Bereich und* $ÄP_2$ *im alkalischen Bereich?* **A:** *Berechnen Sie die pH-Werte für* $V_{Ls}(\mathbf{NaOH}) = 5, 10, 15, 20$ *und 25 mL. (Konzentrationen siehe V5!)*

Fachbegriffe

Halbäquivalenzpunkt, zweiprotonige Säure

Wasseranalytik

Mithilfe immer besser und empfindlicher werdender Methoden in der analytischen Chemie können sehr geringe Konzentrationen von Wasserinhaltsstoffen gemessen werden. Damit kann auch ihr Einfluss auf die belebte Natur abgeschätzt werden. Durch Überdüngung in der Landwirtschaft kann es im Grundwasser und im nahe gelegenen Oberflächenwasser zu hohen Nitrat-, Nitrit-, Ammonium- und Phosphat-Konzentrationen kommen, die zu einem überstarken Pflanzen- bzw. Algenwachstum in Gewässern führen, gefolgt von sauerstoffzehrenden Fäulnisprozessen absterbender Pflanzen. Ein solches Gewässer befindet sich nicht mehr im biologischen Gleichgewicht und kann für die Wasserflora und -fauna lebensbedrohend werden.
Vergleichbare Verhältnisse herrschen im Aquarium. Allerdings kann sich hier die Wasserqualität aufgrund der geringen Wassermenge noch viel schneller verschlechtern.

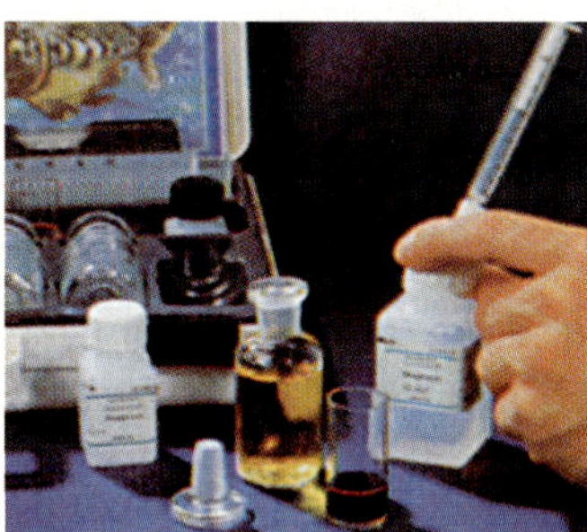

B1 *Minilabor zur Bestimmung von Sauerstoff in Gewässern*

Mithilfe käuflicher „Miniwasserlabors" (B1) kann jeder die wichtigsten Indikatoren für Verunreinigungen im Wasser mithilfe titrimetrischer oder kolorimetrischer Verfahren (Schnelltests) quantitativ oder halbquantitativ überprüfen. Durch Bestimmung von Nitrat-, Nitrit-, Ammonium- und Phosphat-Ionenkonzentrationen sowie der Wasserhärte, des *p*H-Werts und des Sauerstoffgehalts erhält man insgesamt ein breites Spektrum von Qualitätsindikatoren und somit ein gutes Bild vom Zustand des untersuchten Wassers. Nur die genaue Kenntnis und Überwachung möglicher und häufiger Verunreinigungen eines Gewässers lassen auch Rückschlüsse auf deren Quellen und die Einleitung von Schutzmaßnahmen zu.

B2 *Labormessschiff „MS Burgund"*

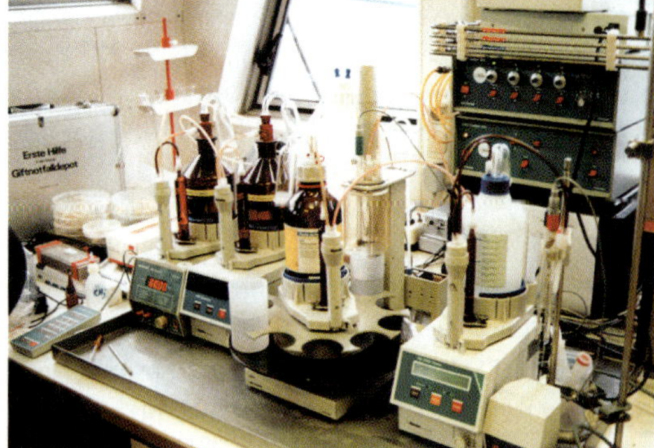

B3 *Moderne Analytik auf der „MS Burgund".*
A: *Nennen Sie 7 Parameter für die Qualität eines Gewässers.*

Umweltbehörden und Internationale Kommissionen[1] überwachen beispielsweise Fließgewässer mit Labormessschiffen und über ein dichtes Messstellennetz (B2 bis B4). Große Aufmerksamkeit wird auch der Spurensuche nach Pflanzenschutzmitteln, zinnorganischen Verbindungen[2], Hormonen und hormonähnlich wirkenden Verbindungen gewidmet.
Während diese chemischen Gewässeruntersuchungen jeweils nur eine Momentaufnahme darstellen, lassen weitergehende biologische Gewässeruntersuchungen langfristige Entwicklungen der Gewässerqualität deutlicher erkennen. Zur Beurteilung eines Gewässers sind deshalb chemische, physikalische, geowissenschaftliche und biologische Untersuchungen heranzuziehen.

B4 *Laboreinrichtung auf der „MS Burgund" des Landes Rheinland-Pfalz zur Überwachung von Rhein, Mosel, Saar und Lahn*

[1] IKSR Internationale Kommission zum Schutz des Rheins www.iksr.org; IKSE Internationale Kommission zum Schutz der Elbe; IKSMS Internationale Kommission zum Schutz der Mosel und der Saar;
[2] Zinnorganische Verbindungen sind Verbindungen aus Zinn und organischen Verbindungen mit einer **Sn-C**-Bindung, beispielsweise die Antifouling-Substanz TBT (Tetrabutyltin), $Sn(C_4H_{10})_4$.

Wasseranalytik

Titrationen für Fortgeschrittene

V1 *Bestimmung des freien Kohlenstoffdioxids in Wasser*
Versetzen Sie eine Wasserprobe, V = 100 mL, mit 20 Tropfen einer wässrigen Kaliumnatriumtartrat-Tetrahydrat-Lösung, w = 30%, und 3 Tropfen einer ethanolischen Phenolphthalein-Lösung, w = 1%. Geben Sie mit einer Bürette tropfenweise Natronlauge*, c = 0,01 mol/L, hinzu und schwenken Sie die Probe jedes Mal vorsichtig um. Ist noch freies CO_2 vorhanden, so verschwindet die Rotfärbung wieder. Geben Sie so lange Natronlauge* zu, bis in der ganzen Probe eine schwache Rotfärbung bestehen bleibt. (Betrachten Sie von oben gegen einen weißen Untergrund.) (*Hinweis:* Für die Auswertung der Titration nehmen Sie folgendes Stoffmengenverhältnis an $n(OH^-)/n(CO_2)$ = 2:1. Geben Sie das Ergebnis auf ganze Milligramm abgerundet in mg CO_2/L Wasser an.)

V2 *Bestimmung des Säurebindungsvermögens (SBV)*
Versetzen Sie im Erlenmeyerkolben eine Wasserprobe von genau 100 mL mit 5 Tropfen Mischindikator (0,1 g Bromkresolgrün + 0,02 g Methylrot in 100 mL Ethanol gelöst). Titrieren Sie mit Salzsäure*, c = 0,1 mol/L , unter ständigem Schütteln vorsichtig bis zum Verschwinden der Grünfärbung. Die Färbung wechselt von Grün nach Rot. Das Säurebindungsvermögen (SBV) wird in mL HCl (mit c = 0,1 mol/L) angegeben, die für 100 mL Probenwasser verbraucht wurden.

V3 *Bestimmung der Calciumhärte des Wassers*
Mischen Sie im Erlenmeyerkolben eine Wasserprobe von V = 100 mL mit 3 Tropfen Methylorange-Lösung und 5 mL Kaliumhydroxid-Lösung*, w = 25%. Geben Sie 6 Tropfen Calconcarbonsäure, w = 0,4% in Methanol, zu und schütteln Sie die Probe. Titrieren Sie sofort mit EDTA-Maßlösung (6,65 g Ethylendiamintetraacetat in 1 L Wasser gelöst) bis zum Farbumschlag von Rot nach Grün (Grau!). Runden Sie die Ergebnisse auf ganze mg ab (1 mL **EDTA**-Lösung entspricht 1°dH = 10 mg CaO/L = 7,14 mg Ca/L). (*Hinweis:* Calcium bildet mit **EDTA** eine Komplexverbindung, $Ca(EDTA)^{2-}$, die pro Calcium-Atom ein Anion **E**thylen**d**iamin**t**etra**a**cetat bindet.)

V4 *Sauerstoffbestimmung nach* W*INKLER*
Bestimmen Sie den Sauerstoffgehalt einiger Gewässer aus Ihrer Umgebung nach den Anweisungen des schriftlichen Begleitmaterials des „Minilabors" (B1). Das als WINKLER-Methode bekannte Verfahren beruht auf einer Folge von Redoxreaktionen, die in B5 aufgeführt sind.

V5 Bestimmen Sie mit einem „Minilabor" für Gewässeruntersuchungen weitere Parameter wie Nitrat, Nitrit, Ammonium, Phosphat u.a. Verwenden Sie das entsprechende schriftliche Begleitmaterial.

Sauerstoffbestimmung nach WINKLER

1. Mangan(II)-Ionen reagieren in alkalischer Lösung mit dem im Wasser gelösten Sauerstoff zu schwer löslichem Mangan(III)oxidhydroxid:
$4\,Mn^{2+} + O_2 + 8\,OH^- \longrightarrow$
$4\,MnO(OH)\,(s) + 2\,H_2O$
2. Der Niederschlag wird in stark saurer Lösung wieder gelöst. Diese Lösung wird mit Kaliumiodid-Lösung und einigen Tropfen konzentrierter Stärke-Lösung versetzt:
$4\,Mn^{3+} + 4\,I^- \longrightarrow 4\,Mn^{2+} + 2\,I_2$
(Iod ergibt Blaufärbung mit Stärke.)
3. Das gebildete Iod wird mit Natriumthiosulfat-Lösung zurücktitriert:
$2\,I_2 + 4\,S_2O_3^{2-} \longrightarrow 4\,I^- + 2\,S_4O_6^{2-}$

B5 *Sauerstoffbestimmung nach der* W*INKLER-Methode*

Güteklasse	Grad der organischen Belastung	Sauerstoffgehalt in mg/L (oder ppm)	Eignung als Fischgewässer
I	unbelastet	über 8	Laichgewässer für Edelfische
II	mäßig belastet	über 6	ertragreiche Fischgewässer
III	kritisch belastet	über 4	Fischsterben möglich
IV	stark verschmutzt	über 2	periodisches Fischsterben
V	übermäßig verschmutzt	unter 2	Fische nur örtlich und nicht auf Dauer

B6 *Güteklassen bei Gewässern. (Eine detaillierte Darstellung ist in Chemie 2000+ Online!)*

Aufgaben

A1 Begründen Sie, warum zwischen dem im Wasser gelösten Sauerstoff und den verbrauchten Thiosulfat-Ionen folgendes Stoffmengenverhältnis gilt:
$n(O_2) : n(S_2O_3^{2-})$ = 1:4.

A2 Der kleine Titrierbecher beim Minilabor ist auf 5 mL geeicht. Nehmen Sie an, dass bei einer Wasserprobe 1 mL Natriumthiosulfat-Lösung, c = 0,005 mol/L, beim Titrieren verbraucht wurden. Welcher der Güteklassen (B6) ist diese Wasserprobe zuzuordnen?

A3 Informieren Sie sich eingehend im Internet über den Zustand von Fließgewässern und aktuellen Messwerten: www.iksr.org; www.rivernet.org; www.lua.nrw.de; www.ec.gov.ca.

ERWEITERUNG · VERTIEFUNG · ANWENDUNG

Das Donator-Akzeptor-Prinzip, ein Basiskonzept in der Chemie

Säure-Base-Definitionen
B1, S. 196, zeigt einige Säure-Base-Definitionen. Betrachtet man diese genauer, dann ist festzustellen, dass sie unterschiedliche Merkmale in den Vordergrund stellen.

Die – auch historisch bedingten – Unterschiede zwischen den verschiedenen Säure-Base-Konzepten bestehen nicht in dem Grad der „Richtigkeit", sondern in dem *Grad der Zweckmäßigkeit bei bestimmten Fragestellungen* (vgl. B1, S. 196). Es fällt sogar auf, dass einige gebräuchliche Säure-Base-Definitionen nicht miteinander vereinbar sind.

BRØNSTED und LOWRY haben 1923 unabhängig voneinander vorgeschlagen, **Säuren** als **Protonen-Donatoren** und **Basen** als **Protonen-Akzeptoren** zu definieren.
Für wässrige Lösungen unterscheidet sich die BRØNSTED-LOWRY-Definition nicht wesentlich von der ARRHENIUS-Definition (vgl. B1, S. 196) mit Wasserstoff-Ionen (Säuren) und Hydroxid-Ionen (Basen).

$$\underset{\text{Säure 1}}{H_3O^+} + \underset{\text{Base 2}}{OH^-} \rightleftharpoons \underset{\text{Base 1}}{H_2O} + \underset{\text{Säure 2}}{H_2O}$$

(Neutralisation)

Ein Vorteil der BRØNSTED-LOWRY-Definition liegt darin, dass mit ihr jedes protonenhaltige Lösemittel (z. B. flüssiges Ammoniak) eingeordnet werden kann:

$$\underset{\text{Säure 1}}{NH_4^+} + \underset{\text{Base 2}}{NH_2^-} \rightleftharpoons \underset{\text{Base 1}}{NH_3} + \underset{\text{Säure 2}}{NH_3}$$

(Neutralisation)

Ebenfalls können Protonenübertragungen behandelt werden, die normalerweise nicht als Neutralisation bezeichnet werden, die aber offensichtlich Säure-Base-Reaktionen sind:

$$\underset{\text{Säure 1}}{NH_4^+} + \underset{\text{Base 2}}{CO_3^{2-}} \rightleftharpoons \underset{\text{Base 1}}{NH_3} + \underset{\text{Säure 2}}{HCO_3^-}$$

Teilchen, die sich nur durch ein gebundenes Proton unterscheiden, werden als *korrespondierendes* oder *konjugiertes* Säure-Base-Paar bezeichnet (vgl. S. 199). Die stärkere Säure und die stärkere Base eines jeden korrespondierenden Säure-Base-Paares reagieren miteinander unter Bildung der schwächeren konjugierten Base und der schwächeren konjugierten Säure.
Typisch für eine BRØNSTED-Säure ist, dass sie ein Proton enthält, typisch für eine BRØNSTED-Base, dass sie ein freies Elektronenpaar enthält.
Die Anwendbarkeit der BRØNSTED-LOWRY-Definition ist allerdings auf protonenhaltige Lösemittelsysteme begrenzt. B1 zeigt Säure-Base-Definitionen, die die Begriffe Säure und Base auf protonenfreie Systeme ausdehnen.

Definition von LUX (1939) und FLOOD (1947)
Beschreibung eines protonenfreien Systems, wie beispielsweise Reaktionen in anorganischen Salzschmelzen bei hohen Temperaturen:

$$\underset{\text{Base}}{CaO} + \underset{\text{Säure}}{SiO_2} \longrightarrow \underset{\text{Neutralisationsprodukt}}{CaSiO_3}$$

Die **Base** (CaO) ist ein **Oxid-Ionen-Donator**, die **Säure** (SiO_2) ist ein **Oxid-Ionen-Akzeptor**.

Diese Definition ist im Allgemeinen auf Systeme wie geschmolzene Oxide beschränkt.

Definition von G. N. LEWIS (1923)
Die Definition von LEWIS umfasst zusätzlich zu den bisher behandelten Reaktionen auch Umsetzungen, bei denen keine Ionen entstehen und keine Wasserstoff-Ionen oder andere Ionen übertragen werden.
Nach LEWIS ist eine
Base ein **Elektronenpaar-Donator** und eine
Säure ein **Elektronenpaar-Akzeptor**:

$$(CH_3)_3N + BF_3 \longrightarrow (CH_3)_3N{-}BF_3$$

$$4\,CO + Ni \longrightarrow Ni(CO)_4$$

$$2\,Cl^- + SnCl_4 \longrightarrow SnCl_6^{2-}$$

$$2\,NH_3 + Ag^+ \longrightarrow [Ag(NH_3)_2]^+$$

$$O^{2-} + SiO_2 \longrightarrow SiO_3^{2-}$$

Diese einfache Definition kann allgemein angewendet werden, vor allem auch auf organische Reaktionen. Auf diese Weise schließt LEWIS alle Reaktionen, wie die Übertragung von Wasserstoff-Ionen, Sauerstoff-Ionen, Bildung von Koordinationsverbindungen, Bildung von Säure-Base-Addukten wie $(CH_3)_3N{-}BF_3$ oder Wechselwirkungen/Reaktionen mit dem Lösemittel (Solvolysen) ein.

B1 *Weitere Säure-Base-Definitionen auf der Basis des* ***Donator-Akzeptor-Prinzips****.* **A:** *Nennen Sie bei den formulierten Beispielen zur LEWIS-Definition jeweils den Elektronenpaar-Donator. Zeichnen Sie dazu die Valenzstrichformeln.*

Die Übereinstimmung zwischen den Definitionen von BRØNSTED und denen aus B1 lässt ein allgemeines Prinzip in der Chemie erkennen: das **Donator-Akzeptor-Prinzip**.

ERWEITERUNG · VERTIEFUNG · ANWENDUNG

Das Donator-Akzeptor-Prinzip, ein Basiskonzept in der Chemie

Sowohl den Säure-Basen-Reaktionen oder Protolysen als auch den Redoxreaktionen liegt das **Donator-Akzeptor-Prinzip** zugrunde (B2).

Base
Protonen-Akzeptor

$NH_3 + H^+ \longrightarrow NH_4^+$
$O^{2-} + H^+ \longrightarrow OH^-$

Oxidationsmittel
Elektronen-Akzeptor

$Cu^{2+} + 2e^- \longrightarrow Cu$
$Fe^{3+} + 3e^- \longrightarrow Fe$

Säure
Protonen-Donator

$H_3O^+ \longrightarrow H_2O + H^+$
$NH_4^+ \longrightarrow NH_3 + H^+$
$HCOOH \longrightarrow HCOO^- + H^+$

Reduktionsmittel
Elektronen-Donator

$Fe \longrightarrow Fe^{2+} + 2e^-$
$Al \longrightarrow Al^{3+} + 3e^-$
$CH_3OH \longrightarrow HCHO + 2H^+ + 2e^-$

Protolyse
Protonenübertragung

$HA + H_2O \rightleftharpoons H_3O^+ + A^-$

Redoxreaktion
Elektronenübertragung

$Zn + Cu^{2+} \rightleftharpoons Zn^{2+} + Cu$

Säure-Base-Paare

HCO_3^- / CO_3^{2-}
H_3O^+ / H_2O
HNO_3 / NO_3^-
$[Al(H_2O)_6]^{3+} / [Al(H_2O)_5OH]^{2+}$
OH^- / O^{2-}

Redoxpaare

Zn / Zn^{2+}
$2H_3O^+ / H_2 + 2H_2O$
NO_2^- / NO_3^-
Al / Al^{3+}
$2O^{2-} / O_2$

HENDERSON-HASSELBALCH-Gleichung

$pH = pK_s + \lg \frac{c(\text{konj. Base})}{c(\text{Säure})}$

$pH = pK_s$
wenn $c(\text{konj. Base}) = c(\text{Säure})$

$pH = -E(H_2/2H^+)/0{,}059$

NERNST-Gleichung

$E = E^0 + \frac{0{,}059}{z}\,V \cdot \lg \frac{c_{Ox}}{c_{Red}}$

$E = E^0$
wenn $c(Ox) = c(Red)$

$E = -0{,}059 \cdot pH$

B2 *Das* ***Donator-Akzeptor-Prinzip***

INFO

Definition von USANOVICH

Inzwischen finden die Arbeiten des russischen Chemikers USANOVICH (1939) trotz ihrer umständlichen und weitschweifigen Säure-Base-Definition Beachtung. Diese – für nicht russisch sprechende Chemiker relativ unzugängliche – Definition umfasst alle Reaktionen von **LEWIS-Säuren** und **LEWIS-Basen** und erweitert das LEWIS-Konzept dadurch, dass es die Abgabe und Aufnahme von Elektronen nicht auf gemeinsame Paare beschränkt. Die vollständige Definition lautet:

Eine Säure ist jede chemische Verbindung, die mit Basen reagiert, Kationen abgibt oder Anionen bzw. Elektronen aufnimmt. Entsprechend ist eine Base jede chemische Verbindung, die mit Säuren reagiert, Anionen oder Elektronen abgibt oder sich mit Kationen vereinigt.

Damit umfasst diese unnötig komplizierte Definition einfach alle Säure-Base-Reaktionen nach LEWIS und dazu alle Redoxreaktionen, die in dem vollständigen Übergang von einem oder mehreren Elektronen bestehen können. Die USANOVICH-Definition wird leider oft mit der Feststellung abgetan, dass sie fast die gesamte Chemie einschließe.

A: Ist das gerechtfertigt? Erläutern Sie.

Aufgaben

A1 Zeigen Sie an selbst gewählten Beispielen, dass die Säure-Base-Definition von LEWIS die anderen Definitionen mit einschließt.

A2 Leiten Sie aus der NERNST-Gleichung für die Wasserstoff-Elektrode die Beziehung $pH = -E/0{,}059$ her.

A3 Stellen Sie tabellarisch alle erwähnten (vgl. S. 196 und S. 226 und 227) Säure-Base-Definitionen gegenüber und stellen Sie jeweils die Besonderheiten heraus.

A4 Das Ionenprodukt der Autoprotolyse von Ammoniak (in Analogie zu Wasser) beträgt 10^{-29}. Formulieren Sie die Reaktionsgleichung und das Ionenprodukt. Welcher *p*H-Bereich wird hier erfasst? Wo liegt der Neutralpunkt?

A1 Wodurch unterscheidet sich die Definition des Begriffs Säure nach BRØNSTED und LOWRY von allen früher erfolgten Definitionen?

A2 Was können Sie zur ARRHENIUS-Definition und zur BRØNSTED-Definition über das Lösungsmittel sagen, in dem sich Säuren als solche entfalten?

A3 Berechnen Sie den *p*H-Wert und die Hydroxid-Ionenkonzentration einer Lösung mit $c(H_3O^+) = 3{,}2 \cdot 10^{-10}$ mol/L.

A4 Durch Einleiten von Hydrogenchlorid in Wasser (ϑ = 22 °C) wird die Oxonium-Ionenkonzentration auf $c(H_3O^+) = 2{,}5 \cdot 10^{-4}$ mol/L gebracht. a) Wie groß ist der *p*H-Wert der Lösung?
b) Wie groß ist die Hydroxid-Ionenkonzentration $c(OH^-)$?

A5 Berechnen Sie die Oxonium-Ionenkonzentration und die Hydroxid-Ionenkonzentration einer Lösung mit *p*H = 2,5.

A6 Wie verändert sich die Oxonium-Ionenkonzentration einer Lösung, wenn sich der *p*H-Wert von *p*H = 4 a) auf *p*H = 8 verdoppelt und b) auf *p*H = 2 halbiert?

A7 In B2, S. 212, sind *p*H-Werte einiger Flüssigkeiten angegeben. Um welchen Faktor ist die Oxonium-Ionenkonzentration bei Zitronensaft größer als bei Seifenlösung?

A8 Warum kann man für verdünnte wässrige Lösungen das gleiche Ionenprodukt des Wassers $c(H_3O^+) \cdot c(OH^-) = 10^{-14}$ mol²/L² annehmen wie für reines Wasser?

A9 Beweisen Sie mithilfe des Ionenprodukts des Wassers, dass für verdünnte wässrige Lösungen gilt: *p*H + *p*OH = 14.

A10 Welchen *p*H-Wert hat:
a) Natronlauge mit der Anfangskonzentration $c_0(NaOH)$ = 1 mol/L;
b) Ammoniak-Lösung mit $c_0(NH_3)$ = 0,2 mol/L;
c) Natriumacetat-Lösung mit $c_0(H_3CCOO^-)$ = 1,2 mol/L;
d) Blausäure (Cyanwasserstoff-Lösung, $HCN(aq)$) mit $c_0(HCN)$= 0,5 mol/L;
e) Ammoniumchlorid-Lösung mit $c_0(NH_4^+)$ = 0,3 mol/L;
f) Salpetersäure-Lösung mit $c_0(HNO_3)$ = 0,1 mol/L?

A11 Welche Anfangskonzentration c_0 errechnet sich für die folgenden Lösungen: a) Kalilauge $KOH(aq)$ mit *p*H = 13,5;
b) Natriumhydrogencarbonat-Lösung $NaHCO_3(aq)$ mit *p*H = 10?

A12 Für die folgenden Lösungen sind jeweils die Anfangskonzentration c_0 und der *p*H-Wert der Lösung angegeben. Finden Sie heraus, ob die betreffende Säure als *stark*, *mittelstark* oder *schwach* eingestuft werden kann:
a) Trichloressigsäure-Lösung $c_0(Cl_3CCOOH)$ = 0,1 mol/L, *p*H = 1;
b) Propansäure-Lösung $c_0(C_3H_6O_2)$ = 0,1 mol/L, *p*H = 2,94;
c) Monochloressigsäure-Lösung $c_0(ClH_2CCOOH)$ = 0,1 mol/L, *p*H = 1,7.
Überprüfen Sie Ihre Ergebnisse anhand B1, S. 218.

A13 Natriumbenzoeat $C_6H_5COONa(s)$ wird als Konservierungsstoff für Ketchup, Mayonnaise u. a. verwendet. Im Magen (*p*H = 1,4) stellt sich ein Gleichgewicht zwischen Benzoesäure C_6H_5COOH und Benzoeat-Ionen $C_6H_5COO^-$ ein. Berechnen Sie das Verhältnis $c(C_6H_5COOH)/c(C_6H_5COO^-)$ im Magen nach dem Verzehr von Pommes frites mit Ketchup (vgl. B1, S. 218).

A14 In einem Versuch wurden 10 mL Ammoniumacetat-Lösung $NH_4CH_3COO\ (aq)$ mit Natronlauge, *c* = 0,1 mol/L, titriert. In einem weiteren Versuch wurden 10 mL Ammoniumacetat-Lösung der gleichen Konzentration mit Salzsäure, *c* = 0,1 mol/L, titriert. Die dabei erhaltenen Titrationskurven sind in B1 dargestellt.
a) Berechnen Sie die Konzentration der verwendeten Ammoniumacetat-Lösung.
b) Der Gesamtverlauf der Kurve ist durch die Wirkung zweier Puffersysteme zu erklären, die in unterschiedlichen Bereichen puffern. Um welche Puffersysteme handelt es sich und welchen pK_s-Wert der jeweiligen Säure kann man der Titrationskurve entnehmen? Vergleichen Sie mit den Werten aus B5, S. 211.
c) Der *p*H-Wert der Ammoniumacetat-Lösung lässt sich nach folgender Formel berechnen:

$$pH = \frac{pK_s(NH_4^+) + pK_s(H_3CCOOH)}{2}$$

Leiten Sie diese Formel her und berechnen Sie den *p*H-Wert einer Ammoniumacetat-Lösung. (*Hinweis:* Es gilt $c(NH_4^+) = c(H_3CCOO^-)$ und $c(NH_3) = c(H_3CCOOH)$.)

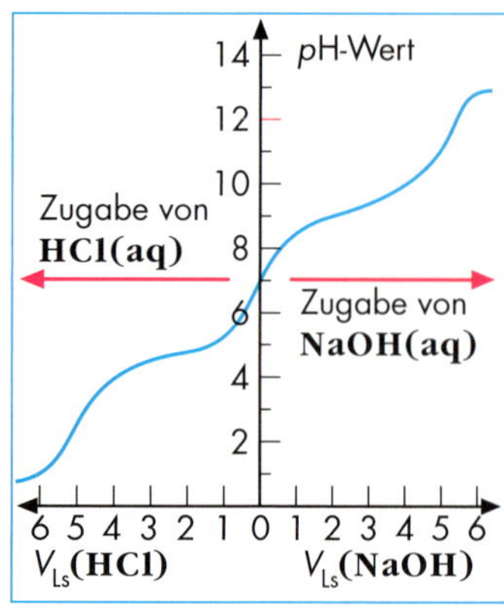

B1 *Titrationskurve einer Ammoniumacetat-Lösung zu Trainingsaufgabe A14*

A15 Titrieren Sie je 50 mL Glycin-Lösung*, $c(H_2NCH_2COOH)$ = 0,1 mol/L, *p*H-metrisch mit a) Salzsäure*, *c* = 0,5 mol/L, und b) Natronlauge*, *c* = 0,5 mol/L. Lassen Sie jeweils Portionen von 0,5 mL Maßlösung zufließen und lesen Sie nach 10 s Rühren den *p*H-Wert ab.
a) Zeichnen Sie eine Titrationskurve.
b) Kennzeichnen Sie Pufferbereiche.
c) Deuten Sie die Ergebnisse.
d) Begründen Sie das Auftreten eines Niederschlags.

Vom Erdöl zum PLEXIGLAS®

Will man eine bestimmte Substanz herstellen, so ist nach geeigneten Ausgangsstoffen und Reaktionswegen gefragt. In der Chemie bilden Stoffe und Reaktionswege ein dichtes Netzwerk, ähnlich wie eine Karte, auf der Orte (entsprechend den Stoffen) über Straßen (entsprechend den Reaktionen) verbunden sind. Um ein bestimmtes Produkt möglichst wirtschaftlich und umweltschonend herzustellen, ist man an dem dafür günstigsten Reaktionsweg interessiert.

Der **Syntheseweg von den Rohstoffen** Erdöl und Erdgas **zu PLEXIGLAS®**, einem wertvollen Kunststoff, bildet die Kernfrage in diesem Kapitel. Er führt von Propan bzw. Propen über die in den Facetten aus B1 formulierten Reaktionen bis zum Zielprodukt Plexiglas. Die Teilstrecken dieses Syntheseweges sind grundlegende **Reaktionstypen der organischen Chemie**. Wir werden diese Reaktionstypen genauer untersuchen, d.h. bei diesen Teilstrecken auch die „Kreuzungen" und mögliche „Nebenstraßen" erkunden. Dabei gewinnen wir wertvolle Erkenntnisse über die Möglichkeiten, Reaktionen zu steuern und maßgeschneiderte Produkte herzustellen.

1. **Substitution an einem Alkan**
2. **Additionen an ein Alken**
3. **Substitution an einem Halogenalkan**
4. **Oxidation eines Alkanols**

B1 *Facetten des Weges vom Erdöl und Erdgas zum PLEXIGLAS®. PLEXIGLAS® ist eine von der Firma Röhm GmbH & Co. KG, Darmstadt, geschützte Marke für das von dieser Fa. erfundene und seit 1933 produzierte Polymethylmethacrylat.* **A:** *Verfolgen Sie den Weg des Edukts in ① bis zum Produkt in ⑨. Begründen Sie, warum es sich insgesamt um eine Synthese handelt.*

PLEXIGLAS® ist ein transparenter, glasklarer Kunststoff, der nicht nur sichtbares Licht, sondern auch UV-Licht durchlässt. Plexiglas ist nicht brüchig wie gewöhnliches Glas und kann daher ähnlich wie Holz geschnitten, gebohrt und geklebt werden. Daraus werden Autoteile (Heckleuchten, Tachometerabdeckungen u. a.), Dächer, Haushaltsgeräte, medizinische Geräte, Designer-Gegenstände u. v. a. m. hergestellt.
Die chemische Bezeichnung von Plexiglas lautet **Polymethacrylsäuremethylester** kurz **PMMA**. Bereits dieser Name lässt vermuten, dass die Herstellung von Plexiglas aufwendiger ist als etwa die von Polyethen oder Polypropen. In der Tat fallen Ethen und Propen beim Cracken von Alkanen aus dem Erdöl in großen Mengen an. Dagegen ist die Synthese von Methacrylsäuremethylester, dem Monomer des Plexiglases, ein langer Weg, der über viele Stufen führt (B1 und B4). Das erklärt den relativ hohen Preis von Plexiglas und die Tatsache, dass dieser Kunststoff industriell nicht in so großen Mengen hergestellt wird wie Polyethen, Polypropen, Polyvinylchlorid u. a.
Das hier gewählte Beispiel der Herstellung von Plexiglas bietet uns die Möglichkeit, grundlegende Reaktionstypen und Synthesestrategien in der organischen Chemie zu erschließen.

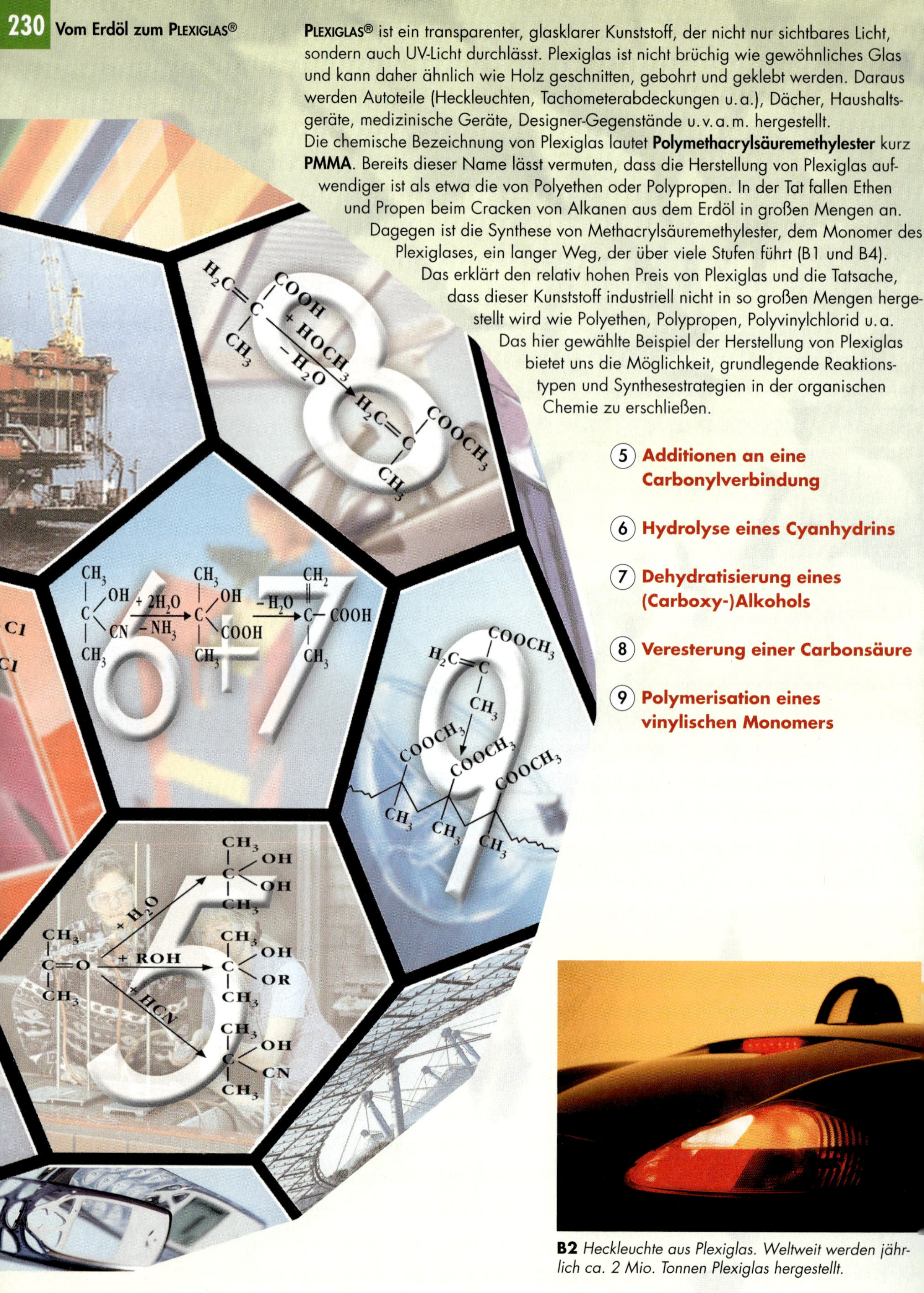

(5) **Additionen an eine Carbonylverbindung**

(6) **Hydrolyse eines Cyanhydrins**

(7) **Dehydratisierung eines (Carboxy-)Alkohols**

(8) **Veresterung einer Carbonsäure**

(9) **Polymerisation eines vinylischen Monomers**

B2 *Heckleuchte aus Plexiglas. Weltweit werden jährlich ca. 2 Mio. Tonnen Plexiglas hergestellt.*

Die folgenden Seiten in diesem Kapitel sind entsprechend der Facette aus B1, auf die sie sich beziehen, gekennzeichnet. Wir untersuchen die betreffenden Reaktionstypen anhand von Experimenten, in denen wir zwar nicht immer genau die Stoffe aus B1 einsetzen, aber in jedem Fall verwandte Stoffe, die analog reagieren. Die in B4 mit 2a bis 2c bezeichneten Reaktionsschritte werden im Kapitel über aromatische Verbindungen näher beschrieben.
Wie in jeder Reaktionsgleichung sind auch in B1 nur die Edukte und Produkte angegeben. Darüber, was auf dem Weg zwischen den Edukten und Produkten mit den Teilchen geschieht, sagen diese Reaktionsgleichungen nichts aus (vgl. „Grauzone" in B3).

In einige dieser Grauzonen von Reaktionen werden wir etwas Licht bringen, indem wir sogenannte **Reaktionsmechanismen** entwickeln. Das sind **Modelle**, die uns bei der Erklärung experimenteller Fakten helfen. Außerdem ermöglichen sie auch Vorhersagen darüber, wie wir durch gezieltes Einwirken eine Reaktion beschleunigen oder in eine gewünschte Richtung steuern können. Ob ein vorgeschlagener Mechanismus zutrifft, können wir daran überprüfen, ob und wie weit die daraus resultierenden Aussagen durch weitere Experimente bestätigt werden oder nicht.

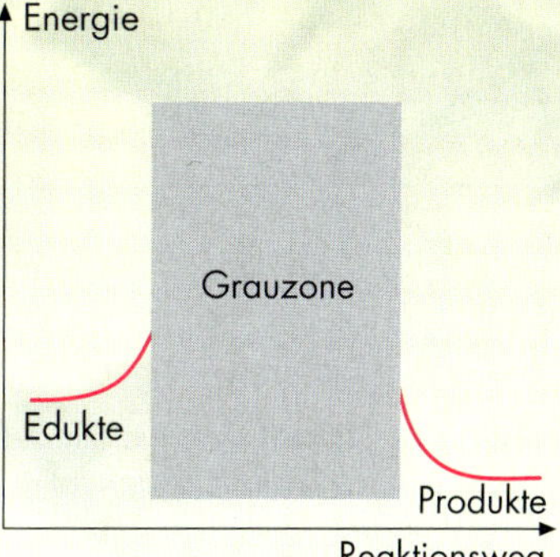

B3 *Bei einer Reaktion liegt zwischen dem Start (Edukte) und dem Ziel (Produkte) ein nicht bekanntes Gebiet („Grauzone").*

4 *Vom Erdöl und Erdgas zum Plexiglas.* **A:** *Wie viele Wege zum Aceton enthält dieses Schema? lennen Sie jeweils die Verbindungen, über die die einzelnen Wege zum Aceton führen.*

Licht macht Moleküle munter

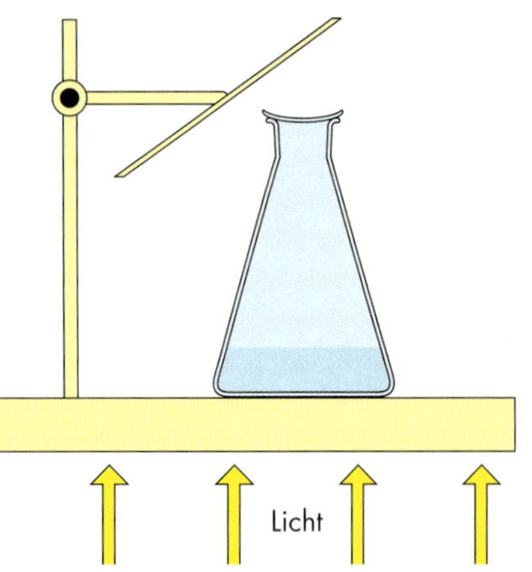

B1 *Skizze zu V1 und LV2.* **A:** *Erklären Sie, warum die Dichte von Feuerzeuggas (Gemisch aus Propan und Butan-Isomeren) größer ist als die Dichte von Luft.*

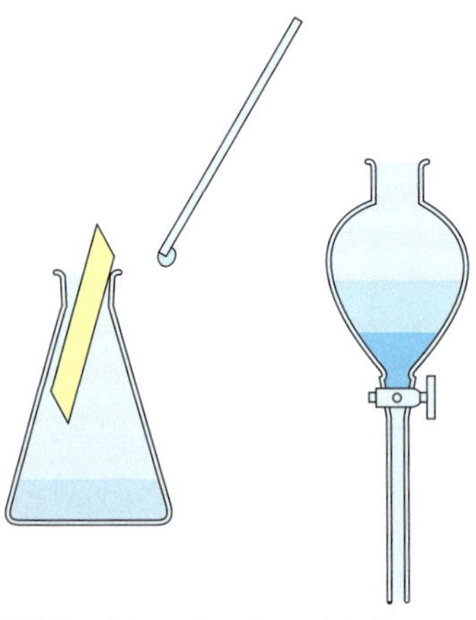

B2 *Produktnachweis und Auftrennung der Produkte bei V1 und LV2*

B3 *Die positive BEILSTEIN-Probe zeigt an, dass in den Molekülen der untersuchten Substanz Halogen-Atome gebunden sind.*

Versuche

Vorsicht! Brom wird unter dem Abzug von der Lehrperson zugegeben!
Die BEILSTEIN-Probe wird nur im Abzug durchgeführt!

V1 Geben Sie in einen trockenen 100-mL-Erlenmeyerkolben ca. 15 mL n-Heptan* und lassen Sie 4 bis 5 Tropfen elementares Brom* hinzufügen. Decken Sie den Kolben mit einem Uhrglas ab und belichten Sie das Gemisch auf dem OH-Projektor (B1). Beobachtung? Halten Sie erst ein angefeuchtetes Indikatorpapier in den Kolben und anschließend einen Tropfen konzentrierter Ammoniak-Lösung* (B2). Beobachtung? Geben Sie in den Erlenmeyerkolben 30 mL Wasser, schütteln Sie durch und trennen Sie die beiden Phasen im Scheidetrichter. Führen Sie mit der organischen Phase im Abzug die BEILSTEIN-Probe durch (vgl. V3) und versetzen Sie 3 mL der wässrigen Phase im Rggl. mit Silbernitrat-Lösung*. Beobachtung?

LV2 Ein 1-L-Erlenmeyerkolben wird mit Feuerzeuggas* gefüllt. Dann werden unter dem Abzug 1 bis 2 Tropfen Brom* hinzugefügt. Das Gemisch wird auf dem OH-Projektor bestrahlt. Dabei ist der Kolben mit einem Uhrglas abgedeckt. Beobachtung? An die Kolbenöffnung wird konzentrierte Ammoniak-Lösung* gehalten. Beobachtung? Es werden 10 mL n-Heptan* in den Kolben gegeben und durchgeschüttelt. Mit der Heptan-Lösung wird die BEILSTEIN-Probe (V3) durchgeführt. Beobachtung?

V3 BEILSTEIN-Probe **(Abzug!)**: Glühen Sie einen Streifen Kupferblech aus, bis keine Flammenfärbung mehr zu sehen ist. Geben Sie einige Tropfen der zu untersuchenden Flüssigkeit auf den abgekühlten Kupferstreifen und halten Sie diesen wiederum in die Flamme. Beobachtung? Führen Sie die BEILSTEIN-Probe a) mit der organischen Phase aus V1 und b) mit Heptan* durch.

Auswertung

a) Fassen Sie alle Versuchsergebnisse tabellarisch zusammen.

b) Welche gasförmigen Produkte werden bei V1 und LV2 mit dem feuchten Indikatorpapier nachgewiesen? Erläutern Sie.

c) Der Nachweis des gasförmigen Produkts bei V1 und LV2 gelingt nicht so gut, wenn der Erlenmeyerkolben innen nass ist. Begründen Sie, warum.

d) Erklären Sie die Ergebnisse der BEILSTEIN-Proben mit den organischen Phasen aus V1 und LV2, indem Sie die folgende Reaktionsgleichung berücksichtigen.

$$CH_3CH_2CH_2CH_3(g) + Br_2(g) \rightarrow HBr(g) + \begin{cases} BrCH_2CH_2CH_2CH_3(l) \\ \text{oder} \\ CH_3CHBrCH_2CH_3(l) \end{cases}$$

e) Benennen Sie die beiden isomeren Bromalkane aus der oben formulierten Reaktionsgleichung.

f) Formulieren Sie alle Monobromverbindungen, die sich in V1 und in LV2 bilden können und benennen Sie sie. (*Hinweis:* Feuerzeuggas besteht aus Butan, Isobutan und Propan.)

Photochemische Halogenierung

Die Alkane aus Erdöl sind wichtige Rohstoffe der industriellen Chemie. Als gesättigte Kohlenwasserstoffe sind Alkane jedoch reaktionsträge, sie reagieren beispielsweise weder mit Säuren und Laugen noch mit Alkalimetallen. Um sie zur Reaktion zu bringen, sind reaktionsfreudige Partner wie Brom oder Chlor nötig. Selbst diese reagieren aber im Dunklen nicht mit den Alkanen. Da hilft Licht.

Sowohl flüssiges Heptan als auch gasförmiges Propan und Butan aus dem Feuerzeuggas reagieren mit Brom bei Licht (V1, LV2). Die Reaktionen verlaufen exotherm, es bilden sich Bromwasserstoff und Bromalkane. Bei der Bromierung von Butan in LV2 sind dies die beiden auf S. 232 formulierten Monobromalkane 1-Brombutan und 2-Brombutan. Wenn bei der Bromierung eines Alkans Brom im Überschuss eingesetzt wird, können auch Dibromalkane, Tribromalkane usw. entstehen.

Bei den Reaktionen aus V1 und LV2 handelt es sich um **Substitutionsreaktionen**, weil in den Alkan-Molekülen Wasserstoff-Atome durch Brom-Atome ersetzt werden. Gleichzeitig ist dieser Reaktionstyp eine **photochemische Halogenierung**, weil in einer durch Licht ausgelösten Reaktion Halogen-Atome in organische Moleküle eingeführt werden. Mit photochemischen Halogenierungen gelingt es, die reaktionsträgen Alkane in wesentlich reaktivere Halogenalkane zu überführen. Chlorierungen werden in viel höherem Maße durchgeführt als Bromierungen, weil Chlor die günstigere und in größeren Mengen verfügbare **Grundchemikalie** ist. Außerdem verlaufen Chlorierungen wesentlich schneller als Bromierungen. Durch entsprechende Reaktionsführung in großen Photoreaktoren wird gewährleistet, dass die Chlorierung eines Alkans zwar schnell, aber nicht explosionsartig wie die Chlorknallgasreaktion (LV1, S. 236) verläuft. Durch Zudosierung von mehr Chlor ins Eduktgemisch können in den Alkan-Molekülen auch zwei, drei und mehr Wasserstoff-Atome durch Chlor-Atome substituiert werden. Ein großer Nachteil bei den photochemischen Chlorierungen ist, dass man bei Propan und allen höheren Alkanen immer Gemische aus isomeren Chloralkanen erhält. Es ist nicht möglich, nur das gewünschte Isomer herzustellen. So kann beispielsweise das *2-Chlorpropan*, das wir auf dem Reaktionsweg vom Erdöl zum Plexiglas in der Facette Nr. 1 (B1, S. 229) in Erwägung gezogen haben, durch Chlorierung von Propan zwar hergestellt werden. Allerdings erhält das Reaktionsgemisch einen größeren Anteil vom unerwünschten 1-Chlorpropan und die beiden Isomere lassen sich nur schwer voneinander trennen. Das ist ein wichtiger Grund, weshalb man in der Industrie nicht den Weg über 2-Chlorpropan zum Propanon einschlägt, sondern günstigere Alternativen aus B4, S. 231, wählt. Dagegen werden riesige Mengen *Chlormethan (Methylchlorid)*, *Chlorethan (Ethylchlorid)* und *Dichlormethan (Methylenchlorid)* durch photochemische Chlorierung von Methan bzw. Ethan hergestellt.

Aufgaben

A1 Begründen Sie, warum Chlormethan und Chlorethan durch photochemische Chlorierung effizienter hergestellt werden können als 2-Chlorpropan.

A2 Erläutern Sie, warum Chlor als industrielle Grundchemikalie eine größere Bedeutung hat als Brom. (*Hinweis:* Denken Sie an Rohstoffe und Herstellungsverfahren.)

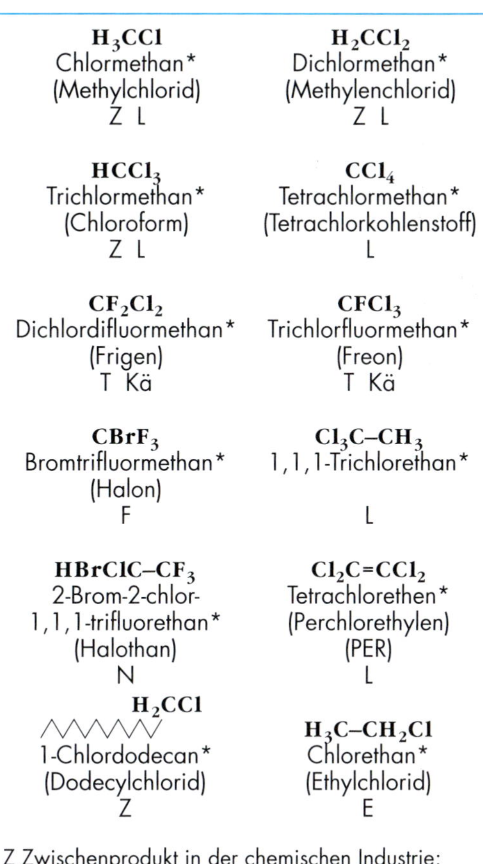

B4 *Chloralkane mit technischer Bedeutung.* **A:** *Formulieren Sie Reaktionsgleichungen zur Herstellung der ersten vier Verbindungen.*

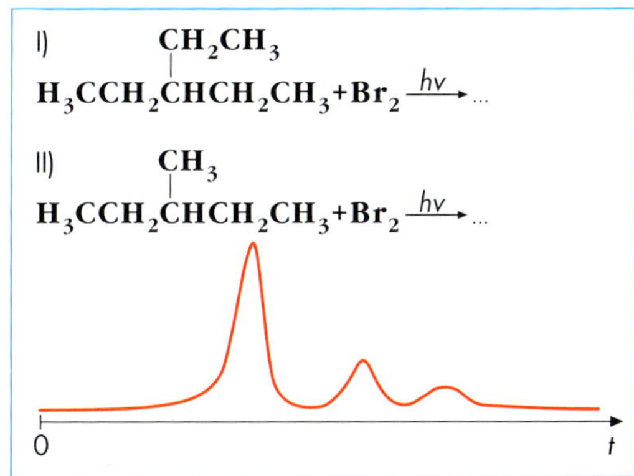

B5 *Zwei Bromierungsansätze und Gaschromatogramm des Produktgemisches (vgl. S. 46).*
A: *Trifft das Gaschromatogramm für den Ansatz I oder II zu? Begründen Sie.*

Fachbegriffe

Substitutionsreaktion, photochemische Halogenierung, Grundchemikalie

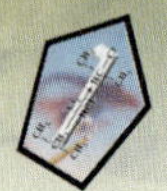

Den reagierenden Teilchen auf der Spur

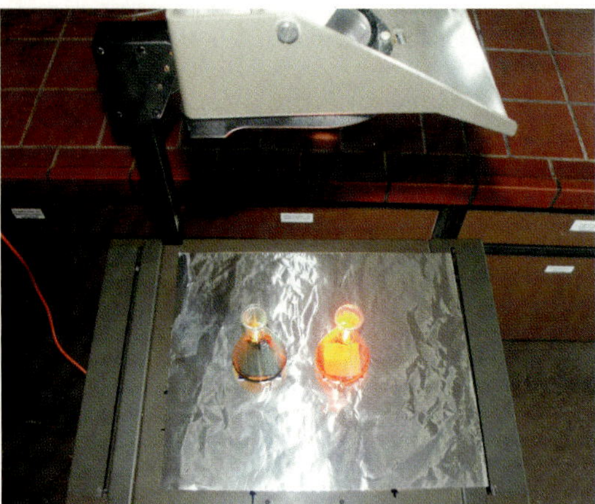

B1 *Bromierung von Heptan bei Blaulicht und bei Rotlicht.* **A:** *Warum muss die Leuchtfläche des Projektors bis auf die beiden Löcher abgedeckt werden?*

Wellenlänge in nm		Energie in kJ/mol
240	bei Chlorierungen nutzbar	497
248		481
254		469
270		442
280		426
297		401
302		395
313		381
366		326
405		294
436		273
546		218
579		206

B2 *Wellenlängen des Lichts einer UV-Lampe (Quecksilberhochdruckbrenner) und zugeordnete Energien*

Farbe	Wellenlängenbereich in nm $\Delta\lambda$	Energiebereich in kJ/mol
violett	440 bis 400	271 bis 298
blau	480 bis 440	248 bis 271
grünblau	490 bis 480	243 bis 248
blaugrün	500 bis 490	238 bis 243
grün	560 bis 500	213 bis 238
gelb	595 bis 580	200 bis 206
rot	700 bis 605	170 bis 197

B3 *Zusammenhang Lichtfarbe – Wellenlänge – Energie.* **A:** *Berechnen Sie mithilfe von B4 die Energie eines Lichtquants aus blauem Licht mit E = 250 kJ/mol.*

Versuche

Vorsicht! Brom wird unter dem Abzug von der Lehrperson zugegeben!

V1 Geben Sie in einen trockenen 100-mL-Erlenmeyerkolben ca. 30 mL n-Heptan* und lassen Sie 5 bis 6 Tropfen elementares Brom* dazufügen. Schütteln Sie durch und gießen Sie die Hälfte der Lösung in einen zweiten trockenen Erlenmeyerkolben ab. Decken Sie beide Kolben mit einem Uhrglas ab und belichten Sie die Proben gleichzeitig auf dem OH-Projektor durch eine blaue bzw. eine rote Glasscheibe (B1). Beobachten Sie den zeitlichen Unterschied der Entfärbung. Testen Sie die Gasphase in den Kolben mit feuchtem Indikatorpapier und einem Tropfen konzentrierter Ammoniak-Lösung*, der an einem Glasstab hängt (vgl. B2, S. 232). Beobachtung?

V2 Stellen Sie in zwei Erlenmeyerkolben Lösungen aus Heptan* und Brom* wie in V1 her. Geben Sie in eine der beiden Proben einen Iodkristall* und schütteln Sie durch, um das Iod zu lösen. Beobachtung? Decken Sie beide Kolben mit einem Uhrglas ab und belichten Sie die Proben gleichzeitig auf dem OH-Projektor mit weißem Licht. Beobachten Sie die Entfärbung in den beiden Kolben. Nachdem sich die Lösung in einem der Kolben entfärbt hat, testen Sie die Gasphasen in beiden Kolben mit feuchtem Indikatorpapier und mit konzentrierter Ammoniak-Lösung* wie in V1. Beobachtung?

Auswertung

a) Fassen Sie die Versuchsergebnisse aus V1 und V2 zusammen und stellen Sie jeweils den Unterschied bei den beiden untersuchten Proben heraus.

b) Welche Lichtfarbe ist für eine Bromierung notwendig? Erläutern Sie anhand der Versuchsergebnisse aus V1. Erlauben diese auch eine Aussage darüber, ob grünes Licht für eine Bromierung „ausreicht"? Begründen Sie.

c) Erklären Sie die bei V1 festgestellten Unterschiede mithilfe der Informationen aus B3 und der folgenden Bindungsenergien (die jeweils zur Trennung der angegebenen Bindung aufzuwendende Energie):
$E(\mathbf{Br{-}Br})$ = 193 kJ/mol; $E(\mathbf{C{-}C})$ = 348 kJ/mol; $E(\mathbf{C{-}H})$ = 435 kJ/mol.

d) Die Bindungsenergie beim Chlor beträgt $E(\mathbf{Cl{-}Cl})$ = 243 kJ/mol. Kann man Chlorierungen mit sichtbarem Licht durchführen? Begründen Sie mithilfe von B2, B3.

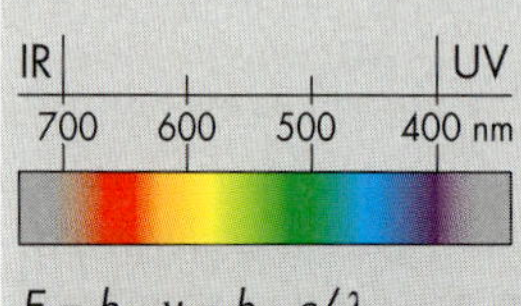

$E = h \cdot \nu = h \cdot c/\lambda$

E: Energie eines Lichtquants in J
$h = 6{,}6 \cdot 10^{-34}$ J · s (PLANCKsche Konstante
$c = 3 \cdot 10^{8}$ m · s^{-1} (Lichtgeschwindigkeit)
ν: Frequenz des Lichtquants in s^{-1}
λ: Wellenlänge des Lichtquants in m

B4 *Die Energie eines Lichtquants (eines Photons) ist proportional zu seiner Frequenz ν und antiproportional zu seiner Wellenlänge λ.* **A:** *Warum muss die Energie eines Lichtquants mit N_A (AVOGADRO-Konstante) multipliziert werden, um die in B2 bzw. B3 angegebenen Energien zu erhalten?*

Mechanismus der radikalischen Substitution

In der Reaktionsgleichung werden i. d. R. nur die Edukte und die Produkte einer Reaktion angegeben. Über den Weg, den die Edukte zu den Produkten durchlaufen, über die sogenannte Grauzone der Reaktion (vgl. S. 231), wird nichts ausgesagt. Dieser Weg kann grundsätzlich einen der beiden Verläufe aus B5 aufweisen. Entweder er besteht nur aus einem Energieberg, der überwunden werden muss, oder er führt durch ein energetisches Zwischental. Im ersten Fall geht das System der reagierenden Teilchen durch einen sogenannten **Übergangszustand** oder **Tradukt**, dessen Lebensdauer gleich Null ist. Im zweiten Fall gibt es für das reagierende System eine **reaktive Zwischenstufe** oder **Interdukt**, d. h. eine Spezies mit gewisser, in aller Regel kurzer Lebensdauer. Bei einer Reaktion können auch zwei oder mehrere Interdukte auftreten.

Die experimentellen Ergebnisse bei der Bromierung von Heptan sind nützlich, wenn nach dem Weg der Teilchen durch die Grauzone einer photochemischen Halogenierung gesucht wird. Da die Bromierung von Heptan mit Blaulicht schneller verläuft als mit Rotlicht, kann vermutet werden, dass zunächst Brom-Moleküle in Atome getrennt werden müssen. Dafür eignen sich **Photonen (Lichtquanten)**[1] des blauen Lichts gut, die des roten Lichts dagegen kaum, weil sie zu energiearm sind (B3). Bei der Absorption eines Lichtquants geeigneter Energie wird die Bindung im Brom-Molekül **homolytisch**[2] getrennt. Die bei dieser **Startreaktion** gebildeten Brom-Atome oder **Radikale**[3] sind reaktive Zwischenstufen (B5). Sie reagieren nach dem Muster aus B6 weiter, wobei **R·** für ein Alkyl-Radikal steht. Die beiden als **Kettenreaktionen** bezeichneten Teilschritte wiederholen sich häufig, weil darin jeweils ein Radikal als Edukt *und* eines als Produkt auftritt, die Kettenreaktion also fortgesetzt werden kann. Erst wenn zwei Radikale aufeinandertreffen und in der **Abbruchreaktion** zu einem Molekül reagieren, kommt die Reaktion zum Erliegen. Dieses Modell eines Reaktionsweges ist als **Radikalketten-Mechanismus** bekannt.

Für diesen Reaktionsweg über Radikale spricht auch der Befund aus V2. Im Gasraum des Kolbens kann kein oder nur wenig Bromwasserstoff nachgewiesen werden. Das deutet darauf hin, dass Iod bei der Bromierung von Heptan als **Inhibitor**[4] wirkt, d. h. die Reaktion hemmt. Iod-Moleküle fangen Brom-Radikale ab und bilden dabei Iod-Radikale. Diese sind aber so wenig reaktiv, dass sie die Kettenreaktion nicht fortführen können. Sie reagieren lediglich in Abbruchreaktionen mit anderen Radikalen.

Aufgabe

A1 Das Produktgemisch aus der photochemischen Bromierung von Feuerzeuggas wurde gaschromatographisch aufgetrennt. Dabei wurden auch Spuren von Alkanen mit den Summenformeln C_6H_{14}, C_7H_{16} und C_8H_{18} gefunden. Wird der in B6 vorgeschlagene Mechanismus dadurch bestätigt oder widerlegt? Begründen Sie ausführlich.

[1] von *photo...* (griech.) = Licht... kleinstes „Lichtteilchen" oder „Energiepäckchen" mit der Energie $E = h \cdot \nu$ (vgl. auch B4).

[2] von *homos* (griech.) = gleich und von *lyein* (griech.) = lösen, trennen. Bei der Homolyse einer Elektronenpaarbindung behält jedes der beiden Bruchstücke ein Elektron aus der Bindung.

[3] Ein Radikal ist ein Atom oder eine Atomgruppe mit einem ungepaarten Elektron.

[4] von *inhibere* (lat.) = bremsen, hemmen, unterbinden

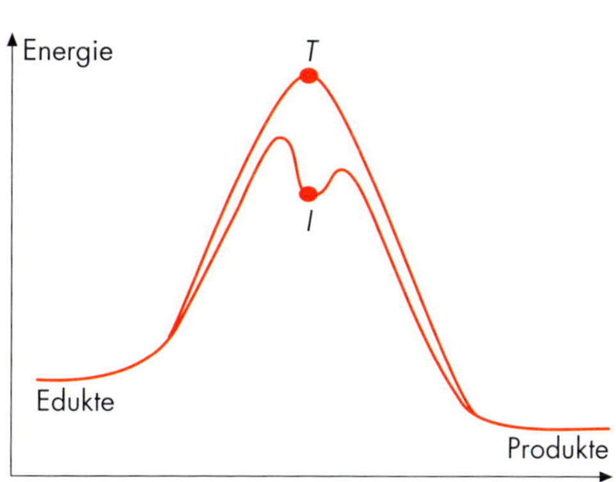

B5 *Tradukt (Übergangszustand) und Interdukt (reaktive Zwischenstufe).* **A:** *Zeichnen Sie einen Reaktionsweg mit zwei Interdukten.*

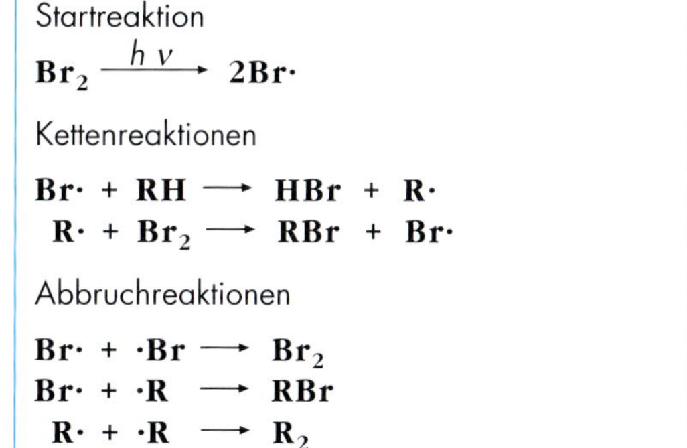

Startreaktion

$$Br_2 \xrightarrow{h\nu} 2Br\cdot$$

Kettenreaktionen

$$Br\cdot + RH \longrightarrow HBr + R\cdot$$
$$R\cdot + Br_2 \longrightarrow RBr + Br\cdot$$

Abbruchreaktionen

$$Br\cdot + \cdot Br \longrightarrow Br_2$$
$$Br\cdot + \cdot R \longrightarrow RBr$$
$$R\cdot + \cdot R \longrightarrow R_2$$

B6 *Radikalketten-Mechanismus bei der Bromierung von Heptan.* **A:** *Wofür steht R·?*

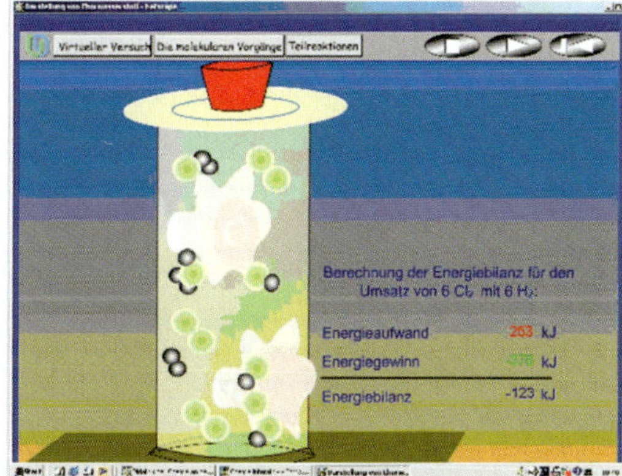

B7 *Radikalketten-Mechanismus in Chemie 2000+ Online.* **A:** *Erkunden Sie die Animation und erläutern Sie sie mit den Fachbegriffen von dieser Buchseite.*

Fachbegriffe

Übergangszustand (Tradukt), reaktive Zwischenstufe (Interdukt), Photonen (Lichtquanten), homolytisch, Radikale, Radikalketten-Mechanismus, Start-, Ketten- und Abbruchreaktion, Inhibitor

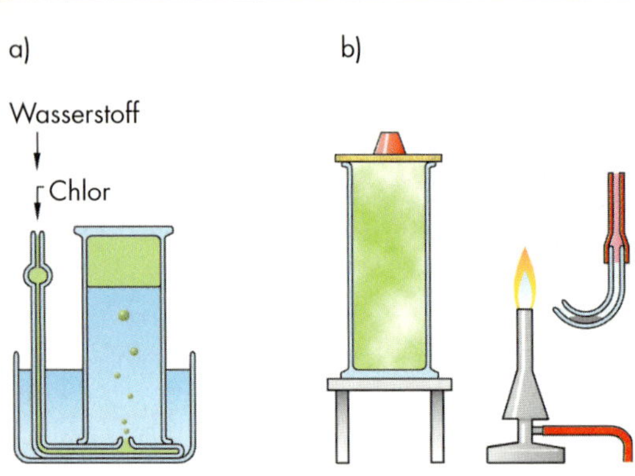

B1 *Chlorknallgasreaktion (LV1): a) Vorbereitung des Reaktionsgemisches; b) Anordnung bei der Zündung*

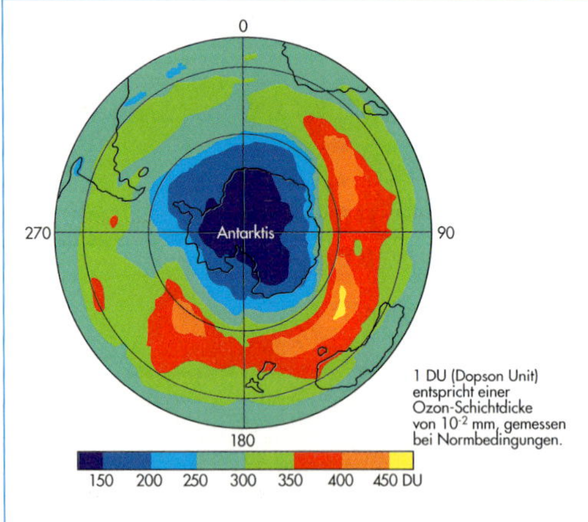

Ozonloch am 5. 10. 1987 über dem Südpol

$$F_2ClC{-}Cl \xrightarrow[h\nu]{\lambda<340\ \text{nm}} F_2ClC\cdot + Cl\cdot$$

$$Cl\cdot + O_3 \longrightarrow ClO\cdot + O_2$$

$$ClO\cdot + O \longrightarrow Cl\cdot + O_2$$

$$ClO\cdot + NO_2\cdot \underset{\text{Frühjahr}}{\overset{\text{Winter}}{\rightleftharpoons}} ClNO_3$$

B2 *Ozonloch und Chlor-Katalyse-Zyklus CKZ.* **A:** *Nennen und erläutern Sie Gemeinsamkeiten und Unterschiede zwischen CKZ und dem Mechanismus aus der Info von dieser Seite.* **A:** *Suchen Sie über Chemie 2000+ Online nach weiteren Radikalketten-Reaktionen in der Atmosphäre und präsentieren Sie Ihre Ergebnisse.*

Wozu ist der Reaktionsmechanismus gut?

Versuch

Vorsicht! Abzug, Schutzscheibe und Schutzbrille!
In einem Raum mit wenig Licht arbeiten!

LV1 Ein dickwandiger Zylinder (Durchmesser: ca. 7 cm; Höhe: ca. 18 cm) wird im Abzug in einer pneumatischen Wanne, in der sich Kochsalz-Lösung befindet, zur Hälfte mit Chlor* Cl_2 und zur anderen Hälfte mit Wasserstoff* H_2 gefüllt. (Überschüssiges Chlor wird durch Einleiten in Natronlauge* entsorgt.) Die Zylinderöffnung wird unter Wasser mit einer Glasplatte zugedeckt und der Zylinder auf ein Labortischchen gehoben. Man legt auf die Glasplatte einen Bierdeckel und hält ihn mit einer Hand fest. Mit der anderen Hand zieht man die Glasplatte weg. Dann beschwert man den Bierdeckel mit einem größeren Gummistopfen. Durch Blasen von Magnesiumpulver* (Korngröße < 0,1 mm) aus einem gebogenen, mit einem Schlauch verlängerten Glasrohr in die Brennerflamme erzeugt man ein grelles Licht in ca. 5 cm Entfernung von der Mitte des Zylinders (B1). Beobachtung? Nach Ablauf der Reaktion deckt man den Zylinder zu. Man hält ein angefeuchtetes Stück Indikatorpapier in den Zylinder. Beobachtung?

INFO

Wenn Methan mit Chlor im Stoffmengenverhältnis $n(CH_4) : n(Cl_2) = 1:1$ reagiert, verläuft die Reaktion ähnlich wie bei LV1, jedoch nicht so heftig. Es bildet sich **Chlormethan (Methylchlorid)** $H_3C{-}Cl$, eine wichtige Industriechemikalie (vgl. S. 247 und S. 251). Die Reaktionsgleichung lautet:

$$H_3C{-}H + |\overline{Cl}{-}\overline{Cl}| \longrightarrow H_3C{-}\overline{Cl}| + H{-}\overline{Cl}| \qquad \Delta H_R = -104\ \text{kJ/mol}$$

(Bindungsenergien: C–H +440; Cl–Cl +243; C–Cl +356; H–Cl +431)

Formal müssen zwei Bindungen aufgetrennt werden, zwei Bindungen werden neu gebildet; dazu sind die Zahlenwerte der Bindungsenergien angegeben. Die Reaktion verläuft zwar exotherm, muss aber mit Licht gestartet werden. Sie verläuft nach folgendem Radikalketten-Mechanismus:

Startreaktion:

$$|\overline{Cl}{-}\overline{Cl}| \xrightarrow[\lambda<490\ \text{nm}]{h\nu} |\overline{Cl}\cdot + \cdot\overline{Cl}| \qquad \Delta H_R = +243\ \text{kJ/mol} \qquad (1)$$

Kettenreaktionen:

$$H_3C{-}H + \cdot\overline{Cl}| \longrightarrow H{-}\overline{Cl}| + H_3C\cdot \qquad \Delta H_R = +8\ \text{kJ/mol} \qquad (2)$$

$$H_3C\cdot + |\overline{Cl}{-}\overline{Cl}| \longrightarrow H_3C{-}\overline{Cl}| + \cdot\overline{Cl}| \qquad \Delta H_R = -112\ \text{kJ/mol} \qquad (3)$$

Abbruchreaktionen:

$$|\overline{Cl}\cdot + \cdot CH_3 \longrightarrow |\overline{Cl}{-}CH_3 \qquad \Delta H_R = -352\ \text{kJ/mol} \qquad (4)$$

$$H_3C\cdot + \cdot CH_3 \longrightarrow H_3C{-}CH_3 \qquad \Delta H_R = -348\ \text{kJ/mol} \qquad (5)$$

$$|\overline{Cl}\cdot + \cdot\overline{Cl}| \longrightarrow |\overline{Cl}{-}\overline{Cl}| \qquad \Delta H_R = -243\ \text{kJ/mol} \qquad (6)$$

Nach dem Start könnte die Reaktion ähnlich explosionsartig verlaufen wie die Chlorknallgasreaktion aus LV1. Das kann vermieden werden, indem man die Edukte richtig dosiert und durch einen Photoreaktor mit Kühlung und gegebenenfalls Inhibitoren fließen lässt. Bei entsprechendem Verhältnis $n(CH_4) : n(Cl_2)$ können auch Dichlormethan (Methylenchlorid) CH_2Cl_2, Trichlormethan (Chloroform) $CHCl_3$ und Tetrachlormethan (Tetrachlorkohlenstoff) CCl_4 erhalten werden. Letzteres wird wegen seiner extremen Giftigkeit und seiner krebserregenden Eigenschaft nicht mehr hergestellt.

Auswertung

a) Warum ist es möglich, dass große Stoffmengen Chlor und Methan auch dann vollständig umgesetzt werden, wenn nur wenige Chlor-Moleküle gemäß (1) gespalten werden?

b) Vergleichen Sie die Reaktionsenthalpie ΔH_R der Gesamtreaktion mit der Summe der Reaktionsenthalpien der Schritte (2) und (3). Was fällt auf? Kommentieren Sie den Sachverhalt.

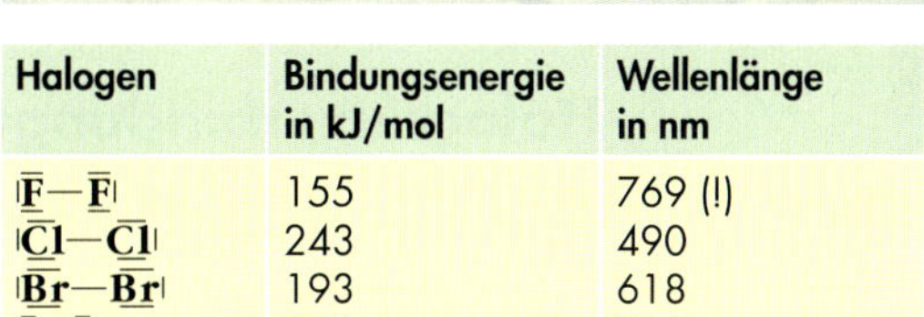

Chlorierung und Bromierung im Vergleich

Mit den Kenntnissen über den Reaktionsmechanismus der photochemischen Halogenierung von Alkanen können die Gemeinsamkeiten und Unterschiede zwischen Chlorierungen und Bromierungen erklärt werden. Dass beide Reaktionen **lichtinduziert**[1] jedoch mit Photonen unterschiedlicher Energien verlaufen, wurde auf S. 234 und 235 ausführlich erörtert. Chlorierungen und Bromierungen unterscheiden sich auch in anderer Hinsicht ganz erheblich voneinander.
Brom-Atome sind weitaus weniger reaktiv als Chlor-Atome (B4). So kommt es, dass pro gebildetem Brom-Atom-Paar 2 bis 20 Alkan-Moleküle umgesetzt werden, während es bei einem Chlor-Atom-Paar über 100 000 sein können. Entsprechend ist die **Quantenausbeute**[2] bei der Chlorierung größer als bei der Bromierung. Die Folge ist, dass Chlorierungen insgesamt viel schneller verlaufen als Bromierungen. Gerade die größere Reaktionsträgheit des Brom-Atoms gegenüber dem Chlor-Atom hat aber auch zur Folge, dass bei einer Bromierung die Isomerenverteilung unter den Produkten eine andere ist als bei der Chlorierung des gleichen Alkans. Die weniger reaktiven Brom-Atome reagieren mit jenen Kohlenstoff-Wasserstoff-Bindungen aus Alkan-Molekülen bevorzugt, bei denen sich die stabilsten Alkyl-Radikale bilden. Das sind tertiäre Alkyl-Radikale des Typs $\mathbf{R_3C\cdot}$ aus B5. Infolgedessen wird bei Bromierungen bevorzugt an tertiären Kohlenstoff-Atomen substituiert, weniger an sekundären und ganz wenig an primären. Bei Chlorierungen sind diese Unterschiede weitaus geringer (B6). Daher ist die **Selektivität**[3] bei Bromierungen größer als bei Chlorierungen.
Für Propan bedeutet dies, dass der Anteil an 2-Brompropan im Reaktionsgemisch bei der Bromierung wesentlich größer ist als der Anteil des *2-Chlorpropans* bei der Chlorierung (vgl. S. 229). Wegen der größeren Selektivität werden Bromierungen bei Laborsynthesen oft bevorzugt, industriell kommen sie aber kaum zum Einsatz, weil Chlor die weitaus günstigere Industriechemikalie ist.

Aufgaben

A1 Welche Interdukte (reaktive Zwischenstufen) treten a) bei der Chlorierung und b) bei der Bromierung von Propan auf?

A2 In B4 auf S. 231 kommt 2-Chlorpropan als erstes Zwischenprodukt auf dem Syntheseweg vom Erdöl zum Plexiglas vor. 2-Brompropan würde sich genauso gut eignen. a) Begründen Sie, warum das der Fall ist. (*Hinweis:* Beachten Sie den folgenden Reaktionsschritt im Facettenball.) b) Welche Vorteile bietet Chlor als industrielle Grundchemikalie gegenüber Brom?

A3 Geben Sie näherungsweise das Verhältnis an, in dem sich 1-Brom-2-methylpropan und 2-Brom-2-methylpropan bei der photochemischen Bromierung von 2-Methylpropan (Isobutan) bilden. (*Hinweis:* Berücksichtigen Sie die Angaben aus B6 und die Anzahl der Kohlenstoff-Wasserstoff-Bindungen an primären und tertiären Kohlenstoff-Atomen im Isobutan-Molekül.)

Halogen	Bindungsenergie in kJ/mol	Wellenlänge in nm
F—F	155	769 (!)
Cl—Cl	243	490
Br—Br	193	618
I—I	151	789

B3 *Zusammenhang Lichtfarbe – Wellenlänge – Energie.* **A:** *Berechnen Sie mithilfe von B4, S. 234, die Wellenlänge eines Lichtquants aus rotem Licht mit E = 180 kJ/mol.*

$$\mathrm{F\cdot > Cl\cdot > Br\cdot > I\cdot}$$

B4 *Abgestufte Reaktivität verschiedener Halogen-Atome*

$$\mathrm{H_3C\cdot > R{-}CH_2\cdot > R{-}CHR\cdot > R{-}CR_2\cdot}$$

B5 *Abgestufte Reaktivität verschiedener Alkyl-Radikale.* **A:** *Welches dieser Radikale ist am stabilsten? Begründen Sie.*

	R–CH₂–H (primär: C mit H, H)	R–CHR–H (sekundär: C mit R, H)	R–CR₂–H (tertiär: C mit R, R)
Cl·	1	2	3
Br·	1	250	6 300

B6 *Relative Reaktivitäten der Chlor-Atome und der Brom-Atome mit Kohlenstoff-Wasserstoff-Bindungen von primären, sekundären und tertiären Kohlenstoff-Atomen*

[1] von *initiare* (lat.) = anstoßen, einführen. Die Halogenierungen verlaufen insgesamt exergonisch, sie werden durch Licht also nur induziert und nicht fortdauernd angetrieben.
[2] Quantenausbeute = Zahl der umgesetzten Moleküle pro Zahl der absorbierten Lichtquanten.
[3] von *selectare* (lat.) = aussuchen, auswählen

Fachbegriffe

Lichtinduziert, Quantenausbeute, Selektivität

Halogenverbindungen in Natur und Technik

Hexachlorcyclohexan
(**Lindan**, verbotenes Insektizid)

p,p'-Dichlordiphenyltrichlorethan
(**DDT**, verbotenes Insektizid)

p-Chlorphenol
(Desinfektionsmittel)

Polychloriertes Biphenyl
(**PCB**, Kühlmittel)

2,3,7,8-Tetrachlorodibenzo-p-dioxin
(**TCDD**, starkes Gift)

Fenpicionil
(Insektizid)

B1 *Synthetische organische Halogenverbindungen*

Thyroxin
(Schilddrüsenhormon)

Neopyrrolmycin
(Fungizid)

Chloramphenicol
(Antibiotikum)

Pyrrolnitrin
(Insektizid)

B2 *Natürliche organische Halogenverbindungen*

Halogenverbindungen in der Technik

Industriell hergestellte organische Halogenverbindungen können in vielen Bereichen Anwendungen finden (B1 und B4, S. 233). Einige sind sehr giftig und wurden sogar als *Kampfstoffe* eingesetzt. Die Produktion solcher Stoffe ist in Deutschland verboten. Es wird geächtet, wer solche Stoffe erforscht und entwickelt. Aber auch Halogenverbindungen, die nicht oder nicht so stark giftig sind, können den Menschen indirekt schädigen, wenn sie in großen Mengen in die Umwelt gelangen. Beispiele dafür sind die *Ozonkiller FCKW* (vgl. S. 81) sowie chlorhaltige *Lösemittel, Insektizide, Fungizide* und *Herbizide*. Sie sind lipophil, reichern sich in den Fettgeweben von Nahrungsketten an und verursachen schließlich beim Menschen gesundheitliche Schäden. Nach den negativen Erfahrungen und Erkenntnissen mit den genannten Produkten wurde ihre Herstellung und Verwendung entweder ganz eingestellt oder auf ein notwendiges Minimum beschränkt.

Einige halogenierte Produkte, beispielsweise die Kunststoffe *Teflon* und *PVC*, werden dank ihrer hervorragenden Eigenschaften noch auf unabsehbare Zeit produziert und eingesetzt. Bei gewissenhaftem Umgang gelangen sie nicht unkontrolliert in die Umwelt, sie können durch Recycling verwertet oder gefahrlos entsorgt werden.

Bei recht vielen industriellen Synthesen treten Chlorverbindungen als Zwischenprodukte auf. *Chlormethan* spielt bei der Herstellung von Siliconen (S. 251) eine zentrale Rolle, Phosgen bei der Herstellung von Polycarbonaten (S. 272) und *langkettige Monochloralkane* (B4, S. 233) bei der Herstellung von Waschmitteln. Die Endprodukte enthalten kein gebundenes Chlor. Chlor bzw. seine Verbindungen werden *prozessintegriert recycelt* (vgl. S. 277).

Halogenverbindungen in der Natur

Halogene kommen in der Natur vorwiegend in anorganischen Salzen gebunden vor. Es ist aber schon lange bekannt, dass unser Schilddrüsenhormon Thyroxin eine organische Iodverbindung ist (B2). *Thyroxin* reguliert den Stoffwechsel im Körper. Es wird im Organismus synthetisiert. Daher muss dem Körper mit der Nahrung ausreichend gebundenes Iod zugeführt werden. Iodmangel führt zur Bildung eines Kropfes. Um die Bevölkerung in iodarmen Gegenden vor Iodmangel zu schützen, mischt man dem Kochsalz sehr geringe Mengen an Iodiden (z.B. NaI) oder Iodaten (z.B. $NaIO_3$) zu.

Bereits im Jahr 1947 wurde aus dem Bakterium *Streptomyces venezuelae* eine organische Verbindung isoliert, die schöne, gelbe Kristalle bildet, bei 151 °C schmilzt und die Summenformel $C_{11}H_{12}O_5N_2Cl_2$ hat. Dabei handelt es sich um das Antibiotikum *Chloramphenicol*. Bereits seit über 40 Jahren wird naturidentisches Chloramphenicol ausschließlich synthetisch hergestellt. Es wirkt gegen Bakterien und sogar gegen große Viren. Krankheiten wie Typhus, Keuchhusten, Meningitis und Fleckfieber können mit Chloramphenicol geheilt werden.

Nicht nur Bakterien, sondern auch Pilze, Flechten und sogar höhere Pflanzen und Tiere produzieren organische Chlorverbindungen. Oft dienen sie zum Schutz gegen andere Organismen. Es wurden synthetische *Pflanzenschutzmittel* entwickelt, die sich ganz eng an der molekularen Struktur der natürlichen Wirkstoffe orientieren (Formeln aus B2 und B1).

Einige organische Chlorverbindungen in der Natur bilden sich auch außerhalb lebender Organismen, beispielsweise *Chlormethan* aus Meeresplankton und Salzwasser oder *Dioxine* aus organischem Material und Chloriden bei Waldbränden.

Aufgabe

A1 Bearbeiten Sie die vier Themen von S. 238 und 239 in Gruppen. Erstellen Sie dazu je eine *mindmap* (Schema mit Begriffen und Zusammenhängen). Präsentieren Sie Ihr Ergebnis den anderen Gruppen.

Halogenverbindungen in Natur und Technik

Probenart	Hexachlorcyclohexan (Lindan)	Polychlorierte Biphenyle (PCB)
Boden	0,1	6
Regenwurm	1	34
Klärschlamm	0,5	630
Makroalgen	0,65	5
Karpfen	2,5	4350
Kuhmilch	0,5	15
Humanblut	2,5	33
Humanleber	3,5	1320
Humanfett	6	10220

B3 *Akkumulation von Chlorkohlenwasserstoffen in Nahrungsketten.* **A:** *Um welchen Faktor reichern sich PCB im Humanfett bezogen auf Makroalgen an?*

B4 *Photoreaktor aus Plexiglas für den Abbau von Schadstoffen im Wasser.* **A:** *Erläutern Sie das Verfahren mithilfe von Informationen über Chemie 2000+ Online.*

CKW in der Umwelt – ein Problem

Es gibt Hunderte organischer Chlorverbindungen, die von Organismen produziert werden (vgl. S. 238). Sie werden auch wieder abgebaut, d.h. das in ihnen gebundene Chlor durchläuft natürliche Stoffkreisläufe.
Organische Chlorverbindungen bilden sich auch bei Waldbränden und bei der Verbrennung von Plastikmüll, wenn dieser Kochsalz aus Essensresten enthält.
Große Mengen organischer Chlorverbindungen werden in der chemischen Industrie hergestellt und in der Technik verwendet. Die meisten dieser Verbindungen, beispielsweise viele **Chlorkohlenwasserstoffe CKW**, kommen in der Natur nicht vor. Einige, beispielsweise Mono- und Dichlormethan, werden in der Atmosphäre photochemisch abgebaut. Die meisten CKW, die ins Wasser und in den Boden gelangen, sind dagegen sehr beständig gegen chemische und biologische Abbaumöglichkeiten. Aufgrund ihrer Fettlöslichkeit reichern sie sich in Nahrungsketten an (B3). Bei Tieren und Menschen, den Endstationen solcher Nahrungsketten, können einige dieser CKW Leberschäden und andere Krankheiten verursachen. Daher gelten bei Grundwasser und bei Trinkwasser sehr strenge Grenzwerte für CKW. Die Europäische Union hat für Trinkwasser den Richtwert von 1 ppb (1 part per billion = 10^{-9}) festgelegt, d.h. 1 Liter Wasser darf nicht mehr als 1 Mikrogramm chlorierte Kohlenwasserstoffe enthalten.

Aufgabe

A2 Erläutern Sie, warum bei der Verbrennung von Verpackungsmüll, der nur aus Polyethen und Polypropen besteht, Chlorwasserstoff und organische Chlorverbindungen entstehen können. Wie kann Chlorwasserstoff aus dem Rauchgas entfernt werden?

Green Chemistry – was ist das?

Der Reaktor aus B4 kann mit Sonnenlicht betrieben werden und steht hier als Symbol für die sogenannte *green chemistry*, deren Hauptanliegen das Prinzip der *Nachhaltigkeit* menschlicher Tätigkeiten im Bereich der Chemie ist. Vereinfacht ausgedrückt bedeutet das eine dauerhafte Entwicklung mit dem Ziel, unsere heutigen Bedürfnisse zu befriedigen, ohne dabei die Bedürfnisse zukünftiger Generationen zu beeinträchtigen.
Auf die organischen Chlorverbindungen bezogen leitet sich daraus die Forderungen ab, die Emissionen an solchen Chlorverbindungen, die in der Natur nicht vorkommen, zu minimieren. Daher werden die bei der Herstellung vieler *chlorfreier* Produkte benötigten Chlorverbindungen innerhalb der Industrieanlagen recycelt (S. 276 und 277). Organische Chlorverbindungen aus Abwässern können durch verschiedene Verfahren entfernt werden. Im Sinne der *green chemistry* ist die *vollständige Mineralisierung* bis zu Chlorid-Ionen Cl^- mithilfe von Photokatalysatoren (z.B. Titandioxid) und Sonnenlicht die Methode der Wahl.

Aufgabe

A3 Übernehmen Sie die folgende Gleichung in Ihr Heft, bestimmen Sie alle Oxidationszahlen und begründen Sie, warum man hier von einer vollständigen Mineralisierung des Perchlorethens PER C_2Cl_4 durch Oxidation sprechen kann.

$$Cl_2C{=}CCl_2 + O_2 + 2H_2O \xrightarrow{\text{Licht } (TiO_2)} 2CO_2 + 4HCl$$

Halogenalkane – auch ohne Licht

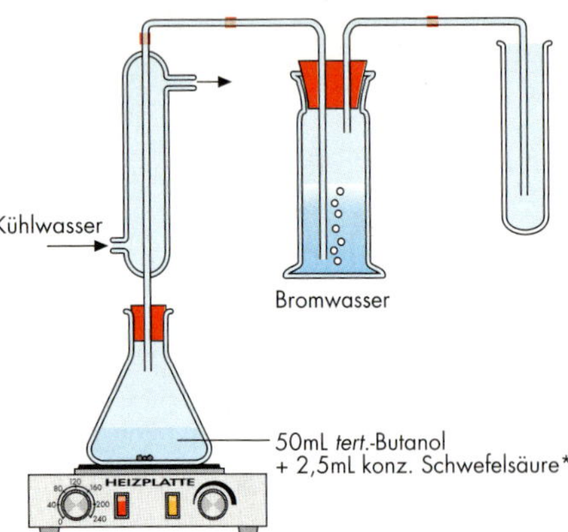

B1 *Skizze zu LV1.* **A:** *Erklären Sie, warum die Dichte von Isobuten* $(CH_3)_2C{=}CH_2$ *größer ist als die der Luft.*

B2 *Bromierung von Ethen (LV2)*

B3 *2-Chlor-2-methylpropan in Kontakt mit konzentrierter Salzsäure.* **A:** *Wie kann man feststellen, welches die organische und welches die wässrige Phase ist?*

Versuche

Vorsicht! Bromwasser wird unter dem Abzug von der Lehrperson verteilt!
BEILSTEIN-Probe unter dem Abzug durchführen!
Bei allen Versuchen mit möglichst wenig Licht arbeiten!

LV1 Bauen Sie im Abzug die Vorrichtung aus B1 auf. In der Waschflasche befinden sich 60 mL gesättigtes Bromwasser*. Erhitzen Sie das Gemisch im Erlenmeyerkolben zum Sieden und leiten Sie das gebildete gasförmige Isobuten* durch die Waschflasche. Beobachten Sie die Farbänderung. Testen Sie das entweichende Gas mit einem feuchten Indikatorstreifen. Beobachtung? Fangen Sie das entweichende Gas in einem Rggl. auf und testen Sie es auf Brennbarkeit. Beobachtung? Wenn keine Farbänderung in der Waschflasche mehr zu beobachten ist, stellen Sie die Heizung aus und lockern Sie sofort den Stopfen der Waschflasche. Gießen Sie den Inhalt der Waschflasche in einen Scheidetrichter und schütteln Sie ihn mit 10 mL Heptan* aus. Trennen Sie die Phasen und führen Sie mit der organischen Phase die BEILSTEIN-Probe* durch. Beobachtung?
Bewahren Sie die wässrige Phase für spätere Untersuchungen auf (V3, S. 242).

LV2 Durch eine Waschflasche, in der sich 25 mL Bromwasser* befinden, wird Ethen aus einer Druckdose (oder Druckflasche) mit einer Strömungsgeschwindigkeit von ca. 4 Blasen pro Sekunde geleitet (B2). Notieren Sie die Zeit vom Beginn der Einleitung bis zur Entfärbung des Bromwassers. Gießen Sie den Inhalt der Waschflasche in einen Scheidetrichter, schütteln Sie nach Zugabe von 10 mL Heptan* durch, trennen Sie die Phasen und führen Sie mit der organischen Phase die BEILSTEIN-Probe* durch. Beobachtung?
Bewahren Sie die wässrige Phase für spätere Untersuchungen auf (V3, S. 242).

V3 Schütteln Sie im Rggl. 10 mL Bromwasser* mit a) 1 mL Hexen* und b) 1 mL Cyclohexen*. Beobachtung? Führen Sie einen Kontrollversuch mit 10 mL Bromwasser* und 1 mL Heptan*durch. Beobachtung? Führen Sie jeweils mit der organischen Phase aus der Probe mit Hexen* und Cyclohexen* die BEILSTEIN-Probe* durch. Beobachtung?
Bewahren Sie die wässrigen Phasen für spätere Untersuchungen auf (V3, S. 242).

Auswertung

Hinweis: Bromwasser ist eine Lösung von Brom in Wasser Br_2(aq).

a) Welche Gemeinsamkeiten treten bei allen Untersuchungen mit Bromwasser aus LV1 bis V3 auf?

b) Welche Unterschiede können bei den Untersuchungen mit Bromwasser in LV1 bis V3 beobachtet werden?

c) Werten Sie die Ergebnisse der BEILSTEIN-Probe bei den Produkten aus LV1 bis V3 aus und schlagen Sie Formeln für die nachgewiesenen Produkte vor.

d) Mit welchem(n) der folgenden Lösemittel hätte bei LV1 und LV2 ebenfalls im Scheidetrichter ausgewaschen (extrahiert) werden können, ohne das Ergebnis zu verfälschen: Pentan, Dichlormethan, Cyclohexan? Begründen Sie.

e) Formulieren Sie Reaktionsgleichungen für die Reaktionen der Alkene aus LV1 bis V3 mit Brom.

f) Woraus müssten gemäß Ihrer Reaktionsgleichungen bei der Auswertung e) die wässrigen Phasen bestehen? Erläutern Sie.

g) Isobuten reagiert mit Chlorwasserstoff (oder mit konzentrierter Salzsäure) zu 2-Chlor-2-methylpropan (B3). Formulieren Sie die Reaktionsgleichung.

h) Was haben die Reaktionsgleichungen von e) und von g) gemeinsam? Erläutern Sie.

i) Sind Alkene oder Alkane reaktiver gegenüber Halogenen bzw. Halogenwasserstoffen? Erläutern Sie mithilfe der Versuchsergebnisse von dieser Seite und von den Seiten 232 und 233.

Additionen an Alkene

Bei der Synthese von 2-Chlorpropan kann statt von Propan auch von Propen ausgegangen werden (vgl. B1, S. 229). Alkene reagieren nämlich im Gegensatz zu Alkanen relativ leicht und auch bei Dunkelheit mit Halogenen (LV1 bis V3). Dabei bilden sich organische Halogenverbindungen, die durch die BEILSTEIN-Probe nachgewiesen werden können. Bei der **Addition** von Brom an ein Alken findet eine **Halogenierung** statt, d.h. die beiden Brom-Atome eines Brom-Moleküls lagern sich jeweils an die Kohlenstoff-Kohlenstoff-Doppelbindung eines Alken-Moleküls an (B5). Das Produkt ist in diesem Fall ein Dibromalkan. Außer Halogenen können sich aber auch andere Stoffe an Alkene addieren, beispielsweise Halogenwasserstoffe, Wasserstoff und Wasser:

$$H(H_3C)C{=}CH_2 + HCl \longrightarrow H_3C{-}CHCl{-}CH_3 \quad (1)$$

$$H_3C(CH_2)_4HC{=}CH_2 + H_2 \longrightarrow H_3C(CH_2)_4CH_2CH_3 \quad (2)$$

$$H_2C{=}CH_2 + H_2O \longrightarrow H_3CCH_2OH \quad (3)$$

Industriell sind Additionen dieser Art an Kohlenstoff-Kohlenstoff-Doppelbindungen weitaus wichtiger als die Halogenierung von Alkenen. Die Reaktion (1) liefert bevorzugt das bei dem Syntheseweg von Plexiglas vorkommende *2-Chlorpropan*[1] (vgl. S. 229–231). Diese **Hydrohalogenierung** (1) steht auch stellvertretend für die Synthese von anderen Monohalogenalkanen. Die Addition von Wasserstoff an Kohlenstoff-Kohlenstoff-Doppelbindungen (2) wird als **Hydrierung** bezeichnet und dient der Umwandlung von Alkenen in Alkane. So werden beim technischen *Hydrocracken* langkettiger Alkane durch Zusatz von Wasserstoff Alkane und Isoalkane für Kraftstoffe hergestellt. Die Hydrierung von Pflanzenölen, deren Moleküle Reste ungesättigter Fettsäuren enthalten, liefert streichfähige Margarine (B6). Schließlich können durch die Addition von Wasser an Alkene gemäß Reaktion (3) Alkohole hergestellt werden. Dieser Additionstyp ist eine **Hydratisierung**.

Die Additionsreaktionen an die Kohlenstoff-Kohlenstoff-Doppelbindung sind von so herausragender Bedeutung für die Synthese in der organischen Chemie, dass es sich lohnt, ihren Mechanismus aufzuklären, nach dem sie verlaufen. Dafür müssen die Ergebnisse aus LV1 bis V3 noch durch weitere experimentelle Fakten ergänzt werden. Sie betreffen zunächst die Untersuchung der wässrigen Phasen aus LV1 bis V3 (vgl. S. 242).

Aufgaben

A1 Formulieren Sie die Reaktionsgleichungen (2) und (3) wie die Gleichung (1) und benennen Sie alle Stoffe aus (1) bis (3).

A2 Formulieren Sie für 2-Methylpropen (Isobuten) folgende Reaktionen: a) eine Halogenierung, b) eine Hydrohalogenierung, c) die Hydrierung und d) die Hydratisierung.

B4 *Hydrierung eines gasförmigen Alkens.* **A:** *Welches Volumen Propan bildet sich bei der Hydrierung von 50 mL Propen mit 50 mL Wasserstoff? Begründen Sie.*

$$H_2C{=}CH_2 + Br{-}Br \longrightarrow H_2C(Br){-}CH_2(Br)$$

+272   +193   −285

B5 *Die Addition von Brom an Ethen verläuft exotherm* $\Delta H_R = -105$ *kJ/mol.* **A:** *Begründen Sie das mithilfe der Angaben im Schema.*

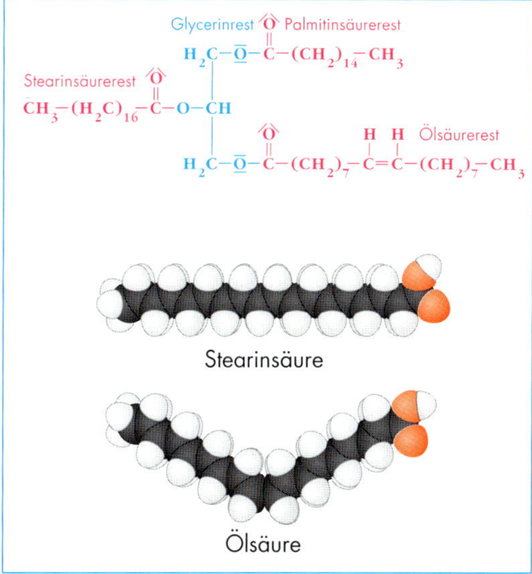

B6 *Formel eines Triglycerids und Kalotten-Modelle von zwei Fettsäuren.* **A:** *Erklären Sie, warum Stearinsäure fest und Ölsäure flüssig ist.*

Fachbegriffe

Addition, Halogenierung, Hydrohalogenierung, Hydrierung, Hydratisierung

[1] W. MARKOWNIKOW stellte aus empirischen Befunden bereits im Jahr 1869 die nach ihm benannte Regel auf: Bei der Addition von Halogenwasserstoff an ein unsymmetrisches Alken wird das Wasserstoff-Atom jeweils an des wasserstoffreichere Kohlenstoff-Atom der Doppelbindung angelagert. Heute kann man diese Regel theoretisch begründen (vgl. S. 243).

Angriffsziel: Die C=C Doppelbindung

1. Schritt

C=C + Br_2

Edukt

langsam

[C=C ······ $|\overset{\delta+}{Br}—\overset{\delta-}{Br}|$]

Tradukt

schnell

(C–C)$Br^{\oplus}$ + $|Br|^{\ominus}$

Interdukt

2. Schritt, Variante a)

$|Br|^{\ominus}$ oder (C–C)$Br^{\oplus}$

Interdukt

schnell

|Br–C–C–Br|

Produkt

2. Schritt, Variante b)

$\overset{\delta+}{H}$–$\overset{\delta-}{O}$–$\overset{\delta+}{H}$ (C–C)$Br^{\oplus}$

H–O–C–C–Br| + H^+

B1 *Mechanismus der elektrophilen Addition (vgl. Info in der Textspalte).* **A:** *Erklären Sie die in V3 nachgewiesenen Produkte mithilfe dieses Mechanismus.* **A:** *Warum kann ein Wasser-Molekül als nucleophiler Angreifer wirken?*

Versuche

Vorsicht! Bromwasser und die Lösung von Brom in Perchlorethylen werden unter dem Abzug von der Lehrperson hergestellt!

LV1 Der Versuch aus B2 von S. 240 wird zunächst mit Bromwasser und anschließend mit einer Lösung von Brom in Tetrachlorethen (Perchlorethylen PER) durchgeführt. Die Lösungen sollen etwa gleich konzentriert sein, d.h. etwa die gleiche Farbintensität haben. Nachdem die Zeit bis zur Entfärbung des Bromwassers gemessen wurde, lässt man Ethen mit etwa der gleichen Strömungsgeschwindigkeit die gleiche Zeit lang durch die Lösung von Brom in PER strömen. Beobachtung?

(*Hinweis:* Statt mit Ethen aus der Druckdose kann auch mit Isobuten gearbeitet werden, das man nach B1, S. 240, selbst herstellt. Vor dem Einleiten in das Rggl. mit Brom in PER sollte das Isobuten durch eine Waschflasche mit konz. Schwefelsäure* geleitet werden, um es zu trocknen.)

LV2 Schütteln Sie im Rggl. 5 mL Bromwasser mit 1 mL Tetrachlorethen (Perchlorethylen PER). Beobachtung?

V3 Führen Sie mit jeder der wässrigen Phasen aus LV1 bis V3 von S. 240 folgende Tests durch: a) Halten Sie in die wässrige Lösung jeweils einen Indikatorpapierstreifen. Beobachtung? b) Versetzen Sie im Rggl. jeweils 3 mL der wässrigen Lösung mit 1 mL Silbernitrat-Lösung. Beobachtung?

Auswertung

a) Tetrachlorethen (Perchlorethylen PER) ist ein unpolares Lösemittel. Welche Erkenntnisse liefert LV1 darüber, ob die Bromierung von Ethen (Isobuten) schneller in einem polaren oder in einem unpolaren Lösemittel verläuft? Erläutern Sie.

b) Deuten Sie die Farbänderungen der beiden Phasen bei LV2.

c) Die vereinfachte Valenzstrichformel von PER lautet: $Cl_2C{=}CCl_2$. Müsste demnach Bromwasser durch PER entfärbt werden oder nicht? Begründen Sie. Wird Ihre Vermutung durch LV2 bestätigt oder widerlegt? Erläutern Sie.

d) Beschreiben und deuten Sie die Ergebnisse der Nachweisversuche aus V3. Welche Teilchen wurden in den wässrigen Phasen nachgewiesen?

INFO zu B1

1.Schritt: In einem Brom-Molekül, das sich der C=C Doppelbindung im Alken-Molekül nähert, findet eine temporäre Polarisierung der Elektronenpaarbindung statt. Das positivierte Brom-Atom greift die Doppelbindung **elektrophil**[1] an, wobei es mit einem Elektronenpaar aus der Doppelbindung zu einer Wechselwirkung und zur Ausbildung des *Tradukts* kommt. Diese wird stärker und führt dazu, dass sich die Bindung im Brom-Molekül **heterolytisch**[2] auftrennt. Dabei entsteht als *Interdukt* ein **cyclisches Bromonium-Ion**[3].

2.Schritt: In der **Variante a)** greift das abgespaltene Bromid-Ion das Bromonium-Ion **nucleophil**[4] an und bildet eine Elektronenpaarbindung zu einem der beiden Kohlenstoff-Atome aus. Gleichzeitig wird der Dreiring aufgebrochen und das darin vorhandene Brom-Atom bindet sich an das andere Kohlenstoff-Atom, wobei ein 1,2-Dibromalkan entsteht.

In der **Variante b)** wird das Bromonium-Ion von einem Wasser-Molekül nucleophil angegriffen. Ein Proton wird aus dem Wasser-Molekül abgespalten und es bildet sich einen Bromalkohol.

[1] von *elektrophil* (griech.) = elektronenfreundlich, Elektronen suchend

[2] von *heteros* (griech.) = verschieden und *lyein* (griech.) = lösen, trennen. Bei der Heterolyse einer Elektronenpaarbindung entsteht ein Ionenpaar.

[3] Die Endung *„-ium"* zeigt das Vorliegen eines Kations an (Ammonium-, Oxonium-Ion).

[4] von *nucleophil* (griech.) = kernfreundlich, kernsuchend

Mechanismus der elektrophilen Addition

Die Versuche LV1 bis V3 zeigen einige überraschende Ergebnisse: Brom reagiert mit einem Alken im polaren Lösemittel Wasser wesentlich schneller als in einem unpolaren Lösemittel (LV1). Die Reaktion von Bromwasser mit einem Alken kann nicht lediglich als Addition von Brom an das Alken gedeutet werden (vgl. B5 von S. 241), denn unter den Produkten der Reaktion befinden sich auch Oxonium-Ionen und Bromid-Ionen (V3). Selbst die Vorstellung, dass alle Verbindungen mit einer Kohlenstoff-Kohlenstoff-Doppelbindung im Molekül Brom addieren, trifft nicht allgemein zu, denn Tetrachlorethen (Perchlorethylen PER) reagiert gar nicht mit Brom (LV2).

Alle diese experimentellen Fakten können gut erklärt werden, wenn man davon ausgeht, dass die Reaktion von Brom mit einem Alken nach dem in B1 formulierten Mechanismus der **elektrophilen Addition** verläuft. Diese Bezeichnung zeigt an, dass der langsamste, geschwindigkeitsbestimmende Schritt der elektrophile Angriff auf die **C=C** Doppelbindung ist. Dabei wird das angreifende Teilchen heterolytisch gespalten und es bilden sich ionische Zwischenstufen (Interdukte). Da Wasser-Moleküle sowohl die Heterolyse von Bindungen als auch die ionischen Zwischenstufen durch elektrostatische Anziehungskräfte unterstützen, läuft die Reaktion in Wasser schneller ab als in einem unpolaren Lösemittel. Darüber hinaus können Wasser-Moleküle selbst mit den Bromonium-Ionen reagieren. So kommt es zu den in V3 nachgewiesenen Bromid- und Oxonium-Ionen in der wässrigen Phase.

Warum aber reagiert PER nicht bzw. so schlecht mit Brom? Im PER-Molekül ist jede der vier Kohlenstoff-Chlor-Bindungen aufgrund der Elektronegativitätsdifferenz permanent polarisiert (B2). Der von den vier Chlor-Atomen ausgeübte Elektronensog setzt sich auch in die Doppelbindung fort. Man bezeichnet diese Übertragung der Bindungspolarisierung auf benachbarte Bindungen als **induktiven**[1] **Effekt**. Durch den elektronenziehenden **–I-Effekt** der Chlor-Atome ist die Elektronendichte in der **C=C** Doppelbindung des PER-Moleküls sehr stark herabgesetzt. Schwache elektrophile Angreifer wie die temporär polarisierten Brom-Moleküle aus den Versuchen mit Bromwasser sind nicht in der Lage, die **C=C** Doppelbindungen in PER-Molekülen elektrophil anzugreifen.

Bei der *Hydrohalogenierung* stellt sich der Mechanismus der elektrophilen Addition für die Reaktion von Chlorwasserstoff mit Propen wie folgt dar:

$$H_2C=CH-CH_3 + \overset{\delta+}{H}-\overset{\delta-}{\overline{\underline{Cl}}}| \xrightarrow{\text{langsam}} \underbrace{H_3C-\overset{\oplus}{C}H-CH_3}_{\text{Carbenium-Ion}} + |\overline{\underline{Cl}}|^- \xrightarrow{\text{schnell}} H_3C-CHCl-CH_3$$

Als Interdukt tritt hier ein **Carbenium-Ion** auf. Das oben formulierte sekundäre Carbenium-Ion ist aufgrund des elektronenschiebenden **+I-Effekts** zweier Methyl-Gruppen gegenüber dem primären Carbenium-Ion stabiler und damit bevorzugt (B4). Als Folge dessen bildet sich bei dieser Reaktion bevorzugt das *2-Chlorpropan* von S. 229.

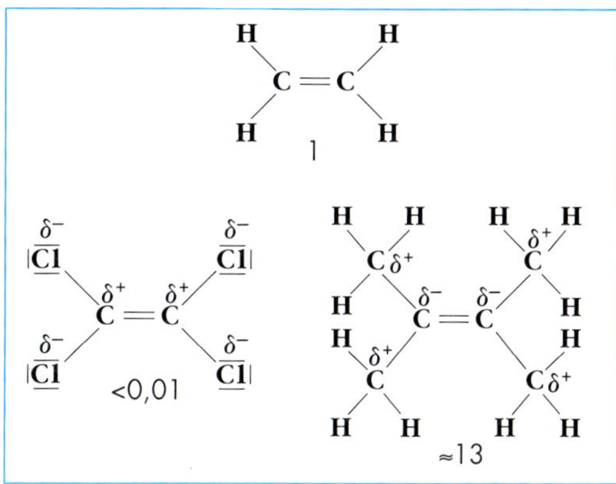

B2 *Ladungsverteilungen und relative Geschwindigkeiten der Additionsreaktionen bei Ethen, Tetrachlorethen und 2,3-Dimethyl-2-buten*

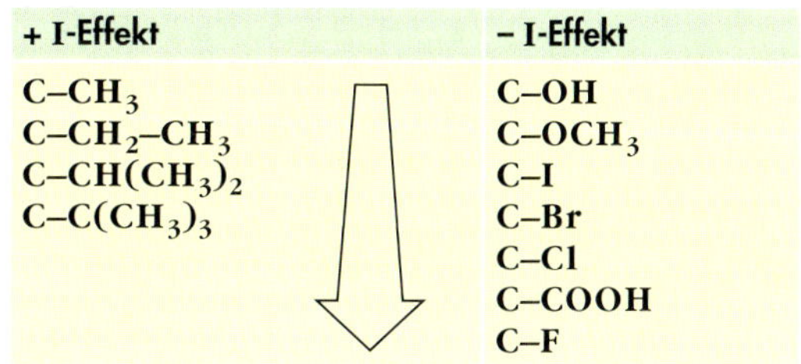

+ I-Effekt	– I-Effekt
$C-CH_3$	$C-OH$
$C-CH_2-CH_3$	$C-OCH_3$
$C-CH(CH_3)_2$	$C-I$
$C-C(CH_3)_3$	$C-Br$
	$C-Cl$
	$C-COOH$
	$C-F$

B3 *Gruppen mit abgestuften* **+I**- *und* **–I**-*Effekten.*
A: *Erklären Sie, warum die Methyl-Gruppe* CH_3 *einen* **+I**-*Effekt hat.*

$$H_3C-\overset{\oplus}{C}H_2 < H_3C-\overset{\oplus}{C}H-CH_3 < H_3C-\overset{\oplus}{C}(CH_3)_2$$

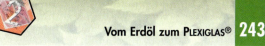

B4 *Relative Stabilitäten von Carbenium-Ionen.*
A: *Warum sind tertiäre Carbenium-Ionen am stabilsten?*

Aufgabe

A1 Begründen Sie die MARKOWNIKOW Regel (vgl. Fußnote auf S. 241) mithilfe des Mechanismus der elektrophilen Addition bei der Hydrohalogenierung und des induktiven Effekts.

Fachbegriffe

elektrophil, nucleophil, Heterolyse, cyclisches Bromonium-Ion, elektrophile Addition, induktiver –I- und +I-Effekt, Carbenium-Ion

[1] von *inducere* (lat.) = veranlassen, etwas auch auf weiteres übertragen

Cis-trans-Isomerisierungen

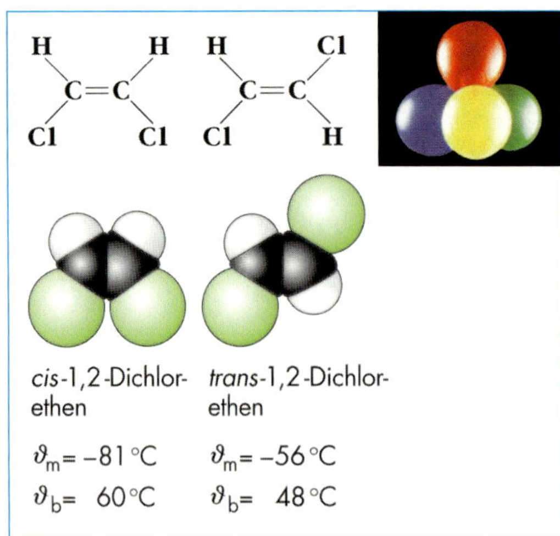

B1 *Valenzstrichformeln, Kalottenmodelle und Konstanten eines cis-trans-Isomerenpaars*

Cis-trans[1]- oder *Z-E*[2]-Isomerie

Die Existenz von Isomeren wie die in B1 (vgl. auch S. 53) zwingt zu der Annahme, dass eine **Drehung** der Molekülteile in einem Alken-Molekül um die Achse der **C=C** Bindung **nicht möglich** ist. Die Doppelbindung verhindert also die Rotation um die Bindungsachse und macht das Molekül starrer als eine Einfachbindung. In diesem Punkt unterscheiden sich Doppelbindungen (**C=C**, **N=N**, **C=N** u.a.) ganz allgemein von Einfachbindungen.

Die **geometrische Anordnung** der Atome an einer Doppelbindung kann man sich mithilfe des Elektronenpaarabstoßungsmodells wie folgt vorstellen: Die 4 Elektronenpaare an jedem der beiden Kohlenstoff-Atome sind tetraedrisch angeordnet wie die vier Luftballons in B1. Im Gedankenexperiment werden nun zwei Tetraeder, d.h. zwei Einheiten aus je 4 Luftballons, entlang einer *Kante* zusammengelegt. Dabei berühren bzw. durchdringen sich im Modell je zwei Ballons. Damit hat man die zwei gemeinsamen Elektronenpaare „erzeugt". Die übrigen vier Elektronenpaare (entsprechend den verbleibenden Luftballons) sind nun alle *in der gleichen Ebene* und bilden *Winkel von jeweils 120°* mit der Achse der Kohlenstoff-Kohlenstoff-Bindung. Diese geometrische Anordnung ist typisch für alle Atome an Doppelbindungen.

Mit dieser geometrischen Anordnung und dem Rotationsverbot um die **C=C** Achse lassen sich die unterschiedlichen Eigenschaften von *cis*- und *trans*-Isomeren gut erklären.

Aufgabe

A1 Zeichnen Sie in die Formeln der beiden Isomere aus B1 Partialladungen δ^+ und δ^- ein und erklären Sie die unterschiedlichen Siedetemperaturen.

[1] von *cis* (lat.) = diesseits; *trans* (lat.) = jenseits

[2] von *Z* = zusammen; *E* = entgegengesetzt

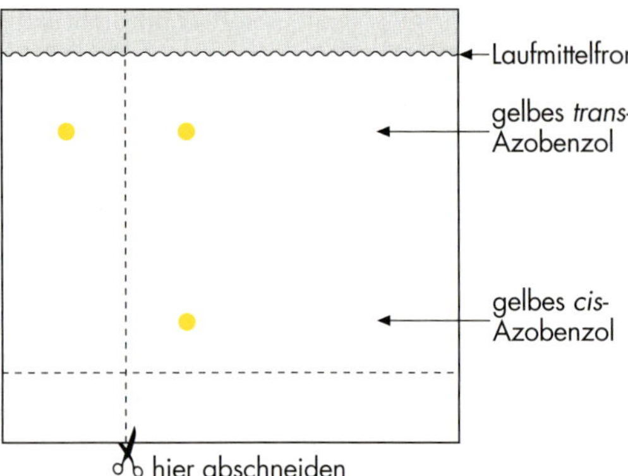

B2 *Dünnschichtchromatogramm als Ergebnis aus V1 und als Ausgangsobjekt für V2*

Versuche

V1 Lösen Sie 2-3 Kristalle *trans*-Azobenzol* in 1 mL Toluol*. Präparieren Sie zwei DC-Folien, indem Sie sich an den Angaben aus B2 orientieren. Decken Sie jeweils einen Fleck mit Aluminiumfolie ab (linker Teil in B2) und bestrahlen Sie die beiden Proben 15 min lang auf dem Overhead-Projektor. Entfernen Sie die Aluminiumfolien und entwickeln Sie die DC in einer Kammer mit dem Laufmittel Toluol. Lassen Sie das Toluol ca. 7 cm hoch laufen. Beobachten Sie die Farbflecke auf den DC-Folien.

V2 Schneiden Sie von beiden DC-Folien die Streifen gemäß B2 ab. Bestrahlen Sie die eine DC-Folie erneut 15 min lang, während Sie die andere lichtdicht in Aluminiumfolie einwickeln und 15 min lang auf ca. 70 °C mit dem Fön oder auf der Heizplatte erwärmen. Entwickeln Sie wie bei V1, indem Sie die DC-Folie jetzt um 90° gedreht in die Kammer stellen und beobachten Sie die Farbflecke.

Auswertung

a) Die Formeln von *trans*- und *cis*-Azobenzol lauten (R steht jeweils für einen Phenylrest C_6H_5):

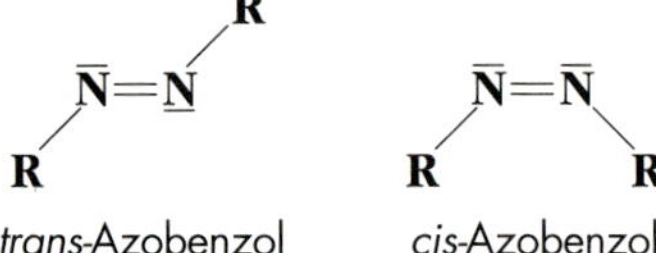

trans-Azobenzol *cis*-Azobenzol

Der Phenyl-Rest $-C_6H_5$ wirkt elektronenziehend auf die **N=N** Doppelbindung. Begründen Sie, warum *trans*-Azobenzol unpolar ist und *cis*-Azobenzol polar.

b) Das Kieselgel von den DC-Folien ist polar, das Laufmittel Toluol ist unpolar. Deuten Sie die Ergebnisse aus V1 und V2 und überprüfen Sie, inwiefern Ihre Ergebnisse mit der folgenden Aussage übereinstimmen:
Die cis-trans-Isomerisierung verläuft thermisch und photochemisch; die trans-cis-Isomerisierung verläuft nur photochemisch.

Cis-trans-Isomerisierungen

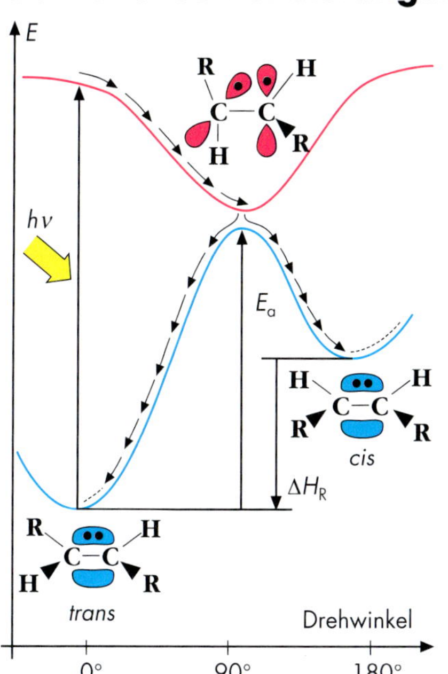

B3 *Energiediagramm und Reaktionsweg bei der photochemischen trans-cis-Isomerisierung (vgl. auch Orbital-Modell in Chemie 2000+ Online)*

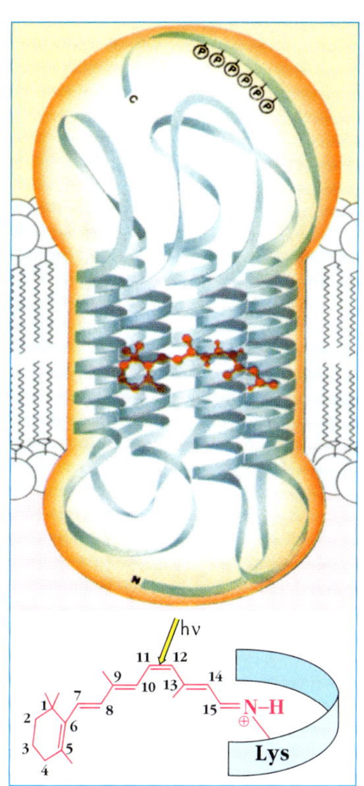

B4 *Ein 11-cis-Retinal-Rest ist Teil des Rhodopsins in den Stäbchenzellen des Auges.*

Reaktionsmechanismus

Cis-trans-Isomerisierungen verlaufen ganz allgemein exotherm, weil das *trans*-Isomer energieärmer ist als das entsprechende *cis*-Isomer (B3). Die Aktivierungsenergie der *cis-trans*-Isomerisierung kann in der Regel durch Erhitzen der Probe zugeführt werden. Daher verlaufen *cis-trans*-Isomerisierungen thermisch. Das ist nicht nur beim *cis*-Azobenzol aus V2 der Fall, sondern auch bei den ungesättigten *cis*-Fettsäureresten aus dem Frittieröl (vgl. S. 53).

Trans-cis-Isomerisierungen können dagegen nicht durch Wärmezufuhr angetrieben werden, wohl aber durch Bestrahlung mit Licht geeigneter Wellenlänge. Durch Absorption eines Lichtquants geeigneter Energie $E = h \cdot \nu$ wird das Alken-Molekül in einen **elektronisch angeregten Zustand** versetzt. Im Energiediagramm aus B3 entspricht das dem schwarzen Pfeil aus dem Energieminimum der blauen Kurve auf die rote Kurve. Im angeregten Zustand ist die bindende Wirkung eines der beiden Elektronenpaare aus der Doppelbindung aufgehoben. Die Rotation um die **C-C** Achse ist erlaubt. Durch Drehen der einen Molekülhälfte um 90° gelangt das System ins Energieminimum des angeregten Zustands (rote Kurve). Von da „fällt" das System in den **elektronischen Grundzustand** (blaue Kurve) zurück, „landet" dabei aber genau im Energiemaximum, also im Übergangszustand zwischen den beiden Isomeren. Durch eine weitere Drehung um 90° wird das *cis*-Isomer erreicht, durch eine Drehung zurück um 90° wieder das *trans*-Isomer erhalten. Bei dauerhafter Einstrahlung von Licht wird ein **photostationäres Gleichgewicht** (vgl. S. 80) zwischen dem *cis*- und dem *trans*-Isomer erreicht.

Vom Lichtquant zum Sehreiz

Der Sehvorgang in unseren Augen beginnt mit einer *cis-trans*-Isomerisierung. Sie findet in den Stäbchenzellen auf der Netzhaut unseres Auges statt. Dabei wird Licht in ein elektrisches Aktionspotenzial umgewandelt, das der Sehnerv ins Gehirn weiterleitet. Die *cis-trans*-Isomerisierung erfolgt am *11-cis-Retinal- (Vitamin-A-Aldehyd)* Rest. Dieses ist an *Opsin*, ein Protein aus 348 Aminosäure-Bausteinen, gebunden. Zusammen bilden sie das *Rhodopsin*. In B4 ist das Opsin-Makromolekül als blaues Band, der 11-*cis*-Retinal-Rest, der das Licht absorbiert, als rotes Gerüst dargestellt.

Wenn sich nun am 11-*cis*-Retinal-Rest die Konfiguration an der Doppelbindung zwischen dem 11. und 12. Kohlenstoff-Atom in die *trans*-Konfiguration ändert, dann „streckt" sich der im Opsin-Molekül eingebettete Retinal-Rest etwas aus. Das bewirkt, dass sich auch die sogenannte *Tertiärstruktur* des Opsin-Makromoleküls geringfügig ändert, insbesondere im Bereich außerhalb der Membran, der in B4 durch die blauen Schleifen dargestellt ist. Die entsprechende Stelle wird damit aktiv für ein bestimmtes Enzym-Molekül (Transducin), das dort andocken und eine ganze Folge von biochemischen Reaktionen auslösen kann. Die durch den Lichtquant übertragene Energie wird dabei um den Faktor 10^5 verstärkt, die Polarisierung des Zellinneren von −40 mV auf −80 mV erhöht. Das Aktionspotenzial des Sehreizes hat sich aufgebaut.

Aufgabe

A2 Informieren Sie sich in *Chemie 2000+ Online* über die Struktur und Eigenschaften von *β*-Carotin (Provitamin-A).

Tausche Halogen gegen ...

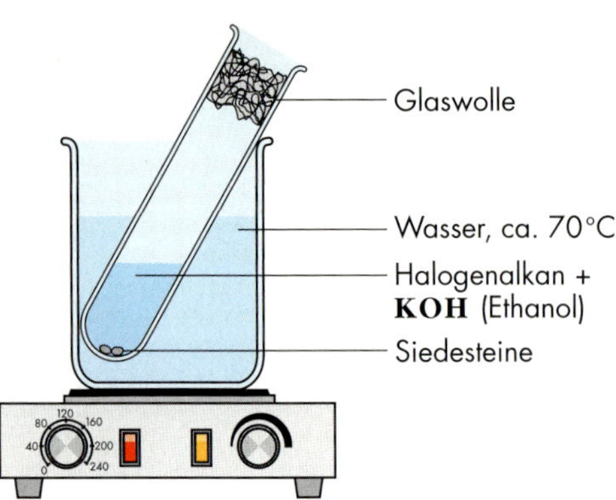

B1 *Skizze zu V1 und V2.* **A:** *Erklären Sie, warum es sich hier um eine sehr einfache Rückflussapparatur handelt.*

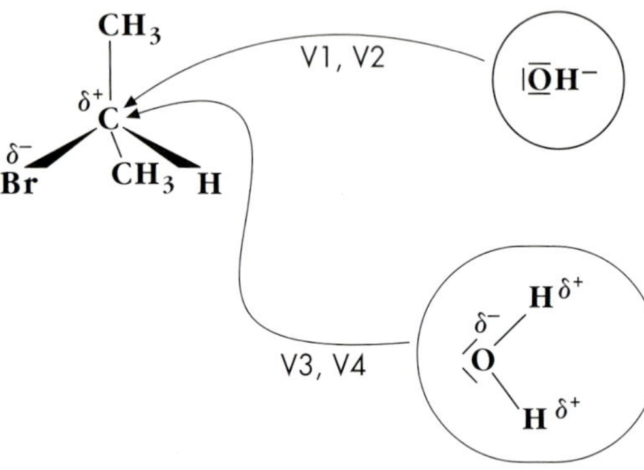

B2 *Elektrisch negativ geladene Ionen (z. B. das Hydroxid-Ion) und polare Moleküle (z. B. das Wasser-Molekül) wirken als* ***nucleophile***[1] *Angreifer.*
A: *Erläutern Sie, warum ausgerechnet* ***das*** *Kohlenstoff-Atom, an dem das Halogen-Atom gebunden ist, nucleophil angegriffen wird.*

Versuche

V1 Versetzen Sie in einem großen Rggl. (oder in einem 50-mL-Erlenmeyerkolben) 2 mL 2-Brompropan* mit 12 mL Kaliumhydroxid-Lösung* in Ethanol*, $c = 2$ mol/L. Geben Sie 2 Siedesteinchen dazu und stopfen Sie in den Hals des Rggl. Glaswolle (B1). Erhitzen Sie das Reaktionsgemisch auf einem Wasserbad so, dass es zum schwachen Sieden kommt. Beobachten Sie die Ablagerung an der Wand des Rggl. und die Trübung der Lösung. Unterbrechen Sie das Sieden nach ca. 8 min und kühlen Sie das Gemisch unter fließendem Wasser ab. Beobachtung? Trennen Sie die Phasen, falls möglich durch Dekantieren, wenn nicht durch Filtrieren. Übernehmen Sie die feste Phase in ca. 10 mL destilliertes Wasser. Beobachtung? Säuern Sie mit halbkonzentrierter Salpetersäure* bis auf einen schwach sauren *p*H-Wert an und versetzen Sie mit einigen Tropfen Silbernitrat-Lösung*. Beobachtung?

V2 Führen Sie den Versuch V1 mit 2-Brom-2-methylpropan* (statt mit 2-Brompropan) durch. Stellen Sie die Gemeinsamkeiten und die Unterschiede fest.

V3 Versetzen Sie in einem Rggl. 15 mL destilliertes Wasser mit 1 mL 2-Brompropan*. Stopfen Sie mit einem Gummistopfen zu und schütteln Sie mehrere Male kräftig durch. Lüften Sie zwischendurch, indem Sie den Gummistopfen zeitweise lockern. Beobachtung nach mehrmaligem Schütteln? Halten Sie mithilfe einer Pinzette einen Streifen Indikatorpapier in die Flüssigkeit. Beobachtung? Pipettieren Sie 2 mL des Reaktionsgemisches in ein anderes Rggl. ab und versetzen Sie es mit einigen Tropfen Silbernitrat-Lösung*. Beobachtung?

V4 Führen Sie den Versuch V3 mit 2-Brom-2-methylpropan* (statt mit 2-Brompropan) durch. Stellen Sie die Gemeinsamkeiten und die Unterschiede fest.

Auswertung

a) Fassen Sie die Versuchsergebnisse aus V1 und V2 bzw. aus V3 und V4 in zwei Tabellen zusammen.

b) Bei dem Feststoff aus V1 und V2 handelt es sich um Kaliumbromid **KBr**. Welche Ionen dieses Salzes wurden nachgewiesen? Erläutern Sie.

c) Wie kann man erklären, dass die Ionenverbindung Kaliumbromid in Wasser sehr gut und in ethanolischer Kalilauge (Kaliumhydroxid in Ethanol) schlecht löslich ist?

d) Bei den Reaktionen aus V1 und V2 wurde jeweils ein Bromid-Ion aus einem Halogenalkan-Molekül **R-Br** gegen ein Hydroxid-Ion aus der Kalilauge ausgetauscht. Die allgemeine Reaktionsgleichung lautet:

$$\mathbf{R{-}Br + OH^- \rightleftharpoons R{-}OH + Br^-} \qquad (1)$$

Formulieren Sie die konkreten Reaktionsgleichungen für V1 und V2 und benennen Sie die hergestellten Alkohole.

e) Reaktionen des Typs (1) zwischen einem Halogenalkan und Hydroxid-Ionen sind reversibel. So kann man z. B. aus Salzsäure und Methanol Chlormethan erhalten. Wie muss die Konzentration der Salzsäure gewählt werden, um möglichst viel des eingesetzten Methanols in Chlormethan zu überführen? Begründung.

f) Auch bei den Reaktionen aus V3 und V4 werden Bromid-Ionen aus den Halogenalkan-Molekülen gegen Hydroxid-Ionen ausgetauscht. Diese stammen aus Wasser-Molekülen (B2). Welcher experimentelle Befund unterstützt diese Behauptung?

g) Formulieren Sie Reaktionsgleichungen für die Reaktionen aus V3 und V4.

[1] von *nucleus* (griech.) = Kern und von *philos* (griech.) = Freund; *nucleophil* bedeutet „kernfreundlich" oder „kernliebend".

Nucleophile Substitution an Halogenalkanen

Ein Teilschritt beim Syntheseweg vom Erdöl zum Plexiglas ist die Herstellung eines Alkohols aus einem Halogenalkan (vgl. B1, S. 299). Das ist möglich, wenn man das Halogenalkan mit Kaliumhydroxid wie in V1 und V2 umsetzt. Dabei erfolgt die **Substitution**[1] eines Halogenid-Ions in einem Halogenalkan-Molekül durch ein Hydroxid-Ion. Führt man diesen Reaktionstyp wie in V1 und V2 mit einer Lösung aus Kaliumhydroxid in Ethanol durch, so verläuft er nach der Gleichung (1), S. 246. Das hat zwei Vorteile: Erstens enthält die Lösung Hydroxid-Ionen, die **nucleophilen** Angreifer, in hoher Konzentration. Zweitens scheidet sich ein Reaktionsprodukt, das Kaliumhalogenid, als schwer löslicher Feststoff ab, weil seine Ionen in Ethanol wesentlich schlechter solvatisiert[2] werden als in Wasser.

Ein Halogenalkan kann aber auch durch **Hydrolyse**[3] wie in V3 und V4, d. h. durch einfache Reaktion mit Wasser, in den entsprechenden Alkohol umgewandelt werden. In diesem Fall findet der nucleophile Angriff auf das Kohlenstoff-Atom im Halogenalkan-Molekül über das negativ polarisierte Sauerstoff-Atom des Wasser-Moleküls statt (B2). Im weiteren Reaktionsverlauf wird aus dem Halogenalkan-Molekül ein Halogenid-Ion abgetrennt und aus dem Wasser-Molekül ein Proton. Der Stoffumsatz erfolgt also nach folgender Reaktionsgleichung:

$$H_3C\underset{\underset{Cl}{|}}{C}HCH_3 + H{-}OH \rightleftharpoons H_3C\underset{\underset{OH}{|}}{C}HCH_3 + Cl^- + H^+ \qquad (2)$$

2-Chlorpropan — 2-Propanol

Die abgetrennten Ionen gehen in hydratisierter Form in Lösung. In V3 und V4 können sie mit Silbernitrat-Lösung bzw. Indikatorpapier nachgewiesen werden.

Die Versuchsergebnisse aus V1 bis V4 belegen auch, dass die Reaktivität von Halogenalkanen gegenüber nucleophilen Angreifern sehr unterschiedlich ist. 2-Brom-2-methylpropan reagiert wesentlich schneller als 2-Brompropan. Allgemein werden Halogen-Atome von tertiären Kohlenstoff-Atomen viel schneller substituiert als solche von sekundären und primären Kohlenstoff-Atomen (B3). Die Geschwindigkeit und die Produkte bei nucleophilen Substitutionen werden auch durch andere Faktoren beeinflusst (vgl. S. 248 und 249).

Als nucleophile Reagenzien für Halogenalkane können auch Alkohole fungieren, besonders dann, wenn sie vorher deprotoniert wurden. Bei der **WILLIAMSON-Synthese** der Ether deprotoniert man den Alkohol mit metallischem Natrium. Aus Methanol bilden sich so Methanolat-Ionen H_3CO^-. Die Alkoholat-Ionen reagieren dann in einem zweiten Syntheseschritt mit einem Halogenalkan nach dem Muster aus Gl. (1) zu einem Ether $R_1{-}O{-}R_2$ (B4).

Das gleiche Syntheseprinzip wird auch bei der Herstellung von Methylcellulose, dem Hauptbestandteil von Tapetenkleister, angewandt (B5). Die Deprotonierung eines Teils der Hydroxy-Gruppen aus den Cellulose-Makromolekülen wird mit Natronlauge durchgeführt.

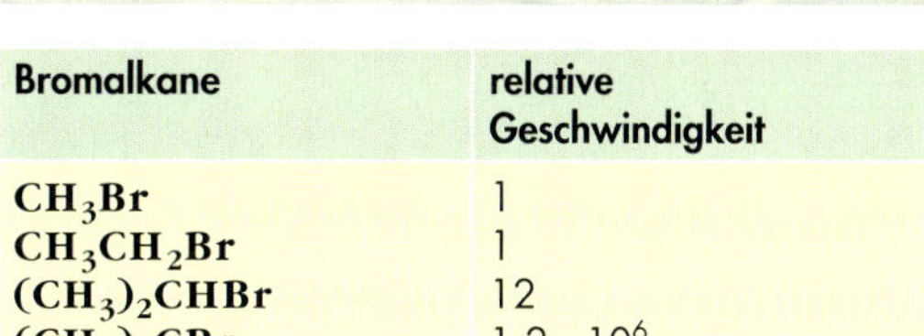

Bromalkane	relative Geschwindigkeit
CH_3Br	1
CH_3CH_2Br	1
$(CH_3)_2CHBr$	12
$(CH_3)_3CBr$	$1{,}2 \cdot 10^6$

B3 *Relative Reaktivitäten verschiedener Bromalkane gegenüber Wasser.* **A:** *In welchem dieser Moleküle ist die Polarisation der C-Br Bindung am stärksten ausgeprägt? Begründung.*

$H_3C{-}O{-}CH_2CH_3$
Methyl-ethyl-ether

$H_3C{-}O{-}C(CH_3)_3$
Methyl-*tertiär*-butylether

$H_3CH_2C{-}O{-}CH_2CH_3$
Diethylether
(„Ether")

$HOH_2CH_2C{-}O{-}CH_2CH_2OH$
Diethylenglycol

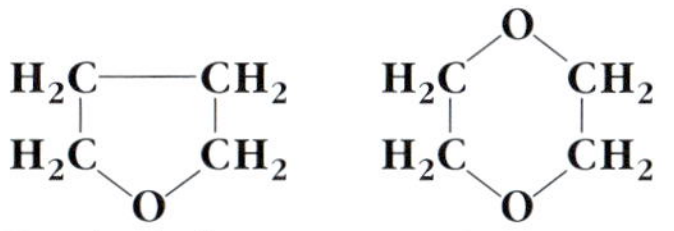

Tetrahydrofuran (H_2C, CH_2, H_2C, CH_2, O) — Dioxan (O, H_2C, CH_2, H_2C, CH_2, O)

B4 *Verschiedene Ether.* **A:** *Formulieren Sie für zwei dieser Verbindungen eine* WILLIAMSON*-Synthese.*
A: *Lösen Sie die Aufgabe A6 von S. 278.*

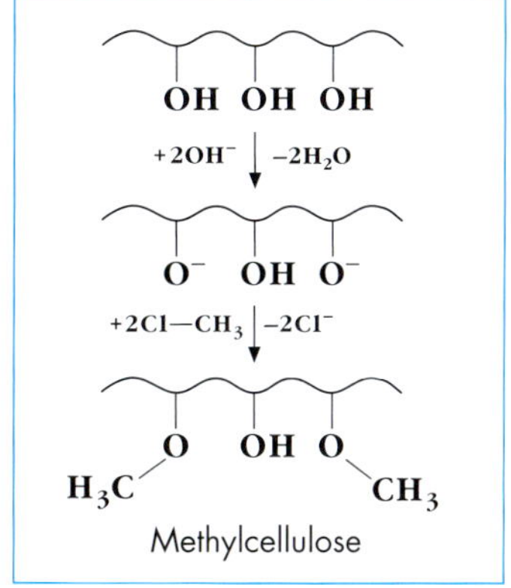

B5 *Synthese von Methylcellulose.* **A:** *Erläutern Sie, inwiefern hier aus „organischem Chlor" „anorganisches Chlor" wird.*

[1] von *substituere* (lat.) = ersetzen; an die Stelle setzen
[2] von *solvens* (lat.) = Lösemittel. Wenn Wasser das Lösemittel ist, gilt: solvatisiert = hydratisiert.
[3] von *hydros* (griech.) = Wasser und von *lyein* (griech.) = spalten, trennen

Fachbegriffe

Substitution, nucleophil, Hydrolyse, WILLIAMSON-Synthese

Fahrpläne von Reaktionen

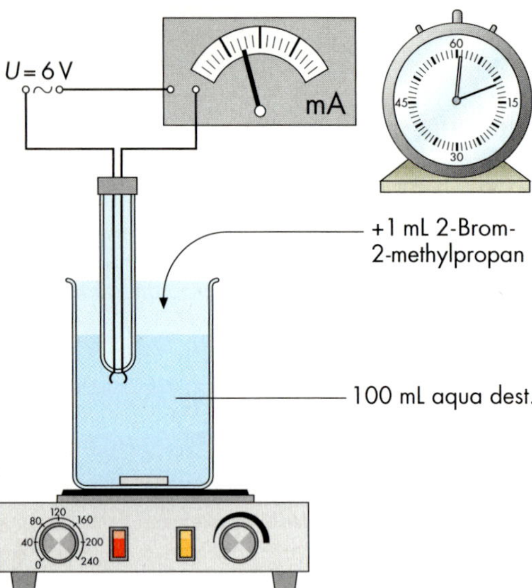

B1 *Skizze zu V1 und V2.* **A:** *Begründen Sie, warum immer mit gleicher Geschwindigkeit gerührt werden muss.*

$(CH_3)_2CHBr$
2-Brompropan
I

$(CH_3)_3CBr$
2-Brom-2-methylpropan
II

$(CH_3)_3CCl$
2-Chlor-2-methylpropan
III

B2 *Formeln und Namen der in den Versuchen V1 bis V3 verwendeten Halogenalkane.* **A:** *Warum ist es sinnvoll, einerseits I mit II und andererseits II mit III zu vergleichen, nicht aber I mit III?*

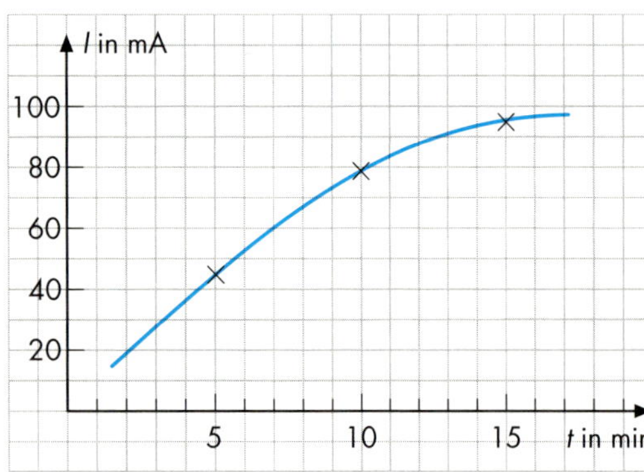

B3 *Zeit-Stromstärke-Diagramm zu V1 bis V3. Die Stromstärke I ist proportional zur Konzentration c der Salzsäure* **HCl(aq)** *bzw. der Bromwasserstoffsäure* **HBr(aq)**.

Versuche

Hinweis: Die Versuche können arbeitsteilig in Gruppen durchgeführt werden.

V1 Stellen Sie die Apparatur aus B1 zusammen und notieren Sie die Anzeige des Amperemeters. Gießen Sie bei eingeschalteter kräftiger Rührung 1 mL 2-Brom-2-methylpropan* in 100 mL destilliertes Wasser und notieren Sie ab diesem Moment zunächst alle 20 s, später nach größeren Zeitintervallen, die Stromstärke. Legen Sie mit den Messwertepaaren Zeit *t* – Stromstärke *I* eine Tabelle an. Unterbrechen Sie, wenn die Stromstärke nicht mehr wesentlich zunimmt, spätestens jedoch nach 20 min. Halten Sie einen Streifen Indikatorpapier in die Lösung. Beobachtung? Versetzen Sie in einem Rggl. 2 mL der Lösung aus dem Becherglas mit 1 mL Silbernitrat-Lösung. Beobachtung?
Bewahren Sie die Lösung aus dem Becherglas für weitere Versuche auf.

V2 Führen Sie den Versuch V1 mit 2-Chlor-2-methylpropan* (statt mit 2-Brom-2-methylpropan*) durch. Wenn nach 20 min die Stromstärke noch nicht konstant ist, rühren Sie weiter, lesen alle 2 min ab und beginnen mit der Auswertung.

V3 Führen Sie den Versuch V1 mit 2-Brompropan* (statt mit 2-Brom-2-methylpropan*) durch. Wenn nach 20 min die Stromstärke noch nicht konstant ist, rühren Sie weiter, lesen alle 2 min ab und beginnen mit der Auswertung.

V4 **Kontrollversuch** (*Hinweis:* Erst im Rahmen der Auswertung d) durchführen!)
Stellen Sie eine Verdünnungsreihe von Salzsäure-Lösungen **HCl(aq)** bzw. Bromwasserstoffsäure-Lösungen **HBr(aq)** mit folgenden Konzentrationen her. Wählen Sie als Ausgangskonzentration jeweils $c_o \approx 0{,}1$ mol/L und verdünnen Sie zu $c_1 = 3/4 \cdot c_o$, $c_2 = 1/2 \cdot c_o$, $c_3 = 1/4 \cdot c_o$ und $c_4 = 1/8 \cdot c_o$. Messen Sie mithilfe einer Vorrichtung wie in B1 (ohne Magnetrührer und Stoppuhr) bei jeder der fünf Lösungen die Stromstärke *I*. Stellen Sie die Wertepaare in einem geeigneten Koordinatensystem grafisch dar.

Auswertung

a) Tragen Sie die Messwertepaare Zeit *t* – Stromstärke *I*, die Sie bei dem von Ihnen durchgeführten Versuch erhalten haben, grafisch nach dem Muster aus B3 auf.

b) Tragen Sie die *t* – *I* Kurven aus allen drei Versuchen in *ein* Koordinatennetz ein und stellen Sie Gemeinsamkeiten und Unterschiede fest.

c) Die allgemeine Reaktionsgleichung bei den Reaktionen aus V1 bis V3 lautet:

$$\mathbf{R{-}X + H_2O \longrightarrow R{-}OH + H^+(aq) + X^-(aq)} \qquad (1)$$

Hierbei steht **X** für **Br** bzw. **Cl** und **R** für den jeweiligen Alkyl-Rest (B2). Erläutern Sie mithilfe der Reaktionsgleichung (1), inwiefern die *t* – *I* Kurven von Auswertung b) „Fahrpläne" der Reaktionen aus V1 bis V3 darstellen.

d) Überprüfen Sie die Aussage unter B3 über die Proportionalität zwischen *I* und *c* experimentell, indem Sie den Kontrollversuch V4 mit der entsprechenden Säure durchführen und auswerten. Erläutern Sie Ihre Auswertung ausführlich.

f) Durch die nachgewiesene Proportionalität zwischen *I* und *c* gewinnen die *t* – *I* Kurven an Aussagekraft über den Verlauf der Reaktionen. Erläutern und begründen Sie, warum das der Fall ist.

g) *Zusatzaufgabe:* Entwickeln Sie aus der *t* – *I* Kurve mit den Messwertepaaren aus V1 einen *t* – *c* Graphen, in dem die zeitliche Konzentrationsänderung des Alkohols **R–OH** dargestellt wird. Erläutern Sie das Verfahren ausführlich.

h) *Zusatzaufgabe:* Berechnen Sie mithilfe des Graphen von Punkt g) die mittleren Reaktionsgeschwindigkeiten v_1 zwischen dem Start der Reaktion und dem Zeitpunkt $t_1 = 40$ s und v_2 zwischen dem Start und dem Zeitpunkt $t_2 = 150$ s. Erläutern Sie das Verfahren und kommentieren Sie die Ergebnisse (*Hinweis:* vgl. S. 32).

Beeinflussende Faktoren für nucleophile Substitutionen

Die Hydrolyse von Halogenalkanen gehört zu den nucleophilen Substitutionen, deren zeitlicher Verlauf durch amperometrische[1] Messung erfasst werden kann (V1 bis V3). Aus den „Fahrplänen", die so ermittelt werden, kann darauf geschlossen werden, was sich auf der Teilchen-Ebene abspielt (vgl. auch S. 252 und 253). Unter den Bedingungen aus V1 bis V3 ist die Reaktionsgeschwindigkeit im Anfangsbereich am größten. Sie nimmt allmählich ab, bis das Halogenalkan verbraucht ist, weil Wasser in großem Überschuss eingesetzt wurde. Wie groß aber die Anfangsgeschwindigkeit genau ist und wie lange es bis zum Verbrauch des Halogenalkans dauert, hängt von mehreren Faktoren ab. Zwei davon werden in den Versuchen V1 bis V3 deutlich: *Erstens* verläuft die Hydrolyse des Bromalkans **R–Br** bei gleichem Alkyl-Rest **R** schneller als die des Chloralkans **R–Cl** (V1 und V2). Dies zeigt, dass das sogenannte **Abgangs-Ion** die Geschwindigkeit einer nucleophilen Substitution beeinflusst. Für das Austrittsvermögen von Halogenid-Ionen gilt: $I^- > Br^- > Cl^- > F^-$. *Zweitens* wird die Geschwindigkeit der Hydrolyse eines Bromalkans **R–Br** durch den Rest **R** beeinflusst. Ist das Brom-Atom an ein tertiäres Kohlenstoff-Atom gebunden, so verläuft die Reaktion am schnellsten (V1 und V3). Das gilt auch für Reaktionen mit anderen Nucleophilen, beispielsweise dem Hydroxid-Ion (vgl. V1 und V2, S. 246). Die quantitativen Unterschiede der Reaktivitäten von Substraten mit *tertiären*, *sekundären* und *primären* Zentren sind in B3, S. 247, angegeben.

Die eigenen Versuchsergebnisse belegen es zwar nicht unmittelbar, aber die Geschwindigkeit einer nucleophilen Substitution hängt selbstverständlich auch von der Art und der Konzentration des **Nucleophils** ab (B4). Ein Nucleophil ist besonders reaktiv, wenn es sich um ein negatives Ion handelt, das gut polarisierbar ist.

Ein weiterer Faktor, der die Geschwindigkeit einer nucleophilen Substitution stark beeinflusst, ist das **Lösungsmittel**. Allgemein begünstigen polare organische Lösungsmittel die Reaktion.

Etwas verblüffend erscheinen die Angaben aus B5, weil das Bromalkan mit tertiärem Kohlenstoff-Atom ganz im Gegensatz zu den Ausführungen weiter oben hier am langsamsten reagiert. Bei den Reaktionen aus B5 kommt ein anderer Faktor zum Tragen, die sogenannte **räumliche Hinderung** an dem Kohlenstoff-Atom, auf das der nucleophile Angriff erfolgt. Wenn das Nucleophil sehr voluminös ist, wie z. B. das Iodid-Ion, kann das tertiäre Kohlenstoff-Atom, das durch die drei Methyl-Gruppen am besten abgeschirmt ist, am schlechtesten angegriffen werden.

Aufgabe

A1 2-Brom-2-methylpropan wird mit einer Lösung versetzt, die Chlorid-Ionen als Nucleophile enthält. Formulieren und nennen Sie jeweils das Produkt bzw. die Produkte, die zu erwarten sind, wenn in a) Wasser, b) Methanol und c) Dimethylformamid DMF gearbeitet wird. Begründen Sie Ihre Vorschläge. (*Hinweis:* Dimethylformamid DMF hat die Formel $H{-}C(=O){-}N(CH_3)_2$ und ist ein polares organisches Lösungsmittel. Es kann im Gegensatz zu Methanol kein Proton abspalten.)

[1] von Ampere A, Einheit für die Stromstärke *I*

Nucleophil	relative Geschwindigkeit
H_3COH	1
NO_3^-	32
F^-	500
SO_4^{2-}	3 160
Cl^-	23 500
NH_3	316 000
Br^-	603 000
CN^-	5 010 000
I^-	26 300 000
HS^-	100 000 000

B4 *Relative Reaktionsgeschwindigkeiten verschiedener Nucleophile mit Iodmethan.* **A:** *Begründen Sie, warum das Ammoniak-Molekül als Nucleophil wirken kann.*

Bromalkan	relative Geschwindigkeit
CH_3CH_2Br	1
$CH_3CH_2CH_2Br$	0,8
$H_3C-C(CH_3)(H)-Br$	0,003
$H_3C-C(CH_3)(CH_3)-Br$	0,000013

B5 *Relative Geschwindigkeiten verschiedener Bromalkane mit Iodid-Ionen als Nucleophil.* **A:** *Was vermuten Sie, wenn Chlorid-Ionen als Nucleophile fungieren?*

Fachbegriffe

Abgangs-Ion, Nucleophil, räumliche Hinderung

$$\begin{array}{ccc} \mathrm{CH_3} & \mathrm{CH_3} & \mathrm{CH_3} \\ | & | & | \\ \mathrm{Cl-Si-CH_3} & \mathrm{Cl-Si-Cl} & \mathrm{Cl-Si-Cl} \\ | & | & | \\ \mathrm{CH_3} & \mathrm{CH_3} & \mathrm{Cl} \end{array}$$

B1 *Mono-, di- und trifunktionelle Einheiten für die Versuche V1 bis V3 und für die industrielle Synthese von Siliconen*

B2 *Fassaden von Gebäuden werden durch Behandlung mit Siliconen wetterfest gemacht.* **A:** *Erkunden und erklären Sie den wasserabweisenden Charakter der siliconbeschichteten Oberfläche (Hinweis: vgl. B3).*

B3 *Experimente, Sachinformationen und Medien im Internet unter www.chemiedidaktik.uni-wuppertal.de*

Alleskönner unter den Werkstoffen

Versuche

Vorsicht! Schutzbrille! Chlormethylsilane im Abzug umfüllen!

V1 Pipettieren Sie 2 mL Chlortrimethylsilan* (B1) in ein Rggl. Stellen Sie das Rggl. in den Ständer oder befestigen Sie es am Stativ. Gießen Sie aus einem anderen Rggl. in einem Schuss 6 mL destilliertes Wasser dazu. Beobachtung? Entnehmen Sie nach 2 min aus der wässrigen Phase mit der Pipette einige Tropfen Flüssigkeit und befeuchten Sie damit einen Streifen Indikatorpapier. Beobachtung? Versetzen Sie in einem Rggl. 1 mL Silbernitrat-Lösung mit zwei Tropfen der wässrigen Phase aus dem Reaktionsgemisch. Beobachtung?

V2 Führen Sie den Versuch V1 mit 2 mL Dichlordimethylsilan* (B1) und mit 12 mL destilliertem Wasser durch. Beobachten Sie den Unterschied zu V1 genau.

V3 Führen Sie den Versuch V1 mit 2 mL Trichlormethylsilan* (B1) und mit 18 mL destilliertem Wasser durch. Beobachten Sie die Unterschiede zu V1 und V2 genau. Spülen Sie den Feststoff aus dem Rggl. mit viel Leitungswasser, bringen Sie einen Teil davon mit einem Glasstab auf ein Uhrglas und prüfen Sie seine Beschaffenheit mit den Fingern. Nehmen Sie eine kleine Portion des Feststoffs auf eine Magnesiarinne auf und testen Sie seine Brennbarkeit in der Brennerflamme. Beobachtung?

Auswertung

a) Stellen Sie die Versuchsergebnisse in einer Tabelle dar, deren Spalten die drei untersuchten Chlormethylsilane aus B1 enthalten. Tragen Sie in die Zeilen der Tabelle die Heftigkeit der Reaktionen, die Beschaffenheit des Reaktionsgemisches nach der jeweiligen Reaktion, das Testergebnis mit Indikatorpapier, das Testergebnis mit Silbernitrat-Lösung und weitere Beobachtungen ein.

b) Deuten Sie die Testergebnisse mit Indikatorpapier und mit Silbernitrat-Lösung und schlagen Sie Reaktionsgleichungen für die Reaktionen der Chlormethylsilane mit Wasser vor.

c) Das in V1 hydrolysierte Chlortrimethylsilan ist die analoge Siliciumverbindung zu dem in V2 von S. 248 hydrolysierten 2-Chlor-2-methylpropan. Schreiben Sie die Formeln beider Moleküle nebeneinander. Ermitteln Sie mithilfe der Elektronegativitäten aus dem PSE, welche der beiden Verbindungen reaktiver gegenüber dem Nucleophil Wasser sein sollte.

d) Erläutern Sie, inwiefern Ihre experimentellen Beobachtungen mit dem Ergebnis Ihrer Überlegungen von Punkt b) übereinstimmen. (*Hinweis:* Sie können gegebenenfalls V1 auch mit 2-Chlor-2-methylpropan* durchführen.)

e) Die Gleichung (1) von S. 251 zeigt, wie das Dimethylsilandiol aus V2 weiter zu linearen Silicon-Makromolekülen reagiert. Formulieren Sie die entsprechende Weiterreaktion für das Trimethylsilanol aus V1. Warum kann es hier nicht zu Makromolekülen kommen?

Experimente, Informationen, Tipps

A1 Suchen Sie über die in B3 angegebene Quelle nach Möglichkeiten, folgende Themen im Rahmen von Facharbeiten oder Projekten zu erschließen:

a) Silicone beim Hausbau und beim Hausschutz
b) Silicone als Antischaummittel
c) Silicone in der Kosmetik und in der Kunst
d) Siliconbeschichtetes Papier
e) Siliconöle, Siliconkautschuk und Siliconharze
f) Siliconöle und Mineralöle im Vergleich
g) Siliconkautschuk und Gummi aus Naturkautschuk im Vergleich
h) Silicone – Grenzgänger zwischen organischer und anorganischer Chemie
i) Stoffkreisläufe bei der Herstellung von Siliconen

Silicone durch nucleophile Substitution

Bei den Siliconen handelt es sich um eine Klasse von *high-tech* Materialien, deren Siegeszug um das Jahr 1950 begonnen hat und sich heute unvermindert fortsetzt. Bei der Synthese von Siliconen geht man von *Halogenmethylsilanen* aus (B1). Diese Verbindungen des Siliciums sind Strukturverwandte der Halogenalkane, denn das Element Silicium steht im Periodensystem unmittelbar unter Kohlenstoff in der IV. Hauptgruppe.

In den Molekülen der Halogenmethylsilane kommen Silicium-Halogen-Bindungen vor. Danach sollten sie mit Wasser ähnlich reagieren wie Halogenalkane. Doch als F. S. KIPPING zu Beginn des 20. Jahrhunderts *Methylsilanole*, d. h. zu Alkoholen analoge Siliciumverbindungen, durch Hydrolyse von Chlormethylsilanen herstellen wollte, war er enttäuscht und verärgert. Er erhielt nämlich nicht die erwarteten wasserlöslichen Methylsilanole, sondern ölige, schmierige und wachsartige Produkte, ähnlich wie die Produkte aus V1 bis V3. Dabei hatte er die **Silicone** entdeckt! Tatsächlich hydrolysieren die **Chlormethylsilane** sehr leicht, aber die gebildeten Methylsilanole reagieren gleich weiter zu Siliconen.

$$n\,Cl{-}\underset{CH_3}{\overset{CH_3}{\overset{|}{\underset{|}{Si}}}}{-}Cl \xrightarrow[-2n\,HCl]{+n\,H_2O} n\,HO{-}\underset{CH_3}{\overset{CH_3}{\overset{|}{\underset{|}{Si}}}}{-}OH \xrightarrow{-(n-1)H_2O} HO{-}\left[\underset{CH_3}{\overset{CH_3}{\overset{|}{\underset{|}{Si}}}}{-}O\right]_n{-}H \quad (1)$$

nucleophile Substitution — Polydimethylsiloxan (Silicon)

Silicone sind Grenzgänger zwischen der organischen und anorganischen Chemie, weil ihre Moleküle sowohl typische Strukturelemente anorganischer als auch organischer Moleküle enthalten. Das sind einerseits die Sauerstoff-Silicium-Bindungen in der Hauptkette und andererseits die Alkyl-Seitengruppen. Aufgrund dieser strukturellen Merkmale sind Silicone hitzebeständig und chemisch inert. Silicon-Makromoleküle können nach Maß synthetisiert werden, indem ganz bestimmte Anteile an mono-, di- und trifunktionellen Chlormethylsilanen bei der Hydrolyse eingesetzt werden. Während das difunktionelle Dichlordimethylsilan zu linearen Ketten gemäß Gleichung (1) führt, sorgt das monofunktionelle Chlortrimethylsilan dafür, dass die Hydroxy-Gruppen von den Enden dieser Ketten durch Trimethylsilan-Einheiten gegen weiteres Wachstum geschützt werden. Das trifunktionelle Trichlormethylsilan führt zu Verzweigungen der Hauptkette und zur Bildung eines dreidimensionalen Gefüges durch Vernetzung mehrerer Ketten. Silicone aus relativ kurzen linearen Molekülen sind Öle, Silicone aus langen Ketten werden zu Siliconkautschuk verarbeitet und Silicone aus vernetzten Makromolekülen sind formstabile und hitzebeständige Materialien. Durch weiteres chemisches Design, z. B. durch Austausch der Methyl-Gruppen gegen andere organische Reste, können Silicone mit sehr unterschiedlichen, teils sogar gegensätzlichen Eigenschaften ausgestattet werden. So können Silicone hydrophob oder hydrophil sein, elektrisch isolierend oder elektrisch leitend, transparent oder lichtundurchlässig, hart oder weich, schaumstabilisierend oder entschäumend, klebend oder trennend. Die technische Voraussetzung für die industrielle Herstellung von Siliconen war der günstige Zugang zu den Chlormethylsilanen durch die sogenannte MÜLLER-ROCHOW-Synthese (B6).

Aufgabe

A2 Erklären Sie mithilfe der Bindungsenergien ΔH_B, warum Chlortrimethylsilan heftiger mit Wasser reagiert als 2-Chlorpropan: ΔH_B (**C–Cl**) = 352 kJ/mol, ΔH_B (**C–O**) = 360 kJ/mol, ΔH_B (**Si–Cl**) = 406 kJ/mol, ΔH_B (**Si–O**) = 466 kJ/mol.

B4 *Beim Structural Glazing in der modernen Architektur werden Metall und Glas mit Siliconen verklebt.*

B5 *Abdruck der Venus von Milo. Mit Siliconen können Skulpturen restauriert und Kopien angefertigt werden.*

$$2\,H_3C{-}Cl + Si \xrightarrow[300\,°C]{(Cu)} Cl{-}\underset{CH_3}{\overset{CH_3}{\overset{|}{\underset{|}{Si}}}}{-}Cl$$

Dichlordimethylsilan

B6 *MÜLLER-ROCHOW-Synthese von Chlormethylsilanen (Vgl. auch S. 277 und Informationen aus dem Internet über die Adresse aus B3.)*

Fachbegriffe

Silicone, Chlormethylsilane, MÜLLER-ROCHOW-Synthese

SN1 und SN2

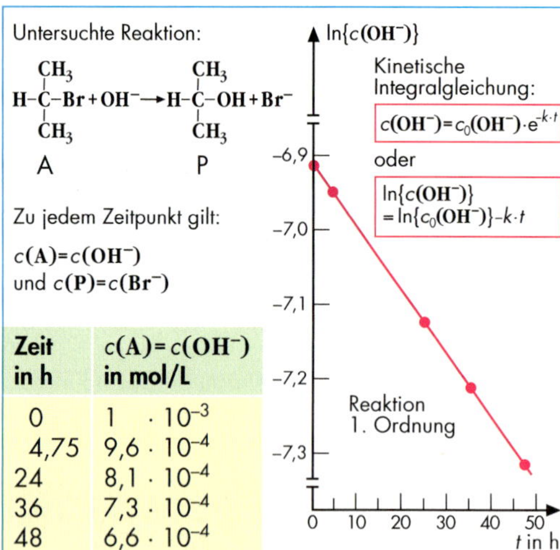

Zeit in h	$c(A)=c(OH^-)$ in mol/L
0	$1 \cdot 10^{-3}$
4,75	$9{,}6 \cdot 10^{-4}$
24	$8{,}1 \cdot 10^{-4}$
36	$7{,}3 \cdot 10^{-4}$
48	$6{,}6 \cdot 10^{-4}$

B1 *Reaktion mit Kinetik 1. Ordnung.* **A** ***(für Mathe-Freaks):*** *Führen Sie den mathematischen Zusammenhang zwischen der Differenzialgleichung[1] (1) und der exponentiellen Integralgleichung vor[2].*

Vom „Fahrplan" zur Reaktionsordnung

Experimente wie V1 bis V3 von S. 248, aus denen die zeitliche Konzentrationsänderung bei einer Reaktion ermittelt werden kann, bezeichnet man als *kinetische Untersuchungen*. Im „Fahrplan" der Reaktion, der $t-c$ Kurve, verbirgt sich das *Geschwindigkeitsgesetz* der Reaktion. Das ist eine mathematische Gleichung, die angibt, wie die Momentangeschwindigkeit v_r von den Konzentrationen der Edukte abhängt. Sie könnte beispielsweise bei einer Reaktion mit den Edukten A und B folgende Form haben:

$$v_r = k \cdot c^2(A) \cdot c(B)$$

In diesem hypothetischen Fall würde es sich um eine Reaktion *3. Ordnung* handeln, weil die Summe der Exponenten (Hochzahlen) bei den Konzentrationen im Geschwindigkeitsgesetz gleich 3 ist.
Aus der experimentellen $t-c$ Kurve einer Reaktion kann man das Geschwindigkeitsgesetz durch geeignete mathematische Umformungen herleiten. Besonders hilfreich ist es, wenn es gelingt, die Konzentrationswerte so umzurechnen, dass sich ein linearer Zusammenhang mit der Zeit t ergibt. Die entsprechenden *Integralgleichungen* für die Abhängigkeit der Konzentration von der Zeit sind dann einfache Geradengleichungen. Daraus kann man auf die dazugehörige *Differenzialgleichung*[1] schließen und diese ist das eigentliche Geschwindigkeitsgesetz. Sie liefert ein wichtiges Indiz für den *Mechanismus* der Reaktion, also für die Art und Weise, wie die Reaktion auf der Teilchen-Ebene verläuft.

Geschwindigkeitsgesetz 1. Ordnung

Rechnet man bei den Versuchsergebnissen aus B1 die natürlichen Logarithmen der Zahlenwerte der Konzentrationen $\ln\{c(A)\}$ aus und trägt sie gegen die Zeit auf, so offenbart sich ein denkbar einfacher linearer Zusammenhang: Die Werte liegen alle auf einer Geraden. In der entsprechenden *Geradengleichung* (vgl. unteren roten Kasten in B1) ist $\ln\{c_0(A)\}$ aus mathematischer Sicht der Ordinatenschnitt und k der Steigungsfaktor. Physikalisch bedeutet $c_0(A)$ die Anfangskonzentration des Edukts A und k ist die Geschwindigkeitskonstante der untersuchten Reaktion aus B1. Die Geradengleichung mit Logarithmen ist mathematisch äquivalent mit der *Exponentialgleichung* im oberen roten Kasten aus B1 (e ist die Basis der natürlichen Logarithmen, e = 2,718..). Das aber ist die integrierte Form der *Differenzialgleichung*[1] (1), d.h. des **Geschwindigkeitsgesetzes 1. Ordnung**. Es hat für die Reaktion aus B1 folgende mathematische Form:

$$v_r = -\,dc(A)/dt = k \cdot c(A) = k \cdot c(OH^-) \qquad (1)$$

SN1 – Unimolekularer Mechanismus

Die nach dem kinetischen Gesetz 1. Ordnung verlaufende nucleophile Substitution kann auf der Teilchen-Ebene durch folgenden **SN1**-Mechanismus erklärt werden:

$$H-C(CH_3)_2-Br \underset{}{\overset{\text{langsam}}{\rightleftharpoons}} H-C^{\oplus}(CH_3)_2 + Br^-$$

Interdukt

$$H-C^{\oplus}(CH_3)_2 + OH^- \overset{\text{schnell}}{\rightleftharpoons} H-C(CH_3)_2-OH$$

Im ersten, langsamen Schritt spaltet sich vom 2-Brompropan-Molekül ein Bromid-Ion ab, es entsteht ein *sekundäres Carbenium-Ion* als *Interdukt*. In diesem Schritt steht auf der Edukt-Seite nur ein Teilchen; man spricht daher von einer **unimolekularen Reaktion**. Da dies der geschwindigkeitsbestimmende Schritt ist, folgt die Gesamtreaktion auf der Stoff-Ebene einem Geschwindigkeitsgesetz (einem kinetischen Gesetz 1. Ordnung).
Nucleophile Substitutionen an tertiären Kohlenstoff-Atomen verlaufen in der Regel nach dem SN1-Mechanismus, weil die als Interdukte auftretenden Carbenium-Ionen durch die **+I**-Effekte von drei Alkyl-Gruppen stabilisiert werden (vgl. B4, S. 243).

---

[1] In Differenzialgleichungen kommen Ableitungen (Differenziale) vor. Hier ist es die Ableitung der Konzentration gegen die Zeit dc/dt.

[2] Integrieren Sie dazu die Differenzialgleichung (1) zwischen den Grenzen 0 und t bzw. c_0 und c.

SN1 und SN2

Geschwindigkeitsgesetz 2. Ordnung

Die Versuchsergebnisse aus B2 liefern einen linearen Zusammenhang zwischen dem Kehrwert der Konzentration $1/c(\mathrm{A})$ und der Zeit t. In der entsprechenden *Geradengleichung* aus B2 ist $1/c_0(\mathrm{A})$ aus mathematischer Sicht der Ordinatenschnitt und k der Steigungsfaktor. Physikalisch bedeutet $c_0(\mathrm{A})$ die Anfangskonzentration des Edukts A und k ist die Geschwindigkeitskonstante der Reaktion aus dem in B2 ausgewerteten Versuch. Diese Geradengleichung ist die integrierte Form der folgenden Differenzialgleichung[1] (2), d.h. eines **Geschwindigkeitsgesetzes 2. Ordnung**:

$$v_r = -\,dc(\mathrm{A})/dt = k \cdot c(\mathbf{OH^-}) \cdot c(\mathrm{A}) = k \cdot c^2(\mathbf{OH^-}) \quad (2)$$

SN2 – Bimolekularer Mechanismus

Für die nucleophile Substitution 2. Ordnung lässt sich folgender SN2-Mechanismus formulieren:

$$\mathrm{H{-}C(CH_3)_2{-}Br} + \mathrm{OH^-} \xrightleftharpoons{\text{langsam}} \left[\mathrm{H{-}C(CH_3)_2}\cdots\mathrm{OH}\cdots\mathrm{Br}\right]^-$$

Tradukt

$$\left[\mathrm{H{-}C(CH_3)_2}\cdots\mathrm{OH}\cdots\mathrm{Br}\right]^- \xrightleftharpoons{\text{schnell}} \mathrm{H{-}C(CH_3)_2{-}OH} + \mathrm{Br^-}$$

Tradukt

Hier verläuft die Bildung des Tradukts (Übergangszustand) langsam und ist damit der geschwindigkeitsbestimmende Schritt. Der Abgang des Bromid-Ions und die Anlagerung des Hydroxid-Ions erfolgen *konzertiert*, d.h. die Auftrennung der einen und die Bildung der anderen Bindung sind *gleichzeitig* verlaufende Prozesse. Bei der Bildung des Tradukts sind zwei Teilchen auf der Edukt-Seite beteiligt, das 2-Brompropan-Molekül und das Hydroxid-Ion. Es liegt daher eine **bimolekulare Reaktion** vor. Da dieser Reaktionsschritt geschwindigkeitsbestimmend ist, verläuft die Reaktion nach einem Geschwindigkeitsgesetz (einem kinetischen Gesetz) 2. Ordnung.

Nucleophile Substitutionen an primären Kohlenstoff-Atomen verlaufen in der Regel nach dem SN2-Mechanismus. Der SN1-Mechanismus ist ausgeschlossen, weil die als Interdukte in Frage kommenden primären Carbenium-Ionen zu instabil sind (vgl. B4, S. 243).

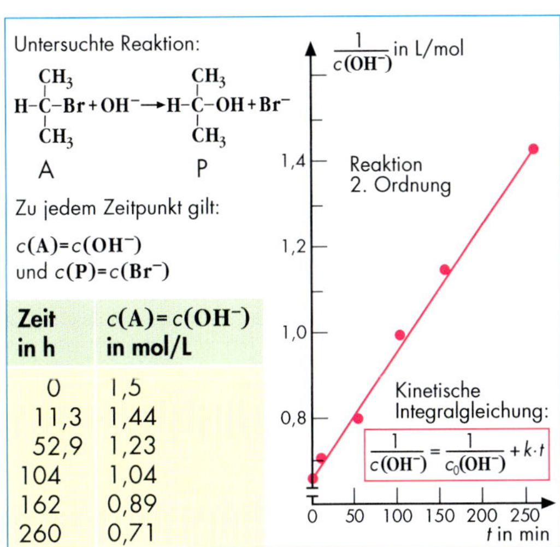

Zeit in h	$c(\mathrm{A}) = c(\mathbf{OH^-})$ in mol/L
0	1,5
11,3	1,44
52,9	1,23
104	1,04
162	0,89
260	0,71

B2 *Reaktion mit Kinetik 2. Ordnung.* **A** ***(für Mathe-Freaks):*** *Führen Sie den mathematischen Zusammenhang zwischen der Differenzialgleichung[1] (2) und der Integralgleichung vor[2].*

Reaktionsordnung und Molekularität

Die Reaktionsordnung ist nicht immer gleich der Molekularität der Reaktion. Die Ordnung ergibt sich aus der Summe der Hochzahlen bei den Konzentrationen im Geschwindigkeitsgesetz (vgl. S. 252). Die Molekularität kennzeichnet die Anzahl der Edukt-Teilchen im geschwindigkeitsbestimmenden Reaktionsschritt. Die Ordnung einer Reaktion wird aus experimentellen Messwerten ermittelt, die Molekularität bezieht sich auf den Mechanismus, hat also Modellcharakter.

Wann verläuft eine nucleophile Substitution nach dem SN1- und wann nach dem SN2-Mechanismus?

Diese Frage kann bei Substitutionen an tertiären und primären Kohlenstoff-Atomen ziemlich eindeutig beantwortet werden (vgl. Textblöcke zu SN1 und SN2). Dagegen ist die Antwort nicht so einfach, wenn es sich um nucleophile Substitutionen an sekundären Kohlenstoff-Atomen handelt, z.B. beim 2-Brompropan aus B1 und B2, das auch für unseren Syntheseweg vom Erdöl zum Plexiglas von Bedeutung ist (vgl. B1, S. 229–231). In diesem Fall wird der SN1-Mechanismus bevorzugt, wenn die Anfangskonzentrationen relativ klein sind und der SN2-Mechanismus, wenn die Anfangskonzentrationen relativ groß sind (B1 und B2). Ginge man bei dieser Reaktion von $c_0(\mathrm{A}) = c_0(\mathbf{OH^-}) = 0{,}1$ mol/L aus, so erhielte man weder eine reine Kinetik 1. Ordnung noch 2. Ordnung. Auf der Teilchen-Ebene gäbe es in diesem Fall eine Konkurrenz zwischen SN1 und SN2, d.h. einige Teilchen reagierten nach dem SN1-, andere nach dem SN2-Mechanismus. Der Reaktionsweg der Teilchen nach SN1 oder SN2 kann auch durch das Lösemittel und die Temperatur beeinflusst werden.

Chirale Moleküle in nucleophilen Substitutionen

Haute Couture für Naturstoffe

Wenn Kinder lernen müssen, sich selbständig anzuziehen, dann fließen häufig Tränen. Schlüpft der Knirps zum Beispiel mit dem linken Ärmchen in den rechten Hemdsärmel, dann führt dies schnell zu ärgerlichen Verwicklungen. Und mit der Fortbewegung hapert es, wenn nach längeren Mühen der linke Stiefel am rechten Füßchen sitzt. Manche lernen erst nach einigen Wutanfällen, daß Körper und Kleider viele Asymmetrien aufweisen, daß Bild und Spiegelbild häufig zwar zum Verwechseln ähnlich, aber keineswegs identisch sind …

Vor einem ähnlichen Problem wie die Kinder beim Anziehen stehen häufig auch Biochemiker beim Herstellen von Naturstoffen. Denn was für den Körper gilt, stimmt auch für die Moleküle, die ihn aufbauen. Genauso wie unsere beiden Füße, Arme, Beine, Lungenflügel oder Ohren chiral und somit nicht identisch sind (man stelle sich nur vor, ein Chirurg versuchte, ein linkes Ohr auf die rechte Kopfseite zu verpflanzen), so gibt es eine Fülle von Naturstoffen, die sich zwar gleichen wie Bild und Spiegelbild, die aber dennoch grundverschieden sind. Während die eine Form für den Körper lebenswichtig sein kann, mag die andere für ihn unbrauchbar oder gar gefährlich sein. Dies, obwohl die beiden Enantiomeren die gleiche chemische Formel haben.

Ernährungsbewußte Zeitgenossen wissen zum Beispiel, daß es eine „rechtsdrehende" und eine „linksdrehende" Milchsäure etwa in Joghurtprodukten gibt. Erstere spielt in unserem Stoffwechsel eine wichtige Rolle …

Mit der linksdrehenden Milchsäure hingegen kann der Körper nichts anfangen. Ähnliches gilt für viele Zucker. Während Glukose ein wichtiger Energielieferant ist, würde eine Diät mit ihrem Spiegelbild zum Hungertod führen …

Die Herstellung chiraler Moleküle durch sogenannte asymmetrische Synthesen gilt dementsprechend als hohe Kunst …

B1 *HANS SCHUH, DIE ZEIT, Nr. 44, 26. Okt. 1990*

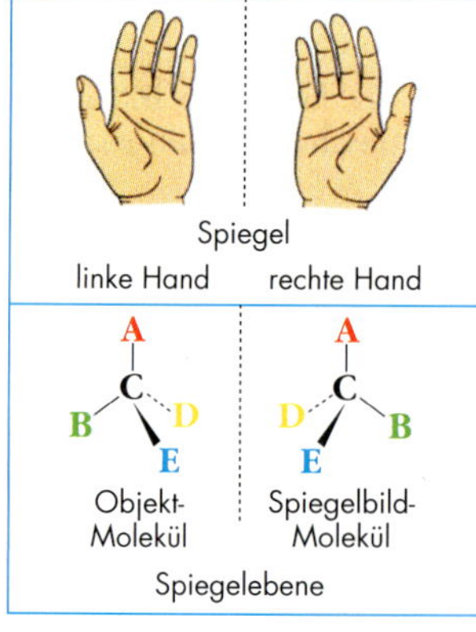

B3 *Die rechte und die linke Hand als Modell für chirale Objekte.* **A:** *Nennen Sie vier andere chirale Körperteile.*

Was sind chirale Moleküle?

Es gibt isomere Verbindungen, deren Moleküle anzusehen sind wie ein Objekt und sein Spiegelbild. Ein solches Objekt, das selbst keine Spiegelebene besitzt, bezeichnet man als **chiral**[1]. So ist z.B. ein Molekül chiral, wenn vier verschiedene Substituenten an ein Kohlenstoff-Atom gebunden sind. In diesem Fall spricht man von einem asymmetrischen Kohlenstoff-Atom. Zu einem Molekül mit einem **asymmetrischen Kohlenstoff-Atom** gibt es ein Spiegelbild-Molekül (B3).

Zwei Stoffe, deren Moleküle sich wie Objekt und Spiegelbild verhalten, bezeichnet man als **optische Isomere** oder **Enantiomere**[2]. Ihre Moleküle sind chiral und haben verschiedene **Konfigurationen**, d.h. verschiedene räumliche Anordnungen der Substituenten an den asymmetrischen Kohlenstoff-Atomen. Optische Isomere (Enantiomere) haben weitgehend gleiche physikalische und chemische Eigenschaften. Allerdings drehen sie die Ebene des polarisierten Lichts in entgegengesetzte Richtungen. Das chemische Verhalten von Enantiomeren gegenüber anderen Stoffen aus chiralen Molekülen kann vollkommen unterschiedlich sein. Das ist bei lebenswichtigen Reaktionen aus Organismen von herausragender Bedeutung (vgl. Zeitungstext in B1).

B2 *ELIAS J. COREY, Professor an der Harvard-Universität erhielt im Jahr 1990 den Chemie-Nobelpreis für Synthesen chiraler Naturstoffe.*

Aufgaben

A1 Ist ein a) geometrischer Würfel und b) Spielwürfel ein chirales Objekt? Begründen Sie.

A2 Die chemische Bezeichnung von Milchsäure ist 2-Hydroxypropansäure, die Halbstrukturformel lautet $H_3CCH(OH)COOH$. Begründen Sie, warum es zwei optische Isomere (Enantiomere) von Milchsäure gibt, sogenannte rechtsdrehende und linksdrehende Milchsäure.

A3 Schreiben Sie die räumlichen Strukturformeln der Moleküle von 2-Brombutan und von 2-Brompropan nach dem Muster aus B3 auf. Begründen Sie, warum das erste chiral ist und das zweite nicht.

A4 Suchen Sie im Internet nach zwei Beispielen von Enantiomeren mit unterschiedlicher physiologischer Wirkung.

A5 Informieren Sie sich mithilfe von *Chemie 2000+ Online* über polarisiertes Licht und die Funktionsweise eines Polarimeters. Führen Sie gegebenenfalls polarimetrische Messungen mit Glucose- und Fructose-Lösungen durch.

[1] von *cheir* (griech.) = Hand
[2] von *enatios* (griech.) = entgegengesetzt, gegensätzlich

Chirale Moleküle in nucleophilen Substitutionen

Stereochemie bei SN1-Reaktionen

Sind bei einer nucleophilen Substitution chirale Moleküle beteiligt, so ist der SN1- oder SN2-Mechanismus für die **Stereochemie**, d.h. für die räumliche Konfiguration, bei den Produkt-Molekülen verantwortlich. Bei einer SN1-Reaktion erhält man aus einem optisch aktiven Edukt, in dem alle Moleküle die gleiche Konfiguration haben, ein Gemisch, in dem die beiden Enantiomere des Produkts im Verhältnis 1:1 enthalten sind. Ein solches Gemisch wird als *Racemat* bezeichnet. Eine Erklärung für die *Racemisierung* bei einer SN1-Reaktion wird in B4 geliefert.

Stereochemie bei SN2-Reaktionen

Beim SN2-Mechanismus tritt eine *Konfigurationsumkehr* (WALDENSCHE Umkehr) an dem chiralen Kohlenstoff-Atom ein, an dem die Substitution stattfindet. In B5 wird das dadurch deutlich, dass die Substituenten R, R′ und R″ am asymmetrischen Kohlenstoff-Atom umklappen wie ein Regenschirm im Wind. Aus einem optisch aktiven Edukt erhält man ein Produkt, das ebenfalls optisch aktiv ist. Aus einem linksdrehenden Edukt kann dabei ein rechtsdrehendes Produkt gebildet werden.

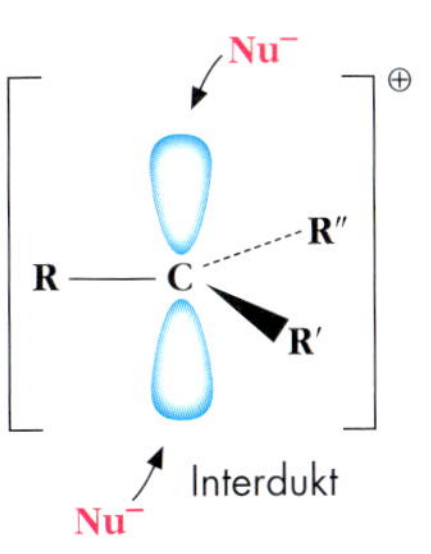

B4 *Das Carbenium-Ion ist planar[1]. Der Angriff des Nucleophils erfolgt mit gleicher Wahrscheinlichkeit von beiden Seiten der Ebene der Atome.*

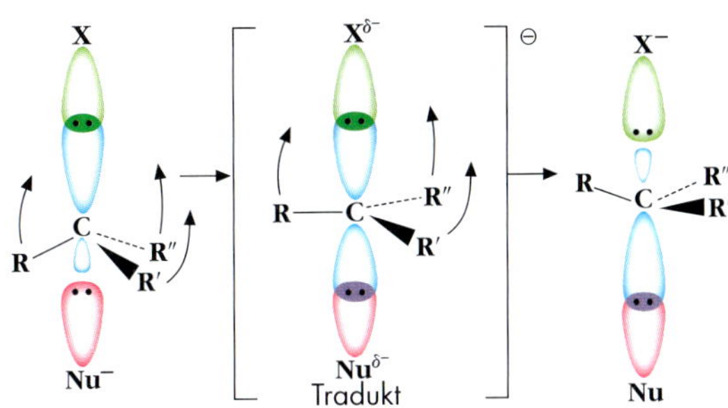

B5 *Das Halogenalkan-Molekül ist tetraedrisch gebaut[1]. Der Angriff des Nucleophils erfolgt nur von der gegenüberliegenden Seite des Halogen-Atoms X.*

1-Chlor-1-methoxyethan (CH_3–CH(Cl)–OCH_3)

2-Chlorbutan (CH_3–CHCl–CH_2CH_3)

Bromcyclohexan

2-Brom-2-methylbutan (H_3C–C(CH_3)(Br)–CH_2CH_3)

3-Brom-3-methylhexan (H_5C_2–C(CH_3)(Br)–C_3H_7)

1-Brom-2-methylcyclohexan

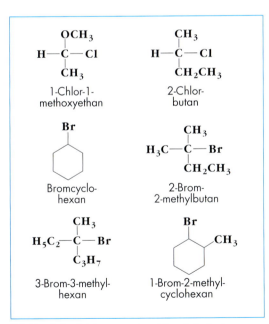

B6 *Mögliche Edukte in nucleophilen Substitutionen (vgl. auch A8)*

Aufgaben

A6 Bei der Hydrolyse von linksdrehendem 2-Brombutan wurde rechtsdrehendes 2-Butanol erhalten. Was lässt sich über den Mechanismus dieser Reaktion sagen? Erläutern Sie ausführlich.

A7 Um den Mechanismus einer Reaktion zu erschließen, kann man das *kinetische Kriterium* (vgl. S. 252–253) und das *stereochemische Kriterium* S. 254–255) verwenden. Nennen Sie je eine Grenze, der man in jedem der beiden Fälle unterworfen ist.

A8 Die in B6 angegebenen Halogenverbindungen sollen mit ethanolischer Kalilauge zur Reaktion gebracht werden. a) Bei welchen dieser Verbindungen sind optische Isomere (Enantiomere) möglich? b) Nehmen Sie an, dass jeweils das linksdrehende Isomer in die Reaktion eingesetzt wird. Geben Sie in jedem Fall begründet an, ob ein optisch aktives oder nicht aktives Produkt zu erwarten ist.

A9 Suchen Sie im Internet nach bewegten Modellen (Animationen) zur Stereochemie bei SN1- und SN2-Reaktionen. Laden Sie die entsprechenden Module gegebenenfalls herunter und präsentieren Sie die Modelle in einem Kurzvortrag Ihren Mitschülern.

[1] vgl. auch Orbital-Modell in *Chemie 2000+ Online*. In Teil V „Molekül-Orbitale in Alkan-Molekülen und in Alken-Molekülen" wird u.a. die geometrische Anordnung am Kohlenstoff-Atom, das vom Nucleophil angegriffen wird, beschrieben.

Heftig oder sanft?

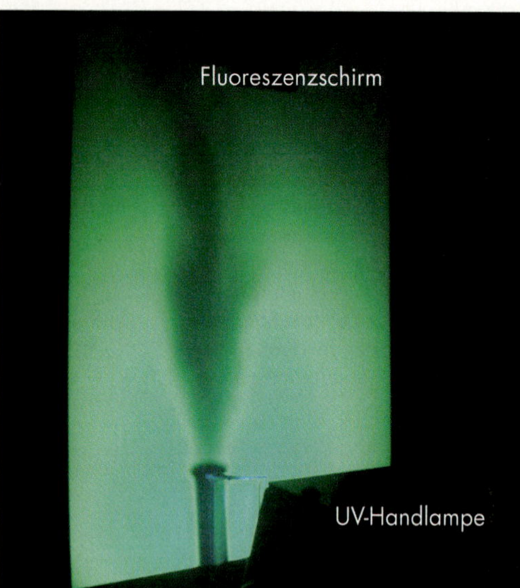

B1 *Dämpfe verursachen bei V4 b) Schatten auf einem Fluoreszenzschirm.* **A:** *Welche Funktion hat die UV-Lampe?*

1. Atome von Elementen haben die Oxidationszahl 0:

   $\overset{0}{\text{Ag}}$ $\quad \langle\overset{0}{\text{O}}=\overset{0}{\text{O}}\rangle$ $\quad \overset{0}{\text{H}}-\overset{0}{\text{H}}$

2. Die Oxidationszahl einatomiger Ionen ist gleich ihrer Ladungszahl:

   $\overset{\text{I}}{\text{Ag}^+}$ $\quad |\overset{-\text{II}}{\underline{\overline{\text{O}}}}|^{2-}$

3. Bei Atomen von Molekülen ordnet man die Bindungselektronen dem jeweils elektronegativeren Atom zu:

   $\overset{\text{I}}{\text{H}}-\overset{-\text{I}}{\underline{\overline{\text{Cl}}}}|$ $\quad \overset{\text{I}}{\text{H}}-\overset{-\text{II}}{\underline{\overline{\text{O}}}}-\overset{\text{I}}{\text{H}}$

4. Die Summe der Oxidationszahlen aller Atome in einem Molekül ist Null. Beispiele für Ethanol und Ethanal:

   Ethanol: $\overset{\text{I}}{\text{H}}-\overset{-\text{III}}{\text{C}}(\overset{\text{I}}{\text{H}})_2-\overset{-\text{I}}{\text{C}}(\overset{\text{I}}{\text{H}})_2-\overset{-\text{II}}{\text{O}}-\overset{\text{I}}{\text{H}}$

   Ethanal: $\overset{\text{I}}{\text{H}}-\overset{-\text{III}}{\text{C}}(\overset{\text{I}}{\text{H}})_2-\overset{\text{I}}{\text{C}}(=\overset{-\text{II}}{\text{O}})-\overset{\text{I}}{\text{H}}$

B2 *Regeln zur Feststellung der Oxidationszahl (vgl. S. 25).* **A:** *Schreiben Sie die Valenzstrichformeln von 2-Propanol und Propanon auf und ermitteln Sie alle Oxidationszahlen.*

Versuche

Vorsicht! Schutzbrille!

V1 Geben Sie in einen Verbrennungslöffel jeweils 0,5 mL der folgenden Alkohole: a) Ethanol*, b) 1-Propanol* und c) 2-Propanol*. Entzünden Sie jeweils in der Brennerflamme und entfernen Sie dann den Löffel aus der Flamme. Beobachtung?

V2 Erhitzen Sie ein zusammengerolltes Kupferblech (oder eine Kupferdrahtnetzrolle) in der Brennerflamme, bis es beim Herausnehmen mit einer schwarzen Schicht aus Kupfer(II)-oxid bedeckt ist. Tauchen Sie das sehr heiße oxidierte Kupferblech in ein dickwandiges Rggl., in dem sich jeweils 5 mL der folgenden Alkohole befinden: a) Ethanol*, b) 1-Propanol* und c) 2-Propanol*. Beobachtung? Wiederholen Sie die Oxidation des Kupferblechs und das Eintauchen bei jedem der drei Alkohole 4-mal.
Führen Sie mit den oxidierten Alkoholen den Nachweis aus V3 durch.

V3 Versetzen Sie jeweils 2 mL der oxidierten Alkohole aus V2 mit 0,5 mL SCHIFF-Reagenz. Beobachtung? Führen Sie die Tests mit SCHIFF-Reagenz auch mit je 2 mL der reinen Alkohole durch. Beobachtung?

V4 Bauen Sie die Vorrichtung aus B1 auf. Zwischen dem Fluoreszenzschirm (Dünnschichtfolie mit Fluoreszenzindikator F_{254}) und der UV-Lampe (λ = 254 nm) befindet sich ein Rggl. mit ca. 10 mL 2-Propanol*, das auf ca. 50 °C vorgewärmt wurde. Schalten Sie die Lampe ein und beobachten Sie den Schirm genau, indem Sie wie folgt Dämpfe erzeugen: a) Einleiten von Luft in das 2-Propanol* und b) Eintauchen von heißem Kupferoxid in das 2-Propanol* wie in V2.

LV5 Die Apparatur aus B3 wird zusammengebaut und mit 40 mL 2-Propanol* und mit Kupferspänen beschickt. Die Kupferspäne werden stark erhitzt. Beobachtung? Während die Kupferspäne weiter erhitzt werden, bringt man das 2-Propanol* zum Sieden und hält es so am Sieden, dass der Dampf gelinde über das heiße Kupfer strömt. Beobachtung? Nach einiger Zeit wird das entweichende Gas in der pneumatischen Wanne aufgefangen. Wenn zwei Rggl. mit Gas gefüllt sind, unterbricht man die Heizung und zieht das Eintauchrohr aus der Waschflasche heraus. Man führt mit dem aufgefangenen Gas die Knallgasprobe durch und testet die Flüssigkeit aus der Waschflasche durch die UV-Probe nach V4. Beobachtung?

Auswertung

a) Formulieren Sie Reaktionsgleichungen für die Oxidationen der Alkohole in V1.

b) Das SCHIFF-Reagenz gibt mit Aldehyden eine Farbreaktion. Die Carbonyl-Gruppe aus Ketonen und Aldehyden absorbiert UV-Licht im Wellenlängenbereich um λ = 254 nm. Deuten Sie alle Beobachtungen bei V2 sowie die Nachweise und Beobachtungen aus V3 und V4 und formulieren Sie Reaktionsgleichungen für die Oxidationen der Alkohole in V2.

c) Kann 2-Methyl-2-propanol (*tert.*-Butanol) unter den Bedingungen aus V2 oxidiert werden? Begründen Sie Ihre Vermutung und überprüfen Sie sie gegebenenfalls experimentell.

d) Warum kann man das Produkt aus LV5 nicht mit SCHIFF-Reagenz, wohl aber wie in B1 bzw. V4 nachweisen?

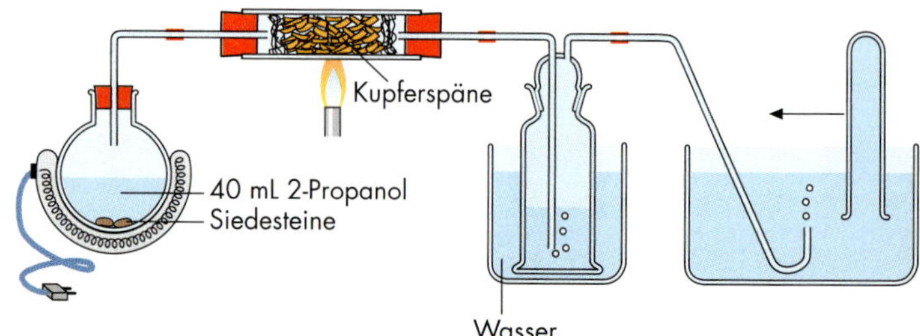

B3 *Skizze zu LV5.* **A:** *Warum wird das entweichende Gas nicht von Beginn an aufgefangen?*

Carbonylverbindungen aus Alkoholen

Wenn Alkohole verbrennen, findet eine heftige Oxidation statt. Die Produkte sind Wasser und Kohlenstoffdioxid (V1). Man kann Alkohole aber auch sanfter oxidieren, beispielsweise mit Kupfer(II)-oxid wie in V2 oder sogar katalytisch an erhitztem Kupfer wie in LV5. Dabei bilden sich aus primären Alkoholen **Aldehyde** $\mathrm{R\text{-}CHO}$ und aus sekundären Alkoholen **Ketone** $\mathrm{R_2CO}$ (B4). Aldehyde und Ketone haben als gemeinsames strukturelles Merkmal die **Carbonyl-Gruppe** $\mathrm{>C{=}O}$ und werden daher auch **Carbonylverbindungen** genannt.
Eine Carbonylverbindung, das *Propanon* (übliche Bezeichnung: *Aceton*) $\mathrm{(CH_3)_2CO}$, ist beim Syntheseweg vom Erdöl zum Plexiglas *die* Schlüsselverbindung. Es kann durch Oxidation von 2-Propanol hergestellt werden (vgl. B4, S. 231). Dabei ist es für ein industrielles Verfahren günstiger, wenn nicht wie in V2 mit Kupferoxid gearbeitet wird, sondern wie in LV5 kontinuierlich gasförmiges 2-Propanol über erhitzte Kupferspäne geleitet wird. Dabei wird jeweils aus einem Alkohol-Molekül ein Wasserstoff-Molekül *eliminiert*, d.h. es findet eine **Dehydrierung** des Alkohols statt. Dies entspricht einer Oxidation von Kohlenstoff-Atomen und einer Reduktion von Wasserstoff-Atomen. Dies belegen die angegebenen **Oxidationszahlen** in der Gleichung (1):

$$\mathrm{(H_3C)_2\overset{0}{C}(\overset{I}{H})\text{–}\overset{-II}{O}\text{–}\overset{I}{H} \xrightarrow{(Cu)} (H_3C)_2\overset{II}{C}{=}\overset{-II}{O} + \overset{0}{H_2}};\quad \Delta H_R > 0 \qquad (1)$$

Da die Reaktion endotherm verläuft, muss der Kupfer-Katalysator bei LV5 die ganze Zeit erhitzt werden. Um die Zufuhr der Reaktionsenthalpie ΔH_R überflüssig zu machen, dosiert man in der Technik dem Alkoholdampf auch Luft hinzu. Ein Teil des gebildeten Wasserstoffs verbrennt, der Katalysator wird dadurch aufgeheizt. Nach diesem Verfahren werden industriell Methanal aus Methanol, Ethanal aus Ethanol und Propanon (Aceton) aus 2-Propanol hergestellt.

Aufgaben

A1 Welchen Einfluss hat a) die Oberfläche des Kupfers und b) die Temperatur auf die Reaktionsgeschwindigkeit bei der katalytischen Dehydrierung von Alkoholen? Begründung.

A2 Aldehyde können mit schwachen Oxidationsmitteln z.B. durch die FEHLING-Probe und durch die Silberspiegel-Probe nachgewiesen werden. a) Formulieren Sie die Teilreaktionen (Oxidation und Reduktion) bei der FEHLING-Probe und bei der Silberspiegel-Probe mit Methanal (*Hinweis:* vgl. S. 22–25). b) Warum funktionieren diese Nachweise bei Ketonen nicht? (*Hinweis:* Vgl. B4.)

A3 Primäre Alkohole können mit stärkeren Oxidationsmitteln, beispielsweise mit Kaliumpermanganat $\mathrm{KMnO_4}$ oder Kaliumdichromat $\mathrm{K_2Cr_2O_7}$ in schwefelsaurer Lösung zu den entsprechenden Carbonsäuren oxidiert werden. Dabei wird das Mangan aus den Permanganat-Ionen $\mathrm{MnO_4^-}$ zu $\mathrm{Mn^{2+}}$-Ionen reduziert, bzw. das Chrom aus den Chromat-Ionen $\mathrm{Cr_2O_7^{2-}}$ zu $\mathrm{Cr^{3+}}$-Ionen. Formulieren Sie die entsprechenden Teilreaktionen (Oxidation und Reduktion) und die Gesamtreaktionen.

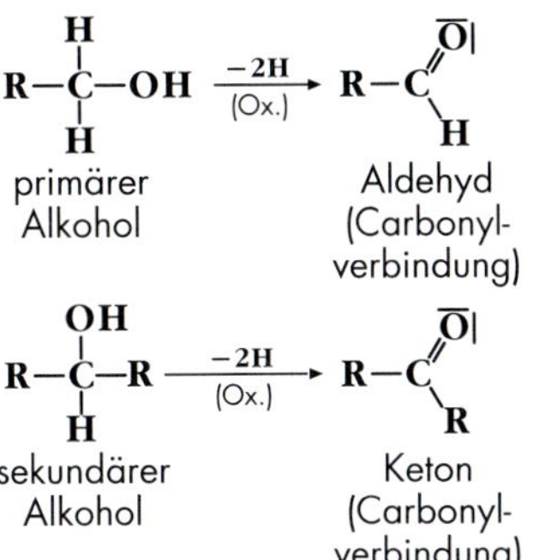

B4 *Vom Alkohol zur Carbonylverbindung.* **A:** *Warum lässt sich ein tertiärer Alkohol nicht analog zu einer Carbonylverbindung oxidieren?*

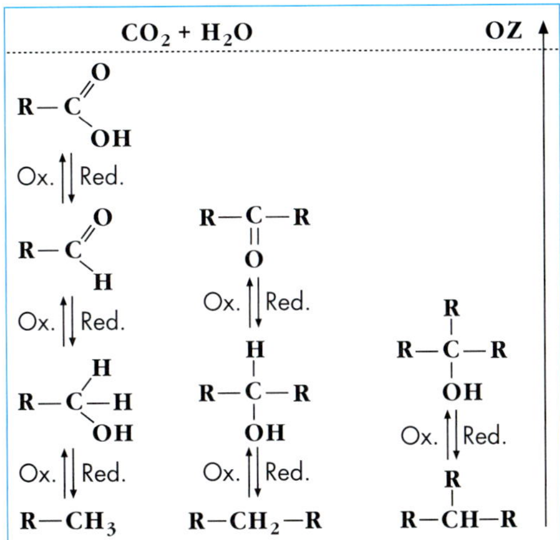

B5 *Oxidationsreihen am primären, sekundären und tertiären Kohlenstoff-Atom.* **A:** *Bestimmen Sie die Oxidationszahlen der Kohlenstoff-Atome.*

B6 *Rückflussapparatur für die Oxidation eines Alkohols zu einer Carbonsäure.* **A:** *Warum muss der obere Teil des Kühlers offen sein?*

Fachbegriffe

Aldehyde, Ketone, Carbonyl-Gruppe, Carbonylverbindungen, Dehydrierung, Oxidationszahl

Angriffsziel: Die C=O Gruppe

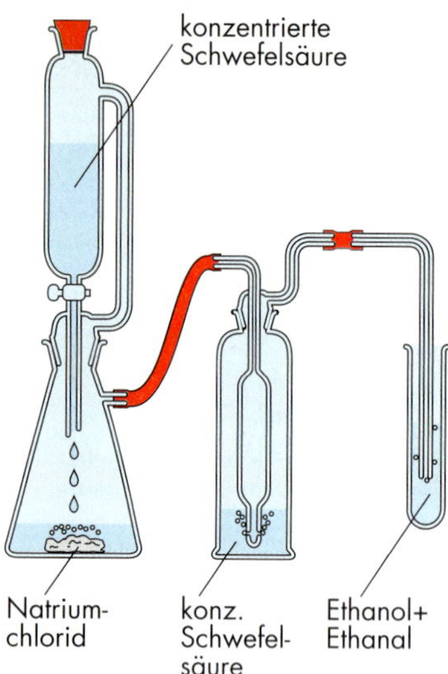

B1 *Herstellung und Trocknung von Chlorwasserstoff für LV3.* **A:** *Wo findet die Trocknung statt?*

Chloral (Trichlorethanal)	Chloralhydrat (2,2,2-Trichlorethan-1,1-diol)
$Cl_3C{-}CH{=}O$	$Cl_3C{-}CH(OH)_2$

B2 *Valenzstrichformeln von Chloral und Chloralhydrat*

Name	R_1	R_2	K
Chloral	Cl_3C	H	10^4
Methanal	H	H	10^3
Ethanal	H_3C	H	1
Aceton (Propanon)	H_3C	H_3C	10^{-2}

B3 *Beträge der Gleichgewichtskonstanten K beim Hydrat-Gleichgewicht (1) für verschiedene Carbonylverbindungen.* **A:** *Schätzen Sie den Wert von K bei Propanal und begründen Sie Ihren Vorschlag.*

Versuche

Vorsicht! Schutzbrille!

LV1 In einem Rggl. oder in einer kleinen Kristallisierschale wird 1 mL Chloral* (B2) tropfenweise und unter Schütteln bzw. Rühren mit destilliertem Wasser versetzt. Beobachtung? (*Hinweis:* Der Versuch sollte nach Möglichkeit als Projektionsversuch vorgeführt werden.)

LV2 In einem Rggl. oder in einer kleinen Kristallisierschale wird 1 g Chloralhydrat*(B2) tropfenweise mit 0,5 mL konzentrierter Schwefelsäure* versetzt **(Schutzbrille!)**. Beobachtung? Von der öligen, sich abscheidenden Flüssigkeit werden mit der Pipette einige Tropfen abgesaugt und wie in LV1 mit Wasser versetzt. Beobachtung? (*Hinweis:* Auch dieser Versuch sollte nach Möglichkeit als Projektionsversuch vorgeführt werden.)

LV3 In der Vorrichtung aus B1 wird in ein Gemisch aus 15 mL absolutem Ethanol* und 5 mL wasserfreiem Ethanal* ca. 20 s lang trockener Chlorwasserstoff* aus einem Gasentwickler eingeleitet **(Abzug!)**. Beobachtung? Man lässt das Gemisch noch 3 min stehen und prüft den Geruch. Dann gießt man es in 40 mL eisgekühlte verdünnte Natronlauge*. Man prüft den Geruch erneut.

V4 Versetzen Sie in einem Rggl. 2 mL Aceton* mit 2 mL gesättigter Natriumhydrogensulfit-Lösung $NaHSO_3(aq)$, der Sie vorher auch 2 Tropfen Natronlauge*, c = 1 mol/L, beigefügt hatten. Beobachtung? Verdünnen Sie dann mit 10 mL angesäuertem Wasser und schütteln Sie das Rggl. Beobachtung?

Auswertung

a) Bei LV1 reagiert Chloral, Trichlorethanal, mit Wasser zu Chloralhydrat, 2,2,2-Trichlorethan-1,1-diol. Erklären Sie mithilfe der Formeln aus B2, warum Chloral flüssig ist und Chloralhydrat ein fester kristalliner Stoff.

b) Bei LV2 wirkt konzentrierte Schwefelsäure dehydratisierend auf Chloralhydrat. Formulieren Sie die Reaktionen aus LV1 und LV2 nach dem Muster des folgenden Hydrat-Gleichgewichts von Carbonylverbindungen:

$$\underset{\text{I Carbonylverbindung}}{R_1R_2C{=}O} + H{-}OH \rightleftharpoons \underset{\text{II Hydrat}}{R_1R_2C(O{-}H)_2} \quad ; \; K = \frac{c(R_1R_2C(OH)_2)}{c(R_1R_2CO)\cdot c(H_2O)} \qquad (1)$$

c) Bei LV3 laufen folgende Gleichgewichtsreaktionen säurekatalysiert ab:

$$R_1R_2C{=}O + H{-}OR \rightleftharpoons \underset{\text{Halbacetal}}{R_1R_2C(O{-}H)(O{-}R)} \underset{+H_2O;\,-H{-}OR}{\overset{+H{-}OR;\,-H_2O}{\rightleftharpoons}} \underset{\text{Acetal}}{R_1R_2C(O{-}R)_2} \qquad (2)$$

Formulieren Sie die Gleichgewichte (2) für die in LV3 eingesetzten Stoffe.

d) Im ersten Reaktionsschritt bei (2) wird die Carbonyl-Gruppe protoniert, d.h. ein Proton wird unter Bildung eines Carbenium-Ions addiert. Formulieren Sie diesen Schritt und begründen Sie den Vorschlag. (*Hinweis:* Vgl. B4.)

e) Warum kann das Alkohol-Molekül das protonierte Aldehyd-Molekül besser angreifen als das unprotonierte? (*Hinweis:* Vgl. B4 und Text auf S. 259.)

f) Bei V4 reagiert Propanon (Aceton) mit Natriumhydrogensulfit $Na^+HSO_3^-$ zu einer kristallinen Verbindung mit Ionencharakter $(CH_3)_2C(OH)SO_3^-Na^+$. Entwickeln Sie eine Reaktionsgleichung mit Valenzstrichformeln wie in (1) und (2).

g) Bei Zugabe von angesäuertem Wasser bildet sich Aceton und schweflige Säure $H_2SO_3(aq)$. Formulieren Sie die Reaktion.

h) Aceton löst sich unbegrenzt in Wasser und neigt nur wenig zur Hydratbildung (B3). Lässt man Aceton bei höherer Temperatur in Wasser stehen, das statt des häufigsten Isotops $[^{16}O]$ Sauerstoff das schwerere Isotop $[^{18}O]$ Sauerstoff enthält, so findet man nach einiger Zeit Aceton mit $[^{18}O]$ Sauerstoff. Erläutern Sie, inwiefern das ein Beweis für ein dynamisches Gleichgewicht des Typs (1) ist.

Additionen an die Carbonyl-Gruppe

Die Carbonyl-Gruppe in Aldehyden und Ketonen ist wie ein „Staubsauger" für polare Moleküle und für Ionen. Aufgrund ihrer relativ starken Polarisierung (B4) bietet sie sowohl für nucleophile als auch elektrophile Teilchen Angriffsmöglichkeiten. Dabei entstehen Additionsprodukte. Der einfachste Fall ist die Addition von Wasser an Carbonylverbindungen. Dabei bilden sich **Hydrate** in Gleichgewichtsreaktionen des Typs (1). Wenn sich Alkohole an Aldehyde oder Ketone addieren, entstehen **Halbacetale** und **Acetale** nach der Gleichgewichtsreaktion (2).

In der Regel erfolgt im geschwindigkeitsbestimmenden Schritt der Angriff eines Nucleophils auf das positivierte Kohlenstoff-Atom. Daher spricht man von **nucleophilen Additionen** an die Carbonyl-Gruppe.

Die Reaktionen des Typs (1) und (2) werden durch Säuren und Basen katalysiert. Bei der sauren Katalyse wird zuerst das Sauerstoff-Atom von der Carbonyl-Gruppe protoniert, wobei das Kohlenstoff-Atom die positive Ladung erhält und somit leichter nucleophil angegriffen werden kann, beispielsweise vom Sauerstoff-Atom eines Alkohol-Moleküls wie bei LV3. Aus der Hydroxy-Gruppe des Alkohol-Moleküls wird ein Proton abgespalten und es kommt zu einer kovalenten Bindung zwischen dem Alkohol-Rest **R–O–** und dem Kohlenstoff-Atom der Carbonyl-Gruppe.

Die *Schlüsselreaktion* bei der industriellen Synthese des Monomers von Plexiglas ist die Addition von *Cyanwasserstoff (Blausäure)* **HCN** an *Propanon*, das besser unter dem Namen *Aceton* bekannt ist.:

$$(H_3C)_2C{=}O + H{-}CN \longrightarrow (H_3C)_2C(CN)(OH) \qquad (3)$$

Aceton Cyanwasserstoff Cyanhydrin

Die Analogie zwischen (3) und der Hydratbildung (1) ist unverkennbar. Allerdings werden bei der Synthese des **Cyanhydrins** in (3) im Gegensatz zu allen bisher diskutierten Reaktionen auf dem Weg vom Erdöl zum Plexiglas das erste Mal *neue Kohlenstoff-Kohlenstoff*-Bindungen geknüpft (vgl. S. 229–231). Aus Aceton-Molekülen, deren Gerüst ebenso wie die Gerüste von Propan, Propen, 2-Brompropan und Propanol aus einer Kette von drei Kohlenstoff-Atomen besteht, bilden sich in der Reaktion (3) Cyanhydrin-Moleküle, deren Gerüst am mittleren Kohlenstoff-Atom um ein Kohlenstoff-Atom verlängert wurde.

Die Knüpfung von neuen Kohlenstoff-Kohlenstoff-Bindungen in organischen Molekülen ist eine der wichtigsten Herausforderungen in der organischen Synthesechemie. Dadurch können auf künstlichem Weg gezielt molekulare Architekturen geschaffen werden. Das können Molekülgerüste von Naturstoffen sein, die man nachbauen möchte. Es können aber manchmal auch Gerüste wie die aus B6 sein, die den Eifer bei der Synthese zunächst durch ihre Ästhetik beflügeln. Dabei kommt es dann nicht selten zu interessanten Anwendungen der entwickelten Synthesemethoden und der erhaltenen Moleküle.

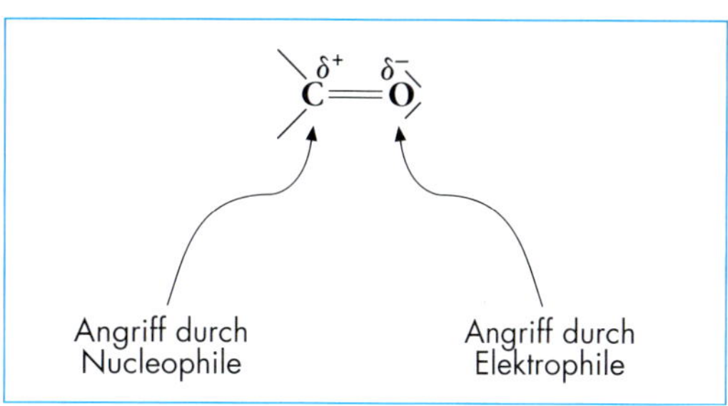

B4 *Partialladungen bei der Carbonyl-Gruppe.* **A:** *Ermitteln Sie die Elektronegativitätsdifferenz zwischen Sauerstoff und Kohlenstoff mithilfe des PSE.*

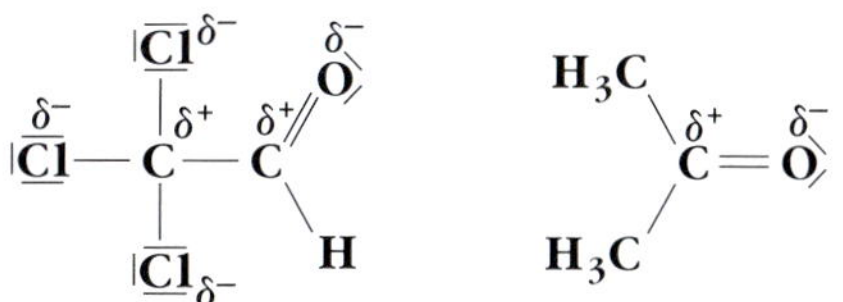

B5 **I**-*Effekte beim Chloral-Molekül und beim Propanon-Molekül.* **A:** *Ordnen Sie den Chlor-Atomen und den Methyl-Gruppen die Bezeichnungen* **+I**-*Effekt und* **–I**-*Effekt zu.*

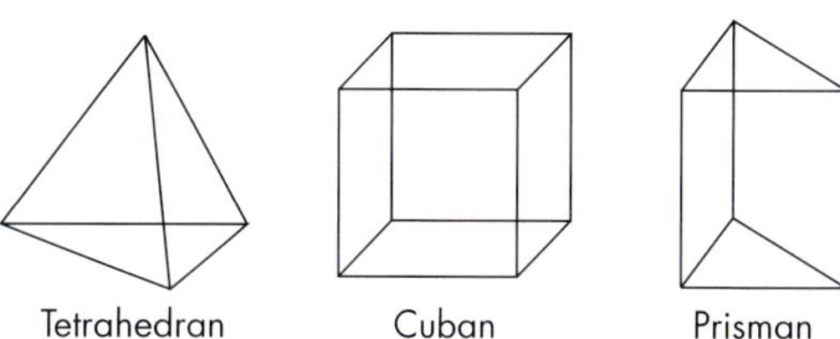

B6 *Ästhetische Molekülgerüste.* **A:** *Die Ecken dieser Molekülgerüste werden von* **CH**-*Gruppen gebildet. Begründen Sie, warum.* **A:** *Sind die angegebenen Namen systematische Namen? Wonach sind diese Moleküle benannt?*

Aufgabe

1 Suchen Sie im Internet und/oder in Lehrbüchern der organischen Chemie weitere 3 Synthesemethoden, nach denen Kohlenstoff-Kohlenstoff-Bindungen geknüpft werden können. Stellen Sie die Methoden vor.

Fachbegriffe

Nucleophile Addition, Hydrat, Halbacetal, Acetal, Cyanhydrin

Ketten und Ringe in Kohlenhydraten

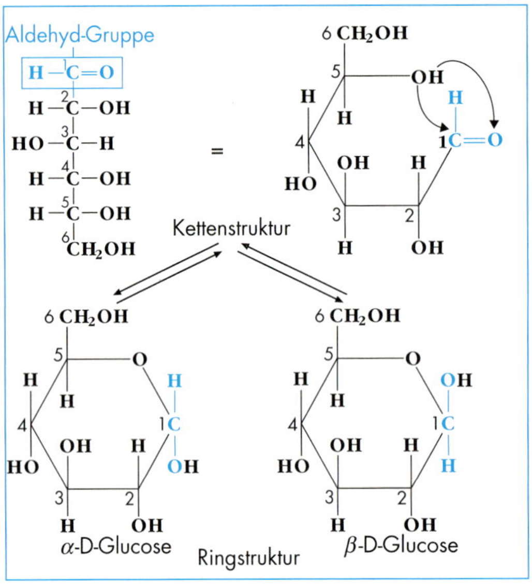

Aldehyd-Gruppe

Kettenstruktur

α-D-Glucose

Ringstruktur

β-D-Glucose

B1 *Ketten- und Ringstruktur des Glucose-Moleküls*

Intramolekulare Halbacetale

Die beiden wichtigsten natürlichen *Monosaccharide*[1] *Glucose* und *Fructose* bilden intramolekulare Halbacetale (B1 und B2). Durch Addition einer Hydroxy-Gruppe an die Carbonyl-Gruppe desselben Moleküls bildet sich ein Fünfer- bzw. Sechserring, in dem die Carbonyl-Gruppe nicht mehr existiert, sie wurde „maskiert". Da besonders die Aldehyd-Gruppe aus Glucose-Molekülen sehr leicht oxidierbar ist, wird durch die Ringstruktur ein Schutz gegen Oxidationsmittel erreicht. Tatsächlich ist im Gleichgewicht aus B1 die Ringstruktur mit 99,8 % vertreten. Mit der intramolekularen Addition an die Carbonyl-Gruppe geht auch die Bildung eines zusätzlichen *asymmetrischen* Kohlenstoff-Atoms (vgl. S. 254) im Glucose-Molekül einher. Im reinen, festen Zustand liegt ausschließlich die α-D-Glucose[2] vor, in wässriger Lösung stellt sich über die offenkettige Form ein Gleichgewicht aus ca. 40 % α-D-Glucose und β-D-Glucose ein.

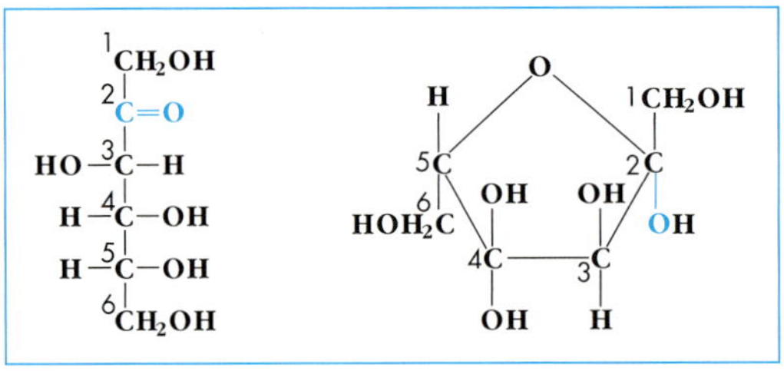

B2 *Ketten- und Ringstruktur des Fructose-Moleküls*

[1] Saccharide (Zucker) werden auch als Kohlenhydrate bezeichnet, weil sie die allgemeine Formel $C_n(H_2O)_m$ haben.

[2] Das D bezeichnet die Konfiguration am asymmetrischen C_5-Atom.

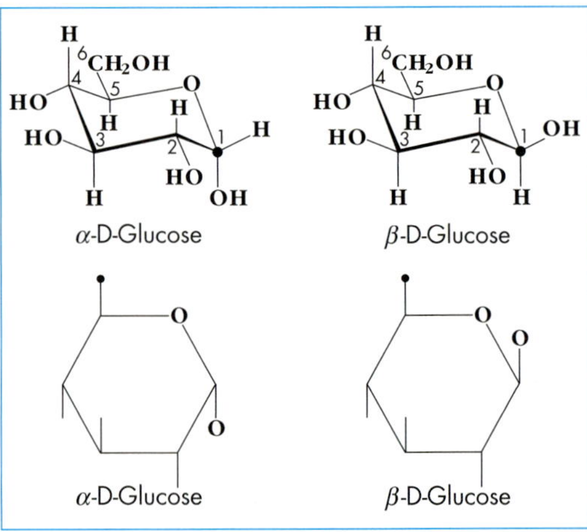

B3 *Formeln von α- und β-D-Glucose*

Die Baueinheiten von Stärke und Cellulose

Der geometrische Bau von α- und β-D-Glucose wird am genauesten durch die räumlichen Strukturformeln mit *Sessel-Konformation* aus B3 wiedergegeben. Als sehr nützlich erweisen sich aber auch die vereinfachten *Projektionsformeln* aus B3. Darin ist das Ringgerüst mit einem Sauerstoff-Atom angegeben, durch 3 Striche die Positionen der Hydroxy-Gruppen am Ring und durch einen Strich mit Punkt die $-CH_2OH$ Gruppe. Hervorgehoben wird die „neue" Hydroxy-Gruppe, die bei der Ringbildung entsteht, um damit die Konfigurationen α und β zu unterscheiden. Diese Konfigurationen an C_1 im Glucose-Molekül sind ausschlaggebend für die Form der Makromoleküle, die sich aus Glucose-Bausteinen bilden können. Aus α-D-Glucose entstehen spiralförmige *Stärke*-Moleküle und aus β-D-Glucose lineare *Cellulose*-Moleküle (vgl. S. 105).

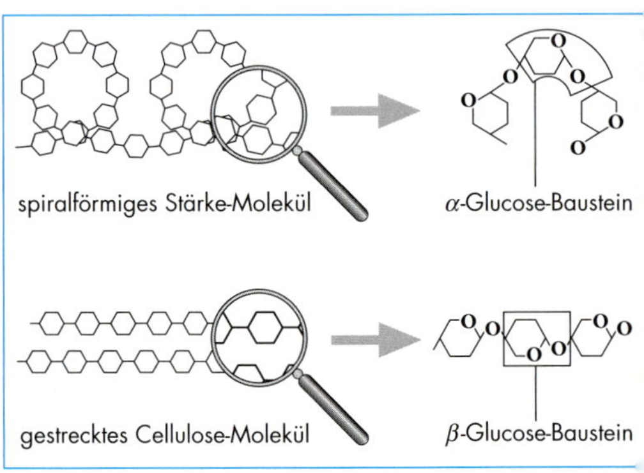

B4 *Aufbau von Stärke- und Cellulose-Molekülen*

Aufgabe

A1 Bearbeiten Sie die vier Themen von S. 260–26 in Gruppen (auch mithilfe von *Chemie 2000+ Onlin* und präsentieren Sie Ihr Thema den anderen Gruppe

Ketten und Ringe in Kohlenhydraten

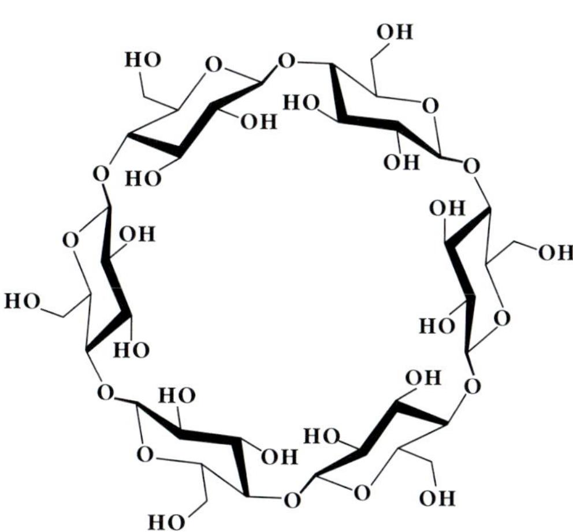

B5 *Der Innenraum eines Cyclodextrin-Moleküls ist lipophil, nach außen hin ist das Molekül hydrophil.*

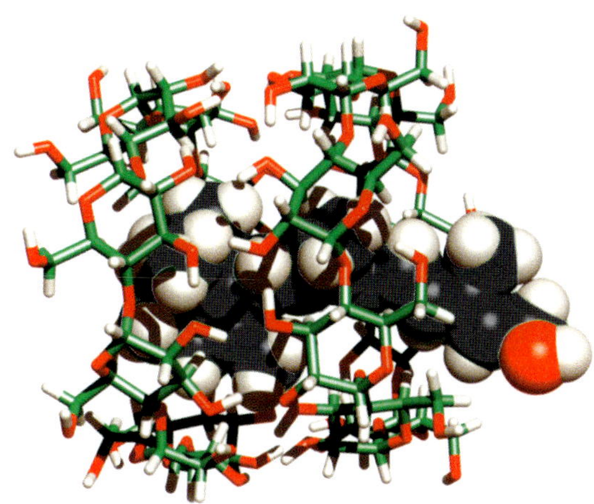

B6 *Modell eines Wirt-Gast Komplexes aus einem Retinol-Molekül und zwei γ-Cyclodextrin-Molekülen*

Cyclodextrine – biotechnologisch hergestellt

Cyclodextrine sind ringförmige Oligosaccharide, die in der Regel 6 bis 8 α-D-Glucose-Einheiten enthalten. In der Natur stellen *Bakterien* Cyclodextrine mittels eines speziellen Enzyms aus Stärke her. Dieses Enzym schneidet die spiralförmige Kette des Stärke-Moleküls hydrolytisch auf und verknüpft die Schnittstellen neu zu einem Ring. Es ist gelungen, die Bakterien so zu modifizieren, dass sie genau das gewünschte Cyclodextrin produzieren. So können α-, β- oder γ-Cyclodextrine aus 6, 7 bzw. 8 Glucose-Bausteinen auf *biotechnologischem* Wege hergestellt werden.

Cyclodextrine haben einige strukturelle Merkmale, die ihnen interessante Eigenschaften verleihen. Ein Cyclodextrin-Molekül ist ein Ring aus Ringen (B5). Es hat die Form eines Zylinders, der wegen der Anordnung der Hydroxy-Gruppen einen *lipophilen Hohlraum* und eine *hydrophile Außenseite* aufweist. Das macht Cyclodextrine wasserlöslich, aber gleichzeitig fähig, in sich lipophile Moleküle aufzunehmen (B6 und *Wirt-Gast Systeme*).

Aufgrund der *asymmetrischen* Kohlenstoff-Atome in den Cyclodextrin-Molekülen sind diese chiral (vgl. S. 254). Wenn sie mit anderen chiralen Molekülen Wechselwirkungen eingehen, verhalten sie sich selektiv, d.h. sie bevorzugen das Enantiomer mit der passenden Konfiguration. Daher finden Cylodextrine Anwendung bei der Herstellung *enantioselektiver Chromatographiesäulen* für die Auftrennung von Aminosäuren, Aromastoffen und Arzneimitteln.

Wirt-Gast Systeme

Cyclodextrin-Moleküle können als „die kleinsten Kosmetikkoffer der Welt" bezeichnet werden, weil man darin einzelne Moleküle verpacken kann. Sie nehmen in ihrem Hohlraum lipophile Moleküle von Aroma- und/oder Wirkstoffen auf und bilden mit ihnen sogenannte *Wirt-Gast* Komplexe. So kann beispielsweise ein Wirt aus zwei γ-Cyclodextrin-Molekülen als Gast ein Retinol-A-Molekül aufnehmen und es wie die Schalen eines Koffers umhüllen (B6). Das empfindliche Retinol-A (Vitamin-A-Alkohol) wird dadurch gegen den zerstörerischen Einfluss von Tageslicht und Sauerstoff geschützt. Auf der Haut wird aus dem Wirt-Gast Komplex kontrolliert Retinol-A frei gesetzt (*Controled-Release* Prinzip). Es mildert Akne, ist wirksam gegen Schuppenflechte, stimuliert die Erneuerung der Haut und verhindert die Bildung von Fältchen (*Anti-Aging* Wirkung).

Die leicht verdaulichen ungesättigten Fettsäuren (vgl. S. 53), das für die gute Funktion der Geschlechtsorgane unverzichtbare Vitamin E (Tocopherol), der Wirkstoff gegen Akne Terpinen-4-ol aus dem Teebaumöl, das körpereigene Coenzym Q 10 und das für die Zellatmung wichtige Ubichinon sind ebenfalls willkommene „Gäste" für Cyclodextrine in Wirt-Gast Komplexen. Daher ist die Produktion und der Einsatz von Cyclodextrinen ein stark expandierender Bereich in der chemischen und pharmazeutischen Industrie. In Textilfasern eingebaute Cyclodextrine lagern Moleküle ein, die für unangenehmen Geruch verantwortlich sind. Der üble Geruch verschwindet.

Wasser rein ...

B1 *Farben und Phasen bei V1.* **A:** *Was vermuten Sie beim weiteren Schütteln? Überprüfen Sie Ihre Vermutung.*

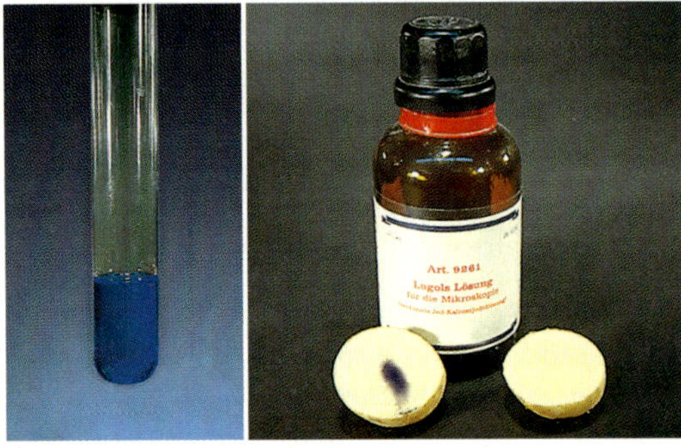

B2 *Stärke-Nachweis mit Iod-Kaliumiodid-Lösung (LUGOLS Lösung). Iod-Moleküle I_2 werden dabei in Stärke-Moleküle eingelagert.*

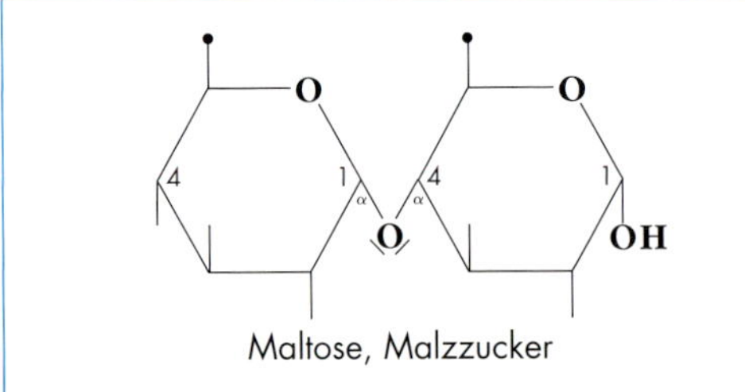

B3 *Im Disaccharid Maltose[1] sind zwei α-Glucose Bausteine glycosidisch, d.h. über eine Acetalbindung aus der Hydroxy-Gruppe der Halbacetalstruktur am C_1-Atom des einen Glucose-Moleküls und der OH-Gruppe des zweiten Glucose-Moleküls, verbunden.* **A:** *Formulieren Sie das Disaccharid Cellobiose[1] aus zwei β-Glucose Bausteinen (vgl. B3, S. 260).*

Versuche

V1 a) Geben Sie in ein großes Rggl. 3 mL Methansäureethylester*, 10 mL Wasser und 10 Tropfen Bromthymolblau-Lösung. Fügen Sie dann 10 Tropfen Natronlauge*, c = 0,1 mol/L, hinzu. Stopfen Sie zu und schütteln Sie. Lüften Sie zwischendurch, indem Sie den Stopfen lockern. Versuchen Sie, die Reaktion in das Stadium zu bringen, das in B1 dargestellt ist. Verfahren Sie dann wie in B1 angegeben weiter. Beobachtung? b) Führen Sie den gleichen Versuch mit Ethansäureethylester und Phenolphthalein als Indikator durch.

V2 Versetzen Sie in einem 100-mL-Erlenmeyerkolben ca. 40 mL Stärke-Lösung mit 5 mL Salzsäure*, c = 0,1 mol/L. Entnehmen Sie mit der Pipette einige Tropfen dieser Lösung und führen Sie in einem Rggl. den Stärke-Nachweis durch (B2). Erhitzen Sie dann die Lösung im Erlenmeyerkolben zum leichten Sieden und führen Sie alle 4 min den Stärke-Test nach B2 durch. Wenn er negativ ausfällt (Gelbfärbung), kühlen Sie den Inhalt des Erlenmeyerkolbens unter fließendem Wasser ab und bringen Sie ihn unter Zugabe von kleinen Portionen Natriumhydrogencarbonat auf $pH = 8$ bis $pH = 9$. Halten Sie in diese Lösung einen Glucose-Teststreifen. Beobachtung? (*Hinweis:* Statt mit einem Teststreifen können Sie die Lösung auch durch die FEHLING-Probe auf Glucose testen.)

LV3 In ein Becherglas, in dem sich ca. 30 mL destilliertes Wasser befinden, werden unter magnetischer Rührung und amperometrischer Messung (vgl. B1, S. 248) 5 mL Essigsäureanhydrid getropft. Die Veränderung der Stromstärke während des Zutropfens wird beobachtet. Anschließend wird noch weiter gerührt, bis sich die Stromstärke nicht mehr merklich ändert. Der Inhalt des Becherglases wird auf drei Rggl. verteilt und mit Universalindikator, Phenolphthalein und Bromthymolblau getestet. Beobachtung?

Auswertung

a) Bei V1 läuft folgende Gleichgewichtsreaktion ab. Die Hinreaktion ist eine Hydrolyse (vgl. S. 263):

$$H{-}C{\overset{O}{\underset{O-C_2H_5}{\diagup\!\!\diagdown}}} + H{-}OH \rightleftharpoons H{-}C{\overset{O}{\underset{OH}{\diagup\!\!\diagdown}}} + C_2H_5OH \quad (1)$$

Unter den Bedingungen aus V1 gelingt es, die gesamte Menge des eingesetzten Esters nach und nach zu hydrolysieren. Erläutern Sie diesen Sachverhalt ausführlich mit Ihren Versuchsbeobachtungen.

b) Erklären Sie, warum der Einsatz von Natronlauge notwendig ist, um den Ester in V1 quantitativ zu hydrolysieren.

c) Bei der Reaktion aus LV3 bildet sich Ethansäure (Essigsäure) CH_3COOH. Welche Versuchsbeobachtungen belegen das? Erläutern Sie.

d) Entnehmen Sie die Formel von Essigsäureanhydrid aus B4 und formulieren Sie die Reaktion von Essigsäureanhydrid mit Wasser.

e) Deuten und erläutern Sie die Versuchsbeobachtungen bei V2. Verwenden Sie dabei auch die Informationen über den Stärke-Nachweis aus B2 und über die Struktur von Stärke-Molekülen[1] in B3.

f) Ether $R_1{-}O{-}R_2$ hydrolysieren nach folgendem Schema:

$$R_1{-}O{-}R_2 + H{-}OH \rightleftharpoons R_1{-}OH + HO{-}R_2 \quad (2)$$

Die glycosidische Bindung in Disacchariden und Polysacchariden hydrolysiert analog. Formulieren Sie die Hydrolyse der Maltose[1] (B3).

g) Der Abbau von Stärke beginnt bereits im Mund, weil der Speichel Enzyme für die Hydrolyse der Stärke enthält. Planen Sie einen Reagenzglas-Versuch, durch den man das beweisen könnte.

[1] Im Polysaccharid Stärke sind alle Glucose-Einheiten α-glycosidisch wie in der Maltose verknüpft, im Polysaccharid Cellulose β-glycosidisch wie in der Cellobiose.

Hydrolyse organischer Moleküle

Ester der Carbonsäuren reagieren mit Wasser nach folgender Reaktionsgleichung zu Carbonsäuren und Alkoholen:

$$R_1-C(=O)-O-R_2 + H-OH \longrightarrow R_1-C(=O)-OH + R_2-OH \quad (3)$$

Auch andere Derivate der Carbonsäuren **RCOX** (B4) reagieren in der gleichen Weise, wobei die Säure **RCOOH** und eine Verbindung **HX** gebildet werden. Reaktionen dieses Typs laufen bei V1 und LV3 ab. Man bezeichnet solche Reaktionen als **Hydrolysen**, weil dabei organische Moleküle i. d. R. unter Anlagerung von Wasser-Molekülen gespalten werden.

Hydrolysen werden allgemein durch Säuren und Basen katalysiert. Wenn Ester in alkalischer Lösung hydrolysiert werden, bilden sich die Salze der betreffenden Säuren. Da auf diese Weise aus **Fetten** (B5) **Seifen**, die Alkalimetall-Salze von Fettsäuren, erhalten werden, spricht man bei der alkalischen Hydrolyse auch von **Verseifung**.

Wenn das Polysaccharid Stärke aus der Nahrung im Körper zu Glucose abgebaut wird, findet ähnlich wie bei V2 ebenfalls eine Hydrolyse statt. Das Beispiel zeigt, dass die Hydrolyse als Reaktionstyp nicht nur auf Carbonsäurederivate beschränkt ist. Bei der Reaktion von Halogenalkanen mit Wasser (vgl. S. 247) werden ebenfalls organische Moleküle hydrolysiert.

Eine Hydrolyse ist auch beim Syntheseweg vom Erdöl zum Plexiglas von entscheidender Bedeutung (vgl. S. 230). Dabei wird eine **Nitril-Gruppe –CN** mit zwei Wasser-Molekülen zu einer **Carboxy-Gruppe –COOH** umgesetzt:

$$(H_3C)_2C(OH)-C{\equiv}N \xrightarrow{+H-OH} \left[(H_3C)_2C(OH)-C(OH){=}NH\right] \longrightarrow (H_3C)_2C(OH)-C(=O)-NH_2 \xrightarrow[-NH_3]{+H-OH} (H_3C)_2C(OH)-C(=O)-OH \quad (4)$$

Cyanhydrin — Amid — 2-Hydroxy-2-methylpropansäure

Die in eckigen Klammern formulierte Verbindung, die sich zunächst bei der Addition eines Wasser-Moleküls an die Nitril-Gruppe bilden müsste, ist instabil. Sie lagert sich spontan in das stabilere Amid um. Dieses reagiert sofort mit einem zweiten Wasser-Molekül nach dem allgemeinen Muster aus (3) weiter. Dabei wird Ammoniak abgespalten und es bildet sich eine Hydroxycarbonsäure, die *2-Hydroxy-2-methylpropansäure*. Wenn die Hydrolyse des Cyanhydrins in Gegenwart von konzentrierter Schwefelsäure durchgeführt wird, reagiert das Produkt aus (4) sogar noch einen Schritt in die zu Plexiglas führende Richtung weiter (vgl. S. 265).

Aufgaben

A1 Formulieren Sie die Hydrolysen folgender Verbindungen und benennen Sie die Produkte: a) Ethansäuremethylester, b) Propansäureamid, c) Methylethylether, d) Acetylchlorid (B4), e) Cellulose und f) 2-Brom-2-methylbutan.

A2 Ist die Reaktion von Wasser mit einem Alken nach dem Muster aus Gleichung (3) auf S. 241 eine Hydrolyse? Erläutern und begründen Sie.

A3 Was ist für die Herstellung von Seife günstiger, die Hydrolyse von Fetten in saurer oder in alkalischer Lösung? Erläutern Sie anhand des Fetts aus B5.

A4 Seifen lösen sich besser in Wasser als die entsprechenden Fettsäuren. Erklären Sie diesen Sachverhalt mithilfe von Formeln.

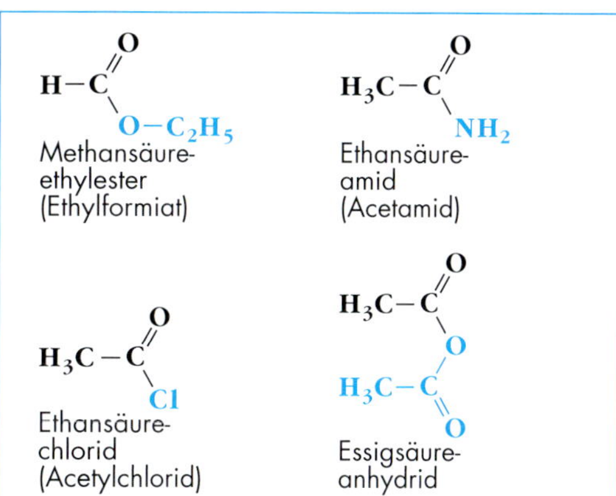

B4 *Carbonsäurederivate, die durch Hydrolyse die Säuren freisetzen.* **A:** *Formulieren Sie die Hydrolyse des Acetamids.*

Stearinsäure-Rest: $H_3C-(CH_2)_{16}-C(=O)-O-CH$

Palmitinsäure-Rest: $H_2C-O-C(=O)-(CH_2)_{14}-CH_3$

Glycerin-Rest / Ölsäure-Rest: $H_2C-O-C(=O)-(CH_2)_7-CH{=}CH-(CH_2)_7-CH_3$

B5 *Seifensieder aus dem 17. Jahrhundert und Formel eines Fetts.* **A:** *Formulieren Sie die Verseifungsreaktion dieses Fetts mit Natronlauge.*

Fachbegriffe

Hydrolyse, Fette, Seifen, Verseifung, Nitril-Gruppe, Carboxy-Gruppe

Wasser raus ...

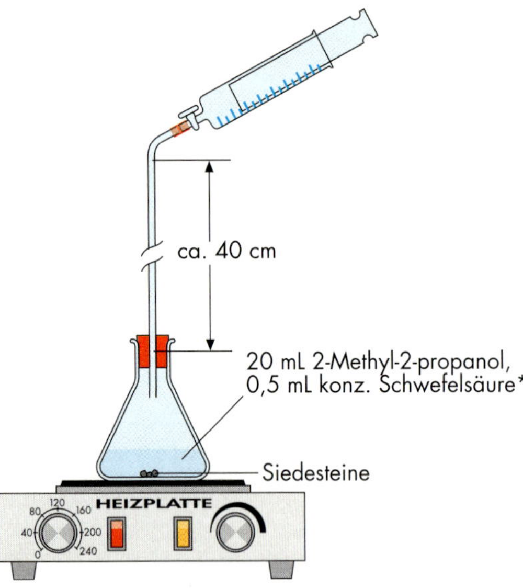

B1 *Skizze zu V1.* **A:** *Warum darf das aufsteigende Rohr nicht zu kurz sein?*

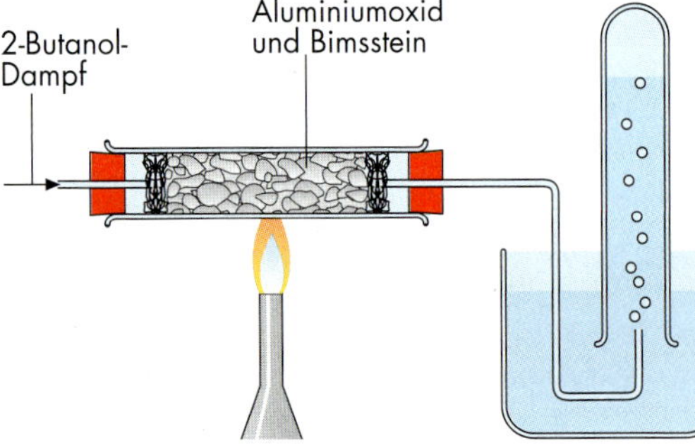

B2 *Statt Aluminiumoxid und Bimsstein kann auch Amberlyst 15 verwendet werden. Beides wirkt als saurer Katalysator.* **A:** *Wo kann der Alkohol stärker erhitzt werden, hier oder im Kolben aus B1? Begründen Sie.*

B3 *Beim Erhitzen von Maleinsäure bildet sich Maleinsäureanhydrid.* **A:** *Formulieren Sie die Reaktion.*

Versuche

Hinweis: V1 und V2 sind Wiederholungsversuche. Sie dienen hier einer anderen Problemstellung als dort. Es bietet sich an, sie arbeitsteilig in Gruppen durchzuführen.

V1 Bauen Sie die Apparatur aus B1 auf (vgl. dazu S. 54). Bringen Sie das Gemisch im Erlenmeyerkolben zum Sieden und schließen Sie dann den Kolbenprober an. Füllen Sie ihn mit ca. 80 mL des entstehenden Gases und führen Sie damit folgende Proben durch: a) Füllen Sie ca. 30 mL des Gases in ein Rggl. und prüfen Sie die Brennbarkeit. Beobachten Sie die Flamme. b) Drücken Sie das restliche Gas durch ca. 10 mL Bromwasser, das sich in einem Rggl. befindet, stopfen Sie dann zu und schütteln Sie gut durch. Beobachtung?

V2 (*Hinweis:* Hier sollte in Gruppen arbeitsteilig gearbeitet werden.) Mischen Sie in je einem Rggl. folgende Carbonsäuren und Alkohole:

- 2 mL Methansäure* mit 2 mL Ethanol*
- 2 mL Ethansäure* mit 2 mL 1-Pentanol*
- 0,5 g Salicylsäure* mit 2 mL Methanol*.

Lassen Sie vom Lehrer jeweils 1 Tropfen konz. Schwefelsäure* zufügen. Statt Schwefelsäure kann auch eine Feststoffsäure, z.B. Amberlyst 15, oder ein Zeolith (Aquarienhandel) zugesetzt werden. Geben Sie ein Siedesteinchen zu und erhitzen Sie über kleiner Flamme ca. 2 min zum Sieden. Gießen Sie anschließend den Inhalt in ein Becherglas mit 200 mL Wasser. Beobachtung? Geruch?

Führen Sie pro Gruppe zwei Umsetzungen durch und vergleichen Sie Ihre Produkte auch mit denen der anderen Gruppen.

Auswertung

a) Deuten Sie die Beobachtungen aus V1 und formulieren Sie die Reaktion, die im Erlenmeyerkolben abgelaufen ist. (*Hinweis:* Schlagen Sie ggf. auf S. 54 nach.)

b) Deuten Sie die Beobachtungen bei V2 und formulieren Sie die Reaktionen, die in den Rggl. abgelaufen sind. (*Hinweis:* Schlagen Sie ggf. auf S. 34–35 nach.)

c) 2-Butanol reagiert in saurer Katalyse bei höherer Temperatur in gleicher Weise wie das 2-Methyl-2-propanol in V1 (B2). Dabei bilden sich 3 isomere Alkene. Formulieren Sie die Reaktion sowie die 3 Alkene und benennen Sie diese.

d) Was hat die Bildung von Maleinsäureanhydrid aus Maleinsäure (B3) mit den Reaktionen aus a) bis c) gemeinsam? Erläutern Sie.

e) Ordnen Sie den Reaktionen von a) bis d) die Begriffe *Kondensation* und *Eliminierung* zu. Begründen Sie Ihre Zuordnung.

f) Ordnen Sie den Reaktionen von a) bis d) die Begriffe *intramolekulare Dehydratisierung* und *intermolekulare Dehydratisierung* zu. Begründen Sie Ihre Zuordnung.

g) Das folgende Schema zeigt das Syntheseprinzip des Polyamids Nylon 6,6:

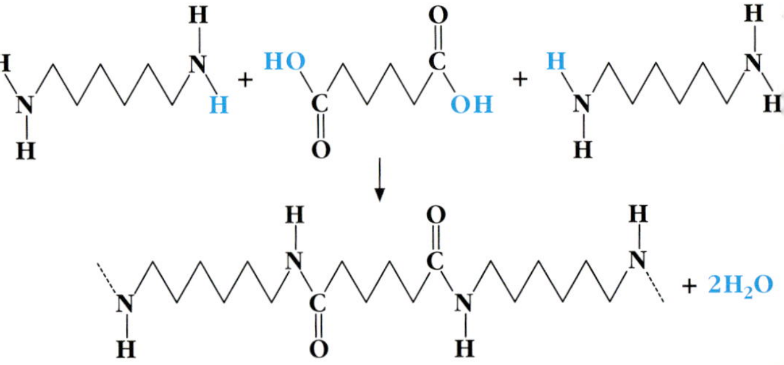

Was hat diese Reaktion mit den übrigen Reaktionen von diese Seite gemeinsam? Wodurch unterscheidet sie sich? Erläutern Sie ausführlich.

Dehydratisierung – eine Eliminierungsreaktion

Der tertiäre Alkohol 2-Methyl-2-propanol kann als Ausgangsstoff für die Synthese von Isobuten herangezogen werden (vgl. S. 54). Durch Kochen dieses Alkohols mit Schwefelsäure bildet sich bereits bei ca. 80 °C Isobuten (V1). Aus jedem Alkohol-Molekül wird dabei ein Wasser-Molekül abgespalten (B4). Es handelt sich daher um eine **Dehydratisierung**. Analog kann auch der sekundäre Alkohol 2-Butanol dehydratisiert werden, allerdings erst bei höheren Temperaturen (B2). In diesem Fall entsteht ein Gemisch aus 1-Buten, *trans*-2-Buten und *cis*-2-Buten.

Dehydratisierungen dieser Art gehören zu der Klasse der **Eliminierungsreaktionen**, bei denen jeweils **intramolekular**, d. h. aus einem Edukt-Molekül, ein kleineres Molekül abgespalten wird. Eliminierungen sind das Gegenteil von Additionen (vgl. S. 241), daher kommt es bei diesen Reaktionen in der Regel zur Ausbildung von Doppelbindungen. Es gibt aber auch Ausnahmen, etwa dann, wenn die Dehydratisierung zu ringförmigen Molekülen führt wie bei dem Beispiel aus B3.

Die Dehydratisierung von *2-Hydroxy-2-methylpropansäure* verläuft besonders leicht. Sie erfolgt spontan, wenn sie nach der auf S. 263 beschriebenen Reaktion hergestellt wurde:

$$H_3C-C(CH_3)(OH)-COOH \longrightarrow H_2C=C(CH_3)-COOH + H_2O \qquad (1)$$

2-Hydroxy-2-methylpropansäure → 2-Methylpropensäure (Methacrylsäure)

Dabei bildet sich *2-Methylpropensäure* oder *Methacrylsäure*. Damit ist man dem Monomer des Plexiglases, dem *Methacrylsäuremethylester*, sehr nahe gerückt, es fehlt nur noch ein Syntheseschritt.

Man zählt nicht jede Abspaltung von Wasser aus organischen Molekülen zu den Eliminierungen. Wenn die Abspaltung von Wasser-Molekülen **intermolekular** erfolgt, wie bei der Esterbildung, spricht man von einer **Kondensation** (vgl. auch S. 35 und S. 268–269). Auch bei der Bildung von Ethern aus Alkoholen, von Polysacchariden aus Monosacchariden, von Polyamiden aus Aminen und Carbonsäuren und vielen anderen Reaktionen in der organischen Chemie finden Kondensationen statt.

Aufgaben

A1 Betrachten Sie die Rückreaktionen der Reaktionen (1) bis (3) von Seite 241. Bei welchen handelt es sich a) um Eliminierungen und b) um Dehydratisierungen? Begründen Sie.

A2 Formulieren Sie die in B5 beschriebene Eliminierung von zwei Molekülen Wasser aus einem Molekül Glycerin. Welche Doppelbindungen werden dabei gebildet?

A3 Formulieren Sie nach dem Muster aus B4 den Mechanismus der Dehydratisierung von 2-Hydroxy-2-methylpropansäure. Warum passt der Mechanismus zu diesem Beispiel besonders gut?

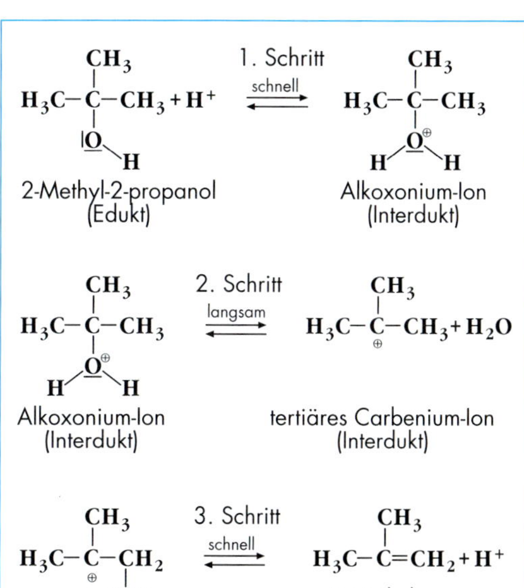

B4 *Mechanismus der Dehydratisierung von 2-Methyl-2-propanol.* **A:** *Welcher Schritt ist geschwindigkeitsbestimmend?*

$$H_2COH-HCOH-H_2COH \xrightarrow{-H_2O} \xrightarrow{-H_2O} H_2C=HC-HCO$$

1,2,3-Propantriol (Glycerin) → Propenal (Acrolein)

B5 *Glycerin, das sich bei der Hydrolyse von Fetten und Ölen bildet, wird bei starker Hitze in zwei Schritten zu beißend riechendem Propenal (Acrolein) dehydratisiert.*

Fachbegriffe

Dehydratisierung, Eliminierung, intramolekular, Kondensation, intermolekular

Organische Kationen – häufige Zwischenstufen ...

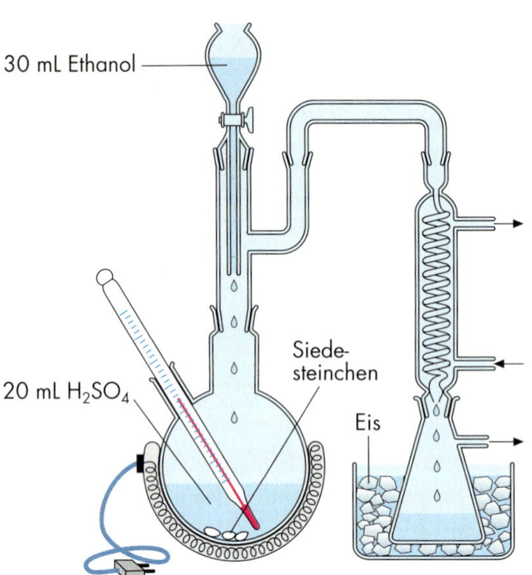

B1 *Apparatur zur Herstellung von Diethylether aus Ethanol.* **A:** *Welchen Effekt hat das Abdestillieren eines Produkts aus dem Reaktionsgemisch?*

Ether aus Alkoholen

Sekundäre und erst recht primäre Alkohole werden nicht so leicht dehydratisiert wie tertiäre. Erhitzt man beispielsweise Ethanol mit Schwefelsäure in der Apparatur aus B1 auf ca. 140 °C, so entsteht Diethylether $H_3CH_2C–O–CH_2CH_3$. Dass diese Reaktion einen anderen Verlauf nimmt als die auf S. 265 diskutierten Eliminierungen, liegt daran, dass das im ersten Schritt gebildete *Alkoxonium-Ion* nicht ein Wasser-Molekül abspaltet. Das primäre *Carbenium-Ion*, das sich dabei bilden würde, wäre viel zu instabil. Das Alkoxonium-Ion reagiert folgendermaßen mit einem Alkohol-Molekül weiter:

$$H_3C{-}CH_2{-}\overset{\oplus}{O}H_2 + H_3C{-}CH_2{-}\overline{O}{-}H \xrightarrow[-H^+]{-H_2O} H_3CCH_2{-}\overline{O}{-}CH_2CH_3$$

Alkoxonium-Ion — Alkohol-Molekül — Diethylether-Molekül

Bei dieser Ether-Bildung aus Alkohol handelt es sich um eine Kondensation.

Alkoxonium-Ionen: Drehscheiben für Reaktionswege

Das in B2 angegebene Schema zeigt, dass Alkoxonium-Ionen eine Ausgangsbasis darstellen, von der mehrere Reaktionswege ausgehen. Durch Auswahl des Alkohols, seiner Konzentration im Reaktionsgemisch mit der anorganischen Säure und der Reaktionstemperatur kann man die Weichen in Richtung Alken, Ether oder Ester stellen. Diese Reaktionswege werden im Labor und in der Industrie je nach Bedarf beschritten.

Aufgaben

A1 Kann 1-Propanol (ϑ_b = 97 °C) nach der Vorschrift aus V1 von S. 264 zu Propen dehydratisiert werden? Begründung.

A2 Welche Produkte sind zu erwarten, wenn Ethanol mit Schwefelsäure auf 160 °C erhitzt wird? Wie wirkt sich in diesem Fall die Ethanol-Konzentration im Reaktionsgemisch auf die Produktverteilung aus? Begründen Sie.

A3 Aus einem Pentanol soll a) nur 1-Penten, b) nur 2-Penten erhalten werden. Von welchem Pentanol-Isomer muss man jeweils ausgehen? Begründung.

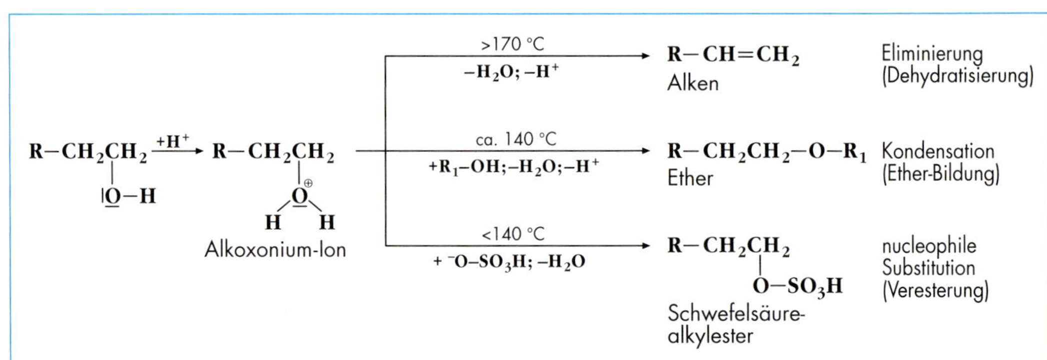

B2 *Eliminierung, Kondensation und nucleophile Substitution: konkurrierende Reaktionen beim Erhitzen eines Alkohols mit Schwefelsäure*

... in heterolytischen Reaktionen

Mechanismus der Veresterung

Der Reaktionsmechanismus der Veresterung einer Carbonsäure R_1-COOH mit einem Alkohol R_2-OH ist sehr genau untersucht worden. Wenn die Reaktion mit einer starken anorganischen Säure katalysiert wird, verläuft sie in der Regel in den folgenden vier Schritten:

1. Protonierung der Carboxy-Gruppe:

$$R_1-C(=\overline{O})-\overline{O}-H \xrightleftharpoons{+H\{-Cl;\ -Cl^-} \left[R_1-C(=\overset{\oplus}{O}-H)-\overline{O}-H \longleftrightarrow R_1-\overset{\oplus}{C}(-\overline{O}-H)-\overline{O}-H \longleftrightarrow R_1-C(-\overline{O}-H)=\overset{\oplus}{O}-H \right]$$

Grenzformel I Grenzformel II Grenzformel III

Das gebildete Kation, ein *Dihydroxycarbenium-Ion*, ist **mesomeriestabilisiert**. (Der Mesomerie-Begriff wird in der rechten Spalte erläutert.)

2. Nucleophiler Angriff des Alkohol-Moleküls:

$$R_1-\overset{\oplus}{C}(-\overline{O}-H)_2 + H-\overline{O}-R_2 \xrightleftharpoons{\text{langsam}} R_1-C(-\overline{O}-H)_2-\overset{\oplus}{O}(H)-R_2$$

3. Intramolekulare Protonenwanderung und Wasserabspaltung:

$$R_1-C(-\overline{O}-H)_2-\overset{\oplus}{O}(H)-R_2 \rightleftharpoons R_1-C(-\overset{\oplus}{O}H_2)(-\overline{O}-H)-\overline{O}-R_2 \xrightleftharpoons{-H_2O} R_1-\overset{\oplus}{C}(-\overline{O}-H)-\overline{O}-R_2$$

4. Deprotonierung (Rückbildung des Katalysators)

$$R_1-\overset{\oplus}{C}(-\overline{O}-\{H)-\overline{O}-R_2 \rightleftharpoons R_1-C(=\overline{O})-\overline{O}-R_2 + H^+$$

Dieser Mechanismus wird u.a. durch folgende **experimentelle Befunde** unterstützt:

- Reine Essigsäure („Eisessig") leitet den elektrischen Strom nicht, denn sie enthält keine Ionen. Leitet man aber reinen Chlorwasserstoff HCl ein, so bilden sich Ionen und die Lösung leitet (vgl. 1. Schritt oben).
- Essigsäure wurde mit **isotopenmarkiertem** Ethanol verestert, d.h. mit Ethanol, in dem nicht das häufigste Sauerstoff-Isotop $[^{16}O]$ Sauerstoff, sondern das Isotop $[^{18}O]$ Sauerstoff gebunden ist. Nach der Reaktion enthielt nur der Ester das Isotop $[^{18}O]$ Sauerstoff, nicht aber das Wasser.

Mesomerie – was ist das?

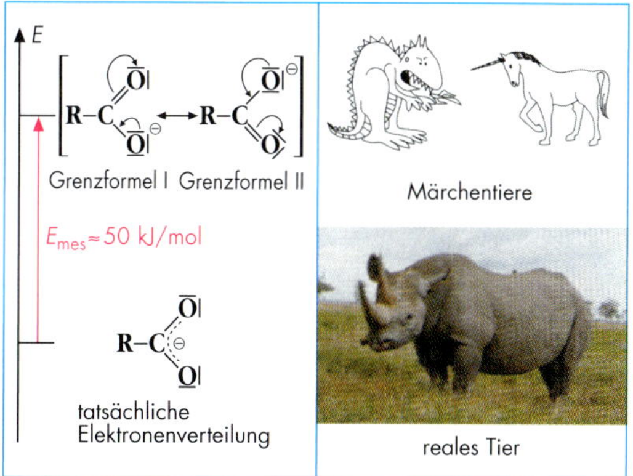

B3 *Gleichnis zur Mesomerie*

Erläuterung zu B3, rechts: Ein Afrikareisender des Mittelalters will seinen Landsleuten ein Nashorn beschreiben, das er gesehen hat. Er beschreibt das Nashorn als ein Mittelding zwischen einem Einhorn und einem Drachen. Diese Tiere gibt es in Wirklichkeit gar nicht, aber die Leute haben eine Vorstellung davon, weil sie sie aus Märchen „kennen".

Erläuterung zu B3, links: Wenn eine Carbonsäure in Wasser protolysiert, bilden sich Carboxylat-Ionen $R-COO^-$. Die tatsächliche Elektronenverteilung in einem Carboxylat-Ion kann durch keine Valenzstrichformel dargestellt werden. Sie liegt aber ungefähr in der Mitte zwischen beiden **Grenzformeln** I und II aus B3. Sie unterscheiden sich nur durch die Anordnung von Elektronenpaaren aus Doppelbindungen und freien Elektronenpaaren.

Die Existenz eines Atomverbands (Molekül, Ion) zwischen mehreren, durch Grenzformeln darstellbaren Elektronenstrukturen (Elektronenverteilungen) bezeichnet man als **Mesomerie**. Zwischen den Grenzformeln steht der **Mesomeriepfeil** $\longleftrightarrow$.

Beim Carboxylat-Ion ist die negative Ladung wegen der Mesomerie nicht an einem der beiden Sauerstoff-Atome lokalisiert, sondern über insgesamt drei Atome **delokalisiert**. Dadurch ist das Ion um ca. 50 kJ/mol energieärmer als es wäre, wenn es einer der beiden Grenzformeln entspräche. Das Carboxylat-Ion ist also **mesomeriestabilisiert**. Gleiches gilt für das Dihydroxycarbenium-Ion, das als Zwischenstufe bei der säurekatalysierten Veresterung einer Carbonsäure mit einem Alkohol auftritt (vgl. 1. Schritt in der linken Textspalte).

Aufgabe

A4 Der Mesomeriepfeil $\longleftrightarrow$ hat eine grundsätzlich andere Bedeutung als der Doppelpfeil $\rightleftharpoons$. Erläutern Sie den Unterschied.

Ein Schlupfloch aus dem Gleichgewicht

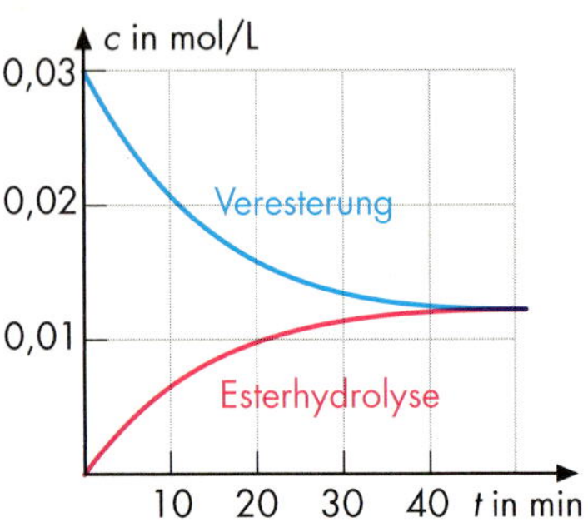

B1 *Konzentrationsänderungen der Methansäure bei der Veresterung und bei der Esterhydrolyse im geschlossenen System.* **A:** *Woran erkennt man, dass sich in beiden Fällen ein Gleichgewicht einstellt?*

Versuche

LV1 Im Rundkolben der Apparatur aus B4 werden zu einem Gemisch aus 20 mL Methansäure* (Ameisensäure) und 28 mL Ethanol* 0,5 mL konzentrierte Schwefelsäure* gegeben (Schwefelsäure wirkt als Katalysator). Nach Zufügen von Siedesteinchen und Einschalten der Wasserkühlung wird das Gemisch bis zum Sieden erhitzt und am Sieden gehalten. Man beobachtet die Temperatur, bei der die Dämpfe beginnen, über die Destillationsbrücke überzugehen und fängt so lange Destillat auf, bis die Temperatur der Dämpfe 60 °C übersteigt. Danach wird die Heizung unterbrochen. Mit dem aufgefangenen Destillat werden die Untersuchungen aus V2 bis V5 durchgeführt.

V2 Bestimmen Sie das Volumen des Destillats mit einem Messzylinder. Vergleichen Sie es mit den Volumina der eingesetzten Säure und des eingesetzten Alkohols. Beobachtung?

V3 Führen Sie Geruchsproben mit dem Destillat und mit den beiden Edukten aus LV1 durch. Beobachtung?

V4 Prüfen Sie das Destillat auf Löslichkeit a) in Wasser und b) in Heptan*. Beobachtung?

V5 Führen Sie mit 1 mL Destillat den Versuch V1 von S. 262 durch. Beobachtung?

Auswertung

a) In LV1 wird Methansäureethylester $HCOOC_2H_5$ synthetisiert. Formulieren Sie diese Esterbildung als Gleichgewichtsreaktion.

b) Inwiefern belegen die Ergebnisse aus V2 bis V5, dass der Ester (und nicht eines der Edukte) abdestilliert wurde? Erläutern Sie ausführlich auch unter Verwendung der Daten aus B2.

c) Formulieren Sie das Massenwirkungsgesetz MWG für die Reaktion aus LV1.

d) Was ist mit der Überschrift „Schlupfloch aus dem Gleichgewicht" gemeint? Erläutern Sie mithilfe von B1 und B3 sowie mit dem MWG und den Ergebnissen aus LV1.

e) Berechnen und vergleichen Sie die Stoffmengen n der in LV1 eingesetzten Edukte und des erhaltenen Esters. Kommentieren Sie das Ergebnis. (*Hinweise:* ρ(Methansäure) = 1,22 g/cm^3; ρ(Ethanol) = 0,79 g/cm^3; ρ(Methansäureethylester) = 0,92 g/cm^3)

	Methanol 64,5	**Ethanol 78,2**
Methansäure 100,5	32	54
Ethansäure 118	57	77

B2 *Siedetemperaturen von Säuren, Alkoholen und Estern (Angaben in °C).* **A:** *Erläutern und erklären Sie die Unterschiede mithilfe von B3.*

O̅|···H—O̅|
H_3C—C   C—CH_3
|O—H···|O

B3 *Wasserstoffbrückenbindungen zwischen zwei Ethansäure-Molekülen.* **A:** *Formulieren Sie Wasserstoffbrückenbindungen zwischen Ethanol-Molekülen.*

B4 *Versuchsaufbau für LV1.* **A:** *Trifft die Darstellung aus B1 auf die in dieser Apparatur ablaufende Reaktion zu? Begründen Sie.*

Veresterung mit Produktentfernung

Die Veresterung eines Alkohols mit einer Säure verläuft in einem geschlossenen System grundsätzlich nur bis zur Einstellung des **chemischen Gleichgewichts** (vgl. S. 36f). In einem geschlossenen Reaktionsgefäß können demnach niemals beide Edukte vollständig in Ester umgewandelt werden. Die Konzentrationen der Reaktionsteilnehmer beim Gleichgewicht werden durch die **Gleichgewichtskonstante *K*** im **Massenwirkungsgesetz MWG** begrenzt. Es ist aber möglich, dem MWG ein Schnippchen zu schlagen, wenn es gelingt, einem Reaktionsteilnehmer ein Schlupfloch zu bieten, durch das er das Reaktionsgefäß verlassen kann. Bei einer Veresterung destilliert man i. d. R. wie in LV1 den gebildeten Ester ab. Da der Ester gleich nach seiner Bildung entfernt wird, kann sich das Gleichgewicht nicht einstellen. Es wird fortdauernd Ester gebildet, solange der Vorrat an Alkohol und Säure reicht. Da die Stoffmengen der Edukte in LV1 gleich sind, $n(\text{Methansäure}) = n(\text{Ethanol}) = 0{,}53$ mol, können beide Edukte durch Abdestillieren praktisch vollständig in Ester überführt werden.

Nach dem gleichen Prinzip wie in LV1 wird auch in der Industrie bei der Herstellung des Monomers von Plexiglas (vgl. Facette Nr. 8 auf S. 104) verfahren. Bei diesem Monomer handelt es sich um *Methacrylsäuremethylester*, besser bekannt unter dem Namen ***M**ethyl**m**eth**a**crylat* **MMA**. Dieser Ester wird aus Methacrylsäure und Methanol synthetisiert:

$$H_2C{=}C(CH_3)COOH + HOCH_3 \xrightleftharpoons{(H_2SO_4)} H_2C{=}C(CH_3)COOCH_3 + H_2O \quad (1)$$

Das bei 100 °C siedende MMA wird fortdauernd aus dem Reaktor, in dem es sich gemäß der Hinreaktion in (1) bildet, abdestilliert.

Die Industrieanlage zur Herstellung von MMA ist so konzipiert, dass sie kontinuierlich arbeiten kann und dass gleich mehrere Schritte der Synthese in einem Reaktor ablaufen. Die Hydrolyse des Cyanhydrins (vgl. S. 263) und die Dehydratisierung der dabei gebildeten Säure (vgl. S. 265) werden mit *Schwefelsäure* im gleichen Reaktor ohne Isolierung der Zwischenprodukte durchgeführt. Dann wird Methanol zugesetzt und die immer noch im Gemisch vorhandene Schwefelsäure katalysiert die Esterbildung nach (1). Die Schwefelsäure fällt nach diesen Arbeitsschritten als sogenannte **Abfallsäure** an. Sie wird dem **Recycling** zugeführt, d. h. aus der Abfallsäure wird erneut reine, in der Produktion einsetzbare Schwefelsäure gewonnen.

Aufgaben

A1 Enthält die Abfallsäure nach der Entfernung des MMA mehr oder weniger Wasser als die Schwefelsäure-Lösung, die zur Hydrolyse des Cyanhydrins eingesetzt wurde? Erläutern und begründen Sie.

A2 Informieren Sie sich (ggf. auch im Internet) über die Definition der *Maximalen Arbeitsplatzkonzentration* MAK und über die MAK-Werte folgender Stoffe: Hexan, Heptan, Methanol, Ethanol, Methanal, Ethanal, Essigsäureethylester. Vergleichen Sie die MAK-Werte mit dem MAK-Wert von MMA und kommentieren Sie.

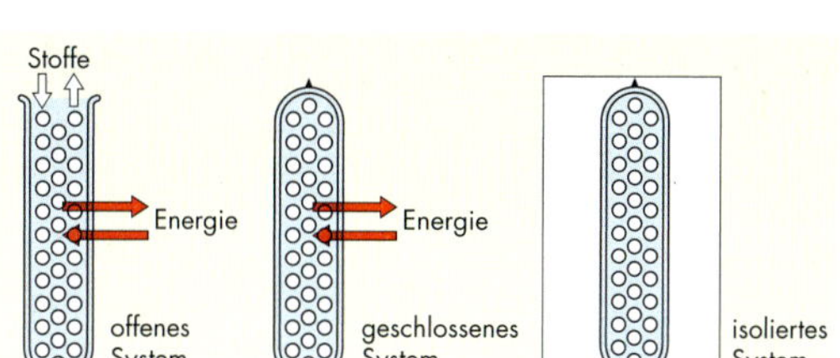

B5 *Systeme, in denen chemische Reaktionen ablaufen können.* **A:** *In welchen Systemen kommt es zum chemischen Gleichgewicht? Erläutern und begründen Sie.*

STECKBRIEF
Summenformel: C5H8O2
H, CH3, C=C, H, C=O, H3C—O
Farblose Flüssigkeit
Charakteristischer Geruch
Schlecht wasserlöslich
Dichte: ρ = 0,94 g/cm3
Siedetemperatur: ϑb = 100 °C
Schmelztemperatur: ϑm = –48 °C
Gefahren, Sicherheit:
Xi Reizend
F Leicht entzündlich
MAK (Maximale Arbeitsplatzkonzentration)
50 mL/m3; 210 mg/m3

B6 *Steckbrief von* ***MMA***

Fachbegriffe

Chemisches Gleichgewicht, Gleichgewichtskonstante *K*, Massenwirkungsgesetz MWG, Methylmethacrylat MMA, Abfallsäure, Recycling

Endlich am Ziel!

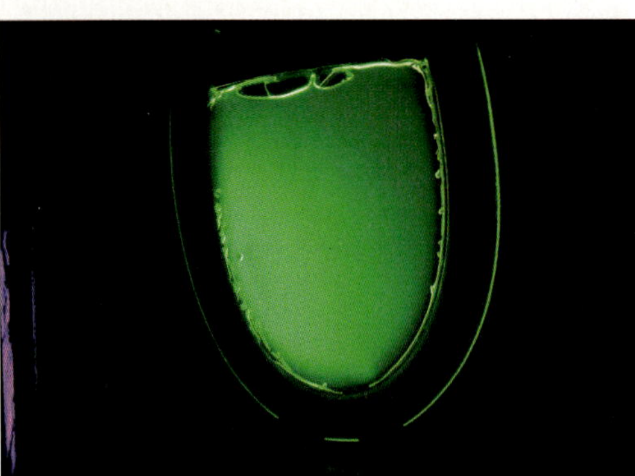

B1 *Plexiglasscheibe mit grünem Leuchtfarbstoff hergestellt nach V4*

$H_3C-C(CN)(CH_3)-N{=}N-C(CH_3)(CN)-CH_3$

① Azoisobutyronitril (50 °C - 80 °C)

$C_6H_5-CO-O-O-CO-C_6H_5$

② Dibenzoylperoxid (60 °C - 85 °C)

$C_6H_{10}(OH)-CO-C_6H_5$

③ 1-Hydroxycyclohexyl-phenyl-keton ($\lambda < 400$ nm)

$C_6H_5-CO-C(OCH_3)_2-C_6H_5$

④ Benzildimethylketal ($\lambda < 400$ nm)

B2 *Thermische und photochemische Radikalkettenstarter (V1 bis V5)*

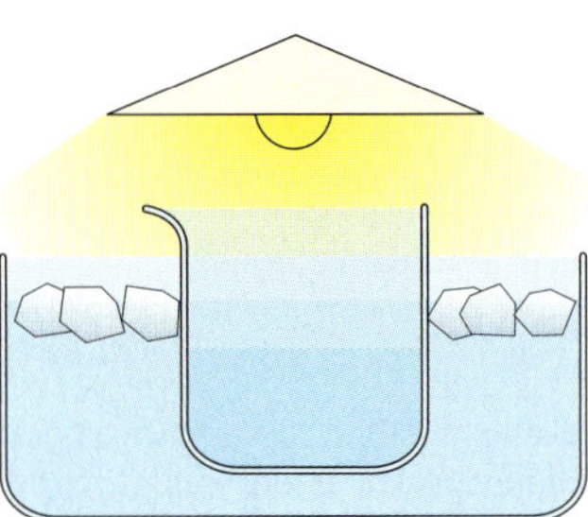

B3 *Photochemische Polymerisation von MMA (V5)*

Versuche

Vorsicht! Alle Polymerisationen werden im Abzug durchgeführt. Die Starter werden von der Lehrperson verteilt.

V1 Geben Sie in ein Rggl. 5 mL Methylmethacrylat* MMA[1]. Fügen Sie 50 mg bzw. 100 mg eines thermischen Radikalkettenstarters* ① bzw. ② aus B2 hinzu. Schütteln Sie, bis sich der Starter gelöst hat. Hängen Sie dann das Rggl. in ein Wasserbad, das die Temperatur von 60 °C, 70 °C oder 80 °C hat. Notieren Sie die folgenden Parameter Ihrer Probe:

- Name des Starters
- Menge des Starters
- Temperatur des Wasserbades.

Prüfen Sie durch Schütteln in 5-min-Abständen die Zähigkeit des Inhalts im Rggl. Beobachtung? Tabellieren Sie Ihre Beobachtungen. Lassen Sie nach dem Ende der Unterrichtsstunde Ihr Rggl. bis zur nächsten Chemiestunde im Abzug stehen und prüfen Sie den Inhalt dann erneut. Wenn er ganz fest ist (Prüfung mit einem Glasstab), schlagen Sie das Glas kaputt. Ordnen Sie die Polymerproben nach steigender Qualität. (Gute Qualität bedeutet, dass die erhaltene Probe fest, klar und transparent ist und möglichst keine eingeschlossenen Gasbläschen enthält.)

V2 Lösen Sie in einem 100-mL-Becherglas 10 mg Azoisobutyronitril in 30 mL MMA*[1] und erhitzen Sie 20 min lang auf dem Wasserbad bei 92–95 °C. Nutzen Sie die Zeit zur Vorbereitung von V4. Das erhaltene Prepolymer bildet eine zähflüssige Masse. Kühlen Sie das Prepolymer im Eisbad ab. Lösen Sie dann unter Rühren noch 10 mg Azoisobutyronitril darin auf und verwenden Sie es sofort in V3 weiter.

V3 Fertigen Sie eine Flachkammer wie in B4 aus 2 Glasplatten, einem Stück PVC-Schlauch und mehreren Klammern (z. B. Foldbackklammern von Staples). Füllen Sie das mit Starter versetzte Prepolymer aus V2 in die U-förmige Öffnung ein. Erwärmen Sie die gefüllte Flachkammer über Nacht im Trockenschrank bei 55 °C. (Es kann auch 1 Stunde lang bei 70 °C im Wasserbad erwärmt werden.) Nehmen Sie die Klammern ab, kühlen Sie unter laufendem Wasser und lösen Sie die fertige Plexiglasscheibe zwischen den Glasscheiben heraus.

V4 Wiederholen Sie V2 und V3, indem Sie als Fluoreszenzfarbstoff in V2 zu Beginn noch 10 mg Rubren (Tetraphenylnaphthacen – Aldrich R220-6) hinzufügen. (*Hinweis:* Es können auch andere Fluoreszenzfarbstoffe eingesetzt werden, beispielsweise aus gebräuchlichen Textmarkern. Voraussetzung ist, dass sie sich in MMA* lösen und bei der Reaktion nicht zerstört werden.)

V5 Lösen Sie in einem kleinen Becherglas 100 mg des Starters ③ oder ④ (B2) in 3 mL MMA* und fügen Sie 15 mL Wasser und 20 mL Ethanol hinzu. Bestrahlen Sie auf einem Eisbad 20 min lang mit einer Ultravitaluxlampe (B3). Nutschen Sie das ausgefallene Polymer ab und trocknen Sie es im Trockenschrank bei 80 °C.

Auswertung

a) Protokollieren Sie Ihre Versuchsergebnisse und vergleichen Sie sie mit denen Ihrer Mitschülerinnen und Mitschüler.

b) Erklären Sie die Unterschiede, nachdem Sie die S. 271 gelesen haben.

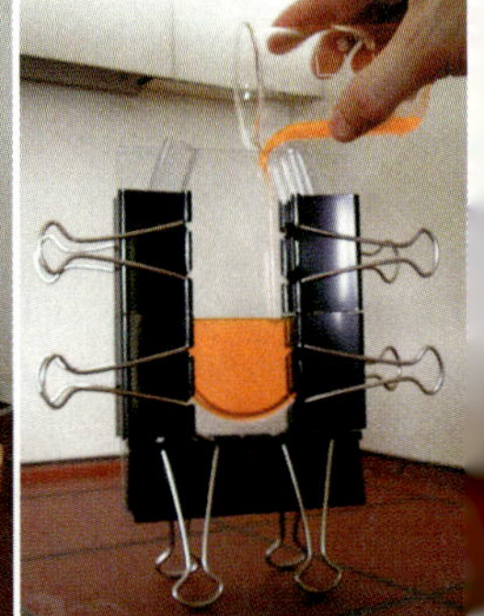

B4 *Erzeugung von Platten aus PMMA durch Kammergießen (V2 bis V4). Weitere Versuche zur Polymerisation von MMA unter Chemie 2000+ Online*

[1] Käufliches Methylmethacrylat MMA enthält ca. 100 ppm Hydrochinon als Inhibitor (vgl. S. 235). Dieser muss für die Versuche nicht entfernt werden. Er wird durch einen Überschuss an Radikalen aus dem Starter vernichtet.

Polymerisation von MMA

Die Zielsubstanz dieses Kapitels, das *Polymethylmethacrylat PMMA*, kann nach den Versuchsvorschriften V1 bis V3 hergestellt werden. Die dabei ablaufende Reaktion ist eine **Polymerisation**, d. h. die Verknüpfung vieler identischer Monomer-Einheiten aus MMA zu **Polymeren** aus PMMA. Diese Reaktion verläuft nach dem **Radikalketten-Mechanismus**, der bereits von der photochemischen Halogenierung der Alkane bekannt ist (vgl. B6, S. 235). Im Gegensatz dazu wird hier ein **Starter** oder **Initiator** eingesetzt. Die charakteristischen Schritte bei der Polymerisation von MMA sind:

1. Startreaktion:

$$R \wr R \xrightarrow[\text{(Licht)}]{\text{Wärme}} 2R\cdot \qquad (1)$$

2. Kettenreaktionen:

$$R\cdot + H_2C{=}C(CH_3)(COOCH_3) \longrightarrow RH_2C{-}C\cdot(CH_3)(COOCH_3) \qquad (2)$$

$$RH_2C{-}C\cdot(CH_3)(COOCH_3) + H_2C{=}C(CH_3)(COOCH_3) \longrightarrow RH_2C{-}C(CH_3)(COOCH_3){-}CH_2{-}C\cdot(CH_3)(COOCH_3) \qquad (3)$$

Das Produkt-Radikal aus (3) reagiert mit einem weiteren MMA-Molekül, das dabei entstehende Radikal wieder mit einem anderen usw. Die Radikale wachsen zu langkettigen Makroradikalen **M·** an.

3. Abbruchreaktionen:

$$M\cdot + \cdot R \longrightarrow M-R \qquad (4)$$

$$M\cdot + \cdot M \longrightarrow M-M \qquad (5)$$

In dem Maße, wie die Polymerisation fortschreitet, härtet das Reaktionsgemisch bei V1 bis V3 aus. Da die Polymerisation exotherm verläuft, muss die Wärme abgeführt bzw. die Temperatur sehr gut kontrolliert werden. Lokale Erwärmungen in der Reaktionsmasse auf über 100 °C können zum Verdampfen des Monomers führen. Es bilden sich Gasbläschen, die sich qualitätsmindernd auf das Produkt auswirken.

Industriell werden Scheiben aus Plexiglas ähnlich wie in V3 durch das sogenannte **Kammergießverfahren** hergestellt. In einem kontinuierlichen Verfahren wird die Lösung aus Monomer, Polymer und Starter auf polierten Stahlbändern ausgehärtet und als Granulat der weiteren Verarbeitung, beispielsweise durch **Spritzgießen** (B6), zugeführt.

Aufgaben

A1 Erläutern Sie, warum die Bezeichnung *Katalysator* für den *Starter (Initiator)* bei einer Polymerisation nicht zutrifft.

A2 Die Makromoleküle in einer Probe aus Polymethylmethacrylat PMMA haben nicht alle die gleiche molare Masse. Welche der Reaktionsschritte (1) bis (5) sind dafür verantwortlich? Erläutern Sie ausführlich.

A3 Die mittlere molare Masse von industriell erzeugtem PMMA liegt je nach Bedingungen bei der Polymerisation zwischen 100 000 u und einigen Millionen u. Erklären Sie, warum höhere Starter-Konzentrationen und höhere Temperaturen niedrigere molare Massen bewirken.

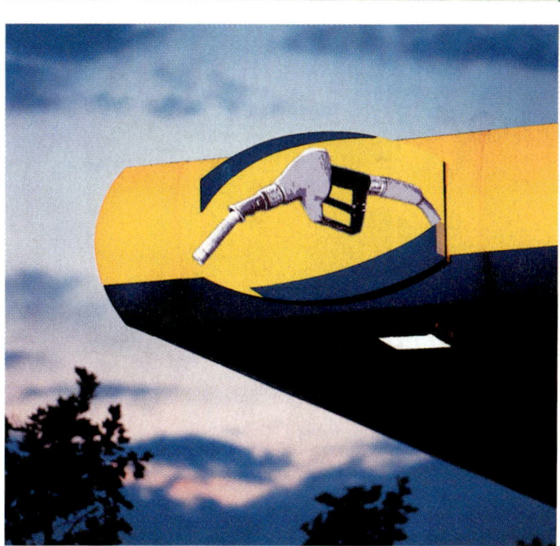

B5 *Tankstellendach aus Plexiglas Polymethylmethacrylat PMMA.* **A:** *Recherchieren Sie im Internet, was aus Plexiglas hergestellt wird.*

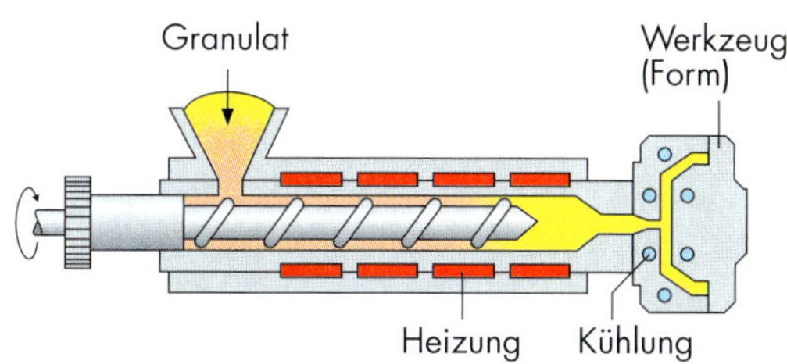

1. Flüssiger Kunststoff wird in das geschlossene Werkzeug gespritzt.

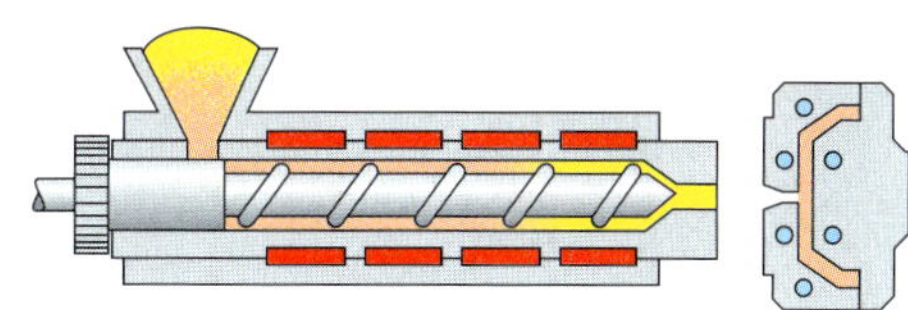

2. Kunststoff kühlt im geschlossenen Werkzeug ab und erstarrt.

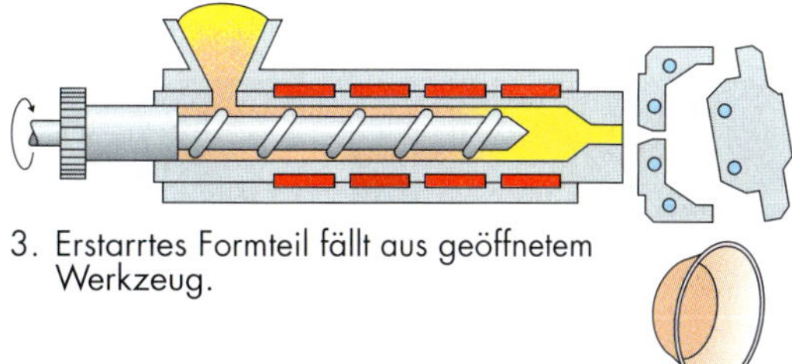

3. Erstarrtes Formteil fällt aus geöffnetem Werkzeug.

B6 *Spritzgießen eines Thermoplasts.* **A:** *Erläutern Sie die Unterschiede zwischen Thermoplasten, Duroplasten und Elastomeren (Hinweis: vgl. S. 64–65).*

Fachbegriffe

Polymerisation, Polymere, Radikalketten-Mechanismus, Starter oder Initiator, Kammergießverfahren, Spritzgießen

Plexiglas & Co

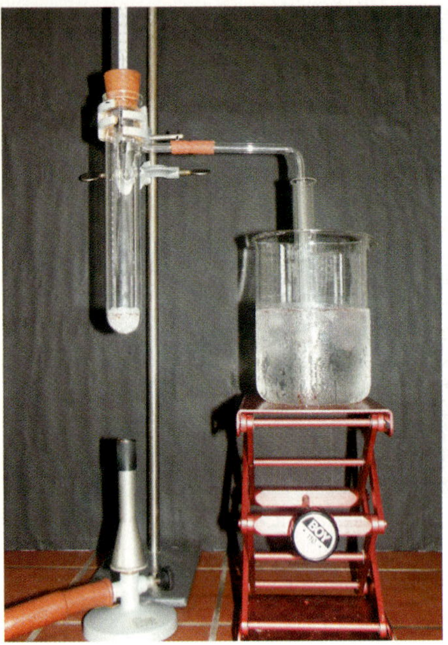

B1 *Depolymerisation von Polymethylmethacrylat (V1)*

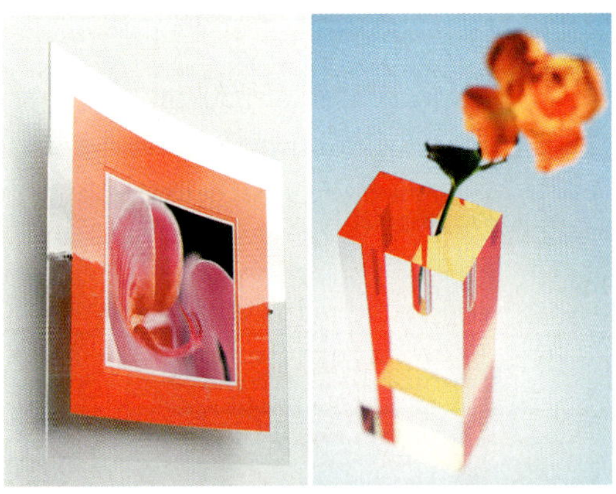

B2 *Designer-Gegenstände aus Plexiglas.* **A:** *Warum ist es schwierig, dicke Platten und Blöcke aus Plexiglas blasenfrei herzustellen?*

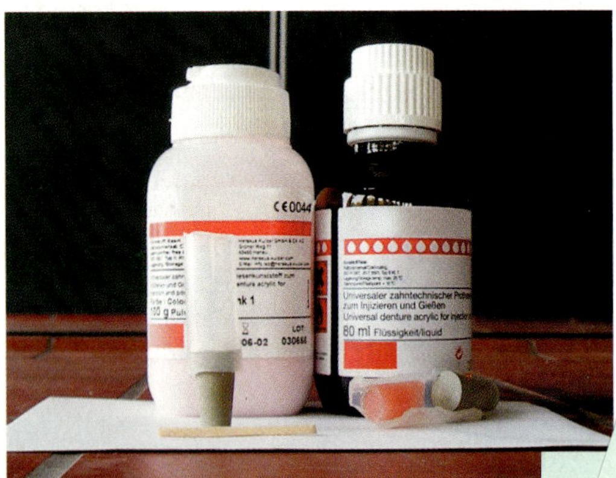

B3 *Materialien für Zahnprothesen und Zahnfüllu… sind i. d. R. Polyacrylate (vgl. V3).*

Versuche

Hinweis: Die Versuche V1 bis V3 und die entsprechenden Auswertungen a) bis c) eignen sich für Gruppenarbeit.

V1 Geben Sie in ein großes Rggl. mit seitlichem Ansatz Raspel oder Späne aus Plexiglas (Polymethylmethacrylat PMMA) und einige Kupferspäne (B1). Bringen Sie im **Abzug(!)** das PMMA mit dem Brenner zum Schmelzen und erhitzen Sie dann vorsichtig weiter, indem Sie die austretenden Dämpfe bis auf den Boden eines mit Eiswasser gekühlten Rggl. einleiten. Achten Sie darauf, dass sie dort kondensieren. Notieren Sie die Temperatur der austretenden Dämpfe. Erzeugen Sie auf diese Weise ca. 1 mL Kondensat und stellen Sie dann den Brenner aus. Prüfen Sie vorsichtig den Geruch des Kondensats und vergleichen Sie ihn mit dem von Methylmethacrylat* MMA. Versetzen Sie 3 mL Bromwasser in einem anderen Rggl. mit einigen Tropfen des Kondensats und schütteln Sie durch. Beobachtung? (*Hinweis:* Das große Rggl. kann mit Aceton gereinigt werden.)

V2 Geben Sie auf den Boden eines 100-mL-Becherglases ca. 1 g Pulver aus einem sogenannten Superabsorber[1] und übergießen Sie es mit 50 mL destilliertem Wasser. Vermischen Sie das Pulver mit dem Wasser und beobachten Sie die Quellung ca. 3 min lang. Versuchen Sie dann, das Wasser auszugießen. Beobachtung? *Zusatzversuche:* Tauchen Sie in den gequollenen Superabsorber zwei Graphit-Elektroden ein und legen Sie 3 min lang eine Gleichspannung von 15 V an. Beobachtung? Tropfen Sie etwas Phenolphthalein-Lösung in die Nähe der Elektroden. Beobachtung?

V3 Füllen Sie ein ca. 3 cm langes Stück Siliconschlauch (Innendurchmesser ca. 1 cm, an einem Ende mit Stopfen verschließen) mit einer kalthärtenden Mischung für Zahnprothesen[2] und lassen Sie die Mischung härten. Prüfen Sie während der Härtung die Temperatur mit den Fingern. Beobachtung? *Zusatzversuche:* Schneiden Sie den Schlauch auf und vergleichen Sie folgende Eigenschaften der gehärteten Probe mit den entsprechenden Eigenschaften von Plexiglas: Farbe, Transparenz (Lichtdurchlässigkeit), Härte, Dichte, Brennbarkeit, Verhalten beim Erhitzen im Rggl. (*Hinweis:* Für die Feststellung einiger dieser Eigenschaften müssen Sie geeignete Versuche planen.)

Auswertung

a) Bei V1 wird PMMA thermisch zu MMA depolymerisiert (Kupfer verhindert die Polymerisation von MMA im erhitzten Rggl.). Nennen und deuten Sie alle Versuchsbeobachtungen, die das belegen. Erläutern Sie anhand von V1, warum bei Plexiglas echtes Recycling möglich ist. Recherchieren Sie, wie Abfälle aus anderen Kunststoffen (PE, PP, PS und PVC) verwertet bzw. recycelt werden (*Hinweis:* vgl. S. 63 und Internet).

b) Eine entscheidende strukturelle Einheit für das Quellen eines Superabsorbers ist das Natriumsalz der Acrylsäure $\mathbf{H_2C{=}CHCOO^-Na^+}$ (B5). Bei V2 werden die Carboxylat-Gruppen an den Polyacrylsäure-Ketten und die eingeschlossenen Natrium-Ionen hydratisiert. Formulieren Sie diesen Vorgang mithilfe von B5. Deuten und erklären Sie die Beobachtungen beim Zusatzversuch zu V2. Führen Sie eine Recherche über den Einsatz von Superabsorbern durch (*Hinweise:* vgl. S. 65 und Internet).

c) Das Grundmaterial in der ausgehärteten Zahnersatzmasse aus V3 besteht aus Polyacrylaten, d. h. Polymeren aus Estern der Acrylsäure $\mathbf{H_2C{=}CH{-}COOR}$. Im Gegensatz zu Plexiglas sind die Hauptketten untereinander vernetzt, wobei der Vernetzungsgrad viel höher ist als bei einem Superabsorber (B5). Formulieren Sie einen Strukturausschnitt ähnlich wie in B5. Erläutern und erklären Sie damit alle Beobachtungen aus V3. Recherchieren Sie, welche organischen Kunststoffe für Zahnfüllungen und Zahnersatz eingesetzt werden. (*Hinweis:* Nutzen Sie als Informationsquellen Ihren Zahnarzt, den Dentalhandel und das Internet.)

…n über Superabsorber über das Portal *Chemie 2000+ Online.*
…Zahnprothesen sind im Dentalhandel erhältlich; die Gebrauchs-
…d dem Beipackzettel zu entnehmen.

Polyacrylate

Nur wenige Kunststoffe lassen sich so einfach und vollständig in die entsprechenden Monomere zurückführen wie Plexiglas. In der Tat depolymerisiert Polymethylmethacrylat PMMA beim Erhitzen und das monomere Methylmethacrylat MMA kann abdestilliert werden (V1). Beim Plexiglas ist also ein **Recycling** des Materials möglich.
Es mag verwundern, aber Plexiglas, dessen Synthese und Eigenschaften in diesem Kapitel ausführlich untersucht wurden, ist strukturell verwandt mit Materialien, die ganz andere Eigenschaften haben, beispielsweise Superabsorbern oder Kunststoffen für Zahnersatz (B4, B3). Sie gehören alle in die Klasse der **Polyacrylate**. Die Formeln entsprechender Monomere lauten:

$H_2C{=}C(CH_3){-}COOCH_3$	$H_2C{=}C(H){-}COOCH_3$	$H_2C{=}C(H){-}COO^-Na^+$
Methylmethacrylat	Methylacrylat	Na-Salz der Acrylsäure

Die polymeren Materialien aus diesen Monomeren können sehr unterschiedliche Eigenschaften haben (V1 bis V3). Diese Unterschiede sind auf die strukturellen Merkmale der Makromoleküle und der Gefüge, die sie bilden, zurückzuführen.
Plexiglas verdankt seine Eigenschaften der Tatsache, dass seine Makromoleküle aus Polymethylmethacrylat linear sind und eine ungeordnete Masse bilden, wie Spaghetti in einem Topf. Beim Erwärmen bewegen sich die Makromoleküle und Teile davon schneller, das Material ist **thermoplastisch**.
Polyacrylate, die für Zahnfüllungen und Zahnersatz verwendet werden, bestehen je nach Fabrikat aus Pasten und/oder Flüssigkeiten, in denen lineare Polymere, Vernetzer und Starter enthalten sind. Beim Aushärten bildet sich ein dreidimensionales Netzwerk aus Makromolekülen, das Material wird zum **Duroplast**.
Als **Superabsorber** bezeichnet man Kunststoffe, die ein Vielfaches ihrer Eigenmasse an Wasser aufnehmen, speichern und wieder abgeben können. Die Hauptketten der Makromoleküle in Superabsorbern bestehen aus Acrylsäure-Einheiten, von denen ein Teil als Natriumsalz vorliegt. Diese Hauptketten sind in relativ großen Abständen über Brücken aus 4 bis 6 Atomen kovalent miteinander verknüpft. Dadurch entsteht ein relativ weitmaschiges makromolekulares Gefüge, ähnlich wie bei vulkanisiertem Gummi (vgl. S. 64). Das Material ist quellbar, weil eine große Anzahl von Wasser-Molekülen in die Maschen eindringen, die Ionen hydratisieren und so durch elektrostatische Kräfte gebunden werden können.

Aufgaben

A1 Schreiben Sie Strukturformeln von Ethen, Propen, Isobuten und Vinylchlorid $H_2C{=}CHCl$ analog zu den Formeln der Monomere von dieser Seite auf. Stellen Sie Gemeinsamkeiten und Unterschiede fest.

A2 Begründen Sie, warum die Monomere aus dem Text auf dieser Seite leichter und vielfältiger chemisch modifiziert werden können als die anderen, in A1 genannten Monomere.

A3 Acrylsäure, das Monomer für Polyacrylate, kann industriell durch Hydrolyse von Acrylnitril $H_2C{=}CH{-}CN$ erhalten werden. Formulieren Sie die Reaktion in zwei Schritten. (*Hinweis:* Vgl. Hydrolyse des Cyanhydrins auf S. 263.)

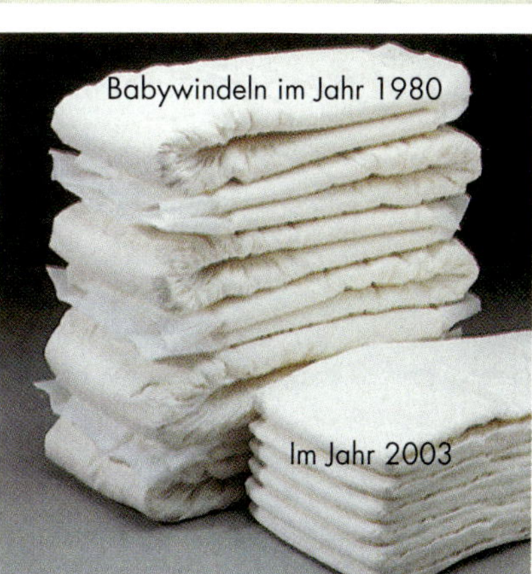

B4 *Babywindeln mit Superabsorbern.* **A:** *Die neueren Windeln sind dünner, aber effizienter. Woran kann das liegen?*

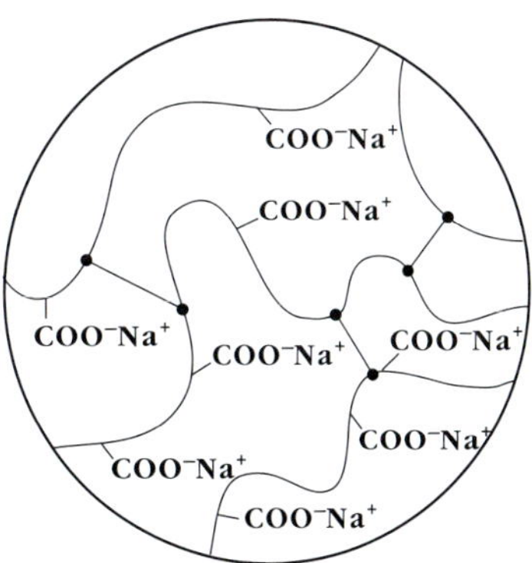

B5 *Strukturmodell eines Superabsorbers (vereinfacht).* **A:** *Formulieren Sie einen Abschnitt aus 5 Einheiten in der Hauptkette als Valenzstrichformel.*

lineare Makromoleküle: Thermoplast

dreidimensional vernetzte Makromoleküle: Duroplast

schwach vernetzte Makromoleküle: Elastomer

B6 *Thermoplast, Duroplast und Elastomer im Modell.* **A:** *Plexiglas ist ein Thermoplast, Bakelit (vgl. S. 64) ein Duroplast. Erklären Sie den Sachverhalt mithilfe der molekularen Strukturen.*

Fachbegriffe

Polyacrylate, Plexiglas, Superabsorber, Thermoplast, Duroplast

ERWEITERUNG · VERTIEFUNG · ANWENDUNG

Polyreaktionen im Vergleich

B1 *Tunneleingang aus Plexiglas*

B3 *Bahnhofsdach aus Polycarbonat*

Polymerisationen

Bei einer Polymerisation reagieren sehr viele identische Moleküle *eines* Monomers zu einem Polymer. Dabei bilden sich keine anderen Produkte.

Je nach **Reaktionsmechanismus** unterscheidet man zwischen radikalischen, kationischen und anionischen Polymerisationen. Styrol (B2) und andere Monomere polymerisieren wie Methylmethacrylat MMA nach dem *radikalischen* Mechanismus (vgl. S. 271). Isobuten, das Monomer des Butylkautschuks (vgl. S. 61) polymerisiert *kationisch*, d.h. die wachsende Kette ist immer ein Kation. Beim Acrylnitril (B2), dessen Polymere die Basis von Acrylfasern sind, verläuft die Polymerisation *anionisch*. Ob der eine oder andere Mechanismus bevorzugt wird, hängt davon ab, welche Art von reaktiven *Zwischenstufen* (Radikale, Kationen oder Anionen) das betreffende Monomer bilden kann. Ethen und Propen können sowohl radikalisch bei hohem Druck als auch *katalytisch* mit ZIEGLER-NATTA[1] Katalysatoren bei niedrigem Druck polymerisiert werden.

Es gibt verschiedene **technische Verfahren**, nach denen Polymerisationen durchgeführt werden. Am einfachsten ist die *Blockpolymerisation*, bei der die Masse aus reinem Monomer und einer sehr geringen Menge eines Starters auspolymerisiert. Plexiglas (vgl. S. 271) und Polystyrol können so hergestellt werden. Andere Monomere werden in *Lösung* polymerisiert. Wenn das Polymer aus der *Lösung* ausfällt, spricht man von *Fällungspolymerisationen*.

$H_2C{=}C(CH_3)_2$ Isobuten

$H_2C{=}CHCl$ Vinylchlorid

$H_2C{=}CH{-}CN$ Acrylnitril

$H_2C{=}CH{-}C_6H_5$ Styrol

$F_2C{=}CF_2$ Tetrafluorethen

B2 *Einige wichtige Monomere für Polymerisationen*

[1] KARL ZIEGLER (1898 bis 1973) und GIULIO NATTA (1903 bis 1979) erhielten 1963 gemeinsam den Nobelpreis für Chemie.

Polykondensationen

Bei einer Polykondensation reagieren zwei Spezies von Monomeren *unter Abspaltung kleiner Moleküle* (H_2O, NH_3, HCl) zu Makromolekülen.

Aus bifunktionellen Monomeren können so **Polyester**, **Polyamide**, **Polycarbonate**, **Bakelit** und andere makromolekulare Verbindungen synthetisiert werden. Beispiele und Anwendungen dieser Kunststoffe sowie ein Experiment zur Herstellung eines Polyamids sind auf S. 64–65 zu finden.

Polycarbonat und *Plexiglas* haben nicht nur einige gemeinsame Eigenschaften und Anwendungen (B1 und B3). Bei ihrer Synthese ist ein- und dieselbe Grundchemikalie die Schlüsselsubstanz. Dabei handelt es sich um *Aceton (Propanon)*. Es kann durch Oxidation von 2-Propanol hergestellt werden (vgl. S. 256 und 257). Industriell werden riesige Mengen von Aceton nach dem sogenannten *Cumol-Verfahren* aus Propen hergestellt (vgl. S. 276). Die Reaktionsschritte vom Aceton zum Plexiglas wurden in diesem Kapitel ausführlich behandelt. Der Weg vom Aceton zum Polycarbonat ist kurz, aber für die Schule ungeeignet: Aceton reagiert mit Phenol unter Abspaltung von Wasser zu *Bisphenol A* (B4). Das Bisphenol A wird dann mit *Phosgen*, einem extrem giftigen Gas, umgesetzt. In einer Polykondensation in alkalischer Lösung, bei der $NaCl$ anfällt und die mit sehr guter Ausbeute und schnell verläuft, bildet sich Polycarbonat.

$HOOC{-}C_6H_4{-}COOH$ Terephthalsäure

$HOCH_2{-}CH_2OH$ Ethylenglykol

$HOOC{-}(CH_2)_4{-}COOH$ Adipinsäure

$H_2N{-}(CH_2)_6{-}NH_2$ 1,6-Diaminohexan

$HO{-}C_6H_4{-}C(CH_3)_2{-}C_6H_4{-}OH$ Bisphenol A

$Cl_2C{=}O$ Phosgen

B4 *Einige wichtige Bausteine für Polykondensationen*

Polyreaktionen im Vergleich

B5 *Schaumgummi aus Polyurethan*

Polyadditionen

Bei einer Polyaddition reagieren in der Regel *zwei* Spezies von Monomeren zu Makromolekülen, *ohne* dass dabei kleine Moleküle abgespalten werden.
Durch Polyaddition werden Kunststoffe aus der Klasse der sogenannten **Polyurethane** erhalten. Bei der technisch wichtigsten Polyaddition werden Alkohol-Moleküle an die Isocyanat-Gruppe **–N=C=O** addiert (B6). Das Wasserstoff-Atom aus der Hydroxy-Gruppe bindet sich an das Stickstoff-Atom, der Alkoholat-Rest an das Kohlenstoff-Atom; die Carbonyl-Gruppe bleibt erhalten. Aus einem Dialkohol und einem Diisocyanat entsteht auf diese Weise ein lineares Polyurethan-Molekül. Wenn im Reaktionsgemisch auch Wasser vorhanden ist, reagiert dieses bevorzugt mit Isocyanat-Gruppen. Dabei bildet sich Kohlenstoffdioxid (B6), das sich zwischen den entstehenden Makromolekülen einlagert. Durch Zusatz von Triisocyanaten ins Polyadditionsgemisch erhält man quervernetzte Makromoleküle. Durch Variation der Komponenten und der Anteile an di- und trifunktionellen Einheiten lassen sich weiche, harte und elastische Polyurethane herstellen.

$$\overline{O}=C=\underline{N}\sim\sim\sim\overline{N}=C=\overline{O} + \overline{O}=C=\underline{N}\sim\sim\sim\overline{N}=C=\overline{O} + H-\overline{O}\sim\sim\overline{O}-H \quad H-\overline{O}\sim\sim\overline{O}-H$$

$$\downarrow$$

$$\overline{O}=C=\underline{N}\sim\sim\sim\underset{H}{\underset{|}{N}}-\overset{|O|}{\overset{||}{C}}-\overline{O}\sim\sim\overline{O}-\overset{|O|}{\overset{||}{C}}-\underset{H}{\underset{|}{N}}\sim\sim\sim\underset{H}{\underset{|}{N}}-\overset{|O|}{\overset{||}{C}}-\overline{O}\sim\sim\overline{O}-H$$

Polyurethan

$$R-\overline{N}=C=\overline{O} + H_2O \longrightarrow R-\underset{H}{\underset{|}{\overline{N}}}-COOH \longrightarrow R-NH_2 + CO_2$$

B6 *Reaktionen bei der Bildung eines Polyurethanschaums*

Aufgaben

Hinweis: Die drei Arten von Polyreaktionen sollten zunächst einzeln in arbeitsteiligen Gruppen oder als Gruppenpuzzle bearbeitet werden. Eine Gruppe bearbeitet also entweder Aufgabe A1 oder A2 oder A3. A4 wird von allen Gruppen bearbeitet.

Polymerisationen

A1 Erläutern Sie die Gemeinsamkeiten und die Unterschiede zwischen einer radikalischen, einer kationischen und einer anionischen Polymerisation am Beispiel von Styrol bzw. Isobuten bzw. Acrylnitril. Formulieren Sie die Reaktionsschritte, indem Sie $\mathbf{R\cdot}$, $\mathbf{M^+}$ bzw. $\mathbf{A^-}$ als Starter für die jeweilige Polymerisation verwenden. Nennen Sie Gründe, warum Isobuten bevorzugt kationisch und Acrylnitril bevorzugt anionisch polymerisiert.

Polykondensationen

A2 Bei dem als *Nylonseiltrick* bezeichneten Versuch (vgl. S. 65) verläuft die Polykondensation an der Phasengrenze zwischen zwei nicht mischbaren Flüssigkeiten. Das eine Edukt, Sebacinsäuredichlorid $\mathbf{ClOC(CH_2)_8COCl}$ ist in Heptan gelöst, das andere, 1,6-Diaminohexan $\mathbf{H_2N(CH_2)_6NH_2}$, in alkalischer wässriger Lösung. Das abgespaltene Produkt wird sofort neutralisiert. Formulieren Sie die Reaktion und erläutern Sie, welche Gemeinsamkeiten und welche Vorteile die Kondensation an der Phasengrenze gegenüber der Entfernung eines Produkts aus dem Gemisch bei einer Kondensation (vgl. S. 269) hat.

Polyadditionen

A3 Vergleichen Sie die auf dieser Seite beschriebene Addition eines Alkohols $\mathbf{R_1{-}O{-}H}$ an eine Isocyanat-Gruppe **–N=C=O** Gruppe mit den Additionen an Alkene (vgl. S. 242–243) und an Carbonylverbindungen (vgl. S. 259). Stellen Sie jeweils Gemeinsamkeiten und Unterschiede fest. Schreiben Sie Formeln mit Partialladungen auf und erläutern Sie, wie die Addition des Alkohol-Moleküls an das Isocyanat-Molekül verläuft. Verwenden Sie dabei auch die Begriffe elektrophil und/oder nucleophil.

Recherche, Präsentation

A4 Informieren Sie sich in Büchern und im Internet über die von Ihrer Gruppe untersuchte Klasse von Polyreaktionen und über die Eigenschaften und die Anwendungen von Kunststoffen, die durch diese Reaktionen erhalten werden.
Bereiten Sie aus den Lösungen Ihrer Aufgaben wenige Overhead-Folien oder eine kurze Powerpoint-Präsentation vor und halten Sie einen ca. 10 min langen Vortrag mit anschließender Diskussion von ca. 5 min.

Ökonomie und Ökologie ...

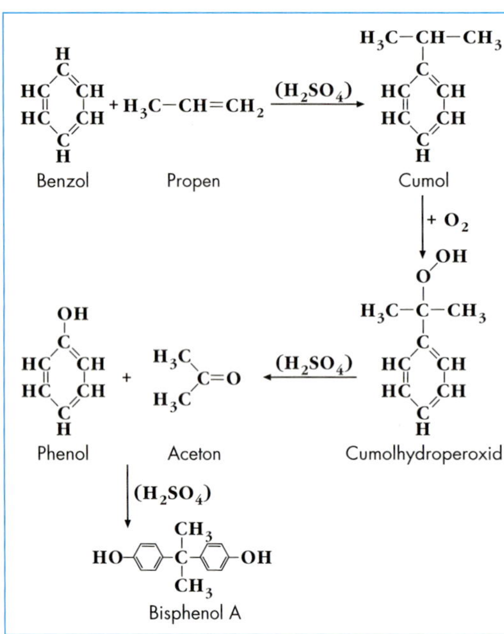

B1 *Das Cumol-Verfahren und die Synthese von Bisphenol A*

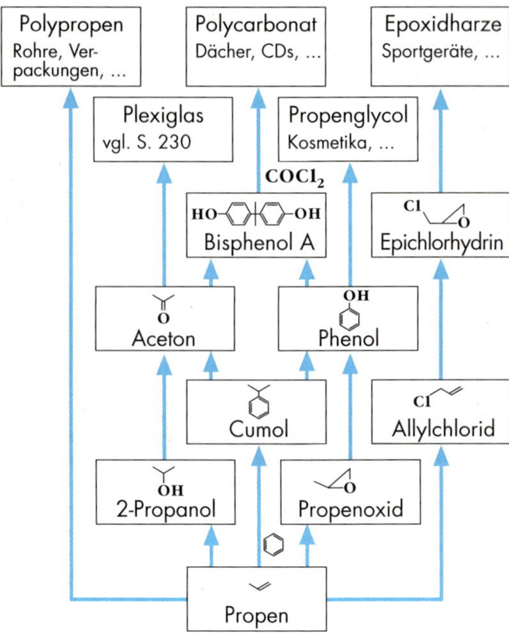

B2 *Propen als Grundchemikalie für Synthesewege zu Zwischenprodukten und Anwendungsprodukten*

Ökonomische Verfahren

Aus wirtschaftlichen Gründen muss die chemische Industrie nach kostensparenden Verfahren produzieren. Das gilt insbesondere dann, wenn es sich um Grundchemikalien handelt, die in großen Mengen benötigt werden. Zwei solche Grundchemikalien sind Aceton und Phenol. Beim **Cumol-Verfahren** werden sie aus *Benzol* C_6H_6, *Propen* C_3H_6 und *Sauerstoff* hergestellt. Benzol ist im Erdöl enthalten, Propen fällt beim Cracken von langkettigen Alkanen an (vgl. S. 47). Benzol und Propen reagieren in Gegenwart von Schwefelsäure als Katalysator zu Isopropylbenzol, das besser unter dem Namen Cumol bekannt ist (B1). Mit Sauerstoff wird das Cumol bei 100 °C zu Cumolhydroperoxid oxidiert, das beim Erhitzen mit verdünnter Schwefelsäure in *Phenol* und *Aceton* zerfällt.

Die Rohstoffe beim Cumol-Verfahren sind also Erdöl und Luft, der einzige Katalysator ist Schwefelsäure, die auch eine der wichtigsten Grundchemikalien darstellt. Die Reaktionsbedingungen bei diesem kontinuierlichen Verfahren sind relativ mild (keine hohen Drücke und Temperaturen). Es handelt sich demzufolge um ein kostengünstiges, ein ökonomisches Verfahren.

Ein zusätzlicher Vorteil ist, dass die beiden Produkte aus dem Cumol-Verfahren säurekatalysiert zu *Bisphenol A*, dem Basismonomer für *Polycarbonate*, kondensiert werden können (vgl. B1, S. 274 und S. 65).

Aceton aus dem Cumol-Verfahren wird u.a. auch zur Synthese von *Plexiglas* eingesetzt, *Phenol* u.a. auch zur Synthese des Arzneimittels *Aspirin* und des Kunststoffs *Bakelit*.

Industrielle Verbundsysteme

Die industrielle Synthesechemie geht vorwiegend von einigen wenigen *Grundchemikalien* aus. Eine davon ist das beim Cracken von Alkanen anfallende *Propen*.

Große Mengen von Propen werden zu Polypropen (Polypropylen) PP polymerisiert, einem Kunststoff mit vielfachen Anwendungen (B2). Über mehrere Reaktionsschritte wird Propen in Propenoxid und dieses in das Lösemittel Propandiol umgewandelt. Ein großer Teil der Grundchemikalie Propen geht in die Fabrikation von Epichlorhydrin, einem Monomer für Epoxidharze, die insbesondere im Sport- und Freizeitbereich Anwendungen finden (B2).

Für den in diesem Kapitel ausführlich diskutierten Syntheseweg vom Rohstoff Erdöl zum Anwendungsprodukt Plexiglas ist Propen ebenfalls die Ausgangssubstanz. Dabei wird aus Propen zunächst Aceton hergestellt, entweder über 2-Propanol (B1 und S. 256–257) oder nach dem Cumol-Verfahren (B1). Beim Zerfall von Cumolhydroperoxid bildet sich allerdings neben Aceton auch das *Kopplungsprodukt* Phenol und zwar im Stoffmengenverhältnis n(Aceton) : n(Phenol) = 1 : 1. Es wäre unwirtschaftlich, wenn solche *Kopplungsprodukte* aus Reaktionen ungenutzt blieben. Daher hat die chemische Industrie **Verbundsysteme** entwickelt. Das sind eng miteinander kooperierende chemische Betriebe, in denen häufig die gleichen Grundchemikalien eingesetzt und die Kopplungsprodukte und Zwischenchemikalien untereinander ausgetauscht werden. Verbundsysteme machen es möglich, die *Ressourcen* an Rohstoffen und Energie *ökonomisch sinnvoll und ökologisch schonend* zu nutzen (vgl. S. 70–71).

... in der industriellen Synthesechemie

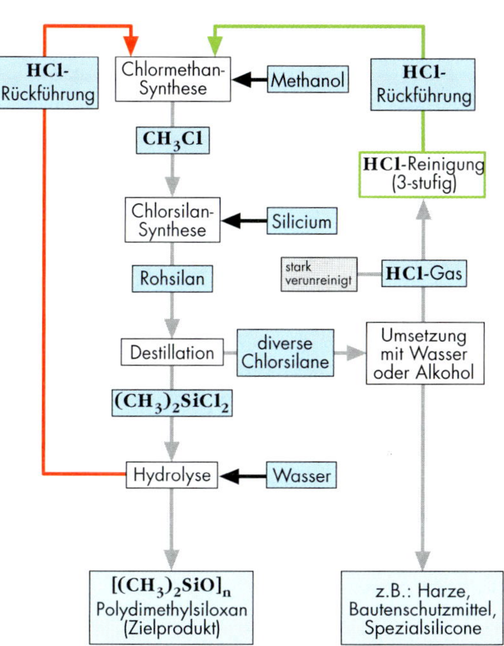

B3 *Prozessintegriertes Recycling von Chlorwasserstoff bei der Herstellung von Siliconen (vgl. S. 251)*

Prozessintegriertes Recycling

Nicht immer lassen sich Kopplungsprodukte bei industriellen Synthesen sinnvoll nutzen, auch nicht im Rahmen der bestehenden Verbundsysteme. So fallen beispielsweise bei der Polycarbonat-Synthese (vgl. S. 274) und bei der Silicon-Synthese (vgl. S. 251) große Mengen an Salzsäure an, mehr als man anderswo gebrauchen kann. In diesen Fällen wird **prozessintegriertes Recycling** durchgeführt, d.h. ein Kopplungsprodukt oder eine andere Chemikalie (Lösemittel, Katalysator etc.) wird innerhalb der Industrieanlage physikalisch und chemisch wieder in ihre ursprüngliche Form zurückgeführt, so, dass sie erneut eingesetzt werden kann. Folgende zwei Beispiele zeigen, dass sich die Art des prozessintegrierten Recyclings am Bedarf orientiert:
Bei der Herstellung von Siliconen fällt Salzsäure an, die nach Reinigung und Aufkonzentration mit Methanol zu Chlormethan umgesetzt wird. Dieses wird für die MÜLLER-ROCHOW-Synthese von Chlormethylsilanen benötigt (vgl. B3 und S. 250–251).
Die Abfallsäure aus der MMA-Produktion (vgl. S. 269) wird bei ca. 900 °C in Schwefeldioxid, Sauerstoff und Wasser gespalten. Das Schwefeldioxid dient zur Herstellung reiner Recycling-Säure H_2SO_4.
Prozessintegriertes Recycling ist nicht immer die billigste Lösung, aus ökologischer Sicht aber notwendig.

Aufgaben

Hinweis: Die drei Themen von dieser Doppelseite können einzeln in arbeitsteiligen Gruppen oder als Gruppenpuzzle bearbeitet werden. Jede Gruppe bearbeitet also zwei Aufgaben, A1 und A2 oder A3 und A4.

Ökonomische Verfahren

A1 a) Erläutern Sie anhand des in der Textspalte diskutierten Cumol-Verfahrens die Kriterien, nach denen beurteilt werden kann, inwiefern ein industrielles Verfahren ökonomisch ist (vgl. auch S. 62 und 63). b) Plexiglas ist teurer als Polycarbonat. Erläutern Sie, woran das liegen könnte. c) In einem Betrieb, der MMA und Plexiglas herstellt, soll entschieden werden, ob Aceton weiterhin eingekauft oder in einer eigenen, zu bauenden Cumol-Anlage produziert werden soll. Was gibt es zu bedenken? Erläutern Sie ausführlich.

Industrielle Verbundsysteme

A2 Am Industriestandort A, der an einer großen Wasserstraße liegt, wird eine Anlage geplant, in der Polycarbonat für den Weltmarkt hergestellt werden soll. a) Welche der folgenden Industrieanlagen wären in A oder in unmittelbarer Nähe wünschenswert? Begründen Sie jeweils: eine Raffinerie, eine Crackanlage, eine Chlor-Alkali-Elektrolyseanlage, eine Ammoniakfabrik, ein Elektrizitätskraftwerk. b) Es gibt in A keine Crackanlage und die Konkurrenz aus dem nahen B verkauft kein Propen. Welche Lösungen kommen in Frage? Erläutern Sie jeweils Vor- und Nachteile. (*Hinweis:* Propen ist bei einem Druck von 18 bar bis auf 30 °C flüssig.)

Prozessintegriertes Recycling

A3 Vergleichen Sie die zwei in der Textspalte genannten Beispiele von prozessintegriertem Recycling unter folgenden Fragestellungen und erläutern Sie jeweils: a) Handelt es sich um ein Kopplungsprodukt oder um eine andere Chemikalie? b) Finden beim Recycling chemische Prozesse statt und wenn ja, welche? c) Inwiefern zeigt das jeweilige Beispiel, dass Anwendungsprodukte, die kein gebundenes Chlor enthalten, sogenannte industrielle „Chlorchemie" erfordern? Wo bleibt das Chlor jeweils?

Recherche, Präsentation

A4 Beschaffen Sie sich aus diesem Buch und aus anderen Büchern sowie aus dem Internet zusätzliche Informationen über das von Ihrer Gruppe untersuchte Thema von dieser Doppelseite.
Bereiten Sie wenige Overhead-Folien oder eine kurze Powerpoint-Präsentation vor und halten Sie einen ca. 10 min langen Vortrag mit anschließender Diskussion von ca. 5 min.

A1 Formulieren und benennen Sie alle isomeren Monochloralkane, die sich bei der Chlorierung von Isooctan 2,2,4-Trimethylpentan bilden können.

A2 Berechnen Sie die maximale Wellenlänge eines Lichtquants, der in der Lage ist, ein Brom-Molekül in Atome zu spalten (*Hinweis:* vgl. S. 234).

A3 Erläutern Sie, was man unter Selektivität bei der Halogenierung eines Alkans versteht und vergleichen Sie die Selektivität bei einer Bromierung mit der Selektivität bei einer Chlorierung.

A4 In zwei Versuchen wurde Ethen einmal durch Bromwasser und einmal durch Bromwasser, das zusätzlich gelöstes Kaliumbromid enthielt, geleitet. Welche der beiden Lösungen hat nach der Entfärbung einen niedrigeren *p*H-Wert? Begründen Sie ausführlich.

A5 Der Start einer Polymerisation von Isobuten erfolgt über die Anlagerung eines $\mathbf{H^+}$-Ions an das Isobuten-Molekül. Daraus baut sich in einer kationischen Kettenreaktion das Makrokation auf. Bei der Abbruchreaktion wird aus dem Makrokation wieder ein $\mathbf{H^+}$-Ion abgespalten. Formulieren Sie die Reaktionsschritte und begründen Sie, warum Isobuten im Gegensatz zu Ethen kationisch polymerisiert.

A6 Bei der WILLIAMSON-Synthese der Ether findet im ersten Arbeitsschritt folgende Reaktion statt:

$$\mathbf{2R{-}OH + 2Na \longrightarrow 2R{-}O^- \, Na^+ + H_2}.$$

Das Alkoholat-Ion wirkt im zweiten Arbeitsschritt als Nucleophil auf ein Halogenalkan. Formulieren Sie für die Ether aus B4, S. 247, jeweils beide Schritte einer WILLIAMSON-Synthese.

A7 Recherchieren Sie im Internet über *Chemie 2000+ Online* die Versuche Nr. 5 und Nr. 6 zur Herstellung von Siliconen und bearbeiten Sie das Arbeitsblatt Nr. 7.

A8 Zeichnen Sie für den SN1-Mechanismus und für den SN2-Mechanismus Energiekurven (vgl. S. 252 und 253) und beschriften Sie die wichtigen Stellen, indem Sie die entsprechenden Teilchen zuordnen.

A9 Welche der Verbindungen aus B6, S. 255, reagieren mit $\mathbf{OH^-}$-Ionen nach dem SN1-Mechanismus? Begründen Sie.

A10 Formulieren und benennen Sie jeweils die Haupt- und Nebenprodukte, die zu erwarten sind, wenn a) 2-Butanol und b) 1-Butanol mit Schwefelsäure gekocht wird. Begründen Sie Ihre Vorschläge.

A11 Erklären Sie mithilfe von B1, warum man hinter Plexiglas, das aus reinem PMMA besteht, eher braun wird als unter Normalglas (Borosilikatglas). Sonnenbrillen aus Plexiglas lassen kein UV-Licht durch, Plexiglas-Filter in Solarien lassen nur UV-A Strahlung durch und absorbieren die schädliche UV-B und UV-C Strahlung. Wie ist das möglich? Erläutern Sie Ihre Vermutung.

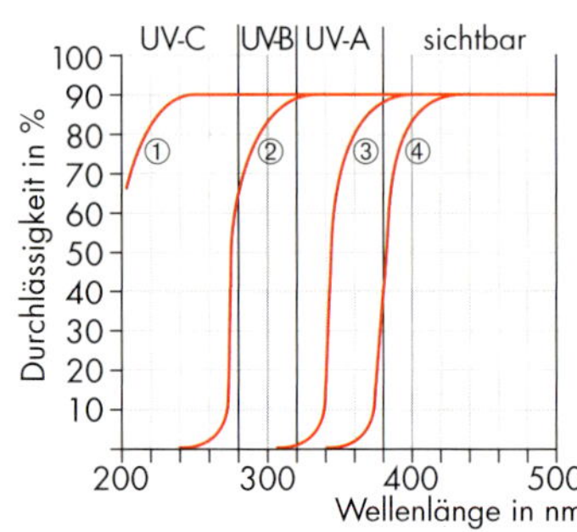

B1 *Durchlässigkeit von Quarzglas (1), reinem PMMA (2), Normalglas (3) und Plexiglas mit UV-Schutz (4)*

A12 Finden Sie mithilfe von B4 von S. 257 heraus, ob Ionon aus dem Veilchenaroma oder Vanillin aus dem Vanillearoma beständiger gegenüber Sauerstoff aus der Luft ist. (*Hinweis:* Die Formeln der Aromastoffe finden Sie auf S. 18.)

A13 Ammoniak wird analog zu Wasser an die Carbonyl-Gruppe addiert. Formulieren Sie die Gleichung der Addition von Ammoniak an Ethanal.

A14 Begründen Sie mithilfe der **I**-Effekte aus B5, S. 259, warum die Gleichgewichtskonstante *K* bei der Hydratbildung von Chloral einen viel größeren Wert hat als bei der Hydratbildung von Aceton.

A15 Berechnen Sie, wie viel Gramm Ester sich bis zur Einstellung des Gleichgewichts bei der säurekatalysierten Veresterung von 1 mol Ethansäure mit 2 mol Ethanol bilden, wenn bei Raumtemperatur gearbeitet wurde. Für die Gleichgewichtskonstante *K* gilt bei 20 °C $K = 4$. (*Hinweis:* Vgl. Musterlösung zu dieser Aufgabe in *Chemie 2000+ Online*.)

A16 Die Polymerisation von MMA verläuft nach dem sogenannten Kopf-Schwanz Muster, d.h. die Monomer-Moleküle fügen sich in der auf S. 271, Gleichung (3) dargestellten Weise aneinander. Erklären Sie, warum diese Anordnung gegenüber einer Kopf-Kopf und einer Schwanz-Schwanz Anordnung bevorzugt wird. (*Hinweis:* Vergleichen Sie die Stabilitäten der betreffenden Radikale.)

A17 Bei der Polymerisation von MMA und anderer Monomere schrumpft das Volumen der polymerisierten Masse. Das kann beispielsweise bei V4 (B4) von S. 270 beobachtet werden. Erklären Sie den Sachverhalt.

A18 Begründen Sie, warum Behälter aus Plexiglas und aus Polyester für die Aufbewahrung von Laugen und Säuren ungeeignet sind, diese Stoffe aber in Behältern aus Polyethen aufbewahrt werden können. (*Hinweis:* Vgl. S. 263.)

A19 Nennen und erläutern Sie die strukturellen Merkmale, die dafür verantwortlich sind, dass Plexiglas thermoplastisch (und weder elastisch noch duroplastisch) ist.

A20 Warum ist es zu schade, Abfälle aus Plexiglas zu entsorgen, indem man sie verbrennt? Erläutern Sie ausführlich.
(*Hinweis:* Vgl. S. 63 und S. 272 und 273.)

Vom Blattgrün zum Farbmonitor

Licht und Farben prägen unser Leben entscheidend. Das Licht der Sonne und die Farben von Pflanzen, Tieren und Gesteinen sind **natürliche** Erscheinungen. Es gibt aber auch viele **künstliche** Licht- und Farbphänomene, die aus unserem Alltag nicht wegzudenken sind. Sie reichen von den verschiedenen Lampen für weißes und buntes Licht über die Farbstoffe für Textilien und die Pigmente für Lacke bis hin zu den farbigen Displays und Monitoren elektronischer Geräte. Diese enorme Vielfalt wurde erst durch die **Leistungen chemischer Forschung** möglich. Heute arbeitet man auf diesem Gebiet an „intelligenten" Materialien mit besonderen optischen und elektronischen Eigenschaften. Sie sollen helfen, Energie zu sparen, natürliche Ressourcen besser zu nutzen und unser Leben noch bunter und angenehmer zu gestalten.
Auf den sich anschließenden Seiten wird folgenden **Fragen** nachgegangen:

1. **Warum sehen wir Gegenstände farbig?**
2. **Welche strukturellen Merkmale erzeugen Farbigkeit?**
3. **Wie kann man farbige Stoffe synthetisieren?**
4. **Was färbt man womit?**
5. **Farbige Metall-Komplexe – was ist das?**

B1 *Facetten zum Kontext „Vom Blattgrün zum Farbmonitor". **A:** Kann man eine Farbe sehen, wenn kein Licht vorhanden ist? Erläutern Sie anhand von Beispielen.*

Um die Fragen Nr. 1 bis Nr. 10 zu beantworten, werden auf den folgenden Seiten die theoretischen Grundlagen der Farbigkeit von Stoffen und die Methoden der Erzeugung von künstlichen Farben und Farbstoffen entwickelt. Dabei wird stellenweise der **Weg der Forschung** in der Chemie nachvollzogen. Er führt von den experimentellen Beobachtungen über Hypothesen, die in weiteren Experimenten überprüft oder widerlegt und allmählich zu theoretischen Konzepten ausgebaut werden. Dabei spielen in diesem Kapitel die **Aromaten** und ihr Hauptvertreter, das **Benzol**, eine tragende Rolle.

(6) Bunte Leuchtdioden – farbiges Glas oder farbiges Licht?

(7) Lacke, Farben und Pigmente – worin unterscheiden sie sich?

(8) Nanomaterialien, Licht und Farben – gibt es da einen Zusammenhang?

(9) Woraus bestehen Farbmonitore und wie funktionieren sie?

(10) Farben in Pflanzen und Tieren – Zufall oder Notwendigkeit?

B2 *Das Weibchen der Cochenille-Schildlaus, die auf Kakteenblättern lebt, produziert den roten Farbstoff Karminsäure. Damit können Textilien, Kosmetika und Lebensmittel gefärbt werden.* **A:** *Warum werden in Lebensmitteln und Kosmetika möglichst naturidentische Farbstoffe eingesetzt?*

FRIEDRICH AUGUST KEKULÉ (1829 bis 1896)

„Lernen wir träumen ...,
dann finden wir vielleicht die Wahrheit. ..., aber hüten wir uns, unsere Träume zu veröffentlichen, ehe sie durch den wachen Verstand geprüft worden sind."

F. A. Kekulé in Berlin am 11. März 1890

B3 *KEKULÉ formulierte eine Benzol-Formel und eine Theorie über Aromaten.*

Kaum ein anderes Thema in der Chemie ist so kontrovers diskutiert worden wie das der chemischen Bindungsverhältnisse in den Molekülen der sogenannten aromatischen Kohlenwasserstoffe, der **Aromaten**. Die Artikel und Bücher zu diesem Thema füllen ganze Bibliotheken. Im Jahr 1865 schlug F. A. KEKULÉ für das Benzol-Molekül eine ringförmige Struktur mit alternierenden Einfach- und Doppelbindungen vor. Die zündende Idee soll ihm im Traum gekommen sein (vgl. historischen Teil). Mit KEKULÉS Formel konnten viele Fragen geklärt sowie wichtige Synthesen geplant und durchgeführt werden.

Dennoch war mit der Formel von KEKULÉ die Frage der Bindungsverhältnisse im Benzol-Molekül nicht befriedigend gelöst: In entscheidenen Experimenten reagiert Benzol nicht wie ein Molekül mit Doppelbindungen! Daher wurden in den Folgejahren mehrere alternative Formeln für die Konstitution des Benzol-Moleküls vorgeschlagen (vgl. S. 292). Diese erwiesen sich jedoch als noch weniger zutreffend für Benzol und für die Aromaten schlechthin. Es konnten sogar diejenigen Stoffe synthetisiert und charakterisiert werden, deren Moleküle die vorgeschlagenen Strukturen haben (Dewar-Benzol, Prisman u. a.). Die Struktur des Benzol-Moleküls aber blieb weiterhin ein Problem.

Ab 1931 erlebte KEKULÉS Formel – zumindest als Grenzformel – eine Renaissance, als man begann, die konjugierten Doppelbindungen mithilfe der Vorstellung von **delokalisierten** π-Molekülorbitalen zu beschreiben (vgl. S. 295). Mit ihnen können alle experimentellen Befunde über Benzol und andere Aromaten vollständig erklärt werden. Heute hilft die Vorstellung delokalisierter π-Elektronen in Aromaten bei der Erforschung organischer Hightech-Materialien (vgl. z. B. S. 336, 337).

F. A. KEKULÉ (B3), in Bonn geboren, begann im Jahr 1847 an der Universität Gießen ein Architekturstudium. Die Experimentalvorlesungen des Chemieprofessors J. v. LIEBIG faszinierten ihn aber so, dass er zur Chemie wechselte. Nach der Promotion in Gießen hielt er sich längere Zeit in London auf, wo er im Jahr 1854 zum ersten Mal seine Theorie über die Vierbindigkeit (Vierwertigkeit) des Kohlenstoffs vorstellte. Bereits im Alter von 28 Jahren wurde KEKULÉ Professor an der Universität Gent in Belgien. Ein Jahr später begann er mit seinem berühmten „Lehrbuch der organischen Chemie", in dem er die Chemie als „die Lehre der stofflichen Metamorphosen der Materie" definiert. Die bis dahin rätselhafte Struktur des Benzol-Moleküls erklärte er erstmalig im Jahr 1865 in einem Beitrag „Sur la Constitution des Substances Aromatiques" vor der Französischen Akademie der Wissenschaften. Im Jahr 1867 wurde er Professor in Bonn und vertiefte seine Theorie der Benzol-Struktur.

KEKULÉS Benzol-Formel leitete eine intensive und fruchtbare Forschungsperiode in der Chemie ein. Da die drei in seiner Formel formulierten Doppelbindungen experimentell nicht definitiv nachweisbar waren, führte KEKULÉ im Jahr 1887 die Oszillationshypothese ein, nach der ein dauernder Platzwechsel der Einfach- und Doppelbindungen stattfindet.

Im Jahr 1890 lud die Deutsche Chemische Gesellschaft in Berlin zur Feier des 25. Jahrestags der Benzol-Formel ein. KEKULÉ berichtete vor dem versammelten Wissenschaftlerpublikum über zwei **Träume**. Den einen habe er in London, in einem offenen Omnibus, den zweiten sieben Jahre später in Gent, am Kamin seines Junggesellenzimmers gehabt. Im ersten wären ihm Atome erschienen, die sich paarten, im zweiten Schlangen, von denen eine ihren eigenen Schwanz erfasste und höhnisch vor seinen Augen wirbelte. Dabei sei er aufgewacht und habe den Rest der Nacht mit der Ausarbeitung dessen verbracht, was er geträumt hatte (vgl. Zitat aus B3). Kurz darauf veröffentlichte er seine historische Benzol-Formel.

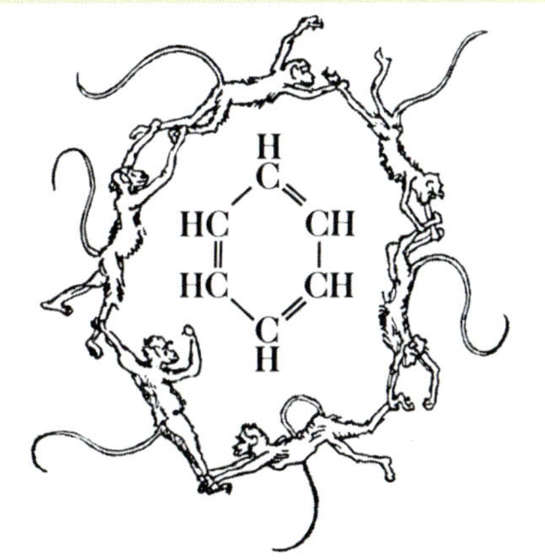

B4 *Die KEKULÉ-Formel des Benzol-Moleküls aus dem Jahr 1865, umgeben von einer Karikatur aus einem Scherzheft des Jahres 1886*

Warum sehen wir Blattgrün grün?

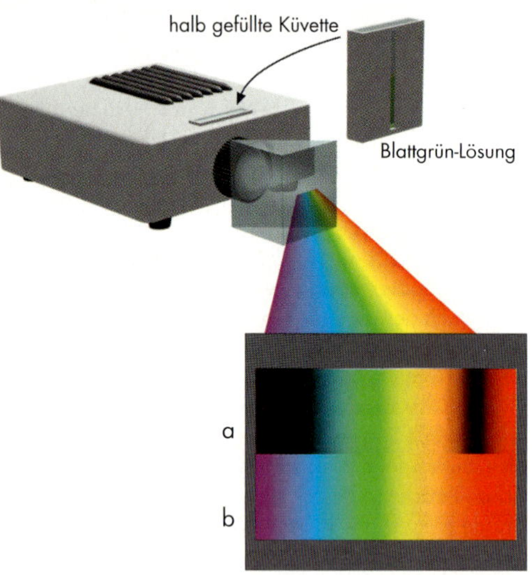

B1 *Vorrichtung zur Untersuchung der Lichtabsorption von Lösungen.* **A:** *Welche Funktion hat das Prisma?*

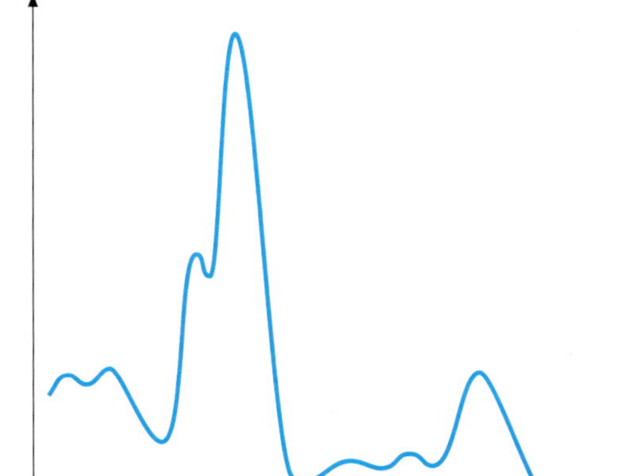

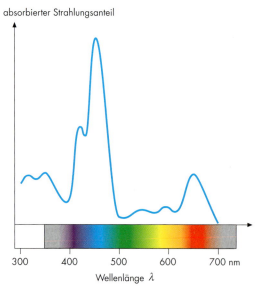

B2 *Absorptionskurve (Absorptionsspektrum) von Chlorophyll.* **A:** *Welche Farben werden nicht absorbiert?*

B3 *Zusammenhang zwischen den absorbierten Spektralfarben und den gesehenen Farben von Gegenständen (Komplementärfarben)*

Versuche

V1 Füllen Sie 4 Flachküvetten jeweils bis zur Hälfte mit farbigen Lösungen, beispielsweise mit: a) Blattgrün in Methanol* (oder Aceton*), b) Bromthymolblau (alkalische Lösung), c) Bromthymolblau (saure Lösung). Bauen Sie eine Vorrichtung nach den Angaben in B1 auf, mit der sich auf einer Projektionsfläche Spektren erzeugen lassen. Die Küvetten können Sie entweder so abkleben, dass nur ein Lichtspalt offen bleibt (B1), oder sie setzen eine Spaltblende vor die Küvette ein.

Halten Sie der Reihe nach die vier Küvetten in den Strahlengang der Projektorlampe und stellen Sie jeweils fest, welche Farben bei dem Licht, das die Lösung passiert hat, fehlen.

Erzeugen Sie erneut Spektren wie in B1. Mischen Sie jetzt die Farben zusammen, indem Sie nach dem Prisma eine Sammellinse einschieben. Beobachten und notieren Sie die jeweiligen Farben.

V2 Nehmen Sie mithilfe eines Photometers (B4) die Absorptionskurven der Lösungen aus V1 gegen das jeweilige Lösemittel als Vergleich auf. (*Hinweis:* Verdünnen Sie die Lösungen ggf. so, dass die Extinktion E nicht über den Wert 2 ansteigt – vgl. zur Arbeit am Photometer auch S. 288.)

Auswertung

a) J. W. GOETHE war im Jahr 1815 der Meinung, dass weißes Licht „rein", d.h. nicht in andere Farben zerlegbar und auch nicht aus anderen Farben erzeugbar sei[1]. Inwiefern widerspricht das den Beobachtungen aus V1? Erläutern Sie.

b) Erklären Sie, warum in den Spektren der vier farbigen Lösungen aus V1 Dunkelzonen entstehen. Warum treten die Dunkelzonen an unterschiedlichen Stellen auf?

c) Welcher Zusammenhang besteht zwischen den Dunkelzonen in B1 und den Peaks in B2? Erklären Sie den Zusammenhang mithilfe von B4.

d) Absorbiert ein Gegenstand die Spektralfarbe Blau aus dem weißen Licht, so erscheint er in der Komplementärfarbe Gelb. Formulieren Sie eine Definition für den Begriff **Komplementärfarbe**. (*Hinweis:* Berücksichtigen Sie dabei Auswertung a) bis c) sowie B3, B5 und B7.)

e) Erklären Sie mithilfe der Definition aus B4, warum beim Extinktionswert $E = 2$ die Lichtintensität I beim Austritt aus der Probe nur 1 % der Intensität I_0 beim Eintritt in die Probe beträgt. Was bedeutet $E = 0$? Erläutern Sie.

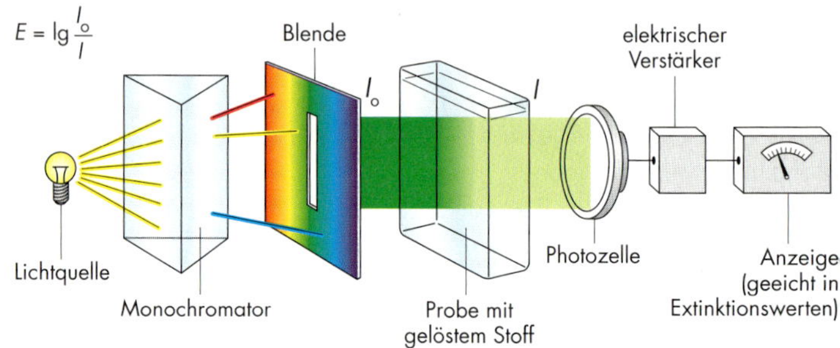

B4 *Schematischer Aufbau eines Photometers und Definition der Extinktion E (I_0: Lichtintensität vor dem Eintritt in die Probe; I: Lichtintensität nach dem Austritt aus der Probe).* **A:** *Erklären Sie, warum E ein Maß für den absorbierten Strahlungsanteil ist.*

[1] Vgl. Informationen zu J. W. GOETHES *Farbenlehre* und I. NEWTONS *Theorie des Lichts* unter *Chemie 2000+ Online.*

Farben durch Lichtabsorption

Weißes Licht lässt sich mithilfe eines Prismas in alle Farben des Regenbogens, in die **Spektralfarben**, zerlegen. Farbiges Licht, das beispielsweise entsteht, wenn weißes Licht eine farbige Lösung durchquert, liefert nach dem Zerlegen mit einem Prisma nicht mehr alle Spektralfarben (V1 und B1): Im Spektrum erscheinen Dunkelzonen, die darauf hindeuten, dass die Farben, die an diesen Stellen auftreten müssten, von der Lösung „festgehalten" wurden. Dieses Phänomen wird als **Lichtabsorption** bezeichnet. Lichtabsorption ist der Grund dafür, dass wir Gegenstände farbig sehen, wenn wir sie bei weißem Licht betrachten (B5). Die von uns wahrgenommene Farbe ergibt sich durch **additive Farbmischung**, d.h. durch die Überlagerung der vom Gegenstand nicht absorbierten Lichtanteile des weißen Lichts. Die Linse unseres Auges übernimmt dabei die Funktion der Sammellinse aus V1[1]. Die Farbe des absorbierten Lichts und die von uns wahrgenommene Farbe des Gegenstands sind **komplementär**[2] (**Komplementärfarben**, B3).

Wenn Farbigkeit durch Lichtabsorption zustande kommt, ist die gesehene Farbe immer in dem Licht enthalten, das den farbigen Gegenstand anstrahlt (Unterschied zur Farbe durch Lichtemission, vgl. S. 284, 285).

Mithilfe eines **Photometers** lässt sich über Extinktionsmessung recht genau bestimmen, welche Farben und wie viel von jeder eine bestimmte gefärbte Lösung absorbiert (V2, B2 und B4). Die **Absorptionskurve** einer Lösung ist die grafische Auftragung der **Extinktion *E*** gegen die Wellenlänge λ. Sie zeigt beispielsweise bei Chlorophyll zwei starke Absorptionsbanden, deren Peaks an jenen Stellen auftreten, an denen im Echtfarbenspektrum bei V1 die beiden Dunkelzonen am intensivsten erscheinen (B1 und B2). Darüber hinaus zeigt die Absorptionskurve, dass die Lösung im Bereich um λ = 480 nm stärker absorbiert als im Bereich um λ = 680 nm und dass es noch weitere, weniger stark ausgeprägte Absorptionsbanden gibt. Absorptionskurven dieser Art spielen eine wichtige Rolle bei der Identifikation und bei der **Strukturaufklärung** von Molekülen, die Farbigkeit verursachen.

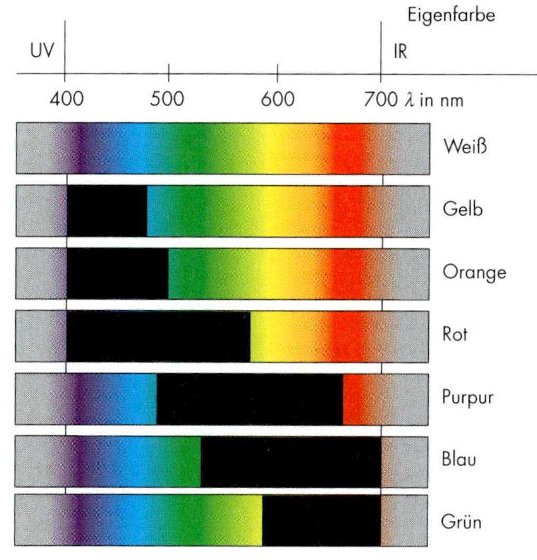

B5 *Zusammenhang zwischen Eigenfarbe und absorbierten Spektralfarben.* **A:** *Erläutern Sie den Unterschied zwischen Rot und Purpur (vgl. auch B3).*

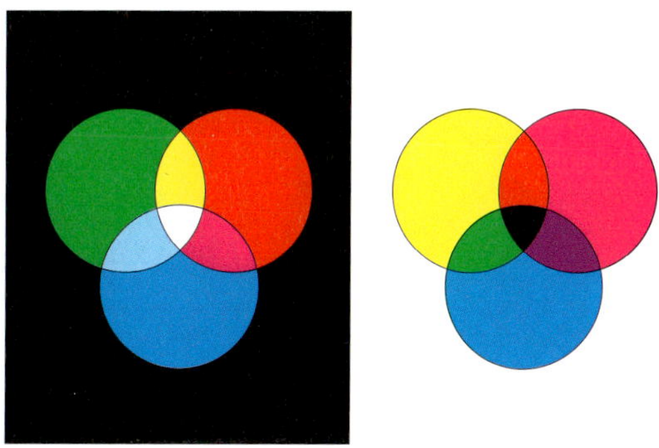

B6 *Additive (links) und subtraktive (rechts) Farbmischung (A1)*

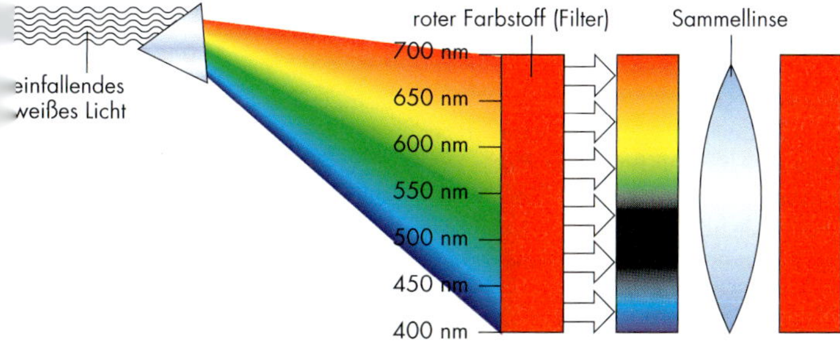

B7 *Wenn eine Lösung Licht zwischen 450 nm und 550 nm absorbiert, sehen wir sie rot.* **A:** *Welches ist nach dieser Darstellung die Komplementärfarbe von Rot?*

Aufgabe

A1 Für den Farbdruck dieses Buches wurden die drei Grundfarben Cyan (Blau), Gelb und Magenta (Rot) übereinander gedruckt (vgl. Anhang S. 449). Dadurch konnten alle Farben erzeugt werden. Erläutern Sie den Sachverhalt unter Verwendung der Begriffe additive und subtraktive Farbmischung (B6).

Fachbegriffe

Spektralfarben, Lichtabsorption, additive Farbmischung, Komplementärfarben, Photometer, Absorptionskurve, Extinktion, Strukturaufklärung

[1] Informationen über die biochemischen Vorgänge *vom Lichtquant bis zum Sehreiz*, die in den Zellen der Netzhaut unseres Auges ablaufen, sind unter *Chemie 2000+ Online* zugänglich.
[2] von *completare* (lat.) = ergänzen, vervollständigen

Wie entstehen Leuchtfarben?

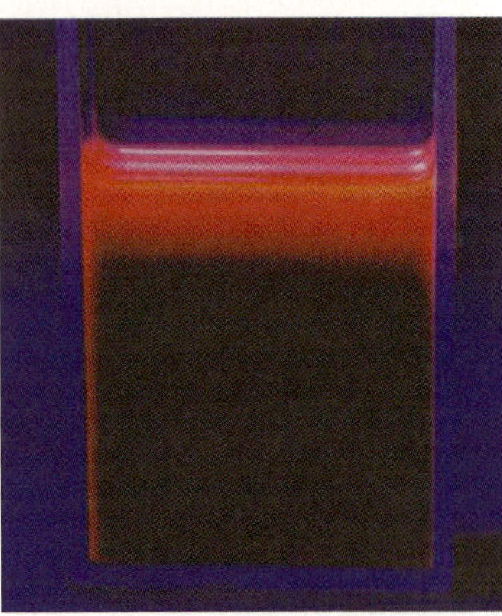

B1 *Rote Fluoreszenz von Chlorophyll-Lösung im UV-Licht.* **A:** *Warum fluoresziert nur der obere Teil der Lösung?*

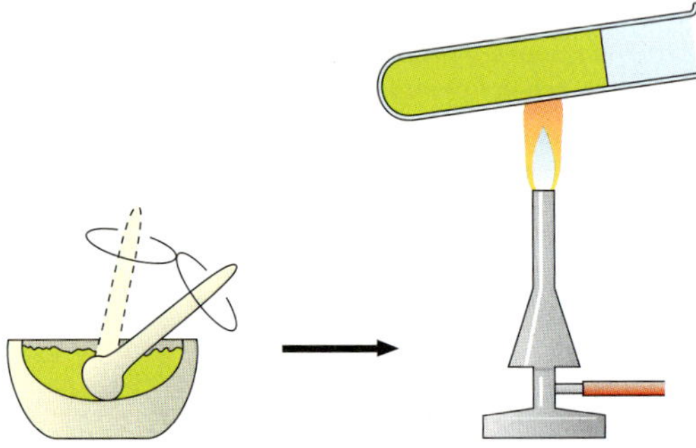

B2 *Herstellung von Leuchtproben in V5.* **A:** *Borsäure* H_3BO_3 *wird beim Erhitzen teilweise dehydratisiert. Formulieren Sie die Reaktion.*

[1] Weitere Versuche zur Fluoreszenz, Phosphoreszenz und Chemolumineszenz sind über *Chemie 2000+ Online* zugänglich.

Versuche

Hinweis: Für V1 bis V7 wird ein verdunkelbarer Raum benötigt[1].

V1 Untersuchen Sie Geldscheine, Kreditkarten, Ausweise und Leuchtgegenstände aus Bastel- und Spielzeugläden im Licht einer UV-Handlampe (λ = 366 nm und λ = 254 nm). Was geschieht jeweils beim Ausschalten der Lampe?

V2 Lösen Sie in einem großen Rggl. eine kleine Spatelspitze Fluoreszein-Natriumsalz* in ca. 70 mL Wasser und betrachten Sie die Lösung im Licht einer UV-Handlampe (λ = 366 nm). Was geschieht beim Ausschalten der Lampe?

V3 Halten Sie einen frisch angeschnittenen Kastanienzweig *(Aesculus hippocastanum)* in ein mit Wassers gefülltes 1-L-Becherglas, das mit der UV-Handlampe (λ = 366 nm) angestrahlt wird. Beobachten Sie das Geschehen an der Schnittstelle genau und rühren Sie dann mit dem Zweig im Wasser.

V4 Stellen Sie in Rggl. Lösungen von verschiedenen Vollwaschmitteln mit und ohne optische Aufheller her und verfahren Sie wie in V1.

V5 Zerreiben Sie in zwei Mörsern a) 25 mg Fluoreszein-Natriumsalz* und 10 g Borsäure bzw. b) 200 mg Mononatriumsalz der 4-Amino-5-hydroxynaphthalin-2,7-disulfonsäure* (sogenannte H-Säure) und 10 g Borsäure. Beschicken Sie mehrere (mindestens drei) große Rggl. ca. 2 cm hoch mit jeweils einer dieser Mischungen. Fixieren Sie jeweils ein Rggl. in eine Klemme, die Sie in der Hand halten, und erhitzen Sie das Gemisch vorsichtig, bis es schmilzt. Verteilen Sie die Schmelze durch Drehen des Rggl. möglichst auf die gesamte Innenfläche des Rggl. Lassen Sie eine der hergestellten Proben auf Raumtemperatur abkühlen, kühlen Sie eine zweite im Gefrierfach auf ca. −5 °C und erwärmen Sie die dritte im Wasserbad auf ca. 70 °C. Untersuchen Sie zunächst die beiden Proben a) und b) mit Raumtemperatur im Licht der UV-Lampe (λ = 366 nm). Beobachten Sie genau, was beim Ausschalten der Lampe geschieht. Halten Sie dann jeweils zwei Proben gleicher Zusammensetzung a) bzw. b) gleichzeitig ins Licht der Lampe und beobachten Sie den Unterschied beim Ausschalten der Lampe.

V6 Der Boden eines 1-L-Erlenmeyerkolbens wird ca. 0,5 cm hoch mit Kaliumhydroxid*-Plätzchen bedeckt. Es werden 1 mL Dimethylsulfoxid* und eine kleine Spatelspitze Luminol* hinzugefügt. Dann wird durch Rotationsbewegungen des offenen Kolbens für eine gute Durchmischung gesorgt. Beobachtung?

V7 Lösen Sie in 100 mL Wasser 0,5 g Natriumcarbonat* und 2 g Natriumhydrogencarbonat. Fügen Sie eine kleine Spatelspitze Luminol* hinzu und schütteln Sie, bis es sich gelöst hat. Geben Sie noch je eine Spatelspitze Kupfersulfat* und Ammoniumcarbonat* hinzu und schütteln Sie erneut. Gießen Sie schließlich im Dunkeln 1 mL Wasserstoffperoxid-Lösung*, w = 30 %, hinzu. Beobachtung?

Auswertung

a) Ordnen Sie die verschiedenen Leuchterscheinungen aus V1 bis V6 mithilfe von B3 den Begriffen *Fluoreszenz, Phosphoreszenz* und *Chemolumineszenz* zu und nennen Sie Gemeinsamkeiten und Unterschiede dieser Leuchterscheinungen.

b) Nennen Sie ähnliche, Ihnen bekannte Leuchterscheinungen.

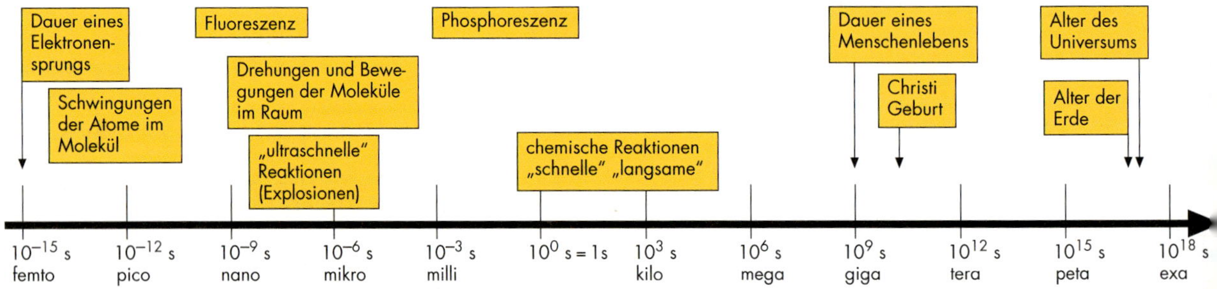

B3 *Zeitskala zum Vergleich von Vorgängen aus dem „zeitlichen Mikrokosmos" und aus dem „zeitlichen Makrokosmos"*

Lumineszenz – Farben durch Lichtemission

Viele Gegenstände erscheinen in leuchtenden Farben, jedoch erst dann, wenn sie mit energiereicher Strahlung, beispielsweise mit UV-Licht, angestrahlt werden (V1 bis V5 und B4). Die Leuchtfarben sind im Licht der UV-Lampe aber nicht enthalten, sondern entstehen in dem leuchtenden Stoff. Dieser wandelt UV-Licht in Farben des sichtbaren Lichts um und strahlt sie aus. Für die Leuchtfarben sind also Vorgänge von **Lichtemission**[1] verantwortlich. Dieses kalte Leuchten bezeichnet man ganz allgemein als **Lumineszenz**. Wenn die Probe nur so lange leuchtet, wie sie mit energiereicher Strahlung (UV-, Elektronen-, Röntgen- oder γ-Strahlung, vgl. B3, S. 286) bestrahlt wird, spricht man von **Fluoreszenz**. Leuchtet die Probe auch nach Ausschalten der UV-Lampe weiter (V5), so handelt es sich in der Regel um **Phosphoreszenz**. Weder bei der Fluoreszenz noch bei der Phosphoreszenz finden letztlich stoffliche Veränderungen statt. Dagegen ist bei der **Chemolumineszenz** eine exergonisch verlaufende chemische Reaktion die Ursache für das kalte Leuchten (V6, V7 und S. 330).

Auf molekularer Ebene sind Fluoreszenz, Phosphoreszenz und Chemolumineszenz mit der Fähigkeit von Molekülen verbunden, Lichtquanten auszusenden (zu emittieren). Eine Erklärung für diese Fähigkeit liefert die Modellvorstellung, dass Moleküle außer im **elektronischen Grundzustand S_0** auch in **elektronisch angeregten Zuständen** existieren können. Das wird im **Energiestufenmodell** veranschaulicht (B5, B6). Die Elektronen eines Moleküls können danach nur bestimmte erlaubte Energiestufen (Energiezustände) „besetzen". Die erlaubten Energiestufen werden „von unten nach oben" mit je einem Elektronenpaar, d.h. zwei Elektronen mit entgegengesetztem **Spin**[2] aufgefüllt, soweit der Elektronenvorrat des Moleküls reicht. Über den besetzten Energiestufen liegen noch weitere erlaubte, jedoch im Grundzustand S_0 nicht besetzte Energiestufen. Alle Vorgänge, bei denen Licht beteiligt ist, lassen sich in guter Näherung mithilfe von nur zwei Energiestufen erklären, der **höchsten besetzten** und der **niedrigsten unbesetzten Energiestufe** (B5). Wenn ein Lichtquant geeigneter Energie $\Delta E = h \cdot \nu$ vom Molekül absorbiert wird, „springt" ein Elektron innerhalb der unvorstellbar kurzen Zeit von einer Femtosekunde (10^{-15} s, B3) ohne Spinumkehr aus der höchsten besetzten in die niedrigste unbesetzte Energiestufe. In dem so erreichten angeregten **Singlett-Zustand S_1** verweilt das Molekül nur ca. eine Nanosekunde (10^{-9} s). Beim Rücksprung des Elektrons wird ein Lichtquant emittiert, die Stoffprobe fluoresziert. Unter bestimmten Umständen, beispielsweise wenn die lichtabsorbierenden Teilchen wie bei V5 in einer erstarrten Schmelze fixiert sind, kann es im angeregten Zustand zu einer strahlungslosen reversiblen Spinumkehr innerhalb der gleichen Energiestufe kommen (geschlängelte Pfeile in B6). Die Lebensdauer des angeregten **Triplett-Zustands T_1** (B6) kann bis zu 10 s betragen, weil der Rücksprung des Elektrons aus T_1 nach S_0 „verboten", d.h. sehr unwahrscheinlich ist. Die Folge ist, dass eine phosphoreszierende Probe nach Ausschalten der Lampe nachleuchtet.

Aufgaben

A1 Erklären Sie mithilfe von B6, warum eine kalte Probe länger phosphoresziert als eine warme.

A2 Die Probe b) aus V5 fluoresziert blau und phosphoresziert gelb. Erklären Sie den Sachverhalt mithilfe von B6.

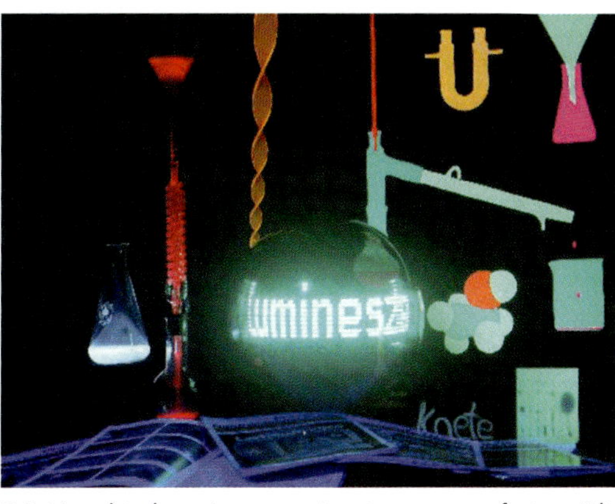

B4 *Verschiedene Arten von Lumineszenz auf einen Blick*

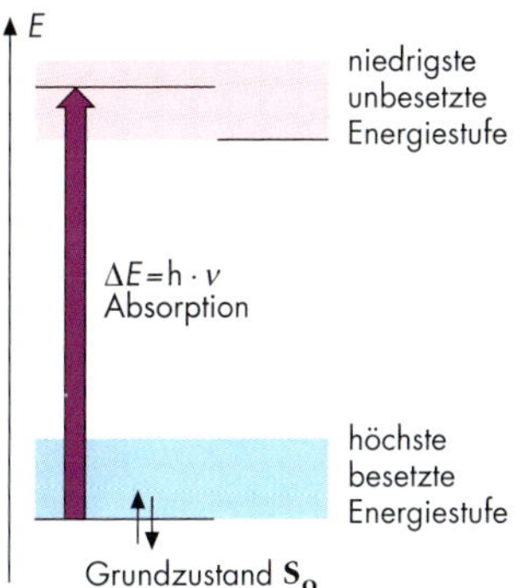

B5 *Elektronische Anregung $S_0 \rightarrow S_1$ durch Absorption eines Lichtquants*

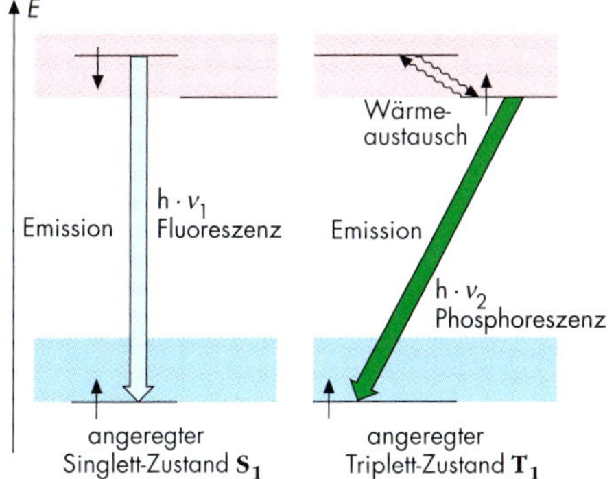

B6 *Lichtemission durch Fluoreszenz $S_1 \rightarrow S_0$ und Phosphoreszenz $T_1 \rightarrow S_0$*

Fachbegriffe

Lichtemission, Lumineszenz, Fluoreszenz, Phosphoreszenz, Chemolumineszenz, elektronischer Grundzustand, angeregter (Singlett- und Triplett-) Zustand, Spin, höchste besetzte und niedrigste unbesetzte Energiestufe

[1] von *emittere* (lat.) = aussenden

[2] von *to spin* (engl.) = rotieren. Der Spin ist eine Eigenschaft des Elektrons, die man als Eigendrehung um die eigene Achse, in die eine oder die andere Richtung, veranschaulichen kann.

Farben aus Atomen und Molekülen

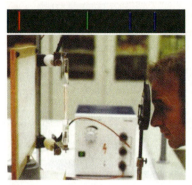

B1 *Linienspektrum des Wasserstoffs und Versuchsaufbau zu LV1*[1]

1. UV-Handlampe
2. Lumineszenzprobe
3. Spaltblende
4. Optisches Gitter
5. Blickrichtung

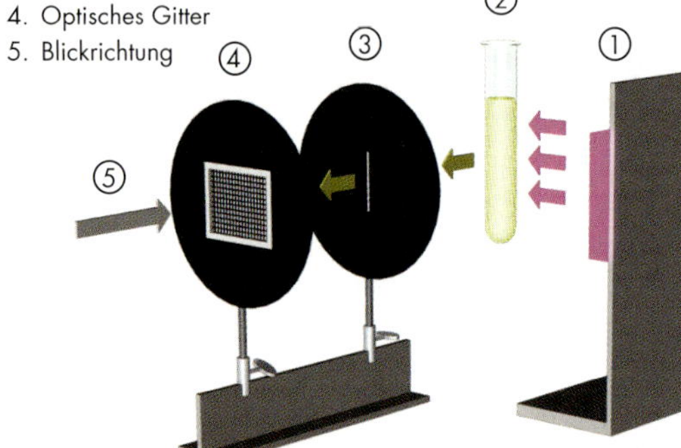

B2 *Erzeugung von Echtfarben-Emissionsspektren lumineszierender Proben (V2)*

[1] Vgl. in *Chemie 2000+ Online* eine Ergänzung des Versuchs, mit der auch die Wellenlängen λ der beobachteten Farblinien bestimmt werden können.

Versuche

Vorsicht: Hochspannung bei LV1!

LV1[1] Die Versuchsvorrichtung aus B1, bestehend aus einer Spektralröhre mit Wasserstoff, einem 7 kV Hochspannungsgerät und einem Beugungsgitter (z.B. D = 1/600 mm), wird mit Geräten aus der Physiksammlung aufgebaut. Die Röhre wird bei ca. 5 kV zum Leuchten gebracht. Die Schülerinnen und Schüler beobachten einzeln durch das Gitter die bunten Linien, die symmetrisch zur Röhre angeordnet sind. Der Versuch wird mit anderen verfügbaren Spektralröhren wiederholt (z.B. Helium, Argon, Quecksilber).

V2 Bauen Sie mithilfe einer Spaltblende, eines Gitters und einer optischen Bank aus der Physiksammlung die in B2 dargestellte Vorrichtung auf, bringen Sie in der angedeuteten Weise verschiedenfarbig leuchtende Fluoreszenz- und Phosphoreszenzproben (V2 bis V5, S. 284) zum Leuchten und betrachten Sie die Spektren. Stellen Sie Unterschiede und Gemeinsamkeiten fest.

Auswertung

a) In den Entladungsröhren aus LV1 werden bei einem Unterdruck von 10 bis 20 Pa Atome des betreffenden Elements durch energiereiche Elektronenstrahlen elektronisch angeregt. Die angeregten Atome emittieren Lichtquanten. Die im Wasserstoff-Spektrum sichtbaren Linien (LV1 und B1) entsprechen Übergängen von einer höheren Elektronenschale auf die L-Schale, d.h. auf die 2. Schale. Erläutern Sie die vier Wasserstoff-Linien aus LV1 mit einer Zeichnung.

b) Neben den vier Emissionen im sichtbaren Bereich (BALMER-Serie) gibt es beim Wasserstoff auch unsichtbare Emissionen im UV-Bereich (LYMAN-Serie) und im IR-Bereich (PASCHEN-, BRACKETT- und PFUND-Serie). Erklären Sie den Sachverhalt. (*Hinweis:* Die Energiedifferenz zwischen den Schalen K und L ist am größten. Sie wird zwischen L und M, M und N usw. immer geringer.)

c) Worauf sind die Unterschiede (Anzahl und Farben der Linien) in den Atomspektren der verschiedenen Elemente in LV1 zurückzuführen?

d) Nennen Sie Gemeinsamkeiten und Unterschiede bezüglich Erzeugung und Erscheinungsbild zwischen den Atomspektren in LV1 und den Molekülspektren in V2.

e) Je zahlreicher die Linien im sichtbaren Teil eines Spektrum sind und je dichter sie liegen, desto mehr „verschwimmt" das gesehene Linienspektrum zu einem Bandenspektrum. Was lässt sich demnach bezüglich der Elektronenübergänge bei Atomen und Molekülen aus den Spektren zu LV1 und V2 schließen?

f) Analog zum Photometer für die Aufnahme von Absorptionsspektren gibt es Fluoreszenzspektrometer zur Aufnahme von Emissionsspektren. Beschreiben Sie den prinzipiellen Aufbau eines Fluoreszenzspektrometers mithilfe von B2 und B4, S. 282.

g) Erläutern Sie mithilfe von B3, warum Moleküle mit UV- und Röntgenstrahlen, nicht aber mit Mikro- und Radiowellen zur Fluoreszenz angeregt werden können.

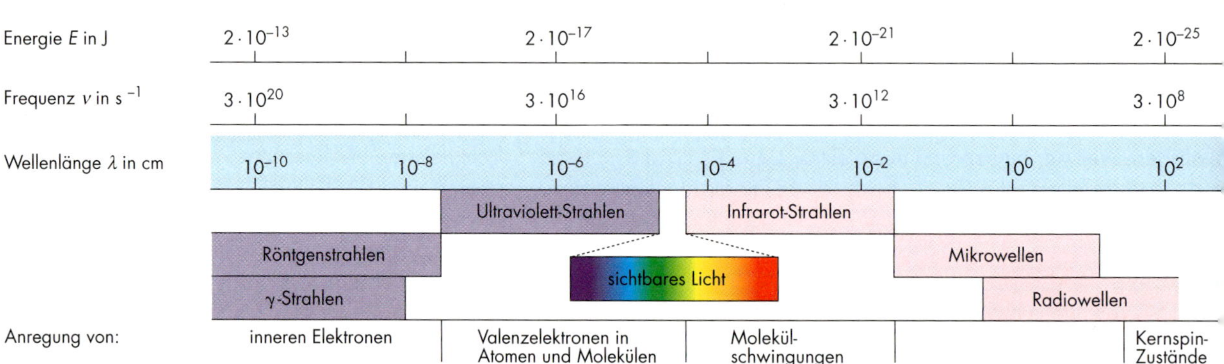

B3 *Das Spektrum der elektromagnetischen Strahlung. Wellenlänge λ, Frequenz ν und Energie E sind über folgende Gleichungen miteinander verknüpft: $E = h \cdot \nu$ und $c = \lambda \cdot \nu$ (h: Plancksche Konstante, c: Lichtgeschwindigkeit, vgl. Anhang).*

Atom- und Molekülspektren, Energiestufenmodell

Ob das von einer Stoffprobe emittierte Licht wirklich nur aus der einen Farbe besteht, die wir mit bloßem Auge sehen, ist nicht sicher. Denn anhand des durch ein Prisma oder ein Beugungsgitter erzeugten Spektrums wird deutlich, dass sowohl die Atom- als auch die Molekülspektren aus LV1 und V2 eine *polychromatische* (mehrfarbige) Zusammensetzung zeigen. **Atomspektren** bestehen aus scharfen, farbigen Linien auf schwarzem Hintergrund, **Molekülspektren** dagegen aus farbigen Banden oder Zonen, die bei den in V2 untersuchten Proben ineinander übergehen.

Dieser essentielle Unterschied ist darauf zurückzuführen, dass die elektronischen Energiezustände bei Atomen und Molekülen unterschiedlich „breit" sind. Bei Atomen sind sie sehr schmal. Zeichnerisch kann man sie in einem Diagramm mit der Energie als Ordinate durch scharfe, waagerechte Striche, die relativ weit voneinander entfernt sind, darstellen. Da die elektronischen Übergänge genau den Energiedifferenzen zwischen diesen Energieniveaus entsprechen, treten in den Atomspektren nur scharfe Linien auf.

Die in einem Molekül gebundenen Atome führen Schwingungen aus (vgl. S. 53). Daher gibt es bei Molekülen innerhalb jedes **elektronischen Zustands** (innerhalb jeder Elektronenstufe) mehrere erlaubte **Schwingungszustände** (Schwingungsniveaus). In B5 sind die elektronischen Zustände durch die breiten, farbigen Balken, die Schwingungszustände durch die relativ nah beieinanderliegenden schwarzen Striche innerhalb der Balken dargestellt. Übergänge zwischen Schwingungsniveaus derselben elektronischen Energiestufe erfolgen strahlungslos durch Aufnahme oder Abgabe von Wärme. Da zwischen den beiden elektronischen Zuständen prinzipiell mehrere Übergänge – entsprechend den verschiedenen Schwingungsniveaus – möglich sind, können sowohl bei der Lichtabsorption als auch bei der Lichtemission Lichtquanten verschiedener, aber sehr ähnlicher Energien beteiligt sein. Die entsprechenden Linien im Spektrum liegen daher so dicht zusammen, dass sie als farbige Bande erscheinen. Das bei der Fluoreszenz emittierte Licht entspricht Übergängen aus dem untersten Schwingungsniveau der „roten" Elektronenstufe (B5) in verschiedene Schwingungsniveaus der „blauen" Elektronenstufe. Daher ist die Wellenlänge der Fluoreszenzstrahlung größer als die der absorbierten Strahlung.

Mit dem **Energiestufenmodell** lässt sich auch die Farbigkeit durch Lichtabsorption (vgl. S. 283) erklären: Bei einem Farbstoff-Molekül, in dem es viele Schwingungszustände gibt, können die Elektronen- und Schwingungsniveaus wie in B6 dargestellt werden. Wenn ein solches Molekül durch Absorption eines Lichtquants elektronisch angeregt wird, kann es strahlungslos, unter Abgabe von Wärme, über die vielen erlaubten Schwingungsniveaus in den Grundzustand „herunterpurzeln". Die gesamte Energie des absorbierten Lichtquants wird dabei in Wärme umgewandelt.

Aufgabe

A1 Erläutern und begründen Sie die in B5 angegebenen Relationen zwischen den Wellenlängen λ und den Energien E.

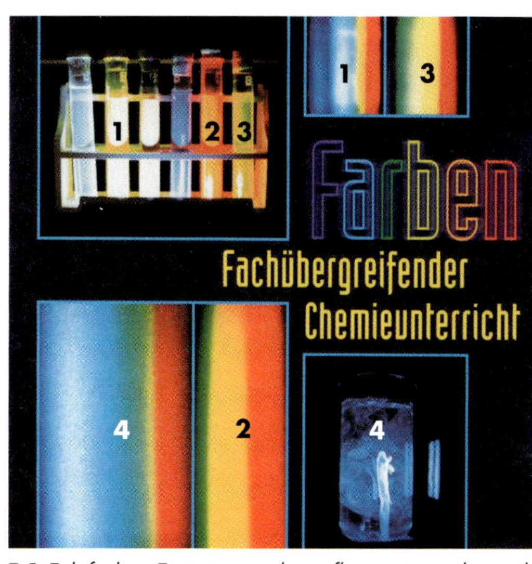

B4 *Echtfarben-Emissionsspektren fluoreszierender und phosphoreszierender Proben.* **A:** *Kommen die gesehenen Farben additiv oder subtraktiv aus den Spektralfarben zustande? Begründung.*

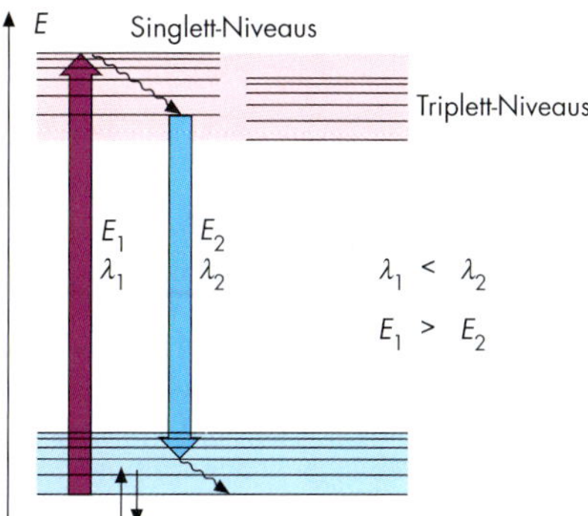

B5 *Aufspaltung der elektronischen Energiestufen in Schwingungsniveaus und mögliche Übergänge bei der Fluoreszenz*

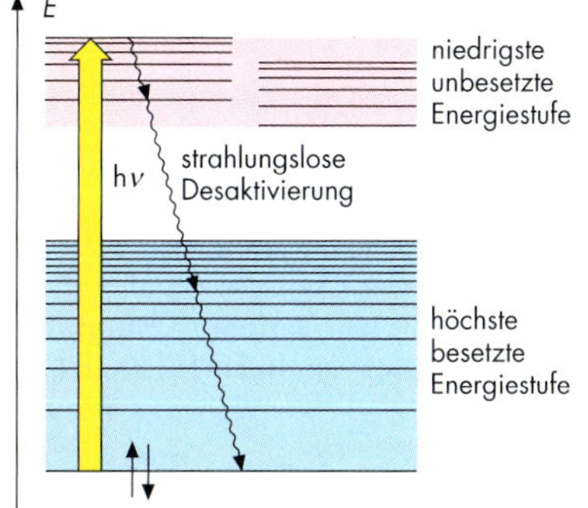

B6 *Energiestufenmodell zur Lichtabsorption bei einem Farbstoff-Molekül*

Fachbegriffe

Atomspektrum, Molekülspektrum, elektronische Zustände, Schwingungszustände, Energiestufenmodell

Photometrische Messungen

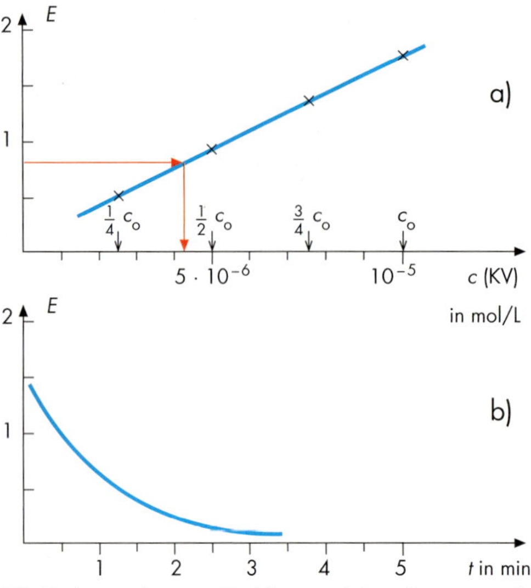

B1 *Eichgerade einer Farblösung (a) und prinzipieller Verlauf einer Zeit-Extinktions-Kurve (b)*

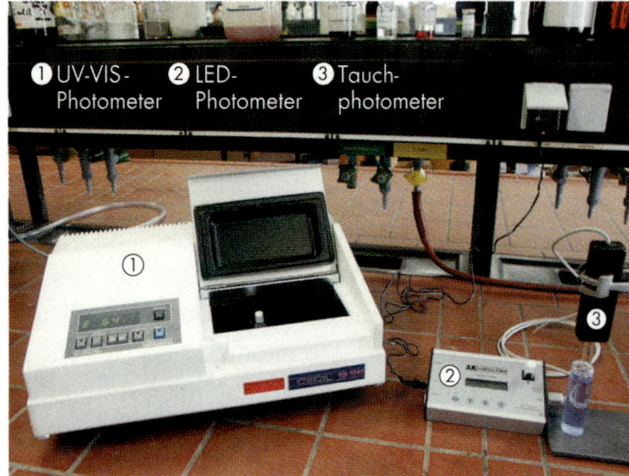

B2 *Verschiedene Photometer*

Das Lambert-Beer-Gesetz

Versuche

Hinweis: Alle Messungen werden in Küvetten der gleichen Schichtdicke d (z. B. d = 1 cm) durchgeführt.

V1 *Bestimmung der Eichgerade:* Stellen Sie eine Verdünnungsreihe von Kristallviolett-Lösungen in destilliertem Wasser her, indem Sie von einer Lösung der Konzentration $c_0(\mathbf{KV^+}) = 10^{-5}$ mol/L ausgehen. (*Hinweis:* Die Formel von Kristallviolett finden Sie auf S. 290.) Die Verdünnungsreihe soll mindestens die vier in B1 a) angegebenen Konzentrationen umfassen. Regeln Sie die Extinktion E des Photometers bei der Wellenlänge λ = 560 nm und einer Küvette mit destilliertem Wasser auf Null. Messen Sie bei dieser Wellenlänge und dieser Einstellung die Extinktionen der Kristallviolett-Lösungen und tragen Sie die Wertpaare $c - E$ nach dem Muster aus B1 a) grafisch auf. Ziehen Sie durch die Punkte eine Ausgleichsgerade.

V2 *Konzentrationsbestimmung:* Stellen Sie Kristallviolett-Lösungen verschiedener unbekannter Konzentrationen her, beispielsweise indem Sie die Lösung mit c_0 aus V1 mit einem nicht abgemessenen Volumen Wasser verdünnen. Bestimmen Sie dann die Konzentrationen dieser Lösungen durch Extinktionsmessungen bei λ = 560 nm. Verfahren Sie grafisch nach der Anweisung durch die roten Pfeile in B1 a).

Auswertung

a) Nach dem Lambert-Beer-Gesetz ist die Extinktion E einer gelösten lichtabsorbierenden Verbindung unter bestimmten Bedingungen proportional zur Konzentration c: $E = \varepsilon \cdot d \cdot c$. Der Proportionalitätsfaktor ε heißt molarer Extinktionskoeffizient. Unter welchen Bedingungen ist ε eine Stoffkonstante für die gelöste Verbindung?

b) Schlagen Sie eine Einheit vor, in der ε angegeben werden kann. (*Hinweis:* Die Extinktion E ist dimensionslos – vgl. dazu B4, S. 282.)

Kinetische Messungen mit dem Photometer

Versuche

V3 *Vorversuch:* Vereinigen Sie in einem kleinen Erlenmeyerkolben 10 mL Kristallviolett-Lösung, $c = 10^{-5}$ mol/L, und 10 mL Natronlauge*, c = 0,1 mol/L, und schütteln Sie gut durch. Beobachten Sie die Farbe der Lösung ca. 5 min lang.

V4 *Hauptversuch:* Stellen Sie am Photometer die Wellenlänge λ = 560 nm ein und regulieren Sie die Extinktion mit destilliertem Wasser auf Null. Messen Sie zunächst die Extinktion einer Mischung aus 10 mL Kristallviolett-Lösung, $c = 10^{-5}$ mol/L, und 10 mL destilliertem Wasser. Entleeren und säubern Sie die Messküvette. Vereinigen Sie jetzt in einem kleinen Becherglas 10 mL Kristallviolett-Lösung, $c = 10^{-5}$ mol/L, und 10 mL Natronlauge*, c = 0,1 mol/L, und starten Sie sofort die Stoppuhr. Schütteln Sie schnell durch, füllen Sie die Messküvette mit dieser Lösung und stellen Sie sie ins Photometer. Notieren Sie alle 20 s die Extinktionswerte.

Auswertung

a) Tragen Sie die Messwerte aus V4 in ein Diagramm wie in B1 b) ein und ziehen Sie die $t - E$ Ausgleichskurve.

b) Die Entfärbung der Kristallviolett-Lösung mit Natronlauge kann vereinfacht wie folgt formuliert werden:

$$\underset{\text{violett}}{\mathbf{KV^+ + OH^-}} \longrightarrow \underset{\text{farblos}}{\mathbf{KVOH}}$$

Begründen Sie, warum die Kurve von a) gleichzeitig auch das Zeitgesetz darstellt, nach dem sich die Konzentration von Kristallviolett $c(\mathrm{KV^+})$ ändert.

c) Entscheiden Sie anhand der Messwerte bei V4, ob die Kristallviolett-Entfärbung mit Natronlauge nach einem **Geschwindigkeitsgesetz 1.** oder **2. Ordnung** verläuft. (*Hinweis:* Konstruieren Sie die Graphen $t - \ln E$ und $t - 1/E$ und stellen Sie fest, bei welchem eine lineare Beziehung vorliegt; vgl. S. 252, 253.)

d) Diskutieren Sie, warum die Kinetik der untersuchten Reaktion als eine der *pseudo-1.Ordnung* bezeichnet wird.

Fluoreszenzkollektoren und Lumineszenzassay

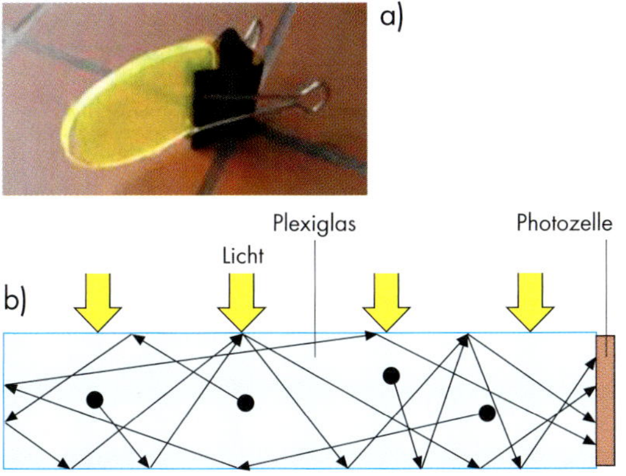

B1 *Fluoreszenzkollektor aus Plexiglas und Farbstoff aus einem Textmarker (a); Funktionsprinzip (b)*

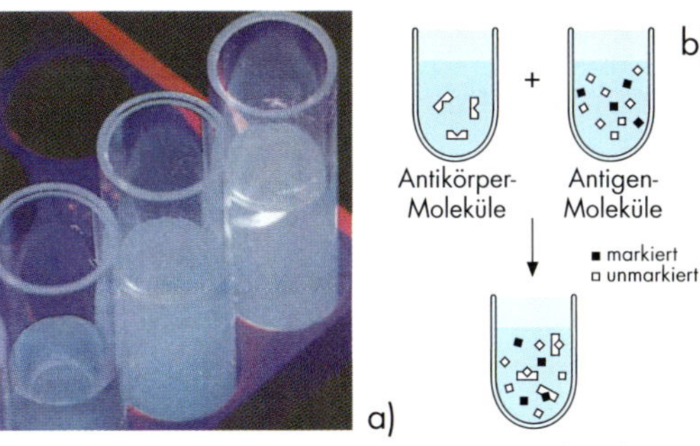

B2 *Proben beim Lumineszenzassay (a) und Funktionsprinzip des Assays (b)*

Von der Leuchtstoffröhre zum Fluoreszenzkollektor
Leuchtstoffröhren sind technische Gegenstände unseres Alltags, bei denen das helle Licht durch die Fluoreszenz der Innenwandbeschichtung zustande kommt[1].
Bei einigen Gegenständen aus transparenten Materialien, beispielsweise bei einigen Klarsichthüllen, Geschenkartikeln und Spielwaren, leuchten die Kanten heller als die großen Flächen: Der Fluoreszenzkollektor-Effekt ist sichtbar. Ein **Fluoreszenzkollektor** ist in der Regel eine großflächige Platte aus transparentem Material, beispielsweise Plexiglas, das geringe Mengen eines Fluoreszenzfarbstoffs enthält. Die im polymeren Material fixierten Moleküle des Farbstoffs werden durch sichtbares Licht, das über die große Fläche in den Kollektor eindringt, zur Fluoreszenz angeregt. Die Quanten des Fluoreszenzlichts gelangen von innen an die glatten Flächen des Kollektors (B1). Dort unterliegen die meisten einer *Totalreflexion*, d.h. sie werden immer wieder in das Innere des Kollektors zurückgeworfen. Erst wenn die Fluoreszenzquanten auf eine Kante des Kollektors treffen, wo aus geometrischen Gründen keine Totalreflexion zustande kommt[2], treten sie aus dem Material heraus. Im Idealfall wird also die gesamte, in der Kollektorplatte erzeugte Fluoreszenzstrahlung auf eine kleine Fläche konzentriert. Als Ergebnis dieses Vorgangs leuchtet die Kante des Kollektors selbst bei diffusem Tageslicht in einer bestimmten Farbe so hell, als würde die Sonne darauf scheinen.

Hinweise für Versuche mit Fluoreszenzkollektoren[2]

V1 Die **Herstellung** von Fluoreszenzkollektoren aus Plexiglas und Leuchtfarbstoffen aus Textmarkern kann nach den Vorschriften zu V3 und V4, S. 270, durchgeführt werden.

V2 Die **Wirksamkeit** der Fluoreszenzkollektoren aus V1 kann mithilfe von herkömmlichen Solarzellen untersucht werden. Dazu wird eine Solarzelle so in Aluminiumfolie eingewickelt, dass nur ein schmaler Streifen frei bleibt, auf den genau die Kante des Fluoreszenzkollektors passt[2].

[1,2] Vgl. S. 328f und *Chemie 2000+ Online.*

Von der Dünnschichtplatte zum Lumineszenzassay[3]
Wenn man ein Gemisch aus Aminosäuren dünnschichtchromatographisch trennen will, ist es zweckmäßig, die Aminosäuren vorher zu *dansylieren*. Dabei versetzt man das Gemisch mit Dansylchlorid[4], einem Reagenz, das mit allen Aminosäuren reagiert. An jedes Aminosäure-Molekül bindet sich ein Dansyl-Rest, der im UV-Licht fluoresziert. So können die Aminosäuren nach der Entwicklung auf der DC-Platte durch leuchtende Flecke sichtbar gemacht werden. Die Markierung von Molekülen einer nachzuweisenden Substanz mit Gruppen, die man dann zur Lumineszenz bringen kann, ist ein Verfahren, das heute in der Forschung und in der medizinischen Diagnostik häufig angewandt wird.
Verschiedene Varianten von **Lumineszenzassays** (Fluoreszenzassay, Chemolumineszenzassay) gehören zu den exaktesten klinischen Methoden der *in-vitro*-Diagnostik. Die Nachweisbarkeitsgrenze für bestimmte Substanzen liegt bei 10^{-20} mol. Der Fluoreszenzimmunoassay funktioniert wie folgt (B2):
Um das Serum eines Wirbeltiers auf eine bestimmte Immunität zu prüfen, versetzt man eine bekannte Menge des Serums mit einer bestimmten Menge eines spezifischen Antigens (Verbindung, die mit dem Antikörper reagiert), von dem wiederum eine bekannter Anteil fluoreszenzmarkiert ist. Das Serum enthält Antikörper im Unterschuss in Bezug auf das zugefügte Antigen. Es findet eine Reaktion statt, bei der die markierten und unmarkierten Antigen-Moleküle um die zu besetzenden Plätze an den Antikörper-Molekülen konkurrieren. Nach Einstellung des Gleichgewichts ist ein bestimmter Anteil der markierten Antigen-Moleküle an die Antikörper-Moleküle gebunden. Dieser Anteil wird durch Fluoreszenzspektroskopie anhand der Intensität, mit der die Probe fluoresziert, bestimmt. Man wendet dabei den mathematischen Algorithmus der *Rückfangmethode* (Stochastik) an. Auf den beschriebenen Fall übertragen lautet er: Wenn der Anteil der fluoreszenzmarkierten Teilchen im eingesetzten Antigen a% beträgt, dann beträgt auch der Anteil der beim Fluoreszenzimmunoassay „eingefangenen" Antikörper-Teilchen a% von der Gesamtheit aller Antikörper-Teilchen im Serum.

[3] *assay* (engl. = Gehaltsbestimmung)
[4] Vgl. Formel und Reaktionsgleichung unter *Chemie 2000+ Online.*

Vielfalt der Farbstoff-Moleküle

Anzahl Doppelbindungen n	Wellenlänge λ des absorbierten Lichtes in nm	
	Polyen	Cyanin
2	225	420 violett
3	257	519 grün
4	300	620 rot
6	344	848
8	386	
10	430 violett	
12	460 blau	
14	485 blaugrün	

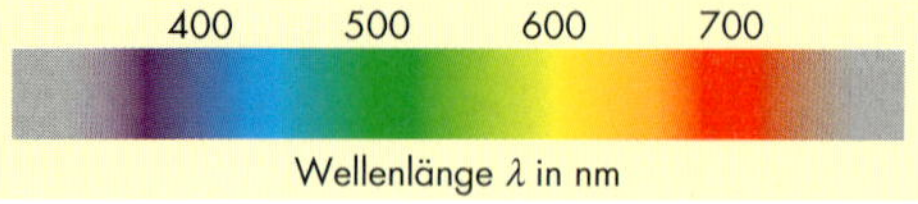

B1 *Absorptionsmaxima und absorbierte Farbe von Polyenen und Cyaninen*

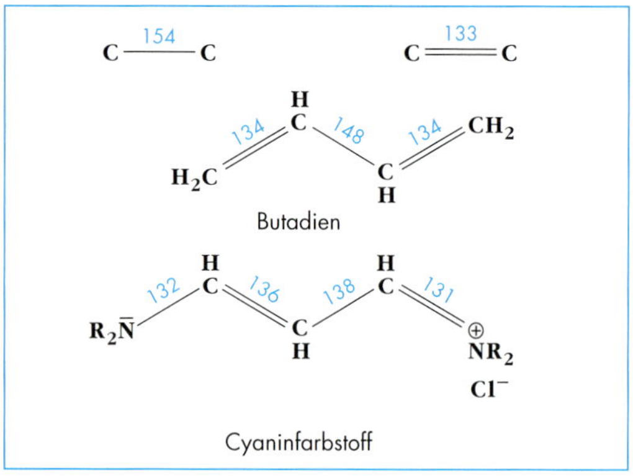

B2 *Bindungslängen im Butadien- und in einem Cyanin-Molekül in pm (Pikometer)*

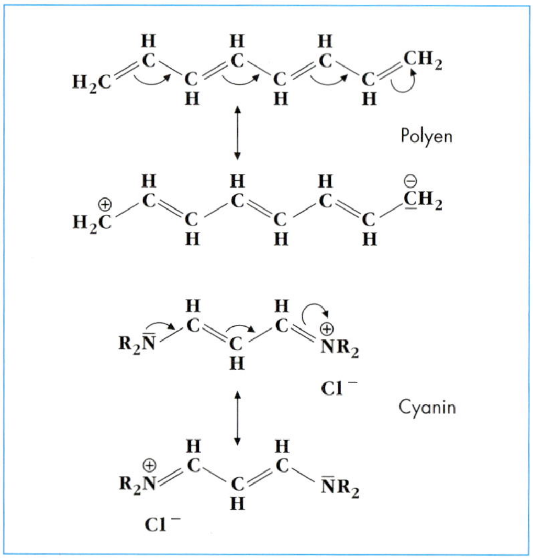

B3 *Mesomere Grenzformeln eines Polyen- und eines Cyanin-Moleküls*

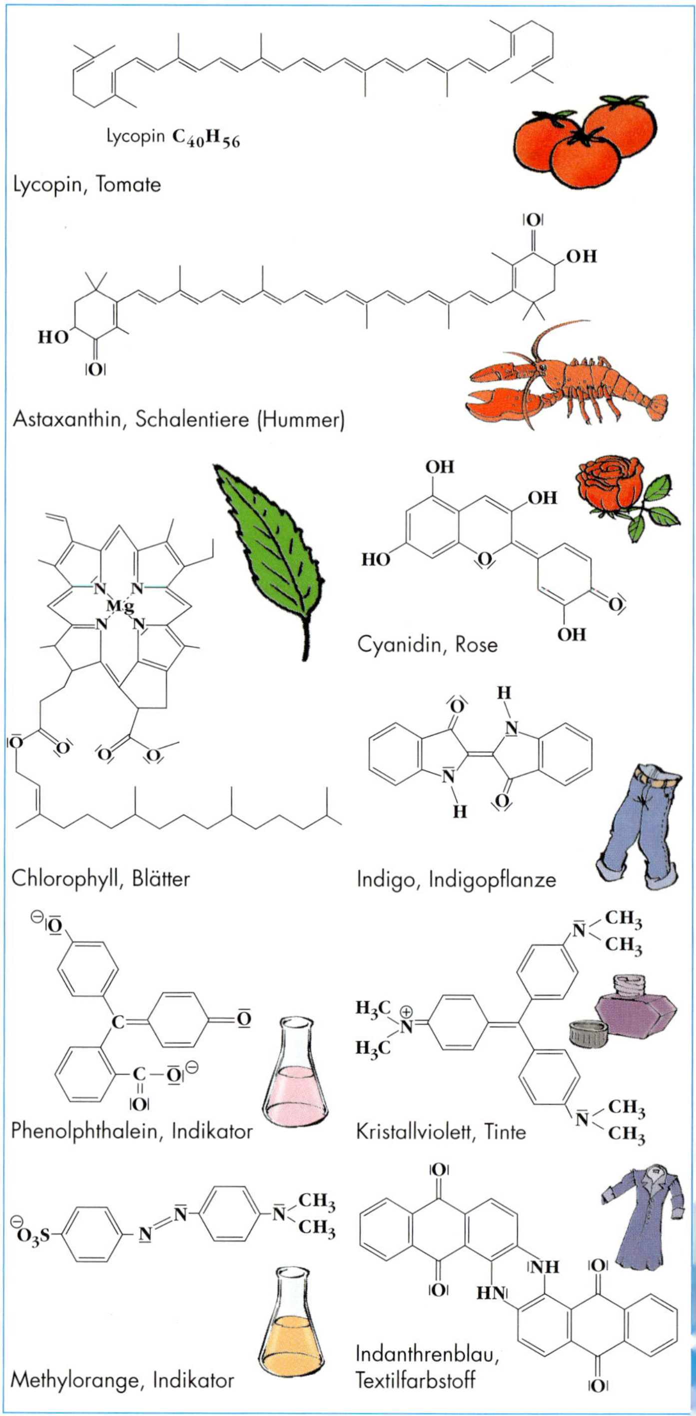

B4 *Formeln einiger Farbstoff-Moleküle*

Auswertung

a) Geben Sie anhand der Formeln in B4 an, welches Strukturmerkmal bei allen Farbstoff-Molekülen auftritt und welche Strukturelemente häufig vorkommen.

b) Vergleichen Sie die in B2 angegebenen Bindungslängen im Butadien Molekül mit denen in Alkan- und Alken-Molekülen und ziehen Sie Schlussfolgerungen daraus. Vergleichen Sie die Bindungslängen bei Butadien- und Cyanin-Molekülen.

Struktur und Farbigkeit

Die Formeln sowohl der natürlich vorkommenden als auch der synthetischen Farbstoffe in B4 zeigen auf den ersten Blick: Farbstoff-Moleküle besitzen ein gemeinsames Strukturmerkmal, ein Gerüst aus Atomen, die über **konjugierte Doppelbindungen**, d.h. Einfach- und Doppelbindungen im Wechsel, verknüpft sind. In diesen Molekülen mit ausgedehnten Systemen konjugierter Doppelbindungen, den **Chromophoren**[1], ist der Energieunterschied zwischen dem höchsten mit Elektronen besetzten und dem niedrigsten unbesetzten Energieniveau relativ klein, sodass die Elektronen durch Absorption von sichtbarem Licht angeregt werden können.

Am leichtesten lässt sich der Zusammenhang zwischen Farbe und Struktur bei den Polyenen und den Cyaninen (B1) mit linearen Chromophoren erkennen. Polyene sind in der Natur weit verbreitet. Sie sind die als *Carotinoide* bezeichneten Farbstoffe, die Möhren, Tomaten, Paprika oder gekochten Schalentieren die typische Farbe verleihen (vgl. S. 349). Bei Polyenen nimmt die Wellenlänge des absorbierten Lichtes mit steigender Anzahl von Doppelbindungen im Molekül zu, die Anregungsenergie also ab (B1). Polyen-Moleküle mit 10 oder mehr Doppelbindungen absorbieren sichtbares Licht und zwar im violetten bis blauen Spektralbereich, sie erscheinen daher gelb bis rot.

In Polyen-Molekülen sind, wie die Bindungslängen im Butadien-Molekül zeigen (B2), die Einfachbindungen kürzer als Einfachbindungen in Alkan-Molekülen, während die Doppelbindungen etwas länger sind als Doppelbindungen in Alken-Molekülen. Der Bindungszustand liegt also zwischen dem einer Einfach- und einer Doppelbindung. Dies lässt sich mit *mesomeren Grenzformeln* symbolisieren, die sich in der Lage von Elektronenpaaren aus Doppelbindungen unterscheiden und über einen Mesomeriepfeil (B3) verknüpft werden. Man nennt den Zustand eines Atomverbands zwischen mehreren, durch Grenzstrukturen darstellbaren Elektronenverteilungen **Mesomerie**. Die Elektronen sind zwischen den Kohlenstoff-Atomen des Polyen-Moleküls **delokalisiert**.

In hohem Maße ist die Farbe von der Ausdehung und Geometrie des Chromophors abhängig. Nicht allein die Zahl der delokalisierten Elektronen ist entscheidend für die Energie, die zu ihrer Anregung nötig ist. So absorbieren Cyanin-Moleküle mit nur zwei Doppelbindungen bereits sichtbares Licht. Im Unterschied zu Polyen-Molekülen sind die Elektronen in Cyanin-Molekülen fast vollständig delokalisiert, was ein Vergleich der Bindungslängen (B2) zeigt. Der *Bindungsausgleich* zwischen Doppel- und Einfachbindungen, der durch die Amino-Gruppe ($-\overline{N}R_2$) erreicht wird, lässt sich wieder durch mesomere Grenzformeln verdeutlichen. Diese sind bei Cyanin-Molekülen völlig gleichwertig, bei den Polyen-Molekülen hat die dipolare Grenzstruktur weniger Gewicht als die unpolare. Die $\overline{N}R_2$-Gruppe mit ihrem freien Elektronenpaar übt einen +M-Effekt auf das System delokalisierter Elektronen aus, sie wirkt als Elektronen-Donator. Die $HC{=}\overset{\oplus}{N}R_2$-Gruppe übt einen –M-Effekt aus und wirkt als Elektronen-Akzeptor.

Donator-Gruppen werden bei Farbstoff-Molekülen als **Auxochrome**[1], Akzeptor-Gruppen als **Antiauxochrome**[2] bezeichnet. Je besser der Bindungsausgleich durch auxochrome und antiauxochrome Gruppen ist, umso längerwelliges Licht absorbiert der Farbstoff.

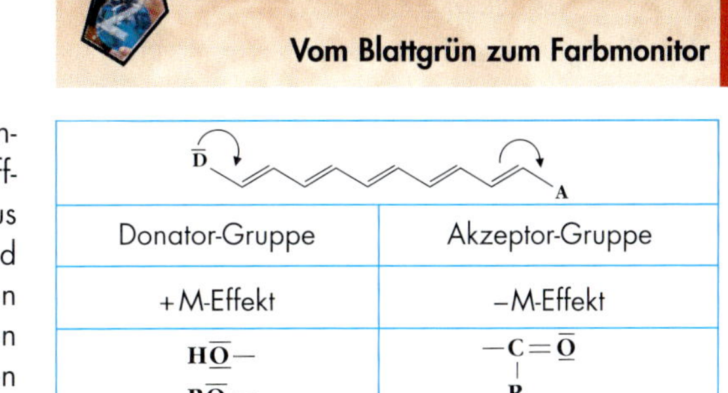

Donator-Gruppe	Akzeptor-Gruppe
+M-Effekt	–M-Effekt
$H\overline{O}-$ $R\overline{O}-$ $\ominus|\overline{O}-$ $H_2\overline{N}-$ $R_2\overline{N}-$	$-C(R)=\overline{O}$ $-C(H)=\overline{O}$ $-\overset{\oplus}{N}(=O)-\overline{O}|^{\ominus}$ $-C(H)=\overset{\oplus}{N}R_2$

B5 *Die Stärke der Donator- und Akzeptor-Gruppen nimmt von oben nach unten zu.*

B6 *Sensibilisierungsfarbstoffe für die Farbfotografie.* **A:** *Geben Sie die auxochromen und die antiauxochromen Gruppen an und zeichnen Sie mesomere Grenzstrukturen. Erklären Sie, welcher Farbstoff längerwelliges Licht absorbiert.*

Aufgaben

A1 Erklären Sie anhand mesomerer Grenzstrukturen und der Angaben in B5, warum Merocyanine $R_2N-(CH{=}CH)_n-CH{=}O$ mit gleicher Anzahl an konjugierten Doppelbindungen längerwelliges Licht als Polyene, aber kürzerwelliges Licht als Cyanine absorbieren.

A2 Geben Sie jeweils die auxochrome und antiauxochrome Gruppe von Kristallviolett und Phenolphthalein (B4) an und zeichnen Sie mesomere Grenzstrukturen.

Fachbegriffe

Chromophore, konjugierte Doppelbindungen, Mesomerie, delokalisierte Elektronen, Auxochrome und Antiauxochrome

[1] von *chroma* (griech.) = Farbe und *phoros* (griech.) = Träger
[2] von *auxanein* (griech.) = wachsen

Magische Ringe

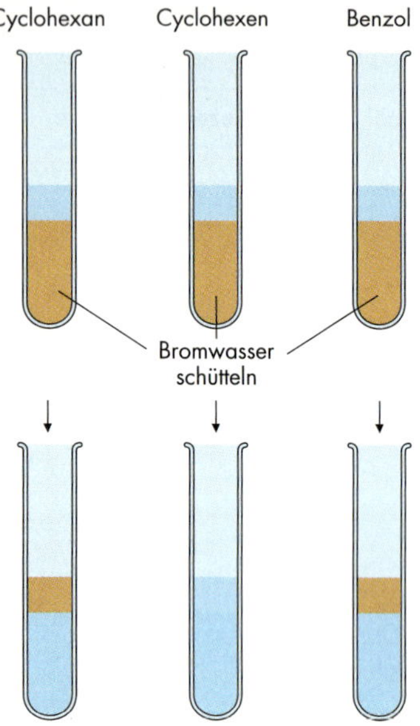

B1 *Versuchsbeobachtungen beim Schütteln der angegebenen Kohlenwasserstoffe mit Bromwasser*

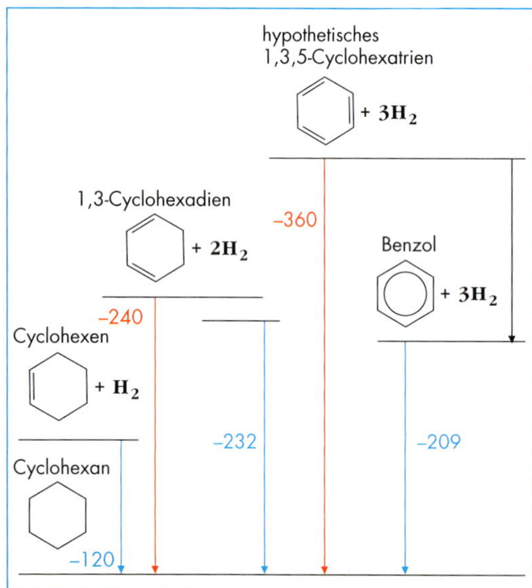

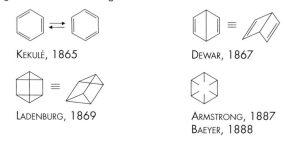

B2 *Berechnete (rot) und gemessene (blau) molare Hydrierungsenthalpien in kJ/mol für die Hydrierung von Cyclohexen, 1,3-Cyclohexadien und Benzol.*
A: *Formulieren Sie die Reaktionsgleichungen für die Hydrierungen. Berechnen Sie die Differenzen zwischen der gemessenen und der berechneten Hydrierungsenthalpie für Benzol.*

Führt man den folgenden Versuch durch, so macht man die in B1 skizzierten Beobachtungen:

Versuchsdurchführung

In drei Rggl. werden a) 2 mL Cyclohexan, b) 2 mL Cyclohexen und c) 2 mL Benzol mit jeweils etwa 2 mL Bromwasser versetzt und geschüttelt.

Auswertung

a) Vergleichen Sie die Beobachtungen beim Schütteln von Benzol, Cyclohexan und Cyclohexen gegenüber Bromwasser (B1).
b) Erklären Sie die Beobachtungen zunächst für Cyclohexen und Cyclohexan und ziehen Sie dann Rückschlüsse auf die Reaktivität von Benzol.

INFO

Benzol wurde im Jahr 1825 von FARADAY endeckt. Die Summenformel C_6H_6 konnte schnell bestimmt werden, die Konstitution des Benzol-Moleküls blieb aber zunächst ungeklärt. Dies lag an dem ungewöhnlichen Reaktionsverhalten von Benzol, das mit der Summenformel, nach der Benzol ein ungesättigter Kohlenwasserstoff sein muss, lange nicht in Einklang gebracht werden konnte.

- Benzol ist ungewöhnlich reaktionsträge.
- Im Gegensatz zu Alkenen reagiert Benzol erst in Gegenwart eines Katalysators mit Brom, jedoch nicht in einer Addition, sondern in einer Substitution. Es entstehen nur ein einziges Monobrombenzol C_6H_5Br und Bromwasserstoff.
- Es gibt 3 isomere Dibrombenzole $C_6H_4Br_2$.

Im Jahr 1865 schlug F. A. KEKULÉ (vgl. S. 281) die sechseckige Ringstruktur mit drei Einfach- und drei Doppelbindungen vor. Er nahm an, dass Benzol ein Gemisch aus sich sehr schnell ineinander umwandelbaren Cyclohexatrien-Isomeren sei. In den Folgejahren wurden weiter Vorschläge für die Konstitution gemacht:

KEKULÉ, 1865

DEWAR, 1867

LADENBURG, 1869

ARMSTRONG, 1887
BAEYER, 1888

B3 *Historische Vorschläge für die Konstitution des Benzol-Moleküls*

Aufgaben

A1 Zeichnen Sie mögliche Valenzstrichformeln für die Summenformel C_6H_6. Geben Sie an, wie viele Mono- und wie viele Dibromderivate jeweils existieren würden.

A2 Begründen Sie, warum auch nach KEKULÉS Vorschlag für die Konstitution des Benzol-Moleküls weitere Vorschläge von anderen Forschern gemacht wurden.

A3 Untersuchen Sie, inwiefern die Vorschläge für die Benzol-Formel von DEWAR und LADENBURG mit der Reaktivität und der Isomerenanzahl von Mono- und Dibrombenzol übereinstimmen.

A4 DEWAR-Benzol, LADENBURG-Benzol (Prisman), Benzvalen und Bicyclopropenyl konnten bis heute hergestellt werden. Erklären Sie, warum diese vier Verbindungen Valenzisomere des Benzols sind. (*Hinweis*: Vgl. Isomerietafel im vorderen Einbanddeckel.)

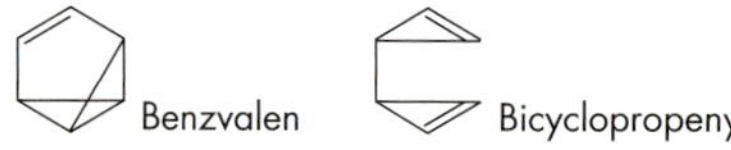

Das aromatische System und das Benzol-Molekül

Bei den Valenzstrichformeln der Farbstoff-Moleküle (B1, S. 290) fällt auf, dass die Chromophore häufig ein ringförmiges Gerüst aus sechs Kohlenstoff-Atomen als Struktureinheit besitzen. Das einfachste Molekül mit dieser Struktureinheit ist das **Benzol**-Molekül C_6H_6. Auch Verbindungen wie Vanillin oder Thymol (S. 300) enthalten diese Struktureinheit. Man bezeichnete diese wegen ihres intensiven Aromas als aromatische Verbindungen. Heute werden alle Verbindungen, die sich von Benzol (B4) ableiten, als **aromatische Verbindungen** zusammengefasst.

Mit der KEKULÉ-Formel für das Benzol-Molekül, in der alle Wasserstoff-Atome gleich sind, kann man erklären, dass es nur ein Monobrombenzol gibt, aber nicht, warum Benzol im Gegensatz zu den Alkenen so reaktionsträge ist und keine Additionen, sondern Substitutionen eingeht. Die Messung der Hydrierungsenthalpien (B2) deutet an, dass das Benzol-Molekül energieärmer ist als seine Valenzstrichformel vorgibt. Erst durch moderne Analysemethoden konnte die Konstitution des Benzol-Moleküls geklärt werden. Aus der Röntgenstrukturanalyse lässt sich ableiten, dass alle Kohlenstoff-Atome in einem ebenen Sechseck angeordnet sind, dass alle C-C-Bindungen gleich lang sind und dass die Bindungswinkel 120° betragen. Das bedeutet, dass alle C-C-Bindungen teilweise Doppelbindungscharakter aufweisen.

Die KEKULÉ-Formeln stellen sogenannte **Grenzstrukturen** dar, von denen keine allein die wirklichen Bindungsverhältnisse beschreibt. Die Elektronen sind zwischen den Kohlenstoff-Atomen nicht in Doppelbindungen lokalisiert, sondern über den ganzen Ring **delokalisiert**. Man kann dies durch einen Kreis im Sechseck symbolisieren. Durch die **Elektronendelokalisierung** kommt die Mesomerie (vgl. S. 291) zustande. Dadurch wird das Molekül stabilisiert. Das Benzol-Molekül ist energieärmer als ein hypothetisches Cyclohexatrien-Molekül. Die molare Mesomerieenergie von Benzol kann durch Messung der Hydrierungsenthalpien bestimmt werden und beträgt 151 kJ/mol (B2, B5).

Aufgaben

A5 Erläutern Sie den Unterschied zwischen der Vorstellung von KEKULÉ aus dem Jahr 1865 über die Konstitution des Benzol-Moleküls und der heutigen Vorstellung.

A6 Berechnen Sie mithilfe von B2 die Mesomerieenergie für 1,3-Cyclohexadien und vergleichen Sie die Mesomeriestabilisierung mit der von Benzol. Geben Sie zwei mesomere Grenzstrukturen an.

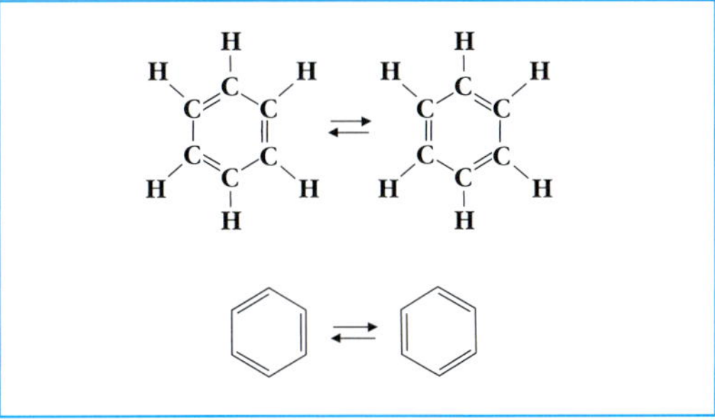

B4 *Valenzstrichformeln und Molekülsymbole nach KEKULÉ*

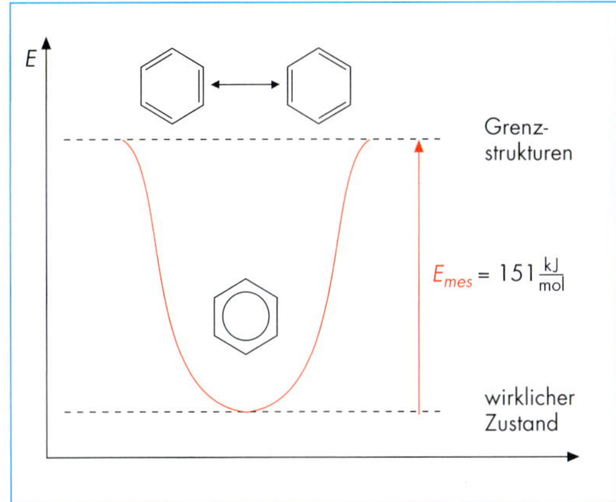

B5 *Mesomeriestabilisierung des Benzol-Moleküls. Zwischen die Grenzformeln schreibt man einen Mesomeriepfeil (⟷). Dieser ist nicht zu verwechseln mit einem Gleichgewichtspfeil (⇌).*

Fachbegriffe

Aromatisches System, aromatische Verbindungen, Benzol, Elektronendelokalisierung

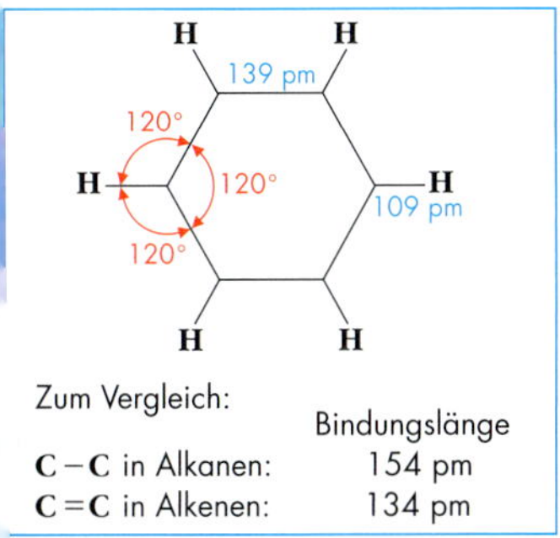

B6 *Geometrie des Benzol-Moleküls*

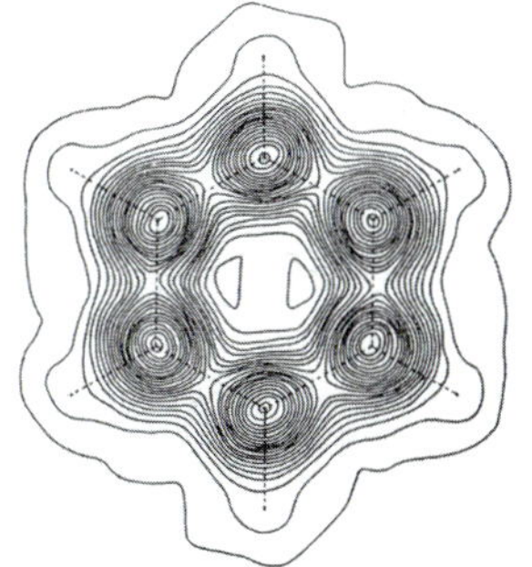

B7 *Elektronendichteverteilung im Benzol-Molekül*

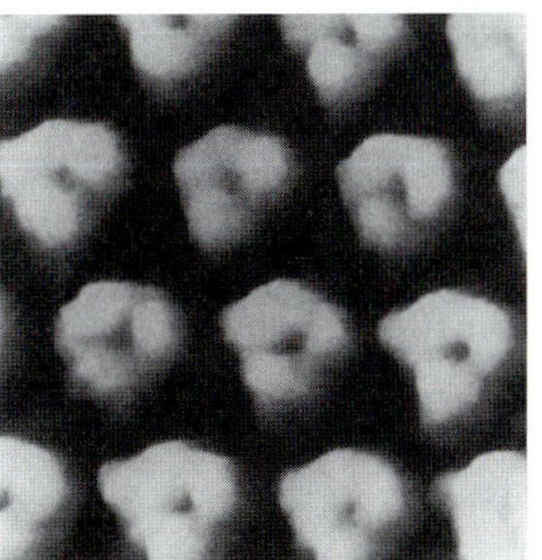

B8 *Benzol-Moleküle unter einem Rastertunnelelektronenmikroskop*

Orbitalmodell und Aromatizität

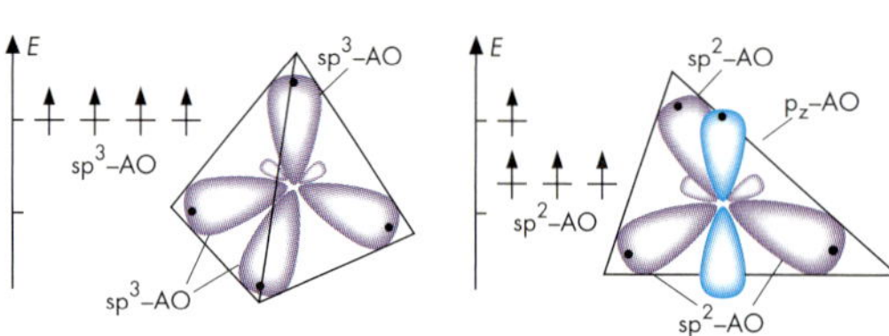

B1 *Atomorbitale AO und Energien beim sp^3- und sp^2-hybridisierten Kohlenstoff-Atom*

Atomorbitale in Kohlenstoff-Atomen

Das Orbitalmodell ist ein theoretisches Werkzeug, das sich besonders für Moleküle farbiger Verbindungen als sehr nützlich erweist: Mit ihm können die Bindungsverhältnisse in Molekülen mit konjugierten Doppelbindungen, also auch im Benzol-Molekül, gut erklärt werden. Auch die Energiestufen in Molekülen (vgl. S. 287) und die Wechselwirkung mit Licht erhalten durch das Orbitalmodell eine theoretische Grundlage.

In der Chemie versteht man unter einem **Orbital** einen räumlichen Bereich im Atom oder im Molekül, in dem sich ein Elektron bestimmter Energie mit großer Wahrscheinlichkeit aufhält[1].

Die Atomorbitale aus der Valenzschale des Kohlenstoff-Atoms sind verschieden, je nachdem, ob das Atom an einer Einfach-, Doppel- oder Dreifachbindung beteiligt ist. Bei Kohlenstoff-Atomen in Alkan-Molekülen sind die vier energiegleichen $\mathbf{sp^3}$-Hybridorbitale im Raum tetraedrisch angeordnet (B1). Ganz anders stellen sich die energetische Situation und die räumliche Ausrichtung bei Kohlenstoff-Atomen dar, die an Doppelbindungen beteiligt sind. Hier sind drei energiegleiche Orbitale in einer Ebene unter Winkeln von je 120° ausgerichtet. Das vierte Orbital, ein sogenanntes p-Orbital, ist etwas energiereicher und besteht aus zwei Orbitalhälften, die senkrecht oberhalb und unterhalb dieser Ebene ausgerichtet sind. Hierbei handelt es sich um ein **$\mathbf{sp^2}$-hybridisiertes Kohlenstoff-Atom**. Es ist im Orbitalmodell der Schlüssel für die Erklärung der Bindungsdelokalisation beim Benzol-Molekül und bei allen anderen konjugierten Systemen.

Aufgaben

A1 Im Methan-Molekül bildet jedes der vier sp^3-hybridisierten Atomorbitale des Kohlenstoff-Atoms eine Bindung mit einem Wasserstoff-Atom aus. Erläutern Sie den daraus resultierenden räumlichen Bau des Methan-Moleküls.

A2 Bei einer **C-C**-Einfachbindung gibt es kein π- und kein π^*-Molekülorbital. Erläutern Sie, warum.

A3 Begründen Sie mithilfe von B2, warum Alkene Licht größerer Wellenlänge absorbieren als Alkane.

[1] Ein kurzer Einblick in die Grundlagen des Orbitalmodells und die verschiedenen Arten von Atomorbitalen (s, p, d und f) sowie den Bezug zum Periodensystem der Elemente ist in *Chemie 2000+ Online* zu finden.

[2] Es besteht eine Analogie zur In-Phase- bzw. Außer-Phase-Überlagerung (Interferenz) von Schwingungen – vgl. *Chemie 2000+ Online*.

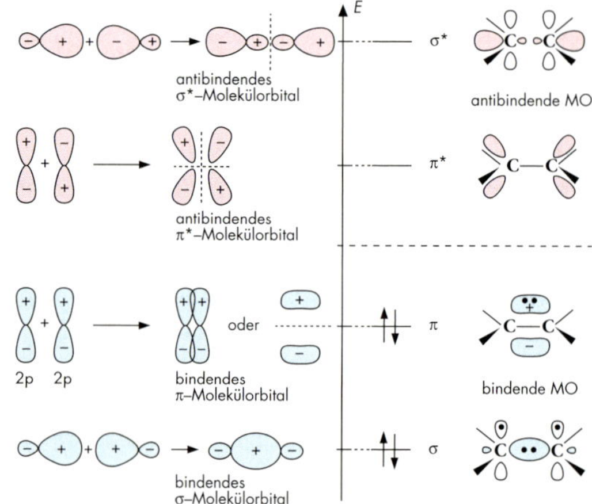

B2 *Verschmelzung von Atomorbitalen AO zu Molekülorbitalen MO und relative Energien der Molekülorbitale*

Bindende und antibindende Molekülorbitale

Im Orbitalmodell wird die Elektronenpaarbindung mithilfe von Mokülorbitalen MO beschrieben, die durch die Überlappung und „Verschmelzung" von Atomorbitalen zustande kommen (B2). Die Verschmelzung kann grundsätzlich auf zwei Arten erfolgen: Bei der In-Phase-Überlappung[2] zweier Atomorbitale (gleiche Vorzeichen der überlappenden Teile in B2) entsteht ein **bindendes Molekülorbital**, bei dem die *Aufenthaltswahrscheinlichkeit* des Elektrons (man spricht auch von der *Elektronendichte*) zwischen den Kernen der beiden Atome erhöht wird. Dagegen führt die Außer-Phase-Überlappung jeweils zu einem **antibindenden Molekülorbital**, bei dem die Elektronendichte zwischen den Kernen vermindert bzw. auf null herabgesetzt wird. Ganz allgemein ist die Anzahl der gebildeten Molekülorbitale gleich mit der Anzahl der verschmolzenen Atomorbitale.

Bei Kohlenstoff-Kohlenstoff Bindungen überlappen die $\mathbf{sp^3}$- oder $\mathbf{sp^2}$-Hybridorbitale zu Molekülorbitalen des σ-Typs. Diese sind rotationssymmetrisch zur Achse, die durch die beiden Kerne geht, ganz gleich, ob es sich um bindende σ- oder antibindende σ^*-Molekülorbitale handelt (B2). Wenn nicht hybridisierte p-Atomorbitale in der in B2 angedeuteten Weise überlappen, entstehen bindende π- bzw. antibindende π^*-Molekülorbitale. Diese sind nicht rotationssymmetrisch, sondern antisymmetrisch zur Ebene, in der die Atome und die Substituenten einer **C=C**-Doppelbindung liegen.

Die beiden Elektronenpaare einer **C=C**-Doppelbindung besetzen das bindende σ- und das bindende π-Molekülorbital. Die antibindenden Molekülorbitale σ^* und π^* bleiben im Grundzustand unbesetzt.

Aufgabe

A4 Wenn bei einer $\sigma \rightarrow \sigma^*$ Anregung in einem Alkan-Molekül durch Absorption eines Lichtquants ein angeregter Zustand entsteht, zerfällt das Molekül in Radikale (Atome). Bei einer $\pi \rightarrow \pi^*$ Anregung in einem Alken-Molekül ist das nicht der Fall. Begründen Sie, warum.

Orbitalmodell und Aromatizität

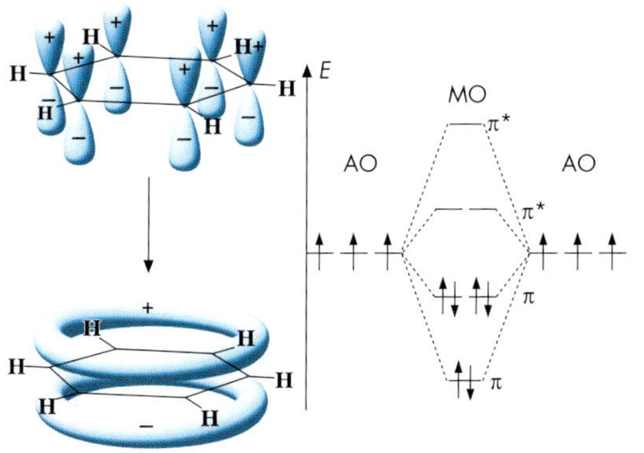

B3 *σ-Gerüst, p-Atomorbitale AO und energieärmstes π-Molekülorbital MO im Benzol-Molekül (links); Energien der AO und aller sechs MO (rechts)*

Molekülorbitale im Benzol-Molekül

Im Benzol-Molekül sind die sechs Kohlenstoff-Atome sp^2-hybridisiert. Bei jedem Kohlenstoff-Atom ist eines der drei sp^2-Hybridorbitale an einer σ-Bindung mit einem Wasserstoff-Atom und an zwei σ-Bindungen mit den benachbarten Kohlenstoff-Atomen aus dem Ring beteiligt. Das entsprechende Gerüst aus σ-Bindungen ist in B3 durch schwarze Striche dargestellt. Alle daran beteiligten Atome liegen in einer Ebene, die Bindungswinkel betragen jeweils 120°. Die sechs Kohlenstoff-Atome bilden ein regelmäßiges Sechseck. Jedes der sechs Kohlenstoff-Atome hat noch ein einfach besetztes p-Orbital, das senkrecht zur Molekülebene steht und an keiner σ-Bindung beteiligt ist. Durch die Verschmelzung dieser sechs p-Orbitale entstehen sechs π-Molekülorbitale. Bei der In-Phase-Überlappung aller sechs p-Atomorbitale wird das in B3 dargestellte energieärmste π-Molekülorbital gebildet. Es besteht aus zwei ringförmigen Bereichen mit hoher Elektronendichte oberhalb und unterhalb der Molekülebene.

Die insgesamt sechs π-Elektronen im Benzol-Molekül besetzen paarweise die drei bindenden π-Molekülorbitale, deren Energien niedriger sind als die der verschmolzenen p-Atomorbitale. Dadurch sind die π-Bindungen im Benzol-Molekül **delokalisiert**[1]. Die drei antibindenden π-Molekülorbitale sind im Grundzustand unbesetzt. Bei der Absorption von Lichtquanten aus dem UV-Bereich bei λ = 250 nm werden Elektronen aus einem der beiden höchsten besetzten π-Molekülorbitale in eines der niedrigsten unbesetzten π*-Molekülorbitale angeregt[2].

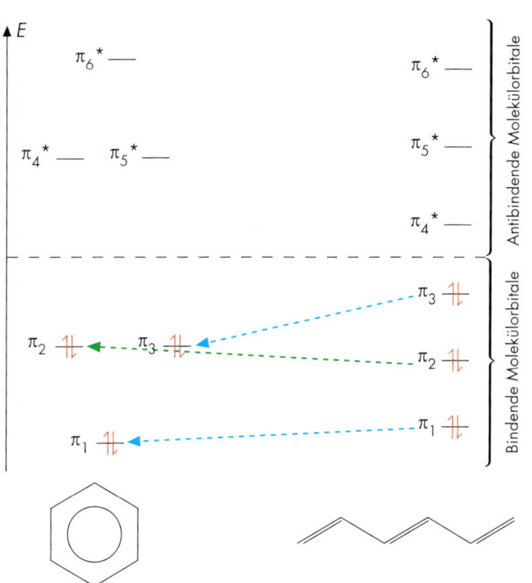

B4 *Relative Energien der π-Molekülorbitale beim Benzol-Molekül und beim 1,3,5-Hexatrien-Molekül*

Mesomerieenergie und Aromatizität

Mithilfe des Orbitalmodells können Energien von Orbitalen und Molekülen berechnet werden. Für die *delokalisierten* π-Molekülorbitale im Benzol-Molekül erhält man die in B3 angegebenen Lagen der Energien. Daraus und aus den berechneten Energien für das Cyclohexatrien-Molekül mit drei *lokalisierten* π-Bindungen lässt sich errechnen, dass Benzol um 151 kJ/mol energieärmer sein sollte als das hypothetische Cyclohexatrien. Dieses Ergebnis stimmt sehr gut mit der **Mesomerieenergie** überein, die aus Experimenten ermittelt wurde (vgl. S. 292, 293), und stellt somit die Leistungsfähigkeit des Orbitalmodells unter Beweis.

Die Mesomerieenergie ist jedoch nicht das ausschlaggebende Merkmal der **Aromatizität**, d. h. des aromatischen Charakters einer Verbindung. Auch lineare Moleküle mit delokalisierten π-Molekülorbitalen können beträchtliche Mesomerieenergien haben. Für das 1,3,5-Hexatrien-Molekül, das die gleiche Anzahl von Kohlenstoff-Atomen und konjugierten Doppelbindungen wie das Benzol-Molekül hat, sind die Energien der delokalisierten π-Molekülorbitale in B4 angegeben. Auch in diesem Fall ist das Molekül energieärmer als es sein müsste, wenn die drei Doppelbindungen an den Stellen lokalisiert wären, wo sie in B4 eingezeichnet sind, es hat also eine Mesomerieenergie.

Die gesamte π-Energie des ringförmigen Benzol-Moleküls ist jedoch geringer als die des linearen 1,3,5-Hexatrien-Moleküls (B4). Analoge Vergleiche zeigen, dass auch andere Ringe mit 6, 10, 14 usw. π-Elektronen energieärmer sind als die entsprechenden Ketten. Diese Ringe sind aromatisch. Dagegen ist die π-Energie bei Ringen mit 4, 8, 12 usw. π-Elektronen größer als die der entsprechenden offenkettigen Systeme. Diese Ringe sind nicht aromatisch.

---

[1] Man bezeichnet π-Elektronen als delokalisiert, wenn sich das π-Molekülorbital, dem sie angehören, über drei oder mehr Atome erstreckt.

[2] In der Literatur wird ganz allgemein das höchste besetzte Molekülorbital als HOMO *(highest occupied molecular orbital)* und das niedrigste unbesetzte Molekülorbital als LUMO *(lowest unoccupied molecular orbital)* bezeichnet.

Weitere Aromaten

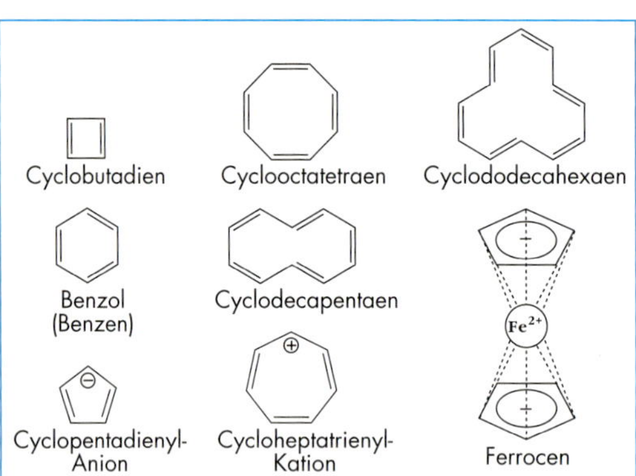

B1 *Ringförmige Moleküle und Ionen mit konjugierten Doppelbindungen können (müssen nicht) Aromaten sein.*

Die HÜCKEL-Regel für Aromaten

Das *aromatische Elektronensextett*, d.h. sechs π-Elektronen, die über einen Ring delokalisiert sind, wurde bereits um 1925 als Ursache für die besonderen Eigenschaften des Benzols erkannt (vgl. S. 294f). Im Jahr 1931 konnte E. HÜCKEL[1] durch Berechnungen nach dem Orbitalmodell[2] die nach ihm benannte HÜCKEL-Regel aufstellen. Danach hat ein ringförmiges Molekül ganz allgemein dann aromatischen Charakter, wenn es über **(4n + 2) π-Elektronen im Ring** verfügt, wobei n eine kleine, ganze Zahl ist. Ringe mit 2, 6, 10, 14 etc. π-Elektronen sollten also aromatisch sein, Ringe mit 4, 8, 12 usw. π-Elektronen dagegen nicht. Diese Regel wurde in zahlreichen Fällen bestätigt. Weder *Cyclobutadien* noch *Cyclooctatetraen* (B1) sind aromatisch, obwohl man für ihre Moleküle verschiedene Grenzstrukturen wie beim Benzol-Molekül formulieren kann. Cyclooctatetraen verhält sich chemisch wie ein normales Alken, die vier Doppelbindungen im Molekül sind lokalisiert. Cyclobutadien ist so instabil, dass es mehrerer Jahrzehnte intensiver Arbeiten bedurfte, um es überhaupt zu synthetisieren. Es kann nur bei sehr tiefen Temperaturen, z.B. in einer Matrix aus festem Argon, „eingefangen" und spektral untersucht werden.

Die HÜCKEL-Regel hat sich auch bei der Suche nach weiteren aromatischen Systemen als nützlich erwiesen. Danach sollten nicht nur neutrale Moleküle, sondern auch einige Ionen aromatischen Charakter haben, wenn sie (4n + 2) π-Elektronen im Ring enthalten. Das ist beispielsweise beim Cyclopentadienyl-Anion und beim Cycloheptatrienyl-Kation der Fall (B1). Im Jahr 1951 konnte erstmalig *Ferrocen* synthetisiert werden, eine **organometallische Verbindung**, deren Teilchen eine *Sandwich-Struktur* aus zwei Cyclopentadienyl-Anionen mit einem zentralen Eisen(II)-Ion aufweisen (B1). Ferrocen zeigt alle typischen chemischen Eigenschaften von Aromaten.

[1] ERICH HÜCKEL (1896 bis 1980), Prof. für theoretische Physik in Marburg

[2] Vgl. S. 294, 295 und *Chemie 2000+ Online.*

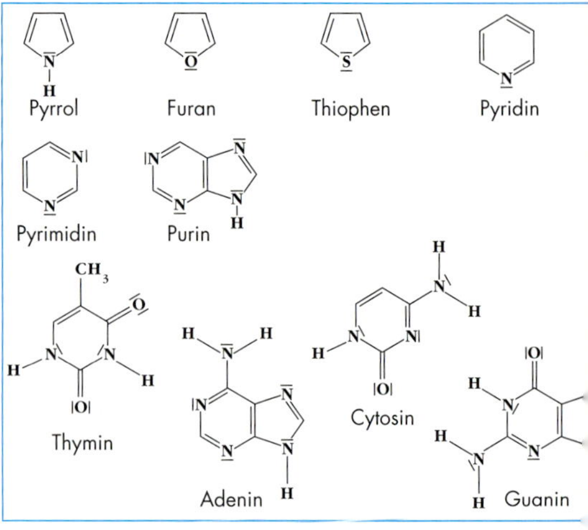

B2 *Heterocyclische Aromaten mit technischer und biologischer Bedeutung*

Heterocyclische Aromaten

Als Hetero-Atome[3] bezeichnet man in der organischen Chemie diejenigen Atome in einem Molekül, die weder Kohlenstoff- noch Wasserstoff-Atome sind. **Heterocyclische Aromaten** bestehen aus ringförmigen Molekülen mit Hetero-Atomen (B2). Bei den *fünfgliedrigen* Heterocyclen *Pyrrol, Furan* und *Thiophen* dient jeweils ein freies Elektronenpaar des Stickstoff-, Sauerstoff- bzw. Schwefel-Atoms der Ausbildung eines aromatischen Elektronensextetts. Dadurch erhalten diese Moleküle einen aromatischen Charakter (vgl. S. 293f). Die Einbeziehung des freien Elektronenpaars vom Stickstoff-Atom ins aromatische Elektronensextett erklärt auch die extrem geringe Basenstärke von Pyrrol (pK_b = 13,6). Im Vergleich dazu ist Pyridin, ein sechsgliedriger heterocyclischer Aromat (B2), eine wesentlich stärkere Base (pK_b = 8,8), da hier das freie Elektronenpaar des Stickstoff-Atoms nicht für das aromatische Elektronensextett benötigt wird und somit für die Bindung eines Protons zur Verfügung steht.

Heterocyclische Aromaten spielen in Technik und lebenden Organismen entscheidende Rollen. So ist beispielsweise Pyrrol der Grundbaustein im *Porphyrin*, einem essentiellen Bestandteil der *Chlorophylle* aus grünen Blättern und des roten Blutfarbstoffs *Hämoglobin* (vgl. S. 324). Von herausragender Bedeutung für die Biochemie sind auch die Heterocyclen *Pyrimidin* und *Purin* mit mehreren Stickstoff-Atomen im Molekül (B2). Ihre Derivate, die **Nucleinbasen** *Adenin, Thymin, Cytosin* und *Guanin* sind in der **Desoxyribonucleinsäure DNA** Träger der Erbinformation und Verursacher der Doppelhelix-Struktur der DNA-Moleküle.

Aufgabe

A1 Erläutern Sie, warum die Heterocyclen Pyrimidin und Purin (B2) stärkere Basen als Pyrrol sind.

[3] von *heteros* (griech.) = verschieden

Weitere Aromaten

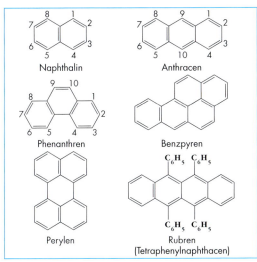

Naphthalin

Anthracen

Phenanthren

Benzpyren

Perylen

Rubren (Tetraphenylnaphthacen)

B3 *In Molekülen polycyclischer kondensierter Aromaten sind Benzolringe über gemeinsame Kanten miteinander verknüpft.*

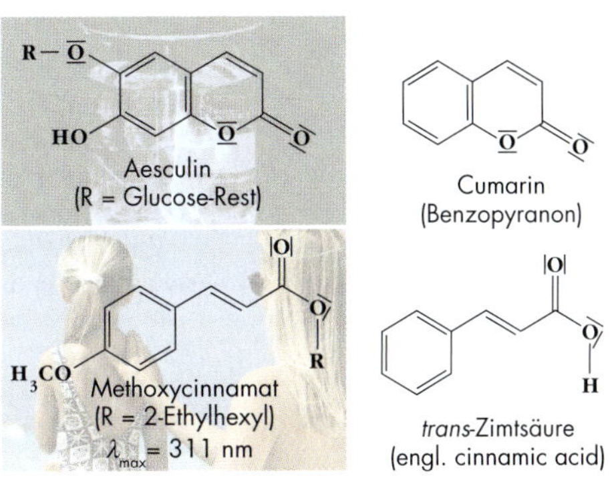

B4 *Cumarin-Derivate fluoreszieren im UV-Licht, Derivate der Zimtsäure absorbieren UV-Licht ohne zu fluoreszieren.*

Fluoreszenz kondensierter Aromaten

Ölfilme auf Pfützen zeigen sich im Sonnenlicht durch schillernde Farben, die teilweise durch **polycyclische kondensierte Aromaten** verursacht werden (B3). *Naphthalin, Phenanthren* und *Anthracen*, die ersten drei Vertreter dieser Stoffklasse, sind wichtige Ausgangsstoffe für die Synthese von Farbstoffen. Man gewinnt sie durch fraktionierte Destillation aus hochsiedenden Erdölfraktionen und aus Steinkohlenteer[1]. *Benzpyren* und *Perylen* sind carcinogene (krebserzeugende) Verbindungen, die bei vielen Verbrennungsprozessen entstehen. Sie sind auch in Abgasen von Kraftfahrzeugen und im Zigarettenrauch enthalten.

Bei diesen Molekülen liegt eine *ausgedehnte Bindungsdelokalisation* vor. Sie absorbieren im nahen UV-Bereich (UV-A) oder gar im sichtbaren Bereich. Wegen der ebenen Anordnung aller Kohlenstoff-Atome in diesen Molekülen sind die *Molekülgerüste relativ starr*, Rotationen um Kohlenstoff-Kohlenstoff Bindungen sind nicht möglich. Auch Schwingungen innerhalb dieser Moleküle sind stark eingeschränkt, sodass es vergleichsweise wenige, energetisch weit auseinanderliegende **Schwingungsniveaus** für den elektronischen Grundzustand gibt. Wenn diese Moleküle durch Lichtabsorption elektronisch angeregt werden, verläuft die Desaktivierung durch Emission eines Lichtquants nach B5 von S. 287.

Derivate von kondensierten Aromaten werden zur Herstellung moderner **Fluoreszenzfarbstoffe** eingesetzt, die im Licht von UV-Lampen und von Halogen- oder Xenonscheinwerfern in bunten Farben lumineszieren. Daraus ergeben sich zahlreiche Anwendungsmöglichkeiten, beispielsweise für fälschungssichere Geldscheine, Kreditkarten und Ausweise, für Verkehrsschilder und Sicherheitskleidung, für großflächige Bildanzeigen, für modische Kleidung und optische Showeffekte in Discos, Stadien, Konzerthallen etc.

UV-Absorption mit und ohne Fluoreszenz

Bei den in der linken Spalte diskutierten Fluoreszenzfarbstoffen ist man daran interessiert, UV-Strahlung in sichtbare Strahlung verschiedener Farben umzuwandeln. In Sonnenschutzcremes und manch anderen Produkten will man dagegen UV-Strahlung einfach „vernichten". Dafür benötigt man UV-Absorber, deren Teilchen nicht fluoreszieren und auch nicht mit anderen Teilchen chemisch reagieren, wenn sie elektronisch angeregt sind. Die Derivate der Zimtsäure (engl. *cinnamic acid*) erfüllen diese Bedingungen und finden daher in vielen Sonnenschutzcremes Anwendung (B4).

Cumarin und Zimtsäure absorbieren beide im gleichen UV-Bereich ($280 < \lambda < 320$ nm), weil in ihren Molekülen die Bindungsdelokalisation gleiche Ausdehnung hat. Cumarin-Derivate fluoreszieren, weil das Molekülgerüst des Cumarin-Bausteins relativ starr ist (vgl. linke Spalte). Im Gegensatz dazu gibt es im Zimtsäure-Baustein viele rotatorische und vibratorische Freiheiten (vgl. A2): Zimtsäure-Derivate fluoreszieren daher nicht. Die Desaktivierung der angeregten Zustände erfolgt thermisch, d.h. über viele, energetisch dicht liegende Schwingungszustände des elektronischen Grundzustands (vgl. B6 von S. 287).

Aufgaben

A2 Bauen Sie Molekülmodelle oder erzeugen Sie geeignete *molecular modelling* Bilder am Computer für Cumarin und *trans*-Zimtsäure (B4). Demonstrieren und kommentieren Sie anhand der Modelle bzw. Bilder die unterschiedliche Starrheit der beiden Moleküle.

A3 Schreiben Sie die Formeln von *cis*- und *trans*-Zimtsäure auf. Bei welchem der beiden Isomere behindern sich die Carboxy-Gruppe und der Phenyl-Rest stärker?

[1] Aus 1000 kg Steinkohle erhält man durch Erhitzen unter Luftausschluss ca. 50 kg Steinkohlenteer. Darin sind ca. 10000 Stoffe enthalten, darunter Benzol, Toluol, Phenol, heterocyclische Aromaten und polykondensierte Aromaten.

Derivate des Benzols

Benzol

Entdeckung: 1825 von MICHAEL FARADAY im Leuchtgas

Name: Bezeichnung von LIEBIG aus dem Jahr 1834. Die IUPAC-Bezeichnung lautet Benzen. In der deutschen Sprache ist auch Benzol zugelassen.

Eigenschaften: Farblose Flüssigkeit von charakteristischem Geruch, ϑ_m = 5,5 °C, ϑ_b = 80 °C, ϱ = 0,88 g/cm^3, in Wasser praktisch nicht löslich, unbegrenzt löslich in Ethanol und Benzin, leicht entzündlich und brennbar, brennt mit stark rußender Flamme

Physiologische Eigenschaften: Giftig beim Einatmen, kann Krebs erzeugen, wird durch die Haut resorbiert

Verwendung: Siehe B2, Beimischung von Benzin

Gewinnung: Früher durch Destillation von Steinkohlenteer (Fußnote 1, S. 297), heute zu mehr als 90 % durch Erdölverarbeitung

B1 *Benzol*

INFO

Nach folgender Versuchsvorschrift kann Benzol mit Brom zur Reaktion gebracht werden. Man macht dabei die beschriebenen Beobachtungen:

Versuchsdurchführung: In einem kleinen Kolben werden 5 mL Benzol mit 1 mL Brom und einem Büschel Eisenwolle versetzt. Man verschließt den Kolben mit einem gewinkelten Glasrohr und erwärmt im Wasserbad, bis die Reaktion einsetzt. An das Glasrohr hält man ein feuchtes Indikatorpapier. Nach Beendigung der Reaktion gießt man das Reaktionsgemisch in kaltes Wasser. Man trennt die beiden Phasen in einem Scheidetrichter. In die wässrige Phase hält man einen Streifen Indikatorpapier. Die organische Phase wäscht man 2 mal mit sehr verdünnter Natronlauge. Anschließend führt man mit der organischen Phase die BEILSTEIN-Probe (S. 232) durch.

Beobachtungen: Nach Erwärmen der Lösung von Benzol und Brom setzt eine Gasentwicklung ein und die rotbraune Lösung wird aufgehellt. Das Gas färbt Indikatorpapier rot. Nach Zugabe von Wasser setzt sich die organische Phase unten ab. Die wässrige Lösung färbt Indikatorpapier rot. Die BEILSTEIN-Probe fällt positiv aus.

Auswertung

a) Bei der Umsetzung von Benzol mit Brom wirkt Eisen(III)-bromid als Katalysator. Erläutern Sie die Bildung des Katalysators.

b) Aus welchen Beobachtungen lässt sich auf die Bildung von Bromwasserstoff schließen?

c) Worauf deutet die positve BEILSTEIN-Probe hin? Begründen Sie, warum man die organische Phase vor der BEILSTEIN-Probe mit Natronlauge waschen muss.

d) Vergleichen Sie die Dichte des Reaktionsproduktes mit der von Benzol.

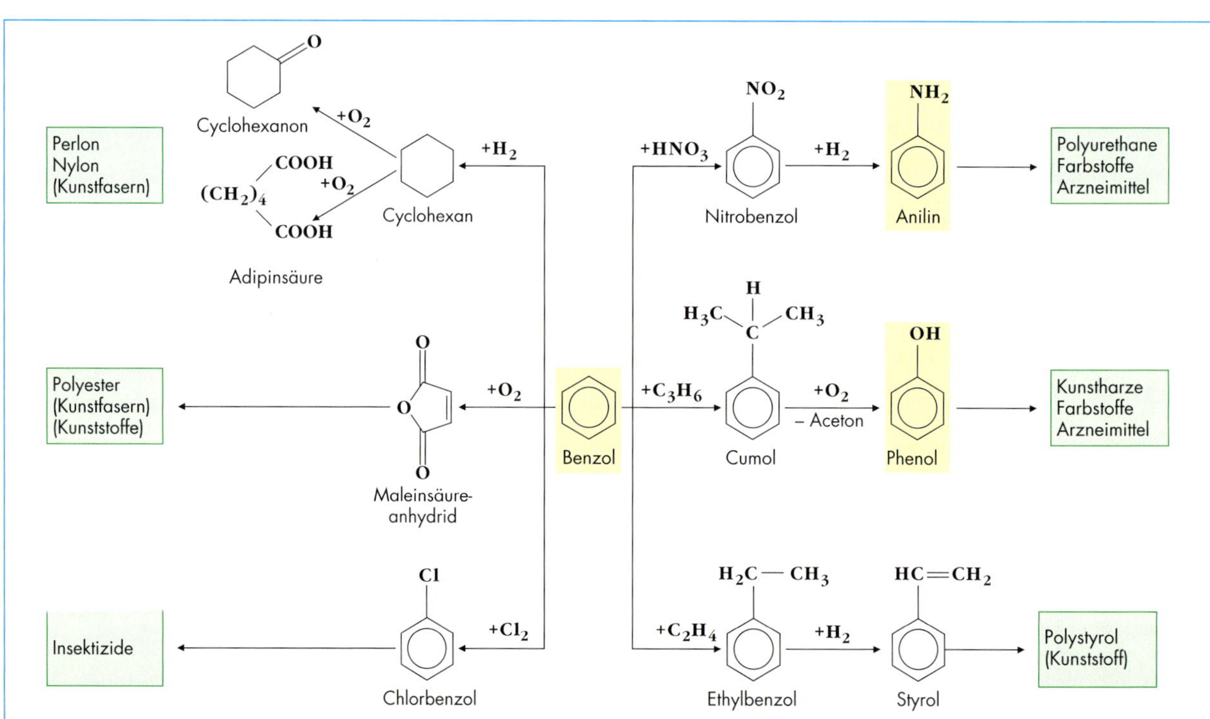

B2 *Benzol als Ausgangsstoff für vielfältige Produkte.* **A:** *Bei welchen der angegebenen Reaktionen des Benzols handelt es sich um elektrophile Substitutionen? (Hinweis: Lesen Sie zuerst S. 299.)*

Elektrophile Substitution an Aromaten

Benzol ist zwar sehr viel reaktionsträger als Alkene, aber mit einem geeigneten Katalysator kann Benzol Reaktionen eingehen. Der aromatische Ring weist eine relativ hohe Elektronendichte auf. Daher kann er von einem elektrophilen Teilchen angegriffen werden. Wie bei der elektrophilen Addition an Alkene (vgl. S. 242f) wird auch die Bromierung von Benzol zu Brombenzol

$$C_6H_6 + Br_2 \longrightarrow C_6H_5Br + HBr$$

durch eine Polarisierung des Brom-Moleküls eingeleitet. Diese wird durch Zugabe von stark polarisierend wirkendem Eisen(III)-bromid, einer *Lewis-Säure* (vgl. S. 226), verstärkt. Im beschriebenen Versuch entsteht der Katalysator Eisen(III)-bromid im Reaktionsgemisch aus dem zugesetzten Eisen und einem Teil des Broms.

Im 1. Schritt greift das positiv polarisierte Brom-Atom das Benzol-Molekül elektrophil an, wobei es zur Wechselwirkung mit den delokalisierten Elektronen und zur Ausbildung des Tradukts kommt. Dieses zerfällt unter Ausbildung einer Kohlenstoff-Brom Bindung in ein Carbenium-Ion (Interdukt) und ein $FeBr_4^-$-Ion. Die positive Ladung des Interdukts ist delokalisiert (B3), das Ion ist mesomeriestabilisiert.

Im 2. Schritt spaltet das Interdukt ein Proton ab, es entsteht ein Brombenzol-Molekül. Das Proton wird von einem $FeBr_4^-$-Ion aufgenommen. Dabei entstehen Bromwasserstoff und Eisen(III)-bromid.

Eine denkbare Addition eines Bromid-Ions an das Interdukt entsprechend der Addition an Alkene tritt nicht ein, denn die Protonenabspaltung führt unter Freisetzung von Mesomerieenergie wieder zum stabilen aromatischen Zustand. Die Aufhebung der Mesomerie des aromatischen Rings und die heterolytische Spaltung des Brom-Moleküls erfordern im 1. Schritt der elektrophilen Substitution eine hohe Aktivierungsenergie. Er ist der langsamste, geschwindigkeitsbestimmende Schritt. Die Abspaltung des Protons verläuft schnell, da der aromatische, nun substituierte Ring unter Abgabe von Energie zurückgebildet wird (B4). Wegen der **Rearomatisierung** ist die Substitution gegenüber der Addition bevorzugt.

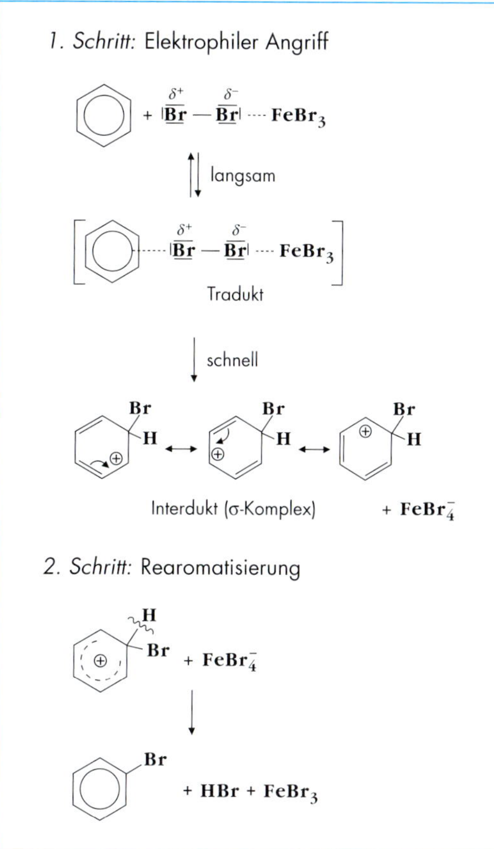

B3 *Mechanismus der elektrophilen Sustitution bei der Bromierung von Benzol zu Brombenzol*

Fachbegriffe

elektrophile Substitution, Rearomatisierung

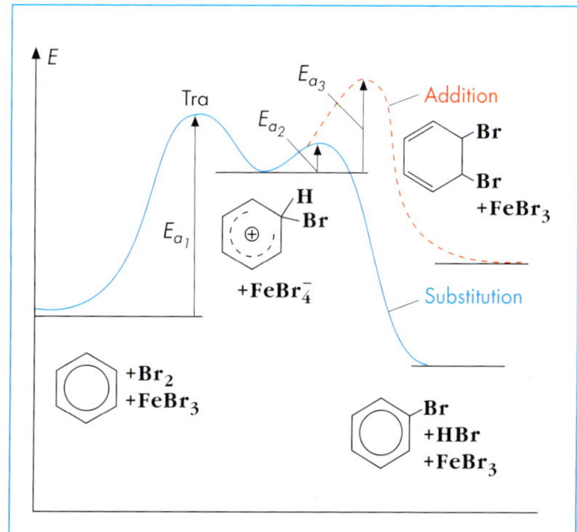

B4 *Energiediagramm der Bromierung von Benzol*

Aufgabe

A1 Die Bromierung von Benzol bleibt auf der Stufe des Monobrombenzols stehen. Die Bromierung von Brombenzol zu Dibrombenzol erfordert energischere Reaktionsbedingungen. Woran könnte das liegen?

1,2-Dibrombenzol ortho-Dibrombenzol o-Dibrombenzol	1,3-Dibrombenzol meta-Dibrombenzol m-Dibrombenzol	1,4-Dibrombenzol para-Dibrombenzol p-Dibrombenzol

B5 *Nomenklatur bei Benzol-Derivaten am Beispiel der Dibrombenzole*

Kein Farbstoff ohne ...

Thymol, Aromastoff des Thymianöls

Vanillin, Vanilleschote

Pelargonidin, roter Farbstoff von Geranien

Adrenalin, Hormon der Nebennierenrinde

B1 *Phenol-Derivate in der Natur. Thymol wirkt stärker antiseptisch (keimtötend) als Phenol, ist aber weniger giftig und weniger hautreizend, da es schlechter wasserlöslich ist. Thymol ist in verdünnter Natronlauge löslich. Es kann durch Behandeln von Thymianöl mit Natronlauge von den anderen Bestandteilen wie Linalool (vgl. S. 18) abgetrennt werden.*
A: *Erklären Sie die Löslichkeit von Thymol in Wasser und in Natronlauge.*

Versuche

Vorsicht! Phenol ist giftig und stark ätzend. Versuche unter dem Abzug durchführen und Handschuhe tragen!

LV1 In ein Rggl. gibt man zu kristallinem Phenol* einen Tropfen Wasser. Beobachtung? Dann tropft man weiteres Wasser hinzu. Beobachtung? Der *p*H-Wert der Lösung wird mit Indikatorpapier gemessen.

LV2 Eine Phenol*-Wasser-Emulsion wird tropfenweise mit Natronlauge* versetzt. Beobachtung? Anschließend gibt man tropfenweise Salzsäure* hinzu.

LV3 Eine verdünnte Phenol*-Lösung wird portionsweise mit gesättigtem Bromwasser* versetzt. Beobachtung? Der *p*H-Wert wird überprüft.

Auswertung

a) Beschreiben Sie die Beobachtungen bei LV1. Welche Auffälligkeiten treten beim Lösen von Phenol in Wasser auf?

b) Vergleichen Sie den *p*H-Wert der Phenol-Wasser-Lösung mit denen einer Ethanol- und einer Essigsäure-Lösung. Ziehen Sie daraus Schlüsse über die Säurestärke von Phenol und vergleichen Sie mit den pK_s-Werten (pK_s (Essigsäure) = 4,76; pK_s (Ethanol) = 17).

c) Beschreiben und erklären Sie die Beobachtungen bei LV2.

d) Ziehen Sie aus den Beobachtungen bei LV3 Schlussfolgerungen über die ablaufende Reaktion.

e) Entwickeln Sie nach der Bearbeitung der S. 301 den Reaktionsmechanismus für die Bromierung von Phenol.
Zeichnen Sie die mesomeren Grenzstrukturen 1. für das Interdukt einer Bromierung in para-Stellung und 2. für das Interdukt einer Bromierung in meta-Stellung analog den angegebenen mesomeren Grenzstrukturen für das Interdukt der ortho-Substitution.

Erklären Sie anhand der Grenzstrukturen, warum vorwiegend die ortho- und para-Interdukte gebildet werden.

Phenol  T  C	Anilin  T  N
Entdeckung: 1834 im Steinkohlenteer *Name:* Abgeleitet von *phainein* (griech.) = scheinen, da es bei der Leuchtgasgewinnung erhalten wird *Eigenschaften:* Farblose Nadeln, ϑ_m = 43 °C, giftig, stark ätzend, antiseptisch und desinfizierend, mäßig gut in Wasser löslich, gut in Alkohol, schwache Säure (pK_s = 10,0) *Verwendung:* Kunststoffe – Polycarbonate (vgl. S. 276), Phenolharze, Polyamide, Arzneimittel – Acetylsalicylsäure, Paracetamol, Farbstoffe Eine 5%ige Lösung wurde früher unter der Bezeichnung Carbolsäure als Desinfektionsmittel in Krankenhäusern verwendet. *Herstellung:* Cumol-Oxidation (vgl. S. 276), bei der Phenol und Aceton entstehen	*Entdeckung:* 1826 beim Erhitzen von Indigo und Kalk *Name:* von *Anil*, dem portugiesischen Wort für Indigo *Eigenschaften:* unangenehm riechende, giftige, farblose Flüssigkeit, ϑ_m = –6 °C, in Wasser mäßig, in Ethanol gut löslich, schwache Base (pK_b = 9,42), starkes Blutgift *Verwendung:* Synthese von Farbstoffen, Pharmazeutika, Sulfonamiden, Fotochemikalien, Polyurethanen *Herstellung:* Reduktion von Nitrobenzol mit Eisenfeilspänen und Salzsäure

B2 *Phenol und Anilin.* **A:** *Informieren Sie sich über die R- und S-Sätze von Phenol und Anilin.*

Phenol und Anilin

Viele Farbstoff-Moleküle enthalten an den aromatischen Ringen Hydroxy-Gruppen oder Amino-Gruppen. Die einfachsten Verbindungen mit diesen Strukturen sind Phenol oder Hydroxybenzol sowie Anilin oder Aminobenzol (B3). Beide Verbindungen sind die wichtigsten Ausgangsstoffe für die Synthesen der verschiedensten Farbstoffe.

Phenol, eine kristalline Verbindung, die in Wasser mäßig löslich ist, gehört auf Grund der Hydroxy-Gruppe zu den Alkoholen. Im Gegensatz zu Alkanol-Lösungen reagiert eine Phenol-Lösung deutlich sauer. Phenol-Moleküle reagieren als schwache Säuren.

$$C_6H_5\text{–}\overline{O}\text{–}H + H_2O \rightleftharpoons C_6H_5\text{–}|\overline{O}|^{\ominus} + H_3O^+$$

Die Acidität des Phenol-Moleküls ist auf die Stabilität der konjugierten Base, des Phenolat-Ions, zurückzuführen. Ähnlich wie beim Carboxylat-Ion (vgl. B3, S. 267) ist die negative Ladung nicht am Sauerstoff-Atom lokalisiert, sondern über den ganzen Ring delokalisiert, wie die mesomeren Grenzformeln verdeutlichen (B4).
Im Vergleich zu Benzol reagiert Phenol mit Brom sehr schnell, nämlich bereits beim Schütteln mit Bromwasser. Dabei sinkt der *p*H-Wert der Lösung stark, was auf die Bildung von Hydrogenbromid und damit auf eine Substitution hinweist. Es entsteht 2,4,6-Tribromphenol, das als weißer Niederschlag ausfällt.

$$C_6H_5OH + Br_2 \longrightarrow C_6H_2Br_3OH + 3HBr$$

Die gegenüber Benzol stark erhöhte Reaktivität des Phenols kann durch eine Aktivierung des aromatischen Ringes durch die Hydroxy-Gruppe erklärt werden. Die freien Elektronenpaare des Sauerstoff-Atoms sind in die Mesomerie des Ringes mit einbezogen (B5). Durch diesen positiven mesomeren Effekt (+M-Effekt) wird die Elektronendichte im Ring erhöht und eine elektrophile Substitution erleichtert. Zwar übt die Hydroxy-Gruppe auch einen elektronenziehenden -I-Effekt aus, aber der +M-Effekt überwiegt bei weitem. Phenol-Moleküle werden nur in ortho- und para-Stellung zur Hydroxy-Gruppe substituiert. Dies lässt sich anhand der mesomeren Grenzstrukturen (B5) erklären, die in ortho- und para-Stellung eine höhere Elektronendichte anzeigen als in meta-Stellung.
Ebenso wie Phenol kann auch Anilin viel leichter substituiert werden als Benzol, denn auch die Amino-Gruppe übt einen +M-Effekt aus, sodass der Ring für elektrophile Substitutionen aktiviert wird. Daher sind Phenol und Anilin ideale Reaktionspartner für die Synthese von Farbstoffen und anderen Produkten (B2).

B3 *Phenol und Anilin*

B4 *Mesomere Grenzstrukturen des Phenolat-Ions*

B5 *+M-Effekt der Hydroxy-Gruppe im Phenol-Molekül.*
A: *Verdeutlichen Sie den +M-Effekt der Amino-Gruppe im Anilin-Molekül durch entsprechende mesomere Grenzstrukturen.*

Aufgaben

A1 Formulieren Sie den vollständigen Mechanismus der Bromierung von Phenol bis zum Monobromphenol.

A2 Anilin ist eine schwächere Base als Ammoniak. Erklären Sie dies.

A3 Anilin reagiert mit Brom bereits beim Schütteln mit Bromwasser. Begründen Sie, a) welche Monobromaniline gebildet werden und b) warum sich im Unterschied zur Bromierung von Phenol der *p*H-Wert dabei nicht ändert.

Fachbegriffe

mesomerer Effekt der Hydroxy-Gruppe

Farbstoffe nach Maß

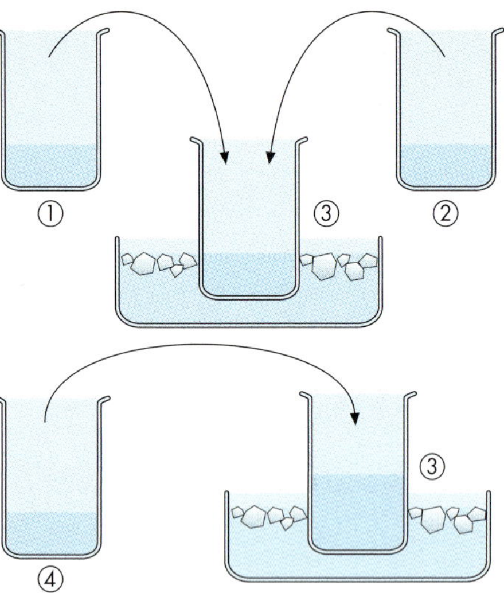

B1 *Versuchsschritte bei V1*

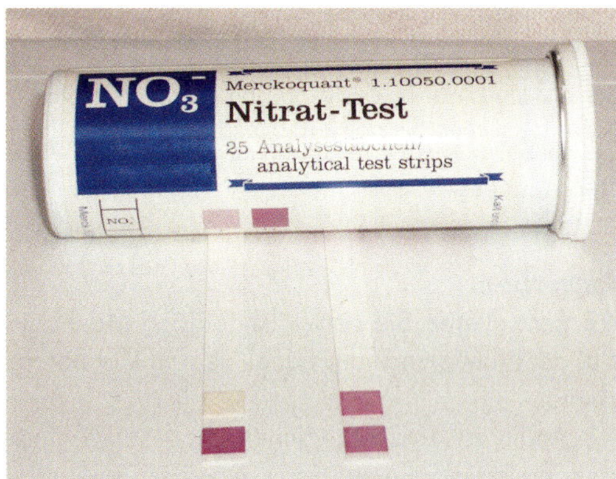

B2 *Nitrit- und Nitrat-Ionen-Nachweis mit Teststäbchen. Der linke Teststreifen wurde in eine verdünnte Natriumnitrat-Lösung, der rechte in eine verdünnte Natriumnitrit-Lösung getaucht. Die Testfelder der Teststäbchen sind mit einer Lösung aus Sulfanilsäure, Naphthylethylendiamin und Essigsäure getränkt. Zusätzlich enthält das untere Testfeld für den Nitrat-Ionen-Nachweis Zinkpulver.* **A:** *Erklären Sie folgenden Hinweis auf der Packungsbeilage: „Nitrit-Ionen stören den Nitrat-Nachweis. Färbt sich das obere Testfeld rot, müssen vorhandene Nitrit-Ionen zerstört und der Nitrat-Nachweis muss mit einem neuen Teststäbchen wiederholt werden."*

Versuche

V1 Lösen Sie in Becherglas 1 (B1) 1 g Sulfanilsäure* (4-Aminobenzolsulfonsäure) in 25 mL Natronlauge*, c = 2 mol/L. Lösen Sie in Becherglas 2 0,4 g Natriumnitrit* in 25 mL Wasser. Rühren Sie die Lösungen langsam in das Becherglas 3 mit 50 mL eisgekühlter (0 °C bis 5 °C) Salzsäure*, c = 4 mol/L. Die Temperatur darf dabei nicht über 5 °C ansteigen. Lösen Sie in Becherglas 4 0,8 g β-Naphthol* in 50 mL Natronlauge*, c = 2 mol/L. Gießen Sie diese Lösung in die Lösung in Becherglas 3.

V2 Tauchen Sie ein Nitrat/Nitrit-Teststäbchen in a) eine sehr verdünnte Natriumnitrit- und b) eine sehr verdünnte Natriumnitrat-Lösung. Geben Sie eine Spatelspitze Zinkpulver* zur Natriumnitrat-Lösung, schütteln Sie kurz. Filtrieren Sie die Lösung vom überschüssigen Zinkpulver ab und tauchen Sie erneut ein Teststäbchen in die Lösung.

V3 Untersuchen Sie Leitungswasser, einen wässrigen Auszug von Salat, Wurst u. a. mit Teststäbchen auf Nitrat- bzw. Nitrit-Ionen.

INFO

Reaktionsfolge bei der Synthese eines Azofarbstoffes

1. Schritt: Diazotierung:
Aminobenzol (Anilin) und seine Derivate reagieren mit salpetriger Säure zu Diazonium-Ionen:

$$C_6H_5{-}NH_2 + HONO + H^+ \longrightarrow C_6H_5{-}\overset{\oplus}{N}{\equiv}N| + 2\,H_2O$$

Aminobenzol   salpetrige Säure   Diazonium-Ion Grenzstruktur I

Diazonium-Ionen zersetzen sich bei höheren Temperaturen leicht, daher muss die Diazotierung bei Temperaturen unter 5 °C durchgeführt werden.

2. Schritt: Azokupplung
Die Azokupplung ist eine elektrophile Substitution, bei der das Diazonium-Ion mit der Kupplungskomponente, meist ein Anilin- oder Phenol-Derivat, reagiert.

$$C_6H_5{-}\underline{N}{=}\overset{\oplus}{N}| + C_6H_5{-}NH_2 \longrightarrow C_6H_5{-}\underline{N}{=}\overline{N}{-}C_6H_4{-}NH_2 + H^+$$

Diazonium-Ion Grenzstruktur II   4-Aminoazobenzol

B3 *Synthese eines Azofarbstoffes*

Auswertung

a) Erläutern Sie, durch welche Reaktion bei V1 salpetrige Säure entsteht.

b) Geben Sie das Diazonium-Ion an, das aus Sulfanilsäure gebildet wird.

c) Erklären Sie, warum die Kupplungsreaktion bei V1 in alkalischer Lösung durchgeführt wird. Beachten Sie die Reaktivität von Naphthol in saurer und alkalischer Lösung.

d) Geben Sie die Formel des entstehenden Azofarbstoffes Naphtholorange an. β-Naphthol wird in α-Stellung substituiert.

e) Erläutern Sie, auf welcher Reaktion der Nachweis von Nitrit- bzw. Nitrat-Ionen in Teststäbchen beruht. Formulieren Sie die ablaufenden Reaktionen (B2). Begründen Sie, warum die Reaktion mit Naphthylethylendiamin in para-Stellung zum Substituenten erfolgt.

f) Erklären Sie anhand von V2 die Funktion des Zinkpulvers im Testfeld für den Nitrat-Nachweis.

$HO_3S{-}C_6H_4{-}NH_2$ OH, α, β H, N, NH_2

Sulfanilsäure β-Naphthol α-Naphthylethylendiamin

B4 *Formeln der bei V1 und V2 eingesetzten Chemikalien*

Synthese von Azofarbstoffen

Natürliche Farbstoffe wie Indigo und Purpur waren bis ins 19. Jahrhundert hinein wahre Kostbarkeiten, denn sie konnten nur in geringen Mengen aus pflanzlichem oder tierischem Material gewonnen werden. Farbige Kleidung war daher das Privileg einer kleinen, reichen Oberschicht. Dies änderte sich, als es gelang, künstliche Farbstoffe zu synthetisieren und sie industriell zu produzieren. Mit der Synthese der Azofarbstoffe ist der Aufschwung der chemischen Farbenindustrie Ende des 19. Jahrhunderts eng verbunden, denn nun war es möglich, Farbstoffe in allen Schattierungen und mit erstaunlicher Brillanz herzustellen.

Azofarbstoffe stellen die größte Farbstoffklasse dar. Ihre Vertreter zeichnen sich durch die Azo-Gruppe **–N=N–** zwischen zwei aromatischen Resten aus. Als Ausgangsstoff für die Synthese der Azofarbstoffe dient Anilin, das in der Anfangszeit aus dem Steinkohlenteer (vgl. Fußnote 1, S. 297) gewonnen wurde. Die Synthese von Azofarbstoffen verläuft in zwei Schritten, der Diazotierung von Anilin oder eines Anilin-Derivates und der anschließenden Azokupplung mit einer aromatischen Verbindung, meist einem Phenol- oder Anilin-Derivat (B3). Durch Einsatz von Diazo- und Kupplungskomponenten mit verschiedenen Substituenten an den aromatischen Ringen erhält man eine Vielzahl von Azofarbstoffen aller Farbnuancen. Die Seitengruppen beeinflussen die Eigenschaften dieser Farbstoffe. Eine Sulfonsäure-Gruppe ($-SO_3H$) oder ein Sulfonat-Rest ($-SO_3^-$) macht sie beispielsweise wasserlöslich, wie den in V1 hergestellten Farbstoff β-Naphtholorange.

Azofarbstoffe werden zum größten Teil als Textilfarbstoffe eingesetzt, einige werden als Indikatoren verwendet wie Methylorange, der saure Lösungen (pH< 3,1) rot und schwach saure bis alkalische gelborange färbt. Darüberhinaus beruht auch der Nachweis von Nitrat-Ionen mit Teststäbchen auf der Synthese von Azofarbstoffen (V2).

Aufgaben

A1 Erklären Sie, warum bei der Azokupplung sogenannte aktivierte Aromaten wie Phenol- oder Anilin-Derivate eingesetzt werden.

A2 β-Naphtholorange kann als Säure-Base-Indikator verwendet werden, da die Hydroxy-Gruppe in alkalischer Lösung ein Proton abspaltet. Formulieren Sie die entsprechende Reaktionsgleichung. Überprüfen Sie die Farbe des in V1 hergestellten β-Naphtholoranges in alkalischer und saurer Lösung und erklären Sie den Farbunterschied mithilfe mesomerer Grenzstrukturen.

$+H^+$ / $-H^+$

Methylorange (gelb) Ind^-

Methylorange (rot) $HInd$

B7 *Mesomere Grenzstrukturen des Methylorange-Moleküls in saurer bzw. alkalischer Lösung.* **A:** *Erklären Sie die unterschiedliche Farbe von Indikator-Säure und Indikator-Base anhand der Grenzstrukturen.*

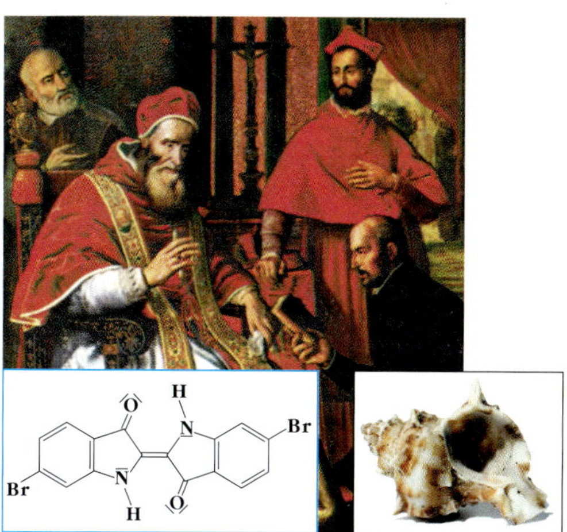

B5 *Purpurmäntel und Purpurschnecke. Antiker Purpur war der kostbarste Farbstoff aller Zeiten. Aus 12 000 Purpurschnecken, die im Mittelmeerraum vorkommen, erhielt man 1 g Purpur.*

B6 *Azofarbstoffe*

Fachbegriffe

Azofarbstoffe, Diazotierung, Azokupplung

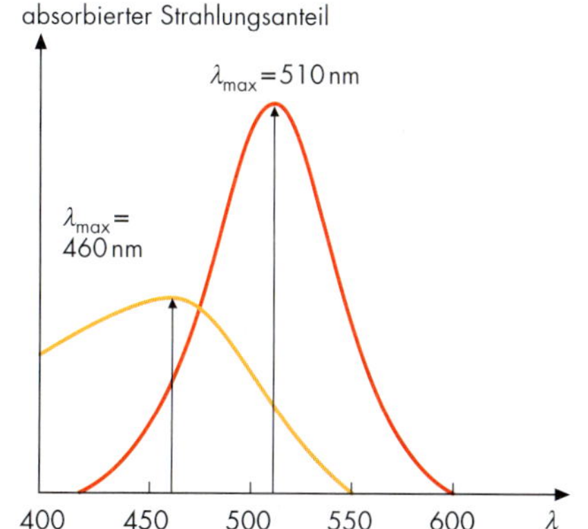

B8 *Absorptionsspektren von Methylorange-Lösungen verschiedener pH-Werte.* **A:** *Ordnen Sie die Spektren den pH-Werten 2 und 10 zu.*

Weitere Farbstoffklassen

Phthalsäureanhydrid

$-H_2O$

Phenolphthalein-Lactonform
farblos *pH* < 8,5

$+2OH^-$

$+2H_2O$

Phenolphthalein-Dianion
rot-violett *pH* > 9

B1 *Synthese von Phenolphthalein. Als Lactone bezeichnet man cyclische Ester.*

Versuche

LV1 (Abzug) In einem Rggl. mischt man je eine Spatelspitze Phthalsäureanhydrid* und Phenol* und versetzt die Mischung mit einigen Tropfen konz. Schwefelsäure*. Man erhitzt auf kleiner Flamme bis zum Schmelzen und hält die Schmelze noch ca. 2 min flüssig. Dann gießt man das Reaktionsgemisch in ein großes Becherglas mit sehr verd. Natronlauge*.

V2 Mischen Sie in einem Rggl. je eine Spatelspitze Phthalsäureanhydrid* und Resorcin* und geben Sie einige Tropfen konz. Schwefelsäure* hinzu. Erhitzen Sie ca. 2 min auf kleiner Flamme. Lösen Sie die Reaktionsmischung nach dem Abkühlen in Natronlauge*, *w* = 10%, und gießen Sie diese Lösung in einen Standzylinder mit Wasser.

V3 Tropfen Sie eine alkoholische Phenolphthalein-Lösung in Wasser. Beobachtung? Geben Sie nacheinander verd. Natronlauge* und verd. Salzsäure* tropfenweise zu. Lassen Sie die alkalische Phenolphthalein-Lösung ca. 10 min stehen.

Auswertung

a) Erläutern Sie die Synthese von Phenolphthalein anhand B1. Um welchen Reaktionstyp handelt es sich? Wie entsteht das elektrophile Teilchen aus Phthalsäureanhydrid und Schwefelsäure? Warum werden die Phenol-Moleküle vorwiegend in para-Stellung zur Hydroxy-Gruppe substituiert?

b) Formulieren Sie analog zur Synthese von Phenolphthalein die Reaktionsgleichung für die Synthese von Fluoreszein. Stellen Sie die Gemeinsamkeiten und die Unterschiede anhand der Valenzstrichformeln heraus.

c) Erklären Sie die Löslichkeit von Phenolphthalein in Ethanol, in neutraler und alkalischer Lösung sowie die unterschiedliche Farbigkeit.

d) In alkalischer Lösung addiert ein Phenolphthalein-Dianion allmählich ein Hydroxid-Ion am zentralen Kohlenstoff-Atom. Erklären Sie damit die Beobachtungen beim Stehenlassen der alkalischen Phenolphthalein-Lösung (V3).

e) Wie kann man erklären, dass Fluoreszein (B3) fluoresziert, Phenolphthalein (B1) dagegen nicht? (*Hinweis*: Vgl. S. 297.)

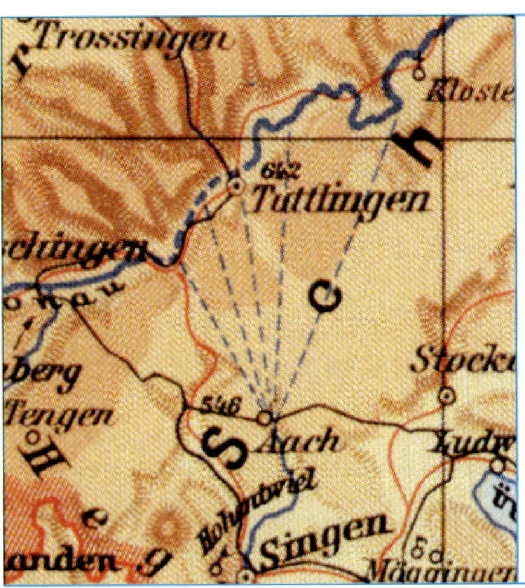

B2 *Kartenausschnitt zur Donauversickerung*

INFO

Fluoreszein ist einer der gebräuchlichsten Fluoreszenzfarbstoffe. Seine Fluoreszenz (S. 285) ist so stark, dass sie selbst noch bei großer Verdünnung zu sehen ist. Daher kann Fluoreszein z.B. zur Aufklärung unterirdischer Wasserläufe eingesetzt werden. So kippte man im Jahr 1877 zur Untersuchung der Donauversickerung 10 kg Fluoreszein in die Donau. Drei Tage später beobachtete man eine deutliche Fluoreszenz in der Aach, einem Nebenfluss des Rheins. Dadurch konnte aufgeklärt werden, dass ein Großteil des Donauwassers unterirdisch in das Flusssystem des Rheins abfließt.

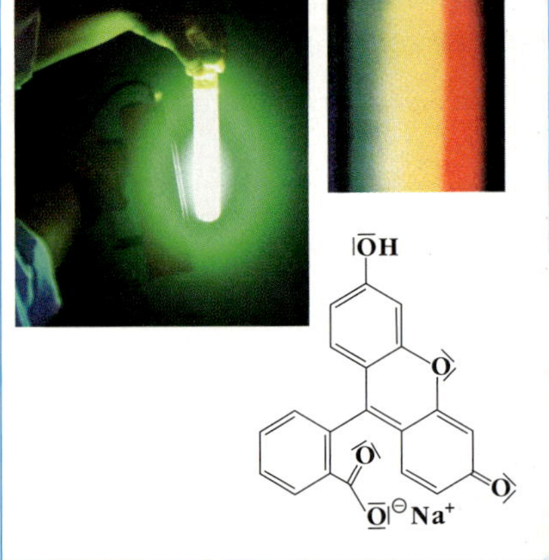

B3 *Fluoreszenz, Echtfarben-Emissionsspektrum und Formel von Fluoreszein-Mononatriumsalz*

Indigo-, Anthrachinon- und Triphenylmethanfarbstoffe

Synthetische Farbstoffe von hoher Lichtintensität und Brillanz sind die **Triphenylmethanfarbstoffe**. Zu ihnen gehören beispielsweise der Tintenfarbstoff Kristallviolett (B4, S. 290) und die Untergruppe der Phthaleine wie der bekannte Indikatorfarbstoff Phenolphthalein. Gemeinsam ist ihnen das chromophore Grundgerüst, das sich vom Triphenylmethan (B4) ableitet. Triphenylmethan selbst ist farblos, da das System der delokalisierten Elektronen am zentralen tetraedrischen Kohlenstoff-Atom unterbrochen ist. Triphenylmethanfarbstoffe werden aus Phenol oder Anilin und ihren Derivaten und einem geeigneten Reaktionspartner durch elektrophile Substitutionen hergestellt.

Indigo und **Anthrachinonfarbstoffe** gehören zu den **Carbonylfarbstoffen**. Indigo, der bekannte Jeansfarbstoff, ist einer der wenigen natürlich vorkommenden Farbstoffe, die synthetisch in großen Mengen hergestellt werden. Es wurde bis zum Ende des 19. Jahrhunderts aus der Indigopflanze oder aus dem in Westeuropa vorkommenden Färberwaid gewonnen. Indigopflanzen wurden vor allem in Indien kultiviert und Indigo wurde nach Europa exportiert. Nachdem die Struktur des Indigo-Moleküls aufgeklärt worden war, gelang HEUMANN eine Synthese (B7), nach der auch heute noch Indigo produziert wird. Die industrielle Synthese von Indigo um die Jahrhundertwende brachte den Indigo-Plantagen den wirtschaftlichen Ruin, denn das synthetische Indigo war sauberer und billiger.

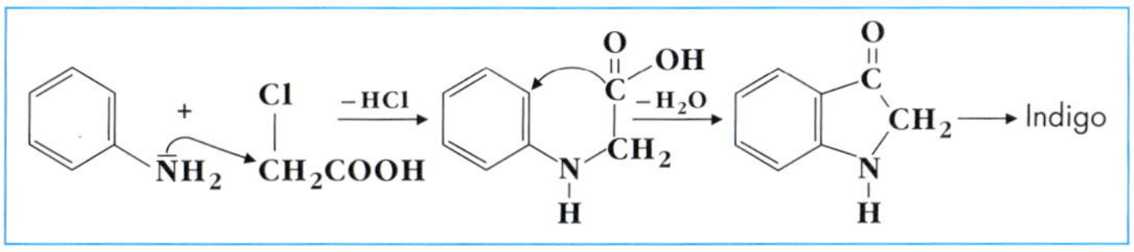

B7 *Indigo-Synthese nach HEUMANN (1890).* **A:** *Erläutern Sie, welche Reaktionen bei den einzelnen Schritten ablaufen.*

Aufgaben

A1 Alizarin kann aus Phthalsäureanhydrid (B1) und 1,2-Dihydroxybenzol hergestellt werden. Formulieren Sie die Reaktion.

A2 Der *p*H-Indikator Thymolphthalein wird aus Phthalsäureanhydrid (B1) und Thymol (2-Isopropyl-5-methylphenol) hergestellt. a) Geben Sie die Valenzstrichformel von Thymolphthalein an.
b) Vergleichen Sie die Umschlagsbereiche von Phenolphthalein (*p*H = 8,3 bis 10,0) und Thymolphthalein (*p*H = 9,0 bis 10,5) und erklären Sie den Unterschied.

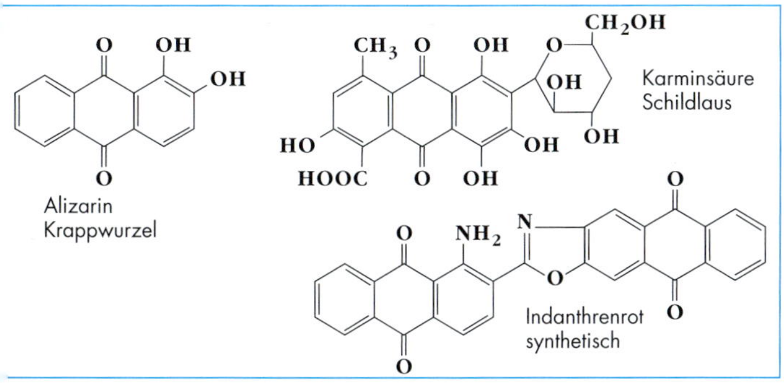

Alizarin
Krappwurzel

Karminsäure
Schildlaus

Indanthrenrot
synthetisch

B8 *Natürliche und synthetische Anthrachinonfarbstoffe*

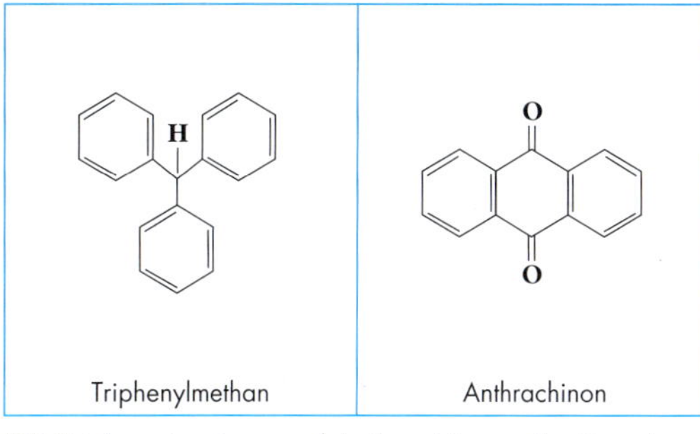

B4 *Triphenylmethan und Anthrachinon, die Grundgerüste vieler Farbstoffe*

B5 *Indigopflanze und mit Indigo gefärbte Jeans*

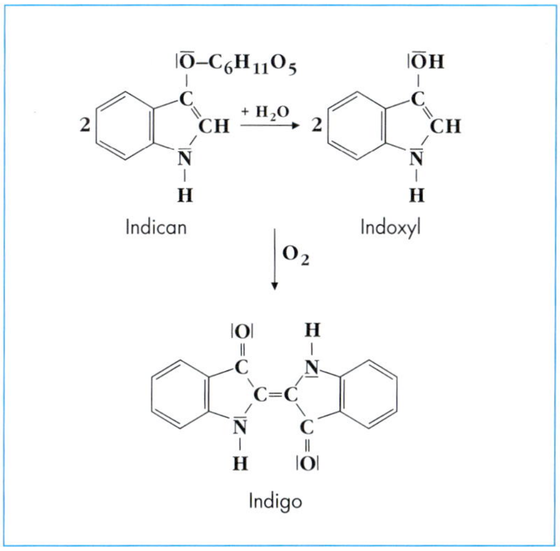

Indican
Indoxyl
Indigo

B6 *In der Pflanze liegt Indigo in einer Vorstufe, dem Glucosid Indican, vor. Um den Farbstoff zu erhalten, werden die Pflanzen in Wasser zerquetscht. Durch die dabei frei werdenden Enzyme wird Indican zu Glucose und Indoxyl hydrolysiert. An der Luft wird dieses zu Indigo oxidiert.* **A:** *Zeigen Sie anhand der Oxidationszahlen, welche Kohlenstoff-Atome oxidiert werden.*

Fachbegriffe

Triphenylmethanfarbstoffe, Anthrachinonfarbstoffe, Carbonylfarbstoffe

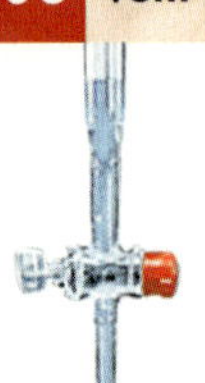

Polyphenole

Versuche

Lehrerversuche gelten für das Arbeiten mit Phenol, Hydrochinon und Pyrogallol.

LV1 In drei Rggl. löst man je eine Spatelspitze Brenzcatechin*, Resorcin* und Hydrochinon* in ca. 10 mL Wasser. Zu je 2 bis 3 mL Lösung der verschiedenen Diphenole gibt man 1 mL verd. Natronlauge* und lässt an der Luft stehen.

LV2 Zu je 2 bis 3 mL gibt man ammoniakalische Silbernitrat-Lösung*. Diese wird hergestellt, indem man 1 ml Silbernitrat-Lösung, c = 0,1 mol/L, tropfenweise mit Ammoniak-Lösung, w = 10%, versetzt, bis sich der Niederschlag gerade wieder auflöst.

LV3 Man mischt in einem Rggl. verd. Silbernitrat-Lösung* und verd. Kaliumbromid-Lösung. Die entstandene Silberbromid-Suspension* verteilt man auf 3 Rggl. und gibt in jedes je ca. 2 mL der Diphenol-Lösungen*. Beobachtung? Man setzt einige Tropfen Natronlauge* zu. Beobachtung?

LV4 Nachweis von phenolischen Hydroxy-Gruppen: Man versetzt Lösungen von Phenol*, den drei Diphenolen*, von Pyrogallol* (1,2,3-Trihydroxybenzol) und Phloroglucin* (1,3,5-Trihydroxybenzol) mit Eisen(III)-chlorid*-Lösung.

V5 Versetzen Sie etwas schwarzen Tee und stark verd. Kaffee mit Eisen(III)-chlorid*-Lösung. Beobachtung?

Auswertung

a) Protokollieren Sie die Versuchsergebnisse in tabellarischer Form.

b) Bei der Oxidation von Hydrochinon entsteht p-Chinon (B2). Formulieren Sie für die Oxidation von Hydrochinon und Brenzcatechin die entsprechenden Reaktionsgleichungen. Warum ist es sinnvoll, vom Dianion der Diphenole auszugehen?

c) Erklären Sie, warum sich Resorcin nicht zu einem m-Chinon oxidieren lässt.

d) Erläutern Sie, welche Reaktionen bei LV2 und LV3 ablaufen.

Brenzcatechin 1,2-Dihydroxybenzol | Resorcin 1,3-Dihydroxybenzol | Hydrochinon 1,4-Dihydroxybenzol

B1 *Isomere Diphenole*

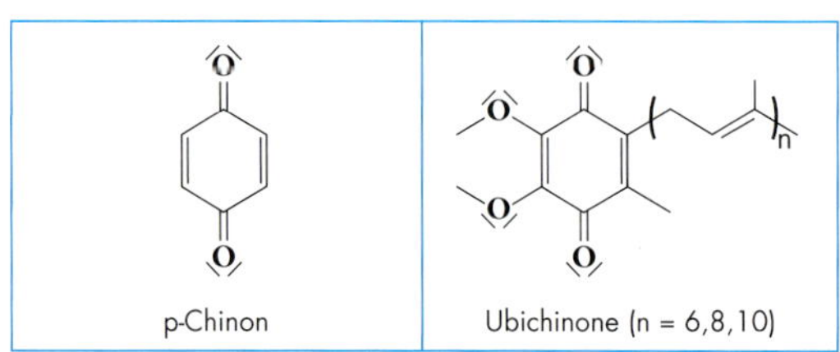

B2 *p-Chinon und Ubichinone*

Braunwerden von Früchten

Wer kennt das Phänomen nicht? Ein angeschnittener Apfel wird braun, wenn er an der Luft liegen bleibt. Dies liegt an den in vielen Früchten enthaltenen Polyphenolen, Derivaten des Phenols mit mehr als einer Hydroxy-Gruppe. Diese werden in Gegenwart der in den Zellen vorhandenen Phenoloxydase-Enzyme an der Luft zu farbigen **Chinonen** oxidiert, die in noch nicht ganz geklärter Weise zu dunkel gefärbten Produkten weiterreagieren. Zu den Polyphenolen in Früchten gehören neben farblosen auch farbige Stoffe wie die Anthocyane (S. 350), die sich häufig direkt unter der Schale befinden.

Schützen kann man Früchte vor dem Braunwerden, indem man sie mit Zitronensaft beträufelt, da die Enzyme im sauren Medium nicht mehr wirksam sind. Trockenfrüchte werden mit Schwefeldioxid behandelt (Schwefeln), das die Enzyme zerstört.

Marmeladen und Obstkonserven setzt man häufig Ascorbinsäure (S. 27) zu, die als Antioxidans wirkt und das Braunwerden verhindert.

Polyphenolen wird auch eine gesundheitsfördernde Wirkung zugeschrieben. Aufgrund ihres Reduktionsvermögens können sie freie Radikale, die durch UV-Strahlung, Umweltverschmutzungen, aus Nitriten und Nitraten entstehen können, abfangen.

B3 *Ungeschwefelte und geschwefelte getrocknete Aprikosen.* **A:** *Informieren Sie sich, welche Trockenfrüchte geschwefelt, welche ungeschwefelt angeboten werden und finden Sie Gründe dafür.*

Ubichinone

Als reversible Redoxpaare spielen Derivate des Hydrochinon/p-Chinon-Redoxpaares, die Ubichinone (B2) und Ubihydrochinone eine wichtige Rolle bei Stoffwechselvorgängen, der Atmungskette und bei der Photosynthese (vgl. S. 102f).

Polyphenole

Tee, Tinte und Tannine

Polyphenole lassen sich mit Eisen(III)-chlorid-Lösungen nachweisen (LV4 und V5). Sie reagieren mit Eisen(III)-Ionen zu grün bis blau gefärbten Komplexverbindungen (vgl. S. 324 f). Tee und Rotwein u. a. enthalten Tannine, von *tanin* (franz. = Gerbstoff), wie die Flavonoidfarbstoffe (B4). Diese rufen den bitteren Geschmack hervor und wirken adstringierend (zusammenziehend). Tannine werden zusammen mit Eisensalzen wegen der intensiven Färbung zur Herstellung von Tinten verwendet. Wegen der starken gerbenden Wirkung werden Tannine schon seit Jahrtausenden zum Gerben von Leder verwendet. Sie können aus Galläpfeln, durch Gallwespen hervorgerufene Wucherungen an Eichen, die zu 70% Gallussäure und andere Tannine enthalten, gewonnen werden.

Quercetin, ein Flavonoid in Wein oder Tee

Gallussäure

B4 *Tannine*

Sonne, Melanin und braune Haut

Gegen UV-Strahlung hat sich in der Haut ein Schutzmechanismus entwickelt, damit Hautschäden vermieden oder repariert werden können. Aus der Aminosäure Tyrosin, einem Baustein des Hautproteins, werden über Dopa und Dopachinon durch Oxidation unter UV-Strahlung die braunen Melanine, die Pigmente der Haut, gebildet. Melanine wirken als Radikalfänger und schützen die Haut, indem sie freie Radikale, die durch UV-Strahlung auf der Haut entstehen, unschädlich machen.

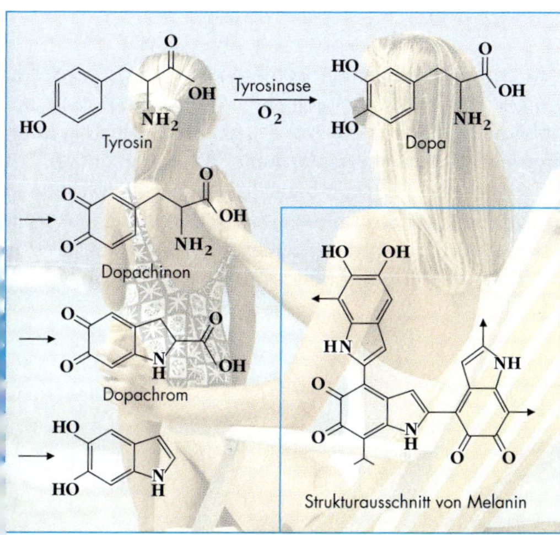

B5 *Schema zur Biosynthese von Melanin.*
A: *Überprüfen Sie anhand von Oxidationszahlen, welche Reaktionsschritte Oxidationen sind.*

Entwicklung von Filmen

Hydrochinon kann wegen seines Reduktionsvermögens als fotografischer Entwickler benutzt werden. Beim Belichten werden Silber-Ionen aus dem Silberbromid des Films zu Silber-Atomen reduziert. An der Grenzfläche zwischen Silberbromid und Silberkeimen werden beim Entwickeln weitere Silber-Ionen durch Hydrochinon reduziert (LV3). An den belichteten Stellen wird der Film durch das beim Entwickeln entstandene Silber allmählich schwarz. Vom fotografierten Original entsteht ein Negativ, in dem die hellen Stellen des Originals dunkel und die dunklen hell erscheinen. Der Entwicklungsvorgang wird durch Zugabe von Natriumthiosulfat (Fixiersalz) $Na_2S_2O_3$ gestoppt. Dabei wird das überschüssige Silberbromid durch Bildung eines Komplexes (B6) aus dem Film herausgelöst. Das Bild wird fixiert.

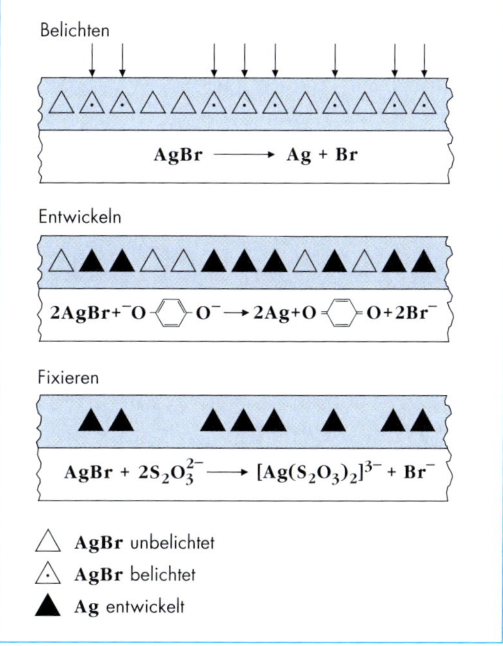

B6 *Schema der Schwarz-Weiß-Entwicklung*

Aufgaben

A1 Berechnen Sie mithilfe der NERNST-Gleichung (S. 160) das Redoxpotential des Hydrochinon/p-Chinon-Redoxpaares für *p*H = 14. Begründen Sie, warum Filme in alkalischer Lösung entwickelt werden. ($E^0(Ag^+ + Br^-/AgBr)$ = 0,07 V, E^0(Hydrochinon/p-Chinon) = 0,70 V).

A2 Vergleichen Sie die Strukturen der Anthocyanidine (B6, S. 350) und der Flavonoide.

A3 Schätzen Sie das Oxidationsverhalten von Pyrogallol (1, 2, 3-Trihydroxybenzol) und Phloroglucin (1, 3, 5-Trihydroxybenzol) begründet ab.

A4 Pyrogallol, 1, 2, 3-Trihydroxybenzol, wurde durch Erhitzen von Gallussäure (B4) erstmals erhalten. Welche Reaktion ist dabei abgelaufen?

Toluol – Substitution am Kern oder in der Seitenkette

Versuche

Die Versuche mit Toluol sind im Abzug mit Handschuhen und Schutzbrille durchzuführen!
Bei LV2 entsteht Tränen reizendes Benzylbromid*.

LV1 In ein Rggl. mit ca. 5 mL Toluol* gibt man 3 Tropfen Brom* und ein Büschel Eisenwolle. Man erhitzt auf dem Wasserbad bis zum Einsetzen der Reaktion. Nach Umschütteln hält man an die Öffnung des Rggl. feuchtes Indikatorpapier. Beobachtung?

LV2 In ein Rggl. mit ca. 5 mL Toluol* gibt man 3 Tropfen Brom*, schüttelt um und bestrahlt die Lösung mit der Lampe eines OHP. An die Öffnung des Rggl. hält man feuchtes Indikatorpapier. Beobachtung?

Auswertung

Vergleichen Sie die bei diesen Versuchen ablaufenden Reaktionen mit a) der Reaktion von Benzol mit Brom (S. 298) und b) der Reaktion eines Alkans mit Brom (S. 235).

CH_3 — Methylbenzol Toluol
CH_2CH_3 — Ethylbenzol
H_3C–C(H)–CH_3 — Isopropylbenzol Cumol
CH_3, CH_3 — ortho-Xylol
CH_3, CH_3 — meta-Xylol
CH_3, CH_3 — para-Xylol

Dimethylbenzole (Xylole)

B1 *Wichtige Alkylbenzole. Die Bezeichnung Toluol ist im Deutschen zugelassen, die IUPAC-Empfehlung ist Toluen.* **A:** *Warum ist der Name Toluen zutreffender?*

Toluol (Toluen, Methylbenzol) ist der einfachste Vertreter der **Alkylbenzole** und eines der wichtigsten Derivate des Benzols. Die farblose Flüssigkeit hat eine Schmelztemperatur von –95 °C und eine Siedetemperatur von 111 °C. Toluol findet sich in kleinen Mengen im Erdöl und wird hauptsächlich aus diesem durch verschiedene Crack- und Reformierprozesse gewonnen. Wegen seiner hohen Octanzahl (S. 47) wird es wie Benzol und die Xylole dem Benzin zugesetzt. Zudem dient Toluol als Lösungsmittel und als Edukt bei der Synthese von Farb- und Sprengstoffen.

Toluol reagiert wie Benzol

In Gegenwart von Eisen(III)-bromid als Katalysator reagiert Toluol wie Benzol in einer elektrophilen Substitution, jedoch deutlich schneller. Die Methyl-Gruppe übt einen +I-Effekt auf den Benzolkern aus, sodass sich die Elektronendichte im Ring erhöht. Dadurch wird ein elektrophiler Angriff begünstigt und so ein Wasserstoff-Atom am Ring („Kern") durch ein Brom-Atom ersetzt.

CH_3 + Br_2 —($FeBr_3$)→
- CH_3, Br + HBr — o-Bromtoluol (40 %)
- CH_3, Br + HBr — m-Bromtoluol (<1 %)
- CH_3, Br + HBr — p-Bromtoluol (60 %)

Von den drei möglichen isomeren Monobromderivaten werden fast ausschließlich ortho- und para-Bromtoluol gebildet. Zur Erklärung dieser Isomerenverteilung kann man die entstehenden **Interdukte** (B2) heranziehen. Bei der ortho- und der para-Substitution entstehen Kationen mit mesomeren Grenzstrukturen, in denen die elektrisch positive Ladung an dem Kohlenstoff-Atom sitzt, an das die Methyl-Gruppe gebunden ist (tertiäres Kohlenstoff-Atom).

Toluol – Substitution am Kern oder in der Seitenkette

B2 *Mesomere Grenzstrukturen der Interdukte bei der elektrophilen Substitution an Toluol. Die Methyl-Gruppe mit ihrem +I-Effekt kann die positive Ladung im Interdukt teilweise kompensieren. Daher ist die Struktur mit dem tertiären Carbenium-Ion begünstigt. Sie trägt dazu bei, dass überwiegend o-Bromtoluol und p-Bromtoluol entstehen.*

Toluol reagiert wie Methan

Toluol kann auch als Derivat des Methans angesehen werden. Wie bei Alkanen läuft unter dem Einfluss von Licht (LV2) eine radikalische Substitution ab, bei der ein Wasserstoff-Atom der Methyl-Gruppe substituiert wird:

$$C_6H_5CH_3 + Br_2 \xrightarrow{\text{Licht}} C_6H_5CH_2Br + HBr$$

Benzylbromid (α-Bromtoluol)

Das als **Interdukt** entstehende Benzyl-Radikal ist mesomeriestabilisiert und begünstigt die Substitution. Stufenweise können alle drei Wasserstoff-Atome der Methyl-Gruppe ersetzt werden.

Die KKK- und die SSS-Regel

Die Bromierung von Toluol zeigt, wie man eine Reaktion durch Wahl der Reaktionsbedingungen in eine bestimmte Richtung lenken kann. Analog reagieren auch andere Alkylbenzole je nach Reaktionsbedingungen als Aromaten am Kern oder als Alkane in der Alkyl-Gruppe.
Bei niedriger Temperatur und mit einem Katalysator erfolgt bevorzugt eine elektrophile Substitution am aromatischen Kern:

__K__älte-__K__atalysator-__K__ernsubstitution.

Bei erhöhter Temperatur und Bestrahlung mit Licht ist dagegen eine radikalische Substitution in der Seitenkette favorisiert:

__S__iedehitze-__S__onne-__S__eitenkettensubstitution.

Aufgaben

A1 Formulieren Sie Reaktionsschritte für die Seitenkettenbromierung von Toluol und beschreiben Sie die Mesomeriestabilisierung des Benzyl-Radikals.

A2 Ein aromatischer Kohlenwasserstoff (A) der Summenformel C_8H_{10} wird mit Brom in Gegenwart von Eisen zur Reaktion gebracht. Dabei entsteht neben Bromwasserstoff nur ein Monobromderivat (B). Setzt man A mit Brom unter Lichteinwirkung um, entsteht neben Bromwasserstoff ein zu B isomeres Monobromderivat (C). Geben Sie alle für A möglichen Valenzstrichformeln an. Formulieren Sie die Reaktionen A → B und A → C und finden Sie die für A zutreffende Valenzstrichformel heraus.

A3 Bestrahlt man eine Lösung von Chlor mit Ethylbenzol, erhält man zu 91% 1-Chlor-1-phenylethan und zu 9% 2-Chlor-1-phenylethan. Erklären Sie dies über die Stabilität der als Interdukte auftretenden Radikale.

A4 Der Jasminduftstoff für Toilettenartikel, Benzylalkohol, lässt sich aus Toluol über das Zwischenprodukt Benzylchlorid (α-Chlortoluol) herstellen. Benzylalkohol wird zum künstlichen Bittermandelöl Benzaldehyd (vgl. S. 18) oxidiert. Benzaldehyd kann weiter zum Konservierungsstoff E 210, Benzoesäure (vgl. S. 31), oxidiert werden. Welche Reaktionen laufen bei den einzelnen Syntheseschritten ab?

Fachbegriffe

Toluol, Alkylbenzole, KKK- und SSS-Regel, Interdukt

Technisch wichtige elektrophile Substitutionen

Friedel[1]-Crafts[1]-Alkylierung

Zur gezielten Herstellung bestimmter Alkylbenzole setzt man Benzol mit dem entsprechenden Chloralkan in Gegenwart von Aluminium(III)-chlorid um.

$$C_6H_5{-}H + R-Cl \xrightleftharpoons{(AlCl_3)} C_6H_5{-}R + HCl$$

Bei dieser elektrophilen Substitution wirkt Aluminiumchlorid als Katalysator durch Polarisierung der Chlor-Kohlenstoff Bindung im Alkylchlorid.

Auch Alkene können zur **Alkylierung** eingesetzt werden, z. B. bei der technisch wichtigen Synthese von Cumol (Isopropylbenzol), dem Grundstoff für 90 % der Weltproduktion von Phenol und Aceton.

$$C_6H_5{-}H + H_3C-CH{=}CH_2 \xrightarrow{(H_2SO_4)} C_6H_5{-}CH(CH_3)_2$$

Als Elektrophil wirkt hier das Propyl-Carbenium-Ion, das durch Protonierung von Propen mit Schwefelsäure entsteht.

Aufgaben

A1 Formulieren Sie den Mechanismus der Friedel-Crafts-Alkylierung von Benzol analog dem Mechanismus der Bromierung (vgl. S. 299, B 3).

A2 Triphenylmethan ist die Stammsubstanz der Triphenylmethanfarbstoffe (vgl. S. 304). Hergestellt wird es z. B. aus Chloroform (Trichlormethan), Benzol und Aluminiumchlorid. Formulieren Sie wichtige Schritte im Reaktionsablauf.

A3 Bei der Friedel-Crafts-Alkylierung von Benzol mit Propen in Gegenwart von Schwefelsäure als Katalysator entsteht ausschließlich Isopropylbenzol (Cumol, 2-Phenylpropan) und kein Propylbenzol (1-Phenylpropan). Formulieren Sie Reaktionsschritte und erklären Sie damit die Beobachtung.

A4 Benzol reagiert mit Ethen in Gegenwart von Schwefelsäure zu Ethylbenzol (Phenylethan). Dieses kann zu Styrol (Phenylethen) umgesetzt werden. Aus Styrol wird der Kunststoff Polystyrol (S. 274) hergestellt. Formulieren Sie die Reaktionsgleichungen für die verschiedenen Teilreaktionen.

A5 Anilin wird industriell durch Reduktion von Nitrobenzol mit Eisenspänen und Salzsäure hergestellt. Formulieren Sie Reaktionsschritte für die Nitrierung von Benzol und die Reaktionsgleichung für die anschließende Reduktion.

Nitrierung

Die **Nitrierung** von Benzol und anderen Aromaten gelingt mit Nitriersäure, einem Gemisch aus konzentrierter Salpetersäure und konzentrierter Schwefelsäure. Dabei wird ein Wasserstoff-Atom eines Aromaten-Moleküls durch eine Nitro-Gruppe ersetzt. Als elektrophiles Teilchen wirkt das Nitryl-Kation $NO_2^{\oplus}$, das in einer Protolyse zwischen einem Salpetersäure- und einem Schwefelsäure-Molekül und anschließender Abspaltung eines Wasser-Moleküls gebildet wird:

a) Bildung des elektrophilen Teilchens

$$H{-}\underline{\overline{O}}{-}NO_2 + H_2SO_4 \rightleftharpoons H{-}\overset{\oplus}{\underset{H}{O}}{-}NO_2 + HSO_4^{\ominus}$$

$$\rightleftharpoons H_2O + NO_2^{\oplus} + HSO_4^{\ominus}$$

b) Reaktion

$$C_6H_5{-}H + HNO_3 \xrightarrow{(H_2SO_4)} C_6H_5{-}NO_2 + H_2O$$

Durch Reduktion der Nitro-Gruppe am Nitrobenzol zur Amino-Gruppe entsteht Anilin (Aminobenzol), eine wichtige Grundchemikalie für die Synthese von Farbstoffen (vgl. S. 300).

Von technischer Bedeutung ist auch die in drei Stufen ablaufende **Nitrierung** von Toluol zu 2,4,6-Trinitrotoluol (TNT), einem der wichtigsten Sprengstoffe (B1).

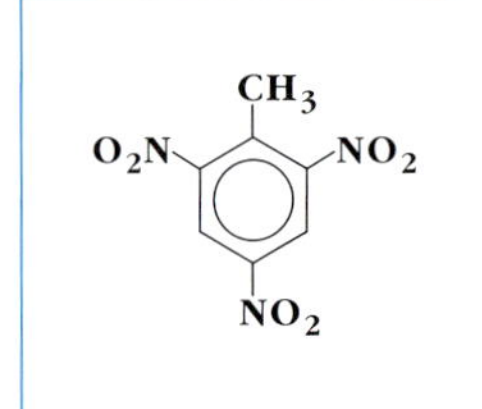

B1 *Trinitrotoluol TNT. Bei der Zündung zerfällt TNT schlagartig zu einer Gaswolke aus Kohlenstoffdioxid, Wasserdampf und Stickstoff sowie Ruß. Das Volumen nimmt dabei etwa um das Tausendfache zu. Die entstehende Druckwelle erzeugt die zerstörende Wirkung (Explosion).*

[1] Charles Friedel (1832–1899), Professor an der Sorbonne (Paris); James M. Crafts (1839–1917), Professor in Boston

Technisch wichtige elektrophile Substitutionen

Sulfonierung

Eine weitere wichtige elektrophile Substitution ist die **Sulfonierung**, bei der ein Wasserstoff-Atom eines Aromaten-Moleküls durch eine Sulfonsäure-Gruppe ersetzt wird. Im Gegensatz zur Nitrierung und Bromierung ist die Sulfonierung von Benzol reversibel. Als Elektrophil dient das Schwefeltrioxid-Molekül, das in rauchender Schwefelsäure gelöst vorliegt.

$$C_6H_5\text{–}H + SO_3 \rightleftharpoons C_6H_5\text{–}SO_3H$$

Benzolsulfonsäure ist aufgrund der Sulfonsäure-Gruppe (**SO_3H**-Gruppe) eine wasserlösliche, starke Säure. Die Sulfonierung von Aromaten wird deshalb benutzt, um aromatische Verbindungen, insbesondere Farbstoffe, wasserlöslich zu machen.

Natriumsalze der **Alkylbenzolsulfonsäuren**, die bei der Sulfonierung langkettiger Alkylbenzole entstehen, können als waschaktive Substanzen verwendet werden (B3).

Wichtige Derivate der Benzolsulfonsäure sind die **Sulfonamide** (B4), von denen einige wegen ihrer antibakteriellen Wirkung als Arzneimittel eingesetzt werden.

$SO_3^{\ominus}\ Na^+$

B3 *Natriumdodecylbenzolsulfonat dient als waschaktive Substanz und ist im Gegensatz zu den früher üblichen verzweigten Alkylbenzolsulfonaten biologisch abbaubar.* **A:** *Formulieren Sie drei Schritte der Synthese von Natriumdodecylbenzolsulfonat.*

R–C_6H_4–SO_2–N(H)–R′

B4 *Struktur der Sulfonamide*

CH_3, SO_3H —NH_3→ CH_3, $S(O_2)\text{–}NH_2$ —Oxidation→ COOH, $S(O_2)\text{–}NH_2$ —$-H_2O$→ C(=O)–NH–$S(O_2)$

B5 *Synthese des gebräuchlichen Süßstoffs Saccharin. Die Süßkraft von Saccharin ist etwa 500-mal größer als die von Zucker. Sie wurde schon im Jahre 1871 von einem Chemiker entdeckt, der nach der Arbeit im Labor vergessen hatte, seine Hände zu waschen.* **A:** *Formulieren Sie die Reaktionsschritte für die Bildung des Ausgangsstoffs der Saccharin-Synthese, o-Toluolsulfonsäure, aus Toluol.*

Einfluss des Erstsubstituenten auf die Zweitsubstitution

Substituenten können die weitere Substitution am aromatischen Ring erschweren oder erleichtern und sie bestimmen auch die Position der Zweitsubstitution.

Substituenten mit freien Elektronenpaaren wie die Hydroxy- oder die Amino-Gruppe besitzen einen +M-Effekt und erhöhen die Elektronendichte im aromatischen Ring. Dadurch aktivieren sie den Kern für eine elektrophile Substitution.

Substituenten mit Doppelbindungen wie die Carbonyl-, die Carboxy- oder die Nitro-Gruppe besitzen einen –M-Effekt und erniedrigen die Elektronendichte im Kern. Sie desaktivieren den aromatischen Kern.

B6 *–M-Effekt der Nitro-Gruppe*

Substituenten mit einem +I-Effekt wie Alkyl-Gruppen wirken aktivierend, Substituenten mit einem –I-Effekt desaktivierend.

In der Regel dirigieren aktivierende Substituenten den Zweitsubstituenten in die ortho/para-Stellung und desaktivierende Substituenten in meta-Stellung.

Keine Regel ohne Ausnahme: Halogen-Atome desaktivieren den Kern, aber dirigieren in o/p-Stellung.

aktivierende o/p-dirigierende Substituenten	–O–H, –N(H)–H: + M > –I	–CH_3, –Alkyl: +I
desaktivierende o/p-dirigierende Substituenten	–Cl, –Br: + M < –I	
desaktivierende m-dirigierende Substituenten	–NO_2, –CHO, –COOH: – M –I	

B7 *Einfluss verschiedener Substituenten auf die Zweitsubstitution*

Aufgabe

A6 Die Synthese von TNT (B1) verläuft über die Stufen von Mononitrotoluol und Dinitrotoluol. Erläutern Sie, welche Mononitrotoluole bzw. Dinitrotoluole gebildet werden. Begründen Sie, warum im letzten Schritt nahezu ausschließlich 2,4,6-Trinitrotoluol gebildet wird.

Fachbegriffe

FRIEDEL-CRAFTS-Alkylierung, Nitrierung, Sulfonierung, Alkylbenzolsulfonsäure, Trinitrotoluol, Sulfonamide

Chamäleon-Farben

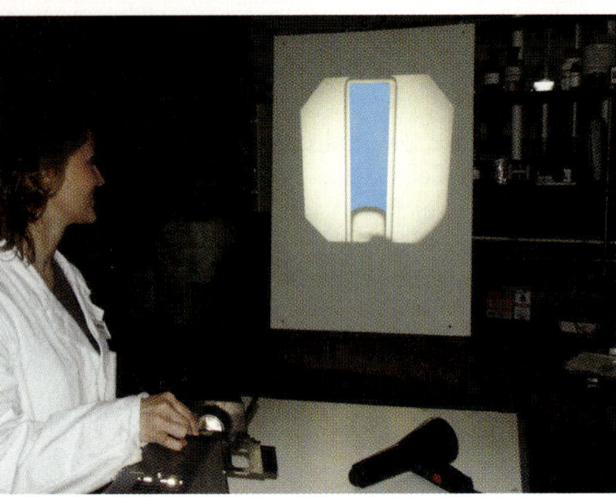

B1 *Microscale-Experimente mit photochromen Lösungen (V1)*

Versuche

V1 Lösen Sie ca. 10 mg Spiropyran[1] in 1,5 mL Toluol* und füllen Sie die farblose bis schwach gelbe Lösung in eine Küvette oder ein kleines Rggl. Verschließen Sie das Gefäß. Halten Sie die Lösung 5 s lang in den Strahlengang eines Diaprojektors mit Halogenlampe (200 W). Beobachten Sie die Farbe der Lösung auf der Projektionsfläche. Stellen Sie die Lösung ins Dunkle und notieren Sie nach 25 s und 50 s die Farbe. Wiederholen Sie die Arbeitszyklen dreimal. Beobachtung?

V2 Bestrahlen Sie die Spiropyran-Lösung aus V1 durch verschiedene Lichtfilter (rot, blau, gelb) und stellen Sie fest, bei welchen Farben sich die Lösung verfärbt.

V3 Kühlen Sie die Lösung aus V1 in einem Eis-Wasser-Salz-Bad auf ca. 0 °C. Bestrahlen Sie die Lösung 5 s lang mit weißem Licht (Diaprojektor). Beobachtung? Stellen Sie die Lösung sofort ins Dunkle und notieren Sie nach 25 s, 50 s und 100 s die Farbe. Stellen Sie die Unterschiede zu V1 fest.

V4 Zu der Hälfte des Inhalts eines Fläschchens farblosen Nagellacks geben Sie 0,5 mL Toluol* und ca. 15 mg Spiropyran[1] hinzu. Schütteln Sie gut durch, bis sich das Spiropyran gelöst hat. Tragen Sie mit dem Pinsel einen dünnen Film dieses modifizierten Lacks auf eine Glasplatte auf und trocknen Sie sie mit dem Fön oder über der Heizplatte, wobei die Temperatur 60 °C nicht überschreiten sollte. Erwärmen Sie dann auf ca. 90 °C und beobachten Sie die Farbe. Auf der abgekühlten Platte können Sie mit Licht Bilder erzeugen (B2). Probieren Sie aus, wie das geht und beschreiben Sie das Verfahren.

Auswertung

a) Erklären Sie die Ergebnisse von V1 mit der Reaktionsgleichung in B3.

b) Geben Sie die Summenformeln (Molekülformeln) von Spiropyran und Merocyanin (B3) an und begründen Sie, warum es sich um *Isomere* handelt.

c) Welches der beiden Isomere ist bei Dunkelheit in Toluol, welches in Nagellack (Polyacrylat) stabiler? Begründen Sie mit Beobachtungen aus V1 bis V4.

d) Ordnen Sie den Farbänderungen bei V1 bis V4 die Begriffe *photochemische* Reaktion und *thermische* Reaktion zu.

e) Thermische Reaktionen haben eine positive Aktivierungsenergie, ihre Geschwindigkeit steigt mit der Temperatur. Gilt das auch für photochemische Reaktionen? Begründen Sie Ihre Antwort mithilfe der Ergebnisse von V1 und V2.

f) Erklären Sie die Ergebnisse von V3 anhand der Formeln und Modelle sowie der der Aufgabenstellung zu B3.

[1] Das hier eingesetzte Spiropyran ist unter der Bezeichnung 6-Nitro-1′,3′,3′-trimethyl-spiro[2H-1-benzopyran-2,2′-indolin] im Chemiekalienhandel erhältlich. Es kann auch nach einer Vorschrift aus *Chemie 2000+ Online* selbst synthetisiert werden.

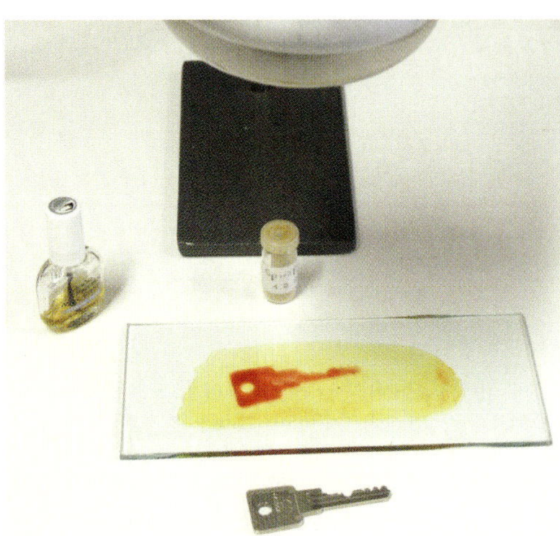

B2 *Im Nagellack-Chamäleon aus V4 können Bilder erzeugt werden.* **A:** *Wie kann man das Bild löschen und ein neues erzeugen?*

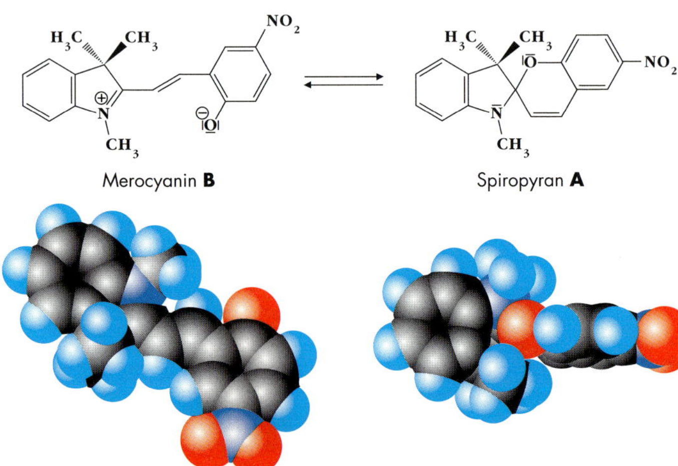

B3 *Reaktionsgleichung und Modelle zu V1 bis V4.* **A:** *Erklären Sie, warum das Merocyanin bei einer größeren Wellenlänge Licht absorbiert als das Spiropyran.*

Photochromie und molekulare Schalter

Die Lösungen und der Nagellack aus V1 bis V4 verhalten sich wie Chamäleons: Sie ändern ihre Farben in Abhängigkeit von den Lichtverhältnissen. Die reversible Farbänderung von Substanzen bei Licht und Dunkelheit oder bei Licht verschiedener Wellenlängen nennt man **Photochromie**. Das Isomeren-Paar Spiropyran-Merocyanin (B3) ist ein photochromes System. In Toluol-Lösung erscheint dieses System bei Raumtemperatur und ohne Lichtbestrahlung farblos bis schwach gelb, weil sich das **chemische (thermodynamische) Gleichgewicht** einstellt, in dem das energieärmere Isomer, das Spiropyran A, stark überwiegt (B3, B4). Bei Bestrahlung mit weißem oder blauem Licht werden die Spiropyran-Moleküle elektronisch angeregt. Im angeregten Zustand „wandert" das Molekül entlang der roten Energiekurve in B4 in Richtung Minimum, wobei sich die *Geometrie* des Moleküls und die *Bindungsverhältnisse* zwischen den Atomen ändern. Aus dem Minimum des angeregten Zustands „fällt" das Molekül in den Grundzustand und „landet" rechts neben dem Maximum der Energiekurve des Grundzustands. Von da aus führt der energetisch günstigste Weg ins Energieminimum des Isomers B, also des Merocyanins. Der beschriebene Weg über den *angeregten Zustand* entspricht den grünen Pfeilen in B4 und ist typisch für eine **photochemische Isomerisierung**. Die thermische Isomerisierung des Merocyanins zum Spiropyran verläuft dagegen ausschließlich im Grundzustand entlang der blauen Kurve von B nach A. Die Aktivierungsenergie E_{a_2} ist so gering, dass die Reaktion schon bei Raumtemperatur relativ schnell verläuft.

Bei Dauerbestrahlung mit weißem oder blauem Licht überlagert sich die photochemische Isomerisierung A → B mit der thermischen und photochemischen Isomerisierung B → A. Es stellt sich ein **photostationärer Zustand** ein, in dem das Merocyanin überwiegt. Bestrahlt man dagegen mit Rotlicht, so kann nur die Reaktion B → A thermisch oder photochemisch ablaufen (gelbe Pfeile in B4). Es entsteht ein anderer photostationärer Zustand, in dem Spiropyran ganz stark überwiegt. Somit verhält sich das photochrome System Spiropyran-Merocyanin wie ein **molekularer Schalter**, der mit Blaulicht in die eine und mit Rotlicht in die andere Richtung geschaltet werden kann. Derartige Schalter kommen in biologischen Systemen vor. Ein Beispiel ist *Retinal* im *Rhodopsin* aus den Stäbchenzellen der Netzhaut unserer Augen (vgl. S. 245). In der Forschung versucht man, nach gleichem Prinzip wie in der Natur sogenannte **Nano-Maschinen** oder **molekulare Maschinen** zu entwickeln, die mit Licht schaltbare Einheiten enthalten. Das in B5 dargestellte ringförmige System besteht aus einem *Kronenether*-Fragment und einer *Azobenzol*-Einheit als Schalter. Mit diesem können Alkalimetall-Ionen wie mit einem molekularen Trojanischen Pferd durch eine *Doppellipid*-Membran geschleust werden. Photochrome Systeme werden für die Herstellung farb- und helligkeitsgetönter Gläser eingesetzt und könnten in Zukunft auch bei der reversiblen Datenspeicherung Anwendung finden.

Aufgaben

A1 Welche Atome aus dem Ringmolekül in B5 wechselwirken auf welche Weise mit dem Alkalimetall-Ion? Warum ist der *Komplex* (vgl. S. 325) nach außen hin lipophil?

A2 Nennen und erläutern Sie die notwendigen Arbeitsschritte für das Einschleusen von Kalium-Ionen in eine Zelle mit dem System aus B5.

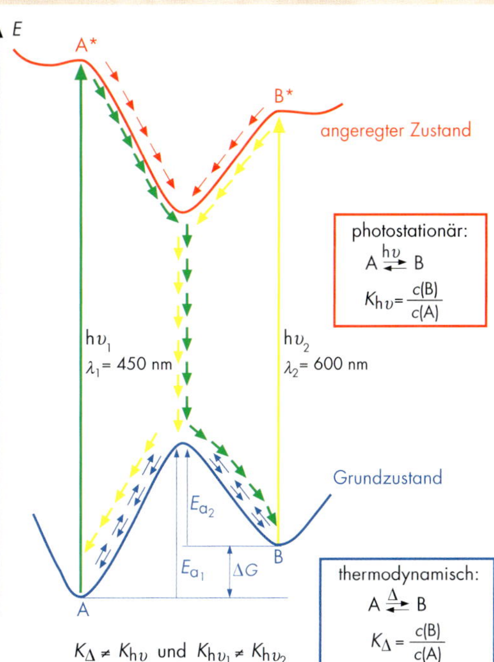

B4 *Energiediagramm zum photochromen System Spiropyran (A) – Merocyanin (B) in Toluol.*
A: *Warum kann mit Rotlicht von B nach A, aber nicht umgekehrt „geschaltet" werden?*

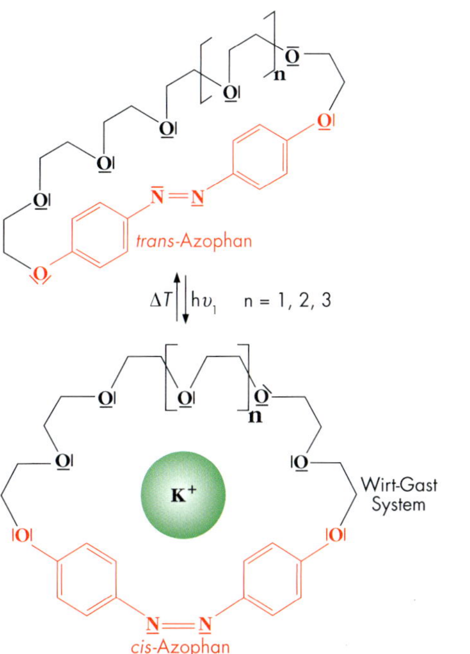

B5 *Molekulare Schalter (rot) in Nano-Maschinen.*
A: *Welcher Reaktionstyp findet beim Schalten statt?*

Fachbegriffe

Photochromie, chemisches (thermodynamisches) Gleichgewicht, photochemische und thermische Reaktion, photostationärer Zustand, molekularer Schalter, Nano-Maschinen (molekulare Maschinen)

Blaues Wunder

B1 *Indigo als Küpenfarbstoff*

B2 *Supracen Blau® G*

Versuche

V1 *Direktfärbung mit Siriuslichtblau:* Lösen Sie 0,1 g Siriuslichtblau, 15 g Natriumchlorid und 0,5 g Natriumcarbonat* in 100 mL heißem Wasser (60°C), geben Sie ein Baumwolltuch hinein und erhitzen Sie ca. 10 min zum Sieden. Waschen Sie die Stoffprobe anschließend mit kaltem Wasser. Färben Sie auch Textilproben aus Wolle, Polyester, Polyamid.

V2 *Färben mit einem ionischen Farbstoff:* Lösen Sie 0,1 g Supracen Blau® G in 10 mL kochendem Wasser und verdünnen Sie mit 60°C heißem Wasser auf 400 mL. Geben Sie 10 mL Natriumsulfat-Lösung, w = 10%, und 4 mL verd. Schwefelsäure*, w = 10%, zu. Geben Sie in diese Färbelösung Textilproben aus Baumwolle, Wolle, Polyamid, Polyester und Polyacrylnitril. Erhitzen Sie ca. 15 min zum Sieden, wobei die Gewebeproben mit einem Glasstab immer wieder bewegt werden. Spülen Sie die Gewebeproben anschließend mit heißem, dann mit kaltem Wasser. Alternativ lässt sich dieser Versuch auch mit Orange II (synthetisierter Farbstoff in V1, S. 302) durchführen.

V3 Führen Sie V1 mit Indigo durch. Beobachtung?

V4 *Küpenfärbung mit Indigo:* Versetzen Sie in einem Rggl. 0,5 g Indigo und 5 g Natriumhydroxid*-Plätzchen mit 10 mL heißem Wasser, schütteln Sie um und geben Sie 1 g Natriumdithionit* ($Na_2S_2O_4$) zu. Verschließen Sie das Reagenzglas mit einem Gummistopfen und schütteln Sie ca. 1 min. Gießen Sie das nun grünliche Gemisch in ein Becherglas mit 100 mL heißem Wasser. Tauchen Sie ein Baumwolltuch in diese Küpe, spülen Sie dieses anschließend mit Wasser gründlich ab und lassen Sie es an der Luft trocknen. Beobachtung?

Auswertung

a) Erklären Sie anhand von V3 und B1, warum sich Indigo nicht zur Direktfärbung eignet.

b) Dithionit-Ionen ($S_2O_4^{2-}$) sind starke Reduktionsmittel und werden zu Sulfit-Ionen (SO_3^{2-}) oxidiert. Formulieren Sie die vollständigen Reaktionsgleichungen für die Reduktion von Indigo in der Küpe und die Rückbildung von Indigo beim Trocknen. Geben Sie dabei an, welche Atome im Indigo-Molekül ihre Oxidationszahl ändern.

c) Vergleichen Sie die Wasserlöslichkeit von Indigo mit der der Leukoindigo-Base und erklären Sie den Unterschied. Begründen Sie, warum man die Küpenfärbung in alkalischer Lösung durchführt.

d) Erklären Sie, warum sich auf der Küpe eine blaue Haut bildet.

e) Welche Textilien werden in V2 angefärbt? Erläutern Sie, welche zwischenmolekularen Bindungen Supracen-Blau-Moleküle mit der Faser eingehen können (B2 und B3).

B3 *Bindung von anionischen bzw. kationischen Farbstoffen an eine Wollfaser. Ⓕ stellt einen Farbstoff-Molekülrest dar.*

B4 *Bindung zwischen Kongorot und einer Cellulosefaser. Kongorot war der erste direktziehende Farbstoff. Er hatte den Nachteil, im sauren Bereich nach Blauviolett umzuschlagen.* **A:** *Erklären Sie dies (vgl. Methylorange S. 303).*

Färben von Textilien mit Direkt- und Küpenfarbstoffen

Ein großer Teil der Farbstoffe wird zur Textilfärbung verwendet. Aber nicht jeder Farbstoff ist dafür geeignet. Ein Farbstoff muss lichtecht und waschecht sein, d.h. er muss so fest auf der Faser haften, dass er auch beim Waschen nicht abgelöst wird. Der Farbstoff muss auf die Faser „aufziehen". Dazu ist es nötig, dass der Farbstoff im Färbebad, der „Flotte", löslich ist, damit das zu färbende Textil vom Farbstoff durch und durch getränkt wird. Weiterhin müssen Textilfarbstoffe alkali- und säurefest sein, da sie sonst in der alkalischen Waschlauge ihre Farbe ändern.

Direktfarbstoffe: Die einfachste Methode, Baumwolle, eine Cellulosefaser mit vielen Hydroxy-Gruppen, einzufärben, ist das Färben mit direktziehenden Farbstoffen. Man braucht das Gewebe nur einige Zeit in die wässrige Farbstoff-Lösung zu tauchen und der Farbstoff haftet gut an der Faser. Zu diesen Farbstoffen gehören überwiegend Azofarbstoffe mit einer linearen, länglichen Form mit mehreren Azo-Gruppen wie z.B. Kongorot (B4). Zwischen den Amino- oder Hydroxy-Gruppen der Farbstoff-Moleküle und den Hydroxy-Gruppen der Baumwollfaser bilden sich Wasserstoffbrückenbindungen aus, wodurch die Farbstoff-Moleküle mit der Faser verknüpft werden.

Ionische Farbstoffe: Wolle und Seide lassen sich gut mit anionischen oder kationischen Farbstoffen direkt einfärben. Wolle und Seide sind Proteinfasern, die in ihren Molekülen elektrisch geladene Amino- ($-NH_3^+$) und Carboxy-Gruppen ($-COO^-$) enthalten, die mit ionischen Farbstoffen feste salzartige Bindungen eingehen (B3). Kationische Farbstoffe spielen zum Färben von Wolle keine große Rolle, sind jedoch zum Färben von Polyacrylnitrilfasern, die auf Grund ihrer Herstellung saure Gruppen in ihren Molekülen enthalten, gut geeignet.

Küpenfarbstoffe: Mit Indigo lassen sich Textilien nicht direkt färben, denn Indigo, dessen Moleküle starke intramolekulare Wasserstoffbrückenbindungen ausbilden, ist nicht wasserlöslich (B1, V2). Um auf eine Faser aufzuziehen, muss Indigo erst in eine wasserlösliche Form überführt werden. Dazu wird Indigo in der Küpe (von Kübel) mit Natriumdithionit zu fast farblosem Leukoindigo reduziert. In alkalischer Lösung entsteht das gut lösliche Dianion des Leukoindigos, das auf die Faser aufziehen kann. Das in der Küpe behandelte Gewebestück wird nach dem Waschen an der Luft getrocknet. Dabei entsteht durch Oxidation wieder blaues, wasserunlösliches Indigo, das an den Fasern haften bleibt.
Färben mit Indigo (B5) ist ebenso alt wie aktuell. Schon die Ägypter kannten vor 4000 Jahren die Technik der **Küpenfärbung**. Beim Färben mit natürlichem Indigo entstehen die reduzierenden Verbindungen in der Küpe selbst durch Vergären pflanzlicher Bestandteile. Indigo ist wie alle Küpenfarbstoffe, zu denen auch die Anthrachinonfarbstoffe (Indanthrenfarbstoffe) gehören, sehr wasch- und lichtecht, allerdings nicht reibfest. An besonders beanspruchten Stellen wird der Farbstoff von der Faser ausgerieben. Dies verleiht den mit Indigo gefärbten Kleidungsstücken, wie Jeans, schnell das meist gewünschte abgetragene Aussehen.

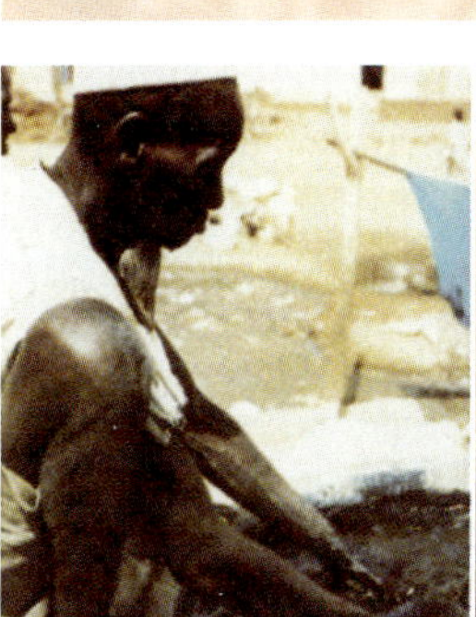

B5 *Traditionelles Färben mit natürlichem Indigo*

B6 *Farbige Kleidung mit Indigo und anderen Textilfarbstoffen*

Aufgaben

A1 Eine Schülerin möchte ihre Jeans modisch ausbleichen und behandelt sie dazu mit einem käuflichen Textilentfärbemittel, bis die Hose an den behandelten Stellen nur noch schwach blau ist. Nach dem Auswaschen und Trocknen stellt sie verblüfft fest, dass die Hose wieder genauso blau wie vorher ist. Aber sie findet schnell eine Erklärung.
a) Welche? b) Welche Eigenschaften müssen die Substanzen besitzen, die im Textilentfärbemittel enthalten sind?

A2 Erläutern und formulieren Sie die Reaktionsschritte, die bei der Küpenfärbung von Indanthrenblau (S. 290, B2) und Indanthrenrot (S. 305, B8) ablaufen.

Fachbegriffe

Direktfarbstoffe, ionische Farbstoffe, Küpenfarbstoffe und Küpenfärbung

Naphthol AS-D

Echtgelbsalz GC

B1 *Komponenten des Entwicklungsfarbstoffs von V1*

reaktiver Triazin-Rest

B2 *Roter Reaktivfarbstoff mit Triazin-Rest (V3)*

Bunte Fäden

Versuche

Führen Sie die Versuche arbeitsteilig durch.

V1 *Färben mit einem Entwicklungsfarbstoff 1:* Lösung A: Mischen Sie in einem kleinen Becherglas 0,6 g Naphthol AS-D mit 1,8 mL Ethanol*, 0,6 mL Wasser und 0,3 mL Natronlauge*, w = 33 %. Gießen Sie diese Lösung unter Rühren in ein Becherglas mit 100 mL Wasser, 0,2 mL Natronlauge, w = 33 %, und 0,2 mL Türkischrotöl, einem Emulgator für Naphthol AS-D. Lösung B: Lösen Sie in 100 mL Wasser 1 g Echtgelbsalz GC. Tauchen Sie ein Baumwolltuch zuerst in Lösung A, anschließend in Lösung B. Legen Sie das Tuch vor dem Eintauchen in Lösung B auf Filterpapier, um überschüssige Lösung zu entfernen.

V2 *Färben mit einem Entwicklungsfarbstoff 2:* Lösen Sie in einem Becherglas 0,5 g Phthalogenbrillantblau IFGM (B3) in 2 mL Triethylenglycol*, 4 mL Methanol* und 15 mL Wasser. Legen Sie ein Baumwollgewebe auf eine Glasplatte und tränken Sie es mit der Lösung. Saugen Sie überschüssige Lösung mit Filterpapier ab. Trocknen Sie das Gewebe mit einem Fön, legen Sie es auf eine hitzefeste Unterlage und pressen Sie ein heißes Bügeleisen für ca. 30 Sekunden auf das Gewebe. Beobachtung?

V3 *Färben mit einem Reaktivfarbstoff:* Lösen Sie 0,5 g Reaktivrot (oder Levafixbrillantrot) in 100 mL Wasser. Bewegen Sie darin ein Baumwollgewebe, geben Sie 5 g Natriumsulfat und 2 g Natriumcarbonat* zu. Lassen die Baumwollprobe ca. 10 min im Färbebad. Spülen Sie anschließend gründlich mit Wasser.

Auswertung

a) Beschreiben und erläutern Sie die Beobachtungen bei V1.

b) Formulieren Sie die Reaktionsgleichung für die Bildung des Entwicklungsfarbstoffes von V1. Naphthol AS-D wird an der Position 1 diazotiert.

c) Erläutern Sie die Beobachtungen bei V2. Phthalogenbrillantblau enthält ein Gemisch aus Phthalocyanin und einem Kupfer(II)-salz. Geben Sie an, in welchem Stoffmengenverhältnis Phthalocyanin und Kupfer(II)-Ionen reagieren (*Hinweis*: vgl. B3).

d) Erläutern Sie die Unterschiede beim Färben mit Direktfarbstoffen und Entwicklungsfarbstoffen.

e) Erläutern Sie die Reaktion, die beim Färben von Baumwolle mit einem Reaktivfarbstoff in V3 abläuft (B2 und B5). Erklären Sie, warum Natriumcarbonat zugesetzt wird.

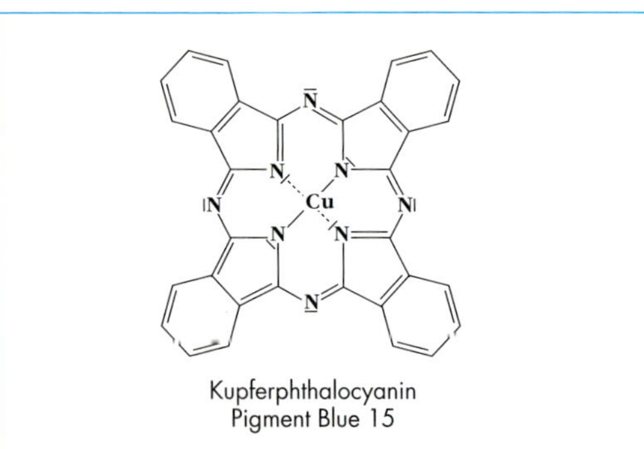

B3 *Kupferphthalocyanin. Das Phthalocyanin-Molekül enthält zwei Protonen* H^+ *statt des* Cu^{2+}*-Ions.*

A: *Vergleichen Sie die Struktur von Kupferphthalocyanin mit der von Chlorophyll (B1, S. 290).*

B4 *Bildung des Farbstoffs durch die Hitze des Bügeleisens*

Weitere Färbeverfahren

Entwicklungsfarbstoffe sind Farbstoffe, die erst während des Färbevorgangs auf der Faser entstehen. Beim Färben mit Azofarbstoffen wird im ersten Schritt das Textil mit der Kupplungskomponente durchtränkt. Im zweiten Schritt erfolgt die Kupplung mit einem Diazoniumsalz direkt auf der Faser (V1). Solche Entwicklungsfarbstoffe sind nicht wasserlöslich und zeichnen sich durch eine besondere Waschechtheit aus.
Zu den Entwicklungsfarbstoffen gehört auch Kupferphthalocyanin (V2, B3), ein **Komplexfarbstoff**, d.h. ein Farbstoff, in dessen Molekülen ein Metall-Ion Bindungen zu Liganden mit freien Elektronenpaaren ausbildet (vgl. S. 324–327). Das Gewebe wird mit einer Lösung aus Phthalocyanin und einem Kupfer(II)-salz getränkt. Durch Erhitzen entsteht der Farbstoff direkt auf der Faser. Kupferphthalocyanin spielt vor allem bei Textildruck eine Rolle.

Reaktivfarbstoffe werden insbesondere zur Färbung von Baumwolle eingesetzt. Moleküle dieser Farbstoffklasse enthalten reaktive funktionelle Gruppen wie z.B. einen Triazin-Rest (B2). Diese Gruppen, die die Farbe nicht beeinflussen, können mit den Hydroxy-Gruppen der Cellulosefasern Kondensationsreaktionen eingehen, wobei das Farbstoff-Molekül durch eine Elektronenpaarbindung an der Faser fixiert wird.

Dispersionsfarbstoffe werden zum Färben von synthetischen Fasern, wie unpolaren Polyesterfasern verwendet. Die unpolaren Dispersionsfarbstoffe sind in Wasser nicht löslich und werden in der Färbeflotte durch verschiedene Hilfsmittel in feinster Verteilung aufgeschlämmt, dispergiert. Die Farbstoffe werden von dem Polyestergewebe quasi aus der wässrigen Lösung extrahiert. Es bildet sich sozusagen eine feste Lösung des Farbstoffs auf der Faser.
Das gewählte Färbeverfahren ist abhängig von der Art des Farbstoffs und der Art der zu färbenden Faser. Mischgewebe aus verschiedenen Fasermaterialien lassen sich durch Kombination von verschiedenen Farbstoffen in einem einzigen Färbegang verschieden anfärben, wobei die gewünschten Farbmuster entstehen.

Aufgaben

A1 Erläutern Sie, welcher prinzipielle Unterschied zwischen dem Färben mit Reaktivfarbstoffen und anderen Farbstoffen besteht.

A2 Erklären Sie, warum ein Teil der Reaktivfarbstoffe mit dem Wasser reagiert und daher aus dem Gewebe ausgespült wird.

A3 Welche zwischenmolekularen Bindungen bilden sich beim Färben mit einem Dispersionsfarbstoff zwischen Faser und Farbstoff aus? Warum sind Dispersionsfarbstoffe i.d.R. sehr waschecht?

A4 Erläutern Sie, welche Methode zum Färben mit Purpur (S. 303, B5) geeignet ist.

Fachbegriffe

Entwicklungsfarbstoffe, Reaktivfarbstoffe, Dispersionsfarbstoffe, Komplexfarbstoffe

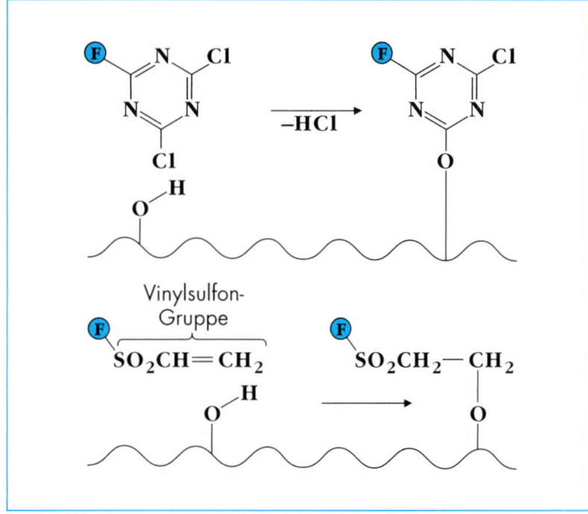

B5 *Bindung von Reaktivfarbstoffen an einer Cellulosefaser. (F) stellt einen Farbstoff-Molekülrest dar.*
A: *Geben Sie an, um welchen Reaktionstyp es sich beim Färben mit Reaktivfarbstoffen handelt, deren Moleküle a) einen Triazin-Rest und b) einen Vinylsulfon-Rest enthalten.*

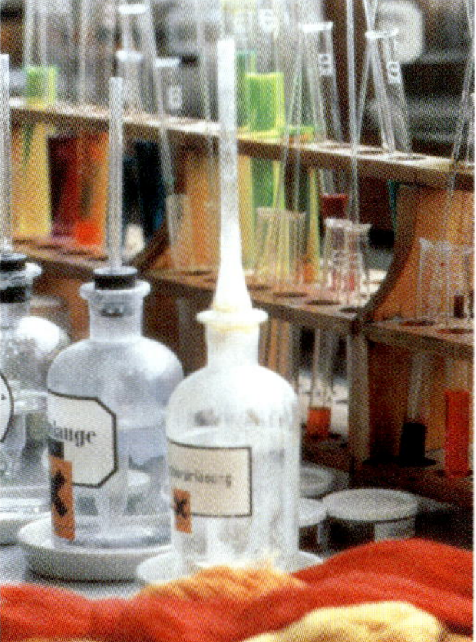

B6 *Laborversuche mit Reaktivfarbstoffen*

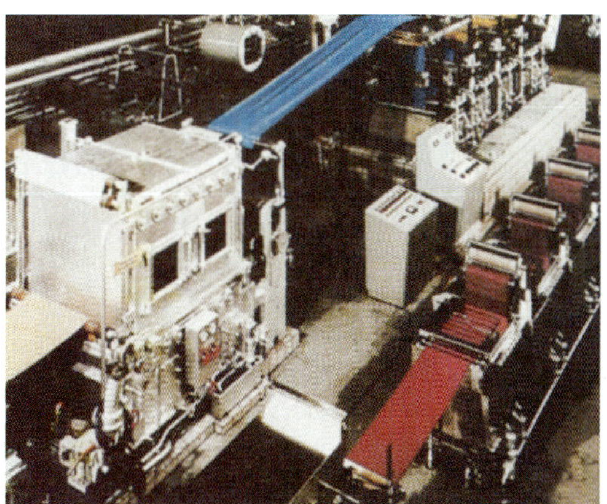

B7 *Färben in einer Industrieanlage*

Das Auge isst mit

Zulassungs-Nr.	Name		Farbe
E 100	Curcumin (Gelbwurz)	n	orangegelb
E 101	Riboflavin (Vitamin B2)	n	gelb
E 102	Tartrazin	s	gelb
E 104	Chinolingelb	s	gelb
E 110	Gelborange S	s	orange
E 120	Karminsäure (B8, S.305)	n	rot
E 122	Azorubin	s	rot
E 123	Amaranth	s	rot
E 124	Cochenillerot A	s	rot
E 127	Erythrocin	s	rot
E 131	Patentblau V	s	blau
E 132	Indigotin	s	blau
E 140	Chlorophylle	n	grün
E 141	Kupferchlorophylle	n/s	grün
E 142	Brillantsäuregrün	s	grün
E 150	Zuckerkulör (Karamel)	n	braun
E 151	Brillantschwarz	s	schwarz
E 153	Carbo (Kohlepulver)	n	schwarz
E 160	Carotinoide (160 a-f)	n	gelb, rot
E 161	Xanthophylle (161 a-f)	n	orange
E 162	Betanin (Rote Beete)	n	rot
E 163	Anthocyane	n	rot
E 170	Calciumcarbonat	n	weiß

B1 *Lebensmittelfarbstoffe und ihre E-Nummern. Als Xanthophylle bezeichnet man sauerstoffhaltige Carotinoide.* **A:** *Informieren Sie sich im Internet über Lebensmittelfarbstoffe. Einstieg ist über Chemie 2000+ Online möglich.*

Versuche

V1 *Chromatografische Trennung von Lebensmittelfarbstoffen:* Behandeln Sie je 5 bis 8 Schokolinsen einer Farbe mit 3 mL eines Ethanol*-Wasser-Gemisches (1:4), bis sich die Farbstoffe weitgehend, aber nicht vollständig abgelöst haben. Tragen Sie dann mit einer Kapillare mehrmals nacheinander einen Tropfen der eingedickten Lösung auf eine Cellulose-DC-Folie 1 cm vom unteren Rand auf, bis ein deutlicher Farbstoffpunkt zu erkennen ist. Tragen Sie zum Vergleich auf dieselbe DC-Folie Lösungen der reinen Lebensmittelfarbstoffe auf. Entwickeln Sie die DC-Folien in einem verschließbaren Glas, das 0,5 cm hoch mit einer Lösung aus 20 mL Natriumcitrat-Lösung, $w = 2{,}5\,\%$, 5 mL Ammoniak*, $w = 25\,\%$, und 3 mL Methanol* gefüllt ist.

V2 *Unterscheidung natürlicher und synthetischer gelber Farbstoffe in Puddingpulvern:* Geben Sie in kleine Bechergläser oder Rggl. je einen Spatel Pudding- , Dessert- oder Saucenpulver verschiedener Hersteller. Geben Sie zu jeder Probe etwa 5 ml Ethanol, schütteln Sie und filtrieren (oder dekantieren) Sie die Lösung. Geben Sie zu dem alkoholischen Extrakt ca. 3 mL Waschbenzin* und ca. 3 mL Kochsalz-Lösung und schütteln Sie. Beobachtung?

V3 *Nachweis von Curcumin:* Geben Sie in ein Rggl. eine Spatelspitze Currypulver, geben Sie Wasser hinzu und schütteln Sie. Versetzen Sie die Mischung dann mit einer Spatelspitze Soda* und schütteln Sie erneut. Beobachtung? Führen Sie V2 mit Currypulver durch.

V4 Führen Sie V3 mit den Puddingpulvern von V2 und Saucenpulvern durch.

Auswertung

a) In der Zutatenliste von Lebensmitteln werden alle verwendeten Farbstoffe angegeben. Finden Sie anhand der Chromatogramme heraus, welche Farbstoffe in welchen Schokolinsenfarben vorliegen.

b) Puddingpulver werden sowohl mit den synthetischen gelben Farbstoffen Chinolingelb oder Gelborange S als auch mit den natürlichen Farbstoffen β-Carotin und Riboflavin angefärbt. Erläutern Sie anhand der Beobachtungen bei V2, wie man die genannten Farbstoffe im Versuch unterscheiden kann. Erklären Sie dies anhand der Formeln von Gelborange S (B2) und β-Carotin (B4, S. 348).

c) Erläutern Sie anhand der Beobachtungen bei V3 und V4, worauf der Nachweis von Curcumin beruht.

d) Erklären Sie die unterschiedliche Farbigkeit von Curcumin in neutraler und alkalischer Lösung. Geben Sie dazu jeweils die auxochromen und antiauxochromen Gruppen an.

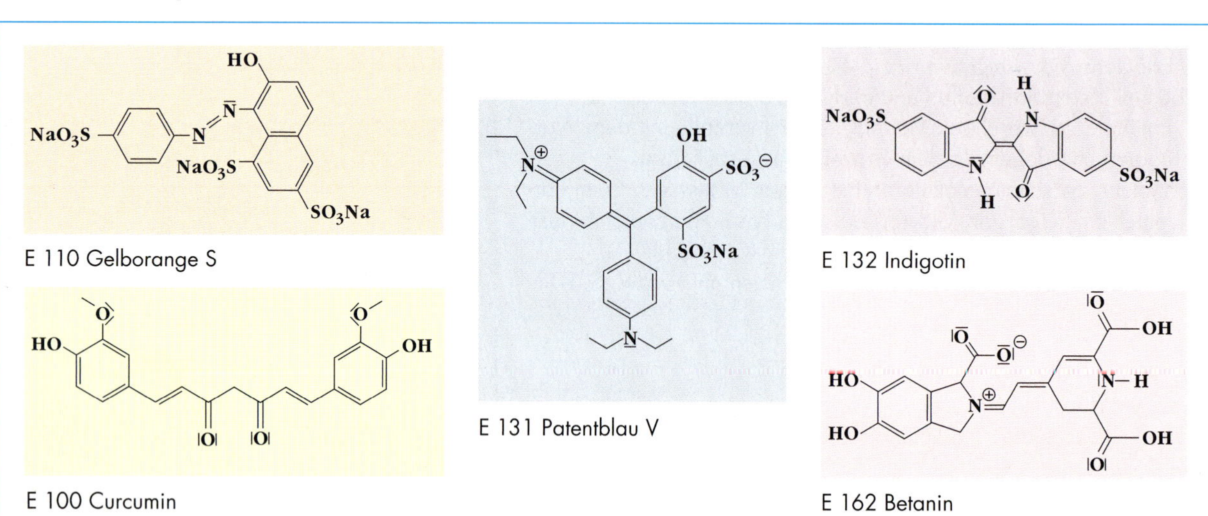

B2 *Formeln einiger Lebensmittelfarbstoffe.* **A:** *Zu welchen Farbstoffklassen gehören diese?*

Lebensmittelfarbstoffe

Viele Lebensmittel verändern bei der Lagerung, der Zubereitung oder bei der Konservierung ihre Farbe oder werden unansehnlich. Man färbt daher manche Lebensmittel an, um ihnen ein appetitliches Aussehen zu verleihen. Eine Marmelade soll rot, nicht braun, ein Wurst rosa und nicht grau erscheinen. Vor allem zuckerhaltige Lebensmittel wie Limonaden, Liköre, Bonbons und Süßspeisen werden angefärbt. Verboten ist es, Lebensmittel anzufärben, um einen höheren Ernährungswert vorzutäuschen, indem man z. B. Teigwaren einen gelben Farbstoff zufügt, um einen hohen Gehalt an Eiern zu suggerieren.

Lebensmittel werden sowohl mit natürlichen Farbstoffen wie Carotinoiden oder Betanin aus roten Beeten als auch mit synthetischen Farbstoffen gefärbt. Diese übertreffen die natürlichen meist in ihrer Beständigkeit gegenüber Licht, Hitze, Oxidationsmitteln oder *p*H-Wert-Änderungen, sie verblassen nicht so schnell. In jedem Fall muss gekennzeichnet werden, mit welchen Farbstoffen ein Lebensmittel angefärbt worden ist.

Lebensmittelfarbstoffe müssen gesundheitlich unbedenklich sein und dürfen gewisse Konzentrationen nicht übersteigen. Synthetische Lebensmittelfarbstoffe enthalten mehrere Sulfonat-Gruppen in ihren Molekülen, wodurch sie gut wasserlöslich sind und schnell ausgeschieden werden. Manchmal stellt sich erst später heraus, dass ein Farbstoff nicht so unbedenklich ist, wie zunächst vermutet wurde. So wird heute der vielfach zugesetzte Farbstoff Tartrazin, ein Azofarbstoff, fast nicht mehr verwendet, da dieser Allergien auslösen kann. Heute geht man daher mehr und mehr dazu über, naturidentische, d. h. synthetisch hergestellte Farbstoffe, deren Struktur aber identisch mit der natürlicher Farbstoffe ist, zu verwenden.

Aufgaben

A1 Zur Unterscheidung, ob ein Lebensmittel rote Anthocyane oder rotes Betanin enthält, wird in einem Buch folgender Test vorgeschlagen: Man gibt einen Tropfen der Farbstoff-Lösung in die Mitte eines Rundfilters, lässt trocknen und tropft dann nach und nach verd. Soda-Löung auf den Farbfleck. Bei Anthocyanen erhält man grüne, blaue und rote Farbringe, bei Betanin nur rote Farbringe. Erklären Sie diese Unterschiede. Ziehen Sie dazu auch die Informationen zu Anthocyanen von S. 351 heran. Überprüfen Sie den Test mit Rote-Beete-Saft und konzentriertem, roten Früchtetee oder Rotkohlsaft.

A2 Zur Unterscheidung von Indigotin und Patentblau wird folgender Test vorgeschlagen. Man gibt etwas Natriumdithionit hinzu. Dabei wird Indigotin farblos, Patentblau nicht. Erklären Sie die Beobachtungen und überprüfen Sie diese im Experiment mit Speisefarben.

A3 Indigotin kann auch als direkt ziehender Wollfarbstoff verwendet werden. Erklären Sie, warum bei diesem Farbstoff keine Küpenfärbung nötig ist.

A4 Roter Pfeffer enthält den roten Farbstoff Capsanthin, Orangenschalen den orange-gelben Farbstoff β-Citraurin (B5). Geben Sie an, in welche Farbstoffklasse diese Farbstoffe einzuordnen sind. Erklären Sie den Farbunterschied.

B3 *Gefärbte Süßigkeiten.* **A:** *Ermitteln Sie anhand der Zutatenlisten von verschiedenen Süßwaren, Eis, Pudding, Backzutaten u. a. aus dem Supermarkt, welche Farbstoffe verwendet werden.*

B4 *Lebensmittelfarbstoffe in Lippenstiften.* **A:** *Warum werden für Lippenstifte Lebensmittelfarbstoffe verwendet?*

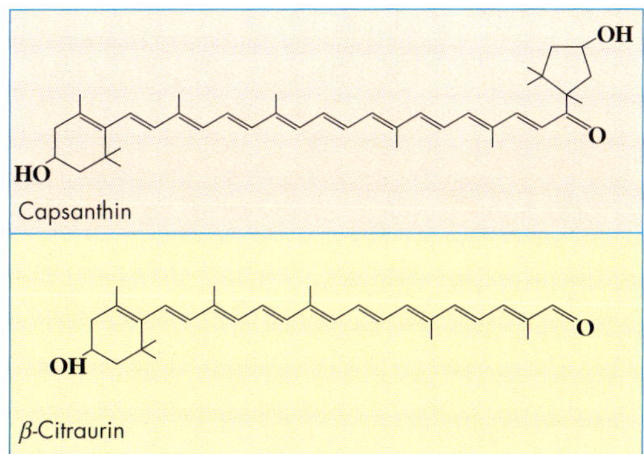

B5 *Capsanthin und β-Citraurin*

Farbfotografie

Wie erhält man eine farbige Abbildung eines Gegenstandes – wie erhält man ein Farbfoto? Grundlage ist die Technik der Schwarz-Weiß-Fotografie (vgl. S. 157 und S. 307). Zusätzlich sind besondere lichtempfindliche Schichten für den Film und mehrere chemische Prozesse für die Entwicklung notwendig.

Prinzip der Lichtreaktion

Wie bei der Schwarz-Weiß-Fotografie wird die Lichtreaktion über Silberhalogenide gesteuert, die unter Lichteinwirkung in Silber- und Halogen-Atome zerfallen. Ihre Eigenfarben (**AgCl** weiß, **AgBr** blassgelb, **AgI** gelb) machen deutlich, dass sie nur im ultravioletten bis blauen Spektralbereich absorbieren. Da man aber das ganze Farbenspektrum detektieren möchte, werden Silberhalogenide mit speziellen Farbstoffen für energieärmeres, grünes und rotes Licht empfindlich gemacht. Diese spektralen Sensibilisatoren können Licht entsprechender Wellenlänge absorbieren und dabei Elektronen an Silber-Ionen abgeben. Anschließend werden die Sensibilisatoren an der Oberfläche des Silberhalogenid-Kristalls durch Anionen reduziert und sind somit wieder funktionsbereit. Die bekanntesten Sensibilisatoren gehören zur Klasse der Polymethinfarbstoffe (vgl. B6, S. 291).

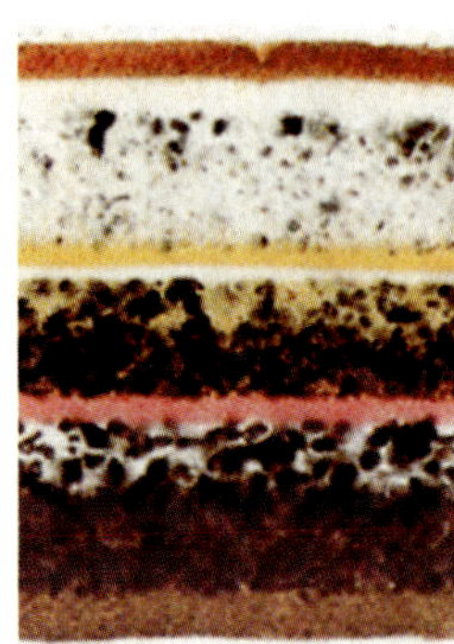

B1 *Linke Seite: Aufbau eines unbelichteten Farbfilms, mikroskopische Aufnahme. Rechte Seite: belichteter und verarbeiteter Film.* **A:** *Wozu sind Gelbfilterschicht und Rotfilterschicht notwendig? Warum liegt die blauempfindliche Silberhalogenid-Schicht oben?*

Aufbau und Belichtung des Farbfilms

Der unbelichtete Farbfilm besteht aus drei Silberhalogenid-Schichten (B1), einer blau-, einer grün- und einer rotempfindlichen Schicht. In der oberen Zwischenschicht befindet sich ein Gelbfilter, in der unteren ein Rotfilter.
Jede der drei Farbeinheiten (Silberhalogenid und ggf. entsprechender Sensibilisator) besteht aus einer Doppelschicht. Die obere Teilschicht enthält gröbere und damit empfindlichere Silberhalogenid-Kristalle und wenig Kuppler (s. u.), die untere enthält kleinere Silberhalogenid-Kristalle und viel Kuppler. Durch diese Anordnung werden Empfindlichkeit und Körnigkeit des Films verbessert.
Wenn nun farbiges Licht – eine additive Überlagerung von blauem, grünem und rotem Licht (vgl. S. 283) – auf den Farbfilm auftrifft, werden Silber-Ionen in den verschiedenen farbempfindlichen Schichten reduziert und es entstehen Silberkeime.

Die Entwicklung

An den Silberkeimen werden dann wie bei den Schwarz-Weiß-Filmen weitere Silber-Ionen reduziert. Bei der Entwicklung von Farbfilmen verwendet man Derivate des 1,4-Phenylendiamins (B2), die bei der Reaktion mit Silber-Ionen gemäß Gleichung (1) oxidiert werden.
In den lichtempfindlichen Schichten des Farbfilms sind weitere spezifische, farblose Verbindungen, die bereits genannten Kuppler, eingelagert.
Diese reagieren anschließend mit dem oxidierten Entwickler zu Farbstoffen (2). Die Kuppler sind so gewählt, dass die Farben Gelb, Purpur und Blaugrün entstehen (B3).

H_5C_2, C_2H_4OH, N, CH_3, NH_2

B2 *Ein möglicher Entwickler für Farbfilme ist N-ethyl-N-[2-hydroxyethyl]-3-methyl-1,4-phenylendiamin (CD4)*

Farbfotografie

(1) $2AgBr + H_2\bar{N}-C_6H_3(CH_3)-\bar{N}(C_2H_5)(C_2H_4OH) + OH^- \longrightarrow 2Ag + [\,H-\bar{N}=C_6H_3(CH_3)=\overset{\oplus}{N}(C_2H_5)(C_2H_4OH) \leftrightarrow H-\overset{\oplus}{\underline{N}}-C_6H_3(CH_3)-\bar{N}(C_2H_5)(C_2H_4OH)\,] + 2Br^- + H_2O$

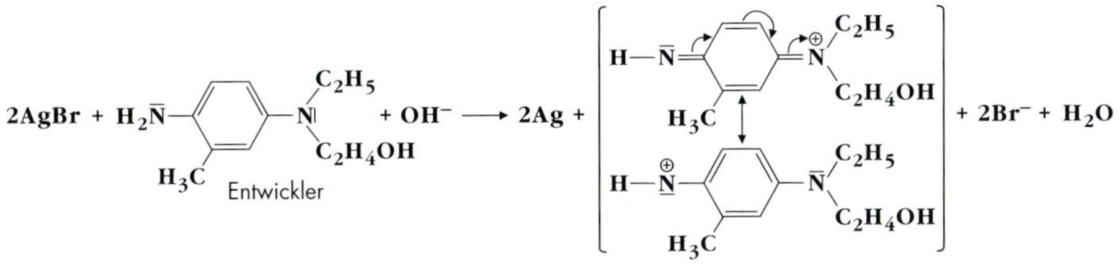

Entwickler

(2)

H$_{11}$C$_5$–C$_6$H$_4$–O(CH$_2$)$_4$–NH–C(=O)– (HO–Naphthyl) + H$\overset{\oplus}{\underline{N}}$–C$_6H_3$(CH$_3$)–NR$_2$ $\xrightarrow{-H^+}$ H$_{11}$C$_5$–C$_6$H$_4$–O(CH$_2$)$_4$–NH–C(=O)– (HO–Naphthyl)–$\bar{N}$H–C$_6$H$_3$(CH$_3$)–NR$_2$ $\xrightarrow[-2Ag-2H^+]{+2Ag^+}$ H$_{11}$C$_5$–C$_6$H$_4$–O(CH$_2$)$_4$–NH–C(=O)– (O=Naphthochinon)=$\bar{N}$–C$_6$H$_3$(CH$_3$)–NR$_2$

Blaugrün-Farbkuppler — blaugrüner Farbstoff

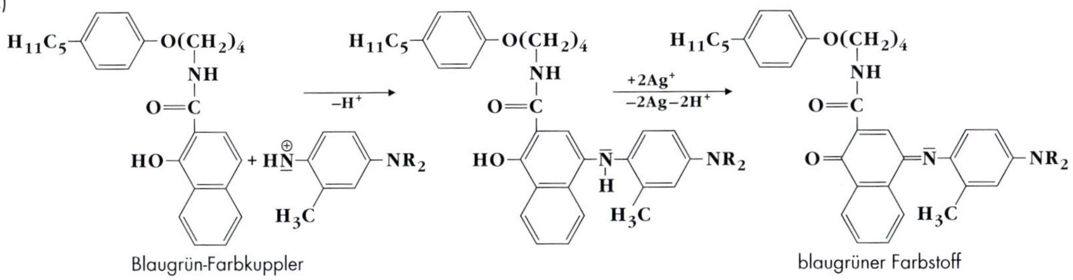

Wie B1 zeigt, entsteht in der blauempfindlichen Schicht ein gelber, in der grünempfindlichen Schicht ein purpurner und in der rotempfindlichen Schicht ein blaugrüner Farbstoff. Aus diesen drei Grundfarben können alle Farbtöne nach dem subtraktiven Prinzip gemischt werden (vgl. S. 283).
Damit sowohl die Kuppler als auch die gebildeten Farbstoffe nicht unkontrolliert im Schichtverband diffundieren, sind die Moleküle mit langkettigen Gruppen verankert.

GELB:
H$_{33}$C$_{16}$–O–C$_6$H$_4$–C(=O)–CH$_2$–C(=O)–NH–C$_6$H$_3$(OCH$_3$)–SO$_2$–N(CH$_3$)$_2$ $\xrightarrow[-4e^- -4H^+]{+CD4}$ H$_{33}$C$_{16}$–O–C$_6$H$_4$–C(=O)–C(=N–C$_6$H$_3$(CH$_3$)–N(C$_2$H$_5$)(CH$_2$)$_2$OH)–C(=O)–NH–C$_6$H$_3$(OCH$_3$)–SO$_2$–N(CH$_3$)$_2$

PURPUR:
C$_5$H$_{11}$, C$_5$H$_{11}$–C$_6$H$_3$–O–CH$_2$CO–NH–C$_6$H$_4$–CO-NH–(Pyrazolon, N–C$_6$H$_2$Cl$_3$) $\xrightarrow[-4e^- -4H^+]{+CD4}$ C$_5$H$_{11}$, C$_5$H$_{11}$–C$_6$H$_3$–O–CH$_2$CO–NH–C$_6$H$_4$–CO-NH–(Pyrazolon=N–C$_6$H$_3$(CH$_3$)–N(C$_2$H$_5$)(CH$_2$)$_2$OH, N–C$_6$H$_2$Cl$_3$)

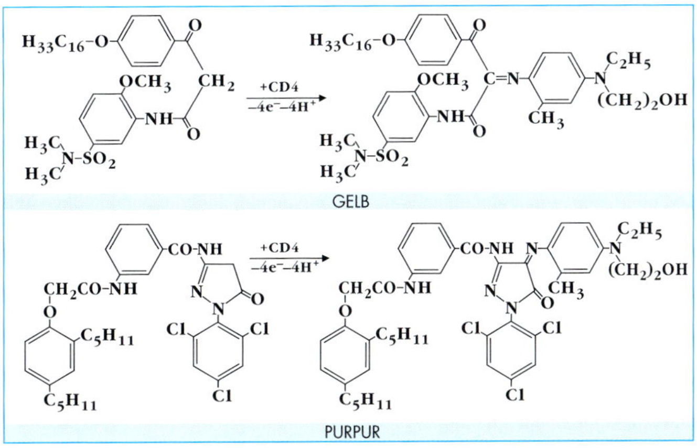

B3 *Weitere Kupplerstrukturen – zusammen mit den Farbstoffen, die sich bei der Reaktion mit dem oxidierten Entwickler CD4 ergeben (vgl. B2)*

Bleichen und Fixieren

Nach dem Entwicklungsprozess sind Silber und gekuppelte Farbstoffe vorhanden. Da elementares Silber den Film schwärzt, muss es entfernt werden: Im Bleichschritt wird es z. B. mit Eisen(III)-salzen oxidiert, im anschließenden Fixierschritt werden alle löslichen Silbersalze ausgewaschen, die Farbstoffe bleiben zurück.
Als Ergebnis erhält man ein nach Helligkeit und Farben negatives bzw. komplementäres Bild, das Farbnegativ (B4).

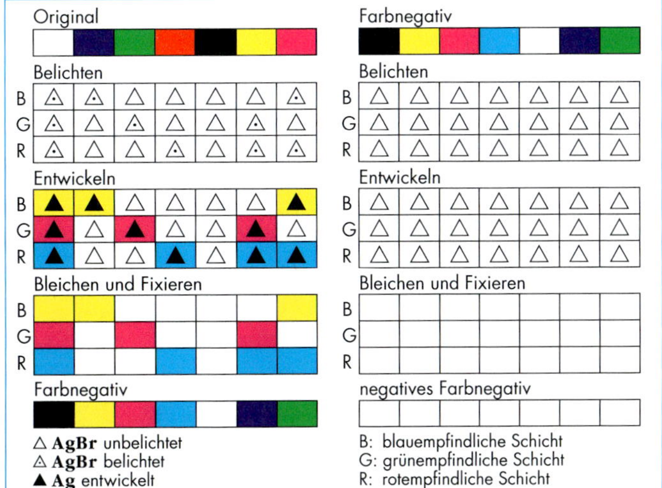

B4 *Schema der Verarbeitung eines Farbfilms.* **A:** *Erklären Sie mithilfe von B6 auf S. 283 die Farben des Farbnegativs.* **A:** *Wie erhält man vom Farbnegativ einen Positivabzug in den Originalfarben? Ergänzen Sie!*

ERWEITERUNG · VERTIEFUNG · ANWENDUNG

Farbstoffe – weitere Anwendungen

Farbstoffe in Durchschreibepapieren

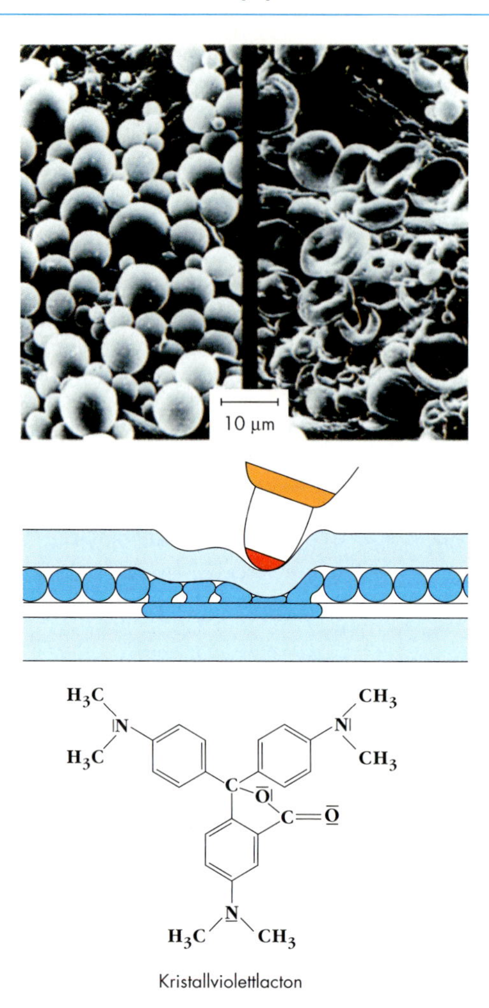

B1 *Elektronenmikroskopische Aufnahme von Mikrokaspeln von Durchschreibepapier und Funktionsprinzip*

Farbstoff für den Nachweis von Vitamin C

Ein empfindliches und relativ spezifisches Nachweisreagenz für Ascorbinsäure (Vitamin C) (S. 27) ist der Redoxindikator 2,6-Dichlorphenolindophenol (Tillmanns Reagenz, DCPIP).

Versuche

V1 Legen Sie zwischen Original (Deckblatt) und Durchschrift (Kopie) einen Streifen feuchtes Indikatorpapier. Schreiben Sie kräftig mit einem Kugelschreiber oder Kunststoffstift über die Stelle. Beobachtung?

V2 Trennen Sie ein Bankformular. Legen Sie unter das Original (Deckblatt) a) ein weißes Papier und b) ein weißes Papier, das zuvor durch Verreiben von kristalliner Citronensäure und einigen Tropfen Wasser mit einer Säureschicht belegt wurde, und schreiben Sie mit einem Kugelschreiber etwas auf das Deckblatt. Beobachtung auf dem untergelegten Papier? Streichen Sie dann sehr verdünnte Natronlauge* über die Beschriftung. Beobachtung?

Auswertung

a) Welche Information erhält man aus der Farbänderung des Indikatorpapiers aus V1?
b) Erklären Sie Beobachtungen bei V2.

Für Formulare, beispielsweise Bankformulare, benutzt man heute Durchschreibepapiere. Man erhält so einen Durchschlag ohne wie früher üblich ein Kohlepapier zwischen die einzelnen Blätter zu legen. Das Original (Deckblatt) ist auf der Unterseite mit einer Schicht aus Mikrokaspeln belegt. Diese sind mit farblosem Kristallviolettlacton ***KVL*** (B1) gefüllt. Unter Druck werden die Kapseln zerstört und das ***KVL*** fließt auf das darunterliegende Formular, das mit einer säurehaltigen Silikatschicht versehen ist. Bei der Reaktion mit der Säure öffnet sich der Lactonring und es entsteht der violette Farbstoff ***KVL⁺***.

Aufgaben

A1 Formulieren Sie die Reaktionsgleichung für die Bildung des violetten Farbstoffs (vgl. Formel in B4, S. 290).

A2 Erklären Sie die Farbänderung. Formulieren Sie zum Kation aus B1 eine mesomere Grenzstruktur.

Versuch

V3 Stellen Sie eine verdünnte Lösung von 2,6-Dichlorphenolindophenol-Natriumsalz DCPIP (20 mg in 100 mL Wasser) her. Füllen Sie in 2 Rggl je ca. 3 ml DCPIP-Lösung. Geben Sie in das erste Rggl einige Tropfen verdünnte Salzsäure*, in das zweite etwas Ascorbinsäure. Beobachtung?

Aufgaben

A3 Erläutern Sie die Beobachtungen beim Zusatz von Salzsäure. Formulieren Sie die entsprechende Reaktionsgleichung. Erklären Sie den Farbumschlag. Geben Sie dazu die auxochrome und antiauxochrome Gruppe an.

A4 Erläutern Sie die Beobachtungen beim Zusatz von Ascorbinsäure. Beachten Sie, dass Ascorbinsäure ein Reduktionsmittel ist und formulieren Sie die Redoxgleichung.

Farbstoffe – weitere Anwendungen

Farbstoffe zum Haarefärben

Pflanzenfarben wie Henna oder die Extrakte von Walnussschalen und -blättern wurden schon seit Jahrhunderten zum Färben von Haaren verwendet. Diese Farbstoffe färben ebenso wie synthetische Tönungsfarben Haare oberflächlich an und werden nach wenigen Haarwäschen wieder ausgewaschen. Haarfärbemittel für dauerhafte Farbe enthalten in cremigen Pasten Toluylendiamin (2,5-Diaminotoluol), Resorcin (vgl. S. 306), Ammoniak und Wasserstoffperoxid. Erst bei Gebrauch werden die Stoffe zusammengemischt. Durch Ammoniak entsteht eine alkalische Mischung, die die Haarstruktur aufweicht, so dass die Farbpartikel in das Haar eindringen können. Das Toluylendiamin wird von Wasserstoffperoxid oxidiert und das entstehende Chinonimin kuppelt mit dem Resorcin zu einem Farbstoff. Diese Reaktion entspricht der Kupplungsreaktion bei der Farbfotografie (S. 320).

Versuche

V4 Geben Sie einige Tropfen Neutralrot-Lösung in ein Rggl. mit Leitungswasser. Überschichten Sie diese Lösung mit 1-Butanol* und schütteln Sie. Beobachtung? Geben Sie einige Tropfen verdünnte Natronlauge* zu und schütteln Sie, anschließend einige Tropfen verdünnte Salzsäure* und schütteln Sie wiederum. Beobachtung?

V5 (Für Mikroskopieerfahrene) Legen Sie ein Zwiebelhäutchen 5 bis 10 min in ein Schälchen mit Neutralrot-Löung, c = 3 mmol/L. Übertragen Sie das gefärbte, mit Leitungswasser abgespülte Häutchen auf einen Objektträger mit einem Tropfen Leitungswasser und betrachten Sie das Präparat unter dem Mikroskop.

Auswertung

a) Skizzieren Sie die Beobachtungen bei V4.
b) Erklären Sie die Beobachtungen anhand der Löslichkeit und Farbe von Neutralrot in der neutralen und kationischen Form.
c) Erklären Sie die unterschiedliche Farbe der neutralen und kationischen Form von Neutralrot.
d) Welche Zellstrukturen färben sich bei V5 an und wie? Welche Schlüsse kann man daraus ziehen?

a) $\overset{+H^+}{\underset{-H^+}{\rightleftharpoons}}$ b)

B2 *Neutralrot: a) neutrale und b) kationische Form*

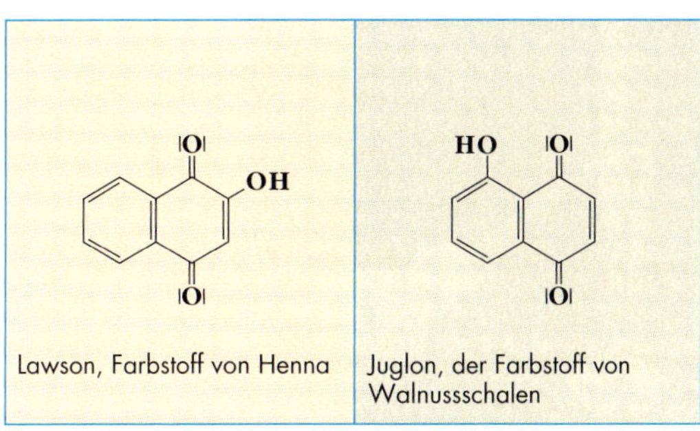

B3 *Natürliche Farbstoffe zum Haarefärben.*
A: *Welche zwischenmolekularen Bindungen können zwischen den Farbstoffen und dem Haarprotein ausgebildet werden?*

Farbstoffe für die Mikroskopie

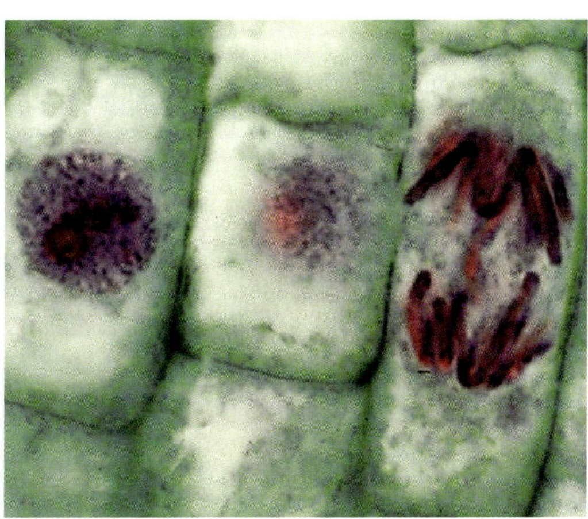

B4 *Zellteilung bei einer Zwiebel unter dem Lichtmikroskop*

In der Mikroskopie färbt man häufig die zu untersuchenden Präparate an, da die meisten farblos sind und die verschiedenen Komponenten schwer zu unterscheiden sind. Häufig verwendet man anionische oder kationische Farbstoffe, die saure oder basische Zell- oder Gewebestrukturen unterschiedlich färben und dadurch besser sichtbar machen. Auch lipophile und hydrophile Zell- bzw. Gewebekomponenten können unterschiedlich angefärbt werden.

Wenn Metall-Ionen Farbe zeigen

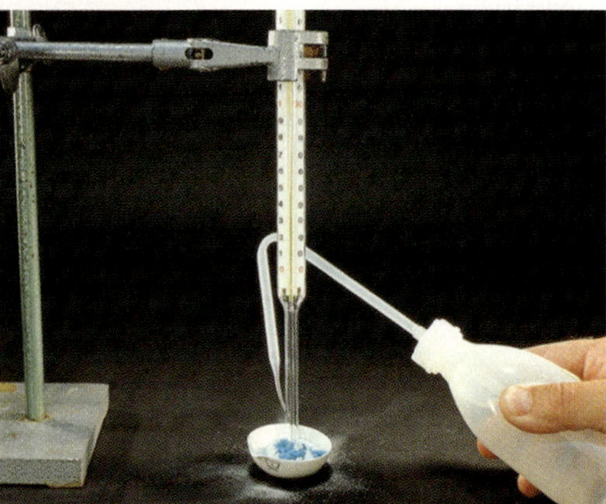

B1 *Weißes Kupfersulfat wird bei Wasserzugabe blau.* **A:** *Deuten Sie das Phänomen mithilfe von Reaktionsgleichungen (vgl. S. 326) und erklären Sie die Farbigkeit mithilfe von B4.*

KZ	Struktur/Ligandenanordnung	Beispiele
2	L – M – L linear	$[Ag(NH_3)_2]^+$
4	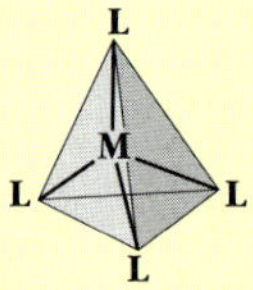 tetraedrisch	$[CoCl_4]^{2-}$
4	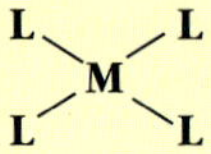 planarquadratisch	$[Cu(NH_3)_4]^{2+}$ $[PtCl_4]^{2-}$
6	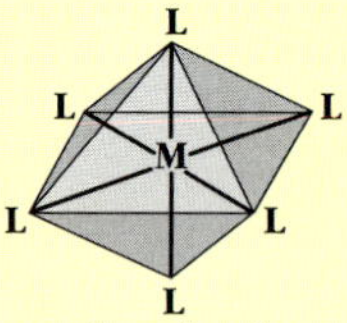 oktaedrisch	$[Fe(H_2O)_6]^{3+}$ $[Co(H_2O)_6]^{2+}$ $[Cu(NH_3)_4(H_2O)_2]^{2+}$

B2 *Beispiele für Komplexstrukturen zu den Koordinationszahlen 2, 4 und 6.* **A:** *Ein Komplex habe die Zusammensetzung* $[ML_2X_2]$. *Skizzieren Sie alle denkbaren und voneinander unterscheidbaren geometrischen Anordnungen.*

Aufgaben

A1 Porphin, Grundkörper der Porphyrine, besteht aus vier über Methinbrücken miteinander verbundenen Pyrrol-Ringen und ist somit ein Heterocyclus mit aromatischem Charakter. Zeichnen Sie die Strukturformel des Porphin-Liganden. Wie viele π-Elektronen sind im Porphyrin-System delokalisiert?

A2 Wie kann man erklären, dass Porphyrin farbig (dunkelrot) ist?

A3 Informieren Sie sich über weitere Porphyrin-Protein-Komplexverbindungen und deren Bedeutung.

Versuche

V1 Versetzen Sie eine wässrige Kupfersulfat-Pentahydrat-Lösung* $CuSO_4 \cdot 5\,H_2O$ bzw. eine Chrom(III)-chlorid-Lösung $CrCl_3\,(aq)$* (jeweils 1 Spatelspitze Salz gelöst in 1 mL Wasser) tropfenweise mit Ammoniak-Lösung*, $w \approx 20\%$, bis zur stark ammoniakalischen Reaktion. Beobachtung?

V2 Lösen Sie jeweils vergleichbar große Portionen (Spatelspitzen) der Salze (1) $CuCl_2\,(s)$* ; (2) $CuCl_2 \cdot 2\,H_2O\,(s)$* ; (3) $CuSO_4\,(s)$* ; (4) $CuSO_4 \cdot 5\,H_2O$* ; (5) $Cu(NO_3)_2 \cdot 6\,H_2O$* in ca. 1 mL Wasser auf. Verdünnen Sie anschließend alle Proben auf ca. 12 mL. Beobachtung?

V3 Lösen Sie in einem Rggl. eine Spatelspitze von Eisen(III)-chlorid-Hexahydrat* $FeCl_3 \cdot 6\,H_2O$ in ca. 5 mL Wasser. Versetzen Sie diese Probe dann mit einer Spatelspitze Kaliumthiocyanat* $KSCN$. Beobachtung?

V4 Versetzen Sie eine Lösung von Ammoniumeisen(II)-sulfat (MOHR'SCHES Salz) $(NH_4)_2Fe(SO_4)_2$ mit Phenanthrolin-Lösung* (in Ethanol gelöst).

V5 Überschichten Sie in einem großen Rggl. braune Eierschalen mit Essigsäureethylester* (Ethylacetat). Prüfen Sie den Inhalt mithilfe einer UV-Handlampe auf Fluoreszenz. Fügen Sie dann einige mL Salzsäure*, $c = 3$ mol/L, hinzu. Beobachten Sie die Fluoreszenz erneut und stellen Sie Unterschiede zur Fluoreszenz vor der Zugabe von Salzsäure fest. Bewahren Sie die Lösung für V6 auf.

V6 Verdünnen Sie die wässrige Phase aus V5 mit ca. 50 mL Wasser und fügen Sie einige Tropfen Wasserstoffperoxid-Lösung*, $w = 30\%$, hinzu. Testen Sie diese Lösung mit Kaliumthiocyanat-Lösung* auf Eisen(III)-Ionen (vgl. V3).

Auswertung

a) Welche Zusätze aus V1 bis V4 machen die dort eingesetzten Metall-Ionen farbig?

b) In B2 und B6 sind die Produkte aus V1 und V4 sowie ein Edukt aus V3 formuliert und benannt. Formulieren und benennen Sie das Produkt aus V3.

c) Bei V5 wird die Fluoreszenz erst dann gut sichtbar, wenn der rote Blutfarbstoff Häm aus der Kalkmatrix frei gesetzt und die Eisen-Ionen aus den Porphyrin-Gerüsten entfernt werden. Die Salzsäure bewirkt beides. Erläutern Sie wieso.

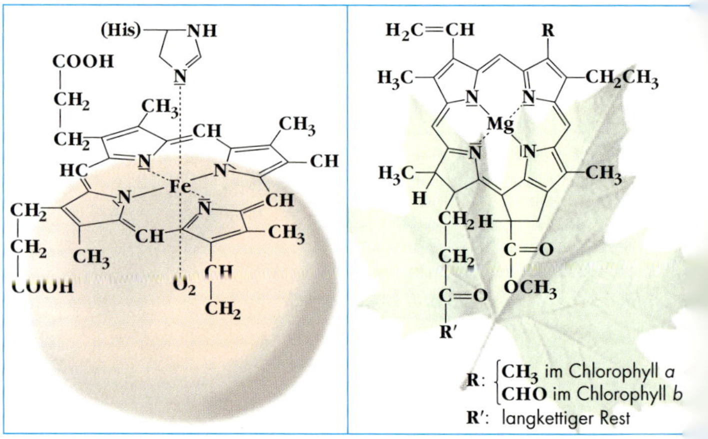

B3 *Der rote Blutfarbstoff Häm und die grünen Chlorophylle im Blatt sind Komplexe des gleichen Porphin-Gerüsts mit verschiedenen Metall-Ionen.*

Lichtabsorption in Komplexen

Wenn aus blassen oder gar farblosen Lösungen von Metallsalzen bei Zugabe geeigneter Stoffe tiefe Farben wie in V1 bis V5 entstehen, bilden sich in der Regel **Komplexverbindungen**, kurz auch **Komplexe** genannt. Viele Komplexe sind aus einem **Zentralion** oder **Zentralatom** und mehreren **Liganden** aufgebaut (B2). Das Zentralion ist in der Regel ein *Übergangsmetall-Kation*, die Liganden können *Anionen* (seltener *Kationen*) oder *Moleküle* sein. Die chemische Bindung zwischen dem Zentralion und den Liganden lässt sich vereinfacht als ein Mittelding zwischen einer Ionenbindung und einer Elektronenpaarbindung erklären. Daran sind freie Elektronenpaare aus den Liganden und unvollständig besetzte Energieniveaus aus der vorletzten Elektronenschale des Zentralions beteiligt[1]. Man bezeichnet diesen Bindungstyp als **koordinative Bindung**. Die Anzahl der Bindungen zwischen dem Zentralion und den Liganden gibt die **Koordinationszahl** an. Die Koordinationszahlen 4 und 6 sind in Komplexen am häufigsten vertreten (B2).
Aus der Farbigkeit vieler Komplexe muss geschlossen werden, dass sie Bereiche des sichtbaren Spektrums absorbieren. Die molekulare Erklärung dafür liegt in einer **Bindungsdelokalisation**, bei der Elektronenpaare aus den Liganden über das Zentralion hinweg delokalisiert werden. Dies ist bei Komplexen das Gegenstück zur Bindungsdelokalisation im *Chromophor* von lichtabsorbierenden organischen Molekülen (vgl. S. 291). Mit dieser Bindungsdelokalisation bei Komplexen geht eine Aufspaltung der Energieniveaus der d-Orbitale des Übergangsmetall-Zentralions im Feld der Liganden einher (B4). Während die fünf d-Orbitale beim freien Ion energetisch gleich (entartet) sind, werden in einem *oktaedrischen* Komplex drei d-Orbitale energetisch abgesenkt und zwei d-Orbitale angehoben. Die Energiedifferenz ΔE entspricht der Energie von Lichtquanten aus dem sichtbaren Bereich. Je nach Art der Liganden kann ein- und dasselbe Zentralion Licht unterschiedlicher Wellenlängen und mit verschiedener Intensität absorbieren (V1 bis V5, B5). Die Farbverschiebung und -verstärkung beim Übergang von Aqua-Komplexen zu Ammin- bzw. Thiocyanato-Komplexen in V1 und V2 kann dadurch erklärt werden, dass Ammoniak-Moleküle bzw. Thiocyanat-Anionen im Vergleich zu Wasser zu einer stärkeren Aufspaltung der d-Orbitale im oktaedrischen Feld führen und sich damit eine größere Energiedifferenz ΔE ergibt.

In lebenden Organismen sind farbige Komplexe mit organischen Molekülen als Liganden von großer Bedeutung. Weder die Photosynthese in grünen Pflanzen noch der Transport von Sauerstoff im tierischen und menschlichen Körper wäre ohne Porphyrin-Komplexe möglich (B3). Derartige Porphyrin-Protein-Verbindungen liegen dem *Hämoglobin, Myoglobin*, den *Cytochromen* und dem *Chlorophyll* zugrunde. Mit Metall-Ionen (z. B. Eisen, Magnesium, Cobalt, Zink) bilden sie **Chelate**[2]; Eisen-Porphyrin-Komplexe (Hämoproteine) haben in der Atmungskette eine große Bedeutung für die biologische Oxidation. Während bei den Chlorophyllen Magnesium als Zentralatom fungiert, sind es bei dem für alle höheren Lebewesen essentiellen Vitamin B_{12} Cobalt(I), Cobalt(II) oder Cobalt(III).
Die Biosynthese der Eisen-Porphyrine erfolgt vor allem im Knochenmark durch eine Reihe von Kondensations-, Decarboxylierungs-, Desaminierungs- und Dehydrierungsreaktionen. Vor allem in Leber, Milz und Knochenmark werden die Eisen-Porphyrine zu Gallenfarbstoffen abgebaut.

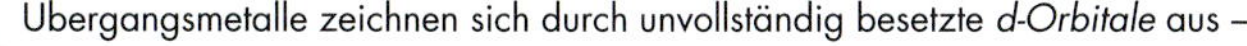

[1] Übergangsmetalle zeichnen sich durch unvollständig besetzte *d-Orbitale* aus – vgl. Orbitalmodell in *Chemie 2000+ Online*.
[2] In Chelaten umschließen mehrzähnige Liganden das Zentralion.

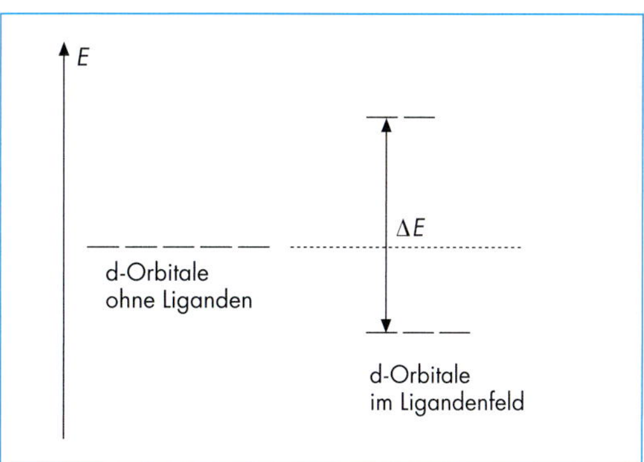

B4 *Aufspaltung der Energieniveaus (d-Orbitale) im oktaedrischen Ligandenfeld. Mehr Informationen zur Ligandenfeldaufspaltung sind unter Chemie 2000+ Online zu finden.*

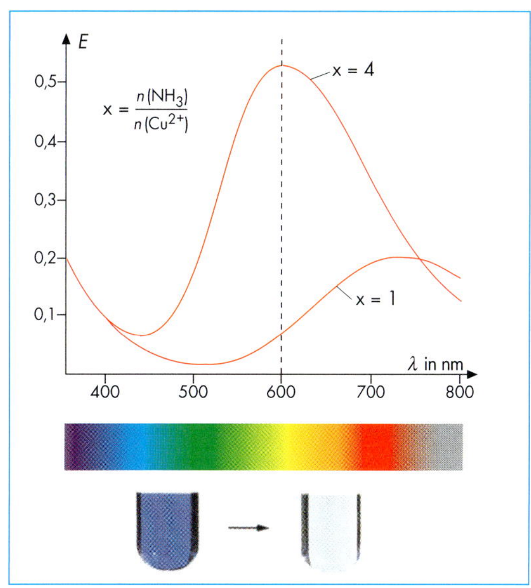

B5 *Farbänderungen beim Verdünnen von* $[Cu(NH_3)_4]^{2+}$ *und Absorptionskurven*

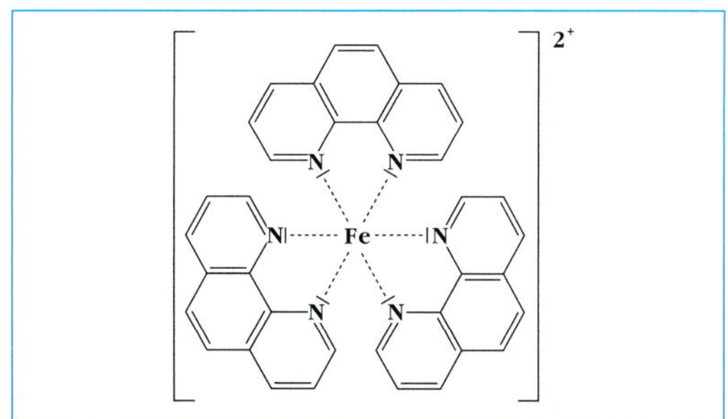

B6 *Struktur und Formel des Eisen-Phenanthrolin-Komplexes.* **A:** *Vergleichen Sie diesen Komplex mit dem aus B3, S. 330. Nennen Sie Gemeinsamkeiten und Unterschiede.*

Fachbegriffe

Komplex, Komplexverbindung, koordinative Bindung, Koordinationszahl (KZ), Zentralatom, Ligand(en), Ligandenfeld, Chelate

Historie und Nomenklaturregeln zu Komplexen

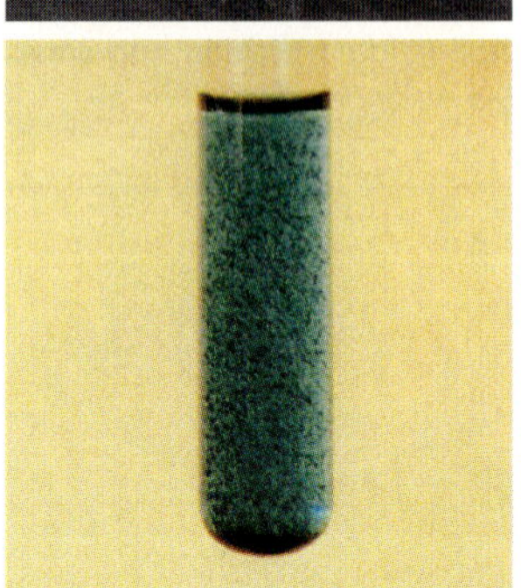

B1 *ALFRED WERNER (1866–1919), Begründer der Koordinationslehre und BERLINER BLAU* $Fe_4[Fe(CN)_6]_3$*, die erste von DIESBACH 1704 beschriebene Komplexverbindung.*
A: *Informieren Sie sich mithilfe von Chemie 2000+ Online ausführlich über ALFRED WERNERS Koordinationstheorie.*
A: *Die Cyanid-Ionen* CN^- *sind Liganden im Komplex-Ion aus BERLINER BLAU. Welche Oxidationszahlen haben die Eisen-Ionen?*

„Verbindungen erster Ordnung"	Empirische Zusammensetzung von „Verbindungen höherer Ordnung"	Komplexformeln nach ALFRED WERNER
$AgCl$; NH_3	$AgCl \cdot NH_3$	$[Ag(NH_3)_2]Cl$
$CoCl_2$; H_2O	$CoCl_2 \cdot 6\,H_2O$	$[Co(H_2O)_6]Cl_2$
$CuCl_2$; H_2O	$CuCl_2 \cdot 2\,H_2O$	$[CuCl_2(H_2O)_2]$
$CuSO_4$; NH_3	$CuSO_4 \cdot 4\,NH_3$	$[Cu(NH_3)_4]SO_4$
FeF_3 ; KF	$FeF_3 \cdot 3\,KF$	$K_3\,[FeF_6]$
$Zn(OH)_2$; KOH	$Zn(OH)_2 \cdot 2\,KOH$	$K_2\,[Zn(OH)_4]$

B2 *Beispiele für „Verbindungen erster" und „höherer Ordnung" und Komplexformeln nach ALFRED WERNER*

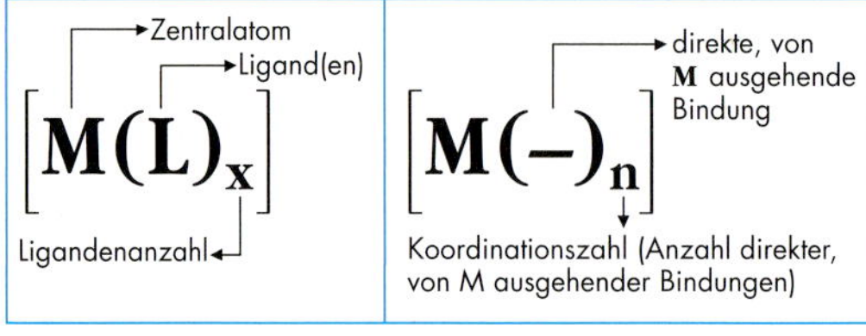

B3 *Bedeutung der Begriffe Zentralatom* **M***, Ligand* **L** *bzw. Koordinationszahl bei Komplexen*

Die Koordinationslehre ALFRED WERNERS – „Eine geniale Frechheit"

Gegen Ende des 19. Jahrhunderts stellten Chemike zahlreiche anorganische Verbindungen her, ohn deren Bildungsweisen, Aufbau und Eigenschaften i Einzelnen zu verstehen. Eine besondere Rolle spielte wasser- und ammoniakhaltige Metallsalze, da dere Bildung oder deren Zerfall häufig von charakteris schen Farbwechseln begleitet sind. Werden beispiel weise braune Kristalle von Kupfer(II)-chlorid $CuCl_2$ (s mehrere Tage an feuchter Luft stehen gelassen, ist ei Farbwechsel der ursprünglich braunen Kristalle nac Türkisgrün zu beobachten. Diese türkisgrünen Kristal weisen die gleiche Zusammensetzung auf wie das kri talline, käufliche Kupfer(II)-chlorid-Dihydrat der Zusar mensetzung $CuCl_2 \cdot 2\,H_2O$. Auf dem Wissensstan des ausgehenden 19. Jh. wurde das braune Kupfer(I chlorid $CuCl_2$ (s) als *Verbindung erster Ordnung*, de türkisgrüne $CuCl_2 \cdot 2\,H_2O$ (s) als *Verbindung höhere Ordnung* bezeichnet (B2).

Verbindungen *höherer Ordnung* galten als komplizie ter (komplexer) aufgebaut, sodass sie **Komplexverbi dungen** genannt wurden. Sie unterscheiden sich vo den *Verbindungen erster Ordnung* häufig durch da Ausbleiben charakteristischer Nachweisreaktionen.

Die chemische Formulierung der Hydrate und Ammi Komplexe der Übergangsmetalle gehörte zu den ung lösten Problemen der anorganischen Chemie des au gehenden 19. Jahrhunderts. Im Jahr 1892 gelang e dem in Zürich lehrenden 26-jährigen Chemiker ALFRE WERNER (B1), aus den bis dahin bekannten Verbindu gen höherer Ordnung ein Bauprinzip herauszulese Das Ergebnis seiner Untersuchungen fasste WERNER i der von ihm entwickelten Koordinationslehre zusar men und veröffentlichte dieses im Jahr 1893 unter de Titel „Beiträge zur Konstitution anorganischer Verbi dungen" in der „Zeitschrift für Anorganische Chemie In dieser Arbeit – knapp 190 Jahre nachdem die ers Komplexverbindung, das BERLINER BLAU, 1704 beschri ben worden war (B1) – führte WERNER auch eine neu Schreibweise für die sogenannten Verbindungen höh rer Ordnung ein, welche Aufbau und Eigenschafte dieser von ihm als **Koordinationsverbindungen** b zeichneten Verbindungen berücksichtigt (B2). WERN schrieb diese Publikation im Spätherbst 1892, nac dem er angeblich im Schlaf die Lösung des Problem vor Augen hatte. Seine weitreichenden Thesen, d zu einem epochalen Beitrag in der modernen Chem werden sollten, hatte WERNER bis zu diesem Zeitpun aufgestellt, ohne je ein Experiment durchgeführt z haben. Dies veranlasste später einen deutschen Koll gen, WERNERS Koordinationslehre als eine „genia Frechheit" zu bezeichnen. Diese Thesen auf ei sichere experimentelle Grundlage zu stellen, wurd das wissenschaftliche Lebenswerk WERNERS, für das e 1913 den Nobelpreis erhielt.

Historie und Nomenklaturregeln zu Komplexen

WERNER fasste in seinen Komplexformeln chemisch-strukturelle Gruppen zu einer Koordinationseinheit zusammen. Diese bildet den **Komplex**, der in eckige Klammern gesetzt wird. Er besteht aus einem **Zentralatom M** und dem(n) **Ligand(en)**[1] **L** (B3a). Als Liganden können neutrale Moleküle, Anionen oder Kationen an **M** koordiniert[2] (gebunden) sein. Sind die Liganden ungeladen[3], liegt ein **Komplex-Kation** vor, übersteigt die Summe der negativen Ladungen der Liganden die positive Formalladung des Zentralatoms, liegt ein **Komplex-Anion** vor. Zusammen mit den Gegen-Ionen bildet das Komplex-Kation bzw. -Anion ein **Komplex-Salz** (B2). Ist die Summe der Ladungen aus Zentralatom und Liganden null, wird der Komplex als **Neutralkomplex** bezeichnet (vgl. B2).

Die Anzahl direkter Bindungen zwischen Zentralatom und Liganden wird **Koordinationszahl (KZ)** genannt. Sie ist unabhängig vom Liganden und charakteristisch für das Zentralatom (B3). Liganden, die beispielsweise wie Halogenid-Ionen, Wasser- oder Ammoniak-Moleküle nur **eine** Koordinationsstelle besetzen, nennt man **einzähnig**. Liganden, die analog *Ethylendiamin* (**„en"**) *(=1,2-Diaminoethan)* oder *Ethylendiamintetraacetat* (**„EDTA"**) **zwei** oder **mehr** Koordinationsstellen besetzen können, werden als **zwei-** oder **mehrzähnig** bezeichnet (B4).

Früher hatten Komplexverbindungen in Unkenntnis von Struktur und Aufbau häufig Trivialnamen, z.B. BERLINER BLAU. Mit fortschreitendem Forschungsstand wurde es notwendig, ein Nomenklatursystem einzuführen, welches vom Namen auf den Aufbau einer Komplexverbindung schließen lässt (B5 bis B7).

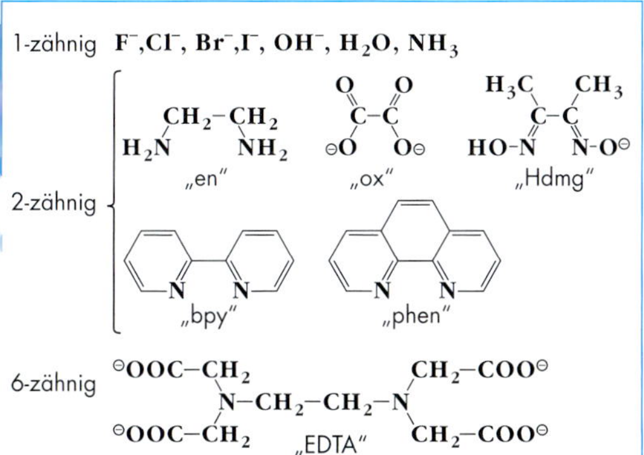

B4 *Beispiele für ein- und mehrzähnige Liganden.* **A:** *Geben Sie für die folgenden Komplexe Namen, Koordinationszahl und Ligandenzahl an:* $[Fe(phen)_3]^{2+}$, $[Ca(EDTA)]^{4-}$, $[Cu(OH)_4]^{2-}$.

1. Die komplexe Einheit wird in einem Wort geschrieben. Der Name des Kations wird vor dem Anion genannt. Kation und Anion werden durch einen Bindestrich voneinander getrennt.
2. Der Komplex-Name beginnt mit der Anzahl der Liganden (di-, tri-, tetra-, penta- ...), es folgen der Name des Liganden, dann der Name des Zentralatoms. Enthält der Komplex mehrere Liganden, erfolgt deren Nennung in alphabetischer Folge (in der Komplexformel stehen anionische Liganden vor neutralen), unabhängig von deren Ladung. In Anion-Komplexen wird an den Namen des Zentralatoms die Endung „-at" gehängt, es folgt die Nennung der Oxidationszahl des Zentralatoms. Kation-Komplexe enden mit dem Namen des Zentralatoms, an welchen die Oxidationszahl (römisch) in runden Klammern gefügt wird.
3. Anionische Liganden enden meist auf „-o". Neutralliganden, die als Moleküle koordinativ gebunden sind, werden mit unverändertem Namen benutzt. Ausnahmen: H_2O (aqua), NH_3 (ammin), **CO** (carbonyl), **NO** (nitrosyl).
4. Für größere Liganden können in der Formelschreibweise Abkürzungen benutzt werden (**ox** ≙ oxalato; H_2**dmg** ≙ Dimethylglyoxim (2,3-Butandiondioxim); H_4**edta** ≙ Ethylendiamintetraessigsäure.
5. Bei mehratomigen Liganden, die mit verschiedenen Atomen an das Zentralatom gebunden sein können, wird angegeben, welches Atom an das Zentralatom gebunden ist, z.B. Nitrito (**–ONO**); Nitro (**–NO_2**); Thiocyanato (**–SCN**); Isothiocyanato (**–NCS**). Die Vorsilben *„cis-"* und *„trans-"* informieren über die Struktur.

B5 *Nomenklaturregeln für Komplexverbindungen*

Zentralatom	Name	Ligand	Name
Ag	Argent|um	F^-	Fluoro
Cu	Cupr|um	Cl^-	Chloro
Fe	Ferr|um	Br^-	Bromo
Hg	Mercur|ium	I^-	Iodo
Ni	Niccol|um	OH^-	Hydroxo
Pb	Plumb|um	SCN^-	Thiocyanato
Sn	Stann|um	NCS^-	Isothiocyanato
Zn	Zinc|um	CH_3COO^-	Acetato

B6 *(links) Namen von Zentralatomen in Komplexen. Die durch | abgetrennte Endung wird in Anion-Komplexen durch „at" ersetzt. (rechts) Namen anionischer Liganden.*

Formel	Name
$Na_3[Ag(S_2O_3)_2]$	Natrium-bis(thiosulfato)argentat (I)
$K_2[Cu(OH)_4]$	Kalium-tetrahydroxocuprat (II)
$K_4[Fe(CN)_6]$	Kalium-hexacyanoferrat (II)
$K_2[Hg(SCN)_4]$	Kalium-tetrakis(thiocyanato)mercurat (II)
$K_2[Zn(SCN)_4]$	Kalium-tetrakis(isothiocyanato)zincat (II)

B7 *Beispiele zur Nomenklatur von Komplexverbindungen. (Zur Anwendung der Nomenklaturregeln siehe auch Chemie 2000+ Online.)* **A:** *Benennen Sie alle Komplexe aus B2 systematisch unter Beachtung der Nomenklaturregeln und ordnen Sie nach Anion-, Neutral- und Kation-Komplexen.*

---

von *ligare* (lat.) = binden, anbinden

koordinieren, aus dem Lateinischen = in ein Gefüge einbauen

Es gibt auch kationische Liganden, z.B. den NO^+-Liganden (Nitroso) in $[Fe(NO)(OH_2)_5]^{3+}$, das Zentralatom Eisen hat in diesem Komplex die Oxidationsstufe +2.

Aus Strom wird Licht

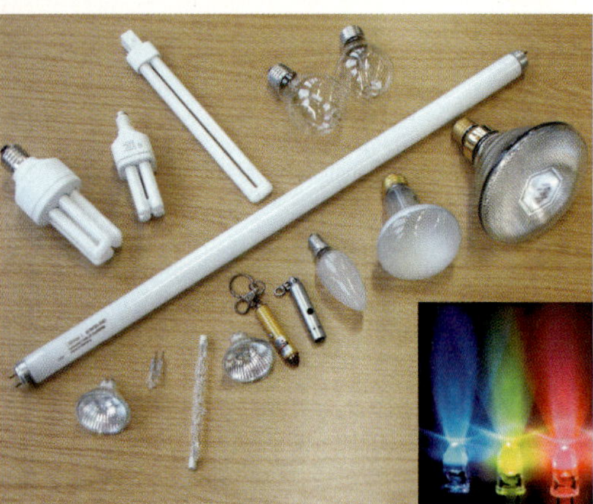

B1 *Lampen, Laser und LED.* **A:** *Woher kommen die verschiedenen Lampentypen?*

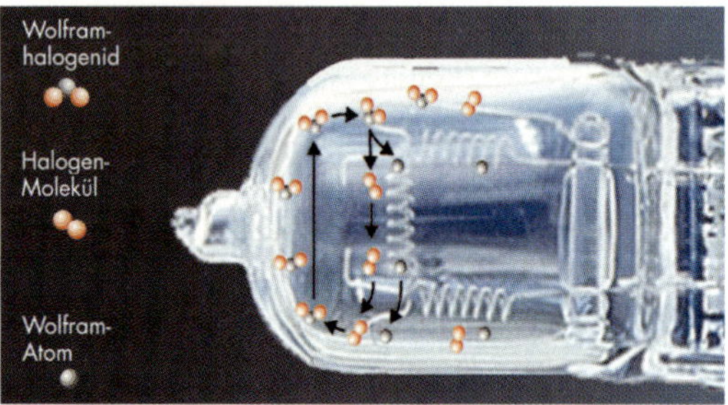

B2 *In der Halogenlampe verbinden sich Wolfram-Atome mit Brom- oder Iod-Molekülen zu Wolframhalogenid. Dieses wird an der 3000 °C heißen Wendel wieder in Elemente zerlegt.* **A:** *Warum hält der Glühdraht dadurch länger?*

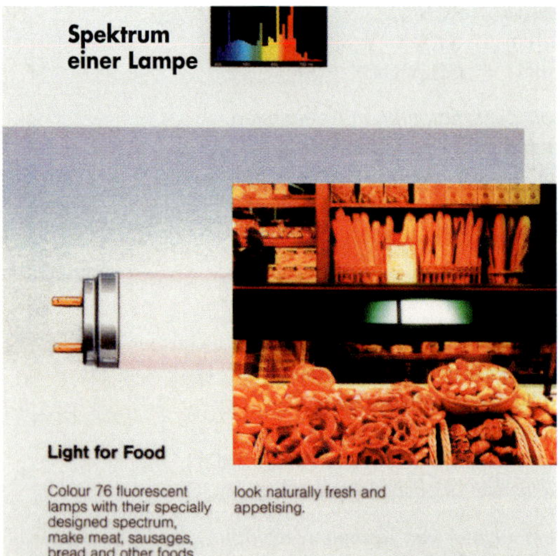

B3 *Die Innenbeschichtung bei Leuchtstoffröhren bestimmt das Farbenspektrum des Lichts.* **A:** *Warum können Lebensmittel unter einer entsprechenden Lampe appetitlicher aussehen?*

Versuche

V1 Erzeugen Sie mithilfe des Gasbrenners und eines Glasstabes in dem Glaskolben einer 40-W-Glühbirne zwei gegenüberliegende Löcher. Schrauben Sie die Glühbirne in eine Fassung und beobachten Sie die Glühwendel, während Sie die Spannung mithilfe eines Trafos allmählich von ca. 10 V bis auf 220 V steigern.

LV2 Eine Leuchtstoffröhre und eine Energiesparlampe werden über einer Wanne zertrümmert. Eventuell herausfallende Quecksilbertröpfchen werden in einem Behälter unter Wasser zur Entsorgung gesammelt. Mit den Glasscherben werden V3 und V4 durchgeführt.

V3 Betrachten Sie die Glasscherben aus LV2 von beiden Seiten unter der UV-Handlampe bei verschiedenen Wellenlängen (λ = 366 nm und λ = 254 nm). Beobachtung? Ermitteln Sie, ob die Innenbeschichtung fluoresziert oder phosphoresziert.

V4 Untersuchen Sie, mit welchen der folgenden Chemikalien die Beschichtung der Glasscherben aus LV2 gelöst bzw. zur Reaktion gebracht werden kann: Heptan*, Aceton*, Wasser, Salzsäure*, c = 3 mol/L, Natronlauge*, c = 3 mol/L.

Hinweis: Versuche zur Herstellung und Untersuchung von phosphoreszierenden Materialien aus Metalloxiden und -salzen sind unter *Chemie 2000+ Online* zu finden.

Auswertung

a) Die Glühbirnen sind mit Stickstoff oder Argon gefüllt. Erklären Sie, warum bei V1 die Glühwendel so schnell durchbrennt.

b) Stellen Sie die Ergebnisse aus V3 tabellarisch dar. Erklären Sie die Ergebnisse mithilfe von B4.

d) Deuten und erläutern Sie die Ergebnisse aus V4 dahingehend, ob die Beschichtung der Innenwand bei den untersuchten Lampen aus organischen oder anorganischen Verbindungen besteht.

e) Die Beschichtungen in den Leuchtstoffröhren werden als „Phosphore" bezeichnet. Warum kann diese Bezeichnung irreführend sein?

f) Formulieren Sie die in B2 skizzierten Reaktionen in einer Halogenlampe mit Angabe des Vorzeichens der Reaktionsenthalpie ΔH_R.

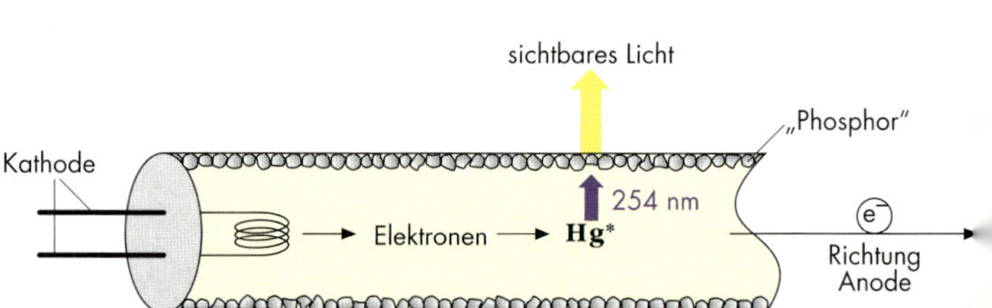

B4 *In der Leuchtstoffröhre werden Quecksilber-Atome durch Elektronen angeregt. Sie übertragen UV-Quanten mit λ = 254 nm an die Leuchtstoffschicht. Diese strahlt sichtbares Licht aus.* **A:** *Wo bleibt die zusätzliche Energie der UV-Quanten? Erläutern Sie mithilfe eines Energiediagramms.*

Angeregte Zustände in künstlichen Lichtquellen

Lampen aller Art (B1) sind künstliche Quellen für Licht und Farben. In ihnen wird „edle" elektrische Energie in Licht umgewandelt. Je nach Lampentyp wird aber ein Teil der elektrischen Energie zu „unedler" Wärme und damit entwertet[1]. Bei herkömmlichen **Glühlampen** beträgt der Wärmeverlust bis zu 90 %, da das Licht durch einen dünnen, glühenden Draht aus Wolfram erzeugt wird. Um die Oxidation des Wolframs zu verhindern, ist der Glaskolben mit Argon gefüllt (V1). Zwar schmilzt Wolfram erst bei 3410 °C, aber bereits bei Temperaturen unter 3000 °C werden nach und nach Wolfram-Atome von der Glühwendel abgetragen, sie wird dünner und schließlich brennt die Lampe durch.

Bei **Halogenlampen** wird das abgetragene Wolfram, nach dem in B2 beschriebenen *Stoffkreislauf,* mithilfe eines Halogens zurück auf die Wendel geführt. Das macht nicht nur eine höhere Temperatur an der Wendel und damit intensiveres Licht möglich, sondern verlängert auch die Lebensdauer dieser Lampen erheblich.

Leuchtröhren für farbiges Licht enthalten ein Edelgas, in den Röhren herrscht Unterdruck. An den Enden einer Röhre befinden sich Metallelektroden. Bei einer Hochspannung von ca. 5000 V fließen Elektronen mit hoher Energie von der Kathode zur Anode. Einige treffen auf Edelgas-Atome und versetzen diese in *angeregte Zustände*. Bei der Rückkehr in die Grundzustände strahlen die Edelgas-Atome gelbes (Helium), rotes (Neon), blaues (Argon), gelbgrünes (Krypton) oder violettes (Xenon) Licht aus.

Leuchtstoffröhren und **Energiesparlampen** funktionieren bereits bei 230 V und liefern ca. fünfmal mehr Licht als Glühlampen gleicher Leistung (gleicher Wattzahl). In ihnen sind Argon und eine sehr geringe Menge Quecksilber enthalten, das beim Einschalten der Lampe zunächst verdampft. Dann kommt es durch *Anregung* der Quecksilber-Atome und *Energieübertragung* auf den fluoreszierenden Feststoff der Innenwand zur Lichtemission durch letzteren (B4). Als fluoreszierende Materialien in Leuchtstoffröhren werden in der Regel anorganische Salze mit Zusätzen aus Verbindungen von *Übergangsmetallen* und *Lanthanoiden* verwendet. Durch die passenden Zusätze lässt sich das Spektrum des emittierten Lichts einstellen (B3, B5, B6). Auch die Lichtausbeute dieses Lampentyps konnte immer mehr gesteigert werden. Neuere Forschungsergebnisse machen es sogar möglich, pro angeregtem Teilchen im Gasraum zwei Lichtquanten im Leuchtstoff zu erzeugen. Neben speziellen Leuchtstoffen müssen dafür aber *Xenon-* statt *Quecksilber-*Atome primär angeregt werden (B7). Diese Neuentwicklung hat deshalb einen weiteren Vorteil: Das giftige Quecksilber der Leuchtstoffröhren ist durch das harmlose Edelgas Xenon ersetzt.

Auf einem ganz anderen Prinzip als die Lampen von dieser Seite basieren **Leuchtdioden**. Ihr Funktionsprinzip wird auf den folgenden Seiten erschlossen.

Aufgaben

A1 Warum ist weder Beschichtung A noch Beschichtung B aus B5 alleine für eine Leuchtstoffröhre im Klassenraum geeignet? Was erreicht man durch die Mischung von A mit B?

A2 Erläutern Sie im Zusammenhang mit der Aufgabe zu B3, warum ganz allgemein Objekte im Licht einer anderen Lampe in anderen Farben erscheinen können.

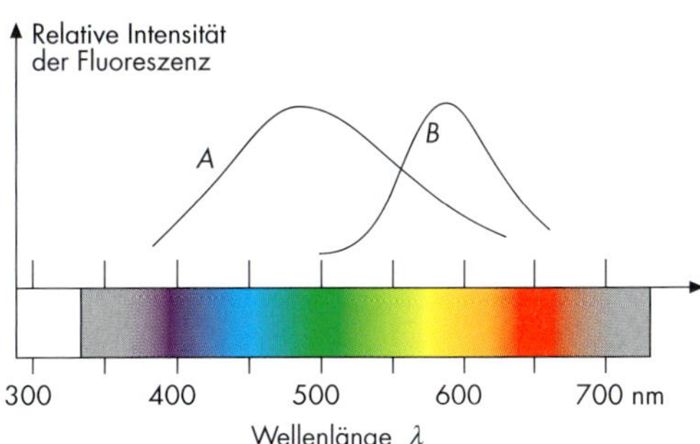

B5 *Emissionsspektren häufiger „Phosphore" aus Leuchtstoffröhren [A: $Ca_3(PO_4)_2$ mit Zusätzen von SbF_3, B: $Ca_3(PO_4)_2$ mit Zusätzen von $MnCl_2$]*

B6 *Anorganische Leuchtstoffe [blau: $BaMgAl_{10}O_{17}(Eu^{2+})$, grün: $CaMgAl_{11}O_{19}(Tb^{3+})$, rot: $Y_2O_3(Eu^{3+})$]. Die in Klammern angegebenen Ionen sind nur in Spuren enthalten.* **A:** *Wo stehen diese Elemente im Periodensystem?*

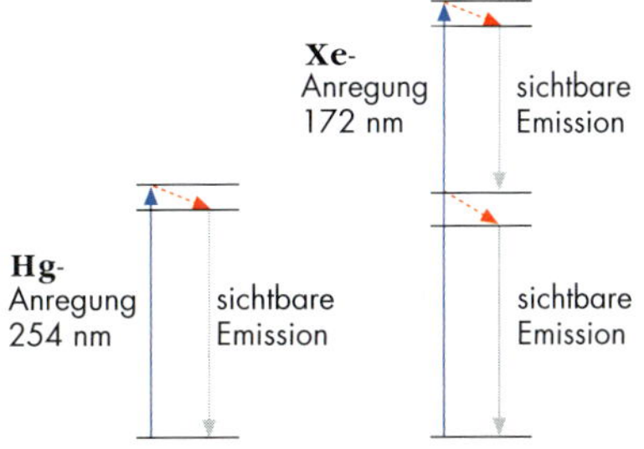

B7 *Verdopplung von sichtbaren Lichtquanten bei der Anregung des „Phosphors" mit Xenon.* **A:** *Zeigen Sie rechnerisch, dass dies möglich ist.*

Fachbegriffe

Glühlampen, Halogenlampen, Leuchtröhren, Leuchtstoffröhren, Energiesparlampen, Leuchtdioden

[1] Elektrische Energie ist „edel", weil sie mit sehr hohem Wirkungsgrad in jede andere Energieform umgewandelt werden kann.

Leuchtröhre ohne Strom und leuchtendes Scherblatt

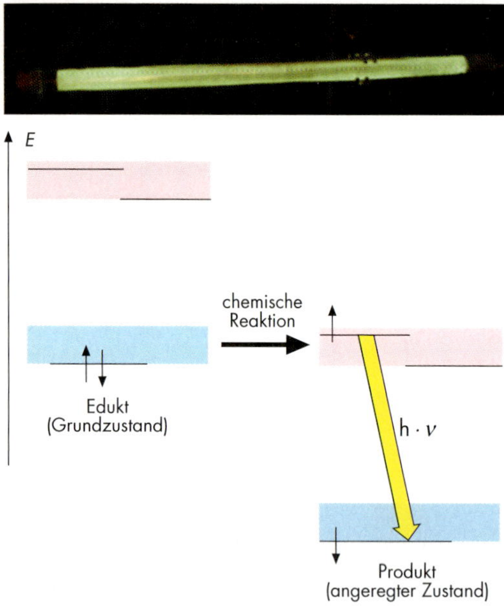

$$[(CH_3)_2N]_2C = C[N(CH_3)_2]_2 + O_2 \longrightarrow 2\ CO[N(CH_3)_2]_2 + h \cdot \nu$$

TDAE → Tetramethylharnstoff

B1 *Erklärung der Chemolumineszenz (LV1) nach dem Energiestufenmodell und Reaktionsgleichung*

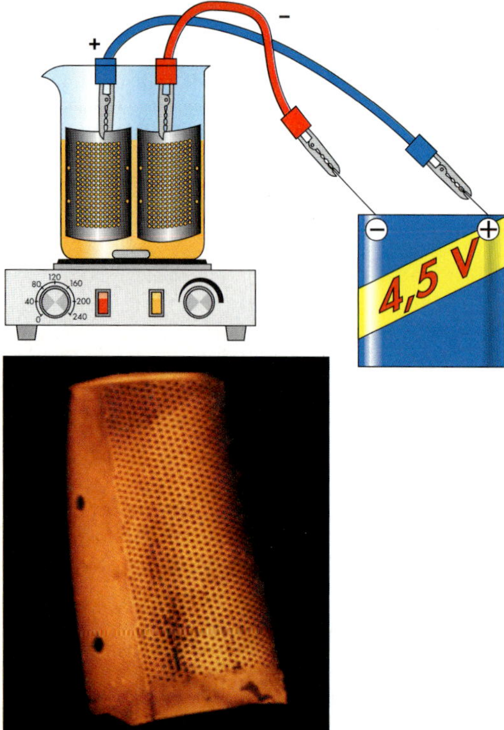

B2 *„Leuchtendes Scherblatt" und Versuchsaufbau von V2.* **A:** *Inwieweit ist die Anordnung mit einer Elektrolyse-Zelle vergleichbar?*

Versuche

LV1 Ein ca. 38 cm langer und ca. 4 cm breiter Filterpapierstreifen wird in ein ca. 40 cm langes Glasrohr mit einem Innendurchmesser von ca. 3 cm eingelegt. Eine Seite des Rohres wird mit einem Gummistopfen fest verschlossen. Mit einer Pipette gibt man im **Abzug** etwas Tetrakisdimethylaminoethylen* TDAE auf das Filterpapier, verschließt das Glasrohr dicht mit einem zweiten Stopfen und beobachtet im Dunkeln. Wenn nach ca. 15 min kein Leuchten mehr zu sehen ist, wird das Rohr „gelüftet", indem man kurzzeitig im Abzug die Stopfen entfernt. Beobachtung? (*Hinweis:* Alternativ kann auch V6 oder V7 von S. 284 oder ein anderer Chemolumineszenz-Versuch durchgeführt werden.)

V2 Lösen Sie 0,03938 g ($n = 5 \times 10^{-5}$ mol) Tris-(1,10-phenanthrolin)ruthenium(II)-chlorid* $[Ru(phen)_3]Cl_2$ (z. B. von Aldrich) in 37,5 mL Wasser. Geben Sie 12,5 mL eines Phosphat-Puffers aus 0,12 g $NaH_2PO_4 \cdot 2H_2O$ und 2,67 g $Na_2HPO_4 \cdot 12H_2O$ in 12,5 mL dest. Wasser dazu $[n(Na_2HPO_4) : n(NaH_2PO_4) = 10 : 1]$. Lösen Sie anschließend eine kleine Spatelspitze (5 bis 10 mg) Ethylendiamintetraessigsäure-Dinatriumsalz **EDTA**, darin. Diese Lösung geben Sie in ein 50-mL-Becherglas oder ein Schraubdeckelglas und tauchen als Elektroden zwei gebrauchte, zusammengerollte Scherfolien von einem Elektrorasierer ein. Verbinden Sie die Scherfolien **im Dunkeln** über Krokodilklemmen und Kabel mit Bananensteckern mit einer 4,5-V-Batterie. Achten Sie dabei darauf, dass die Elektrolyt-Lösung keinen Kontakt mit den Krokodilklemmen hat.
Beobachten Sie zunächst, was ohne Rühren der Lösung passiert. Wiederholen Sie den Versuch, schwenken oder rühren Sie dieses Mal die Lösung. Notieren Sie in beiden Fällen die Dauer des jeweiligen Leuchtens.

Auswertung

a) Welche Rolle spielt der Luftsauerstoff bei LV1?

b) Ermitteln Sie die Oxidationszahlen für die Kohlenstoff-Atome in den Molekülen aus der Reaktionsgleichung in B1. Um welchen Reaktionstyp handelt es sich?

c) An welcher Stelle findet bei V2 das Leuchten statt und in welcher Phase befindet sich die leuchtende Spezies? (Vgl. die Dauer des Leuchtens mit und ohne Rühren.)

d) Mit welchem Pol ist das leuchtende Scherblatt verbunden und welcher Reaktionstyp findet bei Elektrolysen an diesem Pol statt?

e) Vergleichen Sie die Reaktion aus LV1/B1 mit der Verbrennung von Eisenwolle und nennen Sie Gemeinsamkeiten und Unterschiede bei LV1 und V2.

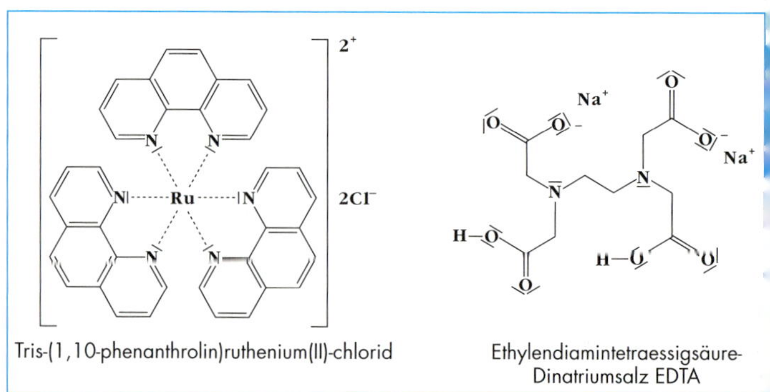

B3 *Strukturen des in V2 eingesetzten Ruthenium-Komplexes und von EDTA*

Chemolumineszenz und Elektrolumineszenz

Bei der Leuchtröhre ohne Strom (LV1) und beim leuchtenden Scherblatt (V2) sind ebenso wie bei allen Arten von Lumineszenz elektronisch angeregte Zustände beteiligt. Im Gegensatz zu den fluoreszierenden und phosphoreszierenden Leuchtproben (vgl. S. 284, 285) wird hier kaltes Licht ohne Bestrahlung mit einer UV-Lampe erzeugt.
Die **Chemolumineszenz** bei V1, also das kalte Leuchten bei einer stark exergonischen chemischen Reaktion, kommt dadurch zustande, dass die Produkt-Teilchen im angeregten Zustand gebildet werden (B1). Durch Emission von Lichtquanten gelangen sie in den Grundzustand.
Wenn kaltes Licht beim Anlegen einer elektrischen Spannung emittiert wird, handelt es sich um **Elektrolumineszenz** (vgl. B3, B4, S. 335). Im Idealfall kommt sie wie folgt zustande: Am Pluspol wird ein Elektron aus der höchsten besetzten Energiestufe abgezogen und am Minuspol ein Elektron in die niedrigste unbesetzte Energiestufe injiziert (B4 a). An der Stelle, in der höchsten besetzten Energiestufe, an der sich zuvor ein Elektron befunden hat, liegt nun ein Elektronendefizit vor, ein sog. „Loch" h^+. Sowohl das Elektron als auch das „Loch" können durch das Material wandern, sich schließlich in einem Teilchen treffen und darin ein **Elektron-Loch Paar** bilden. Dieses Teilchen befindet sich im angeregten Zustand. Auch in diesem Fall kann ein Übergang in den Grundzustand unter Emission von Lichtquanten erfolgen. Danach befindet sich das ursprünglich am Minuspol injizierte Elektron an der Stelle, an der sich im angeregten Zustand das Loch befand. Man spricht von einer **Rekombination** von Elektron und Loch (B4 c). Da das Elektron-Loch Paar durch Anlegen einer elektrischen Spannung erzeugt wurde, spricht man bei einem derartigen Vorgang von Elektrolumineszenz.
Wenn das Leuchten in V2 reine Elektrolumineszenz wäre, müsste es genau so lange zu beobachten sein, wie Spannung angelegt wird. Dies ist jedoch nicht der Fall: Auch chemische Reaktionen spielen eine wichtige Rolle. Da das Leuchten ausschließlich an der mit dem Pluspol verbundenen Scherfolie zu beobachten ist, muss es unter anderem auf einer Oxidationsreaktion beruhen. An der Oberfläche der mit dem Pluspol verbundenen Scherfolie werden zwei Spezies aus der Lösung oxidiert: der Luminophor, ein Ruthenium-Komplex mit aromatischen Liganden, und EDTA, ein guter Opferdonor (B3, B5). In einem zweiten Schritt gibt das einfach oxidierte EDTA ein weiteres Elektron an den oxidierten Ruthenium-Komplex ab, der dabei aber im angeregten Zustand entsteht. Aus diesem geht er unter Lichtemission wieder in den Grundzustand über.
Die hier beobachtete Lumineszenz ist Folge einer elektrischen Spannung *und* chemischer Reaktionen, es handelt sich somit um **Elektrochemolumineszenz**.

Aufgaben

A1 Erkunden Sie unter *Chemie 2000+ Online* den Hypermedia-Baustein Elektrolumineszenz. Betrachten Sie die Animation im Teilchenmodell zum leuchtenden Scherblatt (→ Unterpunkt: Die Zelle im Schulversuch). Vergleichen Sie die dargestellten Prozesse mit den Reaktionsschritten in B5.

A2 Wenden Sie die Begriffe Oxidation, Reduktion und intramolekulare Redoxreaktion auf die in B4 dargestellten Prozesse an. Geben Sie an, was oxidiert bzw. reduziert wird.

a)

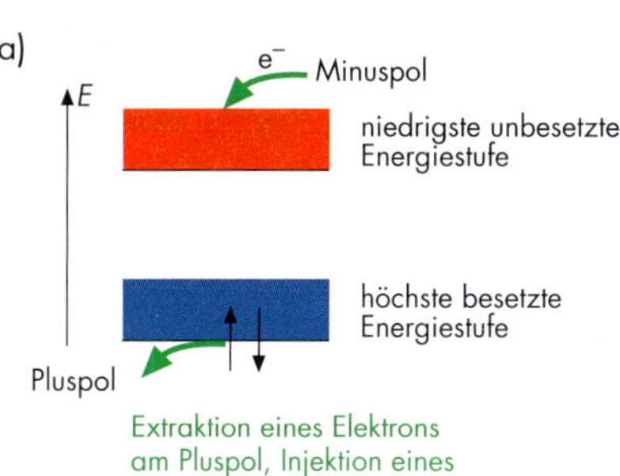

b)

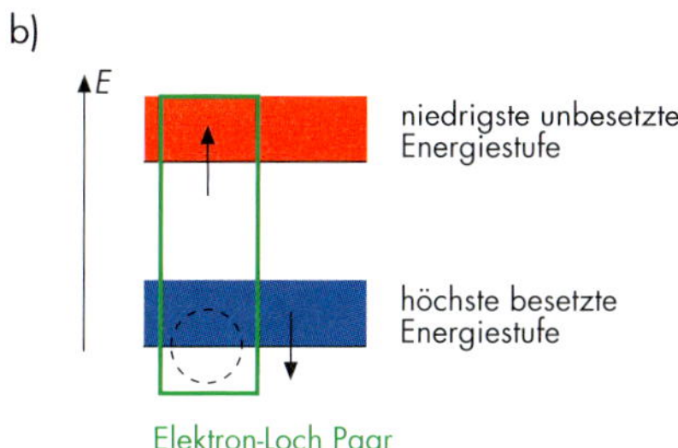

c)

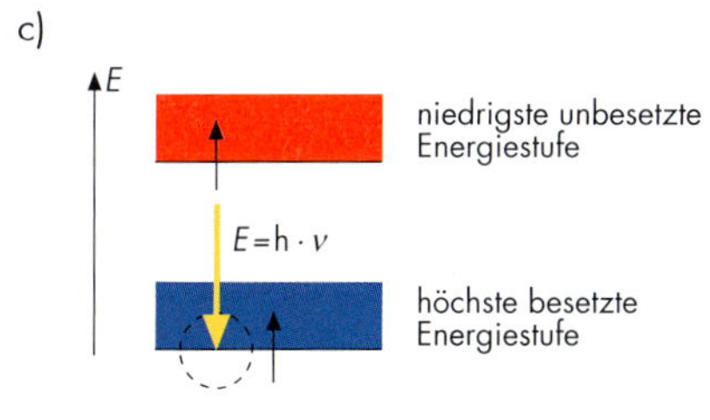

B4 *Das Entstehen von Elektrolumineszenz.* **A:** *Welches der Teilbilder entspricht dem elektronisch angeregten Zustand, welches dem Grundzustand?*

1. Schritt:

$[Ru(phen)_3]^{2+} \longrightarrow [Ru(phen)_3]^{3+} + e^-$

$EDTA \longrightarrow EDTA_{Ox} + e^-$

2. Schritt:

$EDTA_{Ox} + [Ru(phen)_3]^{3+} \longrightarrow EDTA_{(Ox)_2} + [Ru(phen)_3]^{2+*}$

3. Schritt:

$[Ru(phen)_3]^{2+*} \longrightarrow [Ru(phen)_3]^{2+} + h\nu$

B5 *Reaktionen bei V2.* **A:** *Warum ist es unerheblich, dass der Ruthenium-Komplex teuer ist? Ordnen sie einer Spezies begründet den Begriff Opferdonor zu.*

Fachbegriffe

Chemolumineszenz, Elektron-Loch Paar, Rekombination, Elektrolumineszenz, Elektrochemolumineszenz

B1 *Leuchtdioden auf einer Platine*

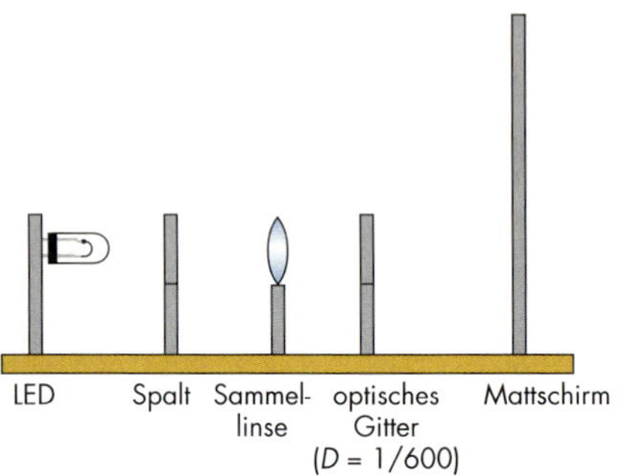

B2 *Versuchsaufbau zu V2*

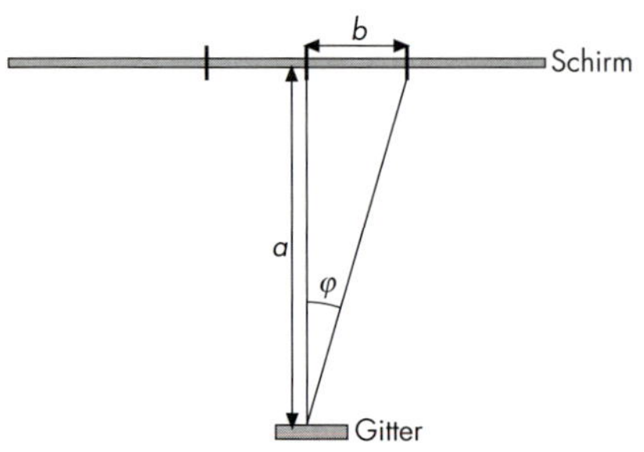

B3 *Versuchsauswertung von V2*

Musterrechnung:
Aus dem EFES einer grünen LED ergibt sich:

a) $a = 11{,}7$ cm
$b = 3{,}9$ cm

b) Berechnung der Wellenlänge:
$\lambda = b \cdot D/\sqrt{a^2 + b^2}$
$\lambda = 3{,}9/6000 \cdot \sqrt{11{,}7^2 + 3{,}9^2}$ cm
$\lambda = 0{,}0000527$ cm
$\lambda = 527$ nm

c) Berechnung der Bandlücke:
$E_g = 1240 \text{ eV} \cdot \text{nm} / 527 \text{ nm}$
$E_g = 2{,}35$ eV

[1] Eine Linie erscheint dort, wo die Bedingung $\lambda = D \cdot \sin \varphi$ erfüllt ist.

Klein aber hell

Versuche

Hinweis: Für die Versuche können entweder einzelne handelsübliche Leuchtdioden mit farbloser Umhüllung verwendet werden, oder man nimmt eine Platine, auf die mehrere verschiedenfarbig leuchtende Leuchtdioden aufgebracht sind (B1). Legen Sie keine Spannung an, die oberhalb des vom Hersteller genannten Wertes liegt, da die Leuchtdioden sonst Schaden nehmen können.

V1 Untersuchen Sie den Aufbau verschiedener Leuchtdioden mit einer Lupe. Verbinden Sie dann die Leuchtdioden nacheinander über ihre Pole über Krokodilklemmen und Kabel mit einer Spannungsquelle (Gleichspannung). Regeln Sie die Spannung **vorsichtig** von 0 V auf ca. 5 V (je nach Herstellerangabe ist die Betriebsspannung unterschiedlich) hoch und notieren Sie die Farbe der Lumineszenz.

V2 *Echtfarben-Emissionsspektren von verschiedenfarbig leuchtenden LEDs:* Bauen Sie den Versuch nach B2 auf einer optischen Bank auf. Dabei muss durch Hin- und Herschieben der einzelnen Komponenten eine Einstellung gefunden werden, bei der möglichst scharfe Linien auf dem Mattschirm erkennbar sind. Legen Sie nacheinander Spannung an die zu untersuchenden Leuchtdioden an und betrachten Sie das sich jeweils ergebende Spektrum. Führen Sie die Messungen für Auswertung c) durch.

Auswertung

a) Vergleichen Sie die Ansprechzeit der Leuchtdioden mit der des leuchtenden Scherblatts von S. 330.
b) Um welche Art von Spektren handelt es sich in V2?
c) Ermitteln Sie anhand der folgenden Schritte die Wellenlänge des emittierten Lichts:

1. Abmessen von Abstand *a* (Gitter-Schirm) und Abstand *b* (beobachtetes Hauptmaximum und Spektrallinie auf dem Schirm) in cm (B3)
2. Berechnung der Wellenlänge λ nach[1]:
   $\lambda = b \cdot D/\sqrt{a^2 + b^2}$ (Umrechnen in nm)
   mit Gitterkonstante $D = 1/600$ (D in mm)
3. Berechnung der Bandlücke nach:
   $1240/\lambda = E_g$ (λ in nm, E_g in eV)

d) Ordnen Sie die Leuchtdioden nach der Größe ihrer Bandlücke. Betrachten Sie dann die zugehörigen Wellenlängen und die Farbe der Lumineszenz. Stellen Sie einen Zusammenhang zwischen der Größe der Bandlücke und der Wellenlänge des emittierten Lichts her und vergleichen Sie mit der Formel aus Schritt 3 bei Auswertungsfrage c).
e) Übernehmen Sie die Tabelle aus B4 ins Heft und füllen Sie die leeren Kästchen aus. Sind das leuchtende Scherblatt und die LEDs sinnvolle Alternativen zu Glühbirnen?

	Glühbirne	Leuchtendes Scherblatt	Anorganische LEDs
Lichtentstehung			
Art des Lichts			
Chemische Umsetzung			
Energieumsatz			
Betriebsspannung			

B4 *Vergleich von Glühbirne, leuchtendem Scherblatt und anorganischen LEDs als Lichtquellen*

Anorganische Leuchtdioden

Leuchtdioden **LEDs**[1] sind inzwischen nicht mehr aus unserem Alltag wegzudenken. Betrachtet man diese kleinen Lichtquellen unter der Lupe, kann man erkennen, dass im Inneren ein kleiner, silbrig-grauer Feststoff-Block über einen sehr dünnen Draht mit zwei Kontakten verbunden ist (B5). Dieser Feststoff besteht aus anorganischem Halbleiter-Material (vgl. S. 334, 335), weshalb man auch von anorganischen LEDs spricht.

Beim leuchtenden Scherblatt von Seite 330 ist die Lumineszenz das Resultat des Übergangs der Luminophor-Teilchen aus dem elektronisch angeregten Zustand in den Grundzustand. Das Leuchten der LEDs beruht auf Vorgängen innerhalb des Halbleiter-Blocks, also innerhalb eines Feststoffs mit Gitterstruktur. Wieder findet der Übergang aus dem elektronisch angeregten Zustand in den Grundzustand unter Emission von Lichtquanten statt. Da es sich hier aber um Halbleiter-Materialien handelt, erfolgt dieser Übergang zwischen Energiestufen, die im **Bändermodell**[2] als **Valenzband** und **Leitungsband** beschrieben werden (B6). Bei Halbleitern existiert zwischen Valenzband und Leitungsband eine überwindbare **Bandlücke E_g**. Im Grundzustand besetzen die Valenzelektronen das energetisch niedriger liegende Valenzband, das Leitungsband ist unbesetzt. Im elektronisch angeregten Zustand befinden sich Elektronen im Leitungsband und Löcher, Elektronendefizite, im Valenzband. Auch hier liegen also Elektron-Loch Paare vor. Sie entstehen, indem man eine Spannung an die Kontakte einer LED anlegt. Mit der Rekombination eines Elektrons und eines Lochs geht die Emission jeweils eines Lichtquants einher. Beim Leuchten von LEDs handelt es sich um „reine" Elektrolumineszenz (vgl. B4, S. 331).

Obwohl man baugleiche LEDs optisch (äußerlich) zunächst nicht voneinander unterscheiden kann, können sie in den unterschiedlichsten Farben lumineszieren (V1). Maßgeblich für die Wellenlänge der Lichtquanten, die emittiert werden, ist die Größe der Bandlücke E_g. Demnach müssen die LEDs aus verschiedenen Halbleiter-Materialien mit unterschiedlich großen Bandlücken bestehen. Aus V2 kann man ableiten, dass Halbleiter-LEDs mit kleiner Bandlücke Licht großer Wellenlänge, z. B. rotes Licht, aussenden. Blaues Licht entsteht bei Halbleiter-Materialien mit großer Bandlücke. Dieses Licht ist im Gegensatz zu dem Licht der fluoreszierenden und phosphoreszierenden Proben von Seite 284 annähernd **monochromatisch**, d. h. Licht einer Wellenlänge. Deshalb erhält man in V2 auch Bandenspektren nur einer Farbe und nicht mehrfarbige Spektren wie in B4 von S. 287.

LEDs zeichnen sich durch Licht hoher Intensität, niedrige Betriebsspannungen, schnelle Ansprechzeit, große Robustheit und Langlebigkeit aus. Diese Eigenschaften bedingen ein weites Anwendungsfeld z. B. in Ampeln, Informationsanzeigen, Warnleuchten und Fahrzeugbeleuchtungen.

Aufgaben

A1 Stellen Sie die Vorgänge in LEDs aus Halbleiter-Materialien analog zu B4 von S. 331 grafisch dar.

A2 Recherchieren Sie z. B. im Internet nach Einsatzgebieten für anorganische LEDs und schätzen Sie den ökonomischen Nutzen ab.

A3 Entsteht das rote Leuchten einer LED ähnlich wie in B7 auf Seite 283 dargestellt? Begründen Sie Ihre Antwort ausführlich.

A4 Wie könnte man weißes Licht mit LEDs erzeugen? Worin unterscheidet sich solches Licht von weißem Tageslicht?

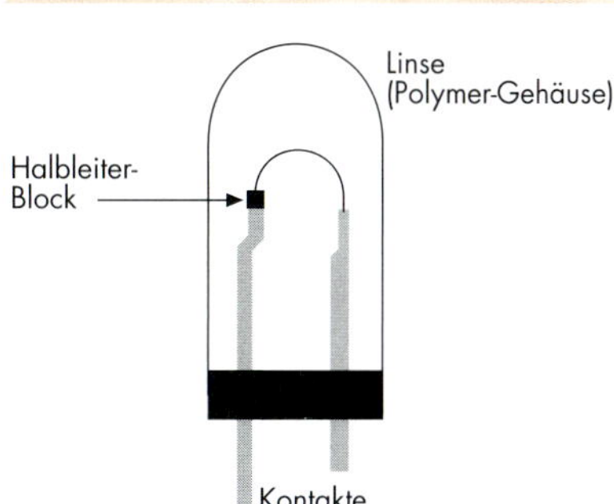

B5 *Aufbau einer Leuchtdiode.* **A:** *Warum muss man an LEDs Gleichspannung anlegen?*

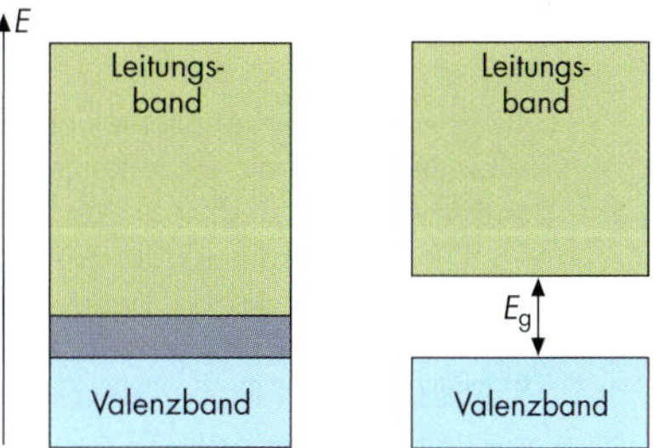

B6 *Das Bändermodell für Leiter (links) und für Halbleiter (rechts).* **A:** *Erklären Sie mithilfe des Bändermodells, warum Metalle keine geeigneten Materialien für LEDs sind.*

B7 *Verkehrsampel mit LEDs.* **A:** *Welche Vorteile bringt der Einsatz von LEDs in Ampeln im Vergleich zu herkömmlichen Glühlampen?*

Fachbegriffe

LED, Bändermodell, Valenzband, Leitungsband, Bandlücke, monochromatisch

[1] *LED* (engl.): light emitting diode

[2] *Vgl. Chemie 2000+ Online.*

Anorganische Halbleiter für Licht und Farben

n- und p-Dotierung von Silicium

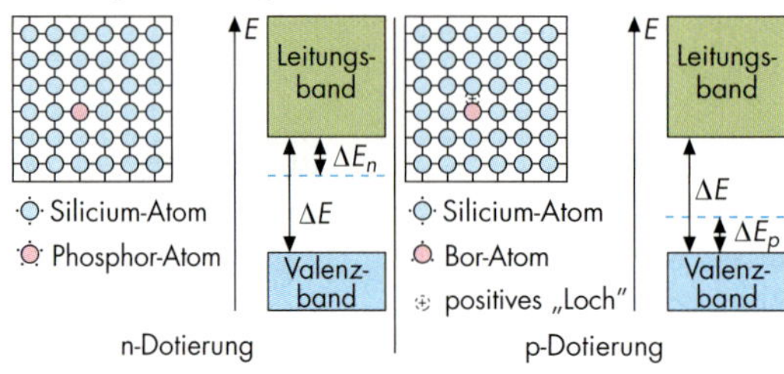

B1 *Einfluss der Dotierung auf die Lage von Valenzband und Leitungsband bzw. auf die Bandlücke bei Halbleitern*

Silicium ist der bekannteste unter den anorganischen Halbleitern. Als solcher leitet Silicium wie die Metalle den Strom, ohne stofflichen Veränderungen zu unterliegen. Die elektrische Leitfähigkeit ist bei Raumtemperatur alledings sehr gering, nimmt aber im Gegensatz zu den Metallen bei Energiezufuhr zu (vgl. S. 154). Am häufigsten wird Silicium derzeit für Computer-Chips, Solarzellen etc. verwendet.

Die Bandlücke (vgl. S. 333) von Silicium ist mit 1,1 eV relativ groß. Sie kann durch **Dotierung**, d. h. Zufügen von Atomen eines Elements aus der III. oder aus der V. Hauptgruppe in einem Anteil von ca. 30 ppb (**p**arts **p**er **b**illion, also 30 Fremd-Atome pro Milliarde Silicium-Atome), verkleinert werden.

Dotiert man z. B. mit Phosphor-Atomen, liegt im Atomgitter ein Überschuss an Elektronen vor, da nur vier der fünf Valenzelektronen eines jeden Phosphor-Atoms zur Ausbildung von Elektronenpaarbindungen benötigt werden. Die überschüssigen Elektronen erhöhen die Leitfähigkeit des Silicium-Kristalls, da sie durch geringste Energiezufuhr in das Leitungsband gehoben werden können. Da die Leitung durch elektrisch negative Ladung erfolgt, spricht man von einem **n-dotierten Halbleiter**. Im Energiebändermodell liegt die Energie der Überschuss-Elektronen nur geringfügig unter der Bandkante des Leitungsbands (B1).

Wenn man dagegen mit Bor dotiert, so wird durch jedes Bor-Atom eine Elektronenfehlstelle erzeugt, ein sogenanntes Loch, h^+. Dieses Loch kann durch ein Valenzelektron eines benachbarten Silicium-Atoms aufgefüllt werden, wodurch nun in diesem ein Loch entsteht (vgl. den auf S. 155 beschriebenen „hopping"-Prozess). Elektrische Ladung wird hier in Form von positiven Löchern transportiert, man spricht von einem **p-dotierten Halbleiter**. Im Energiebändermodell entspricht dies einem Absinken der unteren Kante des Leitungsbands (B1).

Aufgaben

A1 Informieren Sie sich unter *Chemie 2000+ Online* über die Herstellung von Reinstsilicium.

A2 Welchen Einfluss hat die Dotierung auf die Wellenlänge des absorbierten Lichts beim Solarzellen-Silicium?

III/V-Halbleiter für LEDs

Vergleicht man die in V2 auf S. 332 ermittelten Werte der Bandlücken mit denen einiger Halbleiter, so findet man keinen Halbleiter, dessen Bandlücke einer der experimentell ermittelten Bandlücken genau entspricht. Tatsächlich bestehen die LEDs nicht nur aus einer Halbleiter-Sorte, sondern aus einer Art „fester Lösung" mehrerer Elemente. Für diese festen Lösungen werden fast ausschließlich die Elemente Aluminium Al, Gallium Ga, Indium In, Stickstoff N, Phosphor P und Arsen As verwendet. Dabei ist es nicht nur möglich, **binäre Gemische** wie GaAs oder GaP herzustellen, sondern auch solche, die aus drei bzw. vier Komponenten zusammengesetzt sind. Da die eingesetzten Komponenten Elemente der III. und V. Hauptgruppen sind, nennt man diese Halbleiter auch **III/V-Halbleiter**.

Die Zusammensetzung eines III/V-Halbleiters bestimmt dessen Bandlücke. Dabei spielen Atomradien und Elektronegativitäten der verwendeten Elemente eine wichtige Rolle. Je kleiner der Atomradius, desto stärker werden die Valenzelektronen „festgehalten" und desto schlechter können sie ins Leitungsband gelangen: Die Bandlücke ist größer.

Bei den aus drei bzw. vier Komponenten zusammengesetzten III/V-Halbleitern können durch gezielte Veränderung der chemischen Zusammensetzung auch Bandlücken „zwischen" den Werten, die für binäre Gemische typisch sind, erreicht werden. Mit diesem Wissen lassen sich gezielt LEDs aller gewünschten Farben designen.

Aufgaben

A3 Leiten Sie den Zusammenhang zwischen der Größe der Bandlücke und dem ionischen Charakter eines binären Halbleiters aus den folgenden Werten für die Bandlücken verschiedener binärer III/V-Halbleiter ab. Formulieren Sie einen Merksatz zum Einfluss der Elektronegativitätsdifferenz auf die Größe der Bandlücke von III/V-Halbleitern.

Halbleiter	Bandlücke E_g
GaP	2,3 eV
GaAs	1,4 eV
GaSb	0,7 eV
AlAs	2,1 eV

A4 Halbleiter der Zusammensetzung $GaAs_xP_{1-x}$ haben je nachdem, welchen Wert x zwischen 0 und 1 annimmt, Bandlücken zwischen 1,4 eV und 2,3 eV. Welchen Farbbereich des sichtbaren Spektrums kann man durch LEDs der Zusammensetzung $GaAs_xP_{1-x}$ abdecken? (*Hinweis:* $\lambda = 1240/E_g$)

A5 Welchen Effekt hat die Veränderung der stöchiometrischen Zusammensetzung einer LED aus GaInAs, wenn a) der Anteil an Indium und b) der Anteil an Arsen vergrößert wird?

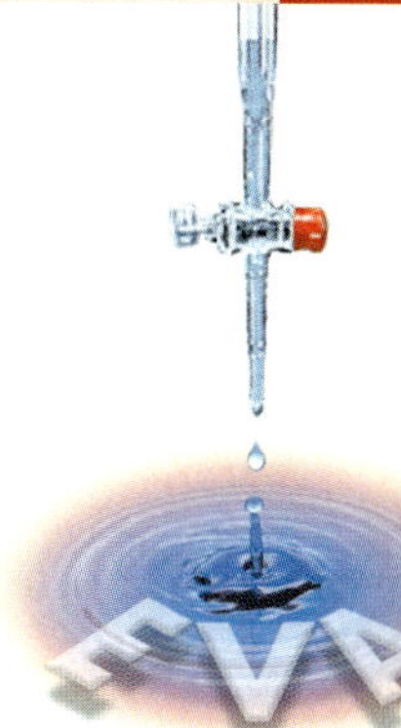

Anorganische Halbleiter für Licht und Farben

Der p/n-Übergang

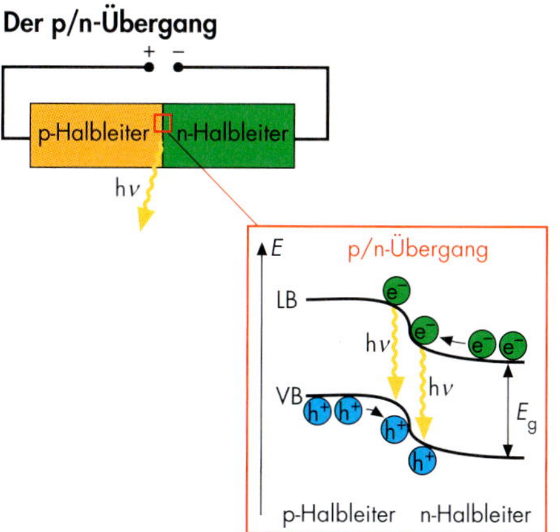

B2 *Polung einer LED und Modelldarstellung der Vorgänge am p/n-Übergang*

Geschichtliches zu LEDs

A Note on Carborundum. - - - -

To the Editors of Electrical World:

Sirs: – During an investigation of the unsymmetrical passage of current through a contact of carborundum and other substances a curious phenomenon was noted. On applying a potential of 10 volts between two points on a crystal of carborundum, the crystal gave out a yellowish light. Only one or two specimens could be found which gave a bright glow on such a low voltage (...)

The writer would be glad of references to any published account of an investigation of this or any allied phenomena. NEW YORK, N.Y. – H.J. ROUND

B3 *H. J. ROUNDS Veröffentlichung eines „seltsamen Phänomens", der ersten Beobachtung von Elektrolumineszenz bei einem Siliciumcarbid-Kristall* **SiC**

Auch III/V-Halbleiter lassen sich ähnlich wie Silicium dotieren. Bei der Herstellung von LEDs durch organometallische Gasphasen-Epitaxie[1] baut man Schichten aus p- und n-dotierten III/V-Halbleitern auf.

Die einfachste Variante einer LED besteht aus einem kleinen Halbleiter-Sandwich aus einer p-dotierten Schicht und einer n-dotierten Schicht. Ihre Kontaktfläche wird als **p/n-Übergang** bezeichnet (B2). Das ist eine ladungsverarmte Zone, die durch Rekombination von lokalen Elektronen und Löchern entsteht. Dies beruht auf der Differenz der elektrochemischen Potenziale beider Halbleiter-Materialien.

Um die LEDs an die Spannungsquelle in Durchlassrichtung anzuschließen, wird die n-dotierte Seite mit dem Minuspol und die p-dotierte Seite mit dem Pluspol verbunden. Die Elektronen aus der n-Schicht und die Löcher aus der p-Schicht können sich dann aufeinander zu bewegen und unter Emission von Licht rekombinieren (B2).

Verbindet man die p-dotierte Seite dagegen mit dem negativen Pol und die n-dotierte Seite mit dem Pluspol, werden die Löcher vom Minuspol und die Elektronen vom Pluspol angezogen. Dadurch verarmt die Grenzschicht am p/n-Übergang und bildet eine Sperrzone für den elektrischen Strom. Folglich müssen LEDs wie alle Dioden „richtig herum" geschaltet werden.

Aufgabe

A6 Informieren Sie sich unter *Chemie 2000+ Online* anhand der Animation zum photovoltaischen Effekt über die Vorgänge am p/n-Übergang. Vergleichen Sie die Abläufe bei Bestrahlung eines Halbleiters und bei Anlegen einer Spannung.

Bereits im Jahr 1907 wurde das Phänomen der Elektrolumineszenz bei einem anorganischen Festkörper entdeckt (B3). Die Emission zeigte sich also als „kaltes" Licht. Sie erfolgte ohne erkennbare Erwärmung des Kristalls.

Knapp 30 Jahre später entdeckte G. DESTRIAU einen ähnlichen Leuchteffekt an Zinksulfid, einem II/VI-Halbleiter. Die Emission konnte jedoch erst 1951 erklärt werden, nachdem ein mit der Entdeckung und Entwicklung des Transistors eingeleiteter wissenschaftlicher Fortschritt in der Halbleiterphysik stattgefunden hatte. Erst jetzt setzte eine genauere Erforschung des von DESTRIAU beobachteten Effekts ein. Der Erfolg mit ZnS blieb aus, aber nachdem man Anfang der 50er Jahre die III/V-Verbindungen als Halbleiter erkannt hatte, kam der erhoffte Durchbruch für die Anwendung.

Die ersten kommerziellen LEDs wurden schon Anfang der 1960er Jahre eingeführt. Sie bestanden aus GaAsP und leuchteten rot. Seither hat auf dem Gebiet der LEDs eine rasante Entwicklung stattgefunden (B4). Heute sind in allen Farben leuchtende LEDs hoher Strahlungseffizienz käuflich zu erwerben.

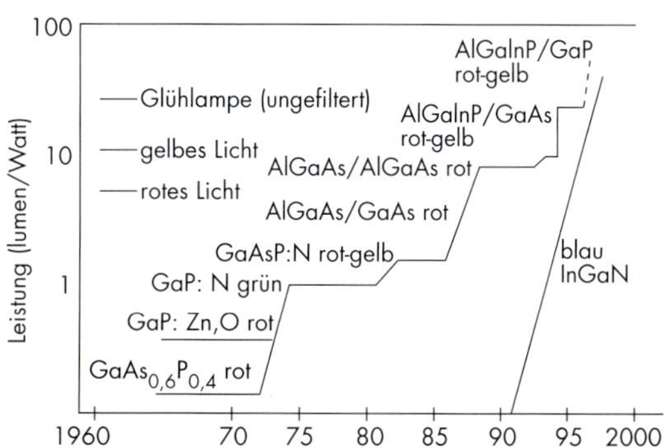

B4 *Beginn der kommerziellen Nutzung verschiedener anorganischer LEDs*

[1] *Epitaxie* (griech. *epi-* – auf, *taxis* – das Ordnen). Das geordnete Aufwachsen einer Substanz auf einer einkristallinen Unterlage, dem Substrat. (Siehe *Chemie 2000+ Online* zur Herstellung von LEDs.)

Organische Materialien für Licht und Farben

Organische LEDs

Eine anorganische LED ist auf eine Leuchtfläche von nur wenigen Quadratmillimetern beschränkt. Organische Materialien lassen sich dagegen in gelöster Form (groß)flächig auf geeigneten Substraten in Schichten aufbringen. Man erhält **organische LEDs, OLEDs** (B1, B3).

Die Grundlage für ihre Herstellung bildet die Beobachtung, dass bestimmte organische Moleküle und Polymere (B2) elektrolumineszieren können.

Die Energieniveaus in diesen organischen Materialien sind vergleichbar mit dem Valenzband und dem Leitungsband bei anorganischen Halbleitern. Auch hier entspricht die Wellenlänge des emittierten Lichts der Energiedifferenz zwischen den Energiestufen. Die Energielücke kann durch Veränderungen der chemischen Struktur, z.B. durch Veränderung der Konjugationslänge des Chromophors, gezielt verändert werden, so dass wieder das gesamte Farbspektrum zugänglich wird.

OLEDs bestehen im einfachsten Fall aus drei Komponenten (B1). Auf eine transparente Anode, z.B. leitfähiges ITO-Glas, wird ein dünner Film eines Polymers, z.B. PPV (B2), aufgebracht. Als Kathode dient eine dünne Schicht aus Aluminium.

Beim Anlegen einer Spannung werden an der Anode Löcher und an der Kathode Elektronen in die Polymerschicht injiziert. Diese wandern unter dem Einfluss des elektrischen Feldes von Makromolekül zu Makromolekül. Treffen sich ein Elektron und ein Loch, so kommt es zur Rekombination unter Emission von Licht.

Zu den ersten technischen Anwendungen von OLEDs zählen Displays von Mobiltelefonen und Autoradios. Besonders wegen der leichten Verarbeitbarkeit der Polymere und ihrer günstigen Eigenschaften wie Flexibilität und mechanische Stabilität eignen sie sich für farbige, ultraflache, großflächige und flexible Bildanzeigen und Großmonitore.

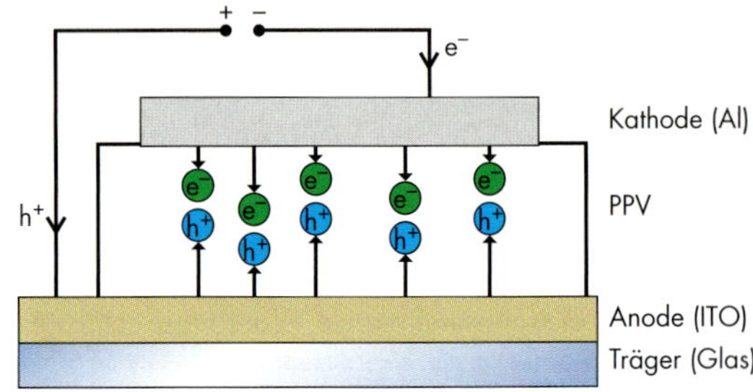

B1 *Schematischer Aufbau einer einfachen OLED mit PPV.* **A:** *Vergleichen Sie mit dem Aufbau einer anorganischen LED.*

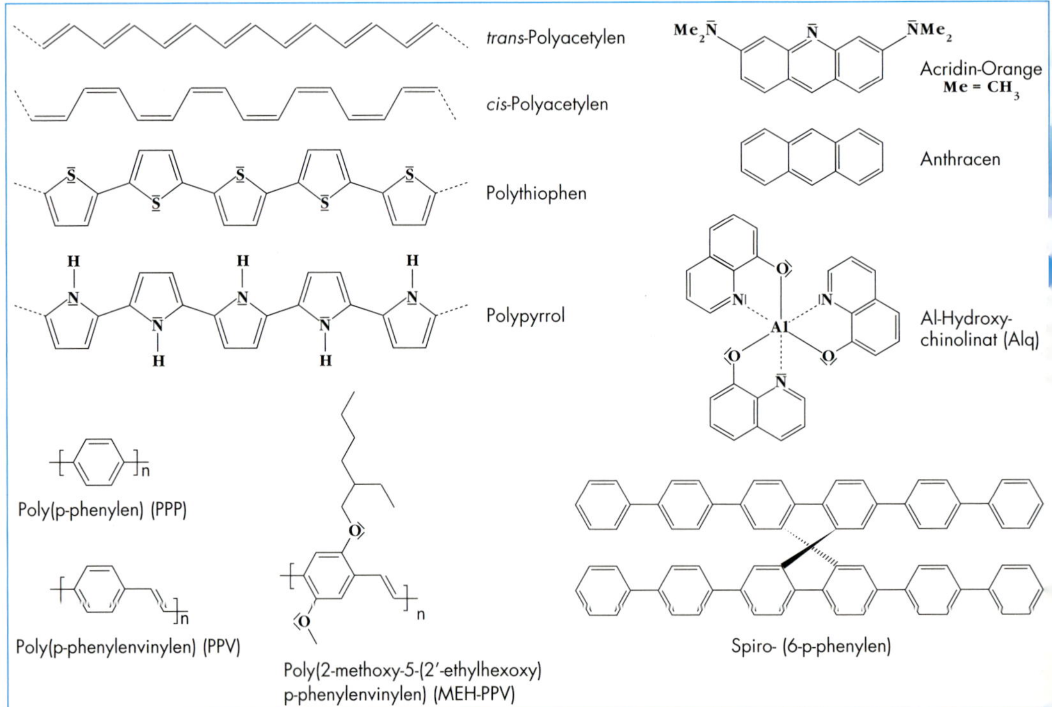

B2 *Grundstrukturen einiger organischer Moleküle, die Elektrolumineszenz zeigen.* **A:** *Teilen Sie die angegebenen Strukturen in verschiedene Kategorien, z.B. Polymere, aromatische Systeme, Komplexe etc. ein. Vergleichen Sie die Strukturen mit denen des Benzols und anderer organischer Farbstoff-Moleküle.*

Organische Materialien für Licht und Farben

Elektrisch leitfähige Kunststoffe

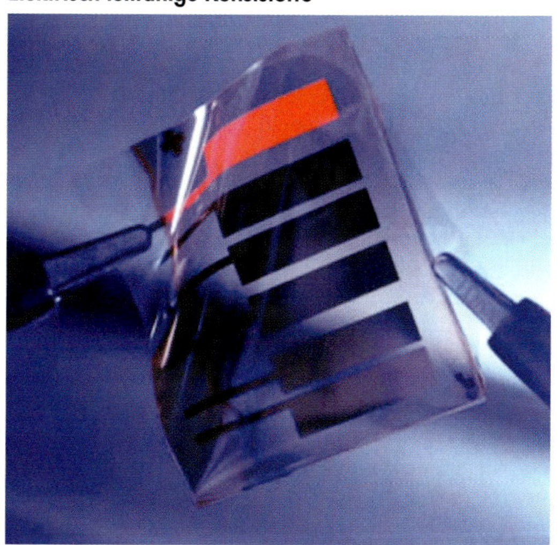

B3 *Organische Leuchtdioden in einer flexiblen Matrix aus leitfähigem Kunststoff*

Kopien und Drucke durch organische Halbleiter

1 Papiervorrat
2 Trommel mit Photoleiter
3 Hochspannungselektrode (Aufladen der Trommel)
4 Hochspannungselektrode (Aufladen des Papiers)
5 geheizte Walze zum Fixieren des Toners auf dem Papier
6 Kopiervorlage
7 Lampen zum Ausleuchten der Kopiervorlage
8 fertige Kopien

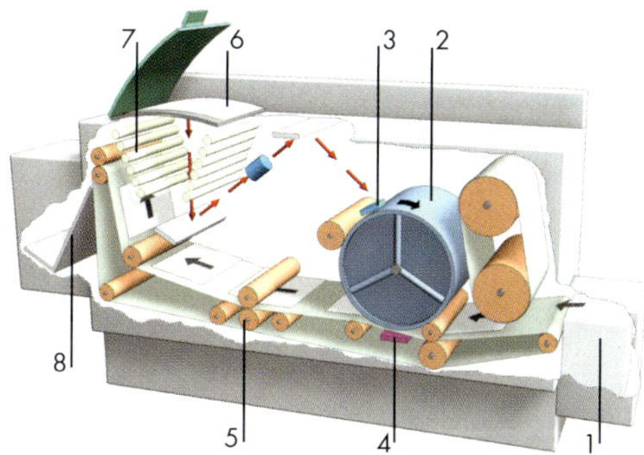

B4 *Das Innenleben eines Fotokopierers.*
A: *Wie kommt es zur Belichtung des Photoleiters an den Stellen, die auf der Kopiervorlage weiß sind?*

Im Jahr 2000 wurde der Nobelpreis für Chemie den Chemikern HIDEKI SHIRAKAWA und ALAN G. MCDIARMID sowie dem Physiker ALAN J. HEEGER verliehen. Sie wurden für die Entdeckung *elektrisch leitfähiger Kunststoffe* (Polymere) ausgezeichnet.

Der Begriff scheint verwirrend, da doch gerade Kunststoffe als Isolatoren z.B. für Kabelummantelungen verwendet werden. Unter speziellen strukturellen Voraussetzungen und nach geeigneter Vorbehandlung können einige Kunststoffe aber elektrische Ladung sehr effektiv und schnell transportieren. Besonders für die Kommunikations-, Informations- und Energietechnik stellen elektrisch leitfähige Kunststoffe ein riesiges Anwendungspotenzial dar.

In der Regel liegen bei leitfähigen Polymer-Molekülen ähnlich wie beim Benzol-Molekül delokalisierte π-Elektronen-Systeme vor. Bei geeigneter Kettenlänge kann das Material ein *halbleitendes Verhalten* zeigen. Die Behandlung mit einer geringen Menge Oxidationsmittel (Chlor, Brom, Iod o. ä.) oder Reduktionsmittel kann die Leitfähigkeit eines Polymers wie z.B. Polyacetylen, PA, (B2) stark erhöhen und das Material metallanalog in seiner Leitfähigkeit machen. Das entspricht einer p- oder n-Dotierung (vgl. Seite 334).

Ein Anwendungsgebiet für dotierte leitfähige Polymere sind Batterien.

In organischen undotierten Halbleitern können bei Bestrahlung mit Lichtquanten geeigneter Wellenlänge oder durch Anlegen einer äußeren Spannungsquelle Elektron-Loch Paare erzeugt werden. Dies kann für Photoleiter, Leuchtdioden (B3), Leiterplatten oder photovoltaische Zellen genutzt werden.

Halbleitende Kunststoffe sind wegen ihrer Isolatorwirkung im Dunkeln und ihrer Leitfähigkeit bei Belichtung günstige Photoleiter. Beim xerografischen[1] Kopierprozess und bei Laserdruckern bilden sie als Folie die Oberfläche der Trommel (B4). Diese Oberfläche wird durch Anlegen einer Spannung elektrostatisch aufgeladen. Die Ladung kann aber im Dunkeln nicht abfließen. Wenn die Trommeloberfläche nach einem vorgegebenen Muster (z.B. die Schrift auf einem zu kopierenden Original) belichtet wird, entstehen an den belichteten Stellen Elektron-Loch Paare. Die Folie wird dort leitfähig und die angeregten Elektronen an den belichteten Stellen können nun abfließen. Die unbelichteten Stellen bleiben aufgeladen, es entsteht ein latentes Bild in Form von elektrischer Ladung. Die Tonerpartikel, die die Farbpigmente enthalten, werden an diesen Stellen und von dort letztlich auf dem Papier fixiert.

Aufgaben

A1 Diskutieren Sie die Verwendung des Begriffs „Dotierung" als Bezeichnung für die Behandlung von Polymeren mit Oxidationsmitteln oder Reduktionsmitteln. Nennen Sie Gründe für und gegen diese Bezeichnung.

A2 Entspricht die „Dotierung" durch Behandlung mit einem Oxidationsmittel einer p- oder einer n-Dotierung? Begründen Sie. Welchem Vorgang entspricht dann die Behandlung mit einem Reduktionsmittel?

A3 Beim xerografischen Kopierprozess werden die organischen Halbleiter-Materialien „temporär dotiert". Erklären Sie dies.

A4 Vergleichen Sie die Art der Bildentstehung beim Kopiervorgang mit der des fotografischen Prozesses.

[1] Das Xeroverfahren bezeichnet man auch als Trockentransferelektrofotografie.

Bunt allein genügt nicht

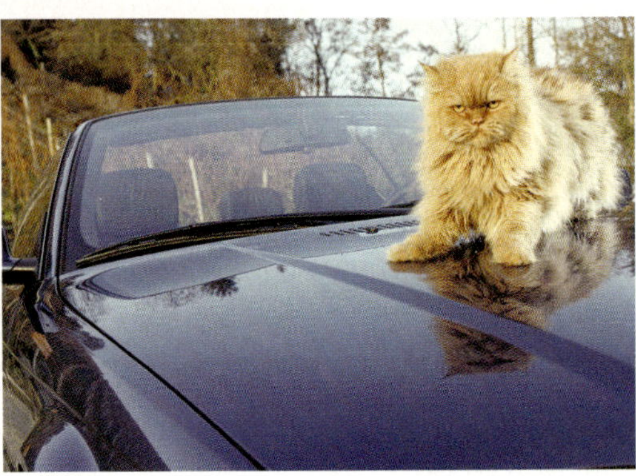

B1 *Autolack muss auch kratzfest sein.*

Kupferphthalocyanin
Pigment Blue 15

Perylen-Pigment
Pigment Red 179

B2 *Anorganische und organische Pigmente.*
A: *Welche Strukturmerkmale fallen bei den organischen Pigmenten auf?*

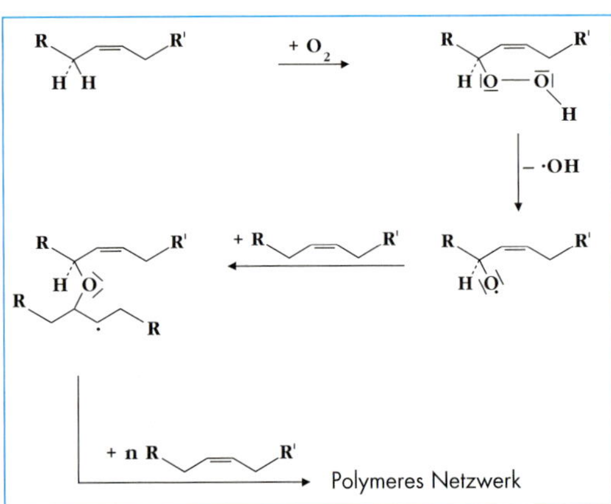

B3 *Oxidative Selbsthärtung trocknender Öle.*
A: *Schreiben Sie die vollständige Formel von Ölsäureglycerinester auf.*

Versuche

Hinweis: Die Chemikalien für die folgenden Versuche sind z.T. in Baumärkten, Hobbyläden und Geschäften für Malerbedarf erhältlich.

V1 Verrühren Sie im Mörser ca. 4 g Pigment (rotes Eisenoxid, gelbes Eisenoxid oder ein anderes Pigment aus B2) mit etwa der gleichen Menge Leinöl zu einer Paste. Rühren Sie dann noch ein Gemisch aus 0,2 mL Bienenwachs und 0,6 mL Terpentinöl ein. Streichen Sie die homogen aussehende Farbe mit dem Pinsel auf mehrere Stücke weißes Papier. Beobachten Sie die Trocknung an Luft und bei wenig bzw. bei starkem Licht (Sonnenlicht, Halogenlampenlicht).

V2 Stellen Sie eine Farbe aus einem Pigment, Klarlack und Verdünner her wobei Sie wie in V1 verfahren. Beobachten Sie die Trocknung dieser Farbe auf Papier und vergleichen Sie mit der aus V1.

V3 Verfahren Sie wie in V2, ersetzen Sie aber den Klarlack und Verdünner durch farblosen Nagellack.

V4 Rühren Sie ca. 5 g a) Titandioxid (Rutil) und b) Bariumsulfat mit je ca. 5 g Tapetenkleister und Wasser zu gut streichfähigen Gemischen zusammen. Streichen Sie mit den beiden weißen Farben schwarze Pappen und Klarsichtfolien ein. Vergleichen Sie das Deckvermögen und die Lichtdurchlässigkeit nach dem Trocknen.

V5 Probieren Sie aus, wie man aus einem Nagellack und Metallglitter ein Metallpigment (B6) herstellen kann.

Auswertung

a) Die DIN-Definition von *Pigment* lautet: „Ein Pigment ist ein im Anwendungsmedium unlösliches, anorganisches oder organisches, unbuntes oder buntes Farbmittel." Nennen Sie die in V1 bis V5 verwendeten Pigmente und erklären Sie mithilfe von B2 ihr Löslichkeitsverhalten in den Versuchen. (*Hinweis:* In B2 sind Strukturmodelle von Metalloxidpartikeln [$d \approx 1\ \mu m$] und Formeln von organischen Pigmenten angegeben.)

b) Leinöl besteht aus Glycerinestern ungesättigter Fettsäuren. Bei Licht und Luft härtet es von selbst zu einem polymeren Netzwerk (B3). Über welche Zwischenstufen verläuft diese Härtung? Warum ist kein Starter erforderlich?

c) Bei V1 ist Bienenwachsöl ein *Additiv*, das die Elastizität des Farbfilms nach der Trocknung des Lacks erhöht. Nennen Sie die Funktionen der drei anderen Komponenten aus V1 unter Bezug auf B4.

d) Recherchieren Sie in *Chemie 2000+ Online* die Brechzahlen von Titandioxid, Bariumsulfat und Bindemitteln und erklären Sie die Ergebnisse aus V4.

e) Das Bindemittel im Nagellack ist ein Polyacrylat, der Verdünner kann Aceton oder Essigsäureethylester (Ethylacetat) sein. Geben Sie die Formeln der in V5 eingesetzten Stoffe an und erklären Sie das Zustandekommen der Farb- und Glanzeffekte mithilfe von B4 und B6.

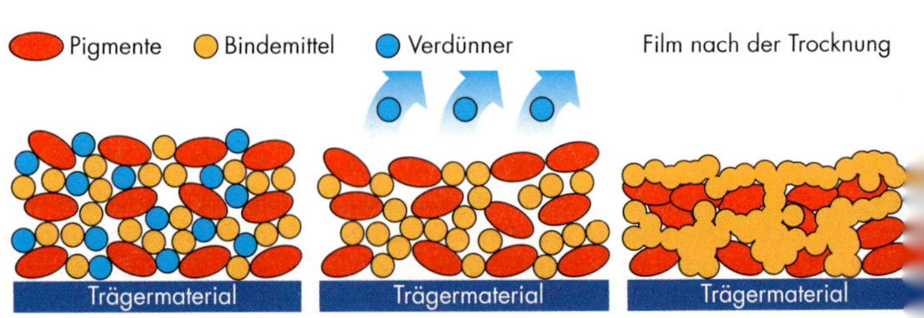

B4 *Schema zur Bildung eines Lackfilms.* **A:** *Welche Rolle hat a) das Bindemittel und b) der Verdünner?*

Farben, Lacke und Effektpigmente

Im täglichen Sprachgebrauch unterscheidet man **Farben** nicht nur nach ihrem Farbton, sondern auch danach, von wem und wozu sie verwendet werden. Man spricht beispielsweise von *Ölfarben* und *Wasserfarben,* mit denen Künstler ihre Bilder malen, oder von *Malerfarben* und *Baufarben* mit denen Wände, Hausfassaden und Holzoberflächen gestrichen werden. Die technische Bezeichnung für Beschichtungsstoffe mit schützenden und dekorativen Eigenschaften für die Oberflächen, auf die sie aufgetragen werden, heißt **Lacke**. Lacke und Farben sind immer Gemische aus mehreren Stoffen (V1–V5 und B4), die in der Regel **Pigmente** (vgl. Definition in Auswertung a) enthalten. Diese sind für die Farbigkeit und/oder das Deckungsvermögen, den Kontrast zwischen einem schwarzen und weißen Untergrund aufzuheben, verantwortlich. Besonders gutes Deckvermögen hat das *Weißpigment* Titandioxid aufgrund seiner hohen Brechzahl (V4). Bei den *Buntpigmenten* ergibt sich der Farbton aus der jeweils charakteristischen Lichtabsorption (vgl. S. 283). Die Pigmente sind im Lack oder in der Farbe als Mikrokristalle mit einem Durchmesser von weniger als 1 µm enthalten. Nach dem Trocknen liegen sie im **Bindemittel** eingebettet vor (B4). In den technischen Lacken und Farben verwendet man als Bindemittel fast ausschließlich synthetische makromolekulare Verbindungen (Polyacrylate, Polyester, Polyurethane u.a.). Bei *einkomponentigen Bindemitteln* liegt das fertige Polymer bereits in Lösung vor, bei *zweikomponentigen Bindemitteln* wird seine Synthese aus Vorstufen (z.B. Polyol und Polyisocyanat) kurz vor dem Aufbringen des Lacks durch Zusammenmischen der beiden Komponenten gestartet. Moderne Autolacke sind aus mehreren Schichten aufgebaut. Im transparenten Decklack sind ca. 15 nm große Partikel aus Aluminiumoxid enthalten. Sie bilden einen kratzfesten Schutzpanzer (B1).

Besonders glänzende, brillante oder irisierende Farben können mit verschiedenen **Effektpigmenten** erzeugt werden (B5, B6). Die einfachsten davon sind **Metallpigmente**, bei denen dünne, metallische Plättchen, beispielsweise aus Aluminium oder Kupfer-Zink Bronzen, im Lack wie kleine Spiegelchen das Licht reflektieren. Unter einem bestimmten Blickwinkel auf ein so lackiertes Blech kommt es zu einer starken Helligkeit wie bei einem Spiegel. Noch faszinierender sind die **Perlglanzpigmente** und die **LC-Pigmente**[1], in denen ein kompliziertes Wechselspiel aus Absorptions-, Reflexions- und Interferenzphänomenen zu wechselnden Farbflops, zarten Pastelltönen und zu einem Glanz führt, der aus der Tiefe zu kommen scheint. Bei den Perlglanzpigmenten wird der Effekt durch parallel angeordnete Plättchen aus anorganischen Silikaten (Glimmer), die mit Metalloxiden (Eisenoxide, Titandioxid) beschichtet sind, herbeigeführt (B6; vgl. S. 342). Bei den LC-Pigmenten sind die schraubenförmig angeordneten Plättchen aus organischem Material. Ein schwarzer Untergrund absorbiert das transmittierte Licht, der reflektierte Lichtanteil bestimmt die blickwinkelabhängige Farbe (B7; vgl. S. 344, 345).

Aufgaben

A1 LC-Pigmente können besser als Perlglanzpigmente in Polyolefine, Polyester und Polycarbonate eingearbeitet werden. Woran liegt das?

A2 Lacke und Farben enthalten neben den Komponenten in B4 auch *Additive*, wie Diphenylketon (Benzophenon) $(C_6H_5)_2C{=}O$ als Lichtschutzmittel. Warum ist bei einem Lack Lichtschutz nötig? Erklären Sie die prinzipielle Funktionsweise des Lichtschutzmittels.

B5 *Effektpigmente in Natur und Technik.*
A: *Nennen Sie weitere Beispiele aus beiden Bereichen.*

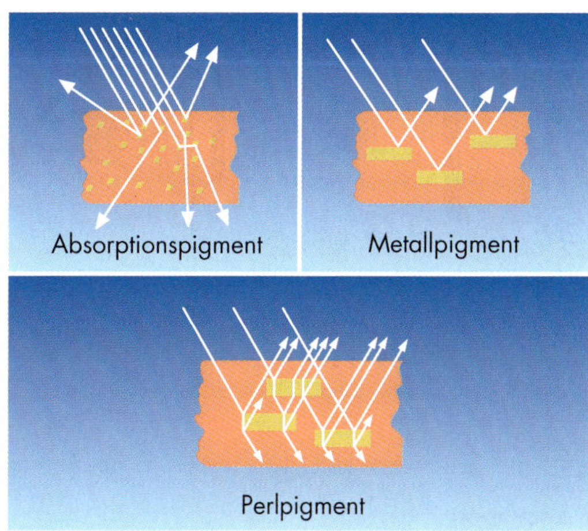

B6 *Absorptionspigment und Effektpigmente. Die Plättchen haben Durchmesser von 10 µm bis 30 µm.*
A: *Erklären Sie den Perlglanzeffekt mithilfe von S. 342.*

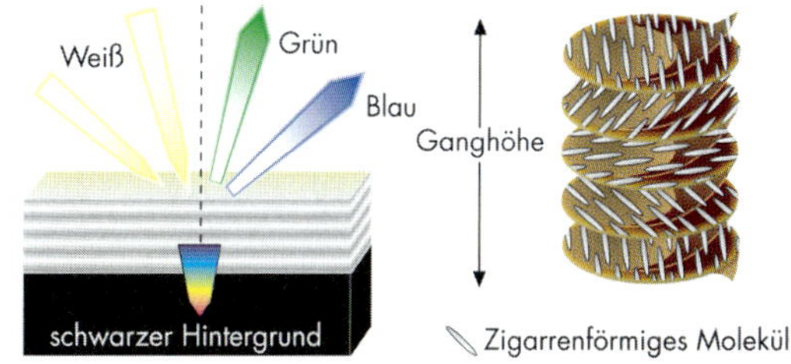

B7 *Optische Wirkung eines LC-Pigments mit Grün-Blau Farbwechsel*

Fachbegriffe

Farben, Lacke, Pigmente, Bindemittel, Effektpigmente, Metallpigmente, Perlglanzpigmente, LC-Pigmente

[1] LC steht für Liquid Crystal (Flüssigkristall) – vgl. S. 344f.

Nicht nur Deckweiß

B1 *Titandioxid ist ein weißes Pulver. Es kommt in den Modifikationen Rutil, Anatas und Brookit vor.*

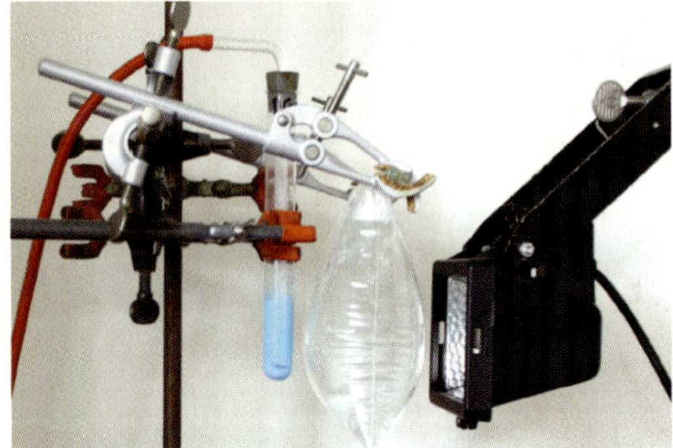

B2 *Versuchsaufbau zu V2 und V3.* **A:** *Warum muss gekühlt werden?*

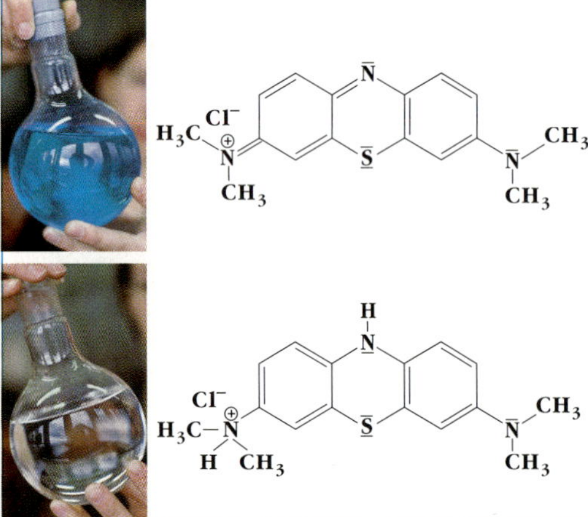

B3 *Methylenblau (oben) und Leuko-Methylenblau (unten).* **A:** *Schreiben Sie die Summenformeln der beiden Kationen auf.*

Versuche

V1 Streichen Sie auf je ein Stück PE-Folie einen dünnen Film aus a) Titandioxid und b) Stärke, beide in Glycerin aufgeschlämmt. Prüfen Sie die UV-Durchlässigkeit der Proben mithilfe eines fluoreszierenden Schirms und einer Hand-UV-Lampe.

V2 Geben Sie in ein dünnwandiges Rggl. 10 mL Methylenblau-Lösung, $c = 2 \cdot 10^{-5}$ mol/L, und 30 mg Titandioxid (Anatas). Bestrahlen Sie die Suspension unter Einleitung von Stickstoff mit einer 200-Watt-Halogenlampe. Zur Kühlung verwenden Sie einen wassergefüllten PE-Beutel (B2). Notieren Sie die Zeit bis zur vollständigen Entfärbung. Schalten Sie die Lampe aus und leiten Sie Luft oder Sauerstoff in die Suspension ein. Beobachtung?

V3 Verfahren Sie mit einem neuen Gemisch aus Methylenblau-Lösung und Titandioxid (Anatas) wie in V2, jedoch unter Einleitung von Sauerstoff statt Stickstoff. Leiten Sie nach der Entfärbung Wasserstoff ein. Beobachtung?

V4 Erzeugen Sie auf weißen Baumwolltuchstücken Flecke aus Himbeersaft, Rotwein und anderen Naturfarbstoffen. Beträufeln Sie die Flecken mit einer Suspension aus ca. 0,5 g Titandioxid (Anatas) in ca. 50 mL Wasser und legen Sie das Tuch a) in die Sonne, b) unter eine Ultravitalux-Lampe, c) unter eine Halogenlampe und d) ins Dunkle. Entwickeln Sie Vorschriften zum Entfernen der Flecke.

Hinweise: Weitere Versuche mit Titandioxid für *Facharbeiten* und *Projekte* zu folgenden Themen sind über *Chemie 2000+ Online* zugänglich:

- Photokatalytische UV-Oxidation von Perchlorethylen (Tetrachlorethen) PER im UV-Tauchlampenreaktor und im selbst gebauten Solarreaktor (B6);
- Photolyse von Wasser mithilfe von Kupfer(I)-chlorid und Titandioxid;
- Photoelektroden für photogalvanische Zellen (vgl. S. 152f).

Auswertung

a) Woran erkennt man bei V1, dass Titandioxid (Anatas) UV-Licht absorbiert?

b) Die Bandlücke E_g (B5 und S. 333) beträgt beim Halbleiter Titandioxid in der Anatas-Modifikation 3,2 eV (Elektron-Volt). Die Energie eines Quants aus blauem Licht beträgt ca. 3 eV, aus rotem Licht ca. 1,6 eV. Begründen Sie, warum Titandioxid farblos erscheint, aber als Sonnenschutzmittel gut geeignet ist.

c) Die Entfärbung von Methylenblau in V2 verläuft viel langsamer, wenn das Kühlwasser in einem Glasgefäß statt in einem PE-Beutel zwischen Lampe und Rggl. gestellt wird. Woran liegt das?

d) Übernehmen Sie die Formeln von Methylenblau und Leuko-Methylenblau in Ihr Heft und geben Sie die Oxidationszahlen für die Atome an, die bei den Strukturen unterschiedlich sind. Begründen Sie, warum Leuko-Methylenblau die reduzierte Form von Methylenblau ist.

e) Die Entfärbung von Methylenblau in V2 kann stark vereinfacht folgendermaßen formuliert werden:

$$2MB^+(aq) + 2H_2O(l) \rightarrow 2MBH_2^+(aq) + O_2(ads).$$

Die Reaktion verläuft *photokatalytisch*, d. h. bei Lichtbestrahlung und mit Titandioxid als Katalysator. $O_2(ads)$ steht für Sauerstoff, der an die Titandioxid-Körnern adsorbiert ist. Erklären Sie anhand der Reaktionsgleichung, warum sich das entfärbte Gemisch aus V2 beim Stehenlassen im Dunklen spontan wieder blau färbt.

f) Weder das entfärbte Methylenblau aus V3 noch die entfärbten Obst- und Weinflecken aus V4 nehmen wieder die ursprüngliche Farbe an, wenn man sie stehen lässt oder mit Reduktionsmitteln oder Oxidationsmitteln versetzt. Was schließen Sie daraus? (*Hinweis:* Die Formeln der Anthocyanfarbstoffe aus Obst und Wein finden Sie auf S. 351.)

Titandioxid – UV-Absorber und Photokatalysator

Wenn auch der größte Anteil an Titandioxid in der *Rutil*-Modifikation als Weißpigment für Farben, Lacke, Papier, Zahnpasta und andere Alltagsprodukte eingesetzt wird, so wird in der Forschung auch an interessanten Anwendungen für die *Anatas*-Modifikation gearbeitet. **Nanopartikel** aus Anatas mit Durchmessern von 5 nm bis 50 nm sind n-Halbleiter (vgl. S. 334). Bei Absorption eines Lichtquants aus dem violetten oder ultravioletten Bereich des Spektrums wird ein Elektron aus dem Valenzband ins Leitungsband angeregt. Dabei bildet sich ein **Elektron-Loch Paar** (B5). Je nachdem wie das Elektron-Loch Paar „vernichtet" wird, erfüllt das Titandioxid verschiedene Funktionen in entsprechenden Einsatzbereichen.

Wenn das angeregte Elektron ins Valenzband zurückfällt, spricht man von der **Rekombination** des Elektron-Loch Paares. Die Energie des absorbierten Lichtquants wird dabei als längerwellige Fluoreszenz emittiert oder in Schwingungsenergie umgewandelt, d.h. die Schwingungen der Ionen im Titandioxid-Gitter werden stärker. Wenn das Titandioxid-Nanopartikel von anderen Teilchen umgeben ist, beispielsweise von den Molekülen aus einer Sonnenschutzcreme oder aus einer Textilie, übernehmen diese die Energie des angeregten Titandioxid-Partikels. Als Endergebnis dieser Energieübertragung bewegen sich die Moleküle bzw. die Molekülteile schneller. Die absorbierte Strahlungsenergie wird also in Wärme umgewandelt, es findet keine chemische Reaktion statt. Auf diese Weise funktioniert Titandioxid als **UV-Absorber** in Sonnenschutzmitteln.

Ganz anders ist die Wirkungsweise des in B5 dargestellten Titandioxid-Korns. Das angeregte Elektron aus dem Leitungsband wird an ein anderes Teilchen aus der Umgebung, an den Elektronen-Akzeptor A, abgegeben, der dabei *reduziert* wird. Das positive „Loch" aus dem Valenzband wird durch den Einfang eines Elektrons von einem Elektronen-Donator D aus der Umgebung ausgeglichen. D wird dabei *oxidiert* und das Elektron-Loch Paar aus dem Titandioxid-Korn ist „vernichtet". Dabei hat aber die in B5 formulierte *Redoxreaktion* stattgefunden. Titandioxid wirkt in diesem Fall als **Photokatalysator**. Auf diese Weise kann Strahlungsenergie genutzt werden, um auch endergonische Redoxreaktionen anzutreiben. Das prominenteste Beispiel ist die *Photosynthese* in grünen Pflanzen (vgl. S. 108, 109). Die Spaltung von Wasser mit Licht, die **Wasserphotolyse**, ist ein Forschungsschwerpunkt vieler Arbeitsgruppen mit der Option, Wasserstoff, den umweltfreundlichsten unter allen Energieträgern, mithilfe von Sonnenlicht zu gewinnen.

$$H_2O \rightarrow H_2 + 1/2 O_2; \quad \Delta G° = +237 \text{ kJ}$$

Prinzipiell ist das möglich, denn die freie Reaktionsenthalpie bei der Zersetzung eines Wasser-Moleküls entspricht der Energie eines Lichtquants von 2,45 eV, also mit λ = 504 nm. Dabei könnte auch Titandioxid nützlich sein, das aber für Licht größerer Wellenlängen sensibilisiert werden muss (vgl. Photosensibilisatoren auf S. 351).

Aufgabe

A1 Geben Sie an, in welcher Relation die Redoxpotenziale $E°(D/D^+)$ und $E°(A^-/A)$ stehen müssen (größer, kleiner oder gleich), damit die Redoxreaktion aus B5 exergonisch verläuft. Nennen Sie zur Begründung ein konkretes Reaktionsbeispiel.

B4 *Nanopartikel aus Titandioxid in den Fasern von Textilien machen diese UV-undurchlässig.* **A:** *Wo bleibt die Energie der UV-Strahlen?*

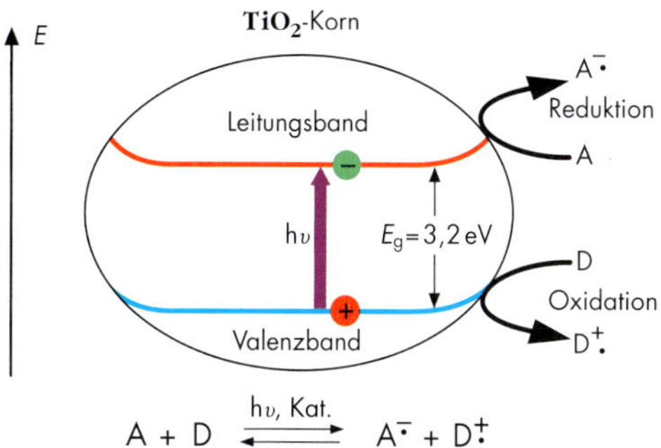

B5 *Prinzipielle (idealisierte) Funktionsweise von Titandioxid als Photokatalysator.* **A:** *Warum verläuft die Hinreaktion nur bei Lichtbestrahlung?*

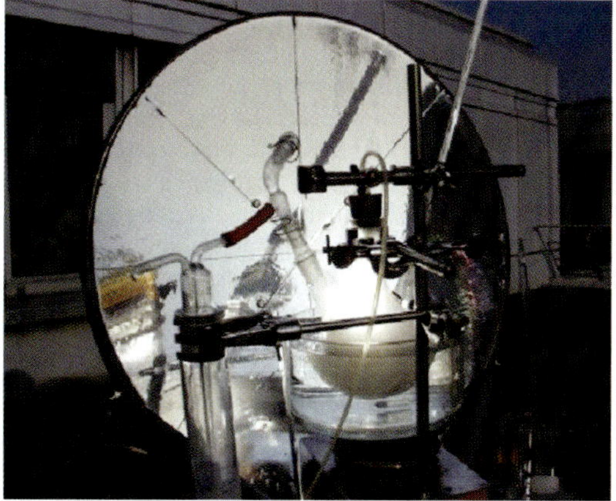

B6 *Photokatalytische Oxidation von Organochlorverbindungen in einem selbst gebauten Solarreaktor. (Vgl. Bauanleitung und Versuchsbeispiel in Chemie 2000+ Online.)*

Fachbegriffe

Nanopartikel, Elektron-Loch Paar, Rekombination, UV-Absorber, Photokatalysator, Wasserphotolyse

Nanotechnologie

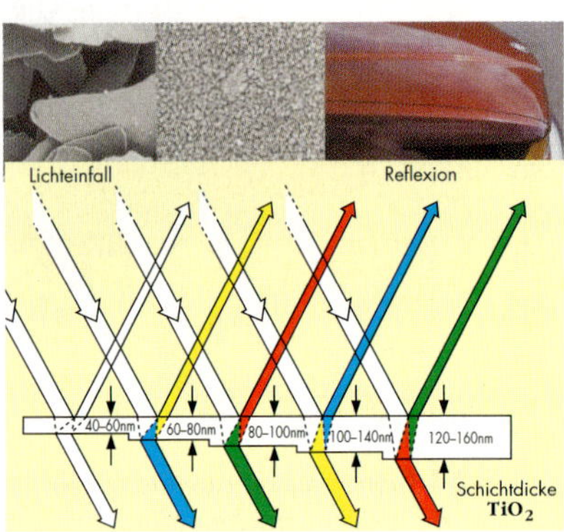

B1 *Rasterelektronenmikroskopische Aufnahmen und Funktionsschema eines Glimmerpigments mit Titandioxid*

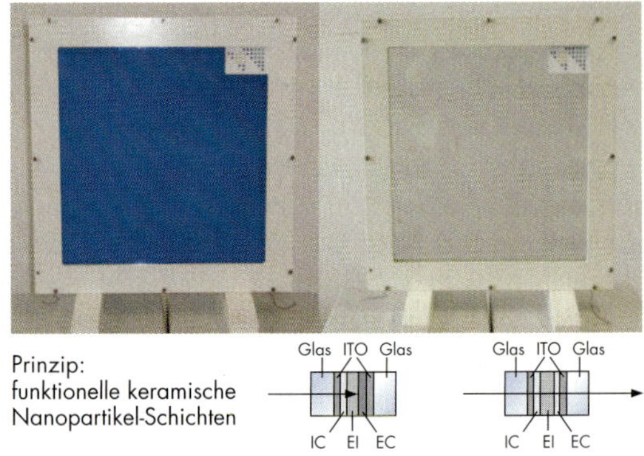

B2 *Das helle Fenster mit elektrochromer Beschichtung färbt sich beim Anlegen einer elektrischen Spannung dunkelblau.*

Nanoschichten für Effektpigmente

Die wichtigste Gruppe von *Perlglanzpigmenten* (vgl. S. 339) enthält Mikroplättchen aus Glimmer. Das sind natürliche oder synthetische Schichtsilikate mit Aluminium- und Alkalimetall-Ionen, beispielsweise $KAl_2[AlSi_3O_{10}](OH,F)_2$. Die Glimmerplättchen sind ca. 500 nm dick und haben Durchmesser von 5 µm bis 200 µm (B1). Um mithilfe der Glimmerplättchen Farbeffekte zu erzeugen, werden diese mit einer 40 bis 200 nm dicken Schicht aus transparentem Titandioxid umhüllt (B1). Sie wirken als Interferenzfilter, d.h. sie lassen nur Lichtquanten durch, deren Wellenlängen in einer bestimmten Relation zur Schichtdicke stehen, der Rest wird reflektiert. So ist beispielsweise bei TiO_2-Schichtdicken zwischen 120 nm und 160 nm das reflektierte Licht im Glanzwinkel Grün, während das durchgelassene Licht die Komplementärfarbe Rot hat. Auf schwarzem Untergrund erscheint ein entsprechendes Pigment grün, weil das durchtretende Licht vollständig absorbiert wird. Bei Durchsicht sieht man die rote Farbe. Die unterschiedlichen Farben und Helligkeiten bei Perlglanzpigmenten (das Changieren, die Farbflops) kommen zustande, wenn die TiO_2-Nanoschichten auf den Glimmerplättchen unterschiedlich dick sind und der Untergrund sowie der Betrachtungswinkel wechseln.

Für die Erzeugung von TiO_2-Nanoschichten auf Glimmerplättchen wird Titandioxid aus löslichen Titanverbindungen direkt auf die Glimmerplättchen ausgefällt:

$$TiOSO_4(aq) + \text{Glimmer} + H_2O \rightarrow TiO_2/\text{Glimmer} + H_2SO_4$$

oder:

$$TiOCl_2(aq) + \text{Glimmer} + 2NaOH \rightarrow TiO_2/\text{Glimmer} + 2NaCl + H_2O$$

Anschließend wird gewaschen und je nach Verfahren auf 100 °C bis 900 °C erhitzt, um das Wasser zu entfernen und der Nanoschicht die erforderliche Struktur zu geben.

Nanopartikel für elektrochrome Fenster

Das Prinzip der *Elektrochromie*, d.h. des reversiblen Farbwechsels bei Stromfluss bzw. Ladungsverschiebung, kann mithilfe der Skizzen aus B2 erklärt werden. Darin bedeuten:

- ITO: Indium-Zinnoxid, eine transparente, elektrisch leitfähige Schicht, die nach speziellen, recht aufwendigen Verfahren auf Glas aufgetragen wird (vgl. auch ITO-Glas für Photoelektroden über *Chemie 2000+ Online*)
- IC: Interkalationselektrode aus einer Schicht an CeO_2/TiO_2-Nanopartikeln
- EI: Elektrolyt, der elektrischen Strom nur als H^+- und Li^+-Ionen leitet und aus einer Polymer-ZrO_2-Nanopartikel-Schicht besteht
- EC: Elektrochrome Schicht; WO_3 lässt sich zu Wolframbronzen reduzieren, die Mischungen aus Wolfram in den Oxidationsstufen V und VI enthalten und intensiv blau gefärbt sind.

Wenn über das System ein Strom fließt, erfolgt die partielle Reduktion von W(VI) zu W(V). Um den Überschuss an elektrisch negativer Ladung zu kompensieren, werden Li^+-Ionen aus der Interkalationselektrode durch den Elektrolyten in die EC-Schicht transportiert. Diese färbt sich dabei dunkel. Der Zustand bleibt ohne Stromversorgung erhalten. Beim Umpolen erfolgt Aufhellung. Da der Strom jeweils nur kurz eingeschaltet werden muss, ist der Energieverbrauch gering.

Elektrochrome Glasscheiben finden bei Gebäuden mit großen Fensterflächen, bei Fahrzeugen und bei großflächigen Displays Anwendung.

Aufgaben

A1 Vergleichen Sie die Phänomene der Elektrochromie und Photochromie (vgl. S. 313) miteinander. Nennen Sie Gemeinsamkeiten und Unterschiede.

A2 Mit welchem Pol der Gleichspannungsquelle muss die EC-Schicht aus B2 verbunden werden, wenn abgedunkelt werden soll? Begründen Sie Ihre Antwort.

Nanotechnologie

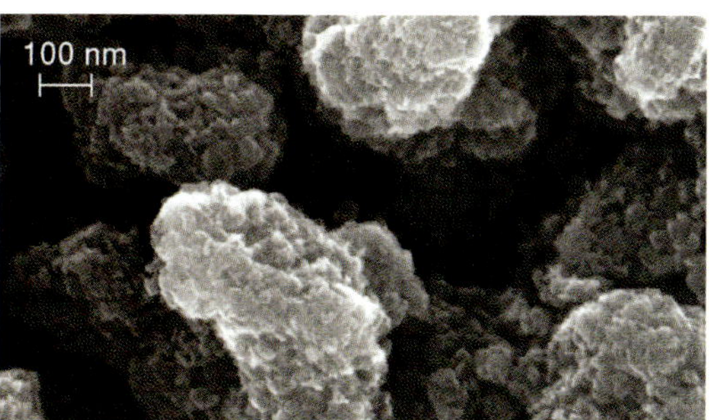

B3 *Agglomerate aus photosensibilisierten Titandioxid-Nanopartikeln im Rasterelektronenmikroskop REM*

B4 *Das Lotusblatt ist selbstreinigend. Wassertropfen perlen von ihm ab und nehmen den Schmutz mit.*

Nanoagglomerate für Katalysatoren und Photoelektroden

In der REM-Aufnahme aus B3 ist zu erkennen, dass sich winzige Nanopartikel mit Durchmessern von 10 nm bis 50 nm zu größeren Agglomeraten zusammengeballt haben. Diese Struktur ist charakteristisch für entwässerte und erhitzte (gesinterte) Proben aus Nano-Titandioxid, Nano-Zinkoxid und anderen Nano-Metalloxiden, weil diese aufgrund der Hydroxy-Gruppen an der Oberfläche (vgl. B2, S. 338) Wasserstoffbrückenbindungen zueinander ausbilden. Die hellen Stellen an der Oberfläche der Agglomerate in B3 werden durch Farbstoff-Moleküle verursacht, die über Elektronenpaarbindungen an die Titandioxid-Körner gebunden sind (vgl. B5, S. 351). Die Agglomerate haben immer noch einige wesentliche Eigenschaften der entsprechenden Nanopartikel, beispielsweise die charakteristische Energielücke von 3,2 eV beim Titandioxid (vgl. B5, S. 341). Daher kann Titandioxid auch in dieser Form als Photokatalysator bei Redoxreaktionen wirken. Von Vorteil ist auch, dass die innere Oberfläche des Materials immer noch sehr groß ist. Dadurch können sowohl Lichtquanten zu vielen Nanopartikeln vordringen als auch Reaktanden. Diese erreichen die Katalysatoroberfläche durch die Zwischenräume zwischen den Agglomeraten.

Als Photoelektrodenmaterial (vgl. S. 153, B2) haben Nanoagglomerate gegenüber nicht agglomerierten Nanopartikeln einen weiteren Vorteil. Da sich die Nanopartikel berühren und sogar teilweise miteinander verschmolzen sind, können die ins Leitungsband angeregten Elektronen von Korn zu Korn vergleichsweise leicht durch das Agglomerat fließen und die Elektrode erreichen, von der aus sie in einen äußeren Stromkreis aus metallischen Leitern gelangen.

Aufgabe

A3 Vergleichen Sie in *Chemie 2000+ Online* die REM-Aufnahmen von Titandioxid-Pulver, ungesintertem (aus der feuchten Paste getrocknetem), gesintertem (auf 450 °C erhitztem) und sensibilisiertem (wie das vorige, jedoch mit Himbeersaft getränktem und abgespültem) Titandioxid miteinander. Nennen und erklären Sie die Unterschiede.

Nanostrukturen beim Lotus-Effekt® und *easy-to-clean* Beschichtungen

Der selbstreinigende Effekt des Lotusblattes beruht auf der Mikro- bzw. Nanostruktur seiner Oberfläche. Darauf gibt es regelmäßig angeordnete Erhebungen in 10 µm bis 50 µm Abstand und darüber winzige Nanokristalle aus Wachs in Abständen von ca. 200 nm (B4). Ein Wassertropfen berührt die Oberfläche nur an wenigen Punkten und zieht sich aufgrund der Oberflächenspannung zu einer Kugel zusammen. Beim Abrollen nimmt er die ebenfalls lose auf dem Blatt liegenden Schmutzpartikel mit. Der Lotus-Effekt wird technisch bei der Herstellung selbstreinigender Beschichtungen z. B. für Fassadenfarben, Dachziegel und Kunststoffe genutzt. Diese Beschichtungen haben ähnlich strukturierte Oberflächen wie das Lotusblatt, bestehen jedoch aus anderen Materialien.

Die beschriebene Struktur fehlt bei sogenannten *easy-to-clean* Beschichtungen für den Sanitärbereich und für Anti-Graffiti-Oberflächen (V1).

Versuch

V1 Rühren Sie folgende Zutaten zu einer homogenen Lösung zusammen: 5 mL Ethanol*, 15 mL Tetraethoxysilan* (Tetraethylorthosilikat) $Si(OC_2H_5)_4$, 1 mL Salpetersäure, $c = 3$ mol/L, 8 mL dest. Wasser, 4 g Kupfer(II)-nitrat-Trihydrat* und 1 mL Essigsäure*, $c = 4$ mol/L. Lassen Sie die Lösung einen Tag stehen und tropfen Sie dann 30 mL Methanol* und 10 Tropfen Klarspüler (nichtionisches Tensid) hinzu. Mit dieser Lösung beschichten Sie perfekt gereinigte Objektträger. Um eine möglichst dünne und gleichmäßige Schicht zu erhalten, befestigen Sie den Objektträger mit einer Wäscheklammer an einem Faden und ziehen ihn langsam mit 2–3 mm/s über eine Metallstange aus der Lösung heraus. Dann erhitzen Sie 1 Stunde lang bei 250 °C im Backofen. Sie können den Beschichtungsvorgang wiederholen, um bessere Effekte zu erzielen. Vergleichen Sie die beschichteten Objektträger hinsichtlich der Leichtigkeit, mit der sie sich von Spray reinigen lassen, mit unbeschichteten Objektträgern.

Hinweis: Zusatzinformationen und Animationen zum Lotus-Effekt® sind über *Chemie 2000+ Online* erreichbar.

Ordnung macht bunt

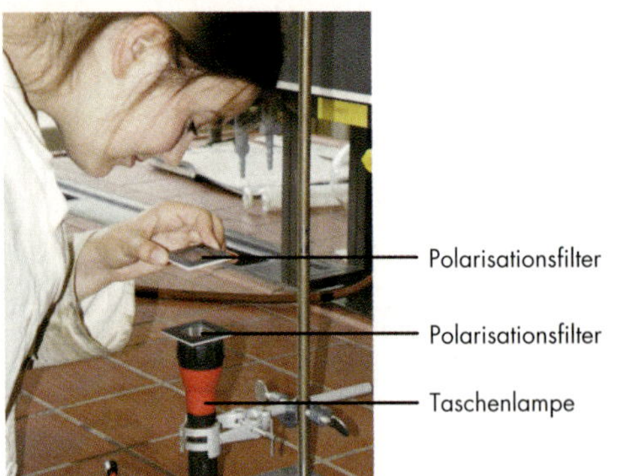

B1 *Versuchsaufbau zu V1*

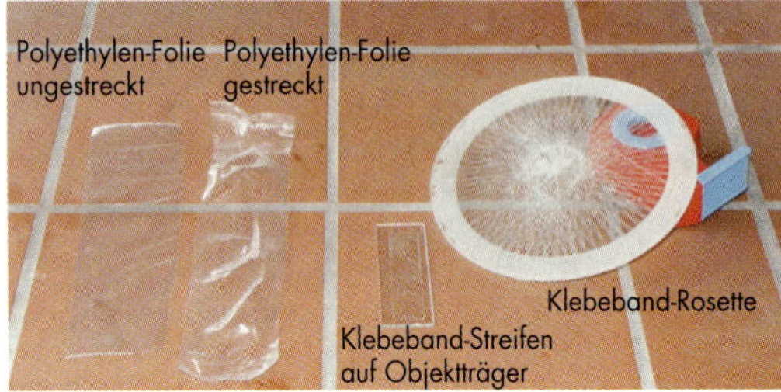

B1 *Anordnung für Projektionsversuche und Proben für V2*

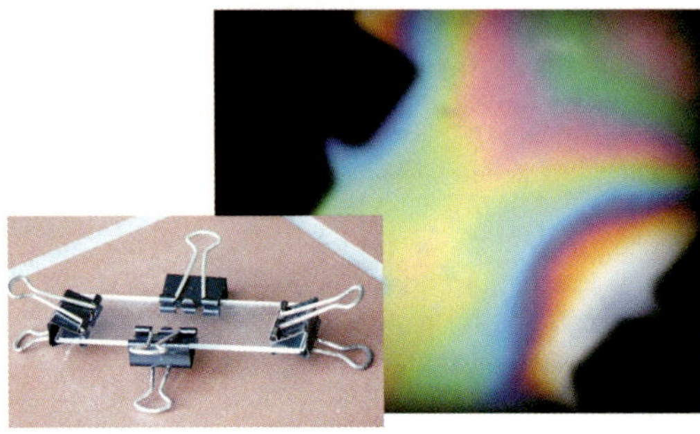

B3 *MBBA-Sandwich und Lichtbrechung zwischen gekreuzten Polarisatoren*

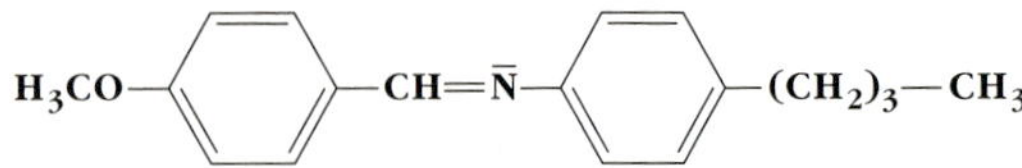

B4 *N-(4-Methoxybenzyliden)-4-butylanilin** ***MBBA***

Versuche

Anmerkung: V1 – V4 eignen sich als Projektionsversuche (vgl. nähere Anleitungen in Chemie 2000+ Online).

V1 Bauen Sie die Anordnung aus B1 auf. Betrachten Sie die Durchlässigkeit für Licht, während Sie den oberen Polarisationsfilter in der Ebene drehen. Merken Sie sich die Position, bei der das Licht ungehindert passieren kann („ungekreuzte" Polarisatoren) und die Position, bei der eine Auslöschung stattfindet („gekreuzte" Polarisatoren).

V2 Halten Sie zwischen zwei gekreuzte Polarisationsfilter a) ein Stück ungestreckte Polyethylen-Folie, b) ein Stück gestreckte Polyethylen-Folie (Folie in eine Richtung dehnen), c) einen Objektträger, der mit einem 3 cm langen Streifen Tesafilm beklebt ist und d) eine Glasplatte, die mit einer Rosette aus Tesafilm (B2) beklebt ist.

V3 Geben Sie a) einen Tropfen Wasser, b) einen Tropfen Glycerin, c) einen Tropfen N-(4-Methoxybenzyliden)-4-butylanilin* **MBBA**, d) ein Glimmerplättchen und e) einige Kristalle Ascorbinsäure (Vitamin C) zwischen zwei Objektträger. Klammern Sie die Objektträger mit Papierklammern (B3) zu einem „Sandwich". Halten Sie die einzelnen Proben zwischen zwei gekreuzte Polarisationsfilter. Beobachtung?

V4 Nehmen Sie die Probe c) aus V3 und halten Sie sie zwischen gekreuzte Polarisatoren. Betrachten Sie die Stellen, an denen durch den Druck der Klammern die **MBBA**-Schicht besonders dünn ist. Erwärmen Sie die Probe mit einem Fön. Beobachtung? Lassen Sie die Probe wieder abkühlen (ggf. mit der Kaltluftstufe des Föns), ohne ihre Position zu verändern. Wiederholen Sie das Aufwärmen und Abkühlen mehrmals. Beobachtung?

V5 Geben Sie etwas N-(4-Methoxybenzyliden)-4-butylanilin* **MBBA** 1–2 cm hoch in eine unten zugeschmolzene Glaspipette und verschließen Sie die Pipette mit einem Pipettierhütchen. Halten Sie die Pipette einige Zeit in ein mit Eiswasser gefülltes 100-mL-Becherglas. Entnehmen Sie die Pipette und betrachten Sie das MBBA. Geben Sie die Pipette wieder in das Wasserbad. Erhitzen Sie das Wasser langsam mit einer Heizplatte bis auf 60 °C und betrachten Sie währenddessen bei verschiedenen Temperaturen das MBBA genau.

Auswertung

a) Protokollieren Sie Ihre Versuchsergebnisse. Legen Sie für V5 eine gesonderte Tabelle an, in der Sie die Temperatur (5°-Intervalle) und das genaue Aussehen von **MBBA** notieren.

b) Bei parallelen Polarisationsfiltern kann das Licht, dessen Schwingungsebene der Polarisationsebene des ersten Filters entspricht, diese passieren und ebenfalls durch den zweiten Filter hindurch gelangen. Warum beobachtet man bei gekreuzten Polarisatoren hingegen eine Auslöschung des Lichts?

c) Welchen Effekt hat die ungestreckte Folie in V2? Vergleichen Sie mit der gestreckten Folie. Welcher Unterschied auf molekularer Ebene könnte für die beobachteten Phänomene verantwortlich sein?

d) Wird die Bildung von Farbmustern bei V3 vom Aggregatzustand des untersuchten Stoffs bestimmt? Erläutern Sie ausführlich anhand der Versuchsbeobachtungen.

e) Beschreiben Sie die Temperaturabhängigkeit der Eigenschaften von **MBBA** (Farbenmuster, Lichtauslöschung) in V4 und korrelieren Sie mit dem Schmelzverhalten in V5.

f) Schreiben Sie die räumliche Strukturformel des (stabileren) *trans*-Isomers von **MBBA** auf. Erklären Sie anhand der Formel, warum die Moleküle der kristallinen Flüssigkeit **MBBA** annähernd stäbchenförmig und starr sind und Dipolcharakter haben.

Kristalline Flüssigkeiten im polarisierten Licht

Polarisationsfilter kennt man beispielsweise von einigen Sonnenbrillen oder Objektiven von Fotoapparaten. Wenn ein Lichtstrahl einen Polarisationsfilter passiert, wird nur der Teil des Lichts durchgelassen, bei dem die Schwingungsebene[1] der vom Filter vorgegebenen Ebene entspricht. Es entsteht **linear polarisiertes Licht**. Ein zweiter Polarisator im Strahlengang kann das polarisierte Licht ungestört durchlassen oder seine Intensität bis zur vollständigen Dunkelheit abschwächen (B5). Zur völligen Löschung kommt es dann, wenn die durch den zweiten Polarisator vorgegebene Schwingungsebene senkrecht zu der des ersten steht (gekreuzte Polarisatoren bei V1).

Platziert man verschiedene Proben zwischen zwei gekreuzte Polarisatoren, so kann es hinter dem zweiten Polarisator zu einer Aufhellung oder sogar zu kunstvollen Farbmustern kommen. Das ist beispielsweise bei einer gestreckten Polyethylen-Folie, einer Tesafilm-Rosette, einem Glimmerplättchen oder einer dünnen Schicht der organischen Verbindung MBBA aus B4 der Fall. In diesen Stoffproben gibt es Bereiche, in denen auf molekularer Ebene eine hohe Ordnung herrscht, ähnlich wie in Kristallen. Aufgrund dieser Ordnung sind die Proben **anisotrop**[2] gegenüber Licht. D.h. je nach Richtung, in der das Licht die Probe durchquert, erfolgt eine jeweils charakteristische Drehung der Ebene des polarisierten Lichts sowie eine unterschiedliche Absorption von Licht verschiedener Wellenlängen. Beides ist auch von der Schichtdicke der Probe abhängig. Als Ergebnis dieser Effekte entstehen bei einigen Proben aus V1 bis V4 Farben und Farbmuster.

Bei einer Polyethylen-Folie können geordnete Bereiche durch Strecken der Folie erzeugt werden. Fragmente aus Makromolekülen ordnen sich dabei parallel in Stapeln an. Diese sind zwischen ungeordneten Makromolekülen verteilt. In **kristallinen Flüssigkeiten** sind die Moleküle entlang einer Vorzugsrichtung ausgerichtet. Sie besetzen aber nicht wie in einem echten Kristall definierte Gitterpunkte im dreidimensionalen Raum, sondern sie sind entlang der Vorzugsrichtung statistisch verteilt und dabei in ständiger Bewegung. Daher kann der flüssig-kristalline Zustand gewissermaßen als ein „vierter Zustand der Materie" betrachtet werden. Stoffe wie MBBA zeigen entsprechend zwei Phasenübergänge. Beim Erwärmen des Feststoffs erfolgt der Übergang vom kristallinen, fest-anisotropen in den flüssig-anisotropen Zustand (Schmelztemperatur). Die anisotrope Flüssigkeit streut das Licht und erscheint daher trübe. Bei der **Klärtemperatur (Klärpunkt)** erfolgt der Übergang in die isotrope Flüssigkeit. Dabei „schmilzt" der Flüssigkristall. In V5 wird die Probe klar, während in V4 das Farbmuster auf der Projektionsfläche schlagartig verschwindet. Beim Abkühlen erscheinen die hellen, farbigen Muster ebenso schlagartig wieder.

Bei Farbmonitoren mit Flüssigkristallen wird die molekulare Ordnung nicht thermisch, sondern durch elektrische Felder gesteuert (vgl. S. 346, 347).

Aufgaben

A1 Erklären Sie, warum die beobachteten Farben bei der Tesafilm-Rosette regelmäßigere Konturen haben als bei der gestreckten Polyethylen-Folie.

A2 Stellen Sie sich vor, Sie wollten ein Lehrvideo zu V4 aufnehmen. Verfassen Sie unter Verwendung der geeigneten Fachbegriffe einen verständlichen Begleittext.

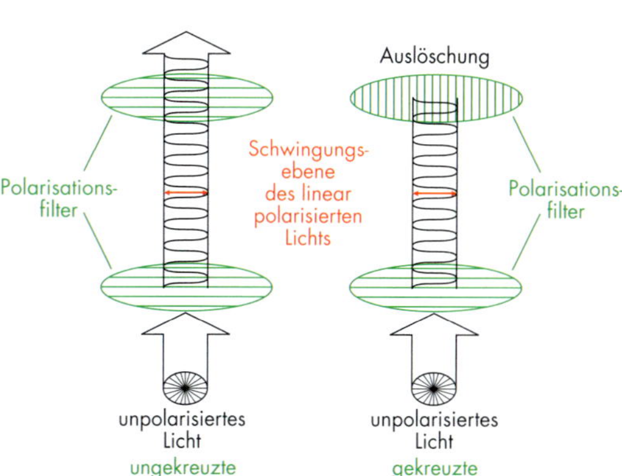

B5 *Entstehung von linear polarisiertem Licht und Auswirkungen eines zweiten Polarisators.* **A:** *Was geschieht, wenn man zwischen zwei gekreuzte bzw. ungekreuzte Polarisatoren einen dritten Polarisationsfilter um 0°, 45° und 90° verdreht hält? Überprüfen Sie Ihre Vermutung ggf. experimentell.*

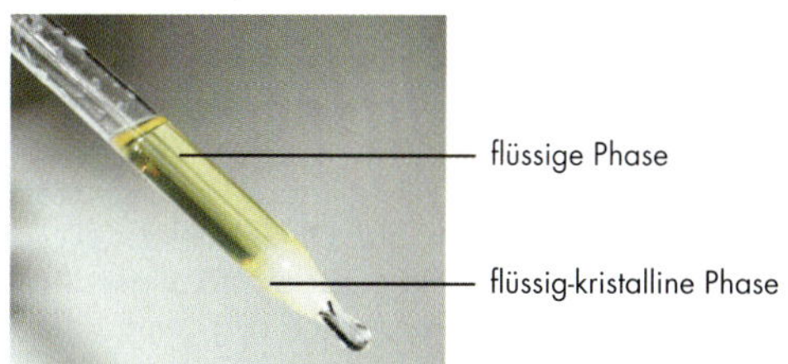

B6 *MBBA im flüssig-kristallinen und flüssigen Zustand.* **A:** *Worin unterscheiden sich die flüssig-kristalline und die flüssige Phase?*

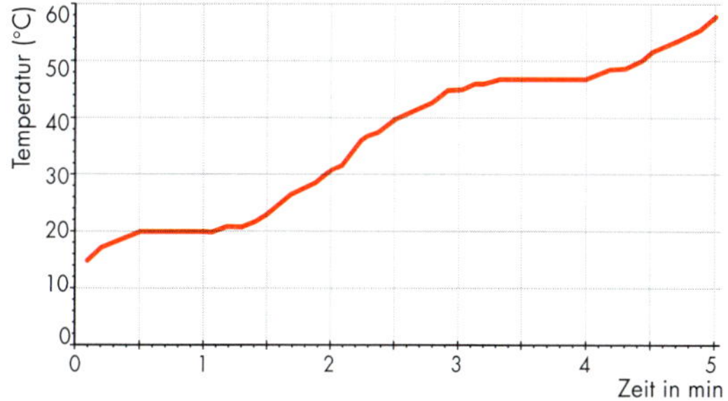

B7 *Schmelzkurve von MBBA.* **A:** *Vergleichen Sie die Kurve mit einer typischen Schmelzkurve einer Substanz, die keine flüssig-kristallinen Eigenschaften zeigt.*

[1] Licht verhält sich einerseits wie ein Strahl aus winzigen Teilchen (Photonen, Lichtquanten), andererseits wie eine Folge von elektromagnetischen Wellen (Teilchen-Welle-Dualismus des Lichts).

[2] Anisotrope Stoffe haben richtungsabhängige Eigenschaften, bei isotropen Stoffen sind alle Eigenschaften richtungsunabhängig.

Fachbegriffe

linear polarisiertes Licht, isotrop, anisotrop, kristalline Flüssigkeit, Klärtemperatur (Klärpunkt)

Stapel und Schrauben aus Molekülen

Flüssigkristall-Anzeigen Liquid Crystal Displays LCD

B1 *LCD-Flachbildschirm (vgl. auch B1, S. 347)*

Flüssigkristalle werden vielfach bei Anzeigenelementen von Autoradios, Uhren, Messinstrumenten oder bei flachen Monitoren verwendet. Dabei macht man sich die Eigenschaft zunutze, dass sich Flüssigkristall-Moleküle in einem elektrischen Feld ausrichten.
Eine LCD ist wie ein Sandwich aufgebaut (B1, S. 347). Jede der beiden begrenzenden Glasplatten ist außen mit einer Polarisationsfolie beklebt und innen mit einer dünnen Orientierungsschicht aus sehr feinen Rillen versehen. Zwischen den Glasplatten befindet sich eine dünne Flüssigkristall-Schicht. Ihre Dicke beträgt etwa 4–8 nm, also ein Zehntel der Dicke eines menschlichen Haares. Die stäbchenförmigen Moleküle der kristallinen Flüssigkeit richten sich gemäß der Rillen in den beiden Orientierungsschichten aus.
Bei sogenannten **TN-Zellen** (*twisted nematic*[1]), die beispielsweise bei Uhren und Taschenrechnern verwendet werden, sind die Orientierungsschichten in den Glasplatten um 90° gegeneinander verdreht. Dadurch ordnen sich die Moleküle in einem Stapel jeweils schraubenartig zu einer Helix an. Im spannungslosen Zustand wird einfallendes Licht zunächst polarisiert und dann entlang der Helix um 90° gedreht. So kann es den zweiten Polarisator ungehindert passieren. Der Beobachter sieht eine helle Fläche. Wenn man eine Spannung anlegt, richten sich die Flüssigkristall-Moleküle parallel zum elektrischen Feld aus und bilden keine Helix mehr. Das polarisierte Licht wird innerhalb der Flüssigkristall-Schicht nicht mehr gedreht, der Beobachter sieht eine dunkle Fläche (Auslöschung). Die Flüssigkristall-Moleküle wirken in LCDs also wie spannungsgesteuerte Lichtventile.
Für Notebooks werden überwiegend **STN-Zellen** (*supertwisted nematic*) verwendet, bei denen die Polarisatoren um 180° bis 270° verdreht sind. STN-Displays zeichnen sich durch höheren Kontrast und einen größeren Betrachtungswinkel aus.
Je nach angelegter Spannung wird die helicale Verdrehung der Flüssigkristall-Moleküle aufgehoben, sodass es zu verschiedenen Grauabstufungen kommen kann. Das macht man sich für große Flächen wie z. B. sogenannte **smart windows** zunutze. Durch Anlegen einer Spannung lässt sich so eine nicht transparente Trennwand erzeugen, bzw. das durch Fenster gelangende Licht abschirmen.

Von der Segment-Anzeige zum Aktivmatrix-Display

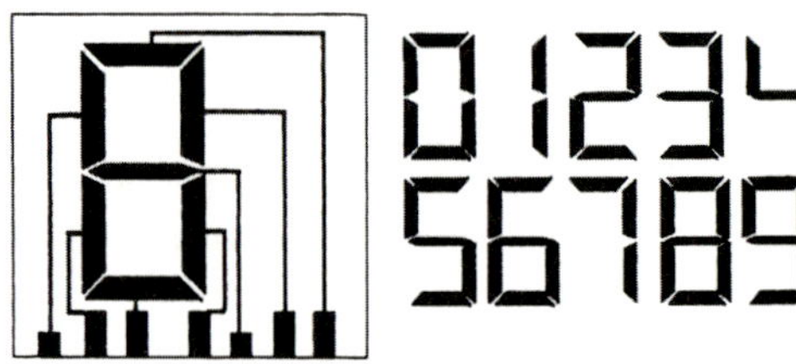

B2 *7-Segment-Anzeige zur Darstellung von Zahlen*

In einfachen Anzeigeelementen werden beispielsweise die Zahlen über 7-Segment-Anzeigen dargestellt. Jedes einzelne Segment wird über einen gesonderten Kontakt am Anzeigenrand elektronisch angesteuert (B2).
Bei Flüssigkristall-Bildschirmen verlaufen bereits bei einer geringeren Auflösung auf einer Fläche horizontal 480 und vertikal 640 Leiter wie in einer Matrix, bei einer höheren Auflösung sind es 1024 x 1280 Leiter oder mehr. Jeder Schnittpunkt bildet dabei einen Bildpunkt (Pixel).
Bei den **Aktivmatrix-Displays** wird jedes Pixel mittels einer aktiven elektronischen Schalteinheit unabhängig von den anderen Elementen angesteuert. Dazu wird ein Dünnfilmtransistor (*thin film transistor*, **TFT**) verwendet, der sich am Rand eines jeden Pixels befindet. Monitore mit TFT-Technologie zeichnen sich durch schnelle Reaktionszeiten, ein gutes Kontrastverhältnis und klare Farbdarstellung aus.
LCD-Anzeigen sollen bei den unterschiedlichsten klimatischen Bedingungen, d. h. in einem breiten Temperaturbereich, betriebsfähig sein. Es müssen also Flüssigkristalle eingesetzt werden, bei denen Schmelztemperatur und Klärtemperatur (vgl. S. 345) möglichst weit auseinander liegen. Da dies bei nur einer Flüssigkristall-Sorte nicht im gewünschten Maße der Fall ist, verwendet man Mischungen verschiedener Flüssigkristalle. So erhält man Materialien, bei denen die flüssig-kristalline Phase in einem Temperaturbereich zwischen −20 °C und +60 °C liegt.

Aufgaben

A1 Warum sind bei LCDs die bis zu 1,6 mm dünnen Fluoreszenzröhren notwendig (vgl. B1, S. 347)?

A2 Warum sind die Glasplatten mit einer Schicht aus Indium-Zinnoxid leitfähig gemacht?

A3 Hat man als Träger einer polarisierenden Sonnenbrille mit Beeinträchtigungen beim Ablesen von LCDs zu rechnen? Begründen Sie ihre Antwort.

A4 Diskutieren Sie Vor- und Nachteile des Einsatzes von *smart windows* anstelle herkömmlicher Fenster.

A5 Stellen Sie die Analogie beim Einsatz von Flüssigkristall-Mischungen zum Einsatz von Streusalz im Winter heraus.

[1] In der nematischen Phase sind die Flüssigkristall-Moleküle sämtlich entlang der Vorzugsrichtung orientiert (vgl. *Chemie 2000+ Online*).

Farbmonitore

Farbige LCD-Monitore

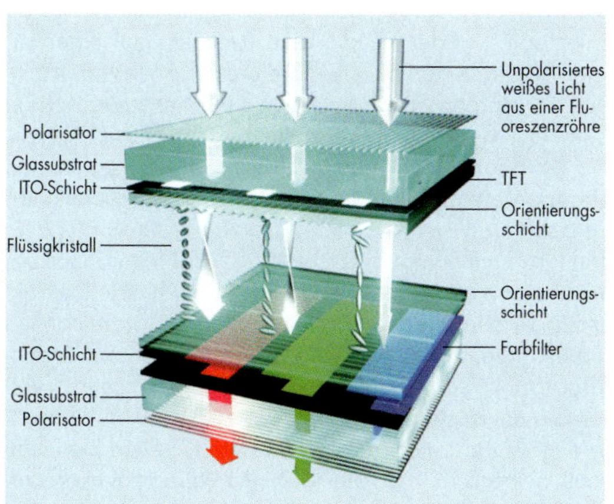

B1 *Aufbau eines LCD-Farbpixels. Der Farbton und die Farbintensität werden durch das Ansteuern der Transistoren geregelt.*

Besonders für Displays und Monitore sind farbige LCDs notwendig. Diese funktionieren prinzipiell wie auf S. 346 beschrieben. Zusätzlich sind aber unter der zweiten Orientierungsschicht Farbfilter eingebaut (B1). Ein einzelnes farbiges Pixel besteht immer aus drei farbigen Subpixeln, einem roten, einem grünen und einem blauen.

Je nachdem ob und wie viel Spannung an die einzelnen Subpixel angelegt wird, ergibt sich dann das Pixel durch Farbmischung (vgl. S. 283). Die Intensität eines Subpixels kann über 256 Abstufungen verlaufen. Kombiniert man diese Subpixel, so ergibt sich eine mögliche Farbpalette von 16,8 Millionen Farben.

Für einen Monitor mit einer Auflösung von 1280 x 1024 Pixeln müssen insgesamt ca. 1,3 Millionen Pixel bzw. ca. 4 Millionen Subpixel angesteuert werden – ein komplexer Prozess. Defekte Pixel erscheinen am Bildschirm als dunkle, teils auch farbige Punkte und können die Bilddarstellung stören.

Die Größe von Flachbildschirmen wird durch die technischen Möglichkeiten bei der Herstellung limitiert. Um die Größe eines Displays zu erhöhen müssen mehr Pixel und Transistoren hinzugefügt werden. Damit steigt aber auch die Wahrscheinlichkeit, dass ein defekter Transistor eingebaut wird. Je höher die Ausschussrate an fehlerhaften Bildschirmen, desto höher wird der Preis für Flachbildschirme. Nur Verbesserungen bei den Herstellungsverfahren können zu kostengünstigeren Flachbildschirmen führen.

Aufgaben

A1 Entstehen die Farben der Pixel am Farbmonitor durch additive oder subtraktive Farbmischung (vgl. S. 283)? Begründung.

A2 Wie werden die Farben Schwarz und Weiß bei farbigen LCDs erzeugt?

Farbige OLED-Monitore

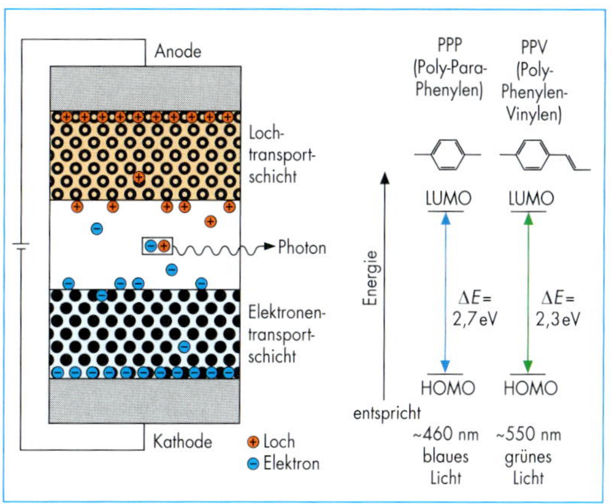

B2 *Aufbau einer Dreischicht-OLED und Prinzip der Erzeugung verschiedener Farben bei einer OLED (vgl. zu HOMO und LUMO Fußnote 2 von S. 295)*

Organische Leuchtdioden (*organic light emitting diodes*) OLEDs eignen sich ebenso wie Flüssigkristalle für den Bau von Flachbildschirmen. OLED-Monitore liefern brillante Farben sowie hohen Kontrast ohne Betrachtungswinkelabhängigkeit. Sie zeichnen sich durch einen geringeren Energiebedarf als LCD-Monitore aus. Das liegt an dem völlig verschiedenen Prinzip der Farberzeugung. Anders als ein LCD-Bildschirm ist ein OLED-Monitor selbstleuchtend, d. h. er benötigt keine Lichtquelle im Hintergrund. Das farbige Licht entsteht vielmehr in jedem einzelnen Pixel durch Elektrolumineszenz (vgl. Funktionsprinzip in B1, S. 336). Dafür muss auch bei einem OLED-Monitor jedes einzelne Pixel durch eine elektrische Spannung angesteuert werden. Durch Einsatz verschiedener Materialien mit unterschiedlicher Energiedifferenz zwischen der höchsten besetzten und der niedrigsten unbesetzten Energiestufe (HOMO-LUMO Abstand in B2) erhält man verschiedene Farben beim emittierten Licht. Deren unterschiedliche Mischung ergibt wiederum eine Vielzahl von Farbtönen.

Die technische Verwirklichung von OLED-Monitoren mit guter Leuchtkraft, hoher Energieausbeute und geringer Störanfälligkeit setzt voraus, dass ein möglichst großer Teil der an den Elektroden injizierten Elektronen und Löcher unter Emission jeweils eines Lichtquants rekombiniert und nicht auf irgend eine andere Weise „verloren geht". Daher wurde von den einfachen OLEDs (vgl. B1, S. 336) zu Mehrschicht-OLEDs übergegangen, bei denen eine Elektron- und eine Lochtransportschicht dafür sorgen, dass die Elektron-Loch Paare bis in die mittlere Rekombinationsschicht gelangen und dort unter Lichtemission rekombinieren.

Aufgabe

A3 Nennen Sie je ein Beispiel, wie das Elektron und das Loch in den Schichten, durch die sie wandern, „verloren gehen" können. Gehen sie wirklich verloren?

β-Carotin – ein Multitalent

B1 *β-Carotin oder Provitamin A ist in Gemüse und Obst enthalten; als natürlicher oder naturidentischer* ***Zusatzstoff E 160*** *wird es vielen Lebensmitteln zugesetzt.* **A:** *Suchen Sie im Supermarkt 10 Produkte mit E 160. Was fällt Ihnen auf?*

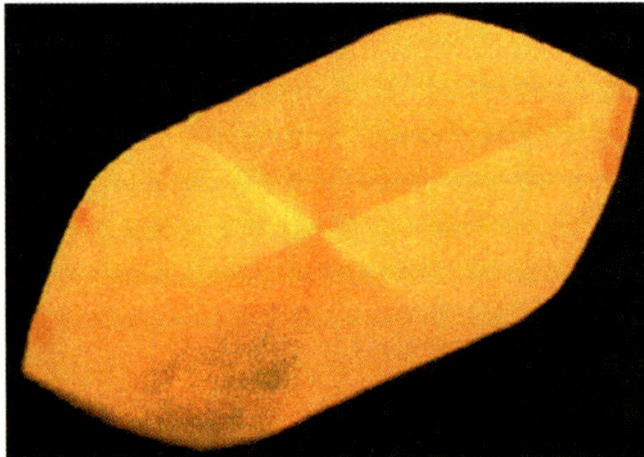

B2 *β-Carotin schmilzt bei 183 °C, löst sich sehr schlecht in Wasser, mäßig in Heptan, Diethylether und Aceton und gut in Benzol und Toluol.* **A:** *Erklären Sie mithilfe der Formel in B4 die unterschiedlichen Löslichkeiten.*

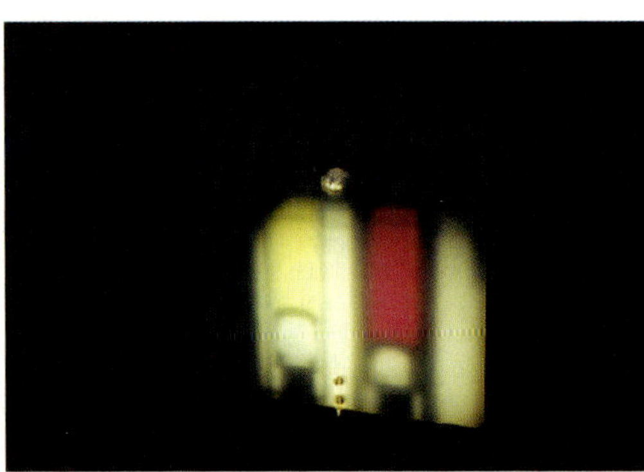

B3 *Versuchsbeobachtung bei V5.* **A:** *Inwiefern zeigt diese Beobachtung, dass β-Carotin als* ***Radikalfänger*** *wirkt? Erläutern Sie.*

Versuche

V1 Extrahieren Sie a) β-Carotin aus frischen, geraspelten Möhren und b) Blattgrün aus zerkleinerten und gemörserten Blättern. Verwenden Sie als Lösemittel für a) ca. 20 mL n-Heptan* oder Toluol* und für b) ca. 20 mL Aceton*. Führen Sie mit den Extrakten V2 bis V4 durch.

V2 Führen Sie mit den beiden Extrakten aus V1 und mit einer Lösung von echtem β-Carotin in n-Heptan* oder Toluol* eine Trennung auf einer mit Kieselgel beschichteten DC-Folie durch. Teilen Sie die DC-Folie durch Einritzen in 3 Bahnen ein. Verwenden Sie als Laufmittel eine Mischung aus Petrolether (Siedebereich: 40 °C – 70 °C), Petroleumbenzin (Siedebereich: 100 °C – 140 °C) und 2-Propanol im Volumenverhältnis 5:5:1. Vergleichen Sie die Farbflecke, fertigen Sie eine Farbkopie des Chromatogramms an und deuten Sie das Ergebnis.

V3 Geben Sie in drei Rggl. mit Schraubverschluss je 5 mL Blattgrün-Extrakt aus V1 und fügen Sie in das erste 0,5 mL β-Carotin-Lösung hinzu. Bestrahlen Sie das erste und das zweite Rggl. 1 min lang im Diaprojektor mit einer 200-Watt-Halogenlampe, halten Sie das dritte Rggl. währenddessen im Dunkeln. Chromatographieren Sie dann die drei Proben nach der Vorschrift aus V2. Deuten Sie die Ergebnisse.

V4 Untersuchen Sie die Lichtbeständigkeit von β-Carotin, indem Sie Filterpapiere mit Lösung aus V1 tränken, halb mit Aluminiumfolie bedecken und durch verschiedene Farbfilter auf dem Overheadprojektor belichten.

V5 Lösen Sie 2–3 Kristalle Tetraiodethen* in ca. 6 mL Heptan und verteilen Sie die Lösung auf zwei Küvetten oder Rggl. Fügen Sie in eine der beiden Proben 2–3 Tropfen β-Carotin-Lösung hinzu. Bestrahlen Sie beide Proben gleichzeitig im Diaprojektor und beobachten Sie die Farben in der Projektion. Beobachtung?

Hinweis: Nach den Angaben in *Chemie 2000+ Online* können weitere Versuche mit β-Carotin durchgeführt werden, beispielsweise UV-VIS Spektren, photometrische Konzentrationsbestimmungen, Abbau durch Begasung mit Ozon u. a.

Auswertung

a) In den Chromatogrammen aus V2 läuft das gelbe β-Carotin fast mit der Laufmittelfront mit. Es folgen zwei grüne Flecken der Chlorophylle (vgl. Formeln auf S. 324) und dann mehrere gelbe und orange Flecken für Xanthophylle (*Carotinoide* mit Hydroxy-Gruppen, Carbonyl-Gruppen und anderen funktionellen Gruppen mit Sauerstoff-Atomen). Wie kann man diese Reihenfolge anhand der Formeln der Moleküle und der Trennbedingungen erklären?

b) In V3 wird die Wirkung des β-Carotins als *Lichtschutz-Faktor* für Chlorophylle deutlich. Erläutern Sie diese Tatsache ausführlich anhand der erhaltenen Chromatogramme.

c) Nur absorbiertes Licht kann chemisch genutzt werden, d.h. eine chemische Reaktion auslösen. Erklären Sie in diesem Sinne die Beobachtungen bei V4 hinsichtlich der unterschiedlichen Lichtfarben, die zu einem chemischen Abbau von β-Carotin führen.

d) Im Tetraiodethen-Molekül $I_2C{=}CI_2$ werden die Kohlenstoff-Iod Bindungen durch sichtbares Licht homolytisch gespalten. Aus den gebildeten Iod-Atomen (Iod-Radikalen) entsteht elementares Iod, das in Heptan-Lösung violett erscheint. β-Carotin wirkt als *Radikalfänger* für Iod-Radikale. Formulieren Sie die beschriebenen Reaktionen.

B4 *β-Carotin ist ein Oligomer des Isoprens (2-Methylbutadiens).* **A:** *Ermitteln Sie die Summenformel von β-Carotin.* **A:** *Aus wie vielen Isopren-Einheiten besteht ein β-Carotin-Molekül?* **A:** *Wie lang ist der Chromophor im β-Carotin-Molekül?*

Carotinoide – Biochrome mit multiplen Funktionen

Nicht selten sind wir von der Farbenpracht, in der sich uns Pflanzen und Tiere zeigen, fasziniert. Das ist aber wohl kaum der Sinn und Zweck der diese Pracht hervorbringenden farbigen Verbindungen. Vielmehr erfüllen diese in den Organismen bestimmte biologische Funktionen. Man bezeichnet sie daher auch als **Biochrome**. Unter den Biochromen nehmen die **Carotinoide**[1], von denen die Pflanzen ca. 100 Mio t pro Jahr produzieren, den Spitzenplatz ein.

Als Hauptvertreter der Carotinoide ist β-Carotin ein echtes biologisches Multitalent. Bei Pflanzen, die unter Wasser leben, also in einer Umgebung, in die kein oder nur wenig rotes Licht gelangt, wirkt β-Carotin als **Photosensibilisator** für die Chlorophylle, weil es auch im blaugrünen und blauen Bereich absorbiert (B6):

$$^1\text{Car} + h\nu \rightarrow {}^1\text{Car}^* \quad (1)$$

$$^1\text{Car}^* + {}^1\text{Chl} \rightarrow {}^1\text{Chl}^* + {}^1\text{Car} \quad (2)$$

Zunächst wird ein β-Carotin-Molekül ^1Car durch Absorption eines Lichtquants in den angeregten Singlett-Zustand $^1\text{Car}^*$ gehoben (vgl. B5, S. 285). Es folgt ein **Energietransfer** von $^1\text{Car}^*$ auf ein Chlorophyll-Molekül ^1Chl, wobei das β-Carotin-Molekül in den Grundzustand zurückkehrt und das Chlorophyll-Molekül zu $^1\text{Chl}^*$ angeregt wird. Dieses kann nun im Photosynthese-Prozess aktiv werden. Bei *wenig* Licht erhöht β-Carotin also den Nutzungsgrad des Lichts für die Photosynthese[2].

Dagegen wirkt β-Carotin bei *zu viel* Licht als **Photoprotektor**, d.h. als Lichtschutz für die Chlorophylle und andere Blattsubstanzen:

$$^1\text{Chl} + h\nu \rightarrow {}^1\text{Chl}^* \quad (3)$$

$$^1\text{Chl}^* \rightarrow {}^3\text{Chl}^* \text{ (blattschädigende Weiterreaktionen)} \quad (4)$$

$$^3\text{Chl}^* + {}^1\text{Car} \rightarrow {}^3\text{Car}^* + {}^1\text{Chl} \quad (5)$$

$$^3\text{Car}^* \rightarrow {}^1\text{Car} \quad (6)$$

Wenn von den Chlorophyllen in den Blättern mehr Licht absorbiert wird als in den sich anschließenden biochemischen Dunkelreaktionen der Photosynthese umgesetzt werden kann, kommt es in den angeregten Chlorophyll-Molekülen $^1\text{Chl}^*$ durch Spinumkehr zu langlebigen angeregten Triplett-Zuständen $^3\text{Chl}^*$. Diese stellen eine Gefahr für das Blatt dar, da sie in Zusammenwirkung mit Sauerstoff zu schädigenden Weiterreaktionen führen. β-Carotin „löscht" durch Energietransfer gemäß (5) angeregte Triplett-Zustände von Chlorophyll-Molekülen $^3\text{Chl}^*$, wobei es seinerseits in einen angeregten Triplett-Zustand $^3\text{Car}^*$ übergeht. Durch **Schwingungsrelaxation** kehrt $^3\text{Car}^*$ in den Grundzustand zurück. Der Lichtüberschuss wird in den Prozessen (3) bis (6) also schrittweise in Wärme umgewandelt, ohne das Blatt zu schädigen.

Sowohl in Pflanzen als auch in tierischen Organismen wirkt β-Carotin auch als **Radikalfänger** und verhindert somit die schädigende Wirkung von Radikalen. Schließlich ist die Funktion des β-Carotins als **Provitamin A** von essentieller Bedeutung. Bei Tieren und Menschen muss es mit der Nahrung zugeführt werden, um dann im Organismus **Vitamin A** (Retinol) bereitzustellen.

Aufgabe

A1 Informieren Sie sich anhand käuflicher Produkte über die Funktionen von β-Carotin in Kosmetika und Medikamenten.

B5 *Wenn die Chlorophylle in Blättern abgebaut werden, kommen die Carotinoide zum Vorschein.* **A:** *Nennen und formulieren Sie mithilfe von Chemie 2000+ Online vier Carotinoide.*

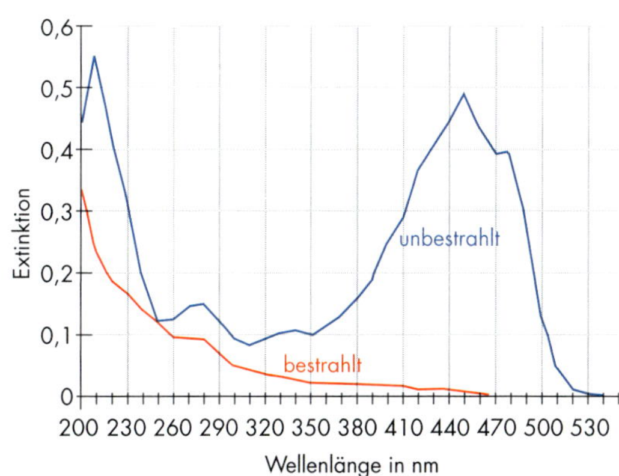

B6 *Absorptionsspektren von frischem β-Carotin und von UV-bestrahltem β-Carotin (vgl. auch B7)*

+H₂ (Kat) · +Br₂ · β-Carotin · +O₂ (Enzyme) · hν · Retinal · Retinal

B7 *Reaktionen des β-Carotins.* **A:** *Begründen Sie, warum bei diesen Reaktionen die Farbe ausbleicht.*

Fachbegriffe

Biochrom, Carotinoide, (Photo)Sensibilisator, Energietransfer, Photoprotektor, Schwingungsrelaxation, Radikalfänger, Provitamin A (Retinol)

---

[1] Carotinoide sind Oxo-Derivate des β-Carotins (vgl. Infos über Carotinoide und β-Carotin unter *Chemie 2000+ Online*).

[2] In Biologiebüchern wird β-Carotin daher auch als *Lichtantenne* oder *akzessorisches Pigment* bezeichnet.

Farben aus Blumen und Beeren

B1 *Blumen und Beeren mit Anthocyanfarbstoffen.*
A: *Vergleichen Sie die hier vorherrschenden Farben mit denen der Carotinoide (S. 348 und S. 349).*

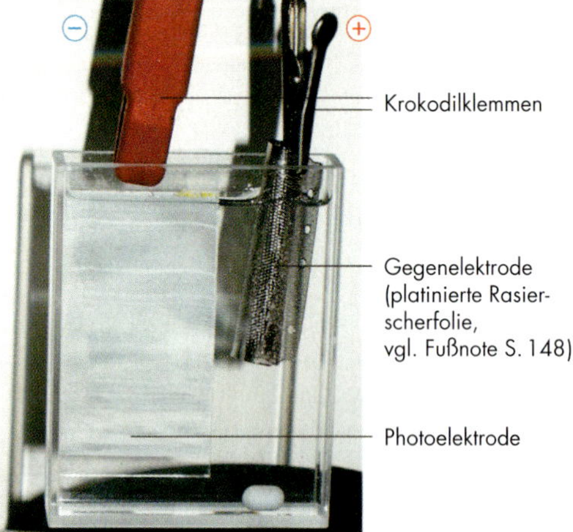

B2 *Photogalvanische 1-Topf-Zelle (vgl. V7 und S. 152)*

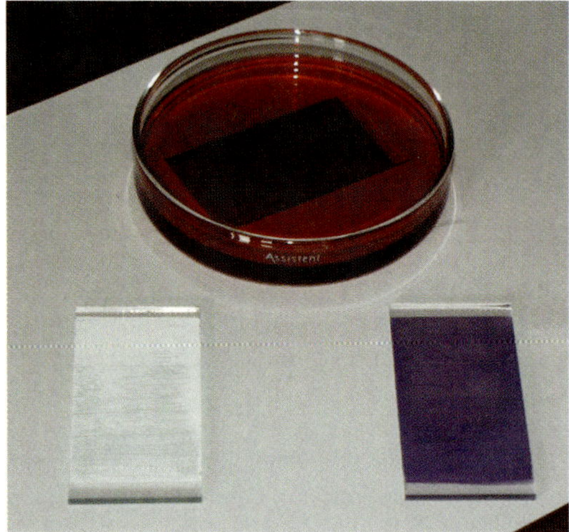

B3 *Titandioxid vor und nach der Sensibilisierung.*
A: *Warum muss nach dem Eintauchen in Himbeersaft mit destilliertem Wasser abgespült werden?*

Versuche

Hinweis: Die Versuche eignen sich zur arbeitsteiligen Gruppenarbeit.

V1 Wählen Sie je nach Jahreszeit aus folgenden Blumen für die durchzuführenden Extraktionen: blaue Stiefmütterchen, Klatschmohn, Pfingstrose, Rittersporn, Geranie, Malve, Petunie, Dahlie, Aster. Extrahieren Sie die Blütenfarbstoffe aus je 1 g Blütenblättern mit jeweils 10 mL eines Gemisches aus Methanol* und Salzsäure*, c = 2 mol/L, im Verhältnis 4:1 in einem Mörser mit Pistill und etwas Seesand. Filtrieren Sie das Gemisch und engen Sie die Farbstoff-Lösung auf dem heißen Wasserbad im Abzug ein. Führen Sie damit DC-Trennungen (V2) und Indikatortests (V3) durch.

V2 Führen Sie mit den Extrakten aus V1 dünnschichtchromatographische Trennungen auf cellulosebeschichteten DC-Folien durch. Verwenden Sie als Laufmittel eine Mischung aus 1-Butanol*, Eisessig* und Wasser im Volumenverhältnis 4:1:2. Vergleichen Sie die Farbflecke und fertigen Sie Farbkopien der Chromatogramme. Deuten Sie die Ergebnisse.

V3 Entfetten Sie einige Blütenblätter (z. B. rote Rose, Petunie) durch Eintauchen in Petrolether* (Siedebereich: 40 °C – 70 °C), trocknen Sie sie durch Schwenken an der Luft und hängen Sie sie dann in die Öffnung eines Erlenmeyerkolbens, in dem sich einige mL a) konz. Ammoniak-Lösung* und b) Eisessig* befinden. Beobachten Sie die Farbe der Blüten.

V4 Extrahieren Sie Farbstoffe aus klein geschnittenen Rotkohlblättern mit kochendem Wasser. Stellen Sie *zwei* Reihen aus Rggl. mit je 10 mL Puffer-Lösung oder mit Verdünnungsreihen aus Salzsäure* bzw. Natronlauge* von pH = 1 bis pH = 14 auf. Geben Sie in jedes Rggl. der ersten Reihe 0,5 mL Rotkohl-Extrakt und beobachten Sie die Indikatorwirkung anhand der Farben.

V5 Geben Sie in jedes Rggl. der zweiten Reihe aus V3 1 mL Aluminiumchlorid-Lösung, c = 0,5 mol/L, und anschließend 0,5 mL Rotkohl-Extrakt. Beobachten Sie genau, bei welchen pH-Werten jetzt Farbumschläge erfolgen.

V6 Nehmen Sie mit einem verfügbaren Photometer VIS-Spektren von Rotkohl-Extrakt bei pH = 2 und bei pH = 10 auf.

V7 Stellen Sie nach den Angaben aus *Chemie 2000+ Online* Photoelektroden mit Titandioxid her. Stellen Sie damit ein photogalvanisches Element wie in B2 zusammen. Messen Sie die Zellspannung beim Belichten a) mit einer lichtstarken Taschenlampe mit Halogen- oder Xenonglühbirne und b) mit einer lichtstarken Leuchtdioden-Taschenlampe mit blauen Leuchtdioden. Beobachtung? Nehmen Sie die Photoelektrode vorsichtig heraus und tauchen Sie sie in Himbeersaft oder in einen Rotwein guter Qualität ein. Lassen Sie abtropfen, bauen Sie die Zelle erneut zusammen und messen Sie die Spannung mit beiden Lichtquellen. Beobachtung?

Hinweis: Weitere Versuche zur Sensibilisierung von Titandioxid-Photoelektroden mit Anthocyanfarbstoffen sind unter *Chemie 2000+ Online* zu finden.

Auswertung

a) Welche Merkmale der Dünnschichtchromatogramme in V2 können darauf hinweisen, dass zwei verschiedene Blumensorten die gleichen Farbstoffe enthalten? Beurteilen Sie, wie sicher diese Hinweise sind.

b) Warum können die Blütenextrakte aus V1 nicht ohne Vorbehandlung nach der Vorschrift aus V4 auf ihre Indikatorwirkung untersucht werden?

c) Erläutern Sie, warum die Blütenblätter bei V3 entfettet werden müssen.

d) Bei V6 verschiebt sich das Absorptionsmaximum λ_{max} bathochrom von ca. 520 nm (bei pH = 2) auf ca. 580 nm (bei pH = 10). Erklären Sie diesen Sachverhalt mithilfe der Formeln aus B4.

e) Bei V5 erfolgt der Farbumschlag nach Blau bereits bei pH = 5. Die Erklärung dafür ist die Stabilisierung der Cyanidin-Anionen $\mathbf{Cya^-}$ (B4), die sich nach dem gleichen Muster wie in B5 an $\mathbf{Al^{3+}}$-Ionen binden und Komplex-Ionen $\mathbf{[AlCya_2ClH_2O]}$ bilden. Schreiben Sie die Strukturformel eines solchen Teilchens auf.

f) Deuten und erklären Sie die Ergebnisse aus V7.

Anthocyane – Lockstoffe, *p*H-Indikatoren und Sensibilisatoren

Viele der farbigen Verbindungen in roten, blauen und violetten Blumen und Beeren gehören der Klasse der **Anthocyane** an. Ihr gemeinsames strukturelles Merkmal ist das **Anthocyanidin**-Gerüst (B6). In den natürlichen Anthocyanen sind Glucose- oder andere Zucker-Moleküle über die Hydroxy-Gruppe in Position 3 an das Anthocyanidin-Gerüst gebunden. Die Vielfalt der Anthocyanidine ergibt sich hauptsächlich durch drei verschiedene Substituenten R_1, R_2 und R_3 am Phenyl-Ring. Als *Biochrome* (vgl. S. 349) erfüllen Anthocyane beispielsweise die Funktion von Lockstoffen. Sie ziehen Insekten an und fördern somit die Bestäubung, also letztendlich die Vermehrung der Pflanzen.

Aus chemischer Sicht sind Anthocyane und Anthocyanidine interessante Farbstoffe, die als ***p*H-Indikatoren** wirken können (V3, V4). Cyanidin liegt in saurer Lösung bei *p*H < 3 als Kation, als Indikator-Säure vor (B4). Darin ist die Bindungsdelokalisation auf das Benzopyran-System beschränkt, weil die Kohlenstoff-Atome des Phenyl-Rests nicht in der gleichen Ebene wie die übrigen Atome im Benzopyran-Gerüst liegen. Bei steigenden *p*H-Werten wird die Indikator-Säure in zwei Schritten deprotoniert. Das erste Proton wird aus der para-ständigen Hydroxy-Gruppe des Phenol-Rings abgegeben, das zweite stammt von einer Hydroxy-Gruppe des Benzopyran-Gerüsts. Bereits bei der ersten Deprotonierung dreht sich der gesamte Phenyl-Rest in die Ebene des Benzopyran-Gerüsts, sodass sich eine chinoide Struktur ausbildet. Damit gehen eine Vergrößerung der Bindungsdelokalisation im Molekül und eine stark **bathochrome Verschiebung** des Absorptionsmaximums, d. h. nach größeren Wellenlängen, einher. Die zweite Deprotonierungsstufe führt zu einem Anion, in dem die Ausdehnung der Bindungsdelokalisation zwar ähnlich wie im Molekül ist, das aber wegen der ionischen Struktur bei noch größeren Wellenlängen Licht absorbiert (B4).

Anthocyane, deren Moleküle zwei ortho-ständige Hydroxy-Gruppen am Phenyl-Ring enthalten, bilden mit Aluminium(III)- oder mit Eisen(III)-Ionen **Chelatkomplexe** (vgl. V5 und S. 324). Die gleichen Anthocyane bilden chemische Bindungen mit Hydroxy-Gruppen aus, die sich an der Oberfläche winziger Körner aus Metalloxiden befinden (vgl. B2, S. 338). So kann beispielsweise Titandioxid mit Lichtantennen aus Anthocyan-Molekülen belegt werden. Die Anthocyane wirken dann als **Sensibilisatoren** für sichtbares Licht (V7, B3, B5).

Anthocyanidin-Gerüst	Blütenfarbstoff	Vorkommen
	Pelargonidin $R_1 = R_3 = H$ $\lambda_{max} = 520$ nm	Dahlie, Salbei, Geranien (Pelargonien)
	Cyanidin $R_1 = OH, R_3 = H$ $\lambda_{max} = 535$ nm	Kornblume, rote Rose, Pflaume, Klatschmohn, Holunderbeeren, Radieschen
	Delphinidin $R_1 = OH, R_3 = OH$ $\lambda_{max} = 544$ nm	Rittersporn, violette Stiefmütterchen
	Phäonidin $R_1 = OCH_3, R_3 = H$ $\lambda_{max} = 532$ nm	rote Johannisbeere, Pfingstrose
	Petunidin $R_1 = OCH_3, R_3 = OH$ $\lambda_{max} = 543$ nm	Petunie, Rotkohl
	Malvidin $R_1 = OCH_3, R_3 = OCH_3$ $\lambda_{max} = 542$ nm	Malve, blaue Weintraube, Rotwein

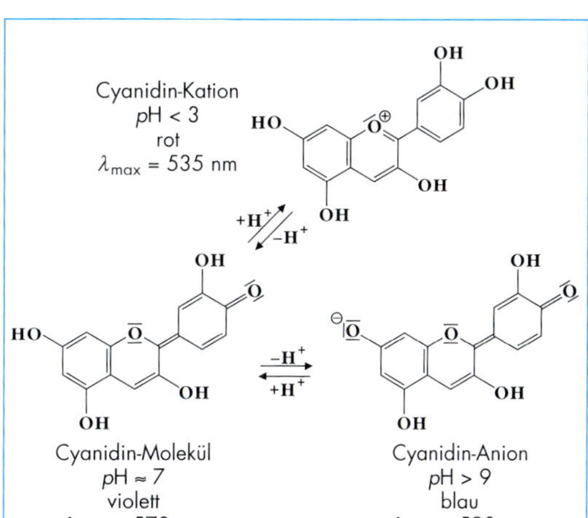

B4 *Struktur und Farbe von Cyanidin bei verschiedenen pH-Werten.* **A:** *Im Gegensatz zu β-Carotin sind Anthocyane gut wasserlöslich. Erklären Sie den Sachverhalt.* **A:** *Erklären Sie die unterschiedlichen Absorptionsmaxima für Cyanidin bei pH = 7 und pH > 9. Geben Sie dazu die jeweiligen auxochromen und antiauxochromen Gruppen der vorliegenden Moleküle an und formulieren Sie jeweils eine weitere mesomere Grenzstruktur.*

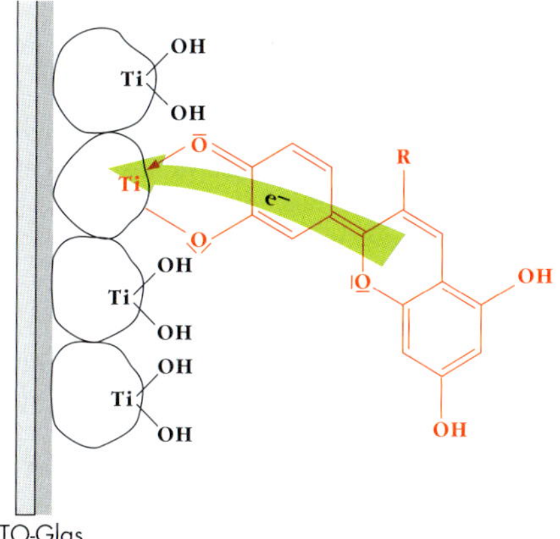

B5 *Nach der Anregung des Anthocyan-Bausteins wird ein Elektron ins Titandioxid-Korn injiziert.* **A:** *Beschreiben Sie mithilfe von Chemie 2000+ Online die Funktionsweise einer mit Anthocyanen sensibilisierten Photoelektrode.*

B6 *Anthocyanfarbstoffe mit R_2 = OH und ihre Absorptionsmaxima in methanolischen Salzsäure-Lösungen.* **A:** *Warum lässt sich Malvidin nicht wie Cyanidin an TiO_2-Körner binden? (Hinweis: Vgl. B5.)* **A:** *Bauen Sie ein Molekülmodell für das Anthocyanidin-Gerüst auf und erläutern Sie daran, warum das Molekül nicht planar gebaut ist.*

Fachbegriffe

Anthocyane, Anthocyanidine, *p*H-Indikatoren, bathochrome Verschiebung, Chelatkomplex, Lichtantennen, Sensibilisatoren

A1 Erläutern Sie den Unterschied zwischen der Farbigkeit durch Lichtabsorption und der durch Lichtemission hinsichtlich der Beziehung zwischen gesehener Farbe und Farbspektrum der Lampe. Begründen Sie den Unterschied mithilfe von Vorgängen auf der Teilchenebene.

A2 Nennen Sie je ein Beispiel für Fluoreszenz, Phosphoreszenz, Chemolumineszenz und Elektrolumineszenz. Beschreiben Sie die Gemeinsamkeiten und die Unterschiede der vier Arten von Lumineszenz auf der Stoff- und auf der Teilchenebene.

A3 Eine Zukunftsvision sind Dachziegel, die als Fluoreszenzkollektoren fungieren (vgl. S. 289) und mit Photovoltazellen ausgestattet sind. Erläutern Sie die Funktionsweise und nennen Sie die Solarmodule aus Silicium-Zellen auf Hausdächern.

A4 Welche strukturellen Merkmale in Molekülen sind für die Absorption von Licht verantwortlich? Erklären Sie den Unterschied zwischen einem Polyen und einem Cyanin aus B1 von S. 290 für n = 4.

A5 Was versteht man unter der Mesomerieenergie (Delokalisationsenergie) des Benzols, wie kann diese experimentell ermittelt und berechnet werden?

A6 Begründen Sie, warum Benzol und Toluol Grundchemikalien sind (vgl. S. 70) und formulieren Sie vier Reaktionswege, die von Benzol oder Toluol ausgehend zu Anwendungsprodukten führen.

A7 Formulieren Sie die Synthese von Methylorange (vgl. B4, S. 290) aus Sulfanilsäure und Dimethylanilin. Benennen und erläutern Sie die Reaktionsschritte.

A8 Nennen Sie jeweils den Unterschied zwischen a) einem Farbstoff und einem Pigment, b) dem Chromophor in einem organischen Molekül und in einem Metall-Komplex, c) einem einkomponentigen und einem zweikomponentigen Lack und d) einem Metallpigment und einem Perlglanzpigment.

A9 Begründen Sie, warum es prinzipiell möglich ist, die Ordnung einer Reaktion mithilfe des Photometers zu ermitteln. Nennen Sie auch die einschränkenden Bedingungen.

A10 Wie viele π-Elektronen enthält jeder der Ringe aus B1, S. 296? Geben Sie an, welche dieser Ringe aromatisch sind. Begründen Sie.

A11 Geben Sie für das Pyrimidin-Molekül und für jeden der beiden Ringe im Purin-Molekül (vgl. B2, S. 296) an, durch welche Elektronen das aromatische Sextett zustande kommt.

A12 Graphit, eine Modifikation von Kohlenstoff, besteht aus Schichten, in denen unzählig viele Benzolringe wie in polycyclischen kondensierten Aromaten (vgl. B3, S. 297) miteinander verknüpft sind. Zwischen den Schichten wirken VAN-DER-WAALS-Kräfte. Erklären Sie, warum Graphit blättert, schwarz ist und den elektrischen Strom nur in eine Richtung leitet, nämlich parallel zu den Schichten.

A13 Nanoröhrchen *(Nanotubes)* aus Kohlenstoff (B1) bestehen wie Graphit aus kondensierten Benzolringen. Sie haben Durchmesser von ca. 1 nm und können bis zu 1 cm lang sein.
a) Ermitteln Sie mithilfe der Angaben aus B6 von S. 293 die etwaige Anzahl von Benzolringen entlang der Achse eines Nanoröhrchens.
b) Bei Bestrahlung mit Licht wirken Kohlenstoff-Nanoröhrchen als Elektronen-Akzeptoren und leiten die aufgenommenen Elektronen entlang der Zylinderachse: Wie kann man das erklären?
c) Vergleichen Sie Strukturen und Eigenschaften der verschiedenen Modifikationen von Kohlenstoff (Diamant, Graphit, Fulleren und Nanoröhrchen) untereinander.

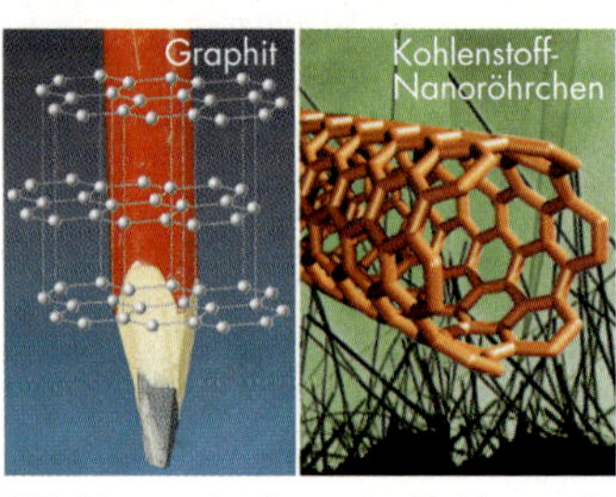

B1 *Nanoröhrchen aus Kohlenstoff können bei Solarzellen, Brennstoffzellen und anderen Zukunftstechniken Anwendung finden – Info über Chemie 2000+ Online.*

A14 Profiköche kochen grünes Gemüse am liebsten in einem Kupfertopf, aus gutem Grund, wie folgender Versuch zeigt: In zwei Bechergläsern werden einige Erbsen in angesäuertem Wasser einige Minuten gekocht, im 1. Becherglas ohne und im 2. mit Zusatz von wenig Kupfersulfat. Nach einigen Minuten Kochzeit haben die Erbsen im 1. Becherglas ihre grüne Farbe verloren und sind gelb-oliv, während die Erbsen im 2. Becherglas immer noch grün sind. a) Erläutern Sie, was beim Erhitzen mit dem Chlorophyll der Erbsen im 1. Becherglas geschieht und welchen Einfluss die Kupfer-Ionen im 2. Becherglas haben. *Hinweis:* Kupferkomplexe sind i. d. R. stabiler als Magnesiumkomplexe. b) Begründen Sie, warum Köche Gemüse im Kupfertopf kochen.

A15 a) Erklären Sie, warum Leuko-Methylenblau (B3, S. 340) im Gegensatz zu Methylenblau farblos ist.
b) Formulieren Sie die lichtgetriebene Reduktion von Methylenblau zu Leuko-Methylenblau mit Eisen(II)-Ionen in wässriger Lösung.

A16 Was haben die Reaktion des Rhodopsins von der Netzhaut unserer Augen beim Sehprozess und die Bildung von bodennahem Ozon an sonnigen Sommertagen gemeinsam? Erläutern Sie ausführlich unter Verwendung von Fachbegriffen.

A17 Erkunden Sie über *Chemie 2000+ Online* das Phänomen der Solvatochromie. a) Beschreiben und erklären Sie die Solvatochromie. b) Nennen Sie jeweils Gemeinsamkeiten und Unterschiede der Solvatochromie zu den Beispielen von Thermochromie, Photochromie und Elektrochromie aus diesem Werk.

A18 Stellen Sie eine Liste mit Lichtquellen, die Ihnen innerhalb von 24 Stunden begegnen, zusammen und ordnen Sie sie den in diesem Kapitel beschriebenen Quellen für farbiges und weißes Licht tabellarisch zu. Benennen Sie jeweils das Funktionsprinzip der Lichtquelle.

A19 Rotweine enthalten u. a. farbgebende Anthocyane. Planen Sie einen Versuch, mit dem festgestellt werden kann, ob eine bestimmte Rotweinsorte Cyanidin und/oder Delphinidin enthält oder nicht. (*Hinweis*: Nehmen Sie vereinfachend an, dass nur die in B6, S. 351, angegebenen Farbstoffe infrage kommen.)

Vom Frühstücksei zum *Lifestyle*

Zu Beginn dieses Jahrtausends dominieren zwei Themen die chemische Forschung, die „neuen Materialien" und die „Life Science". Dieser englische Begriff steht für eine Schnittmenge aus Forschungsfeldern der Biologie, Medizin, Chemie und Technik, wobei aus der Chemie diejenigen Teilgebiete einfließen, die mit lebenden Organismen zu tun haben.
Unter allen lebenden Organismen ist der Mensch selbst das wichtigste Forschungsobjekt. Daher steht in diesem Kapitel unser eigener Körper im Mittelpunkt. Wir vertiefen unsere Kenntnisse über die **Biomoleküle** in unserem Körper, die **Lebensmittel**, die wir ihm zuführen, die **Pflegemittel** und **Kosmetika**, mit denen wir unsere Haut reinigen, schützen und verschönern und die **Textilien**, mit denen wir uns kleiden.
Die folgenden Fragen werden uns bei der Bearbeitung dieser Themen leiten:

1. **Frühstücksei & Co. – woraus bestehen unsere Lebensmittel?**
2. **Fette im Kreuzfeuer – was sind Fette und wofür sind sie notwendig?**
3. **Hygiene rund um den Körper – worauf kommt es bei Pflegemitteln an?**
4. **Haut nah – woraus bestehen Kosmetika und wie funktionieren sie?**
5. **Moleküle des Lebens – wodurch zeichnen sich Biomoleküle aus?**

B1 *Facetten zum Kontext „Vom Frühstücksei zum Lifestyle".*
A: *Ordnen Sie die Inhalte der Facetten Nr. 1 bis Nr. 7 und Nr. 9 den Bereichen*
a) „Chemie ***in*** *unserem Körper" und*
b) „Chemie ***an*** *unserem Körper" zu.*

Die Stoffe und Vorgänge in unserem Körper sind sehr vielfältig. Alles, was die Chemie an Stoff- und Reaktionsklassen, an Modellen und Theoriekonzepten zu bieten hat, spielt eine Rolle: Wasser, Salze und organische Verbindungen, Redoxreaktionen und Protolysen, Teilchen- und Funktionsmodelle, Stoffkreisläufe und Fließgleichgewichte usw. In diesem Kapitel kommen insbesondere **Makromoleküle** und **Aromaten** in Kombination mit biochemisch und technisch relevanten Stoffen und deren Reaktionen sowie mit den Grundkonzepten der Chemie zur Anwendung und Vertiefung.

B2 *Textilien für Sport und Freizeit.* **A:** *Welche Eigenschaften sind bei dieser Kleidung gefragt?*

Lebewesen sind äußerst komplexe Systeme, in denen eine sehr hohe Zahl von Stoffen und Reaktionen dazu beiträgt, dass die Organismen „leben". Jedes Lebewesen ist ein offenes System, es finden folglich ständig Stoff- und Energieaustausch mit der Umgebung statt. Daher kann ein lebender Organismus niemals den Zustand des chemischen Gleichgewichts erreichen. Dennoch helfen uns die Einsichten über chemische Gleichgewichte, die wir bei einfachen chemischen Systemen gewonnen haben, auch beim Verständnis komplexer, biologischer Vorgänge.

Und was macht den Menschen aus? Weder die Naturwissenschaften Physik, Biologie und Chemie noch die Medizin mit all ihren Zweigen können diese Frage abschließend beantworten. Zwar kann vieles über die Zusammensetzung, die Struktur, die Funktionen und die Wechselwirkung von Körperteilen, Organen, Zellen und Molekülen ausgesagt werden, noch recht wenig aber über die Funktionsweise des Gehirns und das, was man als den Geist oder die Seele eines Menschen bezeichnet.

Tatsache aber ist, dass in unserem Körper viel Chemie abläuft. Diese Prozesse möglichst gut zu kennen und zu verstehen, entspricht einerseits der natürlichen Neugier des Menschen. Andererseits erhofft man sich von diesen Kenntnissen auch praktische Hilfen für ein gesundes und angenehmes Leben je nach persönlichen Vorlieben und Ansprüchen.

Alle Stoffe, die wir einnehmen oder auf unsere Haut auftragen, müssen körperverträglich sein. Kosmetika und Textilien müssen zwar schön und praktisch sein, sie dürfen aber keine Reizungen oder Erkrankungen der Haut verursachen und sie dürfen nicht zu Allergien führen. Wie man Kosmetika und Textilien durch Anwendung chemischer Kenntnisse körperfreundlich **designen** kann, erfahren wir an einigen Beispielen aus der aktuellen Forschung und Entwicklung.

Legende (Beispiel Fe): 55,8 = Atommasse in u (Nukleonenzahl des langlebigsten Isotops); Fe = Elementsymbol fest, flüssig, gasförmig; 26 = Ordnungszahl (Protonenzahl); 1,8 = Elektronegativität nach PAULING

Periode Schale	Haupt- I	Haupt- II	Nebengruppen III	IV	V	VI	VII	VIII	VIII	VIII	I	II	-gruppen III	IV	V	VI	VII	VIII
1 K	1,0 H 1 2,1																	4,0 He 2 –
2 L	6,9 Li 3 0,9	9,0 Be 4 1,5											10,8 B 5 2,0	12,0 C 6 2,5	14 N 7 3,0	16,0 O 8 3,5	19,0 F 9 4,0	20,2 Ne 10 –
3 M	23,0 Na 11 0,9	24,3 Mg 12 1,2											27,0 Al 13 1,5	28,1 Si 14 1,8	31,0 P 15 2,1	32,1 S 16 2,5	35,5 Cl 17 3,0	39,9 Ar 18 –
4 N	39,1 K 19 0,8	40,1 Ca 20 1,0	45,0 Sc 21 1,3	47,9 Ti 22 1,5	50,9 V 23 1,6	52,0 Cr 24 1,6	54,9 Mn 25 1,5	55,8 Fe 26 1,8	58,9 Co 27 1,8	58,7 Ni 28 1,8	63,5 Cu 29 1,9	65,4 Zn 30 1,6	69,7 Ga 31 1,6	72,6 Ge 32 1,8	74,9 As 33 2,0	79,0 Se 34 2,4	79,9 Br 35 2,8	83,8 Kr 36 –
5 O	85,5 Rb 37 0,8	87,6 Sr 38 1,0	88,9 Y 39 1,3	91,2 Zr 40 1,4	92,9 Nb 41 1,6	95,9 Mo 42 1,8	(97) Tc 43 1,9	101,1 Ru 44 2,2	102,9 Rh 45 2,2	106,4 Pd 46 2,2	107,9 Ag 47 1,9	112,4 Cd 48 1,7	114,8 In 49 1,7	118,7 Sn 50 1,8	121,8 Sb 51 1,8	127,6 Te 52 1,9	126,9 I 53 2,5	131,3 Xe 54 –
6 P	132,9 Cs 55 0,7	137,3 Ba 56 0,9	175,0 Lu 71 1,2	178,5 Hf 72 1,3	180,9 Ta 73 1,5	183,9 W 74 1,6	186,2 Re 75 1,9	190,2 Os 76 2,2	192,9 Ir 77 2,2	195,1 Pt 78 2,2	197,0 Au 79 2,4	200,6 Hg 80 1,9	204,4 Tl 81 1,8	207,2 Pb 82 1,8	209,0 Bi 83 1,9	(209) Po 84 2,0	(210) At 85 2,2	(222) Rn 86 –
7 Q	(223) Fr 87 0,7	226,0 Ra 88 0,9	(260) Lr 103 –	Dubnium Du* 104 –	Joliotium Jl* 105 –	Rutherfordium Rf* 106 –	Nielsbohrium Bh* 107 –	Hassium Hn* 108 –	Meitnerium Mt* 109 –	Darmstadtium Ds* 110 –	Röntgenium Rg* 111 –							

B3 *Die 25 „Elemente des Lebens" und ihre Positionen im Periodensystem*

Bei der Auswahl der chemischen Elemente, die bei der Evolution des Lebens auf unserem Planeten eine Rolle spielen, war die Natur recht geizig. An 95 % der Masse eines Menschen sind nur vier Elemente, Sauerstoff, Kohlenstoff, Wasserstoff und Stickstoff, beteiligt. Insgesamt benötigte die Evolution nur 25 von den über 90 natürlich vorkommenden Elementen (B3). Die elementare Zusammensetzung des menschlichen Körpers lässt sich ganz nüchtern durch die folgenden Symbole und Zahlen darstellen (die Angaben der Elemente sind in Massenprozent): **O**(56,1 %), **C**(28 %), **H**(9,3 %), **N**(2 %), **Ca**(1,5 %), **Cl**(1 %), **P**(1 %) und **S**, **Fe**, **Zn**, **I**, **F**, **Cu**, **Mg**, **K**, **Na**, **Se**, **Co** **V**, **Cr**, **Mo**, **W**, **Mn**, **Ni** und **Br** (zusammen 1,1 %).

Allerdings sagt das wenig über die Chemie aus, die in uns abläuft, denn keines der aufgezählten Elemente kommt atomar im Körper vor. Die Vielfalt von Teilchen in unserem Körper ist unvorstellbar groß. Sie reicht von kleinen Ionen und Molekülen wie Natrium-Ionen Na^+ und Kalium-Ionen K^+ bzw. Wasser-Molekülen H_2O, Stickstoffmonooxid-Molekülen **NO** und Kohlenstoffmonooxid-Molekülen **CO** bis zu supramolekularen Systemen aus Riesenmolekülen und/oder -ionen.

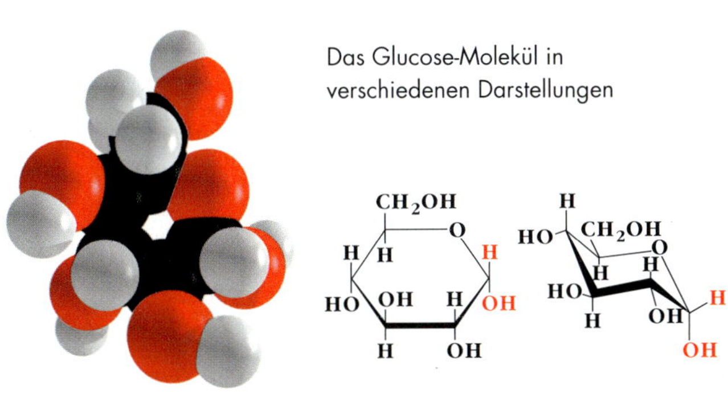

B4 *Biomoleküle werden in Chemie-, Biologie- und Medizinbüchern durch Modelle, Valenzstrichformeln, Strukturformeln oder Struktursymbole dargestellt.*
A: *Nennen Sie Vor- und Nachteile der verschiedenen Darstellungsformen.*

Frühstücksei und mehr

B1 *So könnte ein Frühstück aussehen.* **A:** *Nennen Sie Lebensmittel, die Sie oft oder gelegentlich frühstücken.*

Lebensmittel	Energiegehalt in kJ/100 g	Fette	Kohlenhydrate	Eiweißstoffe	Wasser
Butter	3170	83	1	1	15
Trinkmilch	270	4	5	3	88
Eier	680	12	1	13	74
Hartkäse	1670	30	27	3	40
Roggenbrot	950	2	53	6	39
Reis	1500	2	77	8	13
Kartoffeln	320		18	2	80
Pizza	970	11	26	9	54
Schokolade	2300	30	56	8	6
Banane	400		23	1	76
Schweinefleisch	1200	25		16	59
Hering	970	19		17	64

B2 *Energiegehalt und Zusammensetzung einiger Lebensmittel (vgl. auch B7, S. 97).* **A:** *Welche der im Tabellenkopf angegebenen Stoffklassen hat den höchsten Energiegehalt? Woran erkennen Sie das?*

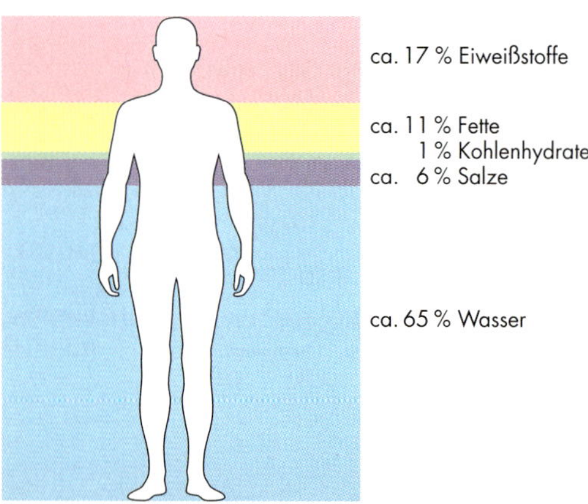

B3 *Zusammensetzung unseres Körpers.* **A:** *Entsprechen die Anteile der angegebenen Stoffe am Aufbau unseres Körpers in etwa den Anteilen, in denen wir diese Stoffe zu uns nehmen? Erläutern Sie.*

Versuche

Hinweis: Es kann arbeitsteilig in Gruppen gearbeitet werden.

V1 Planen Sie Versuche, mit denen nachgewiesen werden kann, dass Kohlenstoff **C** und Wasserstoff **H** an der elementaren Zusammensetzung von a) Butter und b) Zucker beteiligt sind. (*Hinweis:* Vgl. *Chemie 2000+ Online.*) Führen Sie die Versuche durch.

V2 Stickstoff **N** und Schwefel **S** in organischen Verbindungen können durch Erhitzen mit Natronlauge*, $w \approx 30\%$, bis zum Sieden nachgewiesen werden. Dabei bildet sich Ammoniak* $NH_3(g)$ bzw. Schwefelwasserstoff* $H_2S(g)$. Ammoniak weist man als Base mit angefeuchtetem Indikatorpapier nach, Schwefelwasserstoff mit Filterpapier, das mit Bleiacetat*-Lösung getränkt wurde (Schwarzfärbung durch Bleisulfid **PbS**). Planen Sie Versuche zum Nachweis von Stickstoff und Schwefel im Hühnereiweiß und führen Sie die Versuche nach Beratung mit der Lehrerin oder dem Lehrer durch. (Vgl. auch Auswertung b.)

V3 Eierschalen bestehen vorwiegend aus Calciumcarbonat $CaCO_3$, und etwas Eiweiß. Schalen von braunen Eiern enthalten auch Blutreste. Führen Sie V5 von S. 324 durch und deuten Sie die Ergebnisse. (Vgl. Auswertung c) auf S. 324.)

V4 Eidotter enthält Lecithine (vgl. S. 369), Verbindungen, deren Moleküle aus einem hydrophilen und einem lipophilen Teil bestehen und die daher emulgierend wirken. Überlegen Sie, wie man Essig und Öl mithilfe von Eidotter emulgieren und zu Mayonnaise verarbeiten kann. Überprüfen Sie Ihre Überlegungen experimentell und optimieren Sie das Verfahren.

V5 Ergänzen Sie den Frühstückstisch aus B1 mit einem sauer und mit einem alkalisch reagierenden essbaren Produkt. Überlegen Sie eine Vorgehensweise zum Beweis, dass schwarzer Tee als Säure-Base-Indikator wirkt. Beschreiben Sie das Testverfahren und probieren Sie es aus.

Auswertung

a) Durch welche Verbindungen werden bei V1 die Elemente Kohlenstoff bzw. Wasserstoff nachgewiesen? Erläutern Sie und formulieren Sie für die Nachweisreaktionen Reaktionsgleichungen.

b) Schwefelwasserstoff H_2S ist eine Säure. Erläutern Sie, warum bei V2 der Ammoniak-Nachweis ggf. misslingt.

c) Vergleichen Sie die in V3 bis V5 nachgewiesenen Verbindungen aus Frühstücksbestandteilen mit den Fetten, Kohlenhydraten und Eiweißen hinsichtlich ihrer Bedeutung für unsere Ernährung (B2) und unseren Körperbau (B3).

Analysedaten eines Hühnereis:

Schale: 95,1 % Mineralstoffe, 3,3 % Eiweiße, Wasser, Porphyrine u. a.

Eiklar: 10,6 % Eiweiße, 0,9 % Kohlenhydrate, 0,6 % Mineralstoffe, 0,03 % Fette, Wasser, Vitamine u. a.

Eidotter: 32,6 % Fette, 16,6 % Eiweiße, 1,1 % Mineralstoffe, 1 % Kohlenhydrate, Wasser, Vitamine, Farbstoffe u. a.

B4 *Eidotter enthält neben „normalen" Fetten (Triglyceride, vgl. S. 359) weitere fettartige Substanzen: Phospholipide und Cholesterin (vgl. S. 364).* **A:** *Welche Klasse von Farbstoffen vermuten Sie im Eidotter? Begründen Sie.* **A:** *Durch welche Futterzusätze kann die Farbintensität der Dotterfarbe von Hühnereiern erhöht werden?*

Eiweiße, Fette und Kohlenhydrate – die Basis unserer Ernährung

In einem Ei ist alles enthalten, was ein Embryo bis zum Schlüpfen aus der Schale benötigt, um heranzuwachsen. Aufgrund seiner Inhaltsstoffe ist das Hühnerei auch für den Menschen ernährungsphysiologisch wertvoll. Allerdings muss der geringe Gehalt an Kohlenhydraten durch andere Lebensmittel ausgeglichen werden. Insofern stellt das Frühstück aus Marmelade- und Butterbroten zum Ei (B1) in der Tat eine gute Grundlage für den Start in einen neuen Tag dar.

Eiweiße (**Proteine**, vgl. S. 383) sind am Aufbau aller lebenden Organismen beteiligt. Beim Menschen nehmen sie mit 17% unter den organischen Verbindungen den ersten Platz ein. Eiweiße in Muskeln und Haaren dienen als *Bau-* und *Gerüststoffe*, *Enzyme* aus dem Cytoplasma der Zellen katalysieren biochemische Reaktionen, *Hormone* wirken als chemische Botenstoffe und *Antikörper* im Blut wehren Krankheitserreger wie Viren und Bakterien ab. Als Nährstoffe sind Eiweiße unentbehrlich. Da Eiweiß-Moleküle Stickstoff-Atome enthalten, können Eiweiße nicht durch die Aufnahme von Fetten oder Kohlenhydraten ersetzt werden. Der Tagesbedarf an Eiweißen liegt für einen erwachsenen Menschen bei etwa 60 g bis 70 g. Im Körper werden die *Makromoleküle* der Eiweiße aus der Nahrung hydrolytisch in *monomere* **Aminosäuren** (vgl. S. 378) gespalten, aus denen dann körpereigene Proteine synthetisiert werden.

Fette (**Lipide**, vgl. S. 358) werden im menschlichen Körper unter der Haut und zwischen den Muskeln gespeichert. Empfindliche Organe wie Herz, Leber und Nieren sind in Fett eingebettet und so vor Stoß und Druck geschützt. Fette sind wichtige *Energielieferanten* für den menschlichen Organismus (B2, A3). Auch als *Lösungsmittel* für hydrophobe Stoffe wie beispielsweise die Vitamine A, D, E und F und die Sexualhormone sind Fette lebensnotwendig. Der Tagesbedarf eines Menschen an Fetten liegt bei ca. 50 g. Er kann teilweise durch Kohlenhydrate ausgeglichen werden, weil diese im Körper in Fette umgewandelt werden können. Daher wirken Mehlspeisen, Süßigkeiten und Cola als „Dickmacher". Weil aber einige in Fetten gebundene **Fettsäuren** (vgl. S. 359) wie Linolsäure und Arachidonsäure nicht im Körper synthetisiert werden können, führt eine völlig fettfreie Ernährung zu Mangelerscheinungen.

Kohlenhydrate (**Zucker**, **Saccharide**, vgl. S. 104, 105 und S. 403) sind zwar an unserem Körperbau in geringstem Maße beteiligt, nehmen aber in unserer Ernährung den ersten Platz ein (B2, B5). Eine erwachsene Person sollte pro Tag 300 g bis 350 g Kohlenhydrate mit dem Essen aufnehmen. Allerdings sind das **Disaccharid Saccharose** (Haushaltszucker) und das Monosaccharid **Glucose** (Traubenzucker) keine lebenswichtigen Nahrungsmittel. Man sollte also der „süßen Versuchung" in Speisen und Getränken nicht allzu stark erliegen, denn sie bilden im Mund einen idealen Nährboden für Bakterien, deren Abbauprodukte übel riechen und zu Zahnkaries führen. Stattdessen sollte man die Kohlenhydrate vorwiegend in Form von pflanzlicher **Stärke** zu sich nehmen (B5). Diese wird dann im Verdauungstrakt hydrolytisch zu Glucose gespalten. In den Zellen wird Glucose schließlich schrittweise bis zu Wasser und Kohlenstoffdioxid oxidiert. Bei diesen exergonischen Prozessen wird **Adenosintriphosphat ATP** (vgl. S. 168), die „Energiewährung der Zelle", synthetisiert, dessen Hydrolyse dann wiederum Energie für endergonische Reaktionen bereitstellt.

B5 *Nach der Pyramide für eine gesunde Ernährung sollte der größte Anteil der Nährstoffe aus Kohlenhydraten aus Brot, Kartoffeln, Nudeln, Reis und Mais bestehen.*

Aufgaben

A1 Wo wäre das Frühstücksei in die Ernährungspyramide aus B5 einzuordnen? Begründen Sie.

A2 Vergleichen und bewerten Sie die Zusammensetzung Ihrer eigenen Ernährung mit der Pyramide für eine optimale Ernährung aus B5.

A3 Der Brennwert von Fetten liegt bei ca. 38 kJ/g, der von Stärke etwa wie der von Glucose (Traubenzucker) bei ca. 17 kJ/g. (*Hinweis:* Vgl. weitere Brennwerte in B5 und S. 97.) Erklären Sie diesen Sachverhalt mithilfe der Formeln für Fette, Stärke und Glucose.

A4 Notieren Sie einen Tag (oder eine Woche) lang, was und wie viel Sie gegessen und getrunken haben. Bestimmen Sie anhand von B2 sowie den Angaben auf den Verpackungen oder in Kochrezepten den ungefähren Energiegehalt der verzehrten Speisen und Getränke. Stellen Sie eine Energiebilanz Ihres Körpers für den betrachteten Zeitraum auf. (*Hinweis:* Ein erwachsener Mensch „verbraucht" ca. 8 600 kJ pro Tag. Es gibt aber je nach Körpergewicht und durchgeführten Aktivitäten erhebliche Abweichungen.)

Fachbegriffe

Eiweiße (Proteine), Aminosäuren, Fette (Lipide), Fettsäuren, Kohlenhydrate (Zucker, Saccharide), Saccharose, Glucose, Adenosintriphosphat ATP

Butter oder Margarine?

B1 *Margarinewerbung aus dem Jahr 1912.*
A: *Warum ist Margarine nicht „gleich Butter"?*

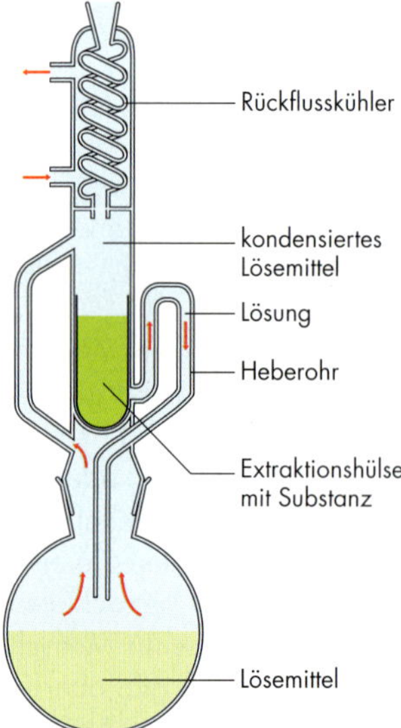

B2 *Aufbau zur kontinuierlichen Extraktion von Pflanzenölen mit einer Soxhlet-Apparatur.*
A: *Erläutern Sie die Funktionsweise dieser Apparatur.*

Versuche

V1 Geben Sie in getrennte Reagenzgläser gleiche Portionen von Butter, Butterschmalz, Kokosfett und verschiedenen Margarinesorten. Stellen Sie die Rggl. in ein Wasserbad mit kaltem Wasser, in das ein Thermometer taucht. Erwärmen Sie langsam. Vergleichen Sie das Schmelzverhalten der Fettproben, während Sie die Temperatur des Wassers kontinuierlich messen.

V2 Zerquetschen Sie mit einem Pistill Sonnenblumenkerne, Kokosraspeln oder andere fetthaltige Materialien auf Lösch- oder Filterpapier. Beobachtung?

V3 Zerreiben Sie Sonnenblumenkerne, Kokosraspeln oder anderes fetthaltiges Material im Mörser. Übergießen Sie das Pflanzenmaterial mit Heptan*, sodass es gerade eben bedeckt ist. Zerreiben Sie noch etwas weiter und dekantieren Sie die Lösung auf ein Uhrglas. Lassen Sie das Lösemittel unter dem Abzug verdunsten. Beobachtung?

V4 a) Legen Sie sich die Bauteile einer Soxhlet-Apparatur (B2) zurecht. Füllen Sie eine Extraktionshülse zu etwa $\frac{2}{3}$ mit getrockneten Kokosraspeln und decken Sie diese mit etwas Glaswolle ab. Füllen Sie einen Rundkolben etwa zur Hälfte mit Heptan* oder Petroleumbenzin*, Siedebereich 60–80 °C, und geben Sie zwei Siedesteine hinein. Bauen Sie die Apparatur wie in B2 zusammen und erhitzen Sie das Lösemittel im Rundkolben zum Sieden. Extrahieren Sie mindestens eine Stunde lang.
b) Ersetzen Sie die Soxhlet-Apparatur auf dem Rundkolben durch einen Liebig-Kühler. Destillieren Sie das Lösemittel aus dem Rundkolben langsam ab, bis es weitgehend entfernt ist. Stellen Sie dann den offenen Rundkolben einen Tag in den Trockenschrank (ca. 70 °C), damit restliches Lösemittel verdampft. Beschreiben Sie den Rückstand.
c) Entnehmen Sie die Extraktionshülse der Soxhlet-Apparatur und trocknen Sie sie ebenfalls im Trockenschrank. Vergleichen Sie, wie sich frische und extrahierte Kokosraspeln anfühlen.
Hinweis: Der Versuch lässt sich auch mit anderen öl- und fetthaltigen Materialien wie z. B. zermörserten Sonnenblumenkernen durchführen.

Auswertung

a) Vergleichen Sie die Methoden der Fettgewinnung in V2, V3 und V4.
b) Wie würden Sie V4 durchführen, um den Fettgehalt von Kokosraspeln quantitativ zu bestimmen? Ergänzen Sie entsprechend die Vorschrift zu V4.
c) Fette bezeichnet man chemisch auch als Triglyceride. Informieren Sie sich über den Aufbau eines Fett-Moleküls (B4). Zu welcher Stoffgruppe gehören Triglyceride? Nennen Sie weitere Beispiele aus dieser Stoffgruppe.

B3 *Das Sortiment an Margarine im Supermarkt ist sehr vielfältig.*
A: *Informieren Sie sich anhand der Verpackungsaufdrucke über die Inhaltsstoffe verschiedener Fette.*

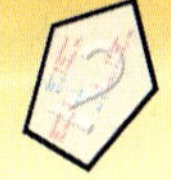

Triglyceride in Fetten und Ölen

Fette und Öle sind Naturprodukte. In Lebewesen sind sie sowohl für den Aufbau des Organismus als auch bei der Energiespeicherung unentbehrlich. Fette sind besonders energiereiche Verbindungen[1] und gehören zusammen mit Kohlenhydraten und Eiweißen zu den grundlegenden Nährstoffen.
Bereits seit Jahrhunderten sind Butter und Schmalz als tierische, streichfähige Fette neben pflanzlichen, meist flüssigen Ölen bekannt und Bestandteil unserer Ernährung. Infolge des Bevölkerungswachstums und veränderter Ernährungsgewohnheiten stieg der Bedarf an Fetten Mitte des 19. Jahrhunderts deutlich. Im Jahr 1869 erfand der Franzose H. MÉGE-MOURIÉS als Butterersatz die Margarine[2], eine Mischung aus Magermilch und Rindertalg. Später wurde der teure Talg durch billiges Kokosfett ersetzt. Um Butter von Margarine einfach unterscheiden zu können, setzte man früher der Margarine Stärke zu, die man mit Iod-Lösung nachweisen konnte.
Trotz ihrer unterschiedlichen Herkunft haben alle Fette eine Gemeinsamkeit: Jedes Fett-Molekül besteht aus einem Rest des dreiwertigen Alkohols Glycerin, der über Ester-Gruppen mit drei Fettsäure-Resten verknüpft ist (B4). Man bezeichnet die Fette daher auch als **Triacylglycerine** oder **Triglyceride**. Fette sind keine Reinstoffe, sondern Gemische aus Triglyceriden, deren Moleküle verschiedene Fettsäure-Reste aufweisen. Fette haben daher keine genau definierte Schmelztemperatur, sondern einen **Schmelzbereich**, innerhalb dessen sie flüssig werden (V1). Allerdings weist jedes Fett zumeist ein ganz bestimmtes Fettsäure-Muster auf, durch das es sich von anderen Fetten unterscheidet (B5) und das die unterschiedlichen Eigenschaften verschiedener Fette erklärt.
Für unsere Ernährung sind vor allem ungesättigte Fettsäuren von Bedeutung, wie sie z. B. in Diät-Margarine und vielen pflanzlichen Ölen reichlich enthalten sind. Man unterscheidet einfach ungesättigte, mit einer Doppelbindung, von mehrfach ungesättigten Fettsäuren mit mehreren Doppelbindungen.

Aufgaben

A1 Begründen Sie mithilfe von B4 die Wasserunlöslichkeit der Fette.
A2 Beurteilen Sie den Wert von Margarine für die menschliche Ernährung nach dem Ersatz von Rindertalg durch Kokosfett.

Rezept zur Herstellung von Margarine in der Küche
Etwa 15 g Kokosfett werden in einem Topf zum Schmelzen gebracht. Anschließend nimmt man den Topf von der Heizquelle und gibt unter Rühren einen Esslöffel Olivenöl (oder Sonnenblumenöl) hinzu. Dann stellt man den Topf in ein Eisbad und gibt weiterhin unter gleichmäßigem Rühren 1 Teelöffel Milch, 1 Teelöffel Eigelb und eine Prise Salz hinzu. Es wird so lange gerührt, bis das Gemisch eine feste Konsistenz annimmt.

Prüfen Sie die Streichfähigkeit und den Geschmack der Margarine.

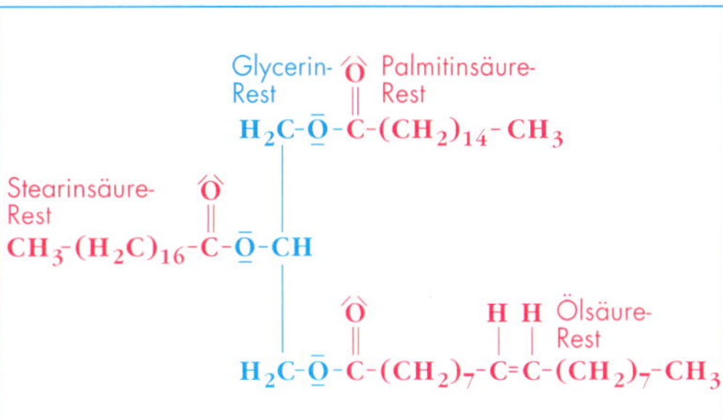

B4 *Halbstrukturformel eines Triglycerid-Moleküls mit verschiedenen Fettsäure-Resten.*
A: *Wie viele verschiedene Fett-Moleküle könnte man aus Glycerin und zwei verschiedenen Fettsäuren konstruieren?*

Fettsäure	Butterfett	Olivenöl	Kokosfett	Rindertalg
Buttersäure C_3H_7COOH	3	–	–	–
Laurinsäure $C_{11}H_{23}COOH$	3	–	49	–
Myristinsäure $C_{13}H_{27}COOH$	9	2	15	3
Palmitinsäure $C_{15}H_{31}COOH$	25	15	9	25
Stearinsäure $C_{17}H_{35}COOH$	13	2	3	20
Ölsäure $C_{17}H_{33}COOH$	29	71	5	36
Linolsäure $C_{17}H_{31}COOH$	2	8	2	4
Linolensäure $C_{17}H_{29}COOH$	1	–	–	1
andere	15	2	17	11

B5 *Prozentualer Anteil einzelner Fettsäuren in verschiedenen Nahrungsfetten.* **A:** *Informieren Sie sich über die Anteile gesättigter und ungesättigter Fettsäuren in weiteren Fetten und Ölen.*

Fachbegriffe
Triglyceride oder Triacylglycerine, Schmelzbereich

[1] Der Brennwert von Fett beträgt ca. 38 kJ/g, der von Kohlenhydrat und Eiweiß jeweils ca. 17 kJ/g.
[2] *margon* (griech.) = Perle

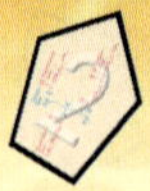

Die Doppelbindung und ihre Folgen

Stearinsäure $C_{17}H_{35}COOH$ Ölsäure $C_{17}H_{33}COOH$

B1 *Ölsäure ist bei Zimmertemperatur flüssig, Stearinsäure fest.* **A:** *Welche strukturellen Merkmale bedingen die unterschiedlichen Schmelztemperaturen?*

Versuche

V1 Lösen Sie in vier verschiedenen Rggl. je etwa 0,5 g Ölsäure, Stearinsäure, Kokosfett bzw. Olivenöl in Heptan*. Geben Sie tropfenweise unter Schütteln Brom-Lösung* zu (hergestellt aus 0,1 mL Brom* in 20 mL Heptan), bis die Bromfärbung bestehen bleibt. Vergleichen Sie die bis zur bleibenden Färbung benötigte Tropfenzahl zugesetzter Brom-Lösung bei den vier Proben.

V2 Geben Sie in ein Rggl. 0,5 mL Wasser und 1,5 mL konz. Schwefelsäure*. (*Achtung:* Die Lösung wird heiß.) Fügen Sie zu der heißen Lösung 1,5 mL Olivenöl und eine Spatelspitze Zinkpulver*. Schütteln Sie das Gemisch mehrmals kräftig. Prüfen Sie die Konsistenz der Emulsion nach einer halben Stunde.

Auswertung

a) Formulieren Sie für die Reaktion von Ölsäure (B2) mit Brom die Reaktionsgleichung.

b) Vergleichen Sie die Versuchsergebnisse aus V1 mit den Angaben in B5 auf S. 359 und B2 auf S. 361.

c) Deuten Sie die Beobachtungen bei V2. (Vgl. auch Infokasten „Fetthärtung".)

INFO

Fetthärtung

Auf den Verpackungen von Margarine und anderen Fetten findet man häufig Hinweise auf „gehärtete Fette". Bei der Fetthärtung werden ungesättigte Fettsäuren mit Wasserstoff bei Temperaturen zwischen 150 °C und 200 °C, unter Druck und mit Nickel als Katalysator zur Reaktion gebracht. Bei dieser auch als Fetthydrierung bezeichneten Reaktion wird Wasserstoff an eine Doppelbindung nach folgender Gleichung addiert:

$C_{17}H_{33}COOH$ Ölsäure (Schmelztemperatur 16 °C)

$\downarrow$ $+H_2$ | Ni-Katalysator

$C_{17}H_{35}COOH$ Stearinsäure (Schmelztemperatur 70 °C)

Ungesättigte Fettsäuren werden damit durch Hydrierung in gesättigte umgewandelt. Das Fett erhält dadurch eine festere Konsistenz, weil gesättigte Fettsäuren gegenüber ungesättigten Fettsäuren mit gleicher Anzahl an Kohlenstoff-Atomen eine höhere Schmelztemperatur besitzen. Der Nickel-Katalysator ist giftig und muss daher nach der Hydrierung entfernt werden.

Eine zusätzliche Folge der Fetthärtung ist die längere Haltbarkeit der gewonnenen Fette. Ungesättigte Fettsäuren reagieren unter dem Einfluss von Mikroorganismen leicht mit Luftsauerstoff, mit der Folge, dass die entsprechenden Fette schneller verderben und ranzig werden. Dabei werden die Doppelbindungen eines Fettsäure-Moleküls durch Sauerstoff-Moleküle oxidativ gespalten:

>C=C< (mit H an jedem C)

$\downarrow$ $+O_2$ | (Bakterien)

–C(=O)H H(O=)C–

Die entstehenden Alkanale verursachen den unangenehmen Geruch ranzigen Fetts und sind außerdem gesundheitsschädlich, da sie wichtige Vitamine im Körper desaktivieren.

Molekülstruktur und Aggregatzustand von Triglyceriden

Wie erklären sich die unterschiedlichen Schmelzbereiche der Fette und Öle, wenn es sich sowohl bei den festen Fetten als auch bei den flüssigen Ölen um Triglyceride handelt? V1 zeigt, dass gleiche Portionen verschiedener Fette und Öle mit Bromwasser unterschiedlich reagieren: Pflanzenöle verbrauchen mehr Brom als feste Fette. Brom wird an Doppelbindungen addiert, in einem Fett-Molekül an die Doppelbindungen der Fettsäure-Reste. Folglich enthalten die Triglycerid-Moleküle von Ölen mehr ungesättigte Fettsäure-Reste als die der festen Fette. Somit kann angenommen werden, dass ein Zusammenhang zwischen dem Schmelzbereich eines Fetts und der Struktur der in den Fett-Molekülen gebundenen Fettsäure-Reste besteht.
Die in Fetten und Ölen vorkommenden ungesättigten Fettsäuren liegen überwiegend in der *cis*-Konfiguration[1] vor. Während gesättigte Fettsäure-Moleküle linear gebaut sind, weisen ungesättigte Fettsäure-Moleküle als *cis*-Isomere einen „Knick" auf (B2). Fett-Moleküle mit vorwiegend gesättigten Fettsäure-Resten können sich daher besser parallel zueinander anordnen, mit der Folge, dass van-der-Waals-Kräfte zwischen ihnen wirken können. Die gewinkelt gebauten und sperrigeren ungesättigten Fettsäure-Reste verhindern dagegen weitgehend eine parallele Anordnung der Fett-Moleküle, wodurch der Zusammenhalt zwischen ihnen geringer ist. Dies führt dazu, dass Fette mit einem hohen Anteil an ungesättigten Fettsäuren bei Zimmertemperatur flüssig, also Öle sind.

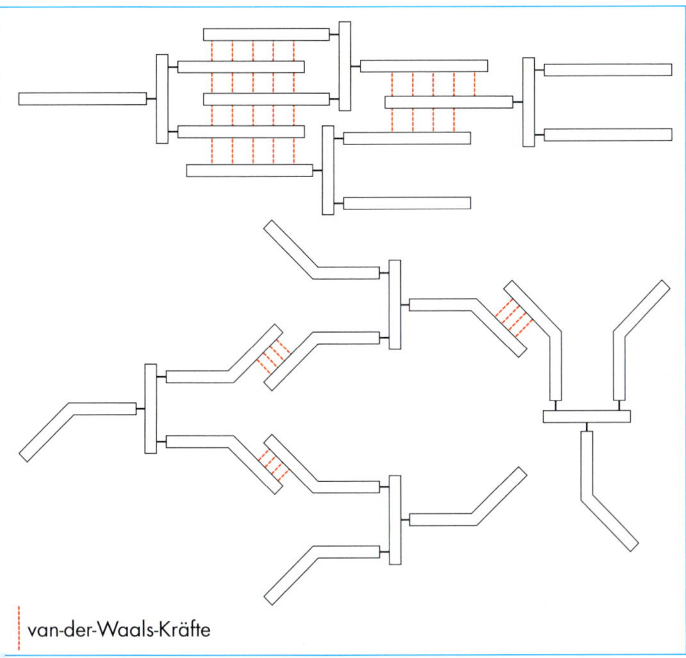

B3 *Van-der-Waals-Kräfte zwischen benachbarten Triglycerid-Molekülen: Triglycerid-Moleküle mit gesättigten Fettsäure-Resten (oben), Triglycerid-Moleküle mit ungesättigten Fettsäure-Resten (unten)*

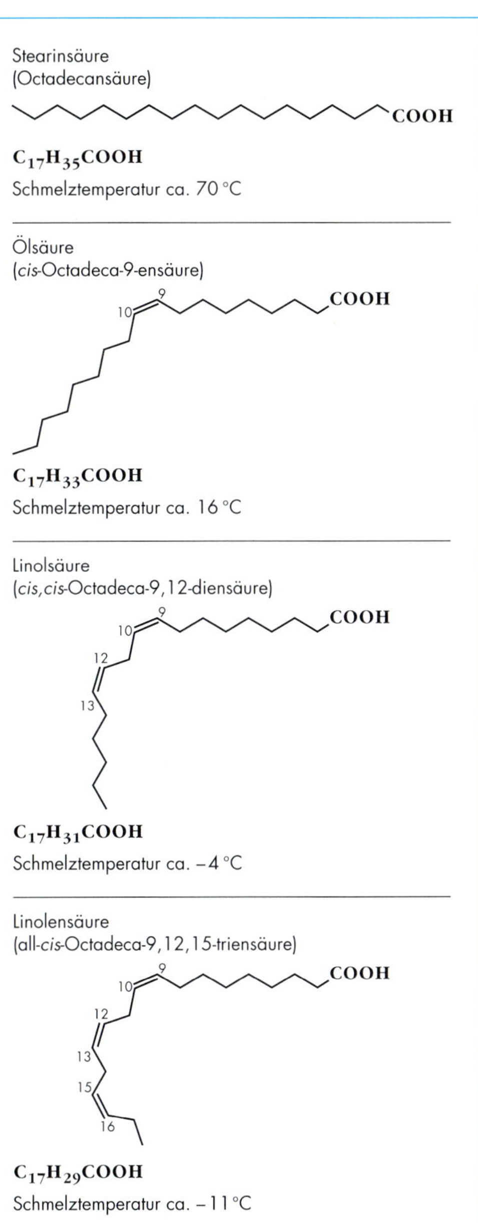

B2 *Gesättigte und ungesättigte Fettsäuren mit 18 Kohlenstoff-Atomen.*
A: *Begründen Sie die unterschiedlichen Schmelztemperaturen der drei ungesättigten Fettsäuren.*

Aufgaben

A1 Formulieren Sie für die Hydrierung von einem Fett-Molekül mit drei Linolsäure-Resten die Reaktionsgleichung.

A2 Welche Schmelztemperaturen erwarten Sie für die jeweiligen *trans*-Isomere der in B2 abgebildeten *cis*-Fettsäuren? Begründen Sie.

Fachbegriffe

Fetthärtung, Fetthydrierung, *cis*-Fettsäuren, van-der-Waals-Kräfte

[1] Die neuen Bezeichnungen für *cis*- und *trans*-Konfiguration sind *Z* (zusammen)- und *E* (entgegengesetzt)-Konfiguration.

Doppelcheck für Fette

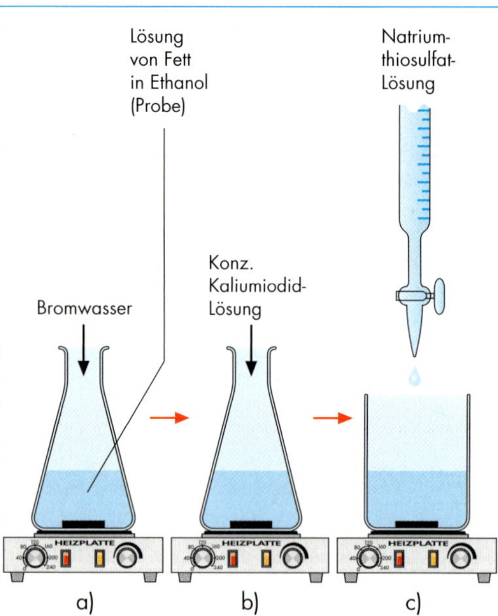

Parallel zur Probe wird in der gleichen Weise auch eine Blindprobe ohne Fett durchgeführt.

a) $Br_2 + \rangle C{=}C\langle \longrightarrow -\underset{Br}{\overset{|}{C}}-\underset{Br}{\overset{|}{C}}-$

b) $Br_2 + 2I^- \longrightarrow 2Br^- + I_2$

c) $I_2 + 2S_2O_3^{2-} \longrightarrow 2I^- + S_4O_6^{2-}$

B1 *Versuchsschritte zur Bestimmung der Iodzahl eines Fetts (V1)*

1. Berechnung der Iodzahl IZ:

$$IZ = \frac{(V_B - V_H) \cdot 1{,}269\ g/mL}{m(Fett)}$$

V_H, V_B: Verbrauch an Thiosulfat-Lösung in Haupt- bzw. Blindversuch in mL

m(Fett): Einwaage der Fettportion in g

2. Berechnung der Verseifungszahl VZ

$$VZ = \frac{(V_B - V_H) \cdot 28\ mg/mL}{m(Fett)}$$

V_H, V_B: Verbrauch an Salzsäure-Lösung in Haupt- bzw. Blindversuch in mL

m(Fett): Einwaage der Fettportion in g

B2 *Berechnungsformeln zur Ermittlung von Iod- und Verseifungszahlen von Fetten für V1 und V2 (vgl. auch B3)*

Versuche

V1 *Iodzahl-Bestimmung*

a) *Hauptversuch:* Lösen Sie in einem 250-mL-Erlenmeyerkolben 1 g Fett in 20 mL 1-Propanol*. Geben Sie zu dieser Lösung 50 mL einer Brom-Lösung*, w = 1% in 1-Propanol, bis eine deutliche Gelbfärbung der Lösung durch Brom zu beobachten ist. (Wichtig ist, dass Sie Brom im Überschuss zusetzen.) Verschließen Sie den Kolben und stellen Sie ihn unter gelegentlichem Schütteln mindestens 10 min. in einen dunklen Raum. Geben Sie anschließend 20 mL Kaliumiodid-Lösung, w = 10% in Wasser, hinzu und schütteln Sie kräftig. Es sollte jetzt eine rotbraune Färbung durch Iod* sichtbar sein. Nach Zugabe von 50 mL Wasser und einigen Tropfen Stärke-Lösung titrieren Sie die Lösung aus einer Bürette mit Natriumthiosulfat-Lösung $Na_2S_2O_3$, c = 0,1 mol/L, bis zur vollständigen Entfärbung. Notieren Sie den Verbrauch an Thiosulfat-Lösung.

b) *Blindversuch:* Führen Sie den Versuch exakt wie unter a) beschrieben, aber ohne Fett durch. Notieren Sie auch hier den Verbrauch an Thiosulfat-Lösung.

V2 *Verseifungszahl-Bestimmung*

a) *Hauptversuch:* Stellen Sie aus Kaliumhydroxid* KOH und Brennspiritus* Kalilauge der Konzentration c = 0,5 mol/L her (z.B. 2,8 g KOH in 100 mL alkoholischer Lösung). Wiegen Sie 2 g Fett in einen Rundkolben ab, übergießen Sie die Fettportion mit 30 mL der Kalilauge* und setzen Sie einen Rückflusskühler auf den Rundkolben. Erhitzen Sie die Lösung ca. 30 min. lang unter Rückfluss. Die noch heiße Lösung wird nach Zugabe von zwei Tropfen Phenolphthalein-Lösung mit Salzsäure, c = 0,5 mol/L, aus einer Bürette titriert, bis die Rotfärbung gerade eben verschwindet. Notieren Sie den Verbrauch an Salzsäure.

b) *Blindversuch:* Führen Sie den Versuch exakt wie unter a) beschrieben, aber ohne Fett durch. Notieren Sie auch hier den Verbrauch an Salzsäure.

Auswertung

a) Erläutern Sie mithilfe von B1 die einzelnen Versuchsschritte in V1.

b) Warum muss man bei V1 den Versuchsansatz nach Bromzugabe dunkel stellen?

c) Erläutern Sie die Vorgehensweise bei V2.

d) Erläutern Sie die Bedeutung der Blindversuche in V1 und V2.

e) Berechnen Sie anhand der Ergebnisse von V1 und V2 und der in B2 angegebenen Berechnungsformeln die Iod- und Verseifungszahlen eines Fetts.

f) Welche Rückschlüsse auf die Strukturen der Triglycerid-Moleküle eines Fetts erlauben Iod- und Verseifungszahl?

g) Begründen Sie, weshalb die Berechnungsformeln aus B2 nur für die in V1 und V2 angegebenen Konzentrationen der Lösungen gelten (vgl. auch B3).

odzahl und Verseifungszahl

uf den ersten Blick fällt es schwer, Unterschiede zwischen Butter nd Margarine oder zwischen verschiedenen Speiseölen zu erkenen. Jedes Fett besitzt aber eine charakteristische Fettsäurezusamensetzung (B5, S. 359). Lebensmittelchemiker machen sich dies zuutze, um unterschiedliche Fette zu erkennen und zu vergleichen.)azu ermitteln sie zwei **Kennzahlen**, die für ein Fett typisch sind: die **odzahl** und die **Verseifungszahl**.

)ie *Iodzahl* (IZ) gibt an, wie viel Gramm Iod von 100 g Fett durch ddition an die in den ungesättigten Fettsäure-Resten enthaltenen)oppelbindungen aufgenommen werden kann.

$$Z = \frac{m(\mathbf{I}_2) \cdot 100}{m(\text{Fett})} \qquad (1)$$

)a Iod-Moleküle $\mathbf{I}_2$ mit Doppelbindungen nur langsam reagieren, ihrt man die Addition zunächst mit Brom $\mathbf{Br}_2$ durch. Zur vollständien Bromierung aller Doppelbindungen in einer Fettportion ist ein Jberschuss an Brom nötig. Wenn alle Doppelbindungen der Fett-Moeküle mit Brom-Molekülen reagiert haben (B1a), überführt man urch Zugabe von Iodid-Ionen die überschüssigen Brom-Moleküle in ie gleiche Stoffmenge an Iod-Molekülen (B1b). Diese Stoffmenge an od wird dann durch Titration mit Natriumthiosulfat-Lösung ermittelt 31c). Um die Stoffmenge an *addiertem* Brom zu bestimmen, führt nan einen Blindversuch ohne Fett durch. Dabei wird kein Brom verraucht. Die Stoffmenge an Iod, die für die Iodzahl relevant ist, eribt sich somit aus der Differenz der Stoffmengen bei Blind- und lauptversuch:

$$(\mathbf{I}_2)_{\text{addiert}} = n(\mathbf{I}_2)_{\text{Blindversuch}} - n(\mathbf{I}_2)_{\text{Hauptversuch}} \qquad (2)$$

)ie Iodzahl berechnet sich nach der Formel aus B2. In B3 wird die lerleitung der Berechnungsformel erläutert. Je größer die Iodzahl ines Fettes ist, desto größer ist der Anteil an ungesättigten Fettsäureesten innerhalb der Fett-Moleküle dieses Fetts.

)a Fette Ester aus Glycerin und Fettsäuren sind, kann man sie mit augen verseifen (vgl. S. 263). Die *Verseifungszahl* (VZ) gibt an, wie iel Milligramm Kaliumhydroxid man benötigt, um 1 Gramm Fett zu erseifen. Nach vollständiger Hydrolyse wird die Stoffmenge der estlichen Lauge mit Salzsäure bestimmt. Auch bei der Bestimmung er Verseifungszahl muss man Kalilauge im Überschuss zusetzen.)er Verbrauch an Kaliumhydroxid wird wieder indirekt über einen lindversuch ermittelt. Je größer die Verseifungszahl ist, desto gerinler ist die durchschnittliche Kettenlänge der Fettsäure-Reste in den ett-Molekülen.

4 zeigt die Iod- und Verseifungszahlen wichtiger Fette. Die Schwanungsbreite der Angaben ergibt sich dadurch, dass die Kennzahlen e nach Herkunft oder Produktionsjahr variieren können.

ufgaben

1 Wie würden sich Iod- und Verseifungszahl eines flüssigen Fetts ach Hydrierung ändern? Begründen Sie.

2 Berechnen Sie die Iodzahl von Ölsäure.

3 Mithilfe der Verseifungszahl lässt sich die durchschnittliche moare Masse eines Fetts berechnen, wenn man berücksichtigt, dass nan für die Verseifung von 1 mol Fett 3 mol Kaliumhydroxid benötigt. erechnen Sie die durchschnittlichen molaren Massen von Kokosfett nd Leinöl.

Ableitung der Berechnungsformel der Iodzahl (IZ)

Die Masse Iod in Gleichung (1), die an die Doppelbindungen addiert wird, berechnet sich nach:

$$m(\mathbf{I}_2)_{\text{add}} = n(\mathbf{I}_2)_{\text{add}} \cdot M(\mathbf{I}_2) \qquad (a)$$

Die Stoffmenge an addiertem Iod ergibt sich aus dem Vergleich von Blind- und Hauptversuch:

$$n(\mathbf{I}_2)_{\text{add}} = n(\mathbf{I}_2)_B - n(\mathbf{I}_2)_H \qquad (b)$$

Die Stoffmenge an Iod lässt sich in beiden Teilversuchen durch Titration mit Thiosulfat-Lösung ermitteln. Dabei reagieren nach B1c Iod-Moleküle und Thiosulfat-Ionen im Stoffmengenverhältnis:

$$n(\mathbf{I}_2) = \tfrac{1}{2}\, n(\mathbf{S_2O_3^{2-}}) \qquad (c)$$

Setzt man (c) in (b) ein, ergibt sich:

$$n(\mathbf{I}_2)_{\text{add}} = \tfrac{1}{2}\,[n(\mathbf{S_2O_3^{2-}})_B - n(\mathbf{S_2O_3^{2-}})_H] \qquad (d)$$

Ferner gilt:

$$n(\mathbf{S_2O_3^{2-}}) = c(\mathbf{S_2O_3^{2-}}) \cdot V(\mathbf{S_2O_3^{2-}}) \qquad (e)$$

Da in Blind- und Hauptversuch die Konzentration an $\mathbf{S_2O_3^{2-}}$-Ionen gleich ist, gilt:

$$n(\mathbf{I}_2)_{\text{add}} = \tfrac{1}{2} \cdot c(\mathbf{S_2O_3^{2-}}) \cdot [V(\mathbf{S_2O_3^{2-}})_B - V(\mathbf{S_2O_3^{2-}})_H] \qquad (f)$$

Setzt man Gleichung (f) in (a) ein, so erhält man:

$$m(\mathbf{I}_2)_{\text{add}} = \tfrac{1}{2} \cdot c(\mathbf{S_2O_3^{2-}}) \cdot [V(\mathbf{S_2O_3^{2-}})_B - V(\mathbf{S_2O_3^{2-}})_H] \cdot M(\mathbf{I}_2) \qquad (g)$$

Mit $c(\mathbf{S_2O_3^{2-}}) = 0{,}1\,\text{mol/L}$ und $M(\mathbf{I}_2) = 253{,}8\,\text{g/mol}$ ergibt sich:

$$m(\mathbf{I}_2)_{\text{add}} = [V(\mathbf{S_2O_3^{2-}})_B - V(\mathbf{S_2O_3^{2-}})_H] \cdot 12{,}69\,\text{g/L} \qquad (h)$$

Setzt man (h) in Gleichung (1) ein, so erhält man:

$$IZ = \frac{[V(\mathbf{S_2O_3^{2-}})_B - V(\mathbf{S_2O_3^{2-}})_H] \cdot 100 \cdot 0{,}01269\,\text{g/mL}}{m(\text{Fett})}$$

bzw.

$$IZ = \frac{[V(\mathbf{S_2O_3^{2-}})_B - V(\mathbf{S_2O_3^{2-}})_H] \cdot 1{,}269\,\text{g/mL}}{m(\text{Fett})}$$

B3 *Herleitung der Berechnungsformel für die Iodzahl.* **A:** *Leiten Sie die Berechnungsformel für die Verseifungszahl nach B2 ab.*

Fett	IZ	VZ
Butterfett	26 – 46	220 – 233
Kokosfett	8 – 10	246 – 269
Leinöl	164 – 194	187 – 200
Olivenöl	78 – 90	187 – 196
Rinderfett	32 – 35	190 – 200
Schweineschmalz	46 – 77	193 – 200
Sesamöl	103 – 115	186 – 195
Erdnussöl	83 – 103	188 – 197

B4 *Iod- und Verseifungszahlen wichtiger Fette.* **A:** *Berechnen Sie die Masse an Iod, die von 1 g Olivenöl addiert wird.* **A:** *Erklären Sie, warum für die Kennzahlen keine genauen Werte, sondern Bereiche angegeben sind.*

Fachbegriffe

Kennzahlen, Iodzahl, Verseifungszahl, Blindversuch

Cholesterin und Vitamine

„Gute" und „böse" Cholesterine

Viele Menschen leiden an einem zu hohen Cholesterinspiegel im Blut. Der Gehalt an *Cholesterin* im Blut liefert dem Arzt wichtige Hinweise über den Gesundheitszustand eines Patienten. Zu hohe Cholesterinwerte stellen ein Risiko für Herz-Kreislauf-Erkrankungen dar. Dabei wird häufig übersehen, dass Cholesterin in unserem Körper wichtige Funktionen ausübt: Cholesterin ist ein Bestandteil der Biomembranen (S. 369) und dient als Ausgangsstoff für die Produktion von körpereigenen Hormonen, von Vitamin D und von Gallensäure, die für die Fettverdauung im Darm notwendig ist.

Cholesterin kommt nur in tierischen Nahrungsmitteln vor, wird aber auch durch die Leber im menschlichen Körper synthetisiert. Cholesterin gehört wie auch zahlreiche Hormone zur Stoffgruppe der *Steroide* (B1).

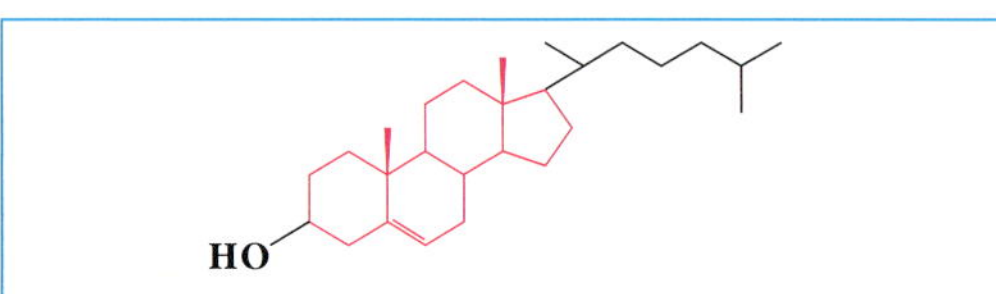

B1 *Strukturformel des Cholesterins (Rot gezeichnet ist das Steroid-Grundgerüst.)*

Der Cholesteringehalt des Bluts lässt sich heute schnell messen. Hierzu wird ein Tropfen Blut auf einen Messstreifen gebracht, der sich je nach Cholesteringehalt unterschiedlich stark blau verfärbt. Die Intensität der Blaufärbung kann dann z. B. photometrisch gemessen werden (B2).

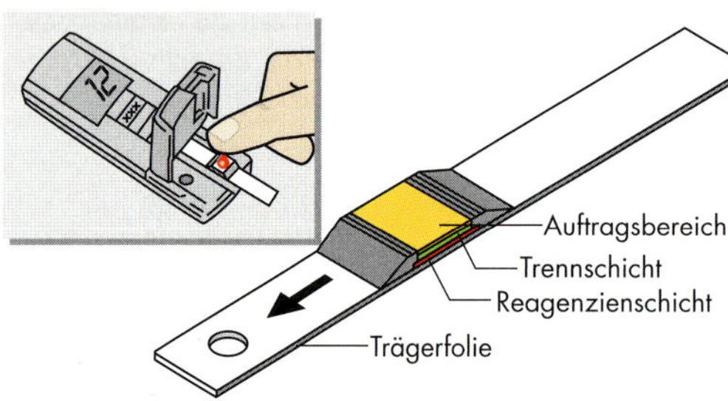

B2 *Schnellmessung des Cholesterins und Aufbau eines Messstreifens*

In der Reagenzienschicht des Messstreifens befindet sich das Enzym Cholesterin-Oxidase, das Cholesterin zu Cholestenon oxidiert. Dabei entsteht gleichzeitig Wasserstoffperoxid, das den ebenfalls in der Reagenzienschicht befindlichen Leukofarbstoff Tetramethylbenzidin (TMB) oxidiert, der dann eine Blaufärbung verursacht:

$$\text{Cholesterin} + O_2 \xrightarrow[\text{Oxidase}]{\text{Cholesterin-}} \text{Cholestenon} + H_2O_2$$

$$2\ H_2N\text{–}C_6H_2(CH_3)_2\text{–}C_6H_2(CH_3)_2\text{–}NH_2\ (\text{TMB}) + H_2O_2 \longrightarrow 2\ H_2\overset{\oplus}{N}{=}C_6H_2(CH_3)_2{=}C_6H_2(CH_3)_2\text{–}NH_2 + 2\,OH^-$$

Cholesterin ist wie Fett wasserunlöslich. Im Blut könne Fette und Cholesterin daher nur transportiert werde wenn sie an Proteine, zu sogenannten Lipoproteine gebunden sind. Die wichtigsten Lipoproteine sind VLD *(Very-Low-Density-Lipoproteine)*, LDL *(Low-Density-Lip proteine)* und das HDL *(High-Density-Lipoproteine* Diese Lipoproteine unterscheiden sich durch ihren Fe gehalt und ihre Dichte (B3).

Lipo-protein	Fett %	Cholesterin %	Phospholipide %	Eiweiß %
VLDL	50	24	18	8
LDL	11	46	22	21
HDL	8	20	22	50

B3 *Bestandteile der drei wichtigsten Lipoproteine*

VLDL und LDL besitzen aufgrund der gegenüber Eiwei geringeren Dichten von Fett und Cholesterin eine geri gere Gesamtdichte als HDL. Den höchsten Fettanteil b sitzt das VLDL, das in der Leber synthetisiert wird. E wird durch das Blut zu den Körperzellen transportie und gibt dort Fett ab. Dadurch steigt die Dichte des L poproteins und es wandelt sich zum LDL um. Aufgrun des erniedrigten Fettgehalts gegenüber VLDL ist der A teil an Cholesterin beim LDL höher (B3). Das LDL tran portiert das Cholesterin, das die Körperzellen für ihr Biomembranen benötigen. Ist die Konzentration de LDL-gebundenen Cholesterins im Blut zu hoch, neigt e dazu, sich an den Innenseiten der Blutgefäße als Abl gerungen (Plaques) festzusetzen. Dies kann zum Ve schluss betroffener Blutgefäße führen, Arterioskleros und Infarkte können die Folge sein. Eine Art Gege spielerfunktion zum LDL übt HDL aus. Es wird ebenfal in der Leber synthetisiert, enthält aber weniger Chol sterin als LDL. Somit kann es überschüssiges Cholesteri aufnehmen und möglicherweise auch gebildete Plaque beseitigen. Bei der Ermittlung des Cholesterinspiege im Blut ist daher nicht unbedingt die Gesamtmenge a Cholesterin von entscheidender Bedeutung, sonder das Verhältnis von „bösem" LDL und „gutem" HDL.

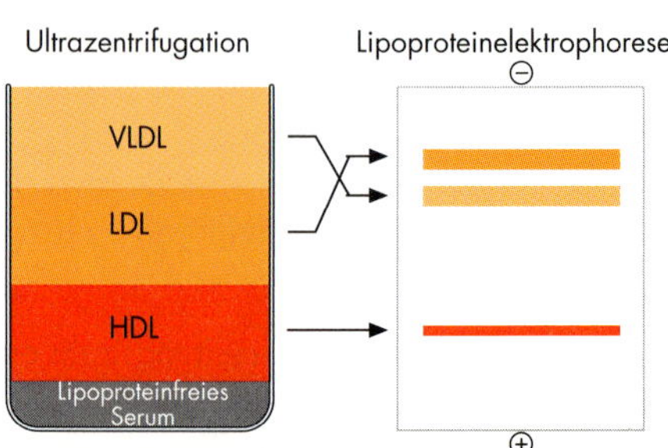

B4 *Lipoproteine des Bluts lassen sich durch Zentrifugation oder Elektrophorese (siehe auch B2, S. 380) auftrennen.* **A:** *Begründen Sie das Auftrennen der Lipoproteine durch Zentrifugation. Welche Aussagen über die Lipoproteine können Sie aufgrund der Elektrophorese machen?*

Cholesterin und Vitamine

Lebenswichtige Vitamine auf einen Blick
Vitamine sind lebensnotwendige organische Verbindungen, die wir unserem Körper mit der Nahrung zuführen müssen. Man unterscheidet 13 Vitamine, die man aufgrund ihrer Löslichkeit in fettlösliche (B5, gelb) und wasserlösliche (B5, blau) Vitamine einteilt. B5 gibt Auskunft über die chemische Struktur, den Tagesbedarf und die wichtigsten natürlichen Nahrungsquellen der Vitamine sowie die Mangelerkrankungen bei unzureichender Vitaminzufuhr.

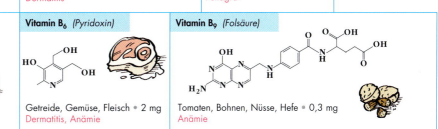

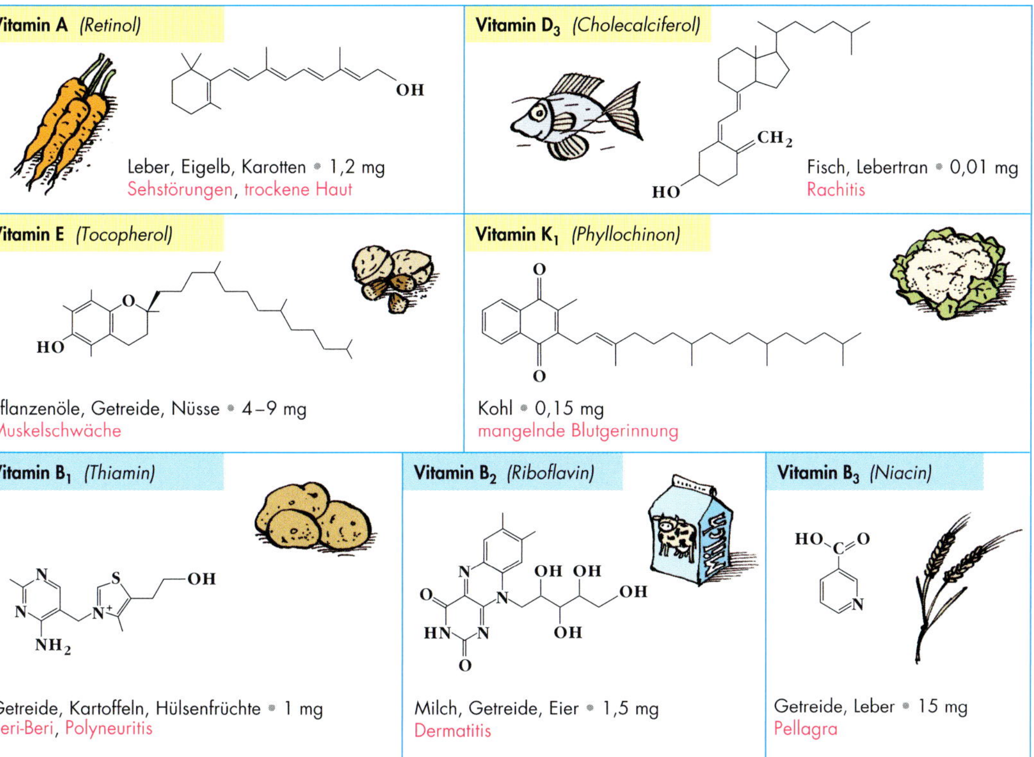

Vitamin A *(Retinol)*
Leber, Eigelb, Karotten • 1,2 mg
Sehstörungen, trockene Haut

Vitamin D_3 *(Cholecalciferol)*
Fisch, Lebertran • 0,01 mg
Rachitis

Vitamin E *(Tocopherol)*
Pflanzenöle, Getreide, Nüsse • 4–9 mg
Muskelschwäche

Vitamin K_1 *(Phyllochinon)*
Kohl • 0,15 mg
mangelnde Blutgerinnung

Vitamin B_1 *(Thiamin)*
Getreide, Kartoffeln, Hülsenfrüchte • 1 mg
Beri-Beri, Polyneuritis

Vitamin B_2 *(Riboflavin)*
Milch, Getreide, Eier • 1,5 mg
Dermatitis

Vitamin B_3 *(Niacin)*
Getreide, Leber • 15 mg
Pellagra

Vitamin B_5 *(Pantothensäure)*
Gemüse, Fleisch, Zitrusfrüchte • 10 mg • Müdigkeit

Vitamin B_6 *(Pyridoxin)*
Getreide, Gemüse, Fleisch • 2 mg
Dermatitis, Anämie

Vitamin B_9 *(Folsäure)*

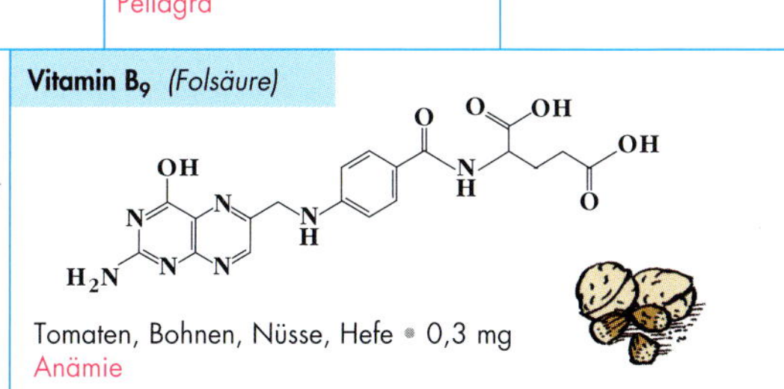

Tomaten, Bohnen, Nüsse, Hefe • 0,3 mg
Anämie

Vitamin B_{12} *(Cobalamin)*

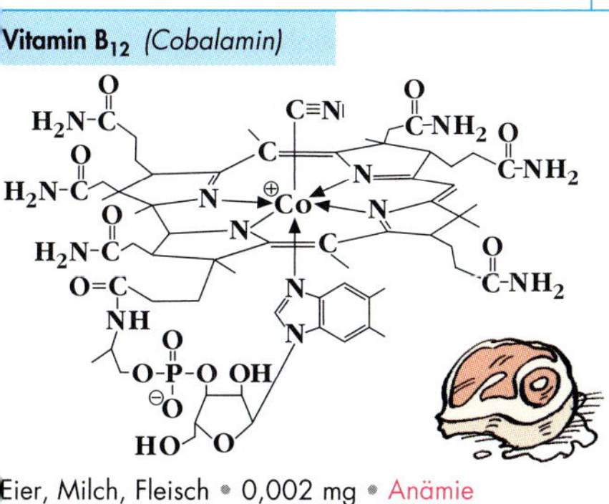

Eier, Milch, Fleisch • 0,002 mg • Anämie

Vitamin H *(Biotin)*

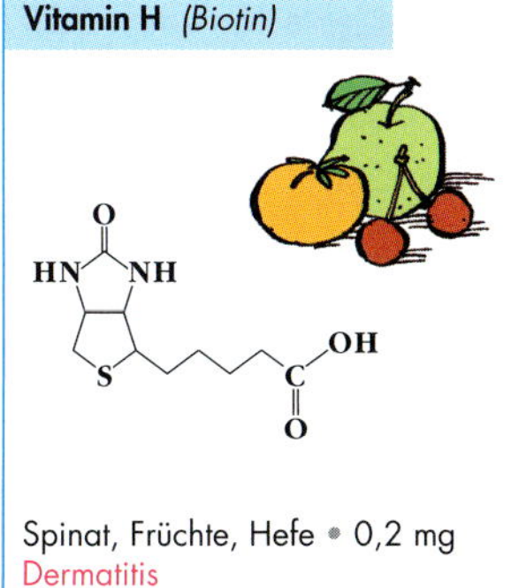

Spinat, Früchte, Hefe • 0,2 mg
Dermatitis

Vitamin C *(Ascorbinsäure)*

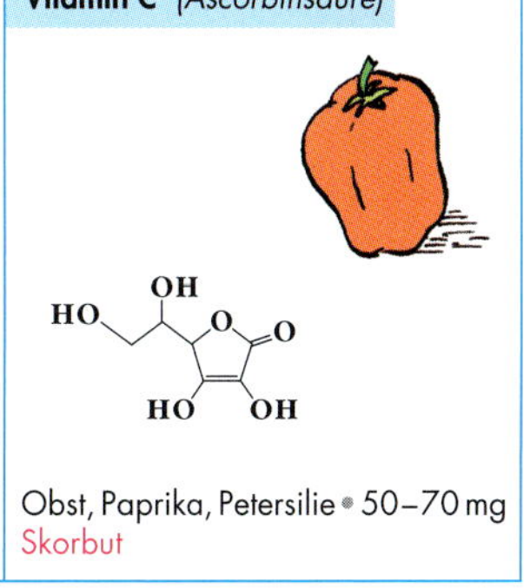

Obst, Paprika, Petersilie • 50–70 mg
Skorbut

B5 *Die 13 lebenswichtigen Vitamine: Struktur, Vorkommen, Tagesdosis und Mangelerkrankungen.*
A: *In welcher(n) der aufgeführten Strukturformeln kommt (kommen) eines (mehrere) der folgenden Strukturmerkmale vor: Hydroxy-Gruppe, Carboxy-Gruppe, Heterocyclus, konjugierte π-Bindungen?*

ERWEITERUNG · VERTIEFUNG · ANWENDUNG

Seifen und Verwandte

B1 *Wasser (links) perlt auf Baumwolle ab, Seifenlösung benetzt sie (rechts).*

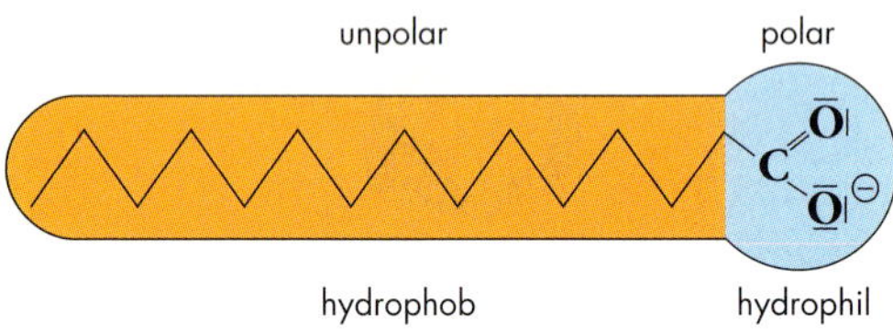

B2 *Fettsäure-Anion: Seifen sind Salze der Fettsäuren.*

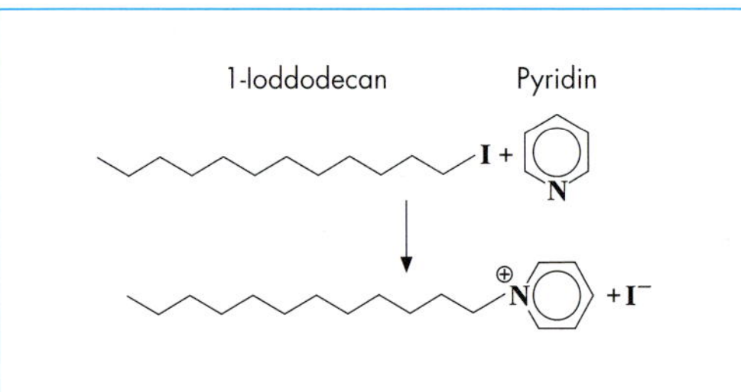

B3 *Herstellung eines Kation-Tensids.* **A:** *Um welchen Reaktionstyp handelt es sich hierbei?*

Versuche

V1 *Eigenschaften von Seife*

a) Füllen Sie eine Petrischale zur Hälfte mit Wasser und bestreuen Sie die Oberfläche mit Schwefel- oder Kohlepulver. Geben Sie aus einer Tropfpipette einen Tropfen Seifenlösung mitten in die Schale. Beobachtung?

b) Füllen Sie je ein Rggl. zur Hälfte mit Wasser bzw. Seifenlösung. Geben Sie in beide 1 mL Salatöl, verschließen Sie und schütteln Sie kräftig. Beobachtung? Vergleichen Sie den Zeitraum, bis sich Öl und Wasser/Seifenlösung wieder getrennt haben. (In der Zwischenzeit kann man einen Tropfen der trüben Emulsion mikroskopieren.)

c) Füllen Sie eine Glaswanne mit Wasser. Hängen Sie an eine Federwaage einen Metallring, so dass dessen Gewichtskraft ablesbar ist. Tauchen Sie den Ring langsam von oben in das Wasser. Ziehen Sie ihn anschließend wieder heraus. Beobachten Sie die Federwaage. Wiederholen Sie den Versuch mit Seifenlösung und vergleichen Sie die Veränderungen an der Federwaage.

d) Setzen Sie mit einer Tropfpipette vorsichtig auf ein sauberes Stück Baumwolle einen Tropfen Wasser bzw. Seifenlösung ab. Beobachten Sie die Tropfenform (B1).

V2 Geben Sie in einen Rundkolben 5 g Kokosfett und übergießen Sie es mit 5 mL Ethanol* (Brennspiritus) und 20 mL Natronlauge*, $w = 25\,\%$. Setzen Sie einen Rückflusskühler auf und lassen Sie ca. 15 min. lang sieden. Sobald das Gemisch etwas abgekühlt ist, gießen Sie es in ein Becherglas mit gesättigter Kochsalz-Lösung. Schöpfen Sie die sich oben abscheidende Masse ab und trocknen Sie sie. Geben Sie eine Probe dieses Produkts in ein Rggl. mit lauwarmem Wasser und schütteln Sie kräftig. Testen Sie die Seifenwirkung Ihres Produkts nach V1.

V3 Lösen Sie in einem Kolben 2,5 g Dodecanol in einer Mischung aus 5 mL Diethylether* und 1,5 mL konz. Schwefelsäure*. Verschließen Sie den Kolben und lassen Sie die Lösung mehrere Stunden stehen (am besten unter Rühren). Gießen Sie dann die Lösung in einen Erlenmeyerkolben, der bereits 5 mL Wasser und 1 Tropfen Phenolphthalein-Lösung enthält. Neutralisieren Sie die überschüssige Schwefelsäure mit Natronlauge*, $c = 2$ mol/L, bis der Indikator gerade eben Rotfärbung zeigt. Diese kann man durch Zugabe von einem Tropfen verd. Essigsäure wieder entfernen. Geben Sie eine Probe der Lösung in ein Rggl., verschließen Sie es und schütteln Sie kräftig. Beobachtung?

V4 (Abzug) Geben Sie in einen Rundkolben 10 mL Ethanol* und lösen Sie darin 0,8 mL Pyridin* und 5 mL 1-Ioddodecan*. Lassen Sie die Lösung ca. 10 min. lang unter Rückfluss sieden. Ersetzen Sie anschließend den Rückfluss- durch einen Liebigkühler und destillieren Sie das Lösemittel ab. Der Rückstand wird mit 10 mL Diethylether* übergossen, um das Produkt von nicht umgesetzten Edukten zu reinigen. Saugen Sie anschließend den Ether mit einer Nutsche ab. Der feste Rückstand wird mit etwas Wasser gelöst und die Lösung kräftig geschüttelt. Beobachtung? Vergleichen Sie auch B3.

V5 Geben Sie zu Seifenlösung und Lösungen der Produkte von V3 und V4 jeweils etwas Salzsäure bzw. Kalkwasser. Beobachtung?

Auswertung

a) Deuten Sie mithilfe von B2 die Beobachtungen von V1a bis V1c.

b) Formulieren Sie für die Reaktion von Fett mit Natronlauge (V2) die Reaktionsgleichung.

c) Bei V3 findet eine Veresterung von Dodecanol mit Schwefelsäure statt. Formulieren Sie die Reaktionsgleichung.

d) Begründen Sie das unterschiedliche Verhalten von Anion- und Kation-Tensiden in V5 gegenüber Säure und Kalkwasser.

Waschaktive Substanzen (Tenside)

Seife ist unsere gebräuchliche Bezeichnung für ein Gemisch aus Natrium- oder Kaliumsalzen von Fettsäuren. Die Herstellung und Verwendung von Seife als Waschmittel ist bereits für die Zeit um 2500 v. Chr. nachgewiesen. Heute kennt man zahlreiche andere Verbindungen, die als **waschaktive Substanzen** in unseren Wasch- und Reinigungsmitteln enthalten sind. Die Waschwirkung dieser sogenannten **Tenside** erklärt sich durch ihren Teilchenaufbau: Sie besitzen wie das Seifen-Anion immer ein hydrophobes, unpolares und ein hydrophiles, polares Ende (B2). Deshalb ordnen sie sich an den Grenzflächen des Wassers auf ganz bestimmte Weise an. An der Wasseroberfläche orientieren sich die hydrophilen „Köpfe" in das Wasser, während die hydrophoben „Schwänze" in die Luft ragen (V1a). Verteilt man Fetttröpfchen in Wasser, so orientieren sich die hydrophoben Reste der Tensid-Teilchen in das Fett, die polaren Köpfe ragen nach außen. Der Fetttropfen zeigt sich nach außen nun polar und kann mit den Wasser-Molekülen der Umgebung Wasserstoffbrückenbindungen ausbilden, die den Fetttropfen länger im Wasser halten (V1b). Solche von Tensiden umschlossenen Gebilde nennt man **Micellen** (B4). Beim Waschvorgang wird das von der Faser zu entfernende Fett von Tensid-Teilchen umschlossen. Die dann abgelösten Micellen werden mit der Waschlauge weg transportiert (B4). Aufgrund der Anordnung der Tensid-Teilchen an der Wasseroberfläche wird die Oberflächenspannung des Wassers herabgesetzt (V1c), was zu einer besseren Benetzung von Fasern durch Wasser führt (V1d, B1) und dadurch den Waschvorgang erleichtert.

Je nach Aufbau der Tenside unterscheidet man **Anion-**, **Kation-** oder **nicht-ionische Tenside**. Anionische Tensid-Teilchen besitzen in den polaren Köpfen negativ geladene Atom-Gruppierungen wie z. B. Carboxylat- ($-COO^-$), Sulfat- ($-SO_4^{2-}$) oder Sulfonat-Gruppen ($-SO_3^-$). Bei kationischen Tensid-Teilchen wird die positive Ladung meist von einem quartären Stickstoff-Atom getragen. Bei den nicht-ionischen Tensid-Teilchen wird der polare Molekülteil durch Ether- und Hydroxy-Gruppen gebildet (B5).

Obwohl das Bauprinzip der verschiedenen Tensid-Typen sehr ähnlich ist, zeigen sie doch unterschiedliche Reaktionen vor allem gegenüber Säuren und kalkhaltigem Wasser. Anionische Tenside reagieren mit Protonen bzw. Calcium-Ionen zu schwerlöslichen Verbindungen, die dann keine waschaktive Wirkung mehr zeigen.

Seife $CH_3(CH_2)_{14}COO^-\,(aq) + H^+\,(aq) \longrightarrow$
Fettsäure $CH_3(CH_2)_{14}COOH\,(s)$

Seife $2\,CH_3(CH_2)_{14}COO^-\,(aq) + Ca^{2+}(aq) \longrightarrow$
Kalkseife $[CH_3(CH_2)_{14}COO^-]_2Ca^{2+}\,(s)$

Dagegen sind nicht-ionische und kationische Tenside gegenüber hartem und saurem Wasser unempfindlich.

Aufgaben

A1 Erläutern Sie, weshalb das von Fasern abgelöste Fett beim Waschvorgang nicht wieder auf die Faser aufziehen kann.

A2 Hartes, kalkhaltiges und weiches, kalkarmes Wasser lassen sich mithilfe von Seifenlösung unterscheiden. Begründen Sie.

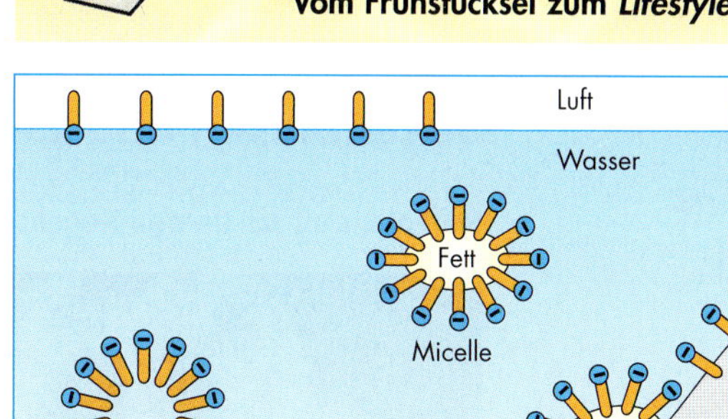

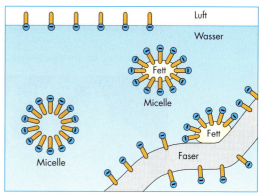

B4 *Grenzflächenanordnung der Tensid-Teilchen und Micellenbildung.*
A: *Erläutern Sie das Entstehen von Micellen.*

Anionische Tenside

$H_3C(CH_2)_nCOO^-\,Na^+$ — n = 9 bis 19
Seifen

$H_3C(CH_2)_nOSO_3^-\,Na^+$ — n = 10 bis 17
Fettalkoholsulfonat

$H_3C(CH_2)_n$ / $H_3C(CH_2)_m$ > $CH_2SO_3^-\,Na^+$ — n = 4 bis 7, m = 5 bis 10
Alkylsulfonat (AS)

$H_3C(CH_2)_n$ / $H_3C(CH_2)_m$ > $CH-C_6H_4-SO_3^-\,Na^+$ — n = 4 bis 5, m = 7 bis 9
Alkylbenzolsulfonat (ABS)

Kationische Tenside

$H_3C(CH_2)_n$, $H_3C(CH_2)_m$, CH_3, CH_3 an $\overset{\oplus}{N}$ Cl^- — n,m = 15 bis 17
Tetraalkylammoniumchlorid

Nicht-ionische Tenside (Niotenside)

$H_3C(CH_2)_n-O(-CH_2-CH_2-O)_m-H$ — n = 8 bis 18, m = 3 bis 15
Fettalkoholpolyglycolether

$H_3C(CH_2)_n-C_6H_4-O(-CH_2-CH_2-O)_m-H$ — n = 7 bis 18, m = 3 bis 15
Alkylphenolpolyglycolether

B5 *Beispiele für anionische, kationische und nicht-ionische Tenside*

Fachbegriffe

anionische, kationische, nicht-ionische Tenside, Grenzfläche, Micellen

ERWEITERUNG · VERTIEFUNG · ANWENDUNG

Seifenblasen und Zellmembranen

Seifenblasen: schillernde Kugeln aus Wasser, Luft und Seife

B1 *Die Oberflächen von Seifenblasen schillern in allen Farben.*

Seifenblasen faszinieren durch ihr schillerndes Farbenspiel (B1). Wie kommt es zur Bildung einer Seifenblase und wodurch werden die Farberscheinungen hervorgerufen?

Seifenblasen entstehen, wenn man Luft in Seifenlösung bläst. Die Seifen-Anionen der Lösung orientieren sich dann genau wie an deren Oberfläche mit ihren unpolaren Resten zur Luftblase hin, ihre hydrophilen Köpfe ragen in die wässrige Lösung. Wenn die Luftblase nun in der Lösung nach oben steigt, durchstößt sie die mit Seifen-Teilchen beladene Oberfläche. Die Luftblase wird dadurch von einem dünnen Wasserfilm umhüllt, der an den beiden Grenzflächen zur Luft (innen und außen) durch Seifen-Teilchen stabilisiert ist (B2). Die auf diese Weise entstandene Membran ist nur wenige Zehntausendstel Millimeter dick.

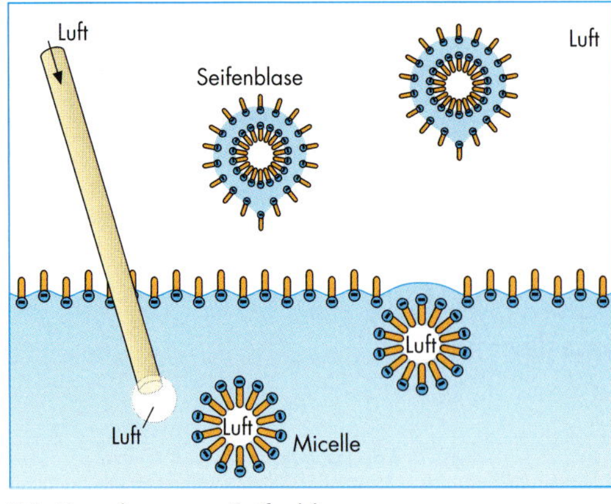

B2 *Entstehung von Seifenblasen*

Die dünne Membran der Seifenblase ist verantwortlich für die Farberscheinungen. Trifft ein Lichtstrahl auf die Membran einer Seifenblase, wird er einmal an der Außenseite und ein zweites Mal an der Innenseite der Membran reflektiert. Die an der inneren Oberfläche der Membran reflektierten Strahlen legen einen längeren Weg zurück. Die parallelen reflektierten Lichtstrahlen weisen daher einen Phasenunterschied auf, d.h. ihre Wellen verlaufen nicht mehr synchron. Je nach Dicke der Membran kann es vorkommen, dass sich die beiden reflektierten Lichtstrahlen durch Interferenz gegenseitig auslöschen (B3). Da sich weißes Licht aus verschiedenen Farben, also aus Licht verschiedener Wellenlängen, zusammensetzt, wird je nach Membrandicke der Seifenblase eben nur eine Farbe des Spektrums durch Interferenz ausgelöscht. Dies ist dann der Fall, wenn die Schichtdicke der Membran einem ganzzahligen Vielfachen der Wellenlänge entspricht. Die Oberfläche der Seifenblase sieht man an dieser Stelle dann in der Komplementärfarbe (S. 282, 283).

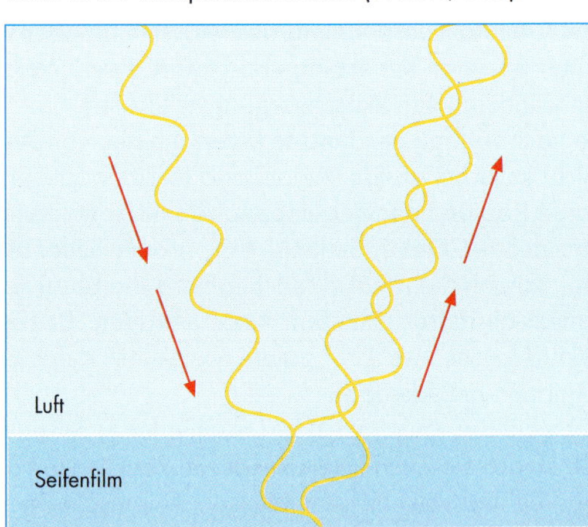

B3 *Interferenz zweier an der Seifenblase reflektierter Lichtstrahlen.* **A:** *Seifenblasen, die keine Färbung mehr zeigen, stehen kurz vor dem Platzen. Begründen Sie.*

Eine Seifenblase mit einheitlich gleicher Membrandicke würde folglich nur in einer Farbe erscheinen. Da der Flüssigkeitsfilm der Membran aber durch Gravitation nach unten gezogen wird, ändert sich ihr Durchmesser und somit auch die Farbzusammensetzung der Oberfläche ständig. Wird die Membran zu dünn, so zerplatzt die Blase. Um die Viskosität der Seifenlösung zu erhöhen, kann man ihr Glycerin oder Zucker zusetzen. Dadurch wird die Lebensdauer der Seifenblasenmembran erhöht.

Seifenblasen und Zellmembranen

Zellmembranen: Doppelschichten aus natürlichen Tensiden

Elektronenmikroskopische Bilder zeigen, dass lebende Zellen außen von Membranen umgeben und in ihrem Inneren von ihnen durchzogen sind. Diese Biomembranen schaffen innerhalb der Zelle abgegrenzte Reaktionsräume *(Kompartimente)*, in denen die verschiedenen Stoffwechselvorgänge der Zelle ablaufen. In B4 erkennt man den dreischichtigen Aufbau einer Biomembran.

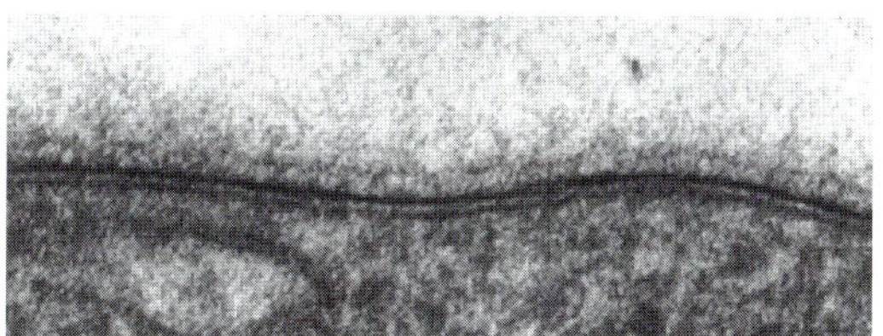

B4 *Elektronenmikroskopisches Bild einer Biomembran. Die Dicke der Membran beträgt ca. 5 bis 10 nm.*

Die wichtigsten Bausteine einer Biomembran sind die *Phospholipide*. Ein Phospholipid-Teilchen ist ähnlich aufgebaut wie ein Fett-Molekül (B4, S. 359), eine Hydroxy-Gruppe des Glycerins ist aber mit *Phosphorsäure* verestert. Phospholipide können sich voneinander unterscheiden, weil der Phosphorsäure-Rest weitere, meist polare Molekülgruppen binden kann. Der wichtigste Vertreter der Phospholipide ist das *Lecithin*, das am Phosphat-Rest den Aminoalkohol *Cholin* trägt (B5).

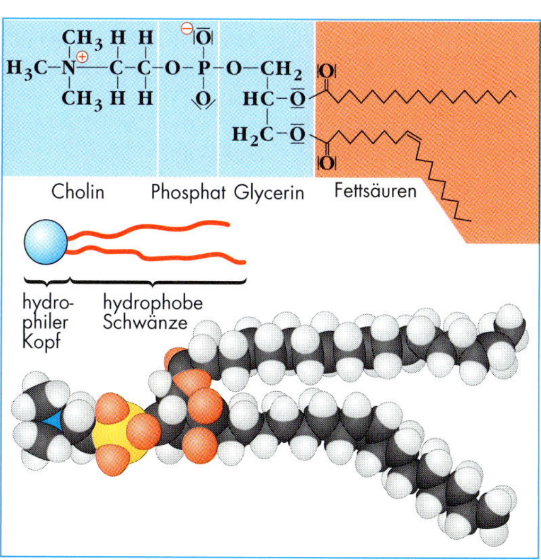

B5 *Formel und Modelle eines Lecithin-Teilchens*

Biomembranen trennen Kompartimente, die wässrige Lösungen enthalten. Daher bilden Lecithin-Moleküle in der Biomembran eine Phospholipid-Doppelschicht aus, in der die hydrophilen Köpfe in die beiden wässrigen Lösungen ragen und die hydrophoben Fettsäure-Reste gegeneinander zeigen (B6).

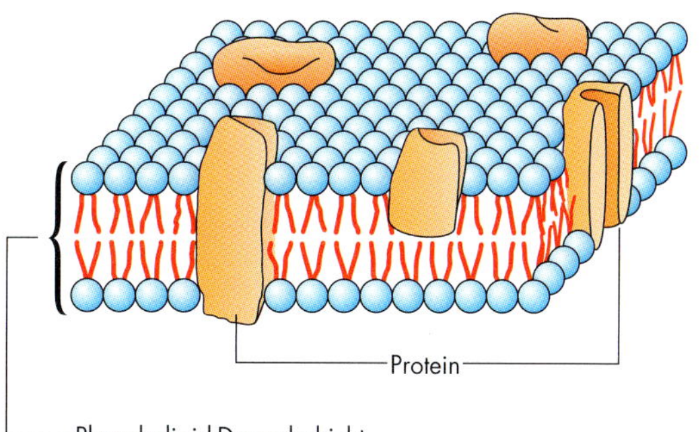

B6 *Modellvorstellung einer Biomembran.* **A:** *Vergleichen Sie den Aufbau einer Biomembran mit dem einer Seifenblasenmembran.*

Würde die Biomembran nur aus Lecithin-Molekülen bestehen, wäre sie undurchlässig für Wasser und andere polare Stoffe, da die hydrophobe Mittelschicht aus Fettsäure-Resten ein Durchdringen verhinderte. Auch unpolare Moleküle könnten die Membran nicht passieren, da dies durch die polaren Köpfe des Lecithins verhindert würde. Um einen Stoffaustausch zwischen den Kompartimenten einer Zelle zu ermöglichen, sind in die Membran Proteine eingebaut (B6), die durch ihre Struktur eine Art Tunneleffekt ermöglichen. Durch sie erfolgt ein kontrollierter Stofftransport durch die Biomembran. Neben Tunnelproteinen befinden sich weitere Proteine und Kohlenhydrate in oder auf der Membran, sodass sich die Membranen verschiedener Zellen in ihrer chemischen Zusammensetzung und damit in ihren Eigenschaften stark unterscheiden können.

Aufgaben

A1 Begründen Sie, weshalb der Phosphat-Rest im Lecithin-Teilchen eine negative Ladung trägt.

A2 Im Eidotter findet man viel Lecithin. Welche Funktion könnte es darin haben?

Moderne Waschmittel – nicht nur Tenside

$\left[{}^{\ominus}|\overline{O}-P(=O)(O^{\ominus})-\overline{O}-P(=O)(O^{\ominus})-\overline{O}-P(=O)(O^{\ominus})-\overline{O}|^{\ominus} \right] 5Na^+$

Pentanatriumtriphosphat

$N(CH_2COO^-Na^+)_3$

Natriumnitrilotriacetat NTA

$Na^+\,^-OOCCH_2C(OH)(COO^-\,Na^+)CH_2COO^-\,Na^+$

Natriumcitrat

$xNa_2O \cdot yAl_2O_3 \cdot 2SiO_2$

Zeolith
(Natriumaluminiumsilicat)

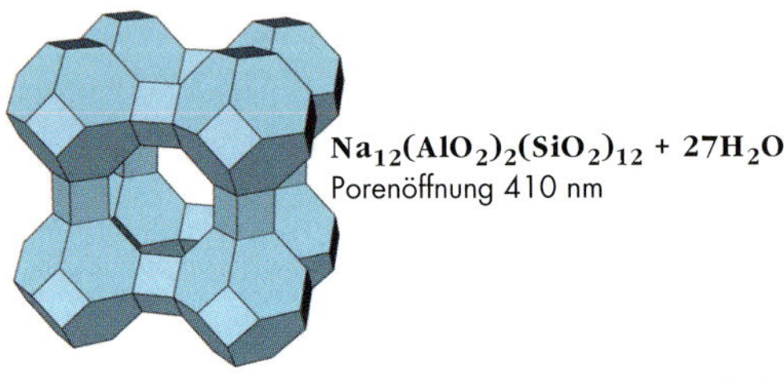

$Na_{12}(AlO_2)_2(SiO_2)_{12} + 27H_2O$
Porenöffnung 410 nm

B1 *Komplexbildner.* **A:** *Welche weiteren Bestandteile sind in Waschmitteln enthalten? Informieren Sie sich unter Chemie 2000+ Online und im Internet (z. B. www.umweltbundesamt.de).*

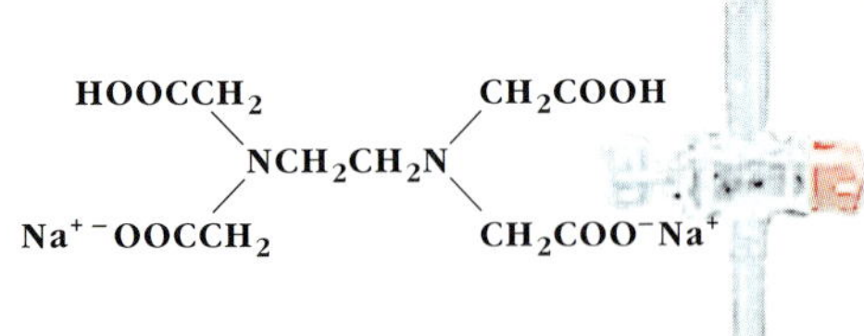

H_2Na_2edta (Titriplex III)

1. Aus dem verbrauchten Volumen an Zinksulfat-Lösung bei der Rücktitration bestimmt man das Volumen der benötigten Titriplex III-Lösung ($n(H_2Na_2edta) : n(Zn^{2+}) = 1:1$).
2. 1 mL Titriplex-Lösung entspricht 2,689 mg Aluminium und damit 14,15 mg Zeolith (Massenanteil von Aluminium im Zeolith A: 19%).

B2 *Angaben zur komplexometrischen Titration von Zeolith in einem Waschmittel nach V3.*
A: *Formulieren Sie die Reaktionsgleichung für die Bildung des Zink-Komplexes mit Titriplex III* (H_2Na_2edta).

Versuche

V1 Füllen Sie drei Bechergläser mit a) 100 mL dest. Wasser, b) 100 mL Leitungswasser[1] und c) 100 mL Leitungswasser[1] unter Zusatz von 30 mL Ethylendiamintetraacetat-Lösung* **EDTA**, c = 0,01 mol/L.
Tropfen Sie jeweils 5 mL ethanolische Kernseifenlösung* zu und rühren Sie gut um. Vergleichen Sie die Schaumbildung, wenn Sie die Proben mit Stopfen versetzen und gut durchschütteln.

V2 Erhitzen Sie 50 mL klare, gesättigte Calciumhydrogencarbonat-Lösung zum Sieden und beobachten Sie die Lösung beim Abkühlen. Wiederholen Sie den Versuch dreimal, wobei Sie der Calciumhydrogencarbonat-Lösung a) etwas Pentanatriumtriphosphat*, b) EDTA* und c) etwas Vollwaschmittel zusetzen.

V3 Kochen Sie 1 g phosphatfreies Vollwaschmittel mit 25 mL Aktivkohle-Suspension und 25 mL Salzsäure*, c = 3 mol/L, 10 min lang. (*Hinweis:* Der Zeolith wird dabei zerstört, Aluminium-Ionen gehen in die Lösung.) Saugen Sie das abgekühlte Gemisch durch einen BÜCHNER-Trichter, versetzen Sie das Filtrat mit 50 mL **Titriplex III-Lösung***, c = 0,1 mol/L, und kochen Sie erneut 10 min lang. Geben Sie zu der abgekühlten Lösung 50 mL Methanol* und stellen Sie durch Zugabe von Natriumacetat einen *p*H-Wert von *p*H = 4 ein. Geben Sie 10 mL Acetat-Pufferlösung* hinzu und füllen Sie mit destilliertem Wasser auf 200 mL auf. Titrieren Sie 50 mL dieser Lösung mit Zinksulfat-Lösung*, c = 0,1 mol/L, gegen den Indikator Dithizon*. (*Hinweis:* Verwenden Sie frisch hergestellte Dithizon-Lösung* in Ethanol*, w = 0,05% . Beim Titrieren muss der Umschlag von Blau nach Rosa erfolgen.)

V4 a) Geben Sie zu je 1 mL Calciumchlorid*-, Magnesiumchlorid*- bzw. Zinksulfat-Lösung* 1 mL EDTA-Lösung*.
b) Geben Sie zu je 1 mL Calciumchlorid*-, Magnesiumchlorid*- bzw. Zinksulfat-Lösung* 1 mL einer Lösung, die Sie durch Lösen einiger Kristalle Eriochromschwarz T in destilliertem Wasser und Zugabe von 3 Tropfen konz. Ammoniak* erhalten. Tropfen Sie mit einer Pipette solange EDTA-Lösung* zu dieser Mischung, bis Sie eine Reaktion feststellen.

V5 a) Geben Sie zu 1 mL einer Eisen(III)salz*-Lösung 1 mL EDTA-Lösung*.
b) Geben Sie zu 1 mL Eisen(III)salz*-Lösung eine Spatelspitze Sulfosalicylsäure* und anschließend tropfenweise EDTA* -Lösung.

V6 Lösen Sie in 20 mL einer Zinksulfat-Lösung*, c = 0,1 mol/L, eine Indikatorpuffertablette (Eriochromschwarz T ist darin enthalten), verdünnen Sie die Lösung mit destilliertem Wasser auf ca. 100 mL und titrieren Sie nach Zugabe von 1 mL konzentrierter Ammoniak-Lösung* mit einer EDTA-Maßlösung, c = 0,1 mol/L, bis zum Farbumschlag von Rot nach Grün.

Auswertung

a) Erstellen Sie ein tabellarisches Protokoll zu allen durchgeführten Versuchen. Die Tabelle soll drei Spalten enthalten: Nummer des Versuchs, Beobachtungen und Ergebnisse, Deutung und Erklärung.
b) Berechnen Sie mithilfe der Angaben aus B2 und Ihres Titrationsergebnisses aus V3 den Zeolith-Gehalt im untersuchten Waschmittel.
c) Welche Zusammensetzung haben die Komplexe, die in V6 auftreten?
d) In V6 wird eine Zinksulfat-Lösung titriert, während in V3 mit Zinksulfat-Lösung titriert wird. Erklären Sie, warum in der Analytik die Titration in V4 als „indirekte Titration" bezeichnet wird.

[1] Verwenden Sie bei sehr weichem Leitungswasser eine Calciumchlorid-Lösung*, $w(CaCl_2)$ = 1%.

Ligandenaustausch bei Komplexen

Beim Waschen mit hartem Wasser lagert sich an Teilen der Waschmaschine und an Textilfasern leicht Kalk ab, da Calcium-Ionen aus dem Wasser mit Tensid-Anionen aus Waschmitteln schwerlösliche Salze bilden (V1). Zur Vermeidung werden Wasch- und Reinigungsmitteln **Komplexbildner**[1] zugesetzt. Diese enthärten das Wasser und unterstützen den Waschvorgang dadurch, dass sie helfen, die mithilfe der Tenside gebildeten Schmutzmicellen wegzutragen. **Pentanatriumtriphosphat** (B1) eignet sich für beide Aufgaben hervorragend. Die durch den Einsatz von Pentanatriumtriphosphat über das Abwasser in Flüsse und Seen gelangten riesigen Phosphatmengen führten allerdings zu Überdüngung und starker Algenbildung (Eutrophierung). In vielen Ländern wurde daher der Phosphatanteil in Waschmitteln stark reduziert und Pentanatriumtriphosphat durch **Zeolith A (Sasil)**[2] ersetzt. Zeolith A enthält Hohlräume (B1), die mit Natrium-Ionen belegt sind. Im Waschwasser werden die Natrium-Ionen dann gegen Calcium- und Magnesium-Ionen ausgetauscht, wodurch das Wasser enthärtet wird. Andere in Reinigungsprodukten eingesetzte Komplexbildner sind z. B. Salze der biologisch leicht abbaubaren **Nitrilotriessigsäure (Nitrilotriacetat NTA)**, Carboxylate, Phosphonate und, in Spülmitteln, die ökologisch völlig unbedenklichen Citrate (vgl. B1).
Metall-Ionen können in vielen Reinigungsprozessen aber auch Störungen hervorrufen, wie die Bildung schwerlöslicher Niederschläge von Erdalkali- oder Schwermetallsalzen. Bestimmte Schwermetall-Ionen (z. B. Eisen-Ionen) können zudem katalytische Reaktionen einleiten, die z. B. die unerwünschte Zersetzung von Wasserstoffperoxid in Bleichmitteln, Verfärbungen, das Ranzigwerden von Seife oder Ablagerungen in Rohrleitungen bedingen. Zugesetzte Komplexbildner umschließen die Metall-Ionen und verhindern dadurch die ungewollten Reaktionen. Gegenüber den Inhaltsstoffen der Reinigungsmittel müssen sich die Komplexbildner dagegen inert verhalten. Der zu den Aminocarbonsäuren gehörende Komplexbildner **EDTA (Ethylendiamintetraacetat)** (B4) erfüllt die Anforderungen und ist deshalb in zahlreichen Wasch- und Reinigungsmitteln für Haushalt, Gewerbe und Industrie enthalten.
Da EDTA aber schlecht biologisch abbaubar ist, werden seit ein paar Jahren verstärkt Ersatzstoffe entwickelt, die wie NTA diesen Nachteil nicht zeigen.

Ethylendiamintetraessigsäure H_4edta findet in der chemischen Analytik bei **komplexometrischen Titrationen** vielfach Anwendung (V3-V6). Als Indikator dienen dabei schwächere Komplexbildner wie Eriochromschwarz T, Murexid oder Dithizon. Sie werden bei der Titration durch den sechszähnigen Chelatliganden EDTA ausgetauscht (B4). So komplexieren bei der komplexometrischen Calcium-Bestimmung zunächst zwei Molekül-Anionen des dreizähnigen Chelatliganden Eriochromschwarz T ein Calcium-Ion. Da der sechszähnige Chelatligand EDTA ein stärkerer Komplexbildner als Eriochromschwarz T ist, werden dann in einer **Ligandenaustauschreaktion** unter Bildung des stabileren, farblosen $[Ca(edta)]^{2-}$-Komplexes zwei Eriochromschwarz T-Moleküle gegen EDTA ausgetauscht (B4).

[1] Komplexbildner sind Verbindungen, die die Fähigkeit haben, Metall-Ionen durch Komplexbildung zu binden (vgl. S. 326).
[2] *zeo* (griech.) = sieden, *lithos* (griech.) = Stein; Wasser verdampft auf Zeolithen. *Sasil* = Sodium-aluminium-silicate

$$PbS + H_2edta^{2-} \rightleftharpoons [Pb(edta)]^{2-} + H_2S$$
$$K_{([Pb(edta)]^{2-})} = 10^{18}$$

$$Zn^{2+} + H_2edta^{2-} \rightleftharpoons [Zn(edta)]^{2-} + 2H^+$$
$$K_{([Zn(edta)]^{2-})} = 10^{16,5}$$

$$Ca^{2+} + H_2edta^{2-} \rightleftharpoons [Ca(edta)]^{2-} + 2H^+$$
$$K_{([Ca(edta)]^{2-})} = 10^{10,7}$$

B3 *Mobilisierung von Schwermetall-Ionen durch Komplexierung mit EDTA*

$$H_2Ind + 2\,OH^- \longrightarrow Ind^{2-} + 2\,H_2O$$
gelb → blaugrün

$$2\,Ind^{2-} + Ca^{2+} \longrightarrow [Ca(Ind)_2]^{2-}$$
blaugrün → purpur

$$[Ca(Ind)_2]^{2-} + EDTA^{4-} \longrightarrow [Ca(edta)]^{2-} + 2\,Ind^{2-}$$
purpur, farblos → farblos, blaugrün

$[Ca(Ind)_2]^{2-}$ $[Ca(edta)]^{2-}$

B4 *Komplexometrische Calcium-Bestimmung mit EDTA (Ind = Eriochromschwarz T)*

Aufgaben

A1 Informieren Sie sich über Komplexbildner, die in Reinigungsprodukten eingesetzt werden, und formulieren Sie – soweit möglich – die Strukturformeln der betreffenden Metallkomplexe.

A2 Welche Rolle hat EDTA als Lebensmittelzusatzstoff?

A3 Diskutieren Sie: Zeolith A – Ionenaustauscher oder spezieller Komplexligand?

A4 Bereiten Sie ein Referat zur Umweltproblematik von EDTA vor. Verwenden Sie dazu die Daten aus B3.

Fachbegriffe

Komplexbildner, EDTA, NTA, Zeolith, Ligandenaustausch, komplexometrische Titration

Verschieden und doch unzertrennlich?

B1 *Präparate nach dem Aussalzen (V1).* **A:** *Tinte ist löslich in Wasser, aber nicht in Öl. Planen Sie einen Kurzversuch, mit dem Sie ermitteln, welches die wässrige Phase ist.* **A:** *Äußern Sie eine Vermutung über den Wassergehalt beider Präparate.*

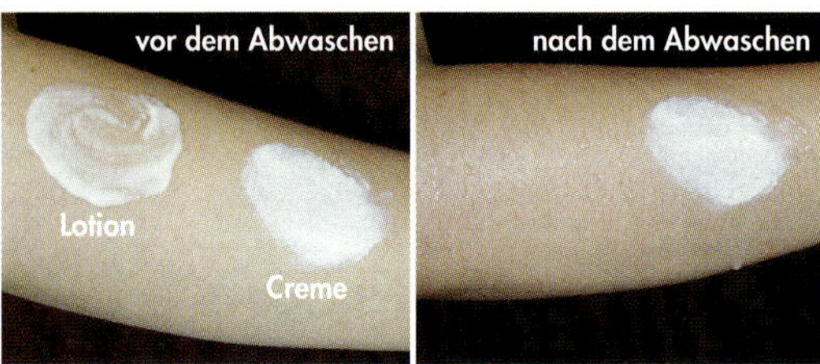

B2 *Abwaschtest (V2).* **A:** *Warum darf das Wasser nicht heiß sein?*

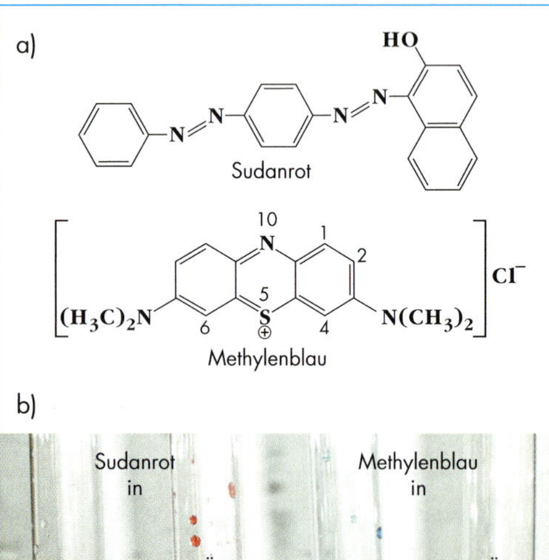

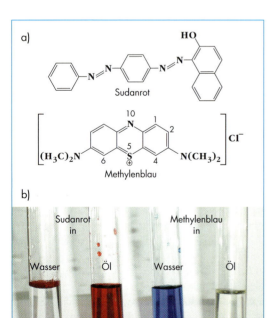

B3 *Gerüststrukturen von Sudanrot und Methylenblau (a) und ihre Löslichkeiten in Wasser und Öl (b).*
A: *Welcher der Farbstoffe ist hydrophil und welcher lipophil? Begründen Sie.*

Versuche

Hinweise: Es bietet sich an, die Untersuchungen bezüglich des Emulsionstyps (V2 bis V6) arbeitsteilig vorzunehmen. Falls eine Creme nach V7 selbst hergestellt wird, sollte diese ebenfalls in V1 bis V6 eingesetzt werden.

V1 Füllen Sie mehrere Rggl. ca. 1 cm hoch mit je einer Creme oder Lotion Ihrer Wahl, rühren Sie wenig (eine halbe Spatelspitze) Kochsalz ein und lassen Sie das Rggl. erschütterungsfrei stehen. Beobachtung nach 5 bis 10 Minuten?

V2 Streichen Sie je einen dicken Fleck Körperlotion und Sonnencreme auf ihren Unterarm. Halten Sie den bestrichenen Arm unter fließendes, kaltes (höchstens lauwarmes) Wasser. Beobachten Sie die Stellen, an denen die Präparate aufgetragen wurden, anschließend genau.

V3 Geben Sie je 2–3 Tropfen einer Lotion oder Creme Ihrer Wahl in zwei Rggl. Fügen Sie 10 mL Wasser bzw. Öl (Speiseöl) hinzu und schütteln Sie. Beobachtung?

V4 Testen Sie mit einem Leitfähigkeitsprüfer die elektrische Leitfähigkeit verschiedener Präparate (Cremes, Lotionen) bei angelegter Wechselspannung von ca. 6 V. Schließen Sie aus Ihren Beobachtungen auf den jeweiligen Emulsionstyp.

V5 Füllen Sie zwei Rggl. jeweils ca. 1 cm hoch mit einer Creme oder Lotion Ihrer Wahl und geben Sie in ein Rggl. wenige Kristalle Sudanrot, in das andere Rggl. wenige Kristalle Methylenblau*. Salzen Sie ggf. aus und beobachten Sie, in welcher der sich bildenden Phasen die Färbung auftritt. Testen Sie in weiteren Rggl. die Löslichkeit beider Farbstoffe in Wasser bzw. Öl (Speiseöl) (B3).

V6 Tupfen Sie je eine kleine Probe verschiedener Cremes und Lotionen auf ein Stück Papier und betrachten Sie nach wenigen Minuten die Rückseite des Papiers. Verwenden Sie als Referenz je einen Tropfen Wasser und einen Tropfen Öl.

V7 Kochen Sie 150 mL Wasser ab und lassen Sie es abkühlen. Fügen Sie währenddessen 15 g Tegomuls, 30 g Pflanzenöl (Speiseöl) und 5 g Walratersatz (Cetylpalmitat) in ein 500-mL-Becherglas und erhitzen Sie unter Rühren, bis alles geschmolzen (maximal 80 °C) ist. Sobald Wasser und Fettphase auf 70 °C abgekühlt sind, geben Sie unter Rühren das Wasser in die Fettphase. Rühren Sie weiter, bis die Emulsion lauwarm ist und geben Sie 25 Tropfen Panthenol und ggf. 15 Tropfen Parfumöl als Zusatzstoffe hinzu. Bei Aufbewahrung im Kühlschrank ist die Creme einige Wochen haltbar.

Auswertung

a) Vergleichen Sie das Aussehen ihrer Creme (Lotion) vor und nach der Salzzugabe in V1. Was bewirkt das Aussalzen?

b) Emulsionen, die aus einem kleinen Anteil Wasser und einem großen Anteil Öl bestehen, bezeichnet man als W/O-Emulsion (sprich: „Wasser-in-Öl"), umgekehrt bestehen O/W-Emulsionen aus einem kleinen Anteil Öl in Wasser. Welchem Emulsionstyp entsprechen die in V2 eingesetzten Produkte? Vergleichen Sie auch mit ihrem Versuchsergebnis aus V3.

c) Als was könnte man das bei dem Verdünnungstest in V3 zugegebene Wasser bzw. Öl bezeichnen?

d) O/W-Emulsionen lassen sich leicht mit Wasser verdünnen, W/O-Emulsionen mit Öl. Um welchen Emulsionstyp handelt es sich bei dem von Ihnen in V3 gewählten Produkt? Was müsste man zu einer Sonnencreme zufügen, um ein verdünntes, homogenes Sprühpräparat herzustellen?

e) Warum ist bei der Untersuchung nach der Leitfähigkeitsmethode nur eine Leitfähigkeit messbar, wenn die wässrige Phase die äußere Phase bildet?

f) Ordnen Sie zu, welche Emulsionstypen sich mit welchem der in V5 verwendeten Farbstoffe nachweisen lassen (B3).

g) Vergleichen Sie sämtliche durchgeführten Versuche zur Ermittlung des Emulsionstyps miteinander.

Emulsionen in Kosmetika

Viele kosmetische Präparate (z. B. Cremes, Lotionen), aber auch Mayonnaise und Milch, sind **Emulsionen** aus Wasser und Öl. Sie bestehen also aus Komponenten, die schlecht miteinander mischbar sind. Dennoch erscheinen sie beim bloßen Hinsehen homogen und trennen sich auch nach längerer Lagerung nicht in zwei Phasen auf. Bei der Herstellung werden die wässrige und die ölhaltige Komponente durch intensives Rühren oder Schütteln sehr fein ineinander dispergiert (verteilt). Eine der beiden Phasen liegt dann in Form winziger Tröpfchen vor und bildet die **innere Phase**, während die andere die kontinuierliche, **äußere Phase** darstellt. Letztere ist auch bei den verschiedenen Methoden zur Bestimmung des Emulsionstyps die wirksame Phase (V2, V4, V5, V6). Eine Emulsion lässt sich immer nur mit der äußeren Phase verdünnen, die Zugabe der inneren Phase führt zur Ausbildung einer Phasengrenze (V3).
Generell unterscheidet man zwischen **Öl-in-Wasser (O/W)-Emulsionen** und **Wasser-in-Öl (W/O)-Emulsionen** (B4), wobei die jeweils letztgenannte die äußere Phase ist. O/W-Emulsionen sind in der Anwendung häufiger vertreten. Sie verteilen sich besonders gut auf der Haut und ziehen schnell ein. Daher werden sie z. B. für Tagescremes und Körperlotionen verwendet. W/O-Emulsionen werden u.a. als Nachtcremes eingesetzt. Sie hinterlassen einen schützenden Film, der sich auch begünstigend auf die Feuchtigkeitsanreicherung in den äußersten Hautschichten auswirkt, weil das aufgetragene Öl die Wasserdampfabgabe der Haut vermindert. Dadurch erhöht sich vorübergehend die Wasserkonzentration in den oberen Hautschichten. Die Haut wird geschmeidiger und elastischer und erscheint glatter. Bei der Auswahl der Öle muss man die unterschiedlichen **Spreitfähigkeiten**, das selbstständige Ausbreiten des Öls auf der Haut, beachten. Bei Cremes für den Augenbereich verwendet man folglich wenig spreitfähige Öle.
Bei sehr langer Lagerung einer Emulsion kann eine Auftrennung in makroskopisch sichtbare Phasen durch Koaleszenz[1] der Flüssigkeitströpfchen und Aufrahmen bzw. Absetzen aufgrund des Dichteunterschieds erfolgen. Durch Zugabe von **Emulgatoren** wird dies verhindert. Ein Emulgator setzt die Grenzflächenspannung zwischen den beiden Flüssigkeitsphasen herab. Die Emulgator-Moleküle adsorbieren an den Phasengrenzflächen und es kommt zur Aggregation und Bildung eines Adsorptionsfilms um die Tröpfchen (B5; vgl. auch Micellenbildung, S. 367). Dadurch sowie durch sterische und elektrostatische Abstoßung wird die Koaleszenz der Tröpfchen verhindert. Die Emulsion bleibt über längere Zeit unverändert, sie ist **metastabil**.
Tenside, **amphiphile** Stoffe (vgl. S. 367), eignen sich hervorragend als Emulgatoren. Eine Einteilung der Emulgatoren erfolgt nach der Struktur der Moleküle und auch im Hinblick auf ihre Fähigkeit, bestimmte Emulsionstypen zu stabilisieren (B6). Der **HLB-Wert** (hydrophilic-lipophilic-balance) gibt das Verhältnis des hydrophilen Anteils zum Gesamtmolekül an. Er ist eine Kenngröße, mit der man den Einsatz geeigneter Emulgatoren sinnvoll planen kann. Häufig werden auch mehrere Emulgatoren nebeneinander eingesetzt.
Zur weiteren Stabilisierung einer Emulsion werden **Konsistenzgeber** wie Bienenwachs, Walratersatz (Palmitinsäurecetylester) und Kakaobutter verwendet, die die Viskosität erhöhen.

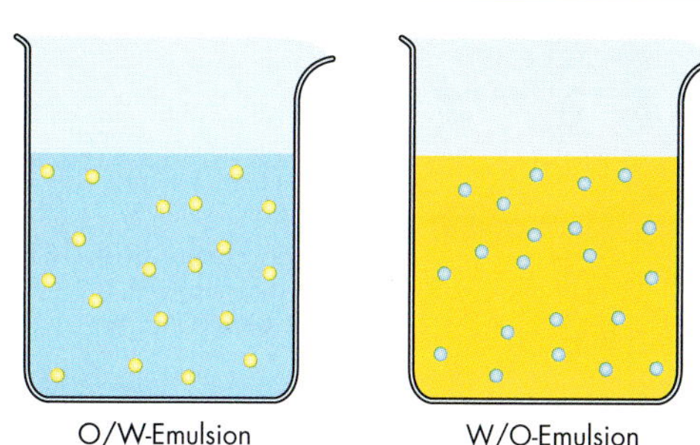

B4 *O/W- und W/O-Emulsionen*

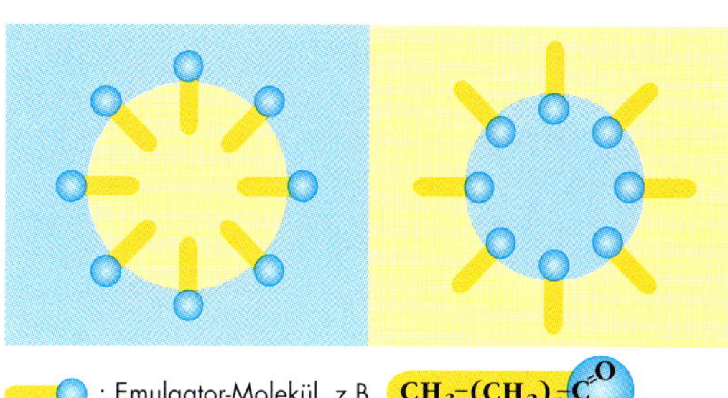

B5 *Orientierung der Emulgator-Moleküle in O/W- und W/O-Emulsionen.* **A:** *Welches ist die hydrophile, welches die lipophile Gruppe?*

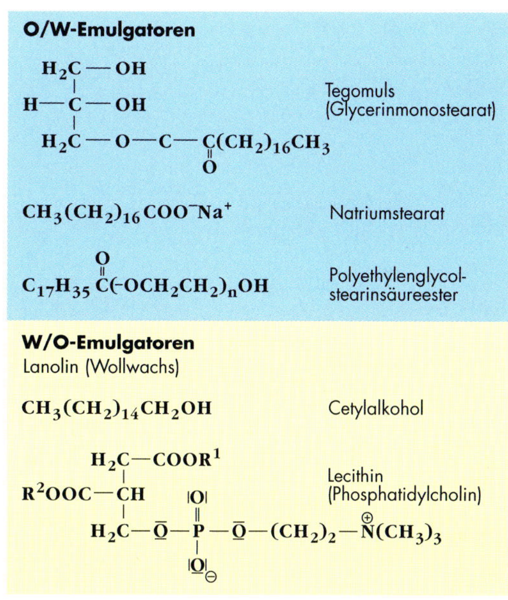

B6 *Halbstrukturformeln einiger für O/W- und W/O-Emulsionen verwendeter Emulgatoren.* **A:** *Erklären Sie mithilfe der Strukturen, warum die aufgeführten Emulgatoren die entsprechenden Emulsionstypen stabilisieren.*

Fachbegriffe

Emulsion, innere Phase, äußere Phase, O/W-Emulsion, W/O-Emulsion, Spreitfähigkeit, Emulgator, metastabil, amphiphil, HLB-Wert, Konsistenzgeber

[1] Bildung größerer Tropfen

Knackig braun – immer gesund?

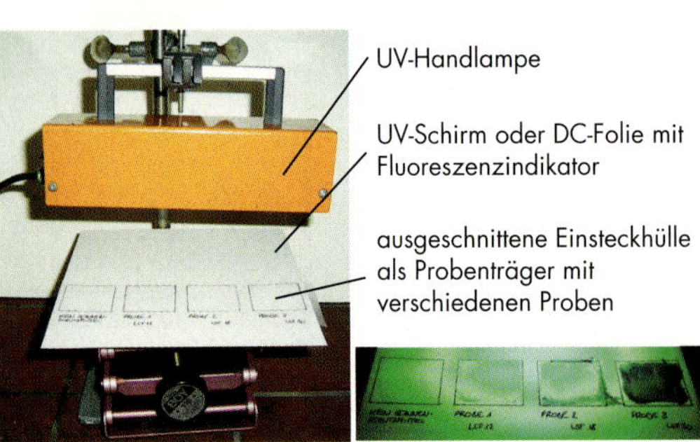

B1 *Versuchsaufbau zum Schnelltest der UV-Absorption bei 254 nm.* **A:** *Diskutieren Sie unter Zuhilfenahme von B2 und B4 die Aussagekraft dieses Schnelltests.*

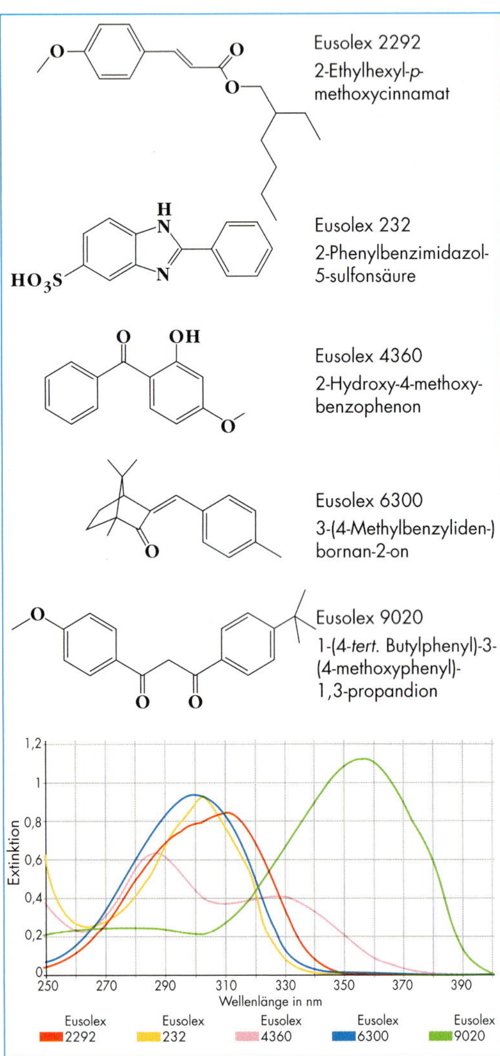

B2 *Strukturen und Absorptionskurven einiger als UV-Filter eingesetzter Substanzen.* **A:** *Machen Sie anhand der Strukturen Voraussagen über die Löslichkeit der Filter in Wasser.* **A:** *Hat der Extinktionskoeffizient einen Einfluss auf die Wahl eines geeigneten UV-Filters?* **A:** *Welcher Filter könnte als Breitbandfilter eingesetzt werden?*

Versuche

V1 Bringen Sie auf ein Stück PE-Folie eine kleine Menge Sonnencreme sehr dünn auf (verreiben und mit einem Taschentuch abwischen) und beobachten Sie das Absorptionsvermögen von UV-Licht (λ = 254 nm) mit und ohne Creme.

V2 Testen Sie das UV-Absorptionsvermögen von a) Sonnenschutzprodukten verschiedener Lichtschutzfaktoren **LSF**, b) Sonnencremes, -lotionen und -ölen mit gleichem LSF und ggf. c) die nach V5 selbst hergestellte Creme. Tragen Sie jeweils nur einen sehr dünnen Film auf das Trägermaterial auf. Setzen Sie das verwendete Trägermaterial auch unbestrichen als Referenz ein.

V3 *Vorversuch:* Überprüfen Sie die Löslichkeit verschiedener Ihnen zur Verfügung stehender UV-Filter (B2) in verschiedenen Lösemitteln (z.B. in Wasser, Sojaöl, Kochsalz-Lösung, Ethanol*). Füllen Sie je ca. 10 mL Lösemittel in ein Quarz-Reagenzglas oder einen PE-Beutel und testen Sie die Lösemittel anschließend auf UV-Absorption.
Testen Sie nun auf UV-Absorption: verschiedene gelöste UV-Filter in vergleichbaren Konzentrationen im PE-Beutel sowie den gleichen UV-Filter in verschiedenen Konzentrationen im PE-Beutel.

V4 Testen Sie auf UV-Absorption: auf Trägermaterial gestrichene wasserfeste, nicht als wasserfest deklarierte und ggf. die nach V5 selbst hergestellte Creme. Lassen Sie eine Minute lang Wasser über das mit wasserfester Sonnencreme bestrichene Trägermaterial laufen und testen Sie nun die UV-Absorption. Spülen Sie erneut eine Minute lang und betrachten Sie die UV-Absorption. Wiederholen Sie ggf. diesen Schritt.

V5 *Herstellen einer Sonnencreme:* Geben Sie in ein 100-mL-Becherglas 30 mL Wasser und erhitzen Sie auf 80 °C. Verrühren Sie in einem 50-mL-Becherglas 10 mL Sojaöl, 2,5 mL Tegomuls, 2,5 mL Cetylalkohol und 2,5 mL Eusolex®2292 (2-Ethylhexyl-*p*-methoxycinnamat, B2; vgl. auch B4, S. 297) und erhitzen Sie auf 70 °C. Gießen Sie die heiße Fettphase in das Wasser und rühren Sie 2 Minuten. Lassen Sie die entstandene Emulsion auf 50 °C abkühlen und fügen Sie 20 Tropfen D-Panthenol, 10 Tropfen Aloe Vera, 3 Tropfen Heliozimt und ggf. 5 Tropfen Parfumöl hinzu. Rühren Sie erneut 1 Minute lang und verteilen Sie schließlich die Cremeemulsion in Filmdöschen.

Hinweis: Unter *Chemie 2000+ Online* finden sich weitere Anleitungen zu photometrischen Experimenten mit Sonnenschutzmitteln.

Auswertung

a) Warum setzt man in V1 PE-Folie als Trägermaterial ein und kein Glas?
b) Vergleichen Sie die Tönung der in V2 entstehenden Schatten. Welche Aussagen können Sie bezüglich der UV-Abschirmung durch Sonnenschutzprodukte mit verschiedenen und gleichem LSF machen? Hat die Art des Schutzprodukts (Öl, Creme, Lotion) einen Einfluss auf die Schutzwirkung?
c) Welche Eigenschaften muss ein geeignetes Lösemittel (V3) haben?
d) Welchen Einfluss hat in V4 das Spülen mit Wasser auf die Schutzwirkung der getesteten Cremes? Welche Konsequenzen ergeben sich daraus für einen Badeurlaub?
e) Um welche Art von Emulsion handelt es sich bei V5? Recherchieren Sie im Internet über eine Suchmaschine, welche Funktionen die in V5 eingesetzten Komponenten haben.

[1] Vgl. S. 282 und S. 288.

Sonnenlicht und Sonnenschutzmittel

„Knackig braun" kann in Maßen gesund sein. Allerdings hat zu starke Exposition im Sonnenlicht oder den Bräunungsröhren eines Sonnenstudios auch negative Folgen: Es drohen Sonnenbrand (Erythem), Augenschäden, frühzeitige Hautalterung und langfristig die Gefahr der Bildung von Hautkrebs und grauem Star. Ursache ist die im Sonnenlicht enthaltene **UV-Strahlung**, der für das menschliche Auge nicht mehr sichtbare Bereich der elektromagnetischen Strahlung der Wellenlängen zwischen 200 nm und 400 nm (B4). Besonders der UV-B-, aber auch der UV-A-Strahlung sollte die Haut möglichst nicht lange ungeschützt ausgesetzt sein, denn durch die Einwirkung von UV-Strahlung werden im Hautgewebe z. B. **Radikale** gebildet, die das Gewebe schädigen.

Der Mensch besitzt körpereigene Sonnenschutzmittel, z. B. das Pigment Melanin (vgl. S. 307), das in den Melanozyten in der Oberhaut gebildet wird, und die Aminosäuren Tryptophan und Tyrosin (vgl. S. 307 und S. 379), die als Sonnenfilter wirken. Bei übermäßiger UV-Exposition ist ihre Wirkung aber nicht ausreichend, ein künstlicher Sonnenschutz muss her. Sonnenschutzmittel können die schädliche Wirkung der UV-Strahlen über drei Wege vermindern: durch Reflektion der Strahlen, durch chemisches Abfangen der durch die UV-Strahlung gebildeten Spezies oder aber durch Absorption der Strahlen und Umwandlung in Wärme.

Wie viele andere Kosmetikprodukte sind Sonnenschutzmittel Stoffgemische aus vielen Komponenten, von denen jede bestimmte Funktionen hat (V5). Eine typische Sonnencreme kann ca. 5 % Titandioxid TiO_2, 5–10 % organische UV-Filter (vgl. B2), 10 % verschiedene Öle (u. a. Siliconöl), 5 % Emulgator, destilliertes Wasser und in weiteren Anteilen Konservierungsmittel, Konsistenzgeber und Feuchtigkeitsspender enthalten. Man setzt meist ein Gemisch aus Titandioxid TiO_2 oder Zinkoxid ZnO, die die Strahlung auch reflektieren, verschiedene organische UV-Filter, die die Strahlung in Wärme umwandeln, und Radikalfänger nebeneinander ein. So kann ein breites Spektrum an Strahlung abgeschirmt werden. Angesichts der unterschiedlichen Anforderungen an Sonnencremes werden sie zu regelrechten Hightech-Produkten: Sie sollen hautverträglich sein sowie UV-A- und UV-B-Strahlung über einen breiten Wellenlängenbereich und mit hoher Effizienz filtern. Außerdem sollen sie leicht verteilbar und nicht klebrig sein, eine lückenlose unsichtbare Schicht auf der Haut bilden, keinen Nährboden für Keime bieten, angenehm duften und sie dürfen auch keine Allergiegefahr bergen. Da Wasser UV-Strahlung nicht absorbiert (V3), müssen Sonnencremes außerdem wasserfest sein. Hierfür sind geeignete, wasserunlösliche UV-Filter zu wählen.

Je nach Art und Konzentration der UV-Filter ergeben sich unterschiedliche **Lichtschutzfaktoren LSF** (V2). Cremes mit LSF4 absorbieren 74 % der auf die Haut auftreffenden UV-Strahlung, bei LSF15 sind es 93 % und bei LSF30 97 %. Textilien mit eingebautem Lichtschutzfaktor 80 bestehen aus Nylonfasern, die u. a. mit winzigen Titandioxid-Partikeln versehen sind. Sie schirmen den Körper vollständig ab.

Aufgabe

A1 Betrachten Sie die Inhaltsstoffe käuflicher Sonnenschutzmittel und versuchen Sie herauszufinden, welche Bestandteile als UV-Filter dienen.

B3 *Mit Sonnenschutz zum Sonnenbad.* **A:** *Nennen Sie Vor- und Nachteile eines Sonnenbads und listen Sie Schutzmaßnahmen gegen UV-Strahlung auf.*

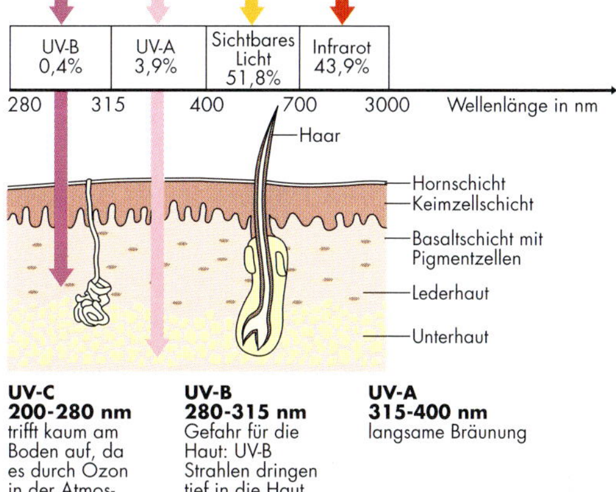

B4 *Arten von UV-Strahlung und Eindringtiefe in die Haut.* **A:** *Warum reicht die Verwendung nur eines UV-Filters i. d. R. nicht aus (vgl. B2)?*

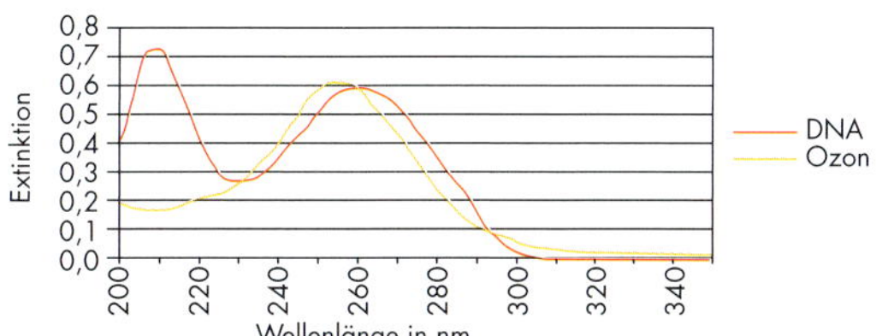

B5 *Absorptionskurven von Ozon und DNA.* **A:** *Welche Konsequenz hat ein Abbau der Ozonschicht (vgl. S. 81)?* **A:** *Wie müsste die Absorptionskurve eines optimalen UV-Filters aussehen?*

Fachbegriffe

UV-Strahlung, Radikale, Lichtschutzfaktor

Selbstbräuner, Cremes und Deos

Versuche

V1 Drei Rggl. werden ca. 2 cm hoch mit Selbstbräunungsmilch befüllt. Zwei der Rggl. werden mit einer gehäuften Spatelspitze einer Aminosäure (z. B. Lysin, Glycin, Cystein) versetzt. Eines dieser Rggl. wird mit Alufolie lichtdicht umwickelt. Nach Schütteln setzt man alle drei Rggl. in ein 50 °C warmes Wasserbad. In Abständen von 5 Minuten hält man die Färbung der dem Licht ausgesetzten Proben fest. Nach ca. 20 Minuten vergleicht man mit der in Alufolie verpackten Probe.

V2 Man verfährt analog zu V1, verwendet jedoch einmal 70 °C warmes Wasser und einmal raumtemperiertes Wasser.

Auswertung

a) Erklären Sie die Wirkungsweise eines Selbstbräuners aufgrund Ihrer Versuchsbeobachtungen.

b) Warum setzt man im Versuch Aminosäuren ein? Stellen Sie einen Bezug zum menschlichen Körper her.

c) Was schließen Sie aus der Beobachtung der unterschiedlichen Färbungen bezüglich des Einflusses von Licht und Wärme auf die Pigmentbildung?

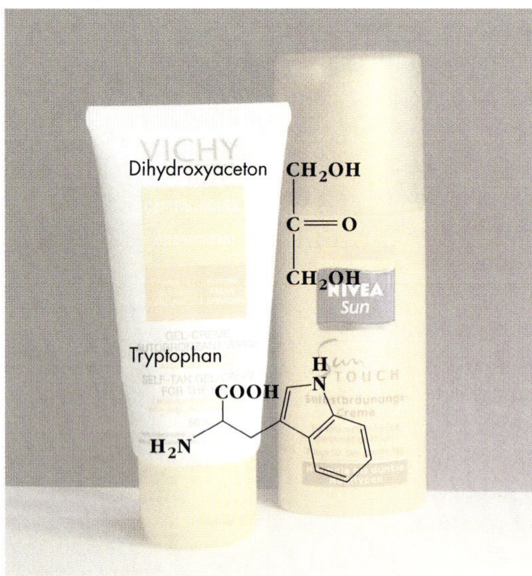

B1 *Kommerzielle Selbstbräuner enthalten Dihydroxyaceton.* **A:** *Bestimmen Sie die Oxidationszahlen der Kohlenstoff-Atome im Dihydroxyaceton-Molekül und begründen Sie, warum es wie ein reduzierender Zucker reagieren kann.*
A: *Vergleichen Sie die Chromophore im Tryptophan-Molekül und im Strukturausschnitt des Melanins aus B 5, S. 307. Nennen Sie Gemeinsamkeiten und Unterschiede.*

Selbstbräuner

Die natürliche Bräunung der Haut wird durch die enzymatische Bildung von Melaninpigmenten (S. 307) hervorgerufen. Aber auch ohne Einwirkung von UV-Strahlen kann eine „passive" Bräunung erreicht werden. Dabei handelt es sich um eine chemische Reaktion des Wirkstoffes **Dihydroxyaceton DHA** (B1). Dihydroxyaceton wird industriell durch Fermentation von Glycerin mit einem Bakterium hergestellt. Mit den freien Aminosäuren der Haut oder des Hautkeratins geht DHA eine mehrstufige Reaktion ein, bei der über eine Reihe von Zwischenstufen hochmolekulare, braune Pigmente, die **Melanoide**, entstehen. Melanoide sind auch Abbauprodukte von Melanin. Die Bildung der Melanoide ist lichtunabhängig (V1), wird aber durch höhere Temperaturen beschleunigt (V2). Die Bildung der Melanoide ist auf die keratinhaltigen Hautschichten beschränkt, weshalb die Bräunung an stärker verhornten Stellen intensiver ist. Durch den natürlichen Abschuppungsprozess der obersten Hornschicht klingt die künstliche Bräune nach einigen Tagen ab. Ein wesentlicher Unterschied zur natürlichen Bräune liegt darin, dass die durch Selbstbräuner erzeugten Pigmente das UV-Licht nicht absorbieren. Somit ist künstlich gebräunte Haut genauso sonnenbrandgefährdet wie ungebräunte Haut!

Collagen und Faltenbildung

Der Begriff **Collagen** bezeichnet eine Familie langfaseriger, hochmolekularer Proteine der extrazellulären Matrix, die in Bindegeweben (z. B. Haut, Sehnen, Bänder), in der proteinhaltigen Grundsubstanz des Knochens und im Zahnbein vorkommen. Sie stellen mit einem Anteil von 25 bis 30 % die mengenmäßig häufigsten Proteine bei Mensch und Tier dar. Im Gegensatz zu den meisten Proteinen des Körpers werden die Collagene genau wie das Kristallin der Augenlinse nicht laufend erneuert. Sie nehmen – einmal gebildet – nicht weiter am Stoffwechsel teil und altern durch regelmäßige Zunahme der Vernetzung infolge der Bildung von Wasserstoffbrückenbindungen, von Ester-Bindungen aus Aminosäure- mit Zucker-Resten und von Isopeptid-Bindungen zwischen langgestreckten Aminosäureketten. Diese Prozesse werden als eine der Ursachen des Alterns beim Menschen angesehen und sind auch verantwortlich für das Entstehen von grauem Star.
Zusätzlich dazu kann unter UV-Licht-Einstrahlung die Produktion an **Collagenase**, ein collagenabbauendes Enzym, außer Kontrolle geraten. Die Haut wird schlaff und faltig.

Selbstbräuner, Cremes und Deos

Antifaltencreme

a) $$\mathrm{R{-}CH(Cl){-}COOH} \xrightarrow[-\,\mathrm{Cl^-}]{+\,\mathrm{H_2O\,(OH^-)}} \mathrm{R{-}CH(OH){-}COOH}$$

b) $$\mathrm{R^1R^2C{=}O} \xrightarrow{+\,\mathrm{HCN}} \mathrm{R^1R^2C(OH)(CN)} \xrightarrow[-\,\mathrm{NH_3}]{+\,\mathrm{H_2O\,(OH^-)}} \mathrm{R^1{-}C(R^2)(OH){-}COOH}$$

B2 *Synthesewege zur Herstellung von α-Hydroxysäuren.* **A:** *Ordnen Sie die Reaktion von a) und die erste Reaktion von b) bekannten Reaktionstypen zu und begründen Sie.* **A:** *Welche Hautreaktion erwarten Sie, wenn man eine hochkonzentrierte Lösung von α-Hydroxysäure auftragen würde?* **A:** *Suchen Sie für die im Text genannten Säuren die Strukturformeln und pKs-Werte (vgl. S. 218). Falls Sie nicht alle pKs-Werte finden, stellen Sie Hypothesen auf, in welchem Bereich sie liegen müssten.*

Vielfach enthalten Antifaltencremes **α-Hydroxysäuren** (AHA), „natürliche" Fruchtsäuren. Die einfachste AHA ist die Glycolsäure (Hydroxyessigsäure), weitere Beispiele sind die verträglichere Milchsäure sowie Citronensäure, Äpfelsäure, Mandelsäure und Weinsäure. Bei der Vergärung einiger Früchte können ganze Coctails verschiedener AHAs entstehen. Reinsubstanzen können auch recht einfach synthetisiert werden (B2).
Beim Auftragen auf die Haut dringen die wasserlöslichen Säuren in die Oberhaut ein und spalten dort Wasserstoffbrückenbindungen zwischen den Zellen. So lassen sich abgestorbene Hautschichten leichter entfernen. Mit der Oberschicht der Haut verschwinden für den Moment oberflächlich Flecken und Fältchen, zurück bleibt die untere Hautschicht, die zunächst leicht gerötet ist. Nach Abklingen der Rötung wirkt der Teint „jünger" und erfrischt.
Ganz unproblematisch ist die Verwendung der α-Hydroxysäuren nicht. Der Säureanteil in Cremes ist auf ca. 4% Säure begrenzt. Lediglich im professionellen Kosmetikbereich werden Lösungen mit ca. 10% Säuregehalt verwendet, der *p*H-Wert wird dann durch Einsatz eines Puffers auf ca. 3,5 eingestellt.

Botox und Faltenreduktion

Da die Gesichtsmuskulatur stetiger Bewegung ausgesetzt wird und das Protein Collagen keine ständige Erneuerung erfährt, kommt es mit steigendem Alter zur Faltenbildung. Manche Menschen mögen diese natürliche Zeichnung des Gesichts nicht und unterziehen sich einer Botox-Behandlung. Das **Botulinustoxin A** (Botox, vgl. *Chemie 2000+ Online*) ist ein vom Bakterium Botulinum erzeugtes Toxin. Wird es in die Gesichtsmuskulatur injiziert, lähmt es diese. Die Wirkung beruht auf der Blockierung der Freisetzung von **Acetylcholin**, dem für die Muskelkontraktionen verantwortlichen **Neurotransmitter**. Wegen seiner sehr hohen Giftwirkung, es ist eins der stärksten Gifte überhaupt, wird Botox in einer Dosis um 10^{-11} g/L eingesetzt.

Deos

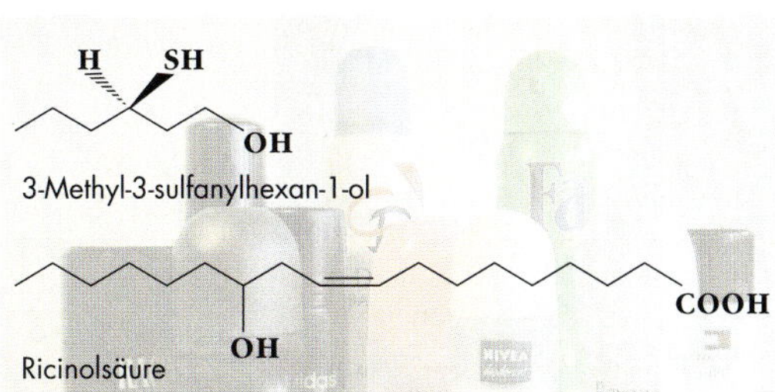

B3 *Das für den typischen Schweißgeruch verantwortliche 3-Methyl-3-sulfanylhexan-1-ol und Ricinolsäure, Ausgangsstoff bei der Herstellung eines Geruchslöschers*

Nicht nur gutes Aussehen ist uns wichtig, auch angenehm riechen möchten wir, zumindest keine unerwünschten Gerüche abgeben. Aus diesem Grund werden Parfums und duftende oder geruchshemmende Körperpflegeprodukte verwendet. Schwitzen ist ein wichtiger Mechanismus zur Temperaturregulation des Körpers. Frischer Schweiß ist zunächst geruchsneutral. Erst durch Einwirkung von in der Achselhöhle vorkommenden Bakterien entsteht der hauptsächlich für einen unangenehmen Schweißgeruch verantwortliche Stoff, das 3-Methyl-3-sulfanylhexan-1-ol (B3). Nur das S-Enantiomer trägt den charakteristischen Schweißgeruch, das R-Enantiomer hingegen riecht angenehm nach Grapefruit.
Neben Waschen kann unangenehmer Schweißgeruch auf verschiedene Weisen verringert oder verhindert werden: durch Verminderung der Schweißabsonderung durch **Antitranspirantien**, meist Aluminiumsalze, durch Verringerung der Anzahl der Hautbakterien durch **Bakteriostatika**, z.B. Hexachlorophen, durch die Hemmung der Bakterienaktivität mit **Enzymblockern**, z.B. einige Metallchelate (vgl. S. 371), oder durch die selektive Bindung der Geruchsstoffe in **Wirt-Gast-Einschlussverbindungen** (vgl. Cyclodextrine, S. 261 und S. 406, 407). Beispiel für einen solchen Geruchslöscher sind Zinkricinoleate, eine Art Zinkseifen, die aus Ricinolsäure (B3) entstehen, die mit Zinkoxid neutralisiert und anschließend modifiziert werden.

Aufgaben

A1 Warum darf eine Selbstbräunungscreme keine eiweißhaltigen Zusätze enthalten?
A2 Warum wird die Haut von Menschen, die sich sehr häufig sonnen, eher faltig als die Haut jener, die die „vornehme Blässe" bevorzugen?
A3 Beurteilen Sie den Einsatz von natürlich gewonnenen Fruchtsäuren im Gegensatz zu dem von synthetisch hergestellten.
A4 Kann man beim Einsatz von Antifaltencremes oder Botox tatsächlich von einem „Verschwinden" der Falten sprechen? Erläutern Sie.
A5 Welche Folgen sind zu erwarten, wenn Botox in das umliegende Gewebe eindringt?
A6 Formulieren Sie das als Geruchslöscher eingesetzte Zinkricinoleat.

Unentbehrlich – auch für Vegetarier

B1 *Biuret- und Xanthoproteinreaktion, vgl. Auswertung b) und c)*

Glycin (Gly)[1] pH (I) = 6,1	Alanin (Ala) pH (I) = 6,02	Valin (Val) pH (I) = 5,97
Leucin (Leu) pH (I) = 5,98	Isoleucin (Ile) pH (I) = 6,02	Prolin (Pro) pH (I) = 6,3
Phenylalanin (Phe) pH (I) = 6,88	Cystein (Cys) pH (I) = 5,02	Methionin (Met) pH (I) = 5,7
Serin (Ser) pH (I) = 5,68	Threonin (Thr) pH (I) = 5,60	Tyrosin (Tyr) pH (I) = 5,67

B2 *α-Aminosäuren mit unpolaren und mit polaren Resten (vgl. auch B5).* **A:** *Wodurch unterscheidet sich Prolin von allen anderen?*

[1] zur Bedeutung von pH(I) vgl. S. 381

Versuche

Hinweis: Die Versuche V1 bis V5 werden mit wässrigen Lösungen von Eiklar (Eiweiß), Gelatine (oder Gummibärchen), Pepton (teilweise gespaltenes Eiweiß) und einigen Aminosäuren, beispielsweise Glycin, Glutaminsäure, Lysin und Tyrosin, durchgeführt. Um die Stoffe schneller zu lösen, kann erhitzt werden.

V1 *Elementnachweise:* Führen Sie mit den oben genannten Stoffen die Nachweise für Kohlenstoff, Wasserstoff, Stickstoff und Schwefel durch (vgl. V1–V2, S. 356).
V2 *Biuretreaktion:* Geben Sie zu je 3 mL Lösung der oben genannten Stoffe je 1 mL Natronlauge*, c = 1 mol/L, und fügen Sie anschließend 10 Tropfen Kupfersulfat-Lösung*, c = 0,1 mol/L, hinzu. Beobachtung?
V3 *Xanthoproteinreaktion:* Geben Sie zu je 3 mL Lösung der oben genannten Stoffe je 4 mL konz. Salpetersäure* und erhitzen Sie vorsichtig. Beobachtung?
V4 *Ninhydrinreaktion:* Tupfen Sie auf ein Filterpapier mit einer Glaskapillare je einen Fleck aus Lösungen der oben genannten Stoffe. Besprühen Sie das Filterpapier mit Ninhydrin-Reagenz und erhitzen Sie es mit dem Fön. Beobachtung?
V5 *Tyndall-Effekt:* Füllen Sie 5 bis 10 mL Lösung der oben genannten Stoffe jeweils in eine flache Küvette und richten Sie den Strahl eines Laserpointers von der Seite in die Lösung. Betrachten Sie den Strahlengang genau.

Auswertung

a) Die Ergebnisse aus V5 erlauben Aussagen darüber, welche der untersuchten Proben Makromoleküle enthalten und welche nicht. Erläutern Sie warum, und deuten Sie die Versuchsergebnisse.
b) Kommentieren und beurteilen Sie die Richtigkeit Ihrer Ergebnisse aus V1 anhand der in B2 und B4 angegebenen Formeln.
c) Bei der *Biuretreaktion* reagieren Peptid-Gruppen **-NH-CO-** mit **Cu(II)**-Ionen zu rotvioletten Komplexen. Deuten und erklären Sie die Ergebnisse aus V2.
d) Informieren Sie sich auf S. 324, B2, über die räumliche Struktur des tiefblauen Komplexes $[Cu(NH_3)_4]^{2+}(aq)$. Schlagen Sie eine oder mehrere räumliche Strukturformeln für den violetten Komplex vor, den die Aminosäure $HOOCCHRNH_2$ bei der *Biuretreaktion* mit Cu(II)-Ionen bildet.
e) Aromatische Seitengruppen in Aminosäuren und Proteinen werden mit Salpetersäure zu gelben Verbindungen nitriert *(Xanthoproteinreaktion)*. Welche der in V3 untersuchten Proben enthalten aromatische Reste?
f) Formulieren Sie die Bildung von 2,4-Dinitrophenylalanin (V3, B2).
g) Informieren Sie sich in *Chemie 2000+ Online* über die Reaktion des Ninhydrins mit Aminosäuren und formulieren Sie die Reaktion für eine Aminosäure, z. B. Leucin.
h) Welche Aminosäuren aus B2 und B4 müssen mit der Nahrung zugeführt werden? (*Hinweis:* Lesen Sie zuerst den Text auf S. 379.)

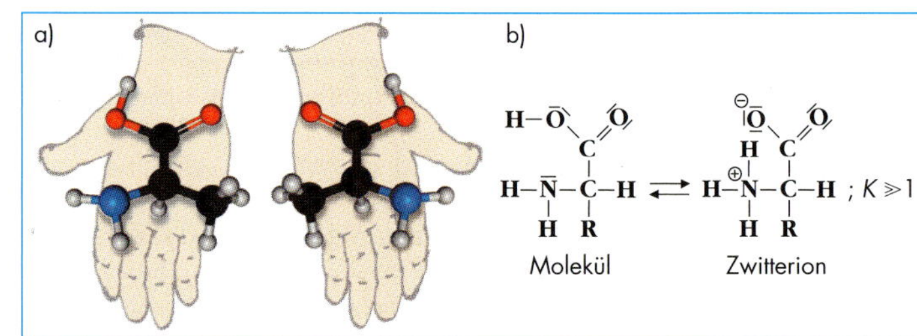

B3 *Zwei charakteristische Merkmale von α-Aminosäuren: Spiegelbild-Isomerie (a) und intramolekulare Autoprotolyse unter Bildung eines Zwitterions (b).* **A:** *Welche Aminosäure aus B2 weist keine Spiegelbild-Isomerie auf? Begründen Sie.* **A:** *Vergleichen Sie die Gleichgewichtskonstante K bei der Autoprotolyse einer Aminosäure mit K bei der Autoprotolyse von Wasser ($K = 10^{-14}$).*

Aminosäuren – Bausteine der Eiweiße

Eiweiße (Proteine) sind makromolekulare Bestandteile aller Zellen in Organismen und erfüllen dort lebenswichtige Funktionen. Es gibt eine enorme Vielfalt an Proteinen und jeder Organismus hat auch seine ganz eigenen Eiweiß-Moleküle. Um zu verstehen, wie es zu dieser Vielfalt kommen kann und wie die verschiedenen, oft ganz speziellen Eigenschaften einzelner Proteine zu erklären sind, ist es zweckmäßig, die strukturellen Einheiten in Protein-Molekülen unter die Lupe zu nehmen.

Im Gegensatz zu synthetischen Makromolekülen in Kunststoffen, die i.d.R. aus einer einzigen, sich wiederholenden Struktureinheit bestehen, gibt es bei Protein-Molekülen ca. 20 verschiedene Einheiten, die **α-Aminosäuren** (B2, B3, B5). Auf den ersten Blick erscheint diese Zahl zwar auch nicht hoch. Wenn man aber bedenkt, dass Protein-Moleküle aus mehreren Hundert Aminosäure-Bausteinen bestehen können, erhält man bereits anhand des Beispiels aus A2 einen Eindruck davon, zu wie vielen verschiedenen Ketten sich diese 20 Aminosäuren verbinden können!

Die Bezeichnung α-Aminosäure gibt an, dass an einem Kohlenstoff-Atom im Molekül sowohl eine Amino-Gruppe $-NH_2$ als auch eine Carboxy-Gruppe **–COOH** gebunden sind. Am gleichen Kohlenstoff-Atom ist außerdem immer noch ein Wasserstoff-Atom gebunden. Der einzige Unterschied zwischen den einzelnen α-Aminosäuren besteht also im Rest –R (die *Seitenkette*) an dem Kohlenstoff-Atom, das die Amino- und die Carboxy-Gruppe trägt (B2, B5). Mit Ausnahme des Glycins ist dieses Kohlenstoff-Atom daher bei allen α-Aminosäuren **asymmetrisch** (vgl. auch B3, S. 254). Das hat zur Folge, dass an diesem Kohlenstoff-Atom L- oder D-Konfiguration vorliegen kann, es also zwei **Konfigurationen** jeder α-Aminosäure gibt. In den Organismen kommen ausschließlich α-Aminosäuren mit L-Konfiguration vor.

Der menschliche Körper kann die meisten der benötigten Aminosäuren bei ausreichendem und ausgewogenem Angebot an Nährstoffen selbst synthetisieren. Einige Aminosäuren (Val, Met, Thr, Phe, Ile, Leu, Try, Lys) können jedoch nicht synthetisiert werden und werden daher als **essenziell** bezeichnet, d.h. sie müssen dem Körper mit der Nahrung zugeführt werden.

Je nach Polarität und Säure-Base-Eigenschaften des Restes (der Seitenkette) in Aminosäure-Molekülen teilt man diese in unpolare, polare, saure und alkalische ein. Eine gemeinsame Eigenschaft aller α-Aminosäuren ist die **intramolekulare Autoprotolyse**, d.h. der Protonenübergang von der Carboxy-Gruppe zur Amino-Gruppe unter Bildung eines **Zwitterions**. Da das in B3 formulierte Protolysegleichgewicht stark auf der rechten Seite liegt, sind alle 20 in B2 und B5 angegebenen α-Aminosäuren als Zwitterionen dargestellt.

B4 *Werbung für aminosäurehaltige Präparate.* **A:** *Auf welche Wirkung einer an Aminosäuren reichen Nahrung wird hier hingewiesen?*

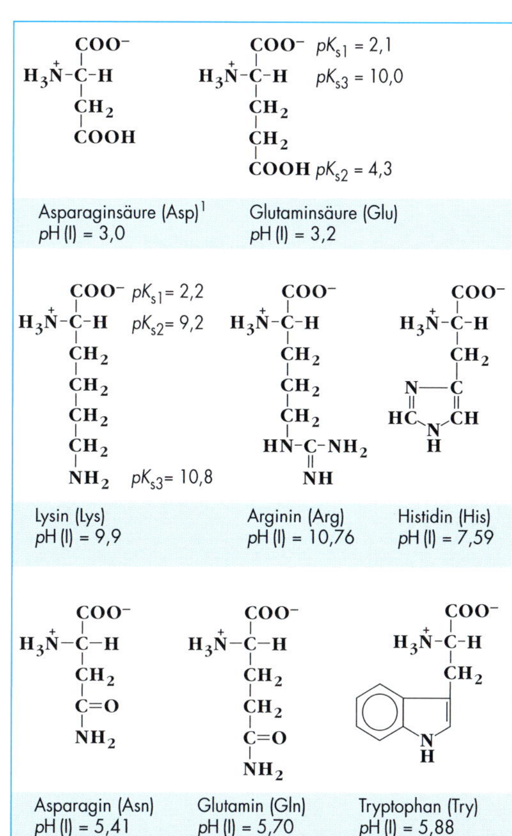

B5 *α-Aminosäuren mit einer zweiten Carboxy- oder Amino-Gruppe und Derivate (vgl. auch B2)*

Aufgaben

A1 Erläutern Sie anhand von Formeln, warum sich nicht nur in Makromolekülen wie Polyethen und Polyvinylchlorid, sondern auch in Polyestern, Polyamiden, Polyurethanen und Polycarbonaten nur eine Struktureinheit wiederholt.

A2 Mit den 20 verschiedenen Aminosäure-Einheiten kann auf 2.432.902.008.176.640.000 Arten eine Kette aus 20 Bausteinen aufgereiht werden. Überlegen Sie, wie man auf diese Zahl kommt, indem Sie analoge Rechenbeispiele für 3, 4 und 5 Bausteine aufstellen und lösen. Wie lautet die Rechenformel?

Fachbegriffe

α-Aminosäure, asymmetrisches Kohlenstoff-Atom, Konfiguration, intramolekulare Autoprotolyse, Zwitterion

[1] zur Bedeutung von pH(I) vgl. S. 381

Puffer besonderer Art

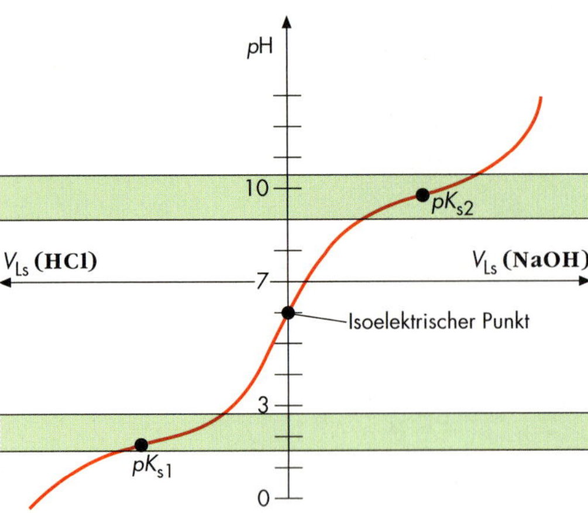

B1 *Titrationskurve einer Aminosäure.* **A:** *Nennen Sie Gemeinsamkeiten und Unterschiede zur Titrationskurve einer Dicarbonsäure, z. B. Oxalsäure (vgl. S. 223).*

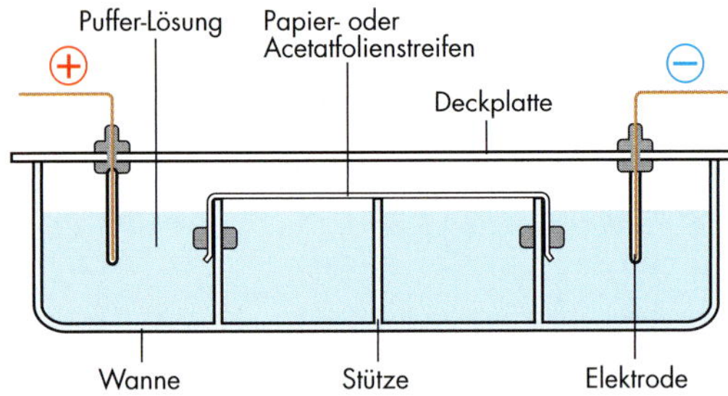

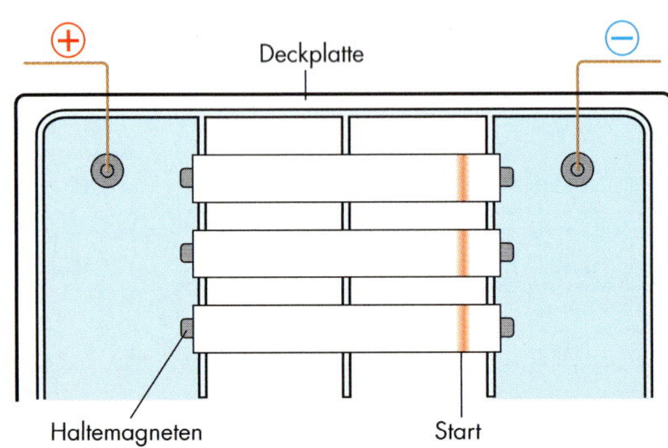

B2 *Elektrophorese-Apparatur.* **A:** *In welcher Form (Anion, Kation oder Zwitterion) müssen die Aminosäuren vorliegen, damit sie gemäß dieser Anordnung nach links wandern? Begründen Sie.* **A:** *Schlagen Sie eine Puffer-Lösung für diese Trennung vor und begründen Sie.*

Versuche

V1 Stellen Sie jeweils 100 mL Glycin-Lösung, Essigsäure-Lösung* und Milchsäure-Lösung, c = 0,1 mol/L, her und messen Sie a) die elektrischen Leitfähigkeiten und b) die *p*H-Werte der Lösungen. Die Glycin-Lösung wird in V2 weiterverwendet.

V2 Titrieren Sie je 50 mL der Glycin-Lösung aus V1 mit a) Salzsäure*, c = 0,5 mol/L, und b) Natronlauge*, c = 0,5 mol/L, indem Sie Portionen von jeweils 0,5 mL Maßlösung unter Rühren zufließen lassen und die *p*H-Werte notieren. Stellen Sie die Ergebnisse in einem Diagramm nach dem Muster aus B1 graphisch dar.

V3 Geben Sie zu ca. 20 mL destilliertem Wasser eine Spatelspitze Tyrosin und versuchen Sie, den Feststoff durch Rühren zu lösen. Beobachtung? Tropfen Sie Salzsäure*, c = 0,1 mol/L, dazu. Beobachtung? Nachdem sich alles gelöst hat, tropfen Sie langsam 3 mL Natronlauge*, c = 1 mol/L, hinzu und beobachten die Lösung genau.

V4 Legen Sie auf kurze Stücke angefeuchteten Indikatorpapiers je 2–3 Kristalle der folgenden Aminosäuren: Glycin, Glutaminsäure, Lysin, Alanin, Asparaginsäure, Arginin, Leucin. Bestimmen Sie die *p*H-Werte mithilfe der Farbskala des benutzten Indikatorpapiers.

Auswertung

a) Deuten Sie die Ergebnisse aus V1 und erklären Sie sie mithilfe von Formeln. (*Hinweis:* Die pK_S-Werte von Essigsäure und Milchsäure sind $pK_S(\mathrm{H_3CCOOH})$ = 4,76 bzw. $pK_S(\mathrm{H_3CCH(OH)COOH})$ = 3,87.)

b) Ermitteln Sie aus Ihrer Titrationskurve zu V2 die *p*H-Bereiche, in denen Glycin-Lösung als Säure-Base-Puffer wirkt.

c) Erklären Sie die Pufferwirkung von Glycin-Lösung mithilfe der Gleichgewichte aus B3. Welche Teilchensorten liegen in den Pufferbereichen vor?

d) Ordnen Sie jedem der drei ausgezeichneten Punkte in B1 (pK_{s1}, isoelektrischer Punkt und pK_{s2}) geeignete Formeln aus der Titration von Glycin in V2 zu.

e) Beurteilen Sie mithilfe der Formeln und Angaben aus B2 und B5 von S. 376, 377 die Richtigkeit der von Ihnen in V4 bestimmten *p*H-Werte. Schreiben Sie geeignete Formeln auf, die diese *p*H-Werte erklären.

f) Wie viele *p*H-Sprünge sind bei den Titrationen folgender Aminosäuren nach dem Verfahren aus V2 zu erwarten: a) Alanin, b) Asparaginsäure und c) Lysin? Begründen Sie jeden einzelnen Fall.

g) Formulieren Sie die Protolyse des Carboxy-Ammonium-Ions aus B3 mit Wasser und schreiben Sie die entsprechende Säurekonstante K_{s1} auf.

h) Formulieren Sie die Protolyse des Zwitterions aus B3 mit Wasser und schreiben Sie die entsprechende Säurekonstante K_{s2} auf.

i) Beweisen Sie, dass für den isoelektrischen Punkt IEP oder *p*H(I) einer Aminosäure die folgende Formel gilt (*Hinweis*: Vgl. dazu auch *Chemie 2000+ Online*.):

$$pH(I) = \frac{1}{2}(pK_{s1} + pK_{s2})$$

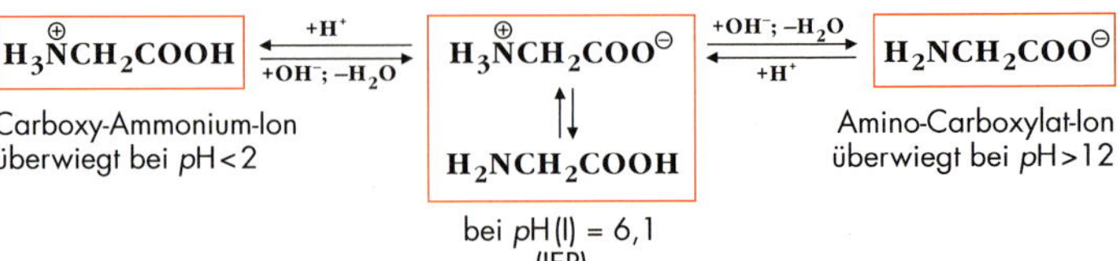

B3 *Gekoppelte Gleichgewichte in einer Glycin-Lösung (Mitte), bei der Zugabe von Säure (links) und bei der Zugabe von Lauge (rechts).*
A: *Berechnen Sie mithilfe der Formel aus Auswertung h) den isoelektrischen Punkt pH(I) von Glycin (pK_{s1} = 2,4; pK_{s2} = 9,8).*

Protolysen bei Aminosäuren

Da Aminosäure-Moleküle zwei funktionelle Gruppen enthalten, die saure Carboxy-Gruppe $-\mathbf{COOH}$ und die basische Amino-Gruppe $-\mathbf{NH_2}$, zeigen sie ein charakteristisches Verhalten gegenüber starken Säuren und Basen. Aminosäuren können aufgrund von **Protolysegleichgewichten** sowohl Säuren als auch Basen bis zu einem gewissen Grad „aushalten", indem sie auf diese als **Puffer** wirken. So puffert Glycin im sauren Bereich zwischen *p*H = 2 und *p*H = 3 und im basischen Bereich zwischen *p*H = 9,3 und *p*H = 10,3 (V2, B1). Die Erklärung für die Puffereigenschaft von Aminosäuren liefern die in B3 formulierten Gleichgewichte (vgl. Analogie zu B4, S. 215).
Charakteristisch für Aminosäuren wie Glycin mit nur je einer Carboxy- und Amino-Gruppe ist, dass sie in wässriger Lösung fast neutral reagieren (V1) und sich in Wasser schlechter lösen als in sauren und alkalischen Lösungen (V3). Die Löslichkeit von Glycin und die elektrische Leitfähigkeit von Glycin-Lösung sind bei *p*H = 6,1 am geringsten. Das entspricht dem Wendepunkt mit der größten Steigung in der Titrationskurve aus B1. Diesen *p*H-Wert, bei dem in der Lösung die Konzentrationen der Aminosäure-Kationen $\mathbf{H_3\overset{+}{N}CH_2COOH}$ und der Aminosäure-Anionen $\mathbf{H_2NCH_2COO^-}$ gleich sind, also praktisch die gesamte Aminosäure in Form des Zwitterions $\mathbf{H_3\overset{+}{N}CH_2COO^-}$ vorliegt, bezeichnet man als **isoelektrischen Punkt *p*H(I)** oder **IEP**. Die IEP der zwanzig wichtigsten Aminosäuren sind in B2 und B5 auf S. 378, 379 angegeben und können mit der Formel von S. 380 berechnet werden. Die Unterschiede in den IEP sind auf die unterschiedlichen Aminosäure-Reste zurückzuführen. Bei den Aminosäuren mit einer zweiten Carboxy-Gruppe im Molekül (z. B. Glutaminsäure) wird der IEP nach der gleichen Formel aus pK_{s1} und pK_{s2} berechnet, bei Aminosäuren mit einer zweiten Amino-Gruppe (z. B. Lysin) aus pK_{s2} und pK_{s3}.
Die beschriebenen Eigenschaften der Aminosäuren bilden die Grundlage für die **Elektrophorese**[1], einem wichtigen Trennverfahren in der Biochemie, der klinischen Chemie und der Lebensmittelchemie. Bei der Elektrophorese trägt man das zu trennende Aminosäuregemisch auf ein gepuffertes Medium (Feststoff oder Gel) auf und setzt es einem elektrischen Gleichspannungsfeld aus (B2). In Abhängigkeit von der Form (Kation, Zwitterion oder Anion), in der eine Aminosäure bei dem gewählten *p*H-Wert vorliegt, wandert sie zu dem einen oder anderen Pol oder bleibt an der Auftragungsstelle. Gleich geladene Ionen verschiedener Aminosäuren zeigen unterschiedliche Wanderungsgeschwindigkeiten, was ebenfalls zur Auftrennung beiträgt. Auch Proteine, die Kondensationsprodukte der Aminosäuren (vgl. S. 383f) sind, haben charakteristische IEP und können somit elektrophoretisch getrennt werden. Das wird besonders bei der Auftrennung der Bluteiweiße (Globuline) praktiziert. Anhand der erhaltenen Elektropherogramme kann nicht nur der Zustand des Patienten (krank oder gesund) erkannt werden, auch eine Diagnose der Krankheit ist möglich (B4).

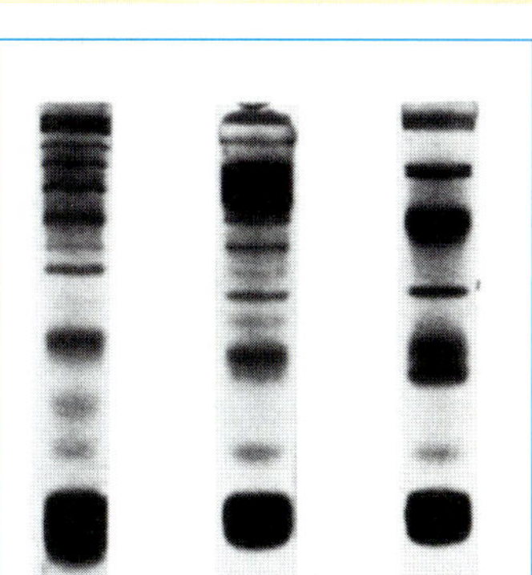

B4 *Elektrophorese von Blutseren an Polyacrylamidgel. (1): Serum eines gesunden Menschen; (2), (3): Seren erkrankter Menschen.* **A:** *Woran erkennt man die Erkrankung?* **A:** *Liegt die gleiche Erkrankung vor? Erläutern und begründen Sie jeweils.*

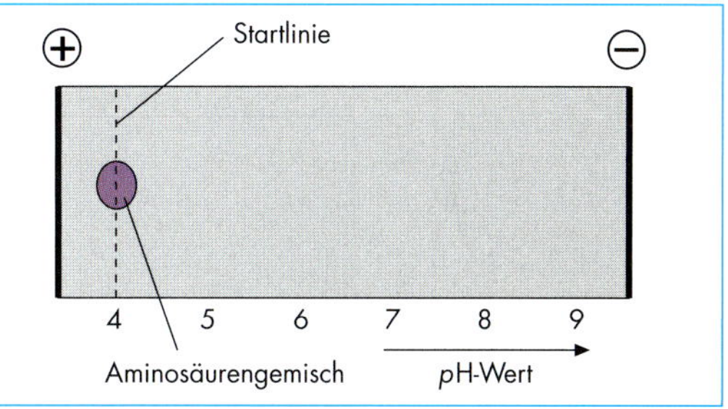

B5 *Elektrophorese durch isoelektrische Fokussierung*[2]*. Das aufzutrennende Aminosäurengemisch wird auf einen Träger mit pH-Gefälle aufgetragen. Die einzelnen Aminosäuren wandern alle in Richtung Minuspol, bleiben nacheinander aber regelrecht „auf der Strecke", jede bei dem pH, der ihrem IEP entspricht.* **A:** *Begründen Sie diesen Sachverhalt.*

Aufgaben

A1 Erläutern Sie, warum eine Aminosäure bei ihrem IEP weder zum Pluspol noch zum Minuspol wandert.

A2 Formulieren Sie das Kation, das Zwitterion, das Monoanion und das Dianion der Asparaginsäure. Welche Ionen bildet Lysin? (Vgl. B5, S. 379.)

A3 Ein Gemisch aus Ala, Phe, Pro und His (vgl. B2, S. 378, und B5, S. 379) wird elektrophoretisch auf einem Träger bei *p*H = 6,02 aufgetrennt. Fertigen Sie eine Skizze des zu erwartenden Elektropherogramms und erläutern Sie.

Fachbegriffe

Protolysegleichgewicht, Puffer, isoelektrischer Punkt *p*H(I) oder IEP, Elektrophorese, isoelektrische Fokussierung

[1] von *phoresis* (griech.) = das Tragen
[2] von *focus* (lat.) = Brennpunkt

Geschmacksverstärker – frei und gebunden

B1 *Kartoffelchips und Chinafood – lecker auch dank Natriumglutamat (vgl. Zutaten)*

Lebensmittel	freies Glutamat mg/100 g	gebundenes Glutamat mg/100 g
Parmesankäse	1 200	9 800
Hühnerfleisch	45	3 300
Rindfleisch	35	2 800
Schweinefleisch	25	2 300
Lammfleisch	20	2 700
Eier	25	1 600
Makrelen	35	2 400
Lachs	20	2 200
Mais	130	1 800
Tomaten	140	240
Bohnen	200	5 600
Kartoffeln	100	270
Möhren	35	200

B2 *Natriumglutamat in Lebensmitteln.* **A:** *Vergleichen Sie das Verhältnis freies/gebundenes Glutamat bei Fleisch und bei Gemüse. Was fällt auf?*

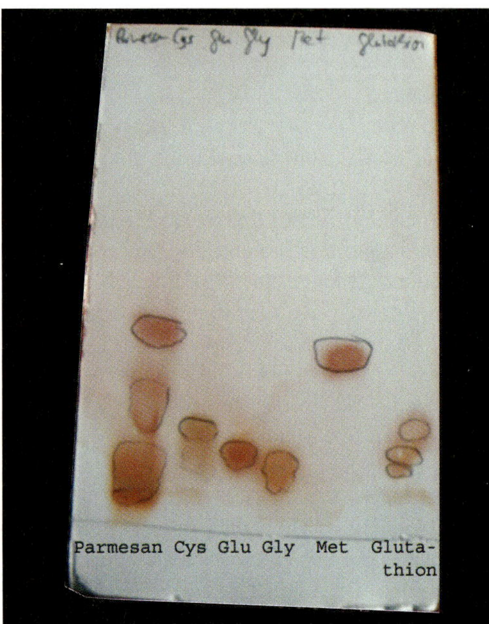

B3 *Dünnschichtchromatogramm zu V1*

INFO

Jeder Koch weiß, dass der Geschmack einer Speise nicht alleine von den Zutaten, sondern auch von der Art der Zubereitung abhängt. Beides ist entscheidend dafür, wie uns die Speise schmeckt, wenn sie auf den Tisch kommt. Neben *süß*, *sauer*, *salzig* und *bitter* gibt es auch eine *fünfte* Geschmacksrichtung. In der westlichen Welt ursprünglich wenig bekannt, ist sie bezeichnend für die chinesische und japanische Küche: *umami* auf Japanisch, *herzhaft* oder *fleischig* auf Deutsch. Der *umami*-Geschmack wird hauptsächlich durch Natriumglutamat, das Natriumsalz der Glutaminsäure hervorgerufen (vgl. B5, S. 379). Heutzutage werden Geschmacksverstärker mit Natriumglutamat überall eingesetzt, nicht nur in Schnellimbissbuden, Chinarestaurants und Pizzerien, sondern auch in Trendrestaurants und Speiselokalen der gehobenen Klasse. Natriumglutamat kommt nämlich in vielen Lebensmitteln vor und damit auch in deren Extrakten, sowie in Saucen, Konzentraten etc., die man daraus herstellt. Fleisch, Fisch, Milchprodukte und Bohnen (insbesondere Sojabohnen) enthalten insgesamt wesentlich mehr Glutamat als Gemüse, wobei der überwiegende Teil des Glutamats in diesen Nahrungsmitteln gebunden ist, d.h. Bestandteil von Peptiden und Proteinen (vgl. S. 383), aus denen es erst beim Kochen, Backen, Braten oder Garen freigesetzt wird.

Eine 70 kg schwere Person enthält ca. 1800 g Glutamat, vorwiegend in Eiweißen (Proteinen) gebunden. Wir nehmen täglich ca. 10 g gebundenes Glutamat und 1 g freies Glutamat zu uns. Die Aufnahme von zu viel Glutamat kann bei Asthmatikern Niesreiz und Naselaufen und bei Kindern Hyperaktivität und Konzentrationsschwächen auslösen.

Versuche

V1 Geben Sie in drei Erlenmeyerkolben je 0,3 g a) Glutathion (Tripeptid: Glu-Cys-Gly), b) Parmesankäse und c) Pepton (partiell gespaltenes Eiweiß). Fügen Sie je 20 mL konz. Salzsäure und 8 mL Wasser hinzu. Schütteln Sie gut durch und stellen Sie die Proben über Nacht mit gesichertem Glasschliffstopfen in den Trockenschrank bei 100 °C. Bringen Sie die Hydrolysate mit Natronlauge auf *p*H = 5 und trennen Sie sie dünnschichtchromatographisch auf Kieselgel auf. Benutzen Sie als Vergleichsproben Lösungen einiger Aminosäuren, beispielsweise Gly, Ala, Glu, Cys, Met (vgl. B2 und B4, S. 378, 379). Verwenden Sie als Fließmittel für die DC ein Gemisch aus 1-Butanol : Eisessig : Wasser in den Volumenanteilen 4 : 1 : 1. Zur Sichtbarmachung der Flecke wenden Sie die Ninhydrin-Reaktion an (vgl. V4, S. 378).

V2 Bestrahlen Sie 10 mL frische Milch in einer offenen Petrischale aus 15 cm Entfernung 10 min lang mit einer 250-W-Ultravitalux-Lampe und testen Sie anschließend den Geruch. (*Hinweis:* Einen ähnlichen Effekt erhält man bei einstündiger Bestrahlung im starken Sonnenlicht.)

Auswertung

a) Interpretieren Sie die DC-Ergebnisse bei V1. Welche Aminosäuren konnten Sie in den Hydrolyseprodukten von Glutathion, Pepton und Parmesankäse nachweisen? In welcher der drei Proben ist Glutaminsäure am besten erkennbar? Erläutern Sie.

b) Lassen die DC-Ergebnisse auch quantitative Aussagen über den Glutaminsäure-Gehalt zu? Begründen Sie.

c) Schreiben Sie die Valenzstrichformel das Anions im Salz Natriumglutamat auf. Wie liegt das Anion im Magen vor? Erläutern und begründen Sie mithilfe eines Säure-Base-Gleichgewichts.

d) Schlagen Sie für die säurekatalysierte Hydrolyse der Peptide aus V1 einen Reaktionsmechanismus vor. Formulieren Sie die Reaktionsschritte für das Dipeptid Gly-Ala (vgl. S. 383). Orientieren Sie sich dabei an S. 383.

e) Bei Bestrahlung mit UV-Licht bilden Proteine mit Cystein-Bausteinen Schwefelverbindungen mit üblem Geruch und Geschmack (V2), darunter Methional $CH_3SCH_2CH_2CHO$ und Dimethyldisulfid $CH_3S_2CH_3$. Formulieren Sie die Valenzstrichformeln dieser beiden Verbindungen.

Peptide – Kondensationsprodukte von Aminosäuren

Der Geschmacksverstärker Glutamat, das Natriumsalz der Glutaminsäure, liegt in Lebensmitteln häufig gebunden vor. Oft wird es erst beim Zubereiten einer Speise durch Hydrolyse von **Peptiden** freigesetzt. Peptide sind Kondensationsprodukte aus Aminosäuren. Die Bildung und Hydrolyse eines *Dipeptid-Moleküls* verlaufen wie in folgendem Beispiel:

$$H_2N{-}CH_2{-}COOH + H{-}NH{-}CH(CH_3){-}COOH \underset{+H_2O}{\overset{-H_2O}{\rightleftharpoons}} H_2N{-}CH_2{-}\underbrace{CO{-}NH}_{\text{Peptid-Gruppe}}{-}CH(CH_3){-}COOH$$

Glycin Gly + Alanin Ala ⇌ Glycylalanin Gly-Ala

Auf den ersten Blick sieht die Synthese eines Peptids recht einfach aus. Durch Kondensation wird unter Abspaltung von Wasser eine **Peptid-Gruppe** (B4) gebildet. Folgende Überlegungen zeigen uns, dass der Fall komplizierter ist: Aus Glycin und Alanin kann außer dem formulierten Produkt Glycylalanin Gly-Ala auch Alanylglycin Ala-Gly gebildet werden. Bei 20 verschiedenen Aminosäuren sind alleine 20^2 verschiedene Dipeptide, 20^3 *Tripeptide*, also 20^k Peptide mit k Aminosäure-Bausteinen im Molekül formulierbar. Um ein Tripeptid mit vorgegebener **Sequenz**[1], Reihenfolge der Aminosäure-Bausteine, beispielsweise Glutathion (Glu-Cys-Gly), zu synthetisieren, wäre es nicht zweckmäßig, die drei Aminosäuren gleichzeitig in einem Gefäß zur Reaktion zu bringen. Es würde sich ein Gemisch aus vielen verschiedenen **Oligopeptiden**[2] und **Polypeptiden**[3] bilden, aus dem das gewünschte Glutathion nur mit sehr großem Aufwand isoliert werden könnte.

Für die Synthese von Peptiden im Labor sind also sehr aufwendige Verfahren, die nur in Stufen und mit speziellen Techniken ablaufen, nötig. Umso erstaunlicher ist es, dass in lebenden Organismen die richtigen Peptide zum richtigen Zeitpunkt in der richtigen Menge synthetisiert werden. Das bekannteste Beispiel ist das den Blutzuckerspiegel regulierende Hormon *Insulin*, dessen Moleküle aus zwei Peptidketten mit insgesamt 51 Aminosäure-Einheiten aufgebaut sind (vgl. S. 390). Fehlt Insulin im Körper, so erhöht sich der Blutzuckerspiegel (Diabetes). Das Hormon *Oxytocin*, ein Oligopeptid aus neun Aminosäure-Einheiten (Sequenz: Cys-Try-Ile-Gln-Asn-Cys-Pro-Leu-Gly) löst beim Geburtsvorgang Wehen aus.

Die gezielte und hocheffiziente Synthese von Peptiden in Organismen ist ebenso wie deren hydrolytischer Abbau nur mithilfe von **Enzymen** (Biokatalysatoren) möglich. Enzyme bestehen aus **Proteinen**, Polypeptiden aus über 100 Aminosäure-Bausteinen, und enthalten in der Regel auch Metall-Atome oder -Ionen. Durch zwischenmolekulare Wechselwirkungen richtet sich das Peptid-Molekül am Enzym so aus, dass genau die richtige Bindung aufgetrennt oder geknüpft werden kann (B5).

Aufgaben

A1 Warum kommt es bei jedem der in B4 mit C_α bezeichneten Kohlenstoff-Atome zu einer Verdrillung der beiden Ebenen zueinander? Erläutern Sie.

A2 Wie kann man die Carboxy-Gruppe einer Aminosäure, die nicht an der Bildung einer Peptid-Gruppe beteiligt werden soll, schützen?

[1] von *sequentia* (lat.) = Aufeinanderfolge, Reihenfolge

[2] von *oligos* (griech.) = wenig; bis zu 10 Aminosäure-Bausteine

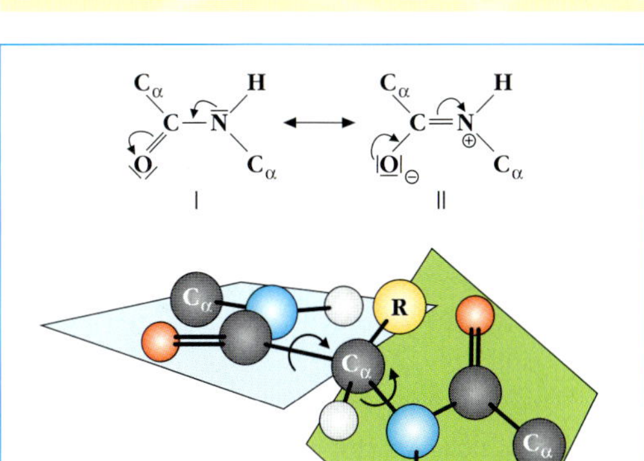

B4 *Die Peptid-Gruppe ist mesomeriestabilisiert. Alle Atome liegen in einer Ebene, die jedoch zur Ebene der benachbarten Peptid-Gruppe verdrillt ist (vgl. A1).*

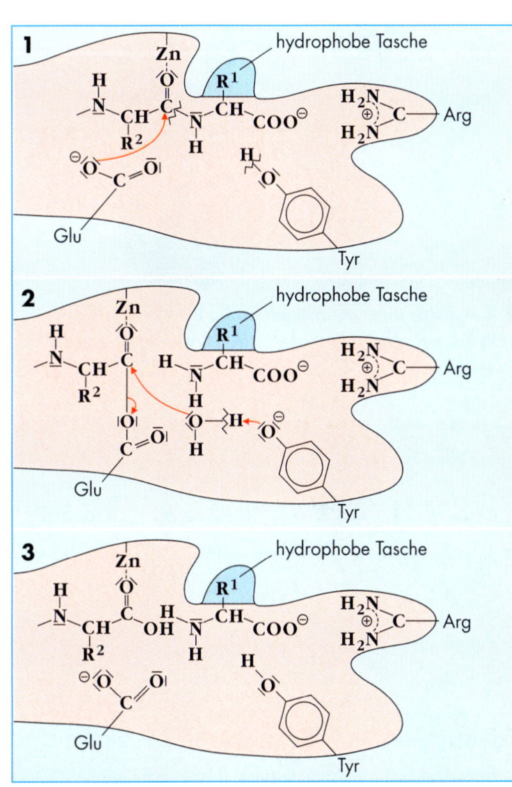

B5 *Wirkungsweise des Enzyms Carboxypeptidase bei C-terminalem Abbau eines Peptids. Schrittfolge: 1, 2, 3.* **A:** *Wie greift das Wasser-Molekül das Kohlenstoff-Atom in Schritt 2 an? Erläutern Sie.*

Fachbegriffe

Peptid, Peptid-Gruppe, Oligopeptid, Polypeptid, Sequenz, Enzyme, Proteine

[3] von *polys* (griech.) = viel; 10 bis 100 Aminosäure-Bausteine

Chemie der Dauerwelle

Anzahl	90 000–150 000
Haardichte	ca. 200/cm²
Durchmesser	0,04–0,1 mm
Monatliches Wachstum	1 cm
Gesamte tägliche Produktion	30 m
Belastbarkeit bis zu	100 g/Haar
Dehnbarkeit bis zu	50%
Täglich ausfallende Haare	50–100

B1 *Allgemeine Eigenschaften von Kopfhaaren*

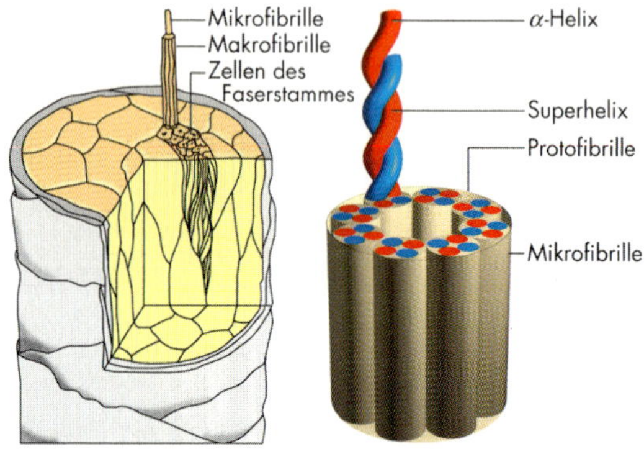

B2 *Aufbau eines Kopfhaares.* **A:** *Erklären Sie mithilfe von B4 was die α-Helices in der Superhelix zusammenhält.*

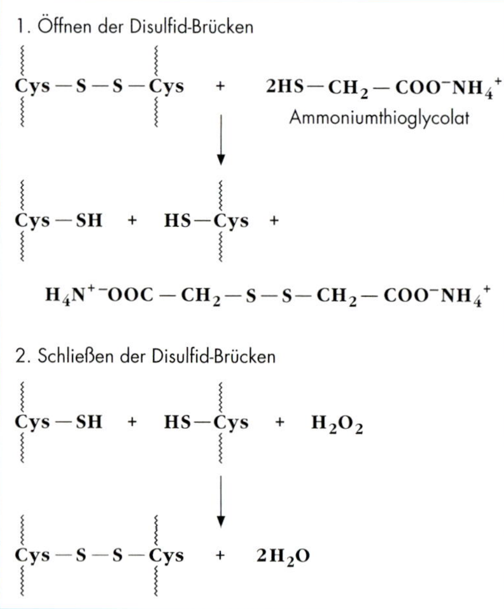

B3 *Chemie der Dauerwelle.* **A:** *Welche Atome werden beim „Öffnen" der Disulfid-Brücken reduziert, beim „Schließen" oxidiert? Begründen Sie.*

INFO

Eine **Fönfrisur** ist ruiniert, wenn man mit ihr durch den Regen läuft. Dagegen hält eine Dauerwelle mehrere Monate, auch bei täglichem Waschen und Fönen der Haare. Die Erklärung ist einfach:
Bei feuchten Haaren liegen die Ammonium-, Carboxylat- und Hydroxy-Gruppen der Aminosäure-Reste in den Protein-Molekülen hydratisiert vor. Die Wechselwirkungen zwischen den Makromolekülen sind schwach und das Haar nimmt seine genetisch vorgegebene Form ein. Wird eine Zugkraft angesetzt, so verrutschen die Protein-Moleküle gegeneinander. Beim Fönen werden die Wasser-Moleküle ausgetrieben und es kommt zu Ion-Ion-Anziehungskräften und Wasserstoffbrückenbindungen zwischen den Makromolekülen, und zwar in der verrutschten Position. Das Haar erhält zeitweise die gewünschte Form, die allerdings beim Anfeuchten wieder verschwindet.
Auch bei der Erzeugung einer **Dauerwelle** werden die Protein-Moleküle aus dem Haar aus ihrer natürlich gewachsenen Lage durch Auftrennen und Neuknüpfen von Wechselwirkungen in eine neue, künstliche Position gebracht. Hier werden im Gegensatz zur Fönfrisur Elektronenpaarbindungen (kovalente Bindungen) getrennt und neu geknüpft. Es handelt sich dabei um Disulfid-Brücken **–S-S–**, die durch Reduktion geöffnet und durch Oxidation wieder geschlossen werden (B3).

Versuche

V1 Befestigen Sie eine abgeschnittene Haarlocke auf einem Lockenwickler in der gewünschten Form und tauchen Sie sie in ein Bad aus 10 mL Thioglycolsäure*, 50 mL dest. Wasser und 25 mL Ammoniak-Lösung*, w = 10%. Lassen Sie die Lösung ca. 15 min einwirken und waschen Sie anschließend mit Wasser. Fixieren Sie dann durch Eintauchen in eine Wasserstoffperoxid-Lösung*, w = 2%, die mit Citronensäure auf pH = 2,5 bis pH = 3 eingestellt wurde. Waschen Sie nach dem Fixieren erneut mit Wasser, entfernen Sie den Lockenwickler und trocknen Sie mit dem Fön. Testen Sie die Beständigkeit der Dauerwelle gegen Wind und Feuchtigkeit.

V2 Verfahren Sie mit zwei Haarproben wie in V1, jedoch a) ohne Zusatz von Ammoniak-Lösung im ersten Arbeitsschritt und b), indem Sie den zweiten Arbeitsschritt (das Fixieren) ganz weglassen. Vergleichen Sie die so erhaltenen Ergebnisse mit dem Ergebnis aus V1.

Auswertung

a) Welche der in B6 angegebenen Wechselwirkungen (Bindungen) werden bei der Fönfrisur geöffnet und geschlossen? Benennen Sie die Prozesse, die dabei auf der Teilchenebene ablaufen. (*Hinweis:* Info)

b) Auch eine Fönfrisur kann gegen „Wind und Regen" (Werbeslogan) stabilisiert werden. Dafür geeignete *Sprays* und *Gele* enthalten neben Lösemitteln und Riechstoffen u. a. auch Polymere. Wie ist die Haltbarkeit der Frisur nach Spray- oder Gelbehandlung zu erklären?

c) Bei der Dauerwelle werden 20% bis 40% der im Haar vorhandenen Disulfid-Brücken (B6) geöffnet und an anderer Stelle wieder geschlossen (B3). Was heißt hier „an anderer Stelle" genau? Erläutern Sie.

d) Das „Wellmittel" (Reduktionsmittel) Ammoniumthioglycolat (V1, B3) hydrolysiert teilweise, wenn es in wässriger Lösung angewendet wird. In schwach alkalischer Lösung (pH zwischen 8 und 8,6) kommt ein unangenehmer Geruch auf. Formulieren Sie die Hydrolyse und begründen Sie, wonach es riecht.

e) Warum muss nach dem Öffnen der Disulfid-Brücken und Legen der Frisur gespült werden ?

f) Als „Fixiermittel" (Oxidationsmittel) für die Dauerwelle wird 1,5%- bis 2%ige Wasserstoffperoxid-Lösung verwendet. Darin wird der pH-Wert (beispielsweise mit Citronensäure, Weinsäure, Phosphorsäure etc.) auf 2,5 bis 3 eingestellt. Welchen Effekt hat das?

g) Welche ungewünschten Nebenreaktionen könnten bei der Erzeugung der Dauerwelle sowohl beim „Öffnen" als auch beim „Schließen" ablaufen, wenn die jeweiligen Reaktionsbedingungen zu drastisch sind?

Sekundär- und Tertiärstruktur von Proteinen

Nicht nur Haarstyling und Kosmetik *an* unserem Körper basieren auf der Chemie von Proteinen, auch Reaktionen *in* unserem Körper sind ohne Proteine kaum möglich. Um einen tieferen Einblick in die dabei ablaufenden Prozesse zu erhalten, betrachten wir die Struktur (Konstitution, Konfiguration und Konformation)[1] der Protein-Makromoleküle genauer.

Die **Primärstruktur** eines Proteins wird durch die Art und Anzahl der Aminosäure-Einheiten und ihre Verknüpfungsfolge (Sequenz) im Protein-Makromolekül festgelegt. Die Primärstruktur wird durch **Sequenzanalyse** ermittelt, also durch schrittweise Abkopplung und anschließenden Nachweis jeder einzelnen Aminosäure. Das kann durch **N**-terminalen[2] oder **C**-terminalen[2] Abbau erfolgen, je nachdem, ob immer die Aminosäure vom Molekülende mit der **-NH_2** Gruppe oder die Aminosäure vom Ende mit der **-COOH** Gruppe abgespalten wird. Ein C-terminaler Abbau kann beispielsweise mithilfe der *Carboxypeptidase* (vgl. B6, S. 383), einem Enzym aus 307 Aminosäure-Bausteinen, erfolgen.

Zwischen der **N-H** Gruppe einer Peptid-Gruppe (vgl. B4, S. 383) und der **C=O** Gruppe einer anderen Peptid-Gruppe, die zur ersten günstig liegt, bilden sich *Wasserstoffbrückenbindungen* aus. Diese sind in der Summe so stark, dass sie Molekülfragmenten oder dem gesamten Molekül eine bestimmte Konformation verleihen, die man als **Sekundärstruktur** des Peptids (oder Proteins) bezeichnet. Die beiden häufigsten „geordneten" Konformationen sind die **α-Helixstruktur** und die **β-Faltblattstruktur** (B4, B5). Bei der *Carboxypeptidase* liegen 38% des Moleküls als α-Helix und 17% als β-Faltblatt vor. Zusammen mit den restlichen 45%, in denen sich die Molekülfragmente räumlich aufgrund der weiteren Wechselwirkungen zwischen den Aminosäure-Resten (B6) ordnen, ergibt sich die **Tertiärstruktur** des Proteins (vgl. auch S. 387). Sie beschreibt damit die räumliche Struktur einer Peptidkette.

Nur Enzyme mit „richtiger" Tertiärstruktur sind biokatalytisch aktiv. Sowohl die Sekundärstruktur als auch die Tertiärstruktur eines Proteins sind allerdings schon durch die Aminosäuresequenz, d.h. durch die Primärstruktur vorgegeben.

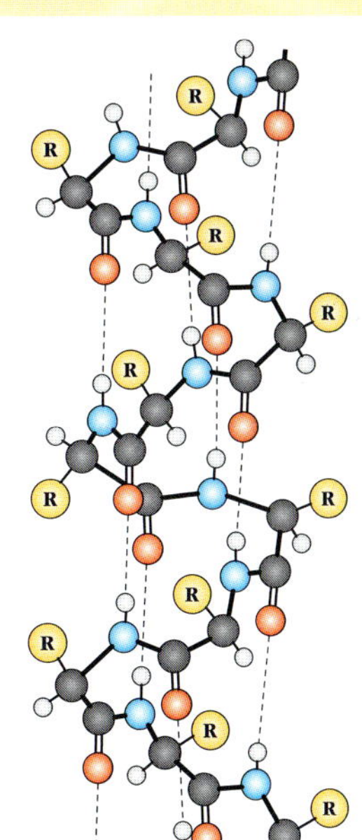

B4 *α-Helixstruktur.* **A:** *Warum bilden die Peptidbindungen einen „Hohlzylinder", bei dem die Aminosäure-Reste nach außen zeigen?*

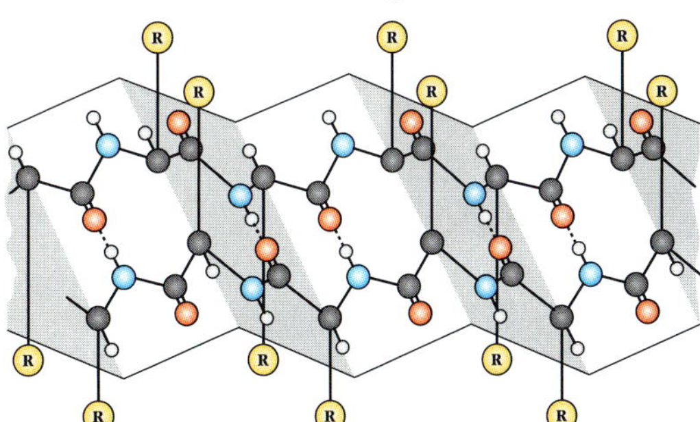

B5 *β-Faltblattstruktur.* **A:** *Wie kommt es zur zickzackförmig gefalteten Fläche?*

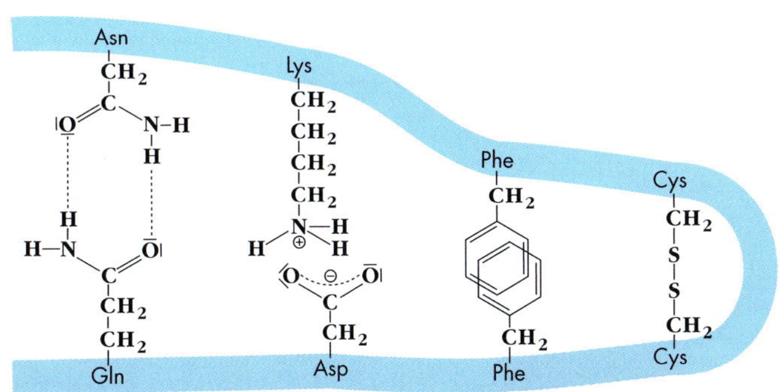

B6 *Wechselwirkungen und Bindungen, zu denen es zwischen den Aminosäure-Resten in Protein-Molekülen kommen kann.* **A:** *Welche dieser Wechselwirkungen (Bindungen) ist die stärkste und welche die schwächste?*

Aufgaben

A1 Begründen Sie, ob sich bei den Molekülen aus B4 und B5 intra- oder intermolekulare Wasserstoffbrückenbindungen ausbilden.

A2 Blei- und Kupfersalze sowie große Mengen Alkohol können lebenswichtige Enzyme blockieren, d.h. unwirksam machen. Erklären Sie den Sachverhalt.

Fachbegriffe

Primärstruktur, Sequenzanalyse, Sekundärstruktur, α-Helixstruktur, β-Faltblattstruktur, Tertiärstruktur

[1] Konstitution, Konfiguration, Konformation – vgl. Tabellen zur Isomerie hinter vorderem Einbanddeckel

[2] von *terminer* (franz.) = beendigen, begrenzen

Wirre Knäule – hochgeordnet

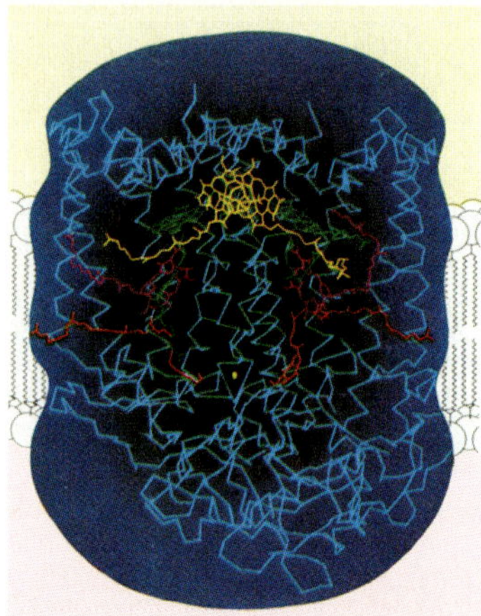

B1 *Computergrafik eines Photosynthesezentrums[1]. Vier Protein-Moleküle bilden den überwiegenden Teil und sind blau dargestellt, die Farbstoff-Moleküle bunt. Der Punkt in der Mitte stellt ein Eisen-Ion dar. Das gesamte Reaktionszentrum ist in eine Membran (Doppellipidschicht) eingebettet.* **A:** *Kommentieren Sie den Titel dieser Seite anhand der Grafik.*

B2 *Gerinnen von Eiklar (V1).* **A:** *Blut gerinnt im Gegensatz zu Eiklar auch bei Raumtemperatur und ohne Zusatz von weiteren Stoffen. Woran könnte das liegen? (Hinweis: Vgl. B3 und S. 387.)*

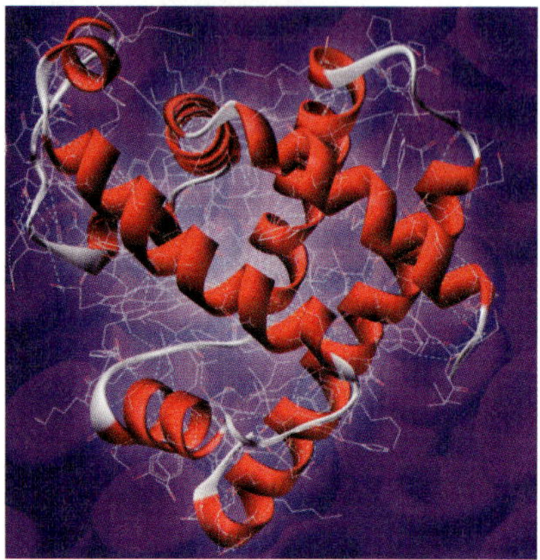

B3 *Quartärstruktur einer Polypeptidkette im Hämoglobin.* **A:** *Welchen weiteren, farbgebenden Baustein enthält Hämoglobin?*

[1] Es handelt sich hier um das Reaktionszentrum von Purpurbakterien der Gattung *Rhodopseudomonas*.

Versuche

V1 Verdünnen Sie in einem 50-mL-Becherglas ein Eiklar mit wenig Wasser, streuen Sie etwas Kochsalz hinein und verrühren Sie gut. a) Erhitzen Sie in einem Rggl. 5 mL dieser Lösung. Beobachtung? b) Versetzen Sie in drei weiteren Rggl. je 5 mL der Eiklar-Lösung mit i) 5 mL Salzsäure*, $c = 5$ mol/L, ii) Natronlauge*, $c = 5$ mol/L, und iii) gesättigter Eisen(III)-chlorid-Lösung. Beobachtung?

V2 Geben Sie zu 100 mL Milch portionsweise 6 mL Essigsäure-Lösung*, $c = 2$ mol/L. Beobachtung? Filtrieren Sie das Gemisch durch Glaswolle. Beobachtung?

V3 Verrühren Sie zerschnittene, grüne Blätter im Mörser und extrahieren Sie die Blattpigmente in ca. 15 mL Methanol* oder 15 mL Ethanol*. Geben Sie die Blattextrakt-Lösung in eine Petrischale und stellen Sie dicht daneben eine zweite Petrischale mit zerschnittenen (ggf. auch verriebenen) Blättern, aus denen die Pigmente jedoch nicht extrahiert wurden. Betrachten Sie die Inhalte der beiden Petrischalen gleichzeitig im Licht einer UV-Handlampe ($\lambda = 366$ nm). Beobachtung?

Auswertung

a) Bei V1 und V2 werden Proteine *denaturiert*. Beschreiben Sie anhand der Versuchsbeobachtungen, welche Eigenschaften der Proteine sich bei der Denaturierung ändern. (*Hinweis:* Umgangssprachlich bezeichnet man die Denaturierung von Proteinen hier auch als Gerinnung.)

b) Auf molekularer Ebene ändert sich bei der Denaturierung von Proteinen „nur" deren Tertiärstruktur. Dennoch ist die bei einem gekochten oder gebratenen Eiklar eingetretene Denaturierung nicht reversibel. Welche Arten von stabilen Verknüpfungen zwischen Fragmenten der Hauptkette können beim Kochen oder Braten gebildet werden? (*Hinweis:* Denken Sie an mögliche Kondensationsreaktionen zwischen funktionellen Gruppen aus Aminosäure-Resten.)

c) Wie könnte man experimentell überprüfen, ob die Denaturierung der Proteine bei V1 b) und bei V2 reversibel ist oder nicht? Erläutern Sie das (die) Verfahren.

d) Benennen und beschreiben Sie Vorgänge auf der molekularen Ebene, die bei V1 b) und V2 zur Denaturierung führen können. (*Hinweise:* Denken Sie an mögliche Reaktionen zwischen funktionellen Gruppen der Aminosäure-Reste und an Bildung von Komplexen.)

e) Die Ausflockung von Casein in V2 ist reversibel. Informieren Sie sich in *Chemie 2000+ Online* über die Vorgänge auf molekularer Ebene und vergleichen Sie mit den in d) angesprochenen Vorgängen.

f) Was hat die „Chemie der Dauerwelle" (vgl. S. 384) mit der Denaturierung von Proteinen in V1 und V2 gemeinsam, welche Unterschiede bestehen? Erläutern Sie ausführlich.

g) Aus Blättern extrahiertes Chlorophyll in Lösung fluoresziert stark, Chlorophyll in den Blättern dagegen nur schwach oder gar nicht (V3). Das liegt an dem Energietransfer in angeregten Chlorophyll-Molekülen **Chl***, der im Blatt erfolgen kann, in Methanol-Lösung nicht. Erklären Sie den Sachverhalt mithilfe von B1. (*Hinweis:* Vgl. auch S. 349.)

Rote Blutkörperchen (Erythrozyten) transportieren Sauerstoff und Kohlenstoffdioxid, weiße Blutkörperchen (Leukozyten) sind für die Abwehr von Krankheitserregern zuständig und Blutplättchen aktivieren die Blutgerinnung. Die Blutflüssigkeit (Blutplasma) enthält u. a. Cholesterin, Glucose, freie Aminosäuren und Natrium-, Chlorid- und Hydrogencarbonat-Ionen.

B4 *Wichtige Bestandteile des Bluts.* **A:** *Fibrinogen, das Schlüsselprotein für die Blutgerinnung, wird vor der Analyse von Blutplasma entfernt. Warum wohl?*

Quartärstruktur von Proteinen und Proteide

Was in B1 wie ein wirres Knäuel aussieht, ist in Wirklichkeit ein hoch organisiertes System, das eine genau definierte Struktur haben muss, wenn es tatsächlich photosynthetisch aktiv sein soll. Es besteht aus mehreren Polypeptidketten und zusätzlichen Bausteinen, die keine Polypeptide sind. Solche **supramolekularen Systeme** aus Polypeptiden und anderen molekularen oder ionischen Bausteinen bezeichnet man als **Proteide**[1]. Um funktionstüchtig zu sein, muss nicht nur jede einzelne Polypeptid-Einheit in einem Proteid die richtige **Tertiärstruktur** (vgl. S. 385) haben, die Einheiten müssen auch genau in der richtigen räumlichen Ausrichtung zueinander und zu den übrigen Bestandteilen des Systems zusammengefügt sein. Diese **Quartärstruktur** des Proteids enthält nun die Information für seine auszuübende biologische Funktion. Die Quartärstrukturen des photosynthetischen Zentrums (B1), des Hämoglobins (B3) und des Rhodopsins (B4, S. 245) sind Beispiele dafür, dass auch kleinste biologische Funktionseinheiten aus mehreren chemischen Komponenten bestehen. Die Polypeptidketten darin weisen in der Regel nur abschnittsweise eine regelmäßige α-Helixstruktur auf, während andere Kettenabschnitte auf den ersten Blick chaotisch angeordnet erscheinen (B3). Doch genau diese konformationell sehr beweglichen Bereiche sind für die molekulare Erkennung verantwortlich. Hier kommt es unter bestimmten Bedingungen zur Ausbildung von „Schlössern", in die „Schlüssel"-Moleküle hineinpassen: Enzyme und Antikörper können auf diese Weise ganz bestimmte Moleküle erkennen und daran Reaktionsfolgen auslösen (B5).

Unter physiologischen Bedingungen sind Proteine und Proteide recht stabil. Die Tertiär- und Quartärstrukturen der Polypeptidketten sind dabei keineswegs starr, sondern verändern sich beim „Andocken" anderer Moleküle, Molekülfragmente oder Ionen. So werden beispielsweise Enzyme aktiviert. Diese Änderungen sind *reversibel*. Dagegen ändern sich die Tertiärstruktur und teilweise auch die Sekundärstruktur der Polypeptidketten *irreversibel*, wenn Proteine auf über 60 °C erhitzt oder mit Säuren, Laugen oder Schwermetall-Ionen versetzt werden. Man bezeichnet diesen Prozess als **Denaturierung**. Dabei können auch chemische Prozesse ablaufen, beispielsweise die Bildung von Ester-, Peptid- oder Etherbrücken zwischen den Aminosäure-Resten und von Komplexen mit Schwermetall-Ionen.

Aufgaben

A1 Polypeptidketten können in Modellen als Zick-Zack-Linien (B1), als Kalotten (B5) oder als Bänder kombiniert mit Zick-Zack-Linien (B3) dargestellt werden. Diskutieren Sie Vor- und Nachteile dieser drei Darstellungsweisen.

A2 Benennen Sie den prosthetischen Bestandteil (die prosthetische Gruppe) beim Rhodopsin (vgl. B4, S. 245).

A3 Es gibt **Globuline (Sphäroproteine)** und **Faserproteine (Skleroproteine)**. Im ersten Fall nehmen die makromolekularen Einheiten die Formen von Kugeln an, die nach außen hin polare und ionische Gruppen aufweisen, im zweiten Fall bilden sie lang gestreckte Makromolekülstränge, deren polare und ionische Gruppen sich größtenteils gegenseitig anziehen. Was vermuten Sie über die Wasserlöslichkeit von Globulinen und Skleroproteinen? Begründen Sie Ihre Vermutung.

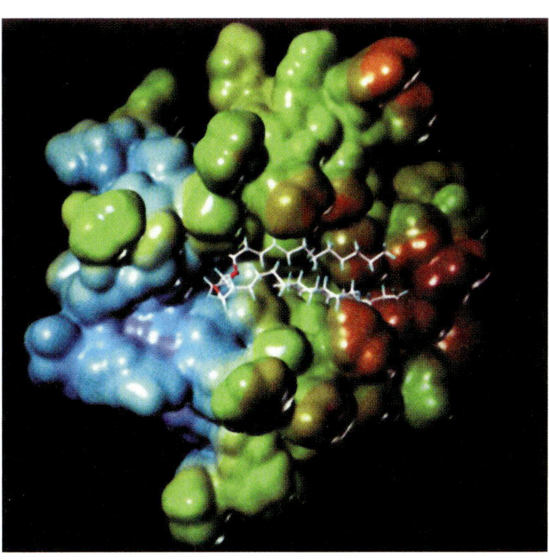

B5 *Modell eines Enzyms (Lipase) mit angedocktem Triglycerid-Molekül.* **A:** *Recherchieren Sie im Internet (Einstieg über Chemie 2000+ Online) die Molekülmodelle einer Peptidase und einer Amylase. Nennen Sie Gemeinsamkeiten mit der hier dargestellten Lipase.*

B6 *Chemisches Knowhow über die Denaturierung von Proteinen hilft beim Zubereiten von Fleischgerichten.* **A:** *Nennen und erläutern Sie Unterschiede zwischen einer gegrillten und einer gekochten Wurst.*

Fachbegriffe

Supramolekulare Systeme, Proteide, prosthetische Gruppe, Tertiärstruktur, Quartärstruktur, Denaturierung, Globuline (Sphäroproteine), Faserproteine (Skleroproteine)

[1] **Proteide** enthalten prosthetische Gruppen (von *prostheikos* (griech.) = zusätzlich), beispielsweise einen Kohlenwasserstoff-Rest wie beim Rhodopsin, S. 245.

Mit der DNA dem Täter auf der Spur

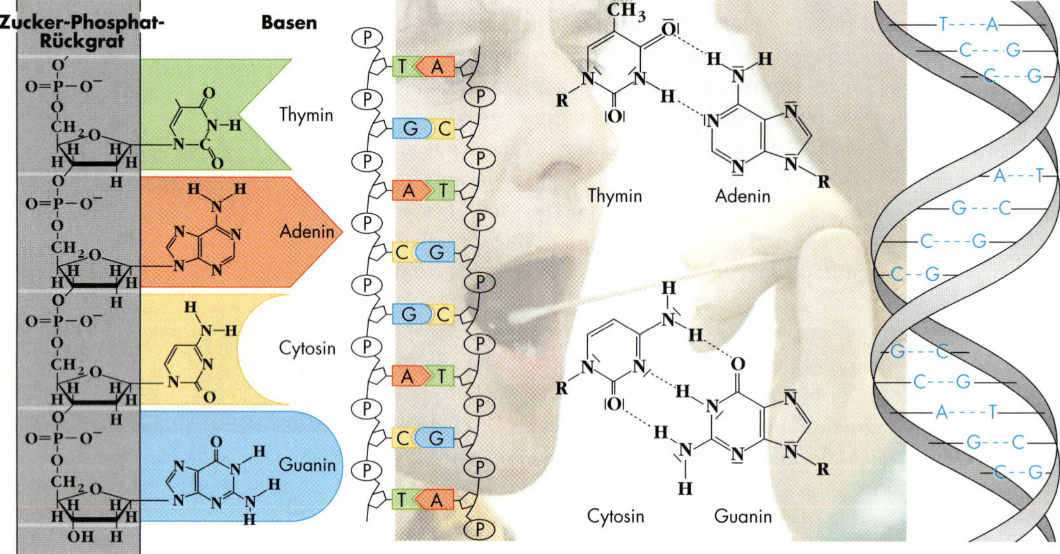

B1 *DNA-Ausschnitt mit vier Nucleotiden (links) und vereinfachter DNA-Doppelstrang (rechts).*
A: *Die DNA kann man als Polyester bezeichnen. Begründen Sie.*

B2 *Die Helixstruktur (rechts) und die Basenpaare der Basen der DNA (links).* **A:** *Begründen Sie, warum in der DNA-Doppelhelix ausschließlich die beiden Basenpaare A-T bzw. G-C vorkommen und nicht andere Paarungen der Nucleinbasen.*

Die DNA – ein besonderes Makromolekül

Moderne kriminalistische Ermittlungsverfahren verwenden zur Aufklärung einer Straftat das Verfahren des **genetischen Fingerabdrucks**. Um den genetischen Fingerabdruck eines potenziellen Täters zu ermitteln, benötigt der Kriminologe nur kleinste Spuren der DNA von Körperzellen wie Blut- oder Spermareste, Speichel oder Haare.

Wie wird ein genetischer Fingerabdruck erzeugt? Genauso einmalig wie das Linienmuster auf den Fingerkuppen einer Hand ist die Erbinformation in den Körperzellen eines Menschen, die in der **Desoxyribonucleinsäure DNA** verschlüsselt ist. Die DNA ist ein Makromolekül, das sich aus vier Bausteinen, den **Nucleotiden** aufbaut (B1). Jedes Nucleotid besteht aus einem Phosphorsäure-Rest, dem Zucker Desoxyribose und einer der vier **Nucleinbasen** Adenin, Thymin, Guanin und Cytosin. Dabei handelt es sich um aromatische Heterocyclen mit Stickstoff-Atomen in den Ringen. Die DNA ist ein Nucleotid-Doppelstrang, der durch Paarung der gegenüberliegenden, komplementären Basen Adenin (A) und Thymin (T) bzw. Guanin (G) und Cytosin (C) entsteht (B2). Die Erbinformation eines Menschen wird durch die Abfolge vieler Millionen Basenpaare codiert.

Repetitive Basenfolgen in der DNA

Anders als der Fingerabdruck, den ein Täter am Tatort unmittelbar zurücklässt, muss ein genetischer Fingerabdruck durch ein gentechnisches Verfahren erst erstellt werden. Hierzu muss man die DNA eines Tatverdächtigen mit DNA-Spuren am Tatort vergleichen.

Der Genvergleich wird nicht mit der gesamten DNA durchgeführt, sondern nur mit **repetitiven Basenabfolgen**, bei denen sich z. B. die Basenabfolge A-A-T-G mehrmals (etwa 3- bis 30-mal) hintereinander wiederholt. Die Anzahl an Wiederholungen kann von Mensch zu Mensch unterschiedlich sein. Die DNA-Abschnitte mit den Wiederholungen bezeichnet man als **Minisatelliten**. Der Vergleich nur eines Minisatelliten allein reicht nicht aus, um die DNA eines Verdächtigen eindeutig einer Spurenprobe zuzuordnen. In der Kriminologie werden daher heute etwa 8 bis 15 Minisatelliten für den Identitätsnachweis herangezogen.

Aufgabe

A1 Angenommen, in einem Minisatelliten könnten beim Menschen bis zu 10 Wiederholungen vorkommen. Wie groß wäre dann die Wahrscheinlichkeit, dass zwei Menschen den gleichen genetischen Fingerabdruck hätten? Wie groß wäre die Wahrscheinlichkeit, wenn man 10 Minisatelliten vergleichen würde? Genügt dies für eine zweifelsfreie Verurteilung eines Verdächtigen?

Erstellung des genetischen Fingerabdrucks

Um einen genetischen Fingerabdruck herzustellen, muss man zuerst die DNA des Tatverdächtigen und die in den Spuren isolieren. Mithilfe bestimmter Enzyme werden die Satelliten dann aus der DNA herausgeschnitten (Restriktion). Anschließend werden die beim Schneiden erzeugten DNA-Fragmente durch die Methode der **Gel-Elektrophorese** getrennt (B3). Hierzu werden die geschnittenen DNA-Fragmente auf ein Gel aufgetragen, an das ein elektrisches Feld angelegt wird (vgl. S. 380, 381).

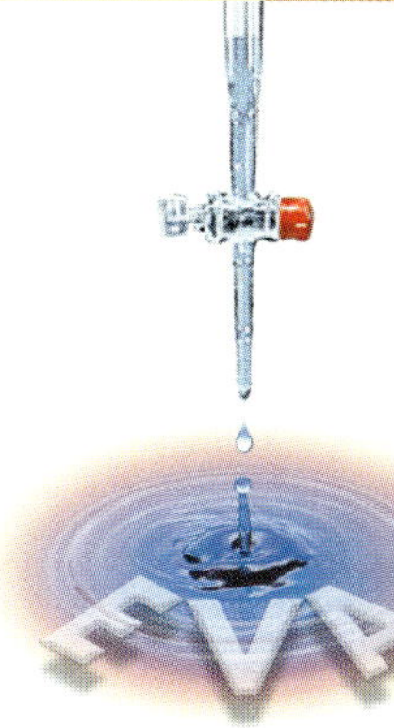

Mit der DNA dem Täter auf der Spur

Die Fragmente wandern nun entsprechend ihrer Größe in dem Gel unterschiedlich weit. Da die Größe der Satelliten je nach Anzahl der Basenwiederholungen unterschiedlich sein kann, wandern die Satelliten aus der DNA verschiedener Menschen ebenfalls unterschiedlich weit.

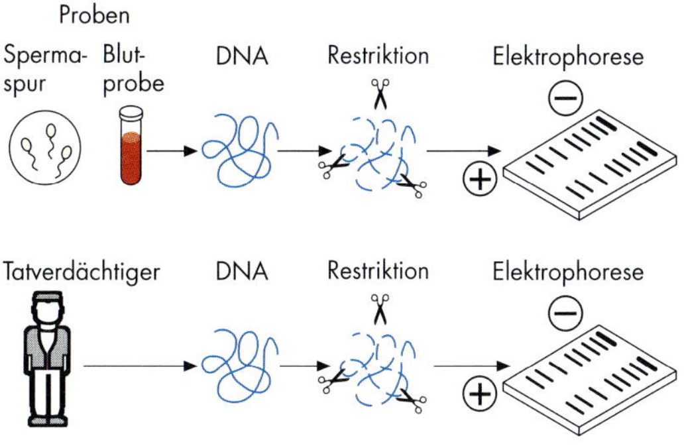

B3 *Vereinfachter schematischer Ablauf der Erstellung eines genetischen Fingerabdrucks.*
A: *Warum wandern die DNA-Fragmente bei der Elektrophorese vom Minus- zum Pluspol?*

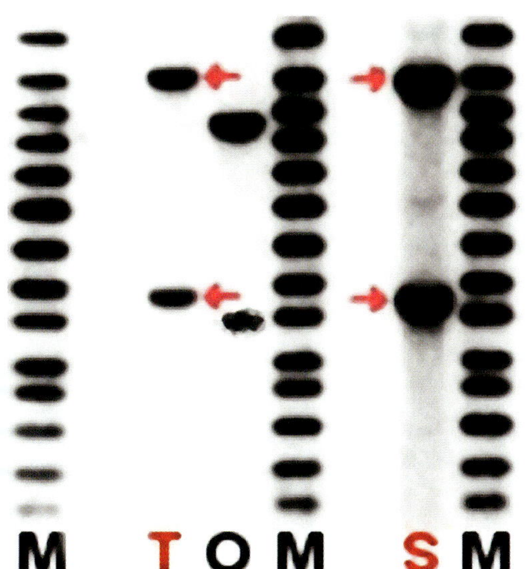

B4 *Sichtbar gemachte DNA-Fragmente eines genetischen Fingerabdrucks. T, O, S: DNA-Fragmente (Minisatelliten) des* ***T****atverdächtigen, des* ***O****pfers und der* ***S****pur vom Tatort; M:* ***M****arker, d. h. DNA-Fragmente mit bekannten, unterschiedlichen Molekülgrößen.*
A: *Verfassen Sie auf der Basis von B4 eine Anklage bzw. Verteidigungsschrift für den Verdächtigten (T).*

Vervielfältigung von DNA-Fragmenten
Auch kleinste Mengen gefundener DNA aus Bluttropfen oder Haaren reichen aus, um einen genetischen Fingerabdruck herzustellen. Dies funktioniert, weil die DNA ein reproduzierbares Molekül ist. Durch das Verfahren der **Polymerase-Kettenreaktion** PCR (Polymerase Chain Reaktion) lässt sich ein einzelner DNA-Doppelstrang beliebig vervielfältigen (B5).

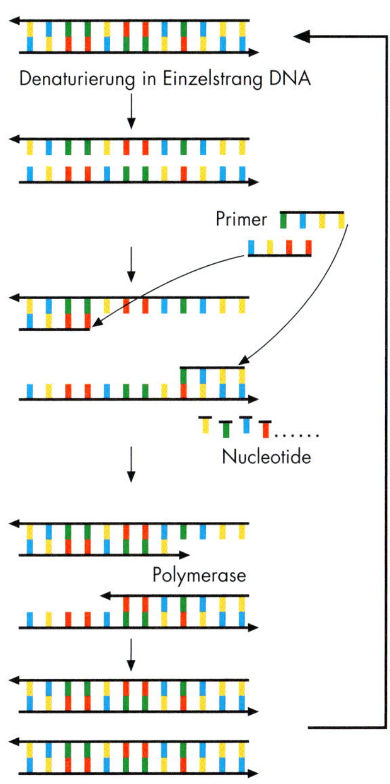

B5 *Prinzip der Vermehrung von DNA-Stücken mithilfe der PCR.* **A:** *Erläutern Sie den Ablauf der PCR-Methode.*

Dafür wird der DNA-Doppelstrang in einem ersten Schritt aufgespalten (Denaturierung), indem man die komplementären Basenpaare trennt. Man erhält folglich zwei Einzelstränge. In einem zweiten Schritt wird jeweils ein **Primer**, ein synthetisch hergestelltes Stück DNA, das komplementär zum Anfang eines DNA-Stranges ist, angebunden. Dies ist die Voraussetzung dafür, dass das Enzym **Polymerase** weitere Nucleotide anlagern kann, sodass zwei komplette DNA-Doppelstränge entstehen. Dieser Vorgang wird mehrmals hintereinander wiederholt, bis man genügend DNA-Material hat, um den genetischen Fingerabdruck anzufertigen.

Aufgaben

A2 Fertigen Sie ein Referat über die Strukturaufklärung der DNA durch J. WATSON und F. CRICK (1953) an.

A3 Fertigen Sie ein Referat über die DNA-Replikation bei der Zellteilung an.

Hormone und Drogen – ihre Wirkung in unserem Körper

Insulin und Zuckerkrankheit

Etwa 10 Millionen Deutsche leiden an der Zuckerkrankheit *Diabetes mellitus*[1]. Ursache dieser Krankheit ist der Mangel oder das völlige Fehlen des Hormons **Insulin**, das zusammen mit dem Hormon **Glucagon**, das als Antagonist des Insulins fungiert, für die Regulation des Blutzuckerspiegels verantwortlich ist (vgl. S. 101).

Die Geschichte von der Entdeckung des blutzuckersenkenden Insulins bis zur heutigen Diabetestherapie steht beispielhaft für die Entwicklungen in der pharmazeutischen Forschung.

Die Zuckerkrankheit war bereits im Altertum bekannt. Der Arzt konnte die Krankheit durch den süßen Geschmack des Urins eines Patienten feststellen. Bis zu Beginn des letzten Jahrhunderts bedeutete die Diagnose „Diabetes" das Todesurteil, die Krankheit war nicht heilbar. Im Jahre 1916 entdeckte der rumänische Physiologe NICOLAS PAULESCU, dass ein Extrakt aus den Bauchspeicheldrüsen von Rindern die Symptome der Krankheit bei diabetischen Hunden lindert. Den Kanadiern CHARLES BEST und FREDERIC BENTING gelang dann 1921 die Isolierung des Proteins Insulin, das in den Inselzellen der Bauchspeicheldrüse produziert wird (B1). Durch regelmäßige Injektion von Insulin konnten sie den Blutzuckerspiegel von Zuckerkranken dauerhaft normalisieren. Im Jahr 1953 gelang FREDERICK SANGER die Entwicklung der vollständigen Primärstruktur des Insulins, wofür er im Jahr 1958 den Nobelpreis für Chemie erhielt.

In Folge der Entdeckungen von BEST und BENTING begann die Gewinnung von Insulin für therapeutische Zwecke aus den Bauchspeicheldrüsen von geschlachteten Rindern und Schweinen.

Dank Anwendung der Gentechnik kann man heute Humaninsulin durch Bakterien herstellen lassen, sodass für alle Diabetiker ausreichend Insulin zur Verfügung steht.

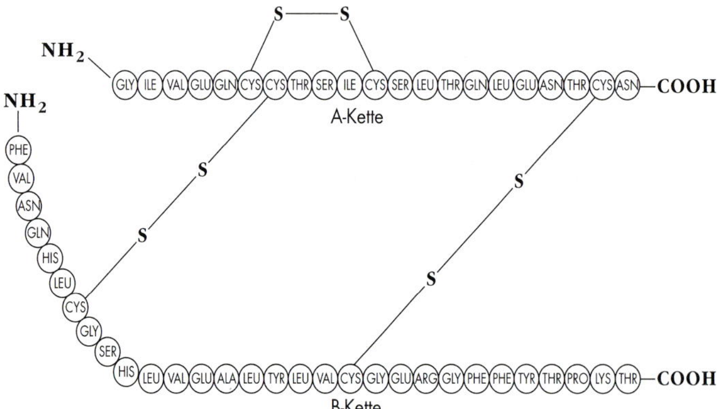

B1 *Die Aminosäuresequenz des menschlichen Insulins (Humaninsulin), das aus zwei Peptidketten besteht.*
A: *Informieren Sie sich über die Unterschiede zwischen Human- und Schweine- bzw. Rinderinsulin.*

[1] *Diabetes mellitus* bedeutet „honigsüßer Durchfluss".

Hormonwirkung und Rezeptortheorie

Durch das Peptidhormon Insulin wird die Aufnahme der Glucose aus dem Blut in die Körperzellen ermöglicht. Heute kennt man die molekularen Abläufe, die durch Hormone wie z. B. das Insulin gesteuert werden, recht genau. Sie verlaufen nach dem in B2 dargestellten Mechanismus. Ein Hormon-Molekül bindet nach dem *Schlüssel-Schloss-Prinzip* an einen **Rezeptor**, ein in der Zellmembran gebundenes Protein. Der mit dem Hormon besetzte Rezeptor bindet nun wiederum das Enzym **Adenylatcyclase**, das dadurch aktiviert wird. Es wandelt daraufhin im Zellinneren **Adenosintriphosphat** (ATP) unter Freisetzung von zwei Phosphat-Resten in **cyclisches Adenosinmonophosphat** (c-AMP) um. Dies löst in der Zelle eine komplexe Reaktionsfolge aus, an deren Ende die Wirkung des Hormons (z. B. Glucoseaufnahme) eintritt. Die Wirkung ist abhängig vom Zelltyp und vom Hormon.

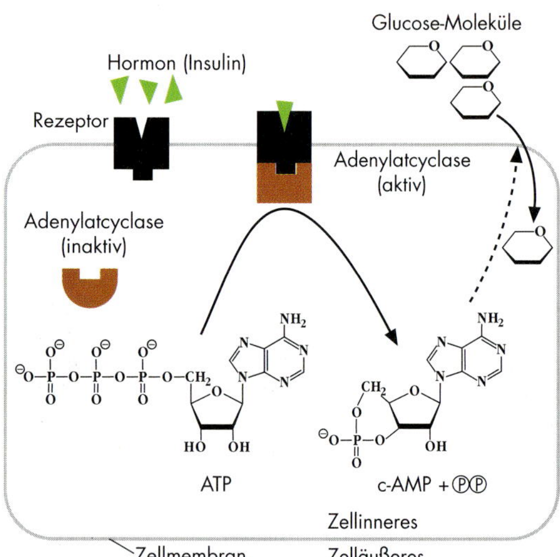

B2 *Auslösung einer Zellreaktion durch Einwirkung eines Hormon-Moleküls nach der Rezeptortheorie.*
A: *Formulieren Sie für die Bildung von cyclischem AMP (c-AMP) aus Adenosintriphosphat (ATP) die vollständige Reaktionsgleichung. Erläutern Sie den Reaktionsablauf unter Nennung entsprechender Reaktionstypen (Hinweis: ⓅⓅ = Diphosphat $HP_2O_7^{3-}$).*

Aufgaben

A1 Diabetes kann nicht nur durch Insulinmangel, sondern auch durch Mangel an Rezeptor-Molekülen entstehen. Begründen Sie dies mithilfe der Rezeptortheorie. Welche Ursachen für Diabetes könnte es noch geben?

A2 Warum kann Glucose nicht ohne die Insulinwirkung durch Diffusion ins Zellinnere gelangen?

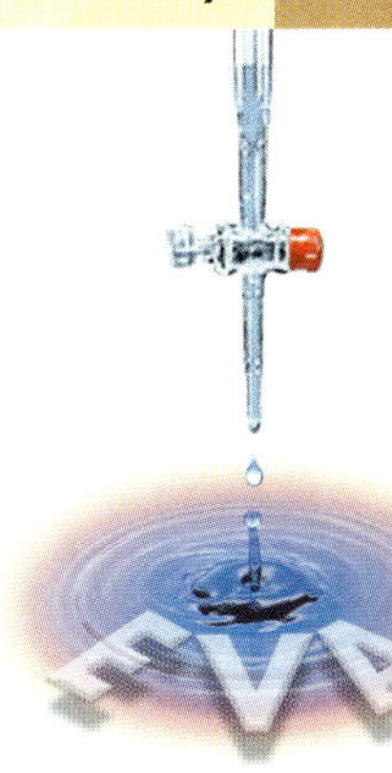

Hormone und Drogen – ihre Wirkung in unserem Körper

Morphin, ein Schmerzmittel

Morphin ist ein starkes Schmerzmittel, das aus dem Milchsaft des Schlafmohns gewonnen wird (B3). Es gehört zur Stoffgruppe der Opiate.

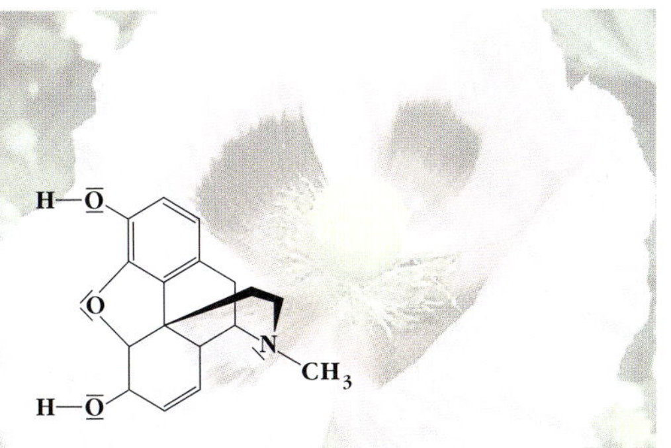

B3 *Die Blüte des Schlafmohns (Papaver somniferum) und die Strukturformel von Morphin.*
A: *Ermitteln Sie die Summenformel von Morphin.*

Die Wirkungsweise der Opiate lässt sich mithilfe der Rezeptortheorie erklären (B4). Die Übertragung von Nervenimpulsen zwischen Nervenzellen wird durch **Neurotransmitter** bewirkt. Das sind Botenstoffe, die eine gereizte Nervenzelle freisetzt. Die Neurotransmitter gelangen an die Neurotransmitter-Rezeptoren benachbarter Nervenzellen, die dadurch nach dem Mechanismus von B2 als Zellreaktion zur Impulsweiterleitung befähigt werden. Neben den Transmitter-Rezeptoren findet man auf Nervenzellen aber auch Opiat-Rezeptoren. Bindet nun ein Morphin-Molekül an einen Opiat-Rezeptor, wird von diesem im Zellinneren Adenylatcyclase gebunden, die aber anders als beim Transmitter-Rezeptor nicht aktiviert wird (B2, B4). Die mit Wirkstoff (Transmitter oder Opiat) besetzten Transmitter- und Opiat-Rezeptoren konkurrieren also um die in der Zelle befindlichen Adenylatcyclase-Moleküle. Wenn die Konzentration an Morphin im Blut groß genug ist, wird die Weiterleitung von Nervenimpulsen durch Neurotransmitter gehemmt. Ein mit Morphin behandelter Patient spürt daher weniger Schmerzen.

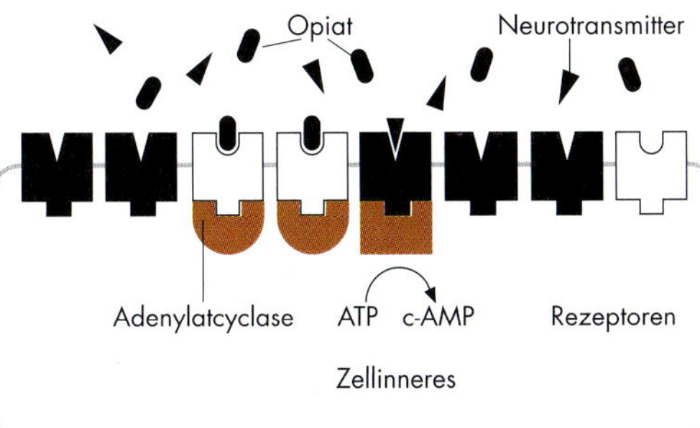

B4 *Rezeptortheorie der Morphinwirkung.*
A: *Begründen Sie, weshalb eine Überdosis von Morphin zum Tod führen kann.*

Opiate und Sucht

Opiate haben leider neben der schmerzstillenden Wirkung den Nachteil, dass sie süchtig machen, da sie zu einer körperlichen Abhängigkeit führen. Das Suchtphänomen lässt sich ebenfalls mit der Rezeptortheorie gut veranschaulichen (B5). Durch die Gabe von Opiaten wird der Gehalt an aktiver Adenylatcyclase in einer Nervenzelle erniedrigt (B4). Wird das Opiat längere Zeit verabreicht, reagiert die Nervenzelle darauf mit zusätzlicher Produktion von Adenylatcyclase-Molekülen, sodass für die Neurotransmitter-Rezeptoren wieder ausreichend Enzym-Moleküle zur Verfügung stehen. Dadurch lässt die schmerzstillende Wirkung der Opiate nach und die Opiat-Dosis muss erhöht werden (**Toleranz**). Wird das Opiat plötzlich abgesetzt, werden die an die Opiat-Rezeptoren gebundenen Adenylatcyclase-Moleküle wieder frei und das Enzym-Angebot in der Zelle ist nun sehr groß. Als Folge kommt es zu einer verstärkten Reaktion der Nervenzellen und dann zu den typischen **Entzugserscheinungen**. Eine Schmerztherapie mit Opiaten darf daher nur langsam durch Erniedrigung der Wirkstoffkonzentration abgesetzt werden.

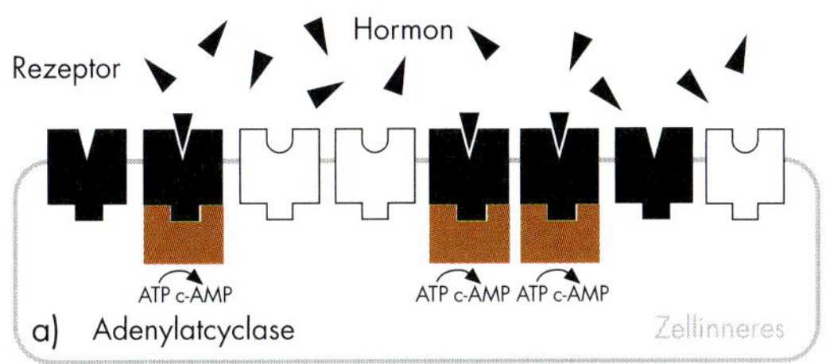

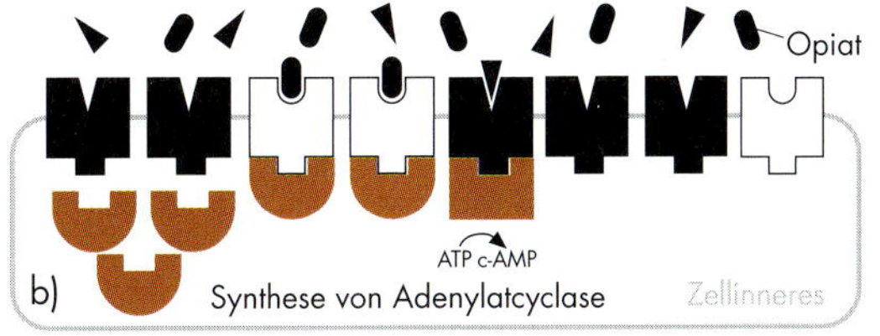

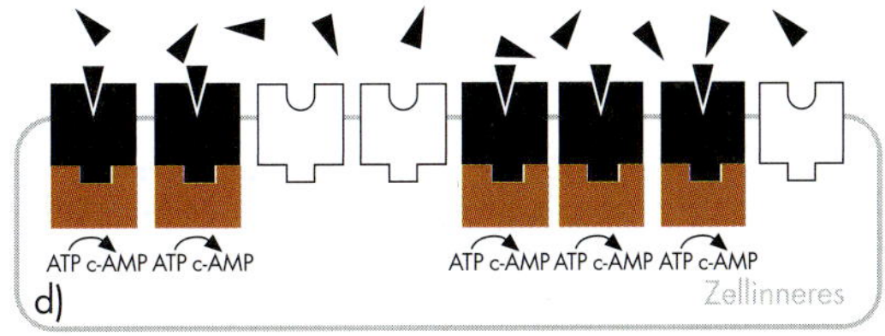

B5 *Ursache von Sucht und Entzug.* **A:** *Erläutern Sie die Abbildungen a) bis d).*

Textilgeschichte

B1 *Geschichtliche Epochen und ihre typische Bekleidung.* **A:** *Erstellen Sie mithilfe der Bilder und Texte von S. 392, 393 sowie Materialien aus dem Internet ein Poster mit einer Zeittafel zur Textilgeschichte.*

Kleider machen Leute

Kleider machen Leute klingt vielleicht etwas übertrieben. Wenn man aber bedenkt, wie wichtig, passende, situationsgerechte Bekleidung für alle Menschen ist, eben nicht nur in bestimmten sozialen Kreisen und nicht erst heutzutage, dann steckt in dieser Redensart doch Zutreffendes! Tatsächlich lassen sich geschichtliche Epochen, soziale Schichten und Kulturkreise nicht nur anhand typischer Werkzeuge, Waffen, Kunstwerke, Baudenkmäler etc. charakterisieren, sondern auch durch die Bekleidung ihrer Menschen (B1).

Bereits in der Altsteinzeit vor mehr als 135 000 Jahren trugen die Menschen einfache *Fellkleidung*. Damit schützten sie sich in erster Linie vor Kälte. Wie Höhlenzeichnungen ahnen lassen, diente aber schon diese „Minimal"-Kleidung auch als Schmuck und Unterscheidungsmerkmal.

Im Laufe der Zeit lernten die Menschen, auch andere natürliche Materialien für Bekleidungszwecke zu nutzen. Man verwendete zunächst Rohstoffe wie *Binsen, Bastfasern* oder *Rosshaar*, das von allen natürlichen Rohstoffen die größte Faserlänge (Stapellänge) erreicht. Eine weitere Verlängerung der Fasern konnte durch einfaches Aneinanderdrehen der verschiedenen Fasern, durch Spinnen, erreicht werden.

Um die Vorteile verschiedener Fasern nutzen zu können, ging man dazu über, sie durch Verflechten zu *Garnen* zu verbinden. Auf diesem Weg wurden die ersten Garne aus einer Kombination von *Tierhaaren* mit *Pflanzenfasern* erzeugt, aus denen sich textile Flächengebilde herstellen ließen. Neben diesen Fasern für Textilien benötigte man auch Garne, die sich beispielsweise für Angelschnüre oder für geknüpfte Fischernetze eignen.

Nachfolgende Stationen in der Geschichte der Nutzung von Naturfasern sind die Herstellung von *Leinen* aus *Flachs* (ca. 5000 v. Chr., Sumerer), die *Baumwoll-* (ca. 2700 v. Chr., Peruaner) und die *Seidenerzeugung* (2600 v. Chr., Chinesen).

Mit steigender Lebensqualität und wachsender Weltbevölkerung stiegen der Verbrauch und der Bedarf an Textilien. Da gleichzeitig die Bevölkerung aber auch ernährt werden musste, kam es zu Interessenkonflikten, wie die zur Verfügung stehenden landwirtschaftlichen Flächen am vorteilhaftesten genutzt werden sollten. Schließlich musste der Nahrungsmittel produzierenden Landwirtschaft aus Gründen des unmittelbaren Überlebens Priorität zu Lasten der Schafzucht und des Flachsanbaus eingeräumt werden.

Damit stand dem Anbau von nachwachsenden Rohstoffen für die Textilindustrie in Europa eine nur noch kontinuierlich abnehmende Fläche zu und die Versorgung mit textilen Rohstoffen musste aus Übersee gedeckt werden. Die Bedeutung von *Rohwolle* von Schafen, die aus Australien importiert wurde, wuchs und das aus dem Flachsanbau erhältliche Leinen wurde von der *Baumwolle* verdrängt, die aber nur in tropischen Ländern wächst.

Nicht nur gestiegene Ansprüche an Textilien, auch militärische Auseinandersetzungen, die des öfteren zu Störungen der transatlantischen Transportwege führten, ließen den Wunsch nach neuen, außenhandelsunabhängigen Textilrohstoffen wachsen. Fortan nahm *die Chemie, die Wissenschaft von den stofflichen Metamorphosen der Materie* (FRIEDRICH AUGUST KEKULÉ, vgl. S. 281), eine entscheidende Rolle auch in der Textilbranche ein.

Obwohl der Engländer ROBERT HOOKE bereits im Jahr 1665 die Idee hatte, künstliche Fäden aus einer zähflüssigen Masse zu erzeugen, gelang es erst 1845 CHRISTIAN FRIEDROCH SCHÖNBEIN, künstliche Fäden aus *Trinitrocellulose* („Schießbaumwolle"), also einem chemisch modifizierten, pflanzlichen Produkt herzustellen. Dieses thermisch brisante Material ist für Textilien ungeeignet und man versuchte sich an anderen Variationen von *cellulosischen Fasern* (*Kupferseide, Viskose, Acetatseide* – vgl. S. 404). Erst im Jahr 1935 gelang es einer Gruppe von Amerikanern um WALLACE HUME CAROTHERS, ein vollsynthetisches, spinnfähiges *Polyamid* herzustellen. Als bahnbrechend hierfür erwies sich die Erkenntnis von HERMANN STAUDINGER, der im Jahr 1925 die Existenz von *makromolekularen organischen Verbindungen* postuliert und später experimentell nachgewiesen hatte.

Textilgeschichte

B3 *Hermann Staudinger mit Modellen von Makromolekülfragmenten*

H. Staudinger und die Makromoleküle

Hermann Staudinger (1881 bis 1965) erkannte bereits im Jahr 1910 bei Arbeiten mit Isopren, dass die damals gängige Stukturannahme für Naturkautschuk nicht stimmen konnte. Er schlug im Mai 1922 den Begriff *Makromolekül* vor, mit dem er die molekulare Struktur von Naturkautschuk (vgl. S. 64) und anderen Naturstoffen wie Stärke und Cellulose (vgl. S. 105) erklären wollte. Doch er stieß bei seinen Fachkollegen auf Widerstand und Ablehnung. Es sollte Jahre dauern, bis sich sein Konzept der Makromoleküle durchsetzen konnte.

Zunächst suchte und fand Staudinger experimentelle Stützen für die Existenz von Makromolekülen, als er von dem einfachen und kleinen Molekül Styrol (vgl. S. 274) ausgehend Polystyrol synthetisierte. Ein weiterer entscheidender Schritt gelang ihm, als er nach einem Treffen mit W. H. Carothers (vgl. rechte Spalte) im Jahr 1935 begann, verdünnte Lösungen von Polyamiden und anderen synthetischen Polymeren zu untersuchen. Dabei fand er heraus, dass es zwischen der Viskosität einer Lösung und der molaren Masse der darin enthaltenen makromolekularen Substanz eine Beziehung gibt, die sich durch eine mathematische Gleichung exakt formulieren lässt. Schließlich zeigte Staudinger als Erster, wie man gezielt Makromoleküle als Modelle entwerfen kann, um sie dann zu synthetisieren. Eines seiner zahlreichen Bücher, die 1947 erschienene *Makromolekulare Chemie und Biologie*, war wegweisend für die Entwicklung in diesen Naturwissenschaften.

Für seinen *großen Beitrag zum Verständnis der Polymere* wurde Hermann Staudinger im Jahr 1953 mit dem Nobelpreis für Chemie ausgezeichnet.

Aufgabe

A1 Erstellen Sie Referate und Folien zu den drei Themen dieser Doppelseite. Nutzen Sie dafür auch Sekundärliteratur und das Internet. Verknüpfen Sie Meilensteine aus der Textilgeschichte mit anderen historischen Ereignissen aus der jeweiligen Periode.

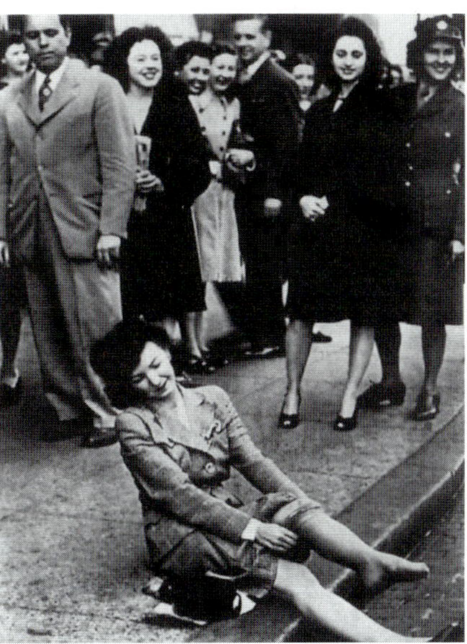

B4 *Nylonstrümpfe im Jahr 1940 – gekauft, angezogen und damit gleich „vorzeigbar"!*

Nylon, Perlon und die anderen

Im Jahr 1935 gelang es einer Gruppe US-amerikanischer Wissenschaftler unter der Leitung von Wallace Hume Carothers, das erste spinnfähige *Polyamid 6.6*, das sogenannte *Nylon* (vgl. S. 395), herzustellen. Nylon wurde ab 1939 vermarktet und etablierte sich rasch zu *dem* Stoff, aus dem auch heute noch Damenstrümpfe, Unterwäsche, Futterstoffe sowie Regenschirme angefertigt werden. Auch für Angelschnüre, chirurgisches Garn und Gewebe in Hochdruckschläuchen, in Flugzeugreifen und Fallschirmen sind Nylon und andere Polyamide oft das Material der Wahl.

Ohne das Patent von Carothers zu berühren, entwickelte Paul Schlack bereits im Jahr 1938 in Deutschland ein anderes spinnfähiges Polyamid, das *Polyamid 6* (vgl. S. 395). Es erhielt den kommerziellen Namen *Perlon* und hat ähnliche Eigenschaften wie Nylon.

Durch die Entdeckung der *Polyurethane* (vgl. S. 396) im Jahr 1937 und günstiger Ausgangsstoffe für *Polyacrylnitril* (vgl. S. 397) schuf der deutsche Chemiker Otto Bayer die Voraussetzungen für die heute als *Elastan* bzw. *Acryl* bekannten Textilfasern.

Die Grundlagen für die Herstellung von *Polyestern* (vgl. S. 397) schufen John R. Whinfield und James T. Dickson im Jahr 1941, Fasern aus Polyestern kamen aber erst später auf den Markt.

Nach Ende des zweiten Weltkriegs war der Siegeszug der Fasern aus synthetischen Makromolekülen, in der Branche *Chemiefasern* genannt, nicht mehr aufzuhalten. Heute findet man Chemiefasern nicht nur in der täglichen, sondern auch in Sport- und Freizeitbekleidung, in Heimtextilien sowie in technischen Anwendungen und Medizinartikeln.

Nur ein Hauch ...

B1 *Strumpfhose aus Polyamid – ein Hauch von Textil auf der Haut*

B2 *Der Nylonseiltrick (V3)*

Element	Massenprozent
Kohlenstoff	50 – 52
Wasserstoff	6,7 – 7,5
Sauerstoff	22 – 25
Stickstoff	16 – 17
Schwefel	3 – 4
Asche (anorg. Salze)	0,5

B3 *Elementarzusammensetzung von trockener Schafwolle.* **A:** *Nennen Sie zwei offensichtliche Unterschiede zum Polyamid aus B4.*

Versuche

V1 Erhitzen, entzünden und verbrennen Sie vorsichtig kleine Textilstücke aus Wolle, Seide, Polyamid, Baumwolle, Polyacryl und Polyester und stellen Sie die Gemeinsamkeiten und Unterschiede fest.

V2 Planen Sie Versuche für den Nachweis des gebundenen Elements Schwefel in Textilien aus Wolle, Seide und Polyamid. Führen Sie die Versuche durch.

V3 Man löst 2,17 g Hexandiamin* (Hexamethylendiamin) und 0,8 g Natriumhydroxid* in 50 mL Wasser, gibt zwei Tropfen Phenolphthalein-Lösung dazu und überschichtet diese Lösung mit einer Lösung aus 2 mL Sebacinsäuredichlorid* in 50 mL Heptan*. Die dünne Haut, die sich an der Phasengrenze bildet, wird mit einer Pinzette herausgezogen und an einem Glasstab befestigt. Durch Drehen kann ein langes Nylonseil auf den Glasstab gewickelt werden (B2).

V4 Erhitzen Sie in einem Rggl. 5 g AH-Salz* (**A**dipinsäure/**H**examethylendiamin-Gemisch) langsam über kleiner Brennerflamme bis zur Schmelze. Gießen Sie die Schmelze nach 1–2 min auf ein Stück Pappe und ziehen Sie mit einem Holzstäbchen Fäden aus der Schmelze. Prüfen Sie die Fäden, nachdem sie abgekühlt und erstarrt sind, auf Biege- und Reißfestigkeit.

Auswertung

a) Tragen Sie die Ergebnisse aus V1 und V2 in eine geeignete Tabelle ein und vergleichen Sie mit den in *Chemie 2000+ Online* angegebenen Daten.

b) Lassen die Ergebnisse aus V1 und V2 eine Unterscheidung zwischen Naturfasern (Wolle, Seide und Baumwolle) und Synthesefasern („Chemiefasern") zu? Erläutern Sie.

c) Bei V3 verläuft die in B4 formulierte Reaktion an der Phasengrenze. Benennen Sie den Reaktionstyp und begründen Sie.

d) Warum läuft die Reaktion aus V3 (B4) nur an der Phasengrenze ab und welchen Effekt hat das auf den Umsatz der Edukte? Erläutern Sie.

e) Warum ist es günstig, bei V3 in alkalischer (und nicht in neutraler oder saurer) wässriger Lösung zu arbeiten? Erläutern Sie auch mithilfe einer Reaktionsgleichung.

f) Formulieren Sie das Edukt aus V4. (*Hinweis:* Vgl. Reaktionsschema von S. 395.)

g) Welche Technik der Reaktionsführung wird bei V3 und V4 angewandt, um das Gleichgewicht zur Seite der Produkte zu verschieben? Erläutern Sie.

h) Wolle und Seide bestehen aus natürlichen, hochmolekularen Polypeptiden (Proteinen – vgl. S. 383). Welche strukturellen Gemeinsamkeiten und Unterschiede haben Wolle und Seide mit den Polyamiden aus V3 und V4? Erläutern Sie.

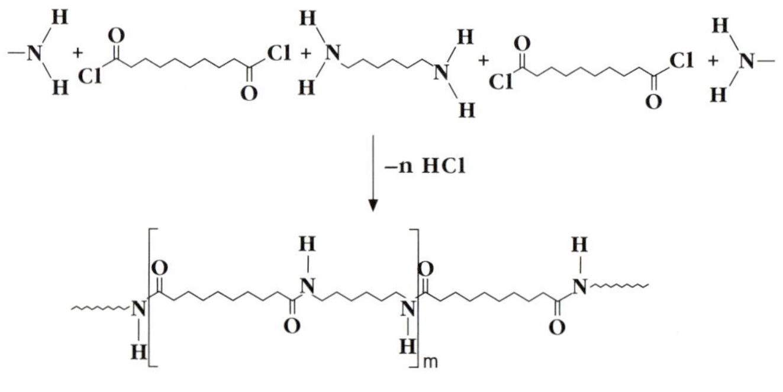

$-n\,HCl$

B4 *Reaktionsschema zur Bildung des Nylonseils in V3 (B2).* **A:** *Welches der beiden Edukte ist in Heptan gelöst, welches in (alkalischem) Wasser?*

Protein- und Polyamidfasern

Wenn ein Textil zart und transparent aussehen, aber auch elastisch und reißfest sein soll, sind Naturseide, Nylon oder Perlon die Materialien der Wahl.

Chemisch gesehen hat allerdings eine zarte Bluse aus Naturseide mit einer groben Strickjacke aus Schafwolle mehr gemeinsam als mit einem hauchdünnen Nylonstrumpf (V1, V2). Die Fasern von **Naturseide** und **Schafwolle** bestehen aus **Proteinen**, deren Polypeptidketten ähnlich wie die in Kopfhaaren α**-Doppelhelices** bilden (vgl. B2, S. 388). Schafwolle und Naturseide enthalten relativ viel gebundenen Schwefel. Dieser ist vor allem in den Cystein-Resten der Polypeptidketten zu finden, die dadurch Disulfid-Brücken zwischen benachbarten Makromolekülen ausbilden können und somit der Faser Reißfestigkeit verleihen. Naturseide, Schafwolle und künstlich synthetisierte **Polyamide** haben neben der makromolekularen Struktur noch ein weiteres gemeinsames strukturelles Merkmal: die in der Hauptkette immer wiederkehrende **Peptid-Gruppe** (vgl. S. 383). Während das Fragment zwischen den Peptid-Gruppen bei Proteinen einer der ca. 20 verschiedenen Aminosäure-Reste sein kann, liegt bei Polyamiden immer der gleiche Alkan-Baustein vor, maximal alternieren zwei verschiedene Alkan-Bausteine. Bei **Nylon 6.6** alternieren zwischen den Peptid-Gruppen ein *Hexamethylen*-Rest $-(CH_2)_6-$ aus dem Hexamethylendiamin-Molekül und ein *Tetramethylen*-Rest $-(CH_2)_4-$ aus dem Adipinsäure-Molekül. Die Synthese verläuft nach folgender **Polykondensationsreaktion**:

$$H_2N\text{~~~~~~}NH_2 + HOOC\text{~~~~}COOH + H_2N\text{~~~~~~}NH_2 + HOOC\text{~~~~}COOH \xrightarrow{-n\,H_2O} \text{~~~}NH\text{~~~~~~}NH{-}CO\text{~~~~}CO{-}NH\text{~~~~~~}NH{-}CO\text{~~~~}CO\text{~~~}$$

Das äquimolare Gemisch der beiden Edukte bildet ein Salz, das bei bloßem Erhitzen unter Abspaltung und Entfernen von Wasser vollständig zum Polyamid reagiert (V4). Ähnlich reagieren in Heptan gelöstes Säurechlorid und in Wasser gelöstes Amin an der Phasengrenze bis zum vollständigen Verbrauch (V3). Das Kopplungsprodukt HCl wird in diesem Fall durch Neutralisation mit der alkalischen Lösung entfernt.

Über 90% der weltweit produzierten Polyamide sind Nylon 6.6 und das in seinen Eigenschaften sehr ähnliche **Nylon 6 (Perlon)**. Es wird aus ε-Caprolactam durch eine **Polyadditionsreaktion** hergestellt (B7, A2), die man durch Zugabe von etwas Wasser initiiert.

Aufgaben

A1 Kennzeichnen Sie in einem Strukturausschnitt von Nylon 6.6 mit einer eckigen Klammer die kleinste, sich wiederholende Struktureinheit im Makromolekül.

A2 Die Polyaddition von ε-Caprolactam zu Nylon 6 (Perlon) wird durch Zugabe von etwas Wasser initiiert (B7). Dabei hydrolysiert ε-Caprolactam zu Aminocapronsäure, an die sich ein ε-Caprolactam-Molekül nach dem anderen addiert. Erläutern Sie die Bezeichnungen Nylon 6.6 und Nylon 6 (Perlon).

A3 Wieso sind Fäden aus Nylon 6.6 und Nylon 6 noch reißfester als Fäden aus Schafwolle und Naturseide? Erläutern Sie.

B5 *Seidenraupe beim Spinnen der Seide.* **A:** *Stellen Sie mithilfe von Chemie 2000+ Online Gemeinsamkeiten und Unterschiede zwischen dem Seidenraupenfaden und dem Schafwollehaar fest.*

B6 *Fasern aus synthetischen Makromolekülen prägen moderne Textilien für Sport und Freizeit.*
A: *Recherchieren Sie im Internet, welche Sporttextilien aus Polyamid hergestellt werden.*

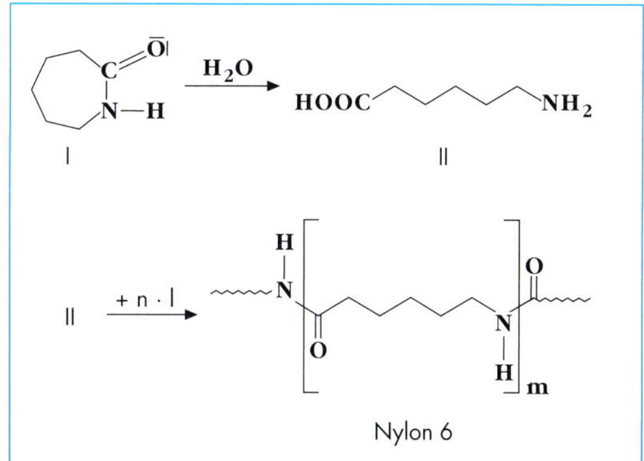

B7 *ε-Caprolactam, ε-Aminocapronsäure und Nylon 6 (Perlon)*

Fachbegriffe

Naturseide, Schafwolle, Proteine, α-Doppelhelices, Polyamide, Peptid-Gruppe, Polykondensation, Nylon 6.6, Nylon 6 (Perlon), Polyaddition

Spinnbares aus der Retorte

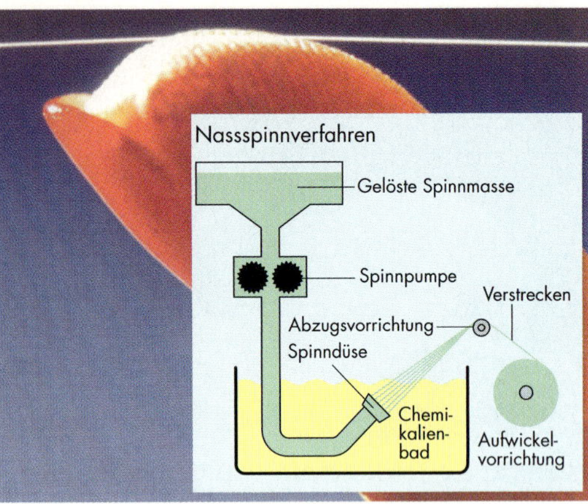

B1 *Ein Faden entsteht, wenn man spinnbares Material durch eine feine Düse drückt (vgl. auch S. 398).*
A: *Warum sind Materialien aus linearen Makromolekülen spinnbar?*

B2 *Schäumen eines Polyurethans (V3).* **A:** *Nimmt die Masse des Schaleninhalts bei V3 zu? Erläutern Sie.*

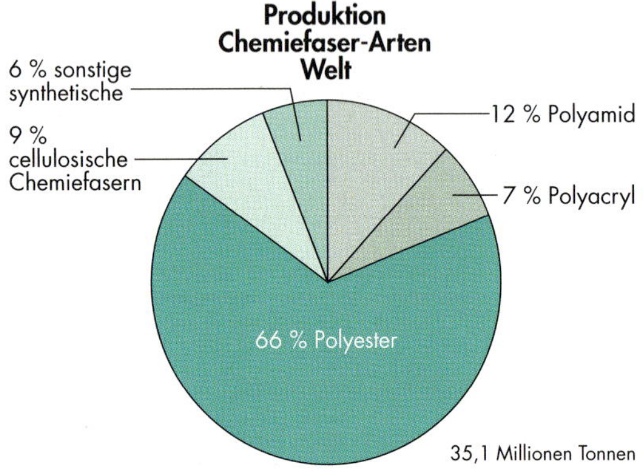

B3 *Polyesterfasern sind mit Abstand die Nummer 1 unter den Chemiefasern (vgl. zum Begriff Chemiefaser S. 409).*

Versuche

Vorsicht! Abzug und Schutzbrille bei allen Versuchen benutzen!

V1 Mischen Sie in einem Rggl. 2 g zermörsertes Phthalsäureanhydrid* mit 2 mL Glycerin und einigen Tropfen konz. Schwefelsäure*. Verschließen Sie das Rggl. mit Glaswolle und erhitzen Sie, bis sich eine klare Lösung bildet. Erhitzen Sie dann weiter und prüfen Sie das Kondensat im oberen Teil des Rggl. mit weißem Kupfersulfat. Beobachtung? Prüfen Sie nach dem Abkühlen die Masse im Rggl. mit dem Glasstab. Beobachtung?

V2 Füllen Sie in ein 50-mL-Becherglas 1 cm hoch käufliche Milchsäure, $w = 85\%$, und stellen Sie es für ca. 120 Stunden (5 Tage) bei 120 °C in den Trockenschrank. Vergleichen Sie die Viskosität des Produkts mit der des Edukts. Entnehmen Sie eine Produktprobe von ca. 200 mg, die Sie genau abwiegen. Lösen Sie die Probe in 20 mL Aceton* und fügen Sie 20 mL Wasser und 4 Tropfen Phenolphthalein-Lösung hinzu. Titrieren Sie die Lösung mit Natronlauge, $c = 0{,}1$ mol/L.

V3 Geben Sie in eine Porzellanschale 1 cm hoch Desmodur* (Diisocyanat-Komponente) und etwa die gleiche Menge Desmophen* (Diol-Komponente). Rühren Sie mit einem Holzstäbchen gut durch und beobachten Sie den Quellprozess. Testen Sie anschließend die Festigkeit des Produkts mit einem Holzstäbchen.

V4 Planen Sie mit den Produkten aus V1 bis V3 Kompostierungstests und führen Sie diese durch. Beziehen Sie ggf. auch weitere Proben ein, beispielsweise kleine Textilstücke aus Polyamid, Polyester, Polyacryl, Baumwolle und Schafwolle. (*Hinweis:* Der Abbau durch Mikroorganismen findet im Kompost bei ausreichender Feuchtigkeit und Temperaturen von 50–55 °C statt.)

Auswertung

a) Welcher Stoff ist das Kondensat bei V1 und V2? Erläutern Sie seinen Nachweis.

b) Formulieren Sie die Polykondensation aus V1 zwischen Glycerin (1,2,3-Propantriol) und Phthalsäure nach dem Muster von S. 397. (*Hinweis:* Die Formel von Phthalsäure leiten Sie aus der Formel von Phthalsäureanhydrid, S. 304, ab.)

c) Formulieren Sie die bei V2 ablaufende Polykondensation. Warum reicht hier (im Gegensatz zu V1) das eine Edukt Milchsäure aus, um einen Polyester zu synthetisieren?

d) Werten Sie das Titrationsergebnis aus V2 aus und berechnen Sie die molare Masse der entstandenen Polymilchsäure. (*Hinweis:* Bei der Titration reagieren die Stoffe im Verhältnis $n(\text{Polymilchsäure}) : n(\mathbf{NaOH}) = 1:1$.)

e) Erläutern Sie, warum es sich bei der Bildung von Polyurethan-Molekülen um eine Polyaddition und nicht um eine Polykondensation handelt. (*Hinweis:* Vgl. B4.)

f) Warum sind für die Schäumung in V3 Spuren von Wasser notwendig? Erläutern Sie ausführlich. (*Hinweis:* Vgl. B4.)

g) Warum ist das C-Atom aus der Isocyanat-Gruppe (B4) für einen nucleophilen Angriff durch das O-Atom der Hydroxy-Gruppe besonders gut geeignet?

$\overline{O}=C=\underline{N}-(CH_2)_n-\overline{N}=C=\overline{O}$ + $H-\overline{O}-(CH_2)_n-\overline{O}-H$ + $\overline{O}=C=\underline{N}-(CH_2)_n-\overline{N}=C=\overline{O}$ + $H-\overline{O}-(CH_2)_n-\overline{O}-H$

↓

$\overline{O}=C=\underline{N}-(CH_2)_n-N(H)-C(=O)-O-(CH_2)_n-O-C(=O)-N(H)-(CH_2)_n-N(H)-C(=O)-O-(CH_2)_n-\overline{O}-H$

$R-\overline{N}=C=\overline{O} + H_2O \rightarrow R-\overline{N}(H)-COOH \rightarrow R-NH_2 + CO_2$

Kohlensäure: $HO-C(=O)-OH$
Harnstoff: $H_2N-C(=O)-NH_2$
Carbaminsäure: $RNH-C(=O)-OH$
Urethan: $RNH-C(=O)-OR$

B4 *Reaktionsschemata zur Schäumung eines Polyurethans (V3) und Darstellung der Urethane als Derivate der Kohlensäure.* **A:** *Was unterscheidet die Urethan-Gruppe von a) der Ester-Gruppe und b) der Peptid-Gruppe?*

Polyester-, Polyacryl- und Polyurethanfasern

Prinzipiell sind alle Materialien aus linearen Makromolekülen spinnbar. Die kettenförmigen Moleküle orientieren sich bereits beim Pressen durch eine Düse teilweise entlang der Streckrichtung, nachträgliches Strecken vervollständigt die Orientierung (vgl. S. 398). Wie gut sich die Faser für die Herstellung von Textilien eignet, hängt dann allerdings von der chemischen Beschaffenheit der Makromoleküle ab. Als besonders günstig für Textilwaren erweisen sich Fasern aus synthetischen Makromolekülen, die den Klassen der **Polyester**, **Polyacrylate** und **Polyurethane** angehören.

Der Allrounder unter den Polyestern, das *Polyethylenterephthalat PET*, ist ein glasklarer Feststoff, aus dem beispielsweise Getränkeflaschen hergestellt werden (vgl. S. 65). PET wird durch **Polykondensation** hergestellt, entweder aus Terephthalsäure (1,4-Benzoldicarbonsäure) und Ethylenglykol (1,2-Ethandiol) durch **Veresterung** nach folgendem Schema

$$HO{-}CH_2CH_2{-}OH + HOOC{-}C_6H_4{-}COOH + HO{-}CH_2CH_2{-}OH \longrightarrow HO{-}CH_2CH_2{-}O{-}CO{-}C_6H_4{-}CO{-}O{-}CH_2CH_2{-}OH + 2\,H_2O$$

oder durch **Umesterung** aus Dimethylterephthalat $C_6H_4(COOCH_3)_2$ und Ethylenglykol unter Abspaltung von Methanol.

Aus geschmolzenem PET werden bei Temperaturen von ca. 280 °C nach dem Schmelzspinnverfahren Filamente erzeugt und zu Fasern versponnen (vgl. B2, S. 398). Polyesterfasern (Trevira®, Diolen® u. a.) haben einen angenehm weichen Griff, sind formstabil, pflegeleicht und überaus strapazierfähig. Sie eignen sich besonders gut für **Bekleidungstextilien**, beispielsweise für Anzüge, Sakkos, Hosen, Kleider, Blusen und Röcke. Da die Polyesterfaser thermoplastisch ist, kann man bei Hosen oder Plissee-Röcken durch Hitze dauerhaft Falten fixieren. Man findet Polyesterfasern auch in **Heimtextilien** (Bettwäsche, Gardinen etc.) und in **technischen Textilien** für Planen, Zelte, Airbags und Sicherheitsgurte. Fasern aus Polyester werden oft in Abmischungen mit anderen Fasern verarbeitet, wodurch einige Eigenschaften, beispielsweise die Feuchtigkeitsaufnahme und die Elastizität noch verbessert werden.

Fasern aus **Polyacrylnitril PAN** (Dralon®, Orlon® u.a.) werden durch **Polymerisation** von Acrylnitril $H_2C{=}CHCN$ und anschließendem Nassspinnen (B1) hergestellt und eignen sich für Strickwaren, Pelzimitationen, Bodenbeläge, Möbelstoffe, Markisen und Verdecke für Cabriolets.

Polyurethan- oder **Elastanfasern** (Lycra®, Dorlastan® u.a.) erhält man durch **Polyaddition** (B4) und Trockenspinnverfahren (vgl. S. 398). Sie werden wegen ihrer Elastizität ausschließlich in Kombination mit anderen Fasern eingesetzt (vgl. B6 und S. 399).

Aufgaben

A1 Nennen Sie anhand der Inhalte von S. 64, 65 sowie S. 274, 275 und S. 394–397 Gemeinsamkeiten und Unterschiede von Polykondensation, Polymerisation und Polyaddition.

A2 Warum sind Fasern aus bakteriell und enzymatisch abbaubarer Polymilchsäure für Bekleidungstextilien ungeeignet?

B4 *Textilien aus Polyester*

B5 *Mikrofasern aus Polyester, Polyamid oder Polyacryl sind 60-mal dünner als das menschliche Haar und haben verschiedene Profile. Sie machen das Textil ausgesprochen geschmeidig und hautfreundlich.*

B6 *Polyurethanfasern (Elastan, Lycra) werden oft mit Baumwolle kombiniert.* **A:** *Stellen Sie eine Liste mit Ihren Kleidungsstücken und den darin enthaltenen Fasern auf.*

Fachbegriffe

Polyester, Polykondensation, Veresterung, Umesterung, Bekleidungstextilien, Heimtextilien, technische Textilien, Polyacryl, Polymerisation, Polyurethan (Elastan), Polyaddition

Vom Makromolekül zum Textil

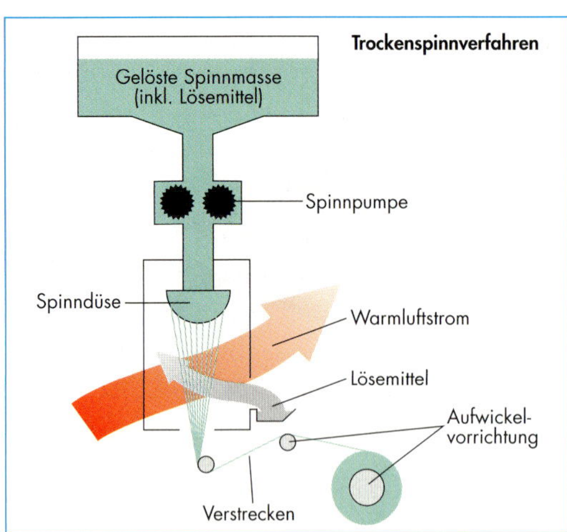

B1 *Trockenspinnverfahren*

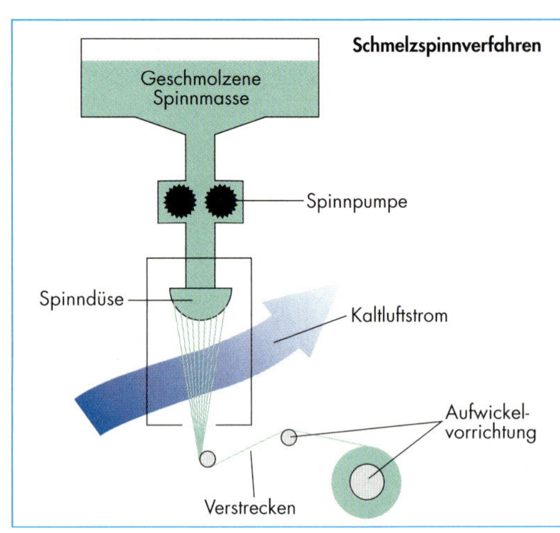

B2 *Schmelzspinnverfahren*

Vom Makromolekül zur Textilfaser

Um aus dem zu verspinnenden Material **Filamente**, also endlose Primärfasern, zu gewinnen, wird es als Spinnmasse durch die äußerst feinen Öffnungen einer **Spinndüse** gepresst. Eine Spinndüse muss hohe thermische und mechanische Belastungen aushalten und kann bis zu 60 000 Einzeldüsen mit Durchmessern von 0,02 bis 1,0 mm und unterschiedlichen Querschnittsgeometrien aufweisen.

Sobald die Spinnmasse durch das Düsenloch gepresst wird, tritt beim Abziehen der sich bildenden Filamente eine erste, teilweise **Ausrichtung der Makromoleküle** in Richtung der Faserlängsachse ein (Vororientierung). Dabei entstehen Bereiche, in denen die Makromoleküle parallel zueinander liegen (kristalline Bereiche, auch Kristallite genannt). Sie bestimmen später die Festigkeit der Fasern. Zwischen diesen kristallinen entstehen andere Bereiche, in denen die Makromoleküle eine verknäuelte und unregelmäßige Anordnung haben, die amorphen Bereiche. Diese verleihen der Faser Beweglichkeit, Formbarkeit und Dehnverhalten. In die amorphen Zonen können auch andere Moleküle wie zum Beispiel Wasser oder Farbstoffe einziehen. Mit dem Verhältnis von kristallinen zu nicht kristallinen Bereichen in einer Chemiefaser verändern sich die Eigenschaften einer Faser. So kommt dem **Verstrecken** der Filamente zwischen Spinndüse und Aufwickelvorrichtung eine entscheidende Bedeutung zu (B1, B2), da die Gleichmäßigkeit der Filamente und ihre Verarbeitungseigenschaften eben durch diesen Verfahrensschritt maßgeblich beeinflusst werden. Beim Strecken wird die parallele Ausrichtung der Makromoleküle nahezu vollständig. Ob der Faden auch hält, hängt davon ab, wie stark die zwischen den Molekülketten auftretenden Kräfte sind. Polare Gruppen, vor allem solche, die Wasserstoffbrückenbindungen ausbilden können, sind dafür von Vorteil, insbesondere wenn sie in regelmäßigen Abständen auftreten.

Beim **Trockenspinnverfahren** (B1) verlässt die Spinnmasse die Spinndüse in einen mehrere Meter hohen Spinnschacht hinein, in den vorsichtig Warmluft eingeblasen wird. Dadurch verdampft das Lösemittel und die Filamente verfestigen sich. Dabei dürfen die Filamente einander nicht berühren, damit sie nicht verkleben und Garnfehler verursachen. Das Lösemittel wird aus der vom Spinnschacht abgesaugten Luft zurückgewonnen und recycelt.

Beim **Nassspinnverfahren** (B1, S. 396) wird die Spinnmasse in ein sogenanntes Fällbad gepresst, in dem die Filamente gerinnen (koagulieren). Direkt beim Austritt aus der Düse sind die Strahlen der Spinnmasse noch zähflüssig. Sie würden durch ihr eigenes Gewicht reißen, wenn man sie von oben ins Fällbad ließe. Deshalb ist die Düse unten im Bad montiert und die Spinnmassen werden nach oben angezogen und verstreckt. Um Festigkeit und Dehnverhalten dem jeweiligen Anwendungszweck anzupassen, kann die Verstreckung geändert werden.

Das **Schmelzspinnverfahren** wird für Faserrohstoffe angewendet, die sich schmelzen lassen, sich bei ihrer Schmelztemperatur also nicht zersetzen, wie beispielsweise Polyester (vgl. S. 397). Die Schmelze wird durch die Düsen der Düsenplatte gepresst. Die Filamente treten von oben in einen mehrere Meter hohen Spinnschacht aus. Darin werden sie von einem gleichmäßig abkühlenden Luftstrom umströmt und verfestigt. Das Schmelzspinnverfahren ist das einfachste und rationellste Spinnverfahren. Es können damit bis zu 4 km Faser pro Minute gesponnen werden.

Aufgaben

A1 Nennen Sie Argumente, warum das *Schmelzspinnverfahren* den beiden anderen Verfahren ökonomisch und ökologisch überlegen ist.

A2 Erläutern Sie mithilfe von *Chemie 2000+ Online*, was hinter den Begriffen *Texturieren* und *Thermofixieren* von Fasern steckt, sowie die Durchführung dieser Verfahren.

Vom Makromolekül zum Textil

a) **Natronlauge, Tenside, Antischaummittel (Silicone), Komplexierungsmittel und Enzyme (Amylasen, Lipasen, Proteasen)**
zum Entfernen von Schmutz und biologischen Produkten (Stärke, Fette) von den Fasern

b) **Wasserstoffperoxid, andere Peroxide**
zum Bleichen der Fasern

c) **Fette, Öle, Wachse**
zur Herabsetzung der Reibung zwischen Maschinenteilen und Fasern

d) **Farbstoffe, Farbaufheller (Fluoreszenzfarbstoffe)**
zum Färben und optischen Aufhellen der Textilien

e) **Diverse Verbindungen**
zum Ausrüsten der Textilien – vgl. S. 407

B3 *Chemikalien, die auf dem Weg von der Faser bis zum Textil eingesetzt werden*

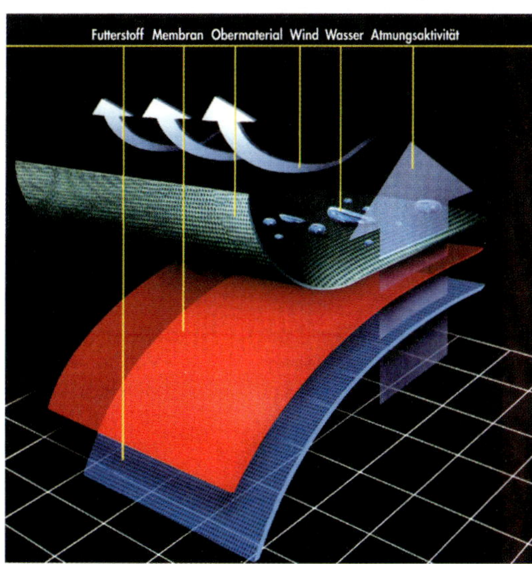

B4 *Aufbau einer Kombi-Textilie*

Von der Faser zum Textil
Der Weg von der Faser bis zum fertigen Textil besteht zwar aus mechanischen Arbeitsschritten, ohne Einsatz vieler Chemikalien wären sie aber kaum möglich. Zunächst müssen aus Fasern Fäden und Garne gesponnen werden. Der *Spinnvorgang* besteht aus mehreren Teilschritten: Öffnen (Auflockern der Fasern), Reinigen (nur bei Naturfasern), Strecken und Ausgleichen der Banddicke, Zusammendrehen des Faserbandes zum endlosen **Faden** bzw. **Garn** und dessen Aufwickeln auf eine Spule.
Textile Flächen können beispielsweise durch *Weben* erzeugt werden. Gewebte Textilflächen bestehen aus zwei rechtwinklig verkreuzten Fadensystemen, von denen eines in Längsrichtung (Kette) und das andere in Querrichtung (Schuss) verläuft. Die Art der Verkreuzung von Ketten- und Schussfäden bestimmt das Webmuster. *Maschenware* bezeichnet dagegen eine andere Art von textilen Flächen, die durch schleifenartige Verschlingungen eines Fadens mit sich selbst, oder mehrerer Fäden miteinander, angefertigt werden. Die Maschen einer Maschenreihe können durch gemeinsam bewegliche Nadeln *(wirken)* oder durch einzeln nacheinander bewegliche Nadeln *(stricken)* gebildet werden.
Verkaufstextilien werden schließlich durch *Konfektion* textiler Flächen serienmäßig hergestellt.
Alle oben genannten Arbeitsgänge werden maschinell durchgeführt. Um die Reibung der Fasern mit den Maschinenteilen herabzusetzen, werden die Fasern mit Chemikalien vorbehandelt, die anschließend wieder entfernt werden müssen (B3).

Aufgabe

A3 Welche der in B3 angegebenen Kategorien von Chemikalien kommen a) bei Naturfasern und b) bei Synthesefasern zum Einsatz? Begründen Sie.

Kombi-Textilien aus Polymeren
Damit das Top und die Stretch-Jeans sitzen, die Regenjacke vor Wind und Nässe schützt und gleichzeitig atmungsaktiv bleibt, kombiniert man in Textilien Fasern aus unterschiedlichen makromolekularen Materialien.
In **Stretch-Textilien** findet man häufig Beimischungen von *Elastan-* bzw. *Polyurethanfasern* (Lycra®, Dorlastan® u. a.), die die gewünschte Elastizität verleihen. Die Filamente dieser Fasern enthalten gummiartige Abschnitte, in denen die Segmente der Makromoleküle ungeordnet, knäuelartig vorliegen. Diese Abschnitte bestehen aus Polyalkohol-Einheiten. Andere Abschnitte der Faser sind steif, es liegen kristalline Bereiche vor, die durch starke Wechselwirkungen der hier dominierenden Polyurethan-Einheiten zustande kommen. Zieht man an der Faser, werden die Makromoleküle in den verknäuelten Abschnitten gestreckt, lässt man los, schnurren sie wieder zusammen. Elastan ist zwar gegen Schweiß, Kosmetika und Waschmittel chemisch stabil, vergilbt und vergraut aber schnell und ist nicht so strapazierfähig wie Polyester und andere Fasern. Daher findet man bei vielen Kleidungsstücken Elastan in der Regel nur als 1–5%ige Beimischung in Kombination mit anderen Fasern (vgl. A8, S. 408).
Teflon (vgl. S. 274), bekannt als Beschichtung von Bratpfannen, ist das Polymer des Tetrafluorethens. Es wird bei **Outdoor-Textilien** eingesetzt. Hauchdünne Teflonmembranen mit vielen, winzigen Löchern bilden das Obermaterial solcher Textilien. Wassertropfen gelangen aufgrund ihrer Oberflächenspannung nicht durch die Poren, während Wasserdampf, der aus der schwitzenden Haut kommt, die feinmaschige Teflon-Barriere nach außen hin (vgl. A3, S. 408) passieren kann.

Ganz natürlich?

B1 *Positiver Cellulose-Nachweis bei einem Stück Baumwollstoff.* **A:** *Schlagen Sie weitere Materialien vor, bei denen man einen positiven Cellulose-Nachweis erhalten müsste, und testen Sie diese.*

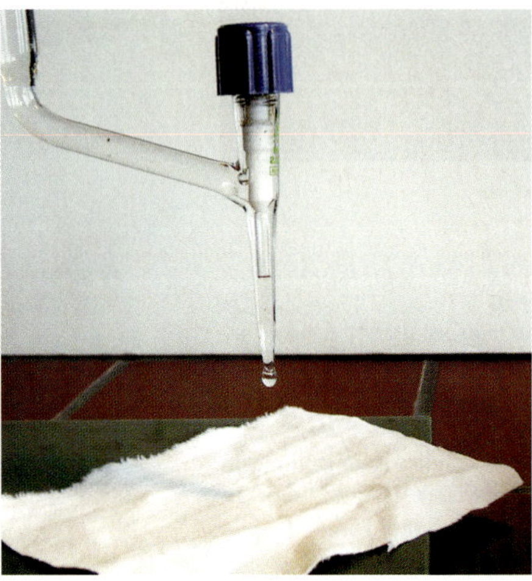

B2 *Test der Wasseraufnahmekapazität eines Stücks Baumwolle.* **A:** *Warum ist es angenehmer, im Sommer ein T-Shirt aus Baumwolle zu tragen als eines aus Polyester oder Polyamid?*

Versuche

Hinweis: V2 und V3 können arbeitsteilig durchgeführt werden.

V1 *Cellulose-Nachweis:* Beträufeln Sie ein Stück Zellstoff oder Baumwolle mit Iod-Zinkchlorid-Lösung* (B1).

Herstellung der Iod-Zinkchlorid-Lösung:* Stellen Sie eine Zinkchlorid-Lösung* aus 10 g wasserfreiem Zinkchlorid* in 5 mL destilliertem Wasser und eine Lösung aus 1,05 g Kaliumiodid und 0,25 g Iod* in 2,5 mL destilliertem Wasser her. Mischen Sie beide Lösungen in einer Vorratsflasche.

V2 Untersuchen Sie ein Stück Baumwolle auf Beständigkeit gegenüber Säuren und Laugen, indem Sie je eine Stoffprobe für 15 bis 20 Minuten in Salzsäure*, c = 5 mol/L, und Natronlauge*, c = 5 mol/L, legen. Waschen Sie die Proben mit Wasser aus und trocknen Sie sie. Notieren Sie die Beschaffenheit (Aussehen der Fasern, Rauheit, Steifheit) der Probe. Gehen Sie analog vor, wobei Sie zwei Stücke Baumwolle vorsichtig 10 Minuten kochen. **(Schutzbrille!)**

V3 Testen Sie die Beständigkeit von Baumwolle gegenüber Oxidationsmitteln wie Wasserstoffperoxid* und Reduktionsmitteln wie Natriumdithionit*. Legen Sie dazu je eine Stoffprobe für 15 bis 20 Minuten in eine wässrige Lösung der Oxidations- bzw. Reduktionsmittel Ihrer Wahl, waschen und trocknen Sie anschließend.

V4 Planen Sie unter Einbezug der Versuchsidee in B2 und einer Waage einen Versuch, mit dem Sie ermitteln können, wie gut die Wasseraufnahmekapazität gleich großer Stoffproben Baumwolle, Wolle, Polyester und Polyamid ist. Führen Sie Ihr Vorhaben durch und testen Sie auch, wie „trocken" sich verschiedene, feuchtigkeitsgesättigte Stoffstücke anfühlen.

Auswertung

a) Beim Cellulose-Nachweis in V1 kommt es zu einer Schwarzblaufärbung der benetzten Stellen. Bei dieser für die Cellulose typischen Farbreaktion sind neben der Einlagerung von Iod-Molekülen zwischen die einzelnen Stränge der Makromolekülketten auch Zinkkomplex-Bindungen zu den OH-Gruppen der Cellulose sowie zu den $[I_3]^-$-Komplexen beteiligt. Worin besteht der Unterschied zum Iod-Stärke-Nachweis?

b) Welche Konsequenzen ergeben sich aus V2 und V3 in Bezug auf die Einsatzmöglichkeiten und die Waschbarkeit von Baumwollstoff?

c) Errechnen Sie die Feuchtigkeitsaufnahmekapazität in Prozent in Bezug auf die Masse der jeweils eingesetzten Stoffprobe.

INFO

Cellulose und Papier

Das erste Papier wurde in China und später auch im europäischen Raum lange Zeit aus geklopfter Baumwolle oder Leinen, also auch aus Pflanzenprodukten, hergestellt. Mit wachsendem Bedarf stieg man immer mehr auf eine Papierherstellung aus Holz um. Holz besteht zu 40 bis 50% aus Cellulose. Diese ist im Holz an **Lignin**, den braunen Holzstoff, gebunden. Hinzu kommen weitere Kohlenhydrate des Holzes, die **Hemicellulosen**. Diese Inhaltsstoffe, die untereinander chemisch vor allem durch Wasserstoffbrücken verbunden sind, müssen zunächst mit einem Aufschlussverfahren voneinander getrennt werden. Je nach Verfahren (z. B. **Sulfitverfahren**, **Sulfatverfahren**) verwendet man dazu Calciumhydrogensulfit $Ca(HSO_3)_2$, Natriumsulfid Na_2S oder starke Säuren. Durch die Behandlung mit Schwefelverbindungen entsteht Ligninsulfonsäure, die – anders als Lignin – in Wasser löslich ist und somit durch Ausspülen von der Cellulose getrennt werden kann. Das Problem ist stets, die vielen Cellulosebegleitstoffe unter möglichst weitgehendem Erhalt der Cellulosestruktur abzutrennen. Dabei muss vor allem das wasserunlösliche Lignin möglichst quantitativ herausgelöst werden. Die so erhaltene Cellulose ist aufgrund der Lignin- und Harzsäurereste braun gefärbt.

Die Cellulosebleiche erfolgt durch deren oxidativen Abbau z. B. mit ammoniakalischer Wasserstoffperoxid-Lösung.

Der erhaltene **Zellstoff** wird mit Wasser zu einem Brei verrührt, geformt und getrocknet. Man erhält poröses, ungeleimtes Papier, das z. B. als Filtrierpapier verwendet wird. Für hochwertigere Papiere setzt man dem Zellstoffbrei z. B. Barium- und Calciumsulfat sowie Kaolin zu und erhält weißeres, geleimtes Papier. Die Zugabe von Leimstoffen wie Harzen oder Alaun macht das Papier wasserabstoßend und verhindert das Zerfließen von Tinte.

Alte Papiersorten enthalten viel Säure und sind instabil. Durch im Papier vorhandenes Wasser wird die Cellulose langsam hydrolysiert, das Papier wird brüchig und zerfällt. Zur Rettung alter Papierbestände neutralisiert man die Säure beispielsweise mit gasförmigem Diethylzink bei vermindertem Druck.

Cellulosefasern: Baumwolle und Viskose

Cellulose (vgl. S. 105) ist die häufigste organische Verbindung der Biosphäre. Sie bildet die Gerüstsubstanz der pflanzlichen Zellwände. Als Hauptbestandteil von Baumwolle (B3) und Holz sowie verschiedener Fasern wie Hanf und Flachs ist Cellulose der wichtigste Ausgangsstoff für die Textil- und Papierindustrie.

Cellulosefasern entstehen dadurch, dass sich mehrere *lineare* Makromolekülketten (B4), bestehend aus vielen Tausend Glucose-Bausteinen, die über 1,4-β-glycosidische Bindungen miteinander verknüpft sind (vgl. S. 105 sowie S. 260 und S. 403), zu **Mikrofibrillen** zusammenlagern. Dabei richten sich die einzelnen Stränge in parallelen oder antiparallelen Schichten aus. Die Mikrofibrillen ordnen sich wiederum zu Fasern, den **Makrofibrillen**, an.

Der bedeutendste pflanzliche Textilrohstoff ist die in den Tropen und Subtropen wachsende Baumwolle. Sie hat mit einem Anteil von 85 bis 91 % den höchsten Cellulosegehalt aller Pflanzen. Baumwolle wird aus den Fruchtkapseln der Baumwollpflanze gewonnen, nach deren Aufplatzen weiße Bäusche herausquellen (B3). Im Jahr 2002 wurden 19 Millionen Tonnen Baumwolle geerntet. Eine durchschnittliche Baumwollfaser ist etwa 18 bis 42 mm lang. Je länger die Faser, desto höher die Güte des Rohmaterials. Baumwolle ist sehr widerstandsfähig (V2, V3), sehr gut spinn- und färbbar, kochfest (V3), nimmt gut Feuchtigkeit auf (V4) und ist hautsympathisch. Nachteilig ist, dass sie knitteranfällig ist, einlaufen kann und wenig wärmt.

Holzzellstoff lässt sich im Gegensatz zur Baumwolle nicht direkt verspinnen. Die Makromoleküle der Holzcellulose sind über Wasserstoffbrückenbindungen zu festen Faserbündeln miteinander verbunden. Diese müssen zunächst unter Einwirkung von Natronlauge aufgebrochen werden. Dabei wird ein Teil der Hydroxy-Gruppen in den Cellulose-Molekülen deprotoniert, die Cellulose quillt auf und die Molekülketten sind stark verkürzt. Durch Zusatz von Kohlenstoffdisulfid CS_2 wird die entstandene **Alkalicellulose** in eine orangegelbe, zähflüssige und spinnfähige Masse („Viskose"), das **Cellulosexanthogenat**[1], überführt. Es folgen erneutes Lösen in Natronlauge, Nachreifen und Überführen in ein schwefelsäure- und salzhaltiges Fällbad. Hier wird die viskose Lösung durch Spinndüsen gepresst (vgl. B1, S. 396) und man erhält einen festen Faden, die **Viskosefaser**. Sie besteht wieder aus reiner Cellulose und wird daher auch als **Regeneratfaser** bezeichnet. Gießt man das Cellulosexanthogenat aus breiten Filmgießern in das saure Fällbad und behandelt die regenerierte Cellulose mit Glycerin als Weichmacher, so entsteht eine Viskosefolie, das **Cellophan**.

Aufgaben

A1 Wie kommt es zur Ausbildung von linearen Glucoseketten?

A2 Inwieweit unterscheidet sich die Regeneratfaser von der ursprünglich eingesetzten Holzcellulosefaser?

A3 Holz besteht zu 40 bis 50 % aus Cellulose. In Deutschland wird Cellulose aus Holz gewonnen und kommt als „Zellstoff" in den Handel. Warum gewinnt man keinen Zellstoff aus Baumwolle, die zu 80 bis 90 % aus Cellulose besteht?

A4 Wasser zieht in die Regeneratfaser Viskose etwas schlechter ein als in direkt versponnene Baumwolle. Woran könnte das liegen?

B3 *Baumwollpflanze.* **A:** *Informieren Sie sich unter Chemie 2000+ Online über die Ernte und Verarbeitung von Baumwolle.*

Wasserstoffbrückenbindungen

β-(1,4)-Verknüpfung

B4 *Zwischen den Makromolekülen befinden sich Wasserstoffbrückenbindungen, die eine spiralartige Verdrehung des Moleküls verhindern.* **A:** *Aus welchen Glucose-Bausteinen (S. 403) sind die Cellulose-Makromoleküle aufgebaut?* **A:** *Vergleichen Sie die Struktur mit der Molekülstruktur der Stärke (vgl. S. 105).*

$$\text{Cell—OH} + NaOH \longrightarrow \text{Cell—O}^{\ominus}Na^{+} + H_2O$$

$$\text{Cell—O}^{\ominus}Na^{+} + CS_2 \longrightarrow \text{Cell—O—C(=S)—S}^{\ominus}Na^{+}$$

$$2\ \text{Cell—O—C(=S)—S}^{\ominus}Na^{+} \xrightarrow{H_2SO_4} 2\ \text{Cell—OH} + Na_2SO_4 + 2\,CS_2$$

B5 *Reaktionsschritte bei der Erzeugung von Viskosefasern.* **A:** *Wie erklärt man die Löslichkeit der beiden Cellulosederivate aus den Gleichungen?* **A:** *Was geschieht mit dem giftigen, übelriechenden Kohlenstoffdisulfid* CS_2*?*

Fachbegriffe

Cellulose, Mikrofibrillen, Makrofibrillen, Alkalicellulose, Cellulosexanthogenat, Viskosefaser, Regeneratfaser, Cellophan

[1] *xanthos* (griech.): gelb, gelbrot; *gennas* (griech.): erzeugen

Optische Aktivität, Polarimetrie und glycosidische Bindung

Versuche

V1 Stellen Sie den Analysator eines Tageslichtpolarimeters so ein, dass bei der Anzeige 0 grd kein Lichtfleck auf der Wand zu sehen ist. Stellen Sie in den Strahlengang nun einen Zylinder mit frisch hergestellter D(+)-Glucose-Lösung (50 g α-D-Glucose in 200 mL Lösung, Füllhöhe 20 cm). Beobachtung an der Projektionswand?

Drehen Sie den Analysator so, dass der Lichtfleck wieder ganz verschwindet. Notieren Sie Winkel, Drehrichtung und die Zeit, die seit der Herstellung der Lösung vergangen ist. Messen Sie den Drehwinkel nach 15 und nach 30 min.

V2 Stellen Sie Fructose-Lösung (50 g D(–)-Fructose in 200 mL Lösung) her und messen Sie den Drehwinkel wie bei V1 sofort, nach 5 und nach 10 min.

V3 Stellen Sie Saccharose-Lösungen (75 g, 50 g und 25 g Saccharose in jeweils 200 mL Lösung) her und messen Sie die Drehwinkel.

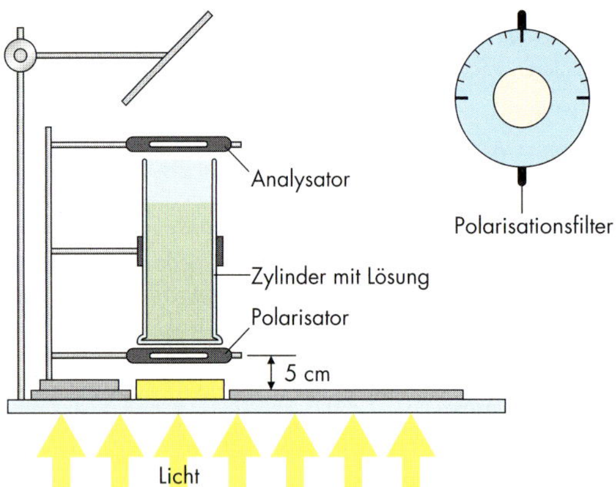

B1 *Polarimetrie mit dem Tageslichtprojektor*

Auswertung

a) Bei der in V1 bis V3 angewandten Messmethode, der Polarimetrie, gilt folgender Zusammenhang:

$\alpha = \alpha_{sp} \cdot \beta \cdot l$ (1)

α: gemessener Drehwinkel in grd

α_{sp}: spezifische Drehung, eine Stoffkonstante in $grd \cdot cm^3 \cdot g^{-1} \cdot dm^{-1}$ (B3)

β: Massenkonzentration der Lösung in $g \cdot cm^{-3}$

l: Schichtdicke der Lösung in dm

Berechnen Sie aus den Messergebnissen von V1 bis V3 die spezifischen Drehungen für α-D(+)-Glucose sowie für D(+)-Glucose und D(–)-Fructose nach Einstellung des Gleichgewichtes sowie für Saccharose.

b) Vergleichen Sie Ihre Messwerte mit den in B3 aufgeführten Daten.

c) Stellen Sie die Ergebnisse von V3 grafisch dar. Vergleichen Sie Ihre Ergebnisse mit den nach Gleichung (1) zu erwartenden.

d) Wie könnte man die Abhängigkeit des Drehwinkels von der Schichtdicke der Lösung experimentell überprüfen?

Verbindungen wie Aminosäuren oder Zucker, deren Moleküle ein oder mehrere asymmetrische (chirale) C-Atome besitzen, sind optisch aktiv: Sie drehen die Ebene des polarisierten Lichtes (vgl. S. 345). Dies kann man in einem Polarimeter nachweisen.

In diesem wird Licht durch eine Polarisationsfolie, den Polarisator, gelenkt, die nur eine Schwingungsebene des Lichtes durchlässt. Steht die zweite Polarisationsfolie, der Analysator, senkrecht zum Polarisator, lässt er kein Licht durch, es herrscht Dunkelheit. Bringt man nun eine optisch aktive Substanz wie z. B. α-D-Glucose zwischen Polarisator und Analysator weiter, so tritt eine Aufhellung ein. Dreht man den Analysator bis wieder vollständige Dunkelheit herrscht, kann man messen, um welchen Winkel das polarisierte Licht durch die Lösung gedreht wurde (B2). Dabei hängt der Drehwinkel von der Schichtdicke der Lösung, der Konzentration, der Temperatur, der Wellenlänge des Lichtes und von der gelösten, optisch aktiven Substanz ab. Jeder optisch aktive Stoff besitzt eine charakteristische spezifische Drehung α_{sp}, die eine Stoffkonstante ist. Aus dem gemessenen Drehwinkel und der tabellierten spezifischen Drehung kann auch die Konzentration eines optisch aktiven Stoffes in einer Lösung bestimmt werden, z. B. der Zuckergehalt in Limonade.

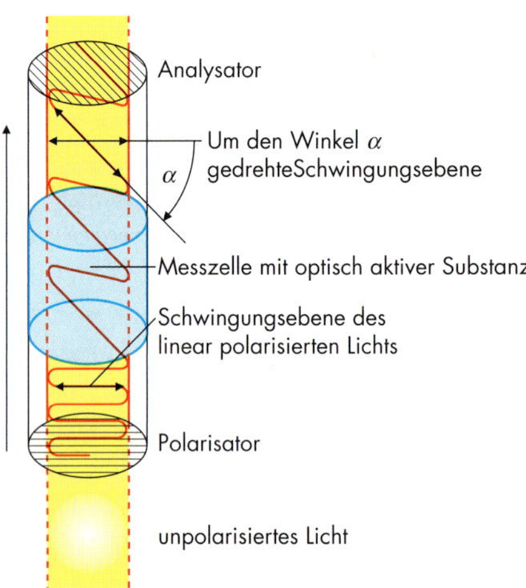

B2 *Funktionsprinzip eines Polarimeters*

Verbindung	Spezifische Drehung in $grd \cdot cm^3 \cdot g^{-1} \cdot dm$
D(+)-Glucose	+ 52
α-D(+)-Glucose	+ 112
β-D(+)-Glucose	+ 19
D(–)-Fructose	– 92
Saccharose	+ 66
L(+)-Alanin	+ 1,6
D(+)-Alanin	– 1,6

B3 *Spezifische Drehungen einiger Verbindungen in wässriger Lösung*

Optische Aktivität, Polarimetrie und glycosidische Bindung

α- und β-Glucose und die Mutarotation

Die Monomere der natürlichen Makromoleküle in Stärke und Cellulose sind α-D-Glucose und β-D-Glucose. Reine α-D-Glucose erhält man durch Kristallisation einer kalten, wässrigen Glucose-Lösung, bei Temperaturen über 98 °C dagegen β-D-Glucose. In der wässrigen Lösung stellt sich über die offenkettige Aldehydform ein Gleichgewicht zwischen den beiden als *Anomere* bezeichneten Glucose-Isomeren ein (B4, vgl. S. 260). Da die Anomere die Ebene des polarisierten Lichts unterschiedlich stark drehen, geht die Gleichgewichtseinstellung mit einer Änderung des Drehwinkels, als *Mutarotation* bezeichnet (V1), einher. Auch andere Saccharide, z. B. Fructose, zeigen Mutarotation (V2), da sich ebenfalls ein Gleichgewicht von α- und β-Anomer einstellt.

α-D-Glucose ⇌ (offenkettige Form) ⇌ β-D-Glucose

B4 *Bei der Bildung der Halbacetalstruktur (Ring) aus der Aldehydstruktur (Kette) wird das C1-Atom chiral, was zu zwei Isomeren, den Anomeren, führt.*

α-Glucose

β-Fructose

a) Saccharose (Rohrzucker)

b) Maltose (Malzzucker)

c) Lactose (Milchzucker)

B5 *Struktursymbole für a) Saccharose, b) Maltose und c) Lactose. Nach einer 180°-Drehung um eine Molekülachse liegen die vorher unterhalb der Ringebene liegenden Hydroxy-Gruppen oberhalb der Ringebene bzw. umgekehrt.* **A:** *Wodurch unterscheiden sich die Monosaccharide Galactose und Glucose?*

Saccharose und die Inversion

Versuche

V1 a) Führen Sie V4 von S. 104 durch.
b) Versetzen Sie eine Saccharose-Lösung (β = 50 g/ 200 mL) mit 10 mL konz. Salzsäure*. Messen Sie den Drehwinkel nach 15 min und nach 30 min, am nächsten Tag und nach 3 Tagen.

V2 Lösen Sie je eine Spatelspitze a) Saccharose, b) Maltose und c) Lactose in ca. 3 mL Wasser. Geben Sie ca. 4 mL frisch hergestelltes Fehling-Reagenz* (aus gleichen Volumina Fehling I- und Fehling II-Lösung) hinzu. Erwärmen Sie die drei Proben im siedenden Wasserbad.

Auswertung

a) Vergleichen Sie die Änderungen der Drehwinkel bei Glucose, Fructose und Saccharose (V3, S. 402).
b) Ziehen Sie Schlussfolgerungen aus dem Verlauf der Fehling-Proben von Lactose, Maltose und Saccharose.
c) Durch Versetzen von Saccharose-Lösungen mit Salzsäure wird Saccharose hydrolysiert (V1). Welche Produkte entstehen? Welchen Drehwert erwarten Sie nach vollständiger Hydrolyse? Begründen Sie.

Saccharose zeigt keine Mutarotation und die Fehling-Reaktion verläuft negativ. Das deutet darauf hin, dass keine Halbacetal-Gruppe vorliegt, die mit der Aldehyd-Gruppe im Gleichgewicht steht. In einem Saccharose-Molekül sind ein Glucose- und ein Fructose-Molekül über ihre Halbacetal-Gruppen am C1-Atom bzw. am C2-Atom 1,2-glycosidisch verknüpft.
In Maltose-Molekülen liegt eine 1,4-α-glycosidische Verknüpfung zwischen der Halbacetal-Gruppe eines α-Glucose-Moleküls und der Hydroxy-Gruppe des 4. C-Atoms eines 2. Glucose-Moleküls vor. In Lactose-Molekülen (B5) sind ein Galactose- und ein Glucose-Molekül 1,4-β-glycosidisch verknüpft. Sowohl Maltose als auch Lactose besitzen demnach noch eine freie Halbacetal-Gruppe, weshalb sie eine positive Fehling-Reaktion zeigen.
Bei der Hydrolyse von Saccharose entstehen Glucose und Fructose unter Umkehrung des Drehsinns: Aus der rechts drehenden Saccharose-Lösung wird eine links drehende Fructose-Glucose-Lösung. Diese Umkehrung des Drehsinns wird als *Inversion* bezeichnet.

Aufgaben

A1 Diskutieren Sie, ob Maltose- bzw. Lactose-Lösungen eine Mutarotation zeigen.

A2 Bei Di- und Polysacchariden findet man in der Regel 1,4- oder 1,6-glycosidische Verknüpfungen. Geben Sie eine Erklärung.

A3 Im Disaccharid Cellobiose, dem Baustein der Cellulose, sind Glucose-Moleküle 1,4-β-glycosidisch verknüpft. Zeichnen Sie die Strukurformel.

A4 Im Bienenhonig wird die Hydrolyse von Saccharose zu Fructose und Glucose durch das Enzym Invertase katalysiert. Welchen Drehwert erwarten sie bei einer Lösung von Honig? Prüfen Sie experimentell.

Modifizierte Cellulosefasern

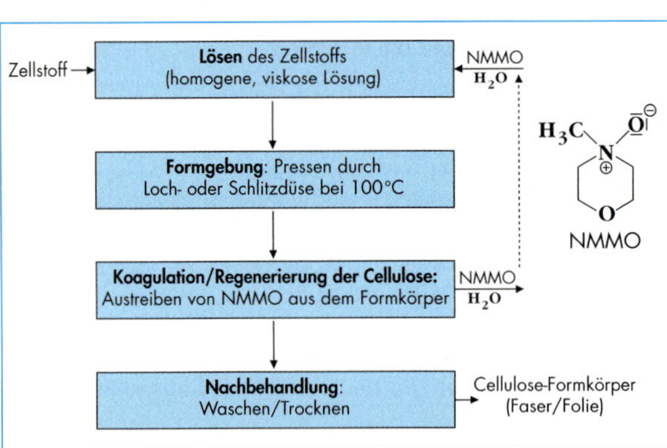

B1 *Herstellung von Lyocellfasern.* **A:** *Erstellen Sie ein analoges Schema zur Herstellung von Viskose (S. 401) und nennen Sie die entscheidenden Unterschiede.*

B2 *Stoff aus Acetatseide.* **A:** *Warum sollte man einen Nagellackfleck auf einem Abendkleid aus Acetatseide nicht mit Nagellackentferner behandeln?*

In einem Cellulose-Makromolekül hat jede Glucose-Einheit drei freie Hydroxy-Gruppen, die sich substituieren lassen. So lassen sich z. B. verschiedene substituierte Cellulosenitrate durch Nitrierung und Celluloseacetate durch Veresterung herstellen. Die nitrierten Produkte, wie die durch dreifache Substitution erzeugte Schießbaumwolle (vgl. S. 394) oder das Celluloid, aus dem u. a. Tischtennisbälle gefertigt werden (vgl. S. 410), sind allerdings für die Textilherstellung wenig relevant. Lyocellfasern, Acetat- und Kupferseide hingegen sind vielseitig einsetzbare, **halbsynthetische Fasern**. Unter diesem Begriff lassen sich **Cellulose-Regeneratfasern** und **Celluloseester** zusammenfassen.

Lyocellfasern (Regeneratfasern) werden nach dem neuartigen Aminoxid-Verfahren aus Zellstoff von Bäumen aus Zuchtplantagen und unter Verwendung eines organischen Lösemittels wie N-Methyl-Morpholin-N-Oxid (NMMO) hergestellt (B1). In diesen Fasern liegt das Verhältnis von kristallinen und amorphen Bereichen (vgl. S. 398) bei 9 : 1, bei Viskosefasern hingegen bei 6 : 1. Lyocellfasern zeichnen sich daher durch eine vergleichsweise hohe Festigkeit und eine niedrigere Dehnbarkeit aus. Lyocellprodukte gelten als sehr pflegeleicht und sind gut färbbar.
Lyocellfasern können rein oder in Mischung mit Polyester, Baumwolle, Leinen, Seide, Viskose oder Wolle verarbeitet werden. In Bekleidungstextilien findet man sie in Damenoberbekleidung, Hemden und Dessous.

Löst man rohe Cellulose in einer Lösung des tiefblauen Tetraamminkupfer(II)hydroxid-Komplexes $[Cu(NH_3)_4](OH)_2$ (Schweizers Reagenz) und presst die entstandene hochviskose Masse durch feine Spinnfäden in schnell strömendes Wasser, so werden **Kupferseide**fäden ausgefällt und gestreckt. Kupferseide (**Cupro**, Kupfer-Reyon-Glanzstoff) ist weich und geschmeidig, glänzt und ist gut waschbar. Sie wird für Oberbekleidung, Futterstoffe und Unterwäsche verwendet. Cupro wird in Deutschland nicht mehr hergestellt, kann aber in importierten Textilien vorkommen.

Acetatfasern (Celluloseacetat, „Acetatseide") gewinnt man aus Cellulose durch die Behandlung mit Essigsäureanhydrid oder Essigsäure in Gegenwart von Schwefelsäure. Dabei entsteht zunächst das Triacetat. Durch Erwärmen und Zugabe von Wasser wird ein geringer Anteil der Acetat-Gruppen wieder abgespalten und man erhält Celluloseacetat, das im Molekülbau kürzere Ketten aufweist. Insgesamt werden pro Glucose-Baustein durchschnittlich zwei bis zweieinhalb Hydroxy-Gruppen zu Acetat-Gruppen verestert. Nach Lösen des Celluloseacetats in Aceton werden die Fasern nach dem Trockenspinnverfahren (S. 398) hergestellt.
Acetatfasern nehmen weniger Feuchtigkeit auf und sind temperaturempfindlicher als die anderen cellulosischen Fasern. Textilien aus Acetat ähneln der Naturseide, sie haben einen edlen Glanz, eleganten Fall, hohe Elastizität und sind knitterarm. Acetatfasern werden für Abendgarderobe, Futterstoffe und Samt, aber auch für Zigarettenfilter und Acetatkabel verwendet.
In Kombination mit Weichmachern erhält man aus Celluloseacetat einen thermoplastischen Kunststoff, der zur Herstellung von Griffen bei Werkzeugen, Tastaturen, Lenkrädern oder Kugelschreibern eingesetzt wird.

Aufgaben

A1 Erstellen Sie eine Übersicht über die auf den Seiten 402 bis 404 vorgestellten Fasern auf Cellulose-Basis. Nennen Sie vergleichend Aspekte bezüglich des Aufbaus der Makromoleküle, der Herstellung der Fasern sowie ihrer Eigenschaften und Verwendung.

A2 Begründen Sie, warum Lyocell zu 100 % biologisch abgebaut werden kann.

A3 Warum ist das beschriebene Verfahren der Gewinnung von Cupro problematisch für die Umwelt?

A4 Formulieren Sie einen Ausschnitt aus der Struktur des bei der Herstellung von Celluloseacetat primär entstehenden Triacetats.

A5 Welche Auswirkung hat die Veresterung bei der Herstellung von Acetatfasern auf den Zusammenhalt der Makromolekülketten?

Concept Map, eine Begriffs-Landkarte zu „Textilfasern"

Polykondensation
Dehnbarkeit des Stoffes
Festigkeit des Stoffes
Polyamid
Polyester
Grad an Kristallinität
ist ein
gehört zu
sind
synthetische Fasern
Strecken
Nylon
gehört zu
Makromoleküle
Wolle
Polyacryl
Textilfasern
gehört zu
Acrylnitril
werden verwendet als
tierische Fasern
bestehen aus
Proteine
halbsynthetische Fasern
Naturfasern
bestehen aus
zählt zu
pflanzliche Fasern
Viskose
sind
Trinitrocellulose
Glucose
zählt zu
Regeneratfasern
Cellulose
sind
gehört zu
Acetatseide
Holz/Baumwolle
Lyocell-fasern

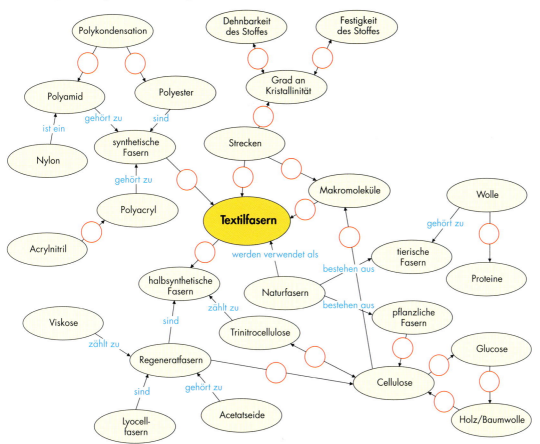

B1 *Concept Map zu Textilfasern. Zu den genannten (Schlüssel-)Begriffen sind bereits einige Relationen in Blau angegeben, die zwei Begriffe sinnvoll miteinander in Verbindung bringen, z. B.: Polyester sind synthetische Fasern.*

Aufgaben

A1 Bearbeiten Sie die Concept Map aus B1. Wählen Sie dazu aus der folgenden Liste je eine Relation aus und tragen Sie die entsprechende Zahl in den roten Kreis auf den jeweils zutreffenden Pfeil ein. Markieren und benennen Sie ggf. weitere Relationen zwischen den Begriffen.

zuzuordnende Relationen:

1. wird gewonnen durch Nitrierung von
2. sind die Basis von
3. erhöht
4. besteht aus einer Vielzahl linear aufgebauter
5. ist ein wichtiger Vorgang bei der Herstellung von
6. eines Diamins und einer Dicarbonsäure ergibt
7. bestehend aus modifizierter Cellulose sind
8. besteht aus über Disulfid-Brücken miteinander verbundenen Polypeptidketten vieler
9. ist chemisch gespeicherte Lichtenergie in
10. erhöht den Grad der parallelen Ausrichtung der
11. sind Grundstoffe für die Gewinnung von
12. stehen in einer „je größer desto größer" Relation zueinander
13. werden seit 1935 hergestellt für den Einsatz als
14. bestehen zu einem hohen Anteil aus
15. stehen in einer „je größer desto kleiner" Relation zueinander
16. bestehen aus zwischenzeitlich gelöster und teils chemisch umgesetzter und wieder ausgefällter
17. polymerisiert zu
18. ist ein Makromolekül bestehend aus 1,4-β-glycosidisch verknüpften Bausteinen von
19. von Ethylenglycol und Terephthalsäure im Verhältnis 1:1 ergibt einen

A2 Konstruieren Sie in Gruppen je eine Concept Map mit geeigneten (Schlüssel-)Begriffen und Relationen (Einfach- oder Doppelpfeile) zu einem Thema Ihrer Wahl aus diesem Kapitel und stellen Sie es Ihren Kursmitgliedern vor. Diskutieren Sie mögliche Veränderungen bezüglich der Relationen und der Auswahl der Begriffe.

Outfit für Lifestyle und Sport

B1 *Für Extremsport werden auch Textilien mit „genialen" Eigenschaften benötigt.*

B2 *Siliconisiertes Filterpapier ist hydrophob und lipophil.* **A:** *Erläutern und begründen Sie ausführlich (vgl. V1).*

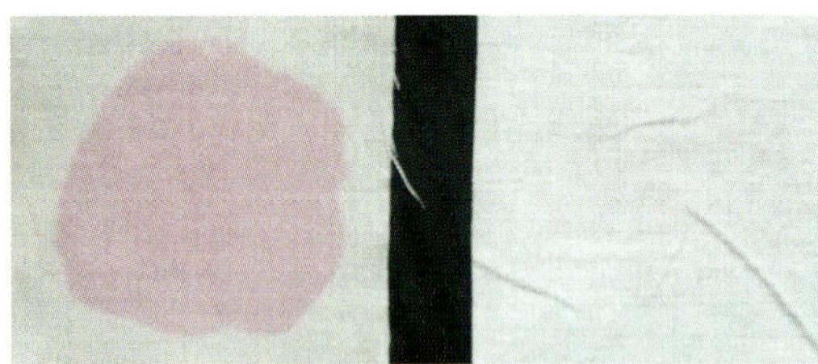

B3 *Phenolphthalein-Test nach V5.* **A:** *Phenolphthalein entfärbt sich, wenn die Anion-Form in die Lactonform übergeht (vgl. B6, S. 201). Erklären Sie die Entfärbung bei den CD-imprägnierten Tüchern aus V5.*

Versuche

V1 Benetzen Sie unter dem Abzug ein Stück Baumwolltuch oder Filterpapier tropfenweise mit Dichlordimethylsilan* aus einer Pipette. Legen Sie das getrocknete Papier (Tuch) in einen Schnelllauftrichter und präparieren Sie einen zweiten mit einem unbehandelten Filterpapier (Baumwolltuch) (B2). Gießen Sie in jeden Filter ein Gemisch aus 8 mL wässriger Kupfersulfat-Lösung* und 8 mL n-Heptan* und beobachten Sie genau, welche Flüssigkeit durch welchen Filter durchläuft.

V2 (*Hinweis:* Vgl. einfachere Varianten in V3 und V4.) Geben Sie in ein Becherglas unter magnetischer Rührung 25 mL Wasser und 1,48 g Cyanurchlorid* (2,4,6-Trichlor-1,3,5-triazin*). Kühlen Sie die Suspension mit Eiskältemischung auf 5 °C und tropfen Sie unter weiterer Kühlung und Rührung 4 mL Natronlauge*, c = 5 mol/L, dazu. Entfernen Sie dann das Kühlbad und tropfen Sie weitere 2 mL Natronlauge*, c = 5 mol/L, hinzu. Versetzen Sie diese Lösung portionsweise mit 4,54 g β-Cyclodextrin und rühren Sie noch einige Minuten. Filtrieren Sie die Lösung in ein anderes Becherglas und tränken Sie damit mehrere Stücke aus Baumwolltuch. Pressen Sie die behandelten Stücke mit der Hand aus (Gummihandschuhe sind zwingend!), legen Sie sie zwischen zwei Aluminiumfolien und bügeln Sie von beiden Seiten. Statt des Bügeleisens können Sie auch eine elektrische Heizplatte und zum Anpressen ein Holzstück verwenden. Waschen Sie schließlich die behandelten Baumwollstücke mit kaltem Wasser aus und lassen Sie sie trocknen. Führen Sie damit V5 durch.

V3 Falls käufliches **M**ono**c**hlor**t**riazinyl-β-**C**yclo**d**extrin MCT-β-CD verfügbar ist, lösen Sie 4 g davon in 20 mL Wasser, tränken damit Baumwollstücke und verfahren wie in V2. Führen Sie diesen Versuch auch mit β-Cyclodextrin durch.

V4 Dampfen Sie 40 mL eines handelsüblichen Textilerfrischers (z. B. Febrèze) auf der Heizplatte mit Magnetrührer bis zur Trockene ein. Nehmen Sie den Rückstand in 20 mL Ethanol* auf und dampfen Sie erneut so lange ein, bis eine gelartige Masse vorliegt. Tränken Sie damit Baumwolltücher und behandeln Sie diese wie in V3 bzw. V2.

V5 Führen Sie jeweils mit imprägnierten Baumwolltüchern, die nach V2 bis V4 hergestellt wurden, und vergleichsweise mit unbehandelten Baumwolltüchern folgende Tests durch: a) Tropfen Sie auf die zu vergleichenden Textilstücke alkalische Phenolphthalein-Lösung und beobachten Sie die Farbe (B3). b) Hängen Sie unbehandelte, CD-imprägnierte und mit Phenolphthalein behandelte Baumwollstücke aus Test a) für einige Minuten in eine mit Zigarettenrauch gefüllte und abgedeckte Glaswanne und prüfen Sie anschließend den Geruch. c) Führen Sie den Test b) auch mit verschiedenen Geruchs- und Aromastoffen durch.

V6 Planen Sie einen einfachen Versuch (*Hinweis:* Rggl., Gasbrenner), dessen Ergebnis nahelegt, dass Cyclodextrine Kohlenhydrate sind. Führen Sie den Versuch durch.

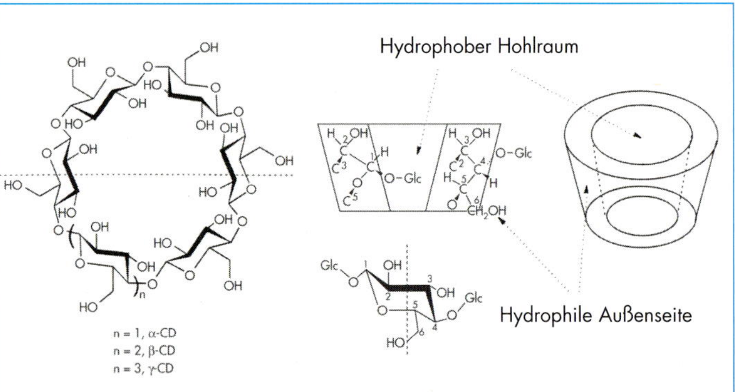

B4 *α-, β- und γ-Cyclodextrine sind cyclische Oligomere aus 6, 7 bzw. 8 Glucose-Bausteinen. Der Innenraum ist hydrophob, die Außenseite hydrophil.* **A:** *Was für Moleküle oder Molekülteile können den Innenraum ausfüllen?*

Auswertung

a) Formulieren Sie die bei der Siliconisierung in V1 ablaufende Reaktion, benennen Sie den Reaktionstyp und geben Sie an, wie man das Kopplungsprodukt nachweisen kann. Bearbeiten Sie dann die Aufgabe in B2. Warum verhalten sich das Baumwolltuch und das Filterpapier bei V1 gleich?

b) Bei V2 bildet sich zunächst MCT-β-CD (B6). Formulieren Sie die Reaktionsgleichung, benennen Sie den Reaktionstyp und begründen Sie, warum dieses Zwischenprodukt besser an die Baumwollfaser anbinden kann als das Cyclodextrin selbst.

c) Interpretieren Sie die Ergebnisse aus V5 mithilfe von B4 und S. 261 (Stichwort: *Wirt-Gast* Komplexe).

Ausrüsten von Textilien

Damit Fallschirme, Regenjacken und Zelte keine Wassertropfen durchlassen, T-Shirts, Hemden und Socken nicht nach Schweiß riechen, man entweder auch unter dem Bikini braun oder vor UV-Strahlen geschützt wird, in der Thermojacke nicht friert, Feuerwehrkleidung nicht brennt und Motten sich nicht im Kleiderschrank durchfressen, erhalten moderne Textilien, besonders die aus Naturfasern, jeweils ihre eigene **Ausrüstung**.
Dabei verfährt man in vielen Fällen nach dem Prinzip aus V1 bis V4, wobei an die Makromoleküle der Textilfasern kleinere Molekülbausteine „angeheftet" werden, die bestimmte Funktionen übernehmen.
Beim **Siliconisieren** von Baumwolle (V1) findet unter Abspaltung von Chlorwasserstoff eine **Kondensation** statt, bei der ein Teil der Hydroxy-Gruppen aus den Cellulose-Molekülen ihre Wasserstoff-Atome abgeben und über Dimethylsilyl-Gruppen $Si(CH_3)_2$ verbrückt werden. Diese unpolaren Bausteine machen die Faser *hydrophob*. Um Cyclodextrin-Bausteine an Cellulose-Moleküle chemisch zu binden, müsste eine intermolekulare Veretherung der Hydroxy-Gruppen hervorgerufen werden. Einfacher ist es, reaktive **Anker-Moleküle** einzusetzen, beispielsweise das Trichlortriazin-Molekül (V2, B6). In alkalischer Lösung finden auch hier zwei Kondensationen statt, zuerst mit einer Hydroxy-Gruppe aus einem Cyclodextrin-Molekül und dann, beim Tränken des Baumwolltuchs, mit einer Hydroxy-Gruppe aus einem Cellulose-Molekül. Beide Male ist der entscheidende Reaktionsschritt ein nucleophiler Angriff einer deprotonierten Hydroxy-Gruppe auf ein Kohlenstoff-Atom im Triazin-Ring, an das ein Chlor-Atom gebunden ist (**nucleophile Substitution**, vgl. S. 247).
Cyclodextrin-Bausteine, die auf diese Weise chemisch an die Cellulose gebunden sind, werden beim Waschen der Textilie nicht entfernt. Sie können Moleküle von *Geruchs-* und *Aromastoffen* oder auch von Medikamenten reversibel als **Wirt-Gast Komplexe** (B4 und S. 261) binden und kontrolliert wieder freisetzen.
Als *flammhemmende* Ausrüstung von Textilien für Arbeitskleidung, Uniformen und öffentliche Einrichtungen sowie Verkehrsmittel finden bromierte Diphenylether, organische Phosphorverbindungen und Zirkon- und Titanverbindungen Anwendung. Pelze, Wollartikel und Teppiche werden u.a. mit Sulfonamiden $RHNC_6H_4SO_2NHR$ gegen Motten- und Käferfraß ausgerüstet. Eingewebte Mikrokapseln, die mit Wachsen gefüllt sind (B6), schützen gleichzeitig *gegen Kälte* und *Hitze*. In warmer Umgebung schmelzen die Wachse und kühlen den Körper, indem sie ihm einen Teil seiner Wärme als Schmelzwärme entziehen. In kalter Umgebung erstarren sie und geben Kristallisationswärme an den Körper ab.
Innovative Textilien aus synthetischen Materialien (vgl. S. 408 und S. 397) können mithilfe chemischer Kenntnisse über die Beziehung von Molekülstruktur und Stoffeigenschaften sowie über die möglichen Synthesewege im Voraus geplant und verwirklicht werden. Die Struktur der Makromoleküle und/oder die Kombination verschiedener Arten von Makromolekülen gewährleisten dann viele Materialeigenschaften, auch ohne nachträgliche Ausrüstung. Allerdings werden auch synthetische Fasern in aller Regel gefärbt, also letztlich doch noch ausgerüstet (vgl. S. 313f).

B5 *Mit Cyclodextrinen ausgerüstete Textilien können wohlriechende Stoffe speichern und kontrolliert abgeben.* **A:** *Erklären Sie das Prinzip mithilfe von B3 und S. 261.*

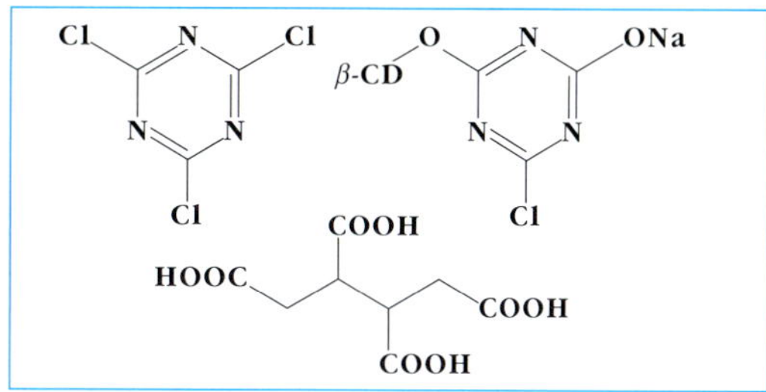

B6 *Anker-Moleküle für die Bindung von Cyclodextrinen an Baumwolle*

B7 *Jacke mit Thermoregulation (vgl. Text).* **A:** *Wachse sind Ester langkettiger Alkansäuren mit langkettigen Alkoholen. Formulieren und benennen Sie ein Beispiel (Hinweis: vgl. S. 51 und S. 361).*

Aufgaben

A1 Welcher prinzipielle Unterschied besteht zwischen der weiter oben beschriebenen, in V1 durchgeführten Siliconisierung einer Textilie und der in B6 beschriebenen Ausrüstung von Textilien? Erläutern Sie.

A2 Erläutern Sie anhand von Formeln und geeigneten Fachbegriffen, warum die in B5 angegebene Tetracarbonsäure als Anker für Cyclodextrine an Baumwolle geeignet ist.

Fachbegriffe

Ausrüstung, Siliconisieren, Kondensation, Anker-Moleküle, nucleophile Substitution, Wirt-Gast Komplexe, innovative Textilien

Innovative Textilien

B1 *Innovative Textilien für spezielle Zwecke …*

B2 *… in Technik, Medizin, Sport und Freizeit*

Durchscheinend, flammbeständig, reißfest …

Ein innovatives Material, das zwar nicht aus Textilfasern besteht, aber wie eine textile Fläche aussieht und wirkt, umhüllt die Sportarena der Superlative, die zur Fussball-WM 2006 gebaut wurde. Die insgesamt 2874 rautenförmigen Kissen erstrecken sich über 64000 m^2 Bedachung und Fassade, sind nur 0,2 mm dick, aber extrem reißfest, nicht brennbar, selbstreinigend durch Regen und durchscheinend (transluszent). Sie können in weißer, blauer oder roter Farbe durchleuchtet werden. Das Material, das ebenso wie alle synthetischen Textilfasern einen makromolekularen Aufbau hat, ist ein *Copolymer* aus Ethen und Tetrafluorethen (Handelsname: **ETFE**). Es besteht also aus den gleichen Monomeren, die auch Polyethen PE und Polytetrafluorethen Teflon aufbauen. Das Beispiel ETFE zeigt, dass bereits durch Copolymerisation zweier einfacher Monomere mit unterschiedlichen Eigenschaften neue polymere Materialien nach Maß kreiert werden können.

Aufgaben

A1 Formulieren Sie zwei verschiedene Möglichkeiten der Aufeinanderfolge der Monomer-Einheiten im Copolymer ETFE (vgl. Text) und erläutern Sie den Unterschied.

A2 Welcher monomere Baustein im ETFE macht das Material flammbeständig? Erläutern Sie.

A3 Erläutern Sie die unterschiedlichen Verarbeitungen von Tetrafluorethen bei der Herstellung des auf dieser Seite beschriebenen Materials ETFE und bei der auf S. 399 diskutierten *Outdoor*-Textilie.

A4 Nennen und formulieren Sie je eine Verbindung für die Ausrüstung von Textilien zur Erzeugung von a) einer Signalfarbe, b) einer optischen Aufhellung und c) einem UV-Schutz. (*Hinweis:* Suchen Sie unter dem Stichwort *Fluoreszenz.*)

A5 Ein Spezialfall unter den medizinischen Textilien sind chirurgische Nahtfäden aus Polymilchsäure. Welche besondere Eigenschaft haben diese Fäden? (*Hinweis:* Vgl. A2, S. 397.)

… wasserdicht, pigmentierbar, glatt und mehr

Nicht nur wasserdichte Zelte und bunte Heißluftballons erfordern spezielle Textilien. Wenn Schwimmer, Skirennfahrer und andere Sportler immer neue Rekorde einfahren, liegt das nicht zuletzt auch an den Anzügen, die sie tragen. So können innovative Kombi-Textilien aus Polyamid-, Polyester- oder Polyacrylfasern und **Siliconkautschuk** sogar glatter sein als glatt rasierte Haut. Schwimmanzüge aus diesen Materialien haben deshalb einen niedrigeren Reibungswiderstand mit Wasser als Haut. Wenn sie gleichzeitig elastisch sind und sich dem Körper des Sportlers genau anpassen, bringt das die entscheidenden Vorteile im Wettkampf.

Aufgaben

A6 Nennen Sie Gemeinsamkeiten und Unterschiede von Naturkautschuk, Butylkautschuk und Siliconkautschuk (vgl. S. 64 und S. 250 sowie **Di**daktische **Si**licon-**Do**kumentation DiSiDO im Internet).

A7 Selbstreinigende Textilien beispielsweise für Zelte enthalten eingewebte Partikel aus *Nano-Titandioxid*, einem Photokatalysator für den oxidativen Abbau von organischem Schmutz. Bei Feuchtigkeit und Licht bilden sich am $\mathbf{TiO_2}$-Korn zunächst Hydroxyl-Radikale $\mathbf{HO\cdot}$. a) Erläutern und formulieren Sie die Oxidation eines Wasser-Moleküls mithilfe von B5, S. 341 (*Hinweis:* D = $\mathbf{H_2O}$). b) Wo und warum werden die bei a) gebildeten Kationen reduziert? c) Formulieren Sie die Dimerisierung der bei a) gebildeten Hydroxyl-Radikale und begründen Sie, warum das Produkt ein starkes Oxidationsmittel ist.

A8 Erstellen Sie eine Tabelle mit innovativen Textilien. Nennen sie jeweils die Stoffklasse(n), der die zugrunde liegenden Makromoleküle angehören, und geben Sie an, ob sie natürlicher Herkunft oder synthetisch hergestellt sind. (*Hinweis:* Vgl. S. 394 f und *Chemie 2000+ Online.*)

A9 Entwickeln Sie eine *concept map* (vgl. S. 405) mit dem Zentralbegriff *Ausrüsten von Textilien.* Verwenden Sie dazu Informationen und Verweise von S. 406–409.

Naturfaser contra Chemiefaser?

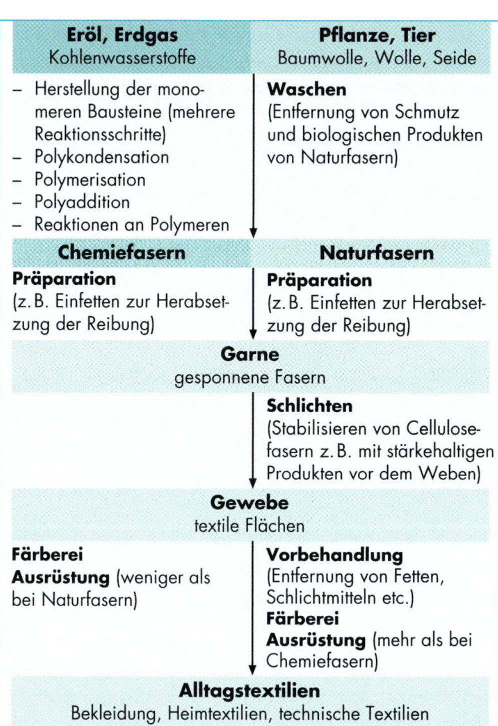

B1 *Chemische Prozesse (grau unterlegt) auf dem Weg von den Rohstoffen zu den Gebrauchstextilien*

„Chemiefaser" – ein irreführender Begriff

In der Textilbranche bezeichnet man die synthetisch hergestellten makromolekularen Fasern für Textilien als **Chemiefasern**. Mit dieser Bedeutung wird der Begriff Chemiefaser auch in diesem Buch verwendet. Aus Sicht der Naturwissenschaft Chemie ist das problematisch und irreführend, denn es vermittelt die falsche Vorstellung, dass nur die Stoffe „chemisch" sind, die von Menschen im Labor oder in Industrieanlagen hergestellt werden. In Wirklichkeit sind die in „natürlichen" Prozessen der belebten, wie auch der unbelebten Welt gebildeten Stoffe ebenso „chemisch" wie die künstlich, von Menschenhand hergestellten.

Die Grafik in B1 zeigt zudem, dass bei der Verarbeitung von Naturfasern zu Gebrauchstextilien sogar mehr Chemikalien zum Einsatz kommen als bei der von Chemiefasern. Allerdings laufen bei deren Synthese aus den Rohstoffen Erdöl, Erdgas, Wasser und Luft über die entsprechenden Grundchemikalien und Zwischenprodukte (vgl. auch B2, S. 70) mehrere Reaktionen ab, die ohne menschliches Wissen und Können über chemische Reaktionen nicht möglich wären.

Aufgabe

A1 Recherchieren Sie in der Tagespresse und in den Medien nach Formulierungen, in denen die Begriffe *chemisch* und *Chemie* falsch gebraucht werden (z.B. Zeitungstext: *„In diesem Brot ist keine Chemie"*). Erläutern und korrigieren Sie die Formulierungen.

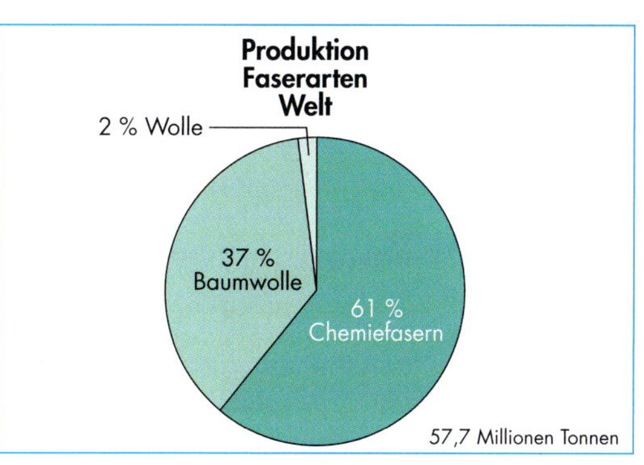

B2 *Textilwirtschaft in Zahlen und Diagrammen*

Ökonomie und Ökologie bei der Textilherstellung

Die Naturfasern Wolle und Naturseide tragen heute weniger als 3 % zur Weltproduktion von Textilfasern bei, Baumwolle immerhin 37%. Es gibt mehrere Gründe dafür, dass Chemiefasern den Hauptanteil von 61% stellen. *Erstens* ist die Herstellung und Verarbeitung von Textilien aus Naturfasern in der Regel teurer und mit mehr Aufwand an Arbeit und Chemikalien verbunden als die von Textilien aus Chemiefasern. *Zweitens* würden die zur Verfügung stehenden Naturfasern bei weitem nicht ausreichen, um den Bedarf an Textilien zu decken, weder quantitativ noch qualitativ. *Drittens* belastet die Herstellung von Textilien aus Naturfasern, so verwunderlich das auch erscheinen mag, die Umwelt stärker als die Erzeugung von Textilien aus Chemiefasern. Ein Chemiewerk, das 150 Tonnen Polyacrylnitril pro Tag herstellt, ersetzt 12 Mio Schafe, die eine Weidefläche von der Größe Nordrhein-Westfalens benötigten.

Aufgaben

A2 Die Textil- und Bekleidungsindustrie bietet weltweit nach der Touristik und der Telekommunikation den meisten Beschäftigten Arbeit. Fertigen Sie eine Liste mit Berufen, die für die Textil- und Bekleidungsindustrie relevant sind, und begründen Sie, warum diese Industrie im Vergleich zu anderen Industrien arbeitsintensiv ist.

A3 Im Rahmen der Textilökologie (Kurzbezeichnung: *Öko-Tex*) unterscheidet man die drei Bereiche Produktionsökologie (Belastung von Wasser, Luft und Boden bei der Herstellung der Textilien), Humanökologie (Wirkung der Textilien auf die Haut und andere Körperteile) und Entsorgungsökologie (Kompostierung, Verbrennung oder Recycling gebrauchter Textilien).
Erstellen Sie in Gruppen arbeitsteilig Referate mit Folien zu den drei Bereichen. Vergleichen Sie dabei jeweils Textilien aus Natur- und Chemiefasern miteinander. Verwenden Sie als Grundlage für die Referate und Folien die Informationen aus diesem Werk und aus *Chemie 2000+ Online* sowie weitere Informationen aus dem Internet. Beziehen Sie chemische Begriffe, Formeln und Reaktionen in Ihre Argumentationen und Folien mit ein. Präsentieren Sie Ihr Referat und stellen Sie es dem Kurs zur Diskussion.

Kleber: natürlich stark?

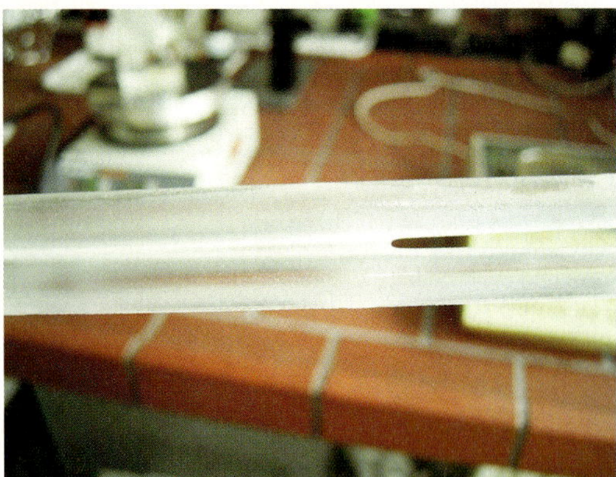

B1 *Stärkeleim zieht Fäden zwischen zwei Glasstäben.*

B2 *Ein Tischtennisball löst sich in Aceton vollständig auf (V4).*

B3 *Einige Hilfsmittel zur Bestimmung miteinander zu verklebender Materialien und der Festigkeit der Klebung*

Versuche

Hinweis: Es bietet sich an, arbeitsteilig zu experimentieren.
Die Klebstoffe aus V1 bis V3 sollten unmittelbar nach ihrer Herstellung zu Klebetests verwendet werden, da sie nicht lange haltbar sind bzw. eintrocknen. Der Klebstoff aus V4 hingegen ist mehrere Wochen haltbar.

V1 Benetzen Sie zwei Glasstäbe mit Wasser, halten Sie sie der Länge nach aneinander und ziehen Sie sie wieder etwas auseinander. Stellen Sie einen Stärkeleim her, indem Sie 5 g Speisestärke (z.B. Maisstärke) und 50 mL Wasser in ein Becherglas füllen, gut mit einem Glasstab vermischen und die leicht dickflüssige Masse auf ca. 70 °C mit einer Heizplatte erwärmen, bis die Masse beginnt, am Glasstab festzukleben. Verfahren Sie nun mit dem Stärkeleim wie mit dem Wasser. Beobachtung?

V2 Vermischen Sie 5 g Dextrin und 25 mL Wasser und geben Sie die Paste in 25 mL siedendes Wasser. Dampfen Sie unter Rühren auf die Hälfte des Volumens ein (Achtung: Schaumbildung). Bewahren Sie den Leim für V5 und V6 auf.

V3 Geben Sie ca. 50 g Magerquark in ein Küchenhandtuch und entwässern Sie durch Auswringen. Versetzen Sie die bröselige Masse mit 1/5 des Volumens an Calciumhydroxid-Pulver*. Verrühren Sie gründlich mehrere Minuten lang, bis Ammoniak-Geruch und Blasenbildung wahrnehmbar werden und eine homogene Paste entsteht. Bewahren Sie den Leim für V5 und V6 auf.

V4 Lösen Sie in einem 100-mL-Becherglas, das mit 30 mL Aceton* gefüllt ist, einen Tischtennisball und rühren Sie kontinuierlich. Das Auflösen dauert ungefähr 15 Minuten. Bewahren Sie den Klebstoff für V5 und V6 auf.

V5 Geben Sie Proben der in V1 bis V4 hergestellten Klebstoffe sowie weitere käufliche, lösemittelfreie Klebstoffproben, z.B. Holzleim (Ponal), Tapetenkleister (Metylan), Schmelzklebstoff (Pattex Patronen), etwa 0,5 cm hoch in je ein Reagenzglas. Erhitzen Sie anschließend kräftig in der Brennerflamme. Beobachtung?

V6 Entwickeln Sie einen Versuch, anhand dessen Sie die selbst hergestellten Klebstoffe aus V1 bis V4 und weitere käufliche Klebstoffe auf die damit zu verklebenden Materialsorten und die Stabilität der Klebung testen. Verwenden Sie dazu u.a. die in B3 dargestellten Materialien.

Auswertung

a) Erstellen Sie eine Tabelle, in der Sie das Aussehen der von Ihnen hergestellten Klebstoffe, die verwendeten Lösemittel und Ihre Ergebnisse aus V6 zusammenfassen.
b) Worauf könnte das Fädenziehen des Stärkeleims in V1 hindeuten?
c) Bei der bröseligen Masse in V3 handelt es sich überwiegend um Casein, einen Haupteiweißbestandteil der Milch. Woher könnte das beim Vermengen des Caseins mit Calciumhydroxid freigesetzte Ammoniak stammen und worum könnte es sich bei dem farblosen Gas handeln? Vergleichen Sie dazu die allgemeine Struktur der Aminosäuren.
d) Welches Element haben Sie in V5 nachgewiesen?
e) Welcher der von Ihnen in V6 getesteten Klebstoffe eignet sich zur Etikettierung von Flaschen, von Dosen, als Briefmarken- oder Tapetenleim? Schlagen Sie anhand Ihrer Ergebnisse weitere Anwendungsbereiche vor.
f) Erstellen Sie anhand Ihrer Versuchsergebnisse einen allgemeinen Anforderungskatalog an einen Klebstoff.

Klebstoffe auf der Basis von Kohlenhydraten und Eiweißen

Klebstoffe kommen in Natur und Technik vor. Wespen, Schwalben, Spinnen und viele andere Tiere erzeugen aus zerkleinertem Material und ihren Körpersekreten Kleber, die sie z.B. für ihren Nestbau verwenden. Der Mensch nutzt Klebstoffe in jedem Lebensbereich, sei es für Etiketten von Flaschen, den Möbel- und Autobau, für die Textilienherstellung oder die Herstellung von Verpackungsmaterial.

Die Wirkung der aus Makromolekülen bestehenden Klebstoffe beruht auf der Flächenhaftung, d.h. der **Adhäsion**[1] der Klebstoffe auf den zu verleimenden Komponenten einerseits und der inneren Festigkeit, d.h. der **Kohäsion**[2] des Klebstoffs andererseits. Die Stärke der Kohäsion wird durch den molekularen Aufbau beeinflusst: Lange, unverzweigte Molekülketten können miteinander durch elektrostatische und van-der-Waals-Kräfte bzw. Wasserstoffbrückenbindungen wechselwirken und sich aufgrund ihrer Länge auch mechanisch miteinander verknäulen. Die Stärke der Adhäsion ist bedingt durch die Wechselwirkungen der Klebstoff-Moleküle mit denen des zu verklebenden Materials.

Die in V1 bis V3 hergestellten Klebstoffe sind physikalisch abbindende Klebstoffe auf Naturstoffbasis, d.h. aus nachwachsenden Rohstoffen. Sie härten, wenn das Lösemittel entweicht. Stärke (V1) und die als Abbauprodukte von Stärke erhältlichen Dextrine (V2) mit der allgemeinen Formel $(C_6H_{10}O_5)n \cdot x\ H_2O$ sind Poly- bzw. Oligosaccharide mit vielen Hydroxy-Gruppen. Über diese können Wasserstoffbrückenbindungen zwischen den Molekülketten untereinander oder mit anderen geeigneten Materialien gebildet werden. Der gesundheitlich unbedenkliche Dextrinleim hat den weniger haltbaren Stärkeleim als Klebstoff für Briefmarken abgelöst. Durch Anfeuchten wird das Lösemittel Wasser zugeführt. Die Adhäsion erfolgt durch Ausbildung von Wasserstoffbrückenbindungen zwischen den Hydroxy-Gruppen der Saccharide und den Hydroxy-Gruppen der Cellulose-Makromoleküle des Papiers.

Der Vorteil der Kleber aus V1 bis V3 oder von Holzleim ist, dass sie ohne organische Lösemittel, lediglich auf Wasserbasis, hergestellt werden können. Das gilt auch für Tapetenkleister, der aus dem modifizierten Naturstoff **Methylcellulose** (B5) besteht. Methylcellulose ist ein Methylether der Cellulose, der bei Einwirkung von Methylierungsmitteln, z.B. Methylchlorid (Chlormethan), auf Cellulose im alkalischen Medium erhalten wird.

Bei **Nitrocellulose** (Celluloid, vgl. S. 404) handelt es sich ebenfalls um modifizierte Cellulose. Sie ist der Stoff, aus dem Tischtennisbälle bestehen. Ferner wird Nitrocellulose z.B. für Modellkleber verwendet. Nachteilig ist, dass sie sich nicht in Wasser, sondern in organischen Lösemitteln wie Aceton löst (V4).

Das Phosphoprotein[3] **Casein** (V3) ist ein Haupteiweißbestandteil der Milch. Durch Säurezugabe denaturiert das Protein und fällt aus, durch Zugabe einer Base kommt es unter erneuter Änderung der Proteinstruktur zu einer Zusammenlagerung einzelner Molekülketten (B6). Caseinleim wird für Flaschenetiketten und auch für Sperrholzverleimungen verwendet.

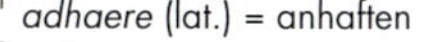

[1] *adhaere* (lat.) = anhaften
[2] *cohaere* (lat.) = zusammenhängen
[3] Proteine, die kovalent gebundene Phosphorsäure-Reste enthalten

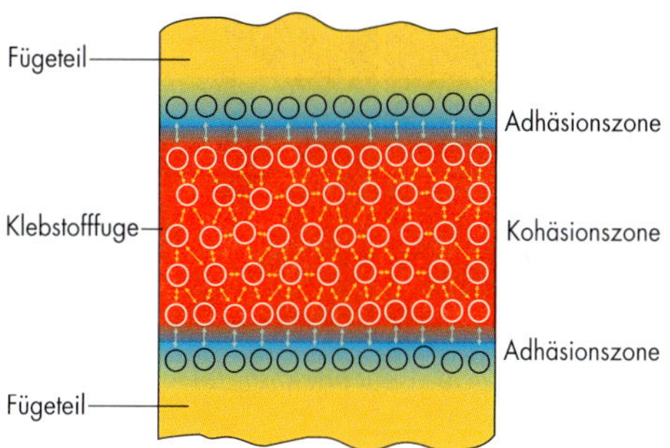

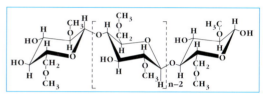

B4 *Adhäsions- und Kohäsionszonen bei einer Klebung.* **A:** *Welche Konsequenzen ergeben sich, wenn bei einem Klebstoff die Kohäsion sehr groß ist, die Adhäsion dagegen sehr klein bzw. wenn die Adhäsion sehr groß ist, die Kohäsion aber sehr gering?*

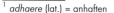

B5 *Struktur von Methylcellulose.* **A:** *Methylcellulose wird durch Veretherung von Cellulose durch eine nucleophile Substitution gewonnen. Formulieren und erläutern Sie diese Reaktion (vgl. S. 247).*

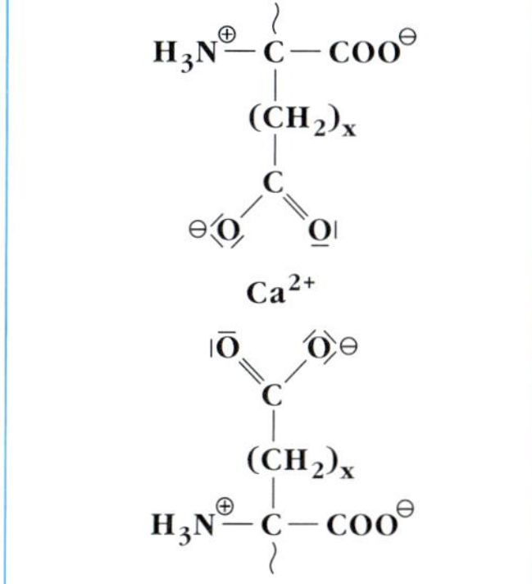

B6 *Vernetzung der Ketten durch Bildung von Ionenverbindungen zwischen den Calcium-Ionen und den Säuregruppen der Aminosäure-Reste des Caseins*

Aufgaben

A1 Begründen Sie mithilfe der Molekülstruktur, ob sich Disaccharide als Klebstoffe eignen.

A2 Stellen Sie eine Vermutung zur inneren Festigkeit von Klebstoffen auf, die aus zwei- und aus dreidimensional verknüpften Makromolekülen bestehen.

A3 Warum findet die Reaktion bei der Herstellung von Methylcellulose in alkalischer Lösung statt (vgl. S. 247)?

A4 Schreiben Sie einen Ausschnitt aus den Nitrocellulose-Molekülketten auf.

Fachbegriffe

Adhäsion, Kohäsion, Stärke, Dextrine, Casein, Nitrocellulose, Methylcellulose

Klebt in Sekunden – hält ein Leben lang

B1 *Sekundenkleber aus dem Fachhandel im Einsatz (V3).* **A:** *Testen Sie den Klebstoff, indem sie jeweils zwei Kunststoffplättchen aus PVC oder Acrylglas, zwei Gummistücke einer Gummischnur und zwei Metallplättchen (Aluminium, Eisen) nach Anleitung aneinanderkleben. Testen Sie die Haftung nach 1 min, 3 min, 10 min, 30 min und 24 h.* **A:** *Was haben Gummibärchen mit Klebstoffen zu tun?*

2-Cyanacrylsäureester

$$H_2C=C(-COOR)(-CN)$$

$R \triangleq CH_3$, C_2H_5 oder C_4H_9

B2 *Sekundenkleber enthalten als reaktive Bestandteile Cyanacrylate.* **A:** *Nennen Sie Gemeinsamkeiten und Unterschiede zu den Monomeren Vinylchlorid, Ethen, Propen, Styrol, Isobuten und Methylmethacrylat.*

Bezeichnung	Basisrohstoff	Anwendungsgebiete
Methyl-methacrylate	Methacrylsäure-methylester	Kunststoffe im Auto
Strahlen-härtbare Klebstoffe	Epoxyacrylate, Polyesteracrylate	Glas, transparente Kunststoffe, Dentaltechnik
Silicone	Polyorgano-siloxane	Dichtungen, Automobilbau
Polyurethane	di- und trifunktionelle Isocyanate, Polyole	Glasscheibenkleben in Fahrzeugen

B3 *Weitere Beispiele für chemisch härtende Klebstoffe.* **A:** *Erkundigen Sie sich jeweils nach der Art der Härtung (Polymerisation, Polykondensation, Polyaddition).*

Versuche

Sicherheitshinweise: Cyanacrylat reizt die Augen. Die Warnhinweise auf der jeweiligen Sekundenklebertube sind zu beachten.

V1 Geben Sie je 2 bis 3 Tropfen eines Sekundenklebers (mit Cyanacrylat) a) auf ein Stück trockene Pappe und b) auf ein Stück feuchte Pappe und beobachteten Sie jeweils mehrere Minuten.

V2 Geben Sie je 2 bis 3 Tropfen eines Sekundenklebers (mit Cyanacrylat) a) in ein Becherglas mit kaltem Leitungswasser, b) in ein Becherglas mit heißem Leitungswasser und c) in ein Becherglas mit Natronlauge*, w = 5%. Überprüfen Sie nach ca. 10 Sekunden die Konsistenz der Flüssigkeiten, indem Sie sie mit einer Pinzette aus dem Wasser nehmen.

V3 Setzen Sie den Sekundenkleber nach Gebrauchsanweisung ein und kleben Sie zerbrochene Gegenstände (z. B. einen abgebrochenen Henkel einer Tasse oder einen zerbrochenen Glasstab). Prüfen Sie die Klebung nach dem Aushärten auf Festigkeit. Testen sie nach einigen Tagen die reparierte Tasse durch Reinigen in der Spülmaschine.

Auswertung

a) Notieren Sie Ihre Beobachtungen.

b) Beim Eintropfen des Sekundenklebers in Natronlauge (V2 c) findet eine Polymerisation statt. Im ersten Schritt lagert sich ein Hydroxid-Ion an das polarisierte Molekül des Cyanacrylats an (vgl. B4). Das gebildete Anion startet eine anionische Polymerisation (vgl. S. 413). Formulieren Sie ein einzelnes Carbanion, das sich in der Startreaktion bilden könnte und begründen Sie, warum das auf S. 413 angegebene wahrscheinlicher ist.

c) Erklären Sie die unterschiedlichen Beobachtungen bei den Versuchen V1 und V2.

d) Begründen Sie, warum man ein optimales Klebeergebnis nur erhält, wenn man den Kleber auf eine trockene Unterlage aufträgt.

e) Deuten Sie das Ergebnis des „Spülmaschinen-Tests".

Aufgaben

A1 Anstelle der Hydroxid-Ionen können auch Amine die anionische Polymerisation in Gang setzen. Formulieren Sie zugehörige Reaktionsschritte mit einem tertiären Amin $R_3\overline{N}$. (*Hinweis:* Vgl. S. 411.)

A2 Machen Sie einen begründeten Vorschlag für eine geeignete Aufbewahrung eines Sekundenklebers.

A3 Erkundigen Sie sich nach einem Klebstoff, bei dem der Spülmaschinen-Test mit der reparierten Tasse positiv ausfallen könnte. Führen Sie entsprechende Untersuchungen durch und erkundigen Sie sich nach Inhaltsstoffen und ablaufenden Reaktionen.

A4 Warum finden sich gerade in der Automobil- und in der Flugzeugherstellung große Einsatzgebiete für Klebstoffe?

Cyanacrylate als Klebstoffe

Cyanacrylate werden umgangssprachlich „Sekundenklebstoffe" bzw. „Sekundenkleber" genannt, da man mit ihnen innerhalb von Sekunden handfeste Klebungen erreicht. Die Endfestigkeit tritt allerdings erst nach einigen Stunden ein. Chemisch gesehen sind Sekundenklebstoffe *Einkomponentenklebstoffe* auf der Basis von 2-Cyanacrylsäureestern. Bei der Aushärtung können Hydroxid-Ionen angreifen und eine **anionische Polymerisation** in Gang setzen.

1. Startreaktion

$$OH^{\ominus} + H_2C{=}C(COOR)(CN) \longrightarrow HO{-}CH_2{-}\overset{\ominus}{C}(COOR)(CN)$$

2. Polymerisation

$$HO{-}CH_2{-}\overset{\ominus}{C}(COOR)(CN) + n\ H_2C{=}C(COOR)(CN) \longrightarrow HO{-}CH_2{-}C(COOR)(CN){-}\left[CH_2{-}C(COOR)(CN)\right]_{n-1}{-}CH_2{-}\overset{\ominus}{C}(COOR)(CN)$$

Die Konzentration der Hydroxid-Ionen ist in Wasser wesentlich geringer als in verdünnter Natronlauge, daher starten in Wasser in einem vergleichbaren Zeitraum auch deutlich weniger Ketten(reaktionen) als in Natronlauge und die Reaktion dauert länger (die Reaktion verläuft langsamer). Beim Auftragen des Klebstoffes auf feuchte Pappe setzt die Reaktion an der Phasengrenze zu Wasser ein. Auf trockener Pappe haften nur geringe Wasserspuren, sodass die Reaktion hier nur sehr langsam beginnt. Auch Luftfeuchtigkeit kann den Start der Kettenreaktion bewirken.

Die Aushärtung des Klebstoffes wird also entweder durch eine Luftfeuchtigkeit von 50% bis 70%, durch vorhandene Feuchtigkeit auf den Fügeteiloberflächen oder durch Kontakt mit basischen Untergründen ausgelöst. Auf trockenen Klebeflächen führt das langsame Erhärten zu sehr großen Kettenlängen des Polymers, da nur wenige Reaktionsketten gestartet werden. Die Festigkeit des Produkts (Kohäsion, vgl. S. 411) wird dadurch erhöht und der Kontakt zwischen Klebflächen und Klebstoff (Adhäsion, vgl. S. 411) größer.

Sekundenklebstoffe haben eine relativ hohe Festigkeit, sind allerdings spröde, wenig flexibel und verfügen als Thermoplast nur über eine begrenzte Wärmebeständigkeit. Ihre Einsatzgebiete sind vielfältig. Sie eignen sich für viele Werkstoffkombinationen und werden vor allem zum Kleben von Kleinteilen eingesetzt. Außer in der Optik, der Mikroelektronik und der Fahrzeugtechnik werden spezielle Sekundenklebstoffe zukünftig in der Medizintechnik ein breites Anwendungsspektrum finden, z.B. bei Sprühverbänden und als Gewebeklebstoffe. Mit bestimmten Cyanacrylatklebstoffen können Hautverletzungen rasch verschlossen werden, sodass ein Nähen der Wunde erspart bleibt. Durch die Abdeckung der gesamten Verletzung werden dabei Nachbluten und Infektionsgefahr vermindert. Wegen seiner langsameren Aushärtung, geringeren Wärmeentwicklung bei der Polymerisation und geringeren Gewebereizung wird normalerweise der Cyanacrylsäurebutylester dem Methyl- und dem Ethylester vorgezogen.

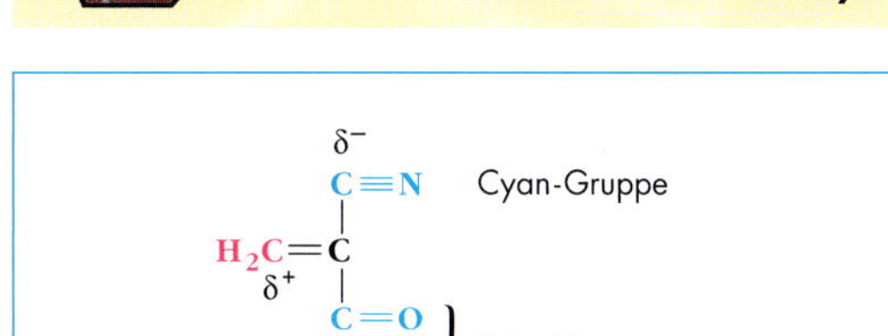

B4 *Die besondere Struktur von 2-Cyanacrylsäureestern erklärt, warum eine anionische Polymerisation stattfinden kann.* **A:** *Was bedeutet anionische Polymerisation?* **A:** *Warum polymerisiert Isobuten kationisch (S. 274), Cyanacrylsäureester hingegen anionisch?*

$$\sim CH_2{-}C(COOR)(CN){-}CH_2{-}C(COOR)(CN){-}CH_2\sim + OH^{-}$$
$$\downarrow$$
$$\sim CH_2{-}\overset{\ominus}{C}(COOR)(CN) + HO{-}CH_2{-}C(COOR)(CN){-}CH_2\sim$$

$$\sim CH_2{-}\overset{\ominus}{C}(COOR)(CN) + H_2O \longrightarrow \sim CH_2{-}CH(COOR)(CN) + OH^{\ominus}$$

$$OH^{\ominus} + HO{-}CH_2{-}C(COOR)(CN){-}CH_2\sim \longrightarrow H_2O + H_2C{=}O + {}^{\ominus}C(COOR)(CN){-}CH_2\sim$$

B5 *Das Verhalten von Cyanacrylaten gegenüber Wasser ist ambivalent. Sie benötigen zwar Wasser zur Aushärtung, eine hohe Feuchtigkeit kann aber zur Auflösung der Klebung führen. Als Reaktionsmechanismus wird hierfür die basisch katalysierte Hydrolyse des Polymers postuliert.* **A:** *Erklären Sie, weshalb a) der Nachweis von Formaldehyd unter den Reaktionsprodukten und b) der Anstieg der Reaktionsgeschwindigkeit um zwei Größenordnungen bei Erhöhung des pH-Wertes von 7 auf 8 diesen Mechanismus bestätigen.*

Fachbegriffe

Anionische Polymerisation, Sekundenklebstoff, Cyanacrylate

Aspirin gegen Kopfschmerzen

B1 *Der Wirkstoff in Aspirin® ist Acetylsalicylsäure ASS (B4). Früher wurden die Tabletten in Gläsern aufbewahrt.* **A:** *Bildete sich damals an feuchter Luft ein Geruch nach Essig, sollten die Tabletten nicht mehr verwendet werden. Warum?* **A:** *Erkundigen Sie sich, welche Substanzen als sogenannte Hilfsstoffe heute in diesem Arzneimittel enthalten sind.*

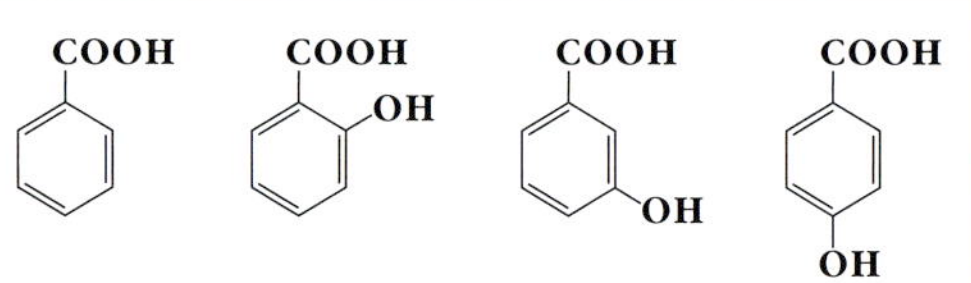

B2 *Molekülstrukturen von Benzoesäure, Salicylsäure (o-Hydroxybenzoesäure), m- und p-Hydroxybenzoesäure*

Säure	pK_S-Wert
Benzoesäure	4,19
o-Hydroxybenzoesäure (Salicylsäure)	2,97
m-Hydroxybenzoesäure	4,06
p-Hydroxybenzoesäure	4,48

B3 *Säurestärken verschiedener Säuren.* **A:** *Bauen Sie ein Molekülmodell von Salicylsäure und erklären Sie anhand der Molekülstruktur und geeigneter Formeln die hohe Säurestärke der o-Hydroxybenzoesäure. Welcher Effekt spielt dafür die entscheidende Rolle? (Vgl. Indigo-Molekül, S. 314.)*

Versuche

V1 Untersuchen Sie die Löslichkeit von a) Benzoesäure* und b) Salicylsäure* (o-Hydroxybenzoesäure) in kaltem und heißem Wasser. Messen Sie den *p*H-Wert einer Benzoesäure-Lösung, $c = 0{,}1$ mol/L, sowie einer Salicylsäure-Lösung, $c = 0{,}1$ mol/L, mit einem *p*H-Messgerät. Zur Herstellung der Säure-Lösungen lösen Sie 1,22 g Benzoesäure* (1,38 g Salicylsäure*) in jeweils 30 mL Ethanol* und füllen mit dest. Wasser auf 100 mL auf.

V2 (Abzug) Geben Sie in einen 100-mL-Erlenmeyerkolben 10 g Salicylsäure*, 10 mL Essigsäureanhydrid* und 2 Tropfen konz. Schwefelsäure*. Erhitzen Sie das Gemisch unter Umrühren (Magnetrührer) im Wasserbad ca. 15 min auf 60 °C. Erhöhen Sie die Temperatur für 5 min auf 80 bis 90 °C. Stellen Sie das Reaktionsgemisch anschließend in Eiswasser. Filtrieren Sie die dabei auskristallisierende Acetylsalicylsäure ab (alternativ: Absaugen über einen Büchner-Trichter) und waschen Sie einige Male mit Eiswasser. Das Rohprodukt kann aus Wasser umkristallisiert werden.

V3 Zerreiben Sie 5 Aspirin®-Tabletten in einer Reibeschale zu einem möglichst feinen Pulver. Geben Sie dieses Pulver mit 50 mL Ethanol* und einem Rührkern in einen Erlenmeyerkolben. Verschließen Sie den Kolben mit einem Stopfen und lassen Sie den Inhalt ca. 1 min auf dem Magnetrührer rühren. Nachdem Sie den ungelösten Rückstand abfiltriert haben, lassen sie das klare Filtrat in einer Kristallisierschale über Nacht im Abzug stehen.

V4 Stellen Sie ethanolische Lösungen, $w = 2\,\%$, von Salicylsäure, Aspirin® und anderen acetylsalicylsäurehaltigen Medikamenten (verschiedener Herstellerfirmen) sowie der Acetylsalicylsäure aus V2 und der Acetylsalicylsäure aus V3 her. Tragen Sie diese Lösungen mit einer Kapillare auf eine DC-Kieselgel-Folie mit UV-Indikator auf. Stellen Sie die Folie in eine Trennkammer mit 10 mL Aceton*, 10 mL Cyclohexan* und 8 Tropfen dest. Wasser. Nehmen Sie nach ca. 15 min die Folie heraus und betrachten Sie das trockene Chromatogramm unter einer UV-Lampe. Umpunkten Sie die im UV-Licht sichtbaren Flecken. Besprühen Sie die Folie mit einer Lösung aus 0,5 g Eisen(III)-chlorid* in 10 mL dest. Wasser und 20 mL Ethanol*. Beobachtung?

V5 Kochen Sie eine halbe Aspirin®-Tablette 10 min mit Natronlauge*, $w = 10\,\%$. Lassen Sie abkühlen und geben Sie Salzsäure*, $c = 2$ mol/L, hinzu, bis die Mischung sauer reagiert. Tropfen Sie Eisen(III)-chlorid*-Lösung hinzu. Beobachtung?

Auswertung

a) Notieren Sie Ihre Beobachtungen zu V1 bis V5.

b) Vergleichen Sie bei V1 die Löslichkeit von Benzoesäure und Salicylsäure in Wasser, Natronlauge und Ethanol und erklären Sie die Unterschiede.

c) Berechnen Sie aus den in V1 gemessenen *p*H-Werten die pK_S-Werte von Benzoesäure und Salicylsäure. Vergleichen Sie ihre Werte mit den in B3 angegebenen.

d) Bei V2 wird die Hydroxy-Gruppe der Salicylsäure verestert, wobei Schwefelsäure als Katalysator wirkt. Formulieren Sie die Reaktionsgleichung (Bruttogleichung). Erläutern Sie die Reaktionsschritte von S. 415.

e) Welche Stoffeigenschaft wird zur Isolierung der Acetylsalicylsäure aus den Tabletten bei V3 genutzt? Welche Substanzen sind im Filterrückstand enthalten?

f) Eisen(III)-Ionen reagieren mit phenolischen OH-Gruppen zu farbigen Verbindungen. Welcher Stoff aus V4 kann dadurch nachgewiesen werden? Vergleichen Sie die Reinheit der selbst hergestellten Acetylsalicylsäure mit der Reinheit käuflicher Präparate.

g) Welche Produkte konnten Sie in V5 nachweisen? Formulieren Sie die Reaktionsgleichung und den Reaktionsmechanismus.

Acetylsalicylsäure (ASS)

Bereits der griechische Arzt Hippokrates (460 bis 377 v. Chr.) kannte die schmerzlindernde Wirkung von Rindenextrakten einiger Weiden- und Pappelarten und empfahl sie bei rheumatischen Schmerzen. Weidenrinde enthält Salicylalkohol[1,2], der im menschlichen Körper zu Salicylsäure umgewandelt wird. Hermann Kolbe klärte im Jahr 1859 die Struktur der Salicylsäure auf und entwickeln eine Synthese, sodass im Jahr 1874 die technische Herstellung von Salicylsäure aufgenommen werden konnte.

Diese technisch hergestellte Salicylsäure war wesentlich billiger als die langwierig über Oxidation des aus den Naturstoffen isolierten Salicylalkohols gewonnene. Salicylsäure ist ein wirksames Schmerzmittel, schmeckt aber grässlich und greift nicht selten die Magenschleimhäute an.

Felix Hoffmann versuchte daher, eine verträglichere Form des Wirkstoffs Salicylsäure zu finden. Salicylsäure ist eine relativ starke Säure, da sich im mesomeriestabilisierten Anion **intramolekulare Wasserstoffbrückenbindungen** bilden können. Im Jahr 1897 veresterte Hoffmann sie mit Essigsäureanhydrid erfolgreich zu **A**cetyl**s**alicyl**s**äure **ASS**, dem heute weltweit am meisten verwendete Medikament, von dem jährlich ca. 36 000 Tonnen hergestellt werden.

Die **säurekatalysierte Veresterung** der Salicylsäure mit Essigsäureanhydrid verläuft in drei Schritten.

1. Schritt: Protonierung des Essigsäureanhydrids

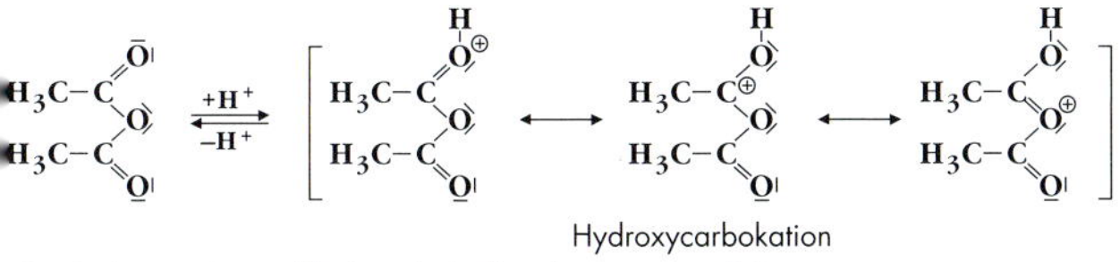

2. Schritt: Angriff durch Salicylsäure und Deprotonierung

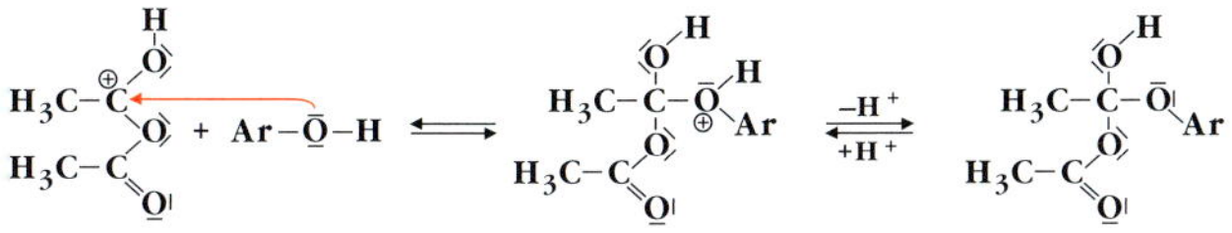

3. Schritt: Eliminierung von Essigsäure

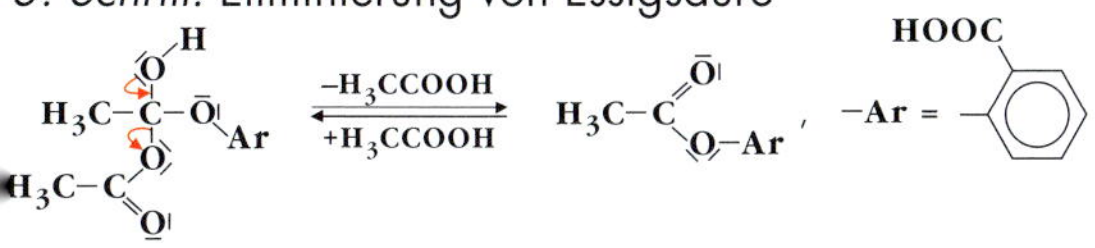

Aufgaben

A1 Welche Vorteile bietet die Verwendung von Essigsäureanhydrid anstelle von Essigsäure bei der Synthese von ASS?

A2 Vergleichen Sie die Synthese von ASS mit der Reaktion von Salicylsäure und Methanol zu „Wintergrünöl", einem Geruchsstoff in Zahnpasten und Reinigungsmitteln (S. 34 und S. 264). Worin liegen Gemeinsamkeiten und Unterschiede?

A3 Salicylsäure wird industriell nach dem *Kolbe-Schmitt-Verfahren* hergestellt: Man leitet Kohlenstoffdioxid bei 125 °C und ca. 6 bar über Natriumphenolat. Das Reaktionsprodukt wird anschließend mit Salzsäure versetzt. Formulieren Sie den Mechanismus der elektrophilen Substitution und begründen Sie, warum es günstiger ist, von Natriumphenolat als von Phenol auszugehen und unter Druck zu arbeiten.

A4 Um den Gehalt an Acetylsalicylsäure beispielsweise in einer Schmerztablette quantitativ zu bestimmen, hydrolysiert man die Acetylsalicylsäure. Entwickeln Sie einen entsprechenden Versuch (vgl. V5).

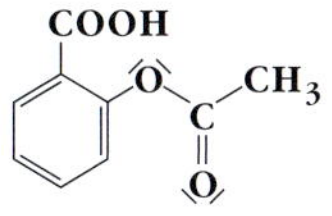

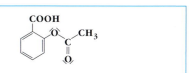

B4 *ASS ist eine organische Säure mit $pK_S = 3,5$. An trockener Luft ist sie beständig, an feuchter Luft hydrolysiert sie langsam zu Salicylsäure und Essigsäure. ASS ist schwer löslich in Wasser, leicht löslich in 96%igem Ethanol. Die Löslichkeit in Wasser ist pH-abhängig. Mit steigendem pH-Wert nimmt die Löslichkeit aufgrund der zunehmenden Bildung von Acetylsalicylat-Anionen zu.* **A:** *Erklären Sie, warum sich ASS in Wasser schlecht löst.* **A:** *Berechnen Sie das Stoffmengenverhältnis von Acetylsalicylsäure zu Acetylsalicylat-Anion bei pH 1,5; 2,5; 3,5; 4,5; 5,5 und 6,5.*

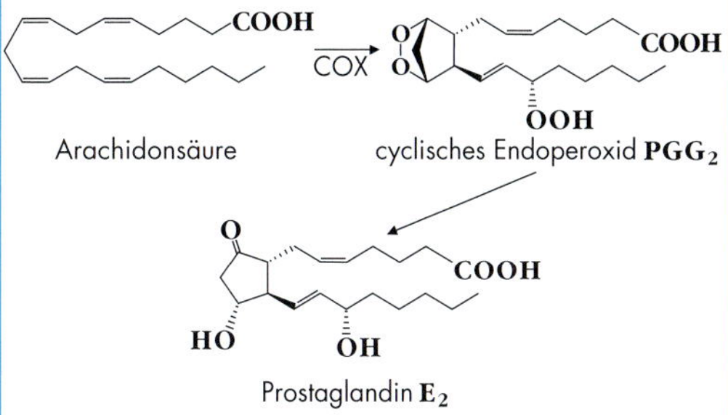

B5 *Arachidonsäure ist eine ungesättigte Fettsäure und ein Hauptbestandteil der Phospholipide. Sie wird durch Enzyme in verschiedene Prostaglandine umgewandelt. Das wichtigste Enzym hierbei ist die Cyclooxygenase (COX). Prostaglandine sind körpereigene Schmerzbotenstoffe, die Schmerzrezeptoren erregen und sensibilisieren. Dadurch reagieren die Rezeptoren schneller und bereits auf leichte Störungen, der Schmerz hält länger an. Acetylsalicylsäure hemmt das Enzym Cyclooxygenase und damit die Bildung der Schmerzbotenstoffe. Die erhöhte Erregbarkeit der Schmerzrezeptoren wird gesenkt und der „Normalzustand" wieder hergestellt, die Schmerzen klingen ab.* **A:** *Wie viele asymmetrische Kohlenstoff-Atome besitzt das Prostaglandin E_2-Molekül?*

Fachbegriffe

intramolekulare Wasserstoffbrückenbindungen, säurekatalysierte Veresterung

[1] von *salix* (lat.) = Weide

[2] o-Hydroxybenzylalkohol $C_7H_8O_2$

Phenacetin – von der Entdeckung zur Synthese des fiebersenkenden Wirkstoffes

Bis in die 80er Jahre des 19. Jahrhunderts gewannen Pharmazeuten und Apotheker ihre Arzneimittel aus pflanzlichen, tierischen oder mineralischen Naturstoffen. Nur sehr wenige Wirkstoffe wie Chloroform zur Narkose, Chloralhydrat als Schlafmittel oder Iodoform zur Antisepsis wurden chemisch hergestellt. Die Salicylsäure war als hilfreich gegen rheumatische Beschwerden bekannt, gegen Fieber gab es bis 1883 nur das Naturprodukt aus der Chinarinde, das Chinin. In diesem Jahr fand LUDWIG KNORR das erste künstliche Fiebermittel. Kurz darauf kam es als Antipyrin auf den Markt.

Durch Zufall wurde ein weiterer fiebersenkender Stoff entdeckt, als die Straßburger Assistenzärzte KAHN und HEPP einem an Staupe erkrankten Hund helfen wollten. Aus der Literatur kannten sie die Vermutung, Naphthalin habe eine fiebersenkende Wirkung. Um die Theorie in der Praxis zu prüfen, schickten sie einen Boten wegen Naphthalin in eine Apotheke, der mit einem weißen Pulver wiederkam. Die Wirkung des Stoffes war enorm: Die Körpertemperatur des Hundes sank auf normal. HEPP sandte seinem Bruder, der Chemiker war, eine Probe des „wundertätigen" Pulvers zur pharmakologischen Prüfung. Dieser stellte fest, dass es sich nicht um Naphthalin, sondern um Acetanilid handelte, der Apotheker hatte die beiden weißen Pulver vertauscht.

Acetanilid wurde dann im Tierversuch und klinisch getestet, die fiebersenkende Wirkung war beliebig wiederholbar. Die Substanz kam als Antifebrin auf den Markt, sie ist allerdings nicht frei von schweren Nebenwirkungen.

$C_6H_5-\underline{N}H-C(=O)-CH_3$ Acetanilid

B1 *Das zuerst eingeführte Antifebrin war reines Acetanilid.* **A:** *Formulieren Sie die Reaktionsgleichung der Synthese aus Anilin und Essigsäure.*

Auf dem Hof der Farbenfabrik in Elberfeld lagerten damals 30 000 Kilogramm *p*-Nitrophenol, Überreste der Farbstoffherstellung. Der Chemiker CARL DUISBURG hatte nun eine Idee für die Verwendung: Wenn man aus Anilin durch Acetylierung Acetanilid erhält, kann man vom *p*-Nitrophenol über Aminophenol, das dem Anilin verwandt ist, vielleicht auch zu einem Stoff mit ähnlichen Wirkungen kommen. OSKAR HINSBERG ging dem im Jahr 1886 nach und es gelang ihm, *p*-Acetphenetidin herzustellen. Dessen pharmakologische Untersuchung ergab, dass dieser Stoff nicht nur besser als Antifebrin wirkt, sondern auch verträglicher ist.

Nach klinischen Prüfungen begann 1888 die Produktion des neuen Mittels unter dem Namen Phenacetin.

$O_2N-C_6H_4-OH$ (*p*-Nitrophenol) —Ethylierung mit C_2H_5Cl→ $O_2N-C_6H_4-O-C_2H_5$ —Reduktion→ $H_2N-C_6H_4-O-C_2H_5$ —Acetylisierung mit Essigsäureanhydrid→ $H_3C-C(=O)-NH-C_6H_4-O-C_2H_5$ (*p*-Acetphenetidin Phenacetin)

B2 *Aus p-Nitrophenol kann durch Reduktion der Nitrogruppe ein Amin erhalten werden, das sich zu einem fiebersenkenden Mittel acetylieren lässt.* **A:** *Formulieren Sie die Reaktionsgleichungen der Synthese.* **A:** *Geben Sie an, um welchen Reaktionstyp es sich bei Schritt 1 bzw. 3 handelt.*

Im Jahr 1853 wiesen zwei Schweizer Forscher dann aber nach, dass phenacetinhaltige Medikamente, wenn sie regelmäßig in größeren Mengen und über lange Zeit eingenommen werden, zu Nierenschäden führen können, weshalb Phenacetin heute durch Paracetamol ersetzt ist. Paracetamol ist der Freiname für den schmerzlindernden und fiebersenkenden Stoff 4-Hydroxyacetanilid, der schon 1878 durch Reduktion von *p*-Nitrophenol mit Zinn in reiner Essigsäure synthetisiert worden war, jedoch erst nach dem zweiten Weltkrieg als Arzneimittel an Bedeutung gewinnen konnte.

$HO-C_6H_4-\underline{N}H-C(=O)-CH_3$ Paracetamol

Die Entdeckung, dass aus den Bestandteilen des Steinkohleteers Farbstoffe hergestellt werden können, führte zur Entstehung von Farbenfabriken. Die Entdeckung, dass sich aus denselben Grundstoffen auch Arzneimittel herstellen lassen, führte dazu, dass sich die deutschen Farbenfabriken einem neuen Gebiet zuwandten: der Produktion von Arzneimitteln.

Aufgabe

A1 Zur Herstellung von Paracetamol reduziert man heute *p*-Nitrophenol mit Eisen in Salzsäure und versetzt anschließend mit Acetylchlorid H_3CCOCl, dem Säurechlorid der Essigsäure. Formulieren Sie die Reaktionsgleichungen und die Reaktionsschritte der letzten Reaktion.

Vitamin C – der lange Weg von der Mangelerkrankung über die Entdeckung des Wirkstoffes bis zur chemischen Synthese

Vitamin C-Mangel führt zu der als Skorbut bezeichneten Krankheit, die schon die Griechen kannten. HIPPOCRATES beschreibt sie in seinem Corpus hippocraticum. Traurige Berühmtheit erreichte der Skorbut zur Zeit der großen Entdeckungsreisen, VASCO DA GAMA verlor bei seiner Reise nach Ostindien von März 1497 bis September 1499 durch sie zwei Drittel seiner Mannschaft.

VASCO DA GAMA (1469–1524)

Erste Symptome von Skorbut sind starke Müdigkeit, körperliche Schwäche, Zahnfleischentzündung, Zahnausfall und verstärkte Anfälligkeit gegenüber Infektionskrankheiten. Im weiteren Verlauf treten schmerzhafte Gelenkschwellungen, Blutungen bzw. Blutergüsse in der Muskulatur, Muskelschwund und Anämie auf. Herzschwäche führt schließlich zum Tod.

Lange Zeit galt Skorbut als unheilbar. Eine gezielte Behandlung war nicht möglich, da ihre Ursache unklar war. Zufallsentdeckungen führten schließlich auf die richtige Spur. Im Jahr 1541 wurde JACQUES CARTIER mit seinen drei Schiffen auf der Fahrt nach Neufundland vom Eis eingeschlossen. Trotz mengenmäßig hervorragender Versorgung mit Lebensmitteln brach der Skorbut bald aus. 107 Männer der 110 Mann starken Besatzung erkrankten, alle vorhandenen Medikamente waren unwirksam. Indianer brachten einen Korb mit frischen Zweigspitzen des Thujabaumes und schon kurz nach deren Genuss gingen die Symptome zurück, seitdem trägt der Baum den Namen „Lebensbaum".

Dieser Vorfall zeigte einen Zusammenhang zwischen Ernährungsweise und Auftreten von Skorbut auf. Als bedeutungsvoll erwies sich zudem die Beobachtung, dass Zitrusfrüchte wie Orangen oder Zitronen ein hervorragendes Mittel gegen Skorbut sind, was besonders den portugiesischen Seefahrern auffiel, wie Berichte der Fahrten VASCO DA GAMAS und anderer Seefahrer belegen.

Den direkten Beweis für die Antiskorbutwirkung von Zitrusfrüchten lieferte schließlich 1752 der englische Schiffsarzt JAMES LIND. Zwölf etwa gleich stark an Skorbut Erkrankte erhielten dieselbe Basiskost, kombiniert mit verschiedenen Mitteln, deren antiskorbutische Wirkung getestet werden sollte: Je zwei erhielten Apfelwein, verdünnte Schwefelsäure, Essig, Meerwasser, zwei Orangen und eine Zitrone, oder eine Medizin zum Spülen des Gaumens pro Tag. Diejenigen, welche die Zitrusfrüchte erhielten, waren schnell geheilt, eine geringe Wirkung trat im Falle des Apfelweins ein. In einer weiteren Versuchsreihe mit gesunden Matrosen bewies LIND außerdem, dass die Einnahme von Zitronensaft auch vorbeugend gegen Skorbut hilft.

JAMES LIND (1716–1794)

Seine Versuche gelten als eine der ersten vergleichenden Arzneimittelversuche in der Medizin.

Der Zusammenhang zwischen Ernährungsweise und Skorbut wurde allerdings erst über 100 Jahre und zahlreiche Skorbutepidemien später allgemein anerkannt.

Daraufhin setzte eine intensive Forschung nach dem antiskorbutischen Faktor in Nahrungsmitteln ein und der Zufall half erneut. An der Universität Oslo wurden 1907 Fütterungsversuche mit Meerschweinchen durchgeführt, wobei analoge Symptome zum menschlichen Skorbut auftraten. Das Meerschweinchen gehört nämlich zu den wenigen Lebewesen, die Vitamin C benötigen, und ist bis heute das einzige bekannte Labortier dieser Art. Meerschweinchen bieten somit eine Möglichkeit, Skorbut im Tierversuch künstlich zu erzeugen, die Symptome zu studieren und Stoffe auf ihre antiskorbutische Wirkung hin zu untersuchen.

Bis zur chemischen Identifizierung des antiskorbutischen Faktors, für welchen im Jahr 1920 der Ausdruck „Vitamin C" vorgeschlagen wurde, vergingen noch über 25 Jahre, in denen von verschiedenen Arbeitsgruppen folgende Einzelprobleme gelöst wurden:

- Gewinnung antiskorbutisch wirksamer Extrakte,
- Überprüfung der antiskorbutischen Wirkung im biologischen Test,
- chemische Nachweismethoden für das „antiskorbutische Prinzip",
- Reindarstellung des antiskorbutisch wirkenden Stoffes,
- chemische und physikalische Charakterisierung des Reinstoffes,
- Aufstellung der Strukturformel,
- vollständige Synthese und Vergleich mit dem Naturstoff.

Im Jahr 1933 wurde die Strukturformel zum ersten Mal richtig formuliert und Vitamin C synthetisiert und schon im Herbst des gleichen Jahres wurden die ersten Vitamin C-Präparate hergestellt. TADEUS REICHSTEIN erhielt 1950 den Nobelpreis für Medizin für seine 1933 entwickelte technische Vitamin C-Synthese, eine der ersten großtechnisch durchgeführten Naturstoffsynthesen der modernen Chemie überhaupt.

Weiterführende Versuche:

Untersuchen Sie den Vitamin C-Gehalt verschiedener Obst- und Gemüsesorten in Abhängigkeit von der Lagerdauer (vgl. S. 418f).

Entwickeln Sie schonende Lebensmittelzubereitungen und überprüfen Sie ihre Empfehlungen in Experimenten.

Vitamin C

B1 *Zitronen und Orangen sind bestens bekannt für ihren hohen Vitamin C-Gehalt.* **A:** *Nennen Sie weitere Lebensmittel, die Vitamin C enthalten.*

B2 *L(+)-Ascorbinsäure: Die Schmelztemperatur liegt bei 190 °C – 192 °C mit gleichzeitiger Zersetzung. Die Wasserlöslichkeit beträgt 33 g / 100 cm^3.* **A:** *Was folgern sie aus diesen Angaben für die Zubereitung Vitamin C-haltiger Kost?*

Vitamin C in 100 mg roher Frischsubstanz	
Hagebutte	1 250 mg
Paprika, rot	180 mg
Erdbeere	62 mg
Zitrone	53 mg
Orange	50 mg
Kartoffel	28 mg
Kopfsalat	10 mg

B3 *Vitamin C-Gehalt verschiedener Früchte und Gemüsesorten.* **A:** *Vervollständigen Sie die Tabelle durch weitere Sorten und Werte aus dem Internet.*

Versuche

V1 Lassen Sie eine Vitamin C-Tablette (50 mg) auf der Zunge zergehen, prüfen und beschreiben Sie den Geschmack. Füllen Sie ein Rggl. mit ca. 2 mL Ascorbinsäure-Lösung, c = 0,1 mol/L, und geben Sie einige Tropfen Universalindikator-Lösung hinzu. Versetzen Sie die Lösung anschließend tropfenweise mit verd. Natronlauge*. Geben Sie zu ca. 2 mL Ascorbinsäure-Lösung, c = 0,1 mol/L, kleine Portionen Magnesiumpulver. Führen Sie mit dem entstandenen Gas (feuergefährlich!) die Knallgasprobe durch. Versetzen Sie eine kleine Portion Kalkpulver mit Ascorbinsäure-Lösung, c = 0,1 mol/L. Leiten Sie das entstehende Gas in Kalkwasser ein. Beobachtung?

V2 Füllen Sie drei Rggl. mit jeweils ca. 1 mL Ascorbinsäure-Lösung, c = 0,1 mol/L. Geben Sie zum ersten Rggl. ungefähr das dreifache Volumen verd. Silbernitrat-Lösung*. Versetzen Sie das zweite Rggl. tropfenweise mit Iod/Kaliumiodid-Lösung. Mischen Sie in einem vierten Rggl. gleiche Mengen Fehling-I-Lösung* und Fehling-II-Lösung*. Geben Sie zum dritten Rggl. etwa das dreifache Volumen an Fehling-Lösung. Beobachtung?

V3 Lösen Sie eine Vitamin C-Tablette in 50 mL dest. Wasser. Geben Sie 3 mL Schwefelsäure*, c = 2 mol/L, und 2 mL wässrige Kaliumiodid-Lösung, c = 2 mol/L, hinzu. Versetzen Sie das Gemisch mit 2 mL Stärke-Lösung, w = 1 %, in Wasser aufgekocht. Titrieren Sie mit wässriger Kaliumiodat-Lösung, c = 0,0333 mol/L, bis zur bleibenden Blaufärbung. Verfahren Sie entsprechend mit beispielsweise 50 mL filtriertem Zitronen-, Sauerkraut- oder Orangensaft und weiteren Lebensmitteln.

V4 Füllen Sie 4 Rggl. mit jeweils ca. 20 mL Ascorbinsäure-Lösung, c = 0,5 g/L. Ein Rggl. bleibt unverändert. Erhitzen Sie das zweite Rggl. ca. 20 min mit kleiner Brennerflamme zum schwachen Sieden. Lösen Sie im dritten Rggl. eine Natriumhydroxidperle* durch Umschwenken und lassen Sie ca. 15 min einwirken. Lösen Sie im vierten Rggl. eine Spatelspitze Kupfersulfat* durch Umschwenken und lassen Sie ca. 15 min einwirken. Bestimmen Sie in allen vier Proben den verbleibenden Gehalt an Ascorbinsäure und vergleichen Sie. Wiederholen Sie die Versuche mit verdünntem Zitronensaft.

Auswertung

a) Notieren Sie ihre Beobachtungen.

b) Ascorbinsäure (B4) ist eine zweiprotonige organische Säure ohne Carboxy-Gruppe. Formulieren Sie zwei Protolyseschritte. Wodurch kann das Monoanion (zusätzlich zu Mesomerie – vgl. B5) noch stabilisiert werden? Zeichnen Sie dazu die Strukturformel in einer geeigneten Weise. Begründen Sie die Existenzfähigkeit des Dianions.

c) Deuten Sie die Beobachtungen in V1 und formulieren Sie Reaktionsgleichungen, wobei Sie die verkürzte Schreibweise $\mathbf{AscH_2}$ verwenden.

d) Worin unterscheidet sich der experimentelle Ablauf der Fehling Reaktion mit Ascorbinsäure in V2 von der Fehling Reaktion mit Glucose (S. 24)? Welche Schlussfolgerung kann aus diesem Unterschied gezogen werden?

e) Geben Sie an, welche Kohlenstoff-Atome im Ascorbinsäure-Molekül ihre Oxidationszahlen bei der Oxidation zu Dehydroascorbinsäure (S. 27) ändern. Stellen Sie die vollständige Teilgleichung für die Oxidation von Ascorbinsäure auf. Deuten Sie die Beobachtungen in V2. Welches Standardpotenzial erwarten Sie ungefähr für Ascorbinsäure ($\mathbf{AscH_2/Asc_{ox}}$)?

f) Welche Reaktionen finden in V3 statt? Informieren Sie sich im Internet unter *Chemie 2000+ Online* über die ablaufenden Reaktionen und die Berechnung der Ascorbinsäure-Menge ihrer Probe. Verifizieren Sie die angegebene Berechnungsformel.

g) Deuten Sie die Beobachtungen in V4. Welche Schlussfolgerungen sind für einen schonenden Umgang mit Vitamin C-haltigen Lebensmittel möglich?

Ascorbinsäure

Bei dem in vielen Nahrungsmitteln enthaltenen Vitamin C handelt es sich um **Ascorbinsäure**. Das Ascorbinsäure-Molekül kommt in der Enol-Form (hier ein Endiol) und der Keto-Form vor. Zwischen beiden Formen besteht ein chemisches Gleichgewicht. Diese Art von Isomerie, bei der sich die Isomere nur durch die Position eines Wasserstoff-Atoms und einer Doppelbindung unterscheiden, bezeichnet man als **Tautomerie**. Da die Endiol-Form stabiler ist (B4), liegt die Ascorbinsäure im Gleichgewicht hauptsächlich als Endiol vor.

Ascorbinsäure ist eine zweiprotonige Säure, obwohl sie keine Carboxy-Gruppe besitzt. Das Monoanion ist **mesomeriestabilisiert** (B5). Außerdem kann es durch eine **intramolekulare Wasserstoffbrückenbindung** mit dem Wasserstoff-Atom der benachbarten Hydroxy-Gruppe stabilisiert werden.

Ascorbinsäure ist ein starkes Reduktionsmittel mit einem Standardpotenzial von 0,127 V bei *p*H 5 bzw. 0,200 V bei *p*H 3. Bei der Reaktion werden beide Hydroxy-Gruppen der Endiol-Form zu Keto-Gruppen oxidiert. Da Protonen an der Reaktion beteiligt sind, ist das Redoxpotenzial vom *p*H-Wert abhängig. So wird Ascorbinsäure in alkalischer Lösung z. B. durch Luftsauerstoff besonders schnell weiteroxidiert, saure Lösungen sind weniger oxidationsempfindlich. Die Oxidation von Vitamin C wird durch Schwermetall-Ionen, insbesondere Kupfer(II)-Ionen, beschleunigt. Citronensäure verhindert dies durch Komplexierung der Schwermetall-Ionen.

Das hohe Reduktionsvermögen nutzt man bei der quantitativen Bestimmung von Ascorbinsäure mit Kaliumiodat. Dabei werden die Iodat-Ionen zu Iodid-Ionen reduziert.

$$IO_3^- + 3\ AscH_2 \rightarrow I^- + 3\ Asc_{ox} + 3\ H_2O.$$

Am Äquivalenzpunkt bildet sich Iod, das mit Stärke den blauen Iod-Stärke-Komplex bildet.

$$IO_3^- + 5\ I^- + 6\ H^+(aq) \rightarrow 3\ I_2 + 3\ H_2O$$

Aufgaben

A1 Kinder ab 10 Jahren und Erwachsene sollen etwa 75 mg Vitamin C pro Tag zu sich nehmen. Wie viel Gramm rote Paprika bzw. rohe Kartoffeln müsste ein Erwachsener essen, um seinen Tagesbedarf an Vitamin C ausschließlich mit einem dieser Gemüse zu decken?

A2 Im Jahr 1757 schlug der englische Schiffsarzt JOHN TRAVIS vor, die Schiffskost nicht in kupfernen, sondern in eisernen Kesseln zuzubereiten. Wieso sollte man seinen Rat befolgen? Was würden Sie außerdem als vitaminerhaltende Zubereitung empfehlen (vgl. auch B2)?

A3 Vitamin C ist in Zitrussäften besonders lange haltbar. Welche Eigenschaften der Citronensäure sind dafür verantwortlich?

A4 Zur Behebung von Eisenmangelzuständen werden Eisenpräparate verabreicht. Da der Körper nur Eisen(II)-Ionen aufnehmen kann, finden als Wirkstoffe Eisen(II)-Salze wie z. B. Eisen(II)-chlorid, Eisen(II)-sulfat oder Eisen(II)-gluconat Verwendung. Wieso wird den Präparaten Ascorbinsäure als Stabilisator zugesetzt?

A5 Erkundigen Sie sich nach der Nachweismethode von Vitamin C mit Tillmanns Reagenz, DCPIP-Lösung, und formulieren Sie die Reaktionsgleichungen (vgl. S. 322).

Endiol-Form ⇌ Keto-Form

B4 *Keto-Enol-Tautomerie bei Ascorbinsäure.*
A: *Zeichnen sie die intramolekularen Wasserstoffbrückenbindungen der Endiol-Form, durch die zwei weitere Fünferringe entstehen.*

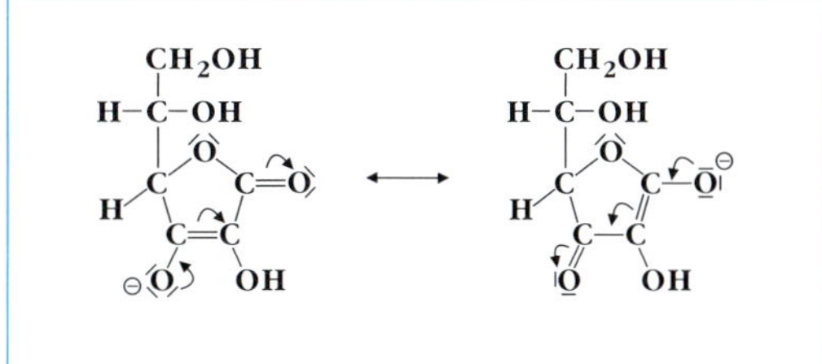

B5 *Grenzformeln für das Monoanion der Ascorbinsäure*

B6 *Vitamin C wird Fleisch- und Wurstwaren zugegeben, um deren Nitrit-Gehalt zu reduzieren. Auch Bier, das nicht in Deutschland hergestellt wird, enthält Vitamin C zur Erhöhung der Haltbarkeit.* **A:** *Erkundigen Sie sich, welchen weiteren Nahrungsmitteln Ascorbinsäure zugesetzt wird.* **A:** *Informieren Sie sich, warum Fleisch mit Pökelsalz behandelt wird. Welche Nachteile hat dieses Verfahren?*

Fachbegriffe

Keto-Enol-Tautomerie, Mesomeriestabilisierung, intramolekulare Wasserstoffbrückenbindungen

Zielgerecht verpackt

Methacrylsäure
$H_2C{=}C(CH_3)(COOH)$
Ethylacrylat (Acrylsäureethylester)
$H_2C{=}CH(COOC_2H_5)$

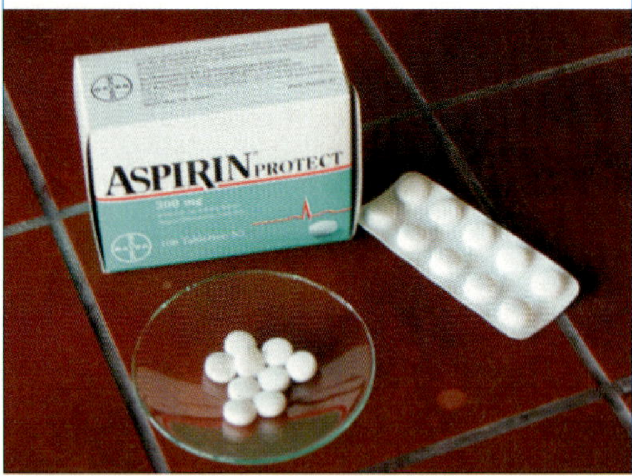

B1 *Aspirin® Protect ist zur täglichen Einnahme von Acetylsalicylsäure bei der Vorbeugung von Herzinfarkten entwickelt worden. In der Packungsbeilage zu diesem Medikament steht: „Lacküberzug: Methacrylsäure-Ethylacrylat-Copolymer 1:1-Dispersion [...]" sowie der Hinweis: „Aspirin® Protect [...] eignet sich nicht zur Behandlung von Schmerzzuständen."* **A:** *Zeichnen Sie einen Strukturausschnitt des Lacküberzugs.*

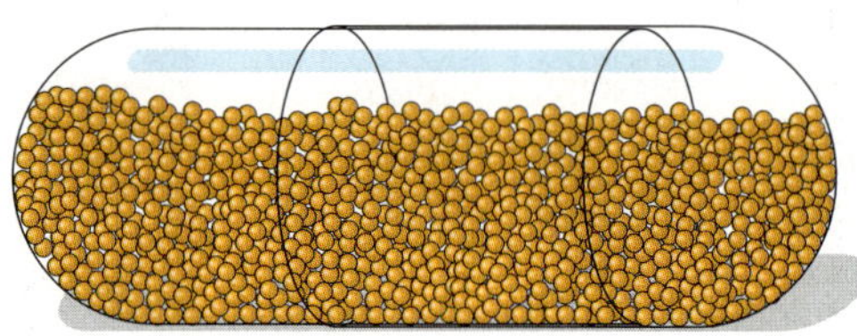

B2 *Eine Gelatine-Kapsel, z. B. Cetebe®, enthält 500 mg Ascorbinsäure in 700 Perlen bzw. Pellets. Der Überzug der Kapseln sowie einzelne Schichten in den Perlen bestehen aus Schellack, einem Harz, das zu 79% aus Säuren besteht, die Verseifungszahl beträgt 185–210, die Iodzahl 10–18 und die wichtigste Säure ist die 9, 10, 16-Trihydroxypalmitinsäure bzw. Aleuritinsäure.* **A:** *Zeichnen Sie eine Molekülstruktur dieser Säure.*

Versuche

V1 Füllen Sie in ein Becherglas ca. 10 mL verd. Salzsäure und in ein weiteres Becherglas ca. 10 mL verd. Natronlauge. Erwärmen Sie beide Lösungen auf ca. 37 °C. Geben Sie in beide Bechergläser zeitgleich jeweils eine Tablette Aspirin® und Aspirin® Protect. Beobachten Sie das Verhalten der Tabletten einige Minuten.

V2 Untersuchen Sie das Verhalten von Aspirin® Protect-Tabletten in Abhängigkeit vom *p*H-Wert. Stellen sie hierzu Verdünnungsreihen von Salzsäure und Natronlauge her.

V3 Untersuchen Sie quantitativ die zeitliche Freisetzung von Ascorbinsäure in Retard-Präparaten, z. B. Cetebe®, mit verschiedenen Lösungsmitteln (Wasser, verd. Salzsäure, verd. Natronlauge, jeweils bei ca. 37 °C bzw. 50 °C). Nutzen Sie für die quantitativen Messreihen die Informationen von S. 418.

V4 Tauchen Sie ein Dragee Ascorvit® 200 mg mithilfe einer Pinzette so in eine ethanolische Schellacklösung, *w*(Schellack) = 10%, dass die Pinzettenspitzen nicht benetzt werden. Lassen Sie mithilfe eines Kaltluftföns das Lösungsmittel verdunsten und wiederholen Sie den Vorgang bis das Dragee vollständig mit Schellack überzogen ist. Untersuchen Sie die zeitliche Freisetzung von Ascorbinsäure von normalen und selbst mit Schellack überzogenen Dragees in verschiedenen Lösungsmitteln.

Auswertung

a) Notieren Sie Ihre Beobachtungen zu V1.

b) Erklären Sie mithilfe des Strukturausschnittes des Überzugs von Aspirin® Protect (B1) das unterschiedliche Verhalten der Tabletten in den beiden Lösungen von V1.

c) Warum eignet sich Aspirin® Protect zur Vorbeugung eines Herzinfarkts, aber keinesfalls zur Behandlung von Schmerzzuständen? Nutzen Sie die Beobachtungen aus dem Modellversuch V1 und beachten Sie, dass im Magen ein *p*H-Wert von 1–2, im Dünndarm ein *p*H-Wert von 6–8 herrscht.

d) Stellen Sie die Ergebnisse von V2 bis V4 grafisch dar.

e) Erklären Sie mithilfe von B1 und B2 die Ergebnisse der Versuche V2 bis V4.

f) Warum ist die Löslichkeit der Pellets aus den Retard-Kapseln im Darm wesentlich besser als im Magen?

Moderne Darreichungsformen von Wirkstoffen

Wie werden aus Wirkstoffen Medikamente? Am Beispiel der Acetylsalicylsäure lässt sich zeigen, wie spezifische Darreichungsformen für verschiedene Anwendungsgebiete entwickelt wurden.
Neben der Wirkung als schmerzstillendes Mittel verhindert ASS auch das Verklumpen von Blutplättchen und beugt so der Entstehung von Blutgerinnseln vor, die Ursache von Herzinfarkten und Schlaganfällen sind. Dazu soll man täglich eine geringe Menge Aspirin® einnehmen. Der häufige direkte Kontakt des Wirkstoffs mit der Magenschleimhaut kann diese allerdings schädigen. Zur Vermeidung dieser Nebenwirkung bei der Dauereinnahme wurde eine spezielle Darreichungsform der Acetylsalicylsäure entwickelt: Aspirin® Protect. Ihre Besonderheit ist die magensaftresistente Ummantelung. Sie besteht aus langen Polymerketten aus Methacrylsäure und Acrylsäureethylester. Die Carboxyl-Gruppen der Methacrylsäureeinheiten bilden im Kontakt mit Wasser folgendes Gleichgewicht

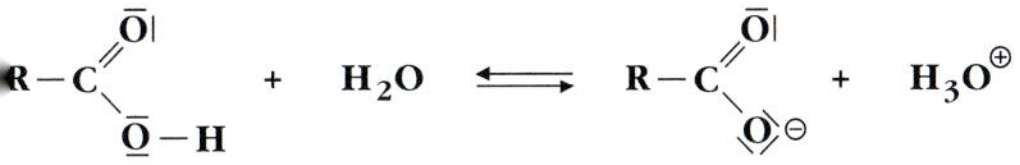

$$R-COOH + H_2O \rightleftharpoons R-COO^{\ominus} + H_3O^{\oplus}$$

In Säuren, die viele Hydroxonium-Ionen enthält, liegt das Gleichgewicht auf der linken Seite, der Überzug ist unlöslich. In neutraler bzw. alkalischer Lösung liegt das Gleichgewicht auf der rechten Seite, die Umhüllung ist aufgrund der Ionenbildung wasserlöslich, sie quillt auf und der Wirkstoff wird freigesetzt. Bei regelmäßiger, langfristiger Einnahme von ASS zur Vorbeugung von Herzinfarkten wird Aspirin® Protect empfohlen, das sich im Magen (pH = 1–2) nicht, wohl aber im Darm (pH = 6–8) löst, wodurch der Kontakt der ASS mit der Magenschleimhaut vermieden wird. Sollen Kopfschmerzen durch das Medikament *schnell* beseitigt werden, nehme man nicht die ummantelte Tablette, die sich nur sehr verzögert im Darm löst!
Auch für Ascorbinsäure wurde eine „geschickte Verpackung" entwickelt. Da der Körper Vitamin C nicht über einen langen Zeitraum hinweg speichern kann, muss ihm das lebensnotwendige Vitamin C regelmäßig zugeführt werden. Bis zu einer Menge von 200 mg kann der Körper Ascorbinsäure gut aufnehmen. Nimmt man eine höhere Dosis ein, wird die überschüssige Ascorbinsäure rasch ausgeschieden. Wird der Resorptionsprozess bei Einnahme höherer Dosen Vitamin C zeitlich ausgedehnt, kann die bioverfügbare Menge allerdings erhöht werden. Retard-Präparate wie Cetebe® setzen Ascorbinsäure zeitverzögert frei. Eine Kapsel enthält 500 mg Ascorbinsäure in 700 Perlen. Diese Perlen bzw. Pellets haben einen Überzug aus **Schellack**, einem wasserunlöslichen Ausscheidungsprodukt weiblicher Lackschildläuse, das vorwiegend aus langkettigen Hydroxycarbonsäuren besteht. Im Magen bzw. hauptsächlich im Darm diffundiert vermutlich Wasser durch den Schellackfilm. Dadurch entsteht in den Perlen ein hoher Innendruck, der schließlich zum Aufplatzen des Films und damit zur Freisetzung des Wirkstoffs führt. Der Zeitpunkt der Freisetzung kann z. B. über die Schichtdicke des Schellackfilms gesteuert werden. Bei den Cetebe®-Pellets erfolgt die retardierte Freisetzung durch abwechselnde Schichtung von Vitamin C und Schellack in den Pellets selbst.

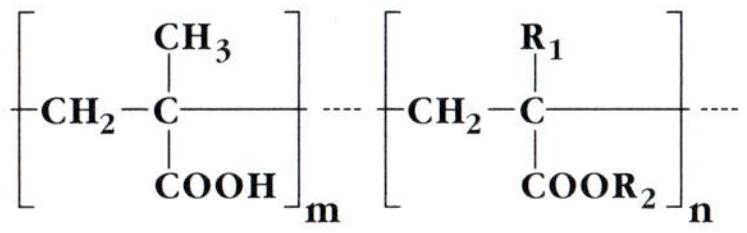

$$\left[-CH_2-C(CH_3)(COOH)-\right]_m \cdots \left[-CH_2-C(R_1)(COOR_2)-\right]_n \cdots$$

R_1	R_2	m : n	Löse-pH-Wert
H	CH_2CH_3	1 : 1	>5,5
CH_3	CH_3	1 : 1	>6,0
CH_3	CH_3	1 : 2	>7,0

B3 *Magensaftresistente Filmbildner aus* ***Copolymeren*** *der Acrylsäure und -ester bzw. Methacrylsäureester.*
A: *Erklären Sie, warum sich die Copolymere ab unterschiedlichen pH-Werten lösen.*

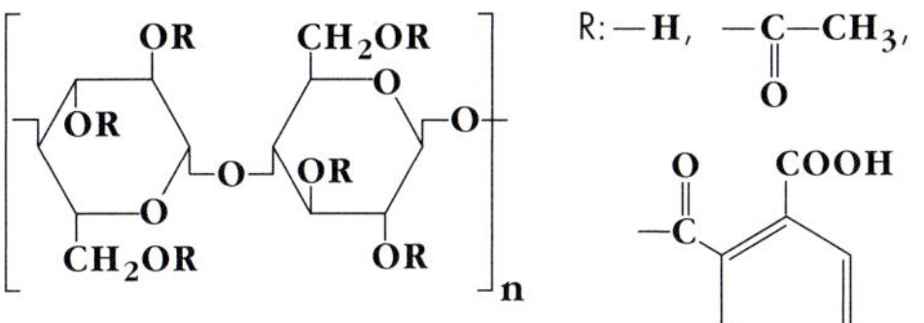

R: —H, $-C(=O)-CH_3$, $-C(=O)-C_6H_4-COOH$

Celluloseacetatphthalat

B4 *Arzneimittelüberzüge werden auch aus Cellulosederivaten synthetisiert. Die erste halbsynthetische Umhüllungssubstanz war Celluloseacetatphthalat (CAP), die sich bei einem pH-Wert von 5,8 löst.*
A: *Erläutern Sie.*

Aufgaben

A1 Erkundigen Sie sich nach weiteren Einsatzgebieten und Darreichungsformen von Acetylsalicylsäure und stellen Sie sie in einer Mind-Map zusammen.

A2 Die Aminosäure Acetylcystein ACC wird als Wirkstoff in Hustenlösern eingesetzt. Sie wirkt verflüssigend auf den zähen Schleim, der sich bei Husten in den oberen Atemwegen bildet, wodurch das Abhusten erleichtert wird. Erkundigen sie sich nach den verschiedenen Darreichungsformen für ACC und entwerfen Sie ein Plakat hierzu.

A3 Informieren Sie sich über die Physiologie des Schmerzes, den Weg des Wirkstoffes ASS im Körper und die Wirkungsweise von Acetylsalicylsäure auf die Cyclooxygenasen. Stellen Sie ihre Informationen in einer Power-Point-Präsentation dar.

A4 Vitamin C ist an sehr vielen Stoffwechselvorgängen im menschlichen Organismus beteiligt. Erkundigen Sie sich nach der Wirkung von Ascorbinsäure als *Cofaktor*, *Antioxidans* und bei der *Infektionsabwehr*.

Fachbegriffe

Schellack, Copolymer

Chemie der feuchten Windel

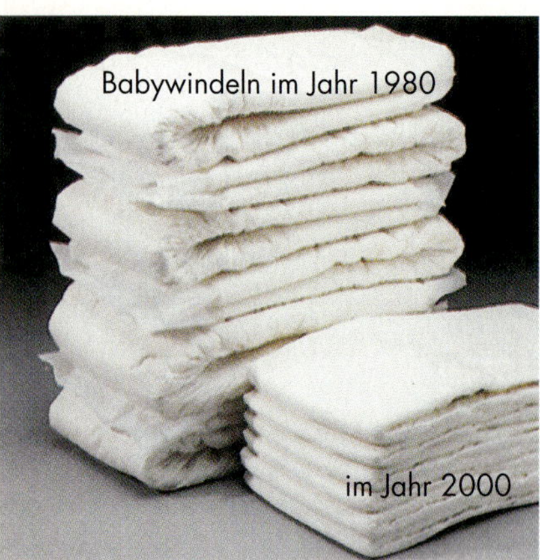

B1 *Babywindeln mit Superabsorber.* **A:** *Welche Materialien werden in einer modernen Windel verwendet und wozu dienen sie?*

CO_2H O CO_2^- CO_2^- CO_2^- CO_2H
HN Na^+ Na^+ Na^+
HN
Na^+ Na^+ Na^+ Na^+
CO_2^- O CO_2H CO_2^- CO_2^- CO_2^-

B2 *Molekülausschnitt eines superabsorbierenden Polymers: Die teilneutralisierten Polyacrylatketten sind quervernetzt.* **A:** *Welche Reaktionen erwarten Sie bei Zugabe einiger Tropfen verd. Salzsäure bzw. verd. Natronlauge? Überprüfen Sie experimentell mit Universalindikator.*

Versuche

V1 Isolieren Sie aus Windeln die kleinen, weißen Körnchen (Superabsorber) und befreien Sie sie mithilfe eines Siebes vom Zellstoff. Alternativ nehmen Sie eine kleine Probe Favor® (Firma Stockhausen). Untersuchen Sie die Aufnahmefähigkeit für dest. Wasser und vergleichen Sie mit der Wasseraufnahmefähigkeit von Küchenpapier.

V2 Verfahren Sie zur Isolierung von Superabsorber-Perlen wie bei V1. Geben Sie in drei Bechergläser jeweils 200 mg davon und versetzen Sie
a) mit 15 mL dest. Wasser,
b) mit 15 mL 2%iger Kaliumchlorid-Lösung und
c) mit 15 mL 2%iger Calciumchlorid-Lösung.

V3 Verschließen Sie zwei durchsichtige Kunststoffrohre (Durchmesser ca. 5 cm) an einem Ende mit Filterpapier und Schlauchklemmen und füllen Sie sie jeweils mit 200 mg des Polymers. Stellen Sie zum Quellen die Rohre jeweils in ein mit dest. Wasser gefülltes Becherglas und füllen Sie sie – je nach Bedarf – mehrmals mit dest. Wasser auf. Befestigen Sie anschließend die Rohre senkrecht an Stativen und stellen Sie unter die Rohre Bechergläser (B3). Geben Sie von oben a) 15 mL verd. Kupfersulfat*-Lösung ($CuSO_4$) und b) ca. 15 mL verd. Kaliumpermanganat*-Lösung ($KMnO_4$) jeweils in ein Rohr und warten Sie bis zur erneuten Gleichgewichtseinstellung. Spülen Sie anschließend die Rohre mehrmals mit dest. Wasser. Welche farblichen Unterschiede können Sie beobachten?

V4 Untersuchen Sie die Quellfähigkeit von Superabsorbern in Abhängigkeit vom *p*H-Wert. Stellen sie hierzu Verdünnungsreihen von Salzsäure und Natronlauge her. Nehmen Sie jeweils gleiche Portionen des Polymers und versetzen Sie sie mit gleichen Volumina der wässrigen Lösungen unterschiedlicher *p*H-Werte.

Auswertung

a) Notieren Sie Ihre Beobachtungen.
b) Wie lassen sich nach Ihren Beobachtungen bei V1 superabsorbierende Polymere charakterisieren?
c) Erklären Sie die Wasseraufnahme von superabsorbierenden Polymeren in V1 anhand der Molekülstruktur in B2 (vgl. S. 273).
d) Wieso ist die Aufnahmekapazität der Superabsorber bei Flüssigkeiten, die Ionen enthalten, geringer als bei dest. Wasser? Erklären Sie die bei V2 beobachteten Änderungen im Quellvermögen, wenn man Kalium-Ionen durch Calcium-Ionen ersetzt.
e) Welche Anionen und Kationen in V3 sind jeweils für die Farbe der wässrigen Lösungen entscheidend? Wie lassen sich die Beobachtungen mithilfe des Molekülausschnitts in B2 erklären?
f) Stellen Sie Ihre Versuchsergebnisse aus V4 grafisch dar und erläutern Sie sie. Vergleichen Sie die Ergebnisse mit dem Verhalten des Lacküberzuges von Aspirin® Protect-Tabletten in Lösungen verschiedener *p*H-Werte.

B3 *Zu Versuch V3: Die violette Farbe der Kaliumpermanganat-Lösung lässt sich auswaschen, die blaue Farbe der Kupfersulfat-Lösung bleibt im gequollenen Polymer.* **A:** *Erklären Sie den Sachverhalt.* **A:** *Warum ist der gequollene Superabsorber bei Zugabe von Kupfersulfat-Lösung stärker geschrumpft als bei Zugabe von Kaliumpermanganat-Lösung?* **A:** *Welche Beobachtungen erwarten Sie, wenn man den Versuch mit gelber, sehr giftiger Kaliumdichromat-Lösung durchführen würde?*

Quellvermögen von Superabsorbern

Seit den 1990er Jahren werden **superabsorbierende Polymere (SAP)** in Einwegwindeln eingesetzt. Durch ihren Einsatz wurde die Menge an benötigtem Zellstoff drastisch reduziert (B5), die Windeln wurden leichter und dünner (B1) und die Kinderpopos bleiben in allen Lagen weitestgehend trocken.

Superabsorber sind quellbare, polymere Substanzen, die

1. das Vielfache ihres eigenen Gewichts an wässrigen Flüssigkeiten unter Bildung eines Gels aufnehmen können, und
2. die aufgenommene Flüssigkeit unter Druck nicht mehr abgeben.

Der wichtigste Vertreter dieser Stoffklasse ist Favor®, der Inhaltsstoff von Babywindeln. Die weißen Körner bestehen aus quervernetzten, teilneutralisierten **Natriumpolyacrylat-Ketten** mit **COOH**- und **COONa**-Gruppen. Die chemische Struktur des Vernetzers kann beispielsweise die in B2 gezeigte sein. Das gebildete dreidimensionale Netzwerk ist für die Absorption entscheidend.

Versetzt man eine Probe Superabsorber mit destilliertem Wasser, quillt diese erheblich auf. Die Wasser-Moleküle diffundieren wegen des osmotischen Gradienten in das Polymer hinein und **hydratisieren** die Carboxylat-Gruppen. Im Polymer sind mehr Ionen vorhanden als im umgebenden Wasser, sodass das System versucht, die Ionenkonzentration auszugleichen. Das Molekülgerüst dehnt sich so lange aus, bis die rücktreibenden elastischen Kräfte des Polymernetzes den Druck der einströmenden Wasser-Moleküle gerade kompensieren. Die Wasser-Moleküle werden durch Wasserstoffbrückenbindungen im Netzwerk festgehalten (S. 65).

Bei Salzlösungen ist das Absorptionsvermögen geringer als bei dest. Wasser, da der Konzentrationsunterschied und damit auch der osmotische Gradient kleiner sind. Die Kationen dringen in den gequollenen Superabsorber ein und können die Natrium-Ionen ersetzen. Im Gegensatz zu Kalium-Ionen können Calcium-Ionen Carboxylat-Brücken **[$-COO^-$ --- Ca^{2+} --- $^-OOC-$]** bilden (B6). Dadurch nimmt die Vernetzung im Polymer zu und das Ausdehnungsvermögen ab.

Aus dem violetten Gemisch SAP/Wasser/Kaliumpermanganat lässt sich die Farbe mit dest. Wasser nach einiger Zeit ausspülen, die blaue Farbe des Gemisches aus SAP/Wasser/Kupfersulfat bleibt hingegen im Gel. Die Permanganat-Ionen werden vom negativ geladenen Polymernetzwerk nicht festgehalten, die Kupfer-Ionen können hingegen die Natrium-Ionen substituieren und feste Ionenbindungen eingehen.

Das Volumen gequollener SAP ist vom *p*H-Wert der Lösungen abhängig. Bei *p*H-Werten bis ca. 4 ist es sehr gering, die Carboxylat-Gruppen reagieren mit den Hydroxonium-Ionen, sodass fast ausschließlich Carboxyl-Gruppen vorliegen. Bei einem *p*H-Wert von ca. 8 ist das Quellvolumen maximal, das optimale Verhältnis zwischen der Anzahl von Carboxyl- und Carboxylat-Gruppen im Polymer liegt vor. Bei höheren *p*H-Werten nimmt das Volumen wieder etwas ab. Da vorwiegend Carboxylat-Gruppen vorliegen, wäre auch die Abstoßung zwischen den einzelnen Polymerketten erhöht, wenn dies nicht durch die ebenfalls erhöhte Anzahl von Gegenionen kompensiert würde.

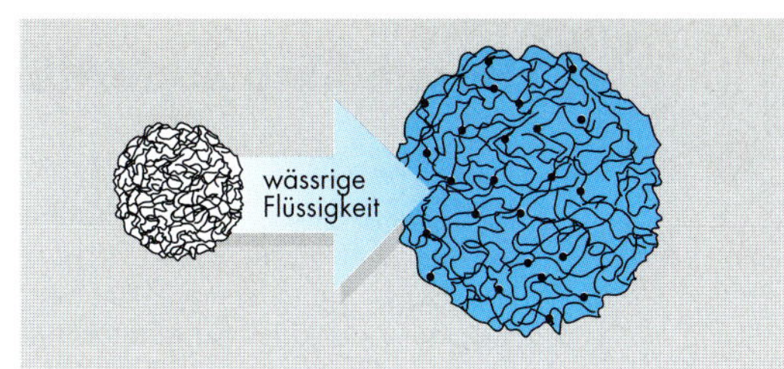

B4 *Quellung der Superabsorber in Wasser*

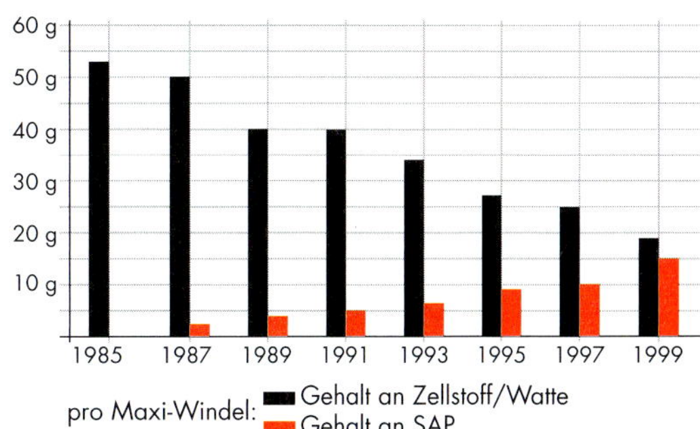

B5 *Babywindel (Maxi) – Zusammensetzung mit Zellstoff und SAP.* **A:** *Geben Sie Gründe für die Entwicklung in der Zusammensetzung an.* **A:** *Finden Sie Ursachen, wieso heutzutage Kleinkinder erst Monate später als in früheren Generationen die Windel endgültig aufgeben wollen.*

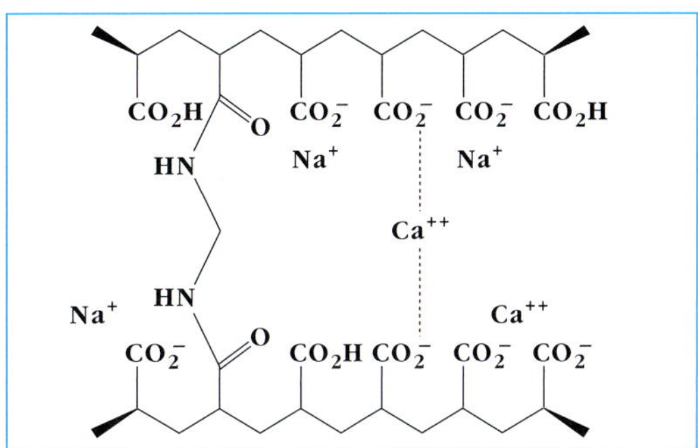

B6 *Die zusätzliche Quervernetzung bei Zugabe von Calciumchlorid-Lösung verringert das Quellvermögen.* **A:** *Welche Änderungen erwarten Sie bei Verwendung von Aluminiumchlorid-Lösung?*

Aufgaben

A1 Gehört ein Schwamm aufgrund seiner Aufnahmekapazität von Wasser auch zur Stoffgruppe der Superabsorber?

A2 Welche Beobachtungen erwarten Sie, wenn man V3 mit verdünnter, rosafarbener Cobaltchlorid-Lösung bzw. gelber Kaliumhexacyanoferrat-Lösung durchführen würde?

Fachbegriffe

superabsorbierende Polymere SAP, Natriumpolyacrylat-Ketten, Hydratation

Herstellung superabsorbierender Polymere

Versuche

V1 *Standardrezept zur Synthese eines SAPs*

Schritt 1: Quervernetzende Polymerisation

Vermischen Sie in einem 50-mL-Becherglas folgende Lösungen in der angegebenen Reihenfolge, verwenden Sie zum Abmessen der Flüssigkeitsmengen Spritzen: 2,7 mL dest. Wasser, 2,0 mL Acrylsäure*, 0,2 mL N,N'-Methylenbisacrylamid*-Lösung MBA, w = 1 %, 1,4 mL Ascorbinsäure-Lösung, w = 1,9 %, und 0,7 mL Wasserstoffperoxid*-Lösung, w = 0,6 %. Mischen Sie den Inhalt des Becherglases durch leichtes Schwenken. Nach der Abkühlung bzw. am nächsten Tag kann der 2. Schritt erfolgen.

Schritt 2: Partielle Neutralisation

Geben Sie das Zwischenprodukt aus Schritt 1 in eine Kristallisierschale und übergießen Sie es mit 40 mL Natronlauge*, c = 0,5 mol/L. Teilen Sie das Polymer mithilfe zweier spitzer Pinzetten in kleinere Stücke. (Tragen Sie hierbei Handschuhe und Schutzbrille!) Geben Sie, sobald die Lösung vollständig durch das Gel absorbiert wurde, 100 mL Methanol* hinzu. Schwenken Sie den Inhalt der Kristallisierschale vorsichtig, gießen Sie nach ca. 10 min die Flüssigkeit ab und fügen Sie 60 mL Methanol* hinzu. Wiederholen sie den letzten Vorgang noch zweimal; die Polymerstückchen müssen währenddessen je nach Konsistenz mithilfe der Pinzetten evtl. erneut voneinander bzw. von ihrer Unterlage gelöst werden. Trocknen Sie das Produkt nach dem letztmaligen Abgießen der Flüssigkeit entweder über Nacht im Abzug oder bei ca. 80 °C etwa 1 Stunde lang im Trockenschrank.

V2 *SAP-Synthese mit viel Starter*

Führen Sie Versuch V1 erneut durch. Verwenden Sie dabei 3,7 mL dest. Wasser, 2,0 mL Acrylsäure*, 0,2 mL MBA*-Lösung, w = 1 %, 0,7 mL Ascorbinsäure-Lösung, w = 18,8 %, und 0,35 mL Wasserstoffperoxid*-Lösung, w = 6 %.

V3 *SAP-Synthese mit viel Quervernetzer*

Führen Sie Versuch V1 erneut durch. Verwenden Sie dabei 2,1 mL dest. Wasser, 2,0 mL Acrylsäure*, 0,8 mL MBA*-Lösung, w = 1 %, 1,4 mL Ascorbinsäure-Lösung, w = 1,9 %, und 0,7 mL Wasserstoffperoxid*-Lösung, w = 0,6 %.

V4 Messen Sie die Wasseraufnahmekapazität (in Gramm Wasser pro Gramm Polymer) der Polymere aus V1 bis V3 und vergleichen Sie das Aussehen vor und nach der Wasseraufnahme.

Auswertung

a) Notieren Sie ihre Beobachtungen zu V1 bis V4.

b) In Schritt 1 findet jeweils eine radikalische Polymerisation statt. Skizzieren Sie einzelne Reaktionsschritte. (*Hinweis:* Die Polymerisation wird durch Radikale **(HO·)** gestartet, die bei der Reduktion von Wasserstoffperoxid mit Ascorbinsäure entstehen.)

c) Erläutern Sie die Unterschiede im 1. Schritt zwischen den Versuchen V1 bis V3.

d) Erläutern Sie die Reaktionen im 2. Schritt.

e) Erläutern Sie mit Auswertung c) Ihre Beobachtungen und Messergebnisse bei V4.

Die weißen Körner der *superabsorbierenden Polymere* bestehen aus quervernetzten Natriumpolyacrylat-Ketten. In der Industrie wird zur Herstellung ein Gemisch aus Acrylsäure, Natronlauge, Vernetzer und Wasser mit einem Polymerisationsstarter versetzt. Die monomere Acrylsäure wird durch Neutralisation teilweise (zu 55–75 %) in Natriumacrylat umgewandelt. Der Vernetzer, meist ein Dialkohol oder ein Diamin, bewirkt die Bildung des dreidimensionalen Netzwerkes. Seine chemische Struktur beeinflusst die Eigenschaften des Produkts entscheidend.

Im Labor kann man eine radikalische Polymerisation mit teilneutralisierter Acrylsäure, dem Vernetzer MBA (N,N'-Methylenbisacrylamid) und dem Starter Wasserstoffperoxid/Ascorbinsäure durchführen. Die Reaktion wird durch die Reduktion von Wasserstoffperoxid in Hydroxid-Ionen und Hydroxyl-Radikale mit Ascorbinsäure initiiert. Die Radikale addieren sich an die Monomere und bilden lange Molekülketten. Moleküle mit mehreren C-C-Doppelbindungen bewirken Quervernetzungen.

x [Acrylsäure] + y [MBA] $\xrightarrow{H_2O_2,\ \text{Ascorbinsäure}}$ quervernetzte Polyacrylsäure

Acrylsäure MBA quervernetzte Polyacrylsäure

Verwendet man große Mengen an Starter, beginnt die Polymerisation aufgrund der hohen Konzentration an Radikalen an vielen Stellen gleichzeitig. Die Polymerketten werden kürzer und enthalten weniger Quervernetzungen. Das Polymer hat eine hohe Quellfähigkeit und eine hohe Wasseraufnahmekapazität. Nach der Wasserabsorption erhält man ein instabiles Gel; die kurzen Polymerketten mit wenigen Quervernetzungen sind weniger verknäuelt und können besser auseinanderdriften.

Führt man die Synthese mit einer hohen Konzentration an Quervernetzer durch, kann das Polymer nur noch wenig Wasser aufnehmen, das Gel ist relativ fest. Die starke Quervernetzung verhindert ein starkes Auseinanderweichen der Polymerketten, sodass die Wasseraufnahmekapazität gering ist.

Die technisch hergestellten Superabsorber, die in Babywindeln verwendet werden, enthalten Schichten unterschiedlicher Vernetzungsgrade, um eine hohe Flüssigkeitsaufnahmekapazität und eine rasche Weiterleitung der Flüssigkeit innerhalb der Windel zu ermöglichen.

Anwendungsgebiete superabsorbierender Polymere

B1 *Superabsorber in einem Nachrichtenkabel*

Bei der Herstellung wasserdichter Nachrichtenkabel verwendet man Quellpulver, Quellvliese und wasserabsorbierende Kabelfüllmasse. Diese absorbiert eindringendes Wasser und quillt dabei. Schadstellen und eventuell noch vorhandene Hohlräume werden zugleich abgedichtet und ein weiteres Vordringen des Wassers wird verhindert.

Wasser und Nährstoffe fließen ungenutzt ab.

Wasser und Nährstoffe stehen der Pflanze voll zur Verfügung. 1 g STOCKOSORB© speichert 100 mL Düngelösung.

B2 *Superabsorber als Bodenhilfsstoff*

Zur Wasser- und Nährstoffspeicherung eignen sich Kaliumsalze superabsorbierender Polymere auf der Basis vernetzter Acrylamid/Acrylsäure-Copolymerisate hervorragend. Aufgequollen zum Gel können Wasser und die darin gelösten Pflanzennährstoffe gespeichert werden.

B3 *Spielzeug-Eidechse aus einem Superabsorber*

B4 *Superabsorber als Löschmitteladditive*

Durch den Einsatz von Superabsorbern als Löschmitteladditiv kann Wasser besonders effektiv zum Löschen genutzt, die Löschzeit halbiert und die Kühlwirkung stark erhöht werden. Die Superabsorber werden dem Löschwasser in einer Dosierung von 1 bis 2 Prozent zugemischt. Es entsteht ein feuerhemmendes Gel, das das Mehrfache seines Gewichtes an Wasser absorbiert und dessen Verdampfung verzögert. Durch die hohe Kühlwirkung der Gelteilchen und die sofortige Haftung auf dem Brandgut wird der Brand schnell und effektiv erstickt und gekühlt. Der Wasserverbrauch wird gesenkt. Dadurch fällt der Löschwasserschaden geringer aus und es entsteht weniger kontaminiertes Löschwasser.

Aufgaben

A1 Wozu werden wasserdichte Nachrichtenkabel benötigt? Was geschieht mit dem Kabel, wenn auf eine Feucht- eine Trockenperiode folgt?

A2 Warum ist der Einsatz von Superabsorbern besonders bei groben Bodensubstraten wie Kies, Sand und Geröll sowie an wasserfernen Standorten sinnvoll?

A3 Warum werden die Superabsorber in Deutschland besonders bei der Bepflanzung an Autobahnen eingesetzt?

A4 Was ist zu erwarten, wenn man die Eidechse aus B3 in Wasser legt? Erläutern Sie.

A5 Erkundigen Sie sich nach weiteren Anwendungsgebieten für superabsorbierende Polymere. Bereiten Sie eine Präsentation vor und nutzen Sie bei den Erklärungen die Informationen der vorherigen Seiten.

Komplexverbindungen in der Medizin

Komplexe kommen in lebenden Organismen vielfach vor, beispielsweise in Enzymen (vgl. B5, S. 383), Vitaminen (vgl. B3, S. 365) und Blattpigmenten sowie im Blutfarbstoff (vgl. B3, S. 324). So ist es nicht verwunderlich, dass einige Komplexe auch als Arzneimittel Anwendung gefunden haben.

Mit Natriumpentacyanonitrosylferrat(III) $\mathbf{Na_2[Fe(CN)_5NO]}$ kann Hypertonie (Bluthochdruck) bekämpft werden. Der radioaktive Technetium-Komplex $\mathbf{[^{99}Tc(CO)_3(OH_2)_3]^+}$ dient in der Nuklearmedizin als Proteinmarker bei der Diagnose von Tumoren, andere Komplexe werden in der Tumor-Therapie eingesetzt.

Tumor-Therapie

Im Jahre 1965 wurde die zytostatische Wirkung des *cis*-Diammindichloroplatin(II)-Komplexes *cis*-$\mathbf{[PtCl_2(NH_3)_2]}$ entdeckt, der seit 1978 unter dem Namen *Cisplatin®* als Chemotherapeutikum zugelassen ist (B1). Allein das *cis*-Isomer ist aktiv und bindet an alle vier DNA-Basen, bevorzugt jedoch an Guanin (B1).

Platin-Komplexe (B2) kommen bei Bronchialkarzinomen und Tumoren im Urogenitaltrakt als Zytostatika zum Einsatz. Cisplatin® muss intravenös injiziert werden, da die orale Zufuhr aufgrund der vollständigen Hydrolyse des Komplexes in der Magensäure nicht möglich ist. In der Zelle wird Cisplatin® zu $\mathbf{[PtCl(NH_3)_2(OH_2)]^+}$ hydrolysiert und bindet an Nukleinsäure (B1), wodurch die Replikation oder Transkription der DNA gestört oder unterbunden wird, sodass eine Zellteilung nicht mehr möglich ist. Da Tumorzellen schneller als Zellen des gesunden Gewebes wachsen und Platin-Komplexe relativ schnell ausgeschieden werden, werden in erster Linie Tumorzellen geschädigt. Aber auch gesunde Zellen anderer Gewebe werden angegriffen, was zu den erheblichen Nebenwirkungen führt.

Chelat-Therapie

Chelatbildner werden auch zur Behandlung von Schwermetall-Vergiftungen eingesetzt.

Ethylendiamintetraacetat **EDTA** (vgl. B4, S. 371) eignet sich in Form von $\mathbf{CaH_2edta}$ als Mittel gegen Bleivergiftung. Da Blei- und andere Schwermetall-Ionen stabilere Komplexe mit EDTA als Calcium-Ionen bilden, werden die Calcium-Ionen des Komplexes im Körper durch Blei-Ionen ersetzt und der Komplex $\mathbf{[Pb(edta)]^{2-}}$ wird mit dem Urin ausgeschieden. Um die Komplexbildung des EDTA mit $\mathbf{Ca^{2+}}$-Ionen aus den Knochen zu vermeiden, wird das Calciumsalz $\mathbf{CaH_2edta}$ und nicht das Dinatriumsalz der Ethylendiamintetraessigsäure $\mathbf{Na_2H_2edta}$ eingesetzt. Mit dem Trinatriumsalz $\mathbf{Na_3Hedta}$ können Nierensteine aufgelöst werden, die aus Calciumoxalat bestehen.

Cisplatin

Carboplatin

Oxaliplatin

Satraplatin

B2 *Formeln verschiedener Platin-Komplexe*

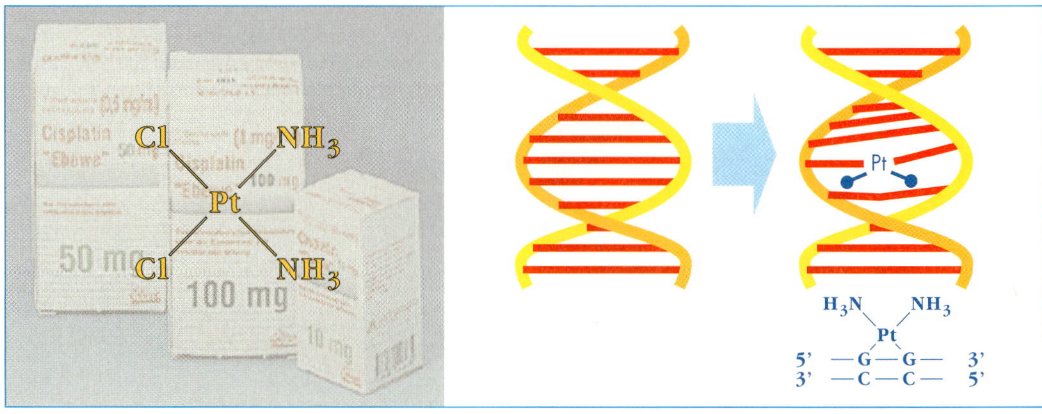

B1 *Cisplatin® und Bindungen zur DNA*

Komplexverbindungen in der Medizin

Antibiotika

Auch einige Antibiotika wie Nonactin, Streptomycin, Aspergillussäure und Tetracycline sind Chelatbildner. Die Fähigkeit eines Antibiotikums zur Chelatbildung kann genutzt werden, um Metall-Ionen zu transportieren oder das Antibiotikum an einer bestimmten Stelle zu fixieren, von der aus es das Bakterienwachstum stören kann.

Die als **Transportantibiotika** bezeichneten Verbindungen machen Membranen auf zwei verschiedene Arten durchlässig für Ionen (B3), sie fungieren als **Carrier** oder als **Kanalbildner**.

Valinomycin komplexiert Kalium-Ionen (B4). Es bildet sich ein reifenförmiger Komplex, in dessen zentraler Höhlung das Kalium-Ion oktaedrisch von sechs Sauerstoff-Atomen (von Carbonyl-Gruppen der Valin-Reste) koordiniert ist. Die Kohlenwasserstoffperipherie macht diesen **Ion-Carrier-Komplex** in der Lipidschicht der Membranen löslich, sodass der Ionentransport durch diese ermöglicht wird (B3).

Das Antibiotikum **Gramicidin A** ist ein **Kanalbildner**, der den Kanal passierende Alkalimetall-Ionen mit den im Gramicidin A-Molekül enthaltenen Carboxy-Gruppen vorübergehend komplexiert (B3).

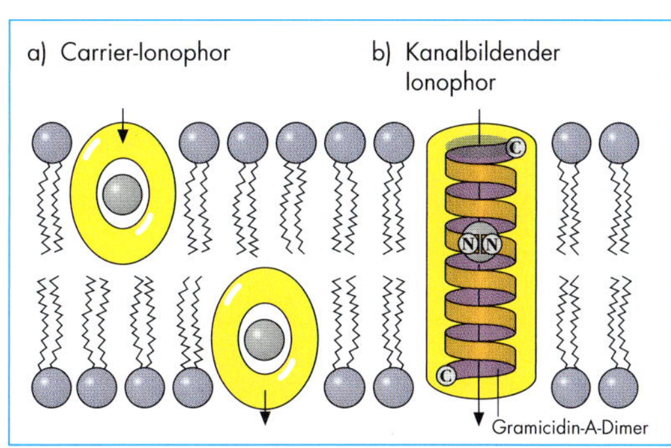

B3 *Arten des Ionentransports durch Ionophore[1].*
(a) Carrier-Ionophore transportieren Ionen mittels Diffusion durch die Lipiddoppelschicht.
(b) Kanalbildende Ionophore durchspannen die Membran mit einem Kanal, durch den die Ionen diffundieren können.

Aufgaben

A1 Zeichnen Sie die Strukturformeln der beiden Isomere des Diammindichloroplatin(II)-Komplexes.

A2 Warum ist nur das *cis*-Isomer von $[PtCl_2(NH_3)_2]$ als Zytostatikum geeignet (vgl. B1, B2)?

A3 Erläutern Sie mithilfe von Reaktionsgleichungen und des MWG die Entgiftung mit EDTA bei Bleivergiftungen und die Auflösung von Calciumoxalat-Nierensteinen mit EDTA. Benutzen Sie die Angaben von B3, S. 371.

A4 Erläutern Sie den Ionentransport durch Zellmembranen anhand der Molekülstrukturen von Ionophoren und biologischen Membranen.

A5 *Kronenether* und *Kryptate* bilden ebenfalls Alkalimetall-Komplexe (vgl. B5, S. 313). Recherchieren Sie im Internet, definieren und vergleichen Sie beide Verbindungsklassen mit den Ionophoren.

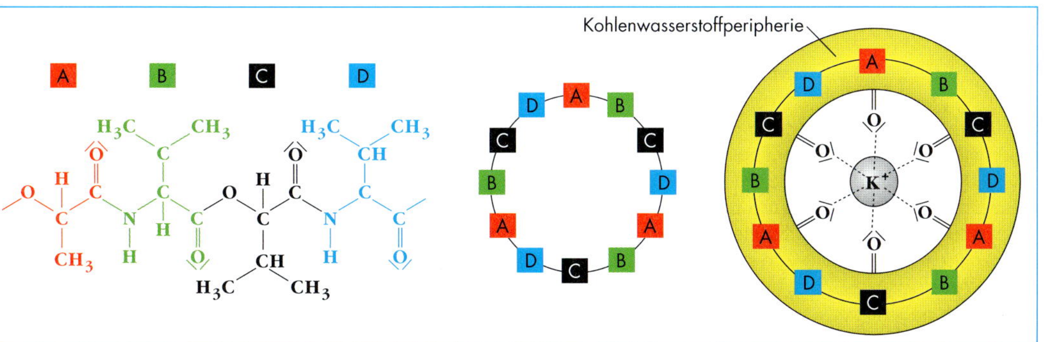

B4 *Valinomycin ist ein cyclisches Molekül mit sich wiederholenden Einheiten aus L-Lactat- (A), L-Valin- (B), D-Hydroxyisovalerat- (C) und D-Valin- (D) Resten. Es bildet mit Kalium-Ionen einen Chelatkomplex, der durch die Zellmembran wandern kann (B3).*

[1] Ionophore = Substanzen, die die Permeabilität von Membranen für bestimmte Ionen beträchtlich erhöhen

Neue Materialien für moderne Anwendungen

Silicium für Solarzellen, erhalten nach dem CVD-Verfahren im Wirbelschichtreaktor

Komposite für die Nanotechnologie
Synthese, Charakterisierung und Anwendung von nanostrukturierten Materialien mit maßgeschneiderten Eigenschaften stehen weltweit im Fokus zahlreicher Forschergruppen. Beispiele dieser Nanotechnologie sind auf S. 341 – 343 und auf S. 352 sowie unter *Chemie 2000+ Online* zu finden. Auch aus Siliconen und anderen makromolekularen Verbindungen können nanostrukturierte Materialien hergestellt werden. Ein bemerkenswertes neues Material ist ein Kunststoff mit ausgezeichneten Eigenschaften: Er ist transparent, thermoplastisch zwischen 140 °C und 250 °C, schlag- und bruchfest zwischen –40 °C und 140 °C und unempfindlich gegenüber aggressiven Chemikalien. Dieses Material besteht aus Silicon-Nanokügelchen mit einem Durchmesser von 10 nm bis 100 nm, eingehüllt in einen Mantel aus 100 bis 200 Atomlagen Polyacrylat oder Polystyrol. Setzt man diese nanoskaligen „Silicon-Flummis" beispielsweise Autolacken zu, werden diese unempfindlich gegenüber Steinschlag. Bei entsprechenden Strukturen von Siliconkern und Polymerhülle sind auch Nanokapseln denkbar, die als intelligente, durch Licht, Elektrizität oder Magnetismus schaltbare Klebstoffe, Lacke oder Arzneimittel eingesetzt werden.

Wie jede wissenschaftlich-technische Neuerung ist auch die Nanotechnologie neben Chancen mit Risiken verknüpft. Es ist noch nicht genau bekannt, ob und inwiefern Nanopartikel, die in Staubform in den Körper gelangen, gesundheitsschädlich sind. Daher ist es wichtig, Stäube aus Nanopartikeln zu vermeiden, indem diese gleich nach ihrer Synthese und noch vor der Handhabung beispielsweise zu rieselfähigem Granulat oder flüssigem Werkstoff verarbeitet werden. Das ist bei den oben erwähnten Nanokapseln mit Siliconkern und Mantel aus einem anderen Polymer der Fall.

Materialien für die Photovoltaik
Während im Jahr 1954 ein Watt elektrische Leistung aus den ersten photovoltaischen Zellen 500 US-Dollar kostete, zahlte man im Jahr 2004 nur noch 2,50 Euro pro Watt. Dennoch trägt die aus Sonnenlicht gewonnene elektrische Energie nur zu einem verschwindend kleinen Anteil zur weltweiten Energieversorgung bei. Aber die Photovoltaik boomt wie kaum eine andere Technik, ihr Umsatz steigt seit 1994 um 33 % pro Jahr.
Der photovoltaische Effekt (vgl. S. 152 ff) wurde bis 2005 in nennenswertem Umfang nur mit hochreinem Silicium realisiert, wie es auch den Anforderungen der Elektronikindustrie entspricht (S. 334 und 335 und *Chemie 2000+ Online*). Es wird nach dem CVD-Verfahren *(chemical vapor deposition)* gewonnen, wobei Trichlorsilan $SiCl_3H$ mit Wasserstoff bei 1000 °C zu Silicium und Chlorwasserstoff reagiert. Das polykristalline Silicium scheidet sich aus der Gasphase in kleinen Kristallen an einem vorgegebenen Stab aus Reinstsilicium ab, den man so bis auf 30 Durchmesser anwachsen lässt. Dieses Verfahren ist diskontinuierlich und daher auch teuer, weil der Reaktor beim Austauschen der Stäbe angehalten werden muss.
Um die Photovoltaik konkurrenzfähig zu machen, forscht man nach Möglichkeiten, die Kosten zu senken. Eine besteht darin, die Abscheidung des Siliciums im CVD-Verfahren an kleinen Silicium-Kügelchen in einem kontinuierlich arbeitenden Wirbelschichtreaktor durchzuführen. Weiterhin soll für Solarzellen Silicium mit hundertfach geringerer Reinheit als für die Elektronik erforderlich eingesetzt werden. Schließlich werden alternative Materialien für photovoltaische Zellen erforscht, beispielsweise Nano-Titandioxid (vgl. S. 343 und 350).

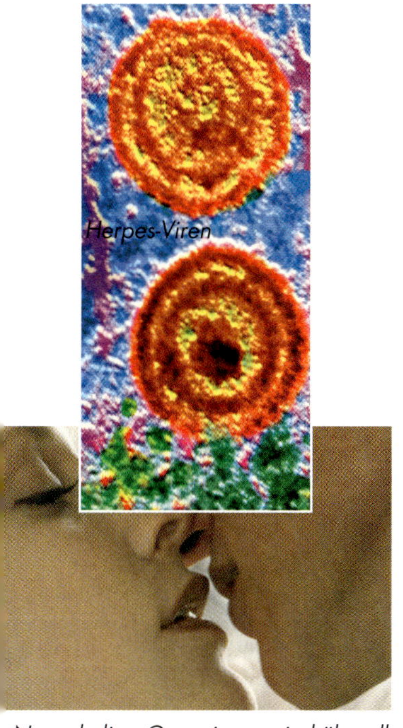

Nanoskalige Organismen sind überall.

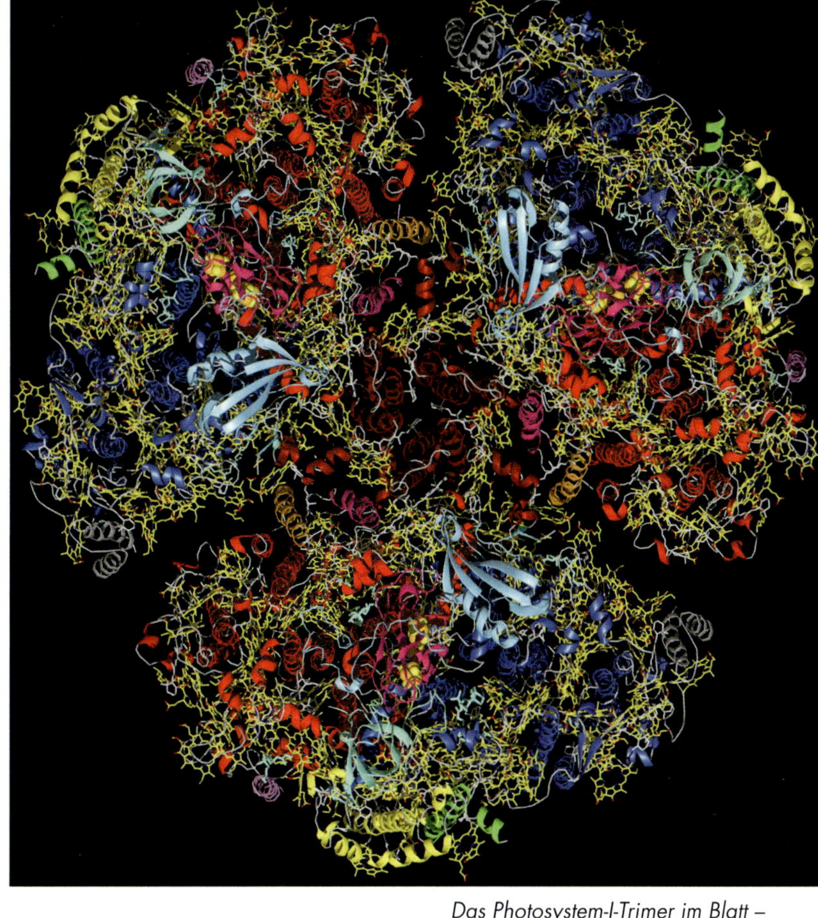

Das Photosystem-I-Trimer im Blatt – biologische Funktionseinheit mit ästhetischer Struktur

Gentechnik im Kampf gegen die Viren
Herpes-Viren haben einen Durchmesser von nur 150 nm bis 200 nm und bestehen lediglich aus DNA mit einer Kapsel aus Proteinen. Sie können aber brennende Bläschen und Entzündungen an Lippen (HSV-1) oder Genitalien (HSV-2) hervorrufen. Die Entzündungen breiten sich glücklicherweise nicht aus und verschwinden nach einigen Tagen. Doch die Viren ist man damit nicht los. Sie nisten sich in bestimmten Nervenknoten ein, sind zeitweise inaktiv, können aber erneut zuschlagen. HSV-1 kann man sich beim Küssen holen, HSV-2 beim Sex. Etwa 85 % der Erwachsenen sind mit Herpes-Viren infiziert.
Beide Typen von Herpes-Viren können in ihrer Vermehrung durch Wirkstoffe gebremst werden, die in der Lage sind, in die Virus-DNA Fehler einzubauen. Diese Wirkstoffe müssen sich wie DNA-Bausteine (vgl. S. 388) verhalten, die zwar jeweils zu dem Code der Virus-DNA passen, aber nicht mit den DNA-Bausteinen der Viren identisch sind. Nur so kann das Virus „ausgetrickst" werden.
Um derartige Wirkstoffe zu entwickeln, ist gentechnische Forschung unabdingbar. Man erforscht dabei die Gene, also die Abschnitte des Erbmoleküls DNA, die Informationen zum Bau der Protein-Moleküle tragen. Die Chance, Viren auf diese Weise zu bekämpfen, beruht darauf, dass Viren relativ wenig Erbinformation, also relativ kurze DNA haben. So hat beispielsweise das Aids-Virus HIV nur ein Millionstel soviel Erbinformation wie ein Mensch. Allerdings kann ein Virus auch viel schneller als ein höherer Organismus seine DNA ändern und einen neuen Virus erzeugen.
Die Gentechnik, ein Gebiet, in dem chemische und medizinische Forschung zusammenfließen, kann somit dazu beitragen, dass der Schutz gegen Viruserkrankungen immer besser wird.

Erkenntnis und Innovation im Nanokosmos
Die Vielfalt von biologischen Formen, Funktionen und Anpassungsmöglichkeiten beruht auf Strukturen und komplexen Vorgängen, die sich im „Nanokosmos" abspielen, also in einem Bereich zwischen einem und einigen Hundert Nanometern. Zu den nanoskaligen Gebilden in Organismen zählen Protein- und Nucleinsäure-Moleküle. Zusammen mit andern Molekülen und Ionen aus dem riesigen Substanzpool, über den die Natur verfügt und den sie ständig erneuert, schließen sie sich zu supramolekularen Systemen zusammen. Diese üben biologische Funktionen aus und können sich im Verlauf der Evolution ändern. Wenn man heute dank der Molekularbiologie, der Gentechnik und der Nanotechnologie auch schon viel über nanoskalige Gebilde weiß und dieses Wissen auch in Anwendungen umgesetzt, befindet sich eine tiefgehende Erforschung des Nanokosmos erst am Anfang. Dabei kommt der Chemie als „Lehre von den stofflichen Metamorphosen der Materie" (vgl. S. 281, Zitat von KEKULÉ) eine entscheidende Bedeutung zu. Die Kenntnis der Gesetzmäßigkeiten, nach denen nanoskalige Strukturen gebildet werden, und nach denen Vorgänge in und zwischen ihnen ablaufen, wird es ermöglichen, Veränderungen in natürlichen Systemen zu modellieren und synthetische Systeme mit maßgeschneiderten Eigenschaften herzustellen.

An die Eigenschaften neuer Materialien und an die Verfahren zu ihrer Herstellung, an die nachhaltige Energieversorgung, insbesondere an die Nutzung der Solarenergie, an die Arzneimittel und die Methoden in der Medizin werden immer höhere Ansprüche gestellt. Es ist eine Herausforderung an die zukünftige Forschergeneration, dafür Lösungen zu entwickeln.

A1 Im Supermarkt kann man neben einfacher Tafelmargarine auch sogenannte Reformmargarine kaufen. Diese ist auch gekühlt meist streichfähiger als die Tafelmargarine.
Die beiden Margarinesorten unterscheiden sich deutlich in ihrer Iodzahl. Die Iodzahl der Reformmargarine beträgt etwa 120.
Die Iodzahl von Tafelmargarine wurde nach dem Verfahren von S. 362 bestimmt. Dabei wurden für 1 g Margarine bei der Titration 60 mL Natriumthiosulfat-Lösung, c = 0,1 mol/L, verbraucht. Beim analogen Blindversuch ohne Margarine wurden 90 mL Thiosulfat-Lösung verbraucht.
a) Formulieren Sie die zugrunde liegenden Reaktionsgleichungen mit Angabe der Oxidationszahlen.
b) Berechnen Sie die Iodzahl der Tafelmargarine und begründen Sie den Unterschied gegenüber der Reformmargarine.
c) Erklären Sie die bessere Streichfähigkeit der Reformmargarine.

A2 Mit einer Seifenlösung lässt sich der Gehalt an Calcium-Ionen in einer Lösung ermitteln. Hierzu gibt man eine Kaliumpalmitat-Lösung, c = 0,1 mol/L, tropfenweise zu 100 mL der Probelösung. Nach Zugabe von jeweils 1 mL Palmitat-Lösung wird das Gefäß verschlossen und kräftig geschüttelt. Sobald sich nach dem Schütteln ein stabiler Schaum bildet, wird der Verbrauch an Palmitat-Lösung notiert.
a) Zeichnen Sie die Strukturformel von Kaliumpalmitat.
b) Erläutern Sie die chemischen Grundlagen des beschriebenen Verfahrens.
c) Berechnen Sie die Konzentration der Calcium-Ionen für den Fall, dass 5 mL Palmitat-Lösung verbraucht wurden.

A3 Zu welchen Arten von Wechselwirkungen kommt es a) innerhalb einer Micelle und b) zwischen Micelle und Umgebung (vgl. B4, S. 367)? Unterscheiden Sie zwischen ionischen und nicht-ionischen Tensiden.

A4 Begründen Sie mithilfe der Informationen von S. 375 bis S. 377, warum bei zu starker UV-Exposition eine frühzeitige Hautalterung eintritt.

A5 Ein körpereigenes Sonnenschutzmittel ist die wasserlösliche Urocaninsäure, die bei Lichteinfall von den Schweißdrüsen abgegeben wird. Warum muss trotzdem auf künstliche Sonnenschutzmittel zurückgegriffen werden?

A6 Welcher Gruppe von Tensiden aus B5, S. 367, würden Sie das Biomolekül mit Tensid-Eigenschaften Lecithin (B4, S. 369) zuordnen? Begründen Sie Ihren Vorschlag.

A7 Nennen Sie alle Aminosäuren aus B2 und B6 von S. 378, 379, die folgende Strukturmerkmale enthalten: a) einen aromatischen Rest, b) gebundenen Schwefel, c) zwei Carboxy-Gruppen, d) zwei Amino-Gruppen, e) eine Hydroxy-Gruppe und f) eine Amid-Gruppe.

A8 Formulieren Sie das Kation, das Monoanion und das Dianion der Asparaginsäure (B2, S. 379). Nennen und formulieren Sie die Ionen, die aus Lysin (B5, S. 379) gebildet werden können.

A9 Erläutern Sie, warum in einer Eintopfreaktion aus den drei Aminosäuren Glu, Cys und Gly viele verschiedene Peptide gebildet werden können. Formulieren Sie 5 Beispiele in Kurzschreibweise (z. B. Glu-Gly-Cys).

A10 Beim Hormon *Oxytocin* (vgl. Sequenz auf S. 383) sind die beiden Cystein-Bausteine über eine Disulfid-Brücke **–S-S–** verknüpft. Schreiben Sie für Oxytocin eine Gerüst- oder eine Valenzstrichformel auf.

A11 In B6, S. 385, ist die Tertiärstruktur eines Ausschnitts aus einem Protein-Molekül dargestellt. Welche Wechselwirkungen würde ein Cu^{2+}-Ion mit den dort dargestellten Aminosäure-Resten eingehen und wie würde sich die Tertiärstruktur dabei ändern? Fertigen Sie eine Zeichnung und erläutern Sie.

A12 Warum muss man bei der Herstellung von massiven Polyurethanen, z. B. für Helme, absolut wasserfreie Alkohol-Komponenten einsetzen?

A13 Fassen Sie alle in diesem Buch enthaltenen makromolekularen Verbindungen, aus denen Textilfasern gefertigt werden, in der ersten Spalte einer Tabelle zusammen. Tragen Sie in weitere Spalten der Tabelle jeweils ein: a) ob es sich um natürliche Fasern, synthetische Fasern oder chemisch modifizierte Naturfasern handelt, b) einen kurzen Strukturausschnitt aus dem jeweiligen Makromolekül und c) durch welchen Typ von Polyreaktion die Faser hergestellt werden kann (nur bei den Synthesefasern und den modifizierten Naturfasern).

A14 Sulfonamide sind antibakteriell wirksame Arzneimittel der allgemeinen Formel $R\text{-}NH\text{-}O_2S\text{-}C_6H_4\text{-}NH_2$ (vgl. S. 311). Zum Nachweis kann man eine kleine Menge eines Medikaments in verdünnter Salzsäure lösen. Man gibt Natriumnitrit-Kristalle und anschließend etwas β-Naphthol-Lösung hinzu. Bei Anwesenheit von Sulfonamiden färbt sich die Lösung. Erläutern Sie die Farbreaktion und formulieren Sie Reaktionsgleichungen. Ist der Nachweis spezifisch? Begründen Sie Ihre Antwort.

A15 MMA-Klebstoffe sind Klebstoffe auf der Basis von Methylmethacrylat (Methacrylsäuremethylester). Sie kleben sowohl Kunststoffe untereinander als auch Kunststoffe mit Metallen und werden besonders in der Automobilindustrie und im Schienenfahrzeugbau verwendet. Im Einsatz werden Methylmethacrylat und Dibenzoylperoxid vermischt, dem ein Beschleuniger zugesetzt ist. Erläutern Sie die Härtung mithilfe geeigneter Formeln und Reaktionsgleichungen.

A16 Das Kopplungsprodukt bei der Herstellung von Reinstsilicium nach dem CVD-Verfahren (vgl. S. 428) wird prozessintegriert recycelt. Es wird mit metallurgischem Rohsilicium zu Trichlorsilan umgesetzt. Formulieren Sie die Reaktion und erstellen Sie ein Schema wie in B3, S. 277 für die Gewinnung von Solarzellen-Silicium.

Kompendium

In diesem Kompendium werden die wichtigsten chemischen Fachkenntnisse, die für die Abiturprüfung benötigt werden, zusammengestellt. Diese Fachkenntnisse sind die Grundlage für das Verständnis der Vielzahl und Vielfalt chemischer Reaktionen und Eigenschaften der Stoffe.

In Einzelabschnitten werden die fachlichen Grundlagen in komprimierter Form übersichtlich zusammengefasst. Diese dienen zur Auffrischung von Gelerntem, zur Wiederholung oder zum Nachschlagen.

Viele Seitenverweise zeigen an, in welchem Zusammenhang, bei welchem Thema die einzelnen fachlichen Grundlagen behandelt wurden. Hier kann man sich bei Bedarf in der Wiederholung ausführlicher informieren.

Gleichgewicht und Massenwirkungsgesetz

Chemisches Gleichgewicht: Jede chemische Reaktion ist im Prinzip umkehrbar. Ist die Hinreaktion exotherm, ist die Rückreaktion endotherm und umgekehrt (S. 35).
In einem geschlossenen System, d. h. in einem System, in das keine Stoffe hinzugefügt werden und aus dem keine entweichen, verläuft keine chemische Reaktion vollständig, sondern bis zu einem Zustand, in dem sich die Konzentrationen der Edukte und Produkte nicht mehr ändern, dem Gleichgewichtszustand. Im Gleichgewichtszustand sind die Reaktionsraten der Hin- und Rückreaktion gleich, d. h. die Reaktion kommt nach außen hin zum Stillstand (S. 36 f, 55).

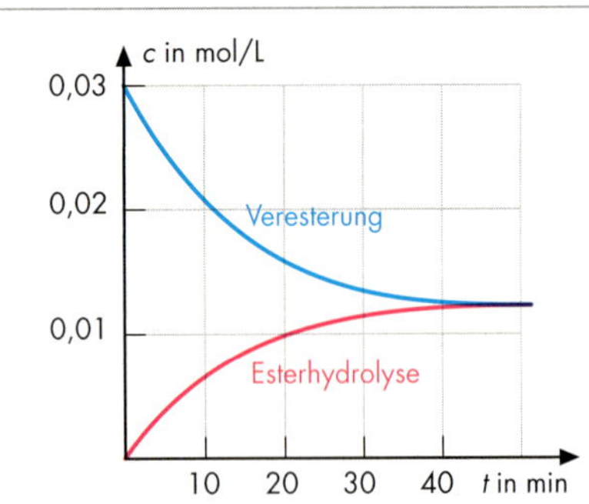

Konzentrationsänderung der Methansäure bei der Veresterung und der Esterhydrolyse in einem geschlossenen System. Der Gleichgewichtszustand ist erreicht, wenn sich die Konzentration nicht mehr ändert.

Katalysatoren erhöhen die Reaktionsgeschwindigkeit der Hin- und der Rückreaktion und beschleunigen die Gleichgewichtseinstellung. Sie beeinflussen die Lage des Gleichgewichts *nicht*.

Massenwirkungsgesetz MWG: Dieses Gesetz gibt den Zusammenhang zwischen den Konzentrationen der Edukte und den Konzentrationen der Produkte im Gleichgewicht an (S. 37, 68). Es gilt für jede beliebige Reaktion und lässt sich anhand der folgenden allgemeinen Form einer Reaktion für jede aufstellen.

$$aA + bB \ldots \rightleftharpoons mM + nN \ldots$$

$$K = \frac{c^m(M) \cdot c^n(N) \ldots}{c^a(A) \cdot c^b(B) \ldots}$$

Der Quotient *Q* aus dem Produkt der Konzentrationen der Produkte und dem Produkt der Konzentrationen der Edukte ist im Gleichgewicht eine Konstante. Die Massenwirkungskonstante *K* hat für jede Reaktion bei einer gegebenen Temperatur einen charakteristischen Wert.

$Q < K$ Die Hinreaktion überwiegt, kein Gleichgewicht. $Q > K$ Die Rückreaktion überwiegt, kein Gleichgewicht. $Q = K$ Gleichgewichtszustand	$K > 1$ Das Gleichgewicht liegt auf der Produktseite. $K < 1$ Das Gleichgewicht liegt auf der Eduktseite.

Prinzip von Le Chatelier – Beeinflussung des Gleichgewichts: Durch Änderung von Druck, Temperatur und Konzentration lässt sich die Lage des chemischen Gleichgewichts verändern und die Reaktion in die gewünschte Richtung steuern (S. 68 f).

Druckabhängigkeit: Bei Reaktionen, an denen Gase beteiligt sind, wird bei Druckerhöhung die Reaktion, die mit einer Verringerung der Teilchenanzahl, d. h. einer Volumenverringerung verbunden ist, begünstigt.

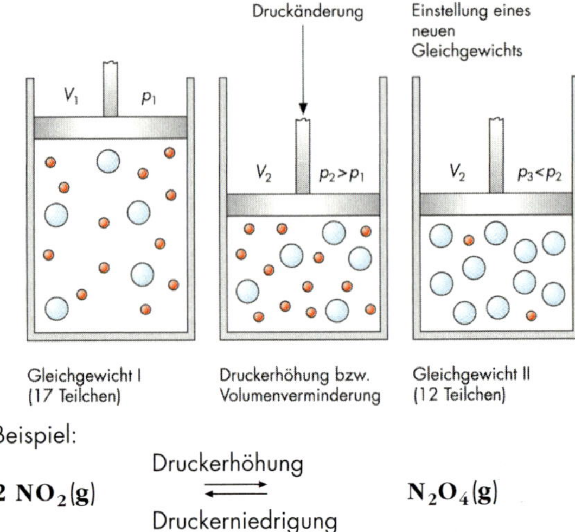

Beispiel:

$$2\,NO_2(g) \underset{\text{Druckerniedrigung}}{\overset{\text{Druckerhöhung}}{\rightleftharpoons}} N_2O_4(g)$$

Temperaturabhängigkeit: Durch Temperaturerhöhung wird die endotherme, bei Temperaturerniedrigung die exotherme Reaktionsrichtung begünstigt.

Beispiel:

$$2\,NO_2(g) \underset{\text{Temperaturerhöhung}}{\overset{\text{Temperaturerniedrigung}}{\rightleftharpoons}} N_2O_4(g);\ \text{exotherm}$$

Konzentrationsabhängigkeit: Verringert man die Konzentration eines Reaktionspartners, so wird die Reaktion begünstigt, in der dieser Partner gebildet wird. Erhöht man die Konzentration eines Reaktionspartners, wird die Reaktion begünstigt, bei der dieser verbraucht wird.

Beispiel:

Säure + Alkohol $\rightleftharpoons$ Ester + Wasser

Entfernt man das Wasser oder den Ester aus dem Gemisch, wird die Bildung des Esters begünstigt (S. 269).

Löslichkeitsprodukt (S. 166, 167): Für gesättigte wässrige Lösungen von Salzen, bei denen ein Gleichgewicht zwischen dem festen Salz und den gelösten Ionen besteht

$$A_mB_n\ (s) \rightleftharpoons mA^{a+}(aq) + nB^{b-}(aq),$$

lässt sich aus dem MWG das Löslichkeitsprodukt ableiten

$$K_L = c^m(A^{a+}) \cdot c^n(B^{b-}),$$

da die Konzentration des Feststoffes $c(A_mB_n)$ als konstant anzusehen ist und mit in die Konstante einbezogen werden kann. Die Konstante K_L hat für jedes Salz einen charakteristischen Wert. Je kleiner K_L, desto schlechter löslich ist das Salz.

Struktur-Eigenschaftsbeziehungen

Polare und unpolare Moleküle: Die Polarität der Moleküle beeinflusst maßgeblich die Eigenschaften und Reaktionen der Verbindungen. Die Polarität beruht auf polaren Elektronenpaarbindungen (S. 10). Je größer der Elektronegativitätsunterschied zwischen den Atomen ist, umso polarer ist die Bindung. Eine Wasserstoff-Sauerstoff-Bindung ist polarer als eine Kohlenstoff-Wasserstoff-Bindung. Aufgrund der unsymmetrischen Verteilung der Bindungselektronen ergeben sich positive und negative Partialladungen in einem Molekül. Daher wirkt ein solches Molekül, z. B. ein Wasser-Molekül, als elektrischer Dipol, der als Ganzes elektrisch neutral ist.
Moleküle wie Alkan-Moleküle, in denen die Partialladungen symmetrisch verteilt sind, sind unpolar.

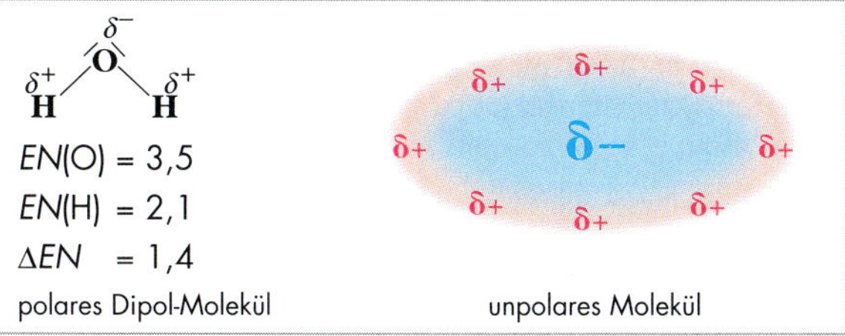

Hydrophilie und Hydrophobie: Polare Molekülgruppen wie Hydroxy- (**–OH**), Carboxyl- (**–COOH**) sowie Amino-Gruppen (**–NH_2**) und besonders geladene Gruppen wie Carboxylat-Gruppen (**–COO^-**) sind *hydrophil* (S. 11). Sie bedingen eine gute Wasserlöslichkeit der Verbindungen. Dabei bilden sich zwischen den Wasser-Molekülen und den polaren Gruppen Wasserstoffbrückenbindungen aus.

Organische Moleküle enthalten i. d. R. sowohl hydrophile als auch unpolare, *hydrophobe* Molekülgruppen wie Alkyl-Gruppen.

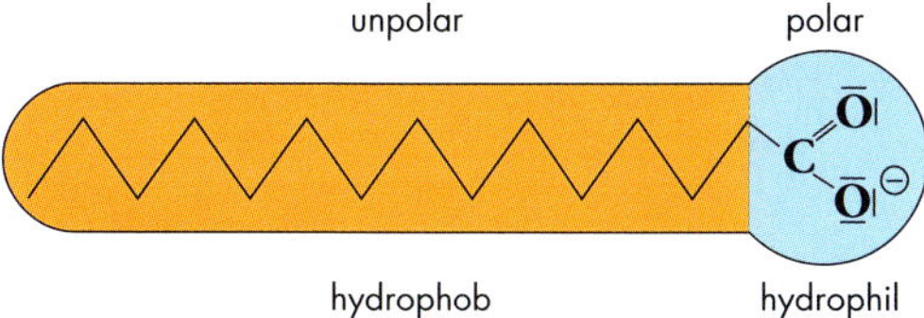

Überwiegen die hydrophilen Gruppen, ist die Verbindung in Wasser löslich, überwiegen die hydrophoben Gruppen, ist die Verbindung schlecht löslich in Wasser.
Hydrophobe Moleküle sind lipophil, d. h. gut löslich in unpolaren Lösungsmitteln wie z. B. Heptan, hydrophile Moleküle sind lipophob.

Beispiele für das Zusammenspiel von **Hydrophilie** und **Hydrophobie:**

- Tenside (S. 366 f)
- Zellmembranen (S. 369)
- Cremes (S. 372, 373)
- Cyclodextrine (S. 261, S. 406)

Zwischenmolekulare Wechselwirkungen: Aggregatzustände bei Raumtemperatur sowie Siede- und Schmelztemperaturen von Verbindungen sind abhängig von den Wechselwirkungen zwischen den Molekülen. Je größer die Anziehungskräfte zwischen den Molekülen sind, umso höher ist z. B. die Siedetemperatur der Verbindung.
Man unterscheidet bei zwischenmolekularen Kräften **van-der-Waals-Kräfte** und **Wasserstoffbrückenbindungen.**

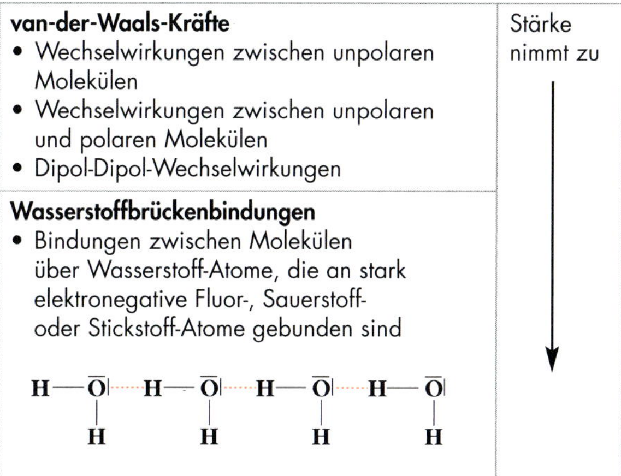

van-der-Waals-Kräfte • Wechselwirkungen zwischen unpolaren Molekülen • Wechselwirkungen zwischen unpolaren und polaren Molekülen • Dipol-Dipol-Wechselwirkungen	Stärke nimmt zu ↓
Wasserstoffbrückenbindungen • Bindungen zwischen Molekülen über Wasserstoff-Atome, die an stark elektronegative Fluor-, Sauerstoff- oder Stickstoff-Atome gebunden sind	

Die zwischenmolekularen Kräfte sind im Vergleich zu Elektronenpaarbindungen sehr schwach. Sie werden beim Verdampfen einer Verbindung getrennt.

Hydratation von Ionen: Beim Lösen von Salzen werden die Ionen aus dem Ionengitterverband herausgelöst und von Wasser-Molekülen hydratisiert (S. 134, S. 206, 207). Die Anzahl der Wasser-Moleküle in der Hydrathülle ist von der Ladung und der Größe der Ionen abhängig. Die Lösungsenthalpie ergibt sich aus der aufzuwendenden Gitterenthalpie und der freiwerdenden Hydratationsenthalpie.

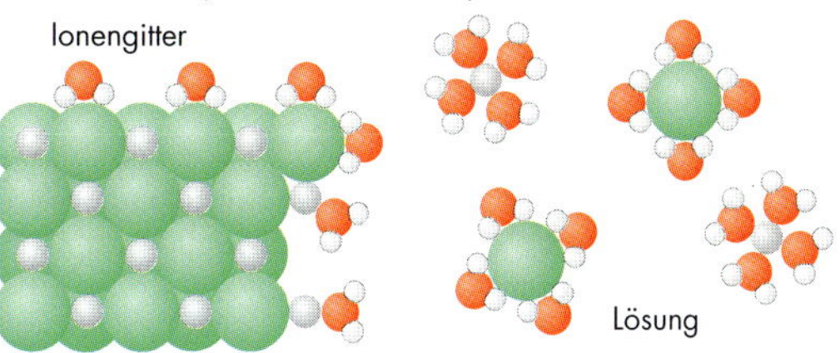

$$NaCl(s) \xrightarrow{H_2O} Na^+(aq) + Cl^-(aq)$$

Modell zum Lösevorgang von Natriumchlorid

Organische Moleküle mit geladenen Gruppen wie Carboxylat-Anionen **$RCOO^-$** oder protonierte Amine **$R\text{-}NH_3^+$** sind wegen der Hydratation der ionischen Gruppe sehr hydrophil. Sie lösen sich in Wasser besser als die entsprechenden ungeladenen Moleküle.
Auch bei der Wasseraufnahme von Superabsorbern spielt die Hydratation eine wichtige Rolle (S. 422 f).

Redoxreaktionen und Oxidationszahl

Redoxbegriff: Als Redoxreaktionen bezeichnet man Reaktionen, bei denen Elektronen übertragen werden. Es finden gleichzeitig eine Oxidation, die Elektronenabgabe, und eine Reduktion, die Elektronenaufnahme, statt (S. 133).
Die Teilchen des Reduktionsmittels wirken als Elektronen-Donatoren, die des Oxidationsmittels als Elektronen-Akzeptoren.

Redoxpaar: An jeder Redoxreaktion sind zwei konjugierte Redoxpaare Red $\rightleftharpoons$ Ox + z e^- beteiligt. Die reduzierte Form (Red) geht bei dem Elektronenübergang in die oxidierte Form des Teilchens (Ox) über und umgekehrt (S. 137).

Teilreaktion Oxidation
Elektronenabgabe

$Mg \longrightarrow Mg^{2+} + 2\,e^-$
Red 1 — Ox 1
Reduktionsmittel
Elektronen-Donator

Teilreaktion Reduktion
Elektronenaufnahme

$O_2 + 4\,e^- \longrightarrow 2\,O^{2-}$
Ox 2 — Red 2
Oxidationsmittel
Elektronen-Akzeptor

Redoxreaktion
Elektronenübertragung

$2\,Mg + O_2 \longrightarrow 2Mg^{2+} + 2O^{2-}$
2 x 2e⁻

Oxidationszahl: Bei Redoxreaktionen, an denen Moleküle und Molekül-Ionen beteiligt sind, ist oft nicht leicht zu erkennen, welche Atome oxidiert bzw. reduziert werden, also Elektronen abgeben oder aufnehmen. Hier hilft die Oxidationszahl weiter (S. 25, S. 256).
Als Oxidation bezeichnet man die Teilreaktion, bei der die Oxidationszahl erhöht, als Reduktion die Teilreaktion, bei der die Oxidationszahl erniedrigt wird.

Regeln zum Feststellen der Oxidationszahl

1. Atome von Elementen haben die Oxidationszahl 0.

$\overset{0}{Ag}$ $\quad \langle\overset{0}{O}=\overset{0}{O}\rangle$ $\quad \overset{0}{H}-\overset{0}{H}$

2. Die Oxidationszahl einatomiger Ionen ist gleich ihrer Ladungszahl.

$\overset{I}{Ag^+}$ $\quad |\overset{-II}{\underline{\overline{O}}}|^{2-}$

3. Bei Atomen in Molekülen ordnet man die Bindungselektronen dem jeweils elektronegativeren Element zu.

$\overset{I}{H}-\overset{-I}{\underline{\overline{Cl}}}|$ $\quad \overset{I}{H}-\overset{-II}{\underline{O}}-\overset{I}{H}$

Daraus ergibt sich
- Wasserstoff-Atome haben in der Regel die Oxidationszahl + I.
- Sauerstoff-Atome haben in der Regel die Oxidationszahl – II.
- Metall-Atome haben positive Oxidationszahlen.

4. Die Summe der Oxidationszahlen aller Atome in einem Molekül ist 0, bei Molekül-Ionen ist sie gleich der Ladungszahl. Beispiele: Ethanol und Ethansäure

Ethanol: H (I), C (–III), C (–I), O (–II), H (I)
Ethansäure: H (I), C (–III), C (III), =O (–II), O (–II), H (I)

Aufstellen von Redoxgleichungen: Reaktionsgleichungen von Redoxreaktionen können mithilfe von Oxidationszahlen schrittweise systematisch aufgestellt werden (S. 25).

Beispiel: Bei der Silberspiegelprobe werden Aldehyde von Silber-Ionen zu Carbonsäuren unter Bildung von Silber oxidiert. In alkalischer Lösung liegt die Carbonsäure als Anion vor.

1. Oxidationszahlen der Atome in Edukt- und Produkt-Teilchen bestimmen

$\overset{I}{Ag^+}$ $\quad CH_3\overset{I}{C}HO$ $\quad \overset{0}{Ag}$ $\quad CH_3\overset{III}{C}OO^-$

2. Teilgleichungen für die Oxidation und Reduktion mit der Anzahl der abgegebenen und aufgenommenen Elektronen aufstellen

$\overset{I}{Ag^+} + e^- \longrightarrow \overset{0}{Ag}$ (Reduktion)

$CH_3\overset{I}{C}HO \longrightarrow CH_3\overset{III}{C}OO^- + 2e^-$ (Oxidation)

3. Ladungsbilanz ausgleichen durch Hinzufügen von OH^--Ionen bei Redoxreaktionen in alkalischer Lösung oder H^+-Ionen bei Redoxreaktionen in saurer Lösung

$CH_3\overset{I}{C}HO + 3OH^- \longrightarrow CH_3\overset{III}{C}OO^- + 2e^-$

4. Atombilanz für jede Teilgleichung ausgleichen durch Hinzufügen von Wasser-Molekülen

$CH_3\overset{I}{C}HO + 3OH^- \longrightarrow CH_3\overset{III}{C}OO^- + 2H_2O + 2e^-$

5. Multiplikation der Teilgleichungen mit den entsprechenden Faktoren, da die Anzahl der bei der Oxidation abgegebenen und der bei der Reduktion aufgenommenen Elektronen gleich sein muss, und Addition der Teilgleichungen:

$CH_3\overset{I}{C}HO + 2Ag^+ + 3OH^- \longrightarrow CH_3\overset{III}{C}OO^- + 2Ag + 2\,H_2O$

Galvanische Zellen und Spannungsreihe

Galvanische Zellen: Eine galvanische Zelle besteht aus zwei Halbzellen, die aus je einem Redoxpaar

Red $\rightleftharpoons$ Ox + z e^-

gebildet werden. In der Donator-Halbzelle (Minuspol) läuft die Oxidation ab und in der Akzeptor-Halbzelle (Pluspol) die Reduktion. Die Halbzellen sind über ein Diaphragma oder eine Salzbrücke, die den Ladungsaustausch der Elektrolyt-Lösungen durch Ionenwanderung ermöglichen, miteinander verbunden.

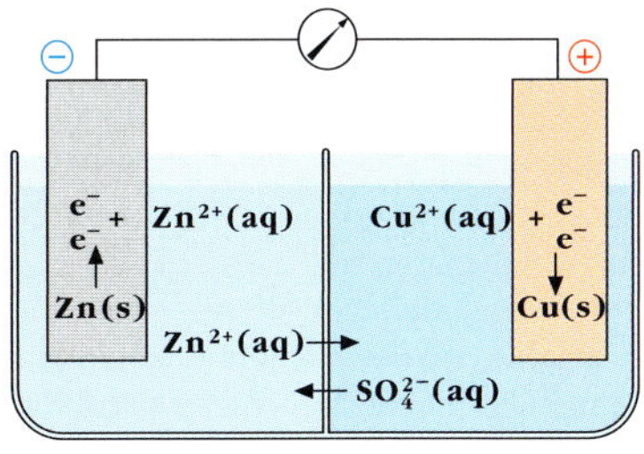

Vorgänge in einer Zink-Kupfer-Zelle (Daniell-Element) bei Stromfluss

Elektrodenpotenzial und elektrische Doppelschicht: Im einfachsten Fall besteht eine galvanische Zelle aus zwei verschiedenen Metallen, die in Metallsalz-Lösungen eintauchen. Zwischen den Metallen besteht eine *Potenzialdifferenz* (Spannung), die durch unterschiedliche Elektrodenpotenziale, d.h. eine unterschiedliche Aufladung der Metall-Elektroden, zustande kommt. Die unterschiedlichen *Elektrodenpotenziale* erklärt man mit der Ausbildung unterschiedlicher *elektrischer Doppelschichten* an der Metalloberfläche, die beim Eintauchen eines Metalls in eine wässrige Lösung auftreten (S. 139).

Zellspannung: Die Zellspannung *U* ergibt sich aus der Differenz der Halbzellenpotenziale *E*.
U = *E* (Akzeptor-Halbzelle) – *E* (Donator-Halbzelle)

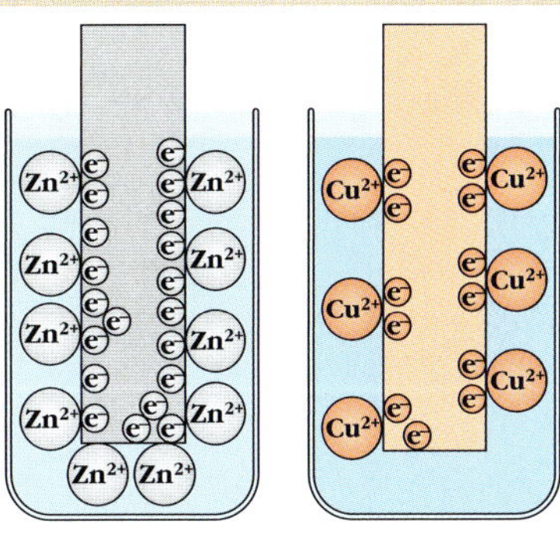

Schematische Darstellung der Ausbildung von elektrischen Doppelschichten bei den Redoxpaaren

$$Zn(s) \rightleftharpoons Zn^{2+}(aq) + 2\,e^-$$

$$Cu(s) \rightleftharpoons Cu^{2+}(aq) + 2\,e^-$$

Wasserstoff-Halbzelle, Standard-Elektrodenpotenzial $E°$ und Spannungsreihe: Die Elektrodenpotenziale lassen sich nicht direkt messen. Zum Vergleich von Potenzialen verschiedener Redoxpaare werden die Potenzialdifferenzen zwischen einer Halbzelle und der *Wasserstoff-Halbzelle*

$$H_2(g) \rightleftharpoons 2H^+(aq) + 2\,e^-$$

als Bezugs-Halbzelle gemessen. Die unter Standardbedingungen ermittelten Potenziale der Redoxpaare werden in der *Spannungsreihe* geordnet (S. 149).
Mithilfe der Spannungsreihe können Vorhersagen getroffen werden, welche Redoxreaktionen ablaufen. Je negativer das Potenzial eines Redoxpaares ist, umso stärker reduzierend wirkt die reduzierte Form, je positiver das Potenzial ist, umso stärker oxidierend wirkt die oxidierte Form eines Redoxpaares (S. 149).

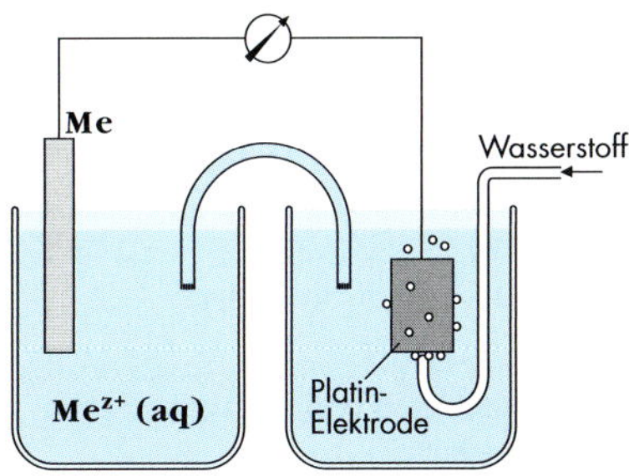

Messung des Potenzials zwischen einer Metall-Halbzelle und einer Wasserstoff-Halbzelle. Bei Redoxpaaren, an denen kein Metall beteiligt ist, benötigt man eine Ableitelektrode aus inertem Material, meist Graphit oder Platin, an der sich die elektrischen Doppelschichten ausbilden können.

Batterien und Akkumulatoren: In der Technik werden galvanische Zellen als Batterien und Akkumulatoren verwendet. Im Gegensatz zu Batterien können Akkumulatoren wieder aufgeladen werden (S. 174f). Bei dem Bleiakkumulator eines Fahrzeugs laufen folgende reversible Elektrodenreaktionen ab:

$$\overset{0}{Pb}(s) + \overset{IV}{Pb}O_2(s) + 4H^+(aq) + 2SO_4^{2-}(aq) \underset{\text{Aufladen}}{\overset{\text{Entladen}}{\rightleftharpoons}} 2\overset{II}{Pb}SO_4(s) + 2H_2O(l)$$

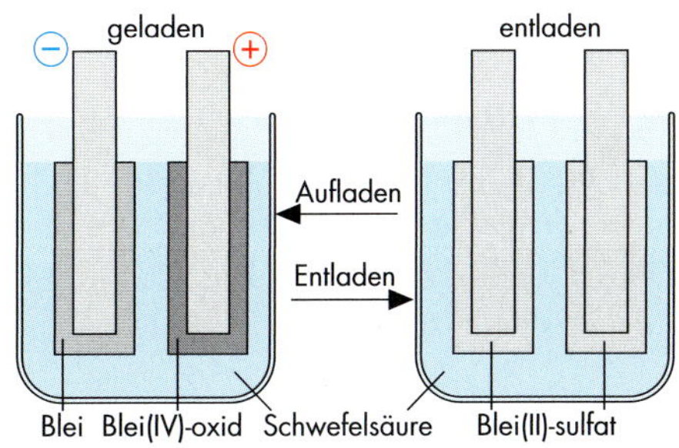

Geladener und entladener Bleiakku

Konzentrationszellen und NERNST-Gleichung

Konzentrationszellen: Die in der Spannungsreihe aufgelisteten Redoxpotenziale $E°$ gelten für Standardbedingungen, d.h. für Druck p = 1013 hPa, Temperatur ϑ = 25 °C und Konzentrationen c = 1 mol/L. Bei vielen elektrochemischen Prozessen liegen jedoch andere Konzentrationen als c = 1 mol/L vor. In einer Konzentrationszelle, die aus zwei gleichartigen Me/Me^{z+}-Halbzellen unterschiedlicher Konzentration gebildet wird, stellt die Halbzelle mit der kleineren Konzentration den Minuspol dar. Denn beim Eintauchen eines Metallblechs in die verdünnte Metall-Ionen-Lösung gehen mehr Metall-Ionen in Lösung als in der konzentrierten Lösung und mehr Elektronen bleiben im Metall zurück. Das Metallblech, das in die verdünnte Lösung taucht, lädt sich gegenüber dem in der konzentrierten Lösung negativ auf.

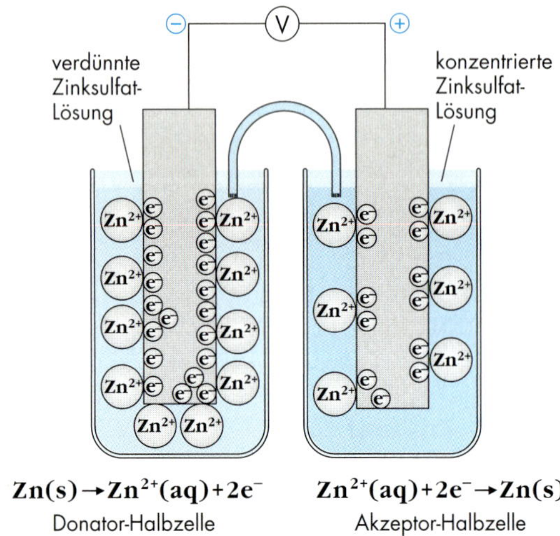

$Zn(s) \rightarrow Zn^{2+}(aq) + 2e^-$
Donator-Halbzelle

$Zn^{2+}(aq) + 2e^- \rightarrow Zn(s)$
Akzeptor-Halbzelle

Die Halbzelle mit der kleineren Konzentration bildet die Donator-Halbzelle. Bei Stromfluss fließen die Elektronen zur Akzeptor-Halbzelle. In der Donator-Halbzelle werden die Metall-Atome oxidiert, in der Akzeptor-Halbzelle werden die Metall-Ionen reduziert. Dies führt allmählich zu einem Konzentrationsausgleich zwischen beiden Halbzellen.

NERNST-Gleichung: Die Konzentrationsabhängigkeit des Elektrodenpotenzials wird durch die NERNST-Gleichung (S. 160) beschrieben, die für o.a. Temperatur (Raumtemperatur) und Normdruck die vereinfachte Form annimmt.

$$E = E° + \frac{0{,}059\ \text{V}}{z} \lg \frac{\{c(\text{Ox})\}}{\{c(\text{Red})\}}$$

Für c(Ox) setzt man die oxidierte Form für c(Red) die reduzierte Form des Redoxpaares ein, wobei man nach den Regeln des MWGs vorgeht (S. 37, B5; S. 161, B3).

Mit der NERNST-Gleichung kann man das Potenzial von Halbzellen beliebiger Konzentration berechnen. Eine große Rolle spielt die NERNST-Gleichung bei der potenziometrischen Konzentrationsbestimmung, bei der aus gemessenen Spannungen Konzentrationen berechnet werden, z.B. bei der Bestimmung geringer Metall-Ionenkonzentrationen oder von pH-Werten (S. 164, 165).

Die allgemeine NERNST-Gleichung lautet:

$$E = E° + \frac{R \cdot T}{F \cdot z} \lg \frac{\{c(\text{Ox})\}}{\{c(\text{Red})\}}$$

Hierbei bedeutet:

- R molare Gaskonstante R = 8,3144 J/mol · K
- F FARADAY-Konstante F = 96487 C/mol (S. 147)
- T Temperatur in K
- z Anzahl der übertragenen Elektronen
- $\{c\}$ Stoffmengenkonzentration der gelösten Teilchen (ohne Einheit)

Mit „Ox" und „Red" ist jeweils die oxidierte bzw. reduzierte Form eines Redoxpaares gemeint.

Berechnungen von Potenzialen und Konzentrationen mithilfe der NERNST-Gleichung:

Beispiel 1: Berechnung des Potenzials einer Zn/Zn^{2+}-Halbzelle mit $c(Zn^{2+})$ = 0,001 mol/L

Es gilt die NERNST-Gleichung in der Form:

$$E(Zn/Zn^{2+}) = E°(Zn/Zn^{2+}) + \frac{0{,}059\ \text{V}}{z} \lg\{c(Zn^{2+})\}$$

$$E(Zn/Zn^{2+}) = -0{,}76\ \text{V} + 0{,}059\ \text{V} : 2 \cdot \lg 0{,}001$$

$$E(Zn/Zn^{2+}) = -0{,}76\ \text{V} + 0{,}0295\ \text{V} \cdot (-3)$$

$$E(Zn/Zn^{2+}) = -0{,}849\ \text{V}$$

Das Potenzial ist kleiner (negativer) als das Standard-Elektrodenpotenzial, da die Zink-Ionenkonzentration kleiner als 1 mol/L ist.

Beispiel 2: Berechnung der Zink-Ionenkonzentration in einer Zink-Kupfer-Zelle mit $c(Cu^{2+})$ = 1 mol/L und unbekannter Zink-Ionenkonzentration.
Die Spannung beträgt U = 1,4 V.

1. Bestimmung des Halbzellenpotenzials $E(Zn/Zn^{2+})$
   $U = E°(Cu/Cu^{2+}) - E(Zn/Zn^{2+})$
   $E(Zn/Zn^{2+}) = E°(Cu/Cu^{2+}) - U = 0{,}35\ \text{V} - 1{,}4\ \text{V}$
   $E(Zn/Zn^{2+}) = -1{,}05\ \text{V}$
   Da das Potenzial der Zink-Halbzelle kleiner als das Standardpotenzial ist, muss die Zink-Ionenkonzentration kleiner als 1 mol/L sein.
2. Berechnung der Zn^{2+}-Konzentration
   $E(Zn/Zn^{2+}) = E°(Zn/Zn^{2+}) + 0{,}0295\ \text{V} \lg\{c(Zn^{2+})\}$

$$\lg\{c(Zn^{2+})\} = \frac{E(Zn/Zn^{2+}) - E°(Zn/Zn^{2+})}{0{,}0295\ \text{V}}$$

$$\lg\{c(Zn^{2+})\} = \frac{-1{,}05\ \text{V} - (-0{,}76\text{V})}{0{,}0295\ \text{V}} = -9{,}83$$

$$c(Zn^{2+}) = 1{,}5 \cdot 10^{-10}\ \text{mol/L}$$

Elektrolyse und FARADAY-Gesetze

Elektrolyse und galvanische Zelle: In galvanischen Zellen entsteht elektrischer Strom durch selbsttätig ablaufende Redoxreaktionen. Bei Elektrolysen werden umgekehrt durch elektrischen Strom Redoxreaktionen erzwungen. Elektrolysiert man eine Zinkchlorid-Lösung, $c = 1$ mol/L, an Graphit-Elektroden, laufen folgende Elektrodenreaktionen ab:

Minuspol: $Zn^{2+}(aq) + 2\,e^- \longrightarrow Zn(s)$
Pluspol: $2\,Cl^-(aq) \longrightarrow Cl_2(g) + 2\,e^-$

Nach Abbruch der Elektrolyse misst man eine Spannung von $U = 2{,}12$ V zwischen den Elektroden. Es ist eine Zink-Chlor-Zelle entstanden, in der die ablaufende Zellreaktion die Umkehrung der Elektrolysereaktion (S. 146, 150, 151) ist.

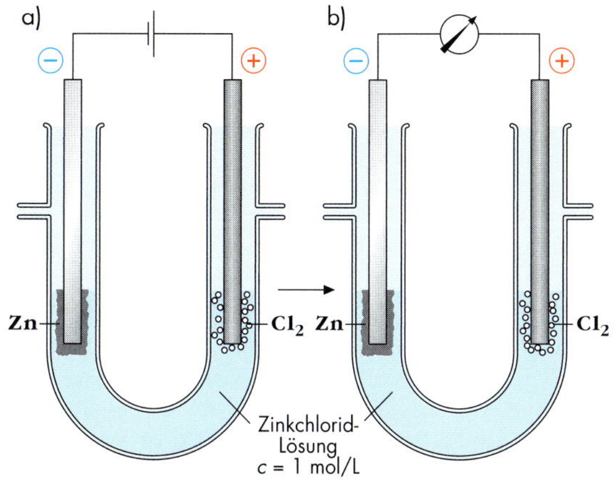

Bei jedem Akkumulator (S. 174–177) findet beim Laden nichts anderes als eine Elektrolyse statt, bei der die Umkehrung der stromliefernden Zellreaktion abläuft.

FARADAY-Gesetze: Der Zusammenhang zwischen der Stoffmenge n der Elektrolyseprodukte und der elektrischen Ladung Q, die bei der Elektrolyse geflossen ist, wird durch die FARADAY-Gesetze (S. 144–147) beschrieben, die man in folgender Gleichung zusammenfassen kann:

$Q = n(\mathbf{X}) \cdot z \cdot F$ oder $I \cdot t = n(\mathbf{X}) \cdot z \cdot F$

- Q: Ladungsmenge, das Produkt aus Stromstärke und Zeit $(Q = I \cdot t)$
- $n(\mathbf{X})$: Stoffmenge des Elektrolyseproduktes
- z: Anzahl der Elektronen, die zur Bildung eines Teilchens **X** aufgenommen oder abgegeben werden
- F: FARADAY-Konstante, $F = 96\,487$ C/mol

Beispiel: Berechnung der abgeschiedenen Masse an Zink, wenn eine Zinkchlorid-Lösung 10 min bei 0,3 A elektrolysiert wird.

$$Q = n(\mathbf{X}) \cdot z \cdot F$$

$$n(\mathrm{Zn}) = \frac{Q}{z \cdot F} = \frac{I \cdot t}{z \cdot F}$$

$$n(\mathrm{Zn}) = \frac{0{,}3\ \mathrm{A} \cdot 600\ \mathrm{s}}{2 \cdot 96487\ \mathrm{C/mol}} = 9{,}3 \cdot 10^{-4}\ \mathrm{mol}$$

$$m(\mathrm{Zn}) = n(\mathrm{Zn}) \cdot M(\mathrm{Zn}) = 9{,}3 \cdot 10^{-4}\ \mathrm{mol} \cdot 65{,}4\ \mathrm{g/mol}$$

$$m(\mathrm{Zn}) = 0{,}061\ \mathrm{g}$$

Muster zur Berechnung der Masse von Elektrolyseprodukten mithilfe des FARADAY-Gesetzes

Zersetzungsspannung und Abscheidungspotenziale: Die zur Elektrolyse notwendige Mindestspannung, die Zersetzungsspannung U_Z, ist die Differenz der Abscheidungspotenziale E_A. Diese entsprechen bei Metallen den Elektrodenpotenzialen E, bei Gasen setzen sich die Abscheidungspotenziale aus den Elektrodenpotenzialen und den Überpotenzialen $E_Ü$ zusammen. Durch die bei der Elektrolyse entstehenden Produkte entsteht im Prinzip eine galvanische Zelle, deren Spannung kompensiert werden muss, damit die Elektrolysereaktionen ablaufen können. Es treten immer die Elektrodenreaktionen ein, bei denen die kleinste Zersetzungsspannung nötig ist. So wird bei der Elektrolyse von Natriumchlorid-Lösung an der Kathode Wasserstoff abgeschieden und nicht etwa Natrium, da der Betrag des Abscheidungspotenzials für Wasserstoff kleiner ist (B3). An der Anode entsteht Chlor, da dieses Abscheidungspotenzial kleiner als das von Sauerstoff ist.
Bei der Elektrolyse einer Zinkchlorid-Lösung an Graphit-Elektroden wird an der Kathode Zink abgeschieden, da der Betrag des Abscheidungspotenzials, $E_A(\mathrm{Zn}) = -0{,}76$ V, kleiner ist als der des Abscheidungspotenzials von Wasserstoff (B3).

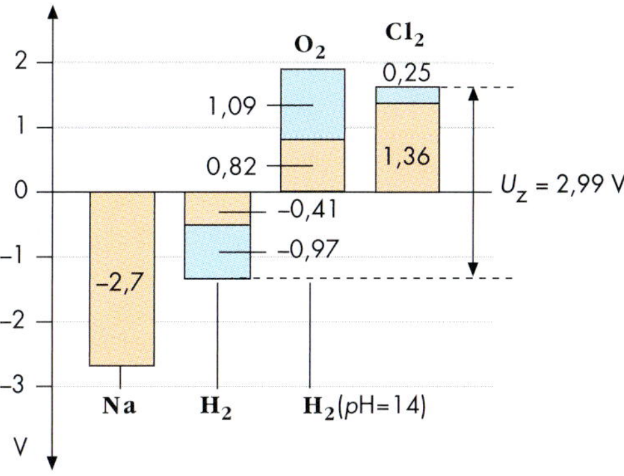

Abscheidungspotenziale E_A, Überpotenziale $E_Ü$ und Zersetzungsspannung U_Z bei der Elektrolyse einer Natriumchlorid-Lösung an Graphit-Elektroden
$U_Z = E_A(\mathrm{Cl_2}) - E_A(\mathrm{H_2})$.

Säure-Base-Reaktionen

Säure-Base-Begriff: Nach BRØNSTED und LOWRY kann man Säuren und Basen in folgender Kurzform definieren (S. 197):

Säuren sind Protonen-Donatoren.
Basen sind Protonen-Akzeptoren.

Ein Teilchen kann nur dann als Säure wirken, also ein Proton abgeben, wenn eine Base vorhanden ist, die das Proton aufnimmt. Säure-Base-Reaktionen sind Protonenübertragungen oder Protolysen. Protolysen sind reversible Reaktionen, bei denen sich die Gleichgewichte extrem schnell einstellen. Aus einer Säure bildet sich bei einer Protolyse ihre konjugierte Base und aus einer Base ihre konjugierte Säure (S. 199). Bei Säure-Base-Reaktionen in wässriger Lösung sind meist Wasser-Moleküle als Säure oder als Base beteiligt.

HA	$+ H_2O$	$\rightleftharpoons$	H_3O^+	$+$	A^-
Säure I	Base II		Säure II konjugierte Säure der Base II		Base I konjugierte Base der Säure I

HX	$+$	H_2O	$\rightleftharpoons$	H_3O^+	$+$	X^-
Neutralsäure						
HX^-	$+$	H_2O	$\rightleftharpoons$	H_3O^+	$+$	X^{2-}
Anion-Säure						
HX^+	$+$	H_2O	$\rightleftharpoons$	H_3O^+	$+$	X
Kation-Säure						
X^-	$+$	H_2O	$\rightleftharpoons$	OH^-	$+$	HX
Anion-Base						
HX	$+$	H_2O	$\rightleftharpoons$	OH^-	$+$	H_2X^+
Neutralbase						
HX^+	$+$	H_2O	$\rightleftharpoons$	OH^-	$+$	H_2X^{2+}
Kation-Base						

Sowohl neutrale Teilchen als auch positive oder negative Ionen können als Säure oder Base fungieren. Gemeinsames Strukturmerkmal aller Säuren ist ein polar gebundenes Wasserstoff-Atom, d. h. ein Wasserstoff-Atom, das an ein elektronegatives Atom wie ein Halogen-, Sauerstoff- oder Stickstoff-Atom gebunden ist.
Gemeinsames Strukturmerkmal der Basen ist ein freies Elektronenpaar, an das ein Proton angelagert werden kann.

Autoprotolyse des Wassers (S. 208, 209). Wasser-Moleküle können sowohl als Säure als auch als Base reagieren, in sehr geringem Maße auch untereinander:

$$H_2O(l) + H_2O(l) \rightleftharpoons H_3O^+(aq) + OH^-(aq)$$

Dieses Autoprotolyse-Gleichgewicht liegt weit auf der linken Seite. Es liegt nicht nur in reinem Wasser vor, sondern in jeder verdünnten wässrigen Lösung.
Das *Ionenprodukt* des Wassers K_W, das Produkt der Konzentrationen der Oxonium-Ionen und Hydroxid-Ionen, hat für jede wässrige Lösung einen konstanten Wert.

Zusammenhang zwischen Ionenprodukt des Wassers K_W, pH-Wert und pOH-Wert

$$K_W = c(H_3O^+) \cdot c(OH^-) = 10^{-14} \text{ mol}^2 \text{ L}^{-2}$$

Mit $pK_W = -\lg\{K_W\}$
$pH = -\lg\{c(H_3O^+)\}$ und
$pOH = -\lg\{c(OH^-)\}$
erhält man:

$$\boldsymbol{pK_W = pH + pOH = 14}$$

Säurestärke und Basenstärke (S. 210 bis 213): Ein Maß für die Säure- bzw. Basenstärke ist die *Säure- bzw. Basenkonstante*. Liegt das Gleichgewicht weit auf der rechten Seite, ist der K_S- bzw. K_B-Wert groß, es liegt eine starke Säure bzw. Base vor. Je größer der K_S- bzw. der K_B-Wert ist, umso stärker ist die Säure bzw. die Base. Oder: Je kleiner der pK_S- bzw. pK_B-Wert ist, umso stärker ist die Säure bzw. Base.

Reaktion einer Säure **HA** mit Wasser

$$HA + H_2O \rightleftharpoons A^- + H_3O^+$$

Säurekonstante

$$K_S = \frac{c(H_3O^+) \cdot c(A^-)}{c(HA)} \qquad pK_S = -\lg K_S$$

Reaktion einer Base **B** mit Wasser

$$H_2O + B \rightleftharpoons OH^- + HB^+$$

Basenkonstante

$$K_B = \frac{c(HB^+) \cdot c(OH^-)}{c(B)} \qquad pK_B = -\lg K_B$$

Puffersysteme (S. 214, 215, 219): Lösungen, die bei Zugabe von Säuren oder Basen ihren pH-Wert nur geringfügig ändern, nennt man Pufferlösungen. Sie bestehen aus einem konjugierten Säure-Base-Paar HA/A^- mit etwa gleichen Konzentrationen an Säure und konjugierter Base, für die man folgende Protolysegleichgewichte formulieren kann:

$$HA + H_2O \rightleftharpoons A^- + H_3O^+$$
$$A^- + H_2O \rightleftharpoons HA + OH^-$$

Bei Säure-Zugabe werden die Oxonium-Ionen durch die Base A^- abgefangen, die Konzentration der Puffersäure **HA** nimmt dabei zu, die der Pufferbase A^- ab. Mithilfe der Puffergleichung (HENDERSON-HASSELBALCH-Gleichung) lassen sich die pH-Wert-Änderungen berechnen.

Aus der Säurekonstante

$$K_S = \frac{c(H_3O^+) \cdot c(A^-)}{c(HA)} \quad \text{bzw.} \quad pK_S = pH - \lg \frac{c(A^-)}{c(HA)}$$

erhält man durch Umformung die HENDERSON-HASSELBALCH-Gleichung:

$$\boldsymbol{pH = pK_S + \lg \frac{c(A^-)}{c(HA)}}$$

Konzentrationsbestimmungen durch Titration

Titration: Die Konzentration einer Säure in Lösung lässt sich durch Titration bestimmen (S. 194, 195), bei der die Säure i. d. R. durch Natronlauge neutralisiert wird. Der Äquivalenzpunkt wird durch den Umschlag eines Indikators bestimmt. Aus dem Volumen der verbrauchten Lauge lässt sich die Säure-Konzentration rechnerisch ermitteln. Analog kann die Konzentration einer Base durch Titration mit einer Säure-Lösung bestimmt werden.

Titrationskurven von pH-metrischen Titrationen: Titriert man eine Säure-Lösung und misst jeweils nach schrittweiser Zugabe von Natronlauge den *p*H-Wert, erhält man charakteristische Titrationskurven (S. 220 bis 223). Bei einer einprotonigen Säure, wie z. B. Essigsäure, weist die Titrationskurve einen *p*H-Sprung, bei einer zweiprotonigen Säure zwei *p*H-Sprünge auf. Der Wendepunkt im *p*H-Sprung markiert den Äquivalenzpunkt. Anhand einer Titrationskurve kann man nicht nur den Äquivalenzpunkt, sondern auch den pK_S-Wert einer Säure bestimmen (S. 223). Am Halbäquivalenzpunkt (HÄP), an dem die Hälfte der Säure titriert ist, ist der *p*H-Wert gleich dem pK_S-Wert.

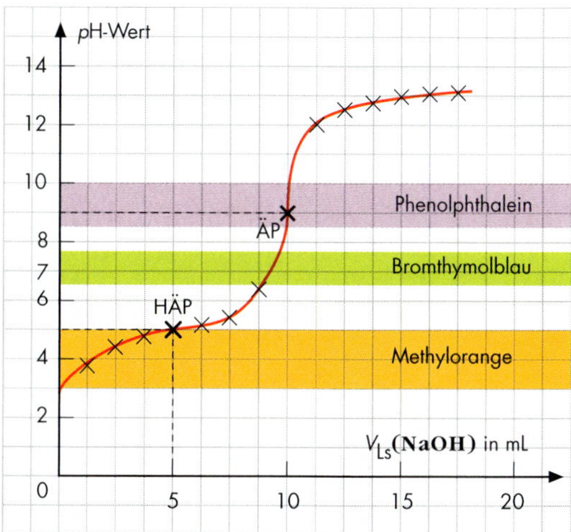

Titrationskurve einer schwachen Säure am Beispiel der Titration von Ethansäure mit Natronlauge.
Am HÄP gilt: $c(\mathbf{HA}) = c(\mathbf{A^-})$. Aus der Puffergleichung folgt daher:

$$pH = pK_S + \lg\frac{c(\mathbf{A^-})}{c(\mathbf{HA})} = pK_S + \lg 1 = pK_S$$

Muster zur Berechnung der Säure-Konzentration aus einem Titrationsergebnis

Bei einer Titration von 35 mL Salzsäure mit Natronlauge, $c(\mathbf{NaOH}) = 0{,}1$ mol/L, wurden bis zum Umschlag des Indikators 20 mL Natronlauge verbraucht.

Berechnung der Konzentration der titrierten Salzsäure:

(1) Aufstellen der **Reaktionsgleichung** für die Stoffumsetzung
$\mathbf{HCl(aq) + NaOH(aq) \longrightarrow H_2O(l) + NaCl(aq)}$

(2) Aus der Reaktionsgleichung das **Stoffmengenverhältnis** der interessierenden Reaktionspartner ablesen
$n(\mathbf{HCl}) : n(\mathbf{NaOH}) = 1 : 1$; daraus folgt: $n(\mathbf{HCl}) = n(\mathbf{NaOH})$

(3) Ersetzen der Stoffmengen *n* gemäß Gleichung (1)
$c(\mathbf{HCl}) \cdot V_{Ls}(\mathbf{HCl}) = c(\mathbf{NaOH}) \cdot V_{Ls}(\mathbf{NaOH})$

(4) Umformen der Gleichung (3) nach der gesuchten Größe $c(\mathbf{HCl})$ und Einsetzen der bekannten Zahlenwerte der übrigen Größen

$$c(\mathbf{HCl}) = \frac{c(\mathbf{NaOH}) \cdot V_{Ls}(\mathbf{NaOH})}{V_{Ls}(\mathbf{HCl})} = \frac{0{,}1\ \text{mol/L} \cdot 20\ \text{mL}}{35\ \text{mL}} = 0{,}057\ \text{mol/L}$$

Berechnung der Masse gelösten Chlorwasserstoffs:

(1) und (2) wie oben

(3) Zur Bestimmung der Masse des Chlorwasserstoffs wird $n(\mathbf{HCl})$ gemäß Gleichung (2) ersetzt
$m(\mathbf{HCl}) : M(\mathbf{HCl}) = c(\mathbf{NaOH}) \cdot V_{Ls}(\mathbf{NaOH})$

(4) Umformen nach der gesuchten Größe $m(\mathbf{HCl})$ und die Zahlenwerte in die umgeformte Gleichung einsetzen
$m(\mathbf{HCl}) = M(\mathbf{HCl}) \cdot c(\mathbf{NaOH}) \cdot V_{Ls}(\mathbf{NaOH})$
$m(\mathbf{HCl}) = 36{,}5\ \text{g/mol} \cdot 0{,}1\ \text{mol/L} \cdot 0{,}02\ \text{L} = 0{,}073\ \text{g}$

$$c(\mathbf{X}) = \frac{n(\mathbf{X})}{V_{Ls}(\mathbf{X})} \quad (1)$$

$$n(\mathbf{X}) = \frac{m(\mathbf{X})}{M(\mathbf{X})} \quad (2)$$

$c(\mathbf{X})$: Konzentration von **X** in mol/L
$n(\mathbf{X})$: Stoffmenge von **X** in mol
$m(\mathbf{X})$: Masse von **X** in g
$M(\mathbf{X})$: Molare Masse von **X** in g/mol
$V_{Ls}(\mathbf{X})$: Volumen der Lösung **X** in L

Titrationskurven von Leitfähigkeitstitrationen: Die Titration einer Säure-Lösung lässt sich auch über die Änderung der elektrischen Leitfähigkeit verfolgen. Die Leitfähigkeitstitration (S. 202 bis 205) ist geeignet,

a) wenn sich während der Titration die Konzentration der Ionen ändert, oder
b) wenn bei der Titration Ionen durch Ionen mit einer anderen Ionenleitfähigkeit ersetzt werden.

Der Fall a) tritt bei Fällungstitrationen ein, wenn ein schwer lösliches Salz entsteht, wie z. B. bei der Bestimmung von Chlorid-Ionen durch Fällung mit Silbernitrat-Lösung. Fällungstitrationen sind also nicht auf Säure-Base-Reaktionen beschränkt. Fall b) liegt z. B. bei der Titration von Salzsäure mit Natronlauge vor, bei der die gut leitenden Oxonium-Ionen durch weniger gut leitende Natrium-Ionen ersetzt werden.

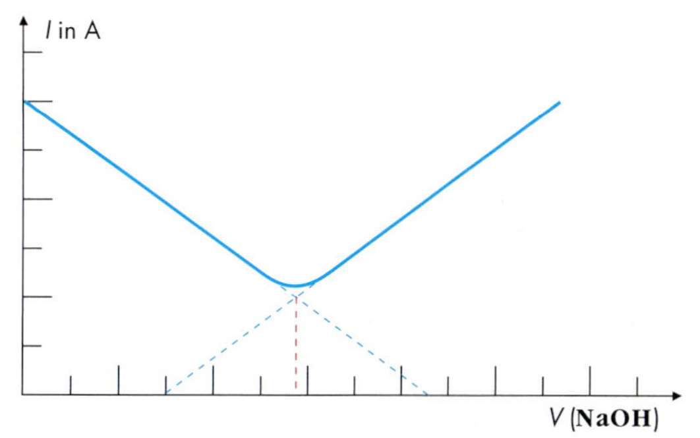

Wichtige Stoffklassen – Funktionelle Gruppen und Nomenklatur

Die Vielzahl der verschiedenen Verbindungen der organischen Chemie, die alle Verbindungen des Elementes Kohlenstoff sind, fasst man anhand ihrer funktionellen Gruppen zu Stoffklassen zusammen, denn die funktionellen Gruppen bestimmen die Eigenschaften und das Reaktionsverhalten der Verbindungen maßgeblich. Eigenschaften und Reaktionen von Verbindungen mit mehreren funktionellen Gruppen werden durch alle funktionellen Gruppen geprägt.

Stoffklasse	Strukturelement oder funktionelle Gruppe		Beispiel	
Alk**ane** (S. 232–237)	Einfachbindung	$>C-C<$	Eth**an**	$H-CH_2-CH_2-H$
Alk**ene** (S. 241–245)	Doppelbindung	$>C=C<$	Eth**en**	$H_2C=CH_2$
Alk**ine**	Dreifachbindung	$-C\equiv C-$	Eth**in**	$H-C\equiv C-H$
Aromaten (S. 292 f)	Ringe mit (4n +2) π-Elektronen	⬡	Benzol (Benz**en**)	⬡
Alkoh**ole** (Alkan**ole**) (S. 247–249, S. 257)	Hydroxy-Gruppe	$-\overline{O}-H$	Ethan**ol**	$H-CH_2-CH_2-\overline{O}-H$
Aldehyde (Alkan**ale**) (S. 258 f)	Carbonyl-Gruppe (Aldehyd-Gruppe)	$-C(=O)H$	Ethan**al**	$H_3C-C(=O)H$
Ket**one** (Alkan**one**) (S. 258 f)	Carbonyl-Gruppe (Keto-Gruppe)	$>C=\overline{O}$	Propan**on**	$H_3C-C(=O)-CH_3$
Carbonsäuren (S. 18 f, S. 262–267)	Carboxy-Gruppe	$-C(=O)-\overline{O}-H$	Ethan**säure**	$H_3C-C(=O)-\overline{O}-H$
Ether (S. 266)	Alkoxy-Gruppe	$>C-\overline{O}-C<$	Diethyl**ether**	$H_3CH_2C-O-CH_2CH_3$
Ester (S. 34–38, S. 262 f)	Ester-Gruppe	$-C(=O)-\overline{O}-$	Ethansäureethyl**ester**	$H_3C-C(=O)-\overline{O}-CH_2CH_3$
Amine (S. 264, S. 300–302)	Amino-Gruppe	$-\overline{N}H_2$	Methyl**amin**	$H-CH_2-\overline{N}H_2$
Aminosäuren (S. 378, 379)	Carboxy-Gruppe und Amino-Gruppe		2-**Amino**ethan**säure**	$H_2N-CH_2-C(=O)OH$

Nomenklaturregeln

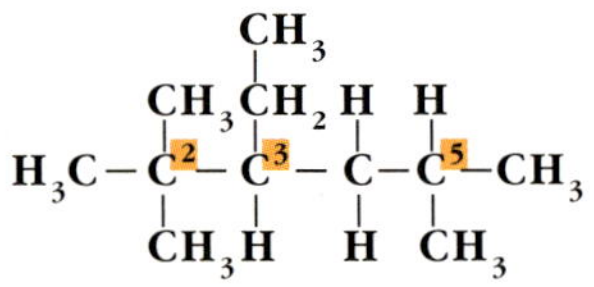

$H_3C-C(CH_3)_2-CH(CH_2CH_3)-CH_2-CH(CH_3)-CH_3$ (C-Atome nummeriert: 2, 3, 5)

3-	Ethyl-	2,2,5-	tri	methyl	hexan	IUPAC-Name
2	4	2	3	4	1	Regel-Nr.

1 Stammname
3 Mehrfachzahlwort
2 Verknüpfungsziffer
4 Substituenten

Die Nomenklaturregeln für Alkane sind im nebenstehenden Beispiel zusammengefasst. Diese Regeln gelten auch für die anderen Stoffklassen. Bei Verbindungen mit funktionellen Gruppen wird dem entsprechenden Stammnamen des Alkans eine Endung angehängt wie z. B. –ol für Alkohole. Bei Verbindungen mit mehreren funktionellen Gruppen bestimmt die am höchsten oxidierte Gruppe den Namen der Verbindung. Hydroxy- oder Amino-Gruppen o. a. werden als Vorsilben vorangestellt.

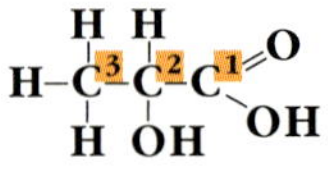

$H-CH_2-CH(OH)-C(=O)OH$ (C-Atome nummeriert: 3, 2, 1)

2	Hydroxy	propansäure
2	4	1

Verbindungsklassen und Reaktionstypen

Verbindungsklasse	Strukturelement funktionelle Gruppe	Reaktionstyp Beispiel
Alkane	Einfachbindung 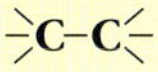 $>C{-}C<$	radikalische Substitution $R{-}CH_2{-}H + Br_2 \rightarrow R{-}CH_2{-}Br + HBr$ 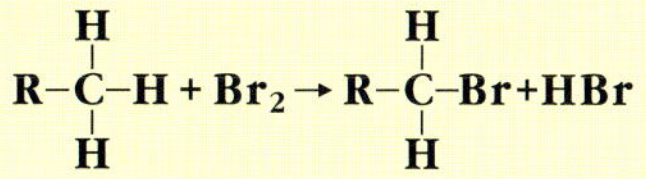
Alkene	Doppelbindung $>C{=}C<$	elektrophile Addition $(H)(R)C{=}C(R)(H) + Br_2 \rightarrow R{-}CHBr{-}CHBr{-}R$ 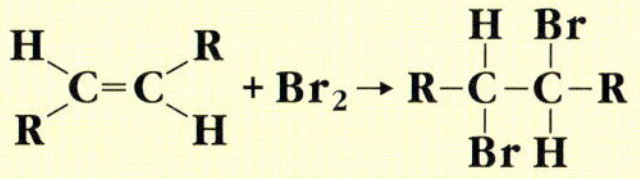
Alkine	Dreifachbindung $-C{\equiv}C-$	
Aromaten	cyclisches Elektronensextett  ⬡ (oder ⌬)	elektrophile Substitution $C_6H_6 + Br_2 \xrightarrow{FeBr_3} C_6H_5Br + HBr$ 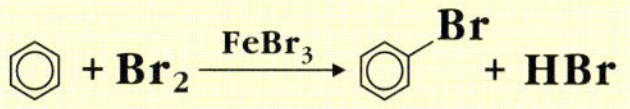
Alkohole	Hydroxy-Gruppe 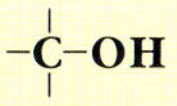 $-\overset{\vert}{\underset{\vert}{C}}{-}OH$	nucleophile Substitution $R{-}CH_2{-}Br + OH^- \rightarrow R{-}CH_2{-}OH + Br^-$ 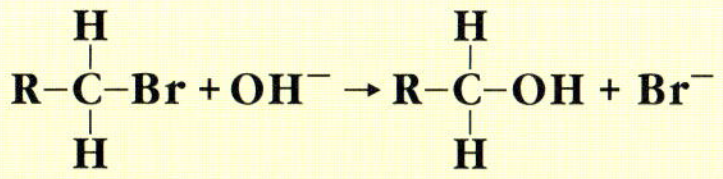
Halogenalkane	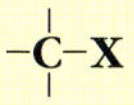 $-\overset{\vert}{\underset{\vert}{C}}{-}X$	Eliminierung $R{-}CH_2{-}CHR{-}OH \rightarrow R{-}CH{=}CR{-}H + H_2O$ 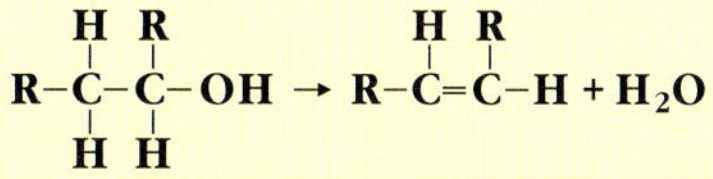
Aldehyde	Carbonyl-Gruppe 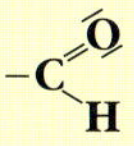 $-C(=O){-}H$	nucleophile Addition $(R)(H)C{=}O + C_2H_5OH \rightarrow (R)(H)C(OH)(OC_2H_5)$ 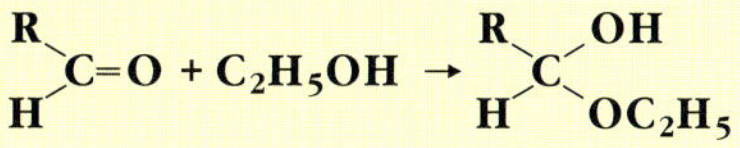
Ketone	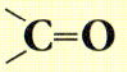 $>C{=}O$	
Carbonsäuren	Carboxy-Gruppe 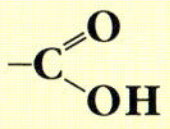 $-C(=O){-}OH$	nucleophile Substitution (nucleophile Addition mit anschließender Eliminierung) 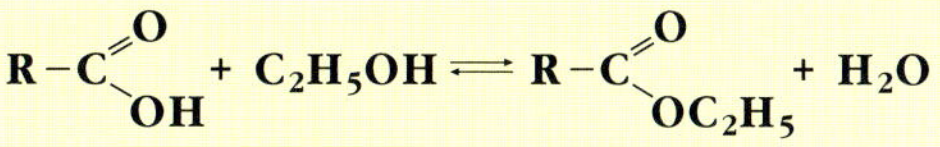 $R{-}C(=O){-}OH + C_2H_5OH \rightleftharpoons R{-}C(=O){-}OC_2H_5 + H_2O$
Carbonsäurederivate	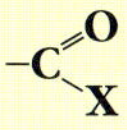 $-C(=O){-}X$ X: OR; NH_2	

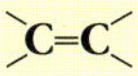

Oxidationen und Reduktionen

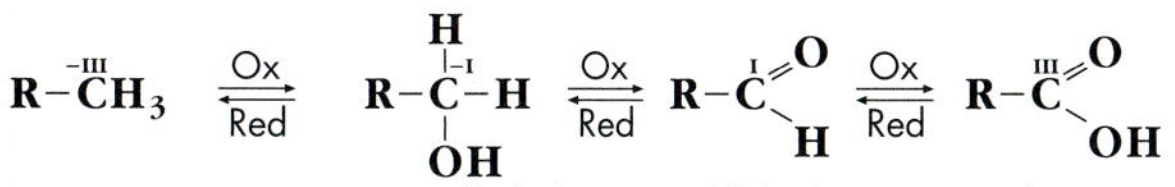

$$R{-}\overset{-III}{C}H_3 \underset{Red}{\overset{Ox}{\rightleftharpoons}} R{-}\overset{-I}{C}H_2{-}OH \underset{Red}{\overset{Ox}{\rightleftharpoons}} R{-}\overset{I}{C}(=O){-}H \underset{Red}{\overset{Ox}{\rightleftharpoons}} R{-}\overset{III}{C}(=O){-}OH$$

prim. Alkohol – Aldehyd – Carbonsäure

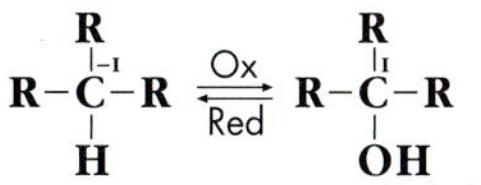

$$R_3\overset{-I}{C}{-}H \underset{Red}{\overset{Ox}{\rightleftharpoons}} R_3\overset{I}{C}{-}OH$$

tert. Alkohol

$$R{-}\overset{-II}{C}H_2{-}R \underset{Red}{\overset{Ox}{\rightleftharpoons}} R{-}\overset{0}{C}H(OH){-}R \underset{Red}{\overset{Ox}{\rightleftharpoons}} R{-}\overset{II}{C}(=O){-}R$$

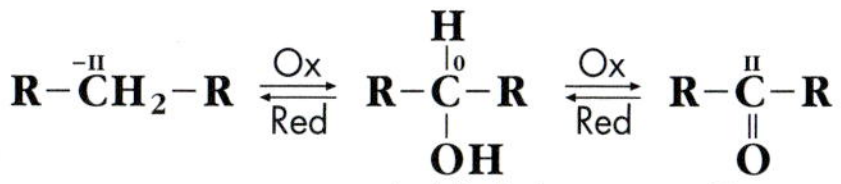

sek. Alkohol – Keton

Reaktionsmechanismen in der organischen Chemie

Die vielen verschiedenen Reaktionen in der organischen Chemie lassen sich drei Reaktionstypen zuordnen:
Substitutionen
Additionen
Eliminierungen

Diese Reaktionen können
radikalisch,
nucleophil oder
elektrophil
verlaufen.

Substitutionen: Bei Substitutionen an Kohlenstoff-Atomen wird ein Bindungspartner durch einen anderen ersetzt.

Radikalische Substitutionen (S_R) laufen ab, wenn durch Licht oder durch Wärme reaktive Radikale, also Teilchen mit einem ungepaarten Elektron, gebildet werden, die eine Reaktion einleiten können. Typische radikalische Substitutionen sind die Halogenierungen von reaktionsträgen Alkanen, bei denen ein Wasserstoff-Atom durch ein Halogen-Atom ersetzt wird.

Startreaktion

$$Br_2 \xrightarrow{h\nu} 2Br\cdot$$

Kettenreaktionen

$$Br\cdot + RH \longrightarrow HBr + R\cdot$$
$$R\cdot + Br_2 \longrightarrow RBr + Br\cdot$$

Abbruchreaktionen

$$Br\cdot + \cdot Br \longrightarrow Br_2$$
$$Br\cdot + \cdot R \longrightarrow RBr$$
$$R\cdot + \cdot R \longrightarrow R_2$$

$R\cdot$: Radikal

Nucleophile Substitutionen (S_N) laufen nur an polaren Molekülen, die ein positiv polarisiertes Kohlenstoff-Atom besitzen, ab. Diese Moleküle enthalten polare Bindungen wie C-O oder C-Cl und können von nucleophilen Teilchen, d.h. negativ geladenen oder polarisierten Teilchen, angegriffen werden. Nucleophile Substitutionen sind z.B. die Reaktionen von Halogen-Alkanen zu Alkoholen und umgekehrt.

$$H\text{–}C(CH_3)_2\text{–}Br \xrightleftharpoons{\text{langsam}} H\text{–}C^{\oplus}(CH_3)_2 + Br^-$$

Interdukt

$$H\text{–}C^{\oplus}(CH_3)_2 + OH^- \xrightleftharpoons{\text{schnell}} H\text{–}C(CH_3)_2\text{–}OH$$

Nucleophil

Elektrophile Substitutionen (S_E) sind die typischen Reaktionen von Aromaten.

$$C_6H_6 + |\overset{\delta+}{Br}-\overset{\delta-}{Br}| + FeBr_3$$

elektrophiler Angriff

$$[C_6H_6Br]^{\oplus} + FeBr_4^-$$

δ-Komplex

Rearomatisierung

$$C_6H_5Br + HBr + FeBr_3$$

Beispiele für Substitutionen

radikalisch
- Photochemische Halogenierung von Alkanen (S. 232–237)
- Chlor-Katalysezyklus in der Ozonschicht (S. 236)

nucleophil
- Reaktionen von Halogenalkanen zu Alkoholen (S. 246–249, S. 252, 253)
- Bildung von Ethern aus Alkoholen unter Wasserabspaltung (S. 266)
- Hydrolyse der glycosidischen Bindung in Maltose, Stärke-Molekülen (S. 262)

elektrophil
- Bromierung von Benzol (S. 299)
- Azokupplung (S. 302)
- Sulfonierung und Nitrierung von Aromaten (S. 310, 311)
- Synthese von Phenolphthalein (S. 304)

Reaktionsmechanismen in der organischen Chemie

Additionen: Additionen können nur bei Molekülen mit Mehrfachbindungen eintreten.

Elektrophile Additionen laufen bei Molekülen mit unpolaren Doppel- oder Dreifachbindungen zwischen Kohlenstoff-Atomen ab, bei denen ein elektrophiles, positiv geladenes oder positiv polarisiertes Teilchen an die Mehrfachbindung mit der erhöhten Elektronendichte angreift. Eine elektrophile Addition ist z. B. die Bromierung von Alkenen.

$$>C=C< \cdots\cdots + \overset{\delta+}{|\overline{Br}}-\overset{\delta-}{\overline{Br}|} \longrightarrow >C(-\overline{Br}^{\oplus})-C< + |\overline{Br}|^{\ominus}$$

Elektrophil

$$|\overline{Br}|^{\ominus} + (\text{oder}) \; >C(-\overline{Br}^{\oplus})-C< \longrightarrow Br-\overset{|}{C}-\overset{|}{C}-Br$$

Beispiele für Additionen

elektrophil
- Halogenierung von Alkenen (S. 240–243)
- Kationische Polymerisation von Isobuten zu Butylkautschuk (S. 61, S. 271, S. 274)

nucleophil
- Addition von Alkoholen an Aldehyde zu Halbacetalen (S. 258–260)
- Reaktionsschritt
  – bei der Veresterung und Esterhydrolyse (S. 267)
  – der Polyamidbildung, Polykondensation (S. 264)
- anionische Polymerisation z. B. von Acrylnitril Polyadditionen zur Bildung von Polyurethanen (S. 275)

radikalisch
- Polymerisationen z. B. Bildung von Plexiglas (S. 270, 271)

Nucleophile Additionen sind die charakteristischen Reaktionen von Molekülen mit polaren Doppelbindungen, wie z. B. C=O-Bindungen, also von Aldehyden, Ketonen und Carbonsäurederivaten.

$$R_2\overset{\delta+}{C}=\overset{\delta-}{\overline{O}} + R-\overset{\delta-}{\overline{O}}-\overset{\delta+}{H} \rightleftharpoons R-\overset{R}{\overset{|}{C}}(-\overset{\oplus}{O}H-R)-\overline{O}|^{\ominus}$$

intramolekulare Protonenwanderung

$$R-\overset{R}{\overset{|}{C}}(-\overset{\oplus}{O}H-R)-\overline{O}|^{\ominus} \longrightarrow R-\overset{R}{\overset{|}{C}}(-\overline{O}-R)-\overline{O}-H$$

Typische **radikalische Additionen** sind Polymerisationen von Alkenderivaten, bei denen man einen Radikalbildner zusetzt.

$$R-R \xrightarrow[\text{Licht}]{\text{Wärme}} 2R\cdot$$

$$R\cdot + >C=C<_R \longrightarrow R-\overset{|}{C}-\underset{R}{\overset{|}{C}}\cdot$$

$$R-\overset{|}{C}-\underset{R}{\overset{|}{C}}\cdot + >C=C<_R + >C=C<_R + \ldots$$

$$\downarrow$$

$$R-\overset{|}{C}-\underset{R}{\overset{|}{C}}-\overset{|}{C}-\underset{R}{\overset{|}{C}}-\overset{|}{C}-\underset{R}{\overset{|}{C}}\cdot$$

Eliminierungen: Bei **Eliminierungen** werden unter Abspaltung kleiner Moleküle Mehrfachbindungen in Molekülen neu gebildet, wie z. B. bei der Wasserabspaltung von Alkoholen zu Alkenen. Man kann wieder zwischen radikalischen und polaren Mechanismen unterscheiden. Eine Unterscheidung zwischen elektrophil und nucleophil entfällt.

Beispiele für Eliminierungen

polar
- Dehydratisierung von Alkoholen zu Alkenen (S. 264, 265)
- Reaktionsschritt bei der Veresterung und Esterhydrolyse (S. 267)

radikalisch
- Crackprozess

$$R-\overset{CH_3}{\underset{R}{C}}-\overline{O}-H + H^+ \longrightarrow R-\overset{CH_3}{\underset{R}{C}}-\overset{\oplus}{O}H_2$$

$$R-\overset{CH_3}{\underset{R}{C}}-\overset{\oplus}{O}H_2 \longrightarrow R-\overset{CH_3}{\underset{R}{C^{\oplus}}} + H_2O$$

$$R-\overset{CH_3}{\underset{R}{C^{\oplus}}} \longrightarrow R-\overset{CH_2}{\underset{R}{\overset{\|}{C}}} + H^+$$

Aromatisches System

Benzol-Molekül: Das Benzol-Molekül (S. 292 f) bildet das Grundgerüst der aromatischen Verbindungen. Das aromatische System zeichnet sich dadurch aus, dass die Elektronen der Doppelbindungen, die π-Elektronen, nicht zwischen Kohlenstoff-Atomen lokalisiert, sondern über den ganzen Ring delokalisiert sind. Man kann dies durch mesomere Grenzstrukturen oder durch einen Kreis im Sechseck symbolisieren. Durch die Mesomerie wird das Molekül stabilisiert. Das Benzol-Molekül ist deshalb energieärmer als ein hypothetisches Cyclohexatrien-Molekül (S. 293).

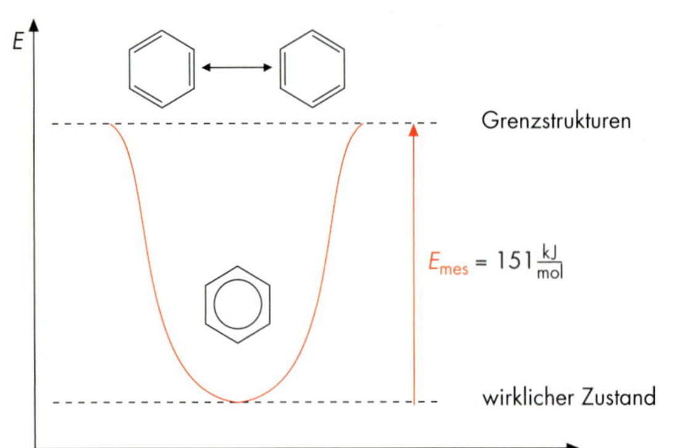

Hückel-Regel (S. 296, 297): Nicht nur das Benzol-Molekül und seine Derivate haben aromatischen Charakter. Nach einer von E. Hückel aufgestellten Regel sind alle ringförmigen Moleküle aromatisch, die (4n + 2)π-Elektronen, also 2, 6, 10 usw. π-Elektronen im Ring besitzen. Dies können sowohl geladene Moleküle wie Cycloheptatrienyl-Kationen, als auch Moleküle mit Heteroatomen oder mit kondensierten Ringen sein. Bei manchen Molekülen, wie dem Pyrrol- oder Furan-Molekül, ist das freie Elektronenpaar des Stickstoff- bzw. Sauerstoff-Atoms an der Ausbildung eines aromatischen Elektronensextetts beteiligt.

Aromatische Moleküle

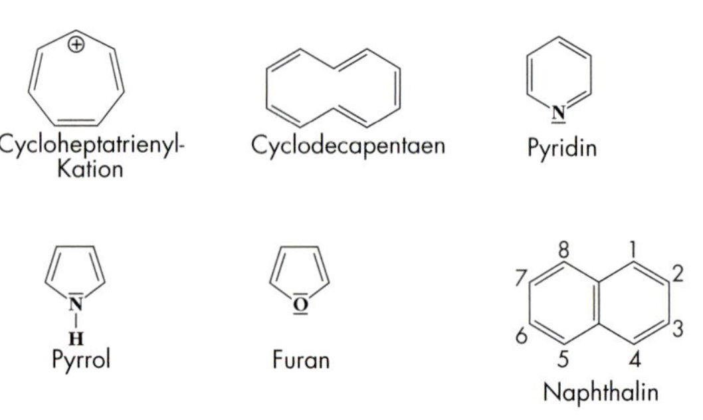

Elektrophile Substitution: Die typische Reaktion der aromatischen Verbindungen ist die elektrophile Substitution.
In einem 1. Schritt erfolgt der Angriff eines elektrophilen Teilchens, in dem 2. Schritt erfolgt die Rearomatisierung, d. h. die Rückbildung des aromatischen Systems (S. 298, 299, 309–311).

+ Br_2 ⟶ (Br) + HBr

Zweitsubstitution: Substituenten am aromatischen Ring können eine weitere Substitution erleichtern oder erschweren. Sie bestimmen auch den Ort der Zweitsubstitution. Substituenten mit +M-Effekt und +I-Effekt erhöhen die Reaktivität des Ringes, Substituenten mit –I-Effekt und –M-Effekt desaktivieren den aromatischen Ring (S. 311).

+M-Effekt der Hydroxy-Gruppe im Phenol-Molekül

–M-Effekt der Carbonyl-Gruppe im Benzaldehyd-Molekül

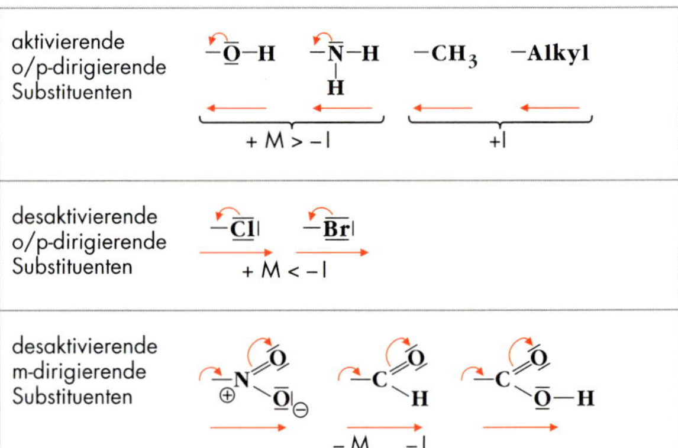

aktivierende o/p-dirigierende Substituenten	–O–H, –N(H)–H: +M > –I	$-CH_3$, –Alkyl: +I
desaktivierende o/p-dirigierende Substituenten	–Cl, –Br: +M < –I	
desaktivierende m-dirigierende Substituenten	$-NO_2$, –CHO, –COOH: –M –I	

Beispiele für Zweitsubstitutionen:

- Bromierung von Phenol (S. 301)
- Synthese von Azofarbstoffen (S. 302, 303)
- Synthese von Phenolphthalein (S. 304)
- Bromierung von Toluol (S. 308)

KKK-Regel und SSS-Regel für Alkylbenzole: Alkylbenzole können je nach Reaktionsbedingungen entweder als Aromat oder als Alkan reagieren (S. 308, 309).
Bei niedriger Temperatur und mit einem Katalysator erfolgt eine elektrophile Substitution am Kern, bei hoher Temperatur und Licht eine radikalische Substitution in der Seitenkette:

Kälte – **K**atalysator – **K**ern

Siedehitze – **S**onnenlicht – **S**eitenkette

Farbstoffe und Farbigkeit

Lichtabsorption und Lichtemission: Farbige Stoffe absorbieren einen Teil der Spektralfarben des weißen Lichtes.
Der Stoff erscheint in der Komplementärfarbe der absorbierten Spektralfarbe (S. 282, 283).

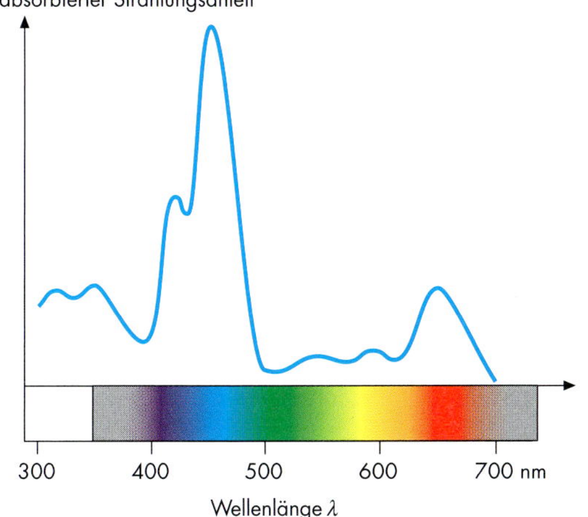

Absorptionsspektrum von Chlorophyll

Bei der Lichtabsorption werden Elektronen der Farbstoff-Moleküle aus dem Grundzustand auf das niedrigste unbesetzte elektronische Energieniveau angehoben. Die aufgenommene Lichtenergie wird beim strahlungslosen Übergang vom angeregten Zustand zurück in den Grundzustand in Wärme umgewandelt (S. 284f).
Farbigkeit durch Lichtemission kommt zustande, wenn ein Teil der aufgenommenen Lichtenergie wieder als Licht größerer Wellenlänge ausgestrahlt wird (S. 285–287).

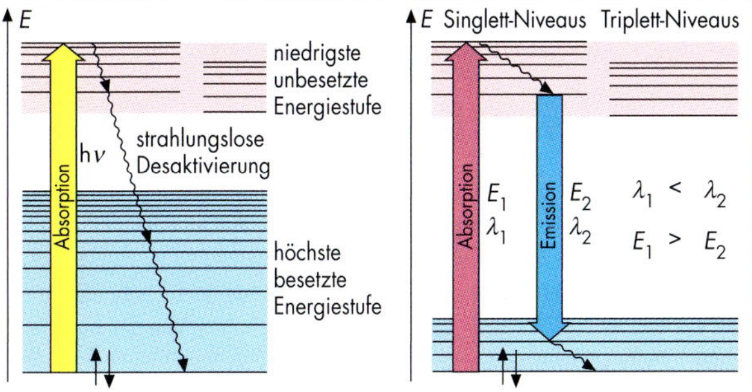

Energiestufenmodell zur Lichtabsorption und -emission

Molekülstruktur und Farbigkeit: Farbstoff-Moleküle besitzen ein ausgedehntes System von konjugierten Doppelbindungen, in dem die π-Elektronen delokalisiert sind. Diese Elektronen können von sichtbarem Licht angeregt werden. Das absorbierte Licht ist umso längerwellig, je größer das System der delokalisierten Elektronen ist und je besser die Elektronen delokalisiert sind.
Das System der delokalisierten Elektronen wird als Chromophor bezeichnet. Durch auxochrome und antiauxochrome Gruppen wird die Delokalisierung der Elektronen weiter verstärkt (S. 290, 291). Dies kann durch mesomere Grenzstrukturen symbolisiert werden. Gleichwertige mesomere Grenzstrukturen zeigen eine vollständige Delokalisierung, ungleichwertige eine weniger ausgeprägte Delokalisierung (S. 291) an.

Auxochrom Donator-Gruppe

Antiauxochrom Akzeptor-Gruppe

Mesomere Grenzstrukturen des Phenolphthalein-Dianions in alkalischer Lösung

Farbstoffklassen: Farbstoffe lassen sich anhand ihrer Chromophore einteilen. Die wichtigsten sind die Azofarbstoffe (S. 302, 303) mit einer Azo-Gruppe zwischen aromatischen Ringen, die Triphenylmethanfarbstoffe (S. 304, 305), bei denen drei aromatische Ringe an ein zentrales Kohlenstoff-Atom gebunden sind und die Carbonylfarbstoffe, zu denen die Anthrachinonfarbstoffe und die Indigo-Farbstoffe (S. 305) gehören.

Grundgerüst eines Azofarbstoffs
Beispiele: Methylorange (S. 303), Kongorot (S. 314)

Grundgerüst eines Triphenylmethanfarbstoffs; Beispiele: Kristallviolett (S. 290), Phenolphthalein (S. 304)

Indigo

Grundgerüst eines Anthrachinonfarbstoffs

Färbeverfahren

Direktfarbstoffe (S. 314, 315)	• Faser wird in die Färbelösung getaucht • Ausbildung von zwischenmolekularen Wechselwirkungen zwischen Farbstoff und Faser – Wasserstoffbrücken – Ionenbindungen
Entwicklungsfarbstoffe Küpenfarbstoffe (S. 315–317)	• Farbstoff entsteht erst beim Färbeprozess auf der Faser
Reaktivfarbstoffe (S. 316, 317)	• Ausbildung von Elektronenpaarbindungen zwischen Farbstoff-Molekülen und Faser-Molekül durch chemische Reaktion

Makromoleküle in Kunststoffen

Polyreaktionen: Makromoleküle können nach drei Reaktionstypen aus Monomer-Molekülen gebildet werden, durch

Polymerisation,
Polykondensation und
Polyaddition.

Bei der **Polymerisation** reagieren gleiche Monomer-Moleküle, i. d. R. Moleküle mit einer Doppelbindung, miteinander zu Makromolekülen. Die Polymerisation kann radikalisch (S. 270, 271); kationisch (S. 61) oder anionisch (S. 413) erfolgen.
Unter **Polykondensation** versteht man eine Reaktion, bei der die Monomer-Moleküle unter Abspaltung von kleinen Molekülen wie z. B. Wasser-Molekülen miteinander verknüpft werden. Aus bifunktionellen Molekülen entstehen lineare, aus Molekülen mit mehr als zwei funktionellen Gruppen vernetzte Makromoleküle.
Bei **Polyadditionen** reagieren zwei Monomere zu Makromolekülen, ohne dass dabei kleine Moleküle abgespalten werden. Die wichtigsten Kunststoffe, die durch Polyaddition erhalten werden sind Polyurethane (S. 397).

Polymere durch

radikalische Polymerisation
- Polyethen (S. 61, 64)
- Polypropen (S. 61, 64)
- Polyvinylchlorid (S. 64)
- Polystyrol (S. 64)
- Polymethylmethacrylat (S. 271, 273)

kationische Polymerisation
- Polyisobuten (S. 61)
- Polybutadien

anionische Polymerisation
- Polyacrylnitril (S. 397)
- Polycyanacrylat (S. 412, 413)

Beispiel: Polymerisation von Propen zu Polypropen

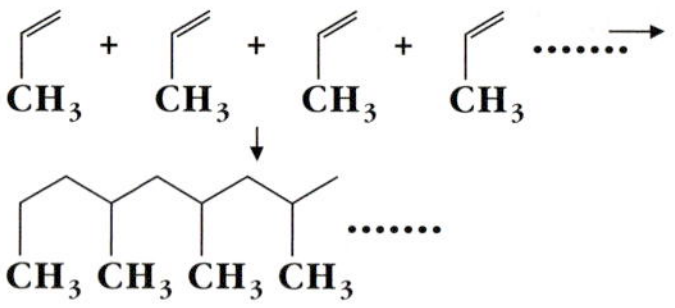

Beispiel: Polykondensation zwischen 1,6-Diaminhexan und Hexandisäure zum Polyamid

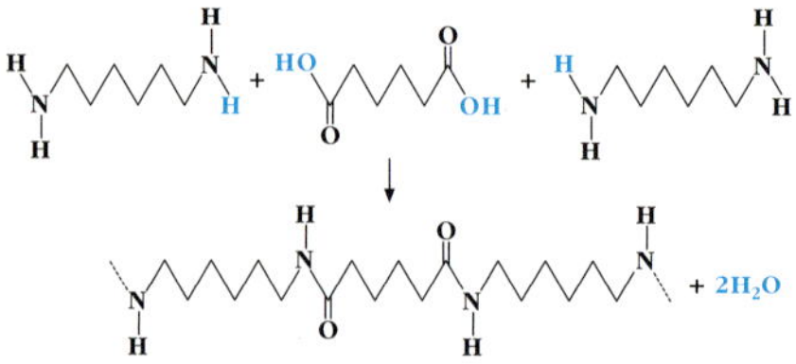

Beispiel: Polyaddition eines Diols an ein Diisocyanat zu einen Polyurethan

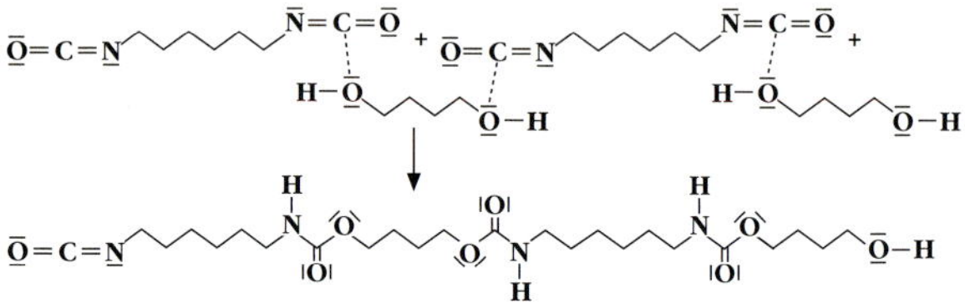

Polymere durch

Polykondensation (S. 275)
- Polyamide (S. 65; S. 264; S. 394, 395)
- Polyester (S. 65; S. 274; S. 396, 397)
  - lineare
  - vernetzte
- Polycarbonate (S. 65)
- Phenolharze (S. 64)

Polyaddition
- Polyurethane (S. 275; S. 397)
- Perlon (S. 395)

Eigenschaften und Struktur von Polymeren:
Man unterscheidet zwischen

Thermoplasten,
Duroplasten und
Elastomeren.

Thermoplaste bestehen aus linearen Makromolekülen. Thermoplastische Kunststoffe werden beim Erwärmen weich und formbar. Die van-der-Waals-Kräfte zwischen den linearen Molekülen werden aufgebrochen und die Moleküle können aneinander vorbeigleiten.
Duroplaste sind aus dreidimensional vernetzten Makromolekülen aufgebaut. Duroplastische Kunststoffe erweichen daher beim Erwärmen nicht, bei stärkerem Erhitzen zersetzen sie sich.
Elastomere bestehen aus linearen Makromolekülen, die durch nur wenige Querverbindungen zwischen den Molekülketten vernetzt sind. Sie sind dehn- und formbar. Sobald die Zug- oder Druckspannung nachlässt, nehmen sie die ursprüngliche Form wieder an.

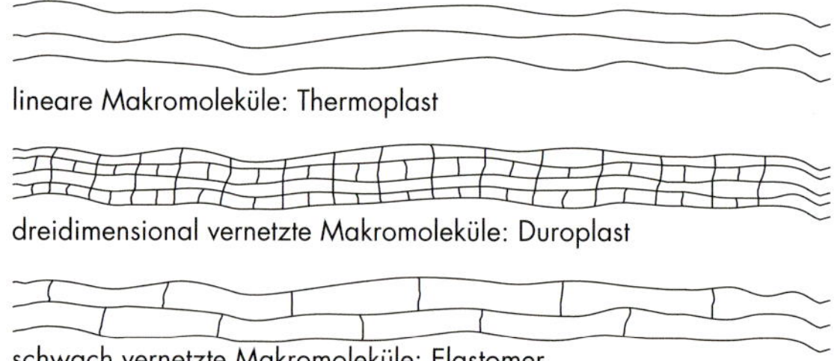

Thermoplast, Duroplast und Elastomer im Modell

- Beispiele für **Thermoplaste**: Polyethen, Polystyrol, Polyamide, lineare Polyester
- Beispiele für **Duroplaste**: Phenoplaste (S. 64), einige Polyester, einige Polyurethane
- Beispiele für **Elastomere**: Polyisopren (S. 64), Polybutadien, Butylkautschuk (S. 64), einige Polyurethane (S. 397)

Makromoleküle in Naturstoffen

Polysaccharide: Cellulose, Amylose und Amylopektin sind die wichtigsten natürlichen Polysaccharide. Sie sind aus dem Monomer **Glucose** (S. 97, 100f, S. 260) aufgebaut.

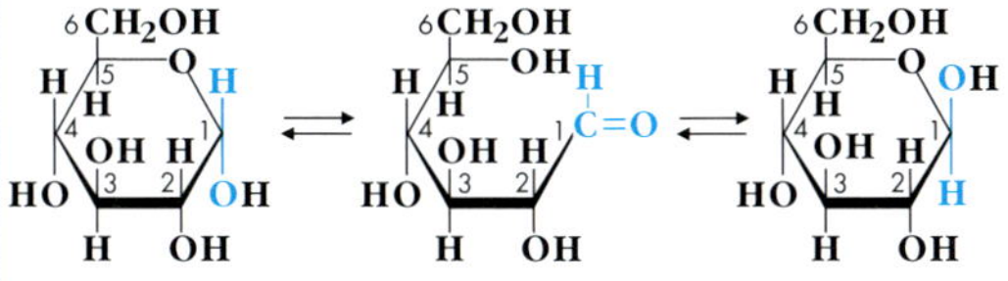

α-D-Glucose ⇌ ⇌ β-D-Glucose

Bei der Bildung der **Halbacetal-Gruppe** aus der Aldehyd-Struktur wird das C1-Atom chiral und es werden die Isomeren α- und β-Glucose gebildet (S. 260, 261).
Die Halbacetal-Gruppe ist die reaktive Gruppe. Sie ist für die reduzierende Wirkung der Glucose verantwortlich, da sie im Gleichgewicht mit der Aldehyd-Gruppe vorliegt. Sie kann mit Hydroxy-Gruppen **glycosidische Bindungen** eingehen (S. 402, 403).
Bei der Bildung von **Disacchariden** bis Polysacchariden wird die glycosidische Bindung zwischen der Halbacetal-Gruppe eines Monosaccharid-Moleküls, meist Glucose, mit der Hydroxy-Gruppe eines weiteren Monosaccharid-Moleküls unter Wasserabspaltung gebildet (S. 260, 261; S. 400, 401). Bei Disacchariden kommt auch die Verknüpfung zwischen zwei Halbacetal-Gruppen wie bei der Saccharose (S. 403) vor.

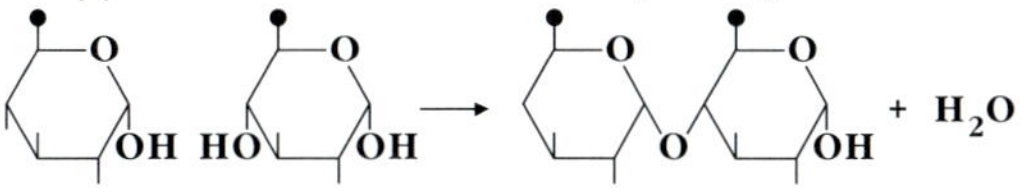

$+ H_2O$

Polysaccharid	Verknüpfung
Amylose (Bestandteil der Stärke) 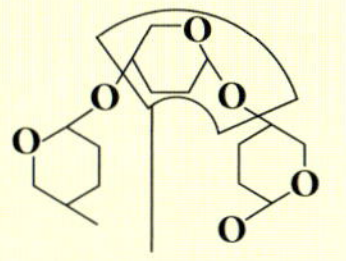	α-1,4
Amylopektin (Bestandteil der Stärke)	α-1,4 und α-1,6
Cellulose 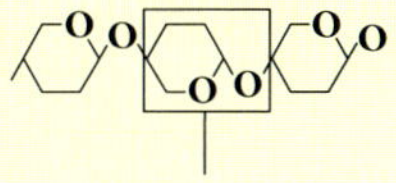	β-1,4

Proteine: Aminosäuren (S. 378f) sind die Monomere der Proteine. Die natürlichen Aminosäuren sind i. d. R. α-Aminosäuren und haben eine L-Konfiguration.

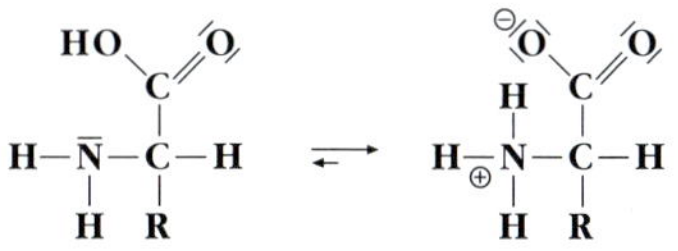

Molekülform ⇌ Zwitterionenform

Sie liegen im festem Zustand und in wässriger Lösung als **Zwitterionen** vor, da das intramolekulare Säure-Base-Gleichgewicht weit auf der Seite der Zwitterionen liegt. In wässriger Lösung bildet sich aus dem Zwitterion bei Säurezugabe die kationische Form, bei Basenzugabe die anionische. Den *p*H-Wert, bei dem nur Zwitterionen vorliegen, nennt man **isoelektrischen Punkt** IEP (S. 381).

$$H_3\overset{\oplus}{N}CH_2COOH \underset{}{\overset{+H^+}{\rightleftharpoons}} H_3\overset{\oplus}{N}CH_2COO^{\ominus} \underset{}{\overset{+OH^-}{\rightleftharpoons}} H_2NCH_2COO^{\ominus}$$

überwiegt bei *p*H < 2 — überwiegt bei *p*H > 12

$$H_2NCH_2COOH$$

IEP *p*H = 6,1

Peptide und **Proteine** werden durch Kondensation von Aminosäuren gebildet, bei der eine **Peptid-Gruppe** entsteht. Die Peptid-Gruppe ist mesomeriestabilisiert. Alle Atome der Peptid-Gruppe liegen in einer Ebene, die am gemeinsamen α-C-Atom zur benachbarten Peptid-Gruppe verdreht ist (S. 383).

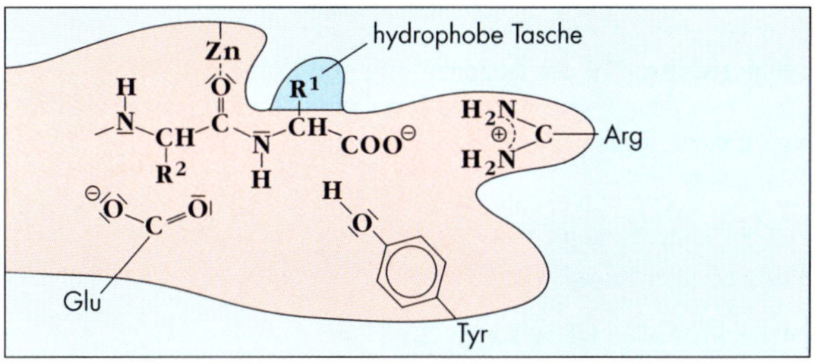

hydrophobe Tasche, Zn, Arg, Glu, Tyr

Proteinstruktur: Als **Primärstruktur** bezeichnet man die Aminosäuresequenz, die Verknüpfungsfolge der Aminosäuren im Protein (S. 382, 383).
Die **Sekundärstruktur** der Polypeptide wird durch Wasserstoffbrückenbindungen zwischen den Peptidbindungen gebildet. Die häufigsten Sekundärstrukturen sind die α-Helix- und die β-Faltblattstruktur (S. 384, 385).
Die **Tertiärstruktur** beschreibt die räumliche Anordnung der Polypeptidkette mit ihren Segmenten aus α-Helices, α-Faltblättern u. a. Die Tertiärstruktur wird durch van-der-Waals-Kräfte, Ionenbindungen, Wasserstoffbrückenbindungen und Disulfid-Brücken bestimmt (S. 384, 385).
Als **Quartärstruktur** bezeichnet man die räumliche Anordnung mehrerer Polypeptidketten zueinander.
Unter **Denaturierung** versteht man die meist irreversible Änderung der Tertiär- und teilweise der Sekundärstruktur. Sie kann durch Erhitzen, durch Säuren oder Laugen oder durch Alkohol oder Schwermetall-Ionen hervorgerufen werden (S. 386, 387).

Komplexverbindungen (Komplexe)

Struktur von Komplexen: Ein Komplex-Teilchen besteht aus einem Koordinationszentrum und einer Ligandenhülle. Das Koordinationszentrum kann ein Zentralatom oder ein Zentralion sein, die Liganden sind Ionen oder Moleküle. Die Koordinationszahl (KZ) gibt die Anzahl der Bindungen zwischen dem Zentralion und den Liganden an.
Liganden wie H_2O, F^- oder NH_3 besetzen im Komplex nur eine Koordinationsstelle, sie werden als einzähnige Liganden bezeichnet. Mehrzähnige Liganden besetzen mehrere Koordinationsstellen. Wenn mehrzähnige Liganden mehrere Bindungen mit dem gleichen Zentralion ausbilden, liegt ein Chelatkomplex vor (B3 und B6, S. 324, 325). EDTA ist ein sechszähniger Ligand in Chelatkomplexen (B4, S. 370). Die geometrische Anordnung der Liganden im Komplex kann je nach Koordinationszahl linear, tetraedrisch, planquadratisch oder oktaedrisch sein (B2, S. 324).

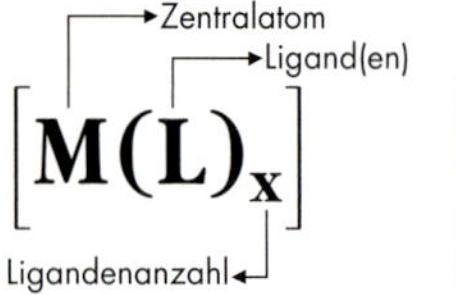

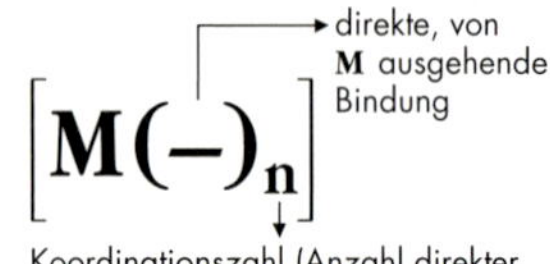

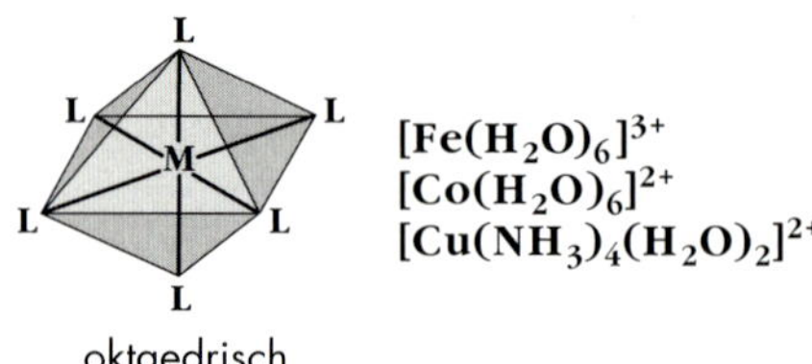

L, M, L, L, L, L, L

$[Fe(H_2O)_6]^{3+}$
$[Co(H_2O)_6]^{2+}$
$[Cu(NH_3)_4(H_2O)_2]^{2+}$

oktaedrisch

6-zähnig

$^{\ominus}OOC{-}CH_2$ \ $N{-}CH_2{-}CH_2{-}N$ / $CH_2{-}COO^{\ominus}$
$^{\ominus}OOC{-}CH_2$ / „EDTA“ \ $CH_2{-}COO^{\ominus}$

Nomenklatur: Bei der Bezeichnung von Komplex-Teilchen wird zwischen Anion- und Kation-Komplexen sowie Neutralkomplexen unterschieden (S. 327; *Chemie 2000+ Online*).
Beispiele:

Anion-Komplex $K_3[Cu(CN)_4]$
Kaliumtetracyanocuprat

Neutralkomplex $[CuCl_2(H_2O)_2]$
Diaquadichlorokupfer(II)

Kation-Komplex $[Cu(NH_3)_4(H_2O)_2]SO_4$
Tetraammindiaquakupfer(II)-sulfat

Koordinative Bindung und Farbigkeit: Die koordinative Bindung ist eine elektronische Wechselwirkung zwischen unbesetzten Energieniveaus (d-Orbitalen) des Zentralions und freien Elektronenpaaren der Liganden. Die Liganden sind dabei Elektronenpaar-Donatoren (LEWIS-Basen), das Zentralion ist Elektronenpaar-Akzeptor (LEWIS-Säure) (S. 226). Bei der Ausbildung der koordinativen Bindungen kommt es zu einer energetischen Aufspaltung der ansonsten energiegleichen d-Orbitale im Zentralion und zu einer Bindungsdelokalisation der Elektronenpaare aus den Liganden über das Zentralion hinweg. Daher sind viele Komplexe farbig (S. 325).

Stabilitätskonstanten, Ligandenaustausch: Die Stabilität eines Komplexes wird durch seine Gleichgewichtskonstante bei seiner Bildung K_B oder durch die Gleichgewichtskonstante bei seinem Zerfall (Dissoziation) K_D charakterisiert. Es gilt $K_D = 1/K_B$. Bei einer Ligandenaustauschreaktion werden Liganden aus einem Komplex durch andere Liganden, die mit dem gleichen Zentralion einen stabileren Komplex bilden, verdrängt. So färbt sich beispielsweise eine olivgrüne Lösung von Kupfer(II)-chlorid bei der Zugabe von Ammoniak-Lösung tiefblau, weil die Liganden Cl^- des olivgrünen Tetrachlorokupfer(II)-Anions $[CuCl_4]^{2-}$ gegen die Liganden NH_3 ausgetauscht werden, und sich das tiefblaue Tetraamminkupfer(II)-Kation $[Cu(NH_3)_4]^{2+}$ bildet.
Schwer komplexierbare Kationen wie Ca^{2+}, Mg^{2+} u. a. können mit mehrzähnigen Liganden, beispielsweise mit EDTA stabile Komplexe bilden (S. 370).
Ligandenaustauschreaktionen spielen bei der Enthärtung von Wasser, bei komplexometrischen Titrationen, bei der Denaturierung von Proteinen mit Schwermetall-Ionen und bei Katalysen mit Komplexen eine wichtige Rolle.

$$[CuCl_4]^{2-} \rightleftharpoons Cu^{2+} + 4Cl^-$$

$$K_D\,([CuCl_4]^{2-}) = 3 \cdot 10^{-2}\,mol^4 \cdot L^{-4}$$

$$[Cu(NH_3)_4]^{2+} \rightleftharpoons Cu^{2+} + 4NH_3$$

$$K_D\,([Cu(NH_3)_4]^{2+}) = 5 \cdot 10^{-14}\,mol^4 \cdot L^{-4}$$

$[Ca(edta)]^{2-}$

Entstehung des Vierfarbendrucks

Farbe	Wellenlängen-bereich $\Delta\lambda$ in nm	Energie-bereich in kJ/mol	Energie-bereich in eV/Quant
violett	440 bis 400	271 bis 298	2,81 bis 3,09
blau	480 bis 440	248 bis 271	2,57 bis 2,81
grünblau	490 bis 480	243 bis 248	2,52 bis 2,57
blaugrün	500 bis 490	238 bis 243	2,46 bis 2,52
grün	560 bis 500	213 bis 238	2,21 bis 2,46
gelb	595 bis 580	200 bis 206	2,07 bis 2,13
rot	700 bis 605	170 bis 197	1,76 bis 2,04

Zusammenhang Lichtfarbe – Wellenlänge – Energie (1 J = 6,242 · 10^{18} eV)

Die nachfolgende Liste enthält Gefahrenhinweise,

R- und **S-**Sätze und **Ents**orgungsempfehlungen. Die hier nicht angegebenen Stoffe sind entweder so harmlos, dass für sie keine Gefahrensymbole und R- und S-Sätze vorgesehen sind, oder werden in nur ganz winzigen Mengen benutzt, z. B. als Indikatoren.

T⁺ Sehr giftig
T Giftig
(t = toxic)
Erhebliche Gesundheitsgefährdung, keine Schülerübungen zulässig!

Xn Gesundheitsschädlich
(n = noxious)
beim Einatmen, Verschlucken, und bei Berührung mit der Haut.

Xi Reizend
(i = irritating)
auf Haut, Augen und Atmungsorgane.

F⁺ Hochentzündlich
(f = flammable)
F Leicht entzündlich
Kann sich von selbst entzünden oder mit Wasser entzündliche Gase bilden.

E Explosionsgefährlich
(e = explosive)
Kann explodieren, keine Schülerübungen zulässig!

C Ätzend
(c = corrosive)
Zerstört lebendes Gewebe, wie z. B. Haut oder Auge.

O Brandfördernd
(o = oxidizing)
Kann Brände fördern oder verursachen, Feuer- und Explosionsgefahr bei Mischung mit brennbaren Stoffen.

N Umweltgefährlich
(n = nature)
Giftig für Pflanzen und Tiere in aquatischen und nicht aquatischen Lebensräumen, gefährlich für die Ozonschicht.

Acetessigsäureethylester, $CH_3COCH_2COOC_2H_5$, Ents. 1

Aceton, C_3H_6O, **F, Xi,** R: 11 – 36 – 66 – 67, S: 2 – 9 – 16 – 26, Ents. 1

Acetylsalicylsäure, $HOOCC_6H_4OCOCH_3$, **Xn,** R: 22, Ents. 14

Acrylsäure, 2-Propensäure, $H_2CCHCOOH$, **C, N,** R: 10 – 21/22 – 35 – 50, S:1/2 – 26 – 36/37/39 – 45 – 61, Ents. 1

Alanin, $H_3CCH(NH_2)COOH$

Aluminiumchlorid, $AlCl_3 \cdot 6H_2O$, **Xi,** R: 36/37/38, Ents. 14

Aluminiumchlorid, wasserfrei, $AlCl_3$, **C,** R: 34, S: 1/2 – 7/8 – 28 – 45

Ameisensäure, s. Methansäure

Amidosulfonsäure, H_2NSO_3H, **Xi** ($w \geq 20\,\%$), R: 36/38 – 52/53, S: 2 – 26 – 28.1 – 61, Ents. 12

4-Amino-5-hydroxynaphthalin-2,7-disulfonsäure (H-Säure), $C_{10}H_9NS_2O_7$, Ents. 28

Ammoniak-Lösung, $NH_3(aq)$, **C** ($w = 25\,\%$), **Xi** ($w < 10\,\%$), R: 36/37/38, S: 1/2 – 36/37/39 – 45, Ents. 13

Ammoniumcarbonat, $(NH_4)_2CO_3$, **Xn** ($w > 25\,\%$), R: 22, Ents. 14

Ammoniumchlorid, NH_4Cl, **Xn,** R: 22 – 36, S: 2 – 22, Ents.14

Ammoniumeisen(II)-sulfat, $(NH_4)_2Fe(SO_4)_2 \cdot H_2O$, Ents. 14

Ammoniumnitrat, NH_4NO_3, **O,** R: 8 – 9, S: 1/2 – 15 – 16 – 41, Ents.14

Ammoniumthiocyanat, NH_4SCN, **Xn,** R: 20/21/22 – 32, S: 2 – 13, Ents. 12

Ascorbinsäure, $C_6H_8O_6$, Ents. 14

trans-Azobenzol, $C_6H_5N = NC_6H_5$, **T, N,** R: 45 – 20/22 – 48/22 – 50/53, S: 53 – 45 – 60 – 61, Ents. 1 (als Lösung in Toluol)

Azoisobutyronitril, $NC(CH_3)_2CN{=}NC(CH_3)_2CN$, **Xn, E,** R: 2 – 22 – 36/38, S: 1/2 – 35 – 36, Ents. Aufarbeitung

Bariumhydroxid, $Ba(OH)_2 \cdot 8H_2O$, **C,** R: 20/22 – 34, S: 2 – 26 – 36/37/39 – 45, Ents. 13

Bariumsulfat, $BaSO_4$, Ents. Hausmüll

Batteriesäure, s. Schwefelsäure

Benzin (Waschbenzin), **F,** R: 11, S: 9 – 16 – 29 – 33, Ents. 1

Benzoesäure, C_6H_5COOH, **Xn,** R: 22 – 36, S: 24, Ents. 12

Benzylbromid, $C_6H_5CH_2Cl$, **Xi,** R: 36/37/38, S: 2 – 39, Ents. 2

Blei, Pb, **T,** R: 61 – 20/22 – 33, S: 53 – 45, Ents. 15

Bleiacetat, $Pb(CH_3COO)_2$, **T, N,** R: 61 – 33 – 40 – 50/53 – 62, S: 53 – 45 – 60 – 61, Ents. 15

Blei(II)-nitrat, $Pb(NO_3)_2$, **T, O, N,** R: 61 – 8 – 20/22 – 33 – 50/53 – 62, S: 53 – 17 – 45 – 60 – 61, Ents. 15

Borsäure, $B(OH)_3$, Ents. 14

Brennspiritus, s. Ethanol

Brenzcatechin, $C_6H_4(OH)_2$, **Xn,** R: 21/22 – 36/38, S: 2 – 22 – 26 – 37, Ents. 1

Brom, Br_2, **T⁺, C, N,** (**Xn:** $0{,}1\,\% \leq w \leq 1\,\%$), R: 26 – 35 – 50, S: 1/2 – 7/9 – 26 – 45 – 61, Ents. 22

Bromkresolgrün, $C_{21}H_{14}Br_4O_5S$

2-Brom-2-methylpropan, $(CH_3)_3CBr$, **F,** R: 11, Ents. 2

2-Brompropan, $CH_3CHBrCH_3$, **F, T,** R: 60 – 11 – 48/20 – 66, S: 16 – 53 – 45, Ents. 2

Bromthymolblau, $C_{27}H_{28}Br_2O_5S$

Bromwasser, $Br_2(aq)$, **Xi** ($w = 3{,}5\,\%$), R: 36/37/38, S: 1 /2 – 7/9 – 26 – 45, Ents. 22

Butan, C_4H_{10}, **F⁺,** R: 12, S: 2 – 9 – 16

1-Butanol, C_4H_9OH, **Xn,** R: 10 – 36/37 – 67, S: 2 – 7/9 – 13 – 26 – 37/39 – 46, Ents. 1

2-Butanol, $C_3H_6(OH)CH_3$, **Xn,** R: 10 – 36/37 – 67, S: 2 – 7/9 – 13 – 24/25 – 26 – 46, Ents. 1

tert. Butanol, s. 2-Methyl-2-propanol

Butansäure, C_3H_7COOH, **C,** R: 34, S: 1/2 – 26 – 36 – 45, Ents. 1

Calciumchlorid, $CaCl_2$, **Xi,** R: 36, S: 2 – 22 – 24, Ents.14

Calciumchlorid-Hexahydrat, $CaCl_2 \cdot 6H_2O$, **Xi,** R: 36, S: 2 – 22 – 24, Ents.14

Calciumhydroxid, $Ca(OH)_2$, **C,** R: 34, S: 26 – 36/37/39 – 45, Ents. 13

Calciumoxid, CaO, **C,** R: 14 – 34, S: 22 – 26 – 36/37/39 – 45, Ents. 14

β-Carotin, $C_{40}H_{56}$, R: 53, S: 61, Ents. Hausmüll

Cetylalkohol, $C_{16}H_{33}OH$, Ents. 1

Cetylpalmitat, $C_{15}H_{31}COOC_{16}H_{33}$

Chlor, $\mathbf{Cl_2}$, **T, N, (Xn:** 0,5 % ≤ w ≤ 5 %), R: 23 – 36/37/38 – 50, S: 1/2 – 9 – 45 – 61, Ents. 22

Chloral, $\mathbf{C_2H_3Cl_3O_2}$, **T, N,** R: 25 – 36/38, S: 25 – 44, Ents. 2 (vorher mit Natriumhydrogensulfat versetzen)

Chloralhydrat, $\mathbf{Cl_3CCHO \cdot H_2O}$, **T,** R: 25 – 36/38, S: 1/2 – 25 – 45, Ents. 2

2-Chlor-2-methylpropan, $\mathbf{CH_3CCH_3ClCH_3}$, **F,** R: 11, S: 9 – 16 – 29, Ents. 2

Chlortrimethylsilan, $\mathbf{C_3H_9ClSi}$, **C, F,** R: 11 – 34, S: 16 – 26, Ents. 2 (vorher mit Wasser versetzen und org. Phase abtrennen)

Chlorwasser, wässrige Lösung von Chlor, s. Chlor

Chrom(III)-chlorid-Hexahydrat, $\mathbf{CrCl_3 \cdot 6\,H_2O}$, **T,** R: 22 – 26 – 36/37/38, Ents. 15

Citronensäure, $\mathbf{C_6H_8O_7 \cdot H_2O}$, **Xi,** R: 36, S: 24/25, Ents. 28

Cyanurchlorid, $\mathbf{C_3Cl_3N_3}$, **Xi,** R: 36/37/38, S: 2 – 28, Ents. 2

Cyclohexan, $\mathbf{C_6H_{12}}$, **F, Xn, N,** R: 11 – 38 – 50/53 – 65 – 67, S: 9 – 16 – 33 – 60 – 61 – 62, Ents. 1

Cyclohexen, $\mathbf{C_6H_{10}}$, **Xn, F,** R: 11 – 21/22, S: 16 – 23/2 – 33 – 36/37, Ents. 1

Dibenzoylperoxid, $\mathbf{(C_6H_5COO)_2}$, **O, Xi,** R: 3 – 36/37/38, S: 3/7/9 – 14 – 27 – 34/39, Ents. 22

Dichlordimethylsilan, $\mathbf{C_2H_6Cl_2Si_2}$, **Xi, F,** R: 11 – 36/37/38, S: 25 – 44, Ents. 2 (vorher mit Wasser versetzen und org. Phase abtrennen)

Dichlormethan, $\mathbf{CH_2Cl_2}$, **Xn,** R: 40, S: 2 – 23 – 24/25 – 36/37, Ents. 2

2,6-Dichlorphenolindophenol-Natriumsalz, $\mathbf{C_{12}H_6NCl_2O_2Na \cdot 2\,H_2O}$, Ents. 28

Diethylether (Ether), $\mathbf{C_4H_{10}O}$, **F⁺, Xn,** R: 12 – 19 – 22 – 66 – 67, S: 2 – 9 – 16 – 29 – 33, Ents. 1

Dimethylsulfoxid, $\mathbf{CH_3SOCH_3}$, R: 36/38, S: 1/2 – 26, Ents. 1

Dinatriumhydrogenphosphat, $\mathbf{Na_2HPO_4 \cdot 12\,H_2O}$, Ents. 14

Dithizon, $\mathbf{C_{13}H_{12}N_4S}$

Dodecanol, $\mathbf{C_{12}H_{25}OH}$, Ents. 1

Eisen(III)-chlorid, $\mathbf{FeCl_3}$, **Xn,** R: 22 – 38 – 41, S: 1/2 – 26 – 39, Ents. 15

Eisen(III)-chlorid-Hexahydrat, $\mathbf{FeCl_3 \cdot 6\,H_2O}$, **Xn,** R: 22 – 38 – 41, S: 2 – 26 – 39, Ents. 15

Eisen(II)-oxalat, $\mathbf{FeC_2O_4 \cdot 2H_2O}$, **Xn,** R: 21/22, S: 2 – 26 – 39, Ents. 15

Eisen(II)-sulfat-Heptahydrat $\mathbf{FeSO_4 \cdot 7H_2O}$, **Xn,** R: 22 – 41, S: 26, Ents. 15

Eisen(III)-sulfat, $\mathbf{Fe_2(SO_4)_3}$, S: 24/25, Ents. 15

Eisenpulver, $\mathbf{Fe}$, **F,** R: 11, Ents. 15

Eisessig, s. Essigsäure

Eriochromschwarz T, $\mathbf{C_{20}H_{12}N_3NaO_7S}$, **Xi, N,** R: 36 – 51/53, S: 26 – 61, Ents. 1

Essigsäure, s. Ethansäure

Essigsäureanhydrid, $\mathbf{CH_3COOCOCH_3}$, **C,** R: 10 – 20/22 – 34, S: 1/2 – 26 – 36/37/39 – 45, Ents. 12

Essigsäureethylester, s. Ethansäureethylester

Ethanal (Acetaldehyd), $\mathbf{CH_3CHO}$, **Xn, F⁺,** R: 12 – 36/37 – 40, S: 9 – 16 – 29 – 33, Ents. 1 (vorher mit Natriumhydrogensulfat versetzen)

Ethandiol (Glycol), $\mathbf{HOCH_2CH_2OH}$, **Xn,** R: 22, S: 2, Ents. 1

Ethanol, $\mathbf{C_2H_5OH}$, **F, Xn,** R: 12 – 36/37 – 40, S: 2 – 16 – 33 – 36/37

Ethansäure (Essigsäure), $\mathbf{CH_3COOH}$, **C,** R: 10 – 35, S: 1/2 – 23 – 26 – 45, Ents. 12

Ethansäureethylester, $\mathbf{CH_3COOC_2H_5}$, **F, Xi,** R: 11 – 36 – 66 – 67, S: 2 – 16 – 26 – 33, Ents. 1

Ethen (Ethylen), $\mathbf{C_2H_4}$, **F⁺,** R: 13, S: 2 – 9 – 16 – 33

Ethylendiamintetraessigsäure-Dinatriumsalz (EDTA di-Natriumsalz), $\mathbf{C_{10}H_{14}N_2Na_2O_8 \cdot 2\,H_2O}$, **Xn,** R: 22, Ents. 1

Fehling I (Kupfersulfat-Lösung), $\mathbf{CuSO_4(aq)}$, Ents. 15

Fehling II (Kaliumnatriumtartrat-Natriumhydroxid-Lösung), $\mathbf{C_4H_4KNaO_6(aq) + NaOH(aq)}$, **C,** R: 34, S: 1 /2 – 26 – 36/ 37/39 – 45, Ents. 13

Fluoreszein-Natriumsalz, $\mathbf{C_{20}H_{10}Na_2O_5}$, Ents. 28

Glutaminsäure, $\mathbf{HOOC(CH_2)_2CH(NH_2)COOH}$

Glycerin, Propantriol, $\mathbf{HOCH_2CHOHCH_2OH}$, Ents. 28

Glycin, $\mathbf{H_2NCH_2COOH}$

Heptan, $\mathbf{C_7H_{16}}$, **F, Xn, N,** R: 11 – 38 – 50/53 – 65 – 67, S: 2 – 9 – 16 – 29 – 33 – 60 – 61 – 62, Ents. 1

Hexadecanol (Cetylalkohol), $\mathbf{C_{16}H_{33}OH}$, Ents. 1

Hexan, $\mathbf{C_6H_{14}}$, **F, Xn,** R: 11– 48/21, S: 9 – 16 – 25 – 29 – 51, Ents. 1

Hexandiamin, 1,6-Diaminohexan, $\mathbf{C_6H_{16}N_2}$, **C,** R: 21/22 – 34 – 37, S: 1/2 – 22 – 26 – 36/37/39 – 45, Ents. 1

Hexen, $\mathbf{C_4H_{12}}$, **F,** R: 11, S: 9 – 16 – 23 – 29 – 33, Ents. 1

Hydrochinon, $\mathbf{C_6H_4(OH)_2}$, **Xn, N,** R: 22 – 40 – 41 – 43 – 50 – 68, S: 2 – 26 – 36/37/39 – 61, Ents. 1

Hydrogenchlorid (Chlorwasserstoff), $\mathbf{HCl(g)}$, **T, C,** R: 23 – 35, S: 1/2 – 9 – 26 – 36/37/39 – 45, Ents. 12

Indigo, $\mathbf{C_{16}H_{10}N_2O_2}$, **Xi,** Ents. 28

Indigocarmin, $\mathbf{C_{16}H_8N_2Na_2O_8S_2}$, **Xn,** R: 22, Ents. 1

Iod, $\mathbf{I_2}$, **Xn, N,** R: 20/21 – 50, S: 23 – 25 – 61, Ents. 22

1-Ioddecan, $\mathbf{C_{10}H_{21}I}$, **Xi,** Ents. 2

Iod/Kaliumiodid-Lösung (Lugolsche Lösung), $\mathbf{KI/I_2}$, Ents. 22

Isobuten, Methylpropen, $\mathbf{C_4H_8}$, **F⁺,** R: 12, S: 2 – 9 – 16 – 33

Isooctan, 2,2,4-Trimethylpentan, $\mathbf{C_8H_{18}}$, **F,** R: 11, S: 9 – 16 – 29 – 33, Ents. 1

Kalilauge, s. Kaliumhydroxid

Kaliumbromid, $\mathbf{KBr}$, Ents. 14

Kaliumcarbonat, $\mathbf{K_2CO_3}$, **Xn,** R: 22 – 36, S: 22 – 26, Ents. 13

Kaliumchlorid, $\mathbf{KCl}$, Ents. 14

Kaliumhexacyanoferrat(II), $\mathbf{K_4[Fe(CN)_6]}$, Ents. 14

Kaliumhexacyanoferrat(III), $\mathbf{K_3[Fe(CN)_6]}$, Ents. 14

Kaliumhydroxid, $\mathbf{KOH}$, **C,** R: 22 – 35, S: 1/2 – 26 – 36/37/39 – 45, Ents. 13

Kaliumiodid, $\mathbf{KI}$, Ents. 14

Kaliumnatriumtartrat-Tetrahydrat, $\mathbf{C_4H_4KNaO_6 \cdot 4H_2O}$, Ents. 14

Kaliumnitrat $\mathbf{KNO_3}$, **O,** R: 8, S: 16 – 41, Ents. 14

Kaliumperchlorat, $\mathbf{KClO_4}$, **Xn, O,** R: 9 – 22, S: 2 – 13 – 22 – 27, Ents. 22

Kaliumpermanganat, $\mathbf{KMnO_4}$, **O, Xn, N,** R: 8 – 22 – 50/53, S: 2 – 60 – 61, Ents. 22

Kaliumthiocyanat, $\mathbf{KSCN}$, **Xn,** R: 20/21/22 – 32, S: 2 – 13, Ents. 28

Kalkwasser, $\mathbf{Ca(OH)_2(aq)}$, S: 2, Ents. 14

Kristallviolett, $\mathbf{C_{25}H_{30}N_3Cl}$, **Xn, N,** R: 10 – 52/53, S: 61, Ents. 28

Kupfer(II)-chlorid, $\mathbf{CuCl_2}$, **Xn, N,** R: 22 – 36/38 – 50/53, S: 2 – 22 – 62 – 61, Ents. 15

Kupfer(II)-chlorid-Dihydrat, $\mathbf{CuCl_2 \cdot 2\,H_2O}$, **Xn, N,** R: 22 – 36/38 – 50/53, S: 2 – 22 – 62 – 61, Ents. 15

Kupfer(II)-nitrat-Hexahydrat, $\mathbf{Cu(NO_3)_2 \cdot 6\,H_2O}$, **Xn,** R: 22 – 36/38, Ents. 15

Kupfer(II)-nitrat-Trihydrat, $\mathbf{Cu(NO_3)_2 \cdot 3\,H_2O}$, **Xn,** R: 22 – 36/38, Ents. 15

Kupfer(II)-oxid, $\mathbf{CuO}$, **Xn,** R: 22, S: 2 – 22, Ents. 15

Kupfer(II)-sulfat, $\mathbf{CuSO_4}$, **Xn, N,** R: 22 – 36/38 – 50, S: 2 – 22 – 60 – 61, Ents. 15

Kupfer(II)-sulfat-Pentahydrat, $\mathbf{CuSO_4 \cdot 5\,H_2O}$, **Xn,** R: 22 – 36/38, S: 2 – 22, Ents. 15

Lithium, $\mathbf{Li}$, **C, F,** R: 14/15 – 34, S: 1/2 – 8 – 43.7 – 45, Ents. 26

Lithiumchlorid, $\mathbf{LiCl}$, **Xn,** R: 22 – 36/37/38, S: 26 – 36, Ents. 14

Luminol, $\mathbf{C_8H_7N_3O_2}$, **Xi,** R: 36/37/38, S: 26 – 36, Ents. 28

Magnesium (Band, Pulver, Späne), $\mathbf{Mg}$, **F,** R:11 – 15, S: 2 – 7/8 – 43, Ents. (Aufarbeitung)

Magnesiumchlorid, $\mathbf{MgCl_2}$, Ents. 14

Mangan(II)-sulfat, $\mathbf{MnSO_4}$, Ents. 15

Mangan(IV)-oxid (Mangandioxid), $\mathbf{MnO_2}$, **Xn,** R: 20/22, S: 25, Ents. 15

Methan, $\mathbf{CH_4}$, **F⁺,** R: 12, S: 2 – 9 – 16 – 33

Methanal, $\mathbf{CH_2O}$, **T,** R: 23/24/25 – 34 – 40 – 43, S: 26 – 36/37 – 41 – 51, Ents. 1 (vorher mit Natriumhydrogensulfit-Lsg. versetzen)

Methanol, $\mathbf{CH_3OH}$, **T, F,** R: 11 – 23/24/25 – 39/23/24/25, S: 1/2 – 7 – 16 – 36/37 – 45, Ents. 1

Methansäure (Ameisensäure), $\mathbf{HCOOH}$, **C,** R: 35, S: 2 – 23 – 26 – 45, Ents. 12

2-Methyl-2-propanol (tert. Butanol), $\mathbf{(CH_3)_3COH}$, **Xn, F,** R: 11 – 20, S: 2 – 9 – 16, Ents. 1

Methansäureethylester (Ameisensäureethylester), $\mathbf{HCOOCH_3}$, **F, Xn,** R: 11 – 20/22 – 36/37, S: 2 – 9 – 16 – 24 – 26 – 33, Ents. 12

N-(4-Methoxybenzyliden)-4-butylanilin (MBBA), **Xi,** R: 36/37/38, S: 26 – 37/39, Ents. 28

**N, N'-Methylenbisacrylamid*
Methylenblau, $\mathbf{C_{16}H_{18}N_3SCl}$, **Xn**, R: 22, S: 2 – 22 – 24/25, Ents. 28
Methylmethacrylat, Methacrylsäuremethylester, $\mathbf{H_2C = C(CH_3)COOCH_3}$, **Xi, F**, R: 11 – 37/38 – 43, S: 2 – 24 – 37 – 46
Methyl-tert.-butylether, $\mathbf{(CH_3)_3COCH_3}$, **F, Xi**, R: 11 – 36/37/38, S: 9 – 16 – 26 – 29 – 33 – 36, Ents. 1
Methylviologen, 1,1'-Dimethyl-4,4'-bipyridinium-dichlorid, $\mathbf{C_{12}H_{14}C_{12}N_2}$, **T**, R: 24/25 – 36/37/38, S: 22 – 36/37/39 – 45/28
Milchsäure, 2-Hydroxypropansäure, $\mathbf{H_3CCH(OH)COOH}$, **Xi**, R: 36/37, S: 2 – 26 – 36, Ents. 28
β-Naphthol, $\mathbf{C_{10}H_7OH}$, **Xn, N**, R: 20/22 – 50, S:2 – 24/25 – 61, Ents. 1
Naphthol-AS-D, $\mathbf{C_{18}H_{16}NO_2}$, **Xi**, R: 36/37/38, S: 24/25, Ents. 28
Natrium, **Na**, **F, C**, R: 14/15 – 34, S: 1/2 – 5 – 8 – 43 – 45, Ents. 26
Natriumacetat, $\mathbf{CH_3COONa}$, Ents. 14
Natriumacetat-Hydrat, $\mathbf{CH_3COONa \cdot 3H_2O}$, Ents. 14
Natriumcarbonat, $\mathbf{Na_2CO_3}$, **Xi**, R: 36, S: 2 – 22 – 26, Ents.14
Natriumcitrat, $\mathbf{C_6H_5O_7Na_3 \cdot 2\ H_2O}$, Ents. 14
Natriumdihydrogenphosphat, $\mathbf{NaH_2PO_4}$, Ents. 14
Natriumdithionit, $\mathbf{Na_2S_2O_4}$, **Xn**, R: 7 – 22 – 31, S: 2 – 7/8 – 26 – 28 – 43, Ents. 14
Natriumhydrogencarbonat, $\mathbf{NaHCO_3}$, Ents. 14
Natriumhydrogensulfat, $\mathbf{NaHSO_4 \cdot 2H_2O}$, **Xi**, R: 41, S: 2 – 24 – 26, Ents. 14
Natriumhydrogensulfit, $\mathbf{NaHSO_3}$, **Xn**, R: 22 – 31, S: 2 – 25 – 46, Ents. 14
Natriumhydroxid, **NaOH**, **C**, R: 35, S: 1/2 – 26 – 37/39 – 45, Ents. 13
Natriumnitrat, $\mathbf{NaNO_3}$, **O, Xn**, R: 8 – 22 – 36, S: 22 – 24 – 41, Ents. 14
Natriumnitrit, $\mathbf{NaNO_2}$, **T, O, N**, R: 8 – 25 – 50, S: 1/2 – 45 – 61, Ents. 28
Natriumphosphat, $\mathbf{Na_3PO_4 \cdot 12H_2O}$, Ents. 14
Natriumsulfat, $\mathbf{Na_2SO_4}$, Ents. 14
Natriumthiosulfat, $\mathbf{Na_2S_2O_3}$, Ents. 14
Natron, s. Natriumhydrogencarbonat
Natronlauge, **NaOH (aq)**, **C** (w > 10 %), **Xi** (0,5% < w < 2%), R: 35, S: 1/2 – 26 – 36/37/39 – 45, Ents. 13
Neutralrot, $\mathbf{C_{15}H_{17}N_4Cl}$, **Xn**, R: 22, Ents. 28
Ninhydrin, $\mathbf{C_9H_6O_4}$, **Xn, F**, R: 22 – 36/37/38, Ents. 28
Oxalsäure, Ethandisäure, $\mathbf{H_2C_2O_4 \cdot 2H_2O}$, **Xn**, R: 21/22, S: 2 – 24/25, Ents.12
Ozon, $\mathbf{O_3}$, **O, T**, R: 34 – 36/37/38
Pentan, $\mathbf{C_5H_{12}}$, **F⁺, Xn, N**, R: 12 – 51/53 – 65 – 66 – 67, S: 2 – 9 – 16 – 29 – 33 – 61 – 62, Ents. 1
1-Pentanol, $\mathbf{C_5H_{11}OH}$, **Xn**, R: 10 – 20, S: 2 – 24/25, Ents. 1
Pentanatriumtriphosphat, $\mathbf{Na_5P_3O_{10}}$, Ents.14
Perchlorsäure, $\mathbf{HClO_4}$, **C, O**, R: 5 – 8 – 35, S: 1/ 2 – 23.2 – 26 – 36 – 45, Ents. 12
Petrolether, **F, Xn**, R: 11 – 52/53 – 65, S: 9 – 16 – 23 – 24 – 33 – 62, Ents. 1
Petroleumbenzin (Siedebereich 40 °C bis 60 °C), **F, Xn, N**, R: 11 – 52/53 – 65, S: 9 – 16 – 23 – 24 – 33 – 62, Ents. 1
Phenanthrolin, $\mathbf{C_{12}H_8N_2 \cdot HCl \cdot H_2O}$, **T, N**, R: 25 – 50/53, S: 45 – 60 – 61, Ents. 29
Phenol, $\mathbf{C_6H_5OH}$, **T**, R: 24/25 – 34, S: 1 /2 – 28 – 45, Ents. 1
Phenolphthalein, $\mathbf{C_{20}H_{14}O_4}$
Phloroglucin, $\mathbf{C_6H_3(OH)_3}$, **Xi**, R: 36/37/38, Ents. 1
Phosphorsäure, $\mathbf{H_3PO_4}$, **C**, R: 34, S: 1 /2 – 26 – 45, Ents.12
Phthalogenbrillantblau, Ents. 28
Phthalsäureanhydrid, $\mathbf{C_6H_4C_2O_3}$, **Xn**, R: 22 – 37/38 – 41 – 42/43, S: 2 – 23 – 24/25 – 26 – 37/39 – 46, Ents. 1
Propan, $\mathbf{C_3H_8}$, **F⁺**, R: 12, S: 9 – 16 – 33
Propanal, $\mathbf{C_2H_5CHO}$, **F, Xi**, R. 11 – 36/37/38, S: 2 – 9 – 16 – 29
1-Propanol, $\mathbf{C_3H_7OH}$, **F, Xi**, R: 11 – 47 – 67, S: 2 – 7 – 16 – 24 – 26 – 39, Ents. 1
2-Propanol, $\mathbf{CH_3CHOHCH_3}$, **F, Xi**, R: 11 – 36 – 67, S: 2 – 7 – 16 – 24/25 – 26, Ents. 1
Propanon, s. Aceton
2-Propansäure, $\mathbf{C_2H_5COOH}$, **C**, R: 34, S: 1/2 – 23 – 36 – 45, Ents. 12
Pyridin, $\mathbf{C_5H_5N}$, **Xn, F**, R: 11 – 20/21/22, S: 2 – 26 – 28, Ents. 1
Pyrogallol, $\mathbf{C_6H_3(OH)_3}$, **Xn**, R: 20/21/22 – 40 – 52/53 – 68, Ents.1
Resorcin, $\mathbf{C_6H_4(OH)_2}$, **Xn, N**, R: 22 – 36/38 – 50, S: 2 – 26 – 61, Ents. 1
Safranin T, $\mathbf{C_{20}H_{19}ClN_4}$, S: 22 – 24/25
Salicylsäure, $\mathbf{C_6H_4(OH)COOH}$, **Xn**, R: 22 – 36/38, S: 22, Ents. 12
Salpetersäure, $\mathbf{HNO_3(aq)}$, **C** (w = 65%), **Xi** (w < 5%), R: 35, S: 23 – 26 – 36/37/39 – 45, Ents. 12
Saltzmann-Reagenz, **Xn**, R: 20/21/22, S: 25 – 28, Ents. 1
Salzsäure, **HCl (aq)**, **C** (w = 32%), **Xi** (10% < w < 25%), R: 34 – 37, S: 26 – 36/37/39 – 45, Ents.12
Sauerstoff, $\mathbf{O_2}$, **O**, R: 8, S: 17
Schwefeldioxid, $\mathbf{SO_2}$, **T, N**, R: 23 – 36/37, S: 1/2 – 9 – 26 – 36/37/39 – 45
Schwefelsäure, $\mathbf{H_2SO_4}$, **C, Xi** (5% < w <15%), R: 35, S: 26 – 30 – 36/37/39 – 45, Ents. 12
Schwefelwasserstoff, $\mathbf{H_2S}$, **T⁺, F⁺, N**, R: 12 – 26 – 50, S: 1 /2 – 9 – 16 – 28 – 36/37 – 45 – 61 (Nachweis von Spuren)
Sebacinsäuredichlorid, Decansäuredichlorid, $\mathbf{C_{10}H_{16}Cl_2O_2}$, **C**, R: 34, S: 1/2 – 26 – 28 – 36/37/39 – 45, Ents. 2 (vorher mit Methanol versetzen)
Silberbromid, **AgBr**, Ents. 27
Silbernitrat, $\mathbf{AgNO_3}$, **C, Xi** (5% < w <10%), R: 34 – 50/53, S: 1/2 – 26 – 45 – 60 – 61, Ents. 27
Siriuslichtblau, Ents. 28
Soda, s. Natriumcarbonat
Spiropyran, $\mathbf{C_{19}H_{19}N_2O_3}$, **Xi**, R: 36/37/38, S: 26 – 37/39, Ents. 28
Stickstoffdioxid, $\mathbf{NO_2}$, **T⁺, N**, R: 26 – 34, S: 9 – 26 – 28 – 36/37/39 – 45
Stickstoffmonooxid, **NO**, **T⁺, N**, R: 26/27, S: 45
Strontiumchlorid, $\mathbf{SrCl_2}$, Ents. 14
Styrol, $\mathbf{C_6H_5CHCH_2}$, **Xi**, R: 10 – 36/37, Ents. 1
Sudanrot, $\mathbf{C_{24}H_{21}N_5}$, S: 22 – 24/25
Sulfanilsäure, $\mathbf{NH_2C_6H_4SO_3H}$, **Xi**, R: 36/38 – 43, S: 2 – 24 – 37, Ents. 1
Sulfosalicylsäure, 2-Hydroxy-5-sulfobenzoesäure, $\mathbf{HO_3SC_6H_3(OH)COOH}$, **Xi**, R: 36/38, S: 26, Ents. 12
Terpentinöl, **Xn, N**, R: 10 – 20/21/22 – 36/38 – 43 – 51/53 – 65, S: 2 – 36/37 – 46 – 61 – 62, Ents.1
Tetrachlorethen (Perchlorethylen), $\mathbf{C_2C_{14}}$, **Xn, N**, R: 20/22 – 40, S: 2 – 25, Ents. 2
Tetraethoxysilan, $\mathbf{Si(OC_2H_5)_4}$, **F, Xn**, R: 10 – 20 – 36/37, Ents. 28
Tetraiodethen, $\mathbf{C_2I_4}$, **Xi**, R: 20/21/22 – 36/37/38, S: 26 – 37/39, Ents. 2
Tetrakisdimethylaminoethylen, $\mathbf{C_{10}H_{24}N_4}$, **C, F**, R: 10 – 34, S: 26 – 45 – 36/37/39, Ents. 28
Titandioxid, $\mathbf{TiO_2}$, Ents. Hausmüll
Toluol, $\mathbf{C_6H_5CH_3}$, **Xn, F**, R: 11 – 20, S: 2 – 16 – 25 – 29 – 33, Ents.1
Trichlormethylsilan, $\mathbf{CH_3C_{13}Si}$, **Xi, F**, R: 11 – 14 – 36/37/38, S: 26 – 39, Ents. fester Abfall (vorher mit Wasser versetzen und Phasen trennen)
Triethylenglycol, $\mathbf{C_6H_{14}O_4}$, S: 24/25, Ents. 1
Tris-(1,10-phenanthrolin)ruthenium(II)-chlorid, $\mathbf{[Ru(phen)_3]\ Cl_2}$, Ents. 15
Tyrosin, $\mathbf{HOC_6H_4CH_2(NH_2)COOH}$
UV-Licht – verursacht beim Hineinschauen Bindehautentzündung; starke UV-Lichtquellen sind daher mit Aluminiumfolie abzuschirmen.
Wasserstoff, $\mathbf{H_2}$, **F⁺**, R: 12, S: 2 – 9 – 16 – 33
Wasserstoffperoxid-Lösung, $\mathbf{H_2O_2(aq)}$, (w = 30%) **C, O**, R: 8 – 34, S: 1/2 – 3 – 28 – 36/39 – 45
Weinsäure, Dihydroxybutansäure, $\mathbf{OOCCH(OH)CH(OH)COOH}$, **Xi**, R: 36/37/38, S: 2 – 26 – 36, Ents. 12
Xylol, $\mathbf{C_6H_4(CH_3)_2}$, **Xn**, R: 10 – 20/21 – 38, S: 2 – 25
Zink (Späne, Pulver), **Zn**, **F**, R:15 – 17, S: 2 – 7/8 – 43, Ents.15
Zinkchlorid, $\mathbf{ZnCl_2}$, **C, N**, R: 34 – 50/53, S: 1 /2 – 7/8 – 28 – 45 – 60 – 61
Zinksulfat, $\mathbf{ZnSO_4 \cdot 7H_2O}$, **Xi, N**, R: 36/38 – 50/53, S: 2 – 22 – 25 – 60 – 61, Ents.15

R-Sätze[1]

[1] von *risque* (franz.) = Risiko

R 1 In trockenem Zustand explosionsfähig.
R 2 Durch Schlag, Reibung, Feuer oder andere Zündquellen explosionsfähig.
R 3 Durch Schlag, Reibung, Feuer oder andere Zündquellen leicht explosionsfähig.
R 4 Bildet hochempfindliche explosionsfähige Metallverbindungen.
R 5 Beim Erwärmen explosionsfähig.
R 6 Mit und ohne Luft explosionsfähig.
R 7 Kann Brand verursachen.
R 8 Feuergefahr bei Berührung mit brennbaren Stoffen.
R 9 Explosionsgefahr bei Mischung mit brennbaren Stoffen.
R 10 Entzündlich.
R 11 Leichtentzündlich.
R 12 Hochentzündlich.
R 13 Hochentzündliches Flüssiggas.
R 14 Reagiert heftig mit Wasser.
R 15 Reagiert mit Wasser unter Bildung leicht entzündlicher Gase.
R 16 Explosionsfähig in Mischung mit brandfördernden Stoffen.
R 17 Selbstentzündlich an der Luft.
R 18 Bei Gebrauch Bildung explosiver/leicht entzündlicher Dampf-Luftgemische möglich.
R 19 Kann explosionsfähige Peroxide bilden.
R 20 Gesundheitsschädlich beim Einatmen.
R 21 Gesundheitsschädlich bei Berührung mit der Haut.
R 22 Gesundheitsschädlich beim Verschlucken.
R 23 Giftig beim Einatmen.
R 24 Giftig bei Berührung mit der Haut.
R 25 Giftig beim Verschlucken.
R 26 Sehr giftig beim Einatmen.
R 27 Sehr giftig bei Berührung mit der Haut.
R 28 Sehr giftig beim Verschlucken.
R 29 Entwickelt bei Berührung mit Wasser giftige Gase.
R 30 Kann bei Gebrauch leicht entzündlich werden.
R 31 Entwickelt bei Berührung mit Säure giftige Gase.
R 32 Entwickelt bei Berührung mit Säure hochgiftige Gase.
R 33 Gefahr kumulativer Wirkungen.
R 34 Verursacht Verätzungen.
R 35 Verursacht schwere Verätzungen.
R 36 Reizt die Augen.
R 37 Reizt die Atmungsorgane.
R 38 Reizt die Haut.
R 39 Ernste Gefahr irreversiblen Schadens.
R 40 Irreversibler Schaden möglich.
R 41 Gefahr ernster Augenschäden
R 42 Sensibilisierung durch Einatmen möglich.
R 43 Sensibilisierung durch Hautkontakt möglich.
R 44 Explosionsgefahr bei Erhitzen unter Einschluss.
R 45 Kann Krebs erzeugen.
R 46 Kann vererbbare Schäden verursachen.
R 47 Kann Missbildungen verursachen.
R 48 Gefahr ernster Gesundheitsschäden bei längerer Exposition.
R 49 Kann Krebs erzeugen beim Einatmen.
R 50 Sehr giftig für Wasserorganismen.
R 51 Giftig für Wasserorganismen.
R 52 Schädlich für Wasserorganismen.
R 53 Kann in Gewässern längerfristig schädliche Wirkungen haben.
R 54 Giftig für Pflanzen.
R 55 Giftig für Tiere.
R 56 Giftig für Bodenorganismen.
R 57 Giftig für Bienen.
R 58 Kann längerfristig schädliche Wirkungen auf die Umwelt haben.
R 59 Gefährlich für die Ozonschicht.
R 60 Kann die Fortpflanzungsfähigkeit beeinträchtigen.
R 61 Kann das Kind im Mutterleib schädigen.
R 62 Kann möglicherweise die Fortpflanzungsfähigkeit beeinträchtigen.
R 63 Kann möglicherweise das Kind im Mutterleib schädigen.
R 64 Kann Säuglinge über die Muttermilch schädigen.
R 65 Gesundheitsschädlich: Kann beim Verschlucken Lungenschäden verursachen
R 66 Wiederholter Kontakt kann zu spröder und rissiger Haut führen
R 67 Dämpfe können Schläfrigkeit und Benommenheit verursachen

R 14/15 Reagiert heftig mit Wasser unter Bildung leicht entzündlicher Gase.
R 15/29 Reagiert mit Wasser unter Bildung giftiger und leicht entzündlicher Gase.
R 20/21 Gesundheitsschädlich beim Einatmen und bei Berührung mit der Haut.
R 20/22 Gesundheitsschädlich
R 20/21/22 Gesundheitsschädlich beim Einatmen, Verschlucken und Berührung mit der Haut.
R 21/22 Gesundheitsschädlich bei Berührung mit der Haut und beim Verschlucken.
R 23/24 Giftig beim Einatmen und bei Berührung mit der Haut.
R 24/25 Giftig beim Einatmen und Verschlucken.
R 23/24/25 Giftig beim Einatmen, Verschlucken und Berührung mit der Haut.
R 23/24 Giftig bei Berührung mit der Haut und beim Verschlucken.
R 26/27 Sehr giftig beim Einatmen und bei Berührung mit der Haut.
R 26/28 Sehr giftig beim Einatmen und Verschlucken.
R 26/27/28 Sehr giftig beim Einatmen, Verschlucken und Berührung mit der Haut.
R 27/28 Sehr giftig bei Berührung mit der Haut und beim Verschlucken.
R 36/37 Reizt die Augen und die Atmungsorgane.
R 36/38 Reizt die Augen und die Haut.
R 36/37/38 Reizt die Augen, Atmungsorgane und die Haut.
R 37/38 Reizt die Atmungsorgane und die Haut.
R 39/23 Giftig: ernste Gefahr irreversiblen Schadens durch Einatmen.
R 39/24 Giftig: ernste Gefahr irreversiblen Schadens bei Berührung mit der Haut.
R 39/25 Giftig: ernste Gefahr irreversiblen Schadens durch Verschlucken.
R 39/23/24 Giftig: ernste Gefahr irreversiblen Schadens durch Einatmen und bei Berührung mit der Haut.
R 39/23/25 Giftig: ernste Gefahr irreversiblen Schadens durch Einatmen und durch Verschlucken.
R 39/24/25 Giftig: ernste Gefahr irreversiblen Schadens bei Berührung mit der Haut und durch Verschlucken.
R 39/23/24/25 Giftig: ernste Gefahr irreversiblen Schadens durch Einatmen, bei Berührung mit der Haut und durch Verschlucken.
R 39/26 Sehr giftig: ernste Gefahr irreversiblen Schadens durch Einatmen.
R 39/27 Sehr giftig: ernste Gefahr irreversiblen Schadens bei Berührung mit der Haut.
R 39/28 Sehr giftig: ernste Gefahr irreversiblen Schadens durch Verschlucken.
R 39/26/27 Sehr giftig: ernste Gefahr irreversiblen Schadens durch Einatmen und bei Berührung mit der Haut.
R 39/26/28 Sehr giftig: ernste Gefahr irreversiblen Schadens durch Einatmen und durch Verschlucken.
R 39/27/28 Sehr giftig: ernste Gefahr irrever-siblen Schadens bei Berührung mit der Haut und durch Verschlucken.
R 39/26/27/28 Sehr giftig: ernste Gefahr irreversiblen Schadens durch Einatmen, bei Berührung mit der Haut und durch Verschlucken.
R 40/20 Gesundheitsschädlich: Möglichkeit irreversiblen Schadens durch Einatmen.
R 40/21 Gesundheitsschädlich: Möglichkeit irreversiblen Schadens bei Berührung mit der Haut.
R 40/22 Gesundheitsschädlich: Möglichkeit irreversiblen Schadens durch Verschlucken.
R 40/20/21 Gesundheitsschädlich: Möglichkeit irreversiblen Schadens durch Einatmen und bei Berührung mit der Haut.
R 40/20/22 Gesundheitsschädlich: Möglichkeit irreversiblen Schadens durch Einatmen und durch Verschlucken.
R 40/21/22 Gesundheitsschädlich: Möglichkeit irreversiblen Schadens bei Berührung mit der Haut und durch Verschlucken.
R 40/20/21/22 Gesundheitsschädlich: Möglichkeit irreversiblen Schadens durch Einatmen, bei Berührung mit der Haut und durch Verschlucken.
R 42/43 Sensibilisierung durch Einatmen und Hautkontakt möglich.
R 48/20 Gesundheitsschädlich: Gefahr ernster Gesundheitsschäden bei längerer Exposition durch Einatmen.
R 48/21 Gesundheitsschädlich: Gefahr ernster Gesundheitsschäden bei längerer Exposition durch Berührung mit der Haut.
R 48/22 Gesundheitsschädlich: Gefahr ernster Gesundheitsschäden bei längerer Exposition durch Verschlucken.
R 48/20/21 Gesundheitsschädlich: Gefahr ernster Gesundheitschäden bei längerer Exposition durch Einatmen und bei Berührung mit der Haut.
R 48/20/22 Gesundheitsschädlich: Gefahr ernster Gesundheitsschäden bei längerer Exposition durch Einatmen und durch Verschlucken.
R 48/21/22 Gesundheitsschädlich: Gefahr ernster Gesundheitsschäden bei längerer Exposition bei Berührung mit der Haut und durch Verschlucken.
R 48/20/21/22 Gesundheitsschädlich: Gefahr ernster Gesundheitsschäden bei längerer Exposition durch Einatmen, bei Berührung mit der Haut und durch Verschlucken.
R 48/23 Giftig: Gefahr ernster Gesundheitsschäden bei längerer Exposition durch Einatmen.
R 48/24 Giftig: Gefahr ernster Gesundheitsschäden bei längerer Exposition durch Berührung mit der Haut.
R 48/25 Giftig: Gefahr ernster Gesundheitsschäden bei längerer Exposition durch Verschlucken.
R 48/23/24 Giftig: Gefahr ernster Gesundheitsschäden bei längerer Exposition durch Einatmen und durch Berührung mit der Haut.
R 48/23/25 Giftig: Gefahr ernster Gesundheitsschäden bei längerer Exposition durch Einatmen und durch Verschlucken.
R 48/24/25 Giftig: Gefahr ernster Gesundheitsschäden bei längerer Exposition durch Berührung mit der Haut und durch Verschlucken.
R 48/23/24/25 Giftig: Gefahr ernster Gesundheitsschäden bei längerer Exposition durch Einatmen, Berührung mit der Haut und durch Verschlucken.
R 50/53 Sehr giftig für Wasserorganismen, kann in Gewässern längerfristig schädliche Wirkungen haben.
R 51/53 Giftig für Wasserorganismen, kann in Gewässern längerfristig schädliche Wirkungen haben.
R 52/53 Schädlich für Wasserorganismen, kann in Gewässern längerfristig schädliche Wirkungen haben.

S-Sätze[2]

[2]von *sécurité* (franz.) = Sicherheit

S 1 Unter Verschluss aufbewahren.
S 2 Darf nicht in die Hände von Kindern gelangen.
S 3 Kühl aufbewahren.
S 4 Von Wohnplätzen fernhalten.
S 5 Unter ... aufbewahren (geeignete Flüssigkeit vom Hersteller anzugeben).
S 6 Unter ... aufbewahren (inertes Gas vom Hersteller anzugeben).
S 7 Behälter dicht geschlossen halten.
S 8 Behälter trocken halten.
S 9 Behälter an einem gut gelüfteten Raum aufbewahren.
S 10 Inhalt feucht halten.
S 11 Zutritt von Luft verhindern.
S 11 Behälter nicht gasdicht verschließen.
S 13 Von Nahrungsmitteln, Getränken und Futtermitteln fernhalten.
S 14 Von ... fernhalten (inkompatible Substanzen sind vom Hersteller anzugeben).
S 15 Vor Hitze schützen.
S 16 Von Zündquellen fernhalten – Nicht rauchen.
S 17 Von brennbaren Stoffen fernhalten.
S 18 Behälter mit Vorsicht öffnen und handhaben.
S 20 Bei der Arbeit nicht essen und trinken.
S 21 Bei der Arbeit nicht rauchen.
S 22 Staub nicht einatmen.
S 23 Gas/Rauch/Dampf/Aerosol nicht einatmen.
S 24 Berührung mit der Haut vermeiden.
S 25 Berührung mit den Augen vermeiden.
S 26 Bei Berührung mit den Augen gründlich mit Wasser spülen und Arzt konsultieren.
S 27 Beschmutzte getränkte Kleidung sofort ausziehen.
S 28 Bei Berührung mit der Haut sofort abwaschen mit viel ... (vom Hersteller anzugeben).
S 29 Nicht in die Kanalisation gelangen lassen.
S 30 Niemals Wasser hinzugießen.
S 31 Von explosionsfähigen Stoffen fernhalten.
S 33 Maßnahmen gegen elektrostatische Aufladungen treffen.
S 34 Schlag und Reibung vermeiden.
S 35 Abfälle und Behälter müssen in gesicherter Weise beseitigt werden.
S 36 Bei der Arbeit geeignete Schutzkleidung tragen.
S 37 Geeignete Schutzhandschuhe tragen.
S 38 Bei unzureichender Belüftung Atemschutzgerät anlegen.
S 39 Schutzbrille/Gesichtsschutz tragen.
S 40 Fußboden und verunreinigte Gegenstände mit ... reinigen (Material vom Hersteller anzugeben).
S 41 Explosions- und Brandgase nicht einatmen.
S 42 Bei Räuchern/Versprühen geeignetes Atemschutzgerät anlegen.
S 43 Zum Löschen ... (vom Hersteller anzugeben) verwenden (wenn Wasser die Gefahr erhöht, anfügen: „Kein Wasser verwenden").
S 44 Bei Unwohlsein ärztlichen Rat einholen (wenn möglich dieses Etikett vorzeigen).
S 45 Bei Unfall oder Unwohlsein sofort Arzt hinzuziehen (wenn möglich dieses Etikett vorzeigen).
S 46 Bei Verschlucken sofort ärztlichen Rat einholen und Verpackung oder Etikett vorzeigen.
S 47 Nicht bei Temperaturen über ... °C aufbewahren (vom Hersteller anzuge-ben).
S 48 Feucht halten mit ... (geeignetes Mittel vom Hersteller anzugeben).
S 49 Nur im Originalbehälter aufbewahren.
S 50 Nicht mischen mit ... (vom Hersteller anzugeben).
S 51 Nur in gut gelüfteten Bereichen verwenden.
S 52 Nicht großflächig in Wohn- und Aufenthaltsräumen zu verwenden.
S 53 Exposition vermeiden – vor Gebrauch besondere Anweisungen einholen.
S 56 Diesen Stoff und seinen Behälter der Problemabfallentsorgung zuführen.
S 57 Zur Vermeidung einer Kontamination der Umwelt geeigneten Behälter verwenden.
S 59 Information zur Wiederverwendung/Wiederverwertung beim Hersteller/Lieferanten erfragen.
S 60 Dieser Stoff und sein Behälter sind als gefährlicher Abfall zu entsorgen.
S 61 Freisetzung in der Umwelt vermeiden. Besondere Anweisungen einholen/Sicherheitsdatenblatt zu Rate ziehen.
S 62 Bei Verschlucken kein Erbrechen herbeiführen. Sofort ärztlichen Rat einholen und Verpackung oder dieses Etikett vorzeigen.
S 63 Bei Unfall durch Einatmen: Verunfallten an die frische Luft bringen und ruhig stellen
S 64 Bei Verschlucken Mund ausspülen (nur wenn Verunfalter bei Bewusstsein ist)

S 1/2 Unter Verschluss und für Kinder unzugänglich aufbewahren.
S 3/7 Behälter dicht geschlossen halten und an einem kühlen Ort aufbewahren.
S 3/7/9 Behälter dicht geschlossen halten und an einem kühlen, gut gelüfteten Ort aufbewahren.
S 3/9 Behälter an einem kühlen, gut gelüfteten Ort aufbewahren.
S 3/9/14 An einem kühlen, gut gelüfteten Ort, entfernt von ... aufbewahren (die Stoffe, mit denen Kontakt vermieden werden muss, sind vom Hersteller anzugeben).
S 3/9/14/49 Nur im Originalbehälter an einem kühlen, gut gelüfteten Ort, entfernt von ... aufbewahren (die Stoffe, mit denen Kontakt vermieden werden muss, sind vom Hersteller anzugeben).
S 3/9/49 Nur im Originalbehälter an einem kühlen, gut gelüfteten Ort aufbewahren.
S 3/14 An einem kühlen, von ... entfernten Ort aufbewahren (die Stoffe, mit denen Kontakt vermieden werden muss, sind vom Hersteller anzugeben).
S 7/8 Behälter trocken und dicht geschlossen halten.
S 7/9 Behälter dicht geschlossen an einem gut gelüfteten Ort aufbewahren.
S 7/47 Behälter dicht geschlossen und nicht bei Temperaturen über ... °C aufbewahren (vom Hersteller anzugeben).
S 20/21 Bei der Arbeit nicht essen, trinken, rauchen.
S 24/25 Berührung mit den Augen und der Haut vermeiden.
S 29/56 Nicht in die Kanalisation gelangen lassen.
S 36/37 Bei der Arbeit geeignete Schutzhandschuhe und Schutzkleidung tragen.
S 36/37/39 Bei der Arbeit geeignete Schutzkleidung, Schutzhandschuhe und Schutzbrille/Gesichtsschutz tragen.
S 36/39 Bei der Arbeit geeignete Schutzkleidung und Schutzbrille/Gesichtsschutz tragen.
S 37/39 Bei der Arbeit geeignete Schutzhandschuhe und Schutzbrille/Gesichtsschutz tragen.
S 47/49 Nur im Originalbehälter bei einer Temperatur von nicht über ... °C aufbewahren (vom Hersteller anzugeben).

Entsorgungsempfehlungen

1: Organische halogenfreie Lösemittel werden in einem Sammelgefäß A gesammelt.
2: Organische halogenhaltige Lösemittel werden in einem Sammelgefäß B gesammelt.
9: Krebserregende und giftige bzw. sehr giftige brennbare Verbindungen werden im Sammelgefäß C gesammelt.
12: Säuren und Säure-Lösungen werden mit viel Wasser verdünnt, mit Natronlauge neutrali-siert und dann in den Abguss gegossen. Bei geringen Säure-Mengen wird nur stark verdünnt und in den Abguss gegossen.
13: Hydroxide werden in viel Wasser aufgelöst,Laugen werden mit viel Wasser verdünnt, gegebenenfalls mit verdünnter Schwefelsäure neutralisiert und in den Abguss gegossen.
14: Die Lösungen dieser Salze können stark verdünnt in den Abguss gegossen werden.
15: Schwermetallhaltige Lösungen und Feststoffe werden in einem Sammelgefäß D gesammelt. Ist das Gefäß voll, so kann man die Ionen mit Hydrogensulfid als Sulfide ausfällen, abfiltrieren und das Filtrat weggießen.Die festen Rückstände werden in einem Gefäß E gesammelt.
22: Peroxide, Brom und Iod werden mit Natriumthiosulfat-Lösung zu gefahrlosen Folgeprodukten reduziert, verdünnt und weggegossen.
26: Alkalimetall-Rückstände werden mit 2-Propanol zersetzt. Am nächsten Tag wird mit Wasser verdünnt. Die stark verdünnte Lösung wird weggegossen.
27: Wertvolle Metalle (in der Schule insbesondere Silber) sollten der Wiederverwertung zugeführt werden. Silberionenhaltige Lösungen werden also in einem Gefäß F gesammelt; wenn das Gefäß voll ist, kann Silberchlorid ausgefällt werden.
28: Reaktionsprodukte mit sehr viel Wasser verdünnen und wegspülen.

C

F

G

H

I

M

Q

R

S

T

U

Titration (Maßanalysen)

Eine Lösung aus **A** wurde mit Maßlösung aus **B** titriert. Das zugrundeliegende Reaktionsschema lautet:

$p\mathbf{A}(\mathbf{aq}) + q\mathbf{B}(\mathbf{aq}) \rightarrow$ Produkte. Es gilt: $\frac{n(\mathbf{A})}{n(\mathbf{B})} = \frac{p}{q}$; $n(\mathbf{A}) = \frac{p}{q} \cdot n(\mathbf{B})$;

$$c(\mathbf{A}) \cdot V_{\mathrm{Ls}}(\mathbf{A}) = \frac{p}{q} \cdot c(\mathbf{B}) \cdot V_{\mathrm{Ls}}(\mathbf{B});$$

$$\frac{m(\mathbf{A})}{M(\mathbf{A})} = \frac{p}{q} \cdot c(\mathbf{B}) \cdot V_{\mathrm{Ls}}(\mathbf{B})$$

Massenwirkungsgesetz MWG

Für das Modellgleichgewicht:

$a\mathbf{A} + b\mathbf{B} \rightleftarrows p\mathbf{P} + q\mathbf{Q}$

lautet das MWG:

$$K = \frac{c^p(\mathbf{P}) \cdot c^q(\mathbf{Q})}{c^a(\mathbf{A}) \cdot c^b(\mathbf{B})}$$

Definitionen pH, pK_s, pK_b

$p\mathrm{H} = -\lg\{c(\mathrm{H_3O^+})\}$

$pK_s = -\lg\{K_s\}$

$pK_b = -\lg\{K_b\}$

Protolysegrad α der Modellsäure **HA**

$$\alpha = \frac{c(\mathrm{H_3O^+})}{c_0(\mathrm{HA})}$$

Wichtige Gleichgewichte in wässriger Lösung

Säurekonstante K_s für das Protolysegleichgewicht der Modellsäure **HA**

$$\mathrm{HA} + \mathrm{H_2O} \rightleftarrows \mathrm{H_3O^+} + \mathrm{A^-}; \quad K_s = \frac{c(\mathrm{H_3O^+}) \cdot c(\mathrm{A^-})}{c(\mathrm{HA})}$$

Basenkonstante K_b für das Protolysegleichgewicht der Modellbase **B**:

$$\mathrm{B} + \mathrm{H_2O} \rightleftarrows \mathrm{BH^+} + \mathrm{OH^-}; \quad K_b = \frac{c(\mathrm{OH^-}) \cdot c(\mathrm{BH^+})}{c(\mathrm{B})}$$

Löslichkeitsprodukt K_L für das Dissoziationsgleichgewicht des Salzes $\mathbf{A}_m\mathbf{B}_n$:

$$\mathbf{A}_m\mathbf{B}_n \rightleftarrows m\mathrm{A}^{a+} + n\mathrm{B}^{b-}; \quad K_L = c^m(\mathrm{A}^{a+}) \cdot c^n(\mathrm{B}^{b-})$$

Komplex-Dissoziationskonstante K_D für den Modellkomplex $\mathbf{ML_z}$

$$\mathrm{ML}_z \rightleftarrows \mathrm{M} + z\mathrm{L}; \quad K_D = \frac{c(\mathrm{M}) \cdot c^z(\mathrm{L})}{c(\mathrm{ML}_z)}$$

Elektrolyse (Faraday-Gesetze)

$I \cdot t = n \cdot z \cdot F$ oder $I \cdot t = \frac{m}{M} \cdot z \cdot F$

I: Stromstärke in A

t: Zeit in s

n: abgeschiedene Stoffmenge

z: Anzahl der pro Ion übertragenen Elektronen

F: Faraday-Konstante (Grundkonstante)

Galvanische Zellen (Nernst-Gleichung)

Potenzial E des Redoxpaars $\mathbf{Red} \rightleftarrows \mathbf{Ox} + \mathbf{ze^-}$:

$$E = E^0 + \frac{R \cdot T}{z \cdot F} \ln \frac{\{c(\mathrm{Ox})\}}{\{c(\mathrm{Red})\}} = E^0 + \frac{0{,}059}{z}\ \mathrm{V}\ \lg \frac{\{c(\mathrm{Ox})\}}{\{c(\mathrm{Red})\}}$$

E^0 ist das Standard-Elektrodenpotenzial in V.
Zellspannung U einer galvanischen Zelle:
$U = E$ (Akzeptor-Halbzelle) $- E$ (Donator-Halbzelle)

Energetik

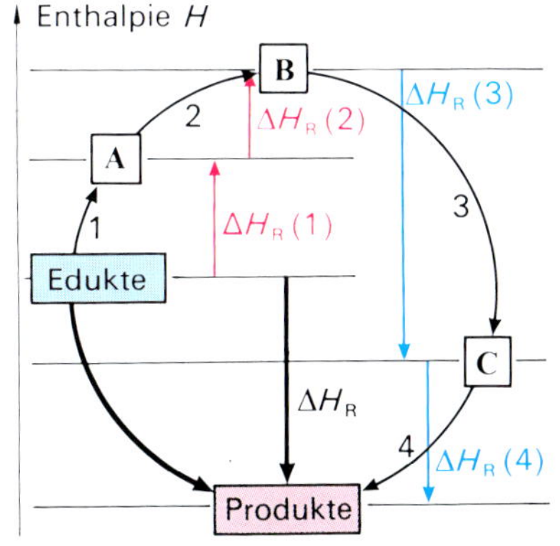

Satz von den konstanten Wärmesummen:

$$\Delta H_R = \Delta H_R(1) + \Delta H_R(2) + \Delta H_R(3) + \Delta H_R(4)$$

IR | UV

700 600 500 400 nm

$E = \mathrm{h} \cdot \nu = \mathrm{h} \cdot \frac{c}{\lambda}$

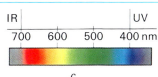

E: Energie eines Lichtquants in J

h: Plancksche Konstante (Grundkonstante)

ν: Frequenz des Lichtquants in s^{-1}

c: Lichtgeschwindigkeit (Grundkonstante)

λ: Wellenlänge des Lichtquants in m

H–H	436	**F–H**	569	**C–H**	435		
F–F	155	**Cl–H**	432	**C–Cl**	352		
Cl–Cl	243	**Br–H**	366	**C–Br**	293		
Br–Br	193	**I–H**	299	**C–I**	234		
I–I	151	**O–H**	465	**C–F**	456		
C–C	348	**C–O**	360	**Si–Si**	176		
C=C	611	**C=O**	746	**S–S**	215		
Pi-Bindung	264	**C–N**	306	**P–P**	201		
C≡C	837	**C≡N**	892	**Si–H**	293		

Molare Bindungsenthalpien (Bindungsenergien) von kovalenten Bindungen (Mittelwerte) in kJ · mol^{-1}

Buchners Chemie-Begleiter

Größen, Gleichungen, Konstanten und Periodensystem

Die SI-Einheit der Stoffmenge *n*, das Mol (mol)

1 mol ist die Stoffmenge eines Systems, das aus ebensoviel Einzelteilchen besteht, wie Atome in 12 g des Kohlenstoff-Isotops ^{12}C enthalten sind.
Bei Verwendung des Mols müssen die Einzelteilchen des Systems genau bezeichnet sein.
Es können Atome, Moleküle, Ionen, Elektronen sowie andere Teilchen oder Gruppen solcher Teilchen genau angegebener Zusammensetzung sein.

Je größer die Stoffmenge *n* einer Stoffportion ist, desto größer ist die Anzahl *N* der Teilchen, aus denen die Stoffportion besteht:
$n(\mathrm{X}) \sim N(\mathrm{X})$ oder $N(\mathrm{X})/n(\mathrm{X}) = \text{konstant}$.

Es gilt: $\frac{N(\mathrm{X})}{n(\mathrm{X})} = N_A$ Die Konstante N_A heißt **Avogadro-Konstante**[1].

Für die Einheit der Avogadro-Konstante gilt: $\frac{[N]}{[n]} = [N_A] = \frac{1}{\text{mol}}$.

Die Anzahl $N(\mathrm{X})$ der Teilchen in einem Mol einer Stoffportion kann auf verschiedenen Wegen ermittelt werden. Nach dem heutigen Kenntnisstand sind es $6{,}022 \cdot 10^{23}$ Teilchen. Für die Avogadro-Konstante N_A erhalten wir somit:

$$\frac{6{,}022 \cdot 10^{23}}{1\ \text{mol}} = \frac{6{,}022 \cdot 10^{23}}{\text{mol}} = N_A.$$

[1] Die Avogadro-Konstante wird auch als *molare Teilchenzahl* bezeichnet.
[2] Die erste Bestimmung der Anzahl der Teilchen in einem Mol einer Stoffportion beruht auf einer Arbeit von JOSEPH LOSCHMIDT (1821 bis 1895). Es ergaben sich rund $6 \cdot 10^{23}$ Teilchen.

Angabe einer Größe

Zur genauen Angabe einer Größe schreibt man das **Produkt aus dem Zahlenwert und der Einheit** auf.
Beispiele:
$m(\mathrm{Fe}) = 5 \cdot 1\ \text{kg} = 5\ \text{kg}$
$n(\mathrm{NaOH}) = 2\ \text{mol}$
$c(\mathrm{HCl}) = 0{,}01\ \text{mol/l}$

Beispiele für die Angaben von Stoffmengen

$n(\mathrm{O}) = 2\ \text{mol}$
(Stoffmenge bezogen auf Sauerstoff-Atome)

$n(\mathrm{O_2}) = 0{,}5\ \text{mol}$
(Stoffmenge bezogen auf Sauerstoff-Moleküle)

$n(\mathrm{H_2O}) = 10\ \text{mol}$
(Stoffmenge bezogen auf Wasser-Moleküle)

$n(\mathrm{NaCl}) = 1\ \text{mol}$
(Stoffmenge bezogen auf Formeleinheiten von Kochsalz)

Zusammenhänge zwischen der Stoffmenge *n* und anderen Größen

Gleichung	Größen
$n = \frac{m}{M}$ (gilt für alle Stoffe)	n: Stoffmenge in mol m: Masse in g M: molare Masse in $\text{g} \cdot \text{mol}^{-1}$
$n = \frac{V_n}{V_{mn}}$ (gilt für Gase)	V_n: Normvolumen in l V_{mn}: molares Normvolumen (Grundkonstante)
$n = \frac{p \cdot V}{R \cdot T}$ (gilt für Gase)	p: Druck in $\text{Pa} = \text{N} \cdot \text{m}^{-2}$ V: Volumen in m^3 T: Temperatur in K R: Gaskonstante (Grundkonstante)
$n = c \cdot V_{Ls}$ (gilt für Lösungen)	c: Stoffmengenkonzentration in $\text{mol} \cdot \text{l}^{-1}$ V_{Ls} = Volumen der Lösung in l

Grundkonstanten

Lichtgeschwindigkeit im Vakuum	$c = 2{,}99793 \cdot 10^8\ \text{m} \cdot \text{s}^{-1}$
Plancksche Konstante	$h = 6{,}626 \cdot 10^{-34}\ \text{J} \cdot \text{s}$
Elementarladung	$e = 1{,}602 \cdot 10^{-19}\ \text{C}$
Gaskonstante	$R = 8{,}314\ \text{J} \cdot \text{K}^{-1} \cdot \text{mol}^{-1}$
Avogadro-Konstante	$N_A = 6{,}022 \cdot 10^{23}\ \text{mol}^{-1}$
molares Normvolumen	$V_{mn} = 22{,}415\ \text{l} \cdot \text{mol}^{-1}$
absoluter Nullpunkt	$T = 0\ \text{K}$ oder $\vartheta = -273{,}15\ °\text{C}$
Faraday-Konstante	$F = 96\,487\ \text{C} \cdot \text{mol}^{-1}$

Auswertung der **quantitativen Elementaranalyse** der Verbindung $\mathrm{C_xH_yO_z}$, bei der das Massenverhältnis $m(\mathrm{C}) : m(\mathrm{H}) : m(\mathrm{O})$ ermittelt wurde:

$$x : y : z = n(\mathrm{C}) : n(\mathrm{H}) : n(\mathrm{O})$$

oder

$$x : y : z = \frac{m(\mathrm{C})}{M(\mathrm{C})} : \frac{m(\mathrm{H})}{M(\mathrm{H})} : \frac{m(\mathrm{O})}{M(\mathrm{O})}$$

Auswertung der Bestimmung der molaren Masse *M* durch Messung des Gasvolumens *V*, das sich durch Verdampfen der Masse *m* eines Reinstoffes bildet: $M = \frac{m \cdot R \cdot T}{p \cdot V}$

Titration (Maßanalysen)

Eine Lösung aus **A** wurde mit Maßlösung aus **B** titriert. Das zugrundeliegende Reaktionsschema lautet:

$p\mathbf{A(aq)} + q\mathbf{B(aq)} \longrightarrow$ Produkte. Es gilt:

$$\frac{n(\mathbf{A})}{n(\mathbf{B})} = \frac{p}{q};\; n(\mathbf{A}) = \frac{p}{q}\cdot n(\mathbf{B});\qquad c(\mathbf{A})\cdot V_{LS}(\mathbf{A}) = \frac{p}{q}\cdot c(\mathbf{B})\cdot V_{LS}(\mathbf{B});\qquad \frac{m(\mathbf{A})}{M(\mathbf{A})} = \frac{p}{q}\cdot c(\mathbf{B})\cdot V_{LS}(\mathbf{B})$$

Massenwirkungsgesetz MWG

Für das Modellgleichgewicht:

$a\mathbf{A} + b\mathbf{B} \rightleftharpoons p\mathbf{P} + q\mathbf{Q}$

lautet das MWG:

$$K = \frac{c^p(\mathbf{P})\cdot c^q(\mathbf{Q})}{c^a(\mathbf{A})\cdot c^b(\mathbf{B})}$$

Definitionen pH, pK_s, pK_b

$pH = -\lg\{c(\mathbf{H_3O^+})\}$

$pK_s = -\lg\{K_s\}$

$pK_b = -\lg\{K_b\}$

Protolysegrad α der Modellsäure **HA**

$$\alpha = \frac{c(\mathbf{H_3O^+})}{c_0(\mathbf{HA})}$$

Wichtige Gleichgewichte in wässriger Lösung

Säurekonstante K_s für das Protolysegleichgewicht der Modellsäure **HA**:

$$\mathbf{HA} + \mathbf{H_2O} \rightleftharpoons \mathbf{H_3O^+} + \mathbf{A^-};\quad K_s = \frac{c(\mathbf{H_3O^+})\cdot c(\mathbf{A^-})}{c(\mathbf{HA})}$$

Basenkonstante K_b für das Protolysegleichgewicht der Modellbase **B**:

$$\mathbf{B} + \mathbf{H_2O} \rightleftharpoons \mathbf{BH^+} + \mathbf{OH^-};\quad K_b = \frac{c(\mathbf{OH^-})\cdot c(\mathbf{BH^+})}{c(\mathbf{B})}$$

Löslichkeitsprodukt K_L für das Dissoziationsgleichgewicht des Salzes $\mathbf{A}_m\mathbf{B}_n$:

$$\mathbf{A}_m\mathbf{B}_n \rightleftharpoons m\mathbf{A}^{a+} + n\mathbf{B}^{b-};\quad K_L = c^m(\mathbf{A}^{a+})\cdot c^n(\mathbf{B}^{b-})$$

Komplex-Dissoziationskonstante K_D für den Modellkomplex $\mathbf{ML_z}$

$$\mathbf{ML_z} \rightleftharpoons \mathbf{M} + \mathbf{z\,L};\quad K_D = \frac{c(\mathbf{M})\cdot c^z(\mathbf{L})}{c(\mathbf{ML_z})}$$

Elektrolyse (Faraday-Gesetze)

$$I\cdot t = n\cdot z\cdot F \quad\text{oder}\quad I\cdot t = \frac{m}{M}\cdot z\cdot F$$

I: Stromstärke in A

t: Zeit in s

n: abgeschiedene Stoffmenge

z: Anzahl der pro Ion übertragenen Elektronen

F: Faraday-Konstante (Grundkonstante)

Galvanische Zellen (Nernst-Gleichung)

Potenzial *E* des Redoxpaares Red $\rightleftharpoons$ Ox + ze^-:

$$E = E^\circ + \frac{R\cdot T}{z\cdot F}\ln\frac{\{c(\mathrm{Ox})\}}{\{c(\mathrm{Red})\}} = E^\circ + \frac{0{,}059}{z}\,\mathrm{V}\,\lg\frac{\{c(\mathrm{Ox})\}}{\{c(\mathrm{Red})\}}$$

E° ist das Standard-Elektrodenpotenzial in V.

Zellspannung *U* einer galvanischen Zelle:

U = *E* (Akzeptor-Halbzelle) – *E* (Donator-Halbzelle)

Energetik

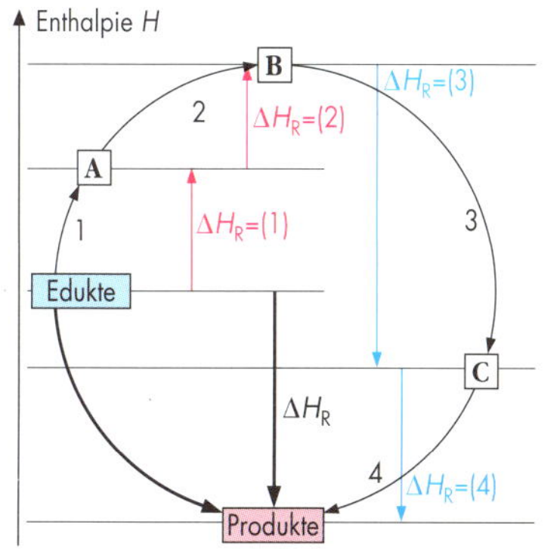

Satz von konstanten Wärmesummen:

$\Delta H_R = \Delta H_R(1) + \Delta H_R(2) + \Delta H_R(3) + \Delta H_R(4)$

UV 400 500 600 700 nm IR

$$E = h\cdot\upsilon = h\cdot\frac{c}{\lambda}$$

E: Energie eines Lichtquants in J

h: Plancksche Konstante (Grundkonstante)

υ: Frequenz des Lichtquants in s^{-1}

c: Lichtgeschwindigkeit (Grundkonstante)

λ: Wellenlänge des Lichtquants in m

Bindung		Bindung		Bindung	
H – H	436	**F – H**	569	**C – H**	435
F – F	155	**Cl – H**	432	**C – Cl**	352
Cl – Cl	243	**Br – H**	366	**C – Br**	293
Br – Br	193	**I – H**	299	**C – I**	234
I – I	151	**O – H**	465	**C – F**	456
C – C	348	**C – O**	360	**Si – Si**	176
C = C	611	**C = O**	746	**S – S**	215
π-Bindung	264	**C – N**	306	**P – P**	201
C ≡ C	837	**C ≡ N**	892	**Si – H**	293

Molare Bindungsenthalpien (Bindungsenergien von kovalenten Bindungen (Mittelwerte) in $kJ\cdot mol^{-1}$

Red	⇄	Ox	+ z·e⁻	$E°$ in V
$Li(s)$	⇄	$Li^+(aq)$	+ e^-	−3,04
$K(s)$	⇄	$K^+(aq)$	+ e^-	−2,92
$Ca(s)$	⇄	$Ca^{2+}(aq)$	+ $2e^-$	−2,87
$Na(s)$	⇄	$Na^+(aq)$	+ e^-	−2,71
$Mg(s)$	⇄	$Mg^{2+}(aq)$	+ $2e^-$	−2,36
$Al(s)$	⇄	$Al^{3+}(aq)$	+ $3e^-$	−1,66
$Mn(s)$	⇄	$Mn^{2+}(aq)$	+ $2e^-$	−1,18
$Zn(s)$	⇄	$Zn^{2+}(aq)$	+ $2e^-$	−0,76
$Cr(s)$	⇄	$Cr^{3+}(aq)$	+ $2e^-$	−0,74
$Fe(s)$	⇄	$Fe^{2+}(aq)$	+ $2e^-$	−0,41
$Cd(s)$	⇄	$Cd^{2+}(aq)$	+ $2e^-$	−0,40
$Co(s)$	⇄	$Co^{2+}(aq)$	+ $2e^-$	−0,28
$Ni(s)$	⇄	$Ni^{2+}(aq)$	+ $2e^-$	−0,23
$Sn(s)$	⇄	$Sn^{2+}(aq)$	+ $2e^-$	−0,14
$Pb(s)$	⇄	$Pb^{2+}(aq)$	+ $2e^-$	−0,13
$H_2(g)$	⇄	$2H^+(aq)$	+ $2e^-$	0,00
$Cu(s)$	⇄	$Cu^{2+}(aq)$	+ $2e^-$	+0,35
$Ag(s)$	⇄	$Ag^+(aq)$	+ e^-	+0,80
$Hg(l)$	⇄	$Hg^{2+}(aq)$	+ $2e^-$	+0,85
$Pt(s)$	⇄	$Pt^{2+}(aq)$	+ $2e^-$	+1,20
$Au(s)$	⇄	$Au^{3+}(aq)$	+ $3e^-$	+1,41

Reduktionsvermögen

Oxidationsvermögen

Reduktionsmittel	⇄	Oxidationsmittel	$E°$ in V
$2I^-(aq)$	⇄	$I_2(s)+2e^-$	+ 0,54
$2Br^-(aq)$	⇄	$Br_2(l)+2e^-$	+ 1,07
$2Cl^-(aq)$	⇄	$Cl_2(g)+2e^-$	+ 1,36
$2F^-(aq)$	⇄	$F_2(g)+2e^-$	+ 2,87

Reduktionsmittel	⇄	Oxidationsmittel	+ ze⁻	$E°$ in V
$S^{2-}(aq)$	⇄	$S(s)$	+ 2e⁻	− 0,51
$Sn^{2+}(aq)$	⇄	$Sn^{4+}(aq)$	+ 2e⁻	− 0,15
$Cu^+(aq)$	⇄	$Cu^{2+}(aq)$	+ e⁻	− 0,15
$4OH^-(aq)$	⇄	$O_2(g)+2H_2O(l)$	+ 4e⁻	+ 0,40
$Fe^{2+}(aq)$	⇄	$Fe^{3+}(aq)$	+ e⁻	+ 0,77
$NO(g)+2H_2O(l)$	⇄	$NO_3^-(aq)+4H^+(aq)$	+ 3e⁻	+ 0,96
$2H_2O(l)$	⇄	$O_2(g)+4H^+(aq)$	+ 4e⁻	+ 1,23
$Mn^{2+}(aq)+2H_2O(l)$	⇄	$MnO_2(s)+4H^+(aq)$	+ 2e⁻	+ 1,23
$2Cr^{3+}(aq)+7H_2O(l)$	⇄	$Cr_2O_7^{2-}(aq)+14H^+(aq)$	+ 6e⁻	+ 1,33
$Mn^{2+}(aq)+4H_2O(l)$	⇄	$MnO_4^-(aq)+8H^+(aq)$	+ 5e⁻	+ 1,51

Formel Name	pK_s-Wert / pK_b-Wert
HCOOH Ameisensäure	3,77
H_3CCOOH Essigsäure	4,76
H_3CCH_2COOH Propionsäure	4,88
ClH_2CCOOH Monochloressigsäure	2,81
Cl_3CCOOH Trichloressigsäure	0,64
HOOC–COOH Oxalsäure	1,42 (4,29)[1]
$HOOC–CH_2–COOH$ Malonsäure	2,69 (5,7)[1]
$HOOC–CH_2CH_2–COOH$ Bernsteinsäure	4,19 (5,48)[1]
$H_3C–CH(OH)–COOH$ Milchsäure	3,87
HOOC–CH(OH)–CH(OH)–COOH Weinsäure	2,48 (5,39)[1]
$HOOC–CH_2–C(OH)(COOH)–CH_2–COOH$ Citronensäure	(4,74)[1] (5,39)[2]
HOOC– Benzoesäure	4,19
OH, HOOC– *o*-Hydroxybenzoesäure (Salicylsäure)	2,97
OH, HOOC– *m*-Hydroxybenzoesäure	4,06
HOOC– –OH *p*-Hydroxybenzoesäure	4,48
$H_3C–NH_2$ Methylamin	3,35
$H_3C–CH_2–NH_2$ Ethylamin	3,47
$–NH_2$ Anilin	9,42